"十三五"国家重点出版物出版规划项目

地球观测与导航技术丛书

复杂地表定量遥感模型与反演

李增元　　柳钦火　阎广建　王锦地　　等　著
　　　　　牛　铮　蒋玲梅　陈尔学

U0252502

科学出版社
北京

内 容 简 介

本书以国家重点基础研究发展计划（973 计划）项目"复杂地表遥感信息动态分析与建模"为基础，以解决"复杂地表遥感动态信息分析与建模"这个基础性、共性科学问题为目标，首先介绍复杂地表空间异质性的表征方法，阐明复杂地表遥感辐射散射机理及所构建的复杂地表可见光、热红外和微波波段的主被动辐射传输模型系列；其次论述遥感信息空间尺度效应及尺度转换方法、遥感信息动态特征建模与时间尺度扩展方法，为时空连续遥感信息的定量反演奠定了方法论基础；然后介绍森林垂直结构信息遥感定量反演、植被垂直生理生化参数信息遥感提取、土壤-植被水热参数多模式遥感协同反演等研究方向的最新进展。为了满足复杂地表定量遥感科学问题研究对多源多尺度多平台对地观测数据的需求，在典型复杂地表实验区组织开展了星-机-地遥感综合实验。本书最后对综合实验方法和所取得的数据成果进行了总结，并阐述了基于综合实验区数据和以上定量遥感方法论实现区域森林生物量动态信息时空协同建模与分析的模型和方法。

本书可供从事植被结构及理化参数、土壤水热参数、林下地形测绘等定量遥感反演研究领域的科技工作者、高等院校师生和从事相关遥感应用工作的技术人员参考。

图书在版编目（CIP）数据

复杂地表定量遥感模型与反演/李增元等著. —北京：科学出版社, 2019.5
（地球观测与导航技术丛书）
ISBN 978-7-03-059854-7

Ⅰ.①复… Ⅱ.①李… Ⅲ. ①环境遥感–研究 Ⅳ.①X87

中国版本图书馆 CIP 数据核字(2018)第 264969 号

责任编辑：苗李莉 / 责任校对：何艳萍
责任印制：赵 博 / 封面设计：图阅社

科 学 出 版 社 出版
北京东黄城根北街 16 号
邮政编码：100717
http://www.sciencep.com

北京厚诚则铭印刷科技有限公司印刷
科学出版社发行 各地新华书店经销
*

2019 年 5 月第 一 版 开本：787×1092 1/16
2025 年 2 月第四次印刷 印张：38 3/4 插页：8
字数：900 000
定价：280.00 元
(如有印装质量问题，我社负责调换)

《地球观测与导航技术丛书》编写说明

地球空间信息科学与生物科学和纳米技术三者被认为是当今世界上最重要、发展最快的三大领域。地球观测与导航技术是获得地球空间信息的重要手段，而与之相关的理论与技术是地球空间信息科学的基础。

随着遥感、地理信息、导航定位等空间技术的快速发展和航天、通信和信息科学的有力支撑，地球观测与导航技术相关领域的研究在国家科研中的地位不断提高。我国科技发展中长期规划将高分辨率对地观测系统与新一代卫星导航定位系统列入国家重大专项；国家有关部门高度重视这一领域的发展，国家发展和改革委员会设立产业化专项支持卫星导航产业的发展；工业和信息化部、科学技术部也启动了多个项目支持技术标准化和产业示范；国家高技术研究发展计划(863 计划)将早期的信息获取与处理技术(308、103)主题，首次设立为"地球观测与导航技术"领域。

目前，"十一五"规划正在积极向前推进，"地球观测与导航技术领域"作为 863 计划领域的第一个五年计划也将进入科研成果的收获期。在这种情况下，把地球观测与导航技术领域相关的创新成果编著成书，集中发布，以整体面貌推出，当具有重要意义。它既能展示 973 计划和 863 计划主题的丰硕成果，又能促进领域内相关成果传播和交流，并指导未来学科的发展，同时也对地球观测与导航技术领域在我国科学界中地位的提升具有重要的促进作用。

为了适应中国地球观测与导航技术领域的发展，科学出版社依托有关的知名专家支持，凭借科学出版社在学术出版界的品牌启动了《地球观测与导航技术丛书》。

丛书中每一本书的选择标准要求作者具有深厚的科学研究功底、实践经验，主持或参加 863 计划地球观测与导航技术领域的项目、973 计划相关项目以及其他国家重大相关项目，或者所著图书为其在已有科研或教学成果的基础上高水平的原创性总结，或者是相关领域国外经典专著的翻译。

我们相信，通过丛书编委会和全国地球观测与导航技术领域专家、科学出版社的通力合作，将会有一大批反映我国地球观测与导航技术领域最新研究成果和实践水平的著作面世，成为我国地球空间信息科学中的一个亮点，以推动我国地球空间信息科学的健康和快速发展！

李德仁

2009 年 10 月

序

　　遥感技术具有宏观动态的优势，是全球资源环境监测不可或缺的重要手段，是全球人类可持续发展研究的重要技术支撑。遥感机理研究主要包括物理属性和几何属性两个方面，遥感物理机理、建模与反演研究是提高全球资源环境遥感监测定量化水平的基础，是遥感科学研究前沿之一。2000 年以来，国家重点基础研究发展计划（973 计划）连续支持了两个项目，形成了以李小文院士为核心的遥感物理定量基础研究团队，在遥感物理建模和地表参数定量反演等方面取得了一系列重要成果，推动了我国遥感物理定量的发展，在各个行业中得到了广泛的应用，在国际上也占有一席之地。为进一步满足全球生态系统监测评估，以及森林碳汇估算的需求，中国林业科学研究院资源信息研究所李增元研究员任首席科学家，联合北京师范大学、中国科学院遥感与数字地球研究所、武汉大学、电子科技大学、中国科学院大学和北京大学等单位，于 2013 年开始承担了 973 计划新的项目"复杂地表遥感信息动态分析与建模"，围绕复杂地表遥感机理与建模、遥感信息时空尺度效应以及植被三维结构和水热参量的多模式协同反演机制等关键科学问题，团结协作、攻坚克难。

　　通过 5 年的努力，项目组精心组织了复杂地表星-机-地遥感综合实验，在非均质混合像元空间异质性表征、山地遥感辐射散射机理和时空尺度扩展等关键科学问题方面取得了显著进展，实现了复杂地表遥感物理信息动态分析与建模理论的突破。可喜的是，项目组凝聚培养了一批优秀的青年学术带头人，在国际一流学术刊物上发表了一系列高水平学术论文，不断提升了我国遥感基础研究的国际学术地位。更加难能可贵的是，项目组特别注重基础研究与实际应用相结合，成果应用于国产卫星全球定量遥感产品生产，为科技部"全球生态环境遥感监测报告"提供了有效支撑；项目成果还直接应用于陆地生态系统碳监测卫星的载荷设计论证，填补了我国植被生物量遥感卫星探测的空白。

　　该书论述了复杂地表遥感信息动态分析与建模所涉及的前沿科学问题，分析了相关领域的国内外研究现状及发展趋势，全面阐述了项目所取得的最新研究进展和成果，是我国遥感基础研究领域的一本重要著作，可为相关领域科技工作者、高等院校师生和遥感应用相关从业人员提供有益的参考。

中国科学院院士
中国工程院院士
2018 年 12 月 8 日

前　　言

当前，虽然遥感机理建模与地表参数反演研究已取得一系列重要成果，并开始服务于行业需求，但是，由于对复杂地表的遥感机理不清，对遥感信息的尺度转换机理认识不足，复杂地表植被-土壤参数遥感定量反演精度有待进一步提高，植被理化参数垂直分布需要新的遥感探测方法，复杂地表土壤-植被水热参数精细反演缺乏多波段遥感协同新机制……总之，诸多关联遥感信息定量反演的科学问题严重制约着海量遥感数据的应用成效，定量遥感基础研究正面临新的机遇与挑战。因此，如何充分利用多源、长时间序列对地观测数据，发展刻画复杂地表动态变化的遥感机理模型，提出改进植被-土壤系统参数估算精度和遥感产品的时空连续性的新思路和新方法，满足多学科对遥感动态信息的需要，推动日益增加的卫星数据的有效应用，是近年全球遥感科学与技术发展关注的重要方向之一。在此背景下，自 2013 年起中国林业科学研究院联合北京师范大学、中国科学院遥感与数字地球研究所、武汉大学、电子科技大学、中国科学院大学和北京大学等科研院所和高校，开展了国家重点基础研究发展计划（973 计划）项目"复杂地表遥感信息动态分析与建模"的研究。

项目组围绕"复杂地表遥感信息动态分析与建模"的国家重大需求和国际科学前沿，突破了非均质混合像元空间异质性表征、山地遥感辐射散射机理和时空尺度扩展等关键科学问题，引领了国际复杂地表定量遥感方向；创造性地提出了复杂地表植被-土壤参数多模式遥感协同反演的新机制，实现了复杂地表遥感动态分析与建模理论的突破。本书以该项目的研究内容为基础，对相关成果进行了较系统的阐述，共设八章，每章的主要内容如下。

绪论：总结了复杂地表定量遥感模型与反演研究的国家重大需求，论述了复杂地表遥感信息动态分析与建模所涉及的科学问题，分析了相关领域的国内外研究现状及发展趋势，阐述了本专著主要研究内容的必要性及其科学价值。

复杂地表遥感辐散射机理建模：阐述了复杂地表空间异质性的表达方法及全球地表空间异质性的分析结果，介绍了复杂地表的二向反射特性建模、热辐射方向性建模、雷达后向散射建模、激光雷达建模、全波段的遥感联合模拟的最新进展，以及复杂地表遥感机理模型的验证及真实性检验。

遥感信息空间尺度效应及尺度转换：从普适性尺度转换模型的角度阐释了复杂地表空间尺度效应产生的机理，以叶面积指数(LAI)、吸收光合有效辐射比例(FAPAR)和植被覆盖度(FVC)等要素为例，较为系统深入地介绍了遥感参数的空间尺度转换方法。

遥感信息动态特征模型与时间尺度扩展：主要论述遥感信息动态特征提取方法、遥感信息的动态变化模型构建、遥感信息的时间尺度扩展方法和综合多源数据的时空分布参数估计方法。

复杂地表森林垂直结构信息遥感定量提取：阐述了极化 SAR（PolSAR）复杂地

形效应和校正方法、干涉 SAR（InSAR）层析森林垂直结构信息反演模型和方法及多模式遥感协同反演森林垂直结构信息的方法。

植被垂直生理生化参数信息遥感提取理论和方法：阐述了植被生理生化参数垂直异质性特征分布的遥感信息主被动遥感反演的理论和方法，重点论述了基于主动光学遥感的植被叶面积密度、叶绿素等植被结构和生化信息一体化反演的方法、仪器和技术。

土壤-植被水热参数多模式遥感协同反演：论述了热红外与微波辐射协同反演机制、土壤-植被水热参数遥感反演模型和方法、热红外遥感与微波协同反演地表温度、土壤水分和陆表冻融状态监测的方法。

区域森林生物量动态信息多模式遥感协同提取：介绍了复杂地表遥感综合实验、森林生态过程综合模拟方法与时间序列主被动遥感数据的森林地上生物量信息动态分析与建模。

本书由李增元拟定大纲，组织撰写。各章主要执笔人为：第 1 章李增元、田昕、陈尔学等；第 2 章柳钦火、李静、曾也鲁、焦子锑、闻建光、范谓亮、杜永明、曹彪、孙国清、倪文俭、杜阳、黄华国、张阳、肖青和柏军华等；第 3 章阎广建、穆西晗、姜小光、范闻捷、吴骅、张吴明、谢东辉、胡容海、王祎婷、陈一铭和高湛等；第 4 章柏延臣、肖志强、王锦地、屈永华、光洁、宋金玲、周红敏、杜克平等；第 5 章李增元、倪文俭、陈尔学、赵磊和李兰等；第 6 章牛铮、高帅、李世华、孙刚、李旺和寇培颖等；第 7 章蒋玲梅、柴琳娜、张仁华、周纪、刘志刚、邱玉宝、崔慧珍和王健等；第 8 章田昕、李增元、倪文俭和闫敏等。全书由李增元、陈尔学、赵磊等统稿，由李增元审定。

本书是在国家重点基础研究发展计划（973 计划）"复杂地表遥感信息动态分析与建模"项目（2013CB733400）资助下完成的。项目开展期间得到了国内相关单位和同行的无私帮助，作者在此表示衷心感谢。由于水平有限，书中难免有不足之处，恳请读者提出宝贵意见。

除书后所附彩图外，读者可扫描封底二维码获取更多彩图资源，供阅读参阅。

作　者

2018 年 6 月

目　　录

《地球观测与导航技术丛书》编写说明

序

前言

第1章　绪论 ·· 1

1.1　国家重大需求 ·· 2

1.2　主要科学问题 ·· 4

1.3　复杂地表遥感信息动态分析与建模研究现状 ····················· 5

1.4　章节概述 ·· 21

参考文献 ·· 22

第2章　复杂地表遥感辐散射机理建模 ···································· 33

2.1　复杂地表空间异质性 ·· 33

2.2　复杂地表二向反射特性建模 ··· 38

2.3　复杂地表热辐射方向性建模 ··· 73

2.4　复杂地表后向散射特性建模 ··· 88

2.5　复杂地表激光雷达信号建模 ··· 97

2.6　全波段遥感联合模拟 ·· 105

2.7　复杂地表遥感机理模型验证及复杂地表真实性检验 ··········· 119

2.8　小结 ·· 132

参考文献 ··· 133

第3章　遥感信息空间尺度效应及尺度转换 ···························· 141

3.1　尺度效应的定义和表达 ··· 141

3.2　复杂地表普适性尺度转换概念模型 ································· 143

3.3　复杂地表物理模型参数化及尺度效应 ······························ 148

3.4　植被结构参数地面间接测量及尺度效应 ···························· 168

3.5　复杂地表植被结构参数遥感反演尺度转换动态验证 ············· 193

3.6　小结 ·· 221

参考文献 ··· 221

第4章　遥感信息动态特征模型与时间尺度扩展 ······················ 228

4.1　遥感信息动态特征提取方法 ·· 228

4.2　遥感信息的时间尺度扩展方法 ······································· 259

4.3　多源定量遥感产品时空融合 ·· 276

4.4 小结 296

参考文献 296

第 5 章　复杂地表森林垂直结构信息遥感定量提取 303

5.1 极化 SAR 复杂地形效应及校正方法 303

5.2 InSAR 层析森林垂直结构信息定量提取模型和方法 323

5.3 多模式遥感协同森林垂直结构信息反演 339

5.4 小结 353

参考文献 353

第 6 章　植被垂直生理生化参数信息遥感提取理论和方法 356

6.1 植被垂直生理生化参数一体化提取理论 356

6.2 植被生理结构参数垂直分布信息提取方法 362

6.3 植被生化组分参数垂直分布信息提取方法 391

6.4 面向植被参数垂直分布探测的多波段激光雷达装置研究 402

6.5 小结 431

参考文献 431

第 7 章　土壤-植被水热参数多模式遥感协同反演 436

7.1 热红外与微波辐射协同反演机制 436

7.2 土壤-植被水热参数遥感反演模型和方法 452

7.3 多模式协同地表土壤-植被水热参数反演模型和方法 489

7.4 小结 511

参考文献 512

第 8 章　区域森林生物量动态信息多模式遥感协同提取 520

8.1 森林生物量动态监测遥感综合实验 520

8.2 森林生态过程综合模拟方法 544

8.3 时间序列主被动遥感数据的森林地上生物量信息动态分析与建模 ... 571

8.4 小结 604

参考文献 605

彩图

第1章 绪 论

陆地表面的复杂多变是遥感信息分析与建模的关注点。"复杂地表"是指地形复杂、地块破碎、类型多样、属性多变的地表。"复杂地表"是中国国土的基本国情,复杂地表遥感辐射传输建模是遥感科学研究的国际前沿,是提高定量遥感产品精度、有效满足遥感应用需求的根本保障;遥感信息动态分析与建模是实现遥感从瞬间观测到获取时空连续信息的前提,是遥感基础研究与应用结合的重要环节,是保护生态环境、履行国际环境公约的战略需求。

复杂地表遥感是当前遥感基础研究的薄弱环节,其建模理论更是遥感科学发展的国际前沿。现有的定量遥感模型多是基于地表均一条件下的遥感辐射传输原理,而对地表混合像元内的相互作用、地形影响、植被三维结构等关键科学问题研究不足。实际上在遥感像元尺度上多数地表并非均质地表,包括复杂山区、地表覆盖等多样的自然景观,遥感像元一般表现为混合像元。现有的均质地表假设条件下建立的遥感辐射传输模型不能满足非均质地表条件下遥感产品生产的需要,限制了在全球土壤-植被生态参量监测、地表过程及地球系统科学研究中的应用。发展复杂地表像元尺度主被动辐射传输动态建模及反演理论,是遥感科学研究中的前沿方向,可为植被三维结构及动态变化信息探测等遥感新方法、新技术提供模型依据,对于推动定量遥感科学发展具有重要的意义。

遥感只能获取瞬间观测数据,不能直接提供时间连续的信息产品。遥感信息动态分析方法可以为获取地表连续时空分布信息提供理论基础。基于多年积累的时间序列遥感观测和数据产品,分析遥感信息的动态特征,发展描述陆表相关参量动态变化的时空过程模型,就有能力将各种时空尺度零散分布的观测数据融合到一起,实现多源观测数据的协同反演,有望为遥感数据的应用带来革命性的变化。如果充分集成现有成熟的过程模型作为先验知识来支持遥感信息动态分析,生成高精度时空连续的遥感产品,将有力地促进遥感技术的广泛应用。

为此,在"十二五"国家重点基础研究发展计划(973 计划)支持下,"复杂地表遥感信息动态分析与建模"项目(2013CB733400)面向对地观测技术快速发展、急需提高遥感信息动态分析与建模能力的战略需求,围绕复杂地表植被-土壤遥感信息由多期静态观测到时空连续扩展,构建复杂地表的遥感辐射传输模型系列,多尺度长时间序列遥感信息时空尺度转换与动态分析模型系列,发展关键地表参数的多模式遥感协同反演理论,形成森林植被垂直结构、生理生化参量三维信息与土壤水热参数的多维度遥感信息动态分析与建模的新方法体系,提高植被-土壤参数反演精度和信息提取效率,降低遥感监测评估成本,促进定量遥感科学与对地观测技术发展,提升我国生态环境遥感动态监测与预警能力。

1.1   国家重大需求

（1）遥感基础理论研究是推动我国成为卫星遥感应用世界强国的必要内容，是实现国家中长期规划目标的重要保障。

目前，我国已形成气象、海洋、资源、环境与减灾、测绘五大民用卫星系列，已开展的国家对地观测系统重大科技专项，到 2020 年，将投资近 500 亿元，发射多颗不同载荷的卫星，加之一些行业部门的规划（如原国土资源部的陆海卫星），预计"十二五"和"十三五"期间将要发射的民用卫星不少于 30 颗，携带的载荷近百种，将是国际上最大的对地观测技术与应用的投资国，成为卫星大国已成必然。 据估计，全球卫星数据的有效应用比例为 10%~20%。面对我国如此众多地来源于不同传感器、不同时空分辨率的数据，以及土地、农林、环境、灾害、城镇等种类繁多的应用，如何充分利用这些数据，从中挖掘出有用的信息，已成为迫切需要解决的重要问题。遥感基础理论研究将为从遥感数据到信息的转换提供方法，从而有效推动卫星遥感应用的发展，促进各行业遥感业务运行体系的建设，使我国从遥感应用大国走向世界强国。

《国家中长期科学和技术发展规划纲要（2006－2020 年）》相关主题明确提出发展地球综合观测技术，要"开发生态和环境监测与预警技术，大幅度提高改善环境质量的科技支撑能力"，要"重点研究开发大尺度环境变化准确监测技术""重点开发区域环境质量监测预警技术"。因此，发展生态环境遥感监测技术，从地面到天空地一体化监测，从局地到大尺度监测，从定点到空间连续监测，从依赖特定卫星重复周期到时间连续监测是国家的重大需求。

（2）复杂地表是我国国土的基本国情，复杂地表的遥感基础研究是提高定量遥感产品精度、有效满足我国遥感应用需求的根本保障。

定量遥感建模的基础是辐射传输理论。截至目前，世界各国遥感辐射传输建模多针对单一地表，而对像元由多种地表类型混合组成，且地形非平坦的，复杂地表鲜有研究。

我国地形复杂，山区占全国总面积的 2/3，地表覆盖类型多样，地块破碎，以简单地表为条件的遥感模型，用于复杂地表参数反演必然产生较大误差。例如，复杂地形可引起遥感观测地表反射率误差达到 10%~15%（Wen et al.，2009），地表的短波辐射计算误差达到 900W/m^2（Hansen et al.，2002）；森林生态系统碳密度最高值是最低值的 4~5 倍，以简单地表为假设的生物量测量足以导致对陆地植被碳储量难以接受的估算误差；常规的合成孔径雷达（SAR）强度辐射定标算法假设地形是平坦的椭球面，并没有考虑具体地形变化的影响，对于平坦地形区相对定标精度可达±1dB（Srivastava et al.，1999），但在地形复杂的山区，由局地成像几何的变化引起的后向散射变化可达±5dB（Beaudoin et al.，1995），使得山区 SAR 后向散射系数与森林生物量的相关性很低，严重阻碍了 SAR 在山区的应用。简单地表的假设极大地降低了陆地遥感的反演精度，造成对植被、土壤等陆表生态环境参量及其动态变化特征的掌握极不精确，使农业、林业、水文、气象、测绘、减灾、环境、国土和全球变化等部门的遥感监测、评估、预警和预报等应用工作面临难以接受的误差，极大地阻碍了各行业的遥感应用。因此，加强复杂地表遥感基础研究，是提高定量遥感产品精度、满足行业需求的关键所在。

（3）遥感信息动态分析与建模是实现遥感的瞬间观测到时空连续的前提，是我国保护生态环境、履行国际环境公约的战略需求。

遥感信息动态分析与建模可以实现遥感的瞬间观测到时空连续。长期以来，从遥感观测中定量提取地表信息，主要基于描述遥感成像瞬间获取的电磁波信号与地表参量关系的遥感物理模型，缺乏描述遥感信息动态特征的模型，使得当前可供使用的遥感数据产品，在时空连续性上不能满足应用的需求。以影响植被生态系统的地表温度为例，时时刻刻都在变化，如果用遥感瞬间测量的温度代替全天的平均温度，在 7 月中纬度农田区可相差 5℃。而由于云雨、卫星轨道和幅宽等因素，中分辨率卫星数据获取的间隔时间可能长达 10~30 天，处于生长期的生物量、叶面积指数、地表水分等植被生态系统要素的遥感反演结果也很难具有代表性。

缺乏遥感信息动态分析与建模手段而造成的地表信息反演误差，将导致遥感难以为地球系统科学的各种模型提供高精度的时空多变参数信息。21 世纪以来，我国经济社会高速发展与生态环境保护、应对全球变化的矛盾越来越突出。在经济全球化背景下，中央明确提出坚持科学发展观、建设和谐社会的总体目标，在继续保持快速发展的同时，加强生态环境保护、保障重要战略资源需求、提高应对全球变化的能力是我们面临的迫切任务。

习近平主席于 2015 年 11 月 30 日，在巴黎出席气候变化巴黎大会开幕式，并在发表题为《携手构建合作共赢、公平合理的气候变化治理机制》的重要讲话强调，巴黎大会要加强《联合国气候变化框架公约》的实施，协议应该有利于实现公约目标，有效控制大气温室气体浓度上升，引领绿色发展；应该有利于凝聚全球力量，鼓励广泛参与，提高公众意识。中国一直是全球应对气候变化事业的积极参与者，中国是世界节能和利用新能源、可再生能源第一大国。中国将落实创新、协调、绿色、开放、共享的发展理念，形成人和自然和谐发展现代化建设新格局。因此，充分利用日益增长的多种遥感观测数据，分析其动态变化特征及影响因素，构建遥感信息的动态变化模型，进而推动遥感基础研究提出新理论、发展新方法，支持生成时空连续的遥感数据产品，已成为满足国家决策和行业应用对时空连续动态信息需求的重要科学问题。该成果可进一步推动全球森林碳汇变化的连续动态监测和分析预警，将为我国制定应对气候变化中长期战略、参与气候变化政府间谈判提供决策支撑信息，是加强生态环境保护、履行国际环境公约和参与全球气候谈判的必然要求。

（4）陆表生态参量时空协同建模与分析是推进我国生态文明建设、林业行业发展的保障，以我国为主带动"一带一路"生态环境监测与建设的重大需求。

中国共产党第十八次全国代表大会把生态文明建设纳入中国特色社会主义事业"五位一体"总体布局，中国共产党第十八次中央委员会第三次、第四次、第五次全体会议（简称十八届三中、四中、五中全会）和《中共中央国务院关于加快推进生态文明建设的意见》（2015 年 4 月 25 日）就生态文明制度体系、法律制度和战略布局做出了重大部署。意见中明确要求，利用卫星遥感等技术手段，对自然资源和生态环境保护状况开展全天候监测，健全覆盖所有资源环境要素的监测网络体系。2016 年 11 月 24 日国务院印发了《"十三五"生态环境保护规划》，进一步明确，建立天地一体化的生态遥感监测系统，实现环境卫星组网运行；建立全国自然保护区"天地一体化"动态监测体系，利用遥感等手段开展监测，国家级自然保护区每年监测两次，省级自然保护区每年监测一次。

林业是生态建设的主体，履行着建设和保护"三个系统、一个多样性"的重要职能，即建设和保护森林生态系统、保护和恢复湿地生态系统、改善和治理荒漠生态系统及维护生物多样性。习近平总书记、李克强总理等中央领导同志关于生态文明建设和林业改革发展作出了一系列重要讲话和指示批示，对林业提出了"稳步扩大森林面积，提升森林质量，增强森林生态功能，为建设美丽中国创造更好的生态条件"的明确要求。特别是习近平总书记在中央财经领导小组第12次会议上关于森林生态安全的重要讲话强调，森林关系国家生态安全。要着力提高森林质量，坚持保护优先、自然修复为主，坚持数量和质量并重、质量优先，并明确指示要实施森林质量精准提升工程。

为贯彻落实党中央、国务院对林业工作的目标要求和中央领导同志的系列重要批示指示精神，特别是习近平总书记关于森林生态安全和精准提升森林质量的重要讲话精神，国家林业局于2016年5月20日印发了《林业发展"十三五"规划》（林业"十三五"规划）（林规发〔2016〕22号）。林业"十三五"规划指出，要"深化遥感、定位、通信技术全面应用，构建天空地一体化监测预警评估体系，实时掌握全国生态资源状况及动态变化"。

2016年10月22日，国家国防科技工业局、国家发展和改革委员会发布《关于加快推进"一带一路"空间信息走廊建设与应用的指导意见》，明确"'一带一路'空间信息走廊以在轨和规划建设中的通信卫星、导航卫星及遥感卫星资源为主，形成'感、传、知、用'四位一体的空间信息服务系统，为'一带一路'沿线国家及区域提供空间信息服务能力，实现信息互联互通"。

1.2　主要科学问题

复杂地表遥感信息动态分析与建模所涉及的科学问题主要包括复杂地表空间异质性表征与遥感辐射散射机理、复杂地表遥感信息时空尺度扩展机理和复杂地表植被-土壤参数多模式遥感协同反演机制。

1.2.1　复杂地表空间异质性表征与遥感辐射散射机理

遥感辐射传输模型是高精度遥感信息动态分析与建模的理论基础，但是，我国山区占国土面积2/3以上，地形复杂，地表类型多样，景观斑块破碎，复杂地表是我国国土的基本国情，现有的遥感辐射传输模型不能满足复杂地表高精度定量遥感监测与动态分析的需求。如何表征复杂地表空间异质性，刻画遥感混合像元内各组分的属性特征及动态变化规律，定量描述各组分内和组分间的辐射、散射机理，建立非均质混合像元主被动遥感辐射传输模型，已成为提高山区定量遥感精度和遥感数据有效利用率亟需解决的关键科学问题。

1.2.2　复杂地表遥感信息时空尺度扩展机理

由于地形的复杂性、地表类型的多样性和地表属性的多变性，遥感数据基本上都是时空多变的混合像元，不同平台、不同传感器的遥感数据往往反演出不同的结果。复杂地表遥感反演参数的尺度转换规律是什么？有没有适合复杂地表的最优遥感反演尺度？如何在遥感反演中表征时空多变量的动态变化规律，并将多源瞬间遥感观测和时空多变参量的动态变化综合来生成时空连续的遥感数据产品？这些都是迫切需要解决的关键科学问题。

1.2.3 复杂地表植被-土壤参数多模式遥感协同反演机制

复杂地表植被-土壤动态信息遥感反演存在的反演精度低、易出现信号饱和与弱信息现象、模型对复杂地表（地形复杂、植被 3D 空间分布异质性强）适应性差、单一模式传感器难以提供足够信息等问题，如何通过利用激光雷达、SAR 层析、光学立体测量、多角度光学、高光谱、被动微波、热红外等越来越多的遥感资源，揭示多模式遥感的优化组合机理，探索多模式遥感与协同反演机制，是提高反演能力和精度的关键所在。

为了解决这些科学问题，应从如下 4 个方面开展定量遥感科学研究：复杂地表遥感辐散射机理及动态建模、复杂地表遥感信息时空尺度扩展模型和方法、复杂地表森林三维信息多源遥感协同反演及动态分析、复杂地表土壤-植被水热参数多模式遥感协同反演。通过这些研究，构建复杂地表可见光、红外和微波波段的主被动辐射传输模型系列及多尺度长时间序列遥感信息时空尺度转换与动态分析模型系列，发展关键地表参数的多模式遥感协同反演理论，形成森林植被垂直结构、理化参量三维信息与土壤水热参数的多维度遥感信息动态分析与建模的新方法体系，以提高植被-土壤参数反演精度和信息提取效率，降低遥感监测评估成本，促进定量遥感科学与对地观测技术发展，提升中国生态环境遥感动态监测与预警能力。

1.3 复杂地表遥感信息动态分析与建模研究现状

1.3.1 遥感辐射散射机理模型

遥感机理模型是定量提取地表生态系统要素的理论基础。在植被光学遥感中，辐射传输模型的发展经历了对地表描述从理想假设到逐渐逼近真实地表的发展过程。假设地表植被为均匀植被，发展了一系列以均匀地表假设为基础的辐射传输模型（Kuusk，1995；Huemmrich，2001；Verhoef et al.，2007）及适合于稀疏林地和离散植被的几何光学模型（Li and Strahler，1992）。利用计算机强大的计算能力和图形模拟功能，又发展了一系列基于真实场景的计算机模拟模型（Goel et al.，1991；Qin and Gerstl，2000；Liu et al.，2007；Huang et al.，2013a）。但无论是辐射传输模型还是计算机模拟模型，都不能准确刻画非均质混合像元辐射的动态变化特征。因而，复杂地表条件下遥感像元尺度的辐射传输模型扩展，就成为遥感建模的重要研究方向。

主动微波遥感机理建模也经历了与光学遥感建模相似的发展过程，从连续植被模型（Attema and Ulaby，1978）到层状模型（Ulaby et al.，1990），再到三维模型（Sun and Ranson，1995）和真实森林场景模型（Liu et al.，2010）。传统的建立在辐射传输理论基础上的模型主要用于模拟 SAR 后向散射系数，干涉 SAR（InSAR）/极化干涉（PolInSAR）

技术的发展对相干模型的需求日益增强。从辐射传输模型的发展过程看，三维雷达后向散射模型是优选的模型，它既能描述植被在水平方向的不连续性又能描述垂直方向的异质性，同时相对于真实场景模型，所需要的计算量大大减小，目前已经建立了高分辨率的相干雷达后向散射模型（Ni et al.，2014），为了用于模拟复杂地表场景，发展中低分辨率的相干散射模型成为必需。

目前，针对植被的被动微波遥感模型，都把植被层当作连续介质，没有考虑植被在真实场景中的三维空间特征。另外，由于陆表植被结构的复杂多样，针对土壤-植被系统的微波辐射传输模型通常也比较复杂，很难直接应用于反演。基于遥感机理模型，发展精度较高、形式相对简单的参数化模型是一个有效的解决方案。Shi 等针对 AMSER-E 配置发展了裸露地表反射率参数化模型（Shi et al.，2002）和裸露地表微波辐射参数化模型（Shi et al.，2005），Jiang 等（2007）针对积雪覆盖地表发展了微波辐射参数化模型，以及 Chen 等（2010）针对 L 波段发展的地表发射率模型等。这些模型兼具了半经验模型和简化物理模型简洁的方程形式和高效的计算效率，以及物理模型可靠的计算精度，已在各种反演算法中得到了广泛的应用。进一步的发展趋势，则是构建适用于复杂地表的土壤-植被微波辐射参数化模型。

总之，复杂地表空间异质性表征与遥感辐射散射机理动态建模是遥感基础理论研究最前沿的共性科学问题之一，具有学科交叉性强、难度大的特点。美国、加拿大和欧洲等遥感发达国家和地区，一贯重视遥感机理模型研究工作，发展了众多基于单一地表类型假设的辐射散射机理模型。近些年来，以欧美和中国学者为主的科学家们进一步推动了基于三维近真实场景的遥感正向模拟模型的发展，但目前仍然缺乏可描述复杂地表辐射传输机理的动态模型。

1.3.2 空间尺度扩展

尺度（scale）是与空间现象相关的术语，定量遥感建模和遥感关键参数反演都面临尺度问题。不同遥感图像像元对应的地表单元具有从亚米级到数千米不同尺度的空间分辨率，这些不同尺度的像元反映出的同一地表物体的信息量是不同的。

自 20 世纪 70 年代中期以来，遥感中的尺度问题开始被人们关注。在利用遥感图像进行土地利用和土地覆盖变化研究时人们发现，不同分辨率及分类处理窗口大小对分类精度有很大影响（Marceau，1999）。国际上尺度问题已成为遥感研究的热点（Quattrochi and Goodchild，1997）。国内李小文院士从 1999 年开始系统性地研究普朗克定律、互易原理等基本物理定律在应用到遥感像元尺度时的尺度效应和尺度转换方法（李小文等，1999），在遥感界引起了同行的高度关注。作为概念性的普适尺度转换模型，基于泰勒级数展开的方法已经提出过（Hu and Islam，1997；Wu and Li，2009）。大家对此问题的一个基本的共识是认为尺度效应来自于地表异质性和模型的非线性（Garrigues et al.，2006）。李新（2013）从不确定性的角度考虑地表参数的高度空间异质性，提出应以随机的观点对待复杂的陆地表层系统（如数据同化方法）并发展描述动力学系统统计分布的新一代模型。2007 年开始执行的国家 973 计划"陆表生态环境要素主被动遥感协同反演理论与方法"中，将尺度效应及转换方法专门作为一个课题，较为系统深入地针对反照率、叶面积指数、地表温度、植被覆盖度等遥感时空多变要素进行尺度问题的研究，并提出了普适性尺度转换概念模型（Hu and Islam，1997；Wu and Li，2009）。李小文和王祎婷（2013）提出地理学中研究"尺度综合"的思路，在解决遥感科学核心问题"尺度效应"方面先搭建一个方法框架。

1. 叶面积指数反演与尺度效应

叶面积指数（leaf area index，LAI）定义为地表单位面积柱体上叶片总面积的一半，是衡量植被浓密程度和长势的基本参数。作物的叶面积指数是描述植被长势的关键指标。通常可以利用多光谱或高光谱数据反演得到。

LAI 因其重要性和时间变化相对稳定的特性，经常被用来作为尺度效应研究的示例参数。相关研究利用半变异函数（Garrigues et al.，2006；Chen et al.，2006）、泰勒级数展开（Zhu et al.，2010）和计算几何（Wu et al.，2009）等尺度转换模型，研究不同源 LAI 之间的尺度转换方法；通过尺度转换规律，从多尺度遥感图像系列中同时计算出作物播种面积和 LAI（Fan et al.，2010）。

2. FAPAR 反演与尺度效应

吸收光合有效辐射比例（fraction of absorbed photosynthetically active radiation）也称为 FAPAR 或 fAPAR，植被吸收的光合有效辐射（PAR）在入射太阳辐射中所占的比例。FAPAR 作为植被的基本生物物理参数，可用于估计植被的初级生产力和二氧化碳吸收，是作物生长模型、净初级生产力模型、气候模型、生态模型、水循环模型、碳循环模型等的重要陆地特征变量（Liu et al.，1997；Liang，2004；吴炳方等，2004）。FAPAR 可与冠层基本参数如 LAI、冠层结构、叶绿素等建立相关关系得到，也可直接利用太阳光谱区间的遥感测量值直接反演得到，迄今为止，已经提出了一系列的算法用于估计该参数，主要分为经验关系表达和辐射传输模型反演两种。

近年来遥感反演 FAPAR 的尺度效应的研究相对比较少，对 FAPAR 的尺度转换研究就更加少见。Friedl（1997）用场景仿真（scene simulation）（Strahler et al.，1986；Friedl et al.，1995）生成了几个尺度上的影像，用公式计算了 NDVI，并用经验关系式计算了 LAI 和 FAPAR 在几个尺度上的值。结果发现随着尺度的变化，FAPAR 与 NDVI 的关系也发生变化，表现为散点图的方差变小，即 NDVI 和 FAPAR 值的振荡变小；NDVI 和 FAPAR 的取值范围也变小，如当分辨率从 30 m 降到 990 m 时，FAPAR 的取值从区间（0.05~0.94）变为（0.41~0.70）。另外，Friedl 在结论部分进一步声明，实际影像的尺度效应会比场景仿真的结果更为复杂。

Tian（2002）在其博士学位论文中提到，基于辐射传输方程反演的 FAPAR 的尺度效应根源是冠层柱体之间的辐射水平传输。她用公式定量表达了辐射传输方程的尺度依赖性质，指出媒介中光子水平迁移的平均长度是辐射传输方程尺度依赖的根本原因，并利用 Green 函数解释了散射中心吸收和反射性质的尺度依赖，并且提出可以依据土地覆盖类型的比例相应修正单次散射反照率来描述像元异质性。而这些研究都是针对平坦地形进行的，缺乏针对复杂地表的具有明确物理意义的尺度效应机制分析。

3. FVC 尺度效应

目前国内外遥感反演植被覆盖的方法多为针对平地的模型，并没有考虑到地形效应的影响。常用的反演方法有基于植被指数的估算方法和基于数据挖掘的估算方法。

复杂地形区的粗分辨率遥感像元由于内部的坡面变化,空间异质性增强,加上 NDVI 等反演植被覆盖度所用指数本身的非线性,"尺度效应"相应比平地要显著。Leprieur 等（2000）利用像元二分法线性模型分别计算了不同空间分辨率的 AVHRR 1 km 数据和 SPOT 20 m 数据的植被覆盖度后发现,二者反演出来的结果存在很大差异,作者认为随着观测尺度的增大,内部的异质性也越大,将导致植被覆盖度的尺度依赖性。江淼和张显峰（2011）研究了采用不同遥感数据源和不同反演模型时研究区植被覆盖度信息提取中存在的尺度效应。

植被覆盖度尺度转换的目标是使低分辨率数据提取的 FVC 产品精度等效于高分辨率上独立提取的FVC产品。Zhang 等（2006）提出了基于 NDVI 空间尺度纠正模型的植被覆盖度计算方法,当 NDVI 尺度效应明显时,基于不同尺度 NDVI 计算的植被覆盖度相差很大,在植被和水体混合时尤为明显,需要对植被覆盖度进行尺度纠正（Jiang et al., 2006）。

1.3.3 时间尺度扩展

遥感的优势在于对地表变化的动态监测。定量遥感反演面临着遥感瞬间模型不足以反映地表动态变化特征的问题,而且仅仅依靠时间离散的遥感观测无法完整和连续地表达地表参数的空间分布变化和时间演进过程。近年来,将时间序列遥感观测数据与地表过程模型相结合的遥感反演方法研究取得了较大进展,有望在利用遥感动态特征信息的表达、地表参量反演的时间尺度扩展与遥感产品的时空融合方面取得新的突破。

1. 遥感动态特征分析与建模

植被是时空变化最为显著的地表类型,也是遥感信息动态特征分析与建模的主要研究对象。植被的动态变化特征反映了植被随生长参量、时间等变化的规律。多年积累的长时间序列遥感观测和地表参量遥感产品,是遥感信息动态特征分析的重要数据源。研究分析时间序列数据,包括提取时间序列数据的趋势信息、季节信息及各种物候因子、数据随时间变化的特征等,对动态分析具有重要意义。用于时间序列数据的分析方法,主要包括波谱分析、小波分析、线性回归分析及统计建模分析等几种方法。Zhang 等（2008）和 Jakubauskas 等（2001）将波谱分析方法用于 NDVI 及其他的植被指数,支持作物种类识别或土地分类等;Sakamoto 等（2005）发展了基于小波分析判断作物生长物候的方法,Galford 等（2008）用这种方法分析了 MODIS EVI 时间序列数据,用于探测巴西地区的作物生长面积和势态;Hüttich 等（2007）应用线性回归方法分析 NDVI 时间序列数据,得到了北欧地表覆盖的变化趋势。

针对长时间序列数据建模和动态特征信息提取,常用的方法主要有:时间序列滤波模型、时间序列分解模型、基于数学模型的季节性自回归滑动平均模型及基于稀疏表示和稀疏编码的时间反射率融合模型。Savitzky 和 Golay（1964）提出的 SG 滤波,常用于 NDVI 和 LAI 时间序列平滑。LandTrendr 是一种从 Landsat 年时间序列数据中提取地表光谱变化轨迹的方法,可以捕获时间序列的短期变化和平滑长期趋势（Kennedy et al., 2010）。Cleveland 等（1990）提出基于 LOESS 滤波的 STL 方法是一种在时间序列数据分析中常用于趋势分离的方法，适用于有缺失值、异常值，季节性较明显的时间序列数据分析。Box 和 Jenkins（1990）提出季节性自回归滑动平均（SARIMA）模型，可应用于有明显季节变化的时间序列分析，如对 LAI 多年变化规律的提取和预测。

将上述方法用于分析遥感动态特征还有一定的局限性，需要针对遥感时序数据进行研究，发展适用于遥感时间序列产品分析的方法，提取遥感信息的动态变化特征。

2. 遥感数据同化与时间尺度扩展

数据同化曾广泛用于大气、海洋变量估计，数据同化的目的在于"利用现有的所有信息来定义一个最大可能精确的大气（海洋）运动状态"（Talagrand，1997），即要得到满足自然变化规律的环境变量的估计值。将数据同化的原理引入遥感估算地表参量，可以有效改进地表动态变化参量估算结果的时空连续性。

法国遥感中心和欧洲几个实验室共同主持的基于知识的遥感数据分析和环境信息提取（ReSeDA）项目，将遥感数据同化到植被和土壤的功能模型中，提出了估计地表蒸散、农作物净初级生产力和产量的方法（Prevot et al.，1998）。由法国空间研究中心（CNES）、法国国家农业研究院（INRA）等研究机构联合组织的 ADAM 项目，利用变分方法将遥感数据同化到植被功能模型中，取得了较好的效果（Favard et al.，2004）。Xiao 等（2009）提出了一种集成时间序列 MODIS 地表反射率数据估计 LAI 的数据同化方法，反演结果明显优于 MODIS LAI。Liu 等（2008）提出了一种耦合核驱动模型和过程模型，同化时间序列 MODIS 反照率数据反演 LAI 的方法。针对资源、环境与灾害监测对高精度 LAI 产品的实时/近实时需求，Xiao 等（2011）提出了基于集合 Kalman 滤波从遥感观测数据中实时估计 LAI 的同化方法，在缺乏观测数据时，能提供相对合理的 LAI 值。

但是，对于复杂的植被生态系统时空连续动态遥感监测而言，传统的数据同化方法依赖完善的陆面过程模型限制了同化策略的应用。遥感数据同化需要基于已有多源遥感产品、地表参量时空动态知识和各种地面连续观测数据提取时空动态特征，进行建模和知识化表达。相关研究表明，利用数据同化思路将地表过程模型引入遥感动态信息反演，在生成时空连续一致的地表参数产品中具有巨大潜力，而实现遥感信息的动态特征建模与时间维扩展，提高地表参数反演精度，已成为近年来定量遥感反演亟需解决的问题。

3. 多源遥感数据产品的时空融合

过去十多年来，遥感已经从单纯提供观测数据的时代全面转型为提供各种专题科学数据产品的时代。但是，受卫星观测能力和反演方法的局限，单一传感器反演得到的定量遥感产品存在着精度不够或精度时空不一致、缺少时空完整性和连续性、不同传感器反演得到的产品间缺少物理一致性、产品时空尺度单一等问题，限制了定量遥感产品的应用。但是，由于不同的传感器过境时间不同，分辨率不同，受天气影响的程度不同，不同传感器反演得到的地表参数遥感产品所提供的信息在时空分辨率、时空完整性、精度等方面具有一定互补性。如何基于多传感器产品间的互补性，综合利用多源遥感产品、集成各种地表参数时空变化的知识和模型输出，以及各种地面辅助观测数据生成具有更高精度、多尺度、时空完整、一致的遥感产品成为一个重要的问题。正如 Aires 和 Prigent

（2006）所指出的：“必须发展创新的技术来融合卫星观测、模拟模型的输出和地面实测信息，以形成更好的地表产品。”

近年来，多源定量遥感产品融合的方法研究得到广泛关注，已经发展了一系列融合方法。Wang 和 Liang（2011）将 EOF 方法用于融合 MODIS LAI 和 CYCLOPES LAI 数据产品。经高分辨率 LAI 数据的验证结果表明，这些方法都能基于多年背景场信息和空间邻近像元来改进数据的完整性，同时能改善原 LAI 产品中的不合理的时空变异问题。DIEOF（data interpolation empirical orthogonal function）方法被用于卫星 SST 产品的缺值估计（Ganzedo et al., 2011；Alvera-Azcárate et al., 2007, 2005）。与最优插值等方法相比，EOF 方法的优点之一是它只是根据可获得的数据计算必要的信息，没有主观的参数需要进行估计（Beckers et al., 2006），而且计算量小（Alvera-Azcárate et al., 2005）。但是该方法在时间序列重建中，如果数据的缺失像元很多，或者同一个像元位置的时间序列存在较多的缺失值，都将影响重建序列的精度和插值的结果。

将多源的遥感反演参数融合是生成区域或全球时空完整数据产品的现实选择，但融合方法存在几个问题：一是缺少融合前各产品不确定性的显式表达；二是难以充分利用各种知识，对能够较好描述参数动态变化的过程模型依赖较强；三是难以充分利用参数本身的点位的实测数据。因此，需要研究能够不依赖于特定的陆面过程模型、能够显示表达待融合遥感产品不确定性，并能够融合高精度点位观测信息的时空融合框架和算法。

1.3.4 森林垂直结构信息多模式遥感协同反演与动态分析

森林结构信息包括水平结构信息和垂直结构信息。森林垂直结构（forest vertical structure，FVS）信息或垂直森林结构（vertical forest structure，VFS）信息是指“the bottom to top configuration of above ground vegetation within a forest stand”（Brokaw and Lent，1999）。VFS 可用各种森林结构参数随树高变化的变化来表示，如森林地上生物量随树高变化的变化曲线、单位面积叶面积随树高变化的变化等，这里称为森林垂直结构曲线（FVSC）。虽然 FVSC 是很有用的，但实际却很难测量，因此生产实际中经常采用 FVSC 在垂直方向的积分值，如地上生物量（AGB）、蓄积量（SVD）、叶面积指数（LAI）和高度（H）来表达森林的垂直结构特征，显然这种表示是粗略的。这里的“森林垂直结构（FVS）”就包含了以上两个层面的含义：FVSC 本身，FVSC 在垂直向的积分值。

1. 森林垂直结构信息多模式遥感协同反演

目前激光雷达（LiDAR）、极化干涉/层析 SAR 和立体摄影测量（多角度立体）是三种在遥感机理上具有较高的 FVS 探测能力的遥感手段；但若探测目标就是 FVSC，则只有波形激光雷达和层析 SAR 最为适合，因为这两种手段可以测量到遥感系统对 FVS 垂直变化的响应［反射率（LiDAR）/后向散射能力（SAR）］，这里统称为“反射率垂直分布函数（RVDF）”。

地形的影响制约了基于这些主被动遥感手段高精度提取 FVS 信息；除了地形的影

响外，重轨干涉 SAR 测量还受到时间去相干的影响，除非采用双天线单航过干涉模式，因此时间去相干效应的研究对揭示森林的干涉 SAR 机理，发展高精度的极化干涉 SAR、层析 SAR 森林 FVS 信息反演模型都具有重要的意义。

多模式的协同增加了有效遥感观测量，通常应该可以增加森林 FVS 的提取精度。但即便是仅仅考虑以上三种模式，也会有很多种的组合方式。这里仅从实际应用价值角度，讨论两种我们认为最有应用前景的多模式遥感协同方式：双频 InSAR 协同及光学摄影测量与干涉 SAR 的协同。

1）双频 InSAR 协同

雷达干涉数据利用在不同位置获取的同一地区的两幅雷达图像构成干涉像对，通过测量同一地面点到两颗卫星（或同一颗卫星上的两个天线）的距离差，实现对地面点高程的测量。由于雷达具有一定的穿透性，在森林区域获取的既不是森林顶层的高程，也不是林下地表的高程，而是位于森林冠层以下、林下地表以上的散射相位中心的高程。因此，需要去除林下地表高程，才能实现对森林垂直结构的直接测量。但实际上，由于森林冠层的干扰，目前很难准确获取林下地形信息，特别是在浓密森林区域。

在森林区域散射相位中心的位置取决于三个分量的贡献：①森林冠层的直接后向散射；②森林与地表的相互作用；③地表的直接后向散射。雷达的穿透性依赖于雷达波长，波长越长，穿透越深。由于土壤的密度远大于森林冠层，且林下土壤较为潮湿，因此，短波长与长波长雷达干涉数据穿透深度的差异主要来自于森林冠层的贡献，因此通过双频 InSAR 数据获取的雷达穿透深度差是对森林垂直结构的直接测量。

Neeff 等（2005）利用德国的 AeS-1 系统获取了 X 波段和 P 波段的雷达干涉数据，使用 X 波段和 P 波段的雷达干涉数据提取了两者的散射相位中心高度差，将其与雷达后向散射系数相结合对森林生物量进行估算，估算结果与实测数据吻合较好（R^2=0.89，RMSE=46.1 Mg/hm^2）。 Balzter 等（2007）使用机载的 E-SAR 系统获取的 X 波段和 L 波段的雷达干涉数据对林分高度进行了估算，估算结果的误差为 3.9 m。Praks 等（2007）使用 FinSAR 系统获取的双频干涉数据对植被高度进行了反演，其中 L 波段和 X 波段的数据是由 E-SAR 获取的，而 X 波段和 C 波段的数据是由赫尔辛基技术大学的散射计获得。

2）光学摄影测量与干涉 SAR 的协同

立体摄影测量也是一种经典的获取地面点高程的方法。由于立体摄影测量通常利用的是全色光学影像，在森林区域，特别是浓密森林区域，由于光学数据不具备穿透性，摄影测量获取的是森林顶层的高程信息。在摄影测量领域，基于航空影像的研究已经证明了这一点。 例如，Naesset（2002）使用航空摄影测量数据对 1000hm^2 范围内的 73 个林分的平均高度在 1∶1.5 万的尺度上进行了提取，Nuske 和 Nieschulze（2004）利用分辨率为 0.44m 的航空摄影测量数据，通过全自动的摄影测量处理方法结合林下地形数据获取了冠层高度模型。Stonge 等（2004）将航空摄影测量数据与激光雷达获取的地形数据相结合提取植被高度，结果表明所提取的树高精度可达 0.59 m。但由于传统航空摄影测量数据获取成本较高，且数据处理过程复杂，摄影测量数据在森林结构参数提取中的作用并没有得到应有的重视。目前立体摄影测量数据处理软件发展迅速，特别是高分辨率星载摄影测量系统的发射升空，为其在森林结构参数提取方面的应用提供新的契机。

如前所述，立体摄影测量获取的是森林冠层的高程，同样需要林下地形的配合，但林下地形难以获取。鉴于长波长雷达干涉数据的穿透性，光学摄影测量与干涉 SAR 数据协同可获取雷达穿透深度信息，从而实现对森林垂直结构的直接测量。

2. 森林生物量多模式遥感信息动态分析及建模

作为陆地生态系统中覆盖面积最大、分布最广、组成结构最为复杂、生物多样性最为丰富的主体，森林通过光合作用调节森林生态系统与大气之间的物质与能量循环（Singh et al.，2014）：通过吸收 CO_2 和水转化为有机物，从而积累成森林生物量［净初级生产力（NPP）转换为有机质净增长量］。森林与大气之间的年碳交换量占陆地生态系统总量的 90%，1990~2007 年，森林净吸收了 88 亿 t CO_2，约占化石燃料所释放的 1/3（280 亿 t CO_2）（Pan et al.，2011）。显然，森林控制着全球碳循环的动态变化。

森林虽然仅占陆地的 1/3 面积，但森林的年生长量占全部陆地植被年生长量的 65% 左右。森林不仅具有改善和维护区域生态环境的功能，而且在全球碳平衡中的作用至关重要。据 Pan 等（2011）估算，全球森林生态系统碳库总量为（861±66）Pg，其中 44% 存储于土壤中（1 m 深度），43% 存储于地上及地下活枝部分。而地上部分碳库占据陆地生态系统有机碳地上部分的 90%（Schimel et al.，2001）。因此，森林地上生物量（AGB）是固碳能力的重要标志，是评估森林碳收支的重要参数，是系统发挥其他生态功能的物质基础，是进行陆地生态系统碳循环的重要指标。

森林 AGB 及其动态变化受自然、人为干扰、气候变化及森林自身生长、演替的影响（Schimel et al.，2001；Nemani et al.，2003；Richardson et al.，2007）。气候变化目前是全球环境科学研究的热点，其导致自然环境中的能量（光照、热量等）和物质（养分、水分等）的时空变化引起了森林生态系统的复杂响应，包括森林分布、组成、演替、生物量及生产力等变化，其中森林 NPP 的变化导致的碳收支平衡问题最为全球所关注。20 世纪 80~90 年代，尽管气候变暖，但其胁迫不足，全球森林植被 NPP 出现了增长趋势（Nemani et al.，2003）；然而，21 世纪前 10 年，也是自 19 世纪 80 年代有仪器记录温度迄今最"暖"的 10 年，全球森林植被 NPP 出现了下降趋势（Zhao and Running，2010）。大区域的气候波动也严重地影响着地区森林植被的 NPP 年总量。例如，2000 年我国及北美地区、2002 年北美及澳大利亚及 2003 年欧洲等区域性干旱造成了这些地区的 NPP 年总量减少（Ciais et al.，2005；Zhao and Running，2010）；气候因子波动（温度、降水等）对森林生态过程的影响也相应被报道（Gao et al.，2000；Berthelot et al.，2005；Zhang et al.，2011）。Pan 等（2011）研究发现，由于森林退化（8%）及 2005 年亚马孙地区严重干旱，相对 20 世纪末（1990~1999 年）、21 世纪初（2000~2007 年）热带原始林碳储量减少了 23%（Phillips et al.，2009；Friedlingstein et al.，2010）。得益于我国政府过去几十年间的森林保护强化措施，我国森林碳储量在 1990~2007 年增加了 34%，森林生物量几乎翻了一番（Pan et al.，2011）。然而，气候变化/波动对我国的森林植被影响极其显著，尤其在我国几大林区，如东北、西南等（Piao et al.，2005；Ren et al.，2008，2012）。

除此之外，如 Michaletz 等（2014）指出，森林植被的生理组成（年龄、AGB、结构等），自我调节（如自疏作用）等都影响森林 AGB 变化。一方面，由于气候变化，森林植被生长速率与气候因子（如温度）在临界值内呈指数关系上升，到达临界值后开始下降（Berry and Bjorkman，1980；Huxman et al.，2004；Campo et al.，2013）；另一方面，森林植被自我调节（能量、营养等分配引起的森林自疏过程等）可缓解气候变化对森林生理生态过程的影响（Bonan，1993；Chapin，2003；Kerkhoff et al.，2005；Enquist et al.，2007）。

因此，准确估测森林 AGB 及其动态变化是揭示森林生态过程机制的前提，是全球碳循环及气候变化研究的基础和核心内容。

森林 AGB 动态可分为连续（或逐步）的及不连续（或干扰）的变化（Wulder et al.，2007；Potapov et al.，2011）。前者是由于森林植被自然生长，如发育生长过程及自疏过程，其中森林自疏是由于森林生态系统的结构与功能受到来自系统内部和外部的调节与控制，是生态系统借助生物与环境的相互作用结果而导致的森林植被种群密度变化（Franklin et al.，1987；Yang et al.，2003）；后者是由于遭受自然（冰雪灾害、火灾、虫害等）、人为（植树造林、砍伐等）的干扰造成。二者均导致森林 AGB 及碳通量变化（Main-Knorn et al.，2013）。然而，要获取时空连续的森林 AGB 及其动态信息较为困难。目前用于监测森林 AGB 及其动态变化的方法可分为观测法及模型模拟法。近 30 年来的研究在精细尺度观测、模型模拟方面进步显著。在观测方面，国家级森林资源清查数据积累丰富，全球各区域的碳通量观测塔组网，各种新型机载、星载遥感数据相互补充；在模型模拟方面，模型的普适性、模拟能力逐渐提高。

当前，应用最为普遍、数据积累最为丰富的观测方法是传统的固定样地法，即进行样地抽样调查，获取森林资源调查数据（如林分树种、垂直结构参数和密度等）来估算生物量及其变化（方精云和陈安平，2001；Metsaranta and Lieffers，2009）。但常规 5 年的抽样调查频率（如我国森林资源清查频率）难以满足精细时间、空间尺度上对森林生态过程评价的需要。通量观测法已证实能准确监测生态系统碳通量在精细时间尺度上的变化（Kljun et al.，2006；Barr et al.，2007）。陆地碳观测系统（TCOS）已经成为全球综合地球观测系统（GEOSS）的重要组成部分。但是，昂贵的台站建设费用限制了其空间布设频率，且其有效源区（footprint）范围非常小，不能在空间尺度上进行扩展。随着遥感技术的发展，在各种时间、空间尺度上，多模式遥感数据已经作为一种补充传统调查方法的手段来进行定量化反演森林 AGB 及其变化监测（Wulder et al.，2007；Pflugmacher et al.，2012；Huang et al.，2013b；Main-Knorn et al.，2013；Næsset et al.，2013；Zheng et al.，2013）。但遥感只能获取瞬间观测数据，不能提供时间连续的信息，只能通过连续获取不同时相遥感数据，结合地面调查数据进行多期森林 AGB 估测从而监测其变化；同时遥感信息也很难反映森林生态系统内部、森林生态系统与外界相互作用关系。

目前碳循环方面应用较为广泛的模型主要包括遥感模型及过程模型（或陆面模式）。遥感模型通过基于遥感数据反演的森林植被生理生态参数（LAI、fPAR 等）与森林植被生长建立关系，从而进行森林植被生长模拟。尽管很多研究表明（Lufafa et al.，2008；Prince and Goward，1995；Running et al.，2000；Veroustraete et al.，2002，2004；Maselli et al.，2006；Chiesi et al.，2007；Potter et al.，2009），遥感模型可在区域尺度有效进行森林植被生长模拟，但很大程度依赖于模型参数化方案及经验知识（如光能利用率等），不能揭示森林植被生理生态过程（如光合作用、蒸腾、呼吸、生物量分配等）对外界环境（气候、立地条件等）变化的响应。过程模型（或陆面模式）（Running and Hunt，1993；Thornton et al.，2002）可模拟森林植被生理生态过程对外界环境变化的响应，但其参数化方案极其复杂，往往需要率定一系列植被生理生态（最小光合温度、气孔导度、叶片碳氮比等）、立地条件（土壤质地、有效深度等）等参数。这类模型在加强观测的站点上能够很准确地、高时间分辨率地描述森林植被生长过程，但由于生长环境的景观异质性（树种组成、水热条件等），在区域上难以进行模型率定，从而造成模型畸态模拟（Running and Hunt，1993；White et al.，2000；Chiesi et al.，2007；Maselli et al.，2009；Song et al.，2013）。

上述方法各有优势，但任何单一方法，都无法充分解释森林 AGB 及其动态时空格局形成的生物地理学机制、森林生态系统碳循环的调控机理和人为因素的驱动机制，以及生物过程对气候变化的响应和适应机制。森林资源清查法通过测量、记录森林植被变化［群落演替、结构参数变化、自然/人为干扰、森林自疏（枯损率模型）等］来估测森林 AGB 及其变化，数据较为可靠，可支撑其他方法建模等；但不能刻画森林植被生理生态过程。通量观测法可在精细时间尺度上（半小时）捕获森林生态系统碳交换信息，可用于时间序列建模及验证；但不能在区域扩展，且它只能体现森林生态系统的某些碳交换量（如 GPP、NEE 等），不能直接估算 NPP 及 AGB。遥感方法能有效地在区域应用，能观测到植被物候信息及自然/人为干扰所引起的森林 AGB 动态变化；也能模拟植被生长，但很大程度上依赖于遥感数据质量及生理生态经验知识，不能描述森林植被生长过程及其对外界环境变化的响应机制。过程模型（或陆面模式）可揭示森林植被生长过程及其与外界进行物质能量交换机制，但模型参数化方案极其复杂，易出现误差传递、病态模拟等。因此基于单一方法的森林 AGB 及其动态变化监测难以为我国政府针对碳排放、碳贸易，减少砍伐森林和森林退化导致的温室气体排放（REDD）计划的评估及制定其他有关行业的重大决策提供支持。

因此，若能将基于过程模型模拟的时空连续的森林生产力转换为森林 AGB 增长，即首先根据样地观测或文献记录的各类森林植被含碳比、地上/地下生物量分配比，将模型模拟的逐年 NPP 总量转换为森林 AGB 年增长，结合以某年（如 2000 年）反演的高精度森林 AGB 结果作为本底，同时考虑森林由于自然/人为干扰、森林自疏作用导致林木枯损而引起的 AGB 变化，即可实现时间序列的森林 AGB 时空协同动态分析及建模，从而能从森林生态机理上解释森林生态系统内部之间及其与外界之间的相互作用关系。

1.3.5 植被三维生化信息多模式遥感协同反演与动态分析

植被三维生化信息的反演需要对植被结构准确描述，结构参数的准确反演是生化组分反演的前提（Knyazikhin et al.，2013）；同时生化组分三维反演对多源遥感协同及新型仪器的研究也提出了高的要求，利用新型仪器进行三维生化信息的多模式遥感协同反演也是研究的重点。

1. 植被叶面积密度参数垂直分布信息提取

对于植被冠层三维结构描述因子叶面积密度（leaf area density，LAD）而言，国内外学者利用地基和航空激光雷达等进行大量的研究。利用小光斑 LiDAR 提取森林 LAD 主要采用激光光束与冠层的接触频率或通过间隙率理论实现（赵静等，2013）。Hosoi 和 Omasa（2006）提出了一种基于体元的冠层分析方法（voxel-based canopy profiling，VCP），该方法将地基 LiDAR 从 4 个不同位置获取的单木树冠激光点云数据配准到一个坐标系下，分割成数亿个 1mm×1mm×1mm 的立方体元，通过立方体元模拟估算每层冠层叶片与激光接触的概率，并构建叶倾角校正因子，从而求得 LAD 值。研究结果还表明，通过有叶和无叶两个时期的数据能够较好地提取出叶片点云数据，LAD 的估算误差与叶片水平层厚度相关（Hosoi and Omasa，2006）。基于 VCP 方法，Hosoi 等利用地基 LiDAR 数据先后成功反演了 Japanese zelkova（Hosoi and Omasa，2007）、Japanese maple 和 Camellia（Hosoi and Omasa，2011）的冠层 LAD。

Takeda 等（2005，2008）利用地面 LiDAR 数据估算了 Japanese larch 植物面积密度（plant area density，PAD），该方法也将冠层划分为多个体元，对每个体元通过孔隙度的方法计算植被面积密度，但冠层上部 LAD 有低估的现象。Sumida 等（2009）结合异速生长法和 MacArthur-Horn（MH）方法，利用便携式激光测距仪，估算了 Betula ermanii 的 LAD（Sumida et al.，2009）。Peng 提出了一种用于地面激光雷达扫描数据估计成熟针叶林单木叶面积的方法（Peng and Pretzsch，2010）。Zande 等（2011）提出基于体元的光拦截模型（voxel-based light interception model，VLIM），即通过地面激光雷达数据和辐射传输模型，描述地面激光雷达入射辐射与森林冠层之间的相互作用。结果显示在没有考虑树叶与激光相互作用时，叶面积密度平均绝对误差为 32.57%，考虑后，叶面积平均绝对误差为 16.31%（Zande et al.，2011）。Béland 等（2011）利用地基 LiDAR 基于体元的方法反演了单棵树木的叶面积分布特征。Sanz 等（2013）利用地基 LiDAR 研究了果园和葡萄园的 LAD 与树行激光雷达点云所占的体积（tree row LiDAR-volume，TRLV）之间的关系，结果表明 TRLV 与 LAD 之间存在非线性关系，相关系数为 0.87（Sanz et al.，2013）。Béland 等（2014a）提出了参数方程用于估算体元尺度的 LAD，通过统计每个体元空间内传输和拦截的激光束数量来获得树木冠层 LAD。Béland 等（2014b）还评价了地基 LiDAR 点云数据体元大小选定对叶面积分布结果的影响，结果表明，叶片大小、枝干结构和遮挡情况是决定体元大小的重要因素。由此可见，利用地基 LiDAR 反演单棵树木或树林冠层的 LAD 已经被广泛关注，特别是基于体元的方法被大量采用，但由于地面观测的局限性，基于地基 LiDAR 只能反演小面积的树林冠层特征，如要将其扩展到更大尺度，还需要机载或星载 LiDAR 的配合。

机载 LiDAR 虽然在获取森林结构参数特别是 LAI 反演已取得很多成果，但是对于可以描述叶片垂直分布特征的 LAD 研究却很少。Lovell 等（2003）利用地基和机载 LiDAR 数据研究了基于间隙率理论的澳大利亚森林冠层结构反演，其中间隙率定义为激光光束穿过植被冠层时未被植被体拦截的概率。Hosoi 和 Omasa（2010a，b）分别利用机载激光雷达点云数据反演冠层上部 LAD 和地基 LiDAR 数据反演中下部 LAD，提高了 LAD 反演精度，这种方法的难点在于不同尺度点云数据的精确配准转换（地基和机载数据分辨率差别较大）。周梦维等（2011）通过引入 Kuusk 的多层均匀冠层方向反射模型的单次散射部分，基于激光雷达发射和回波波形的高斯特征，模拟作物激光雷达回波，建立了作物叶面积体密度的反演方法（周梦维等，2011）。Adams 等（2011）利用全波形激光雷达数据，假设冠层为半透明气体，应用比尔-朗伯定律模拟激光在树冠中的传输，从而得到叶面积密度与每个高度区间内激光波形平均衰减常数之间的相关性，R^2 为 56%。这种方法能够通过透过率合理地估算出叶面积密度，但是由于激光雷达光斑小，很容易错过树顶部，导致顶部低估叶面积密度。

2. 植被生化组分参数垂直分布信息提取

对于植被生化组分垂直分布，目前国内外的研究较少，大部分的研究主要集中在叶绿素垂直分布或者氮素垂直分布，所利用的数据或基于高光谱数据及实测数据。LiDAR数据几乎没有被用来进行叶绿素垂直分布的研究，分析其主要原因主要是由于多波段激光雷达数据的不成熟，而不同波段的 LiDAR 数据却是反演生化组分所必需的。

利用辐射传输模型进行反演，要求植被垂直分层结构必须清晰。为了能够准确地区分植被的层次等信息，利用激光雷达国内外进行了很多研究。Calders 等（2014）利用地基激光雷达进行了植被垂直层次的分析，并对地形信息进行了修正；Han 等（2014）利用航飞的雷达数据成功地对南京区域的多层植被情况进行了区分，结果很好地进行了植被的分层。针对辐射传输模型，Wang 和 Li（2013）不仅比较了 PROSAIL、ACRM 和FRT 等模型，更是发展了一个基于多层的辐射传输模型 MRTM。Laurent 等（2014）利用面向对象的贝叶斯方法，得到的叶绿素含量具有较高的可信度。

在利用被动光学遥感反演垂直植被生化参数方面，庄克章等（2006）在综合评述前人研究的基础上，对影响冠层叶片氮素垂直分布的主要因素进行了分析。王纪华等（2004）利用常规取样分析和光谱分析相结合对小麦冠层中氮素分布进行研究，考察了田间条件下冬小麦主要生育阶段冠层氮素、叶绿素的垂直分布及其光谱响应；闫长生等（2002）用数字冠层图像分析仪在相似的种植密度下重新评价不同产量水平的冬小麦品种冠层内的太阳辐射分布，为生化组分垂直分布研究提供了一定的依据；赵春江等（2006）运用多角度光谱信息，通过不同角度条件下，反映的作物上层、中层、下层信息的差异等通过构建基于不同观测天顶角条件下的冠层叶绿素反演指数的组合值，形成上层叶绿素反演光谱指数、中层叶绿素反演光谱指数和下层叶绿素反演光谱指数来反演作物叶绿素的垂直分布，达到了极显著的水平。Winterhalter 等（2012）分析了被动传感器的反射光谱与玉米冠层的叶绿素、叶片生物量、氮含量及氮的摄取量垂直分布之间的关系，但其结果有一定的低估；王之杰等获得了冬小麦不同层次叶片和茎的氮分布，并将其与产量估算联系起来（Wang et al.，2005）；Verónica 等（2008）对玉米的叶绿素垂直廓线分布进行了量化，并描述了其时相特征。Wittenberghe 等（2014）利用太阳诱导的荧光，分析了四种植被叶绿素浓度与分布位置、植被高度及荧光指数的关系；Delegido等（2014）利用归一化面积反射率指数（NOAC）成功地进行了城市区域叶绿素含量的制图，并建立了叶绿素含量与 SPAD 值的关系；Gitelson 等（2014）比较了在垂直叶绿素含量均一和不均一情况下，fPAR 和 NDVI 的关系，并分析了 GPP 与叶绿素含量的关系，为我们下一步利用分层叶绿素反演 GPP 提供了理论支持。

3. 面向植被参数垂直分布探测的多波段激光雷达装置研究

与传统的被动光学遥感不同，激光雷达遥感器主动发射激光脉冲，当激光脉冲被目标物反射回到接收器时，它仍然是一个包含了许多反射信息的脉冲信号，是无穷多个分立的回波信号的集成，因此在理论上激光雷达可以通过不同距离处反射特征的变化探测植被立体特征的分布，目前激光雷达已经普遍应用于复杂森林地区植被结构参数的直接测量，已经表明了其相对于依赖太阳的被动遥感的优越性（马洪超，2011）。激光是单色光，波段足够窄，可以探测不同生化组分引起的精细的光谱变化，当我们把全波形激光雷达的激光变成多波段激光时，将同时获取不同波长的回波信号，获取的一系列不同波长的回波信号包含了丰富的信息，波形和回波强度可分别用于结构信息和生化组分信息的提取，因此只要存在足够多的波段，我们可以得到不同高度目标的反射率，进而得到植被不同高度的生化组分含量。英国爱丁堡大学的遥感专家 Woodhouse 曾经撰文指出：激光雷达已经广泛应用于测量森林结构特征，如高度、密度、间隙率等，对于具有复杂特征的森林测量来讲，下一个研究的重点就是多色激光雷达（color LiDAR）（dual-wavelength，multi-spectral 和 hyper-spectral LiDAR），可能利用其得到森林冠层的完整三维属性特征（Woodhouse et al.，2011）。

被动光学遥感的研究表明，植被探测时遥感信号通常来自植被结构和冠层的生物化学属性信息两部分（Jacquemoud and Baret，1990；Kuusk，2003），反射信号通常是两种因素共同作用的结果，因此通过遥感方式进行探测一直受到关注。最近的研究表明，植被冠层参数如光合有效辐射比 FPAR、光能利用率 LUE 等都存在着垂直分布的特征（Damm et al.，2010），这对于精确地估测植被冠层的 GPP 发挥重要影响（Jack et al.，2011）。

相比于通过被动多光谱与激光雷达融合进行植被探测，多波段激光雷达结合了被动光学的多光谱观测能力及激光雷达的垂直探测能力。被动光学不具有探测冠层内部或者底部的能力，而多波段的激光雷达却具有这方面的能力，能够克服这方面的限制，因此利用多光谱激光雷达具有较大的优点，能够提供作物生理参数的三维信息，独特的信号垂直观测能力可以对上下层植被进行鉴别，识别冠层密度及间隙率（Morsdorf et al.，2009；Woodhouse et al.，2011）。

目前英国爱丁堡大学、芬兰大地测量研究所等都研制了各自的多波段激光雷达仪器，开展植被参数三维立体分布状况的研究。例如，Morsdorf 等曾经利用爱丁堡大学仪器开展了植被生理参数信息的垂直分布诊断，对利用生态过程模型模拟的不同年龄的树木进行了诊断，研究了不同树龄对植被 NDVI、PRI 剖面的影响（Morsdorf et al.，2009）。利用芬兰大地测量研究所的仪器通过结合地形和光谱信息，光谱的垂直分布也可以用于目标的自动探测和分类研究（Kaasalainen et al.，2010；Puttonen et al.，2010；Suomalainen et al.，2011）。因为垂直几何和光谱信息可以通过一次观测同时获取，多波段的激光雷达可以延伸图像由平面二维光谱向三维扩展。Hakala 等（2012）在室内对砍伐的云松研究表明，利用不同的波段组合不仅可以对冠层枝、叶进行区分，利用其叶可以探测出冠层不同高度的叶片含水率、叶绿素等生化组分的差异。Gong 等（2012）利用其设计的多波段主动激光雷达仪器研究表明，其可以捕捉到精细的叶片生化组分浓度的变化（Zhu et al., 2011)。

1.3.6 植被-土壤水热信息多模式遥感协同反演与动态分析

遥感技术的发展为实现陆表参数全局、实时和高效估算提供了可能。利用遥感技术对植被、土壤等的反演具有很强的物理基础。电磁波和大气、土壤、植被的相互作用，常采用辐射模型结合卫星辐射传输方程来描述星载传感器获得的信号输入量。为了提高地表参数反演精度，就需要精确描述电磁波与陆表各组分之间的相互作用机制。因此，借助多模式遥感技术研究土壤-植被系统的水热状况及动态变化规律，涉及一系列的相关科学问题，包括辐/散射机理、模型构建、反演方法确立等，同时还需考虑卫星观测尺度上的大气和地形起伏对反演精度的影响。目前，国内外针对这些相关的科学问题已开展了大量的研究。

1. 针对热红外波段的土壤-植被水热参数研究

众所周知，定量热红外遥感的两个主要应用领域：①以热红外反演的地表温度为核心参数的地表蒸散；②以多时相地表温度为核心的热惯量模型求算土壤水分含量。然而这两项定量热红外遥感应用遇到了巨大挑战。

自20世纪80年代以来，如何利用星载遥感获取高精度的地表温度数据一直是定量遥感研究领域的热点问题，这其中的一个挑战性工作是：温度与比辐射率的分离。在70年代末，定量遥感领域的科学家们就十分重视地表真实温度和比辐射率分离方法（temperature emissivity sepration，TES），并提出了多种TES方法来获取地物比辐射率信息，进而反演地表温度。30多年来，已有的方法包括Kahle的参考通道法、Watson的双温法和波谱比法、Gillespire的归一化MMD方法、Stoll的比辐射率重归一化方法、Alpha比辐射率法等。这些方法在不断的实验验证和算法改进过程中渐趋成熟。由美国国家航空航天局发布的MODIS地表温度产品，其精度已达到1.0K以内。

20世纪70年代，随着热红外卫星遥感技术及其应用基础研究的发展，相继发展了不少从地物（岩石和土壤）的向下热通量方程求解的定量遥感热惯量模型，模型是以两个时相之间热力驱动下引起地表温度变化幅度为基本框架，获得的热惯量与物理学上定义的基本等效。由于热惯量可以探测到地表以下50~80cm的岩石性质和土壤水分状况，从而这种信息引起了广泛关注，1978年美国发射了HCMM热容量制图卫星，事实上就是观测地物热惯量的卫星，热惯量和热红外表面温度的应用成为热点，作为HCMM卫星产品"表观热惯量"分布图为地质岩性提供了新的识别手段。与此同时，Idso等（1975）、Carlson等（2007）利用地表热红外信息反演的表面温度信息获取土壤水分和地表蒸散。1978年，Zhang（1980）在中国云南腾冲航空遥感试验中，运用红外测温仪测量地表温度的日变化信息构建了简化的热惯量模型，根据航空热像图和地面实测数据作出了土壤水分分布图。Pohn等（1974）、Watson（1973）、Kahle（1977）、Price（1977）先后运用地表温度的热变化相位信息与热量平衡方程中对地表的热量驱动信息构建热惯量模型，提取热惯量信息。

热红外遥感的地表温度反演算法主要是基于辐射传输方程（Ottlé and Stoll，1993），通过地面站点的观测资料简化大气参数和相邻通道部分参数之间的关系，减少方程未知数个数并用数值方法实现方程的求解。目前，基于热红外遥感反演地表温度的方法研究已较为成熟。但热红外遥感无法实现全天候观测，是其在实际应用中的最主要的局限性。

被动微波遥感反演地表温度的算法，可分为经验算法（Holmes et al.，2009）、半经验算法（Njoku and Li，1999）和物理算法（Basist et al.，1998）。前两种算法是目前利用被动微波遥感反演地表温度的主要算法，精度相对较高但大范围的适用性差。物理算法更具有明确的物理意义但由于被动微波发射率确定极为复杂，该算法使用并不广泛。由于能够克服云雾等天气因素的影响，被动微波遥感反演获得的地表温度，是热红外遥感地表温度的重要补充。然而，其空间分辨率极低，尚无法满足区域尺度的实际应用需求。因此围绕被动微波土壤湿度数据的降尺度研究成为遥感领域的热点之一，针对热红外遥感地表温度的空间降尺度研究也成为重要的研究方向（Zhan et al.，2013）。然而，围绕被动微波遥感地表温度的空间降尺度研究还非常少。根据尺度推演原理（Kustas et al.，2003），近来学术界开始将多种地表特征参量引入热红外遥感反演地表温度的低空间分辨率提升模型中（Zakšek and Oštir，2012），这克服了单一地表特征参量分辨率提升模型的不足。然而，目前针对被动微波遥感的地表温度空间分辨率提升研究，尚未深入开展，使得多云雾地区的陆面过程研究受到限制。

此外，大部分研究将热红外遥感提供的地表温度作为被动微波遥感各通道的地表温度"真值"。然而，由于低频通道的辐射能量来源于一定深度的介质层，热红外遥感反演的肤面温度可能高于该介质层的"有效温度"，地表发射率估算也出现偏差。因此，如何利用被动微波遥感获取的遥感信息提取肤面温度，将是未来一个重要的发展方向（Li et al.，2013）。

关于被动微波与热红外遥感协同反演地表温度，应该着重以下方面的研究：在机理上，掌握热红外获取的肤面温度与被动微波获取的有效温度的内在联系与转换机理；在机制上，解决被动微波遥感与热红外遥感在协同中存在的空间尺度差异和观测条件差异；在方法上，改进与发展被动微波遥感地表温度反演方法，并构建其空间分辨率提升模型，提高被动微波遥感地表温度的空间分辨率，满足区域尺度实际应用需求。

2. 针对微波波段的土壤-植被水热参数研究

由于水分是影响地物介电特性的关键因素，因此，微波遥感技术在陆表参数反演中的另一显著优势表现在对土壤水分和植被含水量（David and Karam，1996；Calvet et al.，2011）的反演方面。被动微波遥感土壤水分反演算法的发展经历了从早期单纯的经验统计方法到半经验的理论模型反演，以及当前的以物理模型为基础的各种反演算法的过程，在反演精度和反演技术上都有所提高。近年来，随机粗糙地表（Chen et al.，2003；Choudhury et al.，1979；Shi et al.，2005）、植被（Ferrazzoli and Guerriero，1996；Ulaby et al.，1982）和积雪（Pulliainen et al.，1999；Tsang et al.，1985）等地物的微波辐射模型的发展实现了对地表辐射特征的更为完善准确的描述，为土壤水分反演精度的提高提供了良好的理论保障。目前主要的被动微波土壤水分反演算法有 Jackson（1993）发展的单通道算法、Njoku 和 Li（1999）发展的迭代反演算法、Owe 等（2008）的 LPRM 方法等。

利用微波数据反演植被含水量的工作起步相对较晚。比较早的研究见于 Notarnicola

和 Posa（2007）利用 C 波段和 X 波段的数据反演植被含水量。后续的研究包括 Tao 等（2008）、Zhao 等（2011a）及 Lu 等（2011）基于微波植被指数 MVI 反演植被含水量的工作。Sancho-Knapik 等（2011）则比较了基于微波遥感技术反演的植被含水量和基于红外遥感技术反演的植被含水量，结果显示，前者的饱和阈值要明显高于后者。Kim 等（2012）则针对棉花和大豆提出了一个可用于反演植被含水量的雷达植被指数。随着 SMOS 的发射，其光学厚度产品也被用于全球植被含水量的反演研究中（Grant et al.，2012）。

地表冻融过程伴随着土壤参数的变化及巨大的潜热存储和释放，是土壤-植被水热系统的一个重要因子，在过去的几十年中得到了广泛关注。有关微波遥感监测冻融过程的最早的系统性研究始于 20 世纪 90 年代，由 Wegmuller（1990）基于地面实测数据建立的半经验模型。此后，随着 ERS-1 的发射，高分辨率的合成孔径雷达被用来调查土壤和植被的冻融状态（Rignot and Way，1994；Way et al.，1997）。Boehnke 和 Wismann（1996a，1996b，1997a，1997b）开展了对西伯利亚地区春季土壤和植被融化过程的监测研究。Frolking 等（1999）研究得出阿拉斯加地区的土壤冻融分类与地面气象站测量的地温分布有很好的相关关系。目前的地表冻融判别主要是基于微波 Ka 波段亮温和 K-Ka 波段亮温梯度建立（Cheng et al.，2011）。在 SMMR、SSM/I 及 AMSR-E 的数据应用中，已经有了很多算法的研究（Ullah et al.，2013；Zuerndorfer et al.，1990；Wegmuller，1990；Boehnke and Wismann，1996a，1996b）。比较典型的工作包括采用与地表温度相关性最大的 Ka 波段亮度温度及 Ka 与 Ku 波段间的负亮温谱梯度作为地表冻融状态判别算法的双指标法（Zuerndorfer et al.，1992；Judge et al.，1997；Zhang et al.，2001，2003），决策树算法（Jin et al.，2009）和 Fisher 判别式法（Zhao et al.，2011b）。

3. 微波波段大气和地形效应研究

在基于微波遥感技术的地表参数反演中，大气和地形是需要主要考虑的两个影响因素。由于微波的高穿透性，需要对穿透大气云雨覆盖的微波信号进行大气影响分析和校正研究。同时，陆表曲面的几何特征会改变地表的微波散射／辐射特征，需要有效剥离地形效应所引起的信号改变。大气校正主要可以通过应用大气辐射传输模型，结合大气探空数据或大气模拟数据来实现，或者通过补充云雨出现前后的地表信息来实现。

微波波段地形效应的概念则是在 2000 年由瑞士微波物理专家 Matzler 最早提出，此后的研究也证实地形效应不容忽视。Kerr 等（2003）将数字高程模型（DEM）融入模型研究中，发现在倾斜地表模拟得到的亮温值与平坦地表模拟值相比有十几开尔文的偏差。Talone 等（2007）用 30m 分辨率的 DEM 和 100m 分辨率的地表覆盖分类图作为针对 SMOS 卫星观测的辐射传输模型的输入参量，利用图像处理技术判断坡面阴影像元，通过对阴影像元的亮温值进行校正考虑了坡面阴影对微波辐射的影响。Flores 等（2009）将地形作为微波辐射的山区尺度空间异质性因子之一，分析了地形特征（坡度、坡向）对基于数据同化方法建立的微波辐射传输模型的敏感性，Pulvirenti 等（2011）通过将地形的特征参数化构建地形效应评价的参数化方程，Utku 和 Le Vine（2011）通过建立坡度的概率密度函数将地表划分为低中高三种粗糙度类型，根据地表的粗糙程度（大于波长的宏观尺度）决定地形效应对地表辐射的影响程度。Monerris 等（2008）针对 L 波段设计了植被、裸土、山地不同场景的组合观测，得到了裸土山地受地形影响的更为明显的结论。

土壤-植被系统是人类生存环境的重要组成部分，可为人类和经济发展提供各种重要的、可更新的自然资源。同时，土壤-植被系统又以其复杂的功能对调节气候和维持生态环境平衡发挥着重要作用。深入研究土壤-植被水热参数及动态变化不仅具有深远的生态工程意义，而且直接关系到全球变化和人类的可持续发展。

卫星遥感技术的发展为同步监测大尺度区域的土壤-植被系统提供了高技术、高精度的有效手段。热红外波段的优势在于能够方便地获取热量平衡的各个分量，从而通过地面试验了解简化的热惯量与真实热惯量之间的区别，并且具有较高的空间分辨率。而被动微波遥感由于具有全天候工作、受大气影响小、对土壤水分和植被含水量变化敏感等优势，在对地观测中也受到了广泛关注。尽管 AMSR-E 已经停止了工作，但后续的 SMOS（Kerr et al.，2010）、SMAP（Spencer et al.，2008）、AMSR2及我国的风云系列卫星上搭载的微波成像仪 MWRI（杨军等，2009）等新一代星载微波传感器的不断出现，高时间分辨率数据越来越多，这在为土壤-植被系统水热参数和动态变化研究提供更加广泛和可靠的数据同时，也迎来了新的机遇和挑战：对多源数据集成和协同观测的需求将越来越多；对不同传感器的结合以提高参数反演精度与广度的需求将越来越大；对遥感产品应用出口的需求越来越迫切。这就要求在今后的研究中，要注意实现优势互补，以多波段、多传感器、多时相等数据的多模式结合来获取高时空分辨率的土壤-植被水热参数；同时，要深入理解并掌握土壤-植被水热参数的动态变化规律及其与作物干旱、防风治沙、植被分布、生态环境、水、碳循环等的内在影响和联系。

1.4 章 节 概 述

本书从解决"复杂地表遥感动态信息分析与建模"这个基础性、共性科学问题入手，以开展的遥感综合实验作为相关研究支撑，重点介绍了在复杂地表遥感辐散射机理建模、遥感信息空间尺度效应及尺度转换、遥感信息动态特征建模与时间尺度扩展、森林垂直结构信息遥感定量反演、植被垂直生理生化参数信息遥感提取、土壤-植被水热参数多模式遥感协同反演及区域森林生物量动态信息时空协同建模与分析七个方面的研究成果。针对我国普遍存在的混合像元和崎岖山地等"复杂地表"条件，首先，介绍了复杂地表空间异质性的表征方法，阐明了复杂地表遥感辐射散射机理和构建的复杂地表可见光、热红外和微波波段的主被动辐射传输模型系列；然后，围绕植被-土壤遥感信息由多期静态观测到时空连续扩展，论述了多尺度长时间序列遥感信息时空尺度转换与动态分析模型系列；再者，介绍了森林植被垂直结构、植被理化参量三维信息与土壤水热参数的多模式遥感协同反演理论和方法；最后，阐述了基于综合实验区数据和以上定量遥感方法论实现区域森林生物量动态信息时空协同建模与分析的模型和方法。

参 考 文 献

方精云, 陈安平. 2001.中国森林植被碳库的动态变化及其意义. 植物学报, 43: 967-973.

江淼, 张显峰. 2011. 不同分辨率影像反演植被覆盖度的参数确定与尺度效应分析. 武汉大学学报: 信息科学版, 36(3): 311-315.

李小文, 王锦地, Strahler A H. 1999. 非同温黑体表面上普朗克定律的尺度效应. 中国科学: E 辑, 29(5): 422-426.

李小文, 王祎婷. 2013. 定量遥感尺度效应刍议. 地理学报, 68(9): 1163-1169.

李新. 2013. 陆地表层系统模拟和观测的不确定性及其控制. 中国科学: 地球科学, 43(11): 1735-1742.

马洪超. 2011. 激光雷达测量技术在地学中的若干应用. 地球科学-中国地质大学学报, 36(2): 347-364.

王纪华, 王之杰, 黄文江, 等. 2004. 冬小麦冠层氮素的垂直分布及光谱响应. 遥感学报, 8(4): 309-316.

吴炳方, 曾源, 黄进良. 2004. 遥感提取植物生理参数 LAI/ FAPAR 的研究进展与应用. 地球科学进展, 19(4): 585-590.

闫长生, 肖世和, 张秀英, 海林. 2002. 冬小麦冠层内的光分布. 华北农学报, 17(3): 7-13.

杨军, 董超华, 卢乃锰, 等. 2009 中国新一代极轨气象卫星——风云三号. 气象学报, (004): 501-509.

赵春江, 黄文江, 王纪华, 等. 2006. 用多角度光谱信息反演冬小麦叶绿素含量垂直分布. 农业工程学报, 22(006): 104-109.

赵静, 李静, 柳钦火. 2013. 森林垂直结构参数遥感反演综述. 遥感学报, 17(4): 707-716.

周梦维, 柳钦火, 刘强, 等. 2011. 机载激光雷达的作物叶面积指数定量反演. 农业工程学报, 27(4): 207-213.

庄克章, 郭新宇, 王纪华, 等. 2006. 作物冠层中叶片氮素垂直分布研究进展. 玉米科学, 14(2): 104-107.

Adams T, Beets P, Parrish C, et al. 2011. Another dimension from LiDAR-Obtaining foliage density from fullwaveform data. Proceedings of SilviLaser 2011, 11th International Conference on LiDAR Applications for Assessing Forest Ecosystems, University of Tasmania, Australia, 16-20 October 2011.

Aires F, Prigent C. 2006. Toward a new generation of satellite surface products? Journal of Geophysical Research, 111(22): 1-15.

Alejandro N F, Valeriy Y I, Dara E, et al. 2009. Impact of hillslope-scale organization of topography, soil moisture, soil temperature, and vegetation on modeling surface microwave radiation emission. IEEE Transactions on Geoscience Remote Sensing, 47(8): 2557-2571.

Alvera-Azcárate A, Barth A, Beckers J M, et al. 2007. Multivariate reconstruction of missing data in sea surface temperature, chlorophyll, and wind satellite fields. Journal of Geophysical Research Oceans, 112: C03008.

Alvera-Azcárate A, Barth M, Rixen M, et al. 2005. Reconstruction of incomplete oceanographic data sets using empirical orthogonal functions: Application to the Adriatic Sea surface temperature. Ocean Modelling, 9(4): 325-346.

Attema E P W, Ulaby F T. 1978. Vegetation Modeled as a Water Cloud. Radio Science, 13(2): 357-364.

Balzter H, Rowland C S, Saich P. 2007. Forest canopy height and carbon estimation at Monks Wood National Nature Reserve, UK, using dual-wavelength SAR interferometry. Remote Sensing of Environment, 108(3): 224-239.

Barr A G, Black T A, Hogg E H, et al. 2007. Climatic controls on the carbon and water balances of a boreal aspen forest, 1994—2003. Global Change Biology, 13: 561-576.

Basist A, Grody N C, Peterson T C, et al. 1998. Using the special sensor microwave/imager to monitor land surface temperatures, wetness, and snow cover. Journal of Applied Meteorology, 37: 888-911.

Beaudoin A, Stussi N, Troufleau D, Desbois N, Piet L, Deshayes M. 1995. On the use of ERS-1 SAR data over hilly terrain: Necessity of radiometric corrections for thematic applications. Geoscience and Remote Sensing Symposium, 3: 2179-2182.

Beckers J M, Barth A, Alvera-Azcárate A. 2006. DINEOF reconstruction of clouded images including error maps: application to the Sea-Surface Temperature around Corsican Island. Ocean Science Discussions, 2(2): 735-776.

Béland M, Baldocchi D D, Widlowski J L, Fournier R A, Verstraete M M. 2014a. On seeing the wood from the leaves and the role of voxel size in determining leaf area distribution of forests with terrestrial LiDAR. Agricultural and Forest Meteorology, 184: 82-97.

Béland M, Widlowski J L, Fournier R A. 2014b. A model for deriving voxel-level tree leaf area density estimates from ground-based LiDAR. Environmental Modelling & Software, 51: 184-189.

Béland M, Widlowski J L, Fournier R A, Côté J F, Verstraete M M. 2011. Estimating leaf area distribution in savanna trees from terrestrial LiDAR measurements. Agricultural and Forest Meteorology, 151(9):1252-1266.

Berry J, Bjorkman O. 1980. Photosynthetic response and adaptation to temperature in higher plants. Annual Review of Plant Physiology and Plant Molecular Biology, 31: 491-543.

Berthelot M, Friedlingstein P, Ciais P, et al. 2005. How uncertainties in future climate change predictions translate into future terrestrial carbon fluxes. Global Change Biology, 11: 959-970.

Boehnke K, Wismann V. 1996a. ERS scatterometter land applications: Detecting the thawing of soils in Siberia. Earth Observation Quarterly, 52: 4-7.

Boehnke K, Wismann V. 1996b. Thawing of soils in Siberria observed by the ERS-1 scatterometter between 1992 and 1995. Proc. Int. Geo-science and Remote Sensing Symp-IGARSS'96, NE, May 27-31: 2264-2266.

Boehnke K, Wismann V. 1997a. Detecting soil thawing in Siberia with ERS scatterometer and SAR. Proc. 3rd ERS Symp, vol.I, ESA SP-414, Florence, Italy, Mar, 17-21: 35-40.

Boehnke K, Wismann V. 1997b. Thawing process during Siberian spring observed by ERS scatterometer and SAR. Proc. Int Geoscience and Remote Sensing Symp-IGARSS'97, Singapore: 1826-1828.

Bonan G B. 1993. Physiological derivation of the observed relationship between net primary production and mean annual air temperature. Tellus Series B-Chemical and Physical Meteorology, 45: 397-408.

Box G E P, Jenkins G M. 1990. Time Series Analysis, forecasting and Control, Holden-Day, San Francisco, CA, USA.

Brokaw N V L, Lent R A. 1999. Vertical structure. In: Hunter M L. Maintaining Biodiversity in Forest Ecosystems. Cambridge, UK: Cambridge University Press: 373-399.

Calders K, Armston J, Newnham G, et al. 2014. Implications of sensor configuration and topography on vertical plantprofiles derived from terrestrial LiDAR. Agricultural and Forest Meteorology, 194: 104-117.

Calvet J C, Wigneron J P, Walker J, et al.2011. Sensitivity of passive microwave observations to soil moisture and vegetation water content L-band to W-band. IEEE Transactions on Geoscience and Remote Sensing, 49(4): 1190-1199.

Campos G E P, Moran M S, Huete A, et al. 2013. Ecosystem resilience despite large-scale altered hydroclimatic conditions. Nature, 494: 349-352.

Carlson T. 2007. An overview of the triangle method for estimating surface evapotranspiration and soil moisture from satellite imagery. Sensors, 7: 612-629.

Chapin F S. 2003. Effects of plant traits on ecosystem and regional processes: A conceptual framework for predicting the consequences of global change. Annals of Botany, 91: 455-463.

Chen J M, Leblanc S G. 1997. A four-scale bidirectional reflectance model based on canopy architecture. IEEE Transactions on Geoscience and Remote Sensing, 35(5): 1316-1337.

Chen J, Ni S, Li J, et al. 2006. Scaling effect and spatial variability in retrieval of vegetation LAI from remotely sensed data. Acta Ecologica Sinica, 26(5): 1502-1508.

Chen K S, Wu T D, Tsang L, et al. 2003. Emission of rough surfaces calculated by the integral equation method with comparison to three-dimensional moment method simulations. IEEE Transactions on Geoscience and Remote Sensing, 41: 90-101.

Chen L, Shi J, Wigneron J P, Chen K S. 2010. A parameterized surface emission model at L-band for soil moisture retrieval. IEEE Geoscience and Remote Sensing Letters, 7(1): 127-130.

Cheng T, Rivard B, Sanchez-Azofeifa A. 2011. Spectroscopic determination of leaf water content using continuous wavelet analysis. Remote Sensing of Environment, 115(2): 659-670.

Chiesi M, Maselli F, Moriondo M, et al. 2007. Application of BIOME-BGC to simulate Mediterranean forest processes. Ecological Modelling, 206: 179-190.

Choudhury B J, Schmugge T J, Chang A, et al. 1979. Effect of surface roughness on the microwave emission from soils. Journal of Geophysical Research: Oceans, 84: 5699-5706.

Ciais P, Reichstein M, Niovy N, et al. 2005. Europe-wide reduction in primary productivity caused by the heat and drought in 2003. Nature, 437: 529-533.

Cleveland R B, Cleveland W S, McRae J E, Terpenning I. 1990. STL: A seasonal-trend decomposition procedure based on loess. Journal of Official Statistics, 6: 3-73.

Damm A, Elbers J, Erler A, et al. 2010. Remote sensing of sun-induced fluorescence to improve modeling of diurnal courses of gross primary production (GPP). Global Change Biology, 16(1): 171-186.

David M Le Vine, Karam M A. 1996. Dependence of attenuation in a vegetation canopy on frequency and plant water content. IEEE Transactions on Geoscience and Remote Sensing, 34(5): 1090-1096.

Delegido J, Wittenberghe S V, Verrelst J, et al. 2014. Chlorophyll content mapping of urban vegetation in the city of Valencia based on the hyperspectral NAOC index. Ecological Indicators, 40: 34-42.

Enquist B J, Kerkhoff A J, Huxman T E, et al. 2007. Adaptive differences in plant physiology and ecosystem paradoxes: insights from metabolic scaling theory. Global Change Biology, 13: 591-609.

Fan W J, Yan B Y, Xu X R . 2010. Crop area and leaf area index simultaneous retrieval based on spatial scaling transformation. Science in China: Earth Science, 40(12): 1725-1732.

Favard J C, Boissezon H D, Baret F, Vintila R. 2004. ADAM: A reference data base to inverstigate assimilation of remote sensing observations into crop growth models. VIII-th ESA Congress. "European agriculture in a global context".

Ferrazzoli P, Guerriero L. 1996. Passive microwave remote sensing of forests: A model investigation. IEEE Transactions on Geoscience and Remote Sensing, 34(2): 433-443.

Flores A N, Ivanov V Y, Entekhabi D, et al. 2009. Impact of hillslope-scale organization of topography, soil moisture, soil temperature, and vegetation on modeling surface microwave radiation emission. IEEE Transactions on Geoscience and Remote Sensing, 47:2557-2571.

Franklin J F, Shugart H H, Harmon M E. 1987. Tree death as an ecological process. Bioscience, 550-556.

Friedl M A. 1997. Examining the effects of sensor resolution and sub-pixel heterogeneity on vegetation spectral indices: Implications for biophysical modelling. *In*: Quattrochi D A, Goodchild M F. Scale in remote sensing and GIS. Boca Raton, Fla.: Lewis: 113-139.

Friedl M A, Davis F W, Michaelsen J, Moritz M A. 1995. Scaling and uncertainty in the relationship between the NDVI and land surface biophysical variables: an analysis using a scene simulation model and data from FIFE. Remote Sensing of Environment, 54: 233-246.

Friedlingstein P, Houghton R A, Marland G, et al. 2010. Update on CO_2 emissions. Nature Geoscience, 3: 811-812.

Frolking S, Mcdonald K C, Kimball J S, et al. 1999. Using the space-borne NASA scatterometer (NSCAT) to determine the frozen and thawed seasons. Journal of Geophysical Research Atmospheres, 104(D22):27895-27907.

Galford G L, Mustard J F, Melillo J, Gendrin A, et al. 2008. Wavelet analysis of MODIS time series to detect expansion and intensification of row-crop agriculture in Brazil. Remote Sensing of Environment, 112(2): 576-587.

Ganzedo U, Alvera-Azcarate A, Esnaola G, et al. 2011. Reconstruction of sea surface temperature by means of DINEOF: A case study during the fishing season in the Bay of Biscay. International Journal of Remote Sensing, 32(4): 933-950.

Gao Q, Yu M, Yang X S. 2000. An analysis of sensitivity of terrestrial ecosystems in China to climatic change using spatial simulation. Climatic Change, 47: 373-400.

Garrigues S, Allard D, Baret F, Weiss M. 2006. Influence of landscape spatial heterogeneity on the non2linear estimation of leaf area index from moderate spatial resolution remote sensing data. Remote Sensing of Environment, 105(4): 286-298.

Gitelson A A, Peng Y, Huemmrich K F, et al. 2014.　Relationship between fraction of radiation absorbed by photosynthesizingmaize and soybean canopies and NDVI fromremotely sensed data taken at close range and from MODIS 250 m resolution data. Remote Sensing of Environment, 147(10): 108-120.

Goel N S, Rozehnal I, Thompson R L. 1991. A computer graphics based model for scattering from objects of arbitrary shapes in the optical region. Remote Sensing of Environment, 36(2): 73-104.

Gong W, Song S, Zhu B, et al. 2012. Multi-wavelength canopy LiDAR for remote sensing of vegetation: Design and system performance. ISPRS Journal of Photogrammetry and Remote Sensing, 69(3): 1-9.

Grant J P, Wigneron J P, Drusch M, et al. 2012. Investigating temporal variations in vegetation water content derived from SMOS optical depth. IEEE International Symposium on Geoscience and Remote Sensing IGARSS: 3331-3334.

Hakala T, Suomalainen J, Kaasalainen S, et al. 2012. Full waveform hyperspectral LiDAR for terrestrial laser scanning.Optics Express, 20(7): 7119-7127.

Han W Q, Zhao S H, Feng X Z, et al. 2014. Extraction of multilayer vegetation coverage using airborne LiDAR discrete points with intensity information in urban areas: A case study in Nanjing City, China. International Journal of Applied Earth Observation and Geoinformation, 30(1): 56-64.

Hansen L B, Kamstrup N, Hansen B U. 2002. Estimation of net short-wave radiation by the use of remote sensing and a digital elevation model: a case study of a high arctic mountainous area. International Journal of Remote Sensing, 23(21): 4699-4718.

Holmes T R H, De Jeu R A M, Owe M, et al. 2009. Land surface temperature from Ka band (37 GHz) passive microwave observations. Journal of Geophysical Research, 114, doi: 10.1029/2008JD010257.

Hosoi F, Omasa K. 2006. Voxel-based 3-D modeling of individual trees for estimating leaf area density using high-resolution portable scanning lidar. IEEE Transactions on Geoscience and Remote Sensing, 44(12): 3610-3618.

Hosoi F, Omasa K. 2007. Factors contributing to accuracy in the estimation of the woody canopy leaf area density profile using 3D portable lidar imaging. Journal of Experimental Botany, 58(12): 3463-3473.

Hosoi F, Omasa K. 2010a. Detecting seasonal change of broad-leaved woody canopy leaf area density profile using 3D portable LIDAR imaging.Functional Plant Biology, 36(11): 998-1005.

Hosoi F, Omasa K. 2010b. Estimating vertical plant area density profile and growth parameters of a wheat canopy at different growth stages using three-dimensional portable lidar imaging. ISPRS Journal of Photogrammetry and Remote Sensing, 64(2): 151-158.

Hosoi F, Omasa K. 2011. Estimation of leaf area density profiles of Japanese maple and camellia woody canopies using portable scanning lidars. Eco-Engineering, 23(4): 105-109.

Hu Z, Islam S. 1997. A framework for analyzing and designing scale invariant remote sensing algorithms. IEEE Transaction on Geoscience and Remote Sensing, 13: 747-755.

Huang H G, Liu Q H, Qin W H, et al. 2011. Temporal patterns of thermal emission directionality of crop canopies. Journal of Geophysical Research-Atmospheres, 116: No.D06114, MAR 29.

Huang H, Qin W, Liu Q. 2013a. RAPID: A radiosity applicable to porous individual objects for directional reflectance over complex vegetated scenes. Remote Sensing of Environment, 132: 221-237.

Huang N, Niu Z, Wu C Y, et al. 2010. Modeling net primary production of a fast-growing forest using a light use efficiency model. Ecological Modelling, 221 (24): 2938-2948.

Huang W L, Sun G Q, Dubayah R, et al. 2013b. Mapping biomass change after forest disturbance: Applying LiDAR footprint-derived models at key map scales. Remote Sensing of Environment, 134: 319-332.

Huemmrich K F. 2001. The GeoSail model: A simple addition to the SAIL model to describe discontinuous canopy reflectance. Remote Sensing of Environment, 75(3): 423-431.

Hüttich C, Herold M, Schmullius C, Egorov V, et al. 2007. Indicator of Northern Eurasia's land-cover change trends from SPOT-VEGETATION time-series analysis 1998—2005. International Journal of Remote Sensing, 28(18): 4199-4206.

Huxman T E, Smith M D, Fay P A, et al. 2004. Convergence across biomes to common rain-use efficiency.

Nature, 429: 651-654.

Idso S B, Schmugge T J, Jackson R D, et al. 1975. The utility of surface temperature measurements for the remote sensing of surface soil water status. Journal of Geophysical Research, 80(21): 3044-3049.

Jack J, Rumi E, Henry D, et al. 2011. The design of a space-borne multispectral canopy LIDAR to estimate global carbon stock and gross primary productivity. Proceedings of SPIE—The international society for optical Engineering, 8176.

Jackson T J. 1993. Measuring surface soil moisture using passive microwave remote sensing. Hydrological Processes, 7: 139-152.

Jacquemoud S, Baret F. 1990. PROSPECT: A model of leaf optical properties spectra. Remote Sensing of Environment, 34(2): 75-91.

Jakubauskas M E, Legates D R, Kastens J H. 2001. Harmonic analysis of time-series AVHRR NDVI data. Photogrammetric Engineering and Remote Sensing, 67(4): 461-470.

Jiang L, Shi J, Tjuatja S, Dozier J, Chen K, Zhang L. 2007. A parameterized multiple-scattering model for microwave emission from dry snow. Remote Sensing of Environment, 111: 357-366.

Jiang Z, Huete A R, Chen J, Chen Y, Li J, Yan G, Zhang X. 2006. Analysis of NDVI and scaled difference vegetation index retrievals of vegetation fraction. Remote Sensing of Environment, 101(3): 366-378.

Jin R, Li X, Che T. 2009. A decision tree algorithm for surface soil freeze/thaw classification over China using SSM/I brightness temperature. Remote Sensing of Environment, 113(12): 2651-2660.

Judge J, Galantowicz J F, England A W, et al. 1997. Freeze/thaw classification for prairie soils using SSM/I radiobrightnesses. IEEE Transactions on Geoscience and Remote Sensing, 35(4): 827-832.

Jupp D L B, Culvenor D, Lovell J L, et al. 2009. Estimating forest LAI profiles and structural parameters using a ground-based laser called 'Echidna®'. Tree physiology, 29(2): 171-181.

Kaasalainen S, Suomalainen J, Hakala T, et al. 2010. Active hyperspectral LIDAR methods for object classification. Workshop on Hyperspectral Image and Signal Processing: Evolution in Remote Sensing (WHISPERS).

Kahle A B. 1977. A simple thermal model of the earth's surface for geologic mapping by remote sensing. Journal of Geophysical Research, 82: 1673-1679.

Kennedy R E, Yang Z, Cohen W B. 2010. Detecting trends in forest disturbance and recovery using yearly Landsat time series: 1. LandTrendr—Temporal segmentation algorithms. Remote Sensing of Environment, 114: 2897-2910.

Kerkhoff A J, Enquist B J, Elser J J, et al. 2005. Plant allometry, stoichiometry and the temperature-dependence of primary productivity. Global Ecology and Biogeography, 14: 585-598.

Kerr Y, Secherre F, Lastent J, et al. 2003. SMOS: Analysis of perturbing effect cover land surfaces. IEEE International Symposium on Geoscience and Remote Sensing IGARSS 908-910.

Kerr Y H, Waldteufel P, Wigneron J P, et al. 2010. The SMOS mission: New tool for monitoring key elements of the global water cycle. Proceedings of the IEEE, 98(5): 666-687.

Kim Y, Jackson T, Bindlish R, et al. 2012. Radar vegetation index for estimating the vegetation water content of rice and soybean. IEEE Geoscience and Remote Sensing Letters, 9(4): 564-568.

Kljun N, Black T A, Grifis T J, et al. 2006. Response of net ecosystem productivity of three boreal forest stands to drought. Ecosystems, 9: 1128-1144.

Knyazikhin Y, Schull M A, Stenberg P, et al. 2013. Hyperspectral remote sensing of foliar nitrogen content. Proceedings of the National Academy of Sciences of the United States of America, 110(3): E185-E192.

Kotchenova S Y, Shabanov N V, Knyazikhin Y, et al. 2003. Modeling lidar waveforms with time-dependent stochastic radiative transfer theory for remote estimations of forest structure. Journal of Geophysical Research, 108(D15)4484.

Kustas W P, Norman J M, Anderson M C, et al. 2003. Estimating subpixel surface temperature and energy fluxes from the vegetation index-radiometric temperature relationship. Remote Sensing of Environment, 85: 429-440.

Kuusk A. 1995. A Markov chain model of canopy reflectance. Agricultural and Forest Meteorology, 76(3): 221-236.

Kuusk A. 2003. Two-layer canopy reflectance model ACRM user guide version. Tartu Observatory: 1-21.

Laurent V C E, Schaepman M E, Verhoef W, et al. 2014. Bayesian object-based estimation of LAI and chlorophyll from a simulated Sentinel-2 top-of-atmosphere radiance image. Remote Sensing of Environment, 140: 318-329.

Leprieur C Y H, Mastorchio K S, Meunier J C. 2000. Monitoring vegetation cover across semi-arid regions: Comparison of remote observations from various scales. International Journal of Remote Sensing, 21: 281-300.

Li X, Strahler A H. 1992. Geometric-optical bidirectional reflectance modeling of the discrete crown vegetation canopy: Effect of crown shape and mutual shadowing. IEEE Transactions on Geoscience and Remote Sensing, 30(2): 276-292.

Li Z L, Tang B H, Wu H, et al. 2013. Satellite-derived land surface temperature: Current status and perspectives. Remote Sensing of Environment, 131: 14-37.

Liang S. 2004. Quantitative Remote Sensing of Land Surfaces. Hoboken: John Wiley and Sons. Inc.

Liu D W, Sun G Q, Guo Z F, et al. 2010. Three-dimensional coherent radar backscatter model and simulations of scattering phase center of forest canopies. IEEE Transactions on Geoscience and Remote Sensing, 48(1): 349-357.

Liu J, Chen J M, Cihlar J, et al. 1997. A process-based boreal ecosystem productivity simulator using remote sensing inputs. Remote Sensing of Environment, 62: 158-175.

Liu Q H, Huang H G, Qin W H, et al. 2007. An extended 3-D radiosity-graphics combined model for studying thermal-emission directionality of crop canopy. IEEE Transactions on Geoscience and Remote Sensing, 45(9): 2900-2918.

Liu Q, Gu L, Dickinson R E, et al. 2008. Assimilation of satellite reflectance data into a dynamical leaf model to infer seasonally varying leaf areas for climate and carbon models. Journal of Geophysical Research, 113: D19113.

Lovell J L, Jupp D L, Culvenor D S, et al. 2003. Using airborne and ground-based ranging lidar to measure canopy structure in Australian forests. Canadian Journal of Remote Sensing, 29(5): 607-622.

Lu H, Koike T, Tsutsui H, et al. 2011. Monitoring vegetation water content by using optical vegetation index and microwave vegetation index: Field experiments and applications. IEEE International Symposium on Geoscience and Remote Sensing IGARSS, 2468-2471.

Lufafa A, Bolte J, Wright D, et al. 2008. Regional carbon stocks and dynamics in native woody shrub communities of Senegal's Peanut Basin. Agriculture, Ecosystems and Environment, 128: 1-11.

Main-Knorn M, Cohen W B, Kennedy R E, et al. 2013. Monitoring coniferous forest biomass change using a Landsat trajectory-based approach. Remote Sensing of Environment, 139: 277-290.

Marceau D J. 1999. The scale issue in the social and natural sciences. Canadian Journal of Remote Sensing, 25: 347-356.

Maselli F, Barbati A, Chiesi M, et al. 2006. Use of remotely sensed and ancillary data for estimating forest gross primary productivity in Italy. Remote Sensing of Environment, 100: 563-575.

Maselli F, Papale D, Puletti N, et al. 2009. Combining remote sensing and ancillary data to monitor the gross productivity of water-limited forest ecosystems. Remote Sensing of Environment, 113: 657-667.

Metsaranta J M, Lieffers V J. 2009. Using dendrochronology to obtain annual data for modeling stand development: A supplement to permanent sample plots. Forestry, 82: 163-173.

Michaletz S T, Cheng D J, Kerkhoff A J, et al. 2014. Convergence of terrestrial plant production across global climate gradients. Nature, Doi: 10.1038/nature13470.

Monerris A, Benedicto P, Vall-llossera M, et al. 2008. Assessment of the topography impact on microwave radiometry at L band. Journal of Geophysical Research: Solid Earth, 113(B12): 1-9.

Morsdorf F, Nichol C, Malthus T, et al. 2009. Assessing forest structural and physiological information content of multi-spectral LiDAR waveforms by radiative transfer modelling. Remote Sensing of Environment, 113(10): 2152-2163.

Næsset E, Bollandsås O M, Gobakken T, et al. 2013. Model-assisted estimation of change in forest biomass over an 11 year period in a sample survey supported by airborne LiDAR: A case study with post-stratification to provide "activity data". Remote Sensing of Environment, 128: 299-314.

Naesset E. 2002. Dermination of mean tree height of forest stands by digital photogrammetry. Scandinavian Journal of Forest Research, 17(5): 446-459.

Neeff T, Dutra LV, Jrdos S, et al. 2005. Tropical forest measurement by interferometric height modeling and P-band radar backscatter. Forest Science, 51(6): 585-594.

Nemani R R, Keeling C D, Hashimoto H, et al. 2003. Climate-driven increases in global terrestrial net primary production from 1982 to 1999. Science, 300: 1560-1563.

Ni W, Sun G, Ranson K J, et al. 2014. Model based analysis of the influence of forest structures on the scattering phase center at L-band. IEEE Transactions on Geoscience and Remote Sensing, 52: 3937-3946.

Njoku E G, Li L. 1999. Retrieval of soil moisture using passive microwave remote sensing at 6-18GHz. IEEE Transactions on geoscience and Remote Sensing, 37(1): 79-93.

Notarnicola C, Posa F. 2007. Inferring vegetation water content from C-and L-band SAR images. IEEE Transactions on Geoscience and Remote Sensing, 45(10): 3165-3171.

Nuske R S, Nieschulze J. 2004. The vegetation height as a tool for stand height determination: An application of automated digital photogrammetry in forestry. Allgemeine Forst Und Jagdzeitung, 175(1-2): 13-21.

Ottlé C, Stoll M. 1993. Effect of atmospheric absorption and surface emissivity on the determination of land surface temperature from infrared satellite data. International Journal of Remote Sensing, 14: 2025-2037.

Owe M, R de Jeu, T Holmes. 2008. Multisensor historical climatology of satellite-derived global land surface moisture. Journal of Geophysical Research, 113(F1): F01002.

Pan Y D, Birdsey R A, Fang J Y, et al. 2011. A large and persistent carbon sink in the world's forests. Science, 333: 988-993.

Peng H, Pretzsch H. 2010. Using terrestrial laser scanner for estimating leaf areas of individual trees in a conifer forest. Trees, 24(4): 609-619.

Pflugmacher D, Cohen W B, Kennedy R E. 2012. Using Landsat-derived disturbance history (1972-2010) to predict current forest structure. Remote Sensing of Environment, 122: 146-165.

Phillips O L, Aragao L E O C, Lewis S L, et al. 2009. Drought Sensitivity of the Amazon Rainforest. Science, 323: 1344-1347.

Piao S L, Fang J Y, Zhou L M, et al. 2005. Changes in vegetation net primary productivity from 1982 to 1999 in China. Global Biogeochemical Cycles, 19: GB2027.

Pohn H A, Offield T W, Watson K. 1974. Thermal inertia mapping from satellite-discrimination of geologic units in Oman. Journal of Research of the US Geological Survey, 2: 147-158.

Potapov P, Turubanova S, Hansen M C. 2011. Regional-scale boreal forest cover and change mapping using Landsat data composites for European Russia. Remote Sensing of Environment, 115: 548-561.

Potter C, Klooster S, Genovese V. 2009. Carbon eissions from deforestation in the Brazilian Amazon region. Biogeosciences, 6: 2369-2381.

Praks J, Kugler F, Papathanassiou K P, et al. 2007. Height estimation of boreal forest: Interferometric model-based inversion at L- and X-band versus HUTSCAT profiling scatterometer. IEEE Geoscience and Remote Sensing Letters, 4(3): 466-470.

Prevot L, Baret F, Chanzy A, et al. 1998. Assimilation of multi-sensor and multi-temporal remote sensing data to monitor vegetation and soil: The Alpilles-ReseDA project. IEEE International Symposium on Geoscience and Remote Sensing IGARSS, 5: 2399-2401.

Price J C. 1977. Thermal inertia mapping: A new view of the earth. Journal of Geophysical Research, 82: 2582-2590.

Prince S D, Goward S N. 1995. Global primary production: A remote sensing approach. Journal of Biogeography, 22: 815-835.

Pulliainen J T, Grandell J, Hallikainen M. 1999. HUT snow emission model and its applicability to snow water equivalent retrieval. IEEE Transaction on Geoscience and Remote Sensing, 37(3): 1378-1390.

Pulvirenti L, Pierdicca N, Marzano F S. 2011. Prediction of the error induced by topography in satellite microwave radiometric observations. IEEE Transactions on Geoscience Remote Sensing, 99: 1-9.

Puttonen E, Suomalainen J, Hakla T, et al. 2010. Tree species classification from fused active hyperspectral reflectance and LIDAR measurements. Forest Ecology and Management, 260(10): 1843-1852.

Qin W, Gerstl S A W. 2000. 3-D scene modeling of semidesert vegetation cover and its radiation regime. Remote Sensing of Environment, 74: 145-162.

Quattrochi D A, Goodchild M F. 1997. Scale in Remote Sensing and GIS. Boca Raton: CRC Press.

Ren G Y, Ding Y H, Zhao Z C, et al. 2012. Recent progress in studies of climate change in China. Advances in Atmospheric Sciences, 29: 958-977.

Ren G Y, Zhou Y Q, Chu Z Y, et al. 2008. Urbanization effects on observed surface air temperature trends in North China. Journal of Climate, 21: 1333-1348.

Richardson A D, Hollinger D Y, Aber J D, et al. 2007. Environmental variation is directly responsible for short-but not long-term variation in forest-atmosphere carbon exchange. Global Change Biology, 13: 788-803.

Rignot E J M, Way J B. 1994. Monitoring freeze-thaw cycles along north-south Alaskan transects using ERS-1 SAR. Remote Sens. Environ, 49: 131-137.

Running S W, Hunt E R. 1993. Generalization of a forest ecosystem process model for other biomes, Biome-BGC, and an application for global-scale models. *In*: Ehleringer J R, Field C B. Scaling Physiological Processes: Leaf to Globe. San Diego: Academic Press: 141-158.

Running S W, Thornton P E, Nemani R, et al. 2000. Global terrestrial gross and net primary productivity from the earth observation system. *In*: Sala O E, Jackson R B, Mooney H A. Methods in Ecosystem Science. New York: Springer-Verla: 44-57.

Sakamoto T, Yokozawa M, Toritani H, et al. 2005. A crop phenology detection method using time-series MODIS data. Remote Sensing of Environment, 96(3-4): 366-374.

Sancho-Knapik D, Gismero J, Asensio A, et al. 2011. Microwave l-band (1730 MHz) accurately estimates the relative water content in poplar leaves. A comparison with a near infrared water index (R1300/R1450). Agricultural and Forest Meteorology, 151(7): 827-832.

Sanz R, Rosell J R, Llorens J, et al. 2013. Relationship between tree row LIDAR-volume and leaf area density for fruit orchards and vineyards obtained with a LIDAR 3D Dynamic Measurement System. Agricultural and Forest Meteorology: 171: 153-162.

Savitzky A, Golay M. 1964. Smoothing and differentiation of data by simplified least squares procedures. Analytical Chemistry, 36: 1627-1639.

Schimel D S, House J I, Hibbard, et al. 2001. Recent patterns and mechanisms of carbon exchange by terrestrial ecosystems. Nature, 414: 169-172.

Shi J, Chen K S, Li Q, et al. 2002. A parameterized surface reflectivity model and estimation of bare-surface soil moisture with L-Band Radiometer. IEEE Transactions on Geoscience and Remote Sensing, 40(12): 2674-2686.

Shi J, Jiang L, Zhang L, et al. 2005. A parameterized multifrequency-polarization surface emission model. IEEE Transactions on Geoscience and Remote Sensing, 43(12): 2831-2841.

Singh N, Patel N R, Bhattacharya B K, et al. 2014. Analyzing the dynamics and inter-linkages of carbon and water fluxes in subtropical pine (*Pinus roxburghii*) ecosystem. Agricultural and Forest Meteorology, 197: 206-218.

Song X D, Bryan B A, Almeida A C, et al. 2013. Time-dependent sensitivity of a process-based ecological model. Ecological Modelling, 265: 114-123.

Spencer M, Kim Y, Chan S. 2008. The Soil Moisture Active/Passive (SMAP) radar. IEEE Radar Conference, Rome: 1-5.

Srivastava S K, Banik B T, Adamovic M, et al. 1999. RADARSAT-1 Image Quality-Update. Sar Workshop: Ceos Committee on Earth Observation Satellites: 85.

Stonge B, Jumelet J, Cobello M, et al. 2004. Measuring individual tree height using a combination of stereophotogrammetry and lidar. Canadian Journal of Forest Research, 34(10): 2122-2130.

Strahler A H, Woodcock C E, Smith J A. 1986. On the nature of models in remote sensing. Remote Sensing of Environment, 20: 121-139.

Sumida A, Nakai T, Yamada M, et al. 2009. Ground-based estimation of leaf area index and vertical distribution of leaf area density in a Betula ermanii forest. Silva Fennica, 43(5): 799-816.

Sun G, Ranson K J. 2000. Modeling lidar returns from forest canopies. IEEE Transactions on Geoscience and Remote Sensing, 38(6): 2617-2626.

Sun G, Ranson K J. 1995. A three-dimensional radar backscatter model of forest canopies. IEEE Transactions on Geoscience and Remote Sensing, 33(2): 372-382.

Suomalainen J, Hakala T, Kaartinen H, et al. 2011. Demonstration of a virtual active hyperspectral LiDAR in automated point cloud classification. ISPRS Journal of Photogrammetry and Remote Sensing, 66(5): 637-641.

Takeda T, Oguma H, Sano T, et al. 2008. Estimating the plant area density of a Japanese larch (*Larix kaempferi Sarg.*) plantation using a ground-based laser scanner. Agricultural and Forest Meteorology, 148(3): 428-438.

Takeda T, Omuga H, Yone Y, et al. 2005. Comparison of leaf area density measured by laser range finder and stratified clipping method. Phyton, 45(4): 505-510.

Talagrand O. 1997. Assimilation of observations, an introduction. Journal of the Meteorological Society of Japan, 75(1): 191-209.

Talone M, Camps A, Monerris A, et al. 2007. Surface topography and mixed-pixel effects on the simulated L-band brightness temperatures. IEEE Transactions on Geoscience and Remote Sensing, 45(7): 1996-2003.

Tao J, Shi J C, Jackson T, et al. 2008. Monitoring vegetation water content using microwave vegetation indices. IEEE International Symposium on Geoscience and Remote Sensing IGARSS, I: 197-200.

Thornton P E, Law B E, Gholz H L, et al. 2002. Modeling and measuring the effects of disturbance history and climate on carbon and water budgets in evergreen needleleaf forests. Agricultural and Forest Meteorology, 113: 185-222.

Tian Y. 2002. Evaluation of the Performance of the MODIS LAI and FAPAR Algorithm with Multiresolution Satellite Data. Boston Univ. PhD dissertation.

Tsang L, Kong J A, Shin R T. 1985. Theory of Microwave Remote Sensing. New York: Wiley Interscience, 7(2): 43-79.

Ulaby F T, Moore R K, Fung A K. 1982. Microwave Remote Sensing: Active and Passive. Volume II: Radar Remote Sensing and Surface Scattering and Emission Theory. Norwood, MA: Artech House: 457-1064.

Ulaby F T, Sarabandi K, Mcdonald K, et al. 1990. Michigan Microwave Canopy Scattering Model MIMICS. Michigan, Univ.Michigan Radiation Lab.

Ullah S, Skidmore A K, Groen T A, et al. 2013. Evaluation of three proposed indices for the retrieval of leaf water content from the mid-wave infrared (2-6μm) spectra. Agricultural and Forest Meteorology, 171: 65-71.

Utku C, Le Vine D M. 2011. A model for prediction of the impact of topography on microwave emission. IEEE Transactions on Geoscience and Remote Sensing, 49(1): 395-405.

Verhoef W, Jia L, Xiao Q, et al. 2007. Unified optical-thermal four-stream radiative transfer theory for homogeneous vegetation canopies. IEEE Transactions on Geoscience and Remote Sensing, 45(6): 1808-1822.

Verónica C, Anatoly G, James S. 2008. Vertical profile and temporal variation of chlorophyll in maize canopy: Quantitative "Crop Vigor" indicator by means of reflectance-based techniques. Agronomy Journal, 100(5): 1409-1417.

Veroustraete F, Sabbe H, Eerens H. 2002. Estimation of carbon mass fluxes over Europe using the C-Fix model and Euroflux data. Remote Sensing Environment, 83: 376-399.

Veroustraete F, Sabbe H, Rasse D P, et al. 2004. Carbon mass fluxes of forests in Belgium determined with low resolution optical sensors. International Journal of Remote Sensing, 25: 769-792.

Wang D, Liang S.2011. Integrating MODIS and CYCLOPES leaf area index products using empirical orthogonal functions. IEEE Transactions on Geoscience and Remote Sensing, 49(5): 1513-1519.

Wang Q, Li P. 2013. Canopy vertical heterogeneity plays a critical role in reflectance simulation. Agricultural and Forest Meteorology, 169: 111-121.

Wang Z J, Wang J H, Zhao C J, et al. 2005. Vertical distribution of nitrogen in different layers of leaf and stem and their relationship with grain quality of winter wheat. Journal of Plant Nutrition, 28(1): 73-91.

Watson K. 1973. Periodic heating of a layer over a semi- infinite solid. Journal of Geophysical Research, 78: 5904-5910.

Way J B, Zimmermann R, Rignot E, et al. 1997. Winter and spring thaw as observed with imaging radar at BOREAS. Geophys Res, 102: 29673-29684.

Wegmuller U. 1990. The effect of freezing and thawing on the microwave signatures of bare soil. Remote Sens. Environ, 33:123-135.

Wen J G, Liu Q H, Liu Q, et al. 2009. Parametrized BRDF for atmospheric and topographic correction and albedo estimation in Jiangxi rugged terrain, China. International Journal of Remote Sensing, 30(11): 2875-2896.

White M A, Thornton P E, Running S W, et al. 2000. Parameterisation and sensitivity analysis of the BIOME-BGC terrestrial ecosystem model: net primary production controls. Earth Interactions, 4: 1-85.

Winterhalter L, Mistele B, Schmidhalter U. 2012. Assessing the vertical footprint of reflectance measurements to characterize nitrogen uptake and biomass distribution in maize canopies. Field Crops Research, 129(1): 14-20.

Wittenberghe S V, Alonso L, Verrelst J I, et al. 2014. A field study on solar-induced chlorophyll fluorescence and pigment parameters along a vertical canopy gradient of four tree species in an urban environment. Science of the Total Environment, 466-467(1): 185-194.

Woodhouse I H, Nichol C, Sinclair P, et al. 2011. A multispectral canopy LIDAR demonstrator project. IEEE Geoscience and Remote Sensing Letters, 8: 839.

Wu H, Jiang X G, Xi X H, et al. 2009. Comparison and analysis of two general scaling methods for remotely sensed information. Journal of Remote Sensing, 13(2): 183-189.

Wu H, Li Z L.2009. Scale issues in remote sensing: A review on analysis. Processing and Modeling, Sensors, 9(3): 1768-1793.

Wulder M A, Han T, White J C, et al. 2007. Integrating profiling LIDAR with Landsat data for regional boreal forest canopy attribute estimation and change characterization. Remote Sensing of Environment, 110: 123-137.

Xiao Z, Liang S, Wang J, et al. 2009. A temporally integrated inversion method for estimating leaf area index from MODIS data. IEEE Transactions on Geoscience and Remote Sensing, 47(8): 2536-2545.

Xiao Z, Liang S, Wang J, et al. 2011. Real-time retrieval of Leaf Area Index from MODIS time series data. Remote Sensing of Environment, 115(1): 97-106.

Yang Y, Titus S J, Huang S. 2003. Modeling individual tree mortality for white spruce in Alberta. Ecological Modeling, 163: 209-222.

Zakšek K, Oštir K. 2012. Downscaling land surface temperature for urban heat island diurnal cycle analysis. Remote Sensing of Environment, 117: 114-124.

Zande D V D, Stuckens J, Verstraeten W W, et al. 2011. 3D modeling of light interception in heterogeneous forest canopies using ground-based LiDAR data. International Journal of Applied Earth Observation and Geoinformation 13: 792-800.

Zhan W F, Chen Y H, Zhou J, et al. 2013. Disaggregation of remotely sensed land surface temperature: Literature survey, taxonomy, issues, and caveats. Remote Sensing of Environment, 131: 119-139.

Zhang G, Kang Y M, Han G D, et al. 2011. Effect of climate change over the past century on the distribution, extent and NPP of ecosystems of Inner Mongolia. Global Change Biology, 17: 377-389.

Zhang R H. 1980. Investigation of remote sensing of soil moisture. International Symposium on Remote Sensing of Environment, 14 th, San Jose, Costa Rica: 121-133.

Zhang T, Armstrong R L. 2001. Soil freeze/thaw cycles over snow-free land detected by passive microwave remote sensing. Geophysical Research Letters, 28(5): 763-766.

Zhang T, Armstrong R L, Smith J. 2003. Investigation of the near surface soil freeze thaw cycle in the contiguous United States: Algorithm development and validation. Journal of Geophysical Research:

Atmospheres, 108(D22).

Zhang X, Sun R, Zhang B, et al. 2008. Land cover classification of the North China Plain using MODIS_EVI time series. ISPRS Journal of Photogrammetry and Remote Sensing, 63(4): 476-484.

Zhang X, Yan G, Li Q, et al. 2006. Evaluating the fraction of vegetation cover based on NDVI spatial scale correction model, Int. J. Remote Sensing, 27(24): 5359-5372.

Zhao M S, Running S W. 2010. Drought-induced reduction in global terrestrial net primary production from 2000 through 2009. Science, 329: 940-943.

Zhao T, Zhang L, Bindlish R, et al. 2011a. Estimating vegetation water content during a growing season of cotton. IEEE International Symposium on Geoscience and Remote SensingIGARSS: 791-794.

Zhao T, Zhang L, Jiang L, et al. 2011b. A new soil freeze/thaw discriminant algorithm using AMSR-E passive microwave imagery. Hydrological Processes, 25: 1704-1716.

Zheng D L, Heath L S, Ducey M J, et al. 2013. Forest carbon dynamics associated with growth and disturbances in Oklahoma and Texas, 1992-2006. Southern Journal of Applied Forestry, 37: 216-225.

Zhu B, Gong W, Shi S, et al. 2011. A multi-wavelength canopy LiDAR for vegetation monitoring: System implementation and laboratory-based tests. Procedia Environmental Sciences 10(1): 2775-2782.

Zhu X H, Feng X M, Zhao Y S, et al. 2010. Scale effect and error analysis of crop LAI inversion. Journal of Remote Sensing, 14(3): 579-592.

Zuerndorfer B W, England A W. 1992. Radiobrightness decision criteria for freeze/thaw boundaries. IEEE Transactions on Geoscience and Remote Sensing, 30(1): 89-102.

Zuerndorfer B W, England A W, Dobson M C, et al. 1990. Mapping freeze/thaw boundaries with SMMR data. Agricultural and Forest Meteorology, 52(1-2): 199-225.

第2章　复杂地表遥感辐散射机理建模

遥感辐射传输建模是在研究电磁波与地物相互作用机理的基础上，建立遥感观测信号与地物属性、地物结构和观测几何等参量之间定量关系的模型，是理解遥感观测信号和反演地表参量的理论基础。近年来空间异质性问题引起了定量遥感领域的高度关注，高分辨率卫星及激光雷达等数据的日益丰富给考虑空间异质性提供了有力支撑。在异质性植被场景遥感辐射传输建模过程中，像元内部的组分比例、三维结构、空间格局及端元边界处的阴影效应与散射过程等方面是需要重点考虑的因素。

本章在介绍非均质地表空间异质性描述的基础上，分别总结了植被二向性反射模型、热红外辐射方向性模型、雷达后向散射模型、激光雷达模拟模型、全波段模拟模型在复杂地表建模方面取得的最新进展，并介绍了小尺度复杂地表精细遥感实验及复杂地表遥感产品真实性检验方面取得的研究成果。

2.1　复杂地表空间异质性

2.1.1　空间异质性表达方法

像元内斑块拼接对异质性地表的辐射传输建模及叶面积指数反演研究有重要影响。像元内斑块特征越明显，不同端元的边界越长，则导致边界处的交叉辐射越明显；同时，当边界处相邻两种植被或非植被的高差越明显时，则边界处的交叉辐射越强烈。在这些条件下，边界处的交叉辐射需要被考虑，简单的线性混合模型不再适用并会带来较大误差，需要对其进行参数化，进而对不同异质性程度进行区分，以提高建模和反演的精度。本节的异质性特征描述方法主要考虑斑块混合特征，也是基于边界长度和边界高差，以及端元信息（端元种类数和端元丰度）。由于分析显示斑块内部的不均一性对辐射传输过程和叶面积指数反演的精度影响不大，因此假设斑块内部为均一的。

端元信息：混合像元在遥感影像中普遍存在，端元信息可以准确地描述混合像元的组合特征。端元信息包括端元种类数和端元丰度。端元种类数是指混合像元内所包含的端元个数。端元丰度是指各端元面积所占混合像元总面积的比例。基于端元种类数和端元丰度，我们可以准确地分析混合像元的混合特征。端元个数越多，混合像元的斑块特征一定会明显。端元个数少的时候，即植被类型少，但同一植被类型也可能以多个斑块特征存在，也可能具有明显的斑块特征。因此，端元种类数是一个辅助的描述参数。端元种类数一定程度描述了区域地表的复杂程度，而像元内的斑块特征是否明显还需要边界信息来描述。

边界信息：边界长度是指不同植被类型的斑块间形成的边界的长度，是描述边界信息的一个最主要参数。边界长度长，则斑块特征明显；边界长度为 0 时，说明像元内为同种地物类型，即纯像元。在考虑边界长度时，边界处植被高差和边界朝向对地表的辐射传输过程也有较大影响。当边界处相邻两种植被或非植被的高差明显时，则边界处的交叉辐射会更强烈。 如果边界延伸方向与太阳入射的主平面方向平行，则边界处的交叉辐射弱；反之，如果边界延伸方向与太阳入射主平面垂直，则边界处的交叉辐射最为强烈。

端元信息和边界信息描述的特征相对独立，混合像元中端元种类数少，端元边界不一定少，两者是不相关的。在异质性地表的辐射传输建模及叶面积指数反演研究中，端元信息可以提供是否包含对反演有严重影响的地物类型及其丰度，如水体；对非均质地表建模，端元信息量化了模型中的线性（一阶）部分。边界信息主要反映斑块的特征，包括斑块是否破碎、斑块拼接处的相互遮挡及阴影效应，量化了遥感反演建模中的高阶部分。端元信息和边界信息相辅相成共同描述了混合像元对异质性地表建模及反演有重要影响的特征性信息。

2.1.2　全球地表空间异质性分析

全球地表类型由于气候环境和地理环境的差异表现出不同的空间异质性特征。图 2.1 和图 2.2 分别是 1km 尺度全球端元种类数分布和边界长度分布图。分析比较发现，两特征参量生成的产品总体上具有很高的一致性。图 2.1 中端元种类数范围为 1～7，因此，其分布图体现细节有限。相比之下，图 2.2 能够体现更多细节。图 2.2 中显示，异质性较大的区域主要集中在山地区域和生态过渡带。

图 2.1　1 km 尺度全球地表混合像元端元种类图

图 2.2　1km 尺度全球地表混合像元边界长度图

1. 非均质地表的地物类型混合特征分析

图 2.3 表示全球陆地区域和仅植被覆盖区域的地物种类直方图，其中植被覆盖区域由 MODIS 地表分类产品判断。通过图 2.3 可以看出，中国陆地区域 1 km 尺度像元中，纯净像元和 2 种地物混合的像元所占比例最高，分别为 35%和 36.8%；其次为 3 种地物混合的像元，约占 19.6%；前 3 种类型占 91.4%。在植被覆盖区域，前 3 种混合类型像元依然是占比最高的前三个，分别占 25.8%、41.3%和 22.9%。由此可见，前三种地表混合类型是在 1km 尺度最常见的模式，4 种和 5 种地物混合模式相对较少，6 种和 7 种地物混合几乎可以忽略不计。

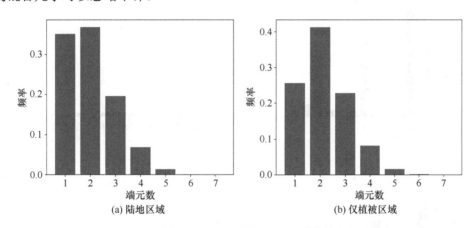

(a) 陆地区域 (b) 仅植被区域

图 2.3　1km 尺度像元端元种类数直方图分布

根据图 2.3（b），1km 尺度只有 25.8%的植被像元（类型由 MODIS 分类产品判断）是纯净像元，即只有少量的像元符合目前主流反演算法的均质假设，这会为全球的陆地地表参量产品反演带来很大的不确定性。为更加深入地分析地表植被类型的混合模式，在不同端元数前提下我们分别统计了混合像元具体的混合形式。为便于分析，同时考虑地表类别的反射特征和植被的高度特征，将端元的类型由 GlobalLand 30 数据集的 10 种地表覆盖类型简化为 7 种，具体的对应关系见表 2.1。

表 2.1　端元类型与地表覆盖类型对应表

地表覆盖类型	简化后端元类型（符号）
森林	森林（A）
灌木地	灌丛（B）
耕地	耕地（C）
草地，湿地，苔原	草地（D）
水体	水体（E）
裸地	裸地（F）
人造地表、冰川和永久积雪	其他非植被（G）

2 种地物混合：对于 2 种端元的混合像元，共有 21 种混合方式。以不同的组合方式作为横轴，出现的频率作为纵轴，绘制频率直方图如图 2.4（a）所示。横轴代表的组

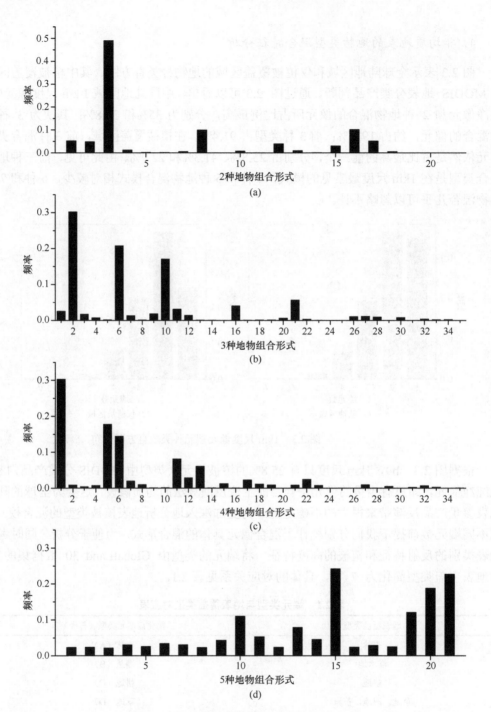

图 2.4　多种地物组合形式出现的频率分布图

合形式依次为 AB、AC、AD、AE、AF、AG、BC、BD、BE、BF、BG、CD、CE、CF、CG、DE、DF、DG、EF、EG、FG。比例最高的组合类型为森林-草地，占比达 49.01%，是最普遍的两种地物混合模式，其次是草地-水体的 10.15% 和灌丛-草地的 9.95%。含水体像元占比 12.48%。

3 种地物混合：对于 3 种端元的混合像元，共有 35 种混合方式。以不同的组合方式作为横轴，出现的频率作为纵轴，绘制频率直方图如图2.4（b）所示。横轴代表的组合形式依次为ABC、ABD、ABE、ABF、ABG、ACD、ACE、ACF、ACG、ADE、ADF、ADG、AEF、AEG、AFG、BCD、BCE、BCF、BCG、BDE、BDF、BDG、BEF、BEG、BFG、CDE、CDF、CDG、CEF、CEG、CFG、DEF、DEG、DFG、EFG。森林-灌丛-草地、森林-耕地-草地和森林-草地-水体占比明显比其他模式占比高，分别为30.22%、20.76%和17.08%。含水体像元占比23.6%。

对于4种地物混合的像元，7种端元类型共35种混合方式。横轴为不同的组合形式，纵轴为出现的频率，绘制直方图如图2.4（c）所示。横轴代表的组合形式依次为ABCD、ABCE、ABCF、ABCG、ABDE、ABDF、ABDG、ABEF、ABEG、ABFG、ACDE、ACDF、ACDG、ACEF、ACEG、ACFG、ADEF、ADEG、ADFG、AEFG、BCDE、BCDF、BCDG、BCEF、BCEG、BCFG、BDEF、BDEG、BDFG、BEFG、CDEF、CDEG、CDFG、CEFG、DEFG。最常见的混合模式为森林-灌丛-耕地-草地，占比达30.31%。其次是森林-灌丛-草-水体和森林-灌丛-草地-裸地混合模式，占比分别为17.78%和14.46%。含水体像元占比35.82%。

对于5种地物混合的像元，7种端元类型共有21种混合类型。横轴为不同的组合形式，纵轴为出现的频率，绘制直方图如图2.4（d）所示。横轴代表的组合形式依次为ABCDE、ABCDF、ABCDG、ABCEF、ABCEG、ABCFG、ABDEF、ABDEG、ABDFG、ABEFG、ACDEF、ACDEG、ACDFG、ACEFG、ADEFG、BCDEF、BCDEG、BCDFG、BCEFG、BDEFG、CDEFG。比例最高的3种混合模式分别为森林-草地-水体-裸地-其他非植被、耕地-草地-水体-裸地-其他非植被和灌丛-草地-水体-裸地-其他非植被，占比分别为24.23%、22.74%和18.78%。含水体像元占比77.12%。

2. 基于边界长度的斑块特征分析

像元内斑块间的拼接特征是地表异质性的典型特征。拼接特征由斑块间的属性差异和斑块的破碎程度决定。属性差异用分类图中的不同类别表征，破碎程度则可以用像元内的边界长度描述。以两种地物混合的场景为例，选取不同的边界长度对应的地表分类图如图2.5所示。可以看出，随着像元内边界长度的增长，斑块间的交叉逐步增多，对应的实际地表也越来越破碎。

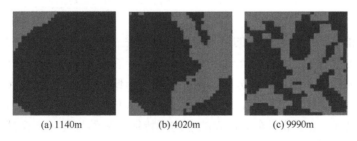

(a) 1140m　　　　　　(b) 4020m　　　　　　(c) 9990m

图2.5　边界长度对应分类图

图2.6（a）～（d）分别表示混合像元端元数为2、3、4、5时，像元内边界长度的频率直方图及边界长度约20 000m时对应地表分类图，并统计了不同情形下边界长度的均值（mean）和标准差（std）。随着端元种类数的改变，混合像元边界长度的取值

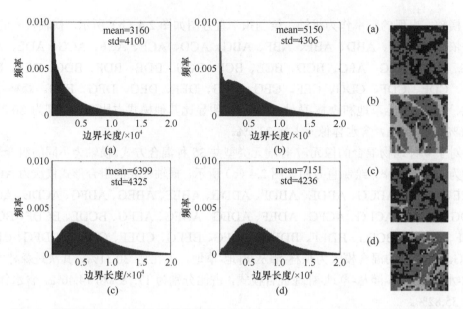

图 2.6　不同端元组合时的边界长度频率分布和边界长度约 20000m 时对应地表分类图

区间（0~20 000m）基本相同，说明在端元的数目不同时，混合像元的斑块均可能处于相同的破碎程度。在仅有 2 个端元混合的场景中，混合像元出现频率随着边界长度的增长呈迅速下降趋势，边界长度集中在 2000m 之前；在 3 种端元混合场景中，混合像元边界长度依然集中在 2000m 之前，之后出现频率随着边界长度的增加缓慢下降。在 4 种和 5 种端元混合场景中，混合像元边界长度分布更加接近正态分布，均值分别为 6399m 和 7151m。

同时，观察边界长度的统计值（均值和标准差），随着像元内参与混合端元数的增加，边界长度的平均值由 2 种端元混合的 3160m 逐步增长到 5 种端元混合时的 7151m，边界长度的方差则呈现了稳定的趋势（标准差均在 4200m 左右）。这也说明在实际地表场景中，随着地物种类数的增多，地表的破碎程度整体上会逐渐增大而波动则相对稳定。

2.2　复杂地表二向反射特性建模

现有描述植被辐射传输过程的定量遥感模型多是在特定植被结构特征假设下构建，比如适用于草地农作物的水平均一结构假设、适用于森林的离散结构假设、适用于农作物的垄行结构假设等。但在中低分辨率像元尺度下，像元内地表植被结构特征远比模型中的假设复杂。在遥感像元尺度，地表的复杂性可大体解读为两方面：地表的非均质特征和山地起伏特征。2.1 节对全球地表的非均质特征分析结果显示，全球 1km 分辨率的像元中只有单一植被结构特征的纯像元占比约为 1/4，多数像元是由多种植被类型混合或者植被和非植被类型混合。线性混合模型是目前解决混合像元的主要方法模型。但是，线性混合模型无法模拟相邻类型边界处的多次散射效应及高差导致的阴影效应。在某种类型组合及入射/观测条件下，边界的多次散射效应和阴影效应显著，线性混合模型不再适用。因此，像元辐射特征的准确模拟需要发展能够模拟边界辐射传输特性的模型。同样，对于山区有地形起伏的像元，由于坡面而导致的地表与植被间几何关系的改变、山的阴影及坡面间的多次散射等，这些山地特征的模拟需要发展山地的二向反射特性模型。考虑像元混合特征及山地起伏特征的地表二向反射模型能够更准确地模拟像元尺度的光学特性。

2.2.1 农林格网区二向反射模型 RTAF

我国北方地区为达到防风固沙的目的，实施了著名的"三北"防护林工程。农林格网是"三北"防护林工程中的典型场景，以农田与防护林的交错分布为主要特征。图 2.7 显示了"三北"防护林赤峰段的场景，在同一中低分辨率遥感像元内部，通常同时具备农田与防护林两种不同的植被类型。由于防护林通常为人工种植，与自然状况下生长的天然林相比，植被结构相对较为均一。因此，农林格网场景被视为具有不同光学特性（叶片反射率、叶片透过率及土壤背景反射率等）与结构特性（叶面积体密度、叶倾角分布、冠层高度等）的两种不同连续植被类型的混合。以下将详细介绍 Zeng 等（2016）提出的适用于农林格网场景的 RTAF 模型。

图 2.7　我国"三北"防护林赤峰段农林格网典型场景

1. RTAF 模型描述

1）非均质混合像元空间异质性参数化表达

在 RTAF 模型中，首先定义一个等效边界倾角，以将三维边界投影转换到垂直于边界朝向的二维平面（X-Z 平面）：

$$\tan\alpha = \tan\theta\sin\Delta\varphi \tag{2.1}$$

式中，θ 为入射/观测方向的天顶角；$\Delta\varphi$ 为入射/观测方向与边界朝向的相对方位角。以观测方向为例，三维场景转换到垂直于边界朝向的二维平面的示意图，如图 2.8 所示。因此，α_0 为等效倾角，L_0 为投影长度，$\overrightarrow{PA}$ 为观测方向，θ_0 为观测天顶角，$\Delta\varphi_0$ 为观测方向与防护林朝向的相对方位角，H 为两个相邻端元的最大冠层高度。高度为 H 的冠层在 X-Z 平面的投影长度为 $L=H\tan\alpha$。

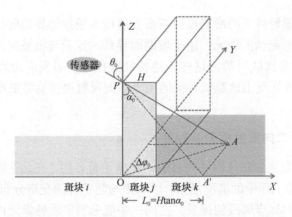

图2.8 在观测方向上，将三维场景转换为二维投影平面的等效投影图

其次，根据相邻端元的宽度、冠层高度及投影长度，将场景划分为非边界区域（non-boundary region，NR）与边界区域（boundary region，BR）两部分。三种不同情形图2.9（a）~（c）下，当太阳与传感器位于边界的同侧 [图2.9（a-1）、（b-1）] 或异侧 [图2.9（a-2）、（b-2）] 时，相邻端元 i 和 j 产生的二维平面的边界区域与非边界区域如图2.9所示。其中，α_m 是公式（2.1）中在太阳入射方向（α_s）与观测方向（α_0）最大等效边界倾角，被定义为 $\alpha_m = \max\{\alpha_s, \alpha_0\}$。最大冠层高度 H 与端元 i 和 j 的最小宽度 W 分别被定义为 $H = \max\{H_i, H_j\}$、$W = \min\{W_i, W_j\}$。太阳与传感器的位置可以互换而不影响边界区域的定义。边界区域取决于入射/观测方向、冠层高度与相邻端元宽度。根据太阳与传感器在边界的同侧与异侧，在三种情形下对边界区域进行了定义。非边界区域与边界区域的不同之处在于，在非边界区域一束光线在入射/观测方向上，只可能穿过一种植被类型；在边界区域一束光线则有可能穿过两种及以上的植被类型。对于只含一种植被类型的非边界区域，可看作均一的连续植被场景，采用成熟的 SAILH 模型进行解算；对于边界区域的散射贡献则需单独进行解算。在 RTAF 模型中，农林格网场景的半球-方向反射率因子（hemispherical-directional reflectance factor，HDRF）或方向反射率因子（directional reflectance factor，DRF）可计算为

$$R = (S'_\lambda / Q_\lambda) r_{so} + r_d \tag{2.2}$$

式中，r_{so} 为农林格网场景直射光的单次散射；r_d 为散射贡献，包括直射光的多次散射和漫散射天空光；S'_λ / Q_λ 为农林格网场景的水平面上，太阳直射的辐照度 S'_λ 与总的辐照度 Q_λ 之比。

2）直射光单次散射的求解

对于单一植被类型的均一冠层，直射光的单次散射贡献可分为叶片与土壤的单次散射贡献之和，写为如下形式（Kuusk，2001；Verhoef，1998）：

$$r_{SO} = w(\rho, \tau, \theta_L, \Omega_S, \Omega_O) \mu_L \int_0^H P_{SO}(\Omega_S, \Omega_O, z) \mathrm{d}z + \rho_{SO} P_{SO}(\Omega_S, \Omega_O, 0) \tag{2.3}$$

式中，μ_L 为叶面积体密度（$\mathrm{m^2/m^3}$）；H 为冠层高度；ρ_{SO} 为土壤 BRF；w 为双向散射

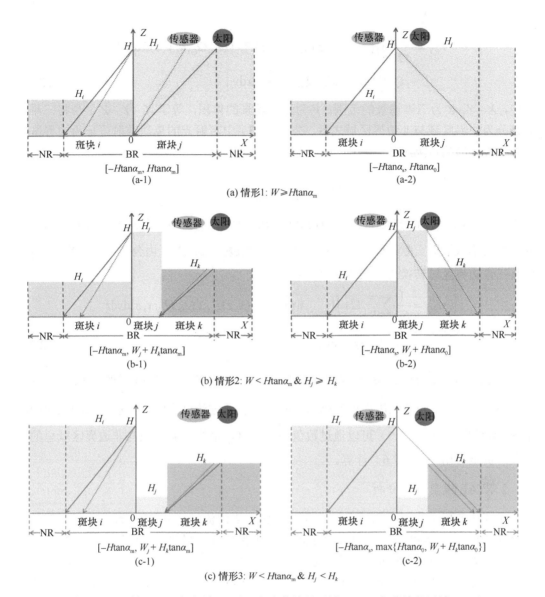

图 2.9　不同情形下，相邻端元 i 和 j 产生的边界区域（BR）与非边界区域（NR）

相函数，叶片半球反射率 ρ、透过率 τ、平均叶倾角 θ_L、入射方向 Ω_S 和 Ω_O 观测方向的函数；$P_{SO}(\Omega_S, \Omega_O, z)$ 为 z 高度处在入射与观测方向的双向间隙率；$P_{SO}(\Omega_S, \Omega_O, 0)$ 为光照可视土壤的概率。双向间隙率定义为（Kuusk，1991）

$$P_{SO}(\Omega_S, \Omega_O, z) = P_S(\Omega_S, z) P_O(\Omega_O, z) C_{HS}(\xi, z) \tag{2.4}$$

式中，$P_S(\Omega_S, z)$ 和 $P_O(\Omega_O, z)$ 是 z 高度处在太阳入射与观测方向的单向间隙率；$C_{HS}(\xi, z)$ 为热点因子。

对非均质像元，w、μ_L 与 P_{SO} 在三维空间中是随坐标点（x，y，z）变化的函数，则公式（2.4）可推广为

$$r_{SO} = \frac{1}{XY}\left[\iiint_V w(x,y,z)\mu_L(x,y,z)P_{SO}(\Omega_S,\Omega_O,x,y,z)\mathrm{d}x\mathrm{d}y\mathrm{d}z \right.$$
$$\left. +\rho_{SO}\iint_{XY} P_{SO}(\Omega_S,\Omega_O,x,y,0)\mathrm{d}x\mathrm{d}y \right] \tag{2.5}$$

式中，X、Y、Z 为三维场景的范围；V 为三维场景的体积，等于 $X-Y-Z$。当将三维场景划分为边界区域与非边界区域之后，公式（2.3）中直射光的单次散射可记为边界区域与非边界区域的贡献之和：

$$r_{SO} = \frac{S_N r_{SO}^N + S_B r_{SO}^B}{S_N + S_B} \tag{2.6}$$

式中，S_N 和 S_B 分别为非边界区域与边界区域的面积；r_{SO}^N 和 r_{SO}^B 分别为非边界区域与边界区域的单次散射贡献。每一种植被类型的单次散射贡献 r_{SO}^N 可由公式（2.3）求出，r_{SO}^B 要将三维边界区域转换为二维 X-Z 平面：

$$r_{SO}^B = \frac{1}{S_B}\sum_{t=1}^{N} L_t^b\left[\iint_{W_t^b H_t^b} w(x,z)\mu_L(x,z)P_{SO}(\Omega_S,\Omega_O,x,z)\mathrm{d}x\mathrm{d}z \right.$$
$$\left. +\rho_{SO}\int_{W_t^b}(\Omega_S,\Omega_O,x,0)\mathrm{d}x \right] \tag{2.7}$$

式中，L_t^b、W_t^b、H_t^b 为第 t 种边界区域的长、宽、高。边界区域的面积可计算为 $S_B = \sum_{t=1}^{N} L_t^b W_t^b$。同端元边界处的遮挡与阴影效应通过计算空间中任意一点的双向间隙率 P_{SO} 来体现。公式（2.7）可以通过数值积分计算，最终边界区域与非边界区域总的单次散射贡献可由公式（2.6）计算。

2. RTAF 模型验证分析

研究区域位于我国西北部干旱/半干旱地区的黑河流域（38.8705°N，100.3932°E）。从 2012 年开始启动的 HiWATER 实验收集了大量星载、机载与地面同步测量数据。研究区范围为 100 m×100 m，包含了农田与防护林两种端元，是"三北"防护林工程中典型的农林混合场景。两条防护林的长度分别为 100.6 m 和 77.8 m，方位向分别为 83.6° 和 0.2°，如图 2.10 所示。

(a) 红波段近似天底观测　(b) 近红波段近似天底观测　(c) 红波段前向散射方向观测 (d) 近红波段前向散射方向观测

图 2.10　研究区域获取的 WIDAS 影像，分别为观测天顶角/方位角为 5.2°/226.5° [（a）、（b）] 和 52.1°/280.8° [（c）、（d）]

基于 DART 三维辐射传输模型对不同解析模型进行了比较与评价。DART 参加了所有的 4 次 RAMI 模型竞赛，与地面测量数据和其他三维模型模拟结果显示出良好的一致性，被选为 4 个可信的三维模型之一作为 RAMI 模型测试的"代表性真值"。基于主要端元的建模方式（DCT）没有考虑像元内的景观级异质性，光谱线性混合模型（SLM）则忽略了不同端元之间的遮挡、阴影等相互作用。DCT 与 SLM 两种建模方式将作为本书提出的 RTAF 模型的对照。

图 2.11 显示了 RTAF、SLM、DCT 三个模型生成的红波段与近红外波段总的散射极坐标图。所有的 3 个模型在红波段与近红外波段都观测到了热点效应。如图 2.10（a）所示的两条东西和南北走向的防护林带来的农林格网场景三维结构，在以下方面影响了方向反射率 DRF 的角度分布。

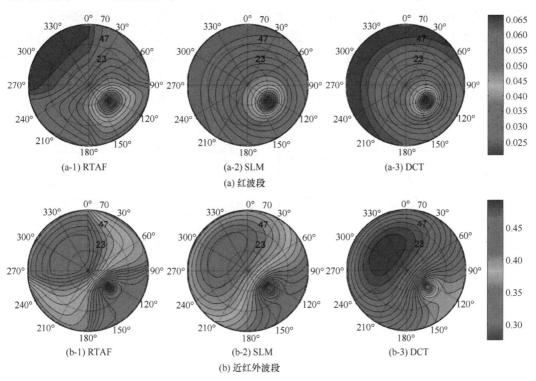

(a-1) RTAF   (a-2) SLM   (a-3) DCT

(a) 红波段

(b-1) RTAF   (b-2) SLM   (b-3) DCT

(b) 近红外波段

图 2.11 RTAF、SLM 与 DCT 模型总的散射在不同波段的极坐标图

首先，在红波段与近红外波段，RTAF 模型的热点区域在后视方向上的部分，宽度与幅度都大于 SLM 模型和 DCT 模型；在前视方向上的部分比 SLM 模型和 DCT 模型在宽度上更窄，且具有相对更密的等值线。这表明从热点方向到天底方向，RTAF 模型模拟的反射率比 SLM 模型和 DCT 模型下降的速率更快。其次，RTAF 模型生成的反射率等值线轮廓显示出近似矩形的形状，与之形成对照的是 SLM 模型和 DCT 模型生成的反射率等值线轮廓呈椭圆状，且随主平面沿方位向对称，这是均一的连续植被反射率的典型特征。这表明场景的三维结构会对地表的各向异性产生显著影响。再次，RTAF 模型在前视方向上产生的低谷比 SLM 模型和 DCT 模型更宽、更显著，这是由于 SLM 模型和 DCT 模型没有考虑边界处的相互遮挡、阴影等相互作用 [图 2.11（b-1）]。最后，在近红外波段，所有的 3 个模型都观测到了碗边效应。其中，DCT 模型模拟生成的方向反射率 DRF 低于 SLM 模型和 RTAF 模型，这是由于忽略了防护林的贡献。RTAF 模型考

虑了农林格网场景的三维结构，相比于 SLM 模型和 DCT 模型，可模拟生成出更准确的反射率角度分布特征图。

图 2.12 显示了在主平面与垂直主平面上，RTAF、SLM、DCT 模型与 DART 模型总的散射贡献比较，表 2.2 列出了统计结果。由于在红波段单次散射占据总的散射贡献的 90%以上，因此三个模型在红波段总的散射特征与单次散射几乎一致。在近红外波段，在主平面和垂直主平面上，总的散射贡献被 DCT 模型在很大程度上低估，平均相对误差为 13.8%，最大相对误差为 19.6%，这是由于玉米总的散射贡献小于防护林。对于 SLM 模型，总的散射在后向被低估，在前向被高估，平均相对误差为 6.4%，最大相对误差为 13.7%，这是由于忽略了玉米与防护林边界处的遮挡效应。RTAF 模型与 DART 模型尤其在后向和天底方向显示出较高的一致性，在前向方向上两者的一致性相对略差。不一致性可能来自于在 RTAF 模型中，散射通量 E_- 和 E_+ 被假设为近似侧向均一，这导致了在前向上多次散射的高估。RTAF 模型的散点图相比于 SLM 模型和 DCT 模型更接近 1:1 线，R^2 为 0.98，RMSE 为 0.0179。总之，边界效应会显著影响反射率的角度分布，增强在热点区域后向与前向的反射率差异。与 SLM 模型和 DCT 模型相比，RTAF 模型模拟的反射率更接近 DART 模型，在红波段与近红外波段都能更精确地模拟出反射率及其形状。

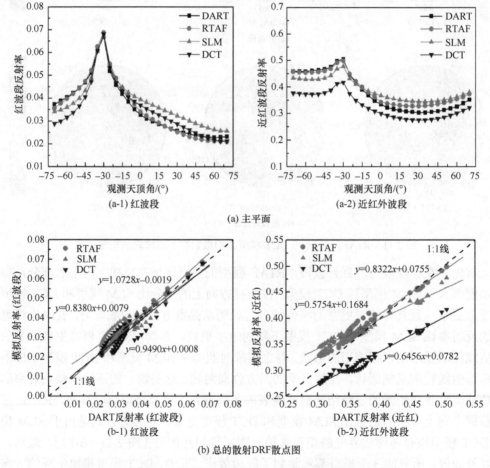

(a-1) 红波段　　　　　　　　　(a-2) 近红外波段

(a) 主平面

(b-1) 红波段　　　　　　　　　(b-2) 近红外波段

(b) 总的散射 DRF 散点图

图 2.12　不同波段在主平面反射率（a）与总的散射贡献散点图（b）

表 2.2　RTAF、SLM、DCT 模型与 DART 模型总的散射对比结果

模型	红波段				近红外波段			
	R^2	RMSE	ARE	MRE	R^2	RMSE	ARE	MRE
RTAF	0.98	0.0016	4.1%	9.8%	0.98	0.0179	4.4%	8.7%
SLM	0.86	0.0042	11.3%	25.7%	0.96	0.0263	6.4%	13.7%
DCT	0.83	0.0040	9.8%	23.0%	0.96	0.0564	13.8%	19.6%

基于机载 WIDAS 多角度观测数据的验证，图 2.13 显示了 RTAF、SLM、DCT 模型与机载 WIDAS 多角度数据一共 11 个观测在图 2.12 所示的近似主平面上总的散射贡献比较，表 2.3 列出了统计结果。在红波段与近红外波段的热点效应，以及在近红外波段的碗边效应被三个模型模拟与被 WIDAS 观测到。

在红波段，所有的模型在后视方向上均被低估。后视方向相比于天底方向显示出更高的反射率，这主要源自于视场中具有更高比例的光照防护林叶片，且如表 2.2 所示，防护林叶片比农田在红波段具有更高的反射率。在平均偏差和平均相对误差这两个指标上，从 DCT 模型的（0.0136，23.2%）和 SLM 模型的（0.0117，19.8%）降低到 RTAF 模型的（0.0063，10.7%）。这主要是因为 DCT 模型忽略了防护林的贡献，而 SLM 模型未考虑防护林与农田的相互作用。与后视方向上的低估形成对照的是，所有的模型在前视方向上均被高估，相比于 RTAF 模型（0.0044，24.6%）和 DCT 模型（0.0061，34.4%），尤其 SLM 模型（0.0105，59.1%）高估严重。反射率在前视方向较低，主要是因为防护林与农田的相互遮阴效果。农田相比于防护林具有较低的反射率，补偿了相互遮阴效应对 DCT 模型的影响，这也是尽管 DCT 模型并未考虑防护林的贡献，但在前视方向上也比 SLM 模型模拟精度更高的原因。对于所有 WIDAS 观测，RTAF 模型将平均相对误差和最大相对误差从 SLM 模型的（26.3%，66.0%）和 DCT 模型的（19.8%，40.8%）降低到 RTAF 模型的（15.0%，29.7%）。

在近红外波段，由于具有比红波段更显著的多次散射的影响，前视方向的阴影效应不如红波段显著，如图 2.12 所示，较弱的阴影效应对 DCT 模型不足以补偿农田与防护林的反射率差异。因此，相比于 DCT 模型在红波段后视方向偏低、前视方向偏高的现象，DCT 模型在近红外波段的前视、后视方向都偏低，平均相对误差和最大相对误差分别为 14.2% 和 26.0%。RTAF 模型和 SLM 模型在近红外波段的表现与在红波段类似，均为在后视方向上低估、在前视方向上高估，但 SLM 模型的误差在前视和后视方向均高于 RTAF 模型。在后视方向，RTAF 模型将低估的平均偏差与平均相对误差从 SLM 模型的（0.0679，13.4%）降低到 RTAF 模型的（0.0430，8.5%）；类似地，在前视方向上，RTAF 模型将高估的平均偏差与平均相对误差从 SLM 模型的（0.0336，10.4%）降低到 RTAF 模型的（0.0184，5.7%）。对于前向和后向的所有 WIDAS 观测，RTAF 模型将平均相对误差和最大相对误差从 SLM 模型的（11.6%，17.6%）和 DCT 模型的（14.2%，26.0%）降低到 RTAF 模型的（8.3%，11.4%）。

图 2.13（b-1）、(b-2) 显示了机载 WIDAS 多角度观测与模型模拟的散点图。在红波段与近红外波段，三个模型中 RTAF 模型与 WIDAS 观测具有最高的一致性，散点图比 SLM 模型与 DCT 模型更接近 1：1 线，且斜率更接近 1。相比于 RTAF 与 SLM 两模

型，DCT 模型具有相对最低的精度，这是由于 DCT 模型仅仅只考虑了一种植被类型，忽略了防护林的贡献。SLM 模型因以面积加权的方式考虑了不同地物类型的光谱线性混合，整体上比 DCT 模型精度更高。但 SLM 模型的斜率在红波段与近红外波段甚至不如 DCT 模型更接近 1，这表明 SLM 模型在低反射率时的高估与高反射率时的低估比 DCT 模型和 RTAF 模型会更显著。表 2.3 的数据显示：与 DCT 模型和 SLM 模型相比，RTAF 模型与 WIDAS 多角度观测具有最好的一致性。RTAF 模型在红波段，R^2 为 0.94，RMSE 为 0.0056；在近红外波段，R^2 为 0.95，RMSE 为 0.0363。RTAF 模型考虑了农林格网场景的三维结构，以及不同地物类型之间的阴影、遮挡等相互作用，这确保了 RTAF 模型在异质性的农林格网场景具有比 DCT 模型和 SLM 模型更高的模拟精度。

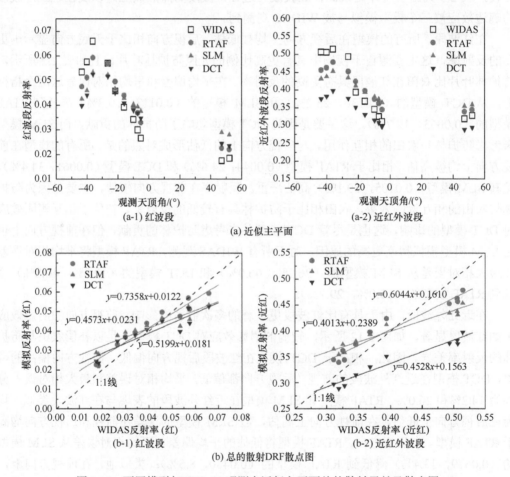

图 2.13　不同模型与 WIDAS 观测在近似主平面总的散射贡献及散点图

表 2.3　RTAF、SLM、DCT 模型与机载 WIDAS 多角度观测总的散射对比结果

模型	红波段				近红外波段			
	R^2	RMSE	ARE	MRE	R^2	RMSE	ARE	MRE
RTAF	0.94	0.0056	15.0%	29.7%	0.95	0.0363	8.3%	11.4%
SLM	0.87	0.0096	26.3%	66.0%	0.94	0.0522	11.6%	17.6%
DCT	0.85	0.0089	19.8%	40.8%	0.95	0.0816	14.2%	26.0%

本节可得出如下结论：①边界效应能显著改变反射率 DRF 的角度分布，增强热点区域后视与前视方向的反射率差异。因防护林比农田具有更高的反射率，从而场景的真实反射率在后视方向高于 SLM 模型模拟的结果；在前视方向，因视场中的阴影效应，反射率低于 SLM 模型模拟的结果。SLM 模型的最大相对误差在红波段与近红外波段分别达 25.7%和 13.7%，表明因不同端元之间冠层高度不同带来的阴影效应，对场景的反射率具有显著影响。②农林格网场景的真实反射率与主要端元的反射率相比差异显著。DCT 模型未考虑景观级异质性，最大相对误差在红波段与近红外波段分别达 23.0%和 19.6%，这一差异在生物物理参量的反演时可导致不可忽略的不确定性。③三维 DART 模型的评价结果表明，RTAF 模型在红波段，可将模拟误差由 25.7%（SLM）和 23.0%（DCT）降低到 9.8%（RTAF）；在近红外波段，模拟误差可由 19.6%（DCT）和 13.7%（SLM）降低到 8.7%（RTAF）。

2.2.2 生态交错区二向反射模型 RTEC

1. RTEC 模型描述

生态交错区（ecotone）在生态学上又被称为生态过渡带或群落交错区，是两个或多个生态系统之间的过渡区域。生态交错区是多种要素相互作用强烈并逐步发生转换的区域，非线性或突变现象较为显著，通常也是生物多样性较高的地区之一。生态交错区有的相对宽阔，变化平缓；有的相对狭窄，变化剧烈。例如，从半湿润地区向半干旱地区过渡的森林-草原地带，如图 2.14 所示，相对比较宽阔，森林和草原呈镶嵌状态。比较典型的生态交错区还有中国北方的农林交错带、农牧交错区等。从植被遥感辐射传输建模的角度来看，生态交错区可视为具有不同光学特性（叶片反射率、叶片透过率及土壤背景反射率等）与结构特性（叶面积体密度、叶倾角分布、冠层高度、植株密度等）的两种或多种连续植被或离散植被类型的混合。本节提出了生态交错区辐射传输模型（radiative transfer model for ecotones，RTEC）。相比于针对特定的农林格网场景提出的 RTAF 模型，本小节提出的 RTEC 模型更具有通用性，即端元既可为连续植被，又可为离散植被。针对生态交错区典型混合场景，将适用于混交林的随机辐射传输模型（SMRT 模型）推广到景观尺度，形成能描述呈斑块状拼接混合的

图 2.14　森林-草原生态交错区典型场景

生态交错区辐射传输模型（RTEC 模型）。在进行混合像元空间异质性的参数化表达时，基于高分辨率地表分类图，将三维混合场景划分为边界像元与非边界像元，分别计算两者的重叠函数，继而求取总的重叠函数，并代入 RTEC 模型求解混合像元的辐射场分布。最终，将提出的 RTEC 模型以我国东北依根农林交错带野外实验数据作为输入参数，进行模型分析与比较。

1）辐射传输模型向离散植被的推广

经典的辐射传输模型大多基于水平均匀、垂直分层、场景无限延伸的假设，其形式如公式（2.8）所示：

$$\vec{\Omega} \cdot \nabla I\left(\vec{r}, \vec{\Omega}\right) + \sigma\left(\vec{r}, \vec{\Omega}\right) I\left(\vec{r}, \vec{\Omega}\right) = \int_{4\pi} d\vec{\Omega} \sigma_S\left(\vec{r}, \vec{\Omega}' \to \vec{\Omega}\right) I\left(\vec{r}, \vec{\Omega}'\right) \tag{2.8}$$

式中，$\vec{\Omega}$ 为一束光线的传输方向；$\vec{r}$ 为三维空间中的一个点 (x, y, z)；$\nabla I\left(\vec{r}, \vec{\Omega}\right)$ 为辐射强度 I 在空间中的点 $\vec{r}$ 处沿 $\vec{\Omega}$ 方向的增量；$\sigma\left(\vec{r}, \vec{\Omega}\right)$ 为点 $\vec{r}$ 处沿 $\vec{\Omega}$ 方向的消光系数；$\sigma_S\left(\vec{r}, \vec{\Omega}' \to \vec{\Omega}\right)$ 为点 $\vec{r}$ 处从 $\vec{\Omega}'$ 方向到 $\vec{\Omega}$ 方向的散射系数。为了研究以森林作为典型代表的离散植被，Shabanov 等（2000）基于平均化的思想，提出随机辐射传输模型（stochastic radiative transfer equation，SRTE），其目的是为了考虑植被的冠层结构：树冠具有圆柱形、圆锥形或椭球形等几何结构；树冠内部视为均一的浑浊介质。其方法是在经典的辐射传输模型中，引入一个可判断空间中的点 $\vec{r}$ 是否为植被的指示函数：

$$\chi(\vec{r}) = \begin{cases} 1, & \text{若 } \vec{r} \in \text{植被} \\ 0, & \text{若 } \vec{r} \in \text{空隙} \end{cases} \tag{2.9}$$

则构成经典的随机辐射传输模型：

$$\vec{\Omega} \cdot \nabla I\left(\vec{r}, \vec{\Omega}\right) + \chi(\vec{r}) \sigma\left(\vec{r}, \vec{\Omega}\right) I\left(\vec{r}, \vec{\Omega}\right) = \chi(\vec{r}) \int_{4\pi} d\vec{\Omega} \sigma_S\left(\vec{r}, \vec{\Omega}' \to \vec{\Omega}\right) I\left(\vec{r}, \vec{\Omega}'\right) \tag{2.10}$$

通过对公式（2.10）沿 $\vec{\Omega}$ 方向分别从边界顶部（$z=0$）和底部（$z=H$）经过 ξ 平面积分到 $\vec{r}$ 点的 z 平面，可得

$$\begin{cases} I\left(x, y, z, \vec{\Omega}\right) + \dfrac{1}{\left|\mu\left(\vec{\Omega}\right)\right|} \int_0^z d\xi \sigma\left(\cdots, \vec{\Omega}\right) I\left(\cdots, \vec{\Omega}\right) \\[3mm] = \dfrac{1}{\left|\mu\left(\vec{\Omega}\right)\right|} \int_0^z d\xi \int_{4\pi} d\vec{\Omega} \sigma_S\left(\cdots \vec{\Omega}' \to \vec{\Omega}\right) I\left(\cdots \vec{\Omega}'\right) + I\left(x_0\ y_0 \quad \vec{\Omega}\right) \quad \mu < \\[3mm] I\left(x, y, z, \vec{\Omega}\right) + \dfrac{1}{\left|\mu\left(\vec{\Omega}\right)\right|} \int_z^H d\xi \sigma\left(\cdots, \vec{\Omega}\right) I\left(\cdots, \vec{\Omega}\right) \\[3mm] = \dfrac{1}{\left|\mu\left(\vec{\Omega}\right)\right|} \int_z^H d\xi \int_{4\pi} d\vec{\Omega} \sigma_S\left(\cdots \vec{\Omega}' \to \vec{\Omega}\right) I\left(\cdots \vec{\Omega}'\right) + I\left(x_H\ y_H \quad \vec{\Omega}\right) \quad \mu > \end{cases} \tag{2.11}$$

式中，

$$“\cdots” 代表 \left(x-\frac{\Omega_x}{\Omega_z}(z-\xi), y-\frac{\Omega_y}{\Omega_z}(z-\xi), \xi\right) \tag{2.12}$$

公式（2.11）描述了一束光线沿 $\vec{\Omega}$ 方向分别从边界顶部和底部到达空间中任一点 $\vec{r}$ 时的辐射强度，能同时适用于连续植被与离散植被，构成 RTEC 模型推导的理论基础。

2）单一类型向多种类型的推广

为研究两种或多种树冠随机分布的混交林，Shabanov 等（2007）进一步提出随机混合辐射传输（stochastic mixture radiative transfer，SMRT）模型。其指示函数不光要判定点 $\vec{r}$ 是否为植被，还需判定点 $\vec{r}$ 属于哪一类植被类型：

$$\chi^{(j)}\left(\vec{r}\right)=\begin{cases} 1, 若 \vec{r} \in 类型 j, j=1,\cdots,N \\ 0, 若 \vec{r} \in 空隙, 即非植被 \end{cases} \tag{2.13}$$

则公式（2.10）中的消光系数 σ 与散射系数 σ_S 为随空间位置 $\vec{r}$ 变化的变量。在高度为 z 的平面发现第 i 种植被类型的概率，即高度为 z 的平面的覆盖度为

$$p^{(i)}\left(z\right)=\frac{1}{S_R}\iint\limits_{S_R\cap T_z^{(i)}}\chi^{(i)}\left(z,x,y\right)\mathrm{d}x\mathrm{d}y=\frac{S_R\cap T_z^{(i)}}{S_R} \tag{2.14}$$

式中，S_R 为半径为 R 的水平区域；$T_z^{(i)}$ 为第 i 种植被类型在高度为 z 的平面所占据的面积。在 $\vec{\Omega}$ 方向上，在高度为 z 和 ξ 的平面分别为第 i 种和第 j 种植被类型的概率为

$$q^{(i,j)}\left(z,\xi,\vec{\Omega}\right)=\frac{S_R\cap T_z^{(i)}\cap T_\xi^{(j)}\left[\frac{\Omega_x}{\Omega_z}(z-\xi),\frac{\Omega_y}{\Omega_z}(z-\xi)\right]}{S_R} \tag{2.15}$$

式中，$T_\xi^{(j)}\left[\frac{\Omega_x}{\Omega_z}(z-\xi),\frac{\Omega_y}{\Omega_z}(z-\xi)\right]$ 表示将最初高度为 ξ 的平面 T_ξ 沿 $\vec{\Omega}$ 在 X 轴和 Y 轴上的分量 $\left[\frac{\Omega_x}{\Omega_z}(z-\xi),\frac{\Omega_y}{\Omega_z}(z-\xi)\right]$ 平移之后的平面。$q^{(i,j)}\left(z,\xi,\vec{\Omega}\right)$ 的物理意义是在 $\vec{\Omega}$ 方向上，第 i 种和第 j 种植被类型分别在 z 和 ξ 平面上形成相互遮挡的重叠函数。联合式（2.14）和式（2.15），有在 $\vec{\Omega}$ 方向上，当高度为 z 的平面上为第 i 种植被类型时，高度为 ξ 的平面上为第 j 种植被类型的条件概率为

$$K^{(i,j)}\left(z,\xi,\vec{\Omega}\right)=\frac{q^{(i,j)}\left(z,\xi,\vec{\Omega}\right)}{p^{(i)}\left(z\right)} \tag{2.16}$$

由公式（2.13）可知，第 i 种植被类型在高度为 z、面积为 S_R 的平面沿 $\vec{\Omega}$ 方向的平均辐射强度为

$$U^{(i)}\left(z,\vec{\Omega}\right)=\frac{1}{S_R\cap T_z^{(i)}}\iint\limits_{S_R\cap T_z^{(i)}}\mathrm{d}x\mathrm{d}y\chi^{(i)}\left(z,x,y\right)I\left(x,y,z,\vec{\Omega}\right) \tag{2.17}$$

若不区分植被类型与空隙，在高度为 z、面积为 S_R 的平面沿 $\vec{\Omega}$ 方向的平均辐射强度为

$$\overline{I}\left(z,\vec{\Omega}\right)=\frac{1}{S_R}\iint\limits_{S_R}\mathrm{d}x\mathrm{d}yI\left(x,y,z,\vec{\Omega}\right) \tag{2.18}$$

3）边界区域的辐射场分布

与 RTAF 模型类似，RTEC 模型仍然将场景划分为非边界区域与边界区域两部分。边界区域取决于入射/观测方向、冠层高度与相邻端元高度。对于非边界区域，一束光线在入射/观测方向上，只可能穿过一种植被类型；对于边界区域，一束光线可穿过两种及以上的植被类型。对于只含一种植被类型的非边界区域，可以看作单一类型的连续植被或离散植被场景，采用成熟的 SRTE 模型进行解算；对于边界区域的散射贡献则需将 SMRT 模型从混交林推广到斑块级拼接的混合像元尺度，单独进行解算。

4）利用重叠函数参数化场景

RTEC 模型对场景结构的假设为：①不同端元的植被可具有不同的冠层高度；②若某一端元为离散植被，则树冠在该端元内服从泊松或纽曼分布；③叶面积体密度在树冠内均匀分布。

RTEC 模型将场景分两级尺度进行描述。

（1）第一级尺度：高分辨率植被分类图（包含冠层高度的三维柱体）。

（2）第二级尺度：树冠在端元内服从泊松或纽曼分布，树冠内部为均一的浑浊介质。

两级尺度各自相互独立，则总的重叠函数可转化为两级尺度的重叠函数的乘积，从而进行逐级求解。

5）热点因子的耦合及模型求解

由于叶片是具有有限尺寸大小的，当观测方向与入射方向重合时，视场中只有光照叶片和光照背景，没有阴影叶片和阴影背景，这种观测不到阴影的现象即热点效应。在热点方向上，反射光沿原路逸出冠层，并未再次经过叶片的消光作用造成衰减。事实上，经典的辐射传输模型来源于大气，由于大气分子可视为尺寸无限小的介质，光线投射在无限小的微粒上阴影与遮挡效应并不显著，因此经典的辐射传输模型并不能直接描述热点效应。为在辐射传输模型中耦合因叶片有限尺寸大小带来的热点效应，RTEC 模型通过考虑消光系数在入射方向 $\vec{\Omega}_0$ 与观测方向 $\vec{\Omega}$ 的相关性，修正了经典的消光系数。

$$\sigma^{(i)}\left(\vec{\Omega},\vec{\Omega}_0\right)=\begin{cases}\sigma^{(i)}\left(\vec{\Omega}\right)\left(1-\sqrt{\dfrac{G^{(i)}\left(\vec{\Omega}_0\right)\left|\mu\left(\vec{\Omega}\right)\right|}{G^{(i)}\left(\vec{\Omega}\right)\left|\mu\left(\vec{\Omega}_0\right)\right|}}\exp\left(-\Delta\left(\vec{\Omega},\vec{\Omega}_0\right)\cdot\dfrac{H_i}{s_L^{(i)}}\right)\right),\ \left(\vec{\Omega}\cdot\vec{\Omega}_0\right)\leqslant0\\[20pt]\sigma^{(i)}\left(\vec{\Omega}\right),\ \left(\vec{\Omega}\cdot\vec{\Omega}_0\right)>0\end{cases} \tag{2.19}$$

式中，$G^{(i)}\left(\vec{\Omega}_0\right)$ 与 $G^{(i)}\left(\vec{\Omega}\right)$ 分别为第 i 种植被类型的叶片在垂直于入射与观测方向上的平均投影；$s_L^{(i)}$ 与 H_i 分别为第 i 种植被类型的叶片线性特征尺度与冠层高度；

$\Delta\left(\vec{\Omega},\vec{\Omega}_0\right)=\sqrt{\dfrac{1}{\left|\mu^2\left(\vec{\Omega}_0\right)\right|}+\dfrac{1}{\left|\mu^2\left(\vec{\Omega}\right)\right|}+\dfrac{2\left(\vec{\Omega}_0\cdot\vec{\Omega}\right)}{\left|\mu\left(\vec{\Omega}_0\right)\cdot\mu\left(\vec{\Omega}\right)\right|}}$。直射光的单次散射是造成热点效应

的主要原因，因而只在单次散射的计算时进行了消光系数的修正。多次散射趋于各向同性，其产生的热点效应相对于单次散射并不显著，因此，多次散射的计算时消光系数未加修正。

RTEC 模型在求解方程组的积分过程中，采用离散坐标（discrete ordinate method, DOM）方法，将连续的 4π 空间离散化为 220 个角度进行积分。计算多次散射时，采用逐次散射近似（successive orders of scattering approximation, SOSA）方法进行逐次积分，迭代次数为 30 次。为了简化方程求解时的边界条件，单独分离出土壤的贡献，完整的辐射传输过程被拆分为两个子过程。①黑土问题（black soil-problem, BS）：光照条件为从冠层顶部入射，土壤被当作是黑体，即反射率为 0，这一部分的散射贡献包括植被部分的单次散射与多次散射；②土壤问题（soil-problem, S）：光照条件为从冠层底部各向同性的入射，这一部分的散射贡献包括土壤的单次散射与植被-土壤体系的多次反弹。完整的辐射传输过程及解可由 BS 问题与 S 问题的解组合而成。

$$
\begin{cases}
\text{BRF} = \text{BRF}_{\text{BS}} + \dfrac{\rho_{\text{soil}}}{1 - \rho_{\text{soil}} \cdot R_{\text{S}}} T_{\text{BS}} \cdot \text{BRF}_{\text{S}} \\[3mm]
R = R_{\text{BS}} + \dfrac{\rho_{\text{soil}}}{1 - \rho_{\text{soil}} \cdot R_{\text{S}}} T_{\text{BS}} \cdot T_{\text{S}} \\[3mm]
A = A_{\text{BS}} + \dfrac{\rho_{\text{soil}}}{1 - \rho_{\text{soil}} \cdot R_{\text{S}}} T_{\text{BS}} \cdot A_{\text{S}} \\[3mm]
T = T_{\text{BS}} + \dfrac{\rho_{\text{soil}}}{1 - \rho_{\text{soil}} \cdot R_{\text{S}}} T_{\text{BS}} \cdot R_{\text{S}}
\end{cases}
\tag{2.20}
$$

式中，BRF、R、A 和 T 分别表示场景的二向反射率因子、反照率、吸收率和透过率；ρ_{soil} 表示土壤背景的反射率。

2. RTEC 模型验证分析

模型模拟的输入参数来自 2013 年 7~8 月在我国东北大兴安岭依根农林交错区（50.4638°N，120.6040°E）开展的地面观测实验。农林交错区主要包括农田与森林两种主要植被类型，其中农田的主要作物类型为油菜，森林的主要树种为白桦。每个样地大小为 20 m×20 m，测量样地中心点与 4 个边角点共 5 个点，样地中心点坐标用手持 GPS 记录。测量 LAI 的仪器为 LAI-2200 植物冠层分析仪，测量的光照条件为傍晚日落之后稳定的各向同性散射光照射。为了分析太阳入射与边界朝向夹角的影响，本节在同一太阳入射角度下对如图 2.15 所示的三个场景进行对比分析。太阳天顶角设为 30°，太阳方位角设为 270°。场景 1~3 面积大小为 100 m × 100 m，均包含农田与森林两种端元，各占面积比例均为 50%。其中农田为连续植被（覆盖度为 1），森林为离散植被（覆盖度为 0.6）。场景 1~3 实质上可通过同一场景旋转不同角度获得，如场景 2 可由场景 1 沿中心点顺时针方向旋转 180°获得，场景 3 可由场景 1 沿中心点顺时针方向旋转 90°获得。因此场景 1~3 具有完全相同的边界长度与边界高差，不同之处体现在高-低植被与太阳的相对前后位置关系，以及太阳入射与边界朝向的相对角度。

图 2.16 显示了森林端元、农田端元、SLM 模型，以及 RTEC 模型模拟如图 2.15 所示的场景 1~3（边界朝向分别为 0°、180° 和 90°）的方向反射率 DRF 极坐标图。相应地，

图 2.17 显示了在主平面与垂直主平面上的方向反射率 DRF 图。其中太阳天顶角/方位角分别为 30°/270°，观测天顶角从 0°~70°每隔 5°一个间隔。后向散射方向被定义为负天顶角，前向散射方向被定义为正天顶角。表 2.4 列出了在场景 1~3 中 SLM 模型在主平面与垂直主平面上的误差统计结果。

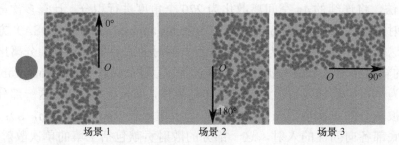

场景 1　　　　　　　场景 2　　　　　　　场景 3

图 2.15　生态交错区 100 m × 100 m 基准场景，其中森林与农田端元各占 50%

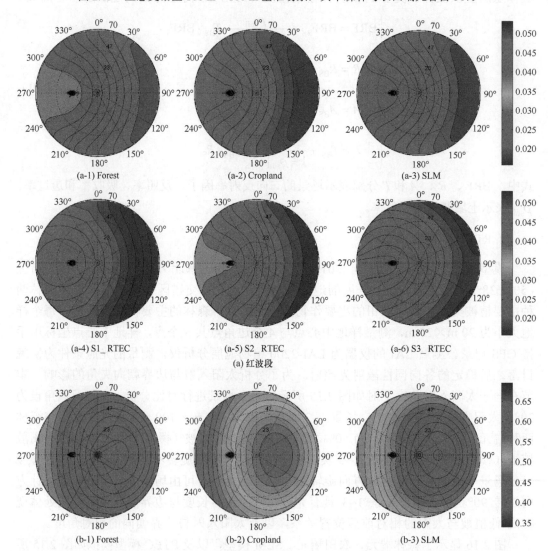

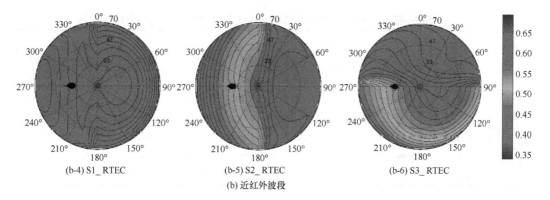

(b-4) S1_RTEC   (b-5) S2_RTEC   (b-6) S3_RTEC

(b) 近红外波段

图 2.16　森林端元（Forest）、农田端元（Cropland）、SLM 及 RTEC 模拟场景 1~3 的方向反射率

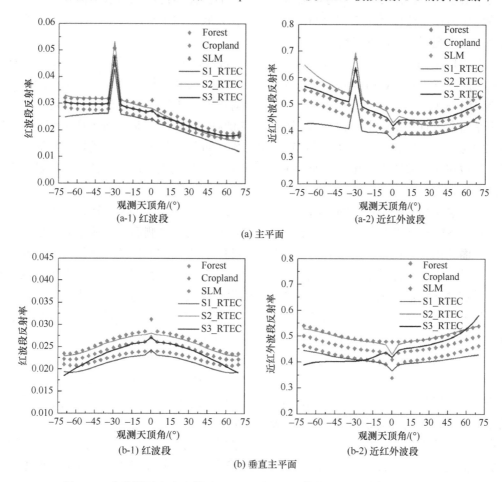

(a-1) 红波段   (a-2) 近红外波段

(a) 主平面

(b-1) 红波段   (b-2) 近红外波段

(b) 垂直主平面

图 2.17　森林端元、农田端元、SLM 及 RTEC 模拟场景 1~3 的方向反射率

　　在方向反射率 DRF 形状上，在红波段与近红外波段，所有模拟在太阳入射方向观测时具有反射率峰值，热点效应显著。在天底方向上观测时，除不含离散植被类型的农田端元外，其余 5 组模拟在红波段具有局部高峰，在近红外波段具有"V"形局部低谷，其中森林端元最为明显。这是由于树冠之间大片空隙的存在，在天底方向上观测更容易受视场中土壤背景的影响；其次，在红波段土壤反射率高于植被，而在近红外波段土壤

表 2.4   SLM 模型在如图 2.15 所示的场景 1~3 与 RTEC 对比的误差统计结果

平面	场景	Red				NIR			
		R^2	RMSE	ARE	MRE	R^2	RMSE	ARE	MRE
主平面	场景 1	0.98	0.0038	18.0%	52.5%	0.72	0.0731	16.0%	30.0%
	场景 2	0.99	0.0020	5.9%	15.8%	0.85	0.0434	6.9%	14.5%
	场景 3	0.99	0.0001	0.1%	0.5%	0.99	0.0116	2.3%	2.6%
垂直 主平面	场景 1	0.99	0.0030	14.0%	15.1%	0.91	0.0521	12.2%	17.0%
	场景 2	0.99	0.0014	5.2%	6.1%	0.96	0.0364	7.1%	8.2%
	场景 3	0.95	0.0013	4.3%	19.4%	0.08	0.0518	9.5%	29.0%

反射率低于植被。RTEC 模型将自然状态下生长的白桦林处理成离散植被更为合理；农田端元作为连续植被类型具有更高的覆盖度，在天底方向上观测时受土壤背景影响相对较小，故未观测到局部的高峰或低谷。

对场景 1 的方向反射率，在红波段与近红外波段均比 SLM 模型低。这是由于森林的冠层高度高于农田，而太阳正好在森林一侧，因此会有森林端元的大片阴影投射到农田上。SLM 模型在场景 1 的 RMSE 与平均相对误差在场景 1~3 中最大：平均相对误差在主平面和垂直主平面上，在红波段分别为 18.0% 和 14.0%，在近红外波段分别为 16.0% 和 12.2%。生态交错区由于阴影效应产生的影响，可能导致混合三维场景的反射率低于任一植被端元：如场景 1 在主平面和垂直主平面上，除天底方向的观测外，反射率均低于纯的森林端元和农田端元。

与场景 1 相反，场景 2 的方向反射率除在主平面的前视方向外，在红波段与近红外波段均比 SLM 模型更高。这是由于森林与农田相交的边界侧面是光照部分，这部分在除主平面的前视方向外，可被传感器直接观测到，故与 SLM 模型相比偏高；这部分光照森林区域在主平面的前视方向上会被森林自身所遮挡，且存在部分光照农田区域因为被森林遮挡无法被观测到，故此时与 SLM 模型相比偏低。生态交错区由于遮挡效应产生的影响，可能导致混合三维场景的反射率大于任一植被端元：如场景 2 在主平面的后视方向上，近红外波段反射率大于纯的森林端元和农田端元。

在红波段，场景 3 主平面上的反射率与 SLM 模型模拟在三个场景中最为接近，此时 SLM 模型的平均相对误差仅为 0.1%，这是由于场景 3 的主平面在入射与观测方向上均不存在不同端元之间的相互遮挡，且红波段的多次散射相对较弱；其次是近红外波段的主平面上，平均相对误差为 2.3%，表明不同端元之间存在的多次散射会使光谱混合存在一定程度的非线性特征。与主平面上显著的光谱线性混合特征相比，场景 3 垂直主平面上的反射率与 SLM 模型相比偏差较大，平均相对误差和最大相对误差在红波段为 4.3% 和 19.4%，在近红外波段分别为 9.5% 和 29.0%。相比于其余 5 组反射率模拟在 2π 空间中随主平面的对称性，由于不同端元之间的相互遮挡强度不同，场景 3 在 2π 空间中的反射率并不随主平面对称，影响了反射率的角度分布。具体而言，在垂直主平面上的反射率并不随天底方向对称：在红波段的垂直主平面上随观测天顶角的增加，与 SLM 模型相比逐渐降低；在近红外波段靠近森林端元一侧时，由于森林对农田的遮挡，部分农田区域无法被观测到，故与 SLM 模型相比偏低；在靠近农田端元一侧时，由于森林的边界侧面是光照部分，且这部分可被传感器直接观测到，故与 SLM 模型相比偏高。

2.2.3 二向性反射热点模型

半经验的核驱动二向反射分布函数（BRDF）模型由于其简洁、快速及具有一定物理意义的特点，已广泛应用于星载传感器业务化二向反射产品的生产、植被结构参数的反演、地表覆盖分类精度的改善、BRDF 相关先验知识的积累、大气校正算法精度的提高、地表各向异性的校正、植被动态的监测等定量遥感的各个领域之中。但是，目前版本的 MODIS 业务化运行算法中采用的是 RTLSR（Rossthick-LiSparseR）模型，许多研究表明，该模型普遍低估了热点方向的反射，从而影响了基于热点反射率进行估算的一些植被结构参数的估算精度，虽然已经有许多研究人员针对这一问题进行了研究，并提出了相关的改进方法，但是这些改进中依然存在着一些问题有待解决。

核驱动模型的概念最早是由 Roujean 提出的，他假定地物的反射特征是由体散射和几何光学散射两种散射的加权和形式构成，将体散射分量和几何光学分量中的各向同性的部分提取出来，就有了核驱动模型的基本表达式（Roujean et al.，1992）：

$$R(\theta,\vartheta,\phi,\varLambda) = f_{\text{iso}}(\varLambda) + f_{\text{vol}}(\varLambda)K_{\text{vol}}(\theta,\vartheta,\phi) + f_{\text{geo}}(\varLambda)K_{\text{geo}}(\theta,\vartheta,\phi) \tag{2.21}$$

式（2.21）中，R（θ，ϑ，ϕ，$\varLambda$）表示波段 $\varLambda$ 的二向反射因子（BRF）；K_{vol}（θ，ϑ，ϕ）表示体散射核，K_{geo}（θ，ϑ，ϕ）表示几何光学核，它们分别是关于太阳天顶角（θ）、观测天顶角（ϑ）和相对方位角（ϕ）的函数；f_{iso}（$\varLambda$）、f_{vol}（$\varLambda$）和 f_{geo}（$\varLambda$）为核驱动模型的三个参数，分别表示各向同性散射、体散射和几何光学散射对应的权重，模型模拟的 BRDF 形状即由这三个参数决定。在输入多角度反射率数据之后，核驱动模型就可以利用最小二乘法反演出最优的三个模型参数 f_{iso}（$\varLambda$）、f_{vol}（$\varLambda$）和 f_{geo}（$\varLambda$）的值，基于这三个模型参数，就可以模拟出任意入射和观测方向对应的方向反射率。在计算反照率时，因为核是与待反演参数无关的函数，核的积分可预先求出，只要把核的积分以 f_{iso}（$\varLambda$）、f_{vol}（$\varLambda$）和 f_{geo}（$\varLambda$）为权重相加，就可以得到相应的黑天空反照率和白天空反照率（Lucht et al.，2000）。

1. 核驱动模型的发展

在提出核驱动模型的基本概念之后，Roujean 基于辐射传输理论（Ross，1981）推导出了体散射核——Rossthick 核，根据几何光学原理推导出了几何光学核——Roujean 核（Roujean et al.，1992），两个核的表达式分别为

$$K_{\text{Rossthick}} = \frac{\left(\dfrac{\pi}{2} - \xi\right)\cos\xi + \sin\xi}{\cos\theta + \cos\vartheta} - \frac{\pi}{4} \tag{2.22}$$

$$K_{\text{Roujean}} = \frac{1}{2\pi}\big[(\pi - \phi)\cos\phi + \sin\phi\big]\tan\theta\tan\vartheta$$
$$- \frac{1}{\pi}\left(\tan\theta + \tan\vartheta + \sqrt{\tan^2\theta + \tan^2\vartheta - 2\tan\theta\tan\vartheta\cos\phi}\right) \tag{2.23}$$

式（2.22）中，相角 ξ 表示太阳光入射方向和观测方向的夹角，其表达式为

$$\cos\xi = \cos\theta\cos\vartheta + \sin\theta\sin\vartheta\cos\phi \tag{2.24}$$

Rossthick 核反映了高叶面积指数下对应的体散射情况，由于该核没有考虑入射与观

测方向的相关性，因此该核是没有很好地特征化热点效应，而 Roujean 核由于没有考虑阴影间的相互遮蔽效应，因此 Roujean 核的热点也不明显。

Wanner 对核驱动模型的理论进行了进一步的发展，在 Rossthick 核的基础上推导出了描述较小叶面积指数下散射特征的体散射核 Rossthin 核，并假定树冠的形状为椭球体，基于 Li 和 Strahler（1992）的几何光学理论进一步推导出了 LiSparse 和 LiDense 两个几何光学核（Wanner et al.，1995），分别适用于冠层比较稀疏及冠层比较致密时的场景。这三个核的表达式分别为

$$K_{\text{Rossthin}} = \frac{\left(\dfrac{\pi}{2} - \xi\right)\cos\xi + \sin\xi}{\cos\theta\cos\vartheta} - \frac{\pi}{2} \tag{2.25}$$

$$K_{\text{LiSparse}} = O\left(\theta', \vartheta', \phi\right) - \sec\theta' - \sec\vartheta' + \frac{1}{2}\left(1 + \cos\xi'\right)\sec\vartheta' \tag{2.26}$$

$$K_{\text{LiDense}} = \frac{\left(1 + \cos\xi'\right)\sec\vartheta'}{\sec\theta' + \sec\vartheta' - O\left(\theta', \vartheta', \phi\right)} - 2 \tag{2.27}$$

式（2.26）和式（2.27）中：

$$O\left(\theta', \vartheta', \phi\right) = \frac{1}{\pi}\left(t - \sin t\cos t\right)\left(\sec\theta' + \sec\vartheta'\right) \tag{2.28}$$

$$\cos t = \frac{h}{b}\frac{\sqrt{D^2 + \left(\tan\theta'\tan\vartheta'\sin t\right)^2}}{\sec\theta' + \sec\vartheta'} \tag{2.29}$$

$$D = \left(\tan^2\theta' + \tan^2\vartheta' - 2\tan\theta'\tan\vartheta'\cos\phi\right)^{1/2} \tag{2.30}$$

$$\cos\xi' = \cos\theta'\cos\vartheta' + \sin\theta'\sin\vartheta'\cos\phi \tag{2.31}$$

$$\theta' = \arctan\left(\frac{b}{r}\tan\theta\right) \tag{2.32}$$

$$\vartheta' = \arctan\left(\frac{b}{r}\tan\vartheta\right) \tag{2.33}$$

式（2.29）、式（2.32）和式（2.33）中的 h/b 和 b/r 分别用于描述树冠的相对高度和形状。LiSparse 核有着一定高度的热点，但是，由于该核考虑的是稀疏冠层的情况，在计算光照冠层面积的时候忽略了冠层间的阴影遮蔽现象，因此在大天顶角下的外推能力相对较弱，而 LiDense 核考虑到了冠层间相互的阴影遮蔽现象，在大天顶角时的外推能力较强，热点相对比较突出。

在 LiSparse 和 LiDense 核的推导过程中，假定了场景的反射分量是一个常数，不随太阳天顶角的变化而变化，因此这两个几何光学核是不满足互易原理的，Lucht 等（2000）在 LiSparse 和 LiDense 核的基础上，假定光照分量随着太阳天顶角的变化而变为原来的 $\sec\vartheta$ 倍，则新核就满足了互易原理，以便于应用于大批量、大尺度的 MODIS 业务化产品的反演算法中，为了区别于原核，本节将满足互易原理的核称为 LiSparseR 和 LiDenseR 核，两个核的表达式为

$$K_{\text{LiSparseR}} = O\left(\theta', \vartheta', \phi\right) - \sec\theta' - \sec\vartheta' + \frac{1}{2}\left(1 + \cos\xi'\right)\sec\vartheta'\sec\theta' \tag{2.34}$$

$$K_{\text{LiDenseR}} = \frac{(1 + \cos\xi')\sec\vartheta'\sec\theta'}{\sec\theta' + \sec\vartheta' - O(\theta', \vartheta', \phi)} - 2 \qquad (2.35)$$

经过大量的验证工作（Hu et al.，1997），最终选择了 Rossthick-LiSparseR 构成的模型作为标准模型，用于 MODIS BRDF/反照率产品的业务化生产流程中（Lucht et al.，2000；Schaaf et al.，2002），在业务化算法中，LiSparseR 核中 h/b 和 b/r 的取值分别为 2 和 1。

由于 LiSparse 核描述的是稀疏植被的冠层及其阴影情况，当观测天顶角比较大时，LiSparse 核中的近似将不再成立，从而导致 LiSparse 核的外推能力较弱，在外推到大天顶角时失去了其物理意义，甚至会出现负的反射率（李小文等，2000a，b），LiSparseR 核相对于 LiSparse 核在外推能力上有一定的改善，但是依然不能完全避免反射率为负的特殊情况，针对这一情况，李小文等（2000a，b）结合 LiSparse 核和 LiDense 核的特点，提出了李氏过渡（LiTransit）核（Li et al.，1999；杨华等，2002），在天顶角较小时，使用 LiSparse 核，随着天顶角的增大，在超过临界点后自动过渡到 LiDense 核，LiTransit 核的表达式为

$$K_{\text{LiTransit}} = \begin{cases} K_{\text{LiSparse}}, & B \leqslant 2 \\ K_{\text{LiDense}} = \dfrac{2}{B} K_{\text{LiSparse}}, & B > 2 \end{cases} \qquad (2.36)$$

式（2.36）中：

$$B = \sec(\theta') + \sec\vartheta' - O(\theta', \vartheta', \phi) \qquad (2.37)$$

当 $B=2$ 时，LiSparse 核与 LiDense 核的核值相等，从而保证 LiTransit 核有着较好的连续性，LiTransit 核保证了与 LiSparseR 核接近的数据拟合能力，在大天顶角时的外推效果也比较好。

图 2.18 展示了上述所有几何光学核在主平面上的形状，从中可以比较清晰地看出各个核的特点，LiTransit 核在小天顶角时与 LiSparse 核完全重合，在 LiSparse 核与 LiDense 核的交叉点之后，LiTransit 核与 LiDense 核完全重合，实现了比较好的过渡，在这些几何光学核中，Roujean 核的热点不明显，LiDense 核对应的热点高度相对较高，LiSparse 核介于两者之间。

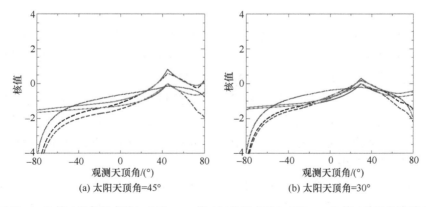

图 2.18　LiSparseR 核（黑色长虚线）、LiSparse 核（红色长虚线）、LiDenseR 核（品红色实线）、LiDense 核（紫色实线）、LiTransitR 核（绿色虚线）、LiTransit 核（青色虚线）和 Roujean 核（蓝色点线）在主平面上对应太阳天顶角下的核的形状，李氏核中的 $h/b=2.0$，$b/r=1.0$

2. 核驱动模型热点效应的改进

关于核驱动模型对多角度数据的拟合效果，许多研究人员进行了大量的验证工作（Hu et al.，1997），验证结果表明，核驱动模型对多角度数据整体上有着较强的拟合能力。但是，由于核驱动模型的体散射核低估热点，导致模型普遍低估了热点方向的反射，从而影响了相关植被结构参数（如聚集指数）的反演精度（He et al.，2012；Zhu et al.，2012）。针对这一问题，许多研究人员进行了相关的改进工作，具体如下所述。

针对 Rossthick-Roujean 模型对热点的拟合效果相对较差的问题，将基于四尺度模型推导出的热点因子添加到了核驱动模型的表达式中，对核驱动模型整体的热点效应进行了校正（Chen and Cihlar，1997；Chen and Leblanc，1997），校正后核驱动模型的表达式如下：

$$R(\theta,\vartheta,\varphi,\Lambda) = \left(f_{\mathrm{iso}}(\Lambda) + f_{\mathrm{vol}}(\Lambda)K_{\mathrm{vol}}(\theta,\vartheta,\varphi) + f_{\mathrm{geo}}(\Lambda)K_{\mathrm{geo}}(\theta,\vartheta,\varphi)\right)\left(1 + C_1 \mathrm{e}^{-(\xi/\pi)C_2}\right) \quad (2.38)$$

式中，C_1 和 C_2 为热点因子相关的参数，分别用于控制热点的高度和宽度。改进后的模型在热点反射率的估算上有了比较显著的提高，但是，由于热点因子添加到了整个核驱动模型的表达式上，改变了核驱动模型的线性结构，因此模型的计算变得更加复杂，影响了模型的运算效率，不太适用于大批量卫星数据产品的处理流程中。

Maignan 等（2004）针对目前版本业务化算法中体散射核 Rossthick 显著低估热点效应的情况，对 Rossthick 核进行了改进，将 Bréon 等（2002）基于 Jupp 和 Strahler（1991）的重叠函数理论推导出的热点因子添加到了 Rossthick 核中，形成了新的体散射核 RTM（RossthickMaignan）核，其表达式为

$$K_{\mathrm{RTM}} = \frac{\left(\dfrac{\pi}{2} - \xi\right)\cos\xi + \sin\xi}{\cos\theta + \cos\vartheta} \times \left(1 + \frac{1}{1 + \xi/\xi_0}\right) - \frac{\pi}{4} \quad (2.39)$$

式中，$1+(1+\xi/\xi_0)^{-1}$ 为 Bréon 等（2002）提出的热点因子，其中 ξ_0 表示和散射单元大小与冠层体密度之比相关的一个特征角度，主要用于控制热点的宽度，其值大部分在 $1°\sim2°$，为了避免添加新的参数，就将 ξ_0 取一个 $1.5°$ 的常量。

图 2.19 展示了上文中介绍的所有体散射核在主平面上的形状，可以看出，RTM 核相对于 Rossthick 核，在热点方向的核值有了较大的改进，而热点方向外的核值变化不大，因此，采用 RTM 核构成的 RTMLSR（RossthickMaignan-LiSparseR）模型相对于 MODIS 业务化的 RTLSR（Rossthick-LiSparseR）模型，在对数据的拟合能力上差别不大，而在对热点反射率的拟合精度上则有了较大的改进，但是由于 RTM 核的热点因子 $1+(1+\xi/\xi_0)^{-1}$ 中热点高度是固定的，因此在对一些多角度数据进行反演时，估算出的热点反射率和真实的热点反射率之间依然存在着一定的偏差，因此还需要进一步对核驱动模型的热点效应进行改进。

针对这一问题，Jiao 等（2016）提出了一种改进核驱动模型对热点反射率拟合精度的方法，以指数形式的热点函数为基础，重点考虑植被冠层内间隙与叶片相互重叠时叶片与背影面在视线与光线方向的三维空间投影关系，期望借鉴叶片尺度重叠函数与热点关系的数学表达式，对其进行简化归纳之后，将其应用于核驱动模型的体散射核表达式

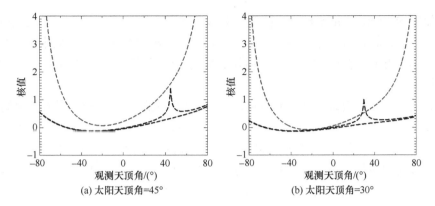

(a) 太阳天顶角=45° (b) 太阳天顶角=30°

图 2.19 Rossthick 核（黑色虚线）、Rossthin 核（品红色虚线）和 RTM 核（蓝色虚线）在主平面上对应太阳天顶角下的核的形状

中，通过两个自由参数 C_1 和 C_2 对热点的高度和宽度进行控制，从而改善模型对热点反射率的拟合效果，方法如下：

$$K_{\mathrm{RTC}} = \frac{\left(\dfrac{\pi}{2} - \xi\right)\cos\xi + \sin\xi}{\cos\theta_{\mathrm{v}} + \cos\theta_{\mathrm{s}}} \times \left(1 + C_1 \mathrm{e}^{-\frac{\xi}{C_2}}\right) - \frac{\pi}{4} \tag{2.40}$$

式中，$\left(1 + C_1 \mathrm{e}^{-\frac{\xi}{C_2}}\right)$ 为用于校正热点效应的热点函数，该函数为基于四尺度模型的基本原理，考虑森林区域的热点效应后推导简化而来的（Chen and Cihlar, 1997；Chen and Leblanc, 1997），共包含 C_1 和 C_2 两个参数，用于对热点的变化进行细节上的调整，其中，C_1 影响热点的高度，C_1 越大，表示热点的高度越高，C_2 影响热点的宽度，C_2 越大，表示热点的宽度越宽。为了便于对改进后的体散射核进行分析，本节将改进后的体散射核命名为 RTC（RossthickChen）核，构成的模型命名为 RTCLSR 模型。

改进前后的体散射核如图 2.20 所示，从中可以看出，相对于改进前的 Rossthick 核，RossthickChen 核在热点处的核值有了较大的提高，而二者在其他方向的核值差别不大，

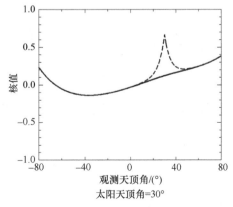

太阳天顶角=30°

图 2.20 改进前后体散射在主平面上的形状，黑色实线表示 Rossthick 核，红色虚线表示 RossthickChen 核，热点参数 C_1 和 C_2 的取值分别为 0.6 和 5.0

所以在使用 RossthickChen 核构成的模型对多角度数据进行模拟时，二者反演得到的权重系数一般都比较接近，除了热点方向以外，二者对观测数据的拟合效果基本相当，而新的核对热点方向的拟合效果得到了明显的提高，从而提高了整个核驱动模型对热点反射率的拟合效果。

考虑到当太阳入射方向及观测方向均在天顶时（太阳天顶角和观测天顶角均为 0°），体散射核与几何光学核的核值最好为 0，以保证该条件下核驱动模型对反射率的模拟值等于各向同性核的核值（Roujean et al.，1992），而式（2.40）中体散射核 RossthickChen 核在天顶方向的核值并不为 0，因此，对该核的表达式进行了一些经验调整，修改了其常数项的取值，使其在天顶下的核值为 0，修改后的表达式为

$$K_{\text{RTC}} = \frac{\left(\dfrac{\pi}{2} - \xi\right)\cos\xi + \sin\xi}{\cos\theta_{\text{v}} + \cos\theta_{\text{s}}} \times \left(1 + C_1 e^{-\frac{\xi}{C_2}}\right) - \frac{\pi}{2} \tag{2.41}$$

该改动仅改变了反演时各向同性核的值，对模型的拟合效果没有任何影响。在改进模型的热点效应之后，基于搜集到各种多角度观测数据，对该方法的拟合效果进行了全面验证，并分析了光谱、地表覆盖类型等对热点参数 C_1 和 C_2 取值的影响（Jiao et al.，2016）。

图 2.21 比较了 RTLSR、RTMLSR 和 RTCLSR 三个模型针对不同地表类型热点反射率拟合效果的差异，共选择了 4 个典型的 IGBP 类型，分别为常绿针叶林（IGBP1）、多树草原（IGBP8）、草原（IGBP10）和低植被覆盖区域（IGBP16），用来代表不同的冠层结构，在红光波段 RTMLSR 模型对常绿针叶林的热点反射率平均低估了 0.014，对多树草原这一类型低估了 0.011，对草原这一类型的拟合效果较好（低估了 0.003），对低植被覆盖区域高估了 0.009，两个模型间的平均相对误差在常绿针叶林中达到了 12%，这些误差在 RTCLSR 模型中得到了较好的修正。而在近红外波段，RTMLSR 模型

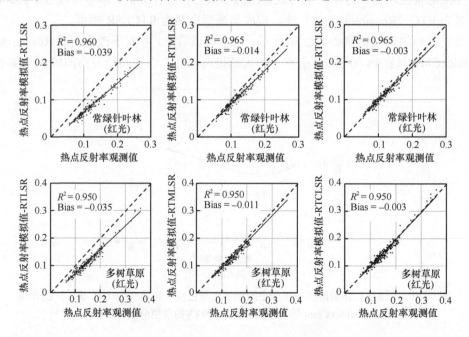

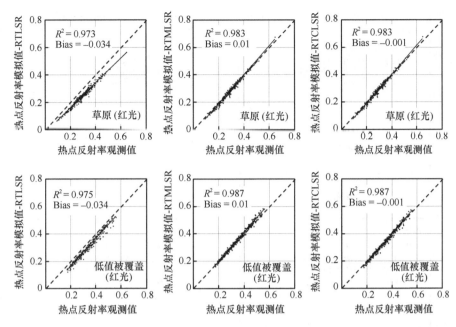

图 2.21　RTLSR、RTMLSR 和 RTCLSR 模型对 4 种典型地表覆盖类型的热点拟合效果对比图

对常绿针叶林的平均偏差为– 0.007，对多树草原为 0.001，对草地为– 0.017，对低植被覆盖区域为 0.018，这些误差在 RTCLSR 模型中得到了较好的修正。这说明了 RTCLSR 模型可以对一些地表类型的热点数据的拟合效果有更进一步的改善。

　　为了进一步比较 RTMLSR 和 RTCLSR 这两个模型间拟合效果的差别，从常绿针叶林这一地表覆盖类型中挑选出了一组比较典型的数据，展示了两个模型对这组观测数据在 6 个波段的拟合效果的差别（图 2.22），该组数据的 NDVI 为 0.58，每个波段的热点参数的取值为对应波段的常绿针叶林这一类型的最优的 C_1 和 C_2 的取值。从图 2.22 中可以看出，RTMLSR 模型通常可以比较好地描述 POLDER 数据的热点效应，但是，对于该组数据，RTMLSR 模型在蓝光波段高估了热点高度，低估了热点宽度，在其他波段也略微低估了热点的宽度，而 RTCLSR 模型由于自由度相对较高，对热点的拟合效果相对更好一些。

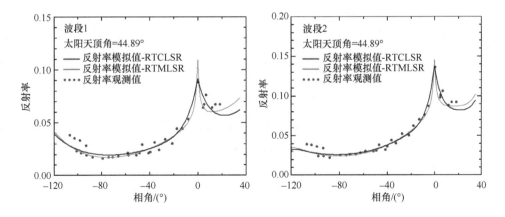

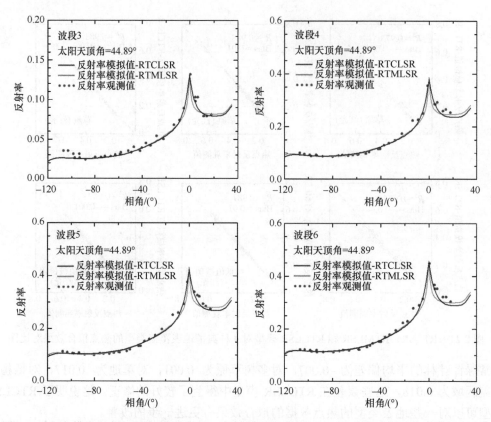

图 2.22　相角模式下 RTMLSR 模型及 RTCLSR 模型在 6 个波段对地表覆盖类型为常绿针叶林的
POLDER 星载数据的拟合效果的对比图

3. 核驱动模型的数据质量评价指标

在使用核驱动模型对多角度数据进行处理时，主要通过均方根误差（RMSE）和权重决定因子（WoD）作为质量评价指标，对多角度数据的质量进行控制和评价。

RMSE 的表达式为

$$\text{RMSE} = \sqrt{\dfrac{\sum_{j=1}^{n}\left(R_{\text{obs}}\left(\theta, \vartheta, \phi, \Lambda\right) - R_{\text{model}}\left(\theta, \vartheta, \phi, \Lambda\right)\right)^{2}}{n-3}} \tag{2.42}$$

式中，$R_{\text{obs}}\left(\theta, \vartheta, \phi, \Lambda\right)$ 和 $R_{\text{model}}\left(\theta, \vartheta, \phi, \Lambda\right)$ 分别表示方向反射率的观测值和模型拟合值；n 表示观测数据中包含的入射和观测角度的数量；RMSE 反映了模型对多角度数据的拟合效果，RMSE 的值越小，说明核驱动模型对多角度数据的拟合效果越好。

WoD 的表达式为（Lucht et al.，2000）

$$\text{WoD} = [U]^{\text{T}}[(K^{\text{T}}K)^{-1}][U] \tag{2.43}$$

式中，U 为 3 个核对应的积分构成的向量；K 为 3 组核值构成的矩阵；WoD 反映了多角度数据从测量到反射率及反照率计算时对噪声的放大程度，WoD 的值越小，说明多角度数据中包含的信息量越多，其抗噪声能力也就越强。

2.2.4 单一坡面二向反射混合模型

地表二向反射特性是连接遥感探测信号和地表属性特征的重要桥梁。在山区，地形起伏形成的相互遮蔽，阴影和多次散射作用改变像元接收的入射辐射能量分布和地表二向反射特性，进一步影响地表特征参数反演及太阳、地表和传感器之间的能量分布和交换。

如图 2.23 所示，山区目标像元接收的入射辐射来源主要包括 4 个部分（Chen et al.，2006）：太阳直接辐射照度 E_s，天空散射辐射照度 E_d，临近地形反射辐射照度 E_a 和地形大气之间耦合的多次散射辐射照度 E_m。前面入射能量通常可以解析的表达为

$$E_s = \Theta E_{TOA} \cos(i_s) e^{-\tau/\cos(\theta_s)} \tag{2.44}$$

$$E_d = E_h \times \left[k \frac{\cos(i_s)}{\cos(\theta_s)} + (1-k)V_d \right] \tag{2.45}$$

$$E_a = \sum_N \frac{L_N \cos T_M \cos T_N \mathrm{d}S_N}{r_{MN}^2} \tag{2.46}$$

式中，Θ 是光照因子表示目标像元是否被光照；E_{TOA} 和 E_h 是大气层外太阳直接辐照度和水平地表下行天空漫散射辐照度；L_N 是临近像元 N 向目标像元 M 反射的辐射亮度；i_s 和 θ_s 分别是局部太阳天顶角和全局太阳天顶角；τ 表示气溶胶光学厚度；k 表示环日各向异性散射指数，通常采用太阳直接透过率表示；V_d 是天空可视因子，描述目标像元接收天空漫散射光的比例；T_M 和 T_N 分别表示目标像元 M 和临近像元 N 连线与各自坡面法线夹角。$\mathrm{d}S_N$ 和 r_{MN} 分别表示临近像元的面积和目标像元与临近像元之间的距离。

对于光照坡面像元而言，太阳直接辐照度是其主要能量来源，地形的倾斜导致像元局部太阳入射角度随着坡度坡向和入射条件变化而变化，因而改变入射的太阳直接辐射。由于临近地形的遮挡作用，半球空间下行的天空散射辐照度相应地受到遮挡，相比较于平坦地表，这部分能量减小，大约可以占总入射能量的 20%。临近地形的反射是地表接收能量的另外一个来源，这部分能量取决于临近坡面接收的总能量及其反射特性和与目标坡面的距离。高反射地表（如冰雪表面）反射的能量可以达到总入射辐射的 17%。地形和大气之间的耦合辐射是前面三部分能量经目标像元反射至大气后再次被大气散射返回目标像元的能量，这部分能量占总能量的比例通常比较小，在实际的遥感地表二向反射建模中这部分贡献常常被忽略。对于阴影坡面像元而言，天空散射辐照度、临近地形反射辐射照度和地形大气之间耦合多次散射辐射照度构成其总入射能量。

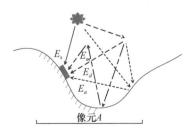

图 2.23　山区地表接收入射辐照度

地形对地表方向反射特性的影响主要体现在三个方面：局部入射和观测几何随坡度坡向变化而变化；树冠向地性生长导致其在坡面上的投影面积，消光路径长度及树冠间相互遮蔽情况相对于水平地表发生改变；同时树冠的直立性生长导致叶片的光学属性（如叶倾角分布函数，拦截、消光和散射系数）不再关于坡面法线对称。第一个影响因素可以通过坐标系转换即采用局部坡面坐标系代替平面坐标系解决。第二个因素需要考虑树冠高度对于树冠在坡面投影重叠区域面积计算的影响。最后一个影响因素则需要将叶片的光学属性基于平坦地表计算而不是坡面坐标系。

地形的起伏包括高程、坡度、坡向等可以通过数字高程模型（digital earth model，DEM）来表达。当 DEM 的空间尺度和遥感观测像元分辨率一致或相当时，坡度坡向信息唯一，此时的地形称为单一坡面。当 DEM 的空间分辨率足够小时，能够描述遥感观测像元内部微小地形坡度坡向变化，此时的地形称为复合坡面。根据不同的地形特征，已有不同的地表二向反射模型，其中单一坡面 BRDF 特性是构建复合坡面 BRDF 模型的基础和前提。

根据单一坡面覆盖的不同植被类型，研究者构建了不同的坡面 BRDF 模型。其中，对于草地等连续均匀的场景，通常采用辐射传输模型进行描述。相对于平坦地表而言，坡面连续植被 BRDF 特性主要存在消光路径被地形坡度坡向扭曲及坡面叶片光学属性特征不再关于坡面法线对称的问题（Combal et al.，2000）。相对于平坦地表，迎着坡面，消光路径长度被压缩，背着坡面消光路径则被拉伸。由于树冠的向地性生长，天底方向的消光路径长度不随坡度变化而变化。现有的连续植被坡面BRDF 模型主要包括基于辐射传输方程解析表达的 RossT 模型（Combal et al.，2000）和基于消光路径纠正的 PLC 模型（Yin et al.，2017）。这两个模型通过局部入射和观测角度替换全局角度完成地形效应的纠正。同时考虑地形对树冠光学属性的影响。此外，RossT 模型仅考虑阳坡的 BRDF 特性，而 PLC 模型则同时适用于阳坡和阴坡山区像元。

相比于连续均匀植被，离散森林树冠 BRDF 受地形影响呈现更大的变动性。树冠在坡面的投影面积和相互遮蔽分布除了受到地形坡度坡向影响外，还与树冠竖直生长状况有关，即树冠分布和平坦地表一致及树冠在天底方向上投影不随坡度变化而变化。此外，叶片的光学属性也不再关于坡面法线对称。现有的离散树冠坡面 BRDF 模型包括：基于Li-Strahler GOMS 几何光学模型发展的单一坡面 GOMST 模型（Schaaf et al.，1994）和基于四尺度模型发展的坡面 GOST 模型（Fan et al.，2014a）。其中，GOMST 和 SLCT模型基于树冠垂直坡面生长假设，GOST 则采用树冠向地性生长的事实。由于 GOMST和 SLCT 模型均假设叶片球形分布及各个方向叶片散射和消光系数相同，因此坡面叶片的光学属性仍然可以认为关于坡面法线对称。

几何光学模型在表述树冠光照和阴影面积比例差异主导的单次散射具有优势，而对阴影区域散射特征和多次散射过程描述能力弱。而辐射传输模型在于描述后者具有优势，因此通常采用两者优势互补的方式，即采用几何光学模型计算离散场景四组分面积比例，而利用辐射传输模型参数化场景组分光谱反射率，从而构建几何光学-辐射传输BRDF 混合模型。现有的坡面混合模型主要包括：基于 SLC 模型发展的 SLCT 模型（Mousivand et al.，2015），和基于 GOST 模型发展的 GOST2 模型（Fan et al.，2014b）。

前者忽略了树冠向地性生长的事实，后者假设树冠竖直生长。SLCT 模型中采用四流近似的 SAIL 辐射传输模型，而 GOST2 模型利用再碰撞概率辐射传输模型。其中，GOST2 模型仅考虑太阳直接辐射影响，适用于光照坡面，而 SLCT 模型同时考虑太阳直接辐射和大气漫散射辐照度，因而同时适用于光照和阴影坡面像元。基于 GOMST 和 SAILT 模型的基础，我们发展了单一坡面混合 GOSAILT 模型，利用基于向地性生长假设的单一坡面 GOMST 模型准确计算坡面上场景四分量面积比例，同时采用单一坡面 SAILT 模型获取不同组分光谱值。其中树冠内部及树冠-背景之间的多次散射过程和太阳直接辐射，大气漫散射入射能量分布均在组分光谱计算中考虑（图 2.24）。因此 GOSAILT 模型适用于任意天气状况下的不同坡面像元。对于太阳直接辐射和天空各向同性漫散射条件下，组分光谱反射率可以表达为

$$C_s = \rho_{so} + \rho_{sm} \tag{2.47}$$

$$T_s = \rho_{som} + \rho_{sm} \tag{2.48}$$

$$G_s = r_s + r_{sm} \tag{2.49}$$

$$Z_s = r_{sz} + r_{sm} \tag{2.50}$$

式中，C_s、T_s、G_s 和 Z_s 分别表示太阳直射下光照树冠、阴影树冠、光照坡面背景和阴影坡面背景反射率；ρ_{so} 和 ρ_{som} 表示由 SAILT 模型提供的单株树冠的二向反射和多次散射贡献；r_s 和 r_{sz} 表示光照背景和阴影背景单次反射；ρ_{sm} 和 r_{sm} 分别表示树冠和背景之间的多次散射分别从树冠和背景逃逸出的贡献。组分反射率中与树冠反射有关的贡献都采用 SAILT 模型进行计算。

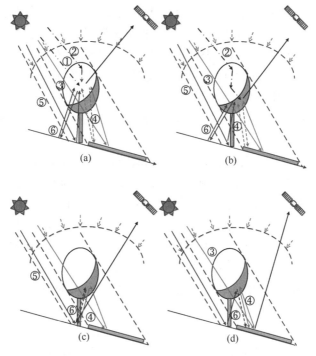

图 2.24　GOSAILT 模型组分光谱参数化
①树冠单次散射；②树冠多次散射；③+⑤土壤单次散射；④+⑥树冠-地表多次散射

对于各向同性天空漫散射光入射，对应的组分光谱反射率表达为

$$C_d = T_d = \rho_{do} + \rho_{dm} \qquad (2.51)$$

$$G_d = Z_d = r_d + r_{dm} \qquad (2.52)$$

式中，C_d、T_d、G_d 和 Z_d 分别表示散射光照树冠、阴影树冠、光照坡面背景和阴影坡面背景反射率；ρ_{do} 和 ρ_{dm} 表示由 SAILT 模型的单株树冠半球-方向反射和背景-树冠之间的多次散射由树冠逃逸出的贡献。r_d 和 r_{dm} 表示坡面背景半球-方向反射和背景-树冠之间多次散射由背景逃逸出的贡献。

真实遥感或者地表观测中，往往夹杂着太阳直射光和部分的大气漫散射光，因此实际组分反射率是太阳直接辐射和纯天空漫散射下组分反射率按照入射能量分布加权的结果。

2.2.5 山地二向性反射机理模型

近年来，冠层反射率建模本身的发展相对较慢，更多研究转向模型的应用领域，包括在冠层反射率模拟模型基础上进行叶面积指数（LAI）、聚集度指数、冠层覆盖度和冠幅等森林冠层参数的反演（Chen et al.，2005；Mottus et al.，2006；Peddle et al.，2007；Chopping et al.，2008；Zeng et al.，2008，2009）。其中，Deng 等（2006）基于 4 尺度几何光学模型发展了考虑 BRDF（bidirectional reflectance distribution function）效应的 LAI 反演算法，被欧洲航天局用于全球 LAI 产品的生产。另外，冠层反射率模型还被用于反演森林背景反射率（Chopping et al.，2006；Canisius and Chen，2007；Pisek and Chen，2009），其冠层结构模拟方法也被应用于微波（Sun and Ranson，1995）和 LiDAR（Sun and Ranson，2000；Ni-Meister et al.，2002；Yang et al.，2011）遥感等研究领域。然而，冠层反射率模拟模型一般是假设森林冠层生长所依附的陆地背景是平坦表面所发展和应用的。在地形复杂多变的山区，森林往往生长于起伏不平的坡面之中，这在中国尤其常见。实际应用中，冠层坡面难以满足冠层反射率模拟中的许多机理假设，导致机理模型反演的森林冠层参数明显偏离其真实值，进一步影响到基于这些参数的地表物质与能量通量的可靠性。因此，地形问题已经成为制约森林冠层反射率模拟模型广泛应用的重要障碍之一。

模拟冠层反射率有两个主要环节，包括冠层结构的表达和辐射传输过程的模拟。地形因素在这两个环节中都有较大影响（Thomas，1997；Schaaf et al.，1994）。对于常用的冠层反射率建模方法，如几何光学建模、辐射传输建模和计算机三维虚拟场景建模，都已尝试开展山地冠层反射率模拟的研究工作。其中，几何光学建模在平地冠层反射率模拟方面的研究较为深入，实际应用也相对较多。为了简化问题，早期的几何光学模型通常只考虑平地冠层结构、太阳方位和观测方位这三者间的关系，如 Li-Strahler 几何光学模型（Li and Strahler，1985）和 4 尺度几何光学模型（Chen and Leblanc，1997）就是采取的这种策略。为了消除地形因素对森林冠层二向反射结果的影响，往往通过地形校正的方法进行弥补（Dymond and Shepherd，1999；Soenen et al.，2005；Kane et al.，2008；闻建光 等，2008）。而地形校正的目的是为了实现遥感影像的归一化（Combal et al.，2000），虽然这种方法具有简单易行的优点，但无法从根本上揭示坡面森林冠层辐射传

输的机理。为此，Schaaf 等（1994）在 Li-Strahler 平地几何光学模型的基础上尝试建立了考虑地形的新几何光学模型，这个模型通过三维空间变换将椭球形的树冠处理成球形来简化树冠与坡面的投影关系。对于不便假设为球形的树冠，该模型的应用受到限制，灵活性不够，不具有一般性。Combal 等（2000）认为 Schaaf 等（1994）的处理方法暗含了树冠垂直于坡面生长的假设，并把包含这样假设的模型称为 PGVM 模型（perpendicular to the ground vegetation model）。然而真实情况是，除了极少数例外，树冠是垂直于水平地面生长的。为此，Combal 等（2000）在辐射传输模型的基础上开展了山地冠层反射率模拟研究，并解决了坡面树冠与水平地面不垂直的问题。然而，该模型由于采用了辐射传输模拟的方法，在坡面森林冠层结构描述方面也存在一定局限性，如不便于描述离散坡面冠层的空间分布。计算机三维虚拟场景建模近年来发展迅速，并已被用于坡面冠层反射率模拟研究，如 Huang 等（2009）在 RGM（the radiosity-graphics model）（Qin and Gerstl，2000）基础上建立的山地冠层反射率模型。计算机三维虚拟场景建模具有直观、冠层环境因素可控性强的优点，渲染后可以逼真地显示三维冠层场景。同时，在模拟平地冠层反射率到坡地冠层反射率的过程中只需调整冠层元素的设置，对算法改进的需求相对较少。然而，精细的计算机三维虚拟冠层场景构建需要相对大量的计算机内存支持，相对于解析模型而言计算速度慢，不便于开展大尺度的山地冠层反射率模拟。另外，此类模型常用的"体元"假设和场景建模随机误差，可能会进一步影响到模拟结果的准确性。

针对山地冠层反射率模拟，Fan 等（2014a，b；2015）结合几何光学模型、辐射传输模型和计算机三维虚拟模型各自的优势开发了新山地冠层反射率模型 GOST（geometirc-optical model for sloping terrains）。该模型的总体框架采用了几何光学模型的思路，将坡面冠层反射率描述为场景四分量各自反射率的面积比例加权平均值：

$$R = R_T \cdot P_T + R_G \cdot P_G + R_{ZT} \cdot P_{ZT} + R_{ZG} \cdot P_{ZG} \qquad (2.53)$$

式中，P_T、P_G、P_{ZT} 和 P_{ZG} 分别是光照叶片、光照背景、阴影叶片和阴影背景 4 个分量的面积比例；R_T、R_G、R_{ZT} 和 R_{ZG} 分别是 4 个分量的反射率。

四分量面积比例是冠层结构的抽象表述，叶片数量、叶片角度分布和叶片空间分布等冠层结构因子的数学描述最终体现为冠层四分量的面积比例。GOST 模型在 4 尺度几何光学模型（Chen and Leblanc，1997）的基础上改进了森林冠层的坐标系统，使其可以模拟坡面上的 P_G 和 P_{ZG}，同时，GOST 模型还改变了 4 尺度几何光学模型对单个树冠在太阳或观测方向上的投影计算方法。为了准确地模拟坡面 P_T 和 P_{ZT}，GOST 模型最初采用在冠层尺度进行计算机三维虚拟建模的方式对任意观测方向的阴阳叶进行区分（Fan et al.，2014a）。这种方法的基本思路是首先在空间中设定坡面冠层中所有叶片的空间和角度分布，然后向坡面冠层中发射视线。如果视线能到达冠层内的叶片，需要继续确定光线是否可以到达视线与叶片的交点。重复以上过程，可以统计出视线方向上光照叶片出现的概率。虽然这种处理方式获得了相对准确的计算结果，但仍存在两个主要问题：一是无法理解不同观测角度下阴阳叶产生的物理机制，二是大量的计算时间限制了模型的应用。为此，Fan 等（2015）对坡面 P_T 和 P_{ZT} 的模拟进行了改进（改进后的模型称为GOST2），其主要思路是在区分阴阳叶的过程中加入解析方法克服完全使用计算机三维虚拟模拟方法的缺点。改进后的方法首先对坡面冠层中一棵树的阴阳叶面积比例进行计算机三维虚拟建模并统计阴阳叶面积比例，然后通过解析方法将一棵树的阴阳叶面积比例扩展到冠层尺度。其中对于单个树冠阴阳叶区分的方法是：发射一条视线，如果视线没有到达叶片，则忽略这个视线并重新发射视线；如果视线到达叶片的某一点，则判断经过这一点的光线在光线方向和这一点之间有没有其他叶片，如果有，这一点标记为光照叶片，如果没有，则这一点标记为阴影叶片。将单个树冠阴阳叶面积比例推广到坡面冠层尺度的方法是：①分别计算光线和视线方向树冠的重叠，计算单个树冠中每个可见光照叶片是光线穿过了几个冠层才到达这一叶片的；②通过光线和视线方向的孔隙率判断单个树冠中每个可见光照叶片在光线和视线方向上是否分别在冠层尺度仍然被光照或被看到；③将光线方向和视线方向树冠重叠后剩余叶片的最小可能值作为可见光照叶的上限，将光线方向和视线方向树冠重叠后各自剩余叶片的概率相乘作为可见光照叶的下限，将上限和下限的加权结果作为冠层的可见光照叶面积比例。GOST2 模型的模拟结果可以准确快速地模拟坡面冠层四分量的面积比例（图 2.25）。

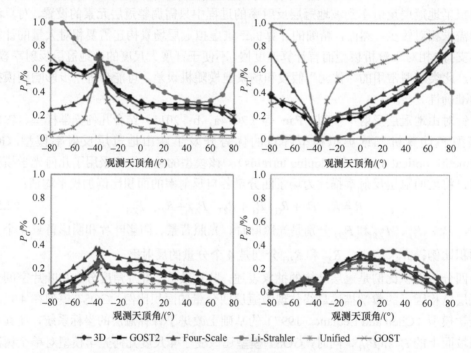

图 2.25 5 种几何光学模型四分量面积比例计算结果对比

3D. 计算机虚拟冠层模型统计结果作为验证真值；GOST、GOST2、Four-Scale、Li-Strahler 和 Unified 分别是 GOST 模型、GOST2 模型、4 尺度几何光学模型、Li-Strahler 几何光学模拟和 Unified 模型的模拟结果

坡面冠层四分量的反射率因子分别为

$$R_{ZT}(\lambda) = S_{bs}(\lambda) \qquad (2.54)$$

$$R_{ZG}(\lambda) = S_{sc}(\lambda) \qquad (2.55)$$

$$R_{T}(\lambda) = r_{T} + S_{bs}(\lambda) \qquad (2.56)$$

$$R_{G}(\lambda) = r_{G} + S_{sc}(\lambda) \qquad (2.57)$$

式中，r_T 和 r_G 是叶片和背景的一次散射反射率，由用户根据所模拟的冠层类型给定。

$S_{\mathrm{bs}}(\lambda)$ 和 $S_{\mathrm{sc}}(\lambda)$ 分别是阴影叶片和阴影背景的多次散射反射率，Fan 等（2014b）基于辐射传输理论，利用光子在冠层内的再碰撞理论 p 理论（Knyazikhin et al.，1998；Smolander and Stenberg，2005）模拟了坡面冠层内的多次散射过程。p 被定义为光子在冠层中的再碰撞概率，如果知道了某一冠层的 p 值，即可估计该坡面冠层的散射辐射。在实际应用中 p 值可以根据常用的冠层结构变量推算。对于阔叶树冠层，光子在冠层中的再碰撞概率可以表示为 P_{LC}，对于针叶树冠层表示为 P_{CC}。对于阔叶树冠层：

$$P_{\mathrm{LC}} = P_{\max} \cdot (1 - \mathrm{e}^{-k \cdot \mathrm{LAI}'^{b}}) \tag{2.58}$$

式中，经验系数 $P_{\max}=0.88$，$k=0.7$ 和 $b=0.75$。LAI' 是坡面森林冠层法线方向上的叶面积指数。对于针叶树冠层：

$$P_{\mathrm{CC}} = P_{\mathrm{sh}} + (1 - P_{\mathrm{sh}}) \cdot P_{\mathrm{LC}}(\mathrm{LAI}_m) \tag{2.59}$$

式中，$P_{\mathrm{LC}}(\mathrm{LAI}_m)$ 是当 LAI 等于改变的叶面积指数（LAI_m）时阔叶冠层中的再碰撞概率。$\mathrm{LAI}_m = \dfrac{\mathrm{LAI}'}{\gamma_E}$，其中，$\gamma_E$ 是簇中针叶总面积的一半与簇总面积一半的比值（Chen and Cihlar，1995）。在 GOST 模型中，LAI 定义为水平地面上总叶片面积的一半。因此，$\mathrm{LAI}' = \mathrm{LAI} \cdot \cos(\theta_g)$，$\theta_g$ 是森林背景的反射率。P_{sh} 是簇的结构参数：

$$P_{\mathrm{sh}} = 1 - \frac{1}{\pi \cdot \gamma_E} \tag{2.60}$$

综上，GOST 模型最初是在 4 尺度几何光学模型基础上构建的一个新的适用于坡面冠层的几何光学模型，随后引入了三维计算机模拟方法和辐射传输方法，该模型目前已经发展成为一个可以模拟坡面条件下遥感影像反射率的混合模型。

在山地二向反射机理模型研究方面，目前已经建立了考虑地形效应、详细森林结构和坡面冠层内辐射传输过程的 BRDF 模型模拟。然而，遥感传感器接收到的信号来源于太阳的直射辐射、半球天空散射和坡面间散射。为此，仍然十分有必要进一步考虑太阳直射辐射、山地冠层内和坡面间的散射辐射，建立考虑半球-方向坡面冠层反射率模型用于直接连接冠层结构参数和观测到的山地冠层反射率，为利用遥感观测资料反演可靠的森林结构参数提供有效工具。

2.2.6 复合坡面二向反射模型

相比于单一坡面，复合坡面二向反射特性遥感建模研究较少。复合坡面遥感像元反射率受遥感像元自身的倾斜、遮蔽及邻近像元的地形辐射的影响较小，而像元内部的地形分布引起了太阳-目标-传感器观测几何的空间变化、子像元间的相互遮蔽和阴影效应、像元内部的多次散射等，导致复合坡面的方向反射特征异于平坦地表。因此像元内部子地形特征的描述和参数化是复合坡面二向反射特性遥感建模的基础。

早期的研究者采用特殊的形状粗略描述复合坡面内部地表起伏状况，如"V"形（Torrance and Sparrow，1967）和"碗"形（Buhl et al.，1968）。后期的研究进一步假设像元内部崎岖地表分布服从某种特殊的概率分布，推出了相应的模型，如基尔霍夫近似法、全波法、微扰法、相位微扰法、几何光学微小面元模型等。其中，阴影函数（又被称为几何衰减因子）是描述子地形影响的重要参数，它描述影响遥感像元反射率的"阴影"比例，可以部分反映反射率方向性特征。很多学者都发展了各自的阴影函数模型（Parviainen and Muinonen，2007；Katzin，1963；Bourlier and Berginc，2003；Hapke，1993）。其中，以 Hapke 阴影函数最为典型，它综合考虑了太阳高度角、观测天顶角、相对方位角、地形分布等对崎岖地表二向反射特性的影响。高博（2014）则利用 Hapke 阴影函数对核驱动模型中的几何光学核和体散射核进行改进，从而使其可用于反演中低空间分辨率山区地表 BRDF/反照率。此外，还有一些研究者研究了基于分形假设的阴影函数（Barsky and Petrou，2005；Shepard and Campbell，1998）。然而，现实中只有在大空间尺度范围内地形才呈现出某种概率分布规律（以高斯正态分布最为广泛），千米尺度的低分辨率像元内部的地形很难服从正态分布，因此这样的假设不可避免会带来较大误差。多种全球范围内的高分辨率 DEM 产品如 GDEM2（30m 分辨率）的发布和推广，推动了基于真实 DEM 进行复合坡面二向反射的研究。闻建光（2008）建立了子像元高分辨反射率数据和对应精度 DEM 构建了低分辨率像元表观反射率和反照率模型，并通过建立与太阳-DEM-传感器位置相关的等效坡面模型（ESM），发展了相应的子地形影响因子，试图刻画像元层次像元内部地形影响，在一定程度上较好描述了像元内部地形对反射率的影响（Wen et al.，2009）。ROUPIOZ 等（2014）通过对入射辐照度进行子像元水平的改正，得到了实际的山区低分辨率像元尺度表观反射率。Bai 等（2015）结合高分辨反射率数据和 DEM 数据构建了仅考虑太阳入射辐射的反射率升尺度模型。除上述解析模型外，也有学者利用计算机模拟模型如蒙特卡罗模拟模型、辐射度模型等进行复合坡面反射特性的研究，但由于计算机模型的计算量较大，一般用来验证解析模型的正确性。

如图 2.26 所示，一个低空间分辨率像元内地形起伏的变化情况，像元总体表现为水平（低分辨率像元层次上的地形影响不明显），而像元内部由多种倾斜的表面组成。对于复合坡面内部地形的影响，子像元的坡度坡向及阴影面积占像元总面积的比例是影响像元二向反射的主要因素。我们基于辐射度原理，建立了一个与太阳-DEM 和传感器位置相关的等效坡面模型（ESM），并发展了相应的子地形影响因子和反照率反演算法，刻画像元层次像元内部地形影响，在一定程度上较好描述了像元内部地形对反射率的影响。

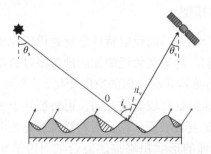

图 2.26　低分辨率遥感影像像元内部地形起伏变化

利用较高空间分辨率的 DEM，可以定量描述反映像元内部地形特征的低分辨率遥感像元尺度的有效坡度，显然该坡度概念不同于我们定义的像元尺度的坡度，如图 2.27 所示。为了描述这一坡度，基于辐射度的原理方法，引入了等效坡面的概念。在传感器观测的辐射保持不变的条件下，描绘了受子像元地形影响的低分辨率遥感像元和具有一定坡度但无子像元地形影响的等效坡面像元的关系。其关系可用地形影响因子 T 表示，如公式（2.61）所示。地形影响因子 T 描述了等效坡面反射率和具有像元内部地形影响的反射率之间的线性关系，只与 DEM 及太阳入射和传感器观测位置有关，刻画了子像元地形的影响。

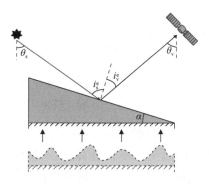

图 2.27　像元内具有地形起伏的低分辨率像元等效坡面

$$T(\theta_s, \theta_v, \phi_s, \phi_v, \text{DEM}) = \cos i_v^e \cos i_s^e \frac{\displaystyle\int_{A(s,v)} \mathrm{d}A_{tj}}{\cos(\theta_s) \displaystyle\int_{A(v)} \cos i_{vj} \mathrm{d}A_{tj}} \quad (2.61)$$

子像元地形影响因子在一定程度上可以反映不同太阳和传感器位置的像元内部地形影响程度。在同一平均坡度下，不同太阳入射和传感器观测时像元内部地形所产生的影响不同。如图 2.28（a）表示了在太阳垂直入射条件下，传感器不同角度观测同一平均坡度的时候子像元地形影响因子变化较小，因此像元反射率的方向性较弱；而在太阳入射角度较大的时候，如图 2.28（b）所示，传感器不同观测角度下，同一平均坡度的子像元地形影响因子变化较强，像元反射率的方向性显著。

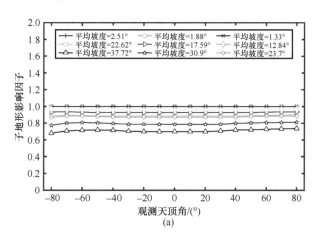

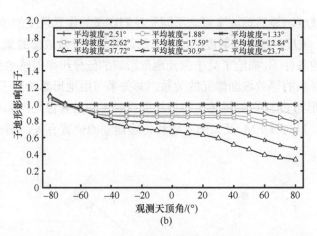

图 2.28　子地形影响因子 T 在太阳主平面内的变化趋势，太阳位置分别为
（a）（0°，150°）和（b）（45°，150°）

在此基础上，我们对适合于平地的 AB 反照率反演算法进行改进，提出了适合于山区的复杂地形条件下的复合坡面反照率估算算法。基于角度网格的反照率反演算法（angular bin，AB），可利用卫星观测的波段反射率直接估算宽波段的黑白空反照率，其模型表达为

$$\alpha_{\mathrm{AB}}=\sum_{i=1}^{n}C_i(\theta_{\mathrm{s}},\varphi_{\mathrm{s}},\theta_{\mathrm{v}},\varphi_{\mathrm{v}})\rho_i(\theta_{\mathrm{s}},\varphi_{\mathrm{s}},\theta_{\mathrm{v}},\varphi_{\mathrm{v}}) \tag{2.62}$$

式中，n 为传感器波段数；$\rho_i(\theta_{\mathrm{s}},\varphi_{\mathrm{s}},\theta_{\mathrm{v}},\varphi_{\mathrm{v}})$ 为第 i 波段反射率。通常依据均一地表条件的 BRDF 先验知识数据库，利用核驱动模型计算地表反照率和传感器波段反射率线性回归先验系数 $C_i(\theta_{\mathrm{s}},\varphi_{\mathrm{s}},\theta_{\mathrm{v}},\varphi_{\mathrm{v}})$，并存储于查找表中。因此，系数依赖于均一地表的 BRDF 先验知识数据库，且仅适用于无地形起伏影响的地表条件。为了改进 AB 算法并可直接应用于估算山区崎岖地表的地表反照率，发展了地形条件的角度网格反照率反演算法（terrain angular bin，TAB）。

在山区，具有像元内部地形影响的方向反射率 $\rho_{\mathrm{BRF\_lowresolution}}$ 对应的角度信息为太阳入射和传感器观测角度 $(\theta_{\mathrm{s}},\varphi_{\mathrm{s}},\theta_{\mathrm{v}},\varphi_{\mathrm{v}})$，在 AB 算法中，模型通过该角度信息从查找表中调用对应的反射率波段回归关系系数 $C_i(\theta_{\mathrm{s}},\varphi_{\mathrm{s}},\theta_{\mathrm{v}},\varphi_{\mathrm{v}})$。但由于 $\rho_{\mathrm{BRF\_lowresolution}}$ $(\theta_{\mathrm{s}},\varphi_{\mathrm{s}},\theta_{\mathrm{v}},\varphi_{\mathrm{v}})$ 为受像元内部地形影响的方向反射率，其 BRDF 形状相对于平坦地表已有较大的差别，因此平坦地表情况下的回归系数 $C_i(\theta_{\mathrm{s}},\varphi_{\mathrm{s}},\theta_{\mathrm{v}},\varphi_{\mathrm{v}})$ 和 $\rho_{\mathrm{BRF\_lowresolution}}$ $(\theta_{\mathrm{s}},\varphi_{\mathrm{s}},\theta_{\mathrm{v}},\varphi_{\mathrm{v}})$ 组合，由式（2.62）估算地表宽波段反照率会引起较大的误差。而等效坡面反射率 $\rho_{\mathrm{equilvalent\_slope}}$ 由于定义在等效坡面上，无像元内部地形影响，其对应的角度信息为太阳入射和传感器观测相对于等效坡面的角度 $(i_{\mathrm{s}}^{\mathrm{e}},\phi_{\mathrm{s}}^{\mathrm{e}},i_{\mathrm{v}}^{\mathrm{e}},\phi_{\mathrm{v}}^{\mathrm{e}})$。因此，可以通过调用回归关系系数 $C_i(i_{\mathrm{s}}^{\mathrm{e}},\phi_{\mathrm{s}}^{\mathrm{e}},i_{\mathrm{v}}^{\mathrm{e}},\phi_{\mathrm{v}}^{\mathrm{e}})$，并结合 $\rho_{\mathrm{equilvalent\_slope}}$ 求解等效坡面地表反照率。由于式（2.61）刻画了具有像元内部地形影响的像元反射率 $\rho_{\mathrm{BRF\_lowresolution}}(\theta_{\mathrm{s}},\varphi_{\mathrm{s}},\theta_{\mathrm{v}},\varphi_{\mathrm{v}})$ 与等效坡面的像元反射率 $\rho_{\mathrm{equilvalent\_slope}}$ 之间的关系。基于该关系，可将式（2.61）中的子像元地

形影响因子引入 AB 算法中，并由此获取 $\rho_{\text{equivlant\_slope}}(i_s^e,\phi_s^e,i_v^e,\phi_v^e)$ 对应的角度，因此，山区地表反照率估算的 TAB 模型为

$$\alpha_{\text{TAB}} = \sum_{i=1}^{n} C_i(i_s^e,\phi_s^e,i_v^e,\phi_v^e)\rho_{\text{BRF\_lowresolution}}(\theta_s,\varphi_s,\theta_v,\varphi_v) \qquad (2.63)$$

我们使用的遥感数据源为 2011 年第 206~第 239 天近一个月的 MOD09GA 反射率产品，以及黑河流域 30m 分辨率的 DEM，使用 TAB 算法估算了黑河流域陆表黑空反照率，如图 2.29 所示。

图 2.29　黑河流域 TAB 反照率产品（彩图附后）

　　复合坡面二向反射特性建模对于山区定量遥感的发展和应用具有重要的意义。但复合坡面二向反射机制较为复杂，反射特性的测量也十分困难，这些都阻碍了山区复合坡面二向反射特性模型的构建。但随着研究的深入及航空遥感、无人机遥感、沙盘等技术的发展，实际数据的获取及模型的验证问题将得到解决，复合坡面二向反射特性建模与反演将得到长足的发展，进而推动山区定量遥感甚至是全球环境变化研究的发展与进步。然而现有的基于 DEM 的复合坡面二向反射模型均未考虑实际入射辐射的分布情况，仅考虑了太阳直射辐射，实际上大气漫散射辐射、邻近地表反射辐射也会对低分辨率遥感像元的反射率和反照率计算产生较大影响，因此还存在一定的不足。下一步将在结合研究子像元尺度上太阳直射辐射、大气漫散射辐射及周围地形表面反射辐射传播规律的基础上，构建考虑天空漫散射的等效坡面模型，发展耦合天空漫散射的子地形影响因子。并在此基础上构建考虑地形的低分辨率核驱动模型及相应的反照率反演算法，以期消除以往模型中未考虑地形引起的误差。

2.3　复杂地表热辐射方向性建模

　　地表热辐射方向性自 20 世纪 60 年代以来就受到国内外同行的广泛关注，尤其以植被体系的研究最为活跃。长期以来的研究都假设土壤组分和叶片组分的发射率是具备朗伯特性的，这与实验观测结果不一致，针对土壤组分我们尝试提出了考虑方向性的发射率波谱模型。由于目前热红外载荷空间分辨率的限制，将研究对象从单一的植被场景扩展到植被与非植被的混合场景是近年来的一个发展趋势，本节详细介绍了农林格网区热

辐射方向模型。组分温度作为热辐射方向性模型最重要的输入参数，在不同的场景中或在相同场景的不同时间段内如何设定是一个困扰很久的科学问题，将辐射传输模型与能量平衡模型紧耦合，可以实现气象数据驱动下的热辐射方向性趋势的动态模拟。此外，介绍了考虑热辐射方向性的地表上行长波辐射估算算法。研究结果表明，考虑热辐射方向性之后可将地表上行长波辐射的估算精度提高约 8W。

2.3.1　土壤方向性发射率波谱模型

发射率是表征物体热辐射能力的物理量，是准确反演地表温度、估算长波辐射平衡及地物目标识别的重要参数。在红外遥感对地观测中，浓密植被覆盖区具有非常高的发射率，与水体一样常被视为黑体，而裸露地表发射率往往远小于 1，并且随着波谱、土壤质地、成分、土壤水和表面状态等变化较大，这就给红外遥感反演带来了很大的挑战。目前针对裸土发射率的研究是基于国外有限的波谱库及少量的卫星发射率产品开展的，在实际研究和应用中有很大局限，因此探索土壤热辐射特性并构建土壤方向性发射率波谱模型对促进红外定量遥感具有重要的意义。

土壤是一个由若干大小不同的颗粒组成的介质，干土主要是由矿物质和有机质组成，决定了土壤波谱特征，而土壤水作为土壤中的活跃因素具有较大的时空变化，对发射率有着显著的影响。另外，实测数据表明土壤的发射率具有明显的角度效应，而表面粗糙度是其中的关键因子。因此，在干土发射率的基础上，土壤发射率模型重点考虑了土壤含水量和观测角度两个影响因子，首先对这两个因子分开建模，可简单表示为

$$\varepsilon(\theta,\lambda) = \varepsilon_{\text{dry}}(0,\lambda) f(\text{SM},\theta) \tag{2.64}$$

式中，$\varepsilon_{\text{dry}}(0,\lambda)$ 为干土在法向的方向发射率；$f(\text{SM},\theta)$ 是描述干土发射率随含水量 SM 和出射角度 θ 的变化函数。

1. 干土的成分和粒径分布建模

影响干土发射率的因子除了土壤成分外，土壤质地也是一个重要因素，土壤颗粒粒径范围分布很广，大到毫米级的砂粒，小到微米级的黏粒。实验表明大颗粒更能保留矿物本身的波谱特征，而无数的小颗粒之间强烈的多次散射削弱了各成分之间的差异性。这里使用文献提出的土壤粒径分布模型（Skaggs et al.，2001，Fooladmand and Sepaskhah，2006），利用 USDA 标准下的土壤质地参数预测土壤粒径分布函数。

在确定粒径分布函数的情况下，矿物质粒子的单次散射反照率通过 MIE 散射计算得到，这其中需要粒子的光学常数（又称为复折射指数），常见矿物的光学常数可以从已有的实验室测量结果中得到。而在红外波段，混合矿物的单次散射反照率符合线性混合，根据土壤中矿物的分布及矿物的波谱特征，我们将土壤中的砂粒矿物简化为石英、长石和方解石三种，其他矿物作为一类按平均值进行赋值，最后根据不同矿物含量进行单次散射反照率线性加权。

2. 土壤水发射率建模

为了分析土壤水对土壤发射率的影响机理，将土壤水的影响简单分为两类：一是包

覆在土壤颗粒周围的很薄的一层水分；二是当含水量增加时，土壤水以自由水的形式存在于土壤颗粒之间。含水量的不同导致这两部分的比例不同，当含水量较低时，主要是粒子周围的包裹水，而当含水量增加颗粒间的自由水含量增加。而这两部分水在土壤中的含量与土壤的持水能力有关。模型的构建中将这两部分水的影响分别建模，并认为发射率的影响是这两部分按照一定比例 k 组合而成，可以表示为

$$e = (1-k)e_{\text{coated}} + ke_{\text{water}} \tag{2.65}$$

式中，e_{coated} 为包裹土壤水粒子的发射率；e_{water} 为粒子间土壤水的发射率。

对于包裹有土壤水的粒子来说，表层的土壤水对颗粒的热辐射有一定的吸收，从二向反射的角度来看，水分的吸收效应降低了土壤颗粒的反射率，因此采用 Lambert 定律来描述土壤水的吸收效应，根据基尔霍夫定律，进行方向发射率和方向半球反射率之间的转换，对土壤大颗粒周围的水分效应进行建模，如式（2.66）所示：

$$\varepsilon_{\text{coated}} = 1 - (1-\varepsilon_0)\exp(-\alpha\xi) \tag{2.66}$$

式中，ε_0 表示干土的发射率；α 为水分的吸收因子（cm^{-1}）；ξ 为水分的等效厚度（cm）。

而对于颗粒间的水，则以水体自身的热辐射体现，这样综合这两部分，可以对土壤中水分对发射率的影响进行建模。

最后，根据土壤水的发射率模型，以干土的发射率作为输入，就可以模拟得到任意土壤含水量下的湿土的发射率。根据方向发射率模型，可以反算得到不同含水量的湿土粒子的单次散射反照率，$\omega = f^{-1}\left[\varepsilon_{\text{Wet}}(0)\right]$，最后根据方向发射率模型，就可以得到不同含水量土壤的方向发射率。

3. 平整土壤方向发射率模型

对平整的干土进行辐射传输建模是以 Hapke（2012）提出的粒子发射模型为原型，如下：

$$\varepsilon = \gamma H(\mu) \tag{2.67}$$

式中，$\gamma = \sqrt{1-\omega}$，$H(\mu) = \dfrac{1+2x}{1+2x\sqrt{1-\omega}}$。这里，$\mu$ 为观测天顶角余弦；ω 为土壤粒子的单次散射反照率。

考虑到土壤具有不同的孔隙度，并且不同密实程度的土壤的热辐射特性具有很大的差别，这里对 Hapke 模型拓展主要体现在引入孔隙度因子，来刻画不同松散程度的土壤的发射率。这样，可以构建一个关于土壤粒子单次散射反照率、观测角度及土壤孔隙度的土壤发射率物理模型。

为了检验模型对发射率的角度效应的模拟，利用实测 0°~60° 的多角度数据进行分析，利用垂直下视的发射率波谱推导出模型的基本参数，进而模拟得到 10°~60° 共 6 个角度的方向发射率，与实测数据对比结果如图 2.30 所示，结果表明，这 6 个角度下模拟值与实测值的平均绝对偏差分别为 0.6%、0.7%、0.8%、0.9%、0.9%、0.9%，均在 1% 以内，说明模型对发射率角度变异性具有很好的模拟效果。

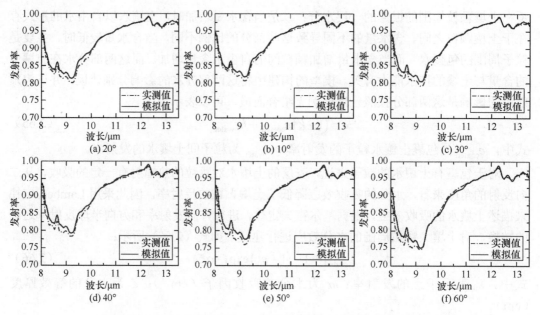

图 2.30　不同观测角度下沙子的实测发射率与模拟发射率对比

4. 粗糙土壤发射率模型

粗糙表面改变了土壤的方向性特征，假如将土壤看作是由若干个小平面组成，显然平滑土壤的辐射贡献集中在角度较小的区域，随着角度增大而发射率减小，而粗糙度大的土壤会使大角度方向上的投影更多，发射率更大。随机表面多采用高斯分布假设，即面元的倾角呈高斯分布，对于一个均方根高度为 σ、相关长度为 l 的高斯随机面，可以推导出，平均斜率为 0，均方根斜率为 $\sigma_s = \sqrt{2}\sigma/l$，从而可以计算出随机表面的小面元的倾角概率分布函数。

参考海面的发射率模型（Masuda，2006），对粗糙土壤面进行建模，每个面元采用平整土壤发射率模型来表示，对所有倾角、方位角下的小面元的方向发射率进行积分，并考虑面元间的多次散射，最后得到粗糙土壤表面的方向发射率，图 2.31 所示为平整和粗糙沙土的方向发射率波谱。

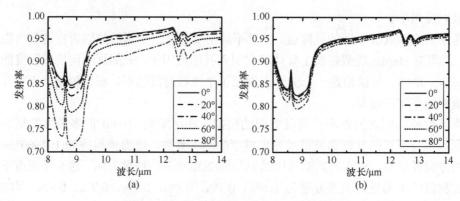

图 2.31　不同粗糙度下模拟的沙子的方向发射率
（a）平整沙子；（b）土壤均方根高度 10cm，相关长度 100cm

我们提出的"粒子-平面介质-粗糙表面"的土壤方向发射率模型首先利用土壤中主要矿物的光学常数，进行单粒子的辐射传输模拟，结合土壤粒径分布和矿物成分比例，计算出干土的平均单次散射反照率。将土壤抽象为由相同散射特性的粒子组成的多孔的平面粒子介质，并以 Hapke 模型为基础，模拟其方向发射率。针对土壤水，分附着水和自由水两种分别建模刻画其对含水土壤发射率的影响。对于粗糙土壤，假设其为高斯随机表面，土壤表面可以表示为若干个小面元，这些小面元的方向发射率由平面粒子介质模型给出，而对半球空间上的不同朝向的面元进行积分，并利用逐次散射的方式计算面元间的多次散射，从而构建了粗糙土壤的方向发射率模型。通过实测数据的对比验证表明，该模型可以很好地模拟不同粗糙程度土壤的方向发射率，在热红外波段相对误差在1%以内。当然也应该注意到，对于密实散射体的校正、土壤有机质的影响及粗糙土壤中非同温现象的处理该模型还有所欠缺，应在后续工作中加以改进，并开展更多的验证工作。

2.3.2 农林格网区热辐射方向性模型

针对不同生长期的农作物已有诸多热辐射方向性模型（Du et al.，2007），它们在地面多角度观测架或者高架塔观测平台上均可以获得较好的验证精度。但是在遥感像元尺度上进行应用时却通常难以获得满意的精度。这是因为地面观测平台的足迹通常在 10m 范围内，可以保证视场完全落在植被区域，而目前常用的红外遥感传感器的空间分辨率在百米（ASTER、TM8）或者千米级（MODIS、SEVIRI），像元内部的非植被端元会导致这些模型模拟精度的降低。野外调查可以发现植被被诸多不同朝向不同长度不同宽度的道路分割成破碎的斑块，我们尝试针对这种植被和道路的混合场景构建一个新的几何投影模型：CCM。

1. 模型构建

如图 2.32 所示，植被区域由叶片和土壤背景组成，道路区域由道路和植被侧面组成。考虑到光照和阴影的区分，场景内部一共有 6 个组分：光照叶片、阴影叶片、光照土壤、阴影土壤、光照道路、阴影道路。

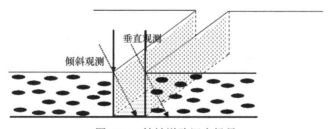

图 2.32　植被道路混合场景

植被区域和道路区域的区分与垄行结构模型略有不同，其不同之处就在于将道路两侧的植被从植被区域划分为道路区域。垄行结构模型的植被行和土壤垄区分如图 2.33 所示。

垄行结构模型将场景分为两个区域：植被行和土壤垄。土壤垄即两个植被行之间的无植被覆盖的过渡区域（斜纹区），植被行包括叶片和土壤背景。而且在垄行结构模型

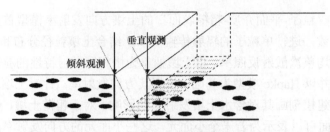

图 2.33　垄行结构模型场景

中一般认为土壤垄内部的两个组分（光照土壤、阴影土壤）与植被下方土壤背景的光照组分和阴影组分的温度及发射率相等。但是对于田间道路来说，虽然大多数情况下也是由土壤组成的，但是行人和车辆的反复碾压使得其表面更加密实干燥，发射率和温度均与土壤背景温度不完全相同。

在不考虑植被区域和道路区域之间的散射作用的前提条件下，植被道路场景的方向性热辐射求解公式可以写成如下的形式：

$$R_{\mathrm{B},i}(\theta,\varphi) = P_{\mathrm{crop}}(\theta,\varphi) \cdot R_{\mathrm{crop}}(\theta,\varphi) + P_{\mathrm{road}}(\theta,\varphi) \cdot R_{\mathrm{road}}(\theta,\varphi) \tag{2.68}$$

考虑到植被区域和道路区域内部各有 4 个组分，该公式可以进一步细化为

$$\begin{aligned}
R_{\mathrm{B},i}(\theta,\varphi) = {} & P_{\mathrm{crop}}(\theta,\varphi) \cdot \left(\begin{array}{l} f_{\mathrm{slsoil}}(\theta,\varphi)R_{\mathrm{slsoil}}(\theta,\varphi) + f_{\mathrm{shsoil}}(\theta,\varphi)R_{\mathrm{shsoil}}(\theta,\varphi) \\ + f_{\mathrm{slleaf}}(\theta,\varphi)R_{\mathrm{slleaf}}(\theta,\varphi) + f_{\mathrm{shleaf}}(\theta,\varphi)R_{\mathrm{shleaf}}(\theta,\varphi) \end{array} \right) \\
& + P_{\mathrm{road}}(\theta,\varphi) \cdot \left(\begin{array}{l} F_{\mathrm{slroad}}(\theta,\varphi)R_{\mathrm{slroad}}(\theta,\varphi) + F_{\mathrm{shroad}}(\theta,\varphi)R_{\mathrm{shroad}}(\theta,\varphi) \\ + F_{\mathrm{slleaf}}(\theta,\varphi)R_{\mathrm{slleaf}}(\theta,\varphi) + F_{\mathrm{shleaf}}(\theta,\varphi)R_{\mathrm{shleaf}}(\theta,\varphi) \end{array} \right)
\end{aligned} \tag{2.69}$$

如果不考虑各个组分自身的方向性及宽窄波段的转换误差，上面的公式可以简化为下面的形式：

$$\begin{aligned}
T_{\mathrm{B}}(\theta,\varphi)^4 = {} & P_{\mathrm{crop}}(\theta,\varphi) \cdot \left(\begin{array}{l} f_{\mathrm{slsoil}}(\theta,\varphi)T_{\mathrm{slsoil}}^4 + f_{\mathrm{shsoil}}(\theta,\varphi)T_{\mathrm{shsoil}}^4 \\ + f_{\mathrm{slleaf}}(\theta,\varphi)T_{\mathrm{slleaf}}^4 + f_{\mathrm{shleaf}}(\theta,\varphi)T_{\mathrm{shleaf}}^4 \end{array} \right) \\
& + P_{\mathrm{road}}(\theta,\varphi) \cdot \left(\begin{array}{l} F_{\mathrm{slroad}}(\theta,\varphi)T_{\mathrm{slroad}}^4 + F_{\mathrm{shroad}}(\theta,\varphi)T_{\mathrm{shroad}}^4 \\ + F_{\mathrm{slleaf}}(\theta,\varphi)T_{\mathrm{slleaf}}^4 + F_{\mathrm{shleaf}}(\theta,\varphi)T_{\mathrm{shleaf}}^4 \end{array} \right)
\end{aligned} \tag{2.70}$$

式中，T_{slsoil}、T_{shsoil}、T_{slleaf}、T_{shleaf}、T_{slroad}、T_{shroad} 分别代表光照土壤、阴影土壤、光照叶片、阴影叶片、光照道路、阴影道路 6 个组分的亮温；$f_{\mathrm{slsoil}}(\theta,\varphi)$、$f_{\mathrm{shsoil}}(\theta,\varphi)$、$f_{\mathrm{slleaf}}(\theta,\varphi)$、$f_{\mathrm{shleaf}}(\theta,\varphi)$ 代表在 (θ,φ) 观测角度下植被区域内部 4 个组分的面积比例（总和为 1），其具体的计算方法可参照 Yan 等（2012）的论文；$F_{\mathrm{slroad}}(\theta,\varphi)$、$F_{\mathrm{shroad}}(\theta,\varphi)$、$F_{\mathrm{slleaf}}(\theta,\varphi)$、$F_{\mathrm{shleaf}}(\theta,\varphi)$ 代表在 (θ,φ) 观测角度下道路区域内部 4 个组分的面积比例（总和为 1），其具体的计算方法可以参照 Cao 等（2014）的论文。$P_{\mathrm{crop}}(0,0)$ 和 $P_{\mathrm{road}}(0,0)$ 分别代表天底观测时两个区域的面积比例，这两个区域的面积比例是不随观测角度变化而变化的，可以从分类图中直接提取得到；$T_{\mathrm{B}}(\theta,\varphi)$ 为整个场景的方向辐射亮度温度。

2. 模型验证

CCM 模型的验证数据采集于 2012 年的黑河流域生态-水文过程综合遥感观测联合

实验（HiWATER）（李新等，2012），多角度红外观测数据来自于该实验中的 WiDAS 飞行实验。机载红外广角双模式成像仪（wide-angle infrared dual-mode line/area array scanner，WiDAS）由中国科学院遥感与数字地球研究所自主研制的航空多角度成像系统。WiDAS 是 HiWATER 生态水文实验中的一个重要飞行仪器，其由 1 个热红外相机、1 个超高空间分辨率 CCD 相机、2 个多光谱 CCD 相机共 4 个传感器组成，同时还配备了高精度的定向定位系统（POS 系统）。

热红外相机的型号为 FLIR A645SC，像素数为 640×480，飞行过程中在该相机镜头前加载了一个 80°的广角镜头，即面阵传感器在对角线上的 FOV 为 80°，相应地可以计算出在正交方向的 FOV 为 68°及 54°。为了获得更大观测角度的热辐射信息，热红外相机安装装置具有前倾 12°的夹角，从而使得在飞行方向的前向和后向的观测角度分别为46°及 22°。为了保证航向接近 85%的高重叠率，飞机飞行速度控制在 200km/h 左右，飞行高度为 1160m，拍摄帧频为每秒 6 帧。同时飞机在相邻航带之间亦有高达 80%的重叠率，使得从不同航线观测同一个目标成为可能，如图 2.34 所示。

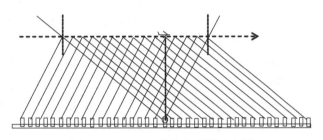

图 2.34　WiDAS 多角度观测示意图

对于试验区具有双朝向的道路的场景，模拟的方向亮温的极坐标分布如图 2.35 所示，可以看出明显的双轴特征，这种特征与垄行结构模型的同心椭圆特征具有明显的区别。利用 Track6-1 的共 15 个观测角度的数据进行验证，图 2.36 的对比结果表明，CCM模型与实测数据之间具有显著的相关性，但是存在系统性的低估，可能是由于该模型忽略植被端元与道路端元之间的多次散射作用。而不考虑田间道路的连续植被模型 4SAIL与实测数据之间的相关性很低。

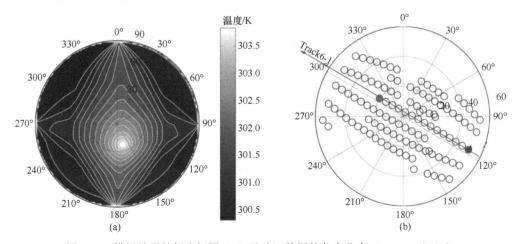

图 2.35　模拟结果的极坐标图（a）及验证数据的角度分布（Track6-1）（b）

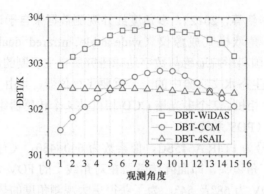

图 2.36   CCM 模型、4SAIL 模型及实测数据对比图

2.3.3   基于能量平衡过程的热辐射方向性动态模型

地表温度是地表物理过程中重要的输入参量。由于地表组分间的温度差异，近地表试验测量和卫星观测到的地表亮温，都表现出显著的方向特性。人们提出了辐射传输模型、几何光学模型和计算机模拟模型等用于解释地表出射的各向异性。特别是近些年，地表温度反演精度接近或者优于 1.0 K，消除亮温的方向依赖显得尤为重要。相对于一维辐射传输模型，如 4SAIL 和 FR97 等，基于三维真实结构的计算机模拟模型，对复杂地表辐射传输过程的解释，显得更为合理。尽管近些年三维辐射传输模型有了显著发展，但是现有的大多数模型需要输入试验测量的组分温度，越是复杂的地表需要的地表组分温度就越多，对于卫星尺度的正向模拟，通过试验方法在短时间内获取组分温度仍面临巨大的挑战。

结合地表能量平衡过程，可以实现地表组分温度和方向辐射的同步模拟，如 CUPID 模型和 SCOPE 模型。但是 CUPID 模型和 SCOPE 模型都是基于一维均质假设，难以推广到复杂的三维场景。因此，我们提出了基于三维辐射传输模型（thermal-region radiosity-graphics combined model，TRGM）和能量平衡过程的综合模型 TRGM-EB （energy balance）。该模型沿袭了 SCOPE 模型框架结构，如图 2.37 所示。其中，辐射传输模型 TRGM 用于场景中组分净辐射的计算和场景方向辐射输出，能量平衡过程用于组分感热、潜热通量和土壤表面通量的计算。基于两个模块间的迭代：①基于场景初设的组分

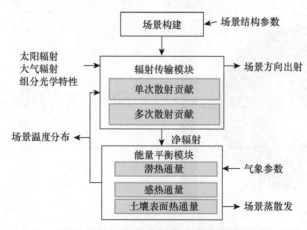

图 2.37   TRGM-EB 模型的整体框架

温度，通过辐射传输模块计算各组分净辐射；②基于能量平衡方程，优化场景组分温度，最终实现整个场景的热平衡状态。目前，整个模型通过 C++语言编写实现。

在 TRGM-EB 模型中，三维场景通过三角形或者四边形面元构建，运行过程中光照部分和阴影部分的辐射传输与能量交互过程逐面元计算。通常，一个扩展 L 系统可视化软件，可以帮助构建常用的三维场景，如玉米、小麦和棉花等。辐射传输过程需要各组分的反射率和透过率：叶片在可见光/近红外波段的光学特性可以通过 PROSPECT 模型模拟得到，叶片在红外波段及其他组分的光学特性可以通过地表测量或者 ASTER 波谱库得到。大气影响通过 MODTRAN 模型模拟的大气下行辐射、大气上行辐射和大气通过率实现。辐射传输模块的输出包括模块迭代交互过程中输出组分净辐射和热平衡状态实现后输出场景方向亮温。

能量平衡模块中分别计算组分感热、潜热通量和土壤表面通量，并基于能量平衡方程优化组分温度。组分感热、潜热通量的计算需要各组分的空气动力学阻抗和表面（气孔）阻抗。对于空气动力学阻抗，这里采用了 Wallace 和 Verhoef（2000）提出的可用于多植被类型混合群落的阻抗系统。同时，为了考虑复杂场景中多群落类型并存的情况，在 TRGM-EB 模型中增加了简单的场景离散方法。尽管场景中土壤水分是估算土壤表面阻抗和叶片气孔阻抗的重要因素，但是该模型并未包括对土壤水平衡的模拟。模型中的土壤参数可以通过地表气象站测量得到。

1. 辐射传输过程

TRGM-EB 模型的能量传输过程通过 TRGM 辐射度模型实现。详细的模型介绍可以在文献（Liu et al.，2007）中找到，这里进行简单的介绍。辐射度可以认为是离开面元的通量密度。辐射度主要包括自身发射项和反射、透射项：

$$B_i = E_i + x_i \sum_j F_{i,j} B_j \qquad i,j = 1,2,\cdots,2n_p \qquad (2.71)$$

式中，B_i 为面元 i 的辐射度；E_i 为面元 i 的单次辐射出射项；$x_i \sum_j F_{i,j} B_j$ 为面元 i 与场景中其他面元的交互项，即面元 i 的多次散射项；x_i 为面元的反射率或者透过率；$F_{i,j}$ 为面元的形状因子，用于描述面元 j 和面元 i 的交互程度，该值取决于面元的面积和其相对方位角，因此基于互易原理，$F_{i,j}$ 等于 $F_{j,i}$。

式（2.71）中的单次散射项 E_i 以通过式（2.72）来分别计算，其中包括太阳直射项、大气漫射项和面元的自身发射项。

$$E_i = \begin{cases} \left[F_s(i) + F_d(i)\right]\rho_i + \left[F_s(i+n_p) + F_d(i+n_p)\right]\tau_i + F_e(i), i \leqslant n_p \\ \left[F_s(i) + F_d(i)\right]\rho_i + \left[F_s(i-n_p) + F_d(i-n_p)\right]\tau_i + F_e(i), i > n_p \end{cases} \qquad (2.72)$$

式中，F_s 和 F_d 分别为太阳直射和大气散射；F_e 为面元的自身发射项；ρ_i 和 τ_i 分别为面元 i 的反射和透射率；i 和（$i+n_p$ 或 $i-n_p$）分别表示面元 i 的正反面，n_p 为面元的总数；面元辐射度的组成如图 2.38 所示。

太阳直射、大气散射和面元的自身发射项可分别通过式（2.73）、式（2.74）和式（2.75）计算得到：

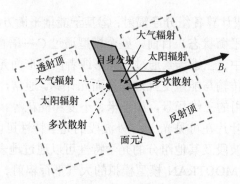

图 2.38　面元 i 辐射度的组成

$$F_s(i) = E_{sun} |n_i s_d| a(i, \theta_d) \qquad (2.73)$$

$$F_d(i) = \sum_{k=1}^{N} I_{atm}(\theta_k) \frac{2\pi}{N} |n_i s_k| a(i, \theta_k) \qquad (2.74)$$

$$F_e(i) = \varepsilon_i B_\lambda(T_i) \qquad (2.75)$$

式中，E_{sun} 和 I_{atm} 分别是太阳直射和大气散射；$a(i, \theta_d)$ 为面元 i 在方向 θ_d 的可视面积；n_i 和 s_d 分别为面元 i 和投影方向的法线；在这里，天空半球被划分等面积的 N 个子区域。T 和 ε 分别是面元的温度和发射率；B_λ 为普朗克函数。对于多次散射项，可以通过面元辐射度间的迭代优化算法得到。

已知面元辐射度，面元的光照部分和阴影部分的净辐射即可分别计算：

$$R_{n,s} = \sum_\lambda \left[F_s(i, \lambda) / a(i, \theta_d) + F_d(i, \lambda) + \sum_j F_{i,j} B_j(\lambda) - F_e(i, \lambda) \right] [1 - \rho(i, \lambda) - \tau(i, \lambda)] \qquad (2.76)$$

$$R_{n,h} = \sum_\lambda \left[F_d(i, \lambda) + \sum_j F_{i,j} B_j(\lambda) - F_e(i, \lambda) \right] [1 - \rho(i, \lambda) - \tau(i, \lambda)] \qquad (2.77)$$

对于能量平衡过程，则是为了分别在已有的温度情况下分别计算面元的感热通量、潜热通量和土壤表面通量，基于能量平衡方程优化，得到更准确的温度。

2. 能量平衡过程

场景的能量平衡过程，可以简单地通过能量平衡方程描述：

$$R_{n,s} - H_s - \lambda E_s - G_s = 0 \qquad (2.78)$$

$$R_{n,h} - H_h - \lambda E_h - G_h = 0 \qquad (2.79)$$

式中，R_n 为净辐射，H 和 λE 分别为面元的感热和潜热通量；G 为面元表面热通量，在该模型中，只考虑了土壤的表面热通量。其中，感热、潜热通量和土壤的表面热通量可分别通过式（2.80）计算得到：

$$H = \rho_a c_\rho \frac{T_s - T_a}{T_a} \qquad (2.80)$$

$$\lambda E = \gamma \frac{q_s(T_s) - q_a}{r_a + r_s} \qquad (2.81)$$

$$T_s(t+\Delta t) - T_s(t) = \frac{\sqrt{2\omega}}{\Gamma}\Delta t G(t) - \omega\Delta t\left[T_s(t) - \overline{T}_s\right] \tag{2.82}$$

式中，ρ_a、c_ρ 和 γ 分别为空气的密度、热容和热通量；T_s 是地表温度，T_a 是空气温度；q_s 和 q_a 分别为地表和空气的湿度；r_a 和 r_s 分别为面元的空气动力学阻抗和表面（气孔）阻抗；Δt 为时间间隔；Γ 为土壤的热惯量；$\overline{T}_s$ 为年平均气温。

3. 模型的输出

在 TRGM-EB 模型中，输出部分主要包括组分温度和方向亮温。当场景达到了热平衡状态后，组分光照部分和阴影部分的温度确定。图 2.39 展示了 LAI 为 2.4 的玉米场景的温度分布，其中光照土壤和阴影土壤的温差清晰可见。

图 2.39　LAI 为 2.4 的行播玉米场景的温度分布

对于冠层顶的方向亮温模拟，可以通过对设定视场中所有面元的辐射出射按面积加权平均得到［见公式（2.83）］，其中 n_i、s_v 分别为面元法线和太阳方向的单位向量，$a(i,\theta_v)$ 为面元 i 在观测方向的投影，B 为面元的辐射度，$\text{area}(i)$ 为组分 i 的面积。图 2.40 展示了玉米场景的方向亮温在不同时刻的极坐标图。

$$I(v) = \frac{\displaystyle\sum_i^{2n_p}\frac{B_i}{\pi}\left|n_i s_v\right| a(i,\theta_v)\text{area}(i)}{\displaystyle\sum_i^{2n_p}\left|n_i s_v\right| a(i,\theta_v)\text{area}(i)} \tag{2.83}$$

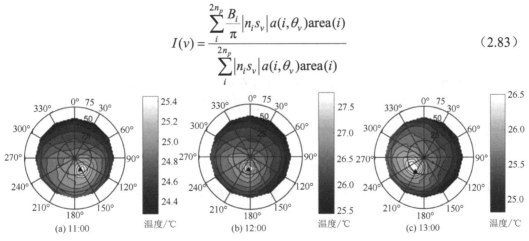

图 2.40　玉米场景（100.3722°E，38.8555°N）在当地时间（a）11:00，（b）12:00 和
（c）13:00 时刻的辐射出射极坐标图

黑色三角代表太阳的角度

2.3.4 基于热辐射方向性的地表上行长波辐射模型

地表能量收支（surface radiation budget，SRB）是指地表与大气辐射能量交换过程中地面净吸收的太阳辐射能，它控制着进入大气的感热通量和潜热通量，是驱动大气运动的主要能量。因此地表能量收支是气候变化乃至全球变化的重要驱动力（田国良等，2014）。

地表净辐射（surface net radiation，SNR）是衡量地表能量收支的定量化指标，由地表入射短波辐射（downwelling shortwave radiation，DSR）和出射短波辐射（upwelling shortwave radiation，USR）及入射长波辐射（downwelling longwave radiation，DLR）和出射长波辐射（upwelling longwave radiation，ULR）的算术和求得（Wang et al.，2012）。作为地表净辐射的重要组成部分，地表上行长波辐射（surface upwelling longwave radiation，LWUP）是反映地球表面冷暖情况的指标，包括了地表所发射的波长在 4~100 μm 的辐射能量和反射的下行长波辐射两部分（Wang and Liang，2010）。遥感技术能够以较低成本提供大范围的时间和空间分辨率足够高的对地观测数据，因此成为估算区域尺度和全球尺度地表上行长波辐射的唯一方式（Wang et al.，2012）。

1. 模型构建

目前，地表上行长波辐射估算方法主要分为两大类：物理模型和混合模型。其中，物理模型通过大气辐射传输方程，在已知地表温度、地表发射率及地表下行长波辐射的条件下估算地表上行长波辐射；混合模型主要是通过大量数据建立大气顶层辐射和地表上行长波辐射之间的经验关系从而进行估算。在上述的两类方法中，地表都被假设为朗伯体，地表的热辐射方向性均未被考虑在上行长波辐射的估算中，这可能会给地表长波上行辐射的估算带来很大的误差，尤其是在稀疏植被地表（Wang et al.，2009）。针对于此，本小节提出了考虑热辐射方向性的地表上行长波辐射估算物理模型。

根据大气辐射传输方程，地表上行长波辐射可以表达为下式：

$$\text{SULR} = \int_{\lambda_1}^{\lambda_2} \int_0^{2\pi} \int_0^{\frac{\pi}{2}} \left(\varepsilon_\lambda(\theta,\varphi) B_\lambda(T(\theta,\varphi)) + (1-\varepsilon_\lambda(\theta,\varphi)) L_{a\lambda}(\theta,\varphi) \right) \sin\theta\cos\theta \mathrm{d}\theta\mathrm{d}\varphi\mathrm{d}\lambda \quad (2.84)$$

式中，θ 是观测天顶角；φ 是相对方位角；$B_\lambda(T(\theta,\varphi))$ 是利用普朗克公式，在地表有效温度为 $T(\theta,\varphi)$ 时计算得到的地表热辐射；$\varepsilon_\lambda(\theta)$ 是方向发射率；$L_{a\lambda}(\theta,\varphi)$ 是大气方向下行辐射；λ_1 和 λ_2 是估算地表上行长波辐射的波段范围（4~100μm）。当交换波长和角度的积分顺序后，式（2.84）可以转化为

$$\text{SULR} = \int_0^{2\pi} \int_0^{\frac{\pi}{2}} \int_{\lambda_1}^{\lambda_2} \left(\varepsilon_\lambda(\theta,\varphi) B_\lambda(T(\theta,\varphi)) + (1-\varepsilon_\lambda(\theta,\varphi)) L_{a\lambda}(\theta,\varphi) \right) \mathrm{d}\lambda \sin\theta\cos\theta \mathrm{d}\theta\mathrm{d}\varphi \quad (2.85)$$

式（2.85）中，积分部分即为由地表发射项和地表反射项构成的离地辐射。因此，式（2.85）可以进一步简化为

$$\text{SULR} = \int_0^{2\pi} \int_0^{\frac{\pi}{2}} R(\theta,\varphi) \sin\theta\cos\theta \mathrm{d}\theta\mathrm{d}\varphi \quad (2.86)$$

式中，$R(\theta,\varphi)$ 为宽波段地表离地辐射，可以表示为

$$R(\theta,\varphi) = \int_{\lambda_1}^{\lambda_2} (\varepsilon_\lambda(\theta,\varphi)B_\lambda(T(\theta,\varphi)) + (1-\varepsilon_\lambda(\theta,\varphi))L_{a\lambda}(\theta,\varphi))\mathrm{d}\lambda = \int_{\lambda_1}^{\lambda_2} R_\lambda(\theta,\varphi)\mathrm{d}\lambda \quad (2.87)$$

式中，$R_\lambda(\theta,\varphi)$ 为波谱方向离地辐射。从式（2.86）可以发现，估算地表上行长波辐射主要可拆分为两个部分：离地辐射在宽窄波段上的转换及角度维的积分。

1）波段转换

传感器观测的辐射均为考虑通道响应函数的有效辐射，具体表示为

$$R_i = \frac{\int_{\lambda_1}^{\lambda_2} f_i(\lambda)R_\lambda\mathrm{d}\lambda}{\int_{\lambda_1}^{\lambda_2} f_i(\lambda)\mathrm{d}\lambda} \quad (2.88)$$

式中，λ_1 和 λ_2 分别为通道的上下界；$f_i(\lambda)$ 为波段响应函数，且波段的范围远小于式（2.87）中的波段范围。同时，传感器观测到的地表辐射经过了大气衰减及大气上行长波辐射的干扰，不同于式（2.87）中的离地辐射。因此，在使用观测的辐射数据之前，有必要对其进行转换。首先，需要利用大气辐射传输模型剔除大气顶层辐射中大气透过率和大气上行长波辐射的影响；然后，通过数据库，建立窄波段有效离地辐射和宽波段离地辐射之间的关系。本节使用 HiWATER 实验中利用 FLIR A655sc 热红外相机拍摄的 WiDAS 数据来估算地表上行长波辐射，其波段范围是 7.5~13.5 μm，中心波长为 9.7 μm。为了探究通道离地辐射和宽波段离地辐射之间的关系，基于这一关系是方向无关的假设，本节建立了一个模拟数据库。946 条 TIGR 晴空数据库被输入到 MODTRAN 模型中，分别模拟 7.5~13.5 μm 和 4~100 μm 波段的大气下行长波辐射。地表特性可以通过地表层温度和发射率表示。其中地表温度通过将 TIGR 廓线最底层温度分别加上 ±15 K、±10 K、±5 K 和 0 K 获得。地表发射率波段主要由两部分构成：第一部分来自 UCSB 发射率波普库，一共有 35 条；第二部分来自 HiWATER 实验，包括 10 条土壤廓线和 5 条玉米叶片廓线。基于式（2.87），假设 ε_λ 与 $B_\lambda(T)$ 和 $L_{a\lambda}$ 无关并忽略带通效应后，宽波段辐射可以简化为

$$R(\theta,\varphi) = \varepsilon_{bb}\int_{\lambda_1}^{\lambda_2} B_\lambda(T(\theta,\varphi))\mathrm{d}\lambda + (1-\varepsilon_{bb})\int_{\lambda_1}^{\lambda_2} L_{a\lambda}(\theta,\varphi)\mathrm{d}\lambda \quad (2.89)$$

式中，ε_{bb} 为宽波段发射率，可通过两步获得：首先将发射率波谱转化为 ASTER 传感器对应的 5 个热红外波段，然后根据式（2.90）估算宽波段发射率。

$$\varepsilon_{bb} = 0.197 + 0.025\varepsilon_{10} + 0.057\varepsilon_{11} + 0.237\varepsilon_{12} + 0.333\varepsilon_{13} + 0.146\varepsilon_{14} \quad (2.90)$$

式中，$\varepsilon_{10} \sim \varepsilon_{14}$ 为 ASTER 5 个波段的发射率。

根据式（2.89），回归得到的通道离地辐射和宽波段离地辐射之间的关系如图 2.41 所示。两者之间的线性关系十分明显，相关系数高达 0.9995；RMSE 为 1.0746。基于这一回归关系，波谱响应函数的卷积效应得以消除，同时窄波段辐射被转换成宽波段辐射。这表明式（2.87）中的宽波段离地辐射可以利用通道离地辐射准确地估算得到。

2）基于核驱动模型进行角度维的积分

热辐射角度积分的关键是根据少数角度的观测模拟任意方向的热辐射。本节采用半

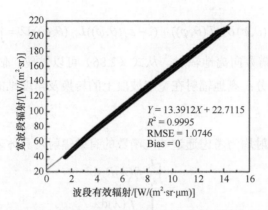

图 2.41　通道有效辐射与宽波段辐射的回归关系

经验的核驱动热辐射方向性模型，通过利用已知方向的热辐射训练核驱动模型，对各个方向的热辐射进行模拟。核驱动模型的基本形式如下：

$$R = f_{iso} + f_{vol}k_{vol}(\theta_i, \theta_v, \varphi) + f_{geo}k_{geo}(\theta_i, \theta_v, \varphi) \qquad (2.91)$$

式中，R 是离地方向性热辐射；k_{vol} 是体散射核；k_{geo} 是几何光学核；f_{iso}、f_{vol} 和 f_{geo} 分别是各向同性核、体散射核及几何光学核的核系数。通过 4SAIL 模型的模拟分析，不同的植被长势下分别选择以下的核驱动模型组合能够得到最高的拟合精度：

$$Model = \begin{cases} RossThick + LiSparseR, & LAI \leqslant 1.3 \\ RossThick + LiDenseR, & LAI > 1.3 \end{cases} \qquad (2.92)$$

同时，在不同的角度组合之中，主平面内的垂直下视、前向 30°、前向 50°、后向 30°、后向 50°共 5 个角度的组合可以取得最佳的拟合效果。

3）物理估算模型

基于 1）和 2），地表上行长波辐射即可通过离地辐射估算得到。首先，大气廓线被输入到 MODTRAN 4.0 模型来计算大气透过率和程辐射；根据估算的大气参数，可以获得地表离地辐射。利用训练的核驱动模型，模拟半球空间内各个方向的热辐射。同时利用 2）中回归的经验关系，将方向离地辐射从窄波段转化为宽波段。最后，将方向辐射进行半球积分，从而获得地表上行长波辐射。在此模型中，由于避免了温度发射率分离的问题，因此极大提高了模型的适用性；同时直接使用离地辐射估算地表上行长波辐射，减少了输入参数带来的误差传播。

2. 模型验证

为了对物理估算模型进行验证，选择了 HiWATER 实验中 2012 年 8 月 3 日的 WiDAS 热红外多角度观测数据及与之同步的自动气象站的地表上行长波辐射数据。WiDAS 数据经过剔除大气上行长波辐射及透过率后，得到的离地辐射重采样为 5 m 分辨率。本次实验共收集了 17 个自动气象站的数据，其地表观测范围为 145 m×45 m，地表覆盖类型包括了蔬菜（站点 1）、人工地表（站点 4）、果园（站点 17）和小麦（站点 2、3、5~16）。在每个站点利用 LAI-2000 测量了 LAI，从而根据 LAI 选择核驱动模型。为了与自动气象站的观测数据匹配，以每个站点为中心，选择了 29×29 个像元与之对应。根据时间与空间上的匹配，共收集了 39 个数据点。

图 2.42 显示了在地表覆盖类型为玉米冠层时的估算结果。验证结果表明，物理模型的估算精度最高（RMSE 为 4.417 W/m²，MBE 为 0.474 W/m²）。相较于单方向的估算结果，RMSE 和 MBE 分别可以提高 4.734 W/m² 和 7.414 W/m²。

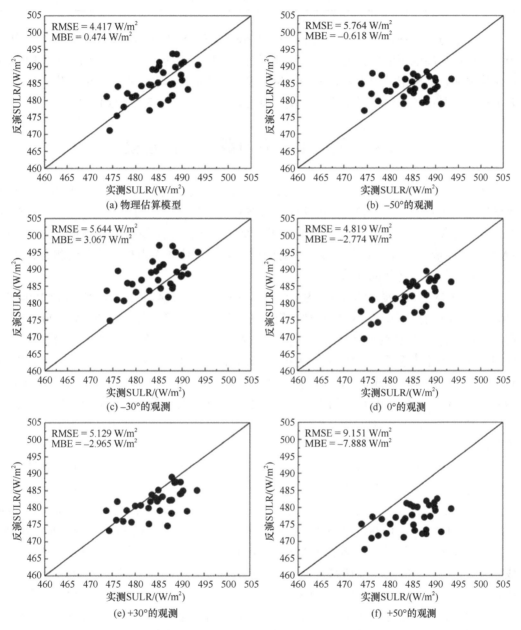

图 2.42　自动气象站与估算得到的地表上行长波辐射对比

表 2.5 显示了物理模型在不同地表类型上的验证结果。蔬菜冠层的估算精度最高，其误差仅约为 2 W/m²。其中，村庄的表现最差，这与核驱动模型不是为人工地表设计有关。

表 2.5　不同地表类型验证结果

SULR/（W/m^2）	Orchard_1	Orchard_2	Village_1	Village_2	Vegetable_1	Vegetable_2
AMS	496.35	494.90	581.40	575.30	482.60	475.30
Direct Model	493.95	491.80	568.61	565.73	480.73	473.28
Bias	−2.40	−3.10	−12.79	−9.57	−1.87	−2.02

热辐射方向性在高精度的地表上行长波辐射估算中至关重要。本节提出了利用物理模型，直接从离地辐射估算地表上行长波辐射，并将热辐射方向性纳入估算模型中。验证结果表明，该模型适用于各种地表。为了进一步验证该模型，在今后的工作中还需要开展更多的验证工作；同时应用到卫星尺度上，形成一套完整的反演体系。

2.4　复杂地表后向散射特性建模

使用光学遥感数据进行森林生物量估测，当生物量很低时就开始出现饱和点，并且光学遥感数据还受云、雾和光照的影响。微波对植被具有一定的穿透性，微波遥感获取的是植被冠层体散射的信息，从理论上说，更适合于用来反演森林生物量。同时成像SAR 独特的成像机理及其全天候全天时的成像能力，使其在森林生物量估测方面具有光学遥感数据不可替代的优势。

随着 1978 年 L 波段的 Seasat SAR 发射，1981 年 SIR-A、1984 年 SIR-B 及 1994 年 SIR-C/X SAR 的升空，SAR 的森林应用研究逐渐拉开大幕，特别是 20 世纪 90 年代，在不同的地区针对机载和星载雷达后向散射数据开展了一系列森林地上生物量反演的应用方法与理论模型研究（Dobson et al.，1992，1995；Harrell et al.，1995；Kasischke et al，1994a，1994b；Letoan et al.，1992；Ranson et al.，1995；Ranson and Sun，1994a，1994b；Rignot et al.，1994）。相比于直观形象的光学数据，雷达图像的定量信息提取需要深入理解电磁波与地物的相互作用过程。因此，雷达后向散射建模是微波遥感研究的重要基础。

按照对地物的描述方式，雷达后向散射模型可分为连续随机介质模型和离散散射体模型两大类。连续随机介质模型将散射体看作连续介质，只是其介电常数具有微小的变化，可以解析式的方式来描述电磁波与地物的相互作用过程，代表性模型有 water-cloud（Attema and Ulaby，1978）模型和 RVOG 模型（Papathanassiou and Cloude，2001）。离散散射体模型则将植被冠层离散成由大量介电圆柱体（树干和树枝）和圆盘（树叶）组成的复杂电介质（Sun et al.，1991）。这类模型中具有代表性的两个模型是 MIMICS（Ulaby et al.，1990）和 Sun 模型（Sun and Ranson，1995）。MIMICS 的特点是将植被冠层看作是二维冠层，只考虑冠层在垂直方向的不均匀性，将冠层在垂直方向分为树冠层和树干层，假设其在水平方向是连续均匀分布的。Sun 模型将植被层看作是三维冠层，冠层在水平与垂直方向上都是不均匀的。该模型相对于二维模型可以更好地考虑森林空间结构对雷达后向散射的影响。

Sun 模型的发展先后经历了近 30 年的时间。该模型最早起源于 1987 年 Richards 和 Sun 所发展的 L 波段森林雷达后向散射模型（Richards et al.，1987），并于 1988 年改进了对树干雷达后向散射的计算方法（Sun and Simonett，1988a），用 SIR-B 数据对模型进行了验证（Sun and Simonett，1988b）。早期的模型属于连续随机介质模型，只适用于浓密森林，Sun 等于 1991 年将模型发展为适用于中低密度林分情况的离散模型（Sun et al.，1991）。Wang 等于 1991 年优化了模型中关于间隙概率的描述方式，将模型命名为 santa barbara microwave backscattering model（Wang et al.，1993a），于 1993 年在美国阿拉斯加泰加林区利用 AIRSAR 数据对模型进行了验证（Wang et al.，1993b），并分别于 1995 年（Wang et al.，1995）和 1998 年（Wang et al.，1998）对模型在 C 波段、L 波段和 P 波段对森林生物量和地表参数的敏感性进行了分析。为了充分考虑空间结构对森林雷达后向散射的影响，1995 年将模型发展为三维森林雷达后向散射模型（Sun and Ranson，1995），与森林动态生长模型相结合进行了森林生物量反演（Ranson et al.，1997），分析了森林空间结构（Sun and Ranson，1998）和地形的影响（Sun et al.，2002）。Ni 等将双矩阵算法引入模型中，增强了模型对交叉极化的模拟精度（Ni et al.，2010），并利用改进后的模型进行了森林生物量反演（Ni et al.，2013）。

就模型仿真结果而言，这一系列模型属于非相干模型，主要用于模拟雷达后向散射系数随森林结构和地表参数等的变化规律。随着雷达干涉特别是极化干涉和极化层析等数据分析技术的发展，除了雷达后向散射系数外，还需要模型具备对干涉相位的模拟能力。因此，在上述模型的基础上，在 973 计划项目的支持下，首先发展了基于无限长度分割的植被组件散射特性模型，对单散射体的雷达散射特性进行了优化，而后发展了相干三维森林雷达后向散射模型，命名为 SCSR（semi coherent Sun & Ranson）模型（Ni et al.，2014）。SCSR 模型具备了对雷达干涉数据的模拟能力。

2.4.1 基于无限长度分割的植被组件散射特性模型

植被散射建模涉及对植株间、植株上各组分间、植株与地表间一系列复杂电磁交互做出深刻的认识。近年来基于植被物理参数的离散随机介质模型越来越受到学术界的关注。该模型将植被看成由离散的散射体组成的离散随机介质，其散射特性通过对离散散射体的尺寸、取向、介电特性等随机量取平均得到。

在低频段（如 L 波段和 S 波段），植被中的主干和枝干的贡献往往占主导地位。在植被生长期的早期，其主干和枝干在其他频段下亦占主导地位。这两者常用有限长圆柱体建模。除了计算有关植被散射之外，该种建模亦具有重要的理论价值。譬如在极化分解中对体散射的理论处理基本都是按圆柱体假设进行。但迄今为止，仍未能得到圆柱体电磁散射截面的统一解析解，更遑论散射振幅相位的准确求解，或者对能量守恒及互异性原则等物理关系的考量。文献中流行的解析方法包括物理光学法（PO）、瑞利甘斯近似法（RGA）、广义瑞利甘斯近似法（GRGA）、无限长圆柱近似法（ICA），不仅适用范围有限，精度也不能令人满意。

Waterman 基于扩展边界条件法（EBCM）（Waterman，1965）提出的 T-matrix 方法是计算体散射问题的有力工具，但在处理具有极端几何形状的散射体，如大长径比的圆柱体时，会面临收敛问题及精度问题（Yan et al.，2009）。鉴于此种弊端，我们提出了虚拟分割 VPM（the virtual partition method）方法（Yan et al.，2009，2008；Yang et al.，2016）。其思想是将大长径比圆柱体分割成 N 个子圆柱体，妥善考虑子圆柱体间电磁耦合及虚拟分割面上的边界条件，如图 2.43 所示。当考虑玉米等农作物的电磁散射时，情况会变得很复杂。玉米主茎上的介电常数分布是非均匀的，即在主茎上不同位置处介电常数可能不同。文献中尚无解析方法处理该种情形。对 VPM 方法进行适当拓展，可处理在更宽泛条件下的均匀有限长介质柱体的双站散射；更为重要的是，可处理以玉米主茎等为代表的非均匀有限长介质柱体的双站散射。

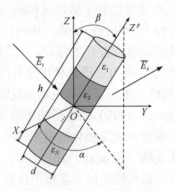

图 2.43　非均匀介质圆柱体

1. VPM 方法及其扩展方法 VPM-Tmat 描述

在 T-matrix 方法中，激发场和散射场用矢量球面波函数展开，二者展开系数 $\bar{a}^s$ 和 $\bar{a}$ 由 T 矩阵关联：

$$\begin{bmatrix} \bar{a}^{s(M)} \\ \bar{a}^{s(N)} \end{bmatrix} = \begin{bmatrix} \overline{\overline{T}}^{11} & \overline{\overline{T}}^{12} \\ \overline{\overline{T}}^{21} & \overline{\overline{T}}^{22} \end{bmatrix} \begin{bmatrix} \bar{a}^{(M)} \\ \bar{a}^{(N)} \end{bmatrix} = \overline{\overline{T}} \begin{bmatrix} \bar{a}^{(M)} \\ \bar{a}^{(N)} \end{bmatrix} \tag{2.93}$$

考虑大长径比非均匀圆柱体，且假设圆柱体的对称轴为 Z 轴。将大圆柱体虚拟分割成 N 个子圆柱体，如图 2.43 所示，可得到线性方程组（2.94）：

$$\begin{bmatrix} a_{mn}^{(M)(i)} \\ a_{mn}^{(N)(i)} \end{bmatrix} = \begin{bmatrix} a_{mn}^{(M)o(i)} \\ a_{mn}^{(N)o(i)} \end{bmatrix} + \sum_{\substack{j=1 \\ j \neq i}}^{N} \sum_{\nu} \left\{ A_{-mv}^{-mn}(k\overline{r}_{ij}) \begin{bmatrix} a_{mv}^{s(M)(j)} \\ a_{mv}^{s(N)(j)} \end{bmatrix} + B_{-mv}^{-mn}(k\overline{r}_{ij}) \begin{bmatrix} a_{mv}^{s(N)(j)} \\ a_{mv}^{s(M)(j)} \end{bmatrix} \right\} \tag{2.94}$$

其中，第 i 个子圆柱体的中心位于 $\overline{r}_i$；$a_{mn}^{(M)(i)}$、$a_{mn}^{(N)(i)}$ 为第 i 个子圆柱体的激发场展开系数；$a_{mn}^{(M)s(i)}$、$a_{mn}^{(N)s(i)}$ 是第 i 个子圆柱体的散射场展开系数；$a_{mn}^{(M)o(i)}$、$a_{mn}^{(N)o(i)}$ 为相对于 $\overline{r}_i$ 的入射场。$A_{\mu\nu}^{mn}, B_{\mu\nu}^{mn}$ 为叠加定理的平移系数（Tsang et al., 2004）。此外，第 i 个子圆柱体的激发场与散射场用第 i 个子圆柱体的 T-matrix 方程联系起来：

$$\begin{bmatrix} \bar{a}^{s(M)(i)} \\ \bar{a}^{s(N)(i)} \end{bmatrix} = \overline{\overline{T}}^i \begin{bmatrix} \bar{a}^{(M)(i)} \\ \bar{a}^{(N)(i)} \end{bmatrix} \tag{2.95}$$

公式（2.94）和公式（2.95）对 i=1, $\cdots$, N 组成了一个完整的线性方程组，可以计算出散射场展开系数 $a_{mn}^{s(M)(i)}$ 和 $a_{mn}^{s(N)(i)}$，进而可以得到散射振幅函数、双站散射截面及其他一些散射特性。由于 T-matrix 不受入射场和散射场的约束，我们进一步在公式（2.94）和公式（2.95）的基础上得到长圆柱体总体的 T-matrix 方程（VPM-Tmat）：

$$\overline{\overline{T}} = \sum_{j=1}^{N}\sum_{k=1}^{N}\overline{\overline{J}}^{oj}\overline{\overline{V}}_{jk}\overline{\overline{T}}^{k}\overline{\overline{J}}^{ko} \qquad (2.96)$$

其中：

$$\overline{\overline{V}} = \begin{bmatrix} \overline{\overline{I}} & -\overline{\overline{T}}^{1}\overline{\overline{H}}^{12} & \cdots & -\overline{\overline{T}}^{1}\overline{\overline{H}}^{1N} \\ -\overline{\overline{T}}^{2}\overline{\overline{H}}^{21} & \overline{\overline{I}} & \cdots & -\overline{\overline{T}}^{2}\overline{\overline{H}}^{2N} \\ \vdots & \vdots & \ddots & \vdots \\ -\overline{\overline{T}}^{N}\overline{\overline{H}}^{N1} & -\overline{\overline{T}}^{N}\overline{\overline{H}}^{N2} & \cdots & \overline{\overline{I}} \end{bmatrix}^{-1} \qquad (2.97)$$

其中，$\overline{\overline{V}}_{jk}$ 是矩阵 $\overline{\overline{V}}$ 的块矩阵。$\overline{\overline{J}}^{oj}, \overline{\overline{J}}^{ko}, \overline{\overline{H}}^{ij}$ 为平移叠加定理的平移系数矩阵（2.96）。

由于上述方法已经导出了整体 T 矩阵，特别适宜于处理任意朝向的圆柱体散射问题。

2. 典型数值结果

首先将 VPM-Tmat 方法计算非均匀圆柱体的双站散射截面（BSCS）及散射振幅函数的相位与 MoM 方法计算的结果对比。以 2 层非均匀圆柱体为例，顶层 $\varepsilon_1 = 15 + i_2$，底层 $\varepsilon_2 = 20 + i_3$，直径 $d = \lambda/3$，长度直径比 $h/d = 10$，欧拉角 $\alpha = 45°, \beta = 30°$，入射角 $\theta_i = 105°, \phi_i = 90°$，固定散射角 $\phi_s = 160°$。由图 2.44 可见，无论是同极化（VV）还是交叉极化（HV）的幅值与相位，VPM-Tmat 方法与矩量法（MoM）都吻合极好。

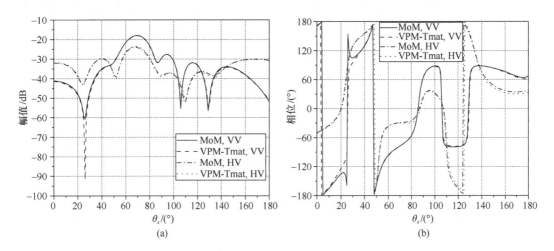

图 2.44　VPM-Tmat 与 MoM 方法计算的双站散射截面及相位对比

$h/d=10$, $d=\lambda/3$。两层圆柱体：上层 $\varepsilon_1 = 15 + i_2$，底层 $\varepsilon_2 = 20 + i_3$。（a）双站散射截面；（b）相位

能量守恒的检验见图 2.45。对于 V 极化和 H 极化入射波，计算结果满足能量守恒。

以 5 层非均匀介质圆柱体为例验证互异性定理。底层到上层的介电常数分别为 4+i、2+i、2+i0.5、1.5、1.2。直径 $d = \lambda/3$，长度直径比 $h/d = 10$，欧拉角 $\alpha = 45°, \beta = 30°$。图 2.46 显示 VPM-Tmat 方法满足互异性定理。

植被散射建模中的一个关键问题是如何准确而高效地表征电磁波在植被中的传播

行为。这种行为的定量分析常常通过 Foldy-Lax 近似来进行。植被组件的尺寸、空间取向、含水量等都会对其造成影响。VPM-Tmat 可以有效解决圆柱体朝向问题。不失一般性，假设圆柱体的空间取向分布为

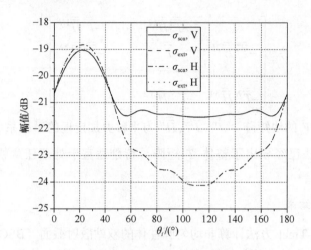

图 2.45　验证能量守恒

$h/d=10$，$d=\lambda/3$；两层圆柱体：上层 $\varepsilon_1=2$，底层 $\varepsilon_2=4$

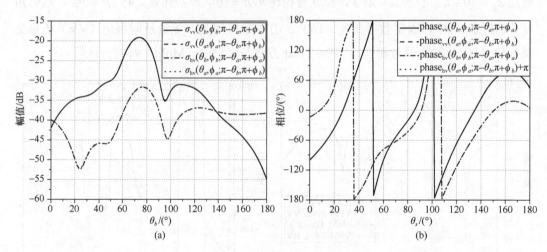

(a)　　　　　　　　　　　　　　(b)

图 2.46　检验互异性定理

$h/d=10$，$d=\lambda/3$。5 层：ε_r 由下到上为 4+i、2+i、2+i0.5、1.5、1.2。（a）双站散射截面；（b）相位

$$p(\alpha,\beta)=\begin{cases} \dfrac{\cos\beta}{\pi} & 0<\beta<\dfrac{\pi}{2} \\ 0 & \text{其他} \end{cases} \qquad (2.98)$$

其圆柱体为均匀介质 $\varepsilon_r=20+i3$，直径 $d=\lambda/3$，总的长度直径比 $h/d=10$。图 2.47 为用 VPM-Tmat 方法和无限长圆柱近似（ICA）方法计算的前向散射 $<f_{vv}>,<f_{hh}>$。由此可见，ICA 所预测的电磁波衰减随入射角变化的变化（图 2.47）与真实情况有差异甚至截然相反。

椎形圆柱体可能更真实反映树枝或者树干的几何结构。所提出的 VPM 方法也可以

用于计算椎形圆柱体。以均匀介质椎形圆柱体为例，介电常数 $\varepsilon_r = 20 + \mathrm{i}3$，长度为 3.3λ，上底和下底直径分别为 0.3λ 和 0.37λ。欧拉角 $\alpha = 0°$，$\beta = 0°$。入射角 $\theta_i = 105°$，$\phi_i = 90°$，固定散射角 $\phi_s = 160°$。图 2.48 展示双站散射截面（VV，HV）与散射振幅函数的相位（VV，HV）。VPM-Tmat 方法与 MoM 方法吻合得很好。但一般情况下，椎形圆柱体的处理要复杂得多，对几何结构等有较高要求。VPM 有时会遇到收敛或精度问题。如何有效解决这一问题是值得进一步探讨的方向。

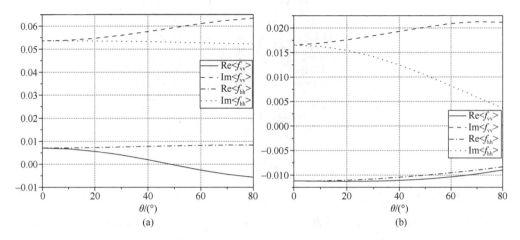

图 2.47　VPM-Tmat 方法计算的 $< f_{vv} >$，$< f_{hh} >$（a）ICA 方法计算的 $< f_{vv} >$，$< f_{hh} >$（b）

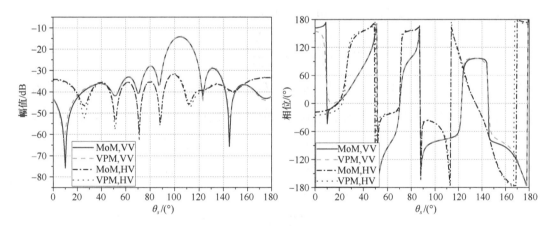

图 2.48　VPM-Tmat 与 MoM 方法计算的双站散射截面及相位对比
均匀椎体 ε_r=20+i3。（a）双站散射截面；（b）相位

2.4.2　非均质混合像元微波遥感散射模型

1. 模型构建

在 Sun 三维森林雷达后向散射模型中，主要以三维体元的方式进行森林场景的刻画，如图 2.49 所示。鉴于该方式具有较好的灵活性，适用于对复杂森林场景的刻画，因此在 SCSR 中仍沿用了这种方法。模型的驱动参数主要包括单木位置、胸径（距地面 1.3 m 处的树干直径）、树高、冠幅及树干、树枝和树叶的介电常数。根据不同的树种，树冠

可描述为椭球体、椎体或半球体。位于地表、树冠或树干内的体元分别以地表、树冠或树干的特征进行填充，其他体元保持空白。由此完成对三维森林场景的描述。

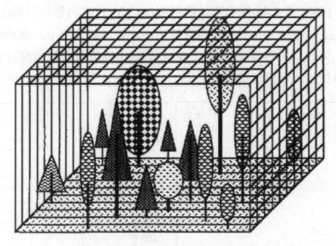

图 2.49　三维森林场景描述示意图

以三维场景模型为基础，进行电磁波与场景之间相互作用过程的计算。设定一束电磁波 $\vec{E}^i$ 沿 $\vec{k}_i$ 方向入射，入射天顶角和方位角分别为 θ_i 和 ϕ_i；与森林观测相互作用后，沿 $\vec{k}_s$ 向被散射为 $\vec{E}^s$，其散射的天顶角和方位角分别为 θ_s 和 ϕ_s。微波照射范围内有 M 个冠层体元和 N 个地表体元，则散射电磁波可表述为

$$\vec{E}^s = \left(\sum_{n=1}^{M} \vec{E}_n^s \right) + \left(\sum_{n=1}^{N} \vec{E}_{gn}^s \right) \tag{2.99}$$

式中，$\vec{E}_n^s$ 为第 n 个冠层体元的散射电磁波；$\vec{E}_{gn}^s$ 为地表体元的直接散射电磁波。散射电磁波 $\vec{E}_n^s$ 主要由 4 个散射分量构成：①冠层体元直接散射分量 $\vec{E}_{tn}^s$；②电磁波被地表反射后再被冠层体元散射的冠层-地表作用分量 $\vec{E}_{tn}^{gs}$；③电磁波被冠层体元散射再被地表反射的冠层-地表作用分量 $\vec{E}_{tn}^{sg}$；④电磁波在地表和冠层体元之间的二次散射分量 $\vec{E}_{tn}^{gsg}$。

在后向散射的情况下，这些散射分量可进一步表达为

$$\vec{E}_{tn}^s = \mathrm{e}^{ik_0 l_1} \overline{T}_n^i \overline{S}_n^s \left(\theta_i, \phi_i; \pi - \theta_i, \phi_i - \pi \right) \overline{T}_n^i \vec{E}^i \tag{2.100}$$

$$\vec{E}_{tn}^{gs} = \mathrm{e}^{ik_0 l_2} \overline{T}_n^i \overline{S}_n^s \left(\pi - \theta_i, \phi_i; \pi - \theta_i; \phi_i - \pi \right) \overline{T}_n^r \overline{R} \overline{T}_n^t \vec{E}^i \tag{2.101}$$

$$\vec{E}_{tn}^{sg} = \mathrm{e}^{ik_0 l_3} \overline{T}_n^t \overline{R} \overline{T}_n^r \overline{S}_n^s \left(\theta_i, \phi_i; \theta_i, \phi_i - \pi \right) \overline{T}_n^i \vec{E}^i \tag{2.102}$$

$$\vec{E}_{tn}^{gsg} = \mathrm{e}^{ik_0 l_4} \overline{T}_n^t \overline{R} \overline{T}_n^r \overline{S}_n^s \left(\pi - \theta_i, \phi_i; \theta_i, \phi_i - \pi \right) \overline{T}_n^r \overline{R} \overline{T}_n^t \vec{E}^i \tag{2.103}$$

式中，l_1、l_2、l_3、l_4 分别为各个散射分量的传输路径长度，它们的传输路径如图 2.50 所示，l_1、l_2、l_3、l_4 分别对应于 $2|\vec{r}_1|$、$|\vec{r}_2| + |\vec{r}_3| + |\vec{r}_1|$、$|\vec{r}_1| + |\vec{r}_3| + |\vec{r}_2|$ 和 $2(|\vec{r}_2| + |\vec{r}_3|)$；$k_0$ 为真空中的波数；$\vec{r}_1$、$\vec{r}_2$ 和 $\vec{r}_3$ 分别为雷达天线到冠层体元，雷达到地表体元和冠层体元到地表体元的传输路径矢量。

$\bar{S}_n^s$ 为第 n 个冠层体元的散射矩阵，它可根据给定大小和指向概率分布的单散射体散射模型进行计算：

$$\bar{S}_n^s = n_b \sum_{i=1}^{m} p_{\alpha_i} p_{\beta_i} p_l p_r \bar{S}_b \left(\alpha_i, \beta_i, l_i, r_i, \vec{k}_i, \vec{k}_s \right) + n_l \sum_{j=1}^{n} p_{\alpha_j} p_{\beta_j} \bar{S}_l \left(\alpha_j, \beta_j, \vec{k}_i, \vec{k}_s \right) \quad (2.104)$$

式中，$\bar{S}_b$ 表示天顶角和方位角分别为 α_i 和 β_i，长度为 l_i，半径为 r_i 的单散射体的散射矩阵，它对应的指向和大小概率分布分别为 p_{α_i}、p_{β_i}、p_l 和 p_r；$\bar{S}_l$ 表示天顶角和方位角分别为 α_j 和 β_j 的树叶的散射矩阵；p_{α_j}、p_{β_j} 为对应的概率密度。

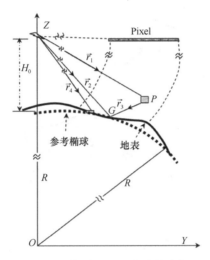

图 2.50 散射分量及其传输路径

2. 散射相位中心高程提取

在两个不同的观测位置对同一场景利用 SCSR 模型模拟得到的雷达图像可构成雷达干涉数据对，通过常规雷达数据干涉数据处理技术即可实现对散射相位中心的提取。图 2.51 给出了雷达干涉观测几何示意图，其中 A_1 和 A_2 分别为两次重复观测的天线位置；H_0 为天线 A_1 相对于椭球体的飞行高度；B 为基线长度；α 为基线角；θ 为雷达入射波的天底角；β 为 θ 的余角。地球用半径为 R 的球体来近似，地面点 G 相对于球体的高程为 h，$\vec{r}_1$ 和 $\vec{r}_2$ 分别为 A_1 和 A_2 分别到地面点 G 的观测矢量。根据余弦定理可得

$$h = \sqrt{\left(R + H_0 \right)^2 + \left| \vec{r}_1 \right|^2 - 2 \left(R + H_0 \right) \left| \vec{r}_1 \right| \cos \theta} - R \quad (2.105)$$

式中，R、H_0 和 $\left| \vec{r}_1 \right|$ 是已知的，只有 θ 是需要计算的。图 2.51 中的 $A_2 C$ 为垂直基线，根据其中的几何关系可得

$$\begin{cases} A_1 C + CG = \left| \vec{r}_1 \right| \\ A_2 C = B \sin (\alpha + \beta) = A_2 G \sin \gamma \\ \left| \vec{r}_1 \right| - \left| \vec{r}_2 \right| = \lambda \dfrac{\Delta \phi}{2\pi} \end{cases} \Rightarrow \begin{cases} B \cos (\alpha + \beta) + \left| \vec{r}_2 \right| \cos \gamma = \left| \vec{r}_1 \right| \\ B \sin (\alpha + \beta) = \left| \vec{r}_2 \right| \sin \gamma \\ \left| \vec{r}_1 \right| - \left| \vec{r}_2 \right| = \lambda \dfrac{\Delta \phi}{2\pi} \end{cases} \quad (2.106)$$

式中，λ 为雷达波长；$\Delta\phi$ 为雷达干涉相位差，因此共有三个位置变量（β，γ 和 $|\vec{r}_2|$）和 3 个独立观测方程，因此，解方程可得

$$\theta = \frac{\pi}{2} - \left(\arccos\left(\frac{B^2 + 2|\vec{r}_1|\dfrac{\Delta\phi}{2\pi}\lambda - \left(\dfrac{\Delta\phi}{2\pi}\lambda\right)^2}{2B|\vec{r}_1|} \right) - \alpha \right) \tag{2.107}$$

将式（2.107）代入式（2.105）可以求得到地面点 G 的高程 h。

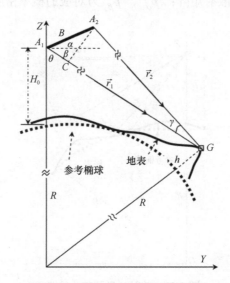

图 2.51 雷达干涉观测几何示意图

3. 模型验证

前两部分分别阐述了 SCSR 模型计算微波与地物相互作用过程的基本原理和基于模拟数据的散射相位中心高程提取算法。在使用 SCSR 模型进行模拟仿真之前需要对模型的有效性进行检验。SCSR 模型相对于 Sun 模型最大的改进在于对相位的计算和干涉相位信息的提取，这一部分重点就 SCSR 模型对干涉雷达相位信息的模拟能力进行检验。

严格来讲，SCSR 模型验证需要有高质量的机载/星载雷达干涉数据及同步的野外森林调查数据，在条件不具备的情况下，我们考虑使用理论分析方法对模型的有效性进行检验。重点考虑两种情况：①考虑只有一层均匀冠层体元，冠层高度逐步提高，如图 2.52（a）所示；②冠层体元厚度不断增加，如图 2.52（b）所示。图 2.52（c）展示了这两种情况下，使用 SCSR 模型模拟的散射相位中心的变化趋势。红色表示的是冠层不断升高的结果，蓝色表示的是冠层不断增厚的结果。明显可以看出，随着冠层升高或增厚，散射相位中心线性升高。此外，可以看到相比于冠层升高，冠层增厚引起的散射相位中心的上升速率较低，这是因为冠层增厚过程中，由于不同层冠层体元之间的相互作用及下层冠层体元的贡献，将散射相位中心拉低。这些现象与理论预期结果一致，表明 SCSR 模型模拟的散射相位中心高度结果是可信的。

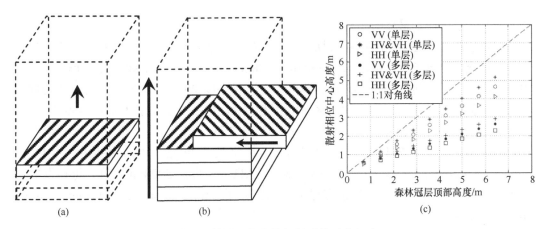

图 2.52　使用层状森林场景对模型进行验证

（a）单层森林冠层体元，冠层高度逐步提高的情况；（b）多层冠层体元，冠层逐渐增厚的情况；
（c）使用 SCSR 模型模拟的散射相位中心随冠层高度/厚度增加的变化趋势

2.5　复杂地表激光雷达信号建模

最近十几年激光雷达数据在森林垂直结构提取方面取得巨大进步，特别是以美国国家航空航天局（NASA）ICESat/GLAS 为代表的星载激光雷达数据已应用于全球森林高度和森林生物量制图。但星载激光雷达主要采用点采样的方式工作，激光雷达相关器件的寿命和稳定性是一个重要的瓶颈问题，如 ICESat/GLAS 共搭载了三个激光器，其中第一个激光器仅工作了一个多月（2003/2/20~2003/3/29），第二个激光器也仅完成了三个周期（2003/09/25~2003/11/19、2004/02/17~2004/03/21、2004/05/18~2004/06/21）约 4 个月的观测。

随着微芯片激光器（microchip lasers）和半导体光电探测器（semiconductor photodetectors）技术的发展，建造体积很小的星载单光子计数测高仪变为现实。单光子激光雷达（single photon Lidar，SPL）技术比以前的多光子激光测高仪或激光雷达有很多优点。它体积小，耗能少，耐用，抗破坏性能好，这些都是星载仪器理想的特点。同时，它可以有多种用途，如地球到卫星的单程测距，大气测量和测地高程等（Vacek and Prochazka，2013）。因此，作为 ICESat/GLAS 的继任卫星观测计划，ICESat-2 将放弃原来的大光斑激光雷达系统，而采用单光子激光雷达。

单光子探测器采用的是单光子雪崩二极管（single photon avalanche diode，SPAD），与传统的光电倍增管相比，抗震性得到明显提高。但是单光子探测器除了能探测到来源于观测目标的反射光子外，还能探测到环境噪声及由热噪声引起的光子。虽然可以通过只接受从特定的方向、在特定的波长和时间来的光子对背景噪声进行一定的抑制，但背景噪声的存在是单光子探测器所不能避免的。

传统的激光雷达每次发射单一的强脉冲，通过测量每个脉冲的激光回波信号的传播时间进行测距。对单光子激光雷达发出的每一个脉冲，在每个记录时段返回的光束从统计意义上弱于 1 个光子（Vacek and Prochazka，2013），对每个发射的脉冲，只记录到非常有限的光子，如 1~3 个光子（Rosette et al.，2011），所以单光子计数测高仪不能从单个脉冲的回复来决定目标的高程。

单光子激光雷达一般用很高的频率，每次发射多个微弱的脉冲。例如，美国西格玛公司的高分辨率量子激光雷达系统（high resolution quantum Lidar system，HRQLS）有100个微脉冲束，组成一个10×10的阵列。在飞行高度2000多米时，微脉冲束地面脚印之间的距离约为0.5 m。如果用10K脉冲发射频率，每秒可以记录300万~400万光子，它对美国马里兰州加勒特县1700 km²地表进行了像元小于1 m的三维探测（Swatantran et al.，2016）。NASA ICESat-2将使用单光子激光雷达——ATLAS（advanced topographic laser altimeter system）。ATLAS将在500 km高度，每秒发射一万次六光束脉冲，用60个探测频道记录返回的光子（https://icesat.gsfc.nasa.gov/icesat2/instrument.php）。

单光子计数激光雷达点云数据和传统机载小脚印激光雷达的点云数据类似，但含很多的背景噪声点。单光子激光雷达系统由许多相互关联的参数决定该系统的功能。对每一个应用单光子计数激光雷达的项目，必须要用模型来模拟返回的光束强度，分析可能记录到的光子（包括信号和噪声），从而确定系统需要采用的结构和参数。Vacek和Prochazka（2013）提出了一个模拟裸露地表单光子计数激光雷达点云数据的模型。他们的模型可以为确定单光子激光雷达的一些参数提供依据，如在既定飞行高度和观测目标情况下，发射脉冲的功率应该是多少？功率太强和太弱都不能获得有用的数据。背景的噪声是否可以容忍？如噪声过高，如何通过改变视场、滤波器等来改进？对于地表结构参数提取，更感兴趣的是如何从一个工作正常的固定系统获取的单光子激光雷达点云提取地表参数。因此，需要能够基于三维森林场景对单光子计数激光雷达点云数据进行模拟的模型，以建立植被覆盖地表的参数与单光子激光雷达点云之间的联系，发展相应的地表参数提取算法。

2.5.1 光子-计数激光雷达模型（SPLVM）

虽然单光子激光雷达发射的脉冲宽度很窄，但地表脚印内的入射能量仍是一个二维高斯分布。SPLVM模型所采用的三维场景描述方法与大光斑激光雷达波形（Sun and Ranson，2000）模型及2.4.2节中的模型一样，即采用体元进行三维场景的构建。 激光脚印内的地物用体元进行刻画。体元的厚度需要根据接收器的死区时间（deadtime）来确定。死区时间是指重启所用时间，因为单光子雪崩二极管一旦触发后，探测器需要一段时间来重启，重启之后才能进行下一个光子事件的探测。西格玛公司的单光子计数激光雷达的死区时间为2.0 ns，相当于光往返30 cm，所以体元厚度定为30 cm。如果在这个时间段内返回的光子有一个被探测到，其余的光子就被忽略而不会再被探测到，要等到2.0 ns以后，才开始探测新的光子。为了模拟大气及地表以下区域的背景噪声点，植被三维模型往上（天空）和往下（地表下）做有一定延伸。假定植被三维模型有n层，那么从第i层返回的激光能量是：

$$E_R(t_i) = E_{R,b}(t_i) + E_N(t_i) \qquad (2.108)$$

式中，等号右边第一项是i层介质的后向散射，用Sun和Ranson（2000）中描述的方法来计算；第二项是由背景光通量光子和热发射电子引起的噪声。这种噪声本质上属指数分布，可以用指数分布的随机数产生器来模拟（Vacek and Prochazka，2013）。返回到接收器的信号强度取决于飞行高度、望远镜的直径、发射脉冲的能量及目标物的反射率。背景噪声由仪器视场、望远镜直径和滤波器波宽决定，返回的能量可以用式（2.109）转换为光子数：

$$N(t_i) = \frac{E_R(t_i)\lambda}{hc} \tag{2.109}$$

式中，λ是激光波长；h 是普朗克常数；c 是光速。一个光子被探测器探测到的概率 η_{det} 与波长有关。例如，西格玛公司所用的探测器在 532nm 的概率是 10%~15%，在 1064nm 是 1%~2%。N 个光子总的被探测到的概率为

$$P_s(t_i) = N(t_i)\eta_{\text{det}} \tag{2.110}$$

在模型中，这个概率和从（0，1）均匀分布中产生的一个随机数比较，来决定是否被探测到。如果这个概率小于随机数，光子可以被探测到（Vacek and Prochazka, 2013）。模型的主要计算流程如图 2.53 所示。

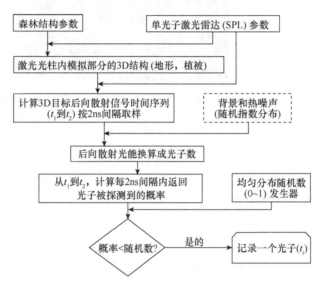

图 2.53　单光子激光雷达地表点云模拟流程图

前面已经提到，对发出的每一个脉冲，单光子激光雷达只记录到非常有限的光子。对于不同的飞行高度、视场、目标反射率及滤波器的波宽，激光发射脉冲的功率必须适当。在模型中，后向散射光子数时间序列要经过一个缩放，以保证对发出的每一个脉冲，单光子激光雷达只记录一定数量的光子（如 1~3 个）。对同一个激光光柱内所模拟的 3D 结构，可以重复模拟流程，可实现对多脉冲单光子激光雷达点云的模拟。因为模拟流程中有随机过程，每一次流程会产生同一目标物不同的返回光子点。如果能够构建景观尺度的三维森林场景，根据飞行速度移动激光束脚印在场景中的位置，可得到与实际情况更为吻合的模拟结果。

2.5.2　光子-计数激光雷达信号模拟与验证

美国国家航空航天局戈达德飞行中心（NASA/GSFC）在缅因州豪兰德林区（45°12′N，68°44′W）对机载单光子激光雷达系统（multiple altimeter beam experimental

Lidar，MABEL）进行了飞行试验，MABEL 是 NASA ICESat-2 卫星上单光子激光雷达——ATLAS 的机载模拟仪器（McGill et al.，2013）。NASA/GSFC 也在该区域利用高密度机载小脚印激光雷达（GLiHT）获取了可用于三维森林场景重建的激光雷达点云数据。图 2.54 给出了这些数据的空间覆盖情况。我们使用这套数据对 SPLVM 模型进行验证。

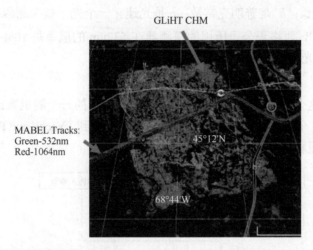

图 2.54 美国缅因州豪兰德（Howland）林区 GLiHT 植冠高度图和 MABEL 飞行轨迹

1. 机载光子-计数激光雷达数据模拟（MABEL 点云）

表 2.6 是星载（ATLAS on ICSat-2）和机载（MABEL）单光子激光雷达参数。图 2.55 是沿一段 MABEL 飞行轨迹的 GLiHT 和 MABEL 点云数据。因为两个仪器之间的定位误差，而且 MABEL 的地表脚印只有 2 m（表 2.6），图 2.55 中显示的两个仪器的点云实际上是不完全重合的。但大致趋势相似。

使用沿 MABEL 飞行轨迹的 GLiHT 获取的点云构建森林植被的三维场景，以此驱动 SPLVM 模型进行模拟。如果每个体元内的 GLiHT 点数超过一个阈值，该体元便设定为树冠。为简便起见，考虑到树干和激光雷达光束都垂直于地表，场景 3D 模型中没有

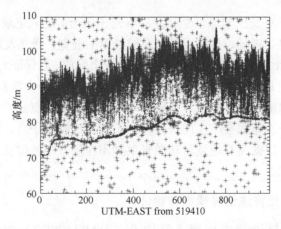

图 2.55 GLiHT（蓝色点）和 MABEL（红色+）点云数据（彩图附后）

表 2.6　星载（ATLAS on ICSat-2）和机载（MABEL）单光子激光雷达参数

参数	星载系统	机载系统
飞行高度	600km	20km
波长	532 或 1064nm	532nm 和 1064nm
望远镜直径	1m	6 in[①]
激光脉冲重复频率	10 kHz	5~25kHz 范围内可调
激光脉冲能量	25 μJ/波束	3~5 μJ/波束
激光脚印大小	17 μrad（10m）	100 μrad（2m）
望远镜视场角	66 μrad（40m）	210 μrad（4.2m）
滤波器宽度	532：30 pm 1064：60 pm	532：约 150 pm 1064：约 400 pm
探测效率	待定	532：10%~15% 1064：1%~2%
幅宽	±3km	±1.05km

注：①1in=2.54cm

树干体元。利用这样建立起来的场景及表 2.6 中 MABEL 的参数，模拟的单光子激光雷达点云如图 2.56 所示。两组点云的一致性比图 2.55 显示的好得多，因为模拟的点云没有任何位置误差。MABEL 和 GLiHT 实测点云的位置误差，根据 GLiHT 点云建模模拟的单光子激光雷达点云不能与 MABEL 点云直接比较。但如图 2.57 所示，我们可以看到它们高度相似。

图 2.58 显示信噪比不同时的单光子激光雷达点云。图 2.58（a）显示在激光脉冲能量相对弱时，树冠反射信号弱，光束穿透能力弱，所以地表信号也弱，背景噪声强。右边图显示相反的结果。

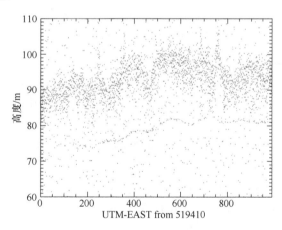

图 2.56　从沿 MABEL 飞行轨迹的 GLiHT 点云模拟的单光子激光雷达点云

2. 星载光子-计数激光雷达数据模拟（ATLAS 点云）

在以前的研究中，我们完成了森林动态生长模型（ZELIG）的本地化，成功地再现了在美国缅因州的豪兰德可以见到的森林群落。ZELIG 模型给出了 30 m 像元内的每木结构信息，包括树高、胸径、树种和冠幅等及随着年龄的变化，树木的数量、树种、

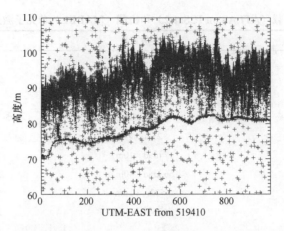

图 2.57　点云模拟的单光子激光雷达点云（红色+）覆盖在 GLiHT 点云（蓝色点）上（彩图附后）

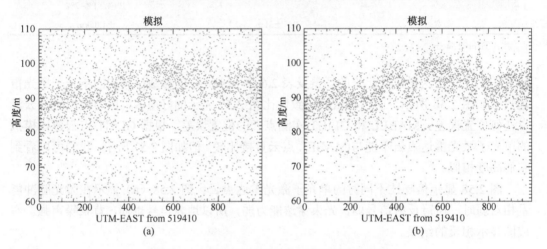

(a)　　　　　　　　　　　　　　　　　　(b)

图 2.58　信噪比不同时的单光子激光雷达点云

（a）弱信号和强噪声；（b）强信号和弱噪声

大小的变化。以 ZELIG 模拟的森林结构信息构建 30m×30m 的三维森林场景，并用它来驱动大光斑激光雷达波性模型（Sun and Ranson，2000）和 SPLVM 模型，进行激光雷达回波波形数据和单光子激光雷达点云数据的模拟。这里我们用 2.5.1 节提到的第一种方法，即对同一个激光光柱内所模拟的 3D 结构，重复模拟流程。因为模拟流程中有随机过程，每一次流程会产生同一目标物不同的返回光子点。这也相当于假定飞行过程中所观测的植被结构保持不变。

激光雷达参数用的是表 2.6 中星载仪器 ATLAS 的数据。激光地表脚印为 10 m。图 2.59 是模拟结果。单光子激光雷达点云的直方图具有与大脚印（10 m）激光雷达波形相似的形状。增加模拟次数，形状会更相似。

3. 基于单光子激光雷达点云的森林结构参数提取

图 2.60 是用 2.5.1 节方法模拟的林龄分别为 10 年和 100 年森林的单光子激光雷达点云，是在比较理想的境况下（强信号，弱噪音）模拟的。它们的最大树高分别是 13 m 和 23.3 m。目视可以大概估计出最大树高。实际并不如此理想。飞行中采样点内的最大树高是变化的。点云中的信号上界不会像图 2.60 中这么清晰。地表也有起伏，会被植被阻挡。

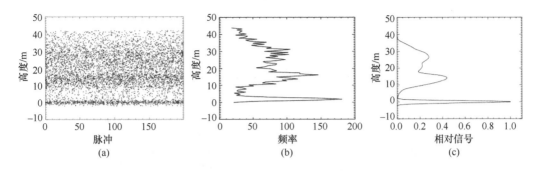

图 2.59　一个 ZELIG 森林群落的模拟结果

（a）单光子激光雷达点云；（b）单光子激光雷达点云的直方图；（c）大脚印（10 m）激光雷达波形

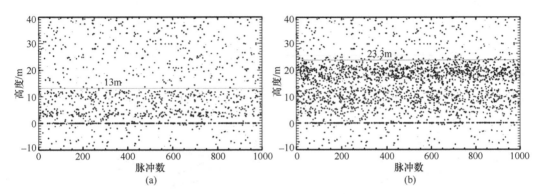

图 2.60　森林群落最大树高与模拟的单光子激光雷达点云

（a）10 年森林，13 m 高；（b）100 年森林，23.3 m 高

目前已经有多种滤波方法用来去除噪声点，然后从单光子激光雷达点云的直方图中提取参数（Harding et al.，2011；Gwenzi and Lefsky，2016）。为处理 ICESat-2 数据的算法也正在研究中（Herzfield et al.，2014）。图 2.61 给出两个从单光子激光雷达点云的直方图估计最大树高的例子。在得到直方图后，先估算平均噪声（图 2.61 中右边图中的垂直虚线），根据噪声方差设定阈值，用阈值以上的信号计算 RH50 和 RH100。林龄为 10 年的林分，最大树高 13m，单光子激光雷达估计为 12m。林龄为 100 年树林最大树高 23.3m，激光雷达估计为 25m。

大脚印激光雷达波形的 RH50 是估计生物量的重要变量。能否从单光子激光雷达点云的直方图计算出类似的变量是需要研究的课题。我们用 ZELIG 模型以 5 年为间隔模拟了林龄从 5 年到 100 年的 20 个林分，按 ICESat-2 ATLAS 工作模式，在 10m×700m（0.7hm^2）的场景内驱动 SPLVM，进行了单光子激光雷达数据模拟，每个场景模拟了 1000 个脉冲的点云。根据 ZELIG 森林生长模型的输出计算它们的最大树高和用树干截面（1.3m 处）加权平均的树高（Lorey's 树高）。图 2.62 是森林高度和单光子激光雷达点云的直方图参数的比较。结果可以看出，最大树高的估计效果较好，均方差为 2m。主要误差在林龄大的森林，激光雷达高估了最大树高。有研究说单光子激光雷达点云数据的确会有这种偏差（Zhang and Kerekes，2014）。RH50 本身不是 Lorey's 树高，但它们之间高度相关，所以 RH50 可以用来估测森林的 Lorey's 树高或地上生物量。

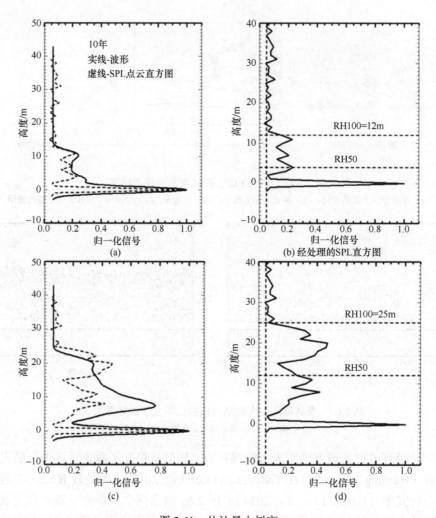

图 2.61 估计最大树高

（a）、（b）两图林龄为 10 年的林分，实际 13m，估计 12m；（c）、（d）两图林龄为 100 年林分，实际 23.3m，估计 25m

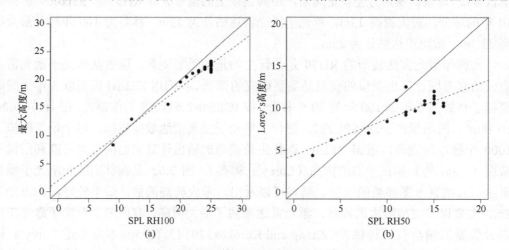

图 2.62 森林高度和单光子激光雷达点云的直方图参数的比较

（a）RH00 和最大树高，$R^2 = 0.96$，回归 RSE=0.81m，RMSE=1.99m；（b）RH50 和 Lorey's 高度，
$R^2=0.72$，回归 RSE=1.07m，RMSE=3.63m

2.6　全波段遥感联合模拟

充分融合光学、微波、激光雷达等多源遥感数据是提高地物信息遥感反演精度的重要途径。全波段遥感联合模型在数据融合的潜力评估、精度评价、方法优选等方面有着重要作用。尽管各个波段领域都已经有了较为成熟的模型，但是由于研究的相对独立性，并没有形成结构一致、参数统一、界面统一的全波段模拟平台，极大限制了多源数据融合的机理研究和深度挖掘。本节将介绍近几年在全波段遥感模拟模型和系统平台方面的研究进展。

2.6.1　全波段辐射度模拟模型 RAPID2

全波段三维辐射传输模型可为新传感器的设计及更好的地面观测提供理论依据。然而，全波段大尺度三维模拟依旧是个难点和热点。为支持主被动遥感技术联合，基于三维辐射传输模型 RAPID，进行多波段多传感器扩展，实现大尺度主被动多波段多源遥感数据模拟（包括光学、热红外、微波、激光雷达）。RAPID2 主要模块包括：单木树种库、多尺度场景模块、大气模块、成像几何模块、激光雷达模块。其中几何模块包括透视投影、鱼眼投影、地基雷达主要用来模拟地面实验。大气模块是服务于更高的平台，如机载和星载。多尺度场景的简化有效加快了三维场景模拟实验运算效率。RAPID2 将帮助检验一些新的想法或者探究一些可视化的实验。

1. RAPID 模型及其局限

RAPID 是一个三维辐射传输模型，能够快速模拟不同大小尺度（数米至数千米）真实复杂的三维场景反射率影像。主要的输入参数包括：地面、树木、建筑、河流的三维结构参数；叶片、树干、建筑体、水体、道路的反射率和透射率；太阳入射角和传感器角度。主要的输出文件包括双向反射系数（BRF）和指定空间分辨率的反射率图像（默认 0.5m）。

尽管 RAPID 模型在多尺度快速模拟上有突出优势，但是仍有局限。首先，RAPID 未能耦合大气辐射传输模型，因此在地表-大气相互作用较强的粗糙地面模拟方面存在局限性。其次，虽然多孔面元的假设已经在单木尺度中得到验证，但模拟千米场景耗时仍然较长；为适应更大尺度的快速模拟，需要提出并验证新的孔隙简化方法。最后，RAPID 模型的传感器模块还有待提高。采用的平行投影，是一种传感器理想的投影方式。然而，在现实遥感传感器，如数字 CCD 像机通常运用透视投影及鱼眼投影。RAPID 也未包含激光雷达点云模拟功能。这些限制条件驱使我们研发 RAPID2，从而得到更多更实际的应用。RAPID2 的发展主要包括多尺度场景构建、大气模型耦合、新的成像几何和激光雷达点云模拟。

2. 构建多尺度场景

如果一个平均的三维小场景能够代表整个大场景，那么大场景模拟可以使用平均的三维小场景无限复制模拟，这个方法广泛地应用于很多三维模型当中。如图 2.63（a）中的平坦地形的平均场景，可以被无限复制来代表整个大场景 [图 2.63（b）]。

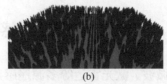

(a)   (b)

图 2.63　平坦的三维小场景（30m）与重复该小场景来代表的大场景

然而，当粗糙的地面起伏显著，这种平均的三维小场景可能就不存在了。因此，需要构建大场景辐射传输模拟，但仍然存在运算量大的问题。RAPID2 的解决思路是将一个大型的三维场景进行 4 个尺度的抽象，根据模拟需求开展对应尺度模拟（图 2.64 和图 2.65）。四种尺度的场景定义如下所述。

（1）叶片尺度：一株真实树木应同时具备叶片、树干元素（适用于米级尺度的 RGM，如图 2.64（a）所示）。

（2）单木尺度：只包含若干多孔面元树木 [图 2.64（b）] 的场景（如 90 m×90 m 场景，适用于 RAPID）。

（3）端元尺度：分为内外两种，内部场景为单木尺度场景，而周围场景为将多孔面元进行进一步简化的平行多孔层场景（5~90m，适用于 RAPID2）。

（4）景观尺度：内外均为平行多孔层端元的大场景（如 1000 m×1000 m，适用于 RAPID2）。

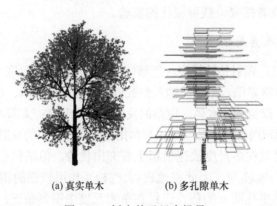

(a) 真实单木   (b) 多孔隙单木

图 2.64　树木单元尺度场景

在景观尺度，大场景被简化成一个多边形数量为 N 的平行多孔层场景。N 由端元大小（或 DEM 分辨率）决定。对于一个 1 km×1 km 的裸土场景，如果 DEM 分辨率为 5 m，那么 N 值为 40 000；如果该地表植被叶面积指数为 4.0 的植被覆盖，N 的总和大概为 500 000。如果 DEM 分辨率为 25 m，那么 N 可显著降低为原来的 1/25（20 000），其运算量对于个人计算机的快速计算是可以接受的。然而，平行多孔层场景的合理构建还需要进一步研究。

图 2.66 给出以 5m 端元大小将真实场景分别简化为均匀场景和等效场景的效果评估。可以看出，由 5m 网格内的等效林分场景模拟获得 BRF 与真实场景 BRF 具有较好的一致性，其中，近红外波段 BRF 值平均偏差为 0.015，最大偏差为 0.026。而不考虑冠形变化的均匀场景模拟结果低估了 BRF 的角度差异。

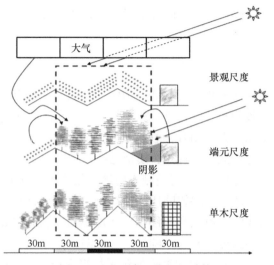

图 2.65　多尺度三维场景结构

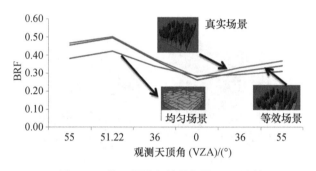

图 2.66　统一假设与等效假设 BRF 比较

3. 耦合大气辐射传输模型

在垂直方向将大气划分若干层。每层的光学特征可由大气辐射传输模型（如 6S、SMART2、MODTRAN）模拟。通过 RAPID 模型构建查找表的方法与大气辐射传输模型 VLIDORT 耦合。RAPID-VLIDORT 耦合模型能够模拟大气作用下非朗伯体地表的三维场景的热点和 BRF 曲线，并且每个场景运算 30min 就能够完成。如图 2.67 所示，

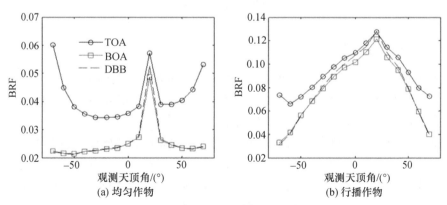

图 2.67　RAPID-VLIDORT 模拟红色波段的 BRF

SZA=20°，AOD=0.16；TOA 为大气层顶，BOA 为大气层底，DBB 为只考虑太阳直射光

由于大气影响（主要是气溶胶）散射光比例较大，因此 BRF_{BOA} 小于 BRF_{TOA}（详见 2.6.2 节）。

4. 扩展成像几何

遥感图像的几何质量对影像正射校正、BRF 估计及立体影像匹配非常重要。透视投影是照相机最常使用的投影模型。此外，在定量遥感中鱼眼投影也是一个非常重要的投影模型，如利用冠层半球图像反演叶面积指数，提取多角度遥感信息等。而线阵扫描是机载激光雷达的主要成像模式。RAPID2 模型已经逐步实现了这三种观测模式。

图 2.68 给出了一个林分三个不同观测方向透射投影图（（b）、（c）、（d），假彩色合成）。图 2.69（a）~（c）是一个均匀同质的植被冠层与冠层顶鱼眼投影图。各个位置的叶面积指数相同（均为 4.0），可从鱼眼图像中提取 BRF，如图 2.69（d）、（e）所示，近红外波段、热点效应（SZA=20°）与"碗边效应"明显。如图 2.70 所示，RAPID2 能够模拟冠层上方或冠层下方任意方向和高度的鱼眼投影影像。线阵扫描结果在下一节激光雷达点云的模拟中给出。

(a)

(b)

(c)

(d)

图 2.68 林分透射投影图

（a）多孔隙树冠；（b）正向图；（c）前向图；（d）后向图

5. 模拟激光雷达点云

地基激光雷达点云模拟是由鱼眼投影相关参数如观测点至场景各个点的距离、太阳与观测的天顶角和方位角等几何信息拓展延伸而来。线阵扫描则需要考虑具体飞行路径，垂直飞行方向按照透视投影，平行投影方向则无形变。

图 2.71 给出了一个弧角分辨率为 0.01 的虚拟激光雷达传感器模拟的不同观测点的点云图和线阵点云图。其中，点云颜色越红表示高度越高，颜色越蓝表示高度越低。从图 2.71 可见，与中心观测点的距离越远点云密度越低，且场景点云的密度与中心观测点距离和角分辨率线性相关。此外，脉冲穿透冠层的深度与入射角呈负相关。向上观测无地面点，向下冠层因此有地面点，但一部分受到了树木的遮挡。

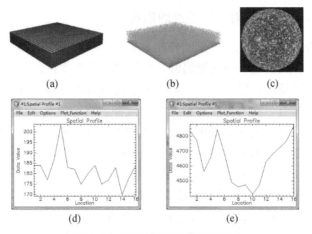

图 2.69　均匀植被冠层鱼眼投影

（a）多孔隙树冠；（b）真实树冠；（c）鱼眼投影图；（d）东西方向的鱼眼投影图的红色波段 DN 值变化曲线；
（e）东西方向的鱼眼投影图的近红外波段 DN 值变化曲线

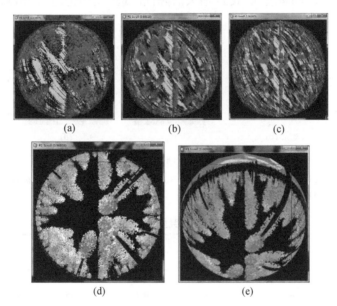

图 2.70　林分不同观测高度鱼眼投影图

（a）鱼眼投影：冠层以上 16m（向下观测）；（b）鱼眼投影：冠层以上 26m（向下观测）；（c）鱼眼投影：冠层以上 36m（向
下观测）；（d）鱼眼投影：冠层以下 1m（向上观测）；（e）鱼眼投影：冠层以下 1m（向上观测，45°）

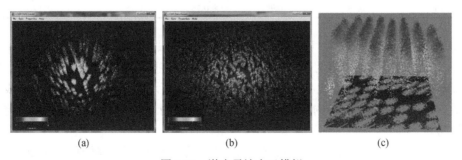

图 2.71　激光雷达点云模拟

（a）地基激光向上扫描；（b）地基激光向下扫描；（c）机载激光北偏西 45°方位角左侧线阵扫描

2.6.2 辐射度模型与大气辐射传输模型的耦合

大气对卫星传感器观测地表信号的作用主要分为两个部分，即大气对太阳入射辐射的衰减、大气散射和吸收地表的反射辐射。大气的作用会干扰传感器接收到的光谱信号扭曲真实的地物反射特性，显然，大气是一个不可忽视的问题；反过来，如果没有考虑地面反射率 BRDF 特性，对卫星反演得到的大气参数将造成较大的误差。因此，精确的大气校正需要同时考虑地表的 BRDF 特性和大气的作用，我们以 RAPID-VLIDORT 耦合模型来模拟大气，主要考虑大气对热点和地面 BRDF 的影响。

大量模拟分析表明，RAPID-VLIDORT 耦合方法能够模拟在大气影响下三维场景地表的 BRDF 热点效应和 BRF 曲线。通过 5 个典型的 3D 地面场景（图 2.72）在两个高的大气透射率波段（红色波段和近红外波段），分析在 5 个气溶胶模型下（表 2.7）地表 BRDF 热点问题。结果表明，气溶胶消光和散射显著影响大气顶层的 BRF 值。此外，对于较大的 BRF，大气顶层与底层大气的 BRF 曲线可能出现相反的趋势。在大气顶层地表 BRDF 热点的振幅和宽度随 AOD 增大而降低，进一步说明了多角度影像大气校正的重要性。

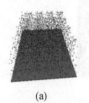 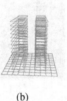   

(a)　　　　　　　(b)　　　　　　(c)　　　　　　　(d)　　　　　　　(e)

图 2.72　5 个典型的三维场景构建

（a）浓密植被作物，Homo Crop，LAI=4；（b）行播作物，Row crop，LAI=4；（c）棋盘式防护林，Shelterbelt，LAI=4；（d）宽松建筑与街道，Wide Street；（e）狭窄建筑与街道，Narrow Street

表 2.7　6 种典型气溶胶模式

气溶胶类型	单次散射反照率（a）		不对称参数（g）		Angstrom 波长指数
	Red	NIR	Red	NIR	
Continental	0.88	0.86	0.65	0.65	1.07
Maritime	0.99	0.99	0.74	0.75	0.27
Urban	0.68	0.63	0.60	0.59	1.32
Desert	0.97	0.99	0.65	0.63	1.03
Biomass	0.92	0.90	0.57	0.50	2.06
User	0.99	0.99	0.75	0.75	1.01

如图 2.73 所示，由于大气程辐射在红色波段贡献很大，所以 BRF_{TOA} 大于 BRF_{BOA}，尤其在 VZA>50° 表现较为明显。当 AOD=2.0，大气将更加浑浊，大气透过率很低。由于太阳散射光比例很大，因此 BRF_{BOA} 明显小于 BRF_{TOA}，BRF_{DBB} 与 BRF_{BOA} 曲线平滑，热点效应不明显。尤其在前向散射方向，太阳主平面的 BRF 形状差异明显，甚至是相反的趋势。

图 2.74 显示，对任何一个气溶胶模型的热点振幅随气溶胶光学厚度 AOD 的增加而减小，这是因为热点大小主要取决于直射光的阴影效应。

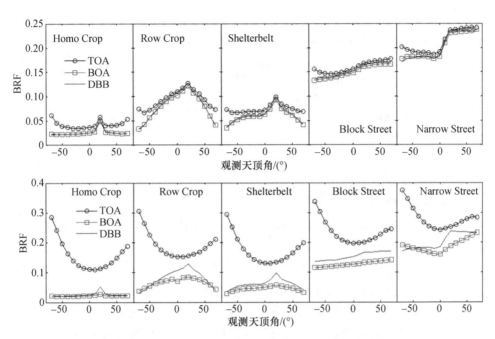

图 2.73　RAPID-VLIDORT 模拟 5 个典型场景红色波段的 BRF

SZA=20°，AOD 分别为 0.16 和 2.0，自定义气溶胶模式

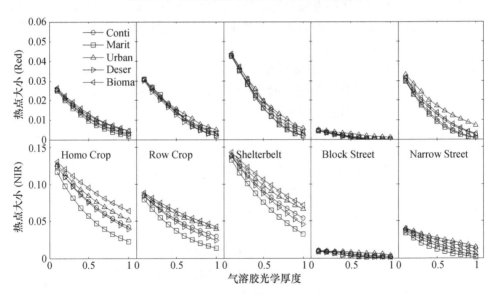

图 2.74　大气层顶热点大小随着 AOD 变化的变化规律

除了城市气溶胶模式外，其他气溶胶模型在大气顶层（TOA）下场景的热点宽度通常随 AOD 增大而减小（图 2.75）。虽然城市气溶胶模型的热点宽度随 AOD 增大而增大，但其增幅很小，这样的结果可能是由于城市气溶胶模型下地表单次散射反照率很低，导致在较大观测天顶角下大气透过率较低，从而间接地扩大热点区域的范围。

2.6.3　基于真实场景的多波段联合模拟

多波段联合模拟可以实现模型间的优势互补，如可见光/近红外波段反演参数可以为

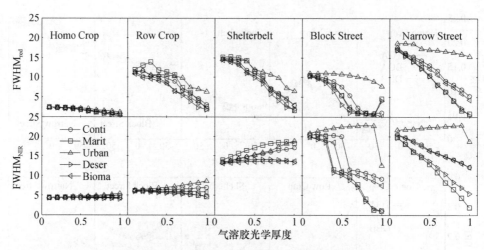

图 2.75 大气层顶热点宽度随着 AOD 变化规律

热红外波段遥感参数反演提供先验知识，微波波段可以在一定程度上缓解可见光/近红外波段遥感参数反演中难以解决的光饱和问题和天气影响。通过构建正向联合模拟模型，建立协同反演策略，可以提高地表参数的反演精度。三维（3D）模拟模型可以构建逼近真实的场景，细致刻画不同组分的结构和空间分布特征，对于由植被结构引起的多次散射和组分比例变化的考虑具有优势。因此，利用 3D 模拟模型打通光学、微波冠层辐射散射特性模型之间的隔阂，构建多波段植被冠层辐射散射特性模拟系统，具有可行性和重要意义。

本节选取基于真实结构的 RGM 模型、TRGM 模型和基于蒙特卡罗的 3D 非相干雷达模型（Sun 模型）作为构建多波段 3D 联合模拟系统的耦合模型。这三个模型均基于 3D 场景，具有良好的联合模拟的基础。

1. 参数化方案与平台构建

开展多波段联合模拟，需要基于统一的场景与统一的参数，而光学与微波模型各有侧重，且各模型多是独立发展的。因此，要将这些模型纳入 3D 多波段联合模拟系统，有必要设计一套行之有效的参数化方案，制定标准的数据存储格式，明确参数的调用关系，对待耦合模型进行本地化。

不同波段的模型对场景刻画的细致程度不同，关注的辐射、散射单元也有差异，在光学波段，叶片可被描述成无厚度的多边形或均匀散射介质，枝干对光线的影响则较少关注；在微波波段，叶片被描述成一定厚度的介电圆盘或圆柱，枝与茎秆的散射作用不可忽略。因此，有必要对场景中几何单元进行适当简化与相互转化。表 2.8 列出了 3D 多波段联合模拟系统植被结构参数与转化关系。

表 2.8　3D 多波段联合模拟系统植被结构参数与转化关系

可见光/近红外波段	热红外波段	主动微波频段	转换关系	可见光/近红外波段
叶片等效四边形边长 a/m	叶片等效四边形边长 a/m	叶片等效圆盘半径 r/m	$a^2 = \pi r^2 + \pi r t$	根据方形叶片的表面积（上下表面积之和）与圆盘叶片的表面积（上下底面积与侧面积之和）相同得出公式：$2a^2 = 2\pi r^2 + 2\pi r t$

可见光/近红外波段	热红外波段	主动微波频段	转换关系	可见光/近红外波段
—	—	叶片厚度 t /m	—	—
叶面积指数（LAI）	LAI	叶体密度 $\mathrm{VD_{leaf}}=\dfrac{10*d^2}{a^2*(H-h)*\sum\limits_{n=1}^{10}d_n^2}*\mathrm{LAI}$ $\mathrm{VD_{leaf}}$ /（num/m³）		将树冠（$h\sim H$ 高度内）等分为 10 层，每层视为直径为 d_n（$n=1,2,\cdots,10$）的圆柱，建立叶面积指数与叶体密度的转化关系：$\mathrm{VD_{leaf}}*\left[\sum\limits_{n=1}^{10}\left(\dfrac{(H-h)}{10}*\pi*\left(\dfrac{d_n}{2}\right)^2\right)\right]=\dfrac{\mathrm{LAI}*\left(\pi*\left(\dfrac{d}{2}\right)^2\right)}{a^2}$ 等式左边为由叶体密度求得的树冠内叶片总数，等式右边为根据叶面积指数求得的树冠内叶片总数
—	—	枝体密度 $\mathrm{VD_{branch}}=\dfrac{10*N_{branch}}{(H-h)*\pi*\sum\limits_{n=1}^{10}\left(\dfrac{d_n}{2}\right)^2}$ $\mathrm{VD_{branch}}$ /（num/m³）		将树冠（$h\sim H$ 高度内）等分为 10 层，每层视为直径为 d_n（$n=1,2,\cdots,10$）的圆柱，枝体密度为树冠内枝总数目与冠层体积之商：$\mathrm{VD_{branch}}=\dfrac{N_{branch}}{\sum\limits_{n=1}^{10}\left(\dfrac{(H-h)}{10}*\pi*\left(\dfrac{d_n}{2}\right)^2\right)}$
—	—	枝数 N_{branch}（num）	—	—
—	—	枝倾角概率密度（BAD）	—	—
叶倾角概率密度（LAD）			—	—
树高 H/m			—	—
胸径 DBH/m			—	—
冠幅 $d=\max(d_1,d_2,d_3,\cdots,d_{10})$ 将树冠分为 10 层，$d_1,d_2,d_3,\cdots,d_{10}$ 为各层的平均宽度/m			—	—
枝下高 h/m			—	—

对可见光/近红外二向反射模型、热红外波段热辐射方向性模型和雷达后向散射模型而言，叶片的光谱特性、温度、介电特性分别是其基本输入参数，这些参数既有区别又相互关联，需要寻找影响这些变量的共性参数，进而从根本上实现多波段输入参数的统一。本节通过引入组分生化特性参数（如组分含水量、叶绿素含量等），耦合组分反射率模型 PROSPECT 模型、植被-土壤-大气模型 ECUPID 模型和介电常数模型（Dual Dispersion 模型）等，搭建了表观物理量与组分的生化参数之间转化的桥梁，最终实现多波段模拟模型输入参数的统一，如图 2.76 所示。

多波段联合模拟系统基于 MS 2010 平台开发，采用 VC++语言编写，可视化模块采用 OpenGL 实现。模拟所需的输入参数采用 ".xml" 格式文件存储，主要包括地表分类文件（classificationmap.xml）、组分生化参数文件（BioChem.xml）和入射观测几何参数文件（IncObs.xml）。其中，地表分类文件结合三维植被文件（".obj" 和 ".mtl"），可用于生成三维场景的坐标，并保存至 3Dcoordinates.obj，3Dcoordinates.mtl 文件中。组分生化参数文件结合气象观测数据，可用于驱动组分光谱模型、组分温度模拟模型、组分介

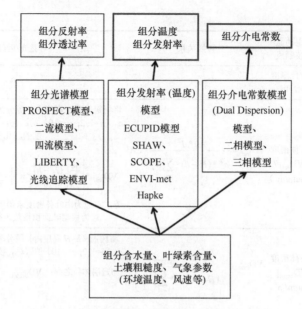

图 2.76　表观物理量与组分生化参数的转化关系

电常数模型，生成组分的物理光学参数，并将模拟结果保存至 OptPhy.xml 文件中。用户可以将自己感兴趣的 3D 模型装配到系统中，并基于上述 ".obj"，".mtl" 和 ".xml" 文件，将输入参数文件改写为具体模型所需要的文件格式，即可实现场景的生成与多波段模拟。系统的工作流程如图 2.77 所示。

为了方便生成不同场景，系统利用 Onxytree、ngPlant、Maya 等三维软件生成三维植被，构建了一个包含多种植被类型的树种库。3D 植被文件以 ".obj" 和 ".mtl" 格式存储。用户可根据实际需求，调用相应的植被类型，并对其进行三维旋转、缩放、平移、复制等操作，得到用户所需的场景，如图 2.78 所示。

2.　多波段联合模拟与验证

本节结合 2014 年 5~8 月在河北怀来试验场开展的多波段多尺度遥感机理综合试验，设计了多波段多角度观测试验方案，获取了用于多波段联合模拟的植被结构参数、组分光学物理参数、生化参数及塔基多波段多角度观测数据。选取玉米样地作为研究对象，模拟了玉米样地在 450 nm，550 nm，650 nm，700 nm，750 nm、11 μm 及微波 X、C、L 频段的辐射散射特性，并利用塔基多角度数据对 3D 多波段联合模拟平台进行了验证。

2014 年 7 月 25 日试验场天气晴朗，东南风 3~5 级，获取的多角度观测数据质量较高，且同步数据最为完备，因此，选用该日的试验数据进行多波段模拟与验证。

基于 7 月 24 日的地面实测数据，经过对 61 棵玉米植株统计分析，得到与实验数据相匹配的玉米植株，如图 2.79 所示。

实测玉米株间距为 0.4m。在自然状态下，每棵玉米的朝向并不相同，因此，本节对标准玉米样株进行了方位向从 0°~360° 随机旋转，天顶向 0°~5° 的随机倾斜。又由于每株玉米的生长状态并不完全一致，存在大小的差异，因此，本节对标准样株进行 X、Y、Z 方向 0.8~1.2 倍范围内的随机比例缩放。得到虚拟的三维场景如图 2.80 所示。

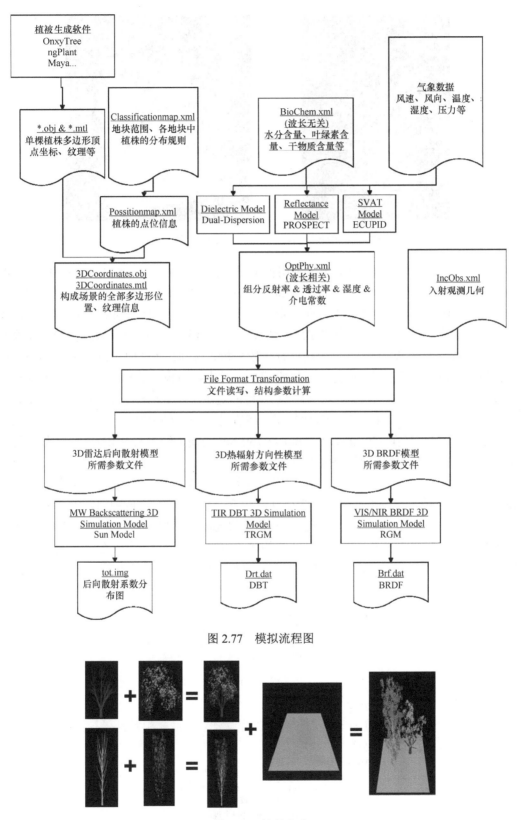

图 2.77　模拟流程图

图 2.78　场景生成

图 2.79　虚拟玉米植株　　　　图 2.80　虚拟 3D 玉米样地

　　参照 WIDAS 的波段设置，本节利用模拟平台模拟了 450 nm、550 nm、650 nm、700 nm、750 nm 5 个波段在入射天顶角为 50°，入射方位角为 255°时，72 个观测角度的方向反射率。其中，72 个观测角度方向分别为天顶角 0°~60°以 10°为间隔，方位向 0°~360°以 30°为间隔的角度分区。而从 WIDAS 图像中仅可提取到其中 44 个观测角度的信息，将相应模拟结果与 WIDAS 观测数据进行比较分析，得到如图 2.81（a）所示散点图。横坐标为 WIDAS 图像中提取的方向反射率信息，纵坐标为模型的模拟结果。二者的相关系数为 0.9858。但模拟结果偏低，分析原因可能是由于 WIDAS 定标过程与观测试验未同步进行带来的误差。我们进一步比较了二者在热点方向的 BRDF，可以发现，平均偏差不超过 0.034，且在 450 nm、700 nm 及 750 nm 的模拟结果与 WIDAS 验证数据的匹配度最优。因此，模拟得到的 BRDF 是可信的。

　　本节利用模拟平台模拟了 11 μm 波段在入射天顶角为 50°，入射方位角为 255°时，72 个观测角度的方向亮温。其中，72 个观测角度分别为天顶角 0°~60°以 10°为间隔，方位向 0°~360°以 30°为间隔的角度分区。模拟结果与验证数据方向亮温分布参见图 2.82。分析模拟数据发现，虽然从图 2.82（b）的颜色可以看出温度变化，但方向亮温变化幅度不超过 0.4℃，与 WIDAS 数据难以匹配。分析原因，一方面是由于入射天顶角过大，

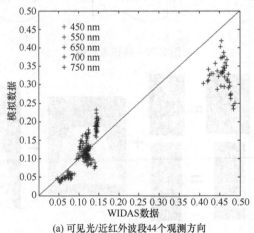

(a) 可见光/近红外波段44个观测方向

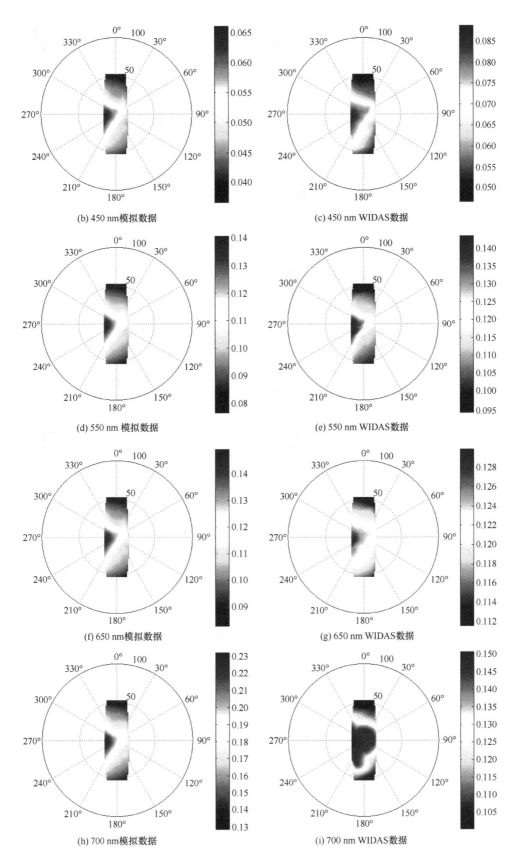

(b) 450 nm 模拟数据

(c) 450 nm WIDAS数据

(d) 550 nm 模拟数据

(e) 550 nm WIDAS数据

(f) 650 nm模拟数据

(g) 650 nm WIDAS数据

(h) 700 nm模拟数据

(i) 700 nm WIDAS数据

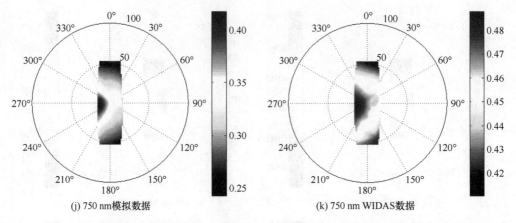

(j) 750 nm模拟数据   (k) 750 nm WIDAS数据

图 2.81 可见光波段 WIDAS 多角度数据与平台模拟结果对比图

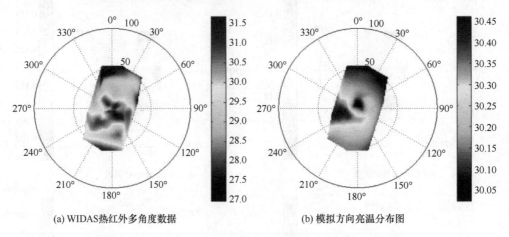

(a) WIDAS热红外多角度数据   (b) 模拟方向亮温分布图

图 2.82 WIDAS 热红外多角度数据与平台模拟结果对比图

导致土壤信息难以捕捉，从而引起误差；另一方面，由于叶面积指数较大（5.87），一维的 ECUPID 模型认为此时叶片对土壤全覆盖，无法区分光照土壤与阴影土壤，使得土壤-植被-大气系统的能量平衡发生了显著变化，组分温度的绝对值和相对差异都降低。因此，有必要引入 3D SVAT 模型进行组分温度的模拟。

    由于 Sun 模型无法进行 S 频段模拟，因此，本节结合散射计多角度观测数据，模拟了 X、C、L 频段的 HH、HV、VV 极化条件下的后向散射系数，见图 2.83，其中模拟

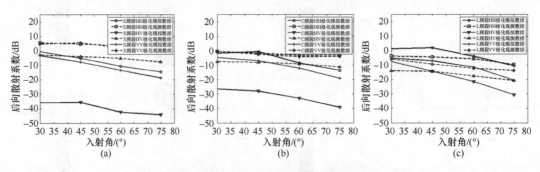

图 2.83 微波散射计数据与模型模拟结果散点分布图
(a) X 波段；(b) C 波段；(c) L 波段

入射天顶角分别设置为 30°、45°、60°和 75°。分析可知，在 X、C、L 频段中，L 频段的数据质量最优，HH、HV、VV 三种极化方式下模拟数据与验证数据的相关系数分别为 0.97、0.96、0.88，平均相对偏差分别为–0.76、0.06、0.01。C 频段次之，HH、HV、VV 三种极化方式下模拟数据与验证数据的相关系数为 0.81、0.99、0.79，平均相对偏差分别为 1.78、2.54、5.94，X 频段 HH、HV、VV 三种极化方式下模拟数据与验证数据的相关系数为 0.95、0.91、0.91，平均相对偏差分别为–2.97、8.18、–8.90。

2.7 复杂地表遥感机理模型验证及复杂地表真实性检验

2.7.1 复杂地表遥感机理模型验证

复杂地表遥感辐散模型的构建，是在地物辐散射特性感性观测基础上建立的理性认知，是对目标地物在同质性辐散射特性认识上的升级。复杂地表辐散射特性的观测、机理模型的验证及像元尺度反演结果的真实性检验，始终伴随着模型的构建、完善和发展过程。

1. 复杂地表辐散射机理模型验证的观测参数

获取复杂地表辐散射传输特性，需要观测参数一方面由所构建的模型决定，另一方面由其所观测的复杂地表类型决定。

以描述植被冠层辐射传输特征的 PROSAIL 为例，在进行反演模型算法改进研究和模型验证时，主要观测的参数包括冠层反射光谱、背景土壤反射光谱、组分反透射光谱及形成和影响这些光谱特性的植被和土壤理化参数，其中主要包括叶片色素含量、水分含量、冠层叶面积指数、叶片倾角及热点等（表 2.9）。

表 2.9　PROSAIL 模型主要参数定义

模型	参数	含义	变化范围	基础值
PROSPECT	Ns	叶片结构参数	1~4	1.5
	Cab	叶片叶绿素 a+b 含量/（$\mu g/cm^2$）	20~80	50
	Cm	叶片干物质含量/（g/cm^2）	0.002~0.2	0.005
	Cw	叶片含水量（用等效水厚度表示）/cm	0.005~0.04	0.015
SAILH	Tts	太阳天顶角/（°）	–50~50	30
	Tto	观测天顶角/（°）	–50~50	0
	Psi	观测相对方位角/（°）	0~180	0
	LAI	叶面积指数	1~5	3.5
	ALA	平均叶倾角/（°）	20~50	50
	Hspot	热点参数	0.01~1	0.2
	Psoil	土壤亮度参数	0.01~0.3	0.1
	skyl	天空漫散射比例	0.01~0.4	0.1

对一般的同质性地物，在热红外波段的辐射模型，地物的发射率也是重要参数因子，而在微波波段的散射模型，粗糙度又成为重要影响因子。对于复杂地表而言，由

于其端元地物辐散射的相互作用，各端元的几何位置关系也成为影响因子。因此，从以上情况可以得出，复杂地表辐散射特性是光源和端元自身特性及端元间相互的综合表现，在进行观测的时候，各部分的物理、化学和几何位置参数都需要纳入考虑范围。并且，模型中有些参数需要现实场景中的两个或者两个以上参数的综合表达，如 SAIL 模型的热点，一般使用植被高度和叶片宽度综合表达，平均叶倾角是叶片角度在植被垂直结构中综合表达。以一般农田和林地作为观测目标地物而言，在现有观测技术和模型的要求下，要实现对复杂地表辐散射特性理解，观测的对象主要包括大气（辐射和气象因子）、植被（物理和化学因子）、土壤（物理和化学因子）及复杂地表各组分的几何位置等，见表 2.10。

表 2.10　农田和林地主要观测参数

一级参数	二级参数	三级参数
遥感	光学	端元反射光谱、组分光谱
	红外	端元亮温、组分发射率
	微波	端元散射系数、组分介电常数
大气	辐射	总辐射、紫外辐射、短波辐射、长波辐射、光合有效辐射
	气象	风速、风向、湿度、气压、气温、雨量
植被	结构	叶龄、叶片长宽、叶片厚度、叶倾角、组分体密度、比叶重
		作物：株高、茎高、茎秆直径、节间距
		树木：冠形、树高、枝下高、胸径、冠幅
	理化	覆盖度、LAI、叶绿素、组分干物质、组分含水量、组分温度
	管理	株距、行距、垄向、生育期
土壤	物理	温度、水含量、粗糙度、质地、土壤孔隙度、容积密度
	化学	分层有机质、土壤 SiO_2 含量、分层土壤介电常数

2. 复杂地表辐散射机理模型的小尺度验证

中国科学院怀来遥感综合试验站（简称怀来遥感站）定量遥感精细试验观测样区总面积约 $1hm^2$，构建的总体思路是以四维高架轨道观测平台为中心（图 2.84）。四维高架轨道观测平台于 2009 年在遥感科学国家重点实验室支持下建立。由于不同植被类型的叶片物理结构形态、化学物质组成及冠层垂直结构特征的差异，正是以上差异因素，导致地球表面植被覆盖区辐散射特性的主要变异性和复杂性；另外，在非植被区，其根据用地类型不同，辐散射特性也差异显著。因此，为准确捕捉地球表面复杂性地表的典型辐射特性，以该观测平台的南北向滑行轨道为中心线，形成南北方向约 130 m、东西向100 m 的多植被类型和多地表类型的复杂地表面。对典型植被覆盖区辐散射特性的观测，在观测平台西部，布设有 3 种类型林地观测样区，从南到北分别有松树、塔柏和杨树，能够代表针叶、阔叶、落叶和常绿主要林地类型；每种林地面积为 35 m×35 m，均匀种植，植株间距约 2 m。在观测平台东部，主要布设有典型农作物观测区，包括小麦、玉米、大豆等，能代表单子叶和双子叶作物，每种作物面积约 30 m×40 m，其种植方式采用常规和试验规定设计两种形式。对典型非植被覆盖区的观测，在观测平台北部主要布设有裸土、水泥面、居住区建筑房屋、水体等主要类型。该平台采用轨道水平行走与塔

图 2.84　定量遥感地面试验四维轨道观测平台及小尺度验证观测区

吊升降旋转结合，形成四位立体运行模式，加上全波段地面遥感试验传感器及多角度控制云台，能够实现在 130 m×100 m 范围内对十多种陆面典型复杂地表各端元辐散射特性的精细观测，观测可以采用多角度、多波段和多尺度三种模式或组合形式，能够很大程度提高对复杂地表类型辐散射传输过程和机理的理解，并在小尺度对所构建的复杂地表辐散射机理模型进行验证。

由于遥感传感器的精密性和复杂性，当前还没有集成度很高的商品化全波段遥感观测设备，用于地面遥感观测试验，为实现多波段传感器的协同观测，研究不同波段对相同地物的同步相应特征，提高波谱信息的集成使用性，在中国科学院遥感与数字地球研究所和遥感科学国家重点实验室多个项目支持下，探索性地系统集合了可见光、热红外、微波多个观测设备（图 2.85），用于全波段地面遥感协同观测，对复杂地表辐散射机理模型进行验证。如表 2.11 所示，系统中包括了普通光学相机、非成像高光谱仪、多光谱相机、热红外相机和微波辐射计，以上设备可以单个传感器独立运行，更重要的是可以

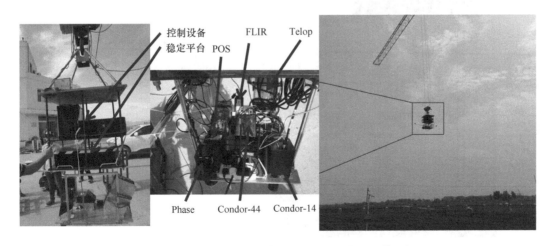

图 2.85　怀来遥感站全波段观测主要设备及工作现场

表 2.11　怀来遥感站地面观测试验主要遥感传感器

设备名称	用途	波段	型号	分辨率/像素
CCD 相机	三维结构	—	飞思，645DF	10328×7760
高光谱仪	非成像高光谱	390~2500nm	ASD-2500	—
多光谱相机	多光谱	450/550/650/700/750nm	CONDOR-MS5	1360×1024
热红外相机	热红外温度	7.5~14μm	FLIR SC655	640×480
热红外相机	热红外温度	8~10.5μm	TEL 1000-LW	640×512
中红外相机	中红外温度	3~5μm	TEL 1000-MW	640×512
微波辐射计	微波辐射	1.4/6.8/10.65GHz	RPG-6CH-DPR	—

进行全部或者 2 个以上传感器组合使用，形成全波段协同观测能力，对研究使用不同波段电磁波遥感正反演地物特征参数具有重要意义。

多角度数据正反演准确性，是复杂地表辐散射机理模型需要验证的另外一个重要内容，不仅由于遥感卫星像元数据具有多角度性，同时多角度信息也有助于提高遥感对地物特征的反演能力。如图 2.86 所示，该设备搭载在四维轨道塔吊观测平台，为多角度观测控制云台，整个控制云台主要由双轴多角度转台、遥感传感器搭载吊篮、工控机及相应控制软件组成。该多角度观测控制云台可以同时搭载高光谱仪、光学相机和热红外相机。在进行高光谱观测时，能够实现远程控制白板测定。通过高光谱仪与其他成像遥感传感器的几何位置关系，加上高光谱仪光纤探头视场的光强响应函数，确定高光谱仪观测视场在成像传感器图像中的位置，实现高光谱非成像数据与可见光和热红外成像数据的统一，并实现以上信息的多角度获取。多角度观测成为复杂地表辐散射机理模型正反演结果准确性验证的有力手段，特别是为热点信息的试验验证提供了可能条件。

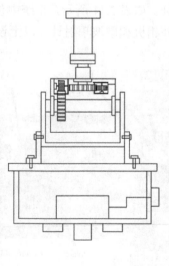

图 2.86　怀来遥感站地面遥感观测试验多角度观测云台及转台结构示意图

在辐散射传输理论指导下，深刻理解所观测地物辐散射蕴含的地物具体特征，需要目标地物的具体特征参量数据配合，在遥感辐散射机理模型构建和验证过程中，对目标地物理化和相对几何位置等信息参数的观测是不可或缺的。

当前，有些地物特征参量信息可以通过架设观测设备自动观测，进行高频率的连续采集，如地表辐射亮温、不同波段辐射（上、下行）、叶面积指数、覆盖度、大气温度、大气湿度、土壤湿度、土壤温度等。

图 2.87 是怀来遥感站在四维轨道塔吊平台观测试验区布设的主要相关观测设备，包括冠层吸收性光合有效辐射观测仪、叶面积指数多角度观测仪、植被物候观测仪、大气辐射气象观测系统、土壤温湿度廓线观测系统、小型气象站等。每种观测仪或观测系统大多都包括多个传感器，用于观测目标地物的大气（辐射和气象）、植被和土壤特征参数。为与遥感传感器观测数据对应，在观测区内的每种地表类型，都分别布设以上自动观测设备（部分观测区还有不足）。

图 2.87　部分特征参数自动观测设备与参数人工辅助观测样本布设及观测场景

目前，复杂地表类型目标地物的有些参数还不能实现设备自动观测，需要人工辅助观测。在怀来遥感实验站，人工测定的参数主要包括生物量、叶绿素、比叶重、叶片水分含量、茎秆水分含量、各器官比重、茎倾角、株高、叶龄和生育期、密度垂直分布、叶片角度、树干胸径、冠幅、树冠离地面高度等参数。为使遥感传感器观测数据与人工观测的参量数据具有时效协同性，人工观测是否保持与遥感传感器同步观测，需要根据在时间维度的变异程度，以及遥感辐散射机理模型对参量的敏感度分析，如水分、叶绿素等参数，需要保持严格的同步性，而对如生物量、株高等参数保持准同步观测即可。

3. 复杂地表辐散射机理模型的大尺度验证

获取像元真值是遥感辐散射机理模型在大尺度验证的前提，是开展遥感辐散射模型验证观测试验的目标任务。由于地表类型、植被种类、地形、植被聚集效应等方面因素影响，像元真值具有空间尺度效应，观测值不能以点代面。对于如 MODIS 这样中低分辨率的遥感影像，在几百上千千米像元尺度内，存在复杂地表类型的概率大，如果将代表几十厘米或者几米范围的单点观测数据，用于整个像元尺度，会造成严重观测误差，导致遥感辐散射机理模型在像元尺度验证中误差来源的分析不确定性；并且在像元尺度空间内，也不可能实现"无穷尽地毯式"观测。因此，建立点和面两者数据的联系，或者直接进行像元尺度数据观测，成为大尺度遥感辐散射机理模型验证的根本要求。探索获取复杂地表特征参量像元尺度真值的方法，在非特征均匀像元尺度范围进行观测试验，是当前定量遥感观测试验需要实现的重要任务目标。

如图 2.88 所示，在怀来遥感站周边 5 km 内，比较典型的大面积地表类型有农田、水域和山地 3 类。怀来遥感站的复杂地表辐散射机理模型像元尺度验证场选择在复杂程度中等的农田区域，北面与官厅水库相邻，南接怀来县东花园镇居民区，东、西向为农田，面积为 1.5 km×2 km。农田区域内主要种植玉米、向日葵、小米和蔬菜等，其非植被部分有水泥和土石等道路格网和居民住宅建筑。在该大尺度复杂地表辐散射机理模型验场区域内，首先采用先验知识，分析观测区内特征观测参量的变异度和空间分布特征，制定获取复杂地表特征参量像元尺度真值的采样方法，然后布设包括土壤、植被、大气（辐射和气象）特征参量的设备观测节点。

图 2.88　怀来遥感站大尺度验证试验观测场及观测设备布设现状

根据特征参量空间变异度，采用不同观测布设方案，对空间变异度大的特征参量，如土壤水分、土壤温度、地表反照率、LAI 等观测设备，以多点面阵形式进行加密观测，并辅助涡动和激光闪烁仪的足迹、斑块观测方法；对空间空间变异较小的参数，如太阳辐射、太阳有效辐射（下行）、大气温度、大气湿度、气溶胶等参数，采用以点带面的单点观测形式。

依照以上特征参量布设方法，在 1.5 km×1.5 km 范围内，怀来遥感站共布设了如下参数观测传感器（表 2.12），包括 25 套土壤水分传感器、2 个气象自动观测站、2 套涡动相关仪、2 台蒸渗仪、2 套大孔径闪烁仪及 1 台波文比-能量平衡装置，以及地表辐射、反照率和植被叶面积指数的多点联网观测设备，实现点与面相结合的观测能力，开展多特征参量的时间序列数据观测，为复杂地表模型的像元尺度验证提供数据支持。

对像元尺度复杂地表辐散射机理模型的验证，在地面设备观测数据获取的基础上，为弥补其观测强度、观测参数、观测地物类型等方面的不足，增强像元尺度特征参数真值聚合计算的能力，开展卫星或航空飞行过境的同步地面人工观测试验，是设备观测的有效补充（图 2.89）。

表 2.12　各节点主要观测设备

观测仪器（设备）	类型 1	类型 2	类型 3	类型 4	类型 5	类型 6	类型 7
大孔径激光闪烁仪							√
涡动相关仪			√	√			
波纹比				√	√		
蒸渗仪				√			
四分量净辐射传感器	√	√	√	√	√		
土壤水分传感器	√	√	√	√	√	√	
太阳总辐射传感器	√	√	√	√			
光合有效辐射传感器	√	√	√	√			
紫外辐射传感器	√	√			√		
红外辐射传感器	√	√	√	√			
LAI 自动观测仪	√			√	√		
自动观测气象站			√	√			

注：√表示该类节点包括的观测仪器（设备）

图 2.89　2014 年怀来遥感站航空飞行试验的多尺度多规则加密观测试验

2.7.2　复杂地表真实性检验

1. 复杂地表遥感产品真实性检验的主要问题

定量遥感产品的真实性检验（Justice et al.，2000；张仁华等，2010），是指通过将遥感反演产品与能够代表地面目标相对真值的参考数据（如地面实测数据、机载数据、高分辨率遥感数据等）进行对比分析，评估遥感产品的精度，而且要让应用者相信这种评估的客观性。复杂地表真实性检验中最关键的问题，是地面实测数据与待检验产品像元之间的时空尺度不匹配问题。

在异质性地表/空间代表性不足的条件下，地面点-产品面的直接比较是行不通的，因为这两种观测分别对应着不同的空间范围。而传统的多点检验（Susaki et al.，2007；李新，2008；Hufkens et al.，2008）的方式随着空间异质性的增大需要以不断增加观测点数为代价来增加对像元尺度目标变量的代表性。受观测成本的限制，已有的真实性检验工作中很少采用这种观测方式对遥感产品的精度进行评价。如何基于已有的研究基础发展新的多点观测方式，并且在有限的观测点数目下保证观测代表性最大化，从而为遥感产品的真实性检验提供连续的长时间序列的地面数据源是迫切需要解决的。同时，如何针对已有的多点观测数据发展适于长时间序列的升尺度方法也是随之而来的科学问题。

传统的多尺度检验方法（Liang et al.，2002；张仁华等，2010；Peng et al.，2015）中，虽然这种引入高分辨率数据的方式在一定程度上可以解决尺度不匹配的问题，但这种检验方式存在极大的不确定性。由于高分辨率产品本身也存在一定程度的误差，在相对均质的地表，这种误差的影响可以通过标定进行削弱。但在异质性地表，由于这种标定往往是基于有限几个地面点观测和与之对应的个别高分辨率影像像元的关系计算得到，当把标定关系应用到整幅影像上时，会带来较大的误差。另外，地面与高分辨率数据、高分辨率数据与待检验产品像元之间存在几何匹配误差，高分辨率数据本身存在尺度转换误差。因此标定之后的高分辨率产品聚合值并不能完全准确地代表像元尺度参考值。

空间代表性评价的真实性检验方法（Román et al.，2009；Cescatti et al.，2012；Wang et al.，2014），是先利用半方差模型对站点的空间代表性进行评价，然后选择空间代表性好的站点观测数据直接对卫星产品进行比较。这种检验方式很大程度上受主观因素的影响，由于缺乏定量的评价标准，基于空间代表性评价检验结果的可信度受到质疑。另外，目前已有的空间代表性评价都是基于个别时相的高分辨率影像完成的，而基于代表性评价的检验工作则是在长时间序列上进行的。除了个别如沙漠和戈壁等相对稳定的地表，大部分地表都表现出随季节变化的周期变化。而地表覆盖的改变也会造成站点的空间代表性的改变。因此地面站点能否在长时间序列上保持空间代表性及空间代表性随时间的改变会给真实性检验结果带来多大的误差，目前都是亟须解决的问题。更重要的是，在全球的观测网或者气象网观测数据中，仅有一小部分站点的空间代表性比较好，可用于遥感产品的真实性检验。而相当大一部分站点由于其有限的空间代表性，尚未利用。

以上这些问题的存在造成了异质性地表遥感产品的精度没有办法评价，精度仍然未知。异质性的广泛存在，迫使我们急需发展异质性地表的遥感产品真实性检验方法。

2. 基本原理

不同于简单的比较，真实性检验涉及像元尺度真值的概念。像元尺度真值是地表参数在像元尺度上的真实内涵和面貌，它是客观存在的，不依赖于待检验产品的数据、算法。地面实测数据是真实性检验中像元尺度真值的主要来源，但是受限于测量手段和测量方法，绝对真值是获取不到的，只能是最佳的逼近值。我们能做的就是获取尽可能准确的接近绝对真值的相对真值。在异质性地表条件下，地表观测值的空间代表性有限，需要经过尺度上推得到地面像元尺度相对真值。因此真实性检验必须涉及空间异质性的评价和尺度上推。

空间异质性可借助高分辨率影像并采用地统计学的理论和方法如变异函数（Román et al.，2009；Wang et al.，2014；Cescatti et al.，2012）进行分析。

$$\gamma(h) = \frac{1}{2N(h)} \sum_{i=1}^{N(h)} [Z(x_i) - Z(x_i + h)]^2 \qquad (2.111)$$

式中，$\gamma(h)$ 表示实验区的半方差函数；$Z(x_i)$ 表示样本值；h 表示任意两个样本之间的空间距离；$N(h)$ 表示距离为 h 时参与计算半方差的样本点对数量。

真实性检验中涉及的尺度转换通常指的是自下而上的升尺度过程，即通过一定的手段将地面观测升尺度至待检验产品像元尺度。由于地面实测的数据不足以提供像元尺度目标变量的空间分布特征，因此无论哪种升尺度方法，都需要借助以影像形式存在的辅助信息。而真实性检验中不同的升尺度方法主要体现在高分辨率辅助信息是否直接参与了像元尺度相对真值的计算。

一种方式是将高分辨率数据作为先验知识提供地表变量的时空分布特征，从而计算升尺度模型，包括基于单个站点直接升尺度［公式（2.112）］和基于多个站点的直接升尺度［公式（2.113）］。

$$A = F(s_i) \qquad (2.112)$$

式中，A 为像元尺度相对真值；$F(s_i)$ 为站点 s_i 处的地面观测值。高分辨率遥感数据的引入用来对站点周围的空间异质性和观测数据的空间代表性进行评价。

$$A = w_1 * F(s_1) + w_2 * F(s_2) + \cdots + w_n * F(s_n) \qquad (2.113)$$

式中，w_n 是像元内第 n 个站点 s_n 在计算像元尺度相对真值的权重，是通过高分辨率数据计算得到的。

另一种方式是引入高分辨率遥感数据作为地面-像元之间的尺度转换桥梁，也是目前遥感产品真实性检验的一种主流方法。借助高分辨率数据作为桥梁完成升尺度过程有两种形式：一是由地面观测数据检验高分辨率遥感产品，进而由高分辨率遥感产品聚合得到像元尺度相对真值［公式（2.114）］，即传统的多尺度检验（Liang et al.，2002；焦子锑等，2005；张仁华等，2010）；二是通过引入高分辨率辅助信息来构建目标变量的趋势面从而有效捕捉目标变量的异质性分布特征完成升尺度过程（Wang et al.，2015；Kang et al.，2015；Ge et al.，2015）。

$$A = f_{PSF}(s) * M(s) \qquad (2.114)$$

式中，A 表示待检验产品像元尺度高分辨率影像的聚合值；$M(s)$ 为任意位置 s 处的标定后的像元值；f_{PSF} 表示待检验产品的空间响应函数。

$$A' = f_{PSF}(s) * (M(s) + e(s)) \qquad (2.115)$$

式中，A' 表示基于趋势面建立得到的像元尺度相对真值；$e(s_i)$ 为地面站点 s_i 处的目标变量与趋势面之间的残差项，其自相关特性可以由协方差或者半方差函数计算得到。与公式（2.114）对比可以看出多了残差项的处理。

为了评价产品是否能够准确反映目标变量的时空分布值，检验工作不仅需要考虑空间上的完整性，更需要时间上的完整性。王祎婷等（2014）进行了尺度转换普适性方法的探讨，并提出基于构造先验知识趋势面的尺度转换方法。该方法借助遥感反演中先验知识和地理学中趋势面的思想，先基于一系列辅助要素构建静态趋势面，然后充分利用与之密切相关的时变记录对静态趋势面进行时变调整，作为尺度转换中重要的先验知识。但目前该方法框架还只是一个概念模型。

3. 复杂地表真实性检验关键参数观测

复杂地表的地面观测最重要的是获取时空代表度比较高的观测，即地面观测具有提供地面目标参数像元尺度值的潜力。这里以黑河试验场的反照率观测为例进行说明。从图 2.90 可以看出，研究区的地表反照率的空间异质性随季节变化显著。总体而言，在植被生长季，地表异质性较弱；在其他时间，地表的异质性较强。

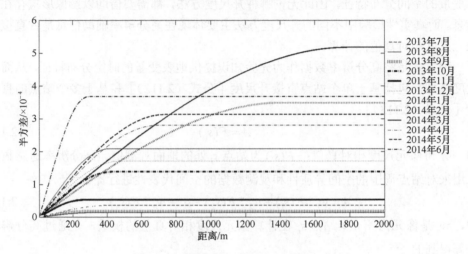

图 2.90 怀来研究区的空间异质性评价

考虑到在卫星产品和地面测量之间的几何匹配误差会降低检验的精度，研究区域覆盖了 2×2 个 1 km 像元。以历史 3 年的 HJ 反照率作为先验知识构建时间序列向量，提供目标变量在公里尺度像元内的时空分布特征。选择第一个点时，根据公式（2.116）选择时空代表度最大的点。选择新的点位时，根据序贯法的思路考虑已有点位所能代表的信息量［公式（2.117）］。依次选择出对残余信号［公式（2.118）］代表度最大的点位。

$$r_{i,j}^1 = \frac{|<\alpha_j \cdot \beta_i>|}{\sqrt{<\alpha_j \cdot \alpha_j>} \times \sqrt{<\beta_i \cdot \beta_i>}} \qquad (2.116)$$

式中，$r_{i,j}^1$ 的上标 1 表示挑选第 1 个无线传感器架设点（循环的第 1 次），下标 j 代表第 j 个子像元，下标 i 代表第 i 个候选点；β_i 是候选点的反照率时间序列向量；α_j 为子像元的反照率时间序列向量。

$$\varepsilon^{n-1}(\alpha_j) = \varepsilon^{n-2}(\alpha_j) - \frac{<\varepsilon^{n-2}(\alpha_j) \cdot \beta_{n-2}^*>}{<\beta_{n-2}^* \cdot \beta_{n-2}^*>} \beta_{n-2}^* \qquad (2.117)$$

$$r_{i,j}^n = \frac{|<\varepsilon^{n-1}(\alpha_j) \cdot \beta_i^{n-1}>|}{\sqrt{<\varepsilon^{n-1}(\alpha_j) \cdot \varepsilon^{n-1}(\alpha_j)>} \times \sqrt{<\beta_i^{n-1} \cdot \beta_i^{n-1}>}} \qquad (2.118)$$

式中，β_i^{n-1} 表示第 i 个候选点的观测向量与已有的 $n-1$ 个传感器的正交分量；$\varepsilon^{n-1}(\alpha_j)$ 表

示第 j 个像元与已有的 $n-1$ 个传感器的正交分量。

则选出点位对每一个像元的累积代表度可以表示为 SR_j：

$$SR_j = \sum_{k=1}^{n} r_{k,j}^{k} \tag{2.119}$$

则选出点对研究区（千米尺度像元）的累积代表度可以表示为

$$SR_\Omega = \underset{j \in \Omega}{E}(SR_j) \tag{2.120}$$

式中，Ω 表示研究区；E 表示平均函数；SR_Ω 表示采样点对研究区的累积代表度。当 SR_Ω 值接近 1 时，采样结束。

图 2.91（b）显示了前 6 个节点对研究区域的累积代表度超过 0.99，随着传感器数量的继续增加，累积代表度增加缓慢，意味着继续增加传感器数量的收益很低。这也就是为什么最终只架设了 6 个无线传感器节点，而不是更多节点去获取像元尺度地面观测。

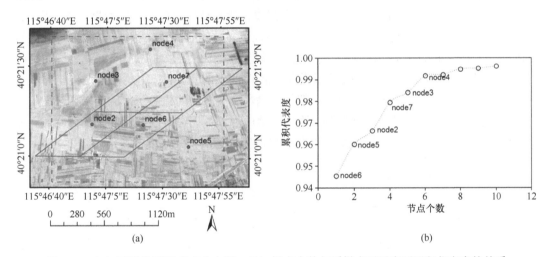

图 2.91　（a）无线传感器节点分布图，（b）样点个数与采样点对研究区累积代表度的关系

WSN 传感器节点架设在选出的 6 个站点上（图 2.92）。由于地面观测的足迹与距离下垫面的高度有关，因此地面观测的足迹也不断在改变，足迹直径变化范围是 8.7~26.1 m（Sailor et al.，2006）。这些仪器每 5 min 提供一次测量。最终的反照率由测量的短波上下行辐射的比值计算得到。

图 2.92　植被生长季各个传感器节点的图片

4. 复杂地表时空尺度扩展及产品初步验证

虽然借助高分辨率数据作为地面观测数据到待检验产品的尺度转换桥梁在一定程度上减小尺度不匹配的问题，但是该升尺度过程严重依赖于高分辨率影像的质量和重访周期。由于云等天气的影响及高分辨率卫星自身的重访周期的限制，阻止了上述的升尺度方法在连续的、长时间序列上的应用。地面升尺度结果和待检验产品时间尺度上的不匹配，会造成无法充分评价待检验产品能否精确反映地表参数的时间变化特征，因此会降低检验的精度（Camacho et al.，2013）。一个完整的检验工作不仅要求考虑不同地表类型的空间上的完整性，还要求能覆盖典型地表变化周期的时间上的完整性，因此无论是传统的多尺度检验，还是联合回归克里格的方法，都不能满足一个全面的检验工作的需求。这里发展一个时空趋势面，来支持长时间序列、连续的地面观测数据在时间和空间上的升尺度，为在异质性地表检验粗分辨率的反照率产品提供时间连续的像元尺度参考值（图 2.93）。

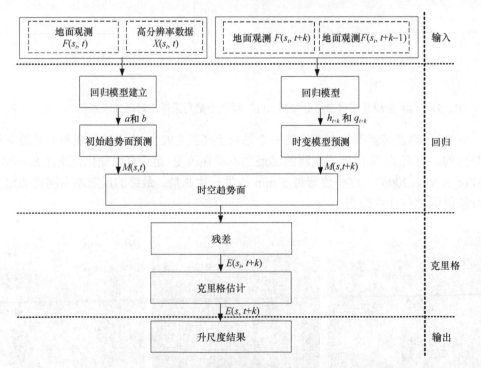

图 2.93　时空趋势面建立及相应的升尺度策略的技术流程图

时空趋势面联合了高分辨率数据提供的空间分布信息和长时间序列观测数据提供的时变信息［式（2.121）］。空间上的信息主要利用地面实测数据与高分辨率辅助数据之间的回归关系确定；时变信息主要利用相邻两个晴天的地面观测值的时间上的相关性。

$$M(s, t+k) = h_{t+k}h_{t+k-1}\cdots h_{t+1}aX(s,t) + h_{t+k}h_{t+k-1}\cdots h_{t+1}b + h_{t+k}h_{t+k-1}\cdots h_{t+2}q_{t+1} + \cdots + h_{t+k}q_{t+k-1} + q_{t+k}$$
$$(2.121)$$

初始化当天和实验末期趋势面的空间分布特征与研究区的地表分布特征吻合（图 2.94），说明时空趋势面能够在长时间序列上很好地保留反照率的空间分布细节特征。

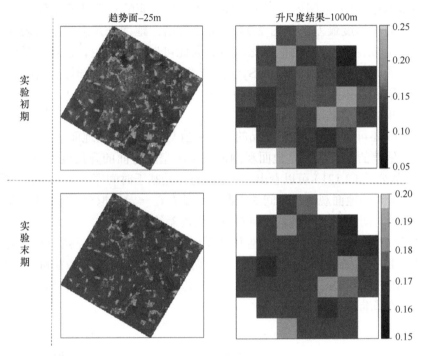

图 2.94 初始化当天（上）和实验期间最后一个晴天（下）的趋势面（左）及升尺度结果（右）

从图 2.95 上可以看出这两者之间有较大的差异。基于趋势面的升尺度结果具有较大的动态范围，而传统的多尺度检验中的升尺度结果由于没有处理残差项，表现出较窄的

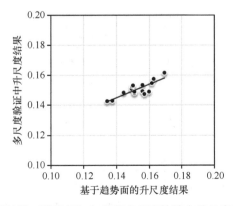

图 2.95 本节的升尺度结果（横坐标）与传统多尺度检验中升尺度结果（纵坐标）的对比

取值范围。因此，在复杂地表仅仅有回归标定的过程并不能完全准确地捕捉地表反照率的空间特征。同时，这种升尺度结果的对比也能说明基于趋势面的方法能够反映地表反照率空间分布的更多细节，能够更精确地捕捉到地表反照率的异质性，为检验粗分辨率反照率产品提供较可靠的参考值。

从检验结果可以看出，MuSyQ 的 RMSE 和 R^2 与 MCD43A3（V006）很接近，说明两者的精度相近。另外，MuSyQ 反照率产品的值与升尺度的值更接近，因为散点图离 1∶1 线更近，并且平均绝对偏差比 MCD43A3 的平均偏差要小。从图 2.96 上也可以看出，两种产品与地面观测升尺度后的值很接近，一致性很好，并且绝大部分的绝对误差落在 0.02 范围内。但 GLASS 产品与地面的一致性不太好，R^2 最小，三种反照率产品中精度最差。从图 2.96 上可以看出，地面升尺度后的值表现出较大的动态范围，而 GLASS 产品的值域比较窄。因此可以得出结论，在地表反照率随时间变化比较小的时候，MODIS 和 MuSyQ 更能准确反映反照率随时间变化的细微变化，但 GLASS 捕捉反照率细微变化的能力较弱。该结果体现出在描述不明显变化的地表时 MODIS 和 MuSyQ 产品的优势。

从图 2.96 还可以看出，三种产品的反照率值与升尺度后的地面值相比系统高估。造成这种系统偏差的主要原因是地面观测值基于时空趋势面的升尺度结果也存在一定的不确定性。从公式（2.121）可以看出，时空趋势面是基于时间序列上的回归系数得到的，而任意两个晴天的地面观测值之间的回归关系都存在一定的拟合误差，因此最终的时空趋势面会受到时间序列上回归系数误差的累积误差的影响。

应注意到时空趋势面的建立严重依赖于时间序列上连续的每两个晴天的地面观测数据的时间相关性。当地表发生突变时，前后两个晴天的地面观测数据可能不显著相关。这时候，应该引入新的高分辨率影像建立新的初始化趋势面，作为在以后的时间序列上建立趋势面的基准。

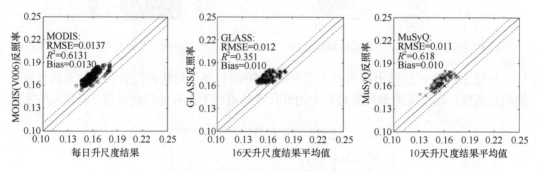

图 2.96 升尺度结果和反照率产品的对比

从左到右依次是 MCD43A3（V006）、GLASS 和 MuSyQ

2.8 小 结

复杂地表是在以往的遥感建模中考虑得较少的问题，地表的复杂性可解读为地表的非均质特征和山地起伏特征。本章首先介绍了可采用端元信息和边界信息来定量描述复杂地表空间的非均质特质，全球地表的异质性分析结果显示 1km 分辨率的像元中约 3/4

像元存在多种植被类型混合或者植被和非植被类型混合的情况。

2.2 节复杂地表二向反射特性建模方面，介绍了针对农林格网提出的二向反射模型 RTAF 及针对生态交错区提出的 RTEC 模型，模型的验证结果均显示考虑地表空间异质性后的新模型优于单一森林或农田的二向反射模型以及森林农田的线性混合模型。在二向反射热点模型方面，介绍了核驱动热点效应的改进。针对山地起伏的建模，介绍了单一坡面二向反射混合模型、山地二向性反射机理模型、复合坡面二向反射模型的最新进展。

2.3 节复杂地表热辐射方向性建模方面，构建的土壤发射率波谱模型解决了粗糙土壤热辐射方向性的模拟问题。针对普遍存在的植被道路混合的地表，构建的农林格网区模型 CCM 实现了农田道路混合场景的方向亮温的高精度模拟。将热辐射传输模型与能量平衡模型耦合，实现了气象数据驱动下的热辐射方向性趋势的动态模拟。此外，提出考虑热辐射方向性的地表上行长波辐射估算算法，显著提高了估算精度。

2.4 节复杂地表后向散射特性及 2.5 节复杂地表激光雷达建模方面，介绍了基于无限长度分割的植被组件散射特性模型，对单散射体的雷达散射特性进行了优化；在已有 SUN 三维森林雷达后向散射模型的基础进行改进，使其具备了对干涉相位的模拟能力。构建的新体制的光子计数的激光雷达模型，可实现机载和星载点云数据模拟，以及森林结构参数的提取。

2.6 节全波段联合模拟方面，展示了全波段辐射度模拟模型 RAPID2 及针对玉米真实场景的多波段联合模拟。2.7 节遥感机理模型的验证及复杂地表的真实性检验方面，介绍了复杂地表辐散射特性的验证观测参数，基于中国科学院怀来遥感综合试验站的小尺度验证及大尺度的验证。总结了复杂地表遥感产品真实性检验的主要问题、基本原理、关键参数观测，以及时空尺度扩展与产品初步验证。

参 考 文 献

高博. 2014. 基于多源卫星观测的复杂地形地表反照率反演研究. 中国科学院大学博士学位论文.

焦子锑, 王锦地, 谢里欧, 等. 2005. 地面和机载多角度观测数据的反照率反演及对 MODIS 反照率产品的初步检验. 遥感学报, 9(1): 64-72.

李小文, 高峰, 刘强, 等. 2000a. 新几何光学核的验证以及用核驱动模型反演地表反照率(之一). 遥感学报, 4(Z1): 1-7.

李小文, 高峰, 刘强, 等. 2000b. 新几何光学核的验证以及用核驱动模型反演地表反照率(之二). 遥感学报, 4(Z1): 8-15.

李新. 2008. 黑河流域遥感——地面观测同步试验: 科学目标与试验方案. 地球科学进展, 23(9): 897-914.

李新, 李小文, 李增元, 王建, 马明国, 刘强, 肖青, 等. 2012. 黑河综合遥感联合试验研究进展: 概述. 遥感技术与应用, 27(5): 637-649.

田国良, 柳钦火, 陈良富, 等. 2014. 热红外遥感. 北京: 电子工业出版社.

王祎婷, 谢东辉, 李小文. 2014. 构造地理要素趋势面的尺度转换普适性方法探讨. 遥感学报, 18(6): 1139-1146.

闻建光. 2008. 复杂地形条件下地表 BRDF/反照率遥感反演与尺度效应研究. 中国科学院遥感应用研究所博士学位论文.

闻建光, 柳钦火, 肖青, 刘强, 李小文. 2008. 复杂山区光学遥感反射率计算模型.中国科学: 地球科学, 38(11): 1419-1427.

杨华, 李小文, 高峰. 2002. 新几何光学核驱动 BRDF 模型反演地表反照率的算法. 遥感学报, 6(4): 246-251.

张仁华, 田静, 李召良, 等. 2010. 定量遥感产品真实性检验的基础与方法. 中国科学: 地球科学, 2: 211-222.

Attema E P W, Ulaby F T. 1978. Vegetation modeled as a water cloud. Radio Science, 13(2): 357-364.

Bai L, Huang X, Wu Z, et al. 2015. The scale effects of anisotropic land surface reflectance *In*: An analysis with Landsat and MODIS imagery. SPIE Remote Sensing. 9646: 96460W.

Barsky S, Petrou M. 2005. The shadow function for rough surfaces. Journal of Mathematical Imaging and Vision, 23(3): 281-295.

Bourlier C, Berginc G. 2003. Shadowing function with single reflection from anisotropic Gaussian rough surface. Application to Gaussian, Lorentzian and sea correlations. Waves in Random and Complex Media, 13: 27-58.

Bréon F M, Maignan F, Leroy M, et al. 2002. Analysis of hot Spot directional signatures measured from space. Journal of Geophysical Research-Atmospheres, 107(16): 4282-4296.

Buhl D, Welch W J, Rea D G. 1968. Reradiation and thermal emission from illuminated craters on the lunar surface. Journal of Geophysical Research, 73(16): 5281-5295.

Camacho F, Cernicharo J, Lacaze R, Baret F, Weiss M. 2013. GEOV1: LAI, FAPAR essential climate variables and FCOVER global time series capitalizing over existing products. Part 2: Validation and intercomparison with reference products. Remote Sensing of Environment, 137(10): 310-329.

Canisius F, Chen J M. 2007. Retrieving forest background reflectance in a boreal region from multi-angle imaging spectroradiometer(MISR) data. Remote Sensing of Environment, 107(1): 312-321.

Cao B, Liu Q H, Du Y M, Li H, Wang H S, Xiao Q. 2014. Modeling directional brightness temperature over mixed scenes of continuous crop and road: A case study of the Heihe River Basin. IEEE Geoscience and Remote Sensing Letters, 12 (2): 234-238.

Cescatti A, Marcolla B, Santhana, Vannan S K, Pan J Y, Román M O, Yang X, Schaaf C B. 2012. Intercomparison of MODIS albedo retrievals and in situ measurements across the global FLUXNET network. Remote Sensing of Environment, 121(121): 323-334.

Chen J M, Cihlar J. 1995. Plant canopy gap-size analysis theory for improving optical measurements of leaf-area index. Applied Optics, 34(27): 6211-6222.

Chen J M, Cihlar J. 1997. A hotspot function in a simple bidirectional reflectance model for satellite applications. Journal of Geophysical Research-Atmospheres, 102(22): 25907-25913.

Chen J M, Leblanc S G. 1997. A four-scale bidirectional reflectance model based on canopy architecture. IEEE Transactions on Geoscience and Remote Sensing, 35(5): 1316-1337.

Chen J M, Menges C H, Leblanc S G. 2005. Global mapping of foliage clumping index using multi-angular satellite data. Remote Sensing of Environment, 97(4): 447-457.

Chen Y, Hall A, Liou K N. 2006. Application of three‐dimensional solar radiative transfer to mountains. Journal of Geophysical Research: Atmospheres, 111(D21).

Chopping M J, Su L H, Laliberte A, Rango A, Peters D P C, Martonchik J V. 2006. Mapping woody plant cover in desert grasslands using canopy reflectance modeling and MISR data. Geophysical Research Letters, 33(17): 123-154.

Chopping M J, Su L H, Rango A, Martonchik J V, Peters D P C, Laliberte A. 2008. Remote sensing of woody shrub cover in desert grasslands using MISR with a geometric-optical canopy reflectance model. Remote Sensing of Environment, 112(1): 19-34.

Combal B, Isaka H, Trotter C. 2000. Extending a turbid medium BRDF model to allow sloping terrain with a vertical plant stand. IEEE Transactions on Geoscience and Remote Sensing, 38(2): 798-810.

Degnan J J, Field C T. 2014. Moderate to high altitude, single photon sensitive, 3D imaging lidars. Proc. SPIE 9114, 91140H.

Deng F, Chen J M, Plummer S, Chen M Z, Pisek J. 2006. Algorithm for global leaf area index retrieval using satellite imagery. IEEE Transactions on Geoscience and Remote Sensing, 44(8): 2219-2229.

Dobson M C, Ulaby F T, LeToan T, Beaudoin A, Kasischke E S, Christensen N. 1992. Dependence of radar backscatter on coniferous forest biomass. IEEE Transactions on Geoscience and Remote Sensing, 30(2): 412-415.

Dobson M C, Ulaby F T, Pierce L E, Sharik T L, Bergen K M, Kellndorfer J, Kendar J R, Li E, Lin Y C, Nashashibi A, Sarabandi K, Squeira P. 1995. Estimation of forest biophysical characteristics in northern Michigan with SIR-C/X-SAR. IEEE Transactions on Geoscience and Remote Sensing, 33(4): 877-895.

Du Y M, Liu Q H, Chen L F, Liu Q, Yu T. 2007. Modeling directional brightness temperature of the winter wheat canopy at the ear stage. IEEE Transactions on Geoscience and Remote Sensing. 45 (11): 3721-3739.

Dymond J R, Shepherd J D. 1999. Correction of the topographic effect in remote sensing. IEEE Transactions on Geoscience and Remote Sensing, 37(5): 2618-2620.

Fan W L, Li J, Liu Q H. 2015. GOST2: The improvement of the canopy reflectance model GOST in separating the sunlit and shaded leaves. IEEE Journal of Selected Topics in Applied Earth Observations and Remote Sensing, 8(4): 1423-1431.

Fan W L, Chen J M, Ju W M, Zhu G. 2014a. GOST: A Geometric-Optical model for sloping terrains. IEEE Transactions on Geoscience and Remote Sensing, 52(9): 5469-5482.

Fan W L, Chen J M, Ju W M, Nesbitt N. 2014b. Hybrid geometric optical-radiative transfer model suitable for forests on slopes. IEEE Transactions on Geoscience and Remote Sensing, 52 (9): 5579-5586.

Fooladmand H, Sepaskhah A. 2006. Improved estimation of the soil particle-size distribution from textural data. Biosystems Engineering, 94(1): 133-138.

Ge Y, Liang Y, Wang J, et al. 2015. Upscaling sensible heat fluxes with area-to-area regression Kriging. IEEE Geoscience and Remote Sensing Letters, 12(3): 656-660.

Gwenzi D, Lefsky M A. 2016. Prospects of photon counting lidar for Savanna ecosystem structure studies. ISPRS Journal of Photogrammetry and Remote Sensing, 118: 68-82.

Hapke B. 1993. Theory of Reflectance and Emittance Spectroscopy: Photometric Effects of Large-Scale Roughness. New York: Cambridge University Press.

Hapke B. 2012. Theory of Reflectance and Emittance Spectroscopy. Cambridge: Cambridge University Press.

Harding D J, Dabney P W, Valett S. 2011. Polarimetric, two-color, photon-counting laser altimeter measurements of forest canopy structure. Int. Symp. Lidar Radar Mapp. Technol.8286: 80.

Harrell P A, Bourgeau-Chavez L L, Kasischke E S, French N H F, Christensen N L. 1995. Sensitivity of ERS-1 and JERS-1 radar data to biomass and stand structure in Alaskan boreal forest. Remote Sensing of Environment, 54(3): 247-260.

He L, Chen J M, Pisek J, et al. 2012. Global clumping index map derived from the MODIS BRDF product. Remote Sensing of Environment, 119(11): 118-130.

Herzfield U C, McDonald W, Wallin B F, Neumann T A, Markus T, Brenner A, Field C. 2014. Algorithm for detection of ground and canopy cover in micropulse photon-counting lidar altimeter data in preparation for the ICESat-2 Mission. IEEE Transaction on Geoscience and Remote Sensing, 52(4): 2100-2125.

Hu B X, Lucht W, Li X W, et al. 1997. Validation of kernel-drives semiempirical models for the surface bidirectional reflectance distribution function of land surfaces. Remote Sensing of Environment, 62(3): 201-214.

Huang H G, Chen M, Liu Q H, et al. 2009. A realistic structure model for large-scale surface leaving radiance simulation of forest canopy and accuracy assessment. International Journal of Remote Sensing, 30(20): 5421-5439.

Hufkens K, Bogaert J, Dong Q H, Lu L, Huang C L, Ma M G, Che T, Li X, Veroustraete F, Ceulemans R. 2008. Impacts and uncertainties of upscaling of remote-sensing data validation for a semi-arid woodland. Journal of Arid Environments, 72(8): 1490-1505.

Jiao Z, Schaaf C B, Dong Y, et al. 2016. A method for improving hotspot directional signatures in BRDF models used for MODIS. Remote Sensing of Environment, 186: 135-151.

Jupp D, Strahler A H. 1991. A hotspot model for leaf canopies. Remote Sensing of Environment, 38(3): 193-210.

Justice C, Belward A, Morisette J, Lewis P, Privette J, Baret F. 2000. Developments in the'validation'of satellite sensor products for the study of the land surface. International Journal of Remote Sensing, 21(17): 3383-3390.

Kane V R, Gillespie A R, McGaughey R, Lutz J A, Ceder K, Franklin J F. 2008. Interpretation and topographic compensation of conifer canopy self-shadowing. Remote Sensing of Environment, 112(10): 3820-3832.

Kang J, Jin R, Li X. 2015. Regression Kriging-based upscaling of soil moisture measurements from a wireless sensor network and multiresource remote sensing information over heterogeneous cropland. IEEE Geoscience and Remote Sensing Letters, 12(1): 92-96.

Kasischke E S, Bourgeauchavez L L, French N H F. 1994a. Observations of variations in ERS-1 SAR image intensity associated with forest-fires in Alaska. IEEE Transactions on Geoscience and Remote Sensing, 32(1): 206-210.

Kasischke E S, Christensen N L, Haney E M. 1994b. Modeling of geometric-properties of loblolly-pine tree and stand characteristics for use in radar backscatter studies. IEEE Transactions on Geoscience and Remote Sensing, 32(4): 800-822.

Katzin M. 1963. The Scattering of Electromagnetic Waves from Rough Surfaces. Oxford: Pergamon Press.

Knyazikhin Y, Martonchik J V, Myneni R B, Diner D J, Running S W. 1998. Synergistic algorithm for estimating vegetation canopy leaf area index and fraction of absorbed photosynthetically active radiation from MODIS and MISR data. Journal of Geophysics Research, 103(D24): 32257-32276.

Kong J A, Tsang L, Ding K. 2000. Scattering of Electromagnetic Waves, Theories and Applications. Weinheim: John Wiley & Sons.

Kuusk A. 1991. The hot spot effect in plant canopy reflectance, Photon-Vegetation Interactions. Berlin Heidelberg: Springer: 139-159.

Kuusk A. 2001. A two-layer canopy reflectance model. Journal of Quantitative Spectroscopy and Radiative Transfer, 71: 1-9.

Letoan T, Beaudoin A, Riom J, Guyon D. 1992. Relating forest biomass to SAR data. IEEE Transactions on Geoscience and Remote Sensing, 30(2): 403-411.

Li D J, Yang C, Du Y. 2017. Efficient method for scattering from cylindrical components of vegetation and its potential application to the determination of effective permittivity. IEEE Transactions on Geoscience and Remote Sensing, (99) : 1-8.

Li X, Gao F, Chen L, et al. 1999. Derivation and validation of a new kernel for kernel-driven BRDF models. In: Remote Sensing for Earth Science, Ocean and Sea Ice Application, SPIE Proceedings, 3868: 368-379.

Li X, Strahler A H. 1992. Geometric-optical bidirectional reflectance modeling of the discrete crown vegetation canopy: Effect of crown shape and mutual shadowing. IEEE Transactions on Geoscience and Remote Sensing, 30(2): 276-292.

Li X W, Strahler A H. 1985. Geometric-optical modeling of a coniferous forest canopy. IEEE Transactions on Geoscience and Remote Sensing, 23: 705-721.

Liang S, Fang H, Chen M, Shuey C J, Walthall C, Daughtry C, Morisette J, Schaaf C, Strahler A. 2002. Validating MODIS land surface reflectance and albedo products: Methods and preliminary results. Remote Sensing of Environment, 83: 149-162.

Liu Q H, Huang H G, Qin W H, Fu K H, Li X W. 2007.An extended 3-D radiosity-graphics combined model for studying thermal-emission directionality of crop canopy.IEEE Transactions on Geoscience and Remote Sensing, 45(9): 2900-2918.

Lucht W, Lewis P. 2000. Theoretical noise sensitivity of BRDF and albedo retrieval from the EOS-MODIS and MISR sensors with respect to angular sampling. International Journal of Remote Sensing, 21(1): 81-98.

Lucht W, Schaaf C B, Strahler A H. 2000. An algorithm for the retrieval of albedo from space using semiempirical BRDF models. IEEE Transactions on Geoscience and Remote Sensing, 38(2): 977-998.

Maignan F, Breon F M, Lacaze R. 2004. Bidirectional reflectance of Earth targets: Evaluation of analytical models using a large set of spaceborne measurements with emphasis on the Hot Spot. Remote Sensing of Environment, 90(2): 210-220.

Masuda K. 2006. Infrared sea surface emissivity including multiple reflection effect for isotropic Gaussian slope distribution model. Remote Sensing of Environment, 103(4): 488-496.

McGill M, Markus T, Scott V S, Neumann T, 2013. The multiple altimeter beam experimental lidar (MABEL): An airborne simulator for the ICESat-2 Mission. Journal of Atmospheric and Oceanic Technology, 30(2): 345-352.

Mishchenko M I, Travis L D, Lacis A A. 2002. Scattering, Absorption, and Emission of Light by Small Particles. Cambridge: Cambridge university press.

Mottus M, Sulev M, Lang M. 2006. Estimation of crown volume for a geometric radiation model from detailed measurements of tree structure. Ecological Modeling, 198(3): 506-514.

Mousivand A, Verhoef W, Menenti M, et al. 2015. Modeling top of atmosphere radiance over heterogeneous non-Lambertian rugged terrain. Remote Sensing, 7(6): 8019-8044.

Moussavi M S, Abdalati W, Scambos T, et al. 2014. Applicability of an automatic surface detection approach to micro-pulse photon-counting lidar altimetry data: Implications for canopy height retrieval from future ICESat-2 data. International Journal of Remote Sensing, 35(13): 5263-5279.

Ni W J, Guo Z F, Sun G Q. 2010. Improvement of a 3D radar backscattering model using matrix-doubling method. Science China-Earth Sciences, 53(7): 1029-1035.

Ni W, Sun G, Guo Z, Zhang Z, He Y, Huang W. 2013. Retrieval of forest biomass from ALOS PALSAR data using a lookup table method. IEEE Journal of Selected Topics in Applied Earth Observations and Remote Sensing, 6(2): 875-886.

Ni W, Sun G, Ranson K J, Zhang Z, Guo Z, Huang W. 2014. Model based analysis of the influence of forest structures on the scattering phase center at L-band. IEEE Transactions on Geoscience and Remote Sensing, 52(7): 3937-3946.

Ni-Meister W, Jupp D L B, Dubayah R. 2002. Modeling lidar waveforms in heterogeneous and discrete canopies. IEEE Transactions on Geoscience & Remote Sensing, 39(9): 1943-1958.

Papathanassiou K P, Cloude S R. 2001. Single-baseline polarimetric SAR interferometry. IEEE Transactions on Geoscience and Remote Sensing, 39(11): 2352-2363.

Parviainen H, Muinonen K. 2007. Rough-surface shadowing of self-affine random rough surfaces. Journal of Quantitative Spectroscopy and Radiative Transfer, 106: 398-416.

Peddle D R, Johnson R L, Cihlar J, Leblanc S G, Chen J M, Hall F G. 2007. Physically based inversion modeling for unsupervised cluster labeling, independent forest classification, and LAI estimation using MFM-5-Scale. Canadian Journal of Remote Sensing, 33(3): 214-225.

Peng J J, Qiang L, Wen J G. 2015. Multi-scale validation strategy for satellite albedo products and its uncertainty analysis. Science China Earth Sciences, 58(4): 573-588.

Pisek J, Chen J M. 2009. Mapping of forest background reflectivity over North America with the NASA Multiangle Imaging SpectroRadiometer (MISR). Remote Sensing of Environment, 113: 2412-2423.

Qin W H, Gerstl S A W. 2000. 3-D scene modeling of semidesert vegetation cover and its radiation regime. Remote Sensing of Environment, 74(1): 145-162.

Ranson K J, Saatchi S, Sun G Q. 1995. Boreal forest ecosystem characterization with SIR-C/XSAR. IEEE Transactions on Geoscience and Remote Sensing, 33(4): 867-876.

Ranson K J, Sun G Q, Weishampel J F, Knox R G. 1997. Forest biomass from combined ecosystem and radar backscatter modeling. Remote Sensing of Environment, 59: 118-133.

Ranson K J, Sun G Q. 1994a. Mapping biomass of a northern forest using multifrequency SAR data. IEEE Transactions on Geoscience and Remote Sensing, 32(2): 388-396.

Ranson K J, Sun G Q. 1994b. Northern forest classification using temporal multifrequency and multipolarimetric SAR images. Remote Sensing of Environment, 47(2): 142-153.

Richards J A, Sun G Q, Simonett D S. 1987. L-band radar backscatter modeling of forest stands. IEEE

Transactions on Geoscience and Remote Sensing, GE-25(4): 487-498.

Rignot E, Way J B, Williams C, Viereck L. 1994. Radar estimates of aboveground biomass in boreal forests of interior Alaska. IEEE Transactions on Geoscience and Remote Sensing, 32(5): 1117-1124.

Román M O, Schaaf C B, Woodcock C E, Strahler A H, Yang X, Braswell R H, Wofsy S C. 2009. The MODIS (Collection V005) BRDF/albedo product: Assessment of spatial representativeness over forested landscapes. Remote Sensing of Environment, 113(11): 2476-2498.

Rosette J, Field C, Nelson R, DeCola P, Cook B. 2011. A new photon-counting lidar system for vegetation analysis. Silvilaser In: 11th Int. Conf. LIDAR Appl. Assess. For. Ecosyst. 16th-19th Oct. 2011-Univ. Tasmania, Hobart, Aust: 552-560.

Ross J. 1981. The Radiation Regime and Architecture of Plant Stands. Netherlands: Springer.

Roujean J L, Leroy M, Deschamps P Y. 1992. A bidirectional reflectance model of the earths surface for the correction of remote-sensing data. Journal of Geophysical Research-Atmospheres, 97(18): 20455-20468.

Roupioz L, Nerry F, Jia L, et al. 2014. Improved surface reflectance from remote sensing data with sub-pixel topographic information. Remote Sensing, 6(11): 10356-10374.

Sailor D J, Resh K, Segura D. 2006. Field measurement of albedo for limited extent test surfaces. Solar Energy, 80(5): 589-599.

Schaaf C B, Gao F, Strahler A H, et al. 2002. First operational BRDF, albedo nadir reflectance products from MODIS. Remote Sensing of Environment, 83(1): 135-148.

Schaaf C B, Li X W, Strahler A H. 1994. Topographic effects on bidirectional and hemispherical reflectances calculated with a Geometric-Optical canopy model. IEEE Transactions on Geoscience and Remote Sensing, 32(6): 1186-1193.

Shabanov N V, Huang D, Knjazikhin Y, et al. 2007. Stochastic radiative transfer model for mixture of discontinuous vegetation canopies. Journal of Quantitative Spectroscopy and Radiative Transfer, 107(2): 236-262.

Shabanov N V, Knyazikhin Y, Baret F, et al. 2000. Stochastic modeling of radiation regime in discontinuous vegetation canopies. Remote Sensing of Environment, 74(1): 125-144.

Shepard M K, Campbell B A. 1998. Shadows on a planetary surface and implications for photometric roughness. Icarus, 134(2): 279-291.

Skaggs T H, Arya L M, Shouse P J, et al.2001. Estimating particle-size distribution from limited soil texture data. Soil Science Society of America Journal, 65(4): 1038-1044.

Smolander S, Stenberg P. 2005. Simple parameterizations of the radiation budget of uniform broadleaved and coniferous canopies. Remote Sensing of Environment, 94(3): 355-363.

Soenen S A, Peddle D R, Coburn C A. 2005. SCS+C: A modified sun-canopy-sensor topographic correction in forested terrain. IEEE Transactions on Geoscience and Remote Sensing, 43(9): 2148-2159.

Sun G Q, Ranson K J. 1995. A three-dimensional radar backscatter model of forest canopies. IEEE Transactions on Geoscience and Remote Sensing, 33(2): 372-382.

Sun G Q, Ranson K J. 2000. Modeling lidar returns from forest canopies. IEEE Transactions on Geoscience and Remote Sensing, 38(6): 2617-2626.

Sun G Q, Simonett D S. 1988b. Simulation of L-Band and HH microwave backscattering from coniferous forest stands—a comparison with SIR-B data. International Journal of Remote Sensing, 9(5): 907-925.

Sun G, Ranson K J. 1998. Radar modelling of forest spatial patterns. International Journal of Remote Sensing, 19(9): 1769-1791.

Sun G, Ranson K J, Kharuk V I. 2002. Radiometric slope correction for forest biomass estimation from SAR data in the western Sayani mountains, Siberia. Remote Sensing of Environment, 79(2): 279-287.

Sun G, Simonett D S. 1988. A composite L-band HH radar backscattering model for coniferous forest stands. Photogrammetric Engineering and Remote Sensing, 54(8): 1195-1202.

Sun G, Simonett D S, Strahler A H. 1991. A radar backscatter model for discontinuous coniferous forests. IEEE Transactions on Geoscience and Remote Sensing, 29(4): 639-650.

Susaki J, Yasuoka Y, Kajiwara K, Honda Y, Hara K. 2007. Validation of MODIS albedo products of paddy fields in Japan. IEEE Transactions on Geoscience and Remote Sensing, 45(1): 206-217.

Swatantran A, Tang H, Barrett T, et al. 2016. Rapid, high-resolution forest structure and terrain mapping over large areas using single photon lidar. Sci. Rep. 6: 28277.

Thomas W. 1997. A three-dimensional model for calculating reflection functions of inhomogeneous and orographically structured natural landscapes. Remote Sensing of Environment, 59(1): 44-63.

Torrance K E, Sparrow E M. 1967. Theory for off-specular reflection from roughened surfaces. Journal of the Optical Society of America, 57(9): 1105-1114.

Tsang L, Kong J A, Ding K H, AO C O. 2004. Scattering of Electromagnetic Waves, Numerical Simulations. Weinheim: John Wiley & Sons.

Tsang L, Kong J A, Shin R T.1985. Theory of Microwave Remote Sensing. Weinheim: Wiley.

Ulaby F T, Sarabandi K, McDonald K, Whitt M, Dobson M C. 1990. Michigan Microwave Canopy Scattering Model Mimics. Michigan: Univ. Michigan Radiation Lab.

Vacek M, Prochazka I. 2013. Single photn laser altimeter simulator and statistical signal processing, Advances in Space Research, 51(9): 1649-1658.

Verhoef W. 1998. Theory of radiative transfer models applied in optical remote sensing of vegetation canopies. Wageningen Agricultural University Ph.D. Dissertation.

Wallace J, Verhoef A. 2000. Modelling Interactions in Mixed-plant Communities: Light, Water and Carbon Dioxide, in Leaf Development and Canopy Growth. Sheffield: Sheffield Academic Press: 204-250.

Wang J, Ge Y, Heuvelink G, et al. 2015. Upscaling in situ soil moisture observations to pixel averages with spatio-temporal geostatistics. Remote Sensing, 7(9): 11372-11388.

Wang T, Yan G, Chen L. 2012. Consistent retrieval methods to estimate land surface shortwave and longwave radiative flux components under clearsky conditions. Remote Sensing of Environment, 124(9): 61-71.

Wang W, Liang S, Augustine J A. 2009. Estimating high spatial resolution clear-sky land surface upwelling longwave radiation from MODIS data. IEEE Transactions on Geoscience and Remote Sensing, 47(5): 1559-1570.

Wang W, Liang S. 2010. A method for estimating clear-sky instantaneous land-surface longwave radiation with GOES Sounder and GOES-R ABI data. IEEE Geoscience and Remote Sensing Letters, 7(4): 708-712.

Wang Y, Davis F W, Melack J M, Kasischke E S, Christensen N L. 1995. The effects of changes in forest biomass on radar backscatter from tree canopies. International Journal of Remote Sensing, 16(3): 503-513.

Wang Y, Day J L, Davis F W. 1998. Sensitivity of modeled C- and L-band radar backscatter to ground surface parameters in loblolly pine forest. Remote Sensing of Environment, 66(3): 331-342.

Wang Y, Day J L, Davis F W, Melack J M. 1993b. Modeling L-band radar backscatter of Alaskan boreal forest. IEEE Transactions on Geoscience and Remote Sensing, 31: 1146-1154.

Wang Y, Day J, Sun G Q. 1993a. Santa-Barbara microwave backscattering model for woodlands. International Journal of Remote Sensing, 14: 1477-1493.

Wang Z, Schaaf C B, Strahler A H, Chopping M J, Román M O, Shuai Y, Fitzjarrald D R. 2014. Evaluation of MODIS albedo product (MCD43A) over grassland, agriculture and forest surface types during dormant and snow-covered periods. Remote Sensing of Environment, 140: 60-77.

Wanner W, Li X, Strahler A H. 1995. On the derivation of kernels for kernel-driven models of bidirectional reflectance. Journal of Geophysical Research-Atmospheres, 100(10): 21077-21089.

Waterman P. 1965. Matrix formulation of electromagnetic scattering. Proceedings of the IEEE, 53: 805-812

Wen J G, Qiang L, Liu Q H, et al. 2009. Scale effect and scale correction of land-surface albedo in rugged terrain. International Journal of Remote Sensing, 30: 5397-5420.

Yan B Y, Xu X R, Fan W J. 2012. A unified canopy bidirectional reflectance (BRDF) model for row crops. Science China-Earth Sciences, 55 (5): 824-836.

Yan W Z, Du Y, Li Z, Chen E X, Shi J C. 2009. Characterization of the validity region of the extended T-matrix method for scattering from dielectric cylinders with finite length. Progress in Electromagnetics Research, 96: 309-328.

Yan W Z, Du Y, Wu H, Liu D, Wu B I. 2008. EM scattering from a long dielectric circular cylinder. Progress in Electromagnetics Research, 85: 39-67.

Yang C, Shi J C, Liu Q, Du Y. 2016.Scattering from inhomogeneous dielectric cylinders with finite length. IEEE Transactions on Geoscience and Remote Sensing, 54: 4555-4569.

Yang W Z, Ni-Meister W G, Lee S. 2011. Assessment of the impacts of surface topography, off-nadir pointing and vegetation structure on vegetation lidar waveforms using an extended geometric optical and radiative transfer model. Remote Sensing of Environment, 115: 2810-2822.

Yin G, Li A, Zhao W, et al. 2017. Modeling canopy reflectance over sloping terrain based on path length correction. IEEE Transactions on Geoscience and Remote Sensing, (99): 1-13.

Zeng Y, Li J, Liu Q, et al. 2016. A radiative transfer model for heterogeneous agro-forestry scenarios. IEEE Transactions on Geoscience and Remote Sensing, 54: 4613-4628.

Zeng Y, Schaepman M E, Wu B F, Clevers J G P W, Bregt A K. 2008. Scaling-based forest structural change detection using an inverted geometric-optical model in the three gorges region of China. Remote Sensing of Environment, 112: 4261-4271.

Zeng Y, Schaepman M E, Wu B F, Clevers J G P W, Bregt A K. 2009. Quantitative forest canopy structure assessment using an inverted geometric-optical model and up-scaling. International Journal of Remote Sensing, 30: 1385-1406.

Zhang J, Kerekes J. 2014. First-principle simulation of spaceborne micropulse photon-counting lidar performance on complex surfaces. IEEE Transactions on Geoscience and Remote Sensing, 52(10): 6488-6496.

Zhu G, Ju W, Chen J M, et al. 2012. Foliage clumping index over China's landmass retrieved from the MODIS BRDF parameters product. IEEE Transactions on Geoscience and Remote Sensing, 50(6): 2122-2137.

第3章 遥感信息空间尺度效应及尺度转换

由于地形的复杂性、地表类型的多样性和地表属性的多变性，遥感数据基本上都是时空多变的混合像元。即使不考虑传感器之间观测时间、观测角度、光谱响应等的差异，不同分辨率遥感数据对同一个地区进行参数估算得到的结果不一致。我们在 3.1 节和 3.2 节会从机理上详细分析这种尺度效应出现的原因，建立普适性的尺度转换概念模型。通过理论分析能看出，地表特征参数的空间异质性和反演算法本身的非线性必然带来尺度效应。从本质上讲，传统的遥感反演算法都是针对均一地表发展的，用于复杂地表时就会出现问题。这使得尺度问题在复杂地表条件下进行遥感反演时更加突出。复杂地表是我国国土的基本国情，复杂地表的遥感基础研究是提高定量遥感产品精度、有效满足我国遥感应用需求的根本保障。虽然遥感时空尺度扩展已有大量研究，遥感信息动态分析和普适性空间尺度转换理论仍是遥感基础研究的热点和前沿问题。在 3.3 节，我们以植被覆盖度（FVC）、叶面积指数（LAI）和光合有效辐射吸收比例（FAPAR）为例分析了遥感模型中的尺度效应，建立了尺度纠正方法。同时可以推知，地面测量本身也存在尺度效应。因此 3.4 节提出了新的植被结构参数地面间接测量方法，引入路径长度纠正了尺度误差。在 3.5 节，结合计算机模拟和地面测量，我们给出了几种植被参数尺度转换和尺度效应纠正的真实性检验结果。需要说明的是，本章涉及三种典型的植被生物物理参数，包括植被覆盖度（FVC）、叶面积指数（LAI）和光合有效辐射吸收比例（FAPAR），但是所研究的尺度效应和尺度纠正方法并不仅仅适用于这三种。分析尺度效应和验证尺度纠正模型的实验区主要包括三个：河北承德市的塞罕坝森林草原区，内蒙古大兴安岭地区根河市森林区，甘肃张掖黑河流域农田，分别代表不同的地表类型和气候区域。其中，FVC、LAI 和 FAPAR 等参数的尺度效应相关研究主要集中在黑河农田和塞罕坝森林草原，3.4.4 节 LAI 的路径长度测量方法重点采用了根河研究区的数据。

3.1 尺度效应的定义和表达

"尺度"一词被用于说明研究的大小（如地理范围）及细节程度（如地理分辨率），常被用于表示研究的空间（空间尺度）、时间（时间尺度）及其他方面的特性（Goodchild and Quattrochi，1997）。尺度是一个广泛使用的术语，在不同的领域有着不同的内涵。图 3.1 给出了不同学者对尺度的定义。

遥感关注的尺度一般是指遥感数据的空间分辨率。定量遥感中的尺度效应定义为，同一区域、同一时间、同样遥感模型、同类遥感数据、同等成像条件，只是分辨率不同导致的遥感反演地表参量不一致，且这种地表参量属于存在物理真值的可标度量（刘良云，2014）。可理解为在同一个研究区域，用同一个反演模型，用同一数据源但不同分辨率的遥感数据，得到的反演结果不一致，这种现象即为尺度效应。而不一致的程度，

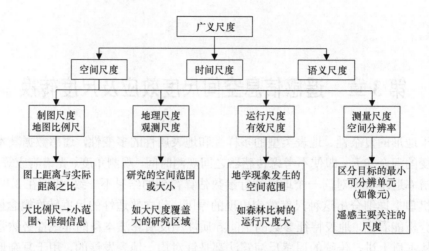

图 3.1   不同尺度的定义

可以称其为尺度差异。为了解决尺度引起的尺度差异问题，而对不同尺度的数据或信息进行转换，即将数据或信息从一个尺度转换到另一个尺度的过程（吴骅等，2009），称之为尺度转换。尺度转换期间对尺度差异的消除或者减弱，即为尺度纠正。

对于造成尺度效应的原因，已有很多学者进行过相关研究，最终得到一致的结果，即尺度效应是由地表的空间异质性及反演模型的非线性引起的（Chen，1999；Li et al.，1999；Liang，2000；申卫军等，2003；Zhang et al.，2004；朱小华等，2010）。

对于尺度效应的分析或尺度差异的定量表达，可以通过遥感数据的均值、方差及相关长度等来分析，对于这些评价指标的定量表示方法已有很多研究，如地理方差法、小波变换法、局部方差法、半方差法及分形等方法（Lam and Quattrochi，1992；Wu and Li，2009）。也可以通过以横轴代表尺度、纵轴表示研究变量值的图（称之为尺度图）（申卫军等，2003）及直方变差图（张颢等，2002）来表示。

同样对尺度转换方法已有许多研究，目前较为常用的普适性方法有经验回归模型（Rastetter et al.，1992；Wylie et al.，2002）、等效参数替代模型（吴骅等，2008）、泰勒级数展开（Hu and Islam，1997；Zhang et al.，2006；Wu and Li，2009；吴骅等，2009；朱小华等，2010）及基于辐射传输理论的物理模型法等。其中泰勒级数展开模型的代表性形式为（Hu and Islam，1997）

$$
\begin{aligned}
& \overline{F}(p_1, p_2, \cdots, p_n) - F(\overline{p_1}, \overline{p_2}, \cdots, \overline{p_n}) \\
&= \frac{1}{2} \sum_{i=1}^{n} \frac{\partial^2 F(\overline{p_i})}{\partial p_i^2} \cdot \frac{1}{m} \sum_{k=1}^{m} \left(p_i - \overline{p_i} \right)_k^2 \\
&\quad + \frac{1}{2} \sum_{\substack{i=1 \\ l=1 \\ i \neq l}}^{n} \frac{\partial^2 F(\overline{p_i})}{\partial p_i \partial p_l} \cdot \frac{1}{m} \sum_{k=1}^{m} \left(p_i - \overline{p_i} \right)_k \left(p_l - \overline{p_l} \right)_k
\end{aligned}
\tag{3.1}
$$

式中，F 为反演函数；$\overline{F}(p_1, p_2, \cdots, p_n)$ 为由高分辨率影像反演的地表参数值的加权平均值；$F(\overline{p_1}, \overline{p_2}, \cdots, \overline{p_n})$ 为由粗分辨率影像反演的地表参数值；p_i 为高分辨率影像值；$\overline{p_i}$ 为粗分辨率影像值；m 为一个粗分辨率像元包含的高分辨率像元数；n 为自变量个数。从泰勒级数展开形式可以看出，反演函数的非线性由反演函数的二阶导和二阶偏导表示，地表异质性由高低分辨率影像值的方差与协方差来表示。当反演函数为线性或者地表均一时，地表参数反演就不存在尺度效应。详细的表达和分析在 3.2 节给出。

地表特征参数的空间尺度效应和尺度转换方法研究是有效利用遥感数据的必然要求，是数据解译和模型应用的前提和基础。伴随着遥感技术进入定量化阶段，尺度问题日益突显出来，尺度效应、尺度转换问题的存在已经严重制约了定量遥感应用的发展，限制了地表特征参数定量遥感反演产品精度的提高，成为定量遥感研究中亟待解决的热点和难点问题。

3.2 复杂地表普适性尺度转换概念模型

要解决尺度问题，阐述尺度效应产生的缘由，首先必须以空间尺度上推像元聚合过程作为切入口，探讨不同尺度遥感数据源反演的地表特征参数之间的关系，进而分析造成空间尺度效应的主要因素，并在此基础上搭建一个开展尺度转换研究的技术框架，为后续尺度转换的研究奠定科学基石。

尺度上推是一个将精细尺度上的观察、实验及模拟结果外推到较大尺度的过程，它是对观测或者反演信息的综合，不能武断地认为尺度上推导致的尺度效应是简单的数学问题。严格地讲尺度效应是物理因素导致，以数学形式表现出来，因此尺度效应的产生需要从物理角度出发考虑，应用不同数学手段来定量分析评价。为了探讨造成空间尺度效应的关键性因素，需要全面分析遥感反演产品（地表特征参数）在不同尺度下的关系，如图 3.2 所示。

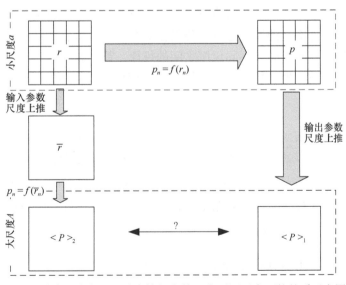

图 3.2　遥感反演产品（地表特征参数）在不同尺度下的关系示意图

假设 a 代表了小尺度（高分辨率）卫星单个像元所对应的地表区域，r 为该像元各个波段对应的遥感数据观测值。A 代表大尺度（低分辨率）卫星单个像元所对应的地表区域。通过小尺度的反演模型 f，可以得到小尺度的遥感反演产品，即地表特征参数 p。

根据不同尺度下能量守恒或者物质守恒定律，分别将小尺度遥感观测数据 r 和遥感反演产品 p 进行尺度上推，得到大尺度 A 下对应的遥感观测数据 $\bar{r}$ 和遥感反演产品 $<P>_1$。将大尺度 A 下对应的遥感观测数据 $\bar{r}$ 通过小尺度的反演模型 f，可以得到大尺度对应的遥感反演产品 $<P>_2$。由此可见，在从小尺度到大尺度的遥感反演过程中，存在两条截然不同的路径。路径选择的不同，就会造成遥感反演产品之间存在差异，即尺度效应。据此，尺度转换和尺度效应的主要研究重点将集中在遥感反演产品 $<P>_1$ 和 $<P>_2$ 之间的定量异同关系，并在此基础上建立相应的尺度转换模型。

然而针对尺度转换问题的研究方法不能一概而论，需要根据研究区域的具体类型进一步细分为复杂地类区与复杂地形区两种不同情况进行分别研究。首先，复杂地类区，顾名思义，即由两种及以上不同类型地表类型覆盖的区域。大多数反演模型都是在小尺度上建立的，且假定该尺度上地表均一同质，然而当反演模型直接应用于不同分辨率的遥感数据时，由于地表的异质性将导致不可估量的尺度误差，严重影响遥感产品的质量和可信度。针对复杂地类区，地表普适性尺度转换模型的构建需要考虑组分比例的变化。其次，复杂地形区，即地势不平坦的起伏区域。由于起伏地形将对遥感信号产生影响，相比平坦地区，需将地形起伏所导致的输入参数的地形校正（如反射率）引入到地表普适性尺度转换概念模型中。

3.2.1 复杂地类区地表普适性尺度转换概念模型

复杂地类区地表普适性尺度转换模型是在单一地表类型普适性尺度转换模型的基础上发展而来的，其目的仍旧是定量地研究小尺度先反演后聚合（$<P>_1$）与先聚合后反演（$<P>_2$）的产品之间的关系和联系，给出两者差异的解析表达式，通过直接对遥感反演产品进行尺度效应改正来达到遥感反演产品的尺度不变性，最终使得地表关键特征参数直接采用大尺度数据反演的大尺度产品与小尺度先反演后聚合的产品保持一致。

为了推导复杂地类区地表普适性尺度转换概念模型，本节主要以泰勒级数展开为数学手段，寻找遥感反演产品在不同尺度之间的规律，首先对于单一地表而言，根据反演模型输入变量的个数，地表普适性尺度转换概念模型可以分别如下表示。

1. 单一变量

这里先以一维反演函数为例，对单变量输入参数的普适性尺度转换模型进行建模。假设遥感反演函数可以抽象表示为 f，小尺度遥感反演的地表特征参数 $p = f(r)$，其中 r 为反演模型的输入变量。首先，假设遥感反演函数 f 连续可导，那么小尺度遥感反演的地表特征参数 $p = f(r)$ 可以近似地用泰勒级数展开，忽略掉三阶及三阶以上各项，对于任意的遥感输入参数 $r(x, y)$ 有

$$p = f(r(x,y)) = f(<R>_2) + (r(x,y) - <R>_2)\frac{\partial f}{\partial p}\bigg|_{<R>_2}$$

$$+ \frac{1}{2}(r(x,y) - <R>_2)^2 \frac{\partial^2 f}{\partial r^2}\bigg|_{r^*} \tag{3.2}$$

式中，r^* 是 $r(x,y)$ 的函数，由于忽略掉了高阶项，所以 $r^* \neq \bar{r}$。利用公式（3.2）对整

个区域 A 进行积分，则可得到小尺度直接聚合到大尺度的地表特征值 $<P>_1$，即

$$<P>_1=\frac{1}{A}\int p\mathrm{d}A=\frac{1}{A}\int f(r(x,y))\mathrm{d}A=\underbrace{\frac{1}{A}\int f(\overline{r})\mathrm{d}A}_{\text{第一项}}$$

$$+\underbrace{\frac{1}{A}\int (r(x,y)-\overline{r})\frac{\partial f}{\partial r}\Big|_{\overline{r}}\mathrm{d}A}_{\text{第二项}}$$

$$+\underbrace{\frac{1}{2A}\int ((r(x,y)-\overline{r})^2\frac{\partial^2 f}{\partial r^2}\Big|_{r*})\mathrm{d}A}_{\text{第三项}} \tag{3.3}$$

如果在大尺度继续沿用小尺度的遥感反演函数，那么公式（3.3）最右边第一项即为集总式尺度上推获取的地表特征参数参数值 $<P>_2=f(\overline{r})$；第二项为 0，第三项为分布式尺度上推和集总式尺度上推的差值 ΔP。经过对公式（3.3）进一步整理有

$$<P>_1=<P>_2+\Delta P\approx <P>_2+\frac{1}{2}f''(\overline{r})\frac{1}{N}\sum_A (r_i-\overline{r})^2 \tag{3.4}$$

对式（3.4）进一步简化变形有

$$<P>_1-<P>_2\approx \frac{1}{2A}\int ((r(x,y)-\overline{r})^2\frac{\partial^2 f}{\partial r^2}\Big|_{r*})\mathrm{d}A=\frac{1}{2}kV \tag{3.5}$$

式中，$k=f''(\overline{r})$，$V=\frac{1}{A}\int (r(x,y)-\overline{r})^2\mathrm{d}A$。

这里 $r*$ 为空间域 D 中的某个特定值，近似可取 $r*\approx \overline{r}$。参数 k 表征出了模型的非线性程度，如果函数模型是连续的，而且处处都可导，那么这项就可从模型中直接获取，但是由于 $r*$ 不能准确地获取到，因此当反演模型 f 非线性程度较大时，这种近似就会带来较大的误差。从公式（3.5）中可以发现，当模型函数 f 为线性时，其二阶导数为 0，在这种情况下，$<P>_1$ 等于 $<P>_2$。参数 V 表示了区域 A 内遥感观测数据 r 的非均一程度，如果区域 A 内各点遥感观测数据 r 均相等，$<P>_1$ 也等于 $<P>_2$，即尺度转换前后不存在尺度效应。公式（3.5）明确地给出了单一下垫面尺度效应的决定因素，当反演模型为线性或者观测数据均一时，遥感反演没有尺度效应。

2. 多变量情况

通常而言，地表参数的遥感反演模型比较复杂，并不是只包含了一个输入变量，而是包含了多个参数变量，如传感器多个通道或者多个角度的观测值。在这种情况下，这些观测值将组成一个向量 $r(x,y)=\left[r_1(x,y),r_2(x,y),\cdots,r_n(x,y)\right]$，相应地，公式（3.5）就转变成更一般的形式：

$$<P>_1-<P>_2=\frac{1}{2}\sum_{i=1}^{N}\sum_{j=1}^{N}kV$$

$$=\frac{1}{2}\sum_{i=1}^{N}\sum_{j=1}^{N}\frac{\partial^2 f}{\partial r_i \partial r_j}\Big|_{r*}*\frac{1}{A}\int_A (r_i(x,y)-\overline{r_i})(r_j(x,y)-\overline{r_j})\mathrm{d}A \tag{3.6}$$

当输入的向量 $r(x,y) = [r_1(x,y), r_2(x,y)]$ 为二维（$n=2$）的时候，$<P>_1$ 和 $<P>_2$ 的差异可由式（3.7）计算出来：

$$<P>_1 - <P>_2 = \frac{1}{2} \left(\begin{array}{l} \dfrac{1}{A}\int_A (r_1(x,y) - \overline{r_1})^2 \mathrm{d}A \dfrac{\partial^2 f}{\partial r_1^{\,2}}\bigg|_{\overline{r_1}} + \\[3mm] \dfrac{1}{A}\int_A (r_2(x,y) - \overline{r_2})^2 \mathrm{d}A \dfrac{\partial^2 f}{\partial r_2^{\,2}}\bigg|_{\overline{r_2}} + \\[3mm] \dfrac{2}{A}\int_A (r_1(x,y) - \overline{r_1})(r_2(x,y) - \overline{r_2})\mathrm{d}A \dfrac{\partial^2 f}{\partial r_1 \partial r_2}\bigg|_{\overline{r}} \end{array} \right) \tag{3.7}$$

式中，等式右边的最后一项包含了输入参数 r_1 和 r_2 的协方差。同单变量的泰勒展开式不同，函数的非线性程度和地表参数的不均一程度是隐含地体现在等式中的，等式右边的三项合在一起的效果才能解释函数的非线性程度和地表参数的不均一程度对反演产品的尺度影响。

通过对单变量和多变量遥感反演产品尺度效应的泰勒级数展开分析可以知道，两种不同尺度之间反演的地表参数值的关系总有公式（3.5）和公式（3.7）的形式存在，也就是说，直接使用小尺度的数据 r 反演地表参数 p，然后根据某一特定的规则在这个区域进行综合得到 $<P>_1$，同直接使用大尺度数据 $\overline{r}$ 反演的地表参数 $<P>_2$ 之间的差异可以用反演模型的非线性程度和输入参数的非均一性（方差和协方差）来表示。

至此，针对单一地表而言可以相应地建立如下尺度转换模型：

$$\mathcal{R}(\overline{r_1}) = f(\overline{r_1}) + \frac{1}{2}kV \tag{3.8}$$

通过泰勒级数展开的数学方法，能够轻易地把握遥感反演模型的非线性和输入参数的非均一性对遥感反演产品尺度效应的贡献程度，有利于抓住遥感反演产品尺度效应中的决定因素。

很明显，对于复杂地类区，下垫面有两个或者多个单一地类所构成，因此借助组分比例信息，可以发展复杂地类区的地表普适性尺度转换概念模型。同样，以单变量的遥感反演过程为例，假设小尺度像元 a 内部均一，相应的遥感观测量为 r，遥感反演产品为 p。若干个非同质小尺度像元组成一个大尺度像元 A，即大尺度像元非均一，相应的遥感观测量为 $\overline{r_0}$。大尺度的非均一像元由 i 种不同属性的下垫面构成，第 i 种下垫面在大尺度像元中所占的组分比例为 w_i，遥感观测均值和方差分别为 $\overline{r_i}$ 和 v_i，遥感反演产品为 $\overline{p_i}$，而对应的遥感反演模型为 f_i，其中每个遥感反演函数都连续且可导。那么对于该混合的大尺度像元而言，有

$$\sum f(r) = \sum p = \sum w_i \overline{p_i} \tag{3.9}$$

结合式（3.8）和式（3.9），有

$$\mathcal{R}_{\text{scaling}} \approx \sum w_i \overline{p_i} = \sum w_i \left(f_i(\overline{r_i}) + \frac{1}{2}f_i''(\overline{r_i})v_i\right) \tag{3.10}$$

式中，w_i 是第 i 种下垫面在大尺度像元中所占的组分比例；$\overline{p_i}$ 是采用第 i 种下垫面遥感

反演模型 f_i 反演的产品均值；$\bar{r}_i$ 和 v_i 是第 i 种下垫面遥感观测均值和方差。式（3.10）是从理论上严格推导出的复杂地类地表普适性尺度转换概念模型，但是这里遥感观测均值 $\bar{r}_i$ 和方差 v_i 仍旧不容易直接得到，根据先验知识是否完备，有不同的处理方式。如果每一种地类 i 的观测均值和方差无法获取，则只能损失尺度转换精度，不考虑地类间均值和方差的差异，用整个像元的观测均值和方差作为普适性尺度转换概念模型的输入。

3.2.2 复杂地形区地表普适性尺度转换概念模型

对于起伏地区，需要进一步对比不同尺度下遥感反演结果的差异，继续探寻尺度效应产生的影响因子。由于定量遥感反演自身的复杂性，通常遥感反演模型都是建立在平坦较为均一的点源数据之上，通常可以将这一过程抽象表示为 $p = f(r)$，其中，f 是抽象表示的遥感反演模型；p 是遥感反演模型的输出，即遥感反演产品；r 是遥感反演模型的输入，通常可以认为是反射率（可见光-近红外谱段）或者地表温度（热红外谱段）。该小尺度的反演模型通常是建立在平坦均一下垫面之上的，如果将其运用在复杂地表，无论是复杂地类区还是复杂地形区势必都有可能产生尺度效应。

相比平坦地区而言，地势起伏的复杂地区由于地形的存在，会对光照产生遮蔽等影响，因此地势起伏地区在定量遥感反演之前需要进行地形纠正。对于可见光-近红外谱段而言，假设小尺度地表均一情况下的地表反射率未地形校正前可以表示为 $r_{\text{local}}^{\text{flat}}$，而地形校正后则表示为 $r_{\text{local}}^{\text{terr}}$，那么小尺度地表反射率的地形校正量为

$$\Delta r_{\text{local}} = r_{\text{local}}^{\text{terr}} - r_{\text{local}}^{\text{flat}} \tag{3.11}$$

假设遥感模型适用于该小尺度遥感数据，因此遥感反演产品在该尺度下的理论值可以表示为

$$p_{\text{local}}^{\text{act}} = f(r_{\text{local}}^{\text{terr}}) = f(r_{\text{local}}^{\text{flat}} + \Delta r_{\text{local}}) \tag{3.12}$$

相应地，大尺度遥感反演产品的理论值可以表示为小尺度的遥感反演产品的面积加权值，即

$$p_{\text{large}}^{\text{act}} = \sum p_{\text{local}}^{\text{act}} / N = \sum f(r_{\text{local}}^{\text{flat}} + \Delta r_{\text{local}}) / N \tag{3.13}$$

式中，N 为大尺度嵌套含有小尺度数据的个数。

相较而言，直接使用大尺度的遥感数据反演获取的遥感反演产品 $p_{\text{large}}^{\text{app}}$ 为

$$p_{\text{large}}^{\text{app}} = f(r_{\text{large}}^{\text{terr}}) = f(r_{\text{large}}^{\text{flat}} + \Delta r_{\text{large}}) \tag{3.14}$$

式中，$r_{\text{large}}^{\text{flat}}$ 是大尺度未进行地形校正的地表反射率；$r_{\text{large}}^{\text{terr}}$ 是对应的地形校正后的地表反射率；Δr_{large} 是大尺度地表反射率的地形校正量。由于遥感反演模型 f 是建立在小尺度之上，因此 $p_{\text{large}}^{\text{app}}$ 只是大尺度遥感反演产品的一个近似值，需要对其进行尺度转换以获取大尺度的理论值。

对比公式（3.13）和公式（3.14），可以将地势起伏地区的遥感反演产品的尺度效应抽象表示为

$$\Delta_{\text{scale}}^{\text{terr}} = p_{\text{large}}^{\text{act}} - p_{\text{large}}^{\text{app}} \tag{3.15}$$

由于在观测几何条件近似条件下，小尺度和大尺度地形未校正前的地表反射率满足尺度不变性，即

$$r_{\text{large}}^{\text{flat}} = \sum r_{\text{local}}^{\text{flat}} / N \tag{3.16}$$

加之，结合平坦地区遥感反演产品的尺度转换模型有

$$\Delta_{\text{scale}}^{\text{flat}} = \frac{\sum f(r_{\text{local}}^{\text{flat}})}{N} - f(r_{\text{large}}^{\text{flat}}) = \frac{1}{2}kv \tag{3.17}$$

式中，$k = f''(r_{\text{large}}^{\text{flat}})$，$v = \sum (r_{\text{large}}^{\text{flat}} - r_{\text{local}}^{\text{flat}})^2 / N$。

结合公式（3.13）、公式（3.14）、公式（3.16）和公式（3.17），公式（3.15）可以表示为

$$\Delta_{\text{scale}}^{\text{terr}} = \sum f(r_{\text{local}}^{\text{flat}} + \Delta r_{\text{local}}) / N - f(r_{\text{large}}^{\text{flat}} + \Delta r_{\text{large}})$$
$$= \frac{1}{2}kv + \frac{\sum f'(r_{\text{local}}^{\text{flat}})\Delta r_{\text{local}}}{N} - f'(r_{\text{large}}^{\text{flat}})\Delta r_{\text{large}} \tag{3.18}$$

因此，地势起伏地区的通用尺度转换模型为

$$\mathscr{R}_{\text{scaling}} = p_{\text{large}}^{\text{app}} + \Delta_{\text{scale}}^{\text{terr}}$$
$$= p_{\text{large}}^{\text{app}} + \frac{1}{2}kv + \frac{\sum f'(r_{\text{local}}^{\text{flat}})\Delta r_{\text{local}}}{N} - f'(r_{\text{large}}^{\text{flat}})\Delta r_{\text{large}} \tag{3.19}$$

由此可见，地势起伏地区的尺度效应需要考虑到地表反射率地形校正量耦合模型一阶导后的共同影响。即便地表均一时，也会由于存在地形校正量而导致尺度效应的存在。只有当遥感反演模型线性或者地表均一及大小尺度地形校正量耦合模型一阶导能够相互抵消时，地势起伏地区才没有尺度效应。当不存在地形影响时，由于 Δr_{local} 和 Δr_{large} 均为零，公式（3.19）就转变为平坦地区的通用尺度转换模型。值得注意的是，该式未考虑下垫面复杂地类的情况，仅适合于单一地表类型的地形起伏的普适性尺度转换。对于地类及地形同时复杂的情况，需要将公式（3.10）和公式（3.19）相互结合。

3.3　复杂地表物理模型参数化及尺度效应

3.3.1　植被覆盖度（FVC）尺度效应

植被覆盖度（FVC）可以定义为植被（包括叶、茎、枝）在地面的垂直投影面积占统计区域总面积的比例，经常由归一化植被指数（NDVI）估算得出。从统计的角度看，NDVI、FVC 和一些其他的参数都可以被认为是随机变量。假设估算样方仅仅是基于 NDVI 空间，那么在一个粗分辨率像元中由 NDVI 推算出来的 FVC 及参考 FVC 就会产生尺度效应，因为 FVC 和 NDVI 之间的关系呈非线性。

在不考虑不同种植被类型的前提下，用一个公式［公式（3.20）］来描述"尺度效应"。该公式使用泰勒展开得到一个包含多个参数的近似公式，其中二阶泰勒展开可以在数学上描述函数 f 的期望。

$$E(f(X)) \approx f(\mu_x) + \frac{f''(\mu_x)}{2}\sigma_X^2 \qquad (3.20)$$

式中，μ_x 代表随机变量 X 的期望值；f 代表将变量 X 转换到其他变量的函数；σ_X^2 代表变量 X 的方差。因此，$\frac{f''(\mu_x)}{2}\sigma_X^2$ 就是尺度效应引起的偏差，该偏差受到变量的方差和转换函数 f 形式非线性的共同影响。

假设本节使用一个经验性的转换函数来将 NDVI 转换为 FVC，转换公式如下：

$$\mathrm{FVC} = (a \cdot \mathrm{NDVI} + b)^k \qquad (3.21)$$

式中，FVC 代表植被覆盖度；NDVI 代表归一化被指数；a 和 b 代表 FVC 和 NDVI 之间近似线性的关系；k 接近 1 但是不等于 1，因此公式（3.21）代表了 FVC 与 NDVI 之间非线性的关系。

将式（3.20）和式（3.21）联立，可以很容易推导出期望的 FVC 的偏差和由期望的 NDVI 推导出的 FVC 结果。公式如下：

$$B(\mu_{\mathrm{NDVI}}, \sigma_{\mathrm{NDVI}}^2) = \frac{a^2 k(k-1)(a\mu_{\mathrm{NDVI}} + b)^{k-2}}{2}\sigma_{\mathrm{NDVI}}^2 \qquad (3.22)$$

式中，μ_{NDVI} 和 σ_{NDVI}^2 分别代表一个实验区中 NDVI 的期望和方差。

但是上述结果是进行了泰勒级数近似之后得到的，所以并不是表示 NDVI 尺度效应的精确解。Zhang 等（2006）分析尺度上推过程中不同方法得到 NDVI 在数学形式上的差异，精确得到 NDVI 空间尺度差异表达形式，从而进行 NDVI 空间尺度性的模型纠正。首先通过两种过程计算 NDVI，即一种过程是首先计算某一尺度下的 NDVI，然后进行尺度上推，记为 $\mathrm{NDVI_L}$；另一种过程是先对某一尺度的反射率图像上推至一粗分辨率下，再进行 NDVI 的计算，记为 $\mathrm{NDVI_D}$。我们假设某像元由两部分组成（植被和土壤），其中植被部分比例为 f，则土壤部分为 $(1-f)$（图 3.3）。

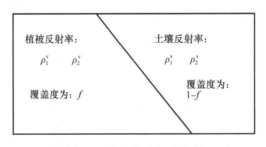

图 3.3　混合像元组成部分

根据线性混合分解模型，像元在某一光谱波段的反射率可近似认为由构成像元的基本组分的反射率以其所占像元面积比例为权重系数的线性组合，那么混合像元在近红外和可见光波段的反射率 ρ_2 和 ρ_1 应为

$$\rho_2 = f\rho_2^{\mathrm{v}} + (1-f)\rho_2^{\mathrm{s}} \qquad (3.23)$$

$$\rho_1 = f\rho_1^{\mathrm{v}} + (1-f)\rho_1^{\mathrm{s}} \qquad (3.24)$$

式中，上标 v 和 s 分别代表植被和土壤。

设 $\Delta\rho_2$ 和 $\Delta\rho_1$ 分别表示植被、土壤在近红外和可见光处的反射率差值，即

$$\Delta\rho_2 = \rho_2^v - \rho_2^s \qquad (3.25)$$

$$\Delta\rho_1 = \rho_1^v - \rho_1^s \qquad (3.26)$$

根据 NDVI 的定义，我们可以得到：

$$NDVI^s = (\rho_2^s - \rho_1^s)/(\rho_2^s + \rho_1^s) \qquad (3.27)$$

$$NDVI^v = (\rho_2^v - \rho_1^v)/(\rho_2^v + \rho_1^v) \qquad (3.28)$$

$$NDVI_D = (\rho_2 - \rho_1)/(\rho_2 + \rho_1) \qquad (3.29)$$

假定 NDVI 尺度不变时，则可以得到：

$$NDVI_L = (1-f)*NDVI^s + f*NDVI^v \qquad (3.30)$$

通过公式（3.23）~公式（3.30），我们可以推算出 NDVI 空间尺度效应的表现模型为

$$\frac{NDVI_L - NDVI_D}{NDVI_D} = \frac{f(1-f)(\Delta\rho_2 + \Delta\rho_1)}{\rho_2 - \rho_1} \frac{(\rho_2\Delta\rho_1 - \rho_1\Delta\rho_2)}{(\rho_2^v + \rho_1^v)(\rho_2^s + \rho_1^s)}$$

$$= \frac{f(1-f)(\Delta\rho_2 + \Delta\rho_1)}{\rho_2 - \rho_1}(NDVI^s - NDVI^v) \qquad (3.31)$$

从公式（3.31）中，可以看出，NDVI 空间尺度效应的大小与组成混合像元植被和土壤的 NDVI 差值，植被与土壤分别在近红外和可见光波段处的差值及植被覆盖度有关。

3.3.2 叶面积指数（LAI）尺度效应

1. 叶面积指数 LAI 的反演

遥感方法获取 LAI 具有多尺度、多时相、宽领域等优势，利用反演得到的 LAI 产品可对植被 LAI 进行时间序列分析等相关应用。利用遥感手段反演 LAI 主要是建立反演模型。一般而言，从卫星遥感数据获取的大都是地表反射率数据。所以，反演模型就是建立地表反射率与 LAI 的关系，从而对 LAI 进行反演。遥感定量反演模型是通过建立植被冠层生化结构参数与植被冠层反射光谱的关系对植被 LAI 进行反演的（Qin et al.，2008）；该方法具有较好的普适性，反演精度较高（Rautiainen，2005）。

我们利用植被冠层 BRDF 统一模型（徐希孺等，2017）对植被 LAI 进行反演。植被冠层 BRDF 统一模型是以充实的物理机理为基础、以数理方程为表达、能适用于不同植被类型的冠层二向性反射模型。该模型是建立植被冠层反射特性与植被冠层的生化参数和结构参数的关系。植被冠层 BRDF 统一模型将冠层的反射辐射分为两大部分：以几何光学模型为基础的单次散射贡献项 ρ^1 和以再碰撞概率求解的多次散射贡献项 ρ^m。

在求解单次散射项时，将原先几何光学模型的落脚点由植被冠层移到植被要素（叶片）层面上，将反射贡献项的来源归结为四部分（四分量）：光照叶片和地表，阴影叶片和地表。引入反映群聚效应的聚集指数 ζ，通过泊松公式计算冠层孔隙率；以植被冠层无因次（无量纲）拦截因子在地表的投影，通过分析太阳-目标物-传感器的空间几何关系对四分量进行求解；并考虑天空散射光比例 β 和天空漫射光对冠层的辐照比例，从而对单次散射项进行求解。其近似解析表达式为

$$\rho^1 = (1-\beta)K_c\rho_{v,L} + (1-\beta)K_g\rho_{g,L} + (1-S')\beta K_t\rho_{v,L} + S'\beta K_z\rho_{g,L} \quad\quad (3.32)$$

多次散射项的求解是基于再碰撞概率理论，分析入射光子在植被冠层—土壤体系的生命历程。入射光子的生命历程分为：

（1）光子只在植被冠层内部经过多次散射和吸收，从冠层上表面散射出去；

（2）光子在植被—土壤间经过多次散射和吸收，从冠层上表面散射出去。

如图 3.4 所示。

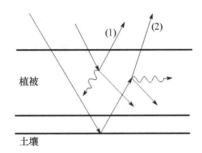

图 3.4 植被—土壤体系中光子的生命历程（徐希孺等，2017）

在考虑不同的光照来源（太阳直射光和天空漫射光），以及不同的碰撞过程，可将多次散射项分为六部分：

$$\rho^m = \rho_1^m + \rho_2^m + \rho_3^m + \rho_4^m + \rho_5^m + \rho_6^m \quad\quad (3.33)$$

式中，ρ_1^m 和 ρ_2^m 分别为太阳直射光和天空漫射光只与植被冠层相互作用所产生的贡献项；ρ_3^m 和 ρ_5^m 分别为太阳直射光和天空漫射光直接穿达地表，经过土壤—冠层间的多次碰撞之后从冠层上表面散射出来的辐射；ρ_4^m 和 ρ_6^m 分别为太阳直射光和天空漫射光打到植被冠层，经过冠层—土壤间的多次碰撞之后从冠层上表面散射出来的辐射。

在植被冠层 BRDF 统一模型对 LAI 进行反演的时候，需要考虑众多输入参数，如 LAI、聚集指数 ζ、G 函数、天空散射光比例 β、太阳入射天顶角和方位角、传感器观测天顶角和方位角、植被元素的反射率及地表反射率等，针对不同的输入参数其取值方式是有差异的。利用统一模型对 LAI 进行反演的流程（图 3.5）如下：

（1）确定太阳和传感器的天顶角和方位角；

（2）建立 G 函数、叶片反射率 ρ_v 和地表反射率 ρ_g 的查询参数表；

（3）根据植被分类图确定植被类型，获取相应的 G 函数、叶片和地表反射率；

（4）确定叶面积指数 LAI、聚集指数 ζ 及天空散射光比例 β 取值范围和取值间隔；

（5）将所有参数输入到模型中计算对应的反射率 ρ，建立不同植被反射率查找表；

（6）提取卫星影像像元反射率的值，利用最小二乘法原理找到与同类植被像元反射率差值最小时反射率所对应的 LAI，将此 LAI 赋值给像元；

（7）整幅影像 LAI 反演。

我们利用环境星（HJ-1A）反射率数据，对黑河流域植被 LAI 进行反演。像元分辨率为 30 m，如图 3.6 所示。

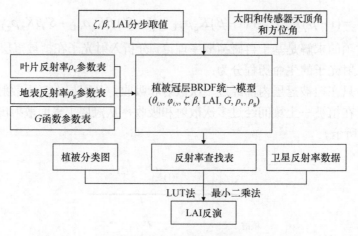

图 3.5　LAI 反演流程图

图 3.6　2012 年 7 月黑河流域植被 LAI 图

2. 连续植被叶面积指数 LAI 的尺度转换

1）产生尺度效应的物理机制

设像元 A 是由两个面积相等的小像元组成，分别称为子像元 1 与 2，它们的叶面积指数真值分别用 LAI_1 和 LAI_2 表示，$LAI_2 = LAI_1 + \Delta LAI$。像元 A 的平均叶面积指数即表观叶面积指数为 $LAI_a = (LAI_1 + LAI_2)/2 = LAI_1 + \Delta LAI/2$，$\Delta LAI$ 的取值范围为 $-LAI_1$

$\to\infty$。当 $\Delta LAI = -LAI_1$ 时，$LAI_2 = 0$，此时子像元 2 为异质，根据真实叶面积指数的定义，像元 A 的真实叶面积指数为 $LAI_t = LAI_1$，但 $LAI_a = LAI_1 / 2$；除此之外，$LAI_2 > 0$，此时 $LAI_a = LAI_t$。总之，$LAI_a \leqslant LAI_t$。

情景 1：如果保留了小于像元尺度 LAI 的空间不均一性，即 $\Delta LAI \neq 0$，忽略两个子像元之间的多次散射，则混合像元 A 的反射率值 $\rho_{A,m}$ 应为子像元反射率（ρ_1 和 ρ_2）之面积加权和：

$$\rho_{A,m} = \frac{\rho_1 + \rho_2}{2} = \frac{1}{2}(\rho_g - \rho_v)e^{-bLAI_1}\left(1 + e^{-bLAI}\right) + \rho_v \qquad (3.34)$$

其中，$b = \zeta_0 \dfrac{G_v}{\mu_v}$，$\zeta_0$ 为聚集指数，G_v 为 G 函数值，$\mu_v = \cos\theta_v$；ρ_g 和 ρ_v 分别为土壤背景与叶子的半球反射率。

情景 2：如果像元 A 内 LAI 的不均一性被掩盖，并用平均值 $LAI_1 + \Delta LAI/2$ 作为像元 A 的叶面积指数取值，则像元 A 的反射率 $\rho_{A,s}$ 与平均叶面积指数值 $LAI_{A,a}$ 之间应存在如下关系：

$$bLAI_{A,a} = -\ln\left(\frac{\rho_{A,s} - \rho_v}{\rho_g - \rho_v}\right) = -\ln\left(e^{-bLAI_1} \cdot e^{-\frac{1}{2}b\Delta LAI}\right) \qquad (3.35)$$

$$e^{-bLAI_{A,m}} - e^{-bLAI_{A,a}} = \frac{1}{2}e^{-bLAI_1}\left(1 - e^{-\frac{1}{2}b\Delta LAI}\right)^2 \geqslant 0 \qquad (3.36)$$

只要 $\Delta LAI \neq 0$，则 $LAI_{A,m} < LAI_{A,a} \leqslant LAI_t$。

两种情景的差别在于：情景 1 保留了 LAI 的空间变化，而情景 2 不存在 LAI 的空间变化，用平均叶面积指数值掩盖了确实存在的 LAI 的空间变化。上述分析表明只要像元内存在着尺度小于像元尺度的叶面积指数的空间变化，那么去反演像元尺度的 LAI，其反演值必然小于真值，两种情景具有相同的 LAI_t 和 LAI_a，但遥感反演的叶面积指数值却不相同。这就是 LAI 的尺度效应。由此可以得出以下几点结论。

A. $\Delta LAI \neq 0$ 与反演方程的非线性性质是产生尺度效应的充分必要条件

可以有两种原因致使 $\Delta LAI \neq 0$：其一，存在尺度小于像元的 LAI 的空间变化；其二，像元本身就是存在异质性的混合像元；两种原因同等重要。也可以说 LAI 的空间不均一性是产生 LAI 尺度效应的根源，事实上，我们在建立 LAI 的反演模型时，已经隐含了一个前提条件，即 LAI 不存在空间变化，如果强迫它应用于 LAI 存在空间变化的情形，产生误差也就理所当然了。

B. 尺度效应总是使反演的叶面积指数值小于真值

像元尺度 A 掩盖了小于尺度 A 的 LAI 的空间变化，当尺度不断增加时，它所掩盖的 LAI 的空间变化的尺度也越来越大，每掩盖一种尺度的 LAI 的空间变化，就将造成表观叶面积指数相应的减少量，所以表观叶面积指数值 LAI_a 将随尺度增大而累计减小，正好符合观察事实。

2）尺度描述

空间尺度在遥感影像中是指像元的空间分辨率 r。引入相对尺度 r_R 及尺度级数 n 的概念：

$$r_R = r / r_0 \qquad (3.37)$$

式中，r_0 是指零级像元尺度，在这个尺度上混合像元近乎不存在，且像元内植被近似均匀分布。如果相邻两级像元尺度之比为一个常数 d，则

$$r_R = d^n \quad (\text{或} \ n = \log_d r_R) \qquad (3.38)$$

所以 $n = 0$ 代表 $r = r_0$，此时遥感反演获得的 LAI 值为真值，可用 LAI_0 表示，$n \geqslant 1$ 时存在 LAI 的尺度效应，可用 LAI_n 表示。尺度转换公式就是求取 LAI_n 与 LAI_0 之间的函数转换关系。

3) 忽略 LAI_0 空间变化条件下的尺度转换公式

对于零级尺度像元，式（3.39）成立：

$$\rho_0 = (\rho_g - \rho_v) \mathrm{e}^{-b\mathrm{LAI}_0} + \rho_v \qquad (3.39)$$

设一级尺度像元内包含 N 个零级尺度像元，用 $\mathrm{LAI}_{0,i}$ 代表第 i 个零级像元的叶面积指数真值，$\mathrm{LAI}_{0,i} = \mathrm{LAI}_{0,a} + \Delta\mathrm{LAI}_{0,i}$，$\mathrm{LAI}_{0,a}$ 为零级尺度 LAI 在一级像元尺度内的平均值：

$$\frac{1}{N}\sum_{i=1}^{N}\mathrm{LAI}_{0,i} = \mathrm{LAI}_{0,a} + \frac{1}{N}\sum_{i=1}^{N}\Delta\mathrm{LAI}_{0,i} \qquad (3.40)$$

则

$$\rho_{0,a} = \frac{1}{N}\sum_{i=1}^{N}\rho_{0,i} = (\rho_g - \rho_v)\mathrm{e}^{-b\mathrm{LAI}_{0,a}}\frac{1}{N}\sum_{i=1}^{N}\mathrm{e}^{-b\Delta\mathrm{LAI}_{0,i}} + \rho_v \qquad (3.41)$$

若假设 $\Delta\mathrm{LAI}_{0,i} = 0$，则

$$\rho_{0,a} = (\rho_g - \rho_v)\mathrm{e}^{-b\mathrm{LAI}_{0,a}} + \rho_v \qquad (3.42)$$

设一级尺度像元内完全由异质性所占据的零级像元所占面积比例为 m_1，含有植被的零级像元所占面积比例为 $a_{v,1}$（$m_1 = 1 - a_{v,1}$），则

$$\rho_1 = (1-m_1)\rho_{0,a} + m_1\rho_g = (\rho_g - \rho_v)\mathrm{e}^{-b\mathrm{LAI}_{0,a}} + \rho_v + m_1\left[(\rho_g - \rho_v)\left(1 - \mathrm{e}^{-b\mathrm{LAI}_{0,a}}\right)\right] \qquad (3.43)$$

$$\rho_1 - \rho_v = (\rho_g - \rho_v)\left[1 - a_{v,1}\left(1 - \mathrm{e}^{-b\mathrm{LAI}_{0,a}}\right)\right] \qquad (3.44)$$

将一级尺度混合像元作为一个整体，式（3.45）成立：

$$\rho_1 = (\rho_g - \rho_v)\mathrm{e}^{-b\mathrm{LAI}_1} + \rho_v \qquad (3.45)$$

$$b\mathrm{LAI}_1 = -\ln\left(\frac{\rho_1 - \rho_v}{\rho_g - \rho_v}\right) = -\ln\left[1 - a_{v,1}\left(1 - \mathrm{e}^{-b\mathrm{LAI}_{0,a}}\right)\right] \qquad (3.46)$$

该式表明了一级尺度像元的 LAI_1 与零级尺度叶面积指数真值的平均值 $\mathrm{LAI}_{0,a}$ 之间的函数关系。

同理，对于二级尺度像元，有

$$
\begin{aligned}
\rho_2 &= a_{v,2}\rho_g - (\rho_g - \rho_v)a_{v,2}a_{v,1,a}\left(1 - \mathrm{e}^{-b\mathrm{LAI}_{0,a}}\right) + \rho_g - a_{v,2}\rho_g \\
&= (\rho_g - \rho_v)\left[1 - a_{v,2}a_{v,1,a}\left(1 - \mathrm{e}^{-b\mathrm{LAI}_{0,a}}\right)\right] + \rho_v \qquad (3.47)
\end{aligned}
$$

其中，$a_{v,2}$ 为二级尺度像元中含有植被的一级像元所占面积比例。则

$$bLAI_2 = -\ln\left(\frac{\rho_2 - \rho_v}{\rho_g - \rho_v}\right) = -\ln\left[1 - a_{v,2}a_{v,1,a}\left(1 - e^{-bLAI_{0,a}}\right)\right] \tag{3.48}$$

依此类推：

$$bLAI_n = -\ln\left[1 - a_v(n)\left(1 - e^{-bLAI_{0,a}}\right)\right] \tag{3.49}$$

式中，$a_v(n) = a_{v,n}a_{v,n-1,a}\cdots a_{v,1,a}$。

通过数值模拟可以获得 $a_v(n)$ 随 n 的变化规律，如图 3.7 所示。

$$a_v(n) = \frac{1-c}{e^{f(n)}} + c \tag{3.50}$$

式中，c 为待定常数，取决于大尺度条件下 $a_{v,n}$ 的取值；$f(n)$ 为 n 的单调递增函数，且应满足 $f(0)=0$ 的条件，一般条件下，可取线性增长模式 $f(0)=pn$，p 为经验常数。

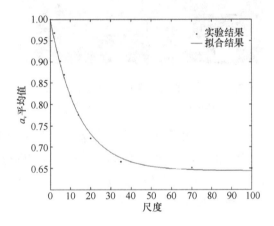

图 3.7 a_v 的尺度递减规律（徐希孺等，2009）

4）$LAI_{0,i}$ 存在空间变化的修正

在上述讨论中，假定 LAI_0 不存在空间变化是不符合实际的，显然 LAI_0 空间变化幅度越大，所引起的误差也就越大。如采用 LAI_0 的方差值（用 $V_{LAI,0}$ 表示）代表 LAI_0 空间变化的强度，通过数值试验表明叶面积指数反演误差 ΔLAI_0 与 $V_{LAI,0}$ 成正比。修正公式为

$$LAI_{0,a}^* = LAI_{0,a} + mV_{LAI,0} \tag{3.51}$$

式中，$V_{LAI,0}$ 代表零级尺度下 $LAI_{0,i}$ 的方差值；$m = 0.3589$。显然，$V_{LAI,0}$ 是一个未知量，根据数值模拟，不同尺度级方差可用式（3.52）近似：

$$V_{LAI,n} = V_{LAI,0} \cdot e^{-n} \tag{3.52}$$

如果一级尺度与二级尺度的遥感影像为已知影像，则

$$V_{LAI,0} = V_{LAI,1}^2 / V_{LAI,2} \tag{3.53}$$

5）LAI 尺度效应

设定最小空间尺度（如假定为 1 m）并随机设定不同尺度的异质斑块在空间的分布，对每一个植被像元设定其 $LAI_{0,i}$ 值，如图 3.8 所示。

图 3.8　数值模拟遥感图像（徐希孺等，2009）
白色：纯土壤像元；黑色：纯植被像元

设定 ρ_g、ρ_v、G_v、θ_v 值，并假定 $\zeta_0 = 1$，取热点处，因为每个像元的 $LAI_{0,i}$ 已经假定，便可计算出每个基本像元的 $\rho_{0,i}$，并获得零级尺度 $\rho_{0,i}$ 空间分布图。如假设相对像元尺度与级数间关系为 $r_R = 3n$，那么零级尺度为 1 m×1 m，一级尺度为 3 m×3 m，二级尺度为 9 m×9 m，依此类推。通过线性和，可获得一级、二级……各自的 $\rho_{1,i}$，$\rho_{2,i}$……空间分布图，再根据：

$$bLAI_{n,i} = -\ln\left(\frac{\rho_{n,i} - \rho_v}{\rho_g - \rho_v}\right) \qquad (3.54)$$

求得各级像元叶面积指数反演值 $LAI_{n,i}$，根据 $LAI_{0,i}$ 分布图及混合像元 $LAI_{n,t}$ 的定义，便可获得 $LAI_{n,i,t}$ 分布图，反演出的 LAI 值和真实 LAI 值的对比如表 3.1 所示。当真实 LAI 较小时，反演误差也很小，随着实际 LAI 值的增加，反演绝对误差增加，但相对误差最大不超过 10%。进行方差纠正便可获得纠正后的叶面积指数反演值。纠正前后 LAI 反演误差之对比见表 3.1。

表 3.1　经过方差纠正前后反演结果对比　　　　　　　　　　（单位：%）

	最大误差	最小误差	平均误差	标准差
纠正前	6.62	5.9	6.32	6.33
纠正后	2.78	0.11	0.81	1.13

资料来源：徐希孺等，2009

我们利用 2005 年 5 月 6 日山东济宁市的 SPOT-5 卫星影像探究 LAI 尺度效应。SPOT-5

数据空间分辨率为 10 m，包含 5994×3402 个像元，对应实际地表面积 60 km × 34 km。图 3.9 表达了 LAI_n 与 n 之间的关系，每一条曲线代表一个 1 km × 1 km 的大像元内 LAI_n 与 n 之间的关系。

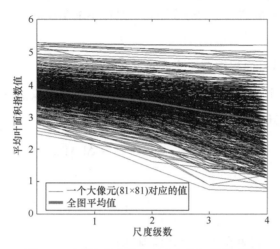

图 3.9　叶面积指数值与尺度级数间的关系图

3. 遥感反演离散植被有效叶面积指数的尺度效应

1）遥感反演离散植被有效叶面积指数产生尺度效应的原因

尺度效应可以表述为对下述问题的回答，"大像元的有效叶面积指数反演值是否等于同一对象的小像元反演值的线性平均值"，如果答案为"是"，则称为无尺度效应，反之，则表明存在尺度效应，有

$$\mathrm{LAI}_{\mathrm{eff}} = -\sqrt{\frac{\mu_i \mu_v}{G_i G_v}} \frac{1}{w} \ln(1-x) \qquad (3.55)$$

式中，$w = \dfrac{1}{H}\displaystyle\int_0^H \mathrm{e}^{-\frac{z\delta}{d}} \mathrm{d}z = \dfrac{d}{H\delta}(1-\mathrm{e}^{-\frac{H\delta}{d}})$；$\mathrm{LAI}_{\mathrm{eff}}$ 为有效叶面积指数；x 为 $\rho^1/\rho_{\mathrm{leaf}}$ 的二阶微分，ρ^1 为离散植被冠层一次散射项；ρ_{leaf} 为叶子的漫反射率。

需要回答的问题可表述为

$$\mathrm{LAI}_{\mathrm{eff},A} = \frac{1}{n}\sum_{i=1}^{n}\mathrm{LAI}_{\mathrm{eff},a}^{i} \qquad (3.56)$$

式中，$\mathrm{LAI}_{\mathrm{eff},A}$ 代表大像元 A 的有效叶面积指数反演值；$\mathrm{LAI}_{\mathrm{eff},a}^{i}$ 代表第 i 个小像元 a 的有效叶面积指数反演值。

公式（3.55）与公式（3.56）相结合，得到

$$\sqrt{\frac{\mu_i \mu_v}{G_i G_v}} \frac{1}{w}\ln(1-x_A) = \frac{1}{n}\sum_{i=1}^{n}\left[\sqrt{\frac{\mu_i \mu_v}{G_i G_v}} \frac{1}{w^i}\ln(1-x_a^i)\right] \qquad (3.57)$$

式中，$x_A = \dfrac{1}{n}\displaystyle\sum_{i=1}^{n}x_a^i$。

若假设像元内树冠空间分布均匀，则有 $\sum_{i=1}^{n} x_a^i = nx_a^i, w = w^i$，等式（3.57）的左边与右边相等，换言之，离散植被树冠在空间中均匀分布，其有效叶面积指数遥感反演值将不出现尺度效应，即离散植被空间分布不均一是产生遥感反演离散植被有效叶面积指数尺度效应的必要条件。

2）离散植被有效叶面积指数反演值的尺度转换公式

设大像元 A 由 n 个小像元组成，每个小像元的有效叶面积指数反演值可表达为平均值 $\mathrm{LAI}_{\mathrm{eff},a,a}$ 和涨落值 $\Delta\mathrm{LAI}_{\mathrm{eff},a}^i$ 之和，即

$$\mathrm{LAI}_{\mathrm{eff},a}^i = \mathrm{LAI}_{\mathrm{eff},a,a} + \Delta\mathrm{LAI}_{\mathrm{eff},a}^i \tag{3.58}$$

则有

$$1 - \overline{x^i} = \overline{\mathrm{e}^{-\sqrt{\frac{G_i G_v}{\mu_i \mu_v}} w(\mathrm{LAI}_{\mathrm{eff},a,a} + \Delta\mathrm{LAI}_{\mathrm{eff},a})}} \tag{3.59}$$

式中，符号上面的横线代表在大像元 A 范围内求平均。

鉴于 $\mathrm{LAI}_{\mathrm{eff},a,a}$ 与 $\Delta\mathrm{LAI}_{\mathrm{eff},a}^i$ 统计不相关，式（3.60）成立：

$$1 - \overline{x^i} = \overline{\mathrm{e}^{-\sqrt{\frac{G_i G_v}{\mu_i \mu_v}} w\mathrm{LAI}_{\mathrm{eff},a,a}} \cdot \mathrm{e}^{-\sqrt{\frac{G_i G_v}{\mu_i \mu_v}} w\Delta\mathrm{LAI}_{\mathrm{eff},a}^i}}$$

$$= \mathrm{e}^{-\sqrt{\frac{G_i G_v}{\mu_i \mu_v}} w\mathrm{LAI}_{\mathrm{eff},a,a}} \cdot \overline{\mathrm{e}^{-\sqrt{\frac{G_i G_v}{\mu_i \mu_v}} w\Delta\mathrm{LAI}_{\mathrm{eff},a}^i}} \tag{3.60}$$

类似于公式（3.1）对公式（3.60）等号右边第二项进行泰勒级数展开，且 $\Delta\mathrm{LAI}_{\mathrm{eff},a}^i$ 的奇次方平均值为零，故式（3.61）成立：

$$\mathrm{LAI}_{\mathrm{eff},A} = \mathrm{LAI}_{\mathrm{eff},a,a} - \sqrt{\frac{\mu_i \mu_v}{G_i G_v}} \cdot \frac{1}{w} \cdot \ln[1 + \frac{1}{2!}\left(\frac{G_i G_v}{\mu_i \mu_v}\right) w^2 \overline{(\Delta\mathrm{LAI}_{\mathrm{eff},a})^2} + \frac{1}{4!}\left(\frac{G_i G_v}{\mu_i \mu_v}\right)^2 w^4 \overline{(\Delta\mathrm{LAI}_{\mathrm{eff},a})^4} + \cdots]$$

$$\tag{3.61}$$

公式（3.61）等号右边第二项为"正"值，这表明对于离散植被而言，小尺度像元遥感反演有效叶面积指数值的平均值永远大于同一目标大尺度像元遥感反演有效叶面积指数值，其差值由公式（3.61）等号右边第二项表达。

对于上述结果可做如下的物理解释：在有效叶面积指数反演方法中，信息量主要来自于叶片的光照面对外来辐射的反射，植被冠层的透过率为主要影响因素，而透过率可表达为 e^{-x} 函数形式，如图3.10所示。

设 $\bar{x}$ 为平均值，它的左右两边等概率地出现 $+\Delta x$ 与 $-\Delta x$，它们所对应的透过率值分别为 p_1 与 p_2，其平均值为 p_3，p_3 所对应的 x 即为反演值，可用 x^r 表示，图3.10清楚地表明反演公式的非线性是如何使 $x^r < \bar{x}$ 的。

总之，遥感反演离散植被有效叶面积指数出现尺度效应的内在原因是植被空间分布的不均一性（出现 $\pm\Delta x$）及反演公式的非线性（e^{-x}），两个条件缺一不可。

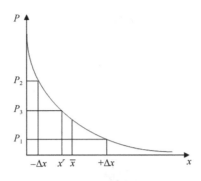

图 3.10　离散植被有效叶面积指数反演值尺度效应示意图（范闻捷等，2013）

3）实验验证结果

利用方向性二阶微分方法分别反演高分辨率和低分辨率影像中像元的有效 LAI 值，验证低分辨率像元的有效 LAI 反演值与高分辨率像元有效 LAI 反演值的平均值的关系如图 3.11 所示。可见，对于离散植被而言，大像元有效 LAI 反演值总是小于小像元有效 LAI 反演值的平均值，这与公式（3.61）所表达的含义亦相符。

差值的计算，关键在于计算 $\overline{\left(\Delta \mathrm{LAI}_{\mathrm{eff},a}\right)^2}$，小像元有效叶面积指数 $\mathrm{LAI}_{\mathrm{eff},a}^i$ 可以反演得到，所以每个小像元的 $\Delta \mathrm{LAI}_{\mathrm{eff},a}^i$ 可以通过公式（3.58）计算得到，代入公式（3.61）等号右边第二项，比较该项计算结果与 $\mathrm{LAI}_{\mathrm{eff},a,a} - \mathrm{LAI}_{\mathrm{eff},A}$ 的差异，如图 3.12 所示，统计显示，通过公式（3.61）等号右边第二项计算得到的小像元有效叶面积指数反演值的平均与大像元有效叶面积指数反演值的差值与实际差值相比，其相对误差约为4.66%。

3.3.3　光合有效辐射吸收比例（FAPAR）尺度效应

1. 光合有效辐射吸收比例遥感模型

光合有效辐射吸收比例（FAPAR）表示植被吸收的光合有效辐射占入射太阳辐射的比例，反映了植被冠层对能量的吸收能力（Fensholt et al.，2004）。利用影像数据计算植被 FAPAR 是定量遥感研究的重要内容。研究者所提出的众多 FAPAR 遥感计算模型主要可以分为两类：经验关系模型（Wiegand et al.，1992；Prince and Goward，1995；Friedl et al.，1995）和物理模型（Myneni et al.，1997；Knyazikhin et al.，1998；Tian et al.，2000）。其中，FAPAR-P 模型是从能量守恒原理出发，通过分析光子与冠层作用的过程，以光子在植被冠层内的运动和发生多次散射时的再碰撞概率相等为出发点，建立的物理模型（Fan et al.，2014），该模型的主要公式为

$$\mathrm{FAPAR} = \int_{400\sim700\mathrm{nm}} a(\lambda)\mathrm{d}\lambda = \int_{400\sim700\mathrm{nm}} \left(a_1(\lambda) + a_2(\lambda)\right)\mathrm{d}\lambda \qquad (3.62)$$

式中，$a(\lambda)$ 是植被冠层对波长为 λ 的光辐射的吸收概率，是冠层对太阳直射光和天空散射光这两类上部辐射的吸收比例 $a_1(\lambda)$ 及对冠层与地表之间多次漫反射辐射的吸收比例 $a_2(\lambda)$ 之和：

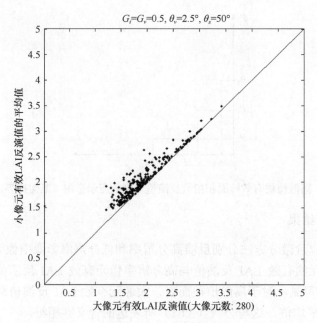

$G_i=G_v=0.5$, $\theta_v=2.5°$, $\theta_s=50°$

图 3.11　低分辨率像元的有效 LAI 反演值与高分辨率像元有效 LAI 反演值的平均值的验证结果

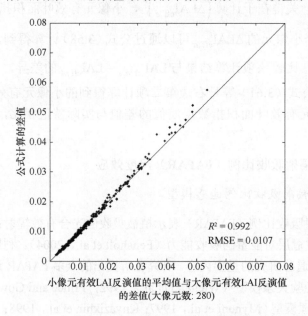

$R^2 = 0.992$
$RMSE = 0.0107$

小像元有效LAI反演值的平均值与大像元有效LAI反演值
的差值(大像元数: 280)

图 3.12　$LAI_{eff,a,a} - LAI_{eff,A}$ 与公式（3.61）等号右边第二项的验证结果（范闻捷等，2013）

$$a_1(\lambda) = i_0 \cdot \frac{1 - \omega_l(\lambda)}{1 - p\omega_l(\lambda)} \cdot (1 - \beta) + \tilde{i}_0 \cdot \frac{1 - \omega_l(\lambda)}{1 - p\omega_l(\lambda)} \cdot \beta \qquad (3.63)$$

$$a_2(\lambda) = (f_1 + f_2) \cdot \frac{r_g}{1 - r_g r_c^* \tilde{i}_0} \cdot \tilde{i}_0 \cdot \frac{1 - \omega_l(\lambda)}{1 - p\omega_l(\lambda)} \qquad (3.64)$$

式中，$\omega(\lambda)$ 为单次散射反照率；p 为光子经过一次碰撞之后仍留在冠层中发生碰撞的概率；β 为天空散射光占总光合有效辐射的比例；f 为到达地表的入射光辐射比例；

r_g 为地表反射率；r_c 为植被冠层漫反射率；i_0 为植被冠层对直射光的拦截概率：

$$i_0 = 1 - e^{-\frac{G_i}{\mu_i}\text{LAI}_e} \tag{3.65}$$

式中，G 为 G 函数值；μ 为太阳天顶角 θ_s 的余弦值；LAI_e 为有效 LAI 值，它是尼尔逊参数 Ω 和实际 LAI 值的乘积，$\tilde{i}$ 为植被冠层对天空散射光的拦截概率：

$$\tilde{i} = 2\int_0^{\frac{\pi}{2}} \sin\theta_s \cdot \cos\theta_s \cdot \left(1 - e^{-\frac{G}{\mu}\text{LAI}_e}\right) d\theta_s \tag{3.66}$$

由于 FAPAR-P 模型在尺度效应研究中过于复杂，因此有必要对其进行合理简化（Tao et al.，2015）。$a_1(\lambda)$ 的公式可以转换为公式（3.67）：

$$
\begin{aligned}
a_1(\lambda) &= i_0 \cdot \frac{1-\omega_l(\lambda)}{1-p\omega_l(\lambda)} + (\tilde{i}_0 - i_0) \cdot \frac{1-\omega_l(\lambda)}{1-p\omega_l(\lambda)} \cdot \beta \\
&= a_{11}(\lambda) + a_{12}(\lambda)
\end{aligned} \tag{3.67}
$$

$a_2(\lambda)$ 的公式可以转换为公式（3.68）：

$$
\begin{aligned}
a_2(\lambda) &= (f_1 + f_2)\frac{r_g}{1 - r_g r_c^* \tilde{i}_0}\tilde{i}_0\frac{1-\omega_l(\lambda)}{1-p\omega_l(\lambda)} \\
&= (1 - i_0)\frac{r_g}{1 - r_g r_c^* \tilde{i}_0}\tilde{i}_0\frac{1-\omega_l(\lambda)}{1-p\omega_l(\lambda)} \\
&\quad + \beta(i_0 - \tilde{i}_0)\frac{r_g}{1 - r_g r_c^* \tilde{i}_0}\tilde{i}_0\frac{1-\omega_l(\lambda)}{1-p\omega_l(\lambda)} \\
&\quad + f_2\frac{r_g}{1 - r_g r_c^* \tilde{i}_0}\tilde{i}_0\frac{1-\omega_l(\lambda)}{1-p\omega_l(\lambda)} \\
&= a_{21}(\lambda) + a_{22}(\lambda) + a_{23}(\lambda)
\end{aligned} \tag{3.68}
$$

$a_{11}(\lambda)$ 是 $a_1(\lambda)$ 的第一项，$a_{12}(\lambda)$ 是 $a_1(\lambda)$ 的第二项，以此类推。当 $\text{LAI}_e \geqslant 0.5$ 时，$a_{21}(\lambda) + a_{22}(\lambda) + a_{23}(\lambda)$ 对于 FAPAR 的贡献率几乎可以忽略（小于 0.05），而 $1 - r_g r_c^* \tilde{i}_0 < 0$。因此，在允许误差范围内可以对方程进行简化，得到公式（3.69）。

$$
\begin{aligned}
a(\lambda) &= a_{11}(\lambda) + a_{21}(\lambda) \\
&= K(\lambda)[i_0 + (1-i_0)r_g(i_0 + 0.1)] + K(\lambda)(1-i_0)r_g(\tilde{i}_0 - i_0 - 0.1) \\
&= a_{31}(\lambda) + a_{32}(\lambda)
\end{aligned} \tag{3.69}
$$

每个像元的再碰撞概率 p 用该像元对应的 LAI_e 值分别进行计算。由于 $(1-\omega_l(\lambda))/(1-p\omega_l(\lambda))$ 对于每个像元来说，仅是波长 λ 的函数，因此可以记作 $K(\lambda)$。$a_{32}(\lambda)$ 占 FAPAR 的比例极小，可以忽略（小于 0.05），因此有公式（3.70）成立：

$$
\begin{aligned}
a(\lambda) &= a_{31}(\lambda) = K(\lambda)[i_0 + (1-i_0)r_g(i_0 + 0.1)] \\
&= K(\lambda)(-r_g)\left[\left(e^{-\frac{G_i}{\mu_i}\text{LAI}_e} + \frac{1-1.1r_g}{2r_g}\right)^2 - \left(\frac{1-1.1r_g}{2r_g}\right)^2 - \frac{1}{r_g}\right]
\end{aligned} \tag{3.70}
$$

公式（3.70）即为 FAPAR-P 模型的简化方程。

2. 光合有效辐射吸收比例的尺度效应

自然界都是极度复杂的，遥感是描述自然界的技术手段，是对地表现实的采样和过滤，遥感的观测尺度是离散的，无法完全匹配自然地表景观的连续变化尺度，这就产生了 FAPAR 等遥感参量的空间尺度效应。尺度效应对 FAPAR-P 模型具有显著影响，特别在简化的 FAPAR-P 模型的基础上，FAPAR 计算过程中的尺度效应可以直接用数学公式表示如下（Wang et al.，2015）：

$$\Delta FAPAR = FAPAR_A - FAPAR_a \tag{3.71}$$

$$FAPAR_A = \int_{0.4}^{0.7} \left[\left(e^{-\frac{G_i}{\mu_i}LAI_{e,A}} + \frac{1-1.1r_g}{2r_g} \right)^2 - \frac{1}{r_g} - \left(\frac{1-1.1r_g}{2r_g} \right)^2 \right] (-r_g)K(\lambda)d\lambda \tag{3.72}$$

$$FAPAR_i = \int_{0.4}^{0.7} \left[\left(e^{-\frac{G_i}{\mu_i}LAI_{e,i}} + \frac{1-1.1r_g}{2r_g} \right)^2 - \frac{1}{r_g} - \left(\frac{1-1.1r_g}{2r_g} \right)^2 \right] (-r_g)K(\lambda)d\lambda \tag{3.73}$$

$$FAPAR_a = \frac{1}{n}\sum_{i=1}^{n} FAPAR_i \tag{3.74}$$

式中，$FAPAR_A$ 和 $FAPAR_i$ 分别为低分辨率大像元反演得到的 FAPAR 值和高分辨率小像元反演得到的 FAPAR 值；$FAPAR_a$ 是高分辨率小像元 FAPAR 值的平均值，被认为是该大像元的 FAPAR 参考真值。$FAPAR_A$、$FAPAR_i$ 和 $FAPAR_a$ 的计算公式分别如公式（3.72）、公式（3.73）和公式（3.74）所示，其中，$LAI_{e,A}$ 是低分辨率大像元的平均有效 LAI 值；$LAI_{e,i}$ 是每个高分辨率小像元的有效 LAI 值。FAPAR 的尺度效应就是低分辨率大像元反演得到的 FAPAR 值与高分辨率小像元反演得到的平均 FAPAR 值之间的差值，即如公式（3.71）所示。

假设一个低分辨率大像元 A 是由 n 个高分辨率小像元组成的，每个高分辨率小像元的有效 LAI 可以由其平均有效 LAI 值和一个涨落值的和来表示，如公式（3.58）所示。假如植被冠层在每个像元是均匀分布的，即涨落值为 0，则 $\Delta FAPAR = 0$。对于 FAPAR 反演模型来说，LAI_e 和 FAPAR 之间的关系可以简化为 $1-e^{-x}$。假如 $LAI_{e,A}$ 是低分辨率大像元有效 LAI 的平均值，$+\Delta L$ 和 $-\Delta L$ 是有效 LAI 的涨落值，其概率遵循高斯分布，反演分别得到 FAPAR 值为 F_1 和 F_2。F_1 和 F_2 的平均值为 F_a，其对应的有效 LAI 是 $L_{e,a}$。F_A 是由 $L_{e,a}$ 反演得到的 FAPAR 值。图 3.13 说明了模型的非线性及 $+\Delta L$ 和 $-\Delta L$ 的存在，导致始终有 $F_a \neq F_A$，更进一步的结论是始终有 $F_a \leqslant F_A$ 成立。这一结论在其他近似服从 $FAPAR = 1-e^{-LAI}$ 关系的 FAPAR 模型中也适用。

结合泰勒级数展开公式及 $LAI_{e,A}$ 和 $\Delta LAI_{e,i}$ 之间的相互独立可得公式（3.75）：

$$\frac{1}{r_g} - \frac{FAPAR_a}{K(\lambda)r_g}$$

$$= \left[\sqrt{\left(\frac{1}{r_g} - \frac{FAPAR_A}{K(\lambda)r_g} \right) + \left(\frac{1-1.1r_g}{2r_g} \right)^2} - \frac{1-1.1r_g}{2r_g} \right]^2$$

$$\cdot \left[1 + \frac{1}{2!}4\left(-\frac{G_i}{\mu_i} \right)^2 \overline{(\Delta LAI_e)^2} + \frac{1}{4!}16\left(-\frac{G_i}{\mu_i} \right)^4 \overline{(\Delta LAI_e)^4} + \cdots \right]$$

$$+ \frac{1-1.1r_g}{r_g} \left[\sqrt{\left(\frac{1}{r_g} - \frac{FAPAR_A}{K(\lambda)r_g} \right) + \left(\frac{1-1.1r_g}{2r_g} \right)^2} - \frac{1-1.1r_g}{2r_g} \right]$$

$$\cdot \left[1 + \frac{1}{2!}\left(-\frac{G_i}{\mu_i} \right)^2 \overline{(\Delta LAI_e)^2} + \frac{1}{4!}\left(-\frac{G_i}{\mu_i} \right)^4 \overline{(\Delta LAI_e)^4} + \cdots \right] \tag{3.75}$$

式（3.75）即为遥感反演冠层 FAPAR 的尺度转换公式。根据这个公式可以得到由高分辨率像元反演得到的 FAPAR 值的平均值总是不大于低分辨率像元反演得到的 FAPAR 值，与图 3.13 结论一致。其差异值大小主要取决于高分辨率 FAPAR 值（LAI 值）的变化方差，即植被冠层分布的非均一性。

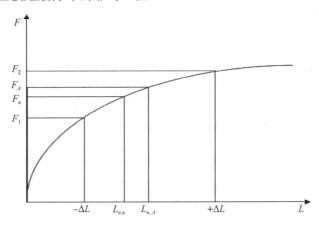

图 3.13　FAPAR 空间尺度效应的实质

利用 5m 分辨率 CASI 数据对尺度效应及转换模型进行验证的结果如图 3.14 和图 3.15 所示。其中，由 5m 分辨率 CASI 影像反演 LAI 并进行均值重采样获得 50m 和 100m 的低分辨率 LAI 图像，然后再由这样获得的 50m 和 100m 的 LAI 基于 FAPAR-P 模型反演得到对应分辨率的 FAPAR，记为 $FAPAR_A$；对 5m $FAPAR_A$ 进行均值重采样获得 50m 和 100m 的 FAPAR 值，记为 $FAPAR_a$，作为 50m 和 100m 尺度下的 FAPAR 真值用于对比验证；对 50m 和 100m 的 $FAPAR_A$ 用尺度转换公式分别获得 50m 和 100m 的 FAPAR 值记为 F_{ta}，为需要验证其可靠性的空间尺度转换结果。

图 3.14 显示低分辨率大像元反演得到的 FAPAR 值总是大于等于高分辨率小像元反演得到的 FAPAR 值的平均，即 $FAPAR_a \leqslant FAPAR_A$。混合像元对应点的二者差值相对更大。

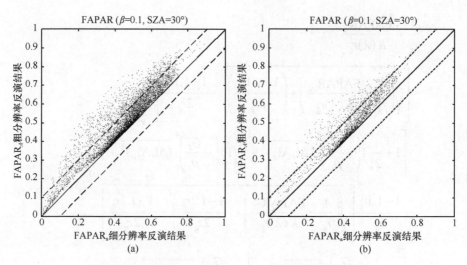

图 3.14　$FAPAR_A$ 和 $FAPAR_a$ 的比较及其差值分布图

（a）50m 分辨率；（b）100m 分辨率

　　图 3.15 对比了 FAPAR 尺度转换值 F_{ta} 和参考真值 $FAPAR_a$，可见尺度转换结果有效削减了 FAPAR 在低分辨率时偏大的尺度效应现象。进一步的分析表明，在混合像元区域，这种削减作用倾向于力度不够，而在均匀像元区域（纯植被或纯异质像元），则倾向于略微尺度转换过度。

3. 考虑地形影响的 FAPAR 模型

　　一般的 FAPAR 遥感模型均未考虑地形因素，在复杂地形区其计算精度有限。基于 FAPAR-P 模型的 FAPAR-PR 模型（Zhao et al.，2016），模拟地形因素对 FAPAR 的影响，以提高复杂地形区的 FAPAR 计算精度。该模型认为地形对于 FAPAR 的影响主要体现在两个方面。

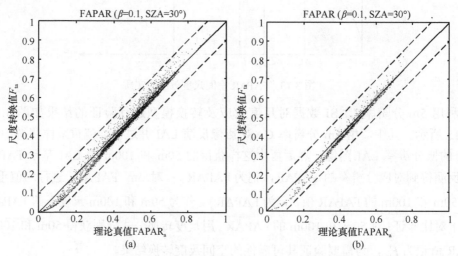

图 3.15　FAPAR 尺度转换值和参考真值的比较

（a）50m 分辨率；（b）100m 分辨率

1）入射辐射的变化

由于周围地形会遮挡部分方向的天空散射光并可能遮挡太阳直射光，因此地形因素会改变天空散射辐射占总辐射能量的比例。

2）植被冠层与入射辐射几何关系变化导致植被冠层拦截概率的改变

FAPAR-PR 方法将上述两种影响内化入模型当中，以消除地形因素对 FAPAR 计算的干扰。

不同辐射条件下，地形因素对天空散射光比例会造成不同的影响。在太阳直射光被周围地形遮挡的区域，天空散射光比例变为 1。在其他位置，由于太阳直射辐射保持不变，而部分方向的天空散射辐射被周围地形遮挡，因此天空散射光比例相较于平地的情况会减小。周围地形的反射辐射能量太小，而可以忽略不计。FAPAR-PR 模型按实际情况，将天空散射光近似为半球状均匀分布，并定义天空可视因子为射向某像元的散射光所分布的半球空间中未被周围地形遮挡的比例（Shi et al.，2009）：

$$V = \frac{1}{2\pi} \int_0^{2\pi} \left[\cos\theta_p \sin^2 H_\varphi + \sin\theta_p \cos(\varphi - A_p)(H_\varphi - \sin H_\varphi \cos H_\varphi) \right] d\varphi \qquad (3.76)$$

式中，θ_p 表示像元坡度；A_p 表示像元坡向；H_φ 表示 φ 方向的最大天空可视角。由于天空散射光呈半球状均匀分布，因此天空可视因子即表示坡面像元所接收的天空散射辐射占平地不受遮挡像元接收的天空散射辐射的比例。那么，受地形因素影响的天空散射光比例 β_{new} 与原始天空散射光比例 β 的关系，可以表示为

$$\beta_{\text{new}} = \frac{V \cdot \beta}{1 + V \cdot \beta - \beta} \qquad (3.77)$$

地形起伏改变植被冠层与入射辐射之间的几何关系，如入射辐射的有效入射角，即坡面法线与入射方向的夹角发生改变。由于植被无论在任何位置都具有向地生长性，坡面植被与平地上植被具有不同的冠层结构。因此，仅考虑有效入射天顶角的变化是不全面的。FAPAR-PR 模型综合冠层结构和有效入射角两方面的影响，根据有效冠层厚度的变化，计算冠层对光子的拦截概率，从而将地形影响内化入模型（图 3.16）。

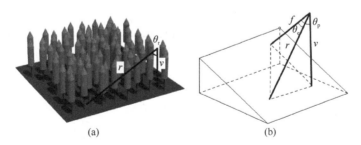

图 3.16　平面和坡面上植被有效冠层厚度对比图
（a）平面；（b）坡面。r：有效冠层厚度；v：植被高度；f：坡面法线

坡面像元上植被的有效冠层厚度与水平地表上植被的比例可以表达为

$$R_e = \frac{\cos\theta_p \cos\theta_r}{\cos\theta_e} \qquad (3.78)$$

式中，θ_e 表示有效入射天顶角；θ_r 表示实际入射天顶角。植被冠层对太阳直射辐射和天空散射辐射的拦截概率可以分别被修正为

$$i_e = 1 - \exp\left(-\frac{G \cdot \cos\theta_p}{\cos\theta_e} \cdot \text{LAI}_e\right) \qquad (3.79)$$

$$\tilde{i}_e = 2\int_0^{\frac{\pi}{2}} \sin\theta \cdot \cos\theta \cdot \left(1 - e^{-\frac{G \cdot \cos\theta_p}{\cos\theta}\text{LAI}_e}\right) d\theta \qquad (3.80)$$

通过对天空散射光比例和植被拦截概率的修正，已将地形因素对 FAPAR 计算的主要影响内化入模型，使用修改后结果代替水平情况公式中的相应参数，即为适合复杂地形区的 FAPAR 遥感模型 FAPAR-PR。

4. FAPAR 计算中地形影响的尺度效应

地形是导致遥感领域尺度效应的重要因素之一。地形因素对 FAPAR 计算的影响，随着不同的像元空间尺度而差异显著。分别根据 FAPAR-P 模型和 FAPAR-PR 模型，由甘肃省张掖市大野口林场和河北省塞罕坝国家森林公园部分复杂地形区的 WorldView 影像计算不同尺度像元的植被 FAPAR，并分别对比分析两种模型的 FAPAR 结果，可以直观显示出地形影响的尺度效应（Zhao et al.，2016）。

由图 3.17 和图 3.18 可见，当像元空间尺度较小时，地形因素对 FAPAR 的影响较强，随着像元空间尺度上升，地形影响的显著性降低，当像元尺度大于一定程度时，地形因素对 FAPAR 计算的影响可以忽略不计。导致以上现象的原因是，众多小像元经平均法

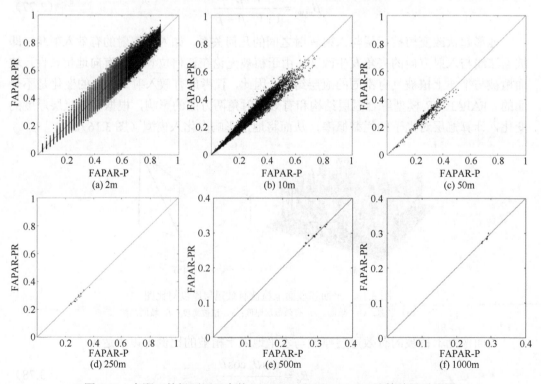

图 3.17 大野口林场不同尺度的 FAPAR-P 和 FAPAR-PR 计算结果对比图

升尺度成为较大像元，平均过程中各小像元所对应的地形因子一定程度上相互抵消，因此像元的空间尺度越大，各像元的地形因子表现越相似，并趋近平坦地面，如坡度等级的降低和坡向的趋同等。对大野口和塞罕坝复杂地形区坡度和坡向因子的实际分析，印证了以上推断（图 3.19~图 3.22）。

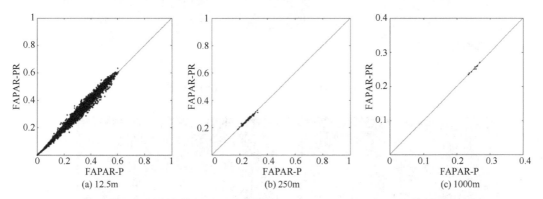

图 3.18　塞罕坝国家森林公园不同尺度的 FAPAR-P 和 FAPAR-PR 计算结果对比图

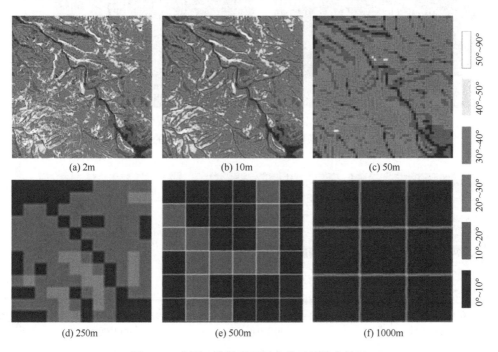

图 3.19　大野口林场不同尺度像元的坡度情况

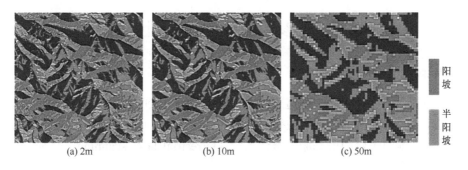

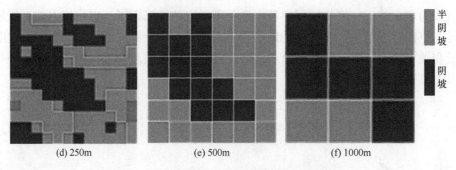

图 3.20　大野口林场不同尺度像元的坡向情况

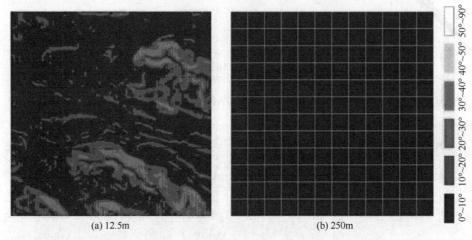

图 3.21　塞罕坝国家森林公园不同尺度像元的坡度情况

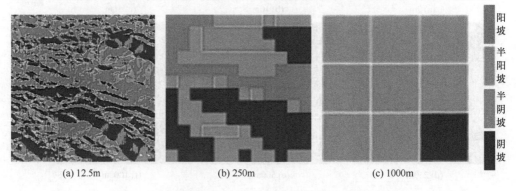

图 3.22　塞罕坝国家森林公园不同尺度像元的坡向情况

3.4　植被结构参数地面间接测量及尺度效应

3.4.1　森林样地完整点云获取

　　激光扫描作为一种新兴主动遥感技术，通过发射并接收反射的激光脉冲，返回激光扫描仪与反射目标之间的距离，获得高精度的三维点云。近年来，在森林样地冠层三维结构测量中，地面平台的地基激光雷达系统（terrestrial laser scanning，TLS）正被广泛

·168·

应用。与传统机载激光雷达系统相比,地基激光雷达系统实现了自下而上的扫描,更有利于获取样区内地面、树干及冠层下部的三维信息,并提供更高的点云空间分辨率,为快速、准确获取森林样地的结构参数(胸径、树高、叶面积指数等)及精细刻画森林的三维结构奠定了基础。

然而,地面激光雷达获取数据范围有限,且受仪器工作方式和树木遮挡等影响,很难完整反映冠层上层信息;而常规航空摄影测量与遥感手段难以获得树冠下层信息,且机动性差、成本较高。近年来,无人机技术快速发展,其灵活方便、可随时获取较大范围、多时相数据的特点,在林业相关研究中得到了广泛的关注。与传统航空遥感类似,无人机同样采用自上而下的数据获取方式,难以获取与地基激光雷达相当的冠层下部信息。因此,利用地基激光雷达与无人机在林区冠层数据获取的互补性,本节提出联合地面与无人机平台的森林结构参数获取的研究,提供更加先进的测量手段并获取森林样地更为完整、丰富的基础数据。

1. 地基激光雷达多站点云配准

地基激光雷达扫描获取的三维点云随扫描距离增加,点间距增大,空间分辨率明显降低,因此,在森林样地中,对距离扫描仪较远的树木难以获取冠层的细部特征;另外,森林样地中树木间的相互遮挡及树木对扫描仪的遮挡,导致单站扫描的点云数据通常存在不完整扫描和冠层部分缺失的情况,进而导致样区尺度的森林参数的低估(Hilker et al.,2010;Kelbe et al.,2015)。为了减少以上因素对样地冠层参数准确提取的影响,在森林样地扫描中,需要通过架设多个扫描站进行多站点云扫描与数据配准,实现森林样地完整点云的获取。

由于任意两扫描站间的相对位置关系可以表达为三个平移参数和三个旋转参数,地基激光雷达的多站点云配准问题可以转化为确定这 6 个转换参数。森林样地中,茂密的树木冠层结构会导致在冠层下方使用全球定位系统(GPS)定位精度的降低,因此,无法只依赖 GPS 满足高精度的配准需求。同时,不同于城市测量,森林样地内几乎不包含可以直接提取的自然靶标。因此,现有研究中一般通过布设人工靶标,并利用后处理软件结合人机交互处理,实现多站点云配准(Hilker et al.,2012,2010;Tansey et al.,2009;Watt and Donoghue,2005;Zheng and Moskal,2012),并保证了较高的配准精度。然而,受样地内复杂的树木冠层遮挡的影响,在任意两站间布设多个满足通视条件的人工靶标通常费时费力;而野外测量中的天气条件和电池续航状况限制了激光雷达扫描的有效工作时长,因此,为了提高激光雷达在森林样地的扫描效率,需要减少人工靶标的布设数量和布设难度。

近年来,一些学者通过提取地面特征点、树干中心等样地内的间接自然特征来代替人工靶标用于多站点云配准,常用方法包括:利用树干中心位置作为输入,应用最临近点迭代搜索算法(ICP)的点云配准及其改进算法(Henning and Radtke,2006,2008);利用样地内多个树干中心的空间相对位置关系(如基于中心位置构造的三角网的相似性测度)计算变换参数,实现多站点云配准等(Ni et al.,2011)。然而,上述方法在样地扫描中,均存在一定的不足(需要通过额外的布设确定初始搜索参数,或方法在不同样区需要进行参数调整),因此,本节中对 973 计划项目中的承德落叶松样区,应用一种新型的由粗到精的配准策略,仅利用单一反光片,实现相邻扫描站间的多站点云配准(Zhang et al.,2016a)。

1）研究区与数据获取

本节所选研究区为位于中国河北省承德市塞罕坝国家森林公园（42°23.87′ N，117°19.05′ E）的两块 45m×45m 的正方形样地。样地中主要树木类型分别为落叶松（样地 A）和白桦（样地 B），样区示意图如图 3.23 所示。

(a)　　　　　　　　　　　　　　　　(b)

图 3.23　实验样地示意图

（a）落叶松样地 A；（b）白桦样地 B

我们利用 Riegl VZ-1000 地基激光雷达设备进行多站点云获取，仪器主要参数如表 3.2 所示。

表 3.2　Riegl VZ-1000 地基激光雷达主要参数

参数	Riegl VZ-1000
光斑发散角	0.3mrad
光斑直径	7mm
波长	1550nm
最小测量距离	2.5m
最大测量距离	350m
扫描天顶角	30°~130°
扫描方位角	0°~360°

根据树木密度和冠层间遮挡情况的不同，本实验中在两个样地分别进行了 10 站和 14 站点云扫描，为了保证相邻站点间的通视条件，测站分布如图 3.24 所示。

2）基于后视定向的点云粗配准

为了减轻人工靶标布设的困难，本研究在地基激光雷达扫描中，仅利用单一靶标，基于后视定向法实现相邻扫描站间的点云粗配准。本实验中，人工靶标（后视定向反光片）布设在待配准扫描站位置正下方，并用皮尺准确测量靶标中心到扫描仪中心的垂直距离，获得靶标与该测站中心的相对位置。由于样地内各相邻测站相互通视，因此，通过简单设置，即可满足该靶标与下一测站（参考站）的通视条件。

粗配准过程主要分为以下两步：①利用反光片的高反射特性，在参考扫描站的扫描点云数据中提取该反光片位置，进而获得两相邻扫描站坐标系间的平移参数。②通过扫

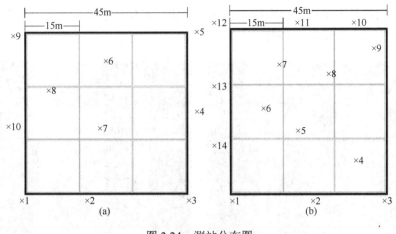

图 3.24　测站分布图

(a) 样区 A；(b) 样区 B

描仪内置的倾角传感器，给出沿 X 和 Y 方向的两个旋转角度参数（角度精度优于 0.1°）；利用扫描仪内置的数字罗盘给出的方位角信息，计算出两站间的方位角度差，作为 Z 方向的旋转角。

上述粗配准策略仅需在扫描站位置布设单一反光片，且布设过程省时省力，因此，大幅提高了地基激光雷达的样地扫描效率；同时，粗配准参数为精配准提供了变换参数初值，提高了后续精配准的效率。

3）基于同名树干中心的点云精配准

后视定向粗配准后，为了满足更高精度的配准需要，本节引入了一种利用同名树干中心的精配准策略：①地面点滤波，利用 CSF 地面滤波算法（Zhang et al.，2016b）滤除样区内的地面点。②确定树干中心位置，假设样地内树木的树干接近垂直，在距地面 1.3m 高度处对滤波后的点云数据进行切片（切片厚度：5cm），则每棵树干的点云在切片内呈圆弧分布，应用最小二乘圆拟合，即可计算出该树干的中心位置。③刚体变换，将上文粗配准结果作为初值，应用最临界搜索方法确定相邻测站间的同名树干中心作为输入，通过最小二乘策略和刚体变换模型即可计算出 6 个变换参数，实现多站点云配准，获得完整的森林样地三维点云。

4）配准结果与结论

图 3.25 分别展示了落叶松样地内相邻扫描站获取的点云数据的粗配准和精配准结果。

为了定量评价样地的多站扫描点云配准结果，我们在样地内布设了若干同名反光片，并利用基于反光片的多站配准结果作为对比，如表 3.3 所示。

为了进一步说明本实验中由粗到精的多站点云配准策略对结构参数获取的影响，我们在落叶松样地 A 中选取了 21 棵胸径大于 10cm 的落叶松，经多站点云配准后，提取胸径参数，并与野外人工量测结果进行对比，结果如图 3.26 所示。其中，决定系数为 0.92，均方根误差为 0.27cm，平均绝对误差为 0.3cm，表明二者结果呈现较好的一致性，说明该由粗到精的多站点云配准策略可以用于获取森林样地完整的点云数据,并有利于提取高精度的森林冠层结构参数。

(a)   (b)

图 3.25   样地中两相邻扫描站的点云配准结果示意图
(a) 粗配准;(b) 精配准

表 3.3   样地点云配准精度对比

	配准精度	粗配准	精配准	基于反光片的配准
样地 A	平均绝对误差/m	0.240	0.015	0.006
	均方根误差/m	0.182	0.006	0.002
样地 B	平均绝对误差/m	0.116	0.015	0.005
	均方根误差/m	0.188	0.007	0.002

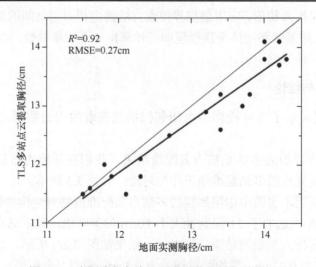

图 3.26   实测胸径与点云配准后胸径提取结果对比

2. 地基激光雷达与无人机配准

由于地基激光雷达扫描角度的限制，以及树木相互遮挡现象的存在，地基激光雷达无法获取上层树冠信息（Polewskia et al.，2016），因此无法准确测量树高和冠幅等参数，有研究显示由地基 LiDAR 提取的样地平均树高比实际测量低估 1.5m（Hopkinson et al.，2004）。与地基激光雷达相比，航空遥感则能够在短时间内大范围地获取森林的树冠顶层信息，在林业调查（Zhang et al.，2015）及遥感产品生产等方面发挥着重要的作用。近年来随着无人机技术的发展，凭借低廉的飞行成本、较高的分辨率及灵活的飞行路线，在林业测量中得到了日益广泛的应用（Dandois and Ellis ，2013；Keizer et al.，2015）。

以无人机为平台的航空摄影测量系统继承了航空遥感和无人机技术的优点，能够灵活、快速地获取森林冠层顶部信息，但是受到树冠的遮挡，难以获取树冠下方的信息，因此难以得到树木胸径等参数。图 3.27 直观显示出地基 LiDAR 与无人机影像所获取的点云在冠层上下方所得到数据的丰富程度的差异和互补性。

(a) (b)

图 3.27　同一单木获取数据对比
（a）地基激光雷达点云；（b）无人机影像生成点云

通过以上分析可以发现，林业测量的地面平台与航空平台具有很强的互补性，地基激光雷达能够弥补航空测量中树冠下层信息的不足，无人机航空测量则能提供地基雷达无法获取的树冠顶层信息。由此可见，两种平台所提取的数据在深度整合后能够同时满足森林结构参数获取在冠层结构的完整性、详细程度等多个方面的要求（刘鲁霞，2014）。

目前，地基激光雷达扫描与无人机的低空遥感相结合进行林业测量已经成为国内外的研究热点，并已有学者正在进行两者相结合的研究工作：Polewskia 等（2016）进行了基于物体约束的地基影像与机载 LiDAR 数据的配准方法，通过图匹配的方法将从两种数据中获取的树干中心进行匹配，随后基于 ICP（iterative closest point，ICP）方式实现两种数据的配准，但算法的复杂度较高；Zhang 等（2015）通过基于内在几何约束的方式，实现了无人机影像与地基 LiDAR 点云的配准，但计算效率低，需要人工进行控制物体的选择，自动化程度较低。本实验综合自动化程度、计算效率、配准精度以及实用性 4 个方面，提出了一种由粗到精的地基激光雷达与无人机影像配准方法。

地基 LiDAR 与无人机影像的粗配准采用内在几何约束法（Zhang et al.，2015），用于获取影像的初始外方位元素。在粗配准过程中，以单棵树木整体点云和对应影像上的树冠轮廓作为特征进行匹配，以经过反投影后落入影像树冠轮廓内的点云的占比作为目标函数，进行优化，最终获取影像最优的外方位元素参数。图 3.28（a）中浅色点云为基于物体内在几何约束配准的 LiDAR 点云对影像的初始投影结果，图 3.28（b）中深色点云为外方位元素经过迭代优化后的 LiDAR 点云投影结果，两图中圈出的边界为 LiDAR 点云所对应的影像边界。

(a)　　　　　　　　　　(b)

图 3.28　（a）地基点云初始反投影与（b）优化外方位元素后的反投影结果

为获得高精度的配准数据，需要再进一步的精配准工作。在精配准过程中，将粗配准得到的外方位元素参数作为输入值，并结合布设的地面反光片，根据摄影测量的原理，将无人机影像转换为与 LiDAR 点云在同一参考坐标系下的密集三维点云。目前能进行三维模型构建软件较多，本节选用的是 Agisoft PhotoScan，该软件是一款基于影像自动生成高质量三维模型的优秀软件。图 3.29（a）为 PhotoScan 中生成的点云，图 3.29（b）为影像点云与 LiDAR 点云叠加显示结果。

(a)　　　　　　　　　　(b)

图 3.29　（a）样地无人机影像点云及（b）其与地基点云叠加结果

为验证生成影像点云的精度，在密集点云中选出了 3 个检查点，与其在 LiDAR 点云中的坐标进行对比，根据均方根误差 RMSE 的计算公式（3.81），计算得到检查点的均方根误差为 2.0cm。

$$RMSE = \sqrt{\frac{\sum_{i=1}^{n}(x_i - x_i')^2}{n}} \tag{3.81}$$

图 3.30 中显示了单棵树木配准后的两种数据叠加结果，可以看出，利用 PhotoScan 生成的点云弥补了地基激光雷达点云树冠上层信息不足的缺点，而地基激光雷达点云弥补了无人机影像在树冠下方的信息缺失，表明了融合后的数据在结构完整性和详细程度方面的优势。

图 3.30　单木无人机影像获取点云与地基激光雷达点云叠加结果

3.4.2　森林样地地形提取

从 LiDAR 点云中提取地面点，生成数字地表模型（DTM），对后续的植被结构参数测量起着至关重要的作用（Meng et al.，2010）。首先，分离地面点有助于后续算法专注于植被结构参数的测量，提高算法的精度和效率（Liang et al.，2016）；其次，高精度的 DTM 是准确测量树高等垂直结构参数的前提（刘鲁霞，2014）。

提取地面点通常又称为地面点滤波，这里的地面是指土壤表面或附着在上面的薄层，如沥青、混凝土路面，铺装的人行道等（Sithole and Vosselman，2003）。与地面点相对应的是地物点，地物点是指打在植被及建筑物、桥梁等人造地物上的点。

基于地表通常连续且光滑的基本假设，利用高差、坡度等基本量，各种不同类型的地面点滤波算法在过去 20 年间得到了快速发展，一直是 LiDAR 数据处理领域的研究热点，并随着各种新的数学理论和方法的出现而不断向前发展（Axelsson，2000；Vosselman，2000；Sithole，2001；Zakšek et al.，2006；Maguya et al.，2013；Chen et al.，2016）。然而，多数点云滤波算法需要根据不同的地形条件设置不同的定量化参数阈值来提高点云滤波的精度，在最优参数的选取上需要使用者不断重复试验，降低了算法的自动化程度（Chen et al.，2017）。同时，在复杂地形条件下，尤其是地形陡峭地区，现有滤波算法的精度仍有待进一步提高。

本节重点介绍基于布料模拟的 LiDAR 点云滤波算法（cloth simulation filtering，CSF）。该算法通过模拟具有一定硬度的布料覆盖于倒置点云的物理过程，实现了在较少参数设置下地面点的高精度提取（Zhang et al.，2016b）。

1. CSF 基本原理

CSF 基于对这样一个实际物理过程的模拟：设想一块具有一定硬度的布料在重力作用下逐渐降落到一定范围的地球表面，当布料足够柔软时，其能够紧紧地依附于地球表面，此时所得到的布料最终形状即为数字地表模型（DSM）。假设将一定范围的地球表面反转过来，此时地面上的点将处于较高的位置，而高于地面的地物点（如建筑物和树木）则处于相对较低的位置，同时由于遮挡，在其上方会形成一定的空洞区域（如图 3.31中短虚线所示）。这种情况下，若将具有一定硬度的布料覆盖于倒置后的地表，则在实际的地表位置，布料能够与其紧密贴合；而在空洞区域，由于布料具有一定的硬度，其仅会略微下沉而不会到达地物的表面，此时所得到的布料最终形状则可以较好地对实际地形进行近似，如图 3.31 中长虚线所示。该算法模拟了布料在重力以及内部质点之间相互作用力影响下向下位移的物理过程，并通过布料模型质点与 LiDAR 测量点之间的碰撞检测确定了布料模型的最终形状，从而得到了一个近似的地形表面。基于所得到的近似地形表面，可将原始 LiDAR 点云区分为地面点和非地面点，从而实现 LiDAR 点云的滤波处理。

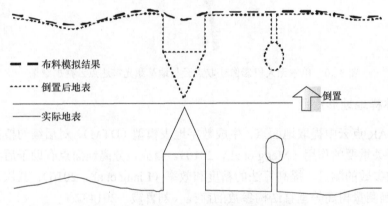

图 3.31　CSF 地面滤波基本原理示意图

2. 基于质点-弹簧模型的布料模型

基于质点-弹簧模型（mass-spring model）的布料模型最初由 Provot 提出（Provot，1995），他将一张布料看作是由质点构成的规则格网，而每个质点则位于对应规则格网的节点位置上。质点没有大小，但具有一定的质量，布料模型中各个质点在三维空间中的位置决定了布料的最终形状，布料模型如图 3.32（a）所示。在此布料模型中，各个质点并非空间上孤立的点，而是通过虚拟的弹簧（spring）将其连接起来。在这里，弹簧具有一定的可伸缩性，其变形遵循胡克定律：当弹簧大于其伸缩长度时，对两个端点的质点产生相向的拉力；当弹簧小于其松弛长度时，对两个质点产生相反的拉力。在上述定义的质点弹簧模型中，主要包括三种类型的弹簧，如图 3.32（b）所示。

（1）结构弹簧（structural spring）：连接纵向和横向上的相邻质点，起到固定布料结构的作用。

（2）剪切弹簧（shear spring）：连接对角线上的相邻质点，起到控制布料扭曲变形的作用。

（3）拉伸性弹簧（flexion spring）：连接纵向和横向相隔一个质点的两个质点，使得布料在折叠时边缘圆滑。

为了确定布料模型在某个时刻的空间形状，需要计算出布料模型各个质点在确定时刻的三维空间位置。根据牛顿第二运动定律，运动质点在某一时刻的加速度（a）可表示为所受外力（F）与质量（m）的函数，如公式（3.82）所示：

$$a = F/m \qquad (3.82)$$

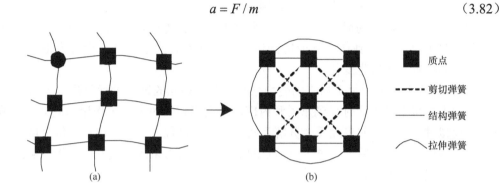

图 3.32 布料模型的弹簧结构

由于加速度为位移的二阶导数，因此质点在某一时刻的加速度可通过数值积分的方式转化为位移量。即在每个时间间隔 Δt 内，通过将瞬时加速度对时间 Δt 积分可得到这一质点的速度变化 Δv，而将瞬时速度对时间 Δt 积分可得到质点的空间位移量 Δx。根据 Verlet 积分算法，上述过程可表示：

$$\vec{x}(t+\Delta t) = 2\vec{x}(t) - \vec{x}(t-\Delta t) + \vec{a}(t)\Delta t^2 \qquad (3.83)$$

式中，$\vec{x}(t+\Delta t)$、$\vec{x}(t)$ 和 $\vec{x}(t-\Delta t)$ 分别表示质点在 $(t+\Delta t)$ 时刻、t 时刻及 $(t-\Delta t)$ 时刻的空间位置；Δt 表示积分的时间间隔；$\vec{a}(t)$ 则为质点在时刻 t 的瞬时加速度，由该质点在时刻 t 所受的外力及质点的重量所决定。

公式（3.83）说明，如果知道了质点在当前时刻的位置和加速度及前一时刻的位置，可以通过 Verlet 积分算法推算出下一时刻的质点位置。因此，结合公式（3.82）和公式（3.83），可得到质点在 $(t+\Delta t)$ 时刻的位移与其在 t 时刻所受外力之间的函数关系：

$$\vec{x}(t+\Delta t) = 2\vec{x}(t) - \vec{x}(t-\Delta t) + \frac{F(t)}{m}\Delta t^2 \qquad (3.84)$$

由公式（3.84）可知，若已知布料模型各个质点在某个时刻所受的外力，可通过数值积分的方式计算出其在对应时刻的空间位置，进而确定布料模型的三维形状，该过程称为布料模拟的过程。

3. 布料模拟算法的相关改进

传统布料模拟算法在执行过程中，需要做布料模型与物体表面接触时的碰撞检测，以确定布料模型各个质点的受力情况。在此过程中，质点的受力分析较为复杂，需要考虑重力、物体表面的反作用力、质点之间的相互作用力及外在风力等诸多因素的影响，这使得布料模拟过程需要耗费大量的运算时间。

为了将布料模拟算法应用于机载 LiDAR 点云的滤波处理，并提高其运算效率，CSF 对传统布料模拟算法做了以下三个方面的改进。

首先，布料模型中各个质点的位移方向被约束在垂直方向，其水平方向上的位置不发生变化。在此约束下，布料模型中各个质点与 LiDAR 点的碰撞检测可通过比较质点当前位移与对应 LiDAR 点的高程实现（若布料模型的某个质点位于地面或者在地面以下，则说明该质点与地面产生了相互作用）。

其次，增加了质点的运动状态判定，将所有质点分为可移动和不可移动两个状态。当布料模型的某个质点到达了其所能到达的最低高度时，该质点被设置为不可移动状态，其空间位置不再发生变化。

最后，将布料模型中每个质点的受力分解为两个独立的过程进行分析。一般情况下，布料模型中的每个质点同时受到重力和内部质点之间弹簧拉力两种作用力的共同影响。在实际模拟过程中，本节将此受力分解为两个独立的过程，即首先计算出每个质点在重力作用下的位移量，然后再通过分析质点间的相互作用力来改变其空间位置，从而达到简化运算并提高效率的目的。

4. CSF 算法流程

1）原始点云倒置

取 LiDAR 点云中所有点高程的负值作为倒置后点云的高程值，以下步骤则围绕倒置后生成的点云进行处理。

2）布料模型初始化

模拟布料为一个覆盖测区 LiDAR 点云的水平格网，其初始化过程包括以下几个方面：①根据 LiDAR 点云的平均点间距确定模拟布料的格网间距（一般略小于点云的平均点间距）；②将模拟布料的初始位置放置于倒置点云的最高点；③将所有布料模型质点的初始状态均初始化为可移动状态；④将倒置 LiDAR 点云投影至二维的水平面，获取距离模拟布料每个格网点最邻近的 LiDAR 点，并提取其高程值作为对应格网点所能下降到的最低高度($h_{\min}$)。

3）初始化布料模型内部各个质点之间的约束信息

该约束信息主要是指布料模型中各个质点之间的连接信息，即存储布料模型中各条边（弹簧）两端对应的质点编号。

4）计算布料模型质点在重力作用下的位移

对于布料模型中的每个可移动质点，首先根据公式（3.83）计算其在重力作用下经过 Δt 时间后的位移，并据此更新所有布料模型质点的高程值（Δt 为位移积分的时间步长）。

5）计算布料模型质点在内部作用力下的位移改变量

对于第 3）步中所定义的布料模型各条边，更新其两端质点的高程值。此过程可重复执行多次，此时迭代次数相当于布料的硬度参数设置。迭代次数越多，布料硬度越大，意味布料越趋近返回原来的形状。迭代每执行一次，则布料模型中所有的边都被重新处理一次，并随之更新各个可移动网格节点（模拟布料质点）的高程值。

6）碰撞检测

将第 5）步中更新后的质点高程与该点所能到达的最低高度 (h_{min}) 进行对比：若高于 h_{min}，则其仍然为可移动状态，同时取当前的位移值作为该质点更新后的高程值；若低于 h_{min}，则将该格网点设置为不可移动点，同时更新该点的高程为 h_{min}。

7）重复步骤 4）~6），直至达到规定的迭代次数

将最终得到的布料模型重新倒置即可得到一个近似的地表形状，进而通过计算原始 LiDAR 点云中所有点到此近似地表的距离分类出 LiDAR 点云中的地面点和非地面点。

上述算法的输入为原始的 LiDAR 点云，而输出则为分类后得到的地面点和非地面点。该算法在执行过程中，主要涉及以下几个参数的设定。

（1）布料模型的格网间距 c。该参数表示模拟布料中相邻质点之间的水平距离，其确定了模拟布料的空间分辨率。一般情况下，布料模型的格网间距应略小于 LiDAR 点云的平均点间距。

（2）布料模型下降的时间步长 Δt。该参数用于控制布料在重力作用下，每次迭代所下降的位移量。Δt 值较大时，布料模型质点在每次迭代过程中的位移量越大，会导致部分较矮的建筑物和树木点被固定，从而造成错分；较小的 Δt 有助于避免此类现象的发生，但是在计算效率方面却有所降低。本节中将 Δt 设置为 0.65s，该参数设置的合理性将在实验部分进行详细的讨论。

（3）布料模型硬度参数 r。该参数用于控制布料模型质点在垂直方向上的回弹量。r 值较小时，表示布料相对较软，会导致其在空洞区域的下沉量较大，此时不易于将建筑物和树木等地物滤除；而 r 值设置较大时，表示布料较硬，这会导致在一些地形陡峭区域，布料质点不能与实际地形贴合，从而会造成实际地形点漏检测的情况。

8）陡坡后处理

经过上述过程后，在一些地形变化相对较大的区域，布料模型不能与实际的地表紧密贴合，而是浮于实际地形的上方，如图 3.33（a）所示（其中散点代表处理前的布料模型）。这是由于受到内部质点之间相互作用力的影响，布料模型中的一些可移动质点不能够到达其所对应的最低地面高度，从而使得布料模型与实际地形之间存在一定的偏差，这会造成后续分类过程中把一些真实的地面点错分到非地面点中。为了避免这种情况的发生，同时提高算法的滤波精度，CSF 增加了一个边坡后处理的可选过程，该过程可使模拟布料与陡坡地形紧密贴合，其处理结果如图 3.33（b）所示。在实际滤波过程中，可根据测区内是否有陡变的地形来确定是否进行陡坡后处理操作。

5. CSF 滤波精度

1）误差定义

对 LiDAR 点云滤波算法进行质量评价的指标主要包括 I 类误差、II 类误差和总误差。

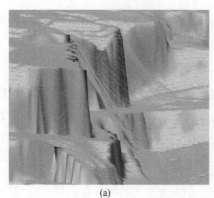

(a)   (b)

图 3.33　陡坡后处理前后布料模型对比

(a) 陡坡后处理前布料模型；(b) 陡坡后处理后布料模型

其中，Ⅰ类误差是将真实地面点错分为非地面点的误差，Ⅱ类误差是将非地面点错分为地面点的误差，而总误差则为所有错误分类点数与参考数据中总点数的比值，用于反映滤波算法的总体表现。这三类误差的计算公式如表 3.4 所示。

表 3.4　点云滤波误差定义表

参考 数据	滤波后数据		误差/%
	地面点（个数）	非地面点（个数）	
地面点（个数）	a	b	Ⅰ类误差：$b/(a+b)$
非地面点（个数）	c	d	Ⅱ类误差：$c/(c+d)$
总点数	$n=a+b+c+d$		总误差：$(b+c)/n$

表 3.4 中，a 和 d 分别表示分类正确的地面点和非地面点个数；b 表示地面点错分为非地面点的个数；c 表示非地面点错分为地面点的个数。$(a+b)$ 表示参考数据中正确的地面点个数，$(c+d)$ 表示参考数据中正确的非地面点个数，而 n 则表示参考数据中的总点数，参考数据一般采用人工分类的方法得到。

2）精度评定数据集

国际摄影测量与遥感协会（International Society for Photogrammetry and Remote Sensing，ISPRS）在其网站上提供了标准测试数据集用于滤波算法的验证。该数据集位于德国南部的 Vaihingen/EZ 和 Stuttgart 市，由 Optech ALTM 机载激光雷达测量系统所获取，共包含 7 个场景（Site）的点云数据，其中城区数据为 Site1~Site4，其平均点间距为 1.0~1.5m；山区数据为 Site5~Site7，其平均点间距为 2.0~3.5m。在上述 7 个场景中，ISPRS 选择了 15 个不同地形和地物特征分布的典型样本区域，用于对不同的滤波算法进行测试，这 15 个样本区域的数据特点如表 3.5 所示。同时，为了对不同的点云滤波算法进行定量化的精度评价，这些样本区域的点云数据已采用人工干预的方式将其准确地分类为地面点和非地面点。

3）参数设置

CSF 滤波算法主要涉及以下三个关键参数的设置：布料下降的时间步长 (Δt)，模拟

表 3.5　测试数据集 15 个样本的数据特点

位置	场景	样本编号	样本数据特点
城区	Site 1	11	混杂建筑物与植被的陡峭山坡
		12	植被与建筑物的混杂区域
	Site 2	21	包含有道路和桥梁的平缓地表
		22	不规则地表及桥梁
		23	大型的不规则建筑物
		24	覆盖植被的陡峭山坡
	Site 3	31	植被混杂的复杂建筑物区域
	Site 4	41	存在有数据缺失的不规则建筑物
		42	火车站停车场
山区	Site 5	51	位于一定坡度上的植被区域，存在数据缺失
		52	覆盖有低矮植被的陡峭地形
		53	陡峭的阶梯状地形
		54	密集植被覆盖的水平地表
	Site 6	61	带路堤的公路，有数据缺失
	Site 7	71	桥梁及地下通道

布料的硬度参数 (r) 及是否进行边坡后处理的可选参数 (s)。理论上，较小的时间步长 Δt 会使布料模拟过程更加符合真实情况，然而这会增加大量的计算时间从而降低算法的执行效率。经试验分析，将 Δt 设置为固定值 0.65s 是较为合理的。

　　模拟布料下降的时间步长确定以后，影响最终滤波结果的主要参数可减少为布料的硬度参数 r 和是否进行边坡后处理的可选参数 s。参数 r 决定了倒置点云表面空洞区域的布料质点下沉量，r 值越大，则布料的下沉量越小。因此，较大的 r 值有助于滤除平坦区域内一些较高的地物目标（建筑物和树木）。然而，在有地形陡变的区域，若布料硬度参数设置过大，则会使布料模型悬于实际地形的上方，从而造成真实地面点的漏检测（图 3.33），此时往往需要采用边坡后处理策略来提高 LiDAR 点云的滤波精度。因此，在实际滤波过程中需要结合实际的地形和地物分布情况，选择合适的 r 与 s 组合来进行 LiDAR 点云的滤波处理。

　　针对 ISPRS 提供的标准数据集，根据数据的地形地物特征，CSF 的参数设置可参考表 3.6。

表 3.6　CSF 滤波参数设置

分组	地形特点	滤波参数	样本编号
1	平坦或者缓坡	$r = 3$ $s = false$	12，21，31，41，42，51，54
2	含地形陡变的居民区	$r = 2$ $s = true$	11，22，23，24，71
3	含地形陡变的山区	$r = 1$ $s = true$	52，53，61

4）精度评定

在表 3.6 所示的参数设置下，用 CSF 滤波算法对 15 个样本区域的 LiDAR 点云分三组进行了滤波处理,基于参考数据分别计算了各个样本区域的 I 类误差、II 类误差及总误差。其中,总误差与其他典型滤波算法进行了对比,结果如表 3.7 所示。表 3.7 中每一行为不同的点云滤波算法在同一样本区域的滤波结果对比。表 3.7 中最后一列所示为本节所提滤波算法在各个样本区域的滤波总误差,从中可以看出,相对于已有的典型滤波算法,CSF 滤波算法在样本区域 11、24、41、42 和 53 取得了最高的滤波精度,同时在其他样本区域也获得了与最高精度基本接近的水平,这说明了 CSF 滤波算法适用于各种地形条件下的 LiDAR 点云滤波并能取得相对较高的滤波精度。从表 3.7 中同时可以看到,将 CSF 滤波算法应用于 15 个样本区域的 LiDAR 点云,其平均总误差为 4.58%,总误差标准差为 2.41%,为所有滤波算法中的最高精度,这进一步说明了 CSF 滤波算法的高精度性和通用性。

表 3.7　本文滤波算法与其他典型滤波算法总误差对比　　　　　(单位:%)

Samples	Elmqvist	Sohn	Axelsson	Pfeifer	Brovelli	Roggero	Wack	Sithole	Chen	CSF
samp11	22.4	20.49	10.76	17.35	36.96	20.8	24.02	23.25	13.97	10.73
samp12	8.18	8.39	3.25	4.5	16.28	6.61	6.61	10.21	3.61	4.19
samp21	8.53	8.8	4.25	2.57	9.3	9.84	4.55	7.76	2.28	3.42
samp22	8.93	7.54	3.63	6.71	22.28	23.78	7.51	20.86	3.61	7.94
samp23	12.28	9.84	4.0	8.22	27.8	23.2	10.97	22.71	9.05	4.70
samp24	13.83	13.33	4.42	8.64	36.06	23.25	11.53	25.28	3.61	2.81
samp31	5.34	6.39	4.78	1.8	12.92	2.14	2.21	3.15	1.27	1.57
samp41	8.76	11.27	13.91	10.75	17.03	12.21	9.01	23.67	34.03	6.11
samp42	3.68	1.78	1.62	2.64	6.38	4.2	3.54	3.85	2.2	1.57
samp51	23.31	9.31	2.72	3.71	22.81	3.01	11.45	7.02	2.24	3.59
samp52	57.95	12.04	3.07	19.64	45.56	9.78	23.83	27.53	11.52	4.32
samp53	48.45	20.19	8.91	12.6	52.81	17.29	27.24	37.07	13.09	5.19
samp54	21.26	5.68	3.23	5.47	23.89	4.96	7.63	6.33	2.91	3.27
samp61	35.87	2.99	2.08	6.91	21.68	18.99	13.47	21.63	2.01	3.35
samp71	34.22	2.20	1.63	8.85	34.98	5.11	16.97	21.83	3.04	6.01
Mean	20.73	9.35	4.82	8.02	25.78	12.34	12.04	17.48	7.23	4.58
StdDev	16.48	5.63	3.56	5.27	13.26	8.10	7.77	10.23	8.59	2.41

表 3.7 中所列不同滤波算法在各个样本区域的总误差直观对比如图 3.34 所示,从中可以看出,CSF 滤波算法在 15 个样本区域的滤波总误差均维持在一个相对较低的水平,从而说明了 CSF 滤波算法应用于不同场景时的稳定性和可靠性。

需要说明的是,点云中存在的噪声点会对 CSF 算法的滤波结果造成一定的影响,尤其是在 LiDAR 点云中存在局部极低点的情况下。这是因为,原始 LiDAR 点云中的局部极低点在倒置点云中处于相对较高的位置,倘若这些点被用于确定布料质点的最低高度,则会导致布料模型在这些点所在位置被撑起来,从而使得布料模型的其他质点不能够到达实际的地表位置,造成较大的滤波误差。

经 CSF 算法提取地面点后便可直接用地面点构建数字地表模型,进而生成冠层高度模型等所需的数据。分类后得到的地物点集可用于进一步的分析处理和植被参数提取的工作。

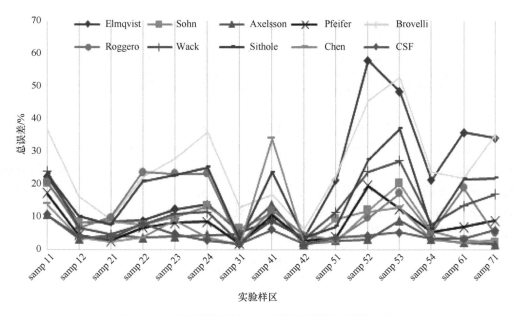

图 3.34　不同滤波算法在各个样本区域的总误差对比

3.4.3　树高和胸径提取

胸径（diameter at breast height，DBH）是描述树干直径的参数。树木胸径的测量高度通常为成年人胸部对应的高度，但这一标准在不同的国家和地区是不同的。在我国及英国和加拿大，胸径通常在地面以上 1.3m 处测量，然而在美国、加拿大和新西兰等地区胸径的测量高度为树高 1.4m 处，更早的时候也会使用 4.5ft（约为 1.37m）。树高（tree height，TH）被定义为树木底部到树木顶端最高枝末端的垂直距离，精确测量树高的难度较大。当树木倾斜成长时，树干的长度通常会大于树高。冠幅在园林块面是指树木的南北和东西方向宽度的平均值，与蓬径相类似，通常用于表示树木的规格。

在森林资源清查中，胸径一般使用卡尺、围尺或基于光学三角形法与图像视觉处理的测量方法（王建利等，2013），其误差主要来源于测量仪器误差和测量者的读数误差。对于树高，矮小的树可以直接使用直尺或长杆测量，对于较高的树木可以使用布鲁莱斯测高仪或超声波测高仪等（张琳原等，2015）。冠幅对于较低矮的树木可以直接用皮尺测量，较高的乔木则可以测量其在地面的垂直投影位置。

《国家森林资源连续清查技术规定》（国家林业局，2003）中调查误差要求为：胸径测量小于 20cm 的树木，测量误差小于 0.3cm，胸径大于或等于 20cm 的树木，测量误差小于 1.5%。对于树高测量，当树高小于 10m 时，测量误差小于 3%；当树高大于或等于 10m 时，测量误差小于 5%。激光雷达和摄影测量作为新兴的林业测量手段，目前尚未有专门的测量精度标准出台，因此对于这两种方式的测量精度的衡量暂时也可以参考以上规定。

在上一小节中对地基 LiDAR 与无人机影像融合后的点云进行了基于 CSF 算法地面滤波操作。在本小节中继续使用滤波后的数据进行树木结构参数的提取。

首先需要对滤除地面点云后的数据进行高度归一化处理，从而消除地形的影响，获取更准确的树木结构参数。如图 3.35 所示，图（a）为高度归一化前的图像，图（b）为归一化后的图像，黑色圈内重点显示了高度归一化前后的变化。

图 3.35　融合数据高度归一化（a）前（b）后对比图

　　从综合考虑实用性及获取参数的准确性的角度出发，本节采用的胸径的提取方法为，截取距地表 1.28~1.33m、厚度为 5cm 的水平薄片（倪文俭等，2010），通过 Hough 变换进行单木的识别，并获取树干的中心位置（x_i, y_i），随后通过圆拟合得到该树木的胸径（图 3.36）。其中点为俯视图下切片位置处的点云，实线为拟合的圆形，则拟合圆的直径作为胸径的估测值。

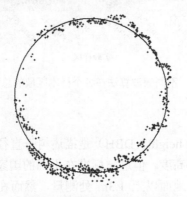

图 3.36　胸径拟合结果示意图

　　利用 Hough 变化算法对切片点云进行圆识别后，根据设置的阈值剔除非树干点云，Hough 识别样地中 31 棵树木中的 27 棵，识别率为 84.4%。随后利用圆拟合的方法对单棵树木的胸径切片进行圆模拟，将从融合数据中提取的胸径值与在野外的人工测量值进行对比，作图 3.37。

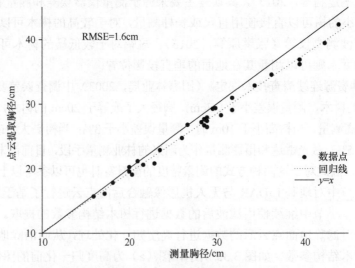

图 3.37　单木胸径估测结果

将手工测量胸径作为自变量 x，融合点云提取的胸径作为因变量 y，进行线性回归，得到回归方程式 $y = 0.917x + 0.986$，$R^2 = 0.989$。其斜率小于 1，在截距较小的情况下，说明点云提取的胸径普遍略小于手工测量值。造成这一现象的原因是在胸径实际测量过程中，无法顾及树干的凹陷部分，测量的是树干最外围的周长，而在拟合过程中，则需要综合考虑所有点的位置，拟合得到最优的圆形。

在图 3.38（a）中，r_1 为拟合圆的半径，r_2 为实际测量的半径，测量位置的不同，导致了误差的存在。该现象在树干凹凸不平时更为突出，在图 3.38 中，编号为 30 的树木胸径切片呈现锯齿装，误差为 1.97cm，而编号 31 的树木胸径切片光滑，拟合误差为 0.55cm。因此，可以将误差的来源总结为测量位置的不同及树干形状的影响。

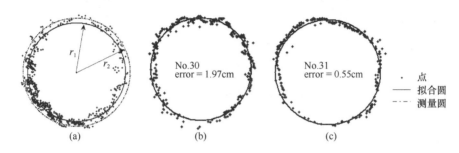

图 3.38　测量树干点云与拟合圆
（a）拟合圆与测量圆的对比；编号 30（b）和 31（c）的树干点云及拟合圆

本节所采用的树高的提取方法为，对于滤波后的非地面点云，根据连通成分分析，进行单木分割，再将分割后每棵树木点云中最高点与最低点高度差值被视作单木树高（倪文俭等，2010）。

$$H = \max(Z) - \min(Z) \qquad (3.85)$$
$$Z = [z_1, z_2, \cdots, z_n]$$

其中，n 为该单木点云的总点数。

将获取的树木高度与手工测量值进行对比，结果如图 3.39。

将手工测量值作为自变量 x，融合点云提取值作为因变量 y，进行线性回归，得到回归方程 $y = 0.8915x + 0.4642$，$R^2 = 0.805$。从图 3.39 中可以看出，融合数据获取的树高在多数情况下大于实际测量获得的树木高度。结合实际情况进行原因分析，如图 3.40 所示，在野外测量时，使用的树高测量仪器为激光测距仪，测量视角为自下而上，其测量的高度为地面到仪器所发射的激光点的垂直距离，由于样地内树木高度较高，并且枝叶茂盛，激光测距仪所发射的激光束通常无法达到树木的最高点，而融合的点云数据则是自上而下的视角，这两种数据的获取角度不同，会导致测量的树高存在一定差异。

冠幅的计算方法通常采用与树冠面积相同的圆的直径作为树冠冠幅和用树冠 4 个主方向半径的平均值的 2 倍作为直径的方法。本节中使用的是第一种方法，使用的数据为进行了基于连通成分分析的单木分割后的数据。以其中一棵树木为例，进行 XY 二维平面投影。

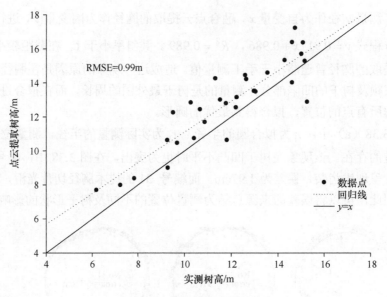

图 3.39　单木树高估测结果

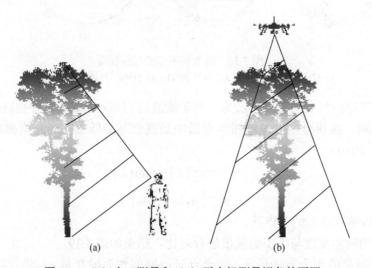

图 3.40　（a）人工测量和（b）无人机测量视角的不同

　　随后,对于投影后的点云求取其 alpha-shape 包络,图 3.41(b)中外围深色点为 alpha-shape 包络上的点,落在其中的为包络内树冠点云。通过计算 alpha-shape 的面积,并找到对应的面积相同的圆,将这个圆的直径作为树木的冠幅。经过计算得到该 alpha-shape 的面积为 18.51 m²。

　　代入圆的面积计算公式（3.86）,可以得到该圆的直径为 4.86m,即为该单木的冠幅。

$$S = \pi r^2 \tag{3.86}$$

同样计算方法可以获得样地内其他树木的冠幅,本样地内树木冠幅如表 3.8 所示。

3.4.4　基于路径长度的 LAI 测量和尺度效应

　　基于 Beer 定律及冠层透过率的间接测量方法是目前地面 LAI 测量的主流方法,所

图 3.41　单棵树木点云（a）侧视图及（b）顶视图

表 3.8　样地内树木冠幅　　　　　　　　　　　　（单位：m）

编号	1	2	3	4	5	6	7	8
冠幅	5.46	6.72	4.80	—	3.92	4.51	4.86	3.39
编号	9	10	11	12	13	14	15	16
冠幅	3.96	3.16	5.01	4.51	4.90	5.00	5.38	5.80
编号	17	18	19	20	21	22	23	24
冠幅	6.08	7.41	7.51	5.48	6.94	4.64	2.92	4.79
编号	25	26	27	28	29	30	31	32
冠幅	5.21	4.82	3.72	3.72	2.39	5.67	2.07	3.93

需的输入数据冠层透过率可以通过地面光学测量仪器（如 LAI-2000、TRAC 及照相设备）、地基 LiDAR 或机载 LiDAR 获取，快速高效。地面 LAI 间接测量中聚集效应修正的必要性已得到了学术界的共识，多种算法被开发出来并广泛应用于聚集效应的修正中，很大程度上提高了 LAI 间接测量的精度。然而，这些算法均基于高分辨率的地面间隙率分布数据，无法应用于大光斑的机载 LiDAR 数据。此外，现有地面聚集指数算法尚未明确考虑树冠内路径长度变化引起的聚集，有待进一步发展与细化。而聚集效应体现为间隙在空间尺度上非随机分布，很多聚集指数算法的原理是在不同的尺度上应用 Beer 定律，因此聚集效应本质上也是一个尺度问题（Yan et al.，2016；阎广建等，2016）。

1. 路径长度分布模型

遥感测量的尺度问题已被广泛关注，但是地面植被结构参数间接测量的尺度问题却长期被忽视，这也是测量精度上不去的主要原因。我们通过计算机真实场景模拟，研究了目前常用的地面 LAI 间接测量方法存在的尺度问题，发现路径长度的变化是地面测量尺度误差的主要原因。

为了修正树冠形状导致的冠层尺度聚集，我们在 Beer 定律原型基础上引入了路径长度分布，提出了路径长度分布法（Hu et al.，2014；图 3.42）。该方法不仅可以计算冠层间的聚集效应，而且可以刻画和修正由于冠层形状导致的冠层内部间隙率的不均匀分布。

LAI 可以表示为路径长度的积分形式，即

$$\mathrm{LAI_{PATH}}(\theta) = \int_0^1 (\mathrm{FAVD} \cdot l_{\max}) \cdot \cos\theta \cdot \mathrm{lr} \cdot p_{\mathrm{lr}}(\mathrm{lr}) \mathrm{dlr} \qquad (3.87)$$

式中，FAVD 表示叶面积体密度；$l_{\max}$ 表示观测方向路径长度的最大值；lr 为各路径长度除以 $l_{\max}$ 归一化后的相对路径长度；$p_{\mathrm{lr}}(\mathrm{lr})$ 为路径长度分布函数。中间变量 $\mathrm{FAVD} \cdot l_{\max}$ 则通过式（3.88）利用优化算法反演求得，即

$$\overline{P(\theta)} = \int_0^1 \mathrm{e}^{-G(\theta) \cdot (\mathrm{FAVD} \cdot l_{\max}) \cdot \mathrm{lr}} \cdot p_{\mathrm{lr}}(\mathrm{lr}) \mathrm{dlr} \qquad (3.88)$$

式中，$\overline{P(\theta)}$ 表示总间隙率。结合式（3.87）和式（3.88）可以得到最终的 LAI 值。

其中，路径长度分布函数 $p_{\mathrm{lr}}(\mathrm{lr})$ 针对不同的仪器平台，有不同获取方法。在使用传统光学设备时，对于可获取详细间隙剖面的光学仪器（如 TRAC、摄影设备等），相对路径长度分布可通过对间隙剖面应用滑动窗口反推；对于仅提供总间隙的光学仪器（如 LAI-2000），考虑到树冠大多接近圆柱、圆锥和球，可以使用椭圆树冠截面的假设（Hu et al.，2014）。在使用激光雷达时，可以通过三维激光雷达点云，直接重建轮廓或冠层高度模型等方法，直接测量获取路径长度分布。

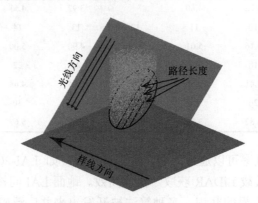

图 3.42 路径长度分布示意图（Hu et al.，2014）

2. 基于路径长度的 LAI 地面间接测量

路径长度分布模型首先被应用于地面 LAI 间接测量中，通过对间隙剖面应用滑动窗口反推获得路径长度分布（图 3.43）。为了验证修正树冠内聚集的效果及必要性，实地测量及计算机模拟被同时应用于对 LAI 地面间接测量方法的验证（Hu et al.，2014，2016；Yan et al.，2016）。计算机模拟验证通过精确模拟场景中所有叶片实现，优势在于可提供实地测量中难以准确获取的 LAI 真值，并可模拟多种不同聚集程度的场景，有助于排除其他影响因素，给出 LAI 间接测量的实际精度。实地测量则更接近实际森林，是验证的终极手段。

实地测量及计算机模拟验证表明，路径长度分布法可以较好地刻画和消除树冠内部路径长度不一致导致的聚集，在各种场景中误差都在 10% 以内（图 3.44），有效提高了目前地面 LAI 间接测量的精度（Hu et al.，2014，2016；Zeng et al.，2015；Yan et al.，2016）。该算法可应用于现有 LAI-2000、TRAC、HemiView 等商业化 LAI 间接测量仪器，具有广泛的应用前景，可以有效地提高 LAI 间接测量的精度。

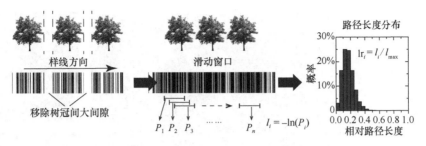

图 3.43　地面 LAI 间接测量中路径长度分布获取流程（Hu et al.，2014）

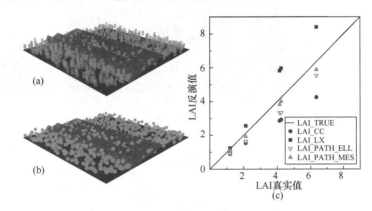

图 3.44　离散冠层模拟场景（Hu et al.，2014）（彩图附后）

（a）圆柱状树冠场景；（b）球状树冠场景；（c）离散冠层模拟场景验证结果

LAI_TRUE. 真实叶面积指数，LAI_CC. 间隙大小分布法，LAI_LX. 有限长度平均法，LAI_PATH_ELL. 基于椭圆假设的
路径长度算法，LAI_PATH_MES. 基于实测数据的路径长度算法

3. 基于路径长度的 LAI 机载 LiDAR 反演

路径长度分布模型随后被引入机载 LiDAR 反演 LAI 的研究中，其在机载 LiDAR 中的应用具有特殊的意义，实现了基于机载 LiDAR 修正聚集效应及反演真实 LAI 从无到有的突破。

植被叶面积指数的准确反演一直是遥感研究的一项重要任务。星载光学传感器反演受大气、土壤影响，需要地面准确测量值提供对比验证。地面测量方法较为准确，但效率上只能满足样方尺度的测量，且在地形复杂的山区进入和测量均较为困难。机载激光雷达因其穿透性强、不受土壤影响、可获取植被三维结构的特点，为复杂地形区森林叶面积指数的准确反演和制图提供了可能。然而目前机载激光雷达仅能反演有效叶面积指数，尚没有消除聚集效应并计算真实叶面积指数的有效方法，激光雷达提供的三维信息也没有得到充分应用。

本节依托于根河实验，将之前基于路径长度分布修正聚集及尺度修正方法进行拓展，发展并应用于机载激光雷达数据。充分利用了激光雷达数据的三维信息，实现了聚集效应的消除并实现了根河复杂地形区真实叶面积指数的反演与制图。实验区域见图 3.45。

图 3.46 描述了基于路径长度分布模型处理机载激光雷达数据的完整流程，从机载激光雷达数据中分别获取路径长度分布模型、树冠内间隙率、冠层覆盖度，分多个层次实现聚集效应的修正和真实叶面积指数的反演与制图。

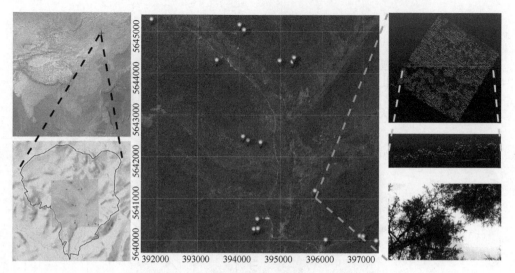

图 3.45　根河激光雷达数据区域概况（彩图附后）

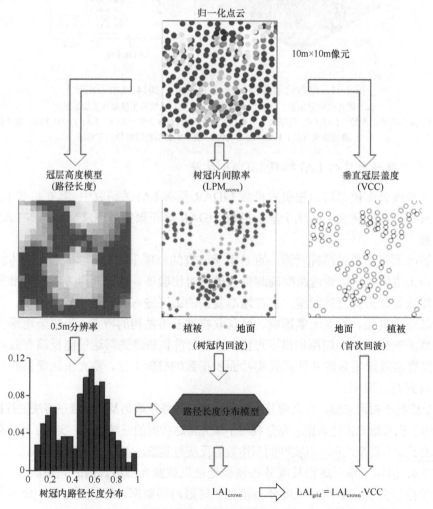

图 3.46　基于路径长度分布模型和机载激光雷达数据修正聚集效应并计算真实叶面积指数流程图（彩图附后）

结果显示，得到的根河复杂地形区叶面积指数分布图（图 3.47），可以较好地反映该地区叶面积指数的分布。并在没有降低精度的情况下，将有效叶面积指数修正真实叶面积指数。

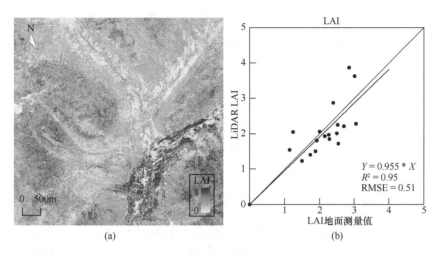

图 3.47　根河复杂地形区（a）叶面积指数分布图及（b）地面验证结果

4. LAI 间接测量反演中的尺度效应及修正

遥感测量的尺度问题来源于模型非线性及地面异质性，这两个因素同样存在于地面间接测量中，但是地面植被结构参数间接测量的尺度问题却长期被忽视，这也是间接测量精度长期上不去的一个主要原因。通过计算机真实场景模拟与实地测量实验，针对各种典型场景建立了多尺度数据集，在不同样线长度上应用典型 LAI 间接测量方法，分析其结果随尺度的变化规律。结果表明，LAI 间接测量结果受样线长度选择的影响较大，尺度效应较为明显，有必要在测量和计算时选取合适的样线尺度（Yan et al.，2016）。

对于垄行作物，LAI 间接测量方法尺度效应与垄行周期长度有关，在一个垄行周期内波动较为剧烈，随样线尺度增加逐渐稳定，当样线尺度达到 20m 时基本达到稳定（图 3.48）。

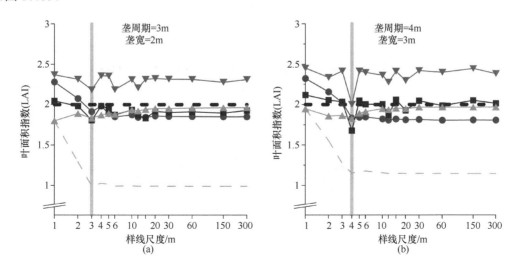

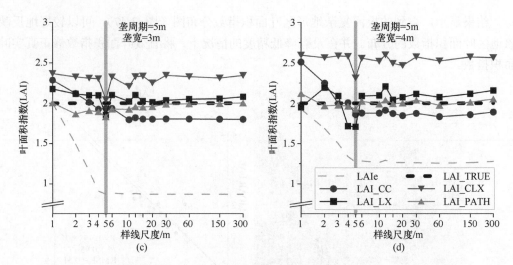

图 3.48　垄行模拟场景中 LAI 间接测量结果随样线尺度的变化（Yan et al.，2016）

对于森林，LAI 间接测量方法随样线尺度增加不断趋于稳定，不同算法的稳定尺度不同。Beer 定律及间隙大小分布法在 100m 样线时达到稳定；而包含子样线分割操作的有限长度平均法、有限长度与间隙大小组合法和路径长度方法尺度效应较小，在 20m 时可以达到稳定（图 3.49）。

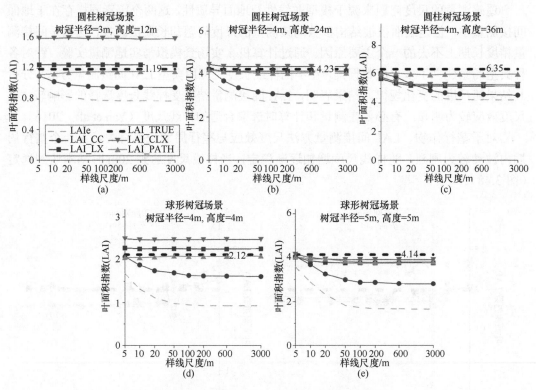

图 3.49　森林模拟场景中 LAI 间接测量结果随样线尺度的变化（Yan et al.，2016）

3.5 复杂地表植被结构参数遥感反演尺度转换动态验证

3.5.1 FVC 遥感反演尺度转换动态验证

1. FVC 反演算法介绍

本节中反演 FVC 的算法是利用像元二分模型计算 FVC，其中最重要的两个参数是 $NDVI_v$ 与 $NDVI_s$，分别代表纯植被的 NDVI 值和纯裸土的 NDVI 值。这里把这两个参数称为 NDVI 系数。

本节在预处理部分需要计算观测天顶角 θ 下的 NDVI 值。本研究所使用的数据为 MODIS 产品 MCD43A1 和 MCD43A2，均为最新版本 Collection 6。该数据以 HDF 文件格式储存，通过 IDL 编程读取 MCD43A1 中的红光波段和近红外波段的核系数，读取 MCD43A2 中的红光波段和近红外波段的质量控制文件及太阳天顶角文件。因为存在云覆盖和有效观测不足的问题，所以需要对核系数进行质量控制。将质量控制之后的核系数代入 Ross Thick 及 Li-SparseR 核驱动模型，并给定天底方向及 57°附近的观测角度进行计算，得到红光和近红外波段的 BRDF 值，通过式（3.89）分别计算观测天顶角为 0°和 57°时的 NDVI 值。

$$NDVI = \frac{\rho_{nir} - \rho_{red}}{\rho_{nir} + \rho_{red}} \tag{3.89}$$

式中，ρ_{nir} 和 ρ_{red} 分别表示近红外波段和红光波段的 BRDF 值。

本节选用的生产 NDVI 系数的方法是 AngleVI 算法（Song et al.，2017），该方法基于线性混合像元模型，假设一个像元只由植被和非植被组成，则在观测天顶角 θ 下，该像元的植被覆盖比例如式（3.90）所示：

$$f(\theta) = \frac{NDVI(\theta) - NDVI_s}{NDVI_v - NDVI_s} \tag{3.90}$$

在上述关系式中，$NDVI_v$ 代表植被间隙为 0 时的 NDVI 值；$NDVI_s$ 代表植被间隙为 100%时的 NDVI 值。假设 $NDVI_v$ 与 $NDVI_s$ 不随观测天顶角的变化而变化，且角度效应只存在于混合像元的尺度上。那么 FVC 就可以表达水平面上植被的分布情况，即 θ 等于 0：

$$FVC = \frac{NDVI(0) - NDVI_s}{NDVI_v - NDVI_s} \tag{3.91}$$

带有方向性的植被组分又可以表示为式（3.92）：

$$f(\theta) = 1 - P(\theta) \tag{3.92}$$

其中，方向间隙率 $P(\theta)$ 可以表示为（Nilson，1971）

$$P(\theta) = e^{-LAI \cdot \Omega \cdot G / \cos(\theta)} \tag{3.93}$$

式中，LAI 与聚集指数 Ω 描述的是叶密度和聚集效应；G 反映的是叶倾角的辐射衰减效应，被定义为观测方向上单位叶面积的平均投影（Zou et al.，2009）。联立式（3.90）、式（3.92）和式（3.93），可以得到式（3.94）：

$$e^{-LAI \cdot \Omega \cdot G / \cos(\theta)} = \left[\frac{NDVI_v - NDVI(\theta)}{NDVI_v - NDVI_s} \right]^{1/\Omega} \tag{3.94}$$

有研究表明，当观测天顶角 θ 为 57°的时候，G 不随叶倾角的变化而变化，基本保持在定值 0.5（Zou et al.，2014），所以 AngleVI 方法只使用太阳主平面上 57°方向的观测。因此，式（3.94）可以进一步被表示为式（3.95）：

$$e^{-LAI \cdot 0.5 / \cos(57°)} = \left[\frac{NDVI_v - NDVI(57°)}{NDVI_v - NDVI_s} \right]^{1/\Omega} \tag{3.95}$$

式（3.95）的左边部分可以使用 GLASS LAI 产品计算得到，右边部分中包含的三个未知量，$NDVI_v$、$NDVI_s$ 和 Ω 可以通过基于三个以上不同像元建立方程组联立解算得到。

为避免出现病态反演的情况，本节使用的是 3×3 像元的滑动窗口，每个窗口使用带限制条件的非线性最小二乘法进行方程的解算。对应像元的方向性 NDVI 和 LAI 产品将会联合使用。估算 FVC 的核心步骤就是获得 $NDVI_v$ 和 $NDVI_s$ 两个参数，之后 FVC 将易于获得。总体的 FVC 估算算法流程，如图 3.50 所示。

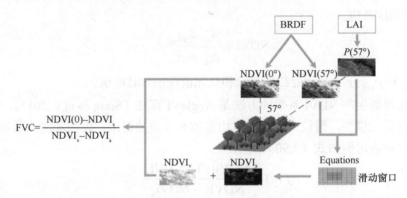

图 3.50　FVC 估算整体流程图

2. 所使用的卫星观测数据

在计算黑河研究区的方向性 NDVI 值时，需要用到 MODIS 的核系数产品（MCD43A1）以及该产品对应的质量评估产品（MCD43A2）。在反演黑河研究区 NDVI 系数时，需要同时再加入 LAI 信息，这里使用的是全球陆表卫星（GLASS）的 LAI 产品（Liang et al.，2013；Xiao et al.，2014）。GLASS LAI 是 MODIS LAI 使用广义回归神经网络的升级版本，在典型地类上具有更高的时空精度（Xiao et al.，2014）。

为了获取用于评估的参考 FVC 值，我们采用了数码相机照相法，在 2012 年对黑河研究区内的样区进行了实地测量，每个样区的大小为 10 m × 10 m。同时获取了黑河研究区 ASTER 的反射率数据，并升尺度到地面测量的 FVC。通过建立 ASTER 的 NDVI 与地面测量 FVC 之间的关系，Mu 等（2015）最终得到了在 ASTER 分辨率上（15m）的 FVC 值。然后将该 15m 的 FVC 升尺度到 500m 分辨率，再计算算术平均值得到的 FVC 作为研究中的参考 FVC 值。黑河流域使用到的卫星数据产品见表 3.9。

表 3.9　黑河流域使用到的卫星数据产品

名称	卫星	传感器	分辨率	产品	时段
MCD43A1 和 A2	Terra and Aqua	MODIS	500m/天	BRDF	153~249, 2012
GLASS LAI	Terra and Aqua	MODIS	1km/8 天	LAI	153~249, 2012
ASTER L1B	Terra	ASTER	15m/16 天	Reflectance	153~249, 2012

3. 研究区介绍

研究区位于中国干旱地区的黑河流域中部，主要包括三种不同的地表植被覆盖类型，分别是农田、草地和林地。在研究区内，地表覆盖呈现高度的异质性。为了对估算出的 FVC 进行地面验证，我们对一个位于人工绿洲上的 $25km^2$ 的农田区域进行了 FVC 的地面测量工作（图 3.51 中放大部分）。该实验区域由以玉米为主要农作物的农田、居民区和林地组成。该实验区的示意图如图 3.51 所示，该标准假彩色影像数据来自 ASTER 传感器的波段，其中较暗和较亮的部分分别代表植被和非植被地类。

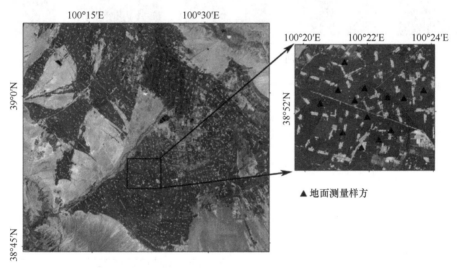

图 3.51　黑河研究区（彩图附后）
显示的是 ASTER 图像；黑色三角表示观测样方

4. 估算 FVC 的地面验证

本节在黑河研究区利用 MODIS 数据反演得到了该地区的 $NDVI_v$ 和 $NDVI_s$ 系数。将该系数应用于 500m 分辨率的 MODIS 数据得到 500m 的 FVC，并将参考 FVC 升尺度到 500m 对结果进行验证。

黑河地区反演所用的数据是 2012 年 MODIS 的 MCD43A1 和 MCD43A2 数据，全年每隔 5 天下载一幅影像，使用本节所用的 AngleVI 方法反演得到植被覆盖度年时间序列，下面的系列图反映了黑河区域植被覆盖年变化的情况。从图 3.52 中可以看到，反演的覆盖度结果符合黑河当地主要农作物（玉米）的植被物候变化趋势：在上半年非常稀少，到了七八月逐渐变得非常茂密，再之后由于收割等原因又重新归于稀疏。其中的城镇、道路、农舍等非植被区域的覆盖度值一直处于很低的状态，并全年稳定在非常小的值，这也是符合实际情况的。

将黑河研究区获得的 FVC 年时间序列与参考的 ASTER FVC 数据进行验证，可以看到在方框标注的有 FVC 参考值的日期，反演出的 MODIS FVC 与参考值较为接近，一致性良好（图 3.53）。

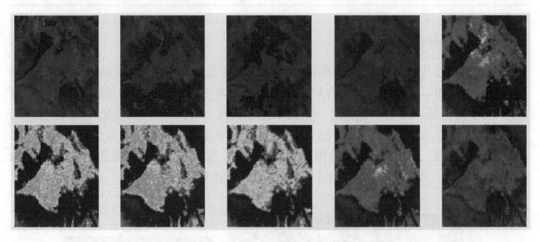

图 3.52　黑河研究区 FVC 年变化图（彩图附后）

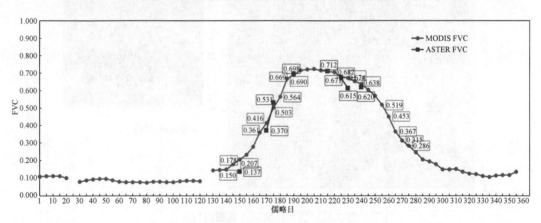

图 3.53　2012 年黑河全年 FVC 验证

本节尝试了将由粗分辨率遥感影像反演得到的 $NDVI_v$ 和 $NDVI_s$ 系数应用到高分辨率影像上。本节使用 500m 分辨率的 MODIS 数据，基于核驱动模型得到多角度观测数据，反演出 $NDVI_v$ 和 $NDVI_s$ 系数。同时将大气纠正后的 15m 分辨率的 ASTER NDVI 数据与 MODIS 数据进行光谱归一化，消除传感器之间的光谱差异。最后将 NDVI 系数应用到实验区的 ASTER NDVI 数据上，根据像元二分模型计算得到 FVC（图 3.54）。

将结果与实验区地面站点实测值进行验证，取得了很好的一致性，精度较高（$R^2 = 0.923$，RMSD $= 0.115$）。考虑到该实验得出的结果是基于 15m 分辨率的 ASTER 数据，而所使用的 $NDVI_v$ 和 $NDVI_s$ 系数则是基于 500m 分辨率的 MODIS 数据计算得到，不可避免地会存在尺度效应。因此，依据前面章节（3.3.1 节）中推导出的尺度效应修正公式，对所生产出的 FVC 进行尺度纠正。鉴于黑河研究区主要的地物类型为玉米地，所以本节采用黑河当地实测玉米地和裸土的光谱进行尺度的纠正。纠正之后的结果与实验区地面站点实测值的验证结果，如图 3.55 所示。

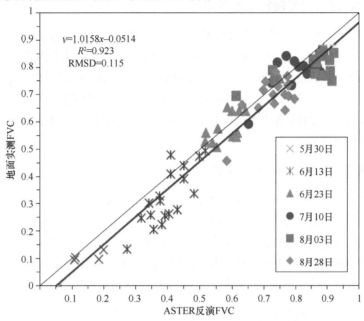

图 3.54　黑河 15m FVC 地面验证

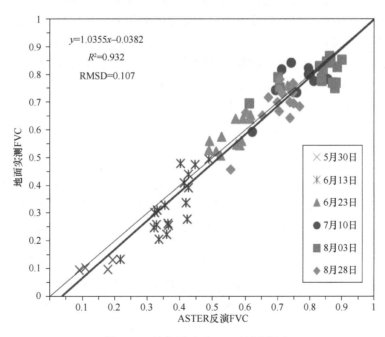

图 3.55　尺度纠正后 FVC 地面验证

从图 3.55 的比较结果可以看出，在尺度效应纠正之前，反演出的 FVC 整体存在一个较为明显的低估。但是在尺度纠正之后，反演的 FVC 整体低估的问题得到了改善，与地面测量值更加接近，无论是 R^2 还是 RMSD 的指标都显示出与实测值更好的一致性。

3.5.2　LAI 遥感反演尺度转换动态验证

叶面积指数（LAI）是反映植被生长状况的重要参数，在陆表过程、生态环境等很多领域具有广泛的应用。利用遥感方法快速、准确估算植被叶面积指数是遥感研究的重要内容之一。LAI 定量反演与真实性检验涉及像元尺度 LAI 相对真值获取、遥感反演和尺度转换等主要环节，它们共同影响着最终的反演精度和可信度。本节针对基于泰勒级数展开的 LAI 空间尺度转换模型（吴骅，2010），利用地面测量数据，重点进行尺度效应与转换模型的评价。

1. 空间尺度效应产生的基本原因

描述遥感影像空间分辨率大小的尺度称为空间尺度，在不同的尺度下地表特征参数所表现出差异，称之为尺度效应。在现实的大部分地理现象中，尺度效应是普遍存在的，它会导致不同尺度下的观测数据或反演结果无法直接进行比较，在一个尺度上建立的反演模型也无法直接应用于其他尺度。因此尺度效应在一定程度上制约了定量遥感的发展。尺度效应由观测手段、地表异质性、反演模型的非线性等因素引起。

1）观测手段的尺度适应性

不论是卫星观测数据还是地面测量数据，任何一种观测手段都是在特定的尺度下进行的，因此观测到的数据也只能反映特定尺度范围内的属性和信息，简单地以点观测数据来代表面范围的特征，会带来很大的误差。现阶段 LAI 地面测量，不论是 LAI-2200、MCI 还是 TRAC 等仪器，测量数据的空间尺度比一般卫星数据的空间尺度小很多，可以认为是一个点，因此在使用地面测量值验证反演模型甚至是反演产品时，都需要经过尺度转换来去除或者减小尺度效应的影响。

2）基础定律的尺度适应性

在观测尺度很小的时候，单个叶片的结构、土壤颗粒的物理性质可能是某一物理定律的主要影响因素，但随着尺度的变大，主导因素会变成冠层结构或者大气因素，这时原有的基础定律和理论模型就需要做出相应的变化以适应大尺度下的条件。因此大尺度的属性特征很可能不是小尺度属性特征的简单相加，这样就会产生尺度效应。

3）地表特征的异质性

地表地形和地貌的形态复杂多样，因此地表特征参数的异质性是它的固有属性，所有模型或原理关于地表特征均匀分布的假设都会带来一定的误差。由于地表特征参数异质性的存在，导致小尺度特征不能很好地代表大尺度特征，也就无法通过以点代面或简单加权聚合而得到大尺度的特征参数值。而地表特征的异质性的大小可以在一定程度上反映尺度效应的大小。

4）反演模型的非线性

在实际情况下，地表特征参数之间的关系在绝大多数时候都是非线性的，这就导致了利用参数之间的关系来进行反演的模型也是非线性的，这种非线性关系就导致了尺度效应。对反演模型函数进行泰勒级数展开，就可以很清楚地看到地表特征的一致性和反演模型的非线性在尺度效应中的联系和作用。

2. 通用模型的构建与评价

基于遥感反演产品的尺度转换模型的理论基础是泰勒级数展开法，需要对反演函数进行求导。当存在显性反演函数，且反演函数在参数值所在区间内至少二阶连续可导时，可利用求导公式直接计算；当不满足以上条件时，可以通过离散方式进行估算。归一化植被指数（NDVI）与 LAI 存在着很大的相关性，因此，基于 NDVI 进行 LAI 估算是常用的方法之一。因此，通过拟合 NDVI 和 LAI 建立以 NDVI 作为参数的 LAI 反演模型，进而使用泰勒级数展开法进行尺度转换。

1）LAI 尺度转换模型

类似于 3.2.1 节和 3.3.1 节的分析，LAI 遥感反演产品升尺度可以有两个不同的策略（图 3.56）。策略 1 是先反演后聚合，即先用小尺度反射率计算得到对应的 $NDVI_1$，然后通过反演模型得到小尺度的 LAI，最后聚合到大尺度上，得到最终升尺度的结果 LAI_1。由于遥感反演模型同样是在小尺度上建立起来的，同时 LAI 作为一个单位面积上的物理量，可以通过面积加权聚合。可以认为 LAI_1 是大尺度下的理论真值。

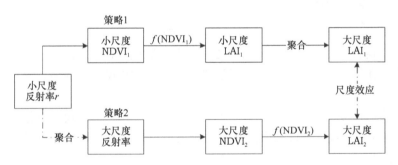

图 3.56　LAI 遥感反演的两种升尺度策略

策略 2 是先聚合后反演，即先将小尺度的反射率聚合成为大尺度反射率，然后计算得到大尺度的 $NDVI_2$，最后使用已有的遥感反演模型得到升尺度的结果 LAI_2。已有的遥感反演模型是在小尺度上建立的，这一模型直接应用在新的大尺度下可能会具有尺度效应，因此我们认为 LAI_2 是具有尺度效应的不准确的反演值。

相对应的尺度转换模型也可以抽象的表示为式（3.96）。

$$LAI_1 = LAI_2 + \Delta LAI \qquad (3.96)$$

假设反演函数 $f(x)$ 在[0，1]内（这是 NDVI 的值域）至少二阶连续可导，通过 3.2 节公式（3.8）的框架将函数式在 x_0 处通过泰勒级数展开得到 LAI 的尺度纠正公式：

$$\text{LAI}_1 = \text{LAI}_2 + f'(x_0)(\bar{x} - x_0) + \frac{1}{2}f''(x_0)[\sigma^2 + (\bar{x} - x_0)^2] \qquad (3.97)$$

式中，$\bar{x} = \frac{1}{n}\sum_{i=1}^{n}x_i$；$\frac{1}{n}\sum_{i=1}^{n}(x_i - \bar{x})^2$ 即为亚像元的方差 σ^2。当 $x_0 = \bar{x}$ 时，从 3.3 节公式（3.20）可以进一步简化为基于遥感反演产品的尺度转换模型中的公式（3.98）。

$$\text{LAI}_1 = \text{LAI}_2 + \frac{1}{2}f''(x_0)\sigma^2 \qquad (3.98)$$

式中，$x_0 = \text{NDVI}_2$；$\bar{x}$ 是亚像元内 NDVI_1 的算数平均值，可以发现 $x_0 = \bar{x}$ 多数情况下并不成立。显而易见，对于实际大尺度遥感影像，等式（3.98）很难成立。而对于因为某些原因无法直接使用实际大尺度影像的情况，需要分两种情形讨论：①如果 NDVI_2 是由小尺度反射率聚合成的大尺度反射率计算得到的，x_0 与 $\bar{x}$ 会有所差别，此时应该使用式（3.97）；②如果 NDVI_2 是由小尺度 NDVI 直接加权平均成大尺度得到的，$x_0 = \bar{x}$ 成立，此时式（3.97）和式（3.98）等价。因此，我们将对使用两种公式的尺度转换结果分别进行讨论。根据式（3.97）可得到尺度效应修正项表达式为

$$\Delta\text{LAI} = f'(x_0)(\bar{x} - x_0) + \frac{1}{2}f''(x_0)[\sigma^2 + (\bar{x} - x_0)^2] \qquad (3.99)$$

由式（3.99）可见，尺度效应的大小主要受三方面因素的控制：一是遥感反演模型的非线性程度；二是大尺度观测结果和亚像元小尺度观测结果平均值的差异；三是大尺度像元内部的空间异质性。

2）尺度模型的评价

下面对 LAI 尺度转换模型的适用性和精度进行评价。

模型的适用性：由于尺度模型的核心是泰勒级数展开，计算过程中会忽略高阶（一般为三阶及三阶以上）导数各项，当反演模型的非线性程度比较大时，该方法引入的误差将不能被忽略。

模型精度：尺度模型是一个纯数学的推导，推导过程中的假设和近似会为模型本身引入误差。在泰勒级数展开过程中拉格朗日余项被忽略，因此需要估算拉格朗日余项[式（3.100）]的大小。

$$R_n(x) = \frac{f^{(n+1)}(\xi)}{(n+1)!}(x - x_0)^{n+1} \qquad (3.100)$$

式中，ξ 是介于 x 和 x_0 之间的数。对于我们用的尺度模型，$n=2$，因此变量只有 $f^{(n+1)}(\xi)$。由于这里是为了评估模型误差而不是计算拉格朗日余项的精确值，因此我们只需要估计 $f^{(n+1)}(\xi)$ 的最大值即可以评估误差范围。设 $f^{(n+1)}(\xi)$ 的最大值为 M，则每个亚像元的拉格朗日余项最大值为

$$R_2(x_i)_i = \frac{M}{3!}(x_i - x_0)^3 \qquad (3.101)$$

我们将所有亚像元拉格朗日余项最大值的平均值认为是尺度模型本身引入的误差极限 R，则有

$$R = \frac{1}{n} \sum_{i=1}^{n} R_2(x_i)_i \qquad (3.102)$$

因此，尺度模型本身引入的误差上限如式（3.102）所示，由于具体的计算需要考虑反演函数的3阶导函数的单调性及3阶导数值，因此这里不做具体的计算和讨论。

3. 基于测量数据的尺度转换模型的验证

我们利用两套数据源进行尺度转换模型的验证。一套是承德实验区森林样方的实测和遥感反演数据，另一套是国外项目（Validation of Land European Remote Sensing Instruments，VALERI）的数据，两套数据互为补充，通过不同地区、不同尺度多源数据共同验证尺度模型的转换效果，流程如图3.57所示。

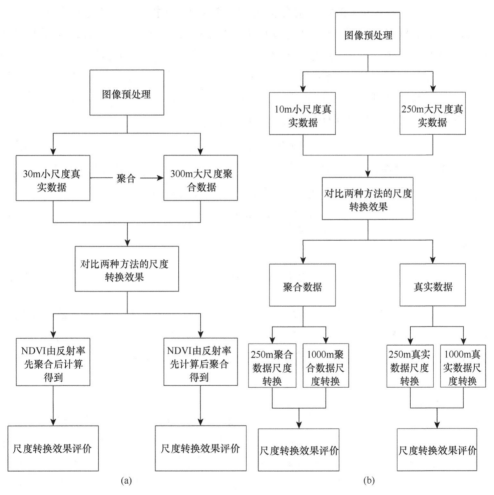

图 3.57 尺度转换模型验证流程图

（a）承德实验区；（b）VALERI 项目实验区

1）承德实验区数据测量与处理

承德实验区位于河北省围场满族蒙古族自治县坝上地区，牧场境内丘陵起伏，丘间平地彼此相连。该区域地处我国草原牧区东南边缘，系森林和草原的过渡地带，属我国北方典型的农牧交错带，是典型的生态脆弱带，对全球变化响应敏感，是监测全球生态环境变化的理想区域。森林样方集中在塞罕坝地区，树木类型以白桦和落叶松为主。

A. 叶面积指数实地测量

如何在地面准确且快速地测量叶面积指数历来是 LAI 遥感反演与验证研究的难点。目前地面测量方法可以分为直接测量和间接测量。直接测量步骤繁琐，实现难度大，满足不了遥感反演在空间尺度和时间效率方面的需求；通过仪器的间接测量方法多数是基于 Beer 定律设计的，有比较清楚的物理理论基础，而且仪器设备携带方便，测量高效，被广泛应用于 LAI 反演和真实性检验中，本节采用间接测量方法。

B. 测量仪器与原理

实验中使用 LAI-2200 植物冠层分析仪进行 LAI 的测量。该仪器是目前被广泛用于地面间接测量 LAI 的仪器之一，由美国 LI-COR 公司设计开发。该仪器最重要的器件是探头顶端的鱼眼镜头，视场角达到 148°。镜头内部安置了 5 个同心圆状分布的传感器，中心角分别为 7°、23°、38°、53° 和 68°，响应波段为可见光波段的 320~490nm。采集人员手持仪器在冠层顶部（记为测量 A 值）和冠层底部（记为测量 B 值）分别测量，获得的辐射值之比，记作透射率 $P(\theta)$ ［式（3.103）］。

$$P(\theta) = e^{-G(\theta)uS(\theta)} \tag{3.103}$$

式中，$G(\theta)$ 是叶片在 θ 方向的投影函数；u 是叶面积体密度［公式（3.104）］，$S(\theta)$ 是 θ 方向光线穿过冠层的路径长度。LAI 的计算公式为式（3.105）：

$$u = 2\int_{0}^{\pi/2} -\frac{\ln P(\theta)}{S(\theta)}\sin(\theta)\mathrm{d}\theta \tag{3.104}$$

$$LAI = uh = 2\int_{0}^{\pi/2} -\ln P(\theta)\cos(\theta)\sin(\theta)\mathrm{d}\theta \tag{3.105}$$

使用 LAI-2200 测量 LAI 对周边环境和气象条件有一定要求。因为仪器计算 LAI 的基础是冠层上下的辐射值之比，因此要求观测点附近相对空旷，没有高大物体遮挡冠层顶部的测量；同时为保证感光器件的灵敏和响应精度，在测量时也不允许阳光直射进鱼眼镜头。

C. 样线设计

在森林样方，我们采用了"之"字形 1A8B 的操作方式。因为森林的聚集效应比较明显，很可能出现在测量 B 值时，探头可视范围内某个方向上冠层遮挡，而另一个方向上叶片却很少。因为 B 值都是探头测量的任何方位角射线的线性平均，此时冠层中的空隙会被过高测量，造成 LAI 值被低估。所以我们增加了 B 值测量的次数，以保证浓密冠层和稀疏冠层出现在不同的 B 值中（图 3.58）。

D. 测量结果及其修正

森林样方共 4 个，样方大小都是 30m×30m，为了便于测量，样方设置于道路两侧，测量结果见表 3.10。

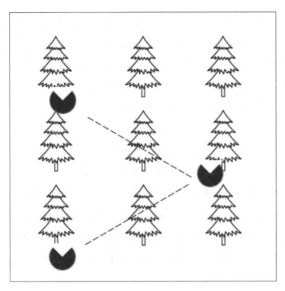

图 3.58　森林样方 LAI B 值测量样线

表 3.10　森林样方 LAI 测量结果

测量时间（年.月.日）	样方边长	样方一	样方二	样方三	样方四
2015.7.13		1.35	2.36	—	1.26
2015.6.22	30m	1.35	1.97	1.63	—
2014.8.11		2.25	2.75	1.34	—
2014.7.25		2.46	2.68	1.17	—

有研究表明，基于 Beer 定律的间接测量方法可带来 20%~50% 的误差（Weiss et al.，2004；Chen and Cihlar，1995）。引起误差的原因主要是实际场景中，植被冠层中的叶片分布存在聚集效应，不符合 Beer 定律的理论假设，导致了测量结果存在一定程度的低估。为了减小测量误差，本节利用基于路径长度的方法（Hu et al.，2014）对 LAI 间接测量结果进行了修正。

具体包括四个步骤（假设在某一样点上进行了 n 次测量）：

（1）将观测天顶角 $\theta=7°$ 时，用第一次测量的 B 值除以 A 值，得到当前条件下的路径相对长度概率密度函数 P_θ；

（2）计算得到当前条件下的叶面积指数值 LAI_θ；

（3）重复上述两步，计算 $\theta=23°$、$38°$、$53°$、$68°$ 4 个观测天顶角下的 LAI 值，将计算得到的 5 个 LAI 值取算术平均，得到第一次测量的平均值 $\overline{LAI_\theta}$；

（4）重复上述三步得到这一样点上剩余 $n–1$ 次测量修正之后各自的 LAI 值，将 n 个 $\overline{LAI_\theta}$ 取算数平均，得到这一样点的 LAI_{true}。

修正后的测量值一定程度上纠正了原始测量值的低估问题，修正的比例在 5%~9%。

E. LAI 遥感反演

获取与地面测量数据准同步的 Landsat-8 OIL 遥感数据，基于 PROSAIL 模型，构建 LAI 遥感反演方法，并进行了实验区 LAI 遥感反演（杜育璋，2016）。

为了进行尺度转换模型的验证，在承德实验区森林样方附近选择了一块长宽为 2.4km 的区域作为尺度转换的数据范围。Landsat 8 OIL 的空间分辨率是 30m，这块区域可以模拟成为空间分辨率为 300m、行列像元数都为 80 的大尺度数据。首先结合其他高精度影像和目视判别，在区域中选择了 30 个纯像元，其中 3 个像元为房屋或道路，它们的 LAI 设为 0。然后利用我们建立的 LAI 反演模型，计算得到另外 27 个像元的 LAI，利用这 30 个像元的 LAI 和 NDVI 拟合出新的非线性反演函数 [式（3.106）]，重新计算了实验区的 LAI 值。其中拟合函数的 R^2=0.8934，函数散点图如图 3.59 所示。

$$y = 2.4208 \ln x + 2.4812 \tag{3.106}$$

由于实验日期恰好处于承德实验区的多云多雨时期，我们没有找到无云可用的 MODIS 数据，因此我们采用由小尺度直接聚合而成的大尺度数据进行尺度转换结果的验证。根据验证的需要，我们对应准备了两组数据：①是由 30m 分辨率的反射率先聚合后计算得到的 300m 分辨率 NDVI；②由 30m 分辨率的 NDVI 直接加权平均得到的 300m 分辨率 NDVI。

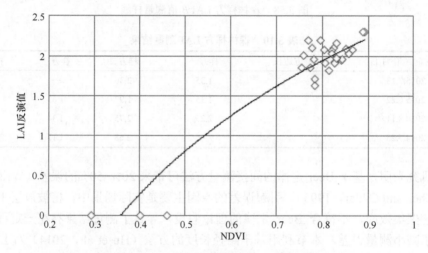

图 3.59　承德实验区森林数据非线性反演模型拟合结果

2）VALERI 项目数据处理

VALERI 是由法国国家太空研究中心资助的国际合作项目，有 28 个不同国家和地区的研究机构、大学、组织参与其中。VALERI 项目的目标是提供世界范围内的高空间分辨率生物量（LAI、f_{APAR}、f_{Cover}）地图，为此 VALERI 项目数据库中包括从测量数据到卫星影像，从反演模型到反演结果制图，从反演的中间过程到最终的精度评价一整套的数据，数据的样区分布在除南极洲外的 6 个大洲中 21 个国家 32 个地区，遥感影像多数来自 SPOT 4，少部分来自 SPOT 5 和 Landsat 7，空间分辨率从 10~30m 不等。VALERI 项目数据库中所有的数据、说明、文献都可以免费下载，是可信赖的数据源。因此，我们从VALERI项目数据库中选择了英格兰地区的一个样区的数据进行尺度转换并评价其精度，作为对承德实验区数据不足的补充。

我们选取的这套数据的遥感影像来自SPOT 5 的高分辨率几何成像仪（HRG），拍摄于 2006 年 6 月 10 日，图像已经做过辐射校正和几何校正。

我们首先计算了影像上所有像元的 NDVI 值，并根据样点在影像上的对应位置的 NDVI 值，结合其实地测量值拟合了非线性反演模型，得到该实验区的 NDVI-LAI 反演公式 [式（3.107）]，然后重新计算了样区的 LAI。其中拟合的反演公式 RMSE=0.563，R^2=0.794（图 3.60）。

$$y = 2.825 \ln(4.558x) \tag{3.107}$$

然后按照 SPOT 5 影像的拍摄时间，下载了同步的 MODIS 反射率数据 MOD02QKM（空间分辨率 250m）和 MOD021KM（空间分辨率 1000m），并做了重投影和图像配准。

最后计算了 MODIS 影像各像元的 NDVI 值，并通过式（3.107）计算得到了大尺度的 LAI 值。两种传感器的影像虽然都是表观反射率数据，但由于拍摄自同一时间的同一地区，大气条件可以认为是一致的，所以在这里可以忽略大气的作用。

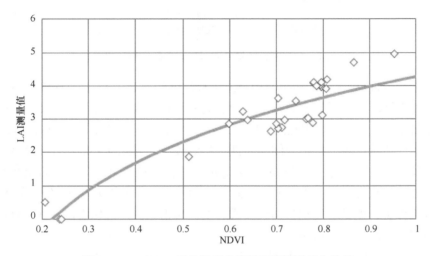

图 3.60　VALERI 项目数据非线性反演模型拟合结果

4. 结果与讨论

由于 LAI 的绝对值往往不是很大，如果使用绝对误差比较具有尺度效应的 LAI 值和 LAI 理论真值的差异会不够直观，因此我们使用相对误差（relative error，RE）作为反映尺度效应差异的指标，其定义如式（3.108），式中 $\text{LAI}_{\text{scale}}$ 是具有尺度效应的叶面积指数，LAI_{true} 是叶面积指数的理论真值。

$$\text{RE} = \frac{\left| \text{LAI}_{\text{scale}} - \text{LAI}_{\text{true}} \right|}{\text{LAI}_{\text{true}}} \times 100\% \tag{3.108}$$

1）承德实验区数据尺度转换结果

下面使用我们推导优化后的尺度模型式（3.97）和原来的尺度模型式（3.98）对承德实验区的聚合大尺度数据进行尺度转换，比较它们结果的差异。

我们首先使用式（3.97）进行尺度转换，此时的 x_0 即 NDVI_2，是由 30m 分辨率反射率先聚合成 300m 反射率后计算得到的；然后使用式（3.98）进行尺度转换，此时 NDVI_2 是由 30m 分辨率反射率先计算 NDVI 然后聚合到 300m 分辨率得到的。图 3.61 是两种公式尺度转换前后 LAI 相对误差以及误差纠正比例（即纠正掉的相对误差占纠正前相对误差的比例）的对比。

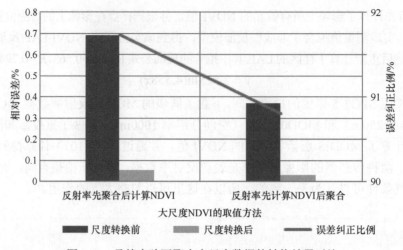

图 3.61   承德实验区聚合大尺度数据的转换效果对比

从图 3.61 可以看出：①使用两种公式进行尺度转换后 LAI 相对误差有明显下降，这表明尺度转换模型对于聚合数据的两种情况都是有效的；②两种方法尺度转换前的相对误差都较小，主要原因是实验区 NDVI 差异较小导致函数在有效区间内的非线性程度比较小，同时所选区域的植被空间异质性也相对较小；③式（3.98）的相对误差小于式（3.97），这是由于使用式（3.98）是 $NDVI_2$ 的计算流程更符合理论真值的计算流程，同时又因为在使用聚合大尺度数据时，由 x_0 与 $\bar{x}$ 的差异引入的误差相对较小，两种公式的差别比较难体现，但是通过观察两种公式的误差纠正比例，可以看出式（3.97）可以更大程度地纠正尺度误差的影响。

根据式（3.102），尺度转换模型在对承德实验区数据进行尺度转换时，引入的误差上限 $R = 2 \times 10^{-9}$，可以忽略不计。

2）VALERI 项目数据尺度转换结果

上面讨论了尺度模型应用于聚合大尺度数据时的效果，下面重点讨论对实际大尺度数据进行尺度转换时两个模型尺度转换效果的差异。我们使用经过预处理的 SPOT 5 影像作为小尺度数据，MOD02QKM 影像作为大尺度数据，使用式（3.97）和式（3.98）分别进行尺度转换，其中式（3.98）忽略了大尺度反射率与亚像元反射率平均值的差异，通过图 3.62 可以看出，这样的简化在应用于真实大尺度数据时将会使尺度转换效果明显下降。

通过上述对比发现，改进之后的基于遥感反演产品的尺度转换模型［公式（3.97）］在处理实际大尺度数据时具有很好的效果。接下来，我们以 MOD250m 尺度影像为例，对尺度转换的效果和尺度效应大小的影响因素做进一步探讨。

图 3.63 是尺度转换前后 LAI 理论真值和 MOD250m 尺度影像反演值的绝对差值分区间个数统计图，由于我们使用的反演函数是凸函数，因此大尺度直接反演从理论上说会带来 LAI 的高估，因此图中的差值以负数居多。从图中可以看出尺度转换不仅很大程度上削弱了反演值高估的情况，而且很好地修正了主要由 NDVI 异质性带来的 LAI 低估，使得尺度转换后的 LAI 差值绝大部分控制在 0.1 以内。

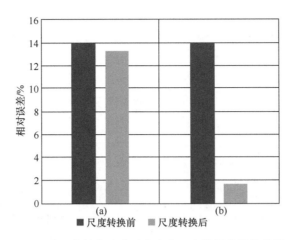

图 3.62　两种尺度转换公式对真实大尺度数据的转换效果对比
（a）式（3.98）计算结果；（b）式（3.97）计算结果

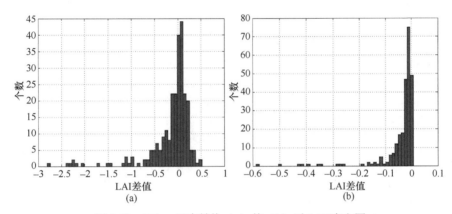

图 3.63　250 m 尺度转换（a）前（b）后 LAI 直方图

　　我们接下来讨论了尺度效应大小与大尺度影像的空间异质性、反演函数非线性及大尺度观测结果和亚像元小尺度观测结果平均值的差异（不同尺度图像差异）的关系。在比较时我们利用相对误差［式（3.108）］表征尺度效应的大小；用式（3.99）中的方差项 σ^2 表征大尺度像元内部的空间异质性；用式（3.99）中的函数一阶导数值表征反演函数的非线性程度；用式（3.99）中的 $(\bar{x}-x_0)$ 和 $(\bar{x}-x_0)^2$ 表征不同尺度的图像差异，结果如图 3.64 所示。

　　从图 3.64 中可以看出，反演函数的非线性程度和尺度效应的大小相关性最差，而大尺度观测结果和亚像元小尺度观测结果平均值的差异同尺度效应的大小相关性最高；其次是大尺度数据内部空间异质性，这表明当使用实际大尺度数据时，反演函数的非线性程度对尺度效应的影响并不明显，不同尺度影像的差异，以及地物在不同尺度上表现出的空间异质性是导致尺度效应的主要因素。

　　我们使用改进后的模型对更大尺度的实际数据和聚合模拟数据进行了尺度转换，结果见图 3.65。从图 3.65 中可以看出：①尺度转换后尺度效应都有明显下降，相对误差控制在 1%~2%，说明尺度转化模型对更大尺度也是有效的；②由小尺度数据直接聚合而成的大尺度数据与真实的大尺度数据相比尺度效应更小，这是因为聚合数据不存在像元

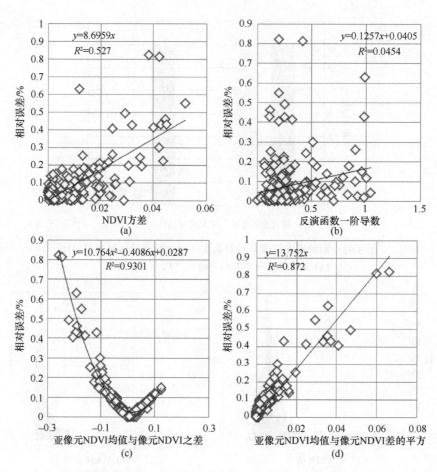

图 3.64　250m 尺度空间异质性、反演函数非线性、图像差异与尺度效应大小的关系散点图

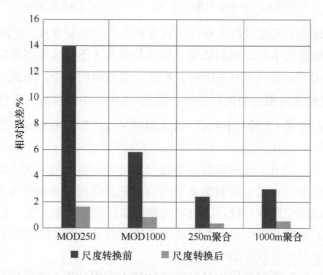

图 3.65　250m 和 1000m 尺度，真实数据与聚合数据尺度转换前后相对误差对比

值与亚像元均值的差异，这也说明了这一差异对尺度效应的重要影响，佐证了前面的结论；③250m 尺度真实数据的尺度效应大于 1000m 尺度真实数据的尺度效应，主要原因

是影像中有若干个面积较大的 LAI 为 0 的非植被区域，MOD250 中这些像元的 NDVI 与亚像元取平均聚合的 NDVI 差异较大，大于 MOD1000 的差值，这就导致 MOD250 计算得到的 LAI 偏差更大。这个结果表明"空间尺度越大、尺度效应越高"并不是绝对的，在某些地物类型突变的区域，更大的尺度可以模糊掉突变带来的影响，反而相对误差会小一些。

根据式（3.102），尺度转换模型在对 VALERI 项目数据进行尺度转换时，引入的误差上限 $R = 8 \times 10^{-8}$，可以忽略不计。

3.5.3　FAPAR 遥感反演尺度转换动态验证

FAPAR 定义为植被吸收波谱范围在 0.4~0.7 μm 的光合有效辐射的比例（Weiss et al.，2007）。卫星遥感传感器能够提供区域及全球尺度上的 FAPAR 估计，如 MODIS、SeaWiFS、VEGETATION、MERIS 传感器等。由于卫星反演的有效性，FAPAR 成为全球气候观测计划中关键的对地观测参量（GCOS，2011）。

多种卫星遥感反演 FAPAR 产品为用户提供了多样化的选择，也使得从区域或全球尺度上对这些产品进行验证尤为必要（Fensholt et al.，2004）。已有的研究表明不同 FAPAR 产品间存在不一致性（McCallum et al.，2010；Pickett-Heaps et al.，2014；Martinez et al.，2013；D'Odorico et al.，2014；Meroni et al.，2013；Tao et al.，2015）。FAPAR 受太阳辐射的变化呈现明显的日变化特征，在时间上具有高度的变异性（Goward and Huemmrich，1992）。因此，能够与卫星数据时空匹配的 FAPAR 实地测量数据非常缺乏，导致 FAPAR 产品的验证很大程度上受到限制（Cao et al.，2014；FAO，2007）。因此，很多卫星同步的地面观测计划都将 LAI 作为重点，而非 FAPAR（Weiss et al.，2007；Pickett-Heaps et al.，2014；Yang et al.，2006）。

为了充分利用有限且珍贵的地面实测 FAPAR 数据，从地面到卫星的时空尺度转换显得尤其重要。空间不匹配是尺度转换面临的首要挑战。地面实测 FAPAR 仅能代表数十米的田间尺度，而低分辨率遥感卫星的像元尺度就可达 250 m 至 5 km（Justice and Tucker，2009）。由于地表的异质性，卫星传感器分辨率越低，实测数据和卫星数据空间代表性的差异就越大。为了解决这一问题，通常选择均匀地表直接对比验证（Fensholt et al.，2004；Pickett-Heaps et al.，2014；Iwata et al.，2013；Yang et al.，2014）或在考虑低分辨率影像亚像元异质性的情况下将实测数据升尺度至低分辨率像元尺度（Fensholt et al.，2004；Martinez et al.，2013；Serbin et al.，2013；Olofsson and Eklundh，2007；Gobron et al.，2006）。

卫星数据与地面实测数据时间不匹配是 FAPAR 尺度转换的另外一个关键问题，甚至更具挑战性。时间尺度转换包含两个方面：将地面测量时间匹配至卫星过境时刻的时间归一化，以及将测量日期匹配至卫星数据获取日期的时间插值。理想情况下，FAPAR 地面实测数据应与卫星过境时刻相吻合。但由于人力、时间和仪器条件所限，通常采用顺序测量测得不同站点 FAPAR，导致了各站点间测量时间的不一致，需要将不同时间获得的 FAPAR 地面实测值归一化至卫星过境时刻。但现有研究对 FAPAR 地面实测数据时间归一化的关注较少。此外，将地面实测数据观测日期匹配至卫星数据获取日期需要更具适用性、对植被生长描述更为精确的方法。通常采用的线性插值法或立方函数插值法在样本量有限、时间间隔较大或植被快速生长阶段都难以产生理想的结果。

综上，FAPAR 从地面至卫星的尺度转换面临着时空不匹配的问题。现有研究对空间匹配关注较多，而对时间匹配关注较少。因此，FAPAR 尺度转换中的时空匹配问题亟待解决。为此，结合 Morisette 等提出的空间尺度转换框架（Morisette et al.，2006）和普适性尺度转换框架（Wang et al.，2014a，b），通过时间归一化、时间插值、空间聚合等逐步解决 FAPAR 尺度转换时空不匹配的问题。

1. 研究区与数据

本节用到的黑河研究区介绍见 3.5.1 节，研究数据如表 3.11 所示，包括地面测量数据，低分辨率 FAPAR 遥感产品、高分辨率遥感影像（ASTER 数据）和其他辅助数据。所有数据均可从 HiWater 网站（http：//westdc.westgis.ac.cn/data/）免费申请获得。

表 3.11 研究数据列表

类别	时间信息（年.月.日）	空间信息	描述
地面测量数据	2012.5.30~2012.7.18	13 个站点	其中 12 个站点采用移动测量，测量间隔约 5 天；1 个站点采用持续的静止测量
MODIS FAPAR	2012.5.24~2012.7.10，8 天间隔	景号 h25v05；空间分辨率 1 km	MOD15A2 C5；ISIN 投影
ASTER 影像	2012.5.30，2012.6.15，2012.6.24，2012.7.10	15 m 分辨率	L1B 产品；UTM 投影
SPOT5 影像	2008.8.10	10 m 分辨率	用于辅助几何校正
地表覆盖分类	2012.6.25	1 m 分辨率	用于辅助几何校正

在研究区范围内，选择 13 个农作物测量站点，站点大致呈均匀分布，如图 3.51 所示（Xie et al.，2013）。自 2012 年 5 月 24 日至 7 月 10 日，每 5 天对站点的冠层结构参数和 FAPAR 值进行测量。其中，2012 年 6 月 18 日至 7 月 3 日间地面测量因天气和灌溉等因素影响暂时中断，存在数据空白。冠层结构参数包括平均冠层高度、叶片数量、植株密度和 LAI 等。冠层 FAPAR 测量采用 AccuPAR LP-80 Ceptometer（http：//www.decagon.com），每次测量采集 4 组数值：冠层上方入射 PAR（$PAR_a^{\downarrow}$）、冠层上方反射 PAR（$PAR_a^{\uparrow}$）、冠层下方反射 PAR（$PAR_b^{\downarrow}$），以及地表反射 PAR（$PAR_b^{\uparrow}$）。根据仪器使用说明，冠层 FAPAR 可计算为（Majasalmi et al.，2014；Decagon Devices Inc，2016）

$$FAPAR = (PAR_a^{\downarrow} - PAR_a^{\uparrow} - PAR_b^{\downarrow} + PAR_b^{\uparrow})/PAR_a^{\downarrow} \qquad (3.109)$$

地面实测数据集的详情可参考文献（Xie et al.，2013）。

为方便与 15 m 分辨率的 ASTER 数据进行多尺度分析，将表 3.11 所示的 MODIS FAPAR 产品转换至 WGS-84 坐标系 UTM 投影，并采用最近邻采样法将 MODIS 数据重采样至 960 m。对 ASTER L1B 数据依次进行辐射校正、大气纠正和几何校正。其中大气校正通过 6S 软件，利用 MODIS 气溶胶产品以及 ASTER 数据头文件中的太阳高度角、方位角等信息完成。

为保证多尺度数据几何空间上的可比性，采用 5 m 分辨率的 SPOT5 影像作为基准对 ASTER 数据和 MODIS 数据进行几何配准。采用 1 m 分辨率的分类数据（Zhang et al.，2014）进行验证，将 ASTER 数据的配准精度控制在 2 m 以内，MODIS 产品的几何精度控制在 15 m 以内。

2. 研究方法

时空尺度不匹配是 FAPAR 从地面实测数据至低分辨率卫星数据尺度转换面临的主要挑战。Wang 等（2014a，b）提出了一种结合先验知识和高分辨率数据进行尺度转换的普适性方法框架，为达成 FAPAR 尺度转换提供理论基础。Morisette 等（2006）提出的真实性检验方法同样借助高分辨率卫星数据解决地面实测数据和低分辨率卫星数据间的尺度差异。结合两种方法的主要思想，本节提出一种将地面实测 FAPAR 数据进行时空尺度转换的方法，如图 3.66 所示。地面实测 FAPAR 与低分辨率卫星数据之间的时空不匹配依次通过时间归一化、时间插值和空间聚合三个步骤实现。在确保地面实测数据与卫星数据在时空上具有可比性的基础上，生成的低分辨率参考 FAPAR 被用于验证 MODIS FAPAR 产品。

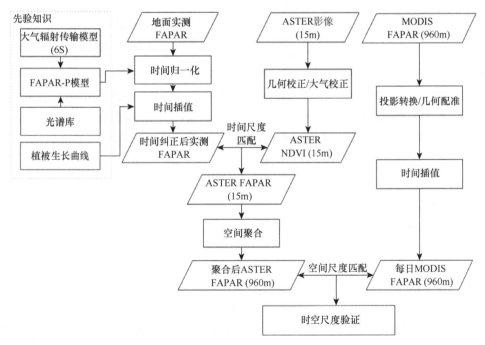

图 3.66　FAPAR 从地面至卫星尺度转换方法框架

1）地面测量数据时间归一化

不同时间测量 FAPAR 主要受植被结构参数、太阳高度角和光照条件等因素影响。如何能描述这些因素对 FAPAR 测量的影响，进而建立不同时间测量 FAPAR 间的关系，是时间归一化的基础。

A. FAPAR-P 模型

本节选择 Fan 等（2014）的 FAPAR-P 模型作为时间归一化的理论基础。该模型引入了再碰撞概率的概念描述入射太阳光的多次散射。再碰撞概率仅取决于植被结构（Smolander and Stenberg，2005）。基于能量守恒原理，吸收光合有效辐射的比例可以计算为截获光子的概率减去光子散射的全部概率。由于综合考虑了植被结构、入射太阳辐射和地物光谱特征等因素，FAPAR-P 模型能够描述瞬时 FAPAR 的时间变化。FAPAR-P 模型的输入参数和变量如表 3.12 所示。叶片反射率和透射率来自 LOPEX 数据库，土壤反射率由 ASD 光谱仪实地测得。模拟采用 $G = 0.5$ 的基本假设，与 FAPAR-P 模型保持一致。更多细节可参考文献（Fan et al.，2014）。

表 3.12　FAPAR-P 模型输入参数与变量

参数	符号	取值
叶片反射率	$r_l(\lambda)$	LOPEX93（玉米）
叶片透射率	$\tau_l(\lambda)$	—
土壤反射率	$r_g(\lambda)$	地面测量
再碰撞概率	p	$p_{LC} = p_{LC_{max}}(1-e^{-k \cdot LAI^b})$，其中，$p_{LC_{max}} = 0.88$，$k = 0.7$，$b = 0.75$（Smolander and Stenberg，2005）
G 函数	G	0.5
太阳天顶角	θ_i	0~70°，间隔 10°
有效叶面积指数	LAI	0~8，间隔 1
散射光比例	β	0~1

Fan 等（2014）的研究表明，FAPAR 的日变化主要取决于 LAI、太阳高度角和散射光比例。因此，为简化时间归一化的问题描述，表 3.12 中的其他参数，包括土壤光谱、叶片反射率、叶片透过率、再碰撞概率和 G 函数等，在模拟中都被设定为常数。FAPAR-P 模型主要被用于研究 LAI、θ_i 及 β 对 FAPAR 的影响。其中，θ_i 和 β 随时间变化而变化，是地面实测数据时间不一致的主要影响因素。

B. 散射光比例估算

基于 FAPAR-P 模型，太阳高度角和散射光比例是影响 FAPAR 日变化最相关的因素。散射光比例同时也受太阳高度角、气溶胶光学厚度、能见度和云等因素影响。由于散射光比例的实时测量缺乏，需要借助相关环境因素对散射光比例进行估算。

本节采用 6S 大气辐射传输模型对散射光比例进行模拟。由于云的变化往往随机、难以测量，所以暂不考虑。由于研究区较小，假定气溶胶光学厚度在时间、空间上均为常数，同一天的能见度对研究区域为常数。能见度考虑较差、一般和较好三种情况，对应 6S 模拟中 VIS = 5 km、15 km 和 30 km。气候模型和气溶胶模型设定为中纬度夏季和大陆性模式。采用 6S 模型对不同能见度和太阳高度角条件进行模拟，可以得出散射光比例和太阳高度角之间的关系。该关系可进一步利用指数函数模型进行拟合（图 3.67），如下：

$$\beta = 0.473e^{0.172\sin\theta} + 2.175 \times 10^{-4}e^{7.62\sin\theta} \tag{3.110}$$

$$\beta = 0.254e^{0.400\sin\theta} + 1.080 \times 10^{-7}e^{15.43\sin\theta} \tag{3.111}$$

$$\beta = 0.186e^{0.249\sin\theta} + 7.322 \times 10^{-9}e^{18.08\sin\theta} \tag{3.112}$$

依次对应 VIS = 5 km、15 km 和 30 km。式（3.110）~式（3.112）拟合的精度采用

均方根误差（RMSE）和相关系数（R^2）表示，其中 RMSE 依次为 0.007、0.014 和 0.013，R^2 依次为 0.999、0.996 和 0.996。

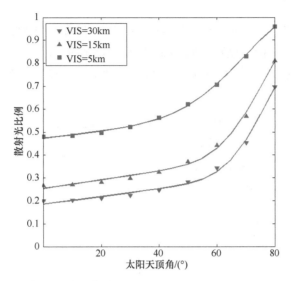

图 3.67　利用 6S 模型模拟太阳高度角和能见度对散射光比例的影响
蓝色符号表示 6S 模型输出；红线表示拟合方程

C. 集成 FAPAR-P 和 6S 的 FAPAR 模型

将式（3.110）~式（3.112）估算的散射光比例代入 FAPAR-P 模型，进一步将散射光比例对瞬时 FAPAR 的影响与太阳高度角的影响集成在一起。在仅考虑太阳高度角和能见度影响的情况下，已知 LAI，可对太阳高度角引起的 FAPAR 日变化进行描述。

利用集成的 FAPAR 模型，可以描述太阳高度角和由太阳高度角引起的散射光比例对瞬时 FAPAR 的影响（图 3.68）。如图 3.68（a）所示，FAPAR 值随太阳高度角增大而增大，尤其是在低 LAI 条件下。当 LAI=1 时，太阳高度角从 0° 增加至 70° 引起的 FAPAR 增加可达 50%。这是由于太阳高度角增加时，入射光子的路径变长，光子被散射或被吸收的概率随之增加。LAI 越大，太阳高度角对 FAPAR 的影响越小。当 LAI 较高时，如

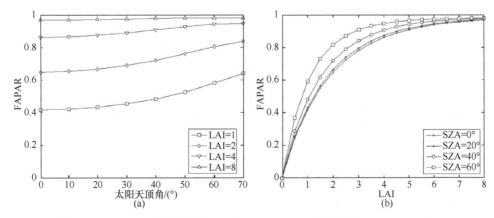

图 3.68　FAPAR-P 模型模拟 SZA 和 LAI 对 FAPAR 的影响（VIS=30 km）
（a）LAI = 1，2，4，8 时 SZA 对 FAPAR 的影响；（b）给定 SZA 时 LAI 对 FAPAR 的影响

LAI=8 时，FAPAR 值接近 1，太阳高度角对 FAPAR 的影响减到最小。图 3.68（b）同样显示对给定的 LAI，太阳高度角越大，FAPAR 值越大；FAPAR 随 LAI 的变化表现出指数函数的形式。

进一步分析 LAI、SZA 和 SZA 引起的散射光比例对瞬时 FAPAR 的影响，如图 3.69 所示。由图 3.69 可见，能见度对瞬时 FAPAR 有一定影响。但在小 SZA 或浓密植被（如 LAI=8）下，能见度的影响微乎其微。当 SZA 较高时（>50°），能见度对稀疏植被的影响较大。

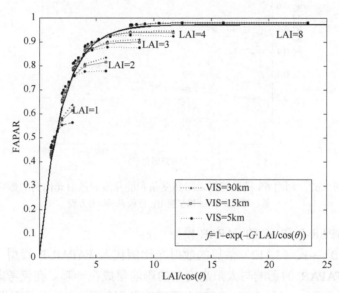

图 3.69   由 FAPAR-P 和 6S 模型集成的 FAPAR 模型模拟 FAPAR 与 LAI/cos（θ）的关系

由图 3.69 可知，FAPAR 随自变量 LAI/cos（θ）变化的斜率是纠正 SZA 影响的关键。FAPAR 随 LAI/cos（θ）变化的斜率越大，SZA 对 FAPAR 的影响就越大。LAI 越小，该斜率就越大；当 LAI 相同时，SZA 增加，该斜率相应减小。因此，SZA 的影响与 LAI 和 VIS 的影响密不可分。然而，由分析可知，给定 VIS 时，FAPAR 的变化可由一个指数函数表示：

$$\text{FAPAR} = k_1 - k_2 e^{-k_3 \cdot G \cdot \text{LAI}/\cos\theta} \tag{3.113}$$

式中，k_1、k_2、k_3 分别为拟合参数。k_1、k_2 与入射太阳辐射散射光比例和冠层的多次散射相关。k_3 与植被结构相关。值得注意的是，当 k_1、k_2、k_3 都等于 1 时，式（3.113）可写为 $\text{FAPAR} = 1 - e^{-G \cdot \text{LAI}/\cos\theta}$。这与基于间隙率的 FAPAR 模型形式一致（Ruimy et al.，1999）。但该模型仅在黑叶片（$r_l(\lambda) = \tau_l(\lambda)=0$）假设下再碰撞概率 p 为 0，仅考虑直射光的条件下成立。当 SZA 小于 40°时，可采用这种更为简单的模型对 SZA 进行纠正。

更为精确的 SZA 纠正可由式（3.113）拟合图 3.69 中的每条虚线，得出不同时间（SZA）测量 FAPAR 间的关系。采用这种方式，可建立不同 LAI、SZA 和 VIS 条件下拟合系数 k_1、k_2、k_3 的查找表。进一步分析可知，k_1、k_2、k_3 随 LAI 的变化也遵循指数变化的模式。因此，建立拟合系数 k 与 LAI 的关系，分别由 $k_1=a_1 \cdot e^{a_2 \cdot \text{LAI}} + a_3$ 和 $k_2=a_1 \cdot e^{a_2 \cdot \text{LAI}} +$

$a_3 \cdot e^{a_4 \cdot \text{LAI}}$ 描述，拟合 RMSE 为 0.0002~0.0100，误差较小。

D. SZA 纠正模型

卫星过境时刻测量的瞬时 FAPAR 值表示为 $\text{FAPAR}(\theta_0)$，其他时间测量的瞬时 FAPAR 为 $\text{FAPAR}(\theta_i)$，则将 $\text{FAPAR}(\theta_i)$ 纠正至 $\text{FAPAR}(\theta_0)$ 可依据式（3.114）：

$$\text{FAPAR}(\theta_0) = k_1 - k_2 \left(\frac{k_1 - \text{FAPAR}(\theta_i)}{k_2} \right)^{\cos\theta_i / \cos\theta_0} \tag{3.114}$$

由式（3.114）可知，纠正仅与 k_1、k_2 相关。k_3 在两个时刻测量 FAPAR 值的比较中被消去。

为减小随机测量误差的影响，选择上午 10：30 前后对称的 2 个或 4 个时刻测量的 FAPAR 值进行纠正，以纠正后的平均值作为 $\text{FAPAR}(\theta_0)$ 的估算值。

2）时间插值

已有的研究大多采用线性插值法对地面测量数据或卫星数据进行时间插值，使二者在测量日期上匹配，如 Martinez 等（2013）和 Mu 等（2015）的研究。但线性插值方法仅在地面实测数据与卫星数据获取日期间隔较小或植被生长状态稳定的假设下适用，反之则会引入较大误差。Claverie 等（2013）采用了立方函数将实测数据插值到卫星数据获取日期。该方法能用光滑曲线描述植被生长过程，但其对样本的数量和异常值非常敏感。有限测量数据中的随机误差可能导致不合理的植被生长曲线。如前所述，实测数据在植被快速生长期存在空白，采用线性插值法或立方函数插值法都可能引入较大误差，因此需要基于有限的数据对植被生长进行更精确的描述。这里采用 Logistic 植物生长曲线的方法（Zhang et al.，2003）将地面实测数据插值至卫星数据获取日期，该函数的表达式为

$$\text{FAPAR}_t = \frac{b_3}{1 + e^{b_1 + b_2 \times t}} + b_4 \tag{3.115}$$

式中，b_1、b_2 为拟合参数；$b_3 + b_4$ 为 FAPAR 的最大值；b_4 为 FAPAR 的初始背景值；FAPAR_t 为观测日期 t 对应的 FAPAR 观测值；参数 b_4 设定为 0，对应裸土背景值；$b_3 + b_4$ 值设为 1.0，对应光合有效辐射被植被完全吸收的情况。

MODIS FAPAR 产品采用最大值合成原则生成 8 天间隔的 FAPAR 产品（Knyazikhin et al.，1999）。为简化问题，假定 8 天合成的 FAPAR 最大值对应合成间隔内的最后一天。由于 ASTER 数据观测日期与 MODIS FAPAR 产品 8 天间隔内的最后一天非常接近，采用线性插值将 MODIS FAPAR 产品插值至 ASTER 数据观测日期。

3）多尺度 FAPAR 真实参考面

首先利用 ASTER 数据反演得到 FAPAR，并将 ASTER 尺度上的 FAPAR 空间聚合至 MODIS 尺度，就生成了两个尺度上 FAPAR 的真实参考数据。

植被归一化指数 NDVI 与 FAPAR 显著相关（Myneni et al.，1995，2002）二者间线性或近似线性的关系已被卫星数据（Fensholt et al.，2004；Prince and Goward，1995）、辐射传输模型（Begue，1993；Carlson and Ripley，1997；Goward and Huemmrich，1992；

Myneni and Williams，1994）和地面实测数据（Fensholt et al.，2004）广泛证实。建立基于 ASTER NDVI 的 FAPAR 经验回归模型，形式为

$$FAPAR = c_1 \times NDVI + c_2 \qquad (3.116)$$

式中，c_1、c_2 为利用 NDVI 估算 FAPAR 的经验系数。为了减少异常值对建立回归模型的影响，采用了利用最小二乘迭代加权的稳健回归方法（Holland and Welsch，1977；Robustfit，http：//cn.mathworks.com/help/stats/robustfit.html）。与普通最小二乘回归相比，迭代加权回归能够通过赋给异常值较低的权重而减小异常值的影响。回归后得到的系数用于从 ASTER NDVI 中估算 FAPAR。ASTER 尺度上得出的 FAPAR 通过空间聚合升尺度至 MODIS 尺度，生成 MODIS 尺度的 FAPAR 真实参考数据。

3．结果分析

1）时间纠正

利用具有持续观测的地面站点数据对本节提出的时间归一化方法进行验证。实测数据为 2012 年 7 月 5 日间隔 5min 的观测数据。受仪器空间代表性和冠层内部异质性的影响，该固定站点的实测数据呈现出剧烈不规则的日变化，如图 3.70 方块连线所示。为减小随机误差的扰动，首先采用移动窗口平均方法，以 100min 为窗口对实测日变化的数据进行平滑处理，如图 3.70 所示。该站点 LAI 实测值为 2.56，能见度情况较好，采用本节提出的方法以 VIS=30 km 模拟日变化，如图 3.70 所示。由图 3.70 可知，时间平滑后地面实测 FAPAR 数据与模拟的日变化曲线高度一致。

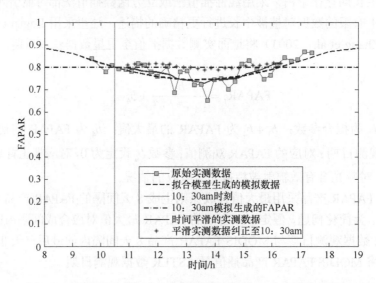

图 3.70　利用站点实测 FAPAR 数据对时间归一化方法进行验证

利用时间归一化方法将时间平滑后的实测数据纠正至上午 10：30（如图 3.70 星号所示）。纠正后 FAPAR 的平均值为 0.805，标准差为 0.009。以上午 10：00~11：00 实测数据的平均值 0.792 作为上午 10：30 时 FAPAR 的真值，则时间归一化的平均误差为 0.013，不确定性为 0.009，说明方法的精度较高。

利用 Logistic 模型对时间归一化后的实测数据时间序列分别进行拟合，得出式

（3.115）中 b_1 和 b_2 的取值范围分别为 12.20~16.52 和 −0.097~−0.070。Logistic 拟合残差均值为 0.003，标准差为 0.065。

2）高分辨率 FAPAR 反演与空间尺度转换

由于线性回归模型易受数据分布的影响，本节对每天的测量数据和全部数据分别进行回归。如图 3.71 所示，选用样本不同，回归拟合的斜率和截距不同。采用决定系数 R^2 和均方根误差 RMSE 定量评价拟合优度见表 3.13。比较而言，利用全部样本的线性回归拟合精度较高，被用于从 ASTER NDVI 反演 FAPAR。

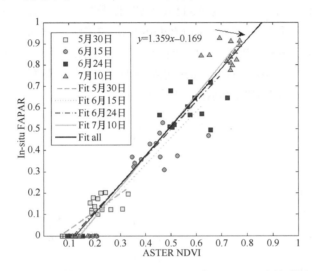

图 3.71　不同日期 ASTER NDVI 与地面实测 FAPAR 回归散点图

表 3.13　利用实测数据子集拟合的结果统计

Date	c_1 *	c_2 *	R^2	RMSE	$p(c_1)$	$p(c_2)$
5 月 30 日	0.839	−0.055	0.619	0.052	0.000	0.148
6 月 15 日	1.241	−0.164	0.816	0.094	0.000	0.017
6 月 24 日	1.290	−0.148	0.896	0.095	0.000	0.013
7 月 10 日	1.436	−0.204	0.967	0.079	0.000	0.000
所有日期	1.359	−0.169	0.934	0.077	0.000	0.000

注：* c_1、c_2 为式（3.116）中的回归系数

图 3.72 为利用经验模型反演得到的 ASTER 尺度 15 m 分辨率 FAPAR。将 ASTER 尺度 FAPAR 进行空间聚合，得到 960 m 分辨率 FAPAR 真实参考数据。由于 FAPAR 为尺度自洽的物理量，空间聚合利用空间平均方法，在 ASTER 尺度上计算 64×64 窗口内

(a) 5月30日	(b) 6月15日	(c) 6月24日	(d) 7月10日

图 3.72　利用 ASTER NDVI 与实测 FAPAR 建立经验模型反演得到的 ASTER 尺度 FAPAR

像元 FAPAR 均值作为升尺度 960 m 分辨率上大像元的 FAPAR 值。由于尺度一致，960 m 分辨率 FAPAR 真实参考数据可用于与 MODIS FAPAR 产品直接对比验证。

3）低分辨率 FAPAR 产品真实性检验

A. 空间对比

首先对 MODIS FAPAR 与升尺度 ASTER FAPAR 进行直方图比较（图 3.73）。如图 3.73 所示，MODIS FAPAR 与升尺度 MODIS FAPAR 直方图分布吻合较好。尤其是 6 月 15 日，MODIS FAPAR 数据分布与真实参考 FAPAR 数据分布非常接近。4 个日期中，7 月 10 日 MODIS FAPAR 与升尺度 ASTER FAPAR 数据分布差异较大。升尺度 ASTER FAPAR 数据分布集中于 0.75 左右，而 MODIS FAPAR 值均匀分布于 0.6~0.8。这可能是由于分辨率较低 MODIS FAPAR 产品倾向于低估 FAPAR。例如，文献（Martinez et al., 2013）发现 MODIS FAPAR 值很少超过 0.6。但总体而言，直方图比较验证了 MODIS FAPAR 产品与升尺度 ASTER FAPAR 一致性较好。

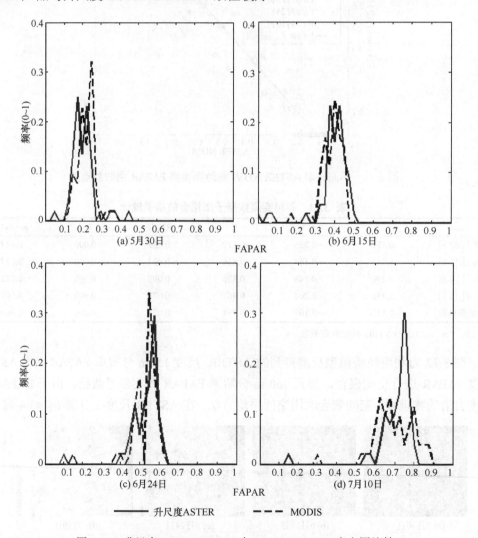

图 3.73 升尺度 ASTER FAPAR 与 MODIS FAPAR 直方图比较

MODIS FAPAR 与升尺度 ASTER FAPAR 间的差值统计比较也表明二者间具有高度的一致性（表 3.14）。除 7 月 10 日外，MODIS FAPAR 与升尺度 ASTER FAPAR 间差值的绝对平均值和标准差分别小于 0.04 和 0.015。7 月 10 日 MODIS FAPAR 数据与升尺度 ASTER FAPAR 数据吻合相对较差，二者间平均绝对误差和差值标准差分别为 0.072 和 0.034。除 5 月 30 日外，MODIS FAPAR 与升尺度 ASTER FAPAR 间差值均为负，表明 MODIS FAPAR 产品倾向低估 FAPAR，但总体而言，MODIS FAPAR 产品相对误差较小。

进一步分析 MODIS FAPAR 与升尺度 ASTER FAPAR 间的一致性，分析二者的散点图分布（图 3.74）。由此可知，MODIS FAPAR 与真实参考数据间吻合较好，大部分数据分布在二者 1∶1 线 0.1 的范围内。MODIS FAPAR 的均方根误差 RMSE 值为 0.054，定量说明 MODIS FAPAR 精度较高。

表 3.14　MODIS FAPAR 与升尺度 ASTER FAPAR 差值统计

日期	均值	平均绝对误差	差值标准差
2012.5.30	0.015	0.031	0.015
2012.6.15	− 0.025	0.039	0.011
2012.6.24	− 0.004	0.035	0.013
2012.7.30	− 0.022	0.072	0.034

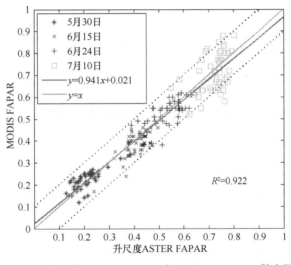

图 3.74　升尺度 ASTER FAPAR 与 MODIS FAPAR 散点图

B. 时间对比

将所有站点 MODIS FAPAR 的时间序列曲线与升尺度 ASTER FAPAR 对比（图 3.75）。ASTER 升尺度过程中，计算每个 MODIS 像元内 64×64 窗口内 ASTER 像元 FAPAR 的标准差，如图 3.75 鱼骨状符号所示。该标准差代表 MODIS 亚像元尺度上的地表异质性。由图可知，随时间推移 MODIS 亚像元尺度上的地表异质性也在增加，这也是 MODIS FAPAR 与真实参考数据在 7 月 10 日吻合度较低的原因之一。在 MODIS 像元尺度上，站点 4 亚像元异质性最低，站点 13 亚像元异质性最高。尽管 MODIS 亚像元尺度异质性均不同，MODIS FAPAR 与升尺度 ASTER FAPAR 吻合较好，这与空间对比的结果一致。

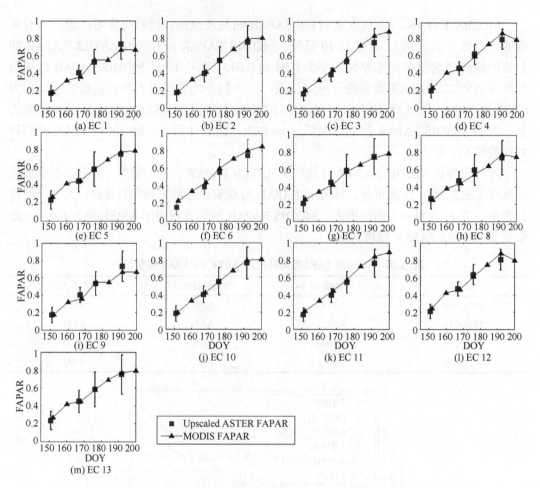

图 3.75　所有站点 MODIS FAPAR 与升尺度 ASTER FAPAR 时间序列曲线对比

鱼骨状符号代表每个 1 km 像元内 ASTER 像元 FAPAR 值的标准差

4. 结论

为解决地面实测与卫星观测间时空不匹配的问题，本节提出了一种将 FAPAR 从地面站点到卫星尺度转换的通用方法框架。二者时空不匹配通过时间归一化、时间插值、空间聚合逐步解决。结果表明：①本节提出的时间归一化方法可靠、实用。通过集成 6S 辐射传输模型和 FAPAR-P 模型，能够准确描述能见度、太阳高度角和 LAI 等因素对瞬时 FAPAR 的影响。通过对模拟结果进行拟合，最终时间归一化仅取决于 FAPAR 测量值、太阳高度角和 LAI。利用实测的 FAPAR 日变化数据验证时间归一化的 RMSE 值为 0.013，精度较高。②时间插值的 Logistic 模型准确、可靠，能够在有限样本条件下准确描述植被快速生长阶段的时间曲线。对经时间纠正的地面实测 FAPAR 数据和 ASTER NDVI 建立线性回归模型，拟合的 RMSE 和 R^2 值分别为 0.077 和 0.934。③利用升尺度 ASTER FAPAR 对 MODIS FAPAR 进行时空上的对比验证，得到 MODIS FAPAR 精度为 0.054（RMSE）。已有研究（McCallum et al.，2010；Martinez et al.，2013；Pickett-Heaps et al.，2014；Yang et al.，2014；Claverie et al.，2013；Baret et al.，2013；Camacho et al.，2013）表明 MODIS C5 FAPAR 产品精度约为 0.1，其中对农田覆盖的类似研究表明 MODIS FAPAR 产品精度为 0.07~0.08，与本节结果非常接近。

3.6 小　　结

空间变化信息是遥感数据可以提供的基本信息，遥感对地表参数的观测和估算都是在一定空间尺度进行的，但是遥感使用的模型和算法未必适用于这一尺度，特别是在复杂地表场景情况下。要解决这种空间尺度不适用的问题，有两种方式：一种是建立普适性的尺度转换概念模型，然后在普适性尺度转换概念模型的基础上形成针对不同遥感参数反演的具体的尺度转换模型；另一种是针对复杂地表直接建立适用的参数化模型。本章的工作在两种思路上都进行了尝试，相应的尺度效应分析方法被用于最新的 MODIS C6 及 VIIRS LAI/FAPAR 产品生产中。

第一种思路从机理上深入分析尺度效应出现的原因，研究地表空间异质性的定量描述方法，分复杂地类和复杂地形两种情况给出了尺度效应估算方法和修正公式，建立复杂地类普适性尺度转换概念模型。以此为基础，只要知道具体的遥感估算模型和地表异质性就可以具体给出不同参数的尺度纠正形式。

第二种思路以几种典型的植被参数为例，从光波在复杂植被介质和复杂山区地表的辐射传输角度出发，建立适用于复杂地表的参数化 BRDF 模型，以及适于 FVC、LAI 和 FAPAR 反演的参数化模型。

地面测量也存在尺度效应，传统叶面积指数间接测量中的聚集效应本质上也是一种尺度问题。本章的工作显示，从地面间接测量的尺度效应入手，可以给出传统测量方法所适用的最优尺度，进一步发展了全新的路径长度分布法，将 LAI 地面间接测量精度提高了一倍以上。路径长度分布法首次实现了基于物理原理的机载 LiDAR 估算 LAI 聚集效应修正，突破了传统方法依赖地面测量的局限。本章的工作只是一个开端，相信随着理论研究的不断深入和遥感技术的快速发展，空间尺度效应建模及纠正研究前景将更为广阔。

参 考 文 献

杜育璋, 姜小光, 吴骅, 等. 2016. 基于 Landsat-8 遥感数据和 PROSAIL 辐射传输模型反演叶面积指数. 干旱区地理, 39 (5): 1096-1103.

范闻捷, 盖颖颖, 徐希孺, 闫彬彦. 2013. 遥感反演离散植被有效叶面积指数的空间尺度效应. 中国科学: 地球科学, 43(2): 280-286.

国家林业局. 2003. 国家森林资源连续清查技术规定. http://www.cfern.org/wjpicture/upload/wjxz/wjxz 2007-4-11-10-35-58.DOC. [2017-06-18].

刘良云. 2014. 植被定量遥感原理与应用. 北京: 科学出版社.

刘鲁霞. 2014. 机载和地基激光雷达森林垂直结构参数提取研究. 中国林业科学研究院硕士学位论文.

刘鲁霞, 庞勇. 2014. 机载激光雷达和地基激光雷达林业应用现状. 世界林业研究, 27(1): 49-56.

倪文俭, 过志峰, 孙国清, 等. 2010. 基于地基激光雷达数据的单木结构参数提取研究. 高技术通讯, 20(2): 191-198.

申卫军, 邬建国, 林永标, 等. 2003. 空间粒度变化对景观格局分析的影响. 生态学报, 23(12):

2506-2519.

王建利, 李婷, 王典, 等. 2013. 基于光学三角形法与图像处理的立木胸径测量方法. 农业机械学报, 44(7): 241-245.

吴骅. 2010. 地表关键特征参数的尺度效应与尺度转换方法研究: 以叶面积指数和地表温度为例. 中国科学院研究生院博士学位论文.

吴骅, 姜小光, 习晓环, 等. 2009. 两种普适性尺度转换方法比较与分析研究. 遥感学报, 13(2): 183-189.

吴骅, 唐伯惠, 姜小光, 等. 2008. 基于等效参数的遥感信息尺度转换方法研究. 海峡两岸遥感大会, 广西桂林, 2008.09.15.

徐希孺, 范闻捷, 李举材, 赵鹏, 陈高星. 2017. 植被二向性反射统一模型. 中国科学: D 辑, 47(2): 217-232.

徐希孺, 范闻捷, 陶欣. 2009. 遥感反演连续植被叶面积指数的空间尺度效应. 中国科学: D 辑, 39(1): 79-87.

阎广建, 胡容海, 罗京辉, 穆西晗, 谢东辉, 张吴明. 2016. 叶面积指数间接测量方法. 遥感学报, 20(5): 958-978.

张颢, 焦子锑, 杨华, 等. 2002. 直方图尺度效应研究. 中国科学, 32(4): 309-317.

张琳原, 冯仲科, 李蕴雅. 2015. 森林资源清查中树高、材积误差分析. 北京测绘, (4): 43-45.

朱小华, 冯晓明, 赵英时, 等. 2010. 作物 LAI 的遥感尺度效应与误差分析. 遥感学报, 14(3): 579-592.

Axelsson P. 2000. DEM generation from laser scanner data using adaptive TIN models. International Archives of Photogrammetry and Remote Sensing, 33(B4/1; PART 4): 111-118.

Baret F, Weiss M, Lacaze R, et al. 2013. Geov1: Lai and fapar essential climate variables and fcover global time series capitalizing over existing products. Part1: Principles of development and production. Remote Sensing of Environment, 137(10): 299-309.

Begue A. 1993. Leaf area index, intercepted photosynthetically active radiation, and spectral vegetation indices: A sensitivity analysis for regular-clumped canopies. Remote Sensing of Environment, 46(1): 45-59.

Camacho F, Cemicharo J, Lacaze R, et al. 2013. Geov1: LAI, fapar essential climate variables and fcover global time series capitalizing over existing products. Part 2: Validation and intercomparison with reference products. Remote Sensing of Environment, 137(10): 310-329.

Cao R Y, Shen M G, Chen J, et al. 2014. A simple method to simulate diurnal courses of par absorbed by grassy canopy. Ecological Indicators, 46: 129-137.

Carlson T N, Ripley D A. 1997. On the relation between NDVI, fractional vegetation cover, and leaf area index. Remote Sensing of Environment, 62(3): 241-252.

Chen J M. 1999. Spatial scaling of a remotely sensed surface parameter by contexture. Remote Sensing of Environment, 69(1): 30-42.

Chen J M, Cihlar J. 1995. Quantifying the effect of canopy architecture on optical measurements of leaf area index using two gap size analysis methods. IEEE Transactions on Geoscience & Remote Sensing, 33(3): 777-787.

Chen Q, Wang H, Zhang H C, et al. 2016. A point cloud filtering approach to generating DTMs for steep mountainous areas and adjacent residential areas. Remote Sensing, 8(1): 71.

Chen Z Y, Gao B B, Devereux B. 2017.State-of-the-Art: DTM generation using airborne LIDAR data. Sensors, 17(1): 150.

Claverie M, Vermote E F, Weiss M, et al. 2013. Validation of coarse spatial resolution LAI and fapar time series over cropland in southwest France. Remote Sensing of Environment, 139: 216-230.

Dandois J P, Ellis E C. 2013. High spatial resolution three-dimensional mapping of vegetation spectral dynamics using computer vision. Remote Sensing of Environment, 136(5): 259-276.

Decagon Devices Inc. 2016. Accupar par/lai ceptometer model lp-80 operator's manual. http: //manuals. decagon.com/Manuals/10242_Accupar%20LP80_Web.pdf. [2017-06-18].

D'Odorico P, Gonsamo A, Pinty B, et al. 2014. Intercomparison of fraction of absorbed photosynthetically active radiation products derived from satellite data over Europe. Remote Sensing of Environment, 142(1): 141-154.

Fan W J, Liu Y, Xu X R, et al. 2014. A new fapar analytical model based on the law of energy conservation: A case study in China. IEEE Journal of Selected Topics in Applied Earth Observations and Remote Sensing, 7(9): 3945-3955.

FAO. 2007. Development of standards for essential climate variables: Fraction of absorbed photosynthetically active radiation (fapar). Http: //www.Fao.Org/gtos/doc/ecvs/t10/ecv-t10-fapar-report-v02.Doc. [2017-06-18].

Fensholt R, Sandholt I, Rasmussen M S. 2004. Evaluation of modis LAI, fapar and the relation between fapar and ndvi in a semi-arid environment using in situ measurements. Remote Sensing of Environment, 91(3-4): 490-507.

Friedl M A, Davis F W, Michaelsen J. 1995. Scaling and uncertainty in the relationship between the NDVI and land surface biophysical variables: An analysis using a scene simulation model and data from FIFE. Remote Sensing of Environment, 54: 233-246.

GCOS. 2011. Systematic observation requirements for satellite-based products for climate. http://www.wmo.int/pages/prog/gcos/Publications/gcos-154.pdf. [2017-06-18].

Gobron N, Pinty B, Aussedat O, et al. 2006. Evaluation of fraction of absorbed photosynthetically active radiation products for different canopy radiation transfer regimes: Methodology and results using joint research center products derived from sea-wifs against ground-based estimations. Journal of Geophysical Research, 111(D13): 2943-2979.

Goodchild M F, Quattrochi D A. 1997. Scale, Multiscaling, Remote Sensing, and GIS. Boca Raton: CRC Lewis Publishers.

Goward S N, Huemmrich K F. 1992. Vegetation canopy par absorptance and the normalized difference vegetation index: an assessment using the sail model. Remote Sensing of Environment, 39(2): 119-140.

Henning J G, Radtke P J. 2006. Detailed stem measurements of standing trees from ground-based scanning lidar. Forest Science, 52(1): 67-80.

Henning J G, Radtke P J. 2008. Multiview range-image registration for forested scenes using explicitly-matched tie points estimated from natural surfaces. ISPRS Journal of Photogrammetry and Remote Sensing, 63(1): 68-83.

Hilker T, Coops N C, Culvenor D S, et al. 2012. A simple technique for co-registration of terrestrial LiDAR observations for forestry applications. Remote Sensing Letters, 3(3): 239-247.

Hilker T, van Leeuwen M, Coops N C, et al. 2010. Comparing canopy metrics derived from terrestrial and airborne laser scanning in a Douglas-fir dominated forest stand. Trees, 24(5): 819-832.

Holland P W, Welsch R E. 1977. Robust regression using iteratively reweighted least-squares. Communications in Statistics-Theory and Methods, A6: 813-827.

Hopkinson C, Chasmer L, Young-Pow C, et al. 2004. Assessing forest metrics with a ground-based scanning lidar. Canadian Journal of Forest Research, 34(3): 573-583.

Hu R H, Luo J H, Yan G J, Zou J, Mu X H. 2016. Indirect measurement of forest leaf area index using path length distribution model and multispectral canopy imager. IEEE Journal of Selected Topics in Applied Earth Observations and Remote Sensing, 9(6): 2532-2539.

Hu R H, Yan G J, Mu X H, Luo J H. 2014. Indirect measurement of leaf area index on the basis of path length distribution. Remote Sensing of Environment, 155: 239-247.

Hu Z, Islam S. 1997. A framework for analyzing and designing scale invariant remote sensing algorithms. IEEE Transactions on Geoscience & Remote Sensing, 35(3): 747-755.

Iwata H, Ueyama M, Iwama C, et al. 2013. Variations in fraction of absorbed photosynthetically active radiation and comparisons with modis data in burned black spruce forests of interior Alaska. Polar Science, 7(2): 113-124.

Justice C O, Tucker C J. 2009. Coarse spatial resolution optical sensors. In: The sage handbook of remote sensing SAGE Publication Ltd, London: 139-151.

Keizer J J, Pereira L, Pinto G, et al. 2015. LUNA: low-flying UAV-based forest monitoring system. In EGU General Assembly Conference Abstracts, 17: 7692.

Kelbe D, Aardt J V, Romanczyk P, et al. 2015. Single-scan stem reconstruction using low-resolution terrestrial laser scanner data. IEEE Journal of Selected Topics in Applied Earth Observations and

Remote Sensing, 8(7): 3414-3427.

Knyazikhin Y, Glassy J, Privette J L, et al. 1999. Modis leaf area index (LAI) and fraction of photosynthetically active radiation absorbed by vegetation (fpar) product (mod15) algorithm theoretical basis document. Theoretical Basis Document, NASA Goddard Space Flight Center, Greenbelt, MD, 20771.

Knyazikhin Y, Martonchik J V, Myneni R B, et al. 1998. Synergistic algorithm for estimating vegetation canopy leaf area index and fraction of absorbed photosynthetically active radiation from MODIS and MISR data. Journal of Geophysical Research, 103: 32257-32276.

Lam N S, Quattrochi D A. 1992. On the issues of scale, resolution, and fractal analysis in the mapping sciences. The Professional Geographer, 44(1): 88-98.

Li X W, Wang J D, Strahler A H. 1999. Scale effect of Planck's law over nonisothermal blackbody surface. Science in China Series E: Technological Sciences, 42(6): 652-656.

Li X, Cheng G D, Liu S M, et al. 2013. Heihe watershed allied telemetry experimental research (hiwater): Scientific objectives and experimental design. Bulletin of the American Meteorological Society, 94(8): 1145-1160.

Liang S L. 2000. Numerical experiments on the spatial scaling of land surface albedo and leaf area index. Remote Sensing Reviews, 19(1-4): 225-242.

Liang S L, Zhao X, Liu S H, et al. 2013. A long-term global Land surface satellite (GLASS) data-set for environmental studies. International Journal of Digital Earth, 6(sup1): 5-33.

Liang X L, Kankare V, Hyyppä J, et al. 2016. Terrestrial laser scanning in forest inventories. ISPRS Journal of Photogrammetry & Remote Sensing, 115: 63-77.

Maguya A S, Junttila V, Kauranne T. 2013. Adaptive algorithm for large scale dtm interpolation from lidar data for forestry applications in steep forested terrain. ISPRS Journal of Photogrammetry and Remote Sensing, 85: 74-83.

Majasalmi T, Rautiainen M, Stenberg P. 2014. Modeled and measured fpar in a boreal forest: Validation and application of a new model. Agricultural and Forest Meteorology, 189: 118-124.

Martinez B, Camacho F, Verger A, et al. 2013. Intercomparison and quality assessment of meris, modis and seviri fapar products over the Iberian Peninsula. International Journal of Applied Earth Observation and Geoinformation, 21(1): 463-476.

McCallum I, Wagner W, Schmullius C, et al. 2010. Comparison of four global fapar datasets over northern eurasia for the year 2000. Remote Sensing of Environment, 114(5): 941-949.

Meng X L, Currit N, Zhao K G. 2010. Ground filtering algorithms for airborne LiDAR data: A review of critical issues. Remote Sensing, 2(3): 833-860.

Meroni M, Atzberger C, Vancutsem C, et al. 2013. Evaluation of agreement between space remote sensing spot-vegetation fapar time series. IEEE Transactions on Geoscience and Remote Sensing, 51(4): 1951-1962.

Morisette J T, Baret F, Privette J L, et al. 2006. Validation of global moderate-resolution lai products: A framework proposed within the ceos land product validation subgroup. IEEE Transactions on Geoscience and Remote Sensing, 44(7): 1804-1817.

Mu X H, Huang S, Ren H Z, et al. 2015. Validating GEOV1 fractional vegetation cover derived from coarse-resolution remote sensing images over croplands. IEEE Journal of Selected Topics in Applied Earth Observations and Remote Sensing, 8(2): 439-446.

Myneni R B, Hall F G, Sellers P J, et al. 1995. The interpretation of spectral vegetation indexes. IEEE Transactions on Geoscience and Remote Sensing, 33(2): 481-486.

Myneni R B, Hoffman S, Knyazikhin Y, et al. 2002. Global products of vegetation leaf area and fraction absorbed par from year one of modis data. Remote Sensing of Environment, 83(1): 214-231.

Myneni R B, Nemani R R, Running S W. 1997. Estimation of global leaf area index and absorbed par using radiative transfer models. IEEE Transactions on Geoscience and Remote Sensing, 35: 1380-1393.

Myneni R B, Williams D L. 1994. On the relationship between fapar and NDVI. Remote Sensing of Environment, 49(3): 200-211.

Nemani R, Pierce L, Running S, Band L. 1993. Forest ecosystem processes at the watershed scale: Sensitivity to remotely-sensed leaf area index estimates. International Journal of Remote Sensing, 14(13): 2519-2534.

Ni W J, Sun G Q, Guo Z F, et al. 2011. A method for the registration of multiview range images acquired in forest areas using a terrestrial laser scanner. International Journal of Remote Sensing, 32(24): 9769-9787.

Nilson T, 1971. A theoretical analysis of the frequency of gaps in plant stands. Agricultural Meteorology, 8: 25-38.

Olofsson P, Eklundh L. 2007. Estimation of absorbed par across scandinavia from satellite measurements. Part ii: Modeling and evaluating the fractional absorption. Remote Sensing of Environment, 110(2): 240-251.

Pickett-Heaps C A, Canadell J G, Briggs P R, et al. 2014. Evaluation of six satellite-derived fraction of absorbed photosynthetic active radiation (fapar) products across the australian continent. Remote Sensing of Environment, 140(1): 241-256.

Polewskia P, Ericksonc A, Yaoa W, Coopsc N, Krzysteka P, Stillab U. 2016. Object-based coregistration of terrestrial photogrammetric and ALS point clouds in forested areas. ISPRS Annals of Photogrammetry. Remote Sensing and Spatial Information Sciences, III-3: 347-354.

Prince S D, Goward S N. 1995. Global primary production: A remote sensing approach. Journal of Biogeography, 22: 81-835.

Provot X. 1995. Deformation constraints in a mass-spring model to describe rigid cloth behavior. Graphics interface. Canadian Information Processing Society, 23(19): 147-154.

Qin J, Liang S, Li X, Wang J. 2008. Development of the adjoint model of a canopy radiative transfer model for sensitivity study and inversion of leaf area index. IEEE Transactions on Geoscience and Remote Sensing, 46(7): 2028-2037.

Rastetter E B, King A W, Cosby B J, et al. 1992. Aggregating fine-scale ecological knowledge to model coarser-scale attributes of ecosystems. Ecological Applications, 2(1): 55-70.

Rautiainen M. 2005. Retrieval of leaf area index for a coniferous forest by inverting a forest reflectance model. Remote Sensing of Environment, 99(3): 295-303.

Ruimy A, Kergoa L, Bondeau A, et al. 1999. Comparing global models of terrestrial net primary productivity (NPP): Analysis of differences in light absorption and light-use efficiency. Global Change Biology, 5(S1): 56-64.

Serbin S P, Ahl D E, Gower S T. 2013. Spatial and temporal validation of the modis LAI and fpar products across a boreal forest wildfire chronosequence. Remote Sensing of Environment, 133: 71-84.

Shi D, Yan G J, Mu X H. 2009. Optical remote sensing image apparent radiance topographic correction physical model. J. Remote Sens, 6: 1030-1046.

Sithole G. 2001. Filtering of laser altimetry data using a slope adaptive filter. International Archives of Photogrammetry Remote Sensing and Spatial Information Sciences, 34(3/W4): 203-210.

Sithole G, Vosselman G. 2003. Report: ISPRS comparison of filters. ISPRS commission III, working group 3.

Smolander S, Stenberg P. 2005. Simple parameterizations of the radiation budget of uniform broadleaved and coniferous canopies. Remote Sensing of Environment, 94(3): 355-363.

Song W J, Mu X H, Ruan G Y, et al. 2017. Estimating fractional vegetation cover and the vegetation index of bare soil and highly dense vegetation with a physically based method. International Journal of Applied Earth Observations and Geoinformation, 58: 168-176.

Tansey K, Selmes N, Anstee A, et al. 2009. Estimating tree and stand variables in a Corsican Pine woodland from terrestrial laser scanner data. International Journal of Remote Sensing, 30(19): 5195-5209.

Tao X, Liang S L, Wang D D. 2015. Assessment of five global satellite products of fraction of absorbed photosynthetically active radiation: Intercomparison and direct validation against ground-based data. Remote Sensing of Environment, 163: 270-285.

Tian Y, Zhang Y, Knyazikhin Y, et al. 2000. Prototyping of MODIS LAI and FPAR algorithm with LASUR and LANDSAT data. IEEE Transactions on Geoscience and Remote Sensing, 38(5): 2387-2401.

Vosselman G. 2000. Slope based filtering of laser altimetry data. International Archives of Photogrammetry and Remote Sensing, 33(B3/2; PART 3): 935-942.

Wang L, Fan W, Xu X, et al. 2015. Scaling transform method for remotely sensed FAPAR based on FAPAR-P model. IEEE Geoscience and Remote Sensing Letters, 12(4): 706-710.

Wang Y T, Xie D H, Li X W. 2014a. Universal scaling methodology in remote sensing science by constructing geographic trend surface. Journal of Remote Sensing, 18: 1139-1146.

Wang Y T, Xie D H, Li Y H. 2014b. Downscaling remotely sensed land surface temperature over urban areas using trend surface of spectral index. Journal of Remote Sensing, 18(6): 1169-1181.

Watt P J, Donoghue D. 2005. Measuring forest structure with terrestrial laser scanning. International Journal of Remote Sensing, 26(7): 1437-1446.

Weiss M, Baret F, Garrigues S, et al. 2007. LAI and FAPAR cyclopes global products derived from vegetation. Part 2: Validation and comparison with modis collection 4 products. Remote Sensing of Environment, 110(3): 317-331.

Weiss M, Baret F, Smith G J. 2004. Review of methods for in situ leaf area index (LAI) determination: Part II. estimation of LAI, errors and sampling. Agricultural & Forest Meteorology, 121(1-2): 37-53.

Wiegand C T, Maas S J, Aase J K, et al. 1992. Multisite analyses of spectral-biophysical data for wheat. Remote Sens Environ, 42: 1-21.

Wu H, Li Z L. 2009. Scale issues in remote sensing: A review on analysis, processing and modeling. Sensors (Basel), 9(3): 1768-1793.

Wylie B K, Meyer D J, Tieszen L L, et al. 2002. Satellite mapping of surface biophysical parameters at the biome scale over the North American grasslands: A case study. Remote Sensing of Environment, 79(2-3): 266-278.

Xiao Z Q, Liang, S H, Wang J D, et al. 2014. Use of general regression neural networks for generating the GLASS leaf area index product from time-Series MODIS surface reflectance. IEEE Transactions on Geoscience and Remote Sensing, 52(1): 209-223.

Xie D H, Wang Y, Chen Y M, et al. 2013. Hiwater: Dataset of vegetation fpar in the middle reaches of the heihe river basin. Heihe Plan Science Data Center. Beijing Normal University; Cold and Arid Regions Environmental and Engineering Research Institute, Chinese Academy of Sciences.

Yan G J, Hu R H, Wang Y T, Ren H Z, Song W J, Qi J B, Chen L. 2016. Scale effect in indirect measurement of leaf area index. IEEE Transactions on Geoscience and Remote Sensing, 54(6): 3475-3484.

Yang F, Ren H Y, Li X Y, et al. 2014. Assessment of modis, meris, geov1 fpar products over northern China with ground measured data and by analyzing residential effect in mixed pixel. Remote Sensing, 6(6): 5428-5451.

Yang W, Huang D, Tan B, et al. 2006. Analysis of leaf area index and fraction of par absorbed by vegetation products from the terra modis sensor: 2000–2005. IEEE Transactions on Geoscience and Remote Sensing, 44(7): 1829-1842.

Zakšek K, Pfeifer N, IAPŠ Z R C S. 2006. An improved morphological filter for selecting relief points from a LIDAR point cloud in steep areas with dense vegetation. Luubljana, Slovenia and Innsbruck, Austria: Institute of Anthropological and Spatial Studies, Scientific Research Centre of the Slovenian Academy of Sciences and Arts, and Institute of Geography, Innsbruck University.

Zeng Y L, Li J, Liu Q H, Hu R H, Mu X H, Fan W L, Xu B D, Yin G F, Wu S B. 2015. Extracting leaf area index by sunlit foliage component from downward-looking digital photography under clear-sky conditions. Remote Sensing, 7(10): 13410-13435.

Zhang M, Ma M G, Wang X F. 2014. Hiwater: Land cover map in the core experimental area of flux observation matrix. Cold and Arid Regions Environmental and Engineering Research Institute, Chinese Academy of Sciences.

Zhang R H, Li Z L, Tang X Z, et al. 2004. Study of emissivity scaling and relativity of homogeneity of surface temperature. International Journal of Remote Sensing, 25(1): 245-259.

Zhang W M, Chen Y M, Wang H T, et al. 2016a. Efficient registration of terrestrial LiDAR scans using a coarse-to-fine strategy for forestry applications. Agricultural and Forest Meteorology, 225: 8-23.

Zhang W M, Qi J B, Wan P, et al. 2016b. An easy-to-use airborne LiDAR data filtering method based on cloth simulation. Remote Sensing, 8(6): 501.

Zhang W M, Zhao J, Chen M, et al. 2015. Registration of optical imagery and lidar data using an inherent geometrical constraint. Optics Express, 23(6): 7694-7702.

Zhang X Y, Friedl M A, Schaaf C B, et al. 2003. Monitoring vegetation phenology using modis. Remote Sensing of Environment, 84(3): 471-475.

Zhang X, Yan G, Li Q, et al. 2006. Evaluating the fraction of vegetation cover based on NDVI spatial scale correction model. International Journal of Remote Sensing, 27(24): 5359-5372.

Zhao P, Fan W, Liu Y, et al. 2016. Study of the remote sensing model of FAPAR over rugged terrains. Remote Sensing, 8(4): 309-326.

Zheng G, Moskal L M. 2012. Computational-geometry-based retrieval of effective leaf area index using terrestrial laser scanning. IEEE Transactions on Geoscience and Remote Sensing, 50(10): 3958-3969.

Zou J, Yan G, Zhu L, et al. 2009. Woody-to-total area ratio determination with a multispectral canopy imager. Tree Physiology, 29: 1069-1080.

Zou X, Mõttus M, Tammeorg P, et al. 2014. Photographic measurement of leaf angles in field crops. Agricultural and Forest Meteorology, 184: 137-146.

第4章 遥感信息动态特征模型与时间尺度扩展

从遥感观测中定量提取地表信息，主要基于描述遥感成像瞬间获取的电磁波信号与地表参量关系的遥感物理模型，缺乏描述遥感信息动态特征模型而带来的地表参量反演误差，使得遥感数据产品在时空连续性上难以满足应用需求。针对遥感反演复杂地表动态变化参量的难点问题，课题研究利用多年积累的长时间序列多种遥感观测数据，分析其动态变化特征及影响因素，构建遥感信息的动态变化模型，发展遥感信息的时间尺度扩展方法，发展综合多源数据的时空分布参数估计方法，支持生成时空连续的遥感数据产品，以满足行业应用对时空连续动态变化信息的需求。

本章汇总了作者团队近5年来在遥感信息和植被参量的动态特征分析与建模、遥感信息的时间尺度扩展方法、多源定量遥感产品时空融合等方面的主要研究进展。

4.1 遥感信息动态特征提取方法

卫星遥感的优势在于可以获取长时间序列的对地观测数据，如何从这些数据中提取遥感信息的动态变化特征，是有效利用遥感动态信息的关键。为此，我们从分析多年的长时间序列遥感观测数据入手，研究遥感观测数据和地表参数遥感数据产品提供的动态变化信息，发展定量表达这些变化信息的方法，构建遥感观测信息的动态变化特征模型。由于不同数据和参量的动态变化周期不同，以农作物和森林为例，我们分别研究以年为周期和多年长时间序列变化参量的动态特征。发展了对植被参量进行长时间地面观测的实用方法和技术，获取了植被参量的验证数据。基于长期积累的模型和数据构建先验知识库，发展了知识应用方法，支持遥感动态模型构建和地表参量时间尺度扩展研究。

4.1.1 遥感信息的动态特征模型

1. 遥感信息的动态变化特征

1）遥感信息的时变属性

卫星遥感的优势在于对全球范围进行长时间序列的观测，具有在多种空间和时间尺度上获取地表动态变化信息的能力。如何从这些数据中提取遥感信息的动态变化特征，是有效利用遥感动态信息的关键。

在给定或者不同的空间分辨率条件下，遥感信息的动态变化包括两个方面。一是遥感观测数据本身所表现的动态变化，其变化可以来自于地表的变化或大气的变化。其中地表变化的动态特征可以表现为周期性的和非周期性的。周期性的动态变化又可以分为日周期、年周期或依从地表类型的变化周期等。非周期性的动态变化可以是趋势性的，也可以是相对稳定的，或是其他类型的。对遥感观测信息本身的动态特征的表达是对遥感信息动态特征研究的一个重要方面，因为这种动态特征是相对客观的，是进一步研究简单或复杂地表动态变化特征的基础和信息来源，也是研究各种遥感地表参量随时间变化的动态特征的基础。特别是当我们做遥感物理模型或模型参数反演结果的验证时，遥感观测数据始终是我们讨论遥感模型自洽或参数间互洽的主要的、客观的参考数据，或者可称为物理真值。

对遥感信息的另一种理解，是指通过遥感观测数据估算得到的地表信息。由此而论，所谓遥感信息动态特征是指遥感估算地表参量随时间变化的动态特征。这种变化特征主要取决于遥感像元尺度上的地表自己的变化，依不同的地表类型、不同的土地覆盖和土地利用类型、遥感像元内的复杂程度而有不同的表述方式。与遥感观测类似，地表参量的变化特征常被分解为周期性和非周期性的。对于常用的遥感地表参量，其动态变化周期，可以是日周期（如地表反照率）、年周期（如农作物的叶面积指数），也可以是多年周期或具有明显的趋势变化（如森林区的树高）。描述地表参量的动态变化特征，主要依据相关学科的研究积累，以年周期变化明显的植被为例，如作物生长模型，对不同的作物类型，模型和模型参量都有不同。如果可将其中对遥感观测敏感的参量，表达为随时间变化的周期性函数，那一方面可以建立这些参量的动态特征模型，另一方面还可以将其与遥感观测的动态变化信息关联起来，用于改进这些参量的遥感估算精度，及其时间序列的遥感产品质量。这也是对遥感信息进行动态特征分析与建模的重要目标之一。

从遥感原理上讲，遥感观测获取的信号来自于传感器对地观测成像瞬间的地表状态，如此遥感观测数据不提供时间连续的信息产品。但是，基于遥感具有的频繁持久的对地观测优势，对遥感信息的动态分析方法可以为获取地表连续时空分布信息提供理论基础。基于多年积累的时间序列遥感观测和数据产品，分析遥感观测信息和地表遥感参量的动态变化特征，发展描述陆表相关参量动态变化的时空过程模型，就能将各种时空尺度零散分布的观测数据融合起来，实现多源观测数据的协同反演，从而提高遥感估算地表参量的精度和时空连续性。充分集成现有成熟的过程模型作为先验知识来支持遥感信息动态分析，生成高精度时空连续的遥感产品，将有力地促进遥感技术的广泛应用。

2）遥感动态变化信息的模型表达

表达遥感信息的动态变化特征，可以通过构建遥感观测数据或者地表参量随时间变化的遥感动态模型来实现。这里所谓遥感动态模型，与传统的遥感模型相比，其主要特点，是将时间变量引入模型参量，可以直接将遥感观测和地表参量表达为随时间变化关系的动态模型。

这种遥感动态模型的构建，可以有两种建模思路。一种是从传统的遥感物理模型出发，选择其中一些会随时间变化而变化的模型参量，将其表达为时变参量。同时，将遥感观测数据也表示为相应的随时间变化的变量，再构建它们之间关系的模型。这种建模方法的优势，在于可以沿用先前的传统的物理模型，物理原理相对清晰，相对来讲比较容易被接受。但问题主要是当模型参量较多，特别是当模型参量随时间变化的变化规律与遥感信息随时间变化的变化规律不一致，或者相互不独立时，或者变化的延时性质不同时，则很难从辐射传输的物理原理上过渡到时变状态，难以满足原有模型的物理原理所具有的时不变属性。或者为此而使得模型过于复杂而难于反演。

另一种建模思路是从遥感数据本身出发，从长期积累的大量具有随时间变化属性的数据中提取遥感时变信息与模型参量之间的关系，构建遥感动态模型。这种模型的特点是，模型的表达形式相对简单，在当前已有大量遥感数据和地表参数产品的条件下，可行性强，模型精度也有相应的数据保证。这种建模方法的优势是，随着遥感时间序列数据的不断增加，建模可以及时进行并更新模型，因而可以支持对地表参量估算结果的更新，进而又可用于更新模型参量……如此形成正反馈，则可以及时有效地提高建模精度和地表参量的估计精度。另一更受关注的优势，在于建模和模型参量均可以完全基于遥感像元尺度，不再要求亚像元的参量为已知，因此特别适用于异质性地表、混合像元等复杂地表遥感信息的动态特征建模。对这种建模方式，可能的问题是，对模型中遥感数据或地表参量与模型参量之间的关系，缺少与模型形式严格对应的物理解释。基于数据机理的模型给出了解决这个问题的一种方法。但在总体上，在建模方法的发展中，还需要进一步研究和改进。

在多角度遥感二向反射模型中，半经验模型的建模方法，为遥感动态模型的构建提供了另外一种思路，即基于若干简化的物理模型的线性组合构建统计模型。这种半经验模型的建模思路，也为遥感建模中先验信息的积累和应用提供了可贵的探索和成功的范例。基于这种建模思路的探索，参见本章 4.1.4 节。

2. 遥感信息动态模型

1）遥感观测信息动态特征建模

迄今卫星遥感获取了长时间序列的对地观测数据，从多年积累的时间序列遥感数据中提供动态变化信息，可构建遥感观测信息动态特征模型。地表反射率是众多地表参量产品估算模型的基本输入数据，针对年周期变化植被冠层反射率波谱数据的时序特征，以 MODIS 遥感反射率产品的长时间序列数据为例，分别选取 Season-Trend 模型（Kennedy et al.，2010）和 SARIMA 模型（Jiang et al.，2010）方法，构建了遥感观测数据时间序列变化特征模型（Tian L et al.，2015）。

Season-Trend 模型的构建思路是遥感时间序列数据由季节、趋势、残差三个部分组成，Verbesselt（2012）提出季节趋势模型，用于稳定时间序列数据（具有线性趋势项和谐波季节项）的建模。季节-趋势模型的建立基于一个累加分解模型（Verbesselt et al.，2010），该模型将时间序列数据表示为趋势成分、季节成分和残差的组合。模型的优势在于建模速度快，不依赖于阈值的设定，可以处理有缺失值的时间序列，通过简单的最小二乘拟合就可以代替"去趋势项"和"去季节项"的流程。Season-Trend 模型的基本表达形式为

$$y_t = \alpha_1 + \alpha_2 t + \sum_{j=1}^{K} \gamma_j \sin\left(\frac{2\pi jt}{f} + \delta_j\right) + \varepsilon_t \tag{4.1}$$

其中，由于在不受突发事件影响的情况下，地物在时间序列上通常表现出光滑平稳的变化规律，所以 Season-Trend 模型用线性表达式描述时间序列的趋势变化情况，即 $T_t = \alpha_1 + \alpha_2 t$，模型的季节项则由若干列谐波的叠加来表示，即 $S_t = \sum_{j=1}^{K} \gamma_j \sin\left(\frac{2\pi jt}{f} + \delta_j\right)$，

残差为 ε_t。

季节性自回归滑动平均模型（seasonal autoregressive integrated moving average，SARIMA）是 SARIMA 模型在应用于有明显季节变化的时间序列时的扩展。ARIMA 模型由 Box 和 Jenkins（1976）提出，认为时间序列数据是由一系列只随时间变化而变化的值组成，具有某种变化规律，且这种规律可以通过数学模型来模拟。为解决季节性变化的数据时间序列不满足平稳假设的问题，SARIMA 模型引入差分项（包括季节性差分和普通差分）将季节性变化的时间序列转换为平稳的时间序列。SARIMA 模型在遥感时间序列数据建模方面的主要应用是进行叶面积指数（LAI）的变化规律提取和预测，其特点在于将残差与数值结合考虑，主要强调了数学方法的运用，可以用于存在缺失值、有明显季节变化的时间序列数据。

本节选取两个研究区，分别是大兴安岭根河森林试验区（Tian X et al.，2015）和河北怀来农田研究区，建模使用的遥感数据均是 MODIS NBAR 产品，时间序列范围从 2008～2013 年共 6 年。为消除积雪影响，突出表达遥感反射率的周期性动态特征，选择每年植物生长期的数据进行模型构建。用 MODIS NBAR 时间序列数据建模效果如图 4.1 所示，可以看出使用 Season-Trend 模型和 SARIMA 模型建模均能很好地反映地表植被的年周期变化规律，且建模得到的反射率在时间序列上更加平滑。

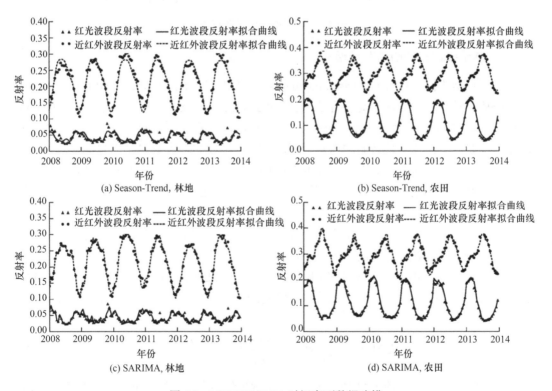

图 4.1　MODIS NBAR 时间序列数据建模

从模型拟合观测反射率结果的散点图（图 4.2）可以看出，模型拟合的结果大部分 R^2 值在 0.9 以上，RMSE 在 0.011 左右，Season-Trend 模型和 SARIMA 模型拟合结果均能较好地反映数据真实的变化情况。拟合效果和误差大小都可以看出建模结果的可靠性。

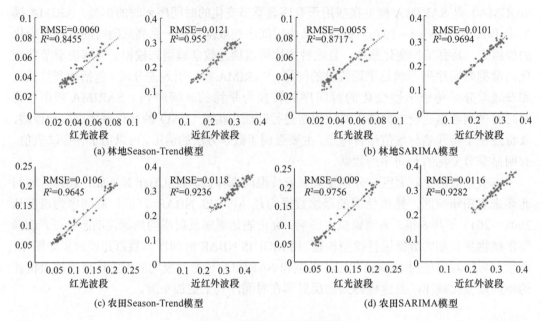

图 4.2　模型拟合结果散点图

2）基于数据机理的动态建模方法

基于数据的机理性（data based mechanistic，DBM）方法（Young and Ratto，2009）是一种基于时间序列数据的建模方法，已被用于水文（Young，2003）和全球碳循环（Young and Garnier，2006）领域的建模。DBM 方法建模的基本思想是从时间序列的历史数据提取观测数据与待估算参数之间的内在关系。DBM 模型的基本形式是固定的多项式比值组合。建模过程是首先给出模型的基本表达形式，从历史数据中提取模型结构和模型系数值，将两组时序数据分别作为模型输入与模型输出，通过系统识别方法优选模型结构，并计算模型系数的值，从而完成建模。

将 DBM 方法用于遥感估算地表参数，则是运用 DBM 方法从已有的遥感产品中提取遥感观测与待估算参数的函数关系，并用动态模型的形式表达。以时间序列 LAI 的反演为例（陈平等，2012），将 MODIS 反射率产品中的红光、近红外和短波红外波段的反射率数据作为模型输入，以相应时段的 LAI 遥感产品作为模型输出，给出 LAI_DBM 模型的基本形式为

$$\text{LAI}_t = \frac{B_1(L)}{A(L)} R_t^{S_1} + \frac{B_2(L)}{A(L)} R_t^{S_2} + \frac{B_3(L)}{A(L)} R_t^{S_7} + e_t \tag{4.2}$$

式中，LAI_t 表示 t 时刻的 LAI 值；$R_t^{S_1}$、$R_t^{S_2}$、$R_t^{S_7}$ 分别表示 t 时刻第 1、第 2、第 7 波段的反射率值；$A(L)$、$B_1(L)$、$B_2(L)$、$B_3(L)$ 分别为多项式。经过系统识别优选模型结构及模型系数值，构成用于遥感估算的 LAI_DBM 模型。假设 LAI_DBM 模型的阶数为[2，2，2，2]，则公式（4.2）可以写作：

$$\text{LAI}_t = \frac{b_{10} + b_{11}L}{1 + a_1 L + a_2 L^2} R_t^{S_1} + \frac{b_{20} + b_{21}L}{1 + a_1 L + a_2 L^2} R_t^{S_2} + \frac{b_{30} + b_{31}L}{1 + a_1 L + a_2 L^2} R_t^{S_7} + e_t \qquad (4.3)$$

再进行等式变换，将 $L\text{LAI}_t$ 写成 LAI_{t-1}，$L^2\text{LAI}_t$ 写成 LAI_{t-2}，其他同理类推，整理后得到：

$$\text{LAI}_t = b_{10}R_t^{S_1} + b_{11}R_{t-1}^{S_1} + b_{20}R_t^{S_2} + b_{21}R_{t-1}^{S_2} + b_{30}R_t^{S_7} + b_{31}R_{t-1}^{S_7} - a_1\text{LAI}_{t-1} - a_2\text{LAI}_{t-2} + e_t' \qquad (4.4)$$

从模型结构可以这样理解 LAI_DBM 模型，当前时刻的 LAI 由四部分构成：第一部分是当前时刻的多波段反射率，第二部分是临近时刻的反射率变化，第三部分是临近时刻的 LAI，第四部分是临近时刻 LAI 的变化。对当前时刻的 LAI 估计值就是在这四部分综合影响下的结果。由此可见，LAI_DBM 模型依据像元自身的历史数据构建，从建模机理上适用于各类像元。

针对基于遥感模型估算的陆表参量时空不连续的问题，我们提出了基于数据机理的时序建模与地表参量估算的 DBM 方法，利用时间序列遥感数据的动态变化特征，有效改进遥感估算植被 LAI 在时间序列上的连续性（Guo et al.，2014）。在前期发展的 DBM 方法的基础上，使用时序多角度遥感观测（MOD09GA）数据，发展了一种时序叶面积指数遥感反演算法。在 DBM 时序数据建模和反演方法的支持下，使用基于辐射传输理论的核驱动模型及 SAILH 模型对植被冠层主平面热点、冷点及天顶观测方向的反射率数据进行了计算和模拟，引入各向异性指数（ANIX）作为表示植被冠层二向反射分布的特征信息，发展了一种时序 LAI 建模和估算的参数化模型（LAI_DBM），最终实现了 LAI 反演的动态建模和估算。算法流程如图 4.3 所示，分别采用森林、农作物、草地站点试验数据对时序建模和 LAI 估算方法进行了验证试验，图 4.4 为对林地站点多年时序 LAI 的估算结果。

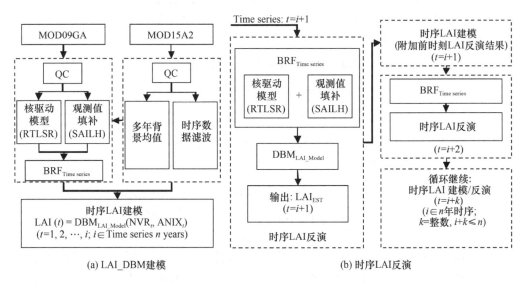

图 4.3　基于 DBM 模型的时序 LAI 反演流程

对试验站、研究区时序 LAI 估算结果的分析表明：①在 LAI_DBM 建模中采用时序天顶观测表达植被生长状态变化的信息，可以降低由直接使用时序多角度数据因观测

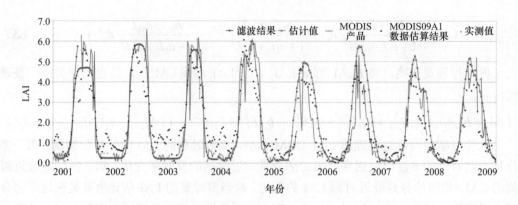

图 4.4 DBN_LAI 动态模型和估计结果（Larose 站点）

几何变化所引入的反演噪声；②在时序 LAI 动态建模和估算过程引入各向异性指数，可以有利于补充植被冠层二向反射可用的观测信息，有效改进了 LAI 估算精度；③本节试验区 LAI 估算结果的时间连续性和数值稳定性优于 MODIS LAI 产品。

3. 植被参量的动态特征提取与应用

1）LAI_UDBM 模型与 LAI 时序估算

为了将 LAI_DBM 模型扩展到区域尺度时序 LAI 估算，首先将 LAI_DBM 模型扩展，基于地表类型构建适用于区域尺度 LAI 估算的参数化模型（LAI_UDBM），与 PROSAIL 模型耦合，利用数据同化的方法，提高估算精度（Zhou et al.，2017）。根据地表类型，在全球范围分别选取 20 个森林和非森林站点，建立联合各个站点的时序 LAI 和地表反射率数据集，采用基于数据机理的时序建模方法，分别构建适用于 LAI 值较高的林地像元的 LAI_UDBM$_1$ 模型和适用于叶面积指数值较低的非林地像元 LAI_UDBM$_2$ 模型，如式（4.5）和式（4.6）所示：

$$LAI_{UDBM1,t} = -4.13R_t^1 + 2.929R_{t-1}^1 + 1.099R_{t-2}^1 + 4.081R_t^2 - 4.017R_{t-1}^2 - 1.272R_t^7$$
$$+ 2.587R_{t-1}^7 - 0.9419R_{t-2}^7 + 1.7LAI_{t-1} - 0.719LAI_{t-2} \quad (4.5)$$

$$LAI_{UDBM2,t} = -2.3463R_t^1 + 3.0016R_{t-1}^1 - 0.7932R_t^2 + 2.9223R_{t-1}^2 - 3.7622R_{t-2}^2$$
$$+ 1.0405R_t^7 - 0.713R_{t-1}^7 + 0.6466R_{t-2}^7 + 2.0519LAI_{t-1}$$
$$- 1.5187LAI_{t-2} + 0.4308LAI_{t-3} \quad (4.6)$$

其中，R^1、R^2、R^3 是 MODIS 第 1、第 2、第 7 波段反射率；LAI_{t-i} 是 $t-i$ 时刻的 LAI 值。

以 LAI_UDBM 模型估算得到的 LAI 为估算初始值，耦合 PROSAIL 模型，以 PROSAIL 模型敏感性参数为状态变量，利用集合卡尔曼滤波方法同化 MODIS 方向反射率观测信息与 PROSAIL 模拟的方向反射率，得到优化的估计结果。其中 PROSAIL 模型敏感性参数由全局敏感性分析得到（Gu et al.，2016；Wang and Niu，2014），参数如表 4.1 所示。

生成西班牙拉阿布费拉研究区 2014 年时间序列叶面积指数分布图，与地面实测生成的参考数据、MODIS 叶面积指数产品比较结果如图 4.5 所示。

表 4.1 PROSAIL 模型参数和取值范围

模型	参数名称	符号	取值范围	单位
ROSPECT	叶绿素浓度*	C_{ab}	30	μg/cm²
	类胡萝卜素含量	C_{ar}	10	μg/cm²
	总色素含量	C_{bp}	0	—
	等效水厚度	C_w	0.015	cm
	干物质含量*	C_m	0.001 25~0.006 25	μg/cm²
	叶片结构指数*	N	1~2.5	—
SAIL	叶面积指数*	LAI	0~8	—
	叶倾角*	ALA	40°~85°	—
	热点*	S_L	0.01~1	—
	土壤反射率	ρ_s	0.2	—
	散射光比例	SKYL	0.1	—
	太阳天顶角	θ_s	0°~90°	—
	观测天顶角	θ_v	0°~90°	—
	相对方位角	φ_{sv}	0°~180°	—

注：* PROSAIL 敏感性参数

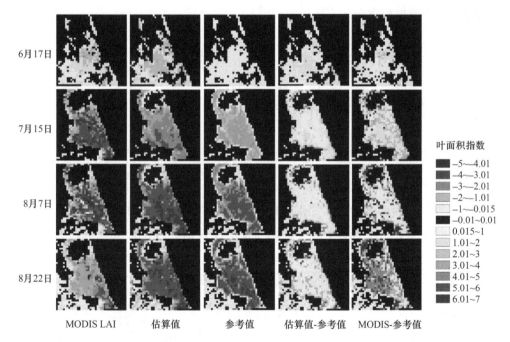

图 4.5 区域尺度 LAI 估算结果与 MODIS 产品、地面测量值之间的比较图（彩图附后）
四行分别是 2014 年 6 月 17 日、7 月 15 日、8 月 7 日和 8 月 22 日的结果；第一列是 MODIS LAI 产品，第二列是该方法计算的结果，第三列是基于地面测量数据得到的参考值，第四列和第五列分别是估算结果与 MODIS 产品与参考值之间的距离分布图

从图 4.5 可见，基于扩展的数据机理时序叶面积指数估算模型能够很好地估算区域尺度 LAI 值，刻画 LAI 空间变化特征，在时间上可以很好地反映植被的生长状况，与地面参考值相比，估算的结果比 MODIS 产品有更高的精度。

2）时序叶面积指数的递推估算方法

基于遥感观测反射率数据的动态模型，可以获知遥感像元尺度的反射率随时间变化的变化特征。由于很多地表参量的遥感估算，都源于遥感观测的反射率及其时空变化信息，因此，利用遥感反射率动态模型所表达的反射率变化特征，就为遥感估算地表参量的动态变化提供了重要的信息源。从模型应用的角度，已有的尝试包括：将遥感动态模型与时序神经网络算法相结合，提出时序叶面积指数的递推估算方法；基于遥感动态模型提取森林干扰信息。

针对用时序神经网络估算 LAI 的精度受到训练数据噪声影响的问题，以时序模型拟合得到的反射率时间序列数据和 MODIS LAI 产品作为输入数据，发展了利用外源性非线性自回归神经网络（NARXNN）递推估算 LAI 时间序列的方法（Tian L et al., 2015）。这一方法的基本思路，是以过去多年积累的数据为基础构造动态变化模型，用于估算当前年的 LAI；再用当年估计结果更新动态模型，用于估算下一年的 LAI。通过对动态信息的不断累加和验证，改进时序 LAI 的估算精度。图 4.6 所示为用 NARX 神经网络递推估算得到的 LAI 时间序列与 MODIS LAI、滤波后的 LAI 及实测 LAI 的对比情况。图中估算得到的 LAI 数据有效地避免了时间序列上的异常跳变，与 MODIS LAI 相比更加光滑，同时与实测值也相吻合。

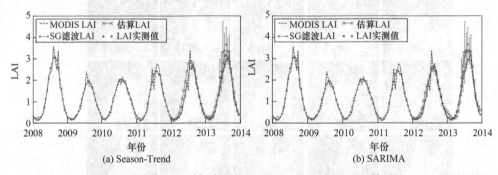

图 4.6　估算 LAI 时间序列与 MODIS LAI、实测 LAI 的对比

将本节提出的方法应用于大兴安岭根河试验区林地 LAI 的时间序列估算，结果如图 4.7 所示（2013 年，第 113～第 249 天，8 天间隔）。LAI 估算结果有效避免了 MODIS 产品中出现的异常跳变情况，得到的 LAI 更符合植被的生长规律。

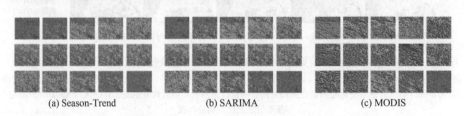

图 4.7　区域尺度 LAI 时间序列估算效果

通过对动态建模的模型特点、时序数据的拟合效果及其与原始时间序列之间的对比分析，结果表明，时序模型可以表达长时间序列遥感观测数据的周期性变化特征和变化

趋势信息。基于大兴安岭根河试验区和河北怀来试验区的时序 LAI 估算结果,说明了时序模型可以有效支持时序地表参量的估算。

基于此方法进一步发展了融合 MODIS 和高分辨率遥感数据,生成了河北怀来研究区高分辨率 LAI 时间序列的方法。该方法以多年 MODIS 像元尺度 LAI 数据为背景场,逐年加入作为 MODIS 亚像元的高分数据,经过 2~3 年的递推估算,逐步得到降尺度的高分 LAI 时间序列,已有的验证结果证明了算法的可行性(Wang et al., 2019)。

3)森林干扰信息提取

森林干扰是指改变森林生态系统结构的短期事件,用遥感时序数据探测森林干扰的时空分布是一种有效方法。遥感归一化植被指数(NDVI)是植被覆盖程度、生长情况的指示因子,其时间序列变化能够清晰地反映出地表植被的生长和变化情况。为此,我们基于 Season-Trend 建模思路,用多年累积的遥感 NDVI 数据构建遥感动态模型,采用模型参数表示 NDVI 周期性变化特征,通过判断动态模型参数的变化,选择模型中对年周期变化敏感的参数,提取年周期变化特征信息,由此定义森林干扰的指示因子,建立基于指示因子的干扰识别标志值,进而用于在区域尺度上自动识别森林干扰信息(Tian et al.,2018)。

将此方法应用到美国阿拉斯加州明托地区的研究区,在林火干扰自动探测上得到了良好的效果。图 4.8 所示为样本点 NDVI 时间序列建模监测效果图,对比了检测到发生干扰像元与未发生干扰像元的模型参量变化轨迹。图 4.9 所示为研究区中森林干扰区的提取结果与 MTBS(火情严重性趋势监测)数据的比较,和基于时序数据递推建模对森林干扰像元的提取结果。结果表明,两者相比在空间分布上吻合较好,对火情严重区域的干扰检测率达到 95%,能够较为准确探测到森林干扰的发生。

后续研究将此方法用于估算大兴安岭林区的森林干扰信息提取,引入干扰识别指数改进了算法,以 2003 年大兴安岭的金河和十八站区域林火数据为例,对林火干扰区识别进行了改进,对干扰提取结果进行了验证。同时进一步发展了对其他森林干扰信息的提取方法,并对提取结果进行了分析。已有结果显示,采用时间序列遥感数据产品和基于 Season-Trend 模型建模过程中模型参数的动态变化特征,可以有效提取森林干扰信息(Wang et al.,2017)。进一步的研究和方法验证还在进行之中。

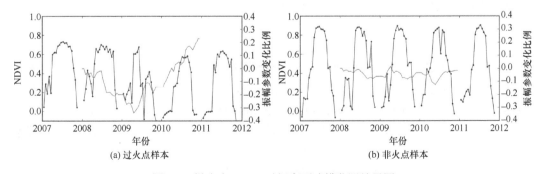

图 4.8　样本点 NDVI 时间序列建模监测效果图

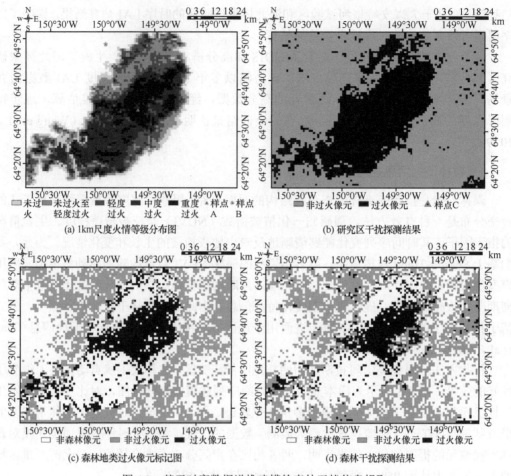

(a) 1km尺度火情等级分布图　　　　　　(b) 研究区干扰探测结果

(c) 森林地类过火像元标记图　　　　　　(d) 森林干扰探测结果

图 4.9　基于时序数据递推建模的森林干扰信息提取

4.1.2　基于遥感物理模型和生长模型的森林动态特征分析

森林生态系统是由生物成分（植物主体、动物和微生物）和非生物成分（空气、阳光、土壤等）形成的统一整体。了解森林的生长规律及随时监测森林的动态变化，对研究森林生态系统有着至关重要的作用。我们以湖南会同试验区为研究区，利用森林生长模型，结合长时间序列的遥感观测数据和多年的地面观测数据，分析了森林生长过程中生理参量和遥感信号伴随森林生长的变化特征。

1. 试验区与数据

研究区位于湖南省怀化市会同县的两个国家试验站，分别为中科院森林生态实验站（26°40′N，109°26′E）和中南林业大学会同杉木林生态系统国家试验站（26°50′N，109°45′E），位置详见图 4.10 中的 Station 1 和 Station 2，海拔 300～500m。该地区地形为较开阔的丘陵山地，气候属于典型的亚热带温润气候，年平均气温为 16.8℃，年降水量为 1100～1400mm，气候因子季节变化如图 4.11 所示。土壤为中有机质厚层山地森林黄壤。试验样区为 4 块杉木纯林永久样地，均为皆伐炼山后的人工杉木纯林，位置示意如图 4.10，其中，样地 WS2 为 1996 年 3 月造林，立木密度为 3318 株/hm²，面积 2hm²，树龄 21 年；样地 WS3 为 1988 年 2 月造林栽种，2490 株/hm²，面积 2hm²，树龄 29 年；样地 ZH1、FZ1 为 1983 年栽种，初植密度为 2500 株/hm²，1997 年（15a）和 2003 年（21a）经历两次间伐，现保留密度 1035 株，样地 ZH1 面积为 40m×50m，样地 FZ1 面积为 30m×40m，树龄 34 年。

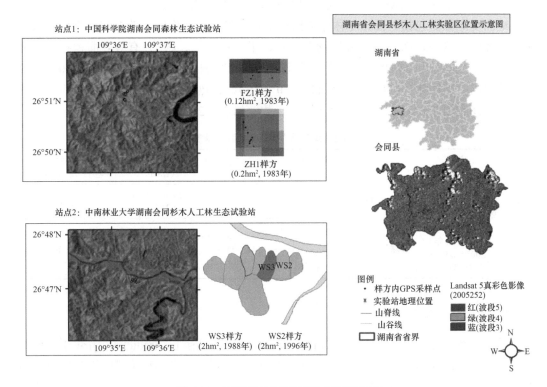

图 4.10　研究区位置示意图（彩图附后）

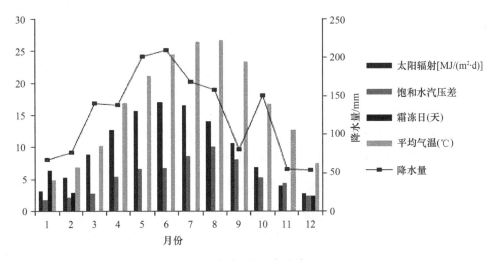

图 4.11　实验区年平均气象因子

使用的遥感数据包括：2000～2015 年几何大气纠正后的 MOD09A1 地表反射率数据，TERRA 卫星过境时间约为上午 11：30，其空间分辨率为 500m，时间分辨率为 8

天，从 http：//wist.echo.nasa.gov/下载。MOD09A1 共 7 个波段，本节主要用红光（band1，0.62～0.67μm）、近红外（band2，0.841～0.876μm）和中红外波段（band 6，1.628～1.652μm）。Landsat 数据空间分辨率为 30m，时间分辨率为 16 天。我们收集了云量<80%的 L1T Landsat TM/ETM+/OLI（Path125，Row 41）数据，一共 308 幅，包括 Landsat 5 TM（157 幅）、Landsat 7 ETM+（128 幅）和 Landsat 8 OLI（23 幅）。

地面观测数据包括：长时序林分结构和生长参量等，用作验证数据和模型标定数据集。具体包括胸径、树高、组分生物量（叶、干、枝、皮、根）、有效叶面积指数（光学测量法）、真实叶面积指数（落叶收集法）；辅助实测数据收集整理：①2000～2013年气象数据；②幼林（3 年生）、近熟林（20 年生）、成熟林（30 年生）比叶面积手工测量数据；③利用 TRAC 仪器测量杉木聚集指数，如表 4.2 所示。

表 4.2　湖南会同样地实测数据集

	胸径（林分年龄）	树高	有效 LAI（LAIe）	凋落物	真实 LAI（LAIt）	生物量（茎/枝 /皮/根/叶）
WS2	1998～2012 年（3～17 年）	1998～2006 年			2016 年 6 月（21 年）	茎/枝/根/叶
ZH1	1999（17 年）2000（18 年）2003～2014 年（21～32 年）	异速生长方程	2005～2011 年（23～29 年）2015 年（33 年）	2000～2015 年（18～33 年）每月	1999～2011 年（18～29 年）	茎/枝/皮/根/叶

2. 森林生长模型

采用的森林生长模型为 3PG（physiological principles in predicting growth）模型（Landsberg and Waring，1997），为了弥补遥感信号在幼林-成熟林阶段的饱和现象，引入森林生长模型 3PG 模拟森林生长过程。3PG 模型是以月为时间尺度、以林分为空间尺度的基于生理生态过程的林分生长预测模型，也是一个考虑了实际环境条件的完整的森林碳平衡模型（赵梅芳等，2008）。模型参数有气象数据、初始林分条件（立木密度、初始生物量）、立地条件（土壤含水量、土壤肥力）等。3PG 模型能够模拟随着林分生长，净初级生产力（NPP）分配给各个组分的生物量（叶、根、茎），然后通过叶生物量和比叶面积（SLA）计算 LAI，进而模拟森林生长过程中叶面积指数（LAI）的长时间序列变化曲线。模型结构示意图如图 4.12 所示。

本节以湖南会同杉木为研究对象，利用构建的实测参数时间序列（如气象数据，土壤数据，立地条件等）对 3PG 模型进行参数标定。

3. 森林生长过程中生理参量变化特征分析

由于 3PG 模型比较复杂，输入参数变量很多，因此需对 3PG 模型进行全局敏感性分析，获得对 LAI 敏感的参数。本节利用 EFAST 方法（Saltelli and Bolado，1998）获得模型中树种参数的全局敏感性指数，标定对输出结果和 LAI 敏感的参数。然后，利用 3PG 模拟 ZH1 样方 LAI 随森林演替的变化，并与实测 LAI 值进行对比，3PG 年际 LAI 预测结果和实测 LAI 值（鱼眼相机、落叶收集法），对比结果如图 4.13 所示。其中还显

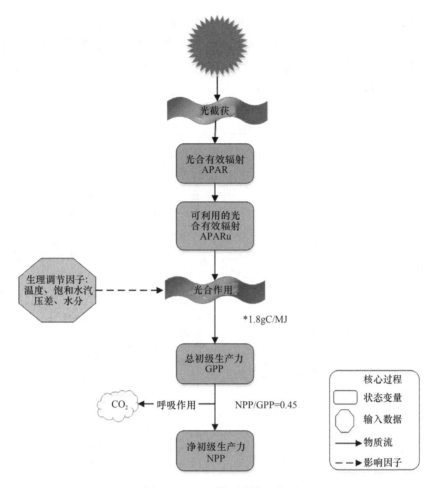

图 4.12 3PG 模型结构示意图

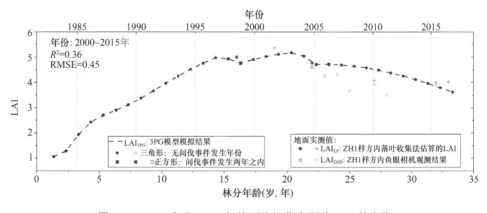

图 4.13 1997 年和 2003 年的两次间伐会影响 LAI 的变化

示了随着林分从幼林到成熟林（1 年生到 33 年生）的生长，森林冠层真实叶面积指数呈现先增加后减小的趋势，以及 1997 年和 2003 年的两次间伐对 LAI 变化的影响。

其他森林生理参量随着树龄的变化情况见图 4.14，从整体趋势来看，生物量分配给树根和树叶的量呈现先增加后减少的趋势，在 15～20 岁达到峰值，林分逐渐成熟；而生物量分配给枝干的部分随树龄增大而增加，胸径和树高也均随着林分成熟而增加，在30岁之前没有饱和现象。间伐导致树木减少，立木密度和生物量降低，但对树高和胸径影响不大。综上，3PG模型预测结果较好地刻画了森林生长过程中各个生理特征的变化，变化趋势与实测数据一致。

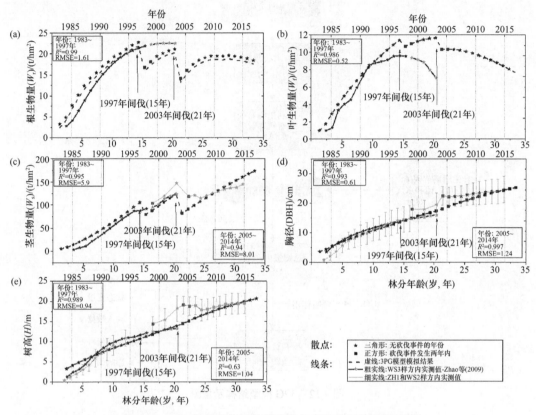

图 4.14　3PG 模型对冠层结构参数年变化特征的预测结果

4. 遥感信号特征伴随森林生长的变化

利用从多年的光学遥感观测数据提取了森林研究区植被指数、缨帽变换分量等参量，分析了森林生长的变化特征。

1）植被指数（NDVI、EVI、EVI2）

年际响应是通过对比多年同期或相近日期的遥感影像特征来分析其年际变化。所用遥感影像包括 1996 年（树龄 1 岁）至 2015 年（20 岁）之间出现在夏季峰值期（DOY=244 附近）的 Landsat 影像。图 4.15 所示为采用 Landsat 影像数据提取的林冠像元植被指数随着森林林分年龄增长的夏季年际变化情况。

结果表明：①从 1996 年种植开始，WS2 样方每年夏季的植被指数（NDVI、EVI 和 EVI2）在幼林阶段（1～7 岁）呈现显著增长趋势（$P<0.05$），NDVI>EVI≈EVI2，NDVI 在 6～7 岁附近达到饱和（0.8）；幼林-成熟林转化期（7～20 岁）植被指数较为稳定（微小波动），如图 4.15（a）所示。②ZH1 样方树木于 1983 年种植，有效遥感数据起始年份已经为近熟林（15 岁），分别在 15 岁和 21 岁经历两次间伐，第一次间伐后 NDVI 有上升趋势，但 EVI/EVI2 无显著变化；第二次间伐后，翌年 3 种植被指数均相对间伐前夏季峰值呈现显著下降（NDVI 下降 0.08；EVI/EVI2 均下降 0.1），接下来 3 年植被指数较快恢复间伐前状态，如图 4.15（b）所示。由于可用 Landsat 影像不多，所示趋势不一定完全具有代表性，可能有些波动是由于 DOY 不一致带来的（少量年份 DOY 与第 244 天相距 60 天），但是所用每一幅影像都是经过严格数据质量控制和筛选的数据。

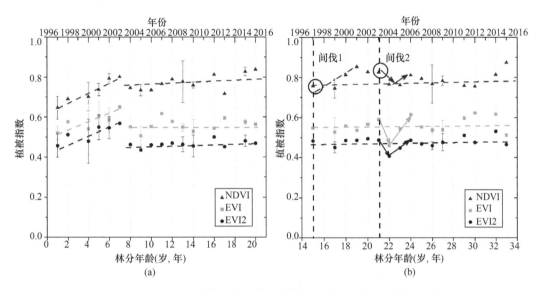

图 4.15　林冠像元植被指数随着森林林分年龄增长的夏季年际变化
（a）WS2 样地（1～20 岁）；（b）ZH1 样地（15～33 岁）

2）缨帽变换分量（KT1 亮度、KT2 绿度、KT3 湿度）

利用 1996 年起 20 年夏季一个季度峰值时间的影像，分析随着森林生长遥感信号的变化。以样地 WS2 为例，图 4.16 所示为从 Landsat 遥感数据提取的缨帽变换分量随着森林生长的年际变化情况。图示从 1996 年种植开始，跨越树龄 1～20 岁，WS2 样方每年夏季的缨帽变换后的第一分量（亮度）在幼林阶段（1～7 岁）呈现显著下降趋势（$P<0.05$），幼林到成熟林阶段（7～20 岁）亮度有轻微下降但几乎可以忽略（图 4.16（b）），湿度上升幅度变小（图 4.16（c））；第三分量（湿度）在幼林阶段（1～7 岁）呈现显著上升趋势（$P<0.05$），而成熟林缨帽变换分量几乎稳定不变。从图 4.16（b）、（c）可见，分别对 TM 和 ETM+传感器获取的数据进行分析均可得到：冠层亮度随着树龄增加而降低，湿度随着树龄增加而增加，但敏感时间段局限于树龄<10 岁的生长阶段。

3）遥感信息对森林生长季节响应

由于每年可用数据有限，将多年 Landsat 不同日期的所有数据叠加至一年，可以发现绿度分量和植被指数均呈显著季节趋势，NDVI>EVI>EVI2>绿度，如图 4.17 所示。

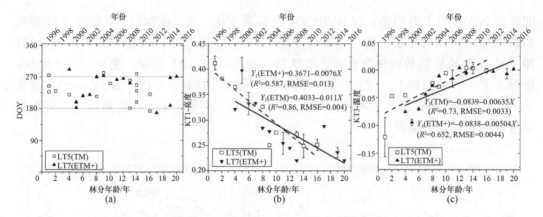

图 4.16 随着森林生长遥感信号的年际变化（缨帽变换分量）

（a）所用 Landsat 数据 DOY 时间跨度；（b）第一分量（亮度），虚线为 TM、实线为 ETM+传感器获取数据；
（c）第三分量（湿度），虚线为 TM、实线为 ETM+传感器获取数据

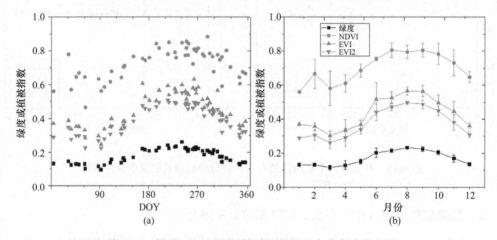

图 4.17 样地 ZH1 观测场植被指数和绿度信息季节变化

4.1.3 植被模型参量的时序观测实验

表达遥感信息动态特征的模型，验证遥感估算地表参量的时间尺度扩展方法，都需要地面长时间连续观测数据的验证。但是，相对于辐射、气象参量的地面观测网站，植被参量的地面连续观测数据明显不足，即便是最常用的叶面积指数，也很少有年周期或生长季的连续测量数据，而这多少与 LAI 地面测量的复杂性有关。为此，我们针对农作物和林地 LAI 测量，研制了便于进行野外测量，并可以进行连续自动观测的系列 LAI 观测系统 LAINet、LAISmart 等，并获取了河北怀来农田和大兴安岭林区的生长季时间序列 LAI 测量数据，发展了将地面测量数据升尺度到遥感像元的尺度转换方法，生成了验证参考数据集。

1. 基于多点阵列的针叶林叶面积指数与聚集指数观测

叶面积指数（LAI）是反映植被冠层结构的参数，也是描述植被对太阳辐射截获能力的物理量。林地 LAI 的测量方法有直接（或半直接）方法与间接测量方法。直接方法是通过测量一定地表面积内的树木针叶面积来计算林地 LAI，如比叶重方法、落叶收集

法、异速生长法等。直接测量的 LAI 比较可靠，但是该方法需要耗费较多时间与人力，因此对较大空间范围的 LAI 测量多采用间接测量方法。

对聚集指数的认识则是和 LAI 的估算与测量分不开的，所有光学仪器对 LAI 的估计均是基于植被冠层叶片在空间上是随机分布的假设。而真实自然界中的植被叶片，很少会真正服从随机分布，于是人们提出了一个聚集指数（CI）的概念来描述叶片非随机分布的现象（Zheng and Moskal，2009）。当 CI 大于 1 时，认为叶片规则分布（regularly distribution），CI 等于 1 代表的是随机分布，而 CI 小于 1 时，被认为是聚集分布的。叶片聚集效应的程度与聚集指数的大小呈反比关系，也就是说，聚集指数越接近 1 表示聚集效应越不明显，趋向于随机分布。

我们设计了一个基于 WSN 技术的植被 LAI 测量原型系统，通过林下多点自动测量方法来获取样方内的针叶林 LAI 与 CI，选择了目前在森林结构参数测量中应用比较广泛的 TRAC 仪器作为对比，开展了在针叶林实验区进行 LAI 和 CI 的对比试验。

1）无线传感器网络系统

LAINet 是一种基于无线传感器网络（WSN）的针叶林叶面积指数自动测量系统，LAINet 由一个汇聚节点及多个测量节点组成，它们之间通过 Zigbee 网络协议进行数据通讯。汇聚节点（sink node，SN）用来收集所有测量节点测量到的数据，并经过 GSM/GPRS 设备将收集到的数据传送到远程数据服务器。测量节点分为两类：一类是太阳下行辐射测量节点（above node，AN），另一类是透过辐射测量节点（below node，BN）。前者部署在冠层上部（对于低矮的植被类型）或者部署在空旷无遮挡的区域（对于高大的植被类型），用来测量太阳下行总辐射，而后者则需要部署在冠层下面，用来测量冠层透过辐射。这两类测量节点具有相同的硬件组成与软件功能，但形状与集成的光传感器个数不同。AN 是圆形结构，由 3 个光学传感器组成，而 BN 是长条形，由 9 个光学传感器组成。由于太阳下行总辐射在局部的空间范围内可以认为是均匀分布的，AN 节点设计为：半径为 3cm，高度为 6cm。而冠层的透过辐射的空间分布受到冠层结构的影响，故 BN 节点设计为由 9 个光传感器组成的长条形节点，以捕捉冠层下辐射的不均匀空间分布，节点长宽高分别为 60cm、8cm 和 7cm。每个测量节点连接多个基于 I2C 总线的光传感器，进行光亮度数据采集。测量节点自身可以对时间、电池剩余电量进行实时记录，并且将这些数据一起发送给汇聚节点。

汇聚节点是整个网络系统的中心，负责建立网络，向路由节点和数据测量节点下达命令及发送配置信息。当数据测量节点完成数据采集后，将数据发送给汇聚节点，汇聚节点将数据进行汇总，通过 GPRS 将数据发送给后台服务器。汇聚节点包括：通信及微处理芯片、实时时钟部分、仪器监测部分、供电部分、数据存储部分、串口通信部分及 GPRS 通信部分，通过太阳能供电模块进行供电。

2）叶面积指数与聚集指数估算方法

根据太阳直接辐射在植被内传输衰减的 Beer-Lambert 定律，假设冠层由随机分布不透明的叶片组成，则太阳辐射在植被冠层内的衰减公式按照式（4.7）计算（Lang and Xiang，1986；Norman and Compbell，1989）：

$$T = \mathrm{e}^{-\mathrm{LAI}G(\theta_L,\theta)/\cos(\theta)} \qquad\qquad (4.7)$$

进而可以推导出 LAI 的表达式：

$$\mathrm{LAI} = -\cos(\theta)\ln(T(\theta)) / G(\theta_L,\theta) \qquad\qquad (4.8)$$

式中，$G(\theta_L,\theta)$ 为光在植被中的衰减系数，是太阳天顶角 (θ) 和叶倾角 (θ_L) 的函数；$T(\theta)$ 为太阳天顶角为 θ 时的冠层透过率。

每个 LAINet 节点测量得到的是不同太阳天顶角下的冠层透过率，当在冠层下部署多个 BN 节点情况下，就可以得到冠层下的多点方向透过率（multi-point directional gap fraction）。假设冠层下部署的 BN 节点个数为 m，由于每个 BN 有 9 个传感器组成，则冠层下的平均透过率为

$$\overline{T}(\theta) = \frac{1}{m}\sum_{j=1}^{m}\left(\frac{1}{9}\sum_{i=1}^{9}T_{ij}(\theta)\right) \qquad\qquad (4.9)$$

由式（4.8）可以得到根据方向透过率估算冠层 LAI 的公式为

$$\mathrm{LAI} = -\cos(\theta)\ln(\overline{T}(\theta)) / G(\theta_L,\theta) \qquad\qquad (4.10)$$

但由于 LAI 与 T 之间并不是线性关系，用透过率的平均值代入公式（4.10）会低估真实的 LAI。Lang 和 Xiang（1986）认为，根据式（4.10）计算得到 LAI 值应该接近有效叶面积指数 L_e。如果把每个传感器测量结果作为样方内的一次采样，根据 Chen 等（1997）对 TRAC 数据处理采用的分段计算方法，真实叶面积指数（L_t）应该是每个传感器测量的 LAI 值（L_{ij}）的算术平均值，即

$$L_t = \frac{1}{m}\sum_{j=1}^{m}\left(\frac{1}{9}\sum_{i=1}^{9}L_{ij}\right) \qquad\qquad (4.11)$$

而 L_{ij} 则是根据式（4.8）计算得到的每个传感器计算出的叶面积指数。

则样方内的聚集指数可以计算出来：

$$\mathrm{CI} = \frac{L_e}{L_t} \qquad\qquad (4.12)$$

3）野外实验与结果

我们选择位于中国内蒙古自治区根河市的大兴安岭生态站作为野外试验点，部署了一个 40m×40m 的针叶林样方，树木类型为兴安落叶松，平均树高与平均胸径分别是 7.9 m 和 7.7 cm，平均密度为 730 株/hm²。冠层下垫面生长有高度在 20～30 cm 的稀疏草地。冠层下节点 BN 的个数应该根据研究区冠层的空间异质性设置，但本次试验是根据目视判断树木之间的间隙情况，按照节点间 2～3 m 的间隔在样方内布设了 15 个 BN 节点、1 个 AN 和 1 个 SN 节点，如图 4.18 所示。冠层下的 BN 节点离地面高度为 30cm 左右，保证不被林下草地遮挡。

根据当地的经纬度和实验日期范围，我们计算得到当地太阳高度角变化范围，选定适合 LAINet 工作的时间为 09：00AM 到 16：00PM，在此时间段内的太阳高度角最低为 15°，最高为 42°，将 LAINet 采样间隔配置为 10min。这样，在样方内每天能够获取

135（9×15）次空间频次的采样数据，每个传感器最多可以获取 30 个太阳天顶角下的透过率观测数据。

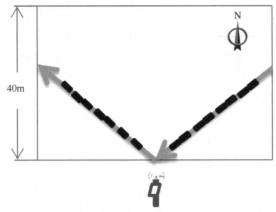

图 4.18　LAINet 仪器部署示意图
箭头方向为 TRAC 测量时行进方向

　　我们用 TRAC 测量结果验证 LAINet 测量结果，TRAC 的测量路径沿 LAINet 的布设剖线方向，按照测量手册推荐将测量时间选定在晴朗日期的上午 11：00 左右，保持探头水平、距地面高度约 60 cm，以大约 0.32m/s 的速度匀速行进，按照 10m 间隔进行分段采样。

　　作为一种定点观测仪器，LAINet 能够获取每天多个太阳天顶角的冠层透过率，据此可以计算出每天的 L_e 和 L_t 及聚集指数 CI。但是，已有研究成果表明，每日的 LAINet 的观测结果容易受到天气条件的干扰（Qu et al.，2014），会给每日观测结果带来观测噪声。我们通过多日聚合的方式可以平滑噪声，得到更加符合针叶林叶片生长规律的观测结果。以 TRAC 仪器的观测日期为聚合的时间节点（time knot），将两个相邻的时间节点（如 $knot_i – knot_{i+1}$）之间的 LAINet 结果算术平均值作为第 i 次观测的计算结果，并统计在此时间区间内观测数据的标准差。如此计算得到 LAINet 与 TRAC 测量结果比较如图 4.19 所示。

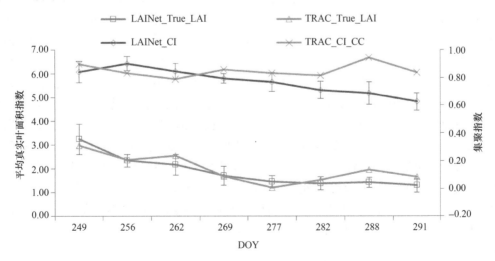

图 4.19　经过聚合后的时间序列（DOY）真实叶面积指数（左轴）与聚集指数（右轴）
及 LAINet 的统计标准差（垂直线为误差线）

图 4.19 中 TRAC_True_LAI 和 TRAC_CI_CC 分别表示用 TRACWin 软件计算得到的冠层真实叶面积指数和用 Chen 等（1997）的算法计算得到的聚集指数，另外，在用 TRACWin 软件进行数据处理时，我们采用分段计算模式进行数据处理。需要说明的是，在数据处理中，无论是 TRAC 仪器还是 LAINet 系统，均没有考虑 needle to shoot 比例及木质素比例这两个因素，因此计算得到的 LAI 应该是 Plant area index，但为了前后行文一致，我们仍然沿用了 LAI 的术语。从图 4.19 中可见，LAINet 与 TRAC 的叶面积指数观测结果均比较接近，而聚集指数的观测结果偏差稍大。并且两种观测仪器测量的 CI 之间的偏差与它们的 LAI 观测值偏差具有一致性。在从 DOY=249 到 DOY=291 的时间序列观测数据中，LAINet 的观测结果要比 TRAC 具有更高的一致性，表明 LAINet 的聚集指数可能会更好地反映出针叶聚集度随时间变化的动态特征。同时，应该指出的是，根据野外 LAINet 的部署情况可以知道，由于 LAINet 之间的平均间距在 2～3m，而每个 LAINet 的 BN 上传感器之间的间距仅有 5～6cm。因此，我们推测，LAINet 观测到 CI 值应该更能反映针叶林树冠内的叶片聚集，可能很难代表样方内树冠间的聚集现象。

对于 LAINet 的 CI 的这一推测，我们对观测数据进一步进行了处理与分析。由于在野外试验最后日期内，研究区针叶林树叶已经完全凋落。因此，在最后日期（DOY=291）观测的叶面积指数应该是树干与树枝的面积指数，可以假设，在针叶林的生长季内，树干与树枝的面积不发生明显的变化，也就是说，针叶林的冠层面积指数的动态变化更多的是由树冠内的针叶的生长与凋落引起的。根据这一假设，我们可以很容易地计算出在观测期内，针叶林针叶的面积指数占全部冠层面积指数比例的时间变化，计算方法如下：

$$\text{Leaf-to-Plant} = 1 - \text{LAI}_{min} / \text{LAI} \qquad (4.13)$$

式中，LAI_{min} 为时间序列上 LAI 的最小值，我们把它作为木质部分的面积指数，并且认为在整个发育期内为固定值，LAI 则为观测到的时间序列 LAI 值。

从图 4.20 中我们可以很明显地看到，经过剔除针叶林木质成分在冠层面积指数的贡献，仅保留针叶成分的动态变化特征的时候，LAINet 的观测结果能够更好地反映出针叶林观测内的针叶部分的变化[图 4.20（a）]，它们之间的回归方程决定系数达到 0.9327，表明它们之间具有极强的变化一致性。对于这样的变化规律，从它们的时间序列发展趋势上也可以表现出来［图 4.20（b）］。随着时间的推移，针叶林中针叶所占的比例逐渐减少，伴随着针叶比例的减少，冠层内的聚集指数也呈降低趋势。根据前人研究结果，聚集效应可以发生在不同的尺度上，在树冠内尺度上显示的是叶片的聚集，在冠层树冠间尺度上表现的是树冠空间分布的不均一性。我们的试验结果表明，LAINet 测量得到的聚集指数能够更好地揭示针叶林冠层内针叶的聚集现象。与 TRAC 测量结果相比，虽然两个仪器测量到的叶面积指数之间具有较为明显的一致性，但它们的聚集指数无论是在数值上还是变化趋势上，仍然存在较为明显的差异。通过提取针叶部分在 plant area index 中贡献比例，我们发现 LAINet 测量得到的聚集指数能够很好地反映针叶部分在发育期内的动态变化特征。

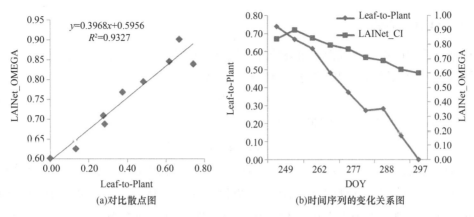

(a)对比散点图   (b)时间序列的变化关系图

图 4.20 聚集指数与 Leaf-to-Plant 关系对比图

2. 基于移动终端的针叶林叶面积指数观测方法

随着移动终端技术的发展，当前的手机或平板电脑中已经集成了多种传感器，其中成像传感器已经成了智能手机的标准配置。在传统的摄影成像技术之上，有些研究者尝试利用智能手机来获取植被叶面积指数。我们实现了一种基于智能终端的植被叶面积指数测量系统（LAISmart），设计 LAISmart 系统的目的有两个：一是充分利用当前成熟的智能终端设备的成像与高性能计算功能，实现植被叶面积指数实时计算；二是为用户提供操作与数据处理选择，方便用户根据实际情况进行测量设置。

1）LAISmart 系统

LAISmart 由硬件和软件组成，其中硬件包括信息采集智能终端、用户操作控制台与仪器支架；软件包括信息采集软件模块、无线传输控制模块以及实时计算存储模块。图 4.21 分别显示了 LAISmart 各模块之间的连接关系以及 LAISmart 系统设计图。其中，信息采集智能终端和用户操作控制台分别是一个智能手机系统。信息采集软件负责完成成像传感器、GPS 传感器、陀螺传感器信息采集，并将采集到的传感器数据通过无线传输控制模块发送到用户操作控制台。LAI 实时计算存储模块部署在用户操作控制台内，接收无线传输控制模块传来的图像并完成自动处理和保存处理结果。在 LAISmart 系统开始工作的时候，首先打开用户操作控制台的无线热点功能，信息采集智能终端通过 wifi 与用户操作控制台的无线热点建立连接，就能在用户操作控制台上管理、控制信息采集智能终端。

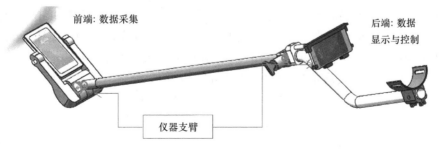

图 4.21 LAISmart 系统组成与连接图

2）LAI 计算方法

根据冠层间隙率分布规律，如果叶片随机分布且叶子尺寸远远小于冠层尺寸，则冠层间隙率与叶面积指数之间的关系为（Nilson，1971）

$$P(\theta) = e^{-G(\theta)LAI/\cos\theta} \tag{4.14}$$

基于式（4.14）可以得到 LAI 的计算公式：

$$LAI = -\ln P(\theta)\cos(\theta) / G(\theta) \tag{4.15}$$

式中，$P(\theta)$ 为冠层间隙率；θ 为观测点顶角；$G(\theta)$ 为叶片在观测方向上平均投影面积比。

由式（4.15）可知，计算 LAI 值需要预先得到 $G(\theta)$。然而，叶片的投影比是一个与叶倾角分布以及观测几何有关的函数，严格的计算 $G(\theta)$ 需要多个角度的观测间隙率，这势必增加观测的复杂度。Goudriaan（1988）的研究结果表明，叶倾角分布函数可以用球形分布来近似，这时候的叶片平均投影面积比 $G(\theta)$ 为 0.5，且与传感器的视场角无关。基于这个假设，Liu 和 Pattey（2010）及 Liu 等（2013）等实现了用单一角度（垂直向下）的数字照片中获取农作物叶面积指数。在本节中，仍然采用这一假设，则有

$$LAI = -2\ln P(\theta)\cos(\theta) \tag{4.16}$$

式中，θ 来自信息采集智能终端的陀螺仪姿态信息，即俯仰角，冠层间隙率 $P(\theta)$ 等同于信息采集智能终端在观测方向 θ 的图像中的背景像素所占的比例（向下拍摄时土壤为背景，向上拍摄时天空为背景）。对 $P(\theta)$ 的计算是通过对图像分类而得到的。

在测量时，用户可以根据植被高度变化来设置信息采集终端的成像传感器的镜头的拍摄方向。对于高大树木或者较高的农作物（如玉米），此时的摄像传感器镜头向上拍摄。这时，视野内只有植被与天空；而对于低矮的农作物，用户可以将传感器距离冠层一定高度向下拍摄。此时的视场内为植被与土壤，对于图像中间隙率的提取其实就是对数字照片中的植被与非植被的自动分类。在 LAISmart 系统中，基于原始的 RGB 图像，系统提供了 3 种分类特征供用户选择，分别是绿度指数（GI Booth et al.，2005；Confalonieri et al.，2013）、蓝色波段亮度值（B）和图像 HSV 空间的亮度（V）。进而采用 OpenCV 函数库（http：//opencv.org）实现用 OTSU 算法（Otsu，1979）自动提取图像中的间隙率。

3）野外实验和结果

在实验区设计了 20 个面积为 20m×20m 的观测样方（essensial sample unit，ESU）。在 ESU 内部，对不同仪器分别设计了不同的采样方法（图 4.22）。在 LAISmart 测量时，操作员保持 LAISmart 传感器向上垂直拍摄，分别沿着东西和南北两个路线近似等间隔地获取 8 个观测值，一个样方共获取 16 个观测值。PocketLAI 观测方法是操作员站在样方中心位置，保持手机天顶角为 57.5°，按照 45°的间隔，分别沿着 8 个方位角拍摄，共获取 8 个观测数据。LAI-2000 的观测采用了 2 台 LAI-2000 仪器。一台放置于林区外部空旷地方，垂直向上观测，用于获取天空总下行辐射，设置仪器的数据记录间隔是 1min。另外一台由操作员手持在样方内观测，采用 180°的镜头盖，沿着样方对角线方向观测，每个样方内获取 8 个冠层透过率观测数据。用以上仪器观测的时候，尽量选择天空散射

光比较强的条件，避免太阳直射光的影响。

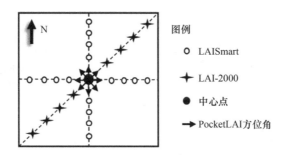

图 4.22　ESU 内部采样方法

野外测量时间分别是 2016 年 5 月 26 日、7 月 26 日和 9 月 22 日，观测期覆盖了针叶林叶片生长、发育、凋落的周期。其中 5 月 26 日获取了 10 个样方的观测数据，其余日期均完成了 20 个样方数据测量。在 ESU 内用手机传感器或者 LAI-2000 进行多次采样，将样方内的测量均值作为 ESU 的测量值。为了比较不同算法对测量结果的影响，我们同时基于另外一款 LAI 软件——PocketLAI 来对测量结果进行比较。PocketLAI 也是一种基于智能手机测量 LAI 的应用软件，与 LAISmart 不同的是，PocketLAI 采用 57°观测角度进行计算（Confalonieri et al.，2014）。

我们分别以 LAI-2000 为参考值，与 3 次 LAISmart 观测值的对比结果如图 4.23 所示。LAISmart 观测值近似均匀地分布在 1∶1 线两侧［图 4.23（a）、（b）、（d）］，表明 LAISmart 与 LAI-2000 的观测值之间没有明显的系统偏差，而 PocketLAI 观测值则明显地处于 1∶1 线下面，表明其与 LAI-2000 参考值相比有明显低估。在测量数值精度上，与 PocketLAI 相比，LAISmart 与 LAI-2000 的过原点的回归线具有更接近 1.0 的斜率、与 LAI-2000 更接近的平均值。

从本实验中发现，在针叶林的针叶生长与衰落的年内周期中，LAISmart 在针叶初生长阶段的测量精度要低于生长的中后期，这是由于稀疏冠层分类时冠层内的孔隙率高估的程度要高于其他生长时间的缘故。由于智能手机 camera 传感器都具有较大的视场角，对 LAISmart 来说，垂直向上观测方法，大的 FOV 没有明显地降低视场内的叶子组分，与 PocketLAI 相比对提高测量精度具有优势。相对于专业的冠层分析仪及专业的单反相机，智能手机方法具有轻便、低价、适用环境宽松的优点。基于智能手机传感器方法可以很方便地获取针叶林的冠层叶面积指数。为了减少不恰当的 G 值对测量精度的影响，用户可以采用 LAI-2000 选择很少的样方进行测量，将测量得到的 G 值作为 LAISmart 的设置值。在实验操作时需要谨慎选择拍摄天顶角，在针叶林中，当树干高度大于 10 m 情况下，我们推荐用户尽可能地采用天顶观测的方法获取观测数据。

3. 地面连续测量 LAI 数据集介绍

以大兴安岭根河森林实验区、河北怀来农田区和湖南会同森林实验区为主要研究区，采用 LAINet 和 LAISmart 测量得到了生长季 LAI 和聚集指数 CI 的时间序列地面观测数据集。数据采集时段主要在 2012～2017 年，对数据集的简要说明如下。

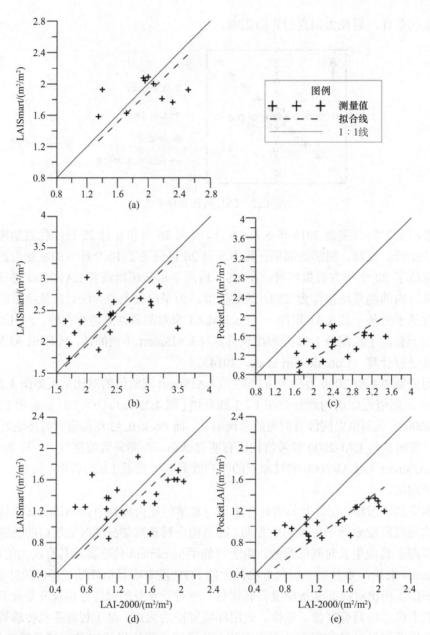

图 4.23 三个时间 [5 月 26 日（a），7 月 26 日（b）、（c），9 月 22 日（d）、（e）]
LAISmart 测量值（左）、PocketLAI 测量值（右）与 LAI-2000 测量值散点图

1）根河实验区生态站 4 号（L3）样地 LAINet 观测数据集

本数据为根河实验区生态站 4 号样地（L3）（2013 年 8 月 12 日至 2013 年 10 月 23 日）的 LAINet 数据集。采用北京师范大学自制无线传感器网络叶面积指数观测仪（LAINet）进行观测，对原始数据经过预处理之后形成以天为时间单位的原始数据集。LAINet 数据集包括计算的原始 LAI 数据、经过 8 天平均之后的叶面积指数（LAI）数据、聚集指数（CI）及测量节点的经纬度。以上所指 LAI，应为有效全植被面积指数，即 PAIe。与本数据集对应 LAI 与 CI 的时间序列图参见图 4.19。

2）根河实验区生态站样地 LAISmart 观测数据集

本数据集为根河实验区样地尺度的 LAISmart 观测数据的数据集。测量仪器采用北京师范大学自主研发的基于智能手机的叶面积指数观测设备——LAISmart，在样方内测量时，以样方中心标记为中心，分别沿着东西南北 4 个方向进行测量，测量点距离在 2～3m。测量时，保持手机尽量水平，传感器天顶角为接近 0°。测量完成之后，利用 LAISmart 系统自带的实时处理软件，取每个样方内测量 16 个样点数据的均值为样方测量值。该数据集包括计算的 LAI 数据及样方中心点的经纬度等信息。与本数据集对应 LAI 与 LAI-2000 的对比结果参见图 4.23。

3）怀来实验区农田实验区 LAINet 观测数据集

本数据集为河北怀来试验站（2013 年 6 月 29 日至 2013 年 9 月 14 日）的 LAINet 数据集，测量对象为玉米。数据集包括计算的原始每日 LAI 数据、经过 8 天平均之后的 LAI 数据及样方的经纬度坐标。每日 LAI 是用 LAINet 观测得到的每天数据计算得到的有效 PAI，属于原始计算结果。在使用时，应注意，由于不同日期中，大气中云的影响，会造成每日时间序列上抖动。基于每日 LAI 数据，根据 MODIS LAI 产品的日期（DOY）序列，选择连续 8 天的数据，进行算术平均之后得到的结果。每个 DOY 对应的 LAI 是以当前日期为开始的连续 8 天的均值。所有数据以 Excel 保存。原始数据记录了每个节点在所有观测日期内能够计算得到的 LAI 数值。

4.1.4 遥感信息动态特征知识库与应用

认识遥感信息的动态特征，构建遥感观测信号和遥感地表参量随时间变化的动态特征模型，以及对模型和遥感估算地表参量方法的验证，都需要大量遥感与地面观测数据积累。从长期积累的数据中提取遥感信息的动态特征知识，研究知识表达的方法，发展模型和知识相结合的应用方法，可以进一步支持遥感信息动态模型的建模研究，提高遥感估算地表参量的时空连续性和精度。

1. 动态特征知识提取与知识库构建

由于一些地表参量的动态变化是有规律的，如一些植被参量的动态变化具有明确的周期，积累这些参量的周期性变化信息作为知识，可有效支持改进遥感估算地表参量的准确性。为此，我们在分别研究以年为周期和多年长时间序列变化参量的动态特征的基础上，发展了从长期积累的数据中提取模型变量和地表参量变化特征知识的方法，构建先验知识库，研究提出了有效应用知识的方法，同时支持遥感动态模型构建和地表参量时间尺度扩展研究。

1）植被参量动态特征知识库构建

根据不同生态参量（如叶面积指数 LAI、FPAR、反照率、AOD 等）时间尺度扩展的需求，知识库构建流程如图 4.24 所示。构建的知识库含有模型子库、数据集子库、知识库构建方法子库，以及基于这三个子库形成的可为不同生态参量时间尺度扩展直接利用的信息，包括模型参数化（参量特征波段与波谱变化关系、二向性校正模型查找表、核驱动模型不同波段关系等）、地物参量时序变化特征（不同地物 LAI、NDVI 等随时间变化特征等）、卫星数据/产品再分析数据（LAI 时间尺度扩展所需同化背景场、卫星数据/产品全球不确定性分布等）。其中，模型子库模型包含辐射传输正向模拟模型（Monte Carlo 模型、耦合模型、KUUSK、大气模型、复杂地表动态模型等）、反演模型、过程模型三大类；数据集包含背景数据集（土地分类/土地覆盖数据、DEM 数据等）、模拟数据集、地面观测数据集（收集整理的全球观测站网数据集、卫星数据集四大类；知识库构建方法子库包含数据挖掘算法〔CART（classification and regression trees）、MART（multiple additive regression trees）、RF（random forests）、MARS（multivariate adaptive regression splines）、neural net、BayesNet 等〕、时序特征分析算法（Season-trend 算法、SARIMA、DBM、SG 滤波、TIMESAT 等）、统计回归与优化算法（Triple collocation、BME、GRM 等统计方法，以及 GA、SCE-UA 等优化算法）三大类。

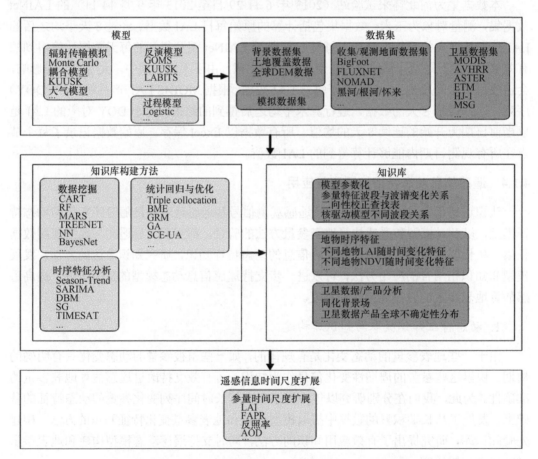

图 4.24　生态参量动态特征提取、建模和知识库构建流程图

2）植被参量动态变化知识提取

A. 地表分类知识

面向遥感产品时间尺度扩展，以及地表参数反演的需求，采用 MODIS 地表分类产品（MOD12Q1）。该产品根据植被冠层结构，将全球地表覆盖分为以下 11 种类型。由

于 1∶10 万土地利用土地覆盖数据和 1km 尺度 MOD12Q1 IGBP 分类系统不同,采用了表 4.3 所示的类别对应方式。

表 4.3　不同土地分类系统类别对应

1∶10 万土地利用图分类	MOD12Q1 IGBP	对应类别
有林地、疏林地、其他林地	常绿针叶林、常绿阔叶林、落叶针叶林、落叶阔叶林	林地
灌木林地	灌丛	灌木林地
高、中、低覆盖度草地	草地	草地
水田、旱地	谷类作物、阔叶作物	耕地
水域	积雪和水	水域
城镇用地、农村居民点用地、公交建设用地	建筑用地	建筑用地
未利用土地	裸地和荒漠	未利用土地

B. 知识提取示例——时序叶面积指数背景场

为提取植被参量的动态变化知识,我们在全球范围收集了国际观测网站和研究计划的植被参量相关数据,如 BigFoot、FluxNet、VALERI 等。以植被 LAI 为例,利用收集数据,整理构成各种植被类型 LAI 地面测量数据,其空间位置分布如图 4.25 所示。

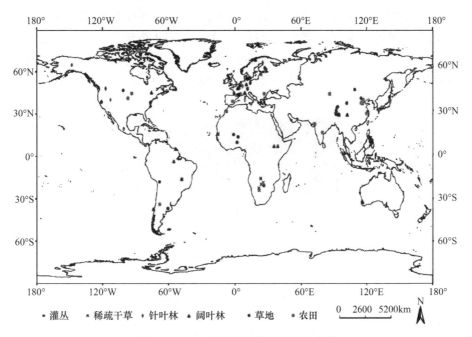

图 4.25　LAI 地面测量数据空间分布图

为生成背景场知识,用地面观测数据对 MOIDS 和 CYCLOPES LAI 产品进行比较分析,确定各传感器 LAI 产品的优缺点;并结合 LAI 地面测量数据,确定不同传感器 LAI 产品的不确定性。采用加权回归方法对两种传感器 LAI 产品进行融合,并确定不同传感器 LAI 产品的权重。对于不同的植被类型、植被的不同生长季节,权重也不同。根据不同传感器 LAI 产品的不确定性确定这些时空变化的权重。基于 LAI 融合数据,计算 LAI 的多年平均值,构造 LAI 背景场。基于此背景场,可构建 LAI 随时间变化的过程模型,发展数据同化和时间尺度扩展方法,生产时间连续的 LAI 产品。

2. 知识数据的应用

遥感模型是知识库的重要组成部分，模型子库中的模型包含辐射传输正向模型、反演模型、过程模型等。将遥感物理模型和数据拟合相结合的半经验模型，对于建模和反演都是有效的一种。半经验模型参数的先验知识是模型应用的重要参考信息，如 MODIS Albedo/BRDF 产品中核驱动模型系数，就是产品发布数据的一部分。从模型和反演结果验证的角度，为将地面点测量数据升尺度到 500～1000m 遥感像元尺度，常通过建立地面多点测量数据和高分辨率遥感数据间的关系模型，生成高分辨率图，再经处理得到 1km 像元尺度的验证参考值。但当研究区地面测量数据量不足时，就会影响经验模型的建模精度，难以满足升尺度的精度要求。针对这一问题，我们想到应该采用统计模型参数的先验知识作为建模的补充信息，提高建模精度。以农作物 LAI 为例，我们提出了在地面测量数据量不足区域，通过引入半经验模型参数先验知识，提高经验模型的建模精度，获得研究区高分辨 LAI 图的方法（Shi et al.，2017）。

研究使用 2013 年在河北省怀来农田站点获取的数据集对地面测量数据不足情况下的升尺度方法进行评价。2013 年在研究区共布设 15 个 30m×30m 面积大小的样方，如图 4.26 所示，在样方内使用 LAINet 对玉米生长季 LAI 进行多个时期的测量，获取了 LAI 测量数据。图 4.27 为升尺度方法流程图，主要包括 4 个步骤：①与研究区相关先验知识库的建立；②模型参数的先验知识表达；③使用贝叶斯反演方法联合地面测量数据和先验知识得到校正的半经验模型；④估算高分辨率 LAI 图。

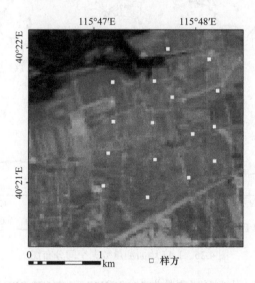

图 4.26　怀来农田研究区及空间采样点

很多研究表明植被指数（vegetation index，VI）与 LAI 的关系服从 Beer-Lambert 定律（Baret and Guyot，1991），随着 LAI 的增大，植被指数逐渐增大并且趋向饱和，通常被称为半经验模型，可以表示为

$$\mathrm{VI} = \mathrm{VI}_{\infty} + (\mathrm{VI}_{\min} - \mathrm{VI}_{\infty}) \times \exp(-K_{\mathrm{VI}} \times \mathrm{LAI}) \qquad (4.17)$$

式中，$\mathrm{VI}_{\min}$ 表示裸土的植被指数；VI_{∞} 表示纯植被的植被指数，或者 LAI 无限增大时

VI 的渐近线。根据 Beer-Lambert 定律，K_{VI} 被称为消光系数，表示 VI 与 LAI 关系的斜率，与冠层结构、光线入射角度和冠层的聚集程度等相关。

先验知识库的建立是提取模型参数先验知识的关键，如图 4.27 所示，先验知识库由若干个与研究区相关的半经验模型构成。先验知识库中的半经验模型最初源于从全球范围的普通站点中收集的半经验模型，包括已发布的模型和使用共享数据构建的模型。图4.27 中"普通站点"表示提取先验知识的站点，"研究区"表示使用先验知识的站点。

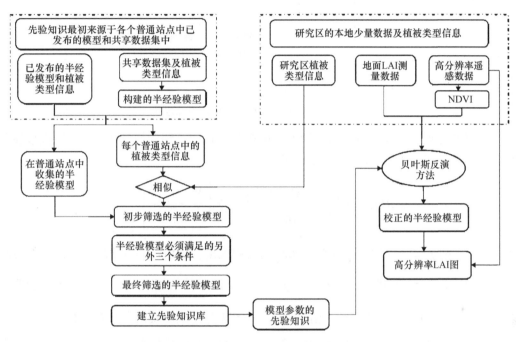

图 4.27　地面测量数据不足情况下的升尺度方法研究的流程图

通过制定遴选条件对从普通站点收集到的半经验模型进行筛选，构建了与研究区相关的先验知识库，用于模型参数的先验知识的提取。最终从基于半经验模型估算 LAI的参考文献中，选取了在 6 篇文章中已发布的半经验模型（Liu et al.，2012；Bsaibes et al.，2009；Verger et al.，2011；Weiss et al. 2002；刘艳等，2010；Zhang，2013）。每个半经验模型及配套信息包括植被类型、地面观测试验的时间和地点、地面 LAI 测量与遥感观测数据的获取方式。模型虽然来自于加拿大、法国和中国等不同地区，但是都描述了农作物种植区的 LAI 与 NDVI 的半经验关系，符合我们构建农田站点模型参数先验知识的条件。使用这些模型统计得到模型参数的先验知识。使用模型参数的均值来表示该参数的初值，模型参数的标准方差表示该参数的不确定性，结果如表 4.4和图 4.28 所示。

表 4.4　农田站点的模型参数的先验知识

先验知识的成分	K	$NDVI_{\infty}$	$NDVI_{min}$
初值	0.58	0.92	0.08
不确定性	0.13	0.074	0.049

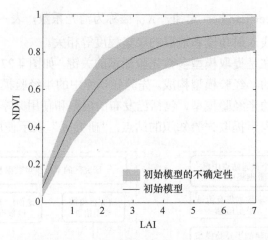

图 4.28 农田站点的初始模型及不确定性

研究采用贝叶斯反演方法将模型参数的先验知识引入经验模型建模，最终模型参数反演可以通过代价函数来求解（Tarantola，1987）：

$$J(x) = \frac{1}{2} \left\{ \sum_{i=1}^{n} \left[\frac{f_i(x) - y_i^{\mathrm{obs}}}{\sigma_i^D} \right]^2 + \sum_{j=1}^{k} \left[\frac{x_j - x_j^{\mathrm{prior}}}{\sigma_j^M} \right]^2 \right\} \tag{4.18}$$

式中，y_i^{obs} 和 $f_i(x)$ 分别表示第 i 个真实观测值和模拟观测值，本节使用半经验模型得到模拟观测数据；x_j 和 x_j^{prior} 分别表示第 j 个模型参数及其初值；σ_i^D 表示第 i 个观测值的误差；σ_j^M 表示第 j 个模型参数初值的误差；n 和 k 分别表示观测和参数的数量。本节将 NDVI 作为观测数据，将地面 LAI 测量数据输入到半经验模型得到 NDVI 模拟数据，观测数据量（n）主要由研究区的地面测量数据决定。如表 4.4 所示，先验知识提供每个模型参数的初值和不确定性。使用获取的先验知识和研究区的观测数据建立代价函数，使用 SCE–UA 优化算法最小化代价函数，得到半经验模型参数。当建立研究区的半经验模型之后，就可以用于高分辨率 LAI 估算。

为评价本方法在少量数据情况下的有效性，我们从研究区 19 组建模数据中选取 7 组数据构成"少量数据集"，分别使用我们的方法和 OLS（ordinary least squares）方法建立半经验模型，然后使用"验证数据集"对模型进行验证。再使用 19 组数据构成"完整数据集"，通过 OLS 方法得到标准半经验模型，评价上述方法。图 4.29 所示结果表明，使用少量数据集，本方法能够得到比 OLS 方法精度更高的经验模型（RMSE=0.73 vs 1.07，Bias=0.12 vs 0.5）。在这种情况下，OLS 方法得到经验模型的实用性较差（RER=2.9），而本方法能够显著提高经验模型的实用性（RER=4.3）。图 4.29（b）所示，OLS 方法使用少量数据集建立的经验模型在 LAI 高值区域存在明显高估（LAI>4），因为少量数据集的 LAI 主要分布在高值区，对整个研究区缺少代表性，从而降低了通过 OLS 方法建立的经验模型的精度。本节提出的方法能够充分使用先验知识来补充信息不足，对模型参数的计算起到约束作用，在地面数据对研究区不具有代表性的时候，也能够提高经验模型的精度。图 4.29（a）与（c）对比可知，本节提出的方法使用少量数据集可以得到与 OLS 使用完整数据集的精度相当的半经验模型。由此可见，本节提出的方法由于引入模型参数的先验信息，能够充分利用先验知识弥补地面观测信息不足，提高经验模型精度。可以在地面观测 LAI 不足条件下，提高生成高分辨率 LAI 图和升尺度到像元的参数值精度。

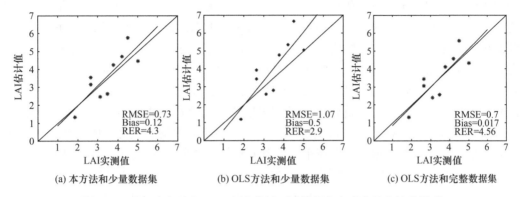

(a) 本方法和少量数据集　　(b) OLS方法和少量数据集　　(c) OLS方法和完整数据集

图 4.29　验证本方法和 OLS 方法使用不同数据集合建立的半经验模型

我们进一步将此方法应用于森林地类，已有结果表明，本方法具有很好的适用性。这种构建模型参数知识、用有限的地面观测提高经验模型建模精度的方法，有望扩展到其他地类和其他参量，是一种有效改进统计模型精度的方法。

4.2　遥感信息的时间尺度扩展方法

4.2.1　时间尺度扩展方法概述

尺度是一个广泛使用的术语，在不同的领域有着不同的内涵（苏理宏等，2001）。从遥感角度讲，尺度用于表示从天空观测地球的空间量度范围（空间尺度）和时间量度间隔（时间尺度）与光谱量度宽度（光谱尺度）。空间尺度可以直接看作是有效的遥感图像分辨率单元；时间尺度通常是指采集数据的时间间隔，即指遥感成像的瞬间或观测的一段时间范围（Marceau and Hay，1999）；光谱尺度是指成像波段的宽度及不同成像波段的间隔。

自 20 世纪 70 年代中期以来，遥感中的尺度问题开始被人们关注。在利用遥感图像进行土地利用和土地覆盖变化研究时人们发现，不同分辨率及分类处理窗口大小对分类精度有很大影响（Marceau，1999）。进而，人们认识到不同尺度的遥感数据采用相同的反演模型和算法可能得到不同的反演结果，即遥感反演的尺度效应。国际上尺度问题已成为遥感研究的热点与前沿问题之一（Goodchild and Quatrochi，1997）。国内李小文院士从 1999 年开始系统性地研究普朗克定律、互易原理等基本物理定律在应用到遥感像元尺度时的尺度效应和尺度转换方法（李小文等，1999），在遥感界引起了同行的高度关注。

遥感只能获取瞬间观测数据，不能提供时间连续的信息产品。从遥感观测中定量提取地表信息，主要基于描述遥感成像瞬间获取的电磁波信号与地表参量关系的遥感物理模型，面临着遥感瞬间模型不足以反映地表动态变化特征的问题。仅仅依靠时间离散的遥感观测无法完整和连续地表达地表参数的时空演进过程，使得当前可供使用的遥感数据产品，在时间连续性上不能满足应用的需求。以影响植被生态系统的地表温度为例，受到太阳辐射、空气流动等影响，地表温度时时刻刻都在变化，如果用遥感瞬间测量的温度代替全天的平均温度，在 7 月中纬度农田区可相差 5℃。而由于云雨、卫星轨道和幅宽等因素，中分辨率卫星数据获取的间隔时间可能长达 10～30 天，处于生长期的生物量、叶面积指数、地表水分等植被生态系统要素的遥感反演结果也很难具有代表性。叶面积指数是一个重要的生物物理变量，与许多生态过程，如光合作用、呼吸作用、蒸腾作用等密切相关。世界气象组织（WMO）对 LAI 产品的需求见表 4.5。表 4.6 总结了当前主要的几种全球 LAI 产品特征。对比这两个表可以发现现有的 LAI 全球产品尚不能满足用户需求。基于用户群体的反馈和积累的研究经验，Myneni 等（2007）在美国国家航空航天局（NASA）的地球科学数据集（ESDR）白皮书中为全球 LAI 产品提出了以下指标：①单个植被类型全球平均达到 0.5 个 LAI 单位精度；②根据应用需求，空间分辨率从 250m（区域生态研究）到 0.25°（全球气候研究）；③时间分辨率从 4 天到 1 个月不等；④时间跨度从 AVHRR 观测（1981 年 7 月）开始，并持续到未来。同时，随着高空间分辨率遥感数据的增加，生态环境保护、农情监测与估产等进一步提出了对 30m 空间分辨率 LAI 产品的应用需求。

表 4.5　WMO 空间观测计划对 LAI 产品的需求

应用领域	不确定性目标	不确定性阈值	空间分辨率目标/km	空间分辨率阈值/km	时间分辨率目标	时间分辨率阈值/天
全球数值天气预报	5%	20%	2	50	24h	10
高分辨率数值天气预报	5%	20%	1	40	12h	2
水文学	5%	20%	0.01	10	7 天	24
农业气象	5%	10%	0.01	10	5 天	7
陆地气候观测	5%	10%	0.25	10	24h	30

注：http://www.wmo-sat.info/db/variables/view/98，2012 年 6 月更新

表 4.6　当前主要的几种全球 LAI 产品特征

LAI 产品	LAI 类型	空间分辨率	时间分辨率/天	时间范围
MODIS	真实值	1km	8	2000 年至现在
CYCLOPES	有效值	1/112°	10	1999～2007 年
GLOBECARBON	真实值	1/11.2°	10	1998～2007 年
Geoland2	真实值	1km～0.05°	10	1999～2012 年
GLASS	真实值	1～5km，0.05°	8	1981～2012 年

造成目前遥感陆表参量产品在时间尺度上的不连续，主要有两个方面的制约因素。一是卫星运行轨道、重返周期、传感器成像方式等决定了遥感观测数据的时间间隔；二是卫星过境成像时刻的天气变化影响成像数据质量。目前相对于应用的需求，遥感观测数据的时间分辨率仍然较低，经过数据质量控制，去掉质量不好的数据后，观测数据的时间分辨率会进一步降低。由此必然导致地表参量产品的估计误差、质量下降，通常表现为高质量产品的时间分辨率降低，或在时间序列上的不规则缺失。例如，中低空间分

辨率的地表方向反射率产品的时间分辨率多为 8～16 天,据此数据生产的地表反照率、叶面积指数产品的时间分辨率多在 8 天以上。针对这些问题,如何基于现有数据得到应用要求时间分辨率的完整时序数据产品,即实现对现有遥感数据产品的时间尺度扩展,是改进产品质量、提高遥感产品应用水平的重要需求。

对遥感数据产品的时间尺度扩展,主要包括 3 个方面的研究方法。首先考虑的方法是从遥感数据处理入手,通过大气校正和数据处理等提高观测数据的质量,使校正后的时序观测数据精度可以满足产品生产算法的要求。显然,由于数据处理不能创造信息,观测误差的影响还会存在。其次是通过改进遥感模型和陆表参量产品算法,提高算法对观测数据噪声的适应性,如采用瞬间观测以外的地表先验知识为遥感反演模型补充信息,即在给定观测噪声环境条件下仍然可以改进地表参量的估计准确度。这种方法的特点是从提高每个离散时间点的参量反演精度出发,用多个瞬间估算结果的组合改进遥感产品的时间连续性。但对那些原本具有时序连续变化的地表参量,仍然难以避免其在不同时间点的跳变,其动态变化不符合自然属性。最后是更直接地利用地表参量随时间变化的动态特征,作为地表参量遥感反演的附加约束条件,获得时间序列上连续、物理模型解释上观测与参量关系清晰的估算结果。这种思路实际上是对先验知识在时间尺度上的扩展,而数据同化是实现这一时间尺度扩展思路的有效支撑技术。

近年来,将时间序列遥感观测数据与地表过程模型相结合的同化反演方法研究取得了较大进展。法国遥感中心联合几个欧洲实验室实施的 ReSeDA(Remote Sensing Data Assimilation)项目,将遥感数据同化到植被和土壤的功能模型中,提出了估计地表蒸散、农作物净初级生产力和产量的方法(Prévot et al.,1998)。由法国空间局(CNES)、法国国家农业研究院(INRA)等研究机构联合组织的 ADAM(Assimilation of Data within Agronomic Models)项目,利用变分方法将遥感数据同化到植被功能模型中,取得了较好的效果(Favard et al.,2004)。已有的研究结果表明,数据同化提供了一个很好的工具,应用于作物模型和冠层辐射传输模型的耦合与模型参量的遥感估算,可有效提高地表参数反演的精度,同时同化过程中的反馈机制也有助于提高作物模型的产量预测精度。肖志强等(2009)提出了一种集成时间序列 MODIS 地表反射率数据估计 LAI 的数据同化方法,反演结果明显优于 MODIS LAI。Liu 等(2008)提出了一种耦合核驱动模型和过程模型,同化时间序列 MODIS 反照率数据反演 LAI 的方法。针对资源、环境与灾害监测对高精度 LAI 产品的实时/近实时需求,肖志强等(2011)提出了基于集合 Kalman 滤波从遥感观测数据中实时估计 LAI 的同化方法,在缺乏观测数据时,能提供相对合理的 LAI 值。

相关的研究已经表明,利用数据同化思路将地表过程模型引入遥感信息动态反演,在生成时间连续的地表参数产品中具有巨大潜力。而实现综合时间序列遥感观测实现遥感信息的时间尺度扩展,生成高精度、时间连续的植被参量遥感产品是当前亟需解决的问题。

4.2.2 构建时间尺度扩展方法框架

构建遥感估算地表参数的时间尺度扩展框架,主要思路是基于多年积累遥感数据和植被生态参量动态特征知识,构建同化瞬时遥感数据和地表参量时空特征知识的模型,利用国内外多种卫星传感器的时间序列观测数据,改进遥感估算地表参量数据产品在时间序列上的连续性,从而提高遥感数据产品质量。

肖志强（2009，2011）基于前期在遥感数据同化方面的研究成果，对近几年发展的遥感数据同化算法进行综合分析，研究基于时序遥感数据估算地表特征参数的时间尺度扩展方法，构建了时间尺度扩展方法框架，如图 4.30 所示。从原理上，这一框架可以适用于遥感估算多种地表特征参数的时间尺度扩展。针对不同的参数，描述地表特征参数的过程模型不同，选用的对参数敏感的辐射传输模型可能不同，采用的遥感观测数据不同，数据同化算法也有多种，但是基于数据同化的时间扩展框架设计的主要思路和实现流程是可行的。

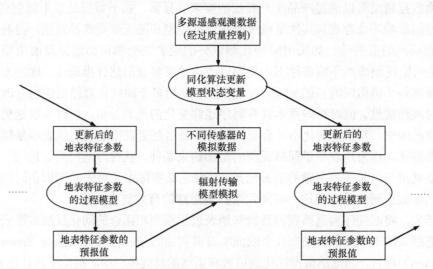

图 4.30　基于数据同化的地表参数时间尺度扩展框架

基于这一框架，以叶面积指数时间序列的实时遥感估算为例，集成已有的遥感数据同化算法，提出了实现时间尺度扩展的算法流程。具体算法流程主要由三个部分组成：基于植被辐射传输原理的遥感物理模型；基于 LAI 的多年变化趋势，构造 LAI 随时间变化的动态模型；发展的基于顺序同化的集合 Kalman 滤波同化算法。实现该算法流程的实例如图 4.31 所示，算法利用集合 Kalman 滤波，综合动态模型的预测和时间序列的遥感观测数据，可用于实时地估计叶面积指数，进而完成基于数据同化的地表参数时间尺度扩展。由此编制了相应的模块化的数据同化算法软件，可用于其他地表参量的时间序列估算。

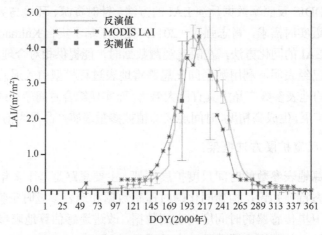

图 4.31　遥感估算 LAI 的时间尺度扩展算法示例

4.2.3 卫星遥感土壤湿度产品时间尺度扩展

土壤湿度是环境和气候系统的关键参数之一。它影响水文和农业过程，并通过大气反馈环路影响气候系统。在单个局部点进行的常规土壤湿度观测稀少，难以满足多种研究和应用的需求。由于低频微波信号具有大气、植被和表层土壤的穿透性，微波遥感已成为区域和全球尺度上获得表层土壤湿度数据最有用的工具之一（Kerr et al.，2001；Bartalis et al.，2007）。目前，利用 Aqua 卫星上的 AMSR-E（Kawanishi et al.，2003）、GCOM-W 卫星上的 AMSR2（Koike et al.，2004）、SMOS 卫星上的 MIRAS（Kerr et al.，2001）及 MetOP-A 卫星上 ASCAT（Bartalis et al.，2007）等传感器获取的数据，已经生产了多个土壤湿度产品。然而，目前的土壤湿度产品在空间或时间上不完整（Wang et al.，2012）。缺失数据的存在限制了土壤湿度产品在地表过程模拟、气候建模和全球变化研究中的应用。本节介绍了一种土壤湿度产品的时间尺度扩展方法，将卫星土壤湿度产品同化到土壤湿度模型中，生成了时空完整的土壤湿度产品。

1. 土壤湿度模型

假设厚度 D 的表面土层为集中（lumped）系统。因此，可以使用以下的含水量平衡方程来模拟 t 时刻土壤中的土壤湿度（Venkatesh et al.，2011；Brocca et al.，2008）：

$$\frac{\mathrm{d}w(t)}{\mathrm{d}t} = f(t) - e(t) - g(t), \quad w(t) < w_{\max} \tag{4.19}$$

式中，$w(t)$ 为土壤湿度；$f(t)$ 为降水渗透到土壤中的部分；$e(t)$ 为蒸散量，$g(t)$ 为深层渗漏部分；$w_{\max}$ 为土壤层的最大水容量。

降水渗透到土壤中的部分可以利用如下的经验公式计算（Venkatesh et al.，2011；Brocca et al.，2008）：

$$f(t) = p(t) \times \left[1 - \left(\frac{w(t)}{w_{\max}} \right)^m \right] \tag{4.20}$$

式中，$p(t)$ 为降水；m 为一个与非线性渗透过程相关的参数。

深层渗漏部分是 $w(t)$ 的非线性函数（Venkatesh et al.，2011；Brocca et al.，2008）：

$$g(t) = k_s \times \left(\frac{w(t)}{w_{\max}} \right)^{3+2/\lambda} \tag{4.21}$$

式中，λ 为与土层结构相关的孔径分布指数；k_s 为饱和水力传导率。

蒸散量可以利用如下的公式计算（Venkatesh et al.，2011）：

$$e(t) = \mathrm{et}_p(t) \times \frac{w(t)}{w_{\max}} \tag{4.22}$$

式中，$\mathrm{et}_p(t)$ 为潜在蒸散量，利用 Turc 方法计算得到（Turc，1961）：

$$\mathrm{et}_p(t) = 0.013 \times \alpha \times \frac{T_{\mathrm{mean}}}{T_{\mathrm{mean}} + 15} \times \frac{23.8856 \times R_s + 50}{\gamma} \tag{4.23}$$

式中，T_{mean} 为日平均气温；R_s 为每日太阳辐射；α 是一个与湿度相关的参数；γ 为蒸发的潜热。α 可以利用如下的公式计算（Venkatesh et al.，2011）：

$$\alpha = \begin{cases} 1.0, & rh_{mean} \geqslant 50 \\ 1 + \dfrac{50 - rh_{mean}}{70}, & rh_{mean} < 50 \end{cases} \tag{4.24}$$

式中，rh_{mean} 为日平均相对湿度。R_s 可以利用 Hargreaves 模型估算（Hargreaves and Samani，1982，1985）：

$$R_s = k_{rs} \times \sqrt{(T_{max} - T_{min})} \times R_a \tag{4.25}$$

式中，k_{rs} 为调整系数；T_{max} 和 T_{min} 分别为日最大和最小气温；R_a 为地外辐射，与纬度和时间有关，可以利用 Allen 等（1998）给出的公式计算得到。

土壤湿度模型有 5 个参数（w_{max}，m，λ，k_s，k_{rs}）。此外，模型模拟需要土壤湿度初始值 w_0。将模型参数和土壤湿度初始值作为控制变量，根据卫星观测得到的土壤湿度确定最优值。然后将控制变量的最优值用于重建每日土壤湿度时间序列。

2. 代价函数

在本节的研究中，根据卫星观测反演得到的时间序列土壤湿度数据，利用变分数据同化技术估计土壤湿度模型的控制变量。利用土壤湿度模型模拟一年对应于卫星观测时间点的土壤湿度。变分数据同化技术通过调整土壤湿度模型的控制变量值，使得土壤湿度模型模拟的土壤湿度值与卫星观测数据反演得到的土壤湿度值最佳匹配，即最小化以下代价函数：

$$J(x) = \sum_{i=1}^{n} (y_i - w_i(x))^2 \tag{4.26}$$

式中，i 表示时间点；y_i 为第 i 时刻卫星观测数据反演得到的土壤湿度值；$w_i(\cdot)$ 表示前一节描述的土壤湿度模型，向量 x 表示待估计的参数，本节中 x 包括土壤湿度模型的 5 个参数和土壤湿度初始值。本节利用 SCE-UA 优化算法（Duan et al.，1992），计算使代价函数 $J(x)$ 取得最小值的控制变量值。

3. 结果分析

图 4.32 给出了 2012 年第 200 天重建的土壤湿度。为了更好地分析土壤湿度数据的差异及缺失数据的空间分辨率，卫星数据反演的土壤湿度（TCRM）和利用 GLDAS Noah 模型模拟的土壤湿度也在图中给出。图 4.32（a）为 TCRM 土壤湿度，其中以灰色掩盖的区域对应于土壤湿度值缺失的像素。可以看出，在这一天大多数的土壤湿度值都缺失了。很显然，这些土壤湿度值缺失的像素在重建的土壤湿度图中［图 4.32（b）］都给出了土壤湿度值。换句话说，重建的土壤湿度数据在空间上是完整的。

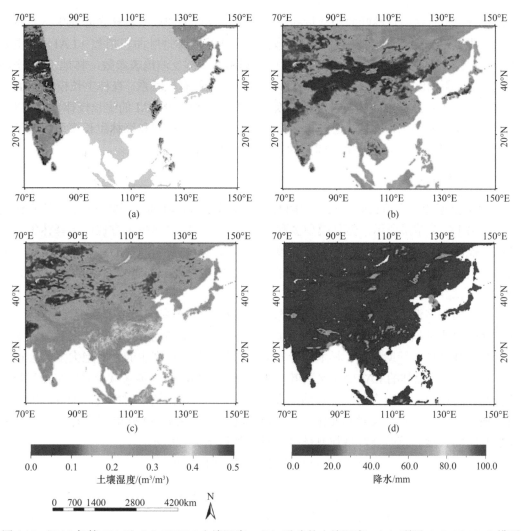

图 4.32　2012 年第 200 天（a）TCRM 土壤湿度、（b）重建的土壤湿度、（c）利用 GLDAS Noah 模型模拟的土壤湿度及（d）降水（彩图附后）

　　在空间分布格局上，GLDAS Noah 模型模拟的土壤湿度［图 4.32（c）］与重建的土壤湿度具有很好的一致性。在这些图像的右上和底部区域土壤湿度值较高，而在这些图像的左上部和中部区域土壤湿度值较低。然而，在这些土壤湿度数据中，土壤湿度值的大小差异是显而易见的。在这些图像的底部区域，TCRM 和重建的土壤湿度值明显低于GLDAS Noah 模型模拟的土壤湿度值。这种差异部分地归因于不同深度的土壤湿度值。由 GLDAS Noah 模型模拟的土壤湿度值对应于表面 0～10cm 层中的土壤湿度，而 TCRM和重建的土壤湿度值代表表面 0～5cm 层中的土壤湿度。图 4.32（d）给出了 2012 年第200 天的降水分布图。重建的土壤湿度的空间分布与降水的空间分布模式具有良好的一致性。在有明显降水的区域，重建的土壤湿度值明显大于其他地区。

4.2.4　同化森林生长模型和遥感数据的冠层 LAI 反演与时间尺度扩展

　　森林在全球能量和碳通量模拟中起到重要作用，其中主要的生态过程都通过植物的叶片实现，长时序的森林叶面积数量的估算对于掌握过去和未来森林在陆地生态系统碳水循环中具有重要意义。遥感技术是获取区域和大尺度林地叶面积指数（LAI）的主要来源，但是，卫星 LAI 产品大多利用单一时刻遥感观测反演地表参数，林地 LAI 产品精度偏低，不同时间上获取的参数间缺少地学意义上的有机联系。森林生长模型（3PG）能够从森林生长过程中的物质与能量转换的角度来刻画林分 LAI 的生长规律。本节以湖南会同国家生态站为研究区，通过耦合几何光学辐射传输模型和森林生长模型实现了和林业地面测量样地空间分辨率相匹配的长时序林地 LAI。

1. 数据与方法

3PG 模型能够模拟长时间尺度上随着森林生长演替，叶面积指数（LAI）的变化曲线，如 4.1.2 节结果所示，但是模型多利用年时间尺度的异速生长方程描述森林生态系统物质能量过程，月尺度的模拟结果精度较低。因此，需要引入新的数据源和信息来描述月尺度上 LAI 的变化规律，以便满足森林 LAI 的应用需求。本节的试验区与 4.1.2 节为同一个试验区（详见 4.1.2）。

本节引入多源遥感数据和地面观测数据集（CERN 国家森林生态系统观测网络），通过落叶收集数据求取 LAI 的年内变化规律，遥感数据集则主要提供冠层反射率观测值和叶片展叶规律的辅助信息。杉木针叶寿命为 3 年，第 y 年产生的针叶绝大多数会在第 $y+4$ 年凋落，常绿林的 LAI 变化是新叶产生（增加）和落叶凋零（减少）的平衡过程，植被展叶过程中叶绿素含量和叶片结构会发生变化，冠层波谱反射率随之改变。因此本研究根据遥感卫星观测反射率变化计算 EVI2，通过归一化 EVI2 推求每月的 LAI 展叶率和展叶时间长度。落叶展叶规律具体推算过程如以下公式所示：

$$\text{LAI}_{\text{prod}}(y) = \text{LM}(y+4) \times \text{SLA} \times 0.1 \tag{4.27}$$

$$\text{LAI}_{\text{gain}}(m) = \text{LAI}_{\text{prod}}(y) \times \text{LAI}_{\text{exp}}(m) \tag{4.28}$$

$$\text{LAI}(m) = \text{LAI}(m-1) + \text{LAI}_{\text{gain}}(m) - \text{LAI}_{\text{loss}}(m) \tag{4.29}$$

式中，LM 代表落叶质量；SLA 代表比叶面积；LAI_{exp} 是根据 EVI 年内最小值和最大值归一化得到的展叶信息；$\text{LAI}_{\text{gain}}(m)$ 代表第 m 月 LAI 增量；$\text{LAI}_{\text{loss}}(m)$ 代表第 m 月 LAI 落叶量。

运用多年展叶和落叶数据估算 LAI 月变化平均值和年变化总量，而 3PG 模型则可以提供长时间尺度上 LAI 年际变化，结合分析便可得到高时空分辨率长时间尺度上扩展的 LAI 数据集，如图 4.33 所示。

LAI 变化以月为单位，而树冠结构参数变化则以年为单位。对 3PG 模型参数标定后用于预测长时序、年时间尺度上的森林冠层结构参数，输出结果包括立木密度（StemNo）、树高、胸径、生物量和 LAI 的年际变化曲线。根据树高和树冠中心高度（h_1、h_2）的回归关系，以及胸径（DBH）和冠幅（R）的回归关系，可以预测得到 GORT 模型需要的冠层结构参数输入参数。将 LAI 数据集和 3PG 预测的冠层结构参数用于驱动植被冠层反射几何光学辐射传输（GORT）模型（Li et al.，1995；Ni et al.，1999），正向模拟冠层反射率，并与遥感观测结果对比验证，如图 4.34 所示。

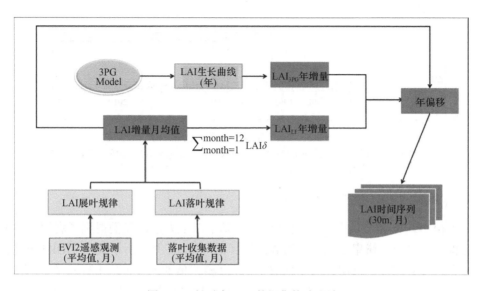

图 4.33　长时序 LAI 数据集构建方法

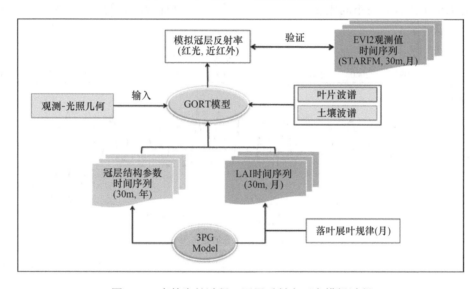

图 4.34　森林生长过程：冠层反射率正向模拟过程

为了生产符合林业应用需求的中等分辨率 LAI 时序数据，充分利用了 MODIS 高时间分辨率和 Landsat 高空间分辨率的特点，本节利用红光波段和近红外波段 30m 分辨率数据构建了时序反射率数据，计算得到 EVI2 植被指数作为观测值以消除反射率数据的 BRDF 效应。2000 年之前的数据由连续纠正法构建，2000 年之后的数据由 STARFM 模型（Gao et al.，2006）构建。用 STARFM 和 SCM 算法融合多源遥感数据构建了 WS2 和 ZH1 样地的连续遥感观测数据集。构建的数据在两个样地树龄跨度不同，二者合一涵盖了树龄为 1～3 岁的生长周期，各个样地的具体树龄跨度和可用遥感观测数据时间跨度如图 4.35 所示。

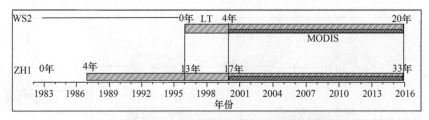

图 4.35 三个实验样地的树龄生长表

ZH1 样方种植于 1983 年；WS2 样方种植于 1996 年；白色条纹代表 Landsat 观测数据的时间跨度，黑色条纹代表 MODIS 观测数据的时间跨度，树龄跨度 1 岁（1 年）到 33 岁（33 年）

2. 森林时序 LAI 估算结果与验证

为了得到森林生长期的 LAI 时间序列，基于以上方法，我们得到了利用 STARFM 插值重构的高时空分辨率 EVI2 观测数据集（图 4.36），并分析了其与 GORT 模型模拟的红光和近红外波段的冠层反射率估算的 EVI2 模拟值的差异（图 4.37）。在此基础上分析验证了估算的林地 LAI 随森林生长整个过程（1~33 岁）的变化过程（图 4.38），与地面观测数据对比，与不同生长时期获取的地面观测值有着很好的年际趋势一致性和季节趋势一致性。

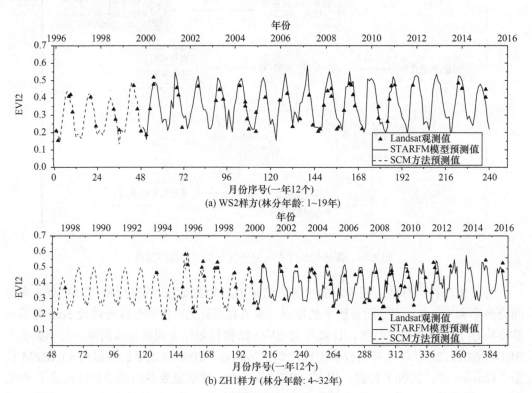

图 4.36 遥感 EVI2 时序观测数据重构结果

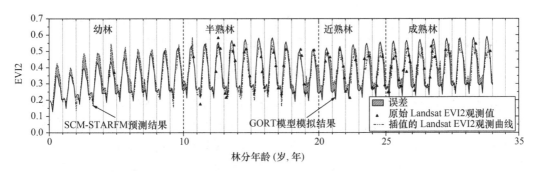

图 4.37　EVI2 预测结果和遥感观测数据对比

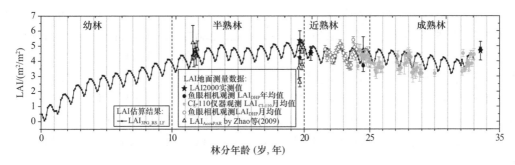

图 4.38　LAI 随森林演替长时序变化规律

验证数据集包括近熟林阶段和成熟林阶段的多种光学仪器观测数据，包括鱼眼相机（DHP）、CI-110 冠层植被分析仪、便携叶面积指数仪 LAI2000 和 ACCUPAR

1）EVI2 结果分析

由图 4.36 和图 4.37 可以看出，STARFM 预测的结果代表了 MODIS 和 Landsat 观测到的冠层信号，本节针对森林生长的完整过程，由样方 ZH1 和 WS2 覆盖年龄从 1 岁到 32 岁的杉木人工纯林从幼林到近熟林再到成熟林的生长阶段。整个阶段卫星观测到 EVI2 植被指数在幼林阶段呈增长趋势（由 0.4 增长到 0.5），在 6 岁左右达到稳定一直持续到近 20 岁；20 岁以前为 WS2 观测场，20～32 岁为 ZH1 观测场。可以看到 GORT 模型模拟结果在幼林时期存在低估，但和卫星观测结果差异逐渐减小；近熟林阶段（10～20 岁）模型模拟结果和卫星观测结果差异很小；成熟林阶段林分密度变小，EVI2 植被指数降低，GORT 模型估算的 EVI2 和卫星观测结果在峰值区有差异，但这是由于 STARFM 模型的预测误差导致，因为相比 STARFM 插值预测的遥感观测值，GORT 模型预测结果和 Landsat 观测值更接近。

2）高时空分辨率长时序林地 LAI 预测结果

采用上述研究方法得到对实验区样地森林生长期（1～33 岁）长时序 LAI 的预测结果。将预测结果与多种地面测量数据的验证对比结果如图 4.38 所示，实验结果的空间分辨率为 30m，时间分辨率一个月。验证数据为真实叶面积指数，由 TRAC 测量的聚集指数转化得到。虽然实测数据没有涵盖幼林阶段，但是估算结果和 11～33 岁树龄间的 LAI 实测值有较好的一致性。从长时间尺度上看，LAI 在幼林阶段迅速增加；在近熟林转化为成熟林的过程中 LAI 达到峰值（4～5），与 AccuPAR 仪器测量数据在 WS2 和 WS3 试验区（年龄不同、环境一样）的观测结果大小吻合；成熟林阶段 LAI 年际趋势较稳定，但略微下降，和每月鱼眼相机观测值季节规律一致、年际大小吻合。

4.2.5 基于时间序列反演技术的气溶胶光学厚度反演

大气气溶胶是指悬浮在大气中的液态或者固态粒子组成的多相体系，其对全球气候变化、环境空气污染、生态环境安全、人类身体健康等的影响已经成为当今大气科学和国际全球变化研究的前沿与焦点。气溶胶卫星遥感因其具有覆盖范围大、空间连续的特点，相对地面台站监测具有不可替代的作用，逐渐成为大气气溶胶监测的主要手段，已被应用于全球气候变化、近地表颗粒物浓度反演等科学研究和业务应用中。

利用卫星反演气溶胶光学特性的研究已有 30 多年的历史，涌现了大量的算法，更详尽的描述请参考相关文献（Kokhanovsky et al.，2007；Holzer-Popp et al.，2013）。大气层顶卫星遥感观测辐射量信号中包括了大气和地表两种信号影响，气溶胶反演就是要把气溶胶信息从这种混合信号中提取出来。由于海洋表面反射率较低，大气散射信号在混合信号中占主导地位，气溶胶反演易于实现且精度较高。陆地表面由于其反射强度较高、地表类型复杂等，陆地特别是更亮地表上空的气溶胶反演是目前的难点和热点，算法也仅在最近十几年才不断涌现和发展（Kokhanovsky，2013；Xue et al.，2014；She et al.，2017）。

全球大气环境研究和气候变化研究领域对大气气溶胶和地表产品都提出了更高的时间和精度要求，目前许多卫星传感器，如中分辨率成像光谱仪（moderate resolution imaging spectroradiometer，MODIS）、多角度成像光谱仪（multi-angle imaging spectroradiometer，MISR）、多角度偏振相机（polarization and directionality of the earth's reflectances，POLDER）等已被用于生产全球覆盖的气溶胶产品（Kokhanovsky et al.，2007），但大多仅能提供近十年的气溶胶光学厚度产品（aerosol optical depth，AOD），且每天仅能获得 1~2 次的观测。需要进一步提高气溶胶遥感产品的时间分辨率，以便更好地服务于气候和环境方面的应用，以及其他定量遥感产品的大气校正。

1. 基于静止卫星的小时级气溶胶光学厚度遥感反演方法

静止卫星在一天内可以实现多频次观测，不同时刻气溶胶是变化的，而地表则认为是不变的，可以很好地利用时间序列的反演技术实现小时级的气溶胶光学厚度反演，获得大气气溶胶的日内变化信息，可以更好地用于雾霾和沙尘监测（Mei et al.，2012；Di et al.，2016）。

1）基本原理

对于一个无云且大气水平均一的地气系统，当地表非朗伯时，考虑大气下行散射与地表 BRDF 的相互作用。暂时不考虑气体吸收的影响，对大气辐射方程加以整理简化，卫星观测的表观反射率方程可以表达为（Vermote et al.，2006）

$$\rho_{\text{TOA}}(\lambda,\mu_0,\mu,\varphi) = \rho_{\text{R+A}}(\lambda,\mu_0,\mu,\varphi) + \frac{T(\lambda,\theta_s)T(\lambda,\theta_v)\rho_{\text{sur}}(\lambda,\theta,\theta_0,\varphi)}{1-\bar{\rho}_{\text{sur}}(\lambda)S(\lambda)} \quad (4.30)$$

式中，$\mu=\cos\theta_v$，$\mu_0=\cos\theta_s$，θ_v 和 θ_s 分别为传感器天顶角和太阳天顶角；φ 为相对方

位角；$\rho_{\text{TOA}}(\lambda,\mu_0,\mu,\varphi)$ 为大气顶部卫星接收到的地表和大气的总的表观反射率；$\rho_{\text{R+A}}(\lambda,\mu_0,\mu,\varphi)$ 为大气程辐射项，包括气溶胶反射率和瑞利散射反射率；$T(\lambda,\theta_s)$ 和 $T(\lambda,\theta_v)$ 分别为上行和下行大气透过率；$s(\lambda)$ 为大气半球反照率；$\bar{\rho}_{\text{sur}}(\lambda)$ 为地表反照率；$\rho_{\text{sur}}(\lambda,\theta,\theta_0,\varphi)$ 为地表二向反射率。该方程作为简化的非朗伯前向模型，已被广泛应用于目前的卫星遥感气溶胶反演算法中。

对于表达地表的二向性反射特性可以用二向反射分布函数（bidirectional reflectance distribution function，BRDF）表示。可采用半经验的核驱动 RTLS（Ross-Thick Li-Sparse）BRDF 模型，这个模型被 NASA 用来业务化生产 MCD43 BRDF/Albedo 产品（Schaaf et al.，2002）。RTLS 模型的数学表达如下：

$$\rho_{\text{sur}}(\lambda,\theta_s,\theta_v,\varphi)=f_{\text{iso}}(\lambda)K_{\text{iso}}(\theta_s,\theta_v,\varphi)+f_{\text{vol}}(\lambda)K_{\text{vol}}(\theta_s,\theta_v,\varphi)+f_{\text{geo}}(\lambda)K_{\text{geo}}(\theta_s,\theta_v,\varphi)$$
(4.31)

式中，$\rho_{\text{sur}}(\lambda,\theta_s,\theta_v,\varphi)$ 表示二向性反射分布函数；$K_{\text{iso}}(\theta_s,\theta_v,\varphi)$、$K_{\text{vol}}(\theta_s,\theta_v,\varphi)$ 和 $K_{\text{geo}}(\theta_s,\theta_v,\varphi)$ 代表核驱动模型的三个核，分别为各向同性核、体散射核和几何光学核，其中 $K_{\text{iso}}(\theta_s,\theta_v,\varphi)=1$，$f_{\text{iso}}(\lambda)$、$f_{\text{vol}}(\lambda)$ 和 $f_{\text{geo}}(\lambda)$ 分别为核驱动模型的三个核系数。三个核系数的值与波段有关，而三个核只与角度有关，与波段无关。

从以上的方程可以明显看出，地表的各个波段的核系数、气溶胶等参数是未知量。要获取气溶胶参数信息，需要充分利用卫星多时相的观测，以获取尽可能多的已知信息约束方程，实现未知参数的求解。

在基于时间序列的算法中，采取了最优估计的方法联合求解，同时反演气溶胶参数与地表反射特性的方法。对于"病态"的气溶胶反演，为了减少计算的复杂度，基于以下几点假设：①同一地点的地表 BRDF 核系数在短时间段内（如 1 天）不发生变化；②气溶胶类型在短时间内几乎不变，变化的只有气溶胶光学厚度。考虑一种普遍的情况，假设用于气溶胶反演的波段数为 N，用于反演的卫星观测次数为 K。对于一次反演来说，就有 $3N+K$ 个未知数（其中 $3N$ 为 N 个波段的核系数，K 为 K 次观测中的未知 AOD），而基于辐射传输方程，可以得到的方程数为 $N\times K$，为了实现稳定的高精度的迭代反演，必须要满足方程数大于未知数，即

$$N\times K\geqslant 3N+K$$
(4.32)

采用基于最优估计的方法进行迭代，求解未知数。该最优估计的方法，基于一定的先验知识，综合考虑先验误差和观测误差以实现当前情况下的最佳求解。求解过程是通过最小化价值函数 $J(x)$ 实现的（Rodgers，2000）。

$$J(x)=\left[F(x)-y_0\right]*S_y^{-1}\left[F(x)-y_0\right]^{\text{T}}+(x-x_0)*S_a^{-1}*(x-x_0)^{\text{T}}$$
(4.33)

式中，x 为待反演未知数；x_0 为未知数的初值；$F(x)$ 为基于辐射传输方程（4.30）和变量 x 计算得到的天顶反射率；y_0 为卫星观测到的天顶反射率；S_y 为观测的误差协方差矩阵；S_a 为用于约束反演结果的先验知识的误差协方差矩阵。通过迭代以使得价值函数最小，最终得到 AOD 的反演结果。

2）反演结果与验证

将该算法应用到高时间分辨率 Himawari-8 静止卫星 AHI（advanced himawari image）传感器数据上，得到了每小时的气溶胶光学厚度的分布结果。为了突出气溶胶的动态变化，图 4.39 为 2016 年 3 月 18 日中国大陆及周边地区的气溶胶反演结果，（a）～（h）分别为当日世界时 1：00 到 8：00 的 AOD 分布。通过对小范围的观测和变化比较，更能明显的观察到污染空气的移动，以及气溶胶浓度在空间和时间上的变化。这些每小时 AOD 分布的示例充分地说明了静止卫星的高时间分辨率对气溶胶时空分布研究的极大优势。

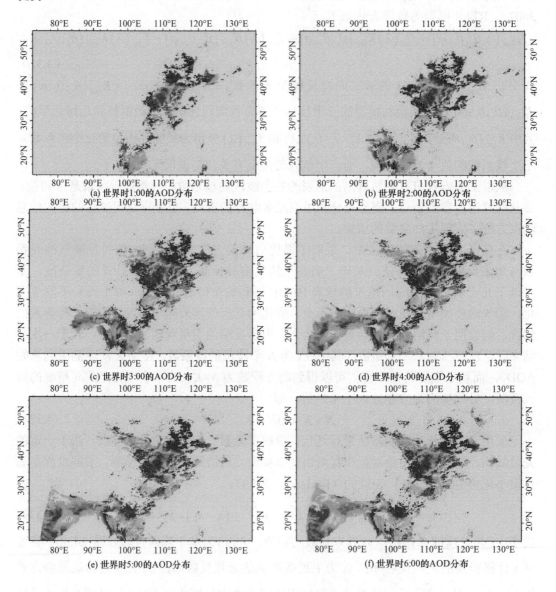

(a) 世界时1:00的AOD分布   (b) 世界时2:00的AOD分布

(c) 世界时3:00的AOD分布   (d) 世界时4:00的AOD分布

(e) 世界时5:00的AOD分布   (f) 世界时6:00的AOD分布

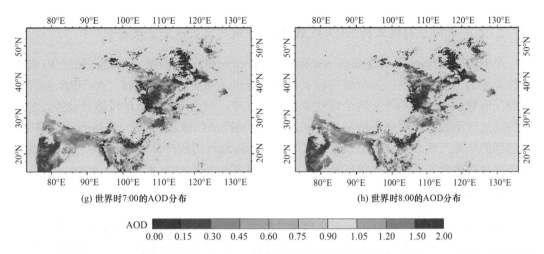

(g) 世界时7:00的AOD分布　　　　　　　　　　　　　(h) 世界时8:00的AOD分布

AOD
0.00　0.15　0.30　0.45　0.60　0.75　0.90　1.05　1.20　1.50　2.00

图4.39　基于 Himawari-8 数据反演的 2016 年 3 月 18 日中国及周边地区的每小时的 AOD 结果（彩图附后）
(a)～(h) 分别是从世界时 1：00～8：00 的 AOD 分布

为了验证该算法的精度，收集了地基观测网络 AERONET 站点的气溶胶观测数据与反演的 AOD 通过时间和空间匹配后进行比较分析。图 4.40 为匹配后的散点图，其中左边为与地基 AERONET 站点观测的比较，右侧为与 MODIS C6 AOD 产品的比较。如图 4.40 所示，反演的 AOD 和地基观测以及 MODIS 官方产品结果的相关性均达到 0.80 以上，均方根误差分别为 0.14 和 0.19，具有较好的一致性。

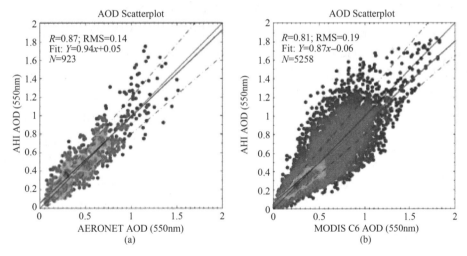

图4.40　2016 年 2～5 月期间 Himawari-8 卫星覆盖区域内的 AERONET 站点观测的气溶胶光学厚度对 Himawari 反演结果的验证情况（a），MODIS C6 气溶胶产品与 Himawari 反演结果的对比情况（b）

基于时间序列的气溶胶光学厚度反演算法，充分利用了静止卫星的多时相多角度观测，耦合地表 BRDF 模型构建辐射传输模型，通过最优估计的方法实现地表反射率和气溶胶光学厚度的同时求解，一定程度上减少了地表反射率不准确估计引入的误差，同时反演的算法也使得气溶胶的反演摆脱了暗地表和特定波段的局限。通过对反演结果的验证，表明了该算法能够实现高时间分辨率的气溶胶反演，对于暗地表和亮地表均有一定的适应性。

2. 基于时间序列技术的 NOAA/AVHRR 陆地气溶胶遥感反演方法

AVHRR（advanced very high resolution radiometer）是目前唯一可提供超过 30 余年连续观测的卫星传感器，为全球气候变化研究提供了重要的数据支撑。AVHRR 海洋气溶胶反演算法已趋成熟并实现全球业务化产品生产，但由于 AVHRR 传感器波段过少、传统陆地气溶胶反演算法不能适用等问题，其陆地产品尚缺乏。因此，发展适合 AVHRR 传感器的陆地气溶胶反演算法，生产长时间序列陆地气溶胶产品，进而研究大气气溶胶长年变化趋势及其对气候变化的影响具有重要意义。

1）基本原理与算法实施

针对 AVHRR 传感器单一可见光通道的特点，从辐射传输方程出发，将传感器接收的总辐射分解成直射和漫射两部分并分别参数化，得到适合 AVHRR 气溶胶反演的辐射传输模型，并采用时间序列技术，从多时相 AVHRR 观测资料中构建了陆地上空气溶胶光学厚度反演算法（Xue et al.，2017；Li Y et al.，2013）。

AVHRR 传感器的可见光/近红外波段（Band 1、Band 2）缺少星上实时定标监测系统，如果传感器响应的衰减得不到合适的量化和补偿，数据的绝对定标精度和一致性不理想，会使得辐射观测数据不能达到气溶胶遥感反演的要求。使用国际通用的 7 个恒定目标，以高质量 SeaWIFS 数据为参考，针对目前所有 16 颗卫星搭载的 AVHRR 传感器覆盖的 30 余年前两通道数据进行了重定标（Li et al.，2014，2015）。采用 AVHRR 的 CLAVR 产品进行云检测和掩膜，其算法参见 Thomas 等（2004）。

此外，算法中利用了先验知识来确定气溶胶模型。利用 AERONET 地基观测资料和 MODIS 气溶胶产品中提供的类型信息来为 AVHRR 气溶胶反演提供先验知识。AERONET 观测资料除了利用直射太阳辐射反演得到的 AOD 之外，还包括各种反演得到的气溶胶光学参数，包括粒子谱分布、复折射指数、单次散射反照率（ω）、不对称因子（g）等，可直接作为算法的输入。在实际应用中，考虑到 AERONET 站点分布稀疏、离散，因此实施过程中，将研究区划分成 $1° \times 1°$ 的网格，对于每个网格，如果有 AERONET 站，则以该站代表整个网格。如果网格内有多个站点，则将各站进行平均，将平均值作为该网格的气溶胶模型参数。如果网格内没有 AERONET 站点，则采用类似 MODIS 算法中确定气溶胶模型的方法，给出 ω、g 的估计值（Levy et al.，2007）。

2）反演结果

将算法应用于欧洲中部地区，利用 AVHRR 传感器数据反演了自 1980～2015 年 30 余年的 AOD 数据集。图 4.41（a）～（d）为欧洲中部地区 AOD 分布图。从反演结果上看，除了云区，AOD 普遍在 0.2 以下，表明当地空气质量非常之好，能见度很高。

为了对反演结果进行验证，选用 ACTRIS（http：//www.actris.eu/）三个站点的数据及 MODIS 的 AOD 官方产品与反演结果进行比较，结果如图 4.42 所示。从整体上看，四种气溶胶产品的年变化趋势相一致。Lindenberg 和 Zingst 站点和 AVHRR 反演结果吻合的比较好，但是比 MODIS 气溶胶产品偏低。Hohenpeissenberg 站点，除了个别年份，无论是 AOD 值还是年变化趋势，一致性都非常好。

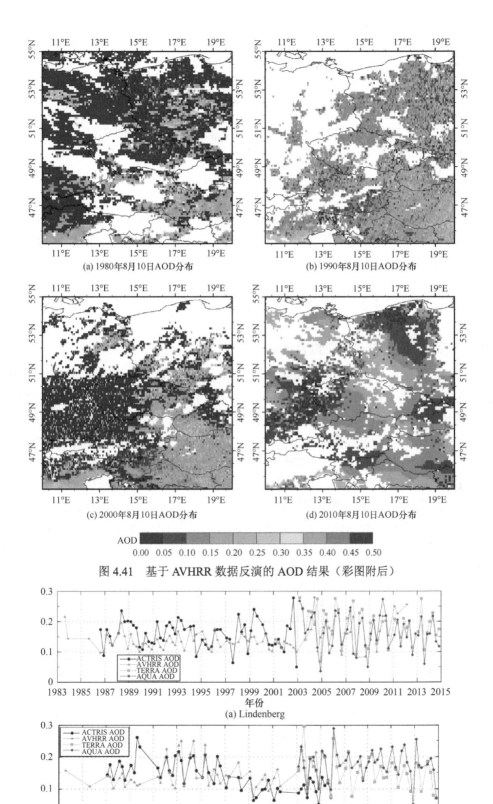

图 4.41　基于 AVHRR 数据反演的 AOD 结果（彩图附后）

(a) Lindenberg

(b) Zingst

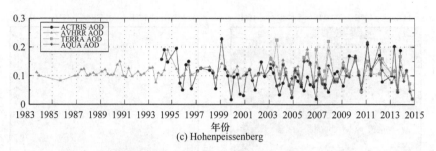

(c) Hohenpeissenberg

图 4.42　AOD 时间序列对比图

基于时间序列的气溶胶光学厚度反演算法，应用于单一可见光通道的 AVHRR 传感器，将气溶胶光学厚度产品时间序列拓展到 30 年以上，为全球气候变化研究提供了重要的数据支撑。

4.3　多源定量遥感产品时空融合

4.3.1　多源定量遥感产品时空融合的必要性

过去 10 多年来，遥感已经从单纯提供观测数据的时代全面转型为提供各种专题科学数据产品的时代。这些产品已经成为全球和区域生态系统监测模拟、数值天气预报、陆面过程模拟、环境监测与评价、粮食安全等诸多领域不可或缺的重要数据源。然而，遥感数据的获取和专题产品生成是一个非常复杂的过程，它受到卫星平台和传感器工作状态、传感器运行环境、大气辐射特性、被观测目标的状态、反演算法的鲁棒性等多个环节及多种相关因素的影响。因此，以反演和模型估计为手段，系统生产各种遥感产品的过程，也受到诸如传感器性能和运行工作状态、定标、辐射传输模型的精度、反演策略、以及算法的合理性和效能等多种因素影响。当前国内外已发布的专题遥感产品大都是基于单一的传感器数据生产的，这些定量遥感产品还远不能满足科研和应用的广泛需求。究其原因，是存在以下几个方面的问题：①当前的许多定量遥感产品精度还不能完全满足需要；②当前的定量遥感产品缺少时空完整性；③当前的定量遥感产品时空连续性不够；④不同传感器反演得到的产品间缺少物理意义上的一致性；⑤难以得到任意空间尺度（空间分辨率）的定量遥感产品以满足不同尺度模型的需要。

虽然单个传感器的产品可能存在上述一种或几种问题，但因为不同的传感器过境时间不同，分辨率不同，受天气影响的程度不同，不同传感器的地表参数遥感数据产品所提供的信息在时空分辨率、时空完整性、精度等方面具有一定互补性。如何基于多传感器产品间的互补性，综合利用多源遥感产品、集成各种地表参数时空变化的知识和模型输出，以及各种地面辅助观测数据生成具有更高精度、多尺度、时空完整、一致的遥感产品就成为一个重要的问题。正如 Aires 和 Prigent（2006）所指出的："必须发展创新的技术来融合卫星观测、模拟模型的输出和地面实测信息，以形成更好的地表产品。"因此，研究和发展多源定量遥感产品融合方法，以改进定量遥感产品，得到高精度、多尺度、时空完整、连续一致的地表参量产品具有重要的理论意义和应用价值。

由于相同参量的多源定量遥感产品间常常在分辨率、完整性和精度等方面具有一定程度的互补性，融合多源遥感产品已经成为定量遥感产品生成和改进的一个重要途径。例如，对于海面温度，由于热红外遥感得到的 SST 产品和被动微波遥感得到的 SST 产品在分辨率、时空完整性、精度方面具有很强的互补性，国际著名的 GODAE（Global Ocean Data Assimilation Experiment）于 2000 年发起了国际间协作的 GHRSST-PP（Global High Resolution Sea Surface Temperature Pilot Project）项目，旨在通过融合红外和被动微波 SST 产品得到多尺度、高分辨率、高精度的 SST 产品。近年来，多源定量遥感产品融合的方法研究得到广泛关注，已经发展了一系列融合方法并用于各种陆表参数、水体参数、大气参数的遥感产品融合，如 SST 遥感数据产品融合、降水量遥感数据产品融合、NDVI 遥感数据产品融合、LAI 遥感数据产品融合、水色遥感数据产品融合、地表反照率遥感产品融合、大气臭氧浓度遥感融合、气溶胶光学厚度（AOD）遥感产品融合、雪水当量遥感产品融合等。

在融合方法方面，各种传统的统计方法被用于多源遥感产品融合，其主要方法有经验正交函数法（empirical orthogonal function，EOF）、人工神经网络技术（artificial neural network，ANN）、层次贝叶斯方法（hierarchical Bayesian）、多分辨率树方法（multiresolution tree method，MRT）、泛克里金法（universal Kriging，UK）、空间统计数据融合方法（spatial statistical data fusion，SSDF）、最优插值法（optimal interpolation，OI）、最小二乘拟合法（least squares fitting）等。Wang 和 Liang（2011）将 EOF 方法用于融合 MODIS LAI 和 CYCLOPES LAI 数据产品。经高分辨率 LAI 数据的验证结果表明，这些方法都能基于多年背景场信息和空间邻近像元来改进数据的完整性，同时能改善原 LAI 产品中的不合理的时空变异问题。DIEOF（Data Interpolation Empirical Orthogonal Function）方法被用于卫星 SST 产品的缺值估计（Ganzedo et al.，2011；Alvera-Azcárate et al.，2005，2007）。EOF 方法的优点之一是它只是根据可获得的数据计算必要的信息，没有主观的参数需要进行估计，而且计算量小（Alvera-Azcárate et al.，2005）。但是该方法在时间序列重建中，如果数据的缺失像元很多，或者同一个像元位置的时间序列存在较多的缺失值，都将影响重建序列的精度和插值的结果。

当前的多源定量遥感产品融合方法存在以下方面的几个问题。一是缺少融合前各产品不确定性的显式表达。在数据融合过程中，输入数据的不确定性直接影响该数据在融合结果中的权重，也影响着融合结果的精度。二是难以充分利用各种知识，对能够较好描述参数动态变化的过程模型依赖较强，如数据同化中的过程模型是参数时空分布规律的一种知识表达，但参数时空分布的规律不一定非要通过确定的过程模型表达，也可以通过各种统计关系或知识表达。但现有的遥感产品融合方法中，只是通过模型表达了待融合数据间的物理联系，并没有表达参数本身的时空变化规律。因此，建立一种能够将多传感器、多时空尺度的时间序列遥感专题产品和点位观测数据融合，并能够充分表达各种模型或非模型表达的相关知识和待融合数据的不确定性，对融合结果给出不确定性的评价的遥感数据产品融合理论框架，发展针对不同情况下的具体融合算法是当前急需研究的问题。

4.3.2 多源定量遥感产品贝叶斯最大熵时空统计融合方法

时空地统计学方法是传统地统计学在时间维度的扩展和改进。传统地统计是基于单纯的空间随机场对区域化变量进行二维空间估计的方法。时空地统计学在经典空间地统计的基础上增加了时间维度上变量的自相关性信息，是传统地统计的扩展。它把变量看作是时空域内的随机变量，相应的半变异函数也增加了时间坐标。单纯空间域向时空域的扩展，使得变量的时空估计能够同时考虑时间上的序列信息（时间上的邻居）和空间上的信息（空间上的邻居），即可以利用的观测信息更丰富。

贝叶斯最大熵（Bayesian maximum entropy，BME）方法（Christakos，2000）是现代时空地统计方法中的不确定性方法。在 20 世纪 90 年代初，Christakos 从认识论的角度，提出了 BME 这一基于贝叶斯规则和信息熵的空间估值问题的新理论。BME 方法属于考虑不确定性的时空插值方法，其本质是能够利用不确定的数据对感兴趣的参数或变量进行时空估计。将产品的重构问题看作是参数估计问题。BME 方法不仅可以通过各种形式的知识（如统计规律、定律、逻辑原理、经验关系模型等）来将这些不同来源、不同类型的数据表达成含有不确定性的数据，还能在时空维中考虑参数的自相关特征。因此从理论上来看，BME 方法不仅可以融合多传感器数据产品、点位实测数据，还可以有效考虑变量随时间变化的特征，不但有助于提高某一时间断面上参数估计的精度，而且融合得到的时间序列产品更能反映真实的地表参数的动态变化。

BME 方法的基本原理如图 4.43 所示，其主要过程主要包括三部分：一是计算待估计点的参数与其时空领域参数观测值的联合概率分布；二是基于邻域硬数据和软数据计算后验概率密度函数；三是基于后验概率密度函数计算均值或最大值，作为待估计点位上参数的最终估计值。第一步联合概率的计算又称之为先验阶段，第二步和第三步称之为后验阶段。如果已知 m_h 个硬数据和 $m-m_h$ 个软数据，硬数据表示为 $x_{hard} = \left(x_1, \cdots, x_{m_h} \right)$，软数据表示为 $x_{soft} = \left(x_{m_{h+1}}, \cdots, x_m \right)$，软数据与硬数据组成邻域数据集 x_{data}；假定待估计点为 x_k，目标是通过已知数据的时空邻域数据预测待估计点的参数值。整个区域用 x_{map} 表示，$f_G(x_{map})$ 为区域内联合概率密度函数 [式（4.34）]：

$$f_G(x_{map}) = f_G(\underbrace{x_{hard} + x_{soft}}_{x_{data}} + x_k) \tag{4.34}$$

区域 x_{map} 内的信息熵由式（4.35）计算：

$$\phi\left[x_{map}, f_G(x_{map}) \right] = -f_G(x_{map}) \log\left[f_G(x_{map}) \right] \tag{4.35}$$

$g_a(x_{map})$ 是已知的一系列函数：均值、方差、协方差等，但只有方差和均值运用时，为高斯估测。引入拉格朗日乘数求算信息熵最大时，BME 要求 $g_a(x_{map})$ 最小化，$g_a(x_{map})$ 的期望值见式（4.36）。故约束条件函数见式（4.37）。

$$E[g_a] = \int g_a(x_{map}) f_G(x_{map}) dx_{map} \tag{4.36}$$

$$y = E[g_a] - \int g_a(x_{map}) f_G(x_{map}) dx_{map} \tag{4.37}$$

引入拉格朗日乘数 λ，

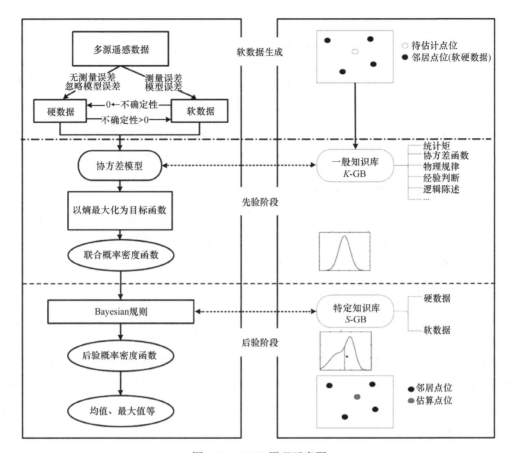

图 4.43 BME 原理示意图

$$L\left[f_G(x_{\mathrm{map}})\right] = \phi\left[x_{\mathrm{map}}, f_G(x_{\mathrm{map}})\right] + \lambda y = -\int f_G(x_{\mathrm{map}})\log\left[f_G(x_{\mathrm{map}})\right]\mathrm{d}x_{\mathrm{map}}$$

$$-\sum_{a=0}^{N_c}\lambda_a\left\{\int g_a\left(x_{\mathrm{map}}\right)f_G(x_{\mathrm{map}})\mathrm{d}x_{\mathrm{map}} - E\left[g_a\left(x_{\mathrm{map}}\right)\right]\right\} \tag{4.38}$$

对式（4.38）进行所有变量的偏微分，并设偏微分方程为 0。基本微分方程如下式（4.39）。

$$\frac{\partial\phi\left[x_{\mathrm{map}}, f_G(x_{\mathrm{map}})\right]}{\partial f_G(x_{\mathrm{map}})} + \sum_{a=0}^{N_c}\lambda_a\frac{\partial\varphi\left[x_{\mathrm{map}}, f_G(x_{\mathrm{map}})\right]}{\partial f_G(x_{\mathrm{map}})} = 0 \tag{4.39}$$

从式（4.39）计算得到拉格朗日系数，代入公式（4.40）即可得到先验概率密度分布函数。$f_G\left(x_{\mathrm{map}}\right)$ 并不是真正意义上的先验概率，而是包含先验信息的联合概率。将式（4.40）代入式（4.41）即可计算后验概率 $f^*\left(x_k\middle|x_{\mathrm{soft}}, x_{\mathrm{hard}}\right)$。通过式（4.42）和式（4.43）就可以分别计算待估计点位上的均值和最大值。

$$f_G\left(x_{\mathrm{map}}\right) = \frac{\exp\left(\sum_{a=1}^{N}\lambda_a g_a\left(x_{\mathrm{map}}\right)\right)}{\int \exp\left(\sum_{a=1}^{N}\lambda_a g_a\left(x_{\mathrm{map}}\right)\right)\mathrm{d}x_{\mathrm{map}}} \tag{4.40}$$

$$f^*\left(x_k \mid x_{\text{soft}}, x_{\text{hard}}\right) = \frac{f_G\left(x_{\text{soft}}, x_{\text{hard}}, x_k\right)}{f\left(x_{\text{soft}}, x_{\text{hard}}\right)} \tag{4.41}$$

$$\bar{x}_{k|\kappa} = \int x_k f_\kappa\left(x_k\right) \mathrm{d}x_k \tag{4.42}$$

$$\bar{x}_{k|\kappa} = \max\left(f_\kappa\left(x_k\right)\right) \tag{4.43}$$

根据贝叶斯最大熵时空地统计学原理，基于 BME 方法的多源遥感数据时空融合方法的总体技术流程如图 4.44 所示，主要涉及以下几个关键技术环节。

1）相关参量多源遥感数据产品的比较分析与验证

多源遥感产品融合改进遥感产品的前提是利用各个产品在精度、完整性方面的互补性，使得到的产品具有更好的时空连续性及更高的精度。因此进行多源产品间的比较和验证，是多源遥感产品融合前必要的分析过程。

2）数据的不确定性表达及尺度问题

在 BME 方法中，变量的不确定性通过软数据表达。适合计算的软数据表达主要有间隔数据和概率分布的数据。因此，其他的辅助信息或不同来源的信息，可以采用一定的转换方式将其转换为软数据。而这种办法方式，可以包括各种简单的线性回归、经验模型、物理规律等。同时，如果待融合的产品时空分辨率不一致，则不同时空分辨率之间的尺度差异也可以通过软数据表达。

3）时空趋势分析与建模

BME 作为一种地统计学方法，其时空过程建模需要满足地统计学所要求的一阶矩和二阶距平稳性假设。因此，为了进行时空随机场内的协方差建模，有必要对遥感产品首先进行时间序列建模和空间趋势分析，通过去趋势，使残差部分满足时空随机场时间平稳和空间内蕴的特征。

4）时空协方差的建模研究

在 BME 的理论框架中，可以依据实际需要和研究的目标来选择合适的时空协方差模型。常见的协方差模型有指数模型、高斯模型等以及各个模型的嵌套模型。在 BME 理论框架下，协方差模型作为一般知识，主要用于熵最大化的目标函数求解过程的约束知识和条件。时空协方差建模的精度直接影响 BME 融合结果的精度。

4.3.3　多源 LAI 和 AOD 遥感产品时空融合

1. 多源 LAI 遥感产品时空融合

1）数据和研究区

融合所用的 LAI 遥感产品为 MODIS C6 LAI 产品（MOD15A2H）和 GEO V1 LAI 产品。MOD15A2H LAI 标准产品，由 Terra 卫星数据反演得到，时间分辨率为 8 天，空间分辨率为 500m，采用正弦投影，其反演算法包括主算法和备用算法。MOD15A2H LAI

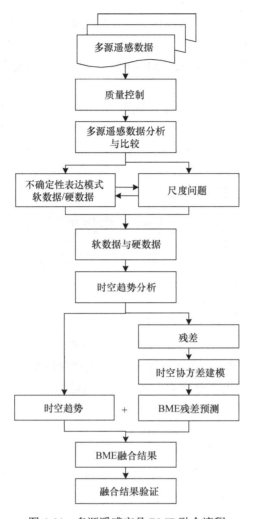

图 4.44　多源遥感产品 BME 融合流程

标准产品首先将全球植被分为 8 种植被类型作为先验信息，针对不同的植被类型，分别采用三维辐射传输模型模拟生成查找表，利用查找表反演 LAI。在反演过程中比较反射率的模拟数据和观测数据，计算小于设定阈值的 LAI 均值和方差，将均值作为反演结果，方差作为反演结果的不确定性。主算法反演一旦失败，则启用备用算法，备用算法根据不同植被类型的 NDVI 和 LAI 的经验关系来反演 LAI。MOD15A2H LAI 产品生成真实叶面积指数，数据集中包括 QC（quality control）层和数据层。GEO V1 LAI 的时间分辨率为 10 天，空间分辨率为 1km，采用普通圆柱投影，是由 SPOT/VEGETATION 传感器数据反演得到，产品采用神经网络方法反演，通过线性加权的方法融合 CYCLOPES LAI 和 MODIS LAI，得到融合后的 LAI，然后与 2003～2004 年的 420 个 BELMANIP2 站点 LAI 数据对比，选择融合后的"最佳估计"和 2003～2004 年的 BELMANIP2 站点的 SPOT/VEGETATION 反射率数据作为神经网络的训练数据集。反演时神经网络的输入层包括经过辐射校正、云掩膜、大气校正和 BRDF 校正后的红光、近红外、短波红外光谱反射率和合成期间天阳天顶角信息，最终反演得到 LAI 和 QC 质量控制信息（Baret et al.，2013）。

由于 LAI 的融合是针对植被覆盖区域，故需要地表覆盖类型的数据产品为植被类型的提取和非植被区（水体、城镇、裸地等）的提取提供基础数据。植被和非植被区的区分采用 MCD12Q1 土地覆盖产品，选取 MODIS 反演 LAI/fPAR 分类体系区分（Friedl et al.，2010）。

为了便于验证 LAI 产品融合结果，选取 Bigfoot 的 Konz、Metl 和 HiWater 试验黑河中游核心观测区域分别作为草地、林地和农作物三大类型的试验区。各站点的信息如表 4.7 所示。其中 Konz 和 Metl 站点的验证数据利用地面观测和 ETM+数据，采用 Bigfoot 标准方法转换到 ETM+尺度。黑河中游的验证数据为 LAINet 观测数据，采用 Shi 等（2015）的尺度上推估计得到。

表 4.7　LAI 融合研究站点信息

站点	中心经纬度	植被类型	验证数据	获取日期（年.月.日）
Konz	96.57°W/39.09°N	高草草地	ETM+ LAI	2001.8.16
Metl	121.62°W/44.49°N	常绿针叶林	ETM+ LAI	2002.7.7
黑河中游	100.22°E/38.52°N	农作物	LAINet	2012.6.25~2012.8.24

MODIS C6 LAI 和 MCD12Q1 产品数据和 GEOV1 LAI 数据分别进行投影转换到 UTM WGS84 坐标系下。然后依据两个 LAI 产品的质量控制层信息对两个产品数据进行质量控制。最后根据各站点高分辨率参考图或实测数据区域，以及相应的 MODIS 土地覆盖产品，裁剪出区域大小为 50km×50km 的研究区。

2）时空趋势模拟与软数据构建

由于植被具有年周期性变化趋势，因此 LAI 产品的融合中时空趋势的模拟采用动态谐波回归（dynamic harmonics regression，DHR）模型。DHR 模型可以处理非内蕴时间序列数据，同时对有缺失值、异常值存在的时间序列数据也能进行处理和分析。由于质量控制和产品本身受云等各种原因造成某些日期数据缺失严重，所以需要对这些严重缺失的数据进行填充，本节中用多年背景值进行填补（Wang and Liang，2011）。DHR 时间趋势拟合像元点结果如图 4.45 所示。Konz 站点和黑河站点趋势拟合结果很理想，LAI 时间序列曲线非常平滑，Metl 站点拟合时间序列有波动，主要因为该站点数据缺失比较多，用多年背景值填充有一定影响，其次常绿针叶林季节性变化不是很显著。

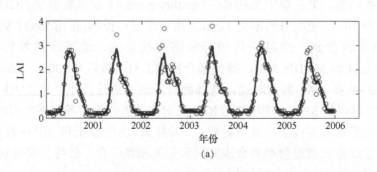

(a)

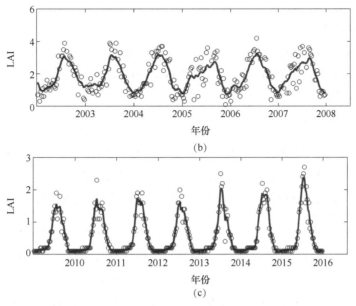

图 4.45　三个站点像元点的 DHR 时间趋势拟合结果

（a）Konz 站点，（b）Metl 站点，（c）黑河站点；实线为 DHR 趋势拟合曲线，圆圈为原始时间序列

对 DHR 拟合的时间趋势用移动窗口滤波去除空间趋势。定义一个 $n \times n$ 的空间滤波窗口，n 为奇数，对于全年图像的每一个像元 (x, y)，利用公式（4.44），将计算均值作为该像元的趋势值，不断移动窗口直至研究区内所有像元都被计算。

$$\mathrm{LAI}_{(x,y)} = \frac{1}{n^2} \left(\sum_{i=-\frac{n}{2}}^{i=\frac{n}{2}} \sum_{j=-\frac{n}{2}}^{j=\frac{n}{2}} \mathrm{LAI}_{(x+i,y+j)} \right) \tag{4.44}$$

用 MODIS LAI 原始数据减去时空趋势值，就得到去趋势后的 MODIS LAI 残差数据。对比去除趋势前后 MODIS LAI 像元值的直方图（图 4.46），可以发现原始 MODIS LAI 数据呈现出偏态分布，去除趋势后的残差数据则呈现出近似正态分布特征，满足二阶平稳。

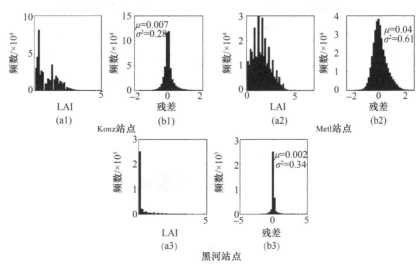

图 4.46　MODIS LAI 像元值去除时空趋势前（a1～3）后（b1～3）直方图分布对比

3）软数据构建

本节中将 MODIS LAI 和 GEOV1 LAI 两个产品数据均视作软数据，将其残差数据转换为均匀分布的概率软数据。软数据的确定基于 LAI 产品验证结果中的均方根误差作为均匀分布概率软数据的上、下边界。

4）时空协方差构建

对 Konz、Metl、黑河三个站点去除时空趋势后的 LAI 残差数据进行协方差模型构建，结果如图 4.47 所示，各个站点模拟的嵌套协方差模型的参数如表 4.8 所示。其中，d 和 τ 分别表示位于坐标 (x,y,t) 和 (x',y',t') 处的像元的空间距离和时间距离，$d=\sqrt{(x-x')^2+(y-y')^2}$，$\tau=t-t'$。$c_1$、$c_2$ 和 c_3 为基台值，a_{s1}、a_{s2} 和 a_{s3} 为空间变程，a_{t1}、a_{t2} 和 a_{t3} 为时间变程。随着采样点间的距离逐渐增大，协方差会趋于一个相对稳定的常数，此时采样点的距离成为变程，变程表示了空间相关性的作用范围，其大小受观测尺度的限定。在变程范围内，协方差随着采样点间的距离的增大而逐渐变小，即区域化变量的空间相关性越来越小；当采样点间的距离大于变程后，区域化变量的空间相关性不存在。

由实验协方差拟合图 4.47 和具体的协方差模型参数表 4.8 可知，三个站点的时空协方差拟合的都比较好，随时间和空间距离变化明显，协方差都能在一定时间和空间距离内趋于零。Konz 站点，植被类型为高草地，时间变程为 8 周期，64 天，空间变程为 10 个像元，5km，协方差随着空间距离的增大趋于一个固定常数，接近 0，故 Konz 站点用三个嵌套的协方差模型，第三个嵌套模型用来拟合空间距离大于变程后的协方

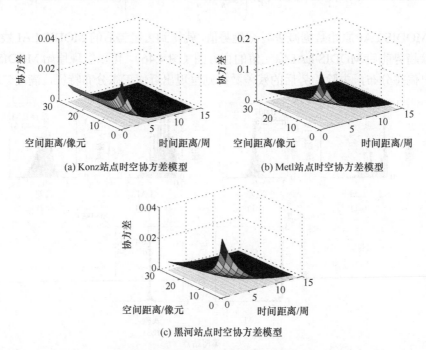

(a) Konz站点时空协方差模型　　　　　(b) Metl站点时空协方差模型

(c) 黑河站点时空协方差模型

图 4.47　三个站点构建的协方差模型

表 4.8　三个站点嵌套协方差模型的参数

站点	嵌套协方差模型	参数
Konz	$c(d,t)=c_1\exp(-\dfrac{3d}{a_{s1}})\exp(-\dfrac{3d}{a_{t1}})+$ $c_2\exp(-\dfrac{3d}{a_{s2}})\exp(-\dfrac{3d}{a_{t2}})+c_3\exp(-\dfrac{3d}{a_{s2}})\exp(-\dfrac{3d}{a_{t2}})$	$c_1=0.027;a_{s1}=7;a_{t1}=5;$ $c_2=0.027;a_{s2}=7;a_{t2}=5;$ $c_3=0.022;a_{s3}=800;a_{t3}=5$
Metl	$c(d,t)=c_1\exp(-\dfrac{3d}{a_{s1}})\exp(-\dfrac{3d}{a_{t1}})+$ $c_2\exp(-\dfrac{3d}{a_{s2}})\exp(-\dfrac{3d}{a_{t2}})+c_3\exp(-\dfrac{3d}{a_{s2}})\exp(-\dfrac{3d}{a_{t2}})$	$c_1=0.27;a_{s1}=6;a_{t1}=4;$ $c_2=0.27;a_{s2}=6;a_{t2}=4;$ $c_3=0.1;a_{s3}=100;a_{t3}=20$
黑河	$c(d,t)=c_1\exp(-\dfrac{3d}{a_{s1}})\exp(-\dfrac{3d}{a_{t1}})+$ $c_2\exp(-\dfrac{3d}{a_{s2}})\exp(-\dfrac{3d}{a_{t2}})+c_3\exp(-\dfrac{3d}{a_{s2}})\exp(-\dfrac{3d}{a_{t2}})$	$c_1=0.04;a_{s1}=6;a_{t1}=10;$ $c_2=0.04;a_{s2}=6;a_{t2}=10;$ $c_3=0.02;a_{s3}=80;a_{t3}=10$

差变化。Metl 站点，植被类型为常绿针叶林，时间变程为 20 周期，160 天，空间变程为 14 个像元，7km。黑河站点，植被类型为农田，时间变程为 15 周期，120 天，空间变程为 16 个像元，8km。

由实验协方差拟合图 4.47 和具体的协方差模型参数表 4.8 可知，三个站点的时空协方差拟合得都比较好，随时间和空间距离变化明显，协方差都能在一定时间和空间距离内趋于 0。Konz 站点，植被类型为高草草地，时间变程为 5 周期，40 天，空间变程为 7 个像元，3.5km。Metl 站点，植被类型为常绿针叶林，时间变程为 4 周期，32 天，空间变程为 6 个像元，3km。黑河站点，植被类型为农田，时间变程为 10 周期，80 天，空间变程为 6 个像元，3km。

5）LAI 融合结果与评价

Konz、Metl 和黑河三个站点融合前后的 LAI 分布图分别如图 4.48～图 4.50 所示。从中可以看出，经过质量控制后的 MODIS 和 GEO V1 LAI 具有大量的数据缺失，经过 BME 时空融合后的 LAI 利用时空过程重构了区域的 LAI，得到了时空完整的 LAI 分布。

对三个站点融合前后 LAI 的精度评价如表 4.9 所示。可以看出，在 Konz、Metl 和黑河站点，融合 LAI 的 R^2 总体上都高于原始的 GEO V1 和 MODIS LAI 的 R^2，融合 LAI 的 RMSE 和偏差总体上都小于原始的 GEO V1 和 MODIS LAI 的 RMSE 和偏差，说明融合 LAI 在精度上比原始的 MODIS 和 GEO V1 LAI 产品有显著改善。

2. 多源 AOD 卫星遥感产品时空融合

1）研究区和数据

多源大气气溶胶光学厚度（AOD）卫星遥感产品融合研究的研究区位于亚洲东南部的陆地部分，包括中国的中东部及东南亚的大部地区，该区域人口众多，是世界上人口分布最稠密的地区之一，人类活动对天气的干扰较大，在气候和人类干扰的双重作用下，该区域的气溶胶污染是全球最为严重的区域之一。由于 AOD 直接影响气候、空气质量和人类健康，所以获得该区域的时空完整和高精度的 AOD 产品有着重要的意义。

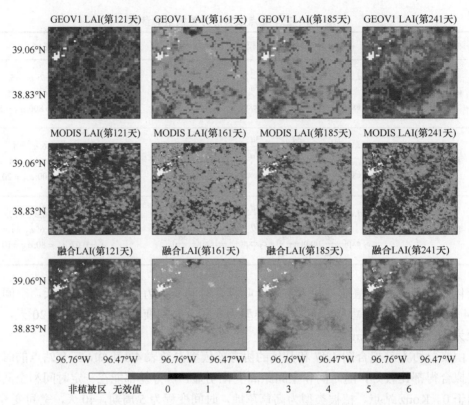

图 4.48　2001 年 Konz 站点 GEOV1 LAI 数据、MODIS LAI 数据和融合的 LAI 数据（彩图附后）

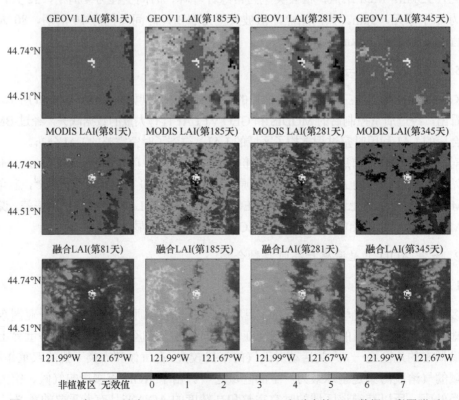

图 4.49　2002 年 Metl 站点 GEOV1 LAI、MODIS LAI 和融合的 LAI 数据（彩图附后）

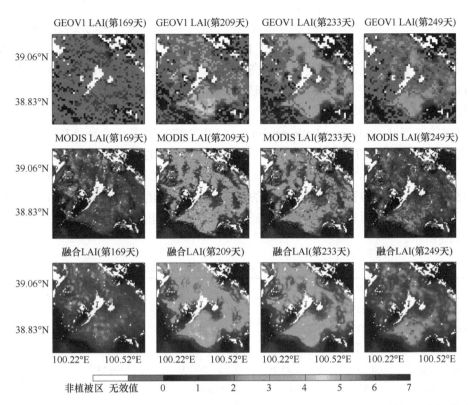

GEOV1 LAI(第169天)　GEOV1 LAI(第209天)　GEOV1 LAI(第233天)　GEOV1 LAI(第249天)

MODIS LAI(第169天)　MODIS LAI(第209天)　MODIS LAI(第233天)　MODIS LAI(第249天)

融合LAI(第169天)　融合LAI(第209天)　融合LAI(第233天)　融合LAI(第249天)

非植被区　无效值　0　1　2　3　4　5　6　7

图 4.50　2012 年黑河站点 GEOV1 LAI 数据、MODIS LAI 数据、融合的 LAI 数据（彩图附后）

表 4.9　两个 LAI 产品及融合结果精度评价指标统计

Site		R^2	RMSE	Bias
Konz	GEOV1	0.13	1.13	−1.01
	MODIS	0.28	1.15	−0.99
	Merged	0.66	0.65	−0.16
Metl	GEOV1	0.2	1.27	−0.77
	MODIS	0.65	1.31	−0.94
	Merged	0.48	1.1	−0.49
黑河	GEOV1	0.11	0.65	0.05
	MODIS	0.02	0.71	−0.22
	Merged	0.6	0.41	−0.12

　　融合所用数据为 2007 年 MODIS AOD 与 SeaWiFS AOD 数据，AERONET AOD 作为地基观测数据则用来对融合前的数据进行评估和融合后数据的精度评价。

　　所用到的 MODIS AOD 是 MOD04_L2（MOD04 Level2 C051）数据产品，其时间分辨率为 1 天，空间分辨率为 10km，波长为 550nm，过境时间大约在当地时间的上午10：30。该产品所采用的反演算法为暗目标法（dark target，DT）（Remer et al.，2005）。由于该方法需要浓密植被做为参照，所以在植被茂盛区能得到较好的 AOD 反演结果，而在植被稀少区 AOD 反演结果较差或不能进行反演。对 MODIS AOD 数据采用质量控制层为 1～3 的所有数据。SeaWiFS AOD level 2 V004（SWDB_L2）数据集的空间分辨率为 13.5km×13.5km，时间分辨率为 1 天，波长为 550nm，其每天的过境时间大约在当地时间的中午 12：00 前后。由于 SWDB_L2 数据采用了深蓝算法（deep blue algorithm），因此无论在植被覆盖浓密区还是高反射亮度的沙漠区都能得到较好的 AOD 产品。所以该产品的深蓝算法能和 MODIS AOD 的暗目标法能够进行有效的互补。融合所用数据为质量控制层为 1～3 的所有数据。

气溶胶监测网（aerosol robotic network，AERONET）是基于全球分布的气溶胶特性地基观测网。AERONET 实现了仪器、定标、数据处理和数据分发的标准化，其每 15min 获得一次 AOD 观测值，观测数据精度很高，它反演的 AOD 精度可以达到 0.01～0.02，目前已广泛应用于气溶胶光学厚度精度的验证。本节所用的 AERONET Level 2.0 产品为经过严格云过滤和最后验证、质量有保证的数据。所用到的 19 个 AERONET 验证站点如表 4.10 所示。

表 4.10 研究区 AERONET 站点及位置

站点名称	经度	纬度	站点名称	经度	纬度
Bac_Giang	106.23°E	21.29°N	Mukdahan	104.68°E	16.61°N
Bac_Lieu	105.73°E	9.28°N	NCU_Taiwan	121.19°E	24.97°N
Beijing	116.38°E	39.98°N	Pimai	102.56°E	15.18°N
Chen-Kung_Univ	120.22°E	23°N	SACOL	104.14°E	35.95°N
Chiang_Mai_Met_Sta	98.97°E	18.77°N	Silpakorn_Univ	100.04°E	13.82°N
Dalanzadgad	104.42°E	43.58°N	Taihu	120.22°E	31.42°N
EPA-NCU	121.19°E	24.97°N	Taipei_CWB	121.5°E	25.03°N
Hong_Kong_PolyU	114.18°E	22.3°N	XiangHe	116.96°E	39.75°N
Irkutsk	103.09°E	51.8°N	Xinglong	117.58°E	40.4°N
Lulin	120.87°E	23.47°N	—	—	—

2）AOD 卫星产品时空趋势模拟

AOD 产品的时空趋势模拟采用移动窗口滤波方法（Douaik et al.，2005）。首先将 MODIS 和 SeaWiFS 两种 AOD 数据进行时空对应像元合并，若一个像元两种数据都存在，则取平均值作为该像元的值，若只存在一种数据值，则将该数据值作为该像元值，这样得到了合并后的 2007 年每天的研究区的新图像，该图像在完整度上是两种原始数据的并集，称之为合并图像。

定义一个 49×49×3 的时空滤波窗口。对于全年合并图像的每一个像元 (x, y, t)，其中 (x, y) 为其空间坐标，t 为时间坐标，选取合并图像内 $(x-24:x+24, y-24:y+24, t-1:t+1)$ 范围内像素值进行平均，平均后得到的值 $\text{AOD}_{m(x,y,t)}$ 作为像元 (x, y, t) 的趋势值 [式（4.45）]。

$$\text{AOD}_{m(x,y,t)} = \frac{1}{N} \left(\sum_{i=-24}^{i=24} \sum_{j=-24}^{j=24} \sum_{k=-1}^{k=1} \text{AOD}_{x+i, y+j, t+k} \right) \qquad (4.45)$$

然后移动该滤波窗口一直到所有的研究区内的所有像元都被计算，这样就得到了一年内每天每个像元上的趋势值。图 4.51 显示了第 55、第 108、第 257 和第 310 天的趋势。对每个有效的像素值减去其对应的趋势值，就可以得到去除趋势后的 AOD 残差数据。去除趋势前后的像元值的直方图如图 4.52 所示。图 4.52（a）、（c）表明去除趋势前的MODIS 和 SeaWiFS AOD 数据都呈现出趋向于 0 的偏态分布特征，而图 4.52（b）、（d）则表明去除趋势后的 AOD 数据都呈现出近似正态的分布特征。对合并后的图像的每个像元也减去趋势值，就得到了用来模拟协方差模型的残差数据。

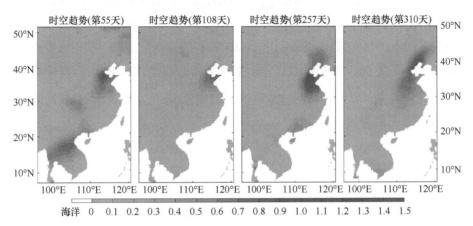

图 4.51　2007 年第 55 天、第 108 天、第 257 天、第 310 天的时空趋势（彩图附后）

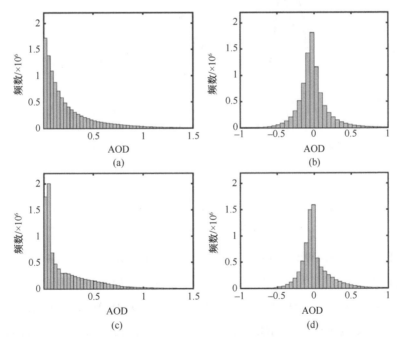

图 4.52　MODIS AOD 去除时空趋势前（a）后（b）及 SeaWiFS AOD 去除时空趋势前（c）后（d）的直方图分布

3）AOD 融合中的软数据构建

AERONET AOD 作为地基实测数据可以看做是没有不确定性的 AOD 数据集，而遥感 AOD 产品是具有不确定性的 AOD 数据集,可以通过遥感 AOD 数据产品与 AERONET AOD 的比较,研究遥感 AOD 产品与 AERONET AOD 的差异的概率密度分布的形状,利用合适的概率密度分布函数来定量地表达 MODIS AOD 与 SeaWiFS AOD 的不确定性。

遥感 AOD 产品数据和 AERONET AOD 之间的误差 ε_i 用式(4.46)表达:

$$\varepsilon_i = \text{AOD}_{\text{sat},i} - \text{AOD}_{\text{AERO},i} \tag{4.46}$$

式中,i 表示第几对匹配数据;$\text{AOD}_{\text{sat},i}$ 和 $\text{AOD}_{\text{AERO},i}$ 分别代表遥感 AOD 数据和其对应的 AERNET AOD 数据。

图 4.53 为 MODIS AOD 与 SeaWiFS AOD 的 ε_i 的分布直方图。从中可以看出,无论是 MODIS AOD 还是 SeaWiFS AOD 误差 ε_i 都呈高斯分布,所以我们用高斯分布来表示 ε_i 的概率密度分布函数。分别计算两种数据的 ε_i 的均值 μ_ε 和方差 σ_ε^2,那么 ε_i 的高斯分布的概率密度分布函数为式(4.47):

$$\varepsilon \sim N\left(\mu_\varepsilon, \sigma_\varepsilon^2\right) \tag{4.47}$$

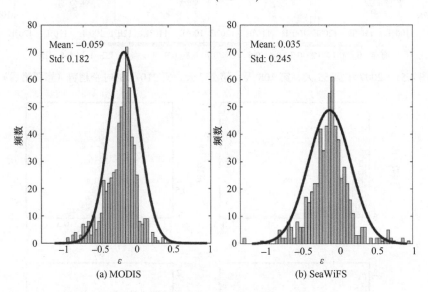

图 4.53　MODIS AOD 与 SeaWiFS AOD 的 ε 的分布直方图
黑线为对应的高斯分布曲线

对于 MODIS 和 SeaWiFS AOD,ε_i 的概率密度分布函数如图 4.54 所示。可以看出,MODIS AOD 的 ε_i 的方差为 0.033,SeaWiFS AOD 的 ε_i 的方差为 0.060,MODIS AOD 的 ε_i 的方差要小于 SeaWiFS AOD 的 ε_i 的方差,说明 MODIS AOD 的不确定性较小。

MODIS AOD 与 SeaWiFS AOD 的全局不确定性用服从高斯分布的 $\varepsilon_{\text{MODIS}}$ 和 $\varepsilon_{\text{SeaWiFS}}$ 的概率密度函数来表示 [式(4.48)和式(4.49)]:

$$\varepsilon_{\text{MODIS}} \sim N\left(\mu_{\varepsilon,\text{MODIS}}, \sigma_{\varepsilon,\text{MODIS}}^2\right) \tag{4.48}$$

$$\varepsilon_{\text{SeaWiFS}} \sim N\left(\mu_{\varepsilon,\text{SeaWiFS}}, \sigma_{\varepsilon,\text{SeaWiFS}}^2\right) \tag{4.49}$$

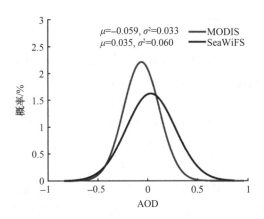

图 4.54 MODIS 与 AERONET AOD 的随机误差的高斯分布概率密度分布函数（灰色）和 SeaWiFS 与 AERONET AOD 的随机误差的高斯分布概率密度分布函数（黑色）

式中，$\mu_{\varepsilon,\text{MODIS}}$ 和 $\mu_{\varepsilon,\text{SeaWiFS}}$ 分别是 $\varepsilon_{\text{MODIS}}$ 和 $\varepsilon_{\text{SeaWiFS}}$ 的均值；$\sigma^2_{\varepsilon,\text{MODIS}}$ 和 $\sigma^2_{\varepsilon,\text{SeaWiFS}}$ 分别是 $\varepsilon_{\text{MODIS}}$ 和 $\varepsilon_{\text{SeaWiFS}}$ 的方差。

对于存在有效遥感 AOD 值的像元来说，每一个去除时空趋势后像元上的 AOD 高斯分布概率软数据的 $\text{AOD}_{\text{soft,MODIS}}$ 和 $\text{AOD}_{\text{soft,SeaWiFS}}$ 可表达为［式（4.50）、式（4.51）］

$$\text{AOD}_{\text{soft,MODIS}} \sim N\left(\text{AOD}_{\text{MODIS}} + \mu_{\varepsilon,\text{MODIS}}, \sigma^2_{\varepsilon,\text{MODIS}}\right) \tag{4.50}$$

$$\text{AOD}_{\text{soft,SeaWiFS}} \sim N\left(\text{AOD}_{\text{SeaWiFS}} + \mu_{\varepsilon,\text{SeaWiFS}}, \sigma^2_{\varepsilon,\text{SeaWiFS}}\right) \tag{4.51}$$

式中，$\text{AOD}_{\text{MODIS}}$ 和 $\text{AOD}_{\text{SeaWiFS}}$ 是去除时空趋势后的 MODIS 和 SeaWiFS AOD 数据，$\text{AOD}_{\text{MODIS}} + \mu_{\varepsilon,\text{MODIS}}$ 和 $\text{AOD}_{\text{SeaWiFS}} + \mu_{\varepsilon,\text{SeaWiFS}}$ 分别是去除时空趋势后的两种 AOD 数据的期望值，$\sigma^2_{\varepsilon,\text{MODIS}}$ 和 $\sigma^2_{\varepsilon,\text{SeaWiFS}}$ 分别为去除时空趋势后的两种 AOD 数据的方差。

4）AOD 融合中的时空协方差建模

在对合并图像去除时空趋势后，对得到的残差数据研究它们之间自相关性。这种自相关性可以通过协方差函数或变异函数来表达。在时空地统计学中，协方差函数是用来分离空间和时间距离的函数，它们用数学模型来表达已知随机场内变量变化的规律，然后用这些模型来估计整个随机场内的变量。协方差模型表达的是变量的时空相关性，因此，一般来说，协方差会随着距离的增加而减小。本节采用协方差模型来研究变量间的相关性。通过对给定距离间隔的点对的计算，计算得到实验的协方差可由一些给定的标准化的模型来模拟。这些标准化模型包括球形模型、指数模型、高斯模型等。但在一些复杂情况下运用单个的标准化模型并不能足够准确地表达区域内实验协方差，这时可用一系列不同协方差模型的嵌套来表达模拟这些复杂的实验协方差，如式（4.52）。

$$c(d,\tau) = c_1 \exp\left(-\frac{3d}{\text{as}_1}\right)\exp\left(-\frac{3\tau}{\text{at}_1}\right) + c_2 \exp\left(-\frac{3d}{\text{as}_2}\right)\exp\left(-\frac{3\tau}{\text{at}_2}\right) \tag{4.52}$$

式中，$d = \sqrt{(x - x')^2 + (y - y')^2}$ 和 $\tau = t - t'$ 分别表示位于坐标 (x, y, t) 和 (x', y', t') 处的像元的空间和时间距离。c_1 和 c_2 是两个指数模型的基台值，as_1 和 as_2 是空间变程，at_1 和 at_2 是时空变程。采样点间的距离逐渐增大时，协方差会达到一个相对稳定的常数，此时采样点间的距离称为变程。变程表示了在某种观测尺度下，空间相关性的作用范围，其大小受观测尺度的限定。在变程范围内，样点间的距离越小，其相似性，即空间相关性越大。当采样点间的距离大于变程时，区域化变量的空间相关性不存在，即当某点与已知点的距离大于变程时，该点数据不能用于内插或外推。

通过对去除趋势后的 AOD 数据产品的残差数据进行计算，得到它的实验协方差，并用式（4.52）的嵌套协方差模型通过最小二乘方法来模拟该实验协方差（图 4.55），模拟得到的嵌套协方差模型各项参数如表 4.11 所示。

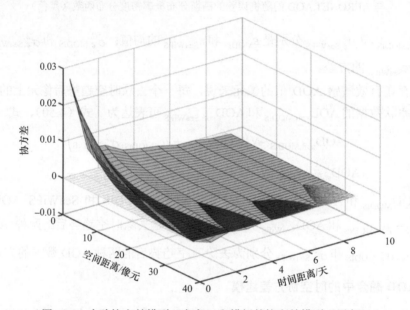

图 4.55　实验协方差模型（灰色）和模拟的协方差模型（黑色）

表 4.11　模拟的嵌套协方差模型参数

协方差组成成分	空间变程/km	时间变程/天	基台值
第一嵌套模型	220	3	0.022
第二嵌套模型	200	2	0.02

从表 4.11 可以看出，第一嵌套模型空间变程为 220km，为 22 个像元，时间变程为 3 天，基台值为 0.022。第二嵌套模型空间变程为 200km，为 20 个像元，时间变程为 2 天，基台值为 0.02。从协方差模型可以看出，在 220km 和 3 天内，像元间是有相关性的，如果超出了这个时空变程，则相关性可以忽略不计。通过图 4.55 可以看出在空间上经验协方差变化缓慢，但在时间上经验协方差变化剧烈，在第一天时较高，而在第二天剧烈下降，然后趋于平稳。

5）融合结果与评价

图 4.56（a）、（b）、（c）选择性展示了 2007 年的第 55、第 108、第 257 和第 310 天的 MODIS AOD、SeaWiFS AOD 和融合后的 AOD 数据的空间分布。可以看出，原始的 MODIS 和 SeaWiFS AOD 数据有明显的缺值区，而融合后的数据只有很少的缺值区，基本上是完整连续的。图 4.56（d）显示出融合 AOD 数据的后验方差的分布。融合后数据的后验方差都小于 0.06，说明融合后的整体后验方差较低，融合后的数据的不确定性较小。根据地统计学原理，地统计学估计的后验方差只与有效观测数目有关，因此，在数据缺失较多的区域，估计的后验方差较大。

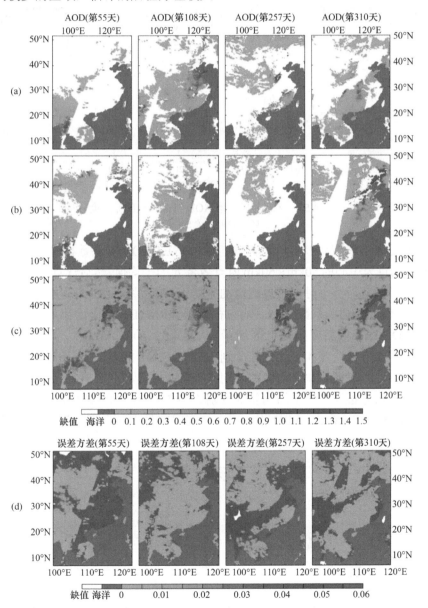

图 4.56　2007 年第 55、第 108、第 257 和第 310 天的 MODIS AOD 数据（a）、SeaWiFS AOD 数据（b）、融合的 AOD 数据（c）及融合数据的后验方差（d）（彩图附后）

进行多源遥感 AOD 数据融合的目标之一是提高遥感 AOD 数据的完整性。图 4.57 显示了 2007 年研究区内原始遥感 AOD 数据和融合后 AOD 数据完整度的时间变化特征。无论是 MODIS AOD 还是 SeaWiFS AOD 的完整性都比较低，两者的平均完整度分别只有 22.9%和 20.2%，方差分别为 7.5 和 8.5。在大多数的时间里，完整性基本在 10%～40%，而且随着时间变化较大。融合后 AOD 数据的完整度明显高于原始的 MODIS 和 SeaWiFS AOD 的完整度，融合后 AOD 数据的平均完整度达到了 95.2%。图 4.57 同时也显示出融合后 AOD 数据完整度的时间变化要明显比 MODIS AOD 和 SeaWiFS AOD 数据完整度的变化平稳，这表明融合后 AOD 数据具有比原始遥感数据具有更一致性的完整度。

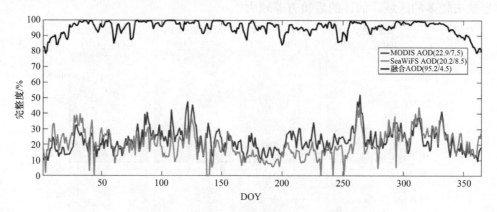

图 4.57　融合前后遥感 AOD 产品每天的完整度
括号内分别为均值和标准差

　　融合前后 AOD 产品的精度用对应的 AERONET AOD 观测数据验证。首先计算以 AREONET 站点为中心的 50km×50km 内有效像元的平均值，然后计算 AERONET AOD 在卫星过境时间前后半小时内的观测值的平均值，最后将这两个平均值数据进行比较。AOD 产品的精度用相关系数（R）、均方根误差（RMSE）和平均偏差（Bias）度量。融合前后 AOD 产品的精度如图 4.58 所示。从图 4.58（a）～（c）可以看出，MODIS AOD 的相关系数、均方根误差和平均偏差分别为 0.82、0.19 和 0.059；验证 SeaWiFS AOD 的相关系数、均方根误差和平均偏差分别为 0.79、0.25 和 0.035；而融合后 AOD 数据的相关系数、均方根误差和平均偏差则分别为 0.75、0.29 和 0.068。可以看出这三个指标与 MODIS 和 SeaWiFS AOD 相差不大，表明整体上融合后 AOD 数据的精度与原始数据比较接近。

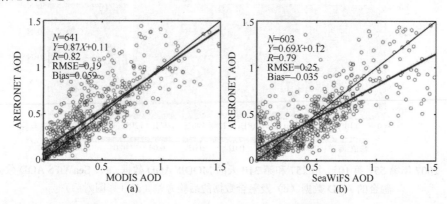

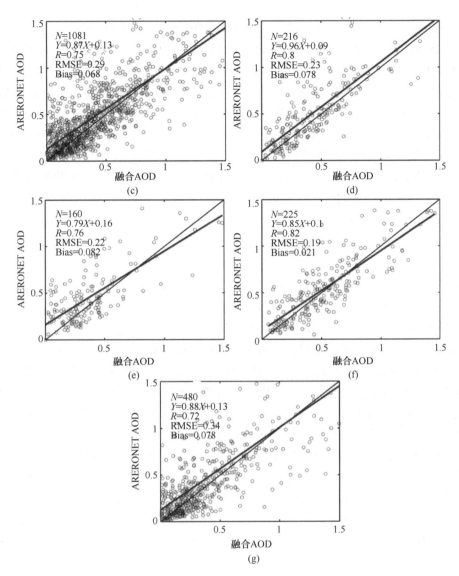

图 4.58　MODIS、SeaWiFS 和融合后 AOD 的精度验证

（a）MODIS AOD；（b）SeaWiFS AOD；（c）融合后 AOD；（d）只存在 MODIS 观测时的融合后 AOD；（e）只存在 SeaWiFS 观测时的融合后 AOD；（f）MODIST 和 SeaWiFS 都存在观测时的融合后 AOD；

（g）MODIST 和 SeaWiFS 都不存在时的融合后 AOD

　　为了进一步研究每种遥感 AOD 产品对融合 AOD 数据精度的影响，我们根据两种遥感数据在像元上的存在与否来分区域对融合后的 AOD 产品的 R、RMSE 和 Bias 进行了比较。图 4.58（d）～（g）显示了在不同区域的融合后 AOD 数据的验证结果。在存在 MODIS AOD 数据但不存在 SeaWiFS AOD 数据的像元上，融合后 AOD 数据的 R、RMSE 和 Bias 分别为 0.8、0.23 和 0.078，图 4.58（d），这几个数值都与 MODIS AOD 的精度接近。在存在 SeaWiFS AOD 数据但不存在 MODIS AOD 数据的像元上，融合后 AOD 数据的 R、RMSE 和 Bias 分别为 0.76、0.22 和 0.082，图 4.58（e），这几个数值都和 SeaWiFS AOD 的精度接近。在既存在 MODIS AOD 数据也存在 SeaWiFS AOD 数据的像元上，融合后 AOD 数据的 R、RMSE 和 Bias 分别为 0.82、0.19 和 0.021，图

4.58（f），这几个数值都接近或优于 MODIS 和 SeaWiFS AOD 的精度数值。在既不存在 MODIS AOD 数据也不存在 SeaWiFS AOD 数据的像元上，融合后 AOD 数据的 R、RMSE 和 Bias 分别为 0.72、0.34 和 0.078，图 4.58（g），在这些像元上虽然两种遥感 AOD 数据都不存在，但融合数据的精度也只是比原始的遥感 AOD 数据精度略低。验证结果表明，无论在存在原始 AOD 遥感数据的像元上还是在不存在原始 AOD 遥感数据的像元上，融合后 AOD 数据的精度没有显著的差异。即使在既不存在 MODIS AOD 数据也不存在 SeaWiFS AOD 数据的像元上，融合后 AOD 数据的精度也非常接近于存在原始 AOD 遥感数据的像元上融合数据的精度。所以，融合后 AOD 数据的精度在整个区域上是非常的一致的。

4.4 小　　结

遥感信息的动态变化属性是遥感对地观测的重要价值之一。认识和定量描述遥感信息的动态变化特征，并由此改进时空多变地表参量的遥感数据产品质量，是遥感机理研究和遥感应用关注的科学问题。本章讨论了作者对遥感信息动态变化属性的理解，总结了对遥感观测信息和对地表参量的动态变化特征分析和建模方法，以及模型的应用研究进展；基于遥感物理模型和遥感数据同化方法，总结形成了在遥感数据产品估算中实现时间尺度扩展的框架和主要算法，给出了在植被、土壤水分、大气气溶胶光学厚度等典型时序参量估算中的应用实例；针对多种遥感和地面观测数据的时空缺失问题，总结了各种基于时空统计的多种数据融合方法，重点讨论了贝叶斯最大熵时空统计融合方法，给出了明显改进遥感产品时空完整性的实例。本章研究讨论遥感参量随时间的变化，包括了多年间的年际变化、年周期的日变化、和日内以小时计的日变化等多种时间尺度，面对不同的应用需求，论述了遥感信息动态特征分析与时间尺度扩展的主要研究进展。

从遥感模型、地表参量估算方法和数据产品验证的角度，针对地面时序观测的验证数据不足的问题，本章以植被叶面积指数为例，介绍了基于无线传感器网络对时变参量进行连续测量的原理和方法。

参 考 文 献

陈平, 王锦地, 梁顺林. 2012. 采用 DBM 方法的时间序列 LAI 建模与估算. 遥感学报, 16(3): 512-526.

李小文, 王锦地, Strahler A H. 1999. 非同温黑体表面上普朗克定律的尺度效应. 中国科学 (E 辑), 29(5): 422-426.

刘艳, 王锦地, 周红敏, 薛华柱. 2010. 黑河中游试验区不同分辨率 LAI 数据处理、分析与尺度转换. 遥感技术与应用, 25(6): 805-813.

刘艳, 王锦地, 周红敏, 薛华柱, 2014. 用地面点测量数据验证遥感叶面积指数产品中的尺度转换方法. 遥感学报, 18(6): 1189-1198,

苏理宏, 李小文, 黄裕霞. 2001. 遥感尺度问题研究进展. 地球科学进展, 16(4): 544-548.

张开, 周红敏, 王锦地, 薛华柱. 2014. 高时空分辨率地表短波反照率的估算方法和验证. 遥感学报, 18(3): 497-517.

赵梅芳, 项文化, 田大伦, 赵仲辉, 闫文德, 方晰. 2008. 基于 3-PG 模型的湖南会同杉木人工林蒸发散估算. 湖南农业科学, (3), 158-162.

Aires F, Prigent C. 2006. Toward a new generation of satellite surface products. Journal of Geophysical Research: Atmospheres, 111: D22S10, doi: 10.1029/2006JD007362.

Allen R, Pereira L S, Raes D, Smith M. 1998. Crop evapotranspiration. Guidelines for computing crop water requirements. Irrigation Drainage Paper No.56, FAO, Rome, Italy: 300p.

Alvera-Azcárate A, Barth A, Beckers J, et al. 2007. Multivariate reconstruction of missing data in sea surface temperature, chlorophyll, and wind satellite fields. Journal of Geophysical Research: Oceans, 112: C03008.

Alvera-Azcárate A, Barth A, Rixen M, et al. 2005. Reconstruction of incomplete oceanographic data sets using empirical orthogonal functions: Application to the Adriatic Sea surface temperature. Ocean Modelling, 9(4): 325-346.

Baret F, Weiss M, Lacaze R, Camacho F, Makhmara H, Pacholcyzk P, Smets B. 2013. GEOV1: LAI and FAPAR essential climate variables and FCOVER global time series capitalizing over existing products. Part1: Principles of development and production. Remote Sensing of Environment, 137: 299-309.

Baret F, Guyot G. 1991. Potentials and limits of vegetation indices for LAI and FAPAR assessment. Remote Sensing of Environment, 35: 161-173.

Bartalis Z, Wagner W, Naeimi V, Hasenauer S, Scipal K, Bonekamp H, Figa J, Anderson C. 2007. Initial soil moisture retrievals from the METOPA Advanced Scatterometer (ASCAT). Geophysical Research Letters, 34: L20401.

Booth D T, Cox S E, Fifield C, Phillips M, Willlamson N. 2005. Image analysis compared with other methods for measuring ground cover. Arid Land Research And Management, 19(2): 91-100.

Box G E P, Jenkins G M. 1976. Time Series Analysis: Forecasting and Control. New Jersey: Prentice-Hall Englewood Cliffs.

Brocca L, Melone F, Moramarco T. 2008. On the estimation of antecedent wetness conditions in rainfall–runoff modelling. Hydrological Processes, 22: 629-642.

Bsaibes A, Courault D, Baret F, Weiss M, Olioso A, Jacob F, Kzemipour F. 2009. Albedo and LAI estimates from FORMOSAT-2 data for crop monitoring. Remote Sensing of Environment, 113: 716-729.

Christakos G. 2000. Modern Spatiotemporal Geostatistics. Oxford: Oxford University Press.

Chen J M, Rich P M, Gower S T, Norman J M, Plummer S. 1997. Leaf area index of boreal forests: Theory, techniques, and measurements. Journal of Geophysical Research, 102(D24): 29429-29443.

Confalonieri R, Francone C, Foi M. 2014. The PocketLAI smartphone app: An alternative method for leaf area index estimation. Proceedings-7th International Congress on Environmental Modelling and Software: Bold Visions for Environmental Modeling, iEMSs 2014, San Diego, CA, USA, iEMSs.

Confalonieri R, Foi M, Casa R, Aquaro S, Tona E, Peterle M, Boldini A, De Carli G, Ferrari A, Finotto G, Guarneri T, Manzoni V, Movedi E, Nisoli A, Paleari L, Radici I, Suardi M, Veronesi D, Bregaglio S, Cappelli, G, Chiodini M E, Dominoni P, Francone C, Frasso N, Stella T, Acutis M. 2013. Development of an app for estimating leaf area index using a smartphone. Trueness and precision determination and comparison with other indirect methods. Computers And Electronics In Agriculture, 96: 67-74.

Di A, Xue Y, Yang X, Leys J, Guang J, Mei L, Wang J, She L, Hu Y, He X, Che Y, Fang C. 2016. Dust Aerosol Optical Depth Retrieval and Dust Storm Detection for Xinjiang Region Using Indian National Satellite Observations. Remote Sensing, 8(702): 1-17.

Douaik A, Van Meirvenne M, Tóth T. 2005. Soil salinity mapping using spatio-temporal Kriging and Bayesian maximum entropy with interval soft data. Geoderma, 128(3-4): 234-248.

Duan Q, Sorooshian S, Gupta V K. 1992. Effective and efficient global optimization for conceptual rainfall-runoff models. Water Resources Research, 28: 1015-1031.

Favard J C, Boissezon H D, Baret F, Vintila R. 2004. ADAM: A reference data base to inverstigate assimilation of remote sensing observations into crop growth models. Conference of the European Society of Agronomy, CNES Toulouse; INRA Avignon; ICPA Bucharest, DOI: 10.13140/RG.2.2.14726. 06721.

Friedl M A, Sulla-Menashe D, Tan B, Schneider A, Ramankutty N, Sibley A, Huang X. 2010. MODIS Collection 5 global land cover: Algorithm refinements and characterization of new datasets. Remote Sensing of Environment, 114 (1): 168-182.

Ganzedo U, Alvera-Azcarate A, Esnaola G, et al. 2011. Reconstruction of sea surface temperature by means of DINEOF: A case study during the fishing season in the Bay of Biscay. International Journal of Remote Sensing, 32(4): 933-950,

Gao F, Masek J, Schwaller M, Hall F. 2006. On the blending of the Landsat and MODIS surface reflectance: Predicting daily Landsat surface reflectance. IEEE Transactions on Geoscience and Remote Sensing, 44: 2207-2218.

Goodchild M F, Quattrochi D A. 1997. Scale, multiscaling, remote sensing and GIS. In Quattrochi D A, Goodchild M F. Scale in Remote Sensing and GIS Raton. Boca Raton: CRC Lewis Publishers: 1-12.

Goudriaan J. 1988. The bare bones of leaf-angle distribution in radiation models for canopy photosynthesis and energy exchange. Agricultural And Forest Meteorology, 43(2): 155-169.

Gu C, Du H, Mao F, Han N, Zhou G, Xu X, Sun S, Gao G. 2016. Global sensitivity analysis of PROSAIL model parameters when simulating Moso bamboo forest canopy reflectance. International Journal of Remote Sensing, 37(22): 5270-5286.

Guo L, Wang J, Xiao Z, Zhou H, Song J. 2014. Data-Based Mechanistic modeling and validation for leaf area index estimation using time series multi-angular remote sensing observations. International Journal of Remote Sensing, 35(13): 4655-4672.

Hargreaves G H, Samani Z A. 1982. Estimating potential evapotranspiration. J. Irrig. Drain. E-Asce, 108(3) : 225-230.

Hargreaves G H, Samani Z A. 1985. Reference crop evapotranspiration from temperature. Applied Engineering and Agriculture, 1(2), 96-99.

Holzer-Popp T, de Leeuw G, Griesfeller J, Martynenko D, Klüser L, Bevan S, Davies W, Ducos F, Deuze J L, Graigner R G, Heckel A, Hoyningenhune von W, Kolmonen P, Litvinov P, North P, Poulsen C A, Ramon D, Siddans R, Sogacheva L, Tanre D, Thomas G E, Vountas M, Descloitres J, Griesfeller J, Kinne S, Schulz M, Pinnock S. 2013. Aerosol retrieval experiments in the ESA Aerosol_cci project. Atmospheric Measurement Techniques, 6: 1919-1957.

Huitong National Research Station of Forest Ecosystem(HTF). 2015. Positioning observation and research datasets of National Ecosystem Research Network, China. Available online: http://htf.cern.ac.cn/meta/metaData.(accessed on 18 January 2018).

Jiang B, Liang S, Wang J, Xiao Z. 2010. Modeling MODIS LAI time Series using three statistical methods. Remote Sensing of Environment, 114(7): 1432-1444.

Jong R, Verbesselt J, Schaepman M E, et al. 2012. Trend changes in global greening and browning: Contribution of short-term trends to longer-term change. Global Change Biology, 18(2): 642-655.

Kawanishi T, Sezai T, Ito Y, Imaoka K, Takeshima T, Ishido Y, Shibata A, Miura M, Inahata H, Spencer R W. 2003. The advanced microwave scanning radiometer for the earth observing system (AMSR-E), NASDA's contribution to the EOS for global energy and water cycle studies. IEEE Transactions on Geoscienc and Remote Sensing, 41: 184-194.

Kennedy R E, Yang Z, Cohen W B. 2010. Detecting trends in forest disturbance and recovery using yearly Landsat time series: 1. LandTrendr—Temporal segmentation algorithms. Remote Sensing of Environment, 114: 2897-2910.

Kerr Y H, Waldteufel P, Wigneron J P, Martinuzzi J, Font J, Berger M. 2001. Soil moisture retrieval from space: The Soil Moisture and Ocean Salinity (SMOS) mission. IEEE Transactions on Geoscience and Remote Sensing , 39: 1729-1735.

Knyazikhin Y, Martonchik J, Myneni R, Diner D, Running S. 1998. Synergistic algorithm for estimating vegetation canopy leaf area index and fraction of absorbed photosynthetically active radiation from MODIS and MISR data. Journal of geophysical research, 103(D24): 32257-32276.

Koike T, Nakamura Y, Kaihotsu I, Davva G, Matsuura N, Tamagawa K, Fujii H. 2004. Development of an advanced microwave scanning radiometer (AMSR-E) algorithm of soil moisture and vegetation water content. Proceedings of Hydraulic Engineering , 48: 217-222.

Kokhanovsky A A, Breon F M, Cacciari A, Carboni E, Diner D, Nicolantonio D W, Grainger R G, Grey W, Höller R, Lee K, Zhanqing L, North P, Sayer A M, Thomas G E, Hoyningenhuene von W. 2007. Aerosol remote sensing over land: A comparison of satellite retrievals using different algorithms and instruments.

Atmospheric Research, 85(3): 372-394.

Kokhanovsky A A. 2013. Remote sensing of atmospheric aerosol using spaceborne optical observations. Earth-Science Reviews, 116: 95-108.

Landsberg J J, Waring R H. 1997. A generalised model of forest productivity using simplified concepts of radiation-use efficiency, carbon balance and partitioning. Forest Ecology & Management, 95(3): 209-228.

Lang A R G, Xiang Y. 1986. Estimation of leaf area index from transmission of direct sunlight in discontinuous canopies. Agricultural and Forest Meteorology, 37(3): 229-243.

Levy R C, Remer L A, Dubovik O. 2007. Global aerosol optical properties and application to Moderate Resolution Imaging Spectroradiometer aerosol retrieval over land. Journal of Geophysical Research: Atmospheres, 112, D13210: 1-15.

Li A, Bo Y, Zhu Y, Huo P, Bi J, He Y. 2013. Blending multi-resolution satellite sea surface temperature (SST) products using Bayesian maximum entropy method. Remote Sensing of Environment, 135: 52-63.

Li C, Xue Y, Liu Q, Guang J, He X, Zhang J, Wang T, Liu X. 2014. Post calibration of channels 1 and 2 of long-term AVHRR data record based on SeaWiFS data and pseudo-invariant targets. Remote Sensing of environment, 150: 104-119.

Li C, Xue Y, Liu Q, Ouazzane K, Zhang J. 2015. Using SeaWiFS Measurements to Evaluate Radiometric Stability of Pseudo-invariant Calibration Sites. IEEE Geoscience and Remote Sensing Letters, 12(1): 125-129.

Li X, Gao F, Wang J, Strahler A H. 2001. A priori knowledge accumulation and its application to linear BRDF model inversion. Journal of Geophysical Research: Atmospheres, 106(D11): 11925-11935.

Li X, Wang J, Strahler A H. 2000. Scale effects and scaling-up by geometric-optical model. Science in China (Series E), 43(Supp.): 17-22.

Li X, Strahler A H, Woodcock C E. 1995. Hybrid geometric optical-radiative transfer approach for modeling albedo and directional reflectance of discontinuous canopies. IEEE Transactions on Geoscience and Remote Sensing, 33: 466-480.

Li X, Strahler A H. 1992. Geometric-optical bidirectional reflectance modeling of the discrete crown vegetation canopy: Effect of crown shape and mutual shadowing. IEEE Transaction on Geoscience and Remote Sensing, 30(2): 276-292.

Li X, Strahler A H. 1988. Modeling the gap probability of a discontinuous vegetation canopy. IEEE Transactions on Geoscience and Remote Sensing, 26(2): 161-170.

Li X, Strahler A H. 1985. Geometric-Optical modeling of a conifer forest canopy. IEEE Transactions On Geoscience and Remote Sensing, GE-23(5): 705-721.

Li Y, Xue Y, de Leeuw G, Li C, Yang L, Hou T, Marir F. 2013. Retrieval of aerosol optical depth and surface reflectance over land from NOAA AVHRR data. Remote Sensing of Environment, 133: 1-20.

Liu J, Pattey E. 2010. Retrieval of leaf area index from top-of-canopy digital photography over agricultural crops. Agricultural and Forest Meteorology, 150(11): 1485-1490.

Liu J, Pattey E, Admiral S. 2013. Assessment of in situ crop LAI measurement using unidirectional view digital photography. Agricultural and Forest Meteorology, 169(0): 25-34.

Liu J, Pattey E, Jégo G. 2012. Assessment of vegetation indices for regional crop green LAI estimation from Landsat images over multiple growing seasons. Remote Sensing of Environment, 123: 347-358.

Liu Q, Gu L, Dickinson R E, Tian Y, Zhou L, Post W M. 2008. Assimilation of satellite reflectance data into a dynamical leaf model to infer seasonally varying leaf areas for climate and carbon models. Journal of Geophysical Research, 113: D19113.

Marceau D J. 1999. The scale issue in the social and natural sciences. Canadian Journal of Remote Sensing, 2: 347-356.

Marceau D J, Hay G J. 1999. Remote sensing contributions to the scale issue. Canadian Journal of Remote Sensing, 25(4): 357-366.

Mei L, Xue Y, de Leeuw G, Holzer-Popp T, Guang J, Li Y, Yang L, Xu H, Xu X, Li C, Wang Y, Wu C, Hou T, He X, Liu J, Dong J, Chen Z. 2012. Retrieval of aerosol optical depth over land based on a time series technique using MSG/SEVIRI data. Atmospheric Chemistry and Physics, 12(19): 9167-9185.

Myneni R B, Nemani R R, Shabanov N V, Knyazikhin Y, Morisette J T, Privette J L, Running S W. 2007. LAI and FPAR. *In*: NASA Earth System Data Records (ESDR) White Papers. http://landportal.gsfc.nasa. gov/Documents/ESDR/LAI-FPAR_Myneni_whitepaper,pdf, 2007.

Ni W, Li X, Woodcock C E, Caetano M R, Strahler A H. 1999. An analytical hybrid GORT model for bidirectional reflectance over discontinuous plant canopies. IEEE Transactions on Geoscience and Remote Sensing, 37: 987-999.

Nilson T. 1971. A theoretical analysis of the frequency of gaps in plant stands. Agricultural Meteorology, 8: 25-38.

Norman J M, Compbell G S. 1989. Plant Physiological Ecology: Field Methods and Instrumentation. New York: Chapman and Hall.

Otsu N. 1979. A threshold selection method from gray-level histograms. IEEE Transactions on Systems, Man and Cybernetics, 9(1): 62-66.

Prévot L, Bare, F, Chanzy A, Olioso A, Autret H, Baudin F, Bessemoulin P, Bethenod O, Blamont D, Blavoux B, Bonnefond J M, Boubkraoui S, Bouman B A M, Braud I, Bruguier N, Calvet J C, Desprats J F, Ducros Y, Dyer D, Fies J C, Fischer A, François C, Gaudu J C, Gonzalez E, Goujet R, Gu X F, Guérif M, Hanocq J F, Hautecoeur O, Haverkamp R, Hobbs S, Jacob F, Jeansoulin R, Jongschaap R E E. 1998. Assimilation of multi-sensor and multi-temporal remote sensing data to monitor vegetation and soil. the Alpilles-ReseDA project. Geoscience and Remote Sensing Symposium Proceedings, 1998, 5: 2399-2401.

Qu Y, Zhu Y, Han W, Wang J, Ma M. 2014. Crop leaf area index observations with a wireless sensor network and its potential for validating remote sensing products. IEEE Journal of Selected Topics in Applied Earth Observations and Remote Sensing, 7(2): 431-444.

Remer L A, Kaufman Y J, Tanré D, Mattoo S, Chu D A, Martins J V, Li R R, Ichoku C, Levy R C, Kleidman R G, Eck T F, Vermote E, Holben B N. 2005. The MODIS aerosol algorithm, products, and validation. Journal of the Atmospheric Sciences, 62(4): 947-973.

Rodgers C D. 2000. Inverse Methods for Atmospheric Sounding: Theory and Practice. Singapore: World scientific Publishing Company.

Saltelli A, Bolado R. 1998. An alternative way to compute Fourier Amplitude Sensitivity Test (FAST). Computational Statistics & Data Analysis, 26: 445-460.

Schaaf C B, Gao F, Strahler A H, Lucht W, Li X, Tsang T, Strugnell N C, Zhang X, Jin Y, Muller J P. 2002. First operational BRDF, albedo nadir reflectance products from MODIS. Remote Sensing of Environment, 83(1): 135-148.

She L, Mei L, Xue Y, Che Y, Guang J. 2017. SAHARA: A simplified atmospheric correction algorithm for Chinese gaofen data: 1. aerosol algorithm. Remote Sensing, 9(3): 253.

Shi Y, Wang J D, Wang J, Qu Y. 2017. A prior knowledge-based method to derivate high-resolution leaf area map with limited field measurements, Remote Sensing, 9(1): 13.

Shi Y, Wang J D, Qin J, Qu Y. 2015. An upscaling algorithm to obtain the respresentative ground truth of LAI time series in heterogeneous land surface. Remote Sensing, 7(12): 12887-12908.

Tang Q, Bo Y, Zhu Y. 2016. Spatio-temporal fusion of multiple satellite aerosol optical depth (AOD) products using Bayesian maximum entropy method. Journal of Geophysical Research: Atmospheres, 121: 4034-4048.

Tarantola A. 1987. Inverse Problem Theory: Methods for Data Fitting and Model Parameter Estimation. New York: Elsevier Science.

Thomas S M, Heidinger A K, Pavolonis M J. 2004. Comparison of NOAA's operational AVHRR-derived cloud amount to other satellite-derived cloud climatologies. Journal of climate, 17(24): 4805-4822.

Tian L, Wang J D, Zhou H, Wang J. 2018. Automatic detection of forest fire disturbances based on dynamic modelling from MODIS time-series observations. International Journal of Remote Sensing, 39(12): 3810-3815.

Tian L, Wang J, Zhou H, Xiao Z. 2015. MODIS NBAR time series modeling with two statistical methods and application to leaf area index recursive estimation. IEEE Journal of Selected Topics in Applied Earth Observations and Remote Sensing, 8(4): 1404-1412.

Tian X, Li Z, Chen E, Liu Q, Yan G, Wang J, Niu Z, Zhao S, Li X, Pang Y, Su Z, Christiaan T, Liu, Wu C, Xiao Q, Yang L, Mu X, Bo Y, Qu Y, Zhou H, Gao S, Chai L, Huang H, Fan W, Li S, Bai J, Jiang L, Zhou J, 2015. The complicate observations and multi-parameter land information constructions on allied telemetry experiment (COMPLICATE). PLoS ONE, 10(9): e0137545.

Turc L. 1961. Evaluation des besoins en eau d'irrigation, évapotranspiration potentielle. Ann. Agron, 12: 13-49.

Venkatesh B, Nandagiri L, Purandara B K, Reddy V B. 2011. Modelling soil moisture under different land covers in a sub-humid environment of Western Ghats. Journal of Earth System Science, 120: 387-398.

Vermote E, Tanré D, Deuzé J, Herman M, Morcrette J, Kotchenova S. 2006. Secondsimulation of a satellite signal in the solar spectrum-vector (6SV). 6S User Guide Version 2, (July 1st, 2018).

Verbesselt J, Hyndman R, Newnham G, Culvenor D. 2010. Detecting trend and seasonal changes in satellite image time series. Remote Sensing of Environment, 114(1): 106-115.

Verbesselt J, Zeileis A, Herold M. 2012. Near real-time disturbance detection using satellite image time series. Remote Sensing of Environment, 123: 98-108.

Verger A, Baret F, Camacho F. 2011. Optimal modalities for radiative transfer-neural network estimation of canopy biophysical characteristics: Evaluation over an agricultural area with CHRIS/PROBA observations. Remote Sensing of Environment, 115: 415-426.

Wang D, Liang S. 2011. Integrating MODIS and CYCLOPES leaf area index products using empirical orthogonal functions. IEEE Transactions on Geoscience and Remote Sensing, 49(5): 1513-1519.

Wang L, Niu Z. 2014. Sensitivity analysis of vegetation parameters based on PROSAIL model. Remote Sensing Technology and Application, 29: 219-223.

Wang G, Garcia D, Liu Y, Je, R D, Dolman A J. 2012. A three-dimensional gap filling method for large geophysical datasets: Application to global satellite soil moisture observations. Environmental Modelling and Software, 30: 139-142.

Wang J, Wang J D, Shi Y, Liao L. 2019. A recursive update model for estimating high-resolusion LAI based on NARX neural network and MODIS time series. Remote Sensing, 11(3): 219.

Wang J, Wang J D, Zhou H, Xiao Z. 2017. Detecting forest disturbance in Northeast China from GLASS LAI time series data using dynamic model. Remote Sensing, 9(12): 1293.

Weiss M, Baret F, Leroy M, Hautecoeur O, Bacour C, Prevol L, Bruguier N. 2002. Validation of neural net techniques to estimate canopy biophysical variables from remote sensing data. Agronomie-Sciences des Productions Vegetales et de l'Environnement, 22: 547-554.

Xiao Z, Liang S, Wang J, Jiang B, Li X. 2011. Real-time retrieval of leaf area index from MODIS time series data. Remote Sensing of Environment, 115(1): 97-106.

Xiao Z, Liang S, Wang J, Song J, Wu X. 2009. A temporally integrated inversion method for estimating leaf area index from MODIS data. IEEE Transactions on Geoscience and Remote Sensing, 47(8): 2536-2545.

Xue Y, He X, Xu H, Guang J, Guo J, Mei L. 2014. China Collection 2.0: The aerosol optical depth dataset from the synergetic retrieval of aerosol properties algorithm. Atmospheric Environment, 95: 45-58.

Xue Y, He X, de Leeuw G, Mei L, Che Y, Rippin W, Guang J, Hu Y. 2017. Long-time series aerosol optical depth retrieval from AVHRR data over land in North China and Central Europe. Remote Sensing of Environment, 198, 471-489.

Yang W, Huang D, Tan B, Stroeve J C, Shabanov N V, Knyazikhin Y, Nemani R R, Myneni R B. 2006. Analysis of leaf area index and fraction of PAR absorbed by vegetation products from the terra MODIS sensor: 2000—2005. IEEE Transactions on Geoscience and Remote Sensing, 44(7): 1829-1842.

Young P C. 2003. Top-down and data-based mechanistic modelling of rainfall-flow dynamics at the catchment scale. Hydrological Processes, 17(11): 2195-2217

Young P C, Garnier H. 2006. Identification and estimation of continuous-time, data-based mechanistic models for environmental systems. Environmental Modelling & Software, 21(8): 1055-1072

Young P C, Ratto M. 2009. A unified approach to environmental systems modeling. Stochastic Environmental Research and Risk Assessment, 23(7): 1037-1057

Zhang R H. 2013. Quantitative Thermal Infrared Remote Sensing Model and Ground Experimental Base. Beijing: Science Press.

Zhao M, Xiang W, Peng C, Tian D. 2009. Simulating age-related changes in carbon storage and allocation in a Chinese fir plantation growing in southern China using the 3-PG model. Forest Ecology and Management, 257, 1520-1531.

Zheng G, Moskal L M. 2009. Retrieving leaf area index (LAI) using remote sensing: Theories, methods and sensors. Sensors, 9(4): 2719-2745.

Zhou H, Wang J, Liang S, Xiao Z. 2017. Extended data-based mechanistic method for improving leaf area index time series estimation with satellite data. Remote Sensing, 9(5): 533.

第5章 复杂地表森林垂直结构信息遥感定量提取

本章主要介绍利用极化 SAR（PolSAR）、干涉 SAR（InSAR）层析等雷达遥感手段及多模式遥感协同实现森林垂直结构信息定量反演的理论和方法。本章内容安排如下：第一节介绍 PolSAR 复杂地形效应及校正方法；第二节介绍 InSAR 层析森林垂直结构信息反演模型和方法；第三节介绍采用多模式遥感协同反演森林垂直结构信息的方法；最后一节为本章小结。

5.1 极化 SAR 复杂地形效应及校正方法

5.1.1 研究现状

极化 SAR 作为近些年较为先进的遥感技术，在对地观测领域已经得到了广泛应用。由于兼具了微波的穿透性和极化测量的优点，极化 SAR 在森林制图、森林地上生物量估测等方面具有其他遥感手段不可比拟的优势。但是，由于 SAR 对地形起伏的敏感及森林散射机制的复杂，在森林覆盖区域地形对于极化 SAR 信号的影响及其纠正是一个非常复杂的问题，也是必须解决的首要问题。

经过近几十年来关于 SAR 地形辐射校正方面的研究，学者们已经普遍认识到地形对于 SAR 影像的影响主要表现在 3 个方面：①有效散射面积，即单个像元内有效散射面积的变化；②散射机制随局部入射角的变化，通常被称为角度效应（Castel et al.，2001；Villard and Le Toan，2015）；③极化状态的改变，这方面的影响仅限于全极化 SAR 数据。关于极化 SAR 地形校正的研究，也可以分为上述 3 个方面。

1. 有效散射面积校正

对于有效散射面积的校正的研究最为成熟，已经发展了一系列方法。例如，局部入射角法（Freeman and Curlander，1989）；表面倾斜角法（Van Zyl，1993；陈尔学等，2002）；投影角法（Ulander，1996）。其中，投影角法最为精准，其他方法仅是投影角法的近似。陈尔学等（2010）评价了局部入射角法和投影角法，研究发现投影角法更加有效。Small（2011）提出了面积积分法，当 DEM 分辨率高于 SAR 分辨率的情况下，该方法可以计算更加精准的有效散射面积。Frey 等（2013）评价了投影角法和面积积分的方法，结果表明投影角法具有更稳健的表现。刘文祥（2014）提出了升降轨结合的校正方法，可以利用升降轨数据互补的特点解决数据缺失的问题。

2. 角度效应校正

角度效应校正是针对雷达具有一定穿透性的植被等区域，考虑雷达波的穿透深度、与植被间的相互作用机理等因素的校正方法，是针对特定地类的更为精细的校正方法。

通常采用局部入射角余弦的 n 次幂进行校正，这一半经验的校正公式最早由 Ulaby 提出（Ulaby et al.，1986），n 值依赖于极化方式和植被冠层的结构特点，通常根据先验知识给出。因此，这一步骤校正的研究重点在于如何确定 n 值。Castel 等（2001）提出了基于辐射传输模型的 n 值半经验模型，n 值被表达为植被冠层消光系数的非线性模型，具体校正时可通过先验知识计算 n 值。Sun 等（2002）采用了基于正向模型模拟目标反演区域的森林场景的 SAR 影像，然后通过不同坡度的 SAR 影像确定 n 值，进而对目标区域的真实 SAR 影像进行校正，该方法需要正向物理模型以及先验知识的支持，因此在实践中应用的难度较大。Hoekman 和 Reiche（2015）基于基本校正模型构造其线性方程的表达形式，通过 SAR 数据本身的规律拟合变化趋势确定"n 值"——方程未知参数，对于不同极化不同森林类型，Hoekman 拟合获得了不同的校正方程。关于角度效应校正，研究人员普遍认为不同地物类型，不同极化方式应采用不同 n 值，而 n 值如何自动化的确定也是目前研究的热点。

3. 极化方位角校正

上述两种校正方法主要是针对单一极化通道强度数据的辐射纠正，极化方位角校正则是应用于全极化数据，针对地形引起的极化状态的误差进行补偿的方法。该方面的理论最早是由 Schuler 和 Lee 在 2000 年左右提出，他们发现了地形坡度与极化方位角之间存在的对应关系，并总结了估计极化方位角旋转的算法，其中圆极化法的表现最优。圆极化法是以反射对称性为前提，假设极化方位角完全由地形引起，将极化 SAR 矩阵（C 或 T）沿视线方向旋转至满足反射对称性。关于极化相干矩阵满足反射对称性的标准，Villard 和 Le Toan（2015）提出了新的看法。

目前已提出的极化 SAR 地形校正方法，主要是上述 3 个方面内容的组合。例如，Castel 等（2001）、Sun 等（2002）、Hoekman 和 Reiche（2015）针对森林覆盖区域的极化 SAR 影像，采用的校正方法主要是有效散射面积校正和角度效应校正。Wang 等（2013）提出了结合有效散射面积校正和极化方位角校正的 PolSAR 影像校正方法，校正后的数据明显提高了分类的精度，但该方法没有进行角度效应校正。Villard 和 Le Toan（2015）在研究后向散射系数与森林生物量相关性时，采用了散射面积校正、角度效应和极化方位角校正结合的校正方法，校正后的数据显著提高了 P 波段 HV 极化与森林 AGB 的相关性，但该研究在进行角度效应校正时，n 值人为经验确定，且不同极化采用相同的 n 值。另外，从实践应用的角度总结，不同的 SAR 数据类型及不同的地物类型需要进行的校正内容不同，如表 5.1 所示。对于单极化/双极化数据，则不需要也无法进行极化方位角校正；对于

表 5.1 不同数据类型、地物类型需要进行校正的内容

数据类型	覆盖区域类型	校正内容	参考文献
单极化/双极化数据	无植被覆盖	有效散射面积校正	Ulander，1996
	植被覆盖	有效散射面积校正 + 角度效应校正	Castel et al.，2001 Hoekman and Reiche，2015
全极化数据（PolSAR）	无植被覆盖	极化方位角校正 + 有效散射面积校正	Wang et al.，2013
	植被覆盖	极化方位角校正 + 有效散射面积校正 + 角度效应校正	Villard and Le Toan，2015

无植被覆盖的区域，则通常无需进行角度效应校正；而无论对于哪种情况，有效散射面积校正均是必须完成的校正内容。

综上可知，对于森林覆盖区域的全极化 SAR 影像的地形校正，单一方面的校正不能有效地去除地形的影响。下一节将介绍一种适用于全极化 SAR 数据的三阶段地形效应校正方法。

5.1.2 PolSAR 三阶段地形效应校正方法

总体的技术路线如图 5.1 所示，主要包含 3 个方面的内容：首先，对原始 PolSAR 影像进行预处理，即完成数据定标、多视化、滤波等处理；其次，利用 PolSAR 成像轨道信息及辅助 DEM 数据，实现数据的地理编码处理，获得正射校正模型及相关增值产品，即得到描述局部成像几何的相关角度信息。这是进行 SAR 地形校正的首要步骤（Loew and Mauser，2007）；最后，实现对 PolSAR 数据的地形校正，主要包括极化方位角补偿，散射面积校正及角度效应校正 3 个方面。

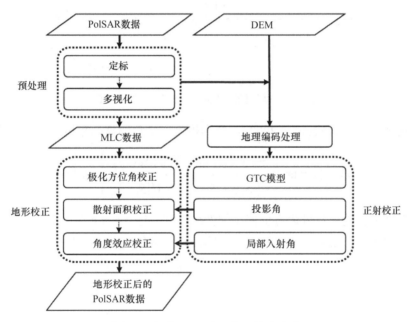

图 5.1　极化 SAR 地形校正技术路线

1. 全极化 SAR 数据

对于单站 SAR 系统，在互易性介质的前提条件下，PolSAR 数据可以用一个复数矢量来表示：

$$h = \begin{bmatrix} S_{HH} & \sqrt{2}S_{HV} & S_{VV} \end{bmatrix}^{T} \tag{5.1}$$

式中，T 代表矩阵转置。经过多视化、滤波降噪后，PolSAR 数据通常由极化协方差矩阵 C 来表示：

$$C = E\left(h \cdot h^{*T}\right) \tag{5.2}$$

式中，*T 代表矩阵共轭转置；$E(\cdot)$ 代表多视化平均。对于单极化或双极化 SAR 数据而言，我们利用的通常是单个极化的后向散射强度信息，地形校正处理的是一个值：σ。而对于全极化数据而言，地形校正处理的是整个极化散射矩阵，因为我们利用的是整个矩阵的信息，包含每个极化通道的强度及蕴含在极化矩阵内的极化状态信息。

2. 阶段1：极化方位角校正

雷达发射的极化电磁波可以利用一个极化椭圆来描述。如图 5.2 所示，左侧和右侧分别为发射和接收的极化电磁波对应的极化椭圆，其中，椭圆长轴和水平方向的夹角 τ 为极化方位角，ε 为椭圆率角。可以看到，受到方位向地形影响，极化椭圆发生了旋转，极化方位角发生了偏移，这将引起极化信息测量的不准确。

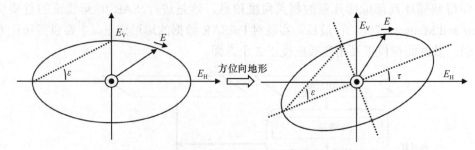

图 5.2　极化椭圆及极化方位角旋转示意图

基于圆极化法（Lee et al., 2002），得到极化方位角偏移的角度为

$$\delta = \frac{1}{4}\left[\arctan\left(\frac{-4\,\text{Re}\left(\left\langle\left(S_{\text{HH}} - S_{\text{VV}}\right)S_{\text{HV}}^{*}\right\rangle\right)}{-\left\langle\left|S_{\text{HH}} - S_{\text{VV}}\right|^{2}\right\rangle + 4\left\langle\left|S_{\text{HV}}\right|^{2}\right\rangle}\right) + \pi\right] \tag{5.3}$$

式中，考虑到运算过程及极化方位偏角的性质限制，当 $\delta > \pi/4$ 时，$\delta = \delta - \pi/2$。在得到极化方位角的旋转量之后，即可利用相应的公式对极化数据进行补偿。

$$C_{\text{POAC}} = VCV^{\text{T}},$$

$$V = \frac{1}{2}\begin{bmatrix} 1 + \cos 2\delta & \sqrt{2}\sin 2\delta & 1 - \cos 2\delta \\ -\sqrt{2}\sin 2\delta & 2\cos 2\delta & \sqrt{2}\sin 2\delta \\ 1 - \cos 2\delta & -\sqrt{2}\sin 2\delta & 1 + \cos 2\delta \end{bmatrix} \tag{5.4}$$

3. 阶段2：散射面积校正

对于离散目标而言，SAR 获取的是目标的雷达散射截面信息（radar cross section, RCS）。而对于自然界中更为常见的分布式目标，则需要根据目标区域的有效散射面积计算单位面积上的雷达散射截面，即后向散射系数。而有效散射面积的大小与局部地形和卫星之间的相对位置相关，但是一般的星载 SAR 标准产品往往是以地球椭球模型为参考计算散射面积，因此得到的后向散射系数中包含着地形影响带来的偏差。为了去除这种影响，需要根据局部的地形估计真实的有效散射面积，校正 SAR 影像的后向散射系数。

如图 5.3 所示，是考虑局部地形的 SAR 成像几何示意图。其中，向量 R 代表雷达入射波方向，X 轴代表方位向，Y 轴代表距离向；$ABCD$ 代表地距空间的散射面积单元，面积用 A_σ 表示，其法向量为 n；n 与 $-R$ 方向的夹角为该散射单元的入射角 θ_{loc}。p 为入射波面的法向量，它与 n 之间的夹角，常被称为"投影角"。Ulander 于 1996 年率先提出了地表对应的有效散射面积与雷达分辨率的关系为

$$A_\sigma = \delta_a \delta_r / \cos\psi \qquad (5.5)$$

式中，δ_r、δ_a 分别为方位向和距离向的分辨率。因此可得到，准确的后向散射系数应为

$$\sigma^0 = \beta^0 \cdot \cos\psi \qquad (5.6)$$

式中，β^0 为雷达亮度，是雷达测量的原始值。对于极化协方差矩阵 C 而言，校正公式为

$$C_{\mathrm{SAC}} = C \cdot \cos\psi \qquad (5.7)$$

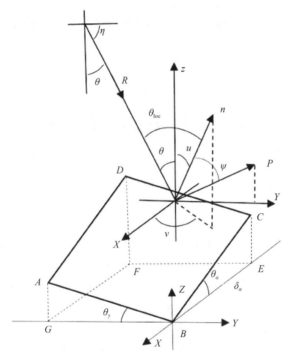

图 5.3　考虑局部地形的 SAR 成像几何示意图

4. 阶段 3: 角度效应校正

对于森林等植被区域，由于其结构复杂，局部地形不仅影响每个像元的有效散射面积，而且对其物理散射机制也有影响。例如，对于相同树高的林分，在迎坡面局部入射角较小且雷达波对森林冠层穿透深度变短，更易穿透达到地表，因此，迎坡面的像元里除了森林冠层的信息，还有可能包含地表的信息；而对于背坡面，局部入射角较大且冠层穿透深度变长，更长的消光距离使得后向散射系数更弱，而且更难达到地表也使其与迎坡面具有不同的散射机制。这种现象通常被称之为角度效应，需要进一步的精细校正。

由于角度效应引起的后向散射系数的变化通常采用下式或其变体进行校正（Ulaby et al.，1986；Castel et al.，2001）：

$$\sigma_{\theta_{loc}} = \sigma \cdot k(n) = \sigma \cdot \left(\frac{\cos \theta_{ref}}{\cos \theta_{loc}} \right)^n \qquad (5.8)$$

式中，θ_{ref} 代表参考入射角，即不考虑地形时的入射角。关于 n 值目前普遍采用的方法是根据目标区域先验知识计算或者经验性的给出，在实践应用中可操作性不高。这里采用一种新的最小相关系数的方法来自动确定 n 值，采用校正后的后向散射系数 $\sigma_{\theta_{loc}}$ 与局部入射角的相关性来评价角度效应的效果，即

$$f(n) = \rho(\theta_{loc}, \sigma_{\theta_{loc}}) \qquad (5.9)$$

最佳 n 值应是绝对值最小的相关系数对应的 n 值，因此

$$n = \arg\min \left\{ abs \left[f(n) \right] \right\} \qquad (5.10)$$

可得到每个极化通道的 n 值为 n_{hh}，n_{hv}，n_{vv}。因此，每个极化通道的校正系数为 $k(n_{hh})$，$k(n_{hv})$，$k(n_{vv})$。对于极化协方差矩阵 C，最终的校正公式为

$$C_{AVE} = C \odot K,$$

$$K = \begin{bmatrix} k(n_{hh}) & \sqrt{k(n_{hh} + n_{hv})} & \sqrt{k(n_{hh} + n_{vv})} \\ \sqrt{k(n_{hh} + n_{hv})} & k(n_{hv}) & \sqrt{k(n_{hv} + n_{vv})} \\ \sqrt{k(n_{hh} + n_{vv})} & \sqrt{k(n_{hv} + n_{vv})} & k(n_{vv}) \end{bmatrix} \qquad (5.11)$$

式中，$\odot$ 为 Hadamard 积。

5.1.3 地形效应校正实验

1. 实验区和数据

实验区位于内蒙古大兴安岭林区，地理位置上临近根河市，如图 5.4 所示。根河市位于大兴安岭北段西坡，呼伦贝尔市北部，地理坐标 120°12′～122°55′E，50°10′～52°30′N，是中国纬度最高的城市之一。该区域属于典型的大兴安岭林区，地面平均高程 800m，区域地形起伏较大。此实验区主要树种为白桦（*Betula platyphylla* Suk.）、落叶松 [*Larix gmelinii*（Rupr.）Kuzen.]。

实验数据采用的是 ALOS-2 PALSAR-2 L 波段全极化 SAR 数据，观测模式为 HBQ 6m。覆盖范围如图 5.4 中红色矩形框所示（70km×40km）。该数据成像时间为 2014 年 8 月 29 日，成像模式为 HBQ 全极化模式，卫星升轨右视成像。该数据 SLC 方位向、距离向分辨率分别为 4.3m、5.1m，中心入射角为 36.5°。如图 5.5 所示，为该数据的 Pauli RGB 显示。

图 5.6 为该区域 ASTER DEM 数据，分辨率为 30m，将用于 SAR 数据的地形正射校正及后续的地形辐射校正研究。图 5.6 中可以看出该区域的起伏较大，由图 5.5 中也能看到明显的地形效应。图 5.4 中绿色矩形框区域具有 LiDAR 森林 AGB 产品，如图 5.7 所示。

2. 数据预处理及地理编码结果

首先，对单视复数据的 PolSAR 数据进行多视化处理，其中方位向视数为 8，距离向视数为 4，多视处理后影像大小为 3245×2176 个像元。

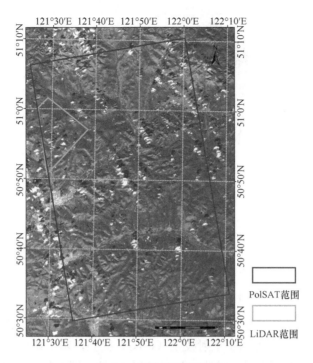

图 5.4　实验区地理位置

图 5.5　根河实验区 ALOS-2 PALSAR-2 Pauli RGB

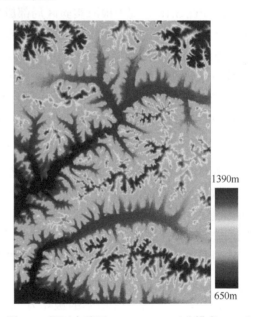

图 5.6　根河实验区 ASTER DEM（分辨率：30m）

　　然后，基于多视化后的 SAR 数据和 DEM 数据进行地理编码处理。利用 DEM 生成模拟 SAR 影像，然后与真实 SAR 影像进行精确配准，最终得到的配准精度，方位向为 0.45 个像元，距离向为 0.37 个像元，地理编码后 PolSAR 影像的分辨率为 30m。经过这一步骤，即可获取 SAR 影像每个像元精确的地理坐标和成像几何信息。

250t/hm²

0t/hm²

图 5.7 LiDAR 森林 AGB 分布图

如图 5.8 所示，是经过地理编码后得到的 Pauli RGB 影像，可以看到明显的地形效应。经过地理编码后同样得到了正射校正（GTC）模型，基于该模型可以实现 SAR 斜距空间与地理坐标空间的转换。另外，经过地理编码校正即可得到局部的成像几何关系，图 5.9 和图 5.10 分别为根河实验区局部成像几何中的投影角和局部入射角分布图，可以看到投影角一般是迎坡面较大，背坡面较小，局部入射角则相反。

图 5.11 是采用圆极化法 [公式（5.3）] 计算的极化方位偏移角信息。图中可以看到，极化方位偏移角能够一定程度上反映地形起伏的信息。因此，也有学者基于极化方位偏移角来反演 DEM（Li et al.，2015）。对比也可以看到，图 5.11 反映的主要是方位向的地形信息，图 5.9 和图 5.10 能够反映的则主要是距离向的地形信息。

3. 地形校正过程

PolSAR 影像地形校正包含极化方位角校正（POAc）、有效散射面积校正（ESAc）、角度效应校正（AVEc）三个方面。其中，极化方位角校正不需要地理编码处理，在 PolSAR 影像斜距空间内即可完成。其他两种校正需要基于 GTC 模型，在斜距空间或地理坐标空间完成。为了便于对比分析，这次试验中的地形校正相关结果均展示在地理坐标空间。

对于 PolSAR 影像总体的校正过程如下式所示：

$$C_{\mathrm{RTC}} = (VCV^{\mathrm{T}}) \cdot \cos\varphi \odot K \qquad (5.12)$$

首先，基于图 5.12 所示的极化方位偏移角信息进行极化方位角校正；然后，基于图 5.10 所示的投影角信息进行有效散射面积校正；在角度效应校正阶段，需要针对不同的地物覆盖类型进行。该实验区主要为森林覆盖区域，且非森林区域主要分布在平地（图 5.8）。在这次实验中，基于经过极化方位角和散射面积校正后的 PolSAR 影像，采用极化分解和复 Wishart 分类器，容易得到该区域的森林-非森林覆盖图，如图 5.12 所示。然后，将图 5.12 作为非森林区域的掩膜文件，利用公式（5.10）即可获得森林区域的不同极化通道的最优 n 值。图 5.13 所示，为不同极化在采取不同的 n 值时，校正后的后向散射系数与局部入射角的相关性趋势 [公式（5.9）]。

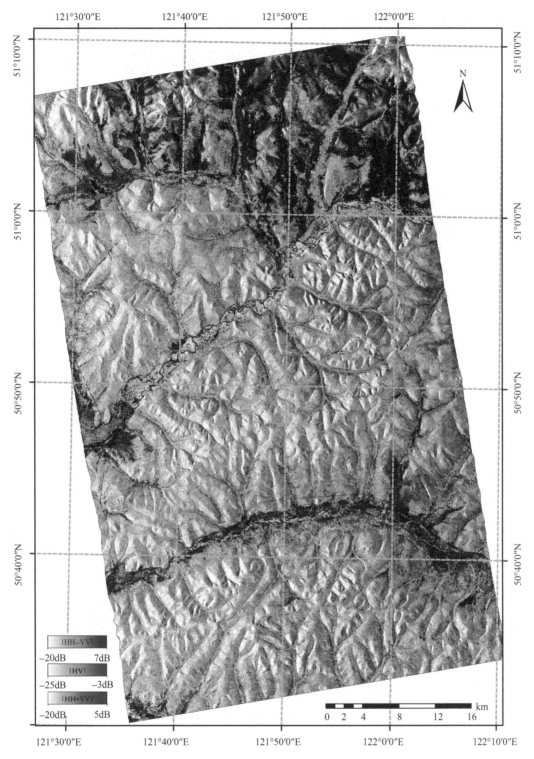

图 5.8 GTC 后的 Pauli RGB

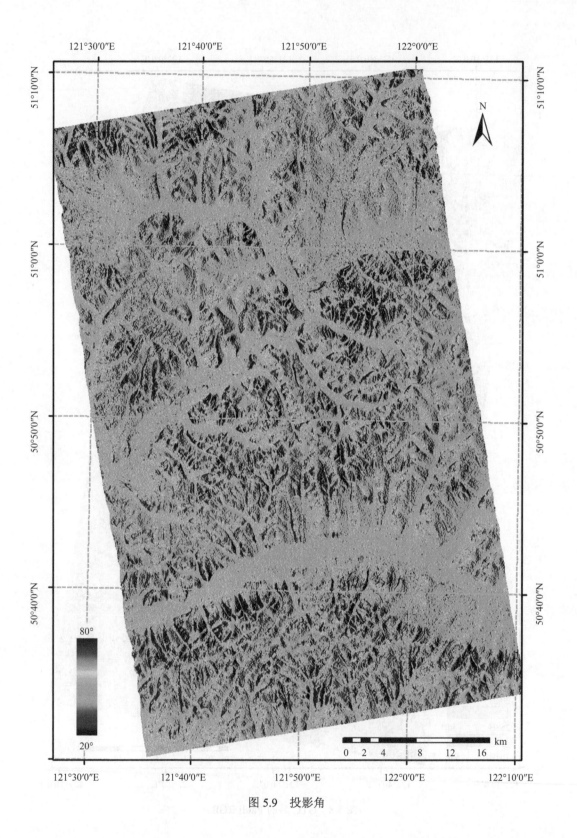

图 5.9　投影角

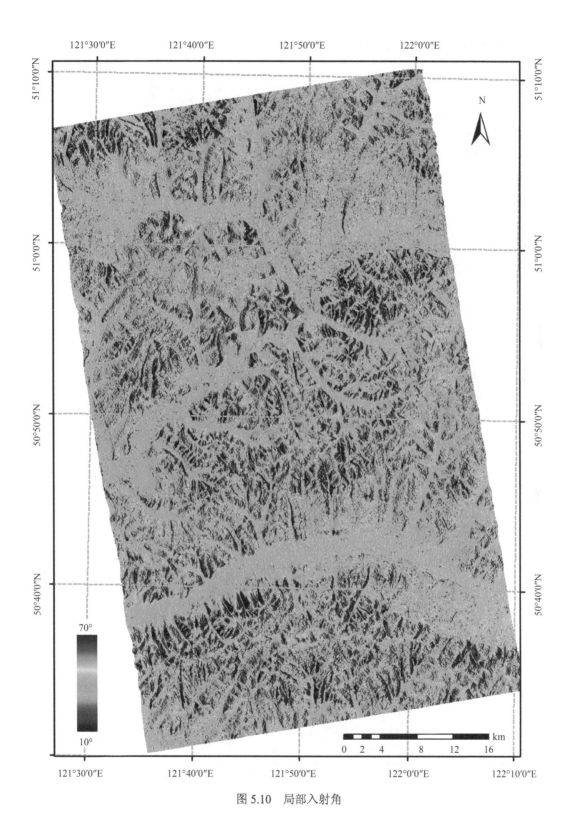

图 5.10 局部入射角

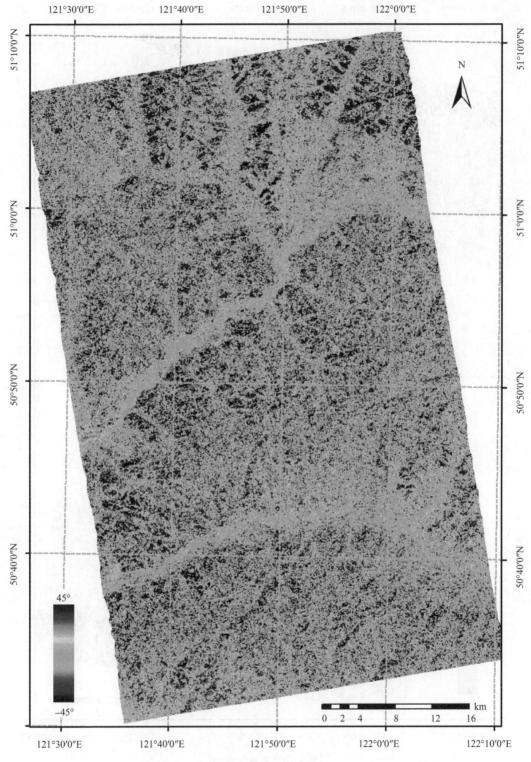

图 5.11 极化方位偏移角

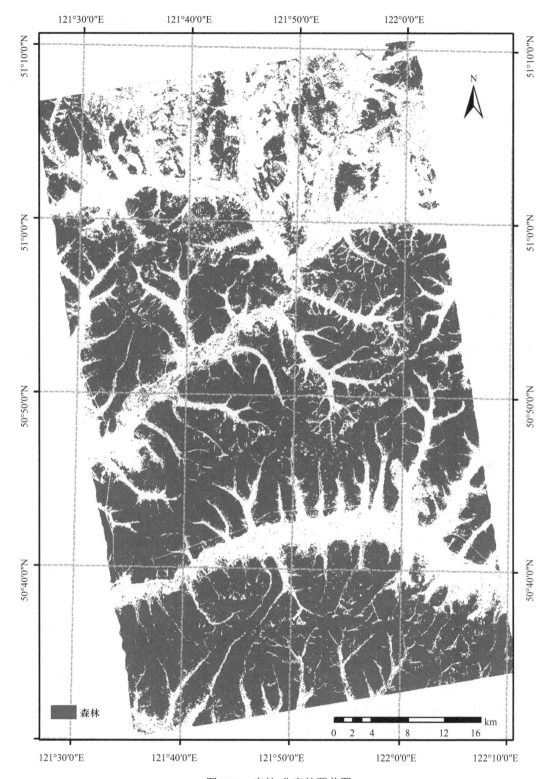

图 5.12　森林-非森林覆盖图

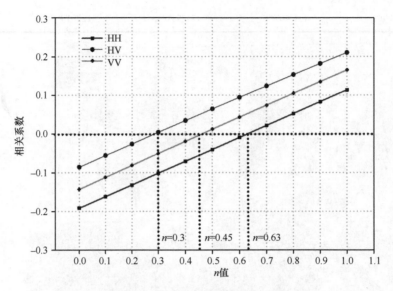

图 5.13　最小相关系数法确定 n 值

从图 5.13 中可以看到，相同的 n 值对应的不同极化与局部入射角的相关性不同。这也恰好说明了在角度效应校正时，不同极化应采取不同的 n 值。基于最小相关性的原则 [公式（5.10）]，可知不同极化对应的最优 n 值分别为：$n_{hh}=0.30$，$n_{hv}=0.45$，$n_{vv}=0.63$。因此，可以得到最终的角度效应校正矩阵 K 为

$$K = \begin{bmatrix} k(0.30) & \sqrt{k(0.75)} & \sqrt{k(0.93)} \\ \sqrt{k(0.75)} & k(0.45) & \sqrt{k(1.08)} \\ \sqrt{k(0.93)} & \sqrt{k(1.08)} & k(0.63) \end{bmatrix} \qquad （5.13）$$

4. 地形校正结果分析

图 5.14 为极化方位角校正后的 PolSAR 影像，与校正前的 PolSAR 影像（图 5.9）相比并未有明显的改善。主要原因在于，地形效应在 PolSAR 影像上的表现主要体现距离向地形造成的迎坡面与背坡面亮度的差异，方位向地形的影响相对较弱，因此从视觉上不能够明显地看出极化方位角校正的效果。图 5.15 为散射面积校正后的 PolSAR 影像。可以看到，与图 5.8、图 5.13 相比，地形效应得到了有效的去除，但在局部的影像细节上仍然存在轻微程度的地形效应。图 5.16 是角度效应校正后的 PolSAR 影像。可以看到，图 5.15 中残存的地形效应也已经得到了有效的去除，视觉上影像的迎坡面与背坡面已不存在明显的差异。

为了能够体现不同校正步骤的作用，我们进行了更详细的分析。首先，我们对极化方位角校正前后不同极化后向散射系数的偏差大小与极化方位偏移角的关系等进行了详细分析，如图 5.17 所示。

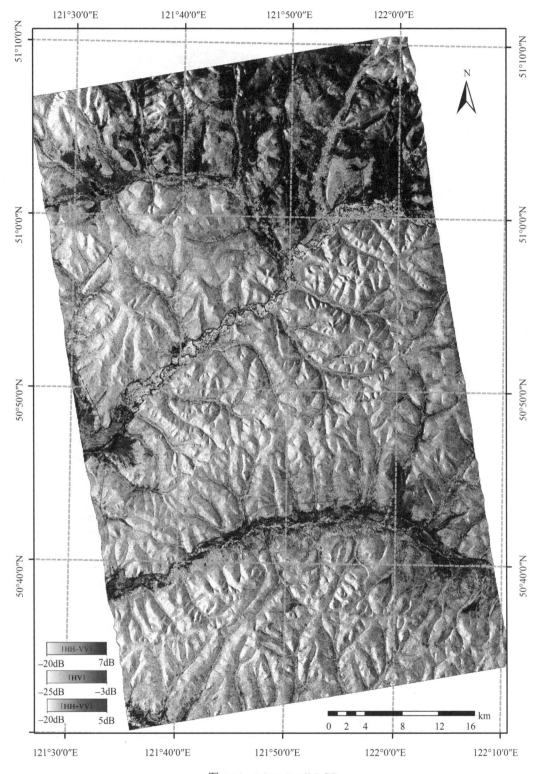

图 5.14　POAc Pauli RGB

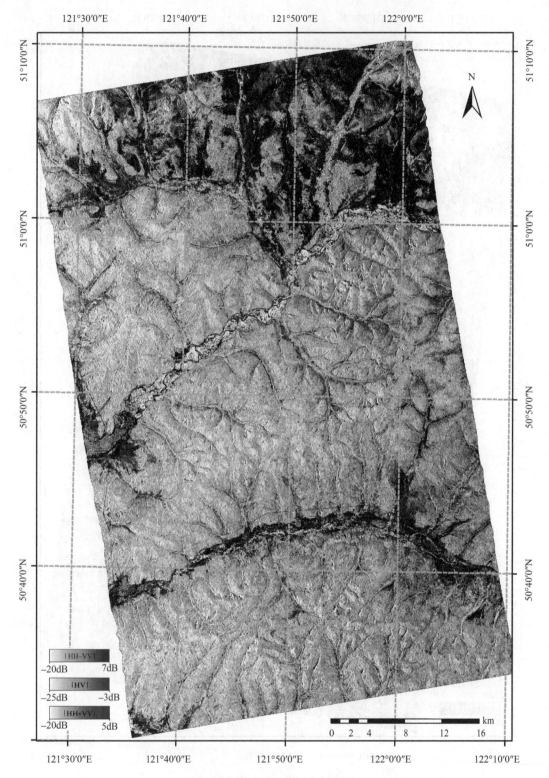

图 5.15 POAc +ESAc Pauli RGB

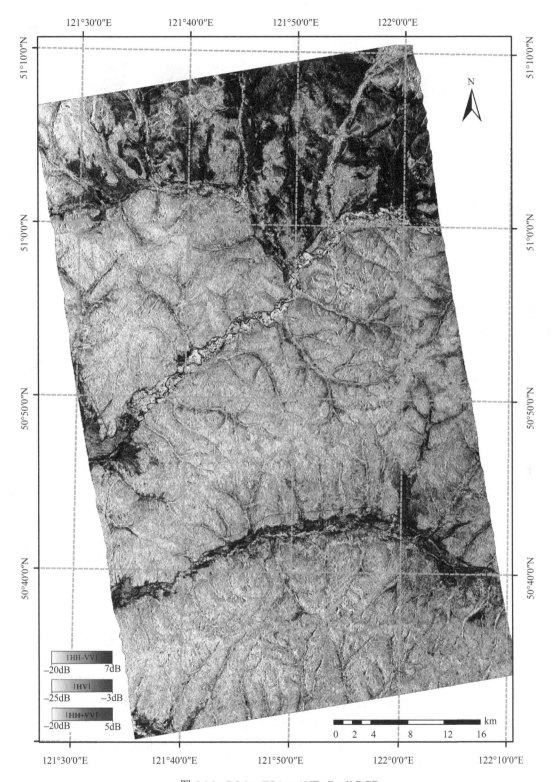

图 5.16　POAc+ESAc+AVEc Pauli RGB

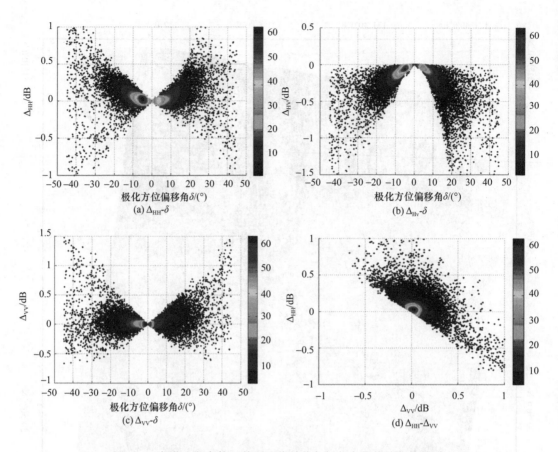

图 5.17　极化方位角校正前后影像差值与极化方位偏移角的关系

图 5.17 中，Δ_{HH}、Δ_{HV}、Δ_{VV} 分别为校正后与校正前不同极化的后向散射系数差值。可以看到，随着极化方位偏移角的增大，Δ_{HH}、Δ_{HV}、Δ_{VV} 的数值范围增大，但 Δ_{HH}、Δ_{VV} 的值可正可负，而 Δ_{HV} 的值则小于等于零。上述规律说明了，只要极化方位角发生偏移，就会造成 HV 极化后向散射系数的高估。由于极化总功率守恒，这也就意味着 HH 和 VV 极化不可能同时被高估，即 Δ_{HH}、Δ_{VV} 不可能同时为负，图 5.17（d）则验证了这一点。另外，极化方位角的旋转对于 HV 的极化的影响最大。在极化方位偏移角为 20°时，HH 和 VV 极化后向散射系数的误差最大在 0.5dB 左右，而 HV 对应的误差最大则超过了 1dB。这也说明了对 PolSAR 数据进行极化方位角校正的必要性。

为了更好地体现地形校正方法的效果及评价不同阶段校正步骤起到的作用，进一步分析了不同校正阶段的 PolSAR 影像与局部入射角间的关系。如图 5.18 所示，是经过不同校正阶段后，不同极化后向散射系数随局部入射角变化的趋势。由图 5.18 中可以看到，未经散射面积校正的 PolSAR 影像 [图 5.18（a）～（c）] 不同极化的后向散射系数与局部入射角间有着明显的线性关系，在局部入射角较小时后向散射系数偏大，局部入射角较大时后向散射系数偏小。经过有效散射面积校正后 [图 5.18（d）～（f）]，上述现象得到了有效改善。但是随着局部入射角的增大，不同极化的后向散射系数仍有不同程度上的减小趋势。而经过角度效应校正后，散射面积校正后残余的地形效应已经得到了有效去除。

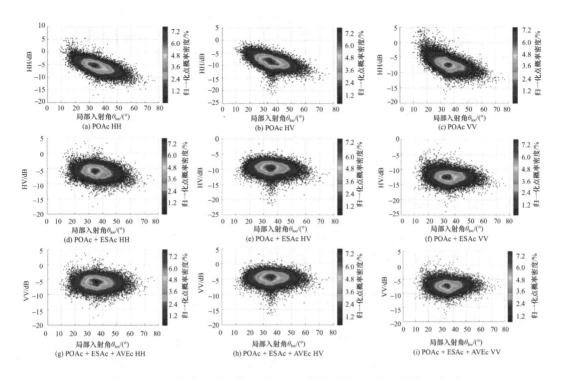

图 5.18 不同极化、不同校正阶段后向散射系数与局部入射角的关系

基于实验区的 LiDAR 森林 AGB 数据（图 5.7），分析了地形校正前后后向散射系数与森林地上生物量之间的关系。图 5.19 和图 5.20 分别是地形校正前后不同极化后向散射系数与生物量之间的关系图，可以看到，未经校正的后向散射系数与生物量之间的相关性较差，经过校正之后，两者之间呈现了更好的相关关系（图 5.20）。其中，HV 极化与生物量的相关性最好，而且经过地形校正后 HV 和生物量之间的相关性提高了约 0.3，这也说明了地形校正的重要作用。

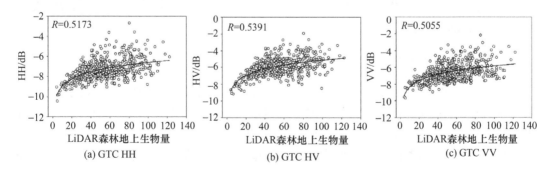

图 5.19 未经地形校正的不同极化后向散射系数与生物量之间的关系

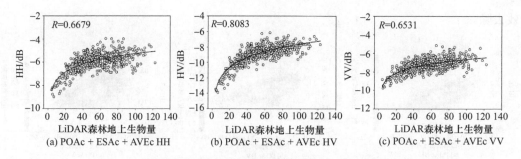

图 5.20 地形校正后不同极化后向散射系数与生物量之间的关系

5.1.4 讨论

1. DEM 分辨率对于校正过程的限制

地形校正的首要步骤是基于 DEM 数据对 SAR 数据进行地理编码。对于一般的用户而言,通常只能够采用全球免费共享的 DEM 数据,如 ASTER DEM、SRTM DEM、ALOS 3D DSM 等。这些 DEM 数据的分辨率最高只有 30m,而目前的星载 PolSAR 数据,即便考虑到多视化去噪降低分辨率的影响,可用 DEM 数据的分辨率也相对偏低。因此,在实践应用中需要注意两点:①多视化处理后的 SAR 数据分辨率应与 DEM 分辨率相当,这样可以保证地理编码时的配准精度,进一步确保 SAR 局部几何信息的准确;②对于极化方位角校正处理,建议在 SAR 斜距空间内完成,可以降低地理编码重采样对于极化 SAR 数据的影响。

2. 森林冠层对于极化方位角校正的影响

对于森林区域,如果森林冠层不满足反射对称性的条件,极化方位角有可能受到森林冠层的影响而发生旋转。因此,采用圆极化法得到的极化方位偏移角可能是森林冠层和地形的综合结果(Lee et al.,2003;Li et al.,2015)。此时,极化方位角校正不仅仅是纯粹的校正方位向地形的影响,而且还包含森林冠层的影响,校正后的极化 SAR 数据将满足反射对称性。因此,对于不满足反射对称性条件的冠层,会发生过校正现象。如何做到保留森林冠层的极化方位角特征,只去除林下地形对于极化方位角的影响,是进一步需要研究的问题。

3. 半经验的角度效应校正方法

这里展示的角度效应校正方法是一种基于统计的半经验校正方法,在实践应用中需要注意两点。首先,角度效应校正需要土地覆盖类型图作为先验知识。如果没有分类数据,可先对 PolSAR 数据进行散射面积校正和极化方位角校正,然后基于校正后的 PolSAR 数据获取分类图。已有研究表明,经过有效散射面积校正后,地形对于土地覆盖类型分类的影响已经很微弱(Hoekman and Reiche,2015)。其次,由于是基于统计的方法确定 n 值。因此,对于同一覆盖类型的区域,坡度、坡向的分布应相对均匀,才能保证校正的合理性。

5.2　InSAR 层析森林垂直结构信息定量提取模型和方法

5.2.1　InSAR 层析基本原理

InSAR 层析通过机载或卫星平台的多次飞行对同一对象进行多次观测，多部高度不同的天线在法向（定义与雷达视线方向和飞行方向相垂直的方向为法向）形成合成孔径，从而具备高程分辨能力，也称为多基线 InSAR 层析。相比极化相干层析（PCT），多基线 InSAR 层析的物理含义更为明确，且可获得较高的高程分辨率。多基线 InSAR 层析成像几何配置如图 5.21 所示，M 表示 M 部高度不同的天线，L_T 表示法向形成的合成孔径长度，$\dfrac{L_T}{M-1}$ 表示法向基线长度，R 表示传感器与地物目标散射体之间的距离，R_0 表示传感器与地物目标散射体之间的最小距离。

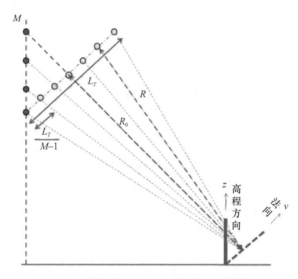

图 5.21　多基线 InSAR 层析成像几何示意图

在森林中，有多种散射机制存在，主要包括来自地面的表面散射、地面与森林树干的二次散射、地面与森林冠层的二次散射以及森林冠层的体散射，其中表面散射和二次散射的相位中心均固定在地表，体散射的相位中心固定在冠层中间，因此通常认为 SAR 分辨单元的散射回波分别来自地面和森林冠层。森林场景多基线 InSAR 层析成像的目的就是在 SAR 分辨单元内将来自地面和森林冠层的回波能量在高程方向进行分离。森林场景多基线 InSAR 层析成像示意图如图 5.22 所示。

假设有 M 部天线，形成有 M 景 SAR 单视复影像，某像素（斜距向坐标 r、方位向坐标 x）在第 i 景 SAR 影像中的复数值 $y_i(r, x)$ 可以被认为是该分辨单元内目标散射函数在法向的积分，表示为

$$y_i(r, x) = \int_C s(r, x, v) \cdot \exp\left\{-\mathrm{j}\frac{4\pi}{\lambda}\frac{b_i}{r}v\right\}\mathrm{d}v \tag{5.14}$$

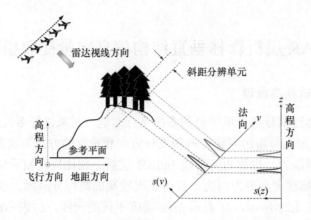

图 5.22　森林场景多基线 InSAR 层析成像示意图

式中，v 为信号沿法向的采样坐标；λ 为 SAR 的波长；r 为斜距；b_i 为第 i 景 SAR 影像相对主影像的垂直基线；$s(r, x, v)$ 为在法向分布的目标散射函数。假设信号沿高程方向的采样坐标为 z，雷达波的入射角为 θ_0，高程在法向与高程方向的投影有如下关系：

$$z = v \cdot \sin\theta_0 \tag{5.15}$$

将积分变量由法向到高程方向进行转换，则有

$$y_i(r,x) = \int_C s(r,x,z) \cdot \exp\{-\mathrm{j}k_z(i)z\}\,\mathrm{d}z \tag{5.16}$$

式中，$s(r, x, z)$ 为在高程方向分布的目标散射函数；$k_z(i) = \dfrac{4\pi}{\lambda}\dfrac{b_i}{r\sin\theta_0}$ 为第 i 景 SAR 影像相对主影像的垂直有效波数。多基线 InSAR 层析要解决的问题是针对每一个 SAR 分辨单元，根据复观测值 $y_i(r, x)$ 恢复出沿高程方向分布的目标散射函数 $s(r, x, z)$。

在理想情况下，假设该 M 个通道是各向同性的且不存在通道不一致、互耦等因素的影响。考虑分辨单元内的目标由不同高度处的 D 个散射体构成，该 M 景 SAR 单视复影像可离散化表示为

$$
\begin{bmatrix} y_1 \\ y_2 \\ \vdots \\ y_M \end{bmatrix}
=
\begin{bmatrix}
\exp\{-\mathrm{j}k_z(1)z_1\} & \exp\{-\mathrm{j}k_z(1)z_2\} & \cdots & \exp\{-\mathrm{j}k_z(1)z_D\} \\
\exp\{-\mathrm{j}k_z(2)z_1\} & \exp\{-\mathrm{j}k_z(2)z_2\} & \cdots & \exp\{-\mathrm{j}k_z(2)z_D\} \\
& & \vdots & \\
\exp\{-\mathrm{j}k_z(M)z_1\} & \exp\{-\mathrm{j}k_z(M)z_2\} & \cdots & \exp\{-\mathrm{j}k_z(M)z_D\}
\end{bmatrix}
\begin{bmatrix} s_1 \\ s_2 \\ \vdots \\ s_D \end{bmatrix}
+
\begin{bmatrix} n_1 \\ n_2 \\ \vdots \\ n_M \end{bmatrix}
\tag{5.17}
$$

将式（5.17）写成矢量形式如下：

$$Y = A(z)S + N \tag{5.18}$$

式中，$Y = [y_1 \quad y_2 \quad \cdots \quad y_M]^{\mathrm{T}}$ 为 M 个通道观测数据所构成的矢量；$N = [n_1 \quad n_2 \quad \cdots \quad n_M]^{\mathrm{T}}$ 为 M 个通道的噪声数据矢量，$S = [S_1 \quad S_2 \quad \cdots \quad S_D]^{\mathrm{T}}$ 为沿高程方向分布的 D 个散射体的后向散射功率，$A(z)$ 为 $M \times D$ 维导向矩阵，由 D 个导向矢量构成，即

$$A(z) = [a(z_1), \cdots, a(z_D)] \tag{5.19}$$

式中，$z = [z_1 \quad z_2 \quad \cdots \quad z_D]^{\mathrm{T}}$ 为 D 个散射体对应的高度矢量，导向矢量表示为

$$a(z_i) = \begin{bmatrix} \exp\{-jk_z(1)z_i\} \\ \exp\{-jk_z(2)z_i\} \\ \vdots \\ \exp\{-jk_z(M)z_i\} \end{bmatrix}, \quad i = 1, 2, \cdots, D \qquad (5.20)$$

数据协方差矩阵 R 可以表示为

$$R = A(z)R_S A(z)^{\dagger} + R_n \qquad (5.21)$$

式中，R_S 为信号协方差矩阵；R_n 为白噪声协方差矩阵，样本协方差矩阵为 $\hat{R} = \dfrac{1}{L}\sum\limits_{l=1}^{L} y(l)y^{\dagger}(l)$，其中，$L$ 为多视的视数，$y(l)$ 表示 M 景单视复影像。

5.2.2 InSAR 层析成像方法

多基线 InSAR 层析要解决的问题是针对每一个 SAR 分辨单元，根据多个复观测值恢复出沿高程方向分布的目标散射函数。多基线 InSAR 层析三维成像的理论研究源于 FFT 成像理论，最初基于实验室仿真数据的三维成像（Pasquali et al.，1995）及 Reigber 首次展示的机载数据三维成像（Reigber and Moreira，2000）均采用的传统 FFT 方法。为解决 FFT 方法成像分辨率较低的问题（受瑞利限限制），一系列超分辨方法被相继提出。

根据频谱分析方法的不同可以将层析成像方法归为以下几类：非参数频谱分析法（包括 Beamforming、Capon 、SVD 方法等）、参数频谱分析法（包括 Music 、WSF、NLS 方法等）和压缩感知层析成像法。其中，非参数频谱分析法不需要提前假设散射体的数目、散射机理等先验知识，可以对阵列信号直接进行处理，获得较连续的谱，辐射分辨率较高；参数频谱分析法需要预先假设分辨单元内垂直方向上散射体的数目以对模型进行定阶，可以获得高程分辨率较高的垂直方向上散射体的位置分布，但其辐射分辨率较低；压缩感知层析成像算法根据数值最优化理论重构原始信号，不仅具有较强的噪声抑制能力和较高的高程分辨能力，还可以降低对航过次数的要求，但其辐射分辨率较低，无法准确重建相对反射率垂直分布信息。考虑到压缩感知层析成像算法需要基于信号的可稀疏性原理，而森林场景较为复杂，森林散射体随机分布，所返回信号通常很难满足可稀疏性，因此本书只对非参数频谱分析法和参数频谱分析法进行研究。鉴于 Beamforming、Capon 和 Music 等主流算法具有一定代表性，且计算量相对较小，发展较为成熟，较适用于大范围内应用，下面将对 Beamforming、Capon、Music 等频谱分析方法进行分析和讨论。

Beamforming 算法（指常规波束形成法）是最早出现的阵列信号处理方法。Beamforming 算法通过将阵列输出信号（各阵元观测值）进行加权求和，将天线阵列波束"导向"到信号接收的方向（地物目标）。该算法运算量小，估测性能较为稳定（Pardini，2012），其谱估计公式为

$$P_{\mathrm{bf}}(z) = a(z)^{\dagger} R a(z) \qquad (5.22)$$

式中，$P_{\mathrm{bf}}(z)$ 为采用 Beamforming 算法估计得到的后向散射功率垂直分布函数；$a(z)$ 表

示高度为 z 的导向矢量；R 表示多基线 InSAR 数据协方差矩阵。

Capon 波束形成器也被称为最小方差无畸变响应波束形成器。Capon 算法是基于最小方差准则对常规波束形成法的一种改进算法，通过最优加权矢量对各阵元信号进行空域滤波，以使噪声干扰得到抑制，期望信号得到增强，其谱估计公式为

$$P_{cp}(z) = \frac{1}{a^{\dagger}(z)R^{-1}a(z)} \tag{5.23}$$

式中，$P_{cp}(z)$ 为采用 Capon 算法估计得到的后向散射功率垂直分布函数；$a(z)$ 表示高度为 z 的导向矢量；R 表示多基线 InSAR 数据协方差矩阵。

Music 算法是空间谱估计理论体系子空间类算法中的标志性算法。Music 算法的基本思想是将数据的协方差矩阵进行特征分解，从而得到与信号分量相对应的信号子空间和与噪声分量相对应的噪声子空间，然后利用这两个子空间的相互正交性来估计信号的参数。Music 算法的运算量相比 Beamforming 算法和 Capon 算法较大，对定标、相位稳定性、动态范围等数据质量参数的要求较高（Krim and Viberg，1996），但在特定的条件下具有很高的分辨力、估计精度及稳定性，其谱估计公式为

$$P_{mu}(z) = \frac{1}{a(z)^{\dagger}\hat{E}_n\hat{E}_n^{\dagger}a(z)} \tag{5.24}$$

式中，$P_{mu}(z)$ 为采用 Music 算法估计得到的后向散射功率垂直分布函数；$a(z)$ 表示高度为 Z 时的导向矢量；E_n 表示噪声子空间的特征向量所张成的矩阵。

基于仿真数据比较评价了几种频谱分析算法的层析成像效果，主要从散射中心位置及散射中心相对反射率值的估计准确性进行评价。

仿真数据的产生方法：取高程向 80 m 范围内散射体分布，其散射中心分别在-20 m 和 20 m 处，分别代表地面和树冠散射中心，航高为 4000 m，高程向基线均匀间隔 15 m，入射角为 35°，波长为 0.75 m，航过次数为 10。

利用 Beamforming 算法、Capon 算法和 Music 算法分别在无噪声条件和加入噪声（信噪比为 20 dB）条件下对仿真数据进行层析成像，成像结果如图 5.23 所示。

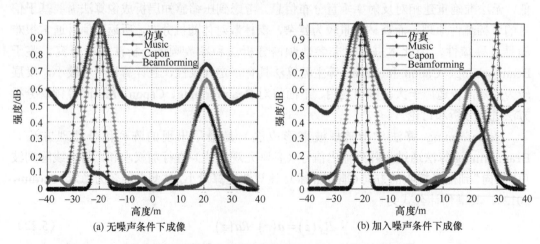

图 5.23　基于仿真数据的多基线 InSAR 层析成像结果

从图 5.23 中可以看出，Capon 算法受噪声影响较大，对地面和冠层位置的识别精度以及估测得到的相对反射率值与仿真数据相比有很大偏差；Music 算法对地面和冠层位置的识别精度以及估测得到的相对反射率值与仿真数据仍然存在一定偏差，其受噪声影响的程度相比 Capon 算法较小但相比 Beamforming 算法较大；Beamforming 算法的成像效果最佳，受噪声影响较小，不仅可以准确估计出地面和冠层的位置，还可以得到与仿真结果较为吻合的相对反射率值。因此，后续实际机载多基线 InSAR 数据的层析成像都采用 Beamforming 算法。

在介绍以上多基线 InSAR 层析模型和方法的森林垂直结构参数提取方法和应用实例前，下一节将首先介绍实验区概况及相关数据的获取和处理情况。

5.2.3 实验区及数据

1. 实验区概况

实验区位于法属圭亚那热带雨林的巴拉库研究基地，中心纬度为 5°16′N，中心经度为 52°56′W（图 5.24 右上方所示），常年炎热多雨，年平均气温 26℃，平均年降水量 2980mm，分雨季和旱季，旱季从 8 月中旬到 11 月中旬。地形以丘陵为主，起伏较为明显，海拔在 0～50 m。森林群落包括原始林和部分经不同程度采伐、干扰与自然因素破坏后恢复的天然次生林，树种繁多，森林资源调查结果显示，每公顷森林中有 140～160 个树种（胸径>10 cm），其主要树种有山榄科、苏木科、含羞草科等。森林垂直结构复杂，树高在 20～45m，森林 AGB 的分布范围一般为 200 t/hm² 到 500 t/hm²。

2. 多基线机载 SAR 数据

机载 SAR 数据来自欧洲空间局(ESA)2009 年热带林机载 SAR 遥感实验(TropiSAR 2009)，机载 SAR 系统为法国国家航空航天研究中心（ONERA）研制的 SETHI，成像时间为 2009 年 8 月。由 6 轨重复飞行获取的 P-波段全极化 SAR 数据组成，其中一轨极化 SAR 数据的总功率影像如图 5.24 左方所示。主影像航高为 3962 m，空间基线以 15 m 的间隔在垂直方向上均匀分布，时间基线为 2 h，斜距向分辨率为 1.0 m，方位向分辨率为 1.2 m，入射角由近距的 19°到远距的 52°变化。该数据已由 ONERA 进行了辐射和极化定标、配准、平地相位去除等预处理。选取图 5.24 所示红色方框区域（影像大小为 2300 行×1500 列）开展验证，该区域主影像 PauliRGB 显示结果如图 5.24 右下方所示。

3. 地面测量数据

法国农业发展国际合作研究中心（CIRAD）在该研究区内设立了 16 个固定大样地（图 5.24 左子图的右下方），包括 15 个大小为 250 m × 250 m 的样地（编号 1～15）和一个大小为 500 m × 500 m 的样地（编号 16），其中 9 个大样地（大小为 250 m × 250 m）经历了 3 次不同程度的采伐以进行伐后森林更新研究（Gourlet-Fleury et al.，2004），其他样地为原始林，未经过人工干扰。对固定样地每木胸径检尺（起测径阶为 10 cm），抽测部分代表性林木的树高建立树高-胸径相对生长方程，计算得到每木树高，进而以胸径、树高和木材密度（Chave et al.，2009）为自变量利用 Chave 等（2005）的异速生长方程计算每木 AGB 并累加得到样地水平上的 AGB。为增加样地数量，同时考虑样地尺度引起的建模误差（Chave et al.，2004），这里按子样地（共 85 块）进行评价，在编号 1~15 的大样地内选用的子样地大小为 125 m×125 m，在编号 16 的大样地内选用的子样地大小为 100 m。

4. 机载 LiDAR 数据

法国农业发展国际合作研究中心提供了覆盖研究区的机载 LiDAR DEM 和 DSM 产品，用于辅助分析多基线 InSAR 层析成像结果。该数据由 ALTOA 系统于 2009 年 4 月飞行获取，航高在 120~220 m，其数据获取范围相对较小，仅覆盖了 SAR 影像的部分区域（图 5.24 左子图的右下方）。所获取的 DEM 和 DSM 产品由 CIRAD 从原始 LiDAR 点云数据中提取，坐标系为 WGS84 坐标系，投影为通用横轴墨卡托投影（UTM），空间分辨率为 1 m，利用地面控制点对其精度进行检验，结果表明其高程平均误差为 0.02m（Vincent et al.，2012）。

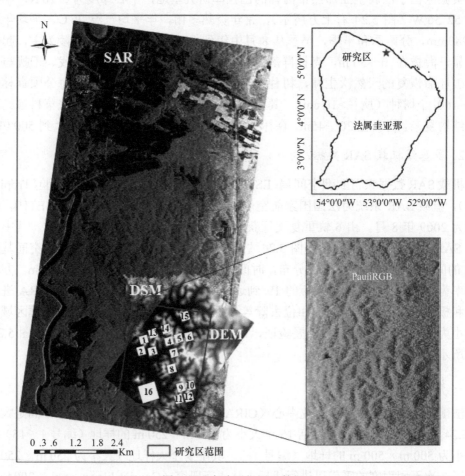

图 5.24　实验区位置及数据

5.2.4　InSAR 层析森林冠层高度提取方法

该方法的技术流程如图 5.25 所示。首先，对多基线 InSAR 数据进行配准、平地相位去除、信号去斜等预处理操作，同时根据成像几何计算导向矢量与导向矩阵，通过 Beamforming 层析成像得到雷达后向散射功率的三维分布信息；然后，根据雷达后向散射功率在高度向上的分布，在斜距坐标空间分别提取得到林下地表高度和冠层高度；接着，通过地理编码将其由 SAR 斜距坐标转换到地面坐标，得到 DEM 和 DSM 正射产品，进而差分得到森林冠层高度；最后，将反演得到的 DEM、DSM 和森林高度结果与自 LiDAR 提取的 DEM、DSM 和森林树高结果进行比较。

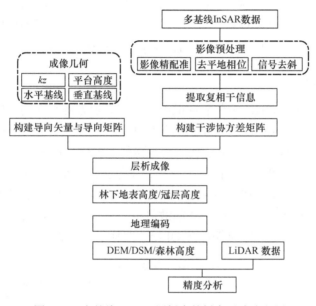

图 5.25　多基线 InSAR 层析森林树高反演流程图

1. 不同极化的 InSAR 层析成像结果对比

对应图 5.26（a）中红线位置上，图 5.26（b）～（d）分别为 HH 极化、HV 极化和 VV 极化的层析相对反射率垂直分布剖面图，其中 LiDAR DEM 和 DSM 已由地理坐标投影转换到 SAR 影像坐标，从 LiDAR 数据与层析剖面的叠加图上可以看出，HH 极化的后向散射能量主要集中在地表［图 5.26（b）］，HV 极化的后向散射能量主要集中在冠层［图 5.26（c）］，VV 极化的后向散射能量垂直分布介于 HH 极化和 HV 极化之间［图 5.26（d）］。这一现象与 Ho Tong Minh 等（2013）的研究结果一致，说明 HH 极化层析结果有利于分析林下地形，HV 极化层析结果有利于分析森林冠层。

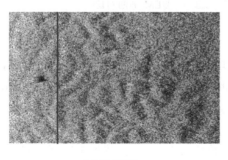

(a) 剖面位置

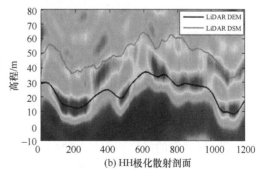

(b) HH极化散射剖面

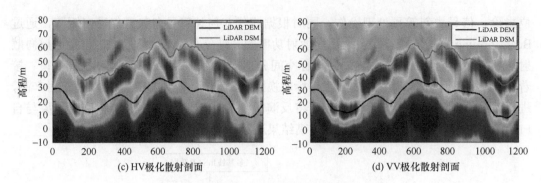

(c) HV极化散射剖面   (d) VV极化散射剖面

图 5.26　多基线 InSAR 层析各极化散射剖面

2. DEM 的提取

由图 5.26（b）可知，HH 极化后向散射功率在高程方向存在明显的相对峰值，该峰值所对应的高程与 LiDAR DEM 的变化趋势相一致。图 5.27 为该峰值高程和 LiDAR DEM 的剖面对比结果，其中，蓝色实线为直接提取的峰值高程，红色点划线为高斯滤波（滤波窗口为 50 m×50 m）后的峰值高程。蓝色实线显示，HH 极化峰值高程在个别像元内相比 LiDAR DEM 存在一定偏差，红色点划线显示，滤波后的 HH 极化峰值高程与 LiDAR DEM 相吻合，说明 HH 极化的散射中心大部分位于地表，通过确定该峰值所对应的高程并进行滤波处理即可获取到 DEM，即林下地表高度。

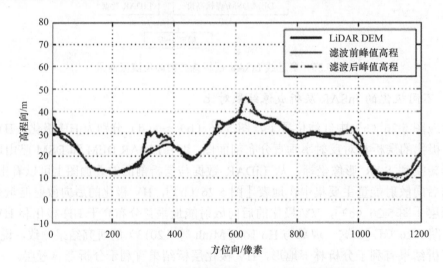

图 5.27　HH 极化峰值高程与 LiDAR DEM 剖面对比

3. DSM 的提取

由图 5.26（c）可知，HV 极化后向散射功率在森林冠层存在明显的相对峰值，该峰值所对应的高程与 LiDAR DSM 的变化趋势相一致。图 5.28 为该峰值高程和 LiDAR DSM 的剖面对比结果，其中蓝色实线为直接提取的峰值高程，红色点划线为高斯滤波（滤波窗口为 50 m×50 m）后的峰值高程。可以看出，由于森林的垂直结构较为复杂，即使经过滤波处理，所提取的峰值高程与 LiDAR DSM 仍然存在一定偏差，说明 HV 极化的散射中心位于冠层，但该散射中心为冠层各组分相干作用的有效散射中心，并非位于冠层顶部。

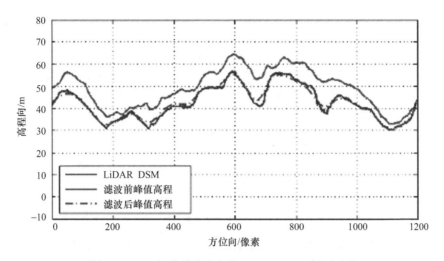

图 5.28　HV 极化峰值高程与 LiDAR DSM 剖面对比

以图 5.29 为例，该像元的 HV 极化层析剖面的峰值高度大约在 22m，但实际的冠层顶部高度（对应森林区域的 DSM）要高于 22m，如可能在绿色箭头所示的后向散射功率对应的高度，大约为 32m。Tebaldini 和 Rocca（2012）根据 HV 极化后向散射功率在垂直方向的分布形状，假设由相位中心区到噪声区之间的功率损失与上层树冠的结构有关，通过设定功率损失阈值提取冠层高度，即参考后向散射功率在垂直方向的峰值，将功率损失阈值分别设置为 0.5dB、1dB、1.5dB、2dB、2.5dB 和 3dB，在功率损失区依次提取损失之后的功率所对应的高程，并将该高程作为冠层高度。

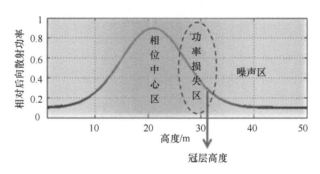

图 5.29　设定功率损失阈值提取冠层高度示意图

图 5.30 为根据图 5.26（c）中的剖面信息，当功率损失阈值分别为 0.5dB、1dB 和 2.5dB 时所提取的高程剖面，可以看出，当功率损失阈值为 1dB 时，所提取的冠层高度与 LiDAR DSM 较为吻合；当功率损失阈值小于 1dB 时，所提取的冠层高度低于 LiDAR DSM；当功率损失阈值大于 1dB 时，所提取的冠层高度高于 LiDAR DSM。因此，功率损失阈值的设定完全依赖经验，若设置不合理，提取的冠层高度与实际 DSM 之间便会存在偏差。

为了更加客观地提取 DSM 信息，需要采用样地标定的方法。在研究区内均匀布设 20 块大小约为 50 m × 50 m 的样地，以样地内 LiDAR DSM 的均值作为样地的 DSM 高程值。首先，对 20 块样地 HV 极化垂直方向的峰值高程与 LiDAR DSM 进行相关性分

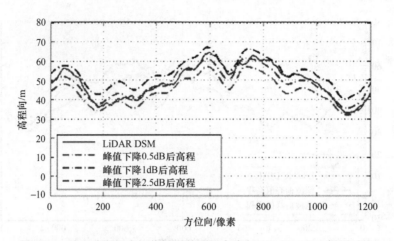

图 5.30　基于功率损失阈值提取的冠层高度与 LiDAR DSM 剖面对比

析（图 5.31），两者之间具有较高的相关性。然后，按照标定公式（$y=0.89x+11.30$）对其高程进行标定，以标定后的结果作为冠层高度。图 5.32 为图 5.26（a）中红线位置处标定后的峰值高程和 LiDAR DSM 的剖面对比结果，其中黑色实线为 LiDAR DSM，黑色点划线为标定后的峰值高程，可以看出，标定后的高程（DSM）与 LiDAR DSM 吻合得较好，说明采用该方法提取冠层高度是可行的。

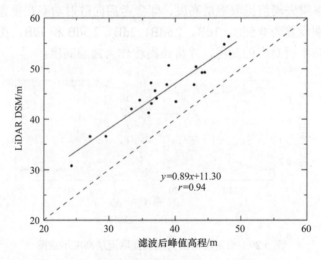

图 5.31　HV 极化峰值高程与 LiDAR DSM 相关性

4. 地理编码

图 5.33 所示剖面为沿图 5.26（a）中红线位置在斜距坐标空间提取的冠层高度和林下地表高度，底图为 HV 极化层析结果，可以看出，其在斜距坐标空间的地理位置有"错位"，需要进行正射纠正。图 5.34 为林下地表高度和冠层高度地理编码后的 DEM 和 DSM 剖面图（剖面位置与图 5.33 一致），其中黑色实线表示以林下地表高度为参考进行地理编码得到的 DEM，蓝色实线表示以林下地表高度为参考进行地理编码得到的 DSM，红色实线表示以冠层高度为参考进行地理编码得到的 DSM。由图 5.34 可以看出，以林下地表高度为参考进行地理编码得到的 DSM 相对于 DEM 朝近距方向偏移，以冠层高度

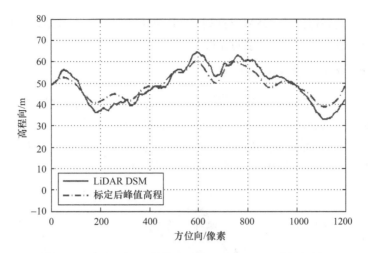

图 5.32　标定后 HV 极化高程与 LiDAR DSM 剖面对比

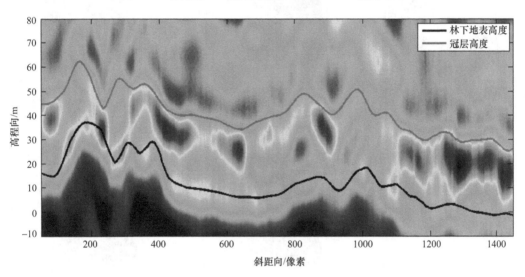

图 5.33　提取的林下地表高度和冠层高度剖面图（斜距坐标空间）

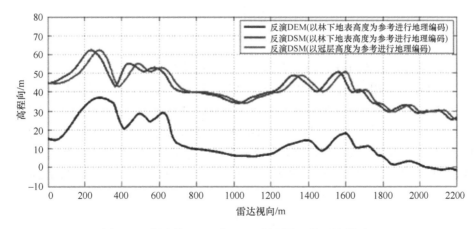

图 5.34　提取的 DEM 和 DSM 剖面图（地理编码后）

为参考进行地理编码得到的 DSM 与以林下地表高度为参考进行地理编码得到的 DEM 的地理位置相一致，"错位"现象明显好转。

5. DSM/DEM/冠层高度反演结果

图 5.35 为 LiDAR DSM、DEM、森林冠层高度以及最终反演得到的 DSM、DEM 和森林冠层高度。可以看出，反演 DSM 与 LiDAR DSM 的均大致分布在 20～70 m，反演 DEM 与 LiDAR DEM 均大致分布在 0～40 m，反演森林高度与 LiDAR 森林冠层高度均大致分布在 20～40 m，其数值范围和空间分布格局相一致。

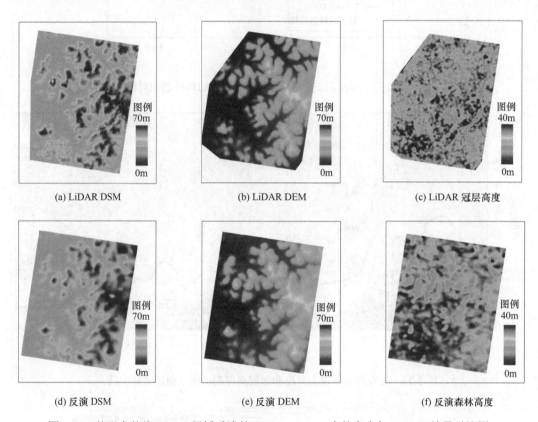

(a) LiDAR DSM   (b) LiDAR DEM   (c) LiDAR 冠层高度

(d) 反演 DSM   (e) 反演 DEM   (f) 反演森林高度

图 5.35　基于多基线 InSAR 层析反演的 DSM、DEM、森林高度与 LiDAR 结果对比图

图 5.36 给出了在 50 m×50 m 的尺度上，像素对像素的散点图。评价结果显示，DSM 的反演精度（绝对值相对精度）为 93.06 %，RMSE 为 3.77 m；DEM 的反演精度为 85.07%，RMSE 为 2.71 m；森林高度的反演精度为 89.61%，RMSE 为 3.59 m。由于森林高度是由 DSM 减去 DEM 计算得到，DSM 和 DEM 的反演误差均会累积传递给森林高度，且 DSM 和 DEM 的数值分布范围较宽，而森林高度的数值分布范围较窄，所以反演森林高度和 LiDAR 森林高度的相关性关系表现不太明显，但总体上来说，DSM、DEM 和森林高度均取得了较为理想的反演结果。

5.2.5　InSAR 层析森林地上生物量估测方法

基于 HH 极化、HV 极化和 VV 极化多基线 InSAR 数据，利用多基线 InSAR 层析技

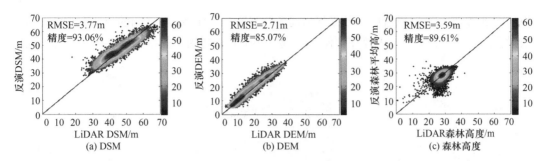

图 5.36 基于多基线 InSAR 层析反演的 DSM、DEM、森林高度与 LiDAR 结果精度分析

术可以获得各极化通道以层析相对反射率表示的森林垂直结构剖面。以各极化通道不同高度处层析相对反射率为输入特征，可建立森林 AGB 估测模型（Ho Tong Minh et al., 2013）。鉴于 HH 极化后向散射能量主要反映林下地表信息，HV 极化后向散射能量主要反映森林冠层信息，这里以 HV 极化多基线 InSAR 数据为例进行森林 AGB 估测研究。

多基线 InSAR 层析森林 AGB 反演的具体流程如图 5.37 所示。首先，基于 HH 极化多基线 InSAR 数据估计地形相位，以此为参考对 HV 极化多基线 InSAR 数据的地形相位进行去除，并对去除地形相位的 HV 极化多基线 InSAR 数据进行层析成像；然后针对 HV 极化层析结果，提取不同高度处层析相对反射率，并对其进行地理编码；最后，对不同高度处层析相对反射率与地面样地森林 AGB 数据进行相关性分析，进而选择合适的特征建立森林 AGB 估测模型，并对其估测精度进行精度评价。

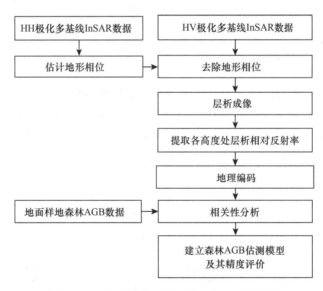

图 5.37 基线 InSAR 层析森林 AGB 反演流程图

1. 后向散射系数与森林地上生物量的相关性

经过地理编码的各极化 SAR 后向散射强度分布如图 5.38 所示，可以看出，受 SAR 成像几何的影响，各极化 SAR 后向散射强度近距方向明显强于远距方向，且各极化后向散射强度受地形影响均较为严重，尤其是 HH 极化和 VV 极化。

HH 极化、HV 极化和 VV 极化后向散射强度与地面实测森林 AGB 的相关性分析结果如图 5.39 所示，可以看出，各极化后向散射强度与森林 AGB 之间的相关性很低，后向散射强度在该生物量范围内存在"饱和"现象，不适合直接用于热带雨林森林 AGB 的估测。

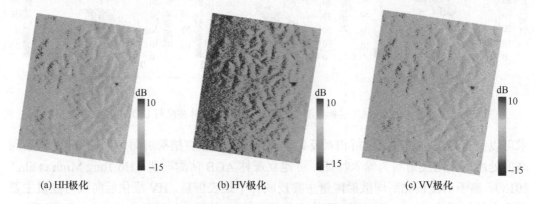

(a) HH极化   (b) HV极化   (c) VV极化

图 5.38　地理编码后各极化 SAR 后向散射强度

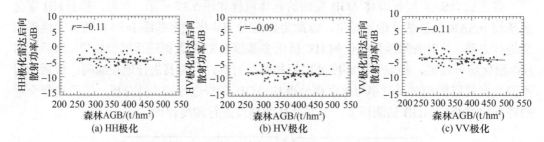

(a) HH极化   (b) HV极化   (c) VV极化

图 5.39　SAR 后向散射强度与森林 AGB 的相关性

2. 多基线 InSAR 层析成像结果

图 5.40 为对应图 5.26（a）中红线位置上像元的成像结果，其中黑色实线为去除地形相位后的林下地表高度（高程为 0 m），白色实线为 LiDAR DSM 与 LiDAR DEM 差分得到的 CHM。可以看出，地形相位去除后得到的层析相对反射率的高程独立于林下地表高度，据此可以提取地表以上不同高度处层析相对反射率。

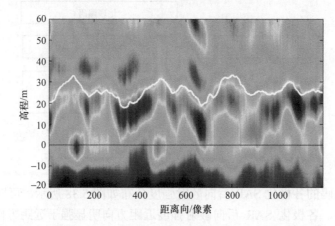

图 5.40　多基线 InSAR 层析 HV 极化散射剖面（已去除地形相位）

经过地理编码的地表以上 0 m、5 m、10 m、15 m、20 m、25 m、30 m、35 m、40 m

高度处的层析相对反射率分布如图 5.41 所示，可以看出，不同高度处的层析相对反射率具有不同的分布特点，且各层受地形影响的程度有所不同。0m 高度处层析相对反射率的贡献主要来自地表，受地形影响较为严重；5m 以上各高度处层析相对反射率的贡献主要来自森林内部散射体，受地形影响较弱。

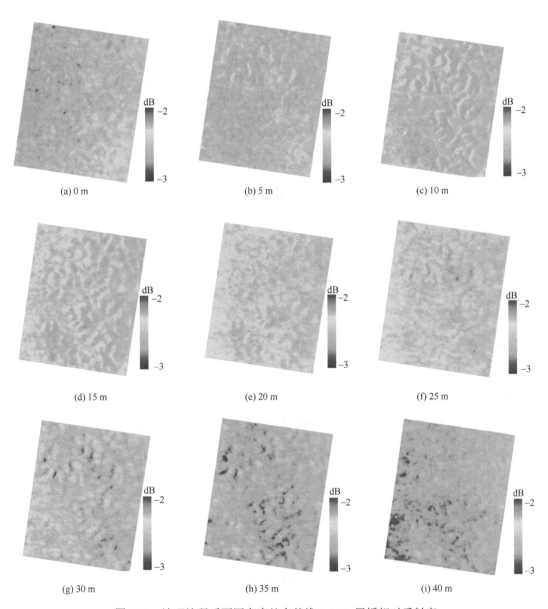

图 5.41　地理编码后不同高度处多基线 InSAR 层析相对反射率

3. 森林地上生物量估测模型分析

　　地表以上 0 m、5 m、10 m、15 m、20 m、25 m、30 m、35 m、40 m 高度处的层析相对反射率与森林 AGB 的相关性关系如图 5.42 所示，可以看出，各高度处层析相对反射率与森林 AGB 的相关性较高。20 m 以下各高度处层析相对反射率与森林 AGB 呈现不同程度的负相关关系［图 5.42（a）～（d）］，其中，5 m 高度处层析相对反射率与森林 AGB 的负相关系数最高（$r=-0.58$）；20 m 以上各高度处层析相对反射率与森林 AGB 呈现不同程度的正相关关系［图 5.42（e）～（i）］，其中，25 m 高度处层析相对反射率与森林 AGB 的正相关系数最高（$r=0.63$）。

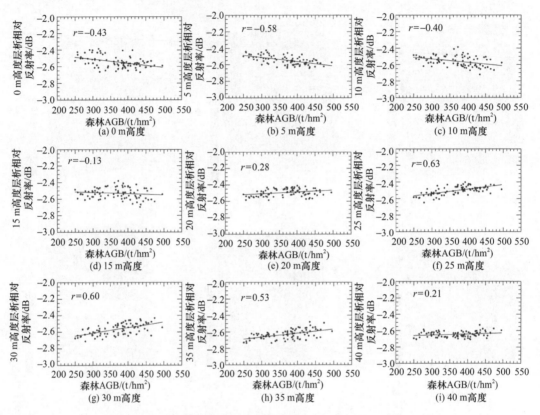

图 5.42　多基线 InSAR 层析相对反射率与森林 AGB 的相关性

该现象是 P 波段 SAR 信号在热带雨林特定条件下与森林散射体相互作用的结果，可能的一种解释为：热带雨林森林散射体对 SAR 信号具有较强的消光作用，消光系数随着森林 AGB 的增大而增大，使得森林 AGB 越大，则 P 波段 SAR 信号与森林上层部分的相互作用越强，而与森林下层部分的相互作用越弱。需要指出的是，在森林 AGB 高达 500 t/hm² 时，层析相对反射率仍未出现饱和现象，说明利用层析相对反射率有望实现热带雨林森林 AGB 估测。

以上相关性分析结果表明，相较于雷达后向散射强度对森林 AGB 的敏感性，多基线 InSAR 层析技术得到的某一特定高度处层析相对反射率对森林 AGB 的敏感性更高，其中 5 m 和 25 m 高度处层析相对反射率对森林 AGB 具有较好的指示作用。分别以 5 m 和 25 m 高度处层析相对反射率为输入特征，采用一元线性回归法建立森林 AGB 估测模型；另外，同时以 5 m 高度处和 25 m 高度处层析相对反射率为输入特征，采用二元线性回归法建立估测模型。估测模型的交叉验证结果如图 5.43 所示。

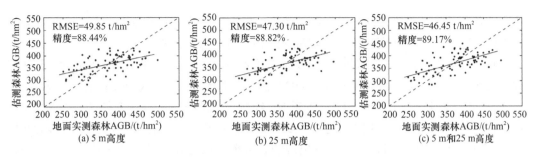

图 5.43 多基线 InSAR 层析森林 AGB 估测模型精度分析

采用 5 m 高度处层析相对反射率进行建模的估测精度为 88.44%，RMSE 为 49.85 t/hm² （RRMSE 为 13.56%）；采用 25 m 高度处层析相对反射率进行建模的估测精度为 88.82%，RMSE 为 47.30 t/hm²（RRMSE 为 12.87%）；采用 5 m 和 25 m 高度处层析相对反射率进行联合建模，估测精度为 89.17%，RMSE 为 46.45 t/hm²（RRMSE 为 12.63%），优于仅采用 5 m 或 25 m 高度处层析相对反射率进行建模的精度。

5.3 多模式遥感协同森林垂直结构信息反演

森林垂直结构是生态系统研究的重要参数，它与森林动态演替过程直接相关，既是过去森林动态演替过程的结果，又影响着未来森林演替的发展速度和趋势，改变森林垂直结构是林业经营管理的切入点和重要手段，森林垂直结构测量是森林生态学研究的重要基础。森林垂直结构信息的缺乏也是造成遥感信号对森林生物量敏感性发生饱和的重要原因。

目前能够对地物垂直分布探测的遥感手段通常都是对包括地物垂直结构信息和地表高程信息的综合探测，包括激光雷达、干涉雷达、极化干涉雷达和光学多角度立体观测（即摄影测量）。如何利用不同的遥感观测模式，通过多模式协同，实现林下地形信息与森林垂直结构信息的分离，是利用遥感数据进行森林垂直结构探测的关键。上一节分别阐述了利用多基线雷达干涉数据和激光雷达数据实现对森林垂直结构的提取。这一节重点讲述如何通过多模式协同实现森林垂直结构信息的提取。

5.3.1 光学多角度立体观测协同的森林优势木平均高估测

多角度遥感是遥感研究的主要分支之一，主要关注的是由森林垂直结构变化引起的不同观测角度产生的光谱特征，即双向反射分布函数（BRDF）。多角度观测不仅会引起光谱的变化，还可以产生视差信息，利用不同观测角度产生的视差，可以实现对地物垂直分布特征的探测。这在测绘领域属于"摄影测量"的研究范畴，在计算机领域属于"计算机视觉"的研究范畴，在人工智能领域属于"机器视觉"的研究范畴，在遥感领域应属于"多角度遥感"的范畴，为了与多角度光谱特征的研究内容有所区分，在本书中称为"光学多角度立体观测"。经典"摄影测量"主要解决了不同观测角度影像的"定姿"和"定位"问题，实现了摄影过程的恢复；在"计算机视觉"中主要实现了基于影像纹理信息的密集点云的自动识别和相对坐标系下三维场景的重建。"光学多角度立体观测"

的研究任务是借助于"摄影测量"和"计算机视觉"等数据处理技术，充分挖掘多角度/多光谱引起的图像纹理变化特征，实现对地物垂直分布信息的提取。

目前，星载多角度立体观测系统多为三线阵系统，如日本的 ALOS/PRISM（具体参数如表 5.2 所示），我国的资源三号（ZY03）。因此，对于同一观测区域会有前视（forward）、正视（nadir）和后视（backward）三景影像。经典摄影测量数据处理支持两两组合的"双目立体"处理，"计算机视觉"支持"多目立体"处理。鉴于在光学影像受云雾影响明显，"多目立体"处理时，任一角度出现的云雾覆盖都会导致处理的失败。因此，我们采用双目立体处理。对于同一观测区域有三种组合方式，即正视+前视（NF），正视+后视（NB），前视+后视（FB）。

表 5.2　ALOS/PRISM 传感器参数

参数	值
波段数	1 个全色波段
波长	0.52～0.77mm
观测角度数	3（正视；前视；后视）
基高比	1.0（前视和后视之间），±24°
空间分辨率	2.5m（正视）
幅宽	70km（正视模式）/35km（三线阵模式）
信噪比	>70
MTF	>0.2
像素数	28 000 /波段（幅宽 70km） 14 000 / 波段（幅宽 35km）
指向角变化范围	−1.5°～+1.5°（垂轨方向）
量化级	8 bits

注：http://www.eorc.jaxa.jp/ALOS/en/about/prism.htm

"计算机视觉"中同名点的自动化识别依靠的是图像纹理。图像纹理除了受自然环境因素的影响外，观测几何也是图像纹理的重要决定参数。如图 5.44 所示，假设卫星处于降轨飞行状态，前视能观测到林木的顶部北侧，正视观测到顶部上侧，而后视只能观测到林木的顶部南侧，不同观测角度得到的图像纹理是不同的，采用不同组合得到的点云的空间分布也会有不同，因此，多角度立体观测点云数据融合可以通过点云互补增加点云密度，提高点云对森林垂直结构的刻画能力。

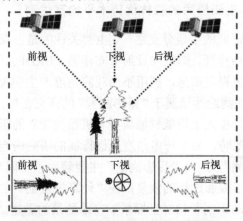

图 5.44　森林区域多角度立体观测示意图

本节利用日本 ALOS/PRISM 获取的星载多角度立体观测数据在美国缅因州豪兰德林区（45°08′N，68°45′W），对上述猜想进行了验证（Ni et al.，2014b）。该研究区是美国 NASA/GSFC 的研究区之一。NASA/GSFC 先后于 2009 年和 2012 年在这个研究区获取了大光斑激光雷达数据（LVIS）和小光斑激光雷达数据（G-LiHT）。本节所使用的 ALOS/PRISM 数据获取于 2009 年 9 月 5 日。这些数据的覆盖范围如图 5.45 所示。

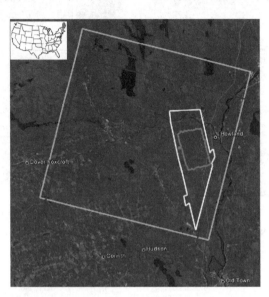

图 5.45　ALOS/PRISM 数据与激光雷达数据覆盖范围示意图

蓝色、红色和黄色矩形框分别表示前视、正视和后视的覆盖范围，白色多边形表示大光斑激光雷达数据（LVIS）覆盖的范围，白色多边形内的绿色小多边形表示小光斑激光雷达数据（G-LiHT）的覆盖范围

利用商业图像处理软件里面提供的立体数据处理功能进行了数据处理。如前所述，共有三个立体像对，即 NB、NF 和 FB。一个组合，如果该像素存在同名点则赋值为 1，否则为 0。NB 放在红色通道，NF 放在绿色通道，FB 放在蓝色通道，然后进行红绿蓝彩色合成显示，结果如图 5.46 所示，不同颜色表示不同角度之间的互补情况。通过图 5.46（a）、（b）可以看出，裸露地表和水体部分主要呈现暗色或黑色，由于裸露地表区域纹理信息较少，而水面纹理信息变化较快，三个角度组合上都难以找到同名点。在水陆交界处或道路等区域，由于纹理特征明显，三个角度组合都能找到同名点，因此呈现白色。在森林覆盖区域在呈现出丰富的色彩，表明多角度组合在森林覆盖区域的互补性较为明显。

图 5.47 展示了典型林立体条件下，ALOS/PRISM 不同角度组合得到的点云的垂直分布特征及其与激光雷达数据的对比。图 5.47（a）～（d）为 21m×21m 样地内点云的垂直分布函数，对应的森林立体条件分别为复层浓密森林、中密度森林、稀疏森林和单层浓密森林；图 5.47（e）～（h）分别为与图 5.47（a）～（d）对应的利用 G-LiHT 点云数据生成的分辨率为 1 m 的森林冠层高度图；不同颜色的柱状图代表了不同的角度组合。从图 5.47（a）可以看出，在复层浓密森林条件下，单独每个立体像对的同名点数较少，融合后点数明显增加且呈高斯分布特征。从图 5.47（b）可以看出，在中等密度森林条件下，不进行点云融合时，单独立体像对得到的点云的垂直分布较为零乱；多角

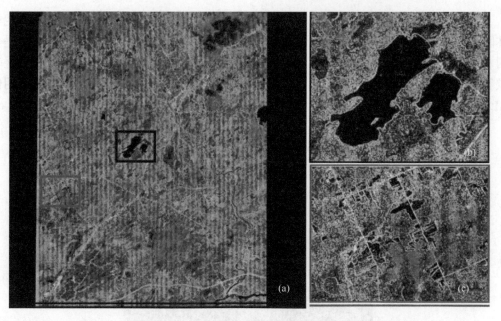

图 5.46 ALOS/PRISM 数据多角度处理结果融合后点云的水平分布

红色为 NB 组合,绿色为 NF 组合,蓝色为 FB 组合;(a)为整景图像全局图,(b)为蓝色矩形框的局部放大图,(c)为红色矩形框的局部放大图

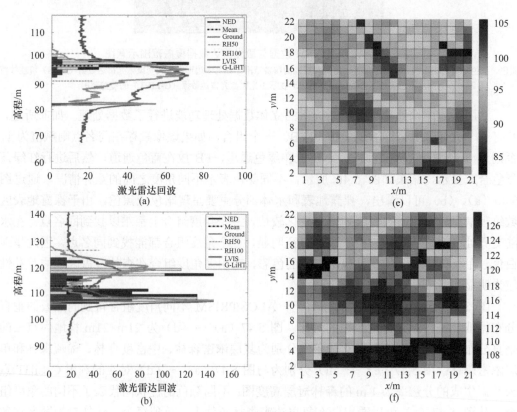

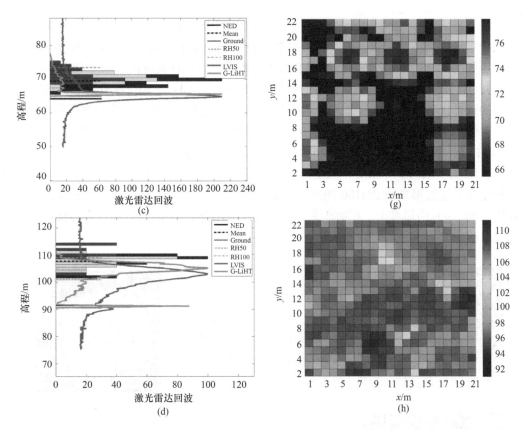

图 5.47　典型森林立地条件下 ALOS/PRISM 不同角度组合得到的点云的垂直分布特征
与激光雷达数据的对比

（a）、（b）、（c）、（d）为 21m×21m 样地内点云的垂直分布函数，对应的森林立体条件分别为复层浓密森林、中密度森林、
稀疏森林和单层浓密森林；（e）、（f）、（g）和（h）分别为与（a）、（b）、（c）、（d）对应的，利用 G-LiHT 点云数据生成的
分辨率为 1m 的森林冠层高度图

度点云融合后点云分布呈现于激光雷达（绿线）一致的双峰结构。从图 5.47（c）可以
看出，在稀疏林分条件下，多角度点云分布于森林冠层与地面之间，对森林和地表刻画
较好。从图 5.47（d）可以看出，对于单层浓密森林，由于森林顶层结构单一纹理信息
较少，虽然与复层浓密森林一样，点云仍然主要分布在冠层顶部，但是点云呈现一定的
随机分布特征。将图 5.47（a）～（d）与图 5.47（e）～（h）对比仍然可以明显看出不
同角度组合点云在垂直方向的互补性。

　　美国有高质量的林下地形高程数据（national elevation dataset，NED）。对
ALOS/PRISM 不同角度组合得到的点云数据进行融合，再进行栅格化和插值处理，可得
到最好的森林数字冠层表面模型（DSM）。DSM 与 NED 做差值处理，可以得到森林冠
层高度模型。由于光学多角度立体观测点云数据不具备穿透性，主要是对森林优势木高
度的刻画，因此 DSM 与 NED 相减得到的结果可以称为优势木平均高。

　　图 5.48 展示了不同分辨率情况下，ALOS/PRISM 与 NED 相结合提取的优势木平均
高及其与全色影像和激光雷达数据的对比。图 5.48（a）为水平分辨率为 9m 的森林优势
木平均高，与图 5.48（b）所示的 ALOS/PRISM 全色正视影像对比可以看出，ALOS/PRISM
提取的森林优势木平均高对森林垂直结构刻画比较精细，道路、皆伐的林班，甚至窄长

的条伐林班清晰可见。图 5.48（c）给出了 ALOS/PRISM 提取的水平分辨率为 30m 的森林优势木平均高图，截取其中 LVIS 数据覆盖范围的结果如图 5.48（e）所示。图 5.48（d）为利用 LVIS 激光雷达回波波形 RH50 指数提取的森林高度图。图 5.48（f）给出了图 5.48（d）与图 5.48（e）像素对像素的散点图。从图 5.48（d）～（f）可以看出 ALOS/PRISM 提取的森林优势木平均高与激光雷达得到的森林高度图的空间分布格局非常相似，它们像素对像素的线性相关性可以达到 0.74，RMSE 为 2.6m。从图 5.48（f）可以看出，ALOS/PRISM 提取的森林优势木平均高与激光雷达提取的森林高度相比存在明显的高估，这是因为 ALOS/PRISM 不具备穿透性。图 5.48（g）给出了 ALOS/PRISM 提取的结果与激光雷达波形参数 RH100 的对比。RH100 反映的是森林最大高。对比图 5.48（f）和图 5.48（g）明显看出，相对于最大高，ALOS/PRISM 提取的结果对森林优势木平均高更敏感。

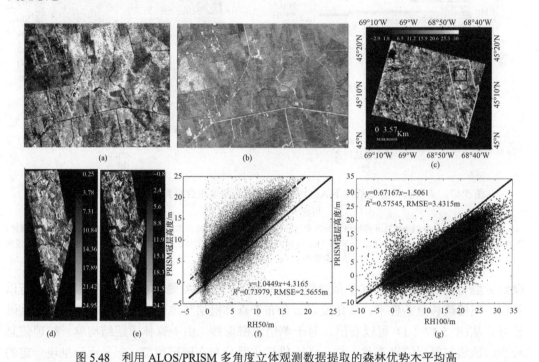

图 5.48　利用 ALOS/PRISM 多角度立体观测数据提取的森林优势木平均高

（a）在林下地形配合下得到的水平分辨率为 9m 的森林优势木平均高；（b）与（a）对应区域的 ALOS/PRISM 全色正视影像；（c）水平分辨率为 30m 的森林优势木平均高；（d）大光斑激光雷达数据（LVIS）得到的森林冠层高度图（RH50）；（e）LVIS 数据覆盖范围内的 ALOS/PRISM 森林冠层高度图；（f）（d）和（e）之间的散点图；（g）ALOS/PRISM 森林冠层高度与 LVIS 获取的森林最大高（RH50）之间的相关性

　　通过上述分析可以看出，多角度立体观测数据具备较好地对森林冠层垂直结构的刻画能力，在林下地形已知的条件下，可用于提取森林优势木平均高。

5.3.2　多时相光学多角度立体观测协同的森林高度估测

　　利用光学多角度立体观测数据提取的点云数据，可以较好地对森林冠层顶部的垂直结构进行刻画。在林下地形已知的情况下，可用于提取森林优势木平均高。因此，如何获取高精度林下地形数据，是利用光学多角度立体观测数据提取森林优势木平均高的关键和瓶颈所在。

光学数据不具备穿透能力的关键原因在于树叶的遮挡。对于落叶林或落叶常绿混交林而言，在冬季落叶后，光学通常是可以透过树冠的枝丫看到地面的。那么在无叶季获取的多角度立体观测数据是否可用于探测林下地形？精度如何？有叶季于无叶季获取的多角度立体观测数据协同是否可用于森林高度的直接探测？

我国于 2012 年 1 月 9 日成功发射资源三号（ZY03）高分辨率光学多角度立体观测卫星。ZY03 所获取的全色影像参数如表 5.3 所示。本节利用资源三号卫星于 2013 年 3 月 9 日在内蒙古大兴安岭林区获取的多角度立体观测数据，对林下地形的探测精度进行了深入分析（Ni et al., 2015）。图 5.49 展示了资源三号立体观测数据的空间覆盖范围。在该数据覆盖范围内，于 2012 年 8 月 30 日～9 月 14 日使用运-5 飞机搭载莱卡 ALS60 系统获取了激光雷达点云数据。激光雷达数据与资源三号数据的相对位置关系如图 5.49 所示。

表 5.3   资源三号多角度立体观测卫星全色相机参数

参数	取值
相机模式	全色正视；全色前视；全色后视
分辨率	星下点全色：2.1 m；前、后视（±22°）全色：3.5m；
波长	全色：450～800 nm
幅宽	星下点全色：50 km，单景 2500 km^2；
重访周期	5 天
影像日获取能力	近 1 000 000 km^2/天

注：http://sjfw.sasmac.cn/index/wxcp.jsp#jscs

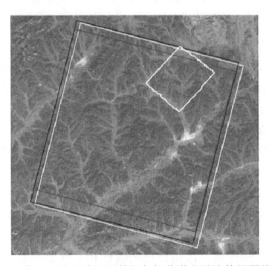

图 5.49   资源三号立体观测数据与机载激光雷达数据覆盖范围
背景图为真彩色影像，蓝色、红色和黄色多边形分别表示前视、正视和后视影像的覆盖范围；
白色多边形表示的机载激光雷达数据的覆盖范围

资源三号多角度立体观测数据采用与上一节相同的处理方法，进行逐像对处理，然后进行数据融合。每个像对处理的结果分辨率为 3m，保持 3m 的分辨率不变对三个像对结果进行融合。融合的规则是：如果该像素在三个像对中都没有同名点，则该像素值为空；如果只有一个像对有同名点，则采用该同名点的值作为该像素值；如果有两个或三个像对有同名点，则取它们的平均值作为该像素的值，这一步称为全分辨率数据融合。

在全分辨率数据融合的基础上，进行30m×30m样地尺度的分析。那么在30m×30m的分析单元内，如果每个像素都有值，则最多有100个像素是有效像素。图5.50（a）展示了30m分辨单元内有效像素数的空间分布。对比图5.50（a）、（b）可以发现，有效像素数低的区域与全色影像白色区域吻合，深入分析发现，由于冬季积雪覆盖，这些区域全色影像出现饱和，使这些区域图像纹理信息丢失，因此难以识别同名点。

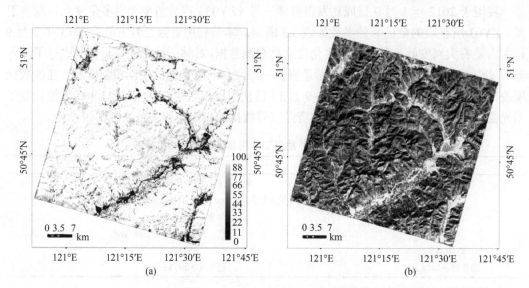

图5.50　多角度立体观测点云空间分布
（a）有效像素数空间分布图；（b）对应的正视全色影像

图5.51展示了典型森林立地条件下，资源三号多角度立体观测点云与激光雷达点云垂直分布对比。红色虚线展示的是激光雷达获取的DSM的垂直分布，蓝色虚线展示的是激光雷达点云提取的DEM的垂直分布，黑色实线展示的是多角度立体观测点云的垂直分布。从图5.51（a）可以看出，在稀疏森林情况下，无叶季获取的多角度立体观测点云数据少量来自于森林冠层，大部分来自于地表。从图5.51（b）可以看出，在中等密度森林情况下，相对于森林冠层，多角度立体观测点云数据垂直分布的峰值更接近于地表；从图5.51（c）可以看出，在浓密森林条件下，与其他两种情况一致，多角度立体观测点云主要来自于地表，少量来自于冠层。

理想情况下，每个像素由100个同名点，如何利用这些点得到较好的林下地形？图5.52展示了分别取最小值、最大值和平均值作为林下地形与激光雷达提供的林下地形的散点图。虽然，不同计算方法与地形的线性相关性都很高，但是它们的RMSE却存在明显的差异，显然取平均值的精度最高，RMSE为2.6m。

通过上述分析可以看到，利用无叶季多角度立体冠层数据对林下地形的探测精度在2.6m左右。进一步使用2014年6月23日和2015年2月24日获取的资源三号多角度立体观测数据，对利用它们融合进行森林高度提取的精度进行了分析。图5.53展示了多时相多角度立体观测数据提取的森林冠层高度与激光雷达获取的冠层高度对比。可以看出，两者之间存在明显的线性相关性，R^2约为0.63，RMSE约为2.8m。

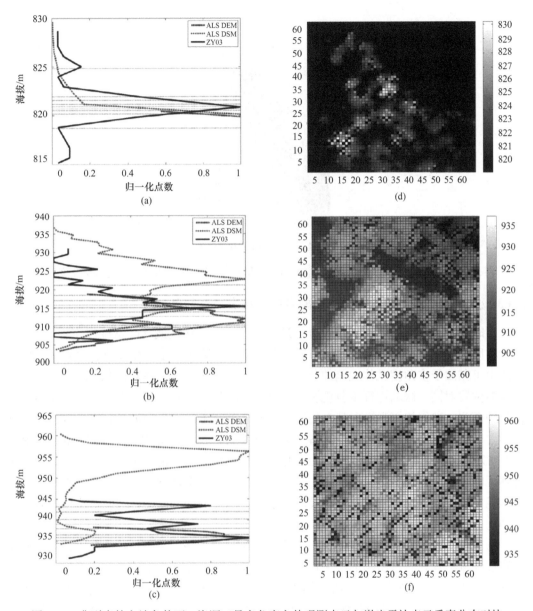

图 5.51 典型森林立地条件下，资源三号多角度立体观测点云与激光雷达点云垂直分布对比

（a）、（b）、（c）分别对应稀疏森林、中等密度森林和浓密森林。（d）、（e）、（f）分别为与（a）、（b）、（c）对应的激光雷达获取的森林冠层高度模型（CHM）

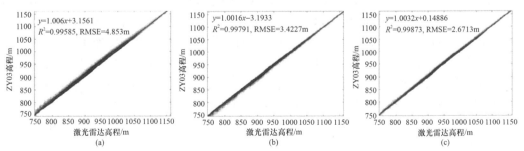

图 5.52 在分辨率为 30m 的像元内，点云不同取值方法提取的林下地形的精度对比

（a）最小值；（b）最大值；（c）平均值

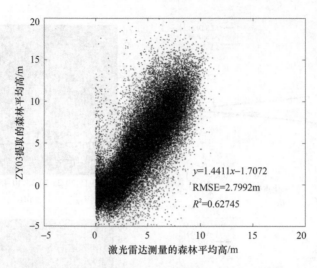

图 5.53 多时相多角度立体观测数据提取的森林冠层高度与激光雷达获取的冠层高度对比

5.3.3 多波段多角度立体观测数据融合的森林生物量估算

多时相多角度立体观测数据融合只适用于北方落叶林区或落叶常绿混交林区。在非落叶林区，需要发展新的数据协同方案。理论上讲，除了光学多角度立体观测外，雷达干涉也可归属于多角度立体观测的范畴，因为与光学多角度立体观测相似，也是通过在不同的位置对同一区域进行重复观测，利用重复观测产生的斜距差实现对地物垂直分布信息的探测。它们的探测机理基本相同。不同之处在于所采用的波长，雷达干涉波长比光学要长得多，所以，雷达干涉具备穿云透雾能力，长波长雷达干涉（如 L 波段、P 波段）对森林冠层具有较好的穿透能力。光学摄影测量数据与雷达干涉数据融合，可构成对林区的多波段多角度立体观测，地形属于它们的公共探测部分，但它们对森林冠层的探测能力不同，两种数据融合可形成对雷达穿透深度的探测能力，进而可实现对森林垂直结构的直接探测。

第一章阐述了我们所发展的相干三维森林雷达后向散射模型，我们利用该模型对雷达穿透深度与森林垂直结构的相关性进行了模拟分析。利用森林动态生长模型（ZELIG）对林龄为 0～500 年的林分的三维结构以 5 年为间隔进行了 15 次重复模拟（Urban 1990）。因此共生成 1500 个三维森林场景，用这些三维森林场景驱动相干三维森林雷达后向散射模型，对雷达的穿透深度进行模拟（Ni et al.，2014a）。

森林空间结构分别使用最大高（maximum height），冠幅加权平均高（crown size weighted height），胸高断面积加权平均高（loreys height）和算术平均高（mean height）来描述。模拟所得到的雷达穿透深度与这些高度指数之间的相关性如图 5.54 所示。图 5.54 的 3 行分别对应着模拟的雷达数据的 3 个极化的穿透深度，4 列分别对应着上述的 4 个高度指数。从图 5.54 可以看出，同极化（HH 或 VV）的雷达穿透深度与冠幅加权平均高和胸高断面积加权平均高之间存在着较好的线性关系，而胸高断面积加权平均高可用于森林生物量的估算。因此，雷达穿透深度具备对森林生物量的估算能力。

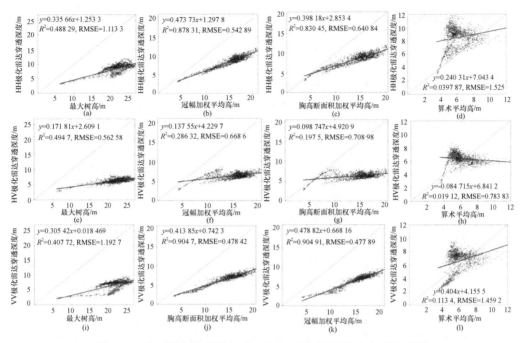

图 5.54　模型模拟的雷达穿透深度与森林垂直结构之间的相关性

　　ASTER GDEM 是第一套使用 ASTER 光学立体观测数据生产的全球 DSM 产品。本节使用 2007 年 7 月 10 日与 8 月 25 日获取的 ALOS/PALSAR 重复轨道雷达干涉数据和 2011 年发布的第二版 ASTER GDEM，进行了雷达穿透深度提取和森林生物量反演实验（Ni et al.，2014b）。

　　图 5.55 展示了雷达干涉相干系数和与 ASTER GDEM 数据融合提取的雷达穿透深度。分别于 2009 年和 2011 年在数据覆盖范围内进行了野外森林测量，共获得了 82 块大小为 0.25hm^2（50m×50m）的样地实测数据。表 5.4 展示了建模的结果，图 5.56 展示了模型反演结果与实测数据的散点图。从表 5.4 可以看出，使用雷达穿透深度得到的反演精度略优于雷达后向散射系数，雷达后向散射系数与雷达穿透深度融合后，反演精度有了明显的提高。由图 5.56（a）可以看出，雷达后向散射系数对森林生物量的敏感性存在明显的饱和现象。引入雷达穿透深度后，饱和问题得到明显缓解。

图 5.55　雷达穿透深度提取

（a）雷达干涉相干系数；（b）所提取的雷达穿透深度

表 5.4　利用 ALOS/PALSAR 雷达后向散射系数和穿透深度的森林生物量反演模型与精度

自变量	模型	模型评价		
		线性拟合	R^2	RMSE/（t/hm²）
σ_{HH}，σ_{HV}	Bio= 339.436σ_{HH} + 4105.866σ_{HV} − 65.276	$y = 0.4308x + 77.92$	0.44	56.68
H_{HH}，H_{HV}	Bio= 4.334H_{HV} + 88.699	$y = 0.5483x + 63.07$	0.55	50.47
σ_{HH}，σ_{HV}，H_{HH}，H_{HV}	Bio= 2717.361σ_{HV} + 3.296H_{HV} + 14.079	$y = 0.6168x + 52.38$	0.62	46.60

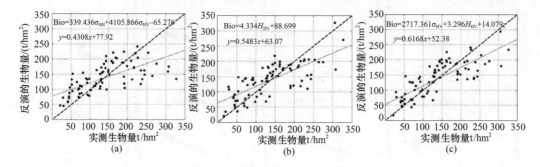

图 5.56　不同的反演模型得到的森林生物量与实测之间的散点图

（a）只用雷达后向散射系数；（b）只用雷达穿透深度；（c）雷达后向散射系数与雷达穿透深度的联合

这一节首先利用理论模型的模拟分析结果，证明了雷达穿透深度可用于森林生物量反演，进而利用 ASTER GDEM 和 ALOS/PALAR 数据对雷达穿透性与森林生物量之间的相关性进行了深入分析，从数据的角度证实了雷达穿透性可用于森林生物量的反演。

需要指出的是，虽然 ASTER GDEM 是利用光学立体观测数据提取的 DSM，但它是利用 1999～2010 年的长时间序列数据合成的结果，并没有明确说明每个像素所采用的原始数据的时相，这其中可能存在森林生长及砍伐等扰动信息。此外，用于生产 ASTER GDEM 光学立体观测数据的原始分辨率仅为 15m。图像分辨率是决定光学立体观测提取地物垂直分布精度的重要因素之一。现有在轨的光学多角度立体观测数据的空间分辨率要明显高于 ASTER 数据。利用高分辨率的图像，排除时间因素的限制，可能会得到更好的结果。

5.3.4　雷达后向散射与光学多角度立体观测数据融合的森林生物量估算

前面几节重点阐述了多模式协同的森林垂直结构探测及其对森林生物量的敏感性。这一节重点阐述利用雷达干涉后向散射系数与光学多角度立体观测提取的森林高度进行森林生物量反演。

本节所采用的雷达后向散射数据是由美国 NASA/JPL 的 L 波段 UAVSAR 系统获取的（Zhang et al.，2017）。表 5.5 给出了 UAVSAR 系统参数。2009 年在美国缅因州豪兰德林区进行了飞行实验。2009 年 8 月 5 日完成了 6 条航线（航线编号 011、012、013、014、015 和 016）的飞行，8 月 14 日完成了两条航线（航线编号 008 和 010）的数据获取。2009 年和 2010 年在数据覆盖范围内开展了野外森林调查。图 5.57 展示了不同航线获取数据的空间覆盖范围及野外调查样地的相对位置。

表 5.5　UAVSAR 系统参数

参数	取值
中心频率	1.2575 GHz，（L 波段），波长 23.79 cm
带宽	80 MHz
分辨率	距离向：1.8 m，方位向：0.8 m
极化方式	全极化
幅宽（飞行高度 13.8km）	16 km
入射角范围	25°~65°
信号量化级	12 bit（基线）
天线大小	距离向：0.5 m，方位向：1.6 m
方位向角度变化幅度	>±20°
系统功率	3.1 kW
极化隔离度	<-20 dB
噪声水平	<-50 dB
工作高度范围	2 000~18 000 m
工作飞行速度范围	100~250 m/s

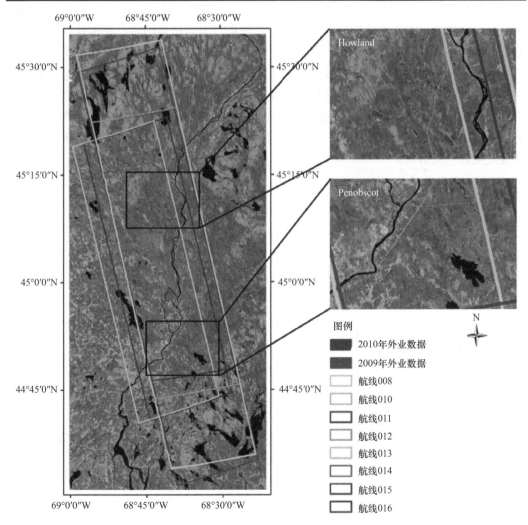

图 5.57　UAVSAR 不同航线获取数据的覆盖范围与野外调查样地相对位置示意图

在 UAVSAR 数据覆盖范围内收集到了三景 ALOS/PRISM 多角度立体观测数据,其中两景的获取时间为 2009 年 8 月 19 日,另外一景的获取时间为 2009 年 9 月 5 日。按照 5.3.1 节所述的方法进行光学多角度立体观测数据融合,并以美国的 NED 数据作为林下地形进行了森林高度的提取。

首先对 UAVSAR 数据天线入射角效应校正和地理编码等预处理,然后将 UAVSAR 后向散射数据与多角度立体观测数据提取的森林高度数据进行精确匹配。利用实测样地的多边形提取雷达后向散射系数和森林高度,通过统计回归分析进行森林生物量建模。

表 5.6 给出了森林生物量反演模型的形式和结果。主要考虑了 5 种模型,包括仅使用交叉极化雷达后向散射系数(012_hv)的模型、仅使用多角度立体观测模型提取的森林高度(PRISM_H)的模型、使用全极化雷达后向散射系数(012_3pol)的模型、使用交叉极化雷达后向散射系数与森林高度的模型(012_hv+PRISM_H),以及使用全极化雷达后向散射系数与森林高度的模型(012_3pol+PRISM_H)。可以看出,全极化估算结果优于交叉极化,但森林高度信息引入后,生物量反演精度有明显提高。012_hv 模型的反演精度最低,反演结果与实测结果的线性相关性仅为 0.49,对应的 RMSE 为 57.86t/hm^2。012_3pol+PRISM_H 模型的反演精度最高,演结果与实测结果的线性相关性仅为 0.76,对应的 RMSE 为 39.74 t/hm^2。

由图 5.58 可以看出,无论是全极化还是交叉极化,对森林生物量的反演存在明显的饱和现象,森林高度引入后,饱和现象有明显的缓解。由表 5.6 和图 5.58 可以看到,综合使用后向散射系数与森林高度的模型的反演精度也高于单独使用森林高度的模型,这表明精度的提高不仅仅来自于森林高度信息的引入,而是由于雷达后向散射系数与森林高度之间存在互补性。

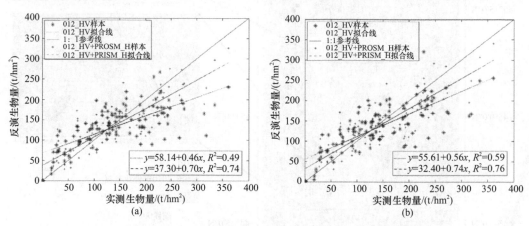

图 5.58　不同森林生物量模型反演结果与野外实测结果的散点图

表 5.6　利用不同变量进行森林生物量反演建模的结果

模型名称	模型表达式	R^2	RMSE/（t/hm^2）
012_hv	$B^{1/3} = 11.95 + 0.55 * 012\_hv$	0.49	57.86
PRISM_H	$B^{1/3} = 3.19 + 0.19 * PRISM\_H$	0.56	55.08
012_3pol	$B^{1/3} = 13.38 - 0.43 * 012\_hh + 0.59 * 012\_hv + 0.43 * 012\_vv$	0.59	52.08
012_hv+PRISM_H	$B^{1/3} = 9.29 + 0.42 * 012\_hv + 0.11 * PRISM\_H$	0.74	41.35
012_3pol+PRISM_H	$B^{1/3} = 10.24 - 0.17 * 012\_hh + 0.34 * 012\_hv + 0.33 * 012\_vv + 0.098 * PRISM\_H$	0.76	39.74

5.4 小　　结

　　森林高度、森林 AGB、蓄积量等森林垂直结构参数不仅是重要的森林资源参数，也是描述森林生态系统的重要参量。本章主要介绍了森林垂直结构信息的定量提取理论和方法。第一节主要介绍了 PolSAR 遥感在森林区域的复杂地形效应以及相应的校正方法。在极化 SAR 的地形校正方面，考虑了三个方面地形对 SAR 数据的影响，总结形成了三阶段的极化 SAR 地形校正方法。第二节主要介绍了基于主动遥感的森林垂直结构信息的反演模型和方法，着重介绍了采用层析 SAR 的成像方法，并总结了基于层析结果提取森林冠层高度，估测森林 AGB 的方法。第三节介绍了多模式遥感协同估测森林垂直结构信息的理论方法，包括光学多角度立体协同观测森林的优势木平均高、多时相光学多角度协同观测森林平均高度、多波段多角度立体观测协同的森林 AGB 估算、雷达后向散射与光学多角度立体观测数据融合的森林 AGB 估测四个方面。

参 考 文 献

陈尔学, 李增元, 车学俭, 等. 2002. 星载 SAR 影像辐射误差校正算法研究. 高技术通讯, 12(5): 10-14.

陈尔学, 李增元, 田昕, 等. 2010. 星载 SAR 地形辐射校正模型及其效果评价. 武汉大学学报(信息科学版), 35(3): 322-326.

刘文祥. 2014. 星载 SAR 影像面积效应的地形辐射校正研究. 中国矿业大学硕士学位论文.

Castel T, Beaudoin A, Stach N, et al. 2001. Sensitivity of space-borne SAR data to forest parameters over sloping terrain. Theory and experiment. International Journal of Remote Sensing, 22(12): 2351-2376.

Chave J, Andalo C, Brown S, et al. 2005. Tree allometry and improved estimation of carbon stocks and balance in tropical forests. Oecologia, 145(1): 87-99.

Chave J, Condit R, Aguilar S, et al. 2004. Error propagation and scaling for tropical forest biomass estimates. Philosophical Transactions of the Royal Society B Biological Sciences, 359(1443): 409-420.

Chave J, Coomes D, Jansen S, et al. 2009. Towards a worldwide wood economics spectrum. Ecology Letters, 12(4): 351-366.

Freeman A, Curlander J C. 1989. Radiometric correction and calibration of SAR images. Photogrammetric Engineering and Remote Sensing, 55(9), 1295-1301

Frey O, Santoro M, Werner C L, et al. 2013. DEM-based SAR pixel-area estimation for enhanced geocoding refinement and radiometric normalization. Geoscience and Remote Sensing Letters, IEEE, 10(1): 48-52.

Gourlet-Fleury S, Guehl J M, Laroussinie O. 2004. Ecology and Management of A Heotropical Rainforest: Lessons Drawn from Paracou, A Long-term Experimental Research Site in French Guiana. Paris: Elsevier.

Ho Tong Minh D, Le Toan T, Rocca F, et al. 2013. Relating P-band synthetic aperture radar tomography to tropical forest biomass. IEEE Transactions on Geoscience and Remote Sensing, 52(2): 967-979.

Hoekman D H, Reiche J. 2015. Multi-model radiometric slope correction of SAR images of complex terrain using a two-stage semi-empirical approach. Remote Sensing of Environment, 156: 1-10.

Kobayashi S, Omura Y, Sanga-Ngoie K, et al. 2012. Characteristics of decomposition powers of L-band multi-polarimetric SAR in assessing tree growth of industrial plantation forests in the tropics. Remote Sensing, 4(10): 3058-3077.

Krim H, Viberg M. 1996. Two decades of array signal processing research: The parametric approach. IEEE Signal Processing Magazine, 13(4): 67-94.

Lee J S, Pottier E. 2009. Electromagnetic Vector Scattering Operators. *In*: Polarimetric Radar Imaging: From

Basics to Applications. Boca Raton: CRC Press: 53-98.

Lee J S, Schuler D L, Ainsworth T L. 2000. Polarimetric SAR data compensation for terrain azimuth slope variation. IEEE Transactionson Geoscience and Remote Sensing, 38(5): 2153-2163.

Lee J S, Schuler D L, Ainsworth T L, et al. 2002. On the estimation of radar polarization orientation shifts induced by terrain slopes. IEEE Transactions on Geoscience and Remote Sensing, 40(1): 30-41.

Lee J S, Schuler D L, Ainsworth T L, et al. 2003. Polarization orientation estimation and applications: A review. IGARSS 2003 Proceedings, 1: 428-430.

Li Y, Hong W, Pottier E. 2015. Topography retrieval from single-pass POLSAR data based on the polarization-dependent intensity ratio. IEEE Transactions on Geoscience and Remote Sensing, 53(6): 3160-3177.

Loew A, Mauser W. 2007. Generation of geometrically and radiometrically terrain corrected SAR image products. Remote Sensing of Environment, 106(3): 337-349.

Löw A, Mauser W. 2007. Generation of geometrically and radiometrically terrain corrected SAR image products. Remote Sensing of Environment, 106(3): 337-349.

Ni W J, Ranson K J, Zhang Z Y, Sun G Q. 2018. Features of point clouds synthesized from multi-view ALOS/PRISM data and comparisons with LiDAR data in forested areas. Remote Sensing of Environment, 149: 47-57.

Ni W J, Zhang Z Y, Sun G Q, Guo Z F, He Y T. 2014b. The penetration depth derived from the synthesis of ALOS/PALSAR InSAR data and ASTER GDEM for the mapping of forest biomass. Remote Sensing, 6(8): 7303-7319.

Ni W, Sun G, Ranson K J, Pang Y, Zhang Z, Yao W. 2015. Extraction of ground surface elevation from ZY-3 winter stereo imagery over deciduous forested areas. Remote Sensing of Environment, 159: 194-202.

Ni W, Sun G, Ranson K J, Zhang Z, Guo Z, Huang W. 2014a. Model based analysis of the influence of forest structures on the scattering phase center at L-band. IEEE Transactions on Geoscience and Remote Sensing, 52(7): 3937-3946.

Pardini M, Torano Caicoya A, Kugler F, et al. 2012. On the estimation of forest vertical structure from multibaseline polarimetric SAR data. IEEE International Conference on Geoscience and Remote Sensing Symposium: 3443-3446.

Pasquali P, Prati C, Rocca F, et al. 1995. A 3-D SAR experiment with EMSL data. IEEE International Conference on Geoscience and Remote Sensing Symposium, 1: 784-786.

Reigber A, Moreira A. 2000. First demonstration of airborne SAR tomography using multibaseline L-band data. IEEE Transactions on Geoscience and Remote Sensing, 38(5): 2142-2152.

Réjou-Méchain M, Tymen B, Blanc L, et al. 2015. Using repeated small-footprint LiDAR maps to infer spatial variation and dynamics of a high-biomass neotropical forest. Remote Sensing of Environment, 169: 93-101.

Small D. 2011. Flattening gamma: Radiometric terrain correction for SAR imagery. IEEE Transactions on Geoscience and Remote Sensing, 49(8): 3081-3093.

Sun G, Ranson K J, Kharuk V I. 2002. Radiometric slope correction for forest biomass estimation from SAR data in the Western Sayani Mountains, Siberia. Remote Sensing of Environment, 79(2): 279-287.

Tebaldini S, Rocca F. 2012. Multibaseline polarimetric SAR tomography of a boreal forest at P- and L-Bands. IEEE Transactions on Geoscience and Remote Sensing, 50(1): 232-246.

Ulaby F T, Moore R K, Fung A K. 1986. Microwave remote sensing active and passive-volume III: from theory to applications. Artech House, Inc

Ulander L M H. 1996. Radiometric slope correction of synthetic-aperture radar images. IEEE Transactions on Geoscience and Remote Sensing, 34(5): 1115-1122.

Urban D L. 1990. A versatile model to simulate forest pattern: A user's guide to ZELIG version 1.0. Charlottesville, University of Virginia.

Van Zyl J. 1993. The effects of topography on the radar scattering from vegetated areas. IEEE Transactions on Geoscience and Remote Sensing, 31(1): 153-160.

Villard L, Le Toan T. 2015. Relating P-Band SAR Intensity to Biomass for Tropical Dense Forests in Hilly Terrain: $\gamma 0$ or $\sigma 0$? IEEE Journal of Selected Topics in Applied Earth Observations and Remote Sensing,

8(1): 214-223.

Vincent G, Sabatier D, Blanc L, et al. 2012. Accuracy of small footprint airborne LiDAR in its predictions of tropical moist forest stand structure. Remote Sensing of Environment, 125(4): 23-33.

Wang P, Ma Q, Wang J, et al. 2013. An improved SAR radiometric terrain correction method and its application in polarimetric SAR terrain effect reduction. Progress In Electromagnetics Research B, 54: 107-128.

Zhang Z Y, Ni W J, Sun G Q, Huang W L, Ranson K J, Cook B D, Guo Z F. 2017. Biomass retrieval from L-band polarimetric UAVSAR backscatter and PRISM stereo imagery. Remote Sensing of Environment, 194: 331-346.

Veroef & Bacour, D Bimont et al., 2008. Assessn of spectral toolyine.sp.spm.AML a its proonhoases a grapdal modse I signal spatal at finsiop, Kristey Seusing of Esviconpnt, 1151 p 23-55

Xing, P, Xi, O., Wang.J et al., 2015. n hopenyr SAM multangplar intfoeman regoess mode vrsit apppcatien sgrcltl vgtation parom estetamsion Journal of Appue Rommte Sonsin. 9.7 192326

Zhang, Y., Yu,H1, Roey, C, Fes et.al 2012. Broadssupe a B Land polhin ssssot SAA rosa compand iat nt nhanc rotcey Sumete Senin of Ern 117: 221-346

第6章 植被垂直生理生化参数信息
遥感提取理论和方法

  植被生理生化参数立体分布影响植被的生长状况和生长环境、研究不同高度处的光照、水分和养分限制、评估株型、遮蔽影响、预估生态系统演化等具有重要意义,可以有效推动林业、草原和农业管理水平,对生态环境保护和全球气候变化等科学研究也会有一定的促进作用。植被生化组分参数的遥感反演,在近年来遥感走向定量化过程中始终被重点关注。如何高精度地重建冠层辐射传输过程以获取叶面积指数和叶向分布,以及重建叶片辐射传输过程以获取叶绿素、水分、蛋白质、纤维素、木质素等多种生化组分的含量信息,是从事定量遥感的学者长期研究的目标。在此基础上,建立遥感过程中的叶片—冠层联合辐射传输理论,厘清多种生理生化参数一体化反演的思路,也被认为具有重要的理论意义和实用价值。森林生态系统等典型的复杂地表覆盖下植被生理生化参数具有立体分布的特征,表现在水平分布的不均一性,同时在垂直方向上的异质性。目前,被动光学遥感只是在水平方向参数反演具有较高的精度,但是对于具有垂直方向分布的特征参数,例如,叶面积密度分布、生化组分垂直分布等均不能用遥感进行很好的反演,只能对“立体柱”总量或平均量进行描述,不能反映其垂直分布状况。因此,必须结合激光雷达的波形信息解决这一难题。

  本章主要在植被辐射传输理论的支持下,针对复杂地表覆盖条件下植被生理生化参数垂直异质性分布特征,开展主被动光学遥感反演机理研究,并通过对遥感电磁辐射方向、光谱和相位特征的理解和挖掘,建立针对植被生理生化参数垂直异质性特征分布的遥感信息协同的理论与方法,研究复杂地表覆盖下辐射传输过程和植被生理生化参数垂直分布信息定量反演机制,从而推动光学遥感辐射传输理论的发展,促进更多植被参数从二维化走向三维化的定量反演,满足生态环境评价和管理的需要。

6.1 植被垂直生理生化参数一体化提取理论

6.1.1 叶片尺度理化参数垂直分布一体化提取建模

  目前在植被光学遥感中,辐射传输的研究通常分为冠层和叶片两个层次(Chandrasekhar,1950;Monsi,1953;Ross,1981)。在冠层层次上,通常以叶面积指数、叶向分布等生理结构参数为反演目标,比较著名的辐射传输模型包括 K-M 模型(Knyazikhin and Marshak,1987)、Suit 模型(Suits,1971)、SAIL 模型(Verhoef,1984)、Nilson-Kuusk 模型(Nilson and Kuusk,1985)等;在叶片层次上,通常以叶绿素、水分、蛋白质、纤维素、木质素等生化参数为反演目标,比较著名辐射传输模型包括 N 流模型(Richter and Fukshansky,1996)、Ray tracing 模型(Govaerts et al.,1996)、PROSPECT

模型（Jacquemoud and Baret，1990）、LIBERTY 模型（Dawson et al.，1998）等。以上模型采用的均为以平面平行假设为前提的一维辐射传输理论，而对三维特征分布明显的植被分布则通常采用几何光学理论（李小文和王锦地，1995）。1990 年，Gerstl 和 Sieber（1990）曾总结了电磁波的六种基本特性，其中强度特性、光谱特性、时间特性已被我们广泛用于遥感信息分析，方向特性作为多角度遥感的基础也逐步受到重视，其余两个特性为偏振特性和相位特性。

在建模方面，将在分析现有辐射传输模型适用性、关注"热点"方向反射或回波描述的基础上，进行多角度、高光谱反射及激光雷达回波波形的模拟。结合多种观测数据，利用蒙特卡罗模拟的手段进行冠层反射率和不同波段激光雷达回波对植被参数的敏感性分析。运用理论分析、模拟算法和多学科交叉的集成分析方法，并结合综合观测试验，系统研究主被动光学遥感与植被理化参数立体分布的电磁波辐射传输机理，揭示主被动遥感结合用于植被理化参数反演的理论基础及转换规律，突出耦合遥感机理模型。探索主被动光学对地观测信息协同的基础理论，以辐射传输理论和野外试验为基础，尝试建立植被理化参数反演的信息协同模型与方法，并进行多波段激光雷达植被探测装置的研制并为理化参数立体分布可视化提供基础。

基于辐射传输理论模型单次散射和激光雷达方程，根据高光谱激光雷达光斑相对于叶片的大小，分别建立了针对叶片和冠层植被理化参数反演的高光谱激光雷达模型。模型可以计算目标在给定入射辐射下的反射率，覆盖了从 400~2500nm 的波长范围。叶片模型主要由两部分构成，分别是叶片的光学属性和叶片的倾角。叶片的光学属性可以利用 prospect 模型（Jacquemoud and Baret，1990）进行表示：

$$LRT = Prospect(N, Cab, CW, Cm) \tag{6.1}$$

而叶片的倾角可以根据激光雷达的波形变化进行表示，叶面倾角对不同激光雷达波形的影响如图 6.1 所示。

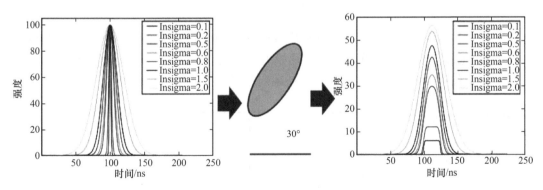

图 6.1　叶片倾角对于不同激光雷达波形的影响

6.1.2　冠层尺度理化参数垂直分布一体化提取建模

1. 森林场景建模

针对冠层植被场景，建立了高光谱激光雷达模型。在模型中，利用单次散射计算反射率，冠层上直接辐射的单次散射实际上是植被冠层不同层和土壤本身的单次散射之和。对于植被来说，冠层可以被分为很多均匀分布的层，具体如图 6.2 所示。

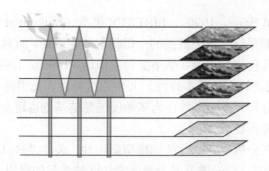

图 6.2　植被冠层的分层表示

于其中的每一层，反射率可以表示如下 ρ_{canpy}^i：

$$\rho_{canpy}^i = \frac{\Gamma^{(i)}(r_1,r_2)\mu_L^i}{\mu_1\mu_2}\Pi Q^{i-1}(r_1,r_2,H)\int_0^{H(i)}Q^i(r_1,r_2,Z)\mathrm{d}Z \tag{6.2}$$

式中，$\Gamma^{(i)}(r_1,r_2)$ 为当前层的相函数；r_1 和 r_2 为入射和观测方位的单位向量，对于激光雷达的模拟，入射和观测方向为常量；μ_L^i 为当前层叶面积密度；$Q^i(r_1,r_2,Z)$ 为当前层的间隙率；H 为冠层高度。

基于激光雷达方程，将反射率信息输入到雷达方程中进行计算，雷达方程如下所示：

$$P_r = \frac{P_t D_r^2}{4\pi R^4 \beta_t^2}\eta_{sys}\eta_{atm}\sigma \tag{6.3}$$

式中，D_r 为接收端直径；R 为传感器到目标的距离；β_t 为雷达光束半宽；η_{sys}、η_{atm} 为大气传输衰减；σ 为散射截面。

散射截面可以定义为如下公式：

$$\sigma = \frac{4\pi}{\Omega}\rho A_s \tag{6.4}$$

如图 6.3 所示，是不同高度、不同叶面积指数和叶绿素含量情况下的高光谱曲线。由图 6.3 可以看出，利用高光谱激光雷达模型可以进行不同高度植被光谱的计算，同时进行不同生化组分的计算，促进复杂植被地表垂直方向理化参数的测定。

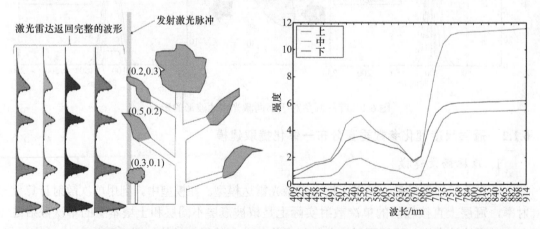

图 6.3　基于高光谱激光雷达模型模拟的不同高度不同叶面积指数和叶绿素含量的光谱曲线

随着叶面积指数等参数的增加，多次散射所占的比重在红外波段快速增加，不能忽略，图 6.4 即表示多次散射的影响。

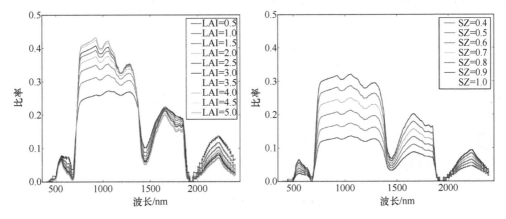

图 6.4 多次散射的影响分析

2. 农作物场景建模

回波模拟的目的是探讨多个波段同时探测时，能否通过回波波形提取植被的生化组分信息。回波模拟分为三步。首先，以玉米为例，在重点考虑叶面积指数和叶绿素含量不同情况下构建植被场景。然后，根据辐射传输理论模型计算反射率和间隙率。最后，利用生成的发射波形在上面构建的植被场景中进行回波模拟。模拟完成后，对多波段激光雷达反演植被生化组分进行评价。

利用模型对玉米作物进行了场景模拟，对于玉米来说，因为叶面积指数和叶绿素含量在生长和光合作用方面起重要作用，因此对其长势和营养的评价指标主要为叶面积指数和叶绿素含量；同时，叶面积指数和叶绿素含量在高度方向上的垂直分布决定了其生长状态。

对于叶绿素含量的垂直分布来说，会随着生长期的不同而变化。在生长的初始阶段，叶绿素含量在垂直方向上通常是均匀的；在主要的生育期其垂直方向的分布都符合钟形模型，如图 6.5 所示；在成熟或衰老期，冠层下部的叶片叶绿素减少明显。

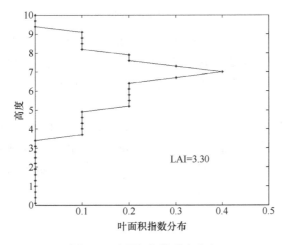

图 6.5 叶面积指数垂直分布

因此，对应于上述三种生长时期，构建了 3 种不同的叶绿素含量垂直分布场景，分别是均一、钟形及钟形加底部消弱。三种叶绿素含量分别如图 6.6 中的（a）、（b）和（c）所示。因此，结合叶面积指数的高斯分布设定，构建了三个模拟场景。

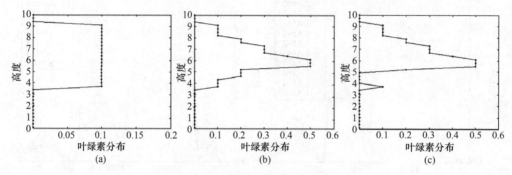

图 6.6　叶绿素含量垂直分布

针对每个场景，对 6 个波段都分别进行了回波模拟。对于同一种场景，红外波段如 780nm 波段和 1064nm 波段的反射率要比可见波段如 531nm、550nm 和 670nm 波段要高很多，相应的峰值强度也要高很多。随着叶绿素含量的增加，可见波段峰值强度显著减少，这主要是因为叶绿素对可见的强的吸收作用。因为在三个模拟中土壤条件是不变的，处理过程中对土壤的发射率和波形相应是不变的。回波模拟结果如图 6.7 所示。

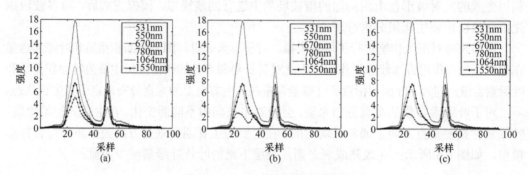

图 6.7　3 个不同场景的回波波形

对于场景 1，叶面积指数为高斯分布，叶绿素含量为均一分布，叶绿素含量对回波的影响是固定的，植被结构是影响回波波形的主要因素。由于叶绿素含量在垂直方向上同样符合高斯分布，在回波的中间阶段由于叶绿素含量最高，可以明显观察到可见波段在该位置的吸收谷。

场景 2 的模拟结果表明反射强度明显降低，其中，531nm 和 550nm 波段的峰值反射强度相比发射强度减少了大约 80%，而 670nm 波段的峰值反射强度降为原始发射强度的一半左右。对比场景 1 和 2 的模拟结果，红外波段 780nm、1064nm 和 1550nm 处的回波波形不会随着叶绿素含量的变化而发生显著变化。

当植被下部的叶绿素含量变化时，如在场景 3 所模拟的下部叶绿素减少，传统的红外激光雷达由于采用的红外波段对叶绿素含量变化不敏感，就不能很好地监测植被的状态。在这种状态下，多波段激光雷达可以展现出一定的优势，当中下层叶绿素含量发生变化时，可见波段和红外波段的回波波形是不一样的。当植被中部的叶绿素含量减少时，670nm波段的回波波形会产生一个"双峰"现象。

从结果可以看出，多波段激光雷达所具有的多光谱特性可以用来监测叶绿素含量和其他生化组分的垂直分布。多波段激光雷的对于特定的结构和生化组分，会表现出不同的激光回波波形。红外波段的波形对叶绿素含量不敏感，但是可见波段的回波波形对叶绿素含量非常敏感，特别是670nm波段。利用这个特点，我们可以对叶绿素含量的垂直分布进行探测。另外，这个特征对于设计LAI和叶绿素含量垂直反演算法非常有益。

6.1.3　植被垂直生理生化参数一体化提取模型简化

在反演方面，以先验知识的遥感定量反演理论和辐射特征信息提取方法为指导，通过地面实验进行研究区先验知识的获取，同时研究针对不同参数的误差传递规律，实现多阶段目标中对数据信息的定量化分配，解决参数信息量变化的度量和计算问题，同时利用多种的反演方法进行优化，开展模型的优化分析和算法验证。

根据模型反演和实验结果，提出实验改进方案，做到操作简便、可控，数据质量可靠，信息完备、冗余少，形成模型与实验数据良性互动。分析模型在复杂地表参数提取中的效能和误差来源，利用观测数据进行模型模拟分析与简化。优化模型结构，提炼模型算子，加强模型的可反演性，改进反演算法，充分利用该试验区已经获取的多时相机载遥感数据，进行天地一体化验证。

针对植被垂直分层分布的状况，结合航空高光谱数据的光谱信息和激光雷达的点云信息，在解混合像元模型的支持下，通过机理模型模拟与分析，研究探测不同高度植被的光学特征，在分析高光谱和激光雷达观测与植被生理结构参数作用机理的基础上，通过多源数据协同和模拟，提出了植被生理结构参数垂直分层分布特征的遥感提取方法，该方法的基本原理如图6.8所示。

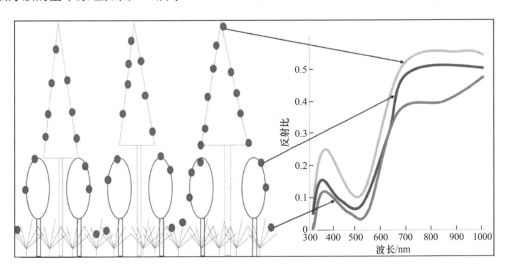

图6.8　高光谱与激光雷达结合的垂直高度分层反演方法

基于高光谱和激光雷达点云的植被指数垂直分布结果，利用生化组分和植被光谱特征的关系，可以得到不同高度植被生化特征，进而进行植被生化组分垂直分布的反演研究。其垂直分布曲线如图 6.9 所示。对于航空高光谱数据的光谱信息和激光雷达的点云信息，在解混合像元模型的支持下，通过机理模型模拟与分析，研究探测不同高度植被的光学特征，在分析高光谱和激光雷达观测与植被生理结构参数作用机理的基础上，通过多源数据协同和模拟，提出了植被生理结构参数垂直分层分布特征的遥感提取方法。

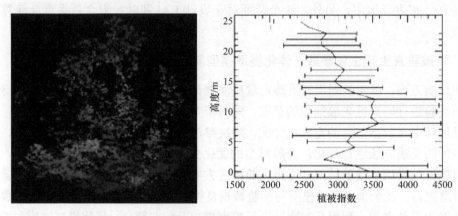

图 6.9 基于高光谱和激光雷达点云的植被指数垂直分布曲线

基于高光谱和激光雷达点云的植被指数垂直分布结果，利用生化组分和植被光谱特征的关系，可以得到不同高度植被生化特征，进而进行植被生化组分垂直分布的反演研究。

6.2 植被生理结构参数垂直分布信息提取方法

6.2.1 地面激光雷达提取植被生理结构参数

植被冠层与大气进行着碳、水和能量的交换，在水循环、碳循环与气候调节中起着重要作用，确定冠层三维垂直结构有利于维持冠层的功能。叶片是冠层的主要组成部分，叶面积及其在冠层内的空间分布状况是影响冠层光合作用的重要因子之一。冠层中不同高度的叶片对总光合作用和碳储量的贡献不同，叶面积垂直分布状况是能量、水和养分的重要决定因素，在确定生物栖息地适宜性、物种的数量和多样性中发挥着重要作用（Swatantran et al.，2011）。叶面积密度（leaf area density，LAD）是表征植被垂直方向上不同分层内叶面积差异的参数，定义为单位地面面积单位高度范围内的单面叶面积总和（Weiss et al.，2004），其沿垂直方向的积分为叶面积指数（LAI）（Hosoi and Omasa，2006）。然而 LAI 仅能反映叶片的整体分布，不能体现冠层内叶面积随高度的分布状况。LAD 作为高度的函数，反映了叶面积随高度的分布状况，取决于物种、生长阶段和环境干扰等因素。林分成熟时树高度分布均匀，LAD 最大值可能出现在树冠的中心附近，而当林分由于干扰生物量损失后，林木高度参差不齐，随着再生整体 LAD 增加，LAD 最大值可能出现在较低的高度。因此，LAD 是生态过程模型在全球碳循环中模拟陆地植被角色的一个重要输入参数

（Treuhaft et al.，2002）。传统的被动光学遥感技术，以植被参数的二维提取为目标，难以精确获取植被参数的三维信息。因而，如何快速、准确地获取植被三维结构信息是现代遥感技术新的挑战（王洪蜀，2015）。

激光雷达（LiDAR）是近年来国际上发展十分迅速的主动遥感技术，可以快速获取森林的三维结构信息，在森林参数的定量测定和反演上取得了成功的应用（庞勇等，2005）。在植被冠层垂直结构测量方面，LiDAR 比被动光学遥感技术和主动雷达技术更具优势。通过发射具有一定穿透能力的电磁波脉冲与地物作用，LiDAR 在获取植被冠层水平分布信息的同时，也可以获得被动光学遥感技术不能获得的植被冠层的垂直结构信息（李欣等，2006）。LiDAR 数据已经用于树高、冠幅、生物量和林分密度等结构信息的提取，森林的覆盖度和 LAI 等水平结构参数的反演等（李旺等，2013；刘清旺等，2008；刘峰等，2012；骆社周等，2013；庞勇等，2008；周梦维等，2011）。地基激光雷达作为一种主动遥感技术，具有分辨率高、光斑小、携带便捷等特点，能够以非接触方式快速、高精度地从地面测量树木冠层的内部结构，获取海量点云数据。结合一体化高分辨率数码相机的使用，点云数据不仅拥有各点的三维坐标，还拥有色彩信息，因而，在获取垂直结构参数叶面积密度方面具有先天的优势。

如何基于地基激光雷达获取的植被冠层的空间坐标信息和色彩信息研究植被冠层叶面积密度参数的反演方法，对于研究森林碳、氮循环、叶片生化组分垂直分布、生物量估算、森林生长监测等具有十分重要的现实意义。

1. 地基激光雷达外业数据采集与数据处理

研究区域位于电子科技大学校园内，以绿化阔叶树种玉兰树作为研究对象，利用 Leica ScanStation C10 三维激光扫描仪分别采集了单棵玉兰树和玉兰林地基激光雷达数据。玉兰，木兰科落叶乔木，是中国著名的花木，南方早春重要的观花树木，树冠卵形或近球形，叶片倒卵状长椭圆形，长 10～15cm。

在利用三维激光点云数据提取林木垂直结构参数时，需要较高精度的点云数据，因此在外业数据采集过程中要求作业人员尽量将误差降至最低，以减少冗余点及粗差点。外业数据采集流程如图 6.10 所示。

图 6.10　外业数据采集流程

1）地基激光雷达采集单木数据

对单棵 6.5 m 高玉兰树进行了 3 个不同角度的扫描，测站点的布设位置如图 6.11 所示。测站与测站之间的位置间隔约 120°，扫描区域水平视场以测站与测站之间有部分重叠为准，以满足任意两站之间能够找到多个同名点，以便后续的拼接处理，垂直视场角为−45°～90°。扫描分辨率为高分辨率即 100 m 处点与点的垂直与水平间距为 0.05 m。激光扫描是在晴空无风的条件下进行的。每个测站粗扫描、精扫描完毕后，三维激光扫描仪会利用自带的一体化彩色数码相机对设置的区域场景进行拍照，单帧图像为

17°×17°，400 万像素。

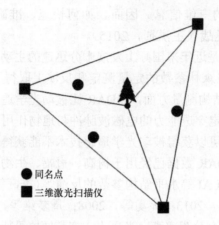

● 同名点
■ 三维激光扫描仪

图 6.11　单木数据采集测站点分布图

2）地基激光雷达采集玉兰林数据

　　在电子科技大学校园内建立矩形样地，大小为 8 m×12 m，样方区域内地势平坦，有 22 棵玉兰树，长势均匀，平均树高为 6.6 m。为最大限度地降低枝叶遮挡，获取区域树木全方位三维实景，在该样地共布设 4 个观测站点，测站分布如图 6.12 所示。为了多个测站的地面激光点云数据统一到一个坐标系下，在树干上张贴 5 个黑白标靶，并保证这 5 个标靶的高度不一致，样区中心测站 P1 能够看到所有标靶并能进行精确扫描，P2、P3、P4 测站至少能够精确扫描 3 个标靶。在 P1 测站，进行 360°×270°的全景扫描，其他各测站扫描区域水平视场以测站与测站之间有部分重叠为准，垂直视场为–45°～90°。扫描分辨率为高分辨率即 100 m 处点与点的垂直与水平间距为 0.05 m。每个测站，确定好扫描区域和扫描分辨率之后，首先进行目标场景、标靶的粗扫描，然后再进行标靶的精扫描。激光扫描是在晴空无风的环境下进行的，每个测站扫描完毕后，进行仪器一体化彩色数码相机拍摄。图 6.13 为玉兰林数据获取的工作图。

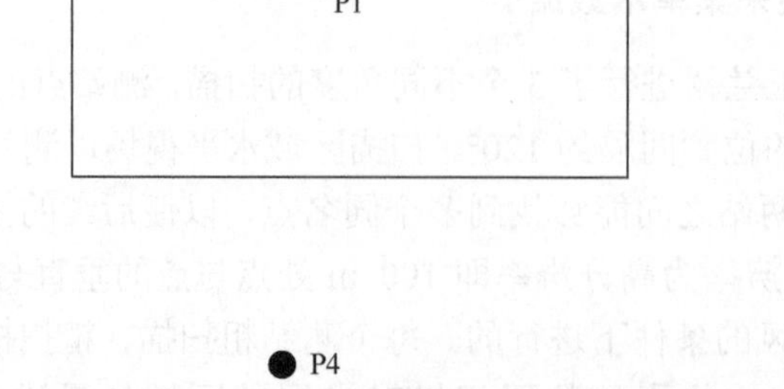

● P2

● P3

● P1

● P4

图 6.12　样区扫描站点分布图

图 6.13　场景扫描

3）地基激光雷达内业数据预处理

地基激光扫描仪所获取的目标物体表面大量空间点位坐标的集合称为"点云"数据。随着激光扫描仪技术的发展,我们可以很容易地得到真实世界中大而复杂的目标物体的表面点云数据及彩色照片信息。为表达真实世界,分站式扫描是采用地面激光扫描仪测量数据的一个显著特点,每一个扫描站的扫描是相对静止的,是独立的;同时,现有的三维激光扫描仪硬件具有高精度、快速扫描的特点,但在测量中不可避免的环境干扰,和扫描仪扫描过程中的缺陷会使得到的点云数据存在大量的粗差点和噪声点,这样的数据基本不能直接使用,需要对点云数据进行数据配准、数据去噪等处理。

以徕卡三维激光扫描仪 Leica ScanStation C10 为数据源获取设备,以 Cyclone7.0 软件为多测站点云数据拼接处理软件,对多测站点云的数据进行拼接等处理。在 Cyclone 软件中点云的拼接就是把多个不同的独立的 ScanWorld 统一成一个坐标系统的过程。在拼接过程中,会指定某个独立的原始的 ScanWorld 或者已有的测量数据为基准坐标(home ScanWorld),同一工程下的其他独立的 ScanWorld 可通过约束条件旋转相应的三个方向的坐标轴,合并到基准坐标上去,其内部结构并没有改变,只是相对于其他的位置有了变化。

由于一些原因如飞鸟、车辆、行人、建筑物等物体的存在;树木粗糙表面及复杂纹理、仪器系统误差、外界环境等的影响,地基三维激光扫描仪获取的原始点云数据中必定存在大量的噪声点,这些噪声点数据干扰了目标点信息提取,同时增加了点云数据量,影响数据处理效率,因此在使用数据之前,必须对获取的原始点云数据进行去噪处理(董明晓和郑康平,2004)。对于非扫描目标对象,如树旁边的建筑物、道路、指路牌等引起的噪声点,可以通过软件框选噪声点手工删除;而对于仪器系统误差、外界环境影响等引起的噪声点,人工删除很困难,需要通过一些去噪算法删除。目前的一些去噪算法中,对噪声点的判定通常的思路是预先设定一个正常限值,通过一定的条件判断,如果某个点的条件判断值超出这个正常限值,则认定为噪声点。如格网法中,根据点与点之间的间距将点云数据格网化,利用点云数据的中心距离计算一个中值,通过比较每个点与中值的距离与扫描系统的分辨率大小来确定是否是噪声点,如果比分辨率小,则认为是正常的点,否则认为是噪声点,需进行删除(刘红伟,2011)。统计分析法中,首先计算每个点到其 K 个最近邻点的平均距离及这些平均距离的均值以及标准差,然后通过

比较每个点到 K 个最近邻点的平均距离与均值的差是否在标准差的 N 倍范围内来确定，如果没在该范围内，则认为是噪声点，需要从数据集中去除掉（Rusu et al.，2008）。图 6.14 是以 $K=30$，$N=1$，对带有噪声的树冠点云去噪前后的对比图。

(a)   (b)

图 6.14 噪声处理前后对比

（a）去噪前；（b）去噪后

2. 单木叶面积密度反演

对于正反面叶片叶面积相等的阔叶树，LAI 可以定义为单位地表面积参与光合作用的单面叶片总面积（Watson，1947）。LAI 只能用于描述植被冠层叶片的整体分布，不能体现冠层内叶面积随高度的分布状况。LAD 是一个表征植被冠层垂直方向上不同高度层内叶面积差异的参数，冠层高度 h 内所有层 LAD 之和即为冠层 LAI 值，LAD 和 LAI 的关系可以表示为（赵静等，2013）

$$LAI = \int_0^h LAD(z)dz \qquad (6.5)$$

基于体元的冠层分析法（voxel-based canopy profiling，VCP）已在利用小光斑激光雷达提取森林叶面积密度参数中广泛应用，是因为该方法无需对冠层组分空间分布、大小和形状做任何假设，且简单、易于实现（Hosoi and Omasa，2006，2007，2009）。利用 VCP 方法提取的冠层叶面积密度与实际相符，提取精度受到非光合作用组分、叶片叶倾角、激光束入射角度等因素的影响（Hosoi and Omasa，2007）。为了数据获取和验证的方便，目前研究大多以低矮树木作为研究对象。虽然 VCP 方法计算得到的结果与直接测量结果比较接近，但是对于高大树木是否具有适用性及可移植性需要进一步地证明。且在这些研究中，非光合组分的去除主要是通过手工去除叶片后或者落叶季节扫描枝干得到的点云，与有叶时扫描的点云对比相减来实现。这种方法的缺点是由于叶片的遮挡，在树木有叶片和无叶片时，扫描得到的树木枝干点云数据肯定不一样，直接相减会导致得到的叶片点云并非理想的叶片点云数据。

以 6.5 m 高的玉兰树为研究对象，其照片及激光点云数据如图 6.15 所示，其叶片大小约 14.3 cm×5.7 cm。首先通过研究法线差分（difference of normals，DoN）算子（Ioannou et al.，2012），实现叶片点云的提取，降低非光合作用组分的影响；然后构建体元模型，获得单木冠的体元数据；再通过二维凸包算法，确定树冠外围轮廓；最后结合基于体元的冠层分析法 VCP 实现单木叶面积密度的反演。

图 6.15　单棵玉兰树

（a）照片；（b）点云

1）叶片点云提取算法研究

为了研究叶面积密度 LAD，需要提取叶片点云，尽可能地降低树木的枝干等非光合作用组分对叶面积密度估算的影响。地基激光雷达（TLiDAR）技术是一种实景再现技术，其激光光束窄，方向性好，极易穿透植被冠层，获取植被冠层表面及内部详细的三维结构坐标信息。因此尝试从点云三维坐标信息着手利用点云分割算法法线差分算子实现单木叶片点云的快速提取。

DoN 算子是一种基于尺度的用于三维点云场景中感兴趣目标物的分离算子（Ioannou et al.，2012）。在三维计算机视觉中，法线作为表征物体表面的尺度空间，通常由固定半径尺度内的点云估计。当固定半径尺度较小时，法线受噪声和小尺度物体表面结构的影响较大；当固定半径较大时，受噪声和小尺度范围内的物体表面结构影响较小，更多的是受大尺度表面结构的影响。

假设点云 p 表面的尺度算子如下（Ioannou et al.，2012）：

$$L(p,\gamma) = \hat{n}(p,\gamma) \tag{6.6}$$

表示半径尺度为 γ 时，点云 p 估计得到的法线图 $p = \{p_1, p_2, ..., p_N\}$。

点云 p 中任何点 p 在不同尺度下的法线差分算子 $\Delta\hat{n}$ 定义如下：

$$\Delta\hat{n}(p,\gamma_1,\gamma_2) = \frac{1}{2}(\hat{n}(p,\gamma_2) - \hat{n}(p,\gamma_1)) \tag{6.7}$$

式中，$\gamma_1, \gamma_2 \in R$，$\gamma_2 < \gamma_1$。如果一个中心点较大邻域半径 γ_1 范围内的表面结构与其较小邻域半径 γ_2 范围内的表面结构变化较大时，两个尺度下的表面法线方向将大幅度地变化；相反，变化较小时，表面法线方向近似相同，如图 6.16 所示。可根据目标对象的几何特征，通过对 $\|\Delta\hat{n}(p)\|$ 选择适当阈值进行目标提取。

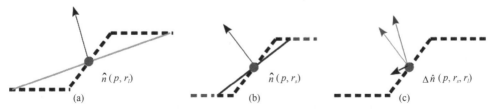

图 6.16　固定半径法线与尺度的关系（据 Ioannou et al.，2012）

（a）大尺度半径；（b）小尺度半径；（c）法线差分结果

到目前为止，法线差分算子已经在城市场景无序点云分割和动物模型器官组织点云分割中取得了成功的应用，但是在植物外形建模和组织分割等方面的应用尚未涉及。以单木树冠为研究对象，基于法线差分算子的思想，充分利用叶片与其他组织区域特征的差异，进行不同半径尺度范围内的法线估算，并求得两两不同半径尺度组合之间的法线差分；然后对差分结果进行统计分析选择合适的尺度，并通过获取合适尺度下的最佳阈值进行叶片点云提取。技术流程图如图 6.17 所示。

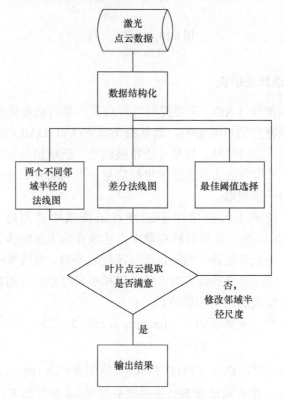

图 6.17　DoN 法线差分技术流程

三维点云数据处理中，法向量估计是经常使用的一个方法。三维空间里，如果一个向量垂直于一个平面，那么这个向量就被称为这个平面的法向量，如图 6.18（a）所示。对于离散点云构成的曲面，某一点的法向量可定义为该点及其一定数量的 K 个最邻近点确定的平面法向量，如图 6.18（b）所示。

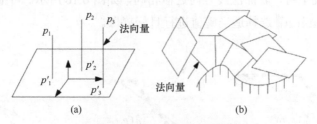

图 6.18　激光点法向量示意图
（a）平面法向量；（b）曲面法向量

若 p_i 为点云数据中任意一个激光点，其法向量为 $\overrightarrow{n_i}$，k 邻域为 $N(p_i) = \{q_{i,1},$

$q_{i,2}, \cdots, q_{i,k}\}$，对于激光点 p_i 及其 k 邻域 $N(p_i) = \{q_{i,1}, q_{i,2}, \cdots, q_{i,k}\}$ 拟合出的一个最佳平面，则用这个平面的的法向量作为 p_i 的法向量。设通过 p_i 及其邻域 $N(p_i)$ 确定的平面为 $f(x, y, z)$，则根据最小二乘原理 $f(x, y, z)$ 应满足其最小残差平方和最小，即

$$E = \sum_{i=1}^{k} (f(x, y, z))^2 \longrightarrow \min(i = 1, 2, 3, \cdots, n) \tag{6.8}$$

求解式（6.8）即可获得平面 $f(x, y, z)$ 的法向量，也就是离散点 p_i 的法向量。目前，空间数据进行平面拟合的主要方法有最小二乘法和特征值法两种（官云兰等，2008）。

A. 最小二乘法的平面拟合

通常采用最小二乘法对空间数据点的集合进行平面拟合处理。最小二乘法平面拟合的核心思想是在给定集合内的所有点到拟合平面的垂直距离的平方和最小。假设三维空间的一个平面可表达为

$$z = ax + by + c \tag{6.9}$$

式中，a, b, c 为参数；x, y, z 为变量。虽然最小二乘法平面拟合是人们在处理 LiDAR 点云时最为常用的平面拟合方法，但是由于它是建立在"误差仅存在于 z 方向"的假设前提下利用最小二乘原理解算平面参数的，所以更适用于二维数据类型。由于点云数据在 x, y, z 三个方向均存在误差，因此这种方法对于三维点云的平面拟合并不完全适用。

B. 特征值法的平面拟合

特征值法的平面拟合就是通过求解特征值和特征向量来实现空间数据的平面拟合，是在考虑了 x, y, z 三个方向误差的情况下，获得最优的平面估计。其基本原理是：在满足 $a^2 + b^2 + c^2 = 1$ 的条件下，根据平面方程 $z = ax + by + c$，确定平面的三个参数 a, b, c。最佳拟合平面是指空间中的任何一点 (x, y, z) 到平面的距离都是最小的拟合平面。因为最佳拟合平面是一个极值平面，所以利用函数求极值的方法，分别将函数式对三个参数 a, b, c 求导，并利用三个子式构成特征值方程。其中最小的特征值为残差，最小特征值对应的特征向量为所求的平面拟合参数 a, b, c（Hoppe et al.，1992）。

设空间平面方程为

$$ax + by + cz = d \tag{6.10}$$

式中，a, b, c 为平面的单位法向量，即 $a^2 + b^2 + c^2 = 1$；d 为坐标原点到这个平面的距离，且 $d \geqslant 0$。如果 a、b、c 和 d 这四个参数能够确定，则此空间平面就能确定。

设任意一个待拟合平面有 n 个数据点 $\{(x_i, y_i, z_i), i = 1, 2, \cdots, n\}$。利用式（6.11）表示平面方程，则任意一点 (x_i, y_i, z_i) 到该平面的距离为

$$d_i = |ax_i + by_i + cz_i - d| \tag{6.11}$$

欲获得三维点云中最佳拟合平面，则应在 $a^2 + b^2 + c^2 = 1$ 的条件下，满足：

$$e = \sum_{i=1}^{n} d_i^2 = \sum_{i=0}^{n} (ax_i + by_i + cz_i - d)^2 \longrightarrow \min \tag{6.12}$$

即最佳拟合平面是指空间中任意一个激光数据点到拟合平面的垂直距离的平方和最小的近似平面。利用求函数极值的拉格朗日乘数法，组成函数如下：

$$f = \sum_{i=1}^{n} d_i^2 - \lambda(a^2 + b^2 + c^2 - 1) \tag{6.13}$$

将式（6.13）对 d 求导，并令其导数为零，得

$$\frac{\partial f}{\partial d} = -2\sum_{i=1}^{n}(ax_i + by_i + cz_i - d) = 0 \tag{6.14}$$

则有

$$d = a\frac{\sum_{i=1}^{n} x_i}{n} + b\frac{\sum_{i=1}^{n} y_i}{n} + c\frac{\sum_{i=1}^{n} z_i}{n} \tag{6.15}$$

因此公式（6.15）可以改写为

$$d_i = \left| a(x_i - \bar{x}) + b(y_i - \bar{y}) + c(z_i - \bar{z}) \right| \tag{6.16}$$

式中，$\bar{x} = \dfrac{\sum_{i=1}^{n} x_i}{n}$，$\bar{y} = \dfrac{\sum_{i=1}^{n} y_i}{n}$，$\bar{z} = \dfrac{\sum_{i=1}^{n} z_i}{n}$。

分别对 a、b、c 分别求导并令其各自导数为零，得到：

$$\begin{cases} \sum_{i=1}^{n}(a\Delta x_i + b\Delta y_i + c\Delta z_i)\Delta x_i - \lambda a = 0 \\ \sum_{i=1}^{n}(a\Delta x_i + b\Delta y_i + c\Delta z_i)\Delta y_i - \lambda b = 0 \\ \sum_{i=1}^{n}(a\Delta x_i + b\Delta y_i + c\Delta z_i)\Delta z_i - \lambda c = 0 \end{cases} \tag{6.17}$$

式中，$\Delta x_i = x_i - \bar{x}$，$\Delta y_i = y_i - \bar{y}$，$\Delta z_i = z_i - \bar{z}$。

将公式（6.17）的三个子式构成特征值方程，可得

$$\begin{bmatrix} \sum_{i=1}^{n}\Delta x_i\Delta x_i & \sum_{i=1}^{n}\Delta x_i\Delta y_i & \sum_{i=1}^{n}\Delta x_i\Delta z_i \\ \sum_{i=1}^{n}\Delta x_i\Delta y_i & \sum_{i=1}^{n}\Delta y_i\Delta y_i & \sum_{i=1}^{n}\Delta y_i\Delta z_i \\ \sum_{i=1}^{n}\Delta x_i\Delta z_i & \sum_{i=1}^{n}\Delta y_i\Delta z_i & \sum_{i=1}^{n}\Delta z_i\Delta z_i \end{bmatrix} \begin{bmatrix} a \\ b \\ c \end{bmatrix} = \lambda \begin{bmatrix} a \\ b \\ c \end{bmatrix} \tag{6.18}$$

由式（6.18）可知，求解 a,b,c 的问题就转化为矩阵特征值及特征向量的解算问题。令

$$A = \begin{bmatrix} \sum_{i=1}^{n}\Delta x_i\Delta x_i & \sum_{i=1}^{n}\Delta x_i\Delta y_i & \sum_{i=1}^{n}\Delta x_i\Delta z_i \\ \sum_{i=1}^{n}\Delta x_i\Delta y_i & \sum_{i=1}^{n}\Delta y_i\Delta y_i & \sum_{i=1}^{n}\Delta y_i\Delta z_i \\ \sum_{i=1}^{n}\Delta x_i\Delta z_i & \sum_{i=1}^{n}\Delta y_i\Delta z_i & \sum_{i=1}^{n}\Delta z_i\Delta z_i \end{bmatrix}, \quad X = \begin{bmatrix} a \\ b \\ c \end{bmatrix};$$

显然，矩阵 A 是一个 3×3 的实对称矩阵，因此 A 矩阵最多只有 3 个实数特征值，矩

阵 A 的特征值可利用式（6.19）求得

$$|A - \lambda I| = 0 \tag{6.19}$$

则有

$$\lambda = \frac{(AX, X)}{(X, X)}, X \neq 0 \tag{6.20}$$

式中，（，）表示两向量的点积。将公式（6.20）展开，鉴于 $a^2 + b^2 + c^2 = 1$，即 $(X, X) = 1$，则

$$\lambda = \frac{(AX, X)}{(X, X)} = \sum_{i=1}^{n} (a\Delta x_i + b\Delta y_i + c\Delta z_i)^2 = \sum_{i=1}^{n} d_i^2 \tag{6.21}$$

设 $\lambda_{\min}$ 为特征值中的最小值，即

$$\sum_{i=1}^{n} d_i^2 \longrightarrow \min \tag{6.22}$$

得到矩阵 A 的最小特征值 $\lambda_{\min}$ 后，再求相应的齐次线性方程组：

$$(A - \lambda_{\min} I) = 0 \tag{6.23}$$

求解方程组得到非零解则可得到 $\lambda_{\min}$ 对应的特征向量，即平面方程三个参数 a、b、c，从而可以确定 n 个数据点的最佳拟合平面的方程表达式，确定出平面法线。

2）三维体元模型构建

构建树木三维体元模型，将点云数据体元化，有利于信息表达，减少数据量，同时也便于点云接触频率的计算。根据提取的叶片点云区域范围，以点云数据笛卡尔坐标 X、Y、Z 的最小值（$X_{\min}$，$Y_{\min}$，$Z_{\min}$）为起始点，以体元大小为步长，将区域划分为有限个体元，并确定点云在体元坐标系中对应的体元坐标值及体素值。体元大小由体元的长（l）、宽（w）、高（h）决定，整个数据区域被划分为 $N_l \times N_w \times N_h$ 个体元，其中，$N_l = (X_{\max} - X_{\min})/l$，$N_w = (Y_{\max} - Y_{\min})/w$，$N_h = (Z_{\max} - Z_{\min})/h$（Zheng and Moskal，2012）。点云体元化后的坐标值由公式（6.24）得到：

$$\begin{cases} i = X_{\min} + (\text{int}(X - X_{\min})/l) \times l \\ j = Y_{\min} + (\text{int}(Y - Y_{\min})/w) \times w \\ k = Z_{\min} + (\text{int}(Z - Z_{\min})/h) \times h \end{cases} \tag{6.24}$$

式中，int 是取整符，直接取出小数前面的整数部分；(i, j, k) 是点云数据笛卡尔坐标 (X, Y, Z) 对应的体元坐标。体元大小 $l \times w \times h$ 可与扫描采用的点间距一致。

体元的体素值是通过判断体元内包含的激光点个数来确定，如果体元内激光点个数大于等于 1，代表激光束被体元拦截，体元体素值赋为 1，否则体素赋值为 0。图 6.19 为体元划分和表达示意图，从中可以看到某高度层体元在二维平面上的表达及拦截激光束的体元个数在不同高度层的分布状况。

3. 叶面积密度反演模型研究

VCP 模型是日本科学家 Hosoi 和 Omasa 于 2006 年基于激光光束与冠层的接触频率这一思想提出的 LAD 反演方法，其公式如下（Hosoi and Omasa，2006）：

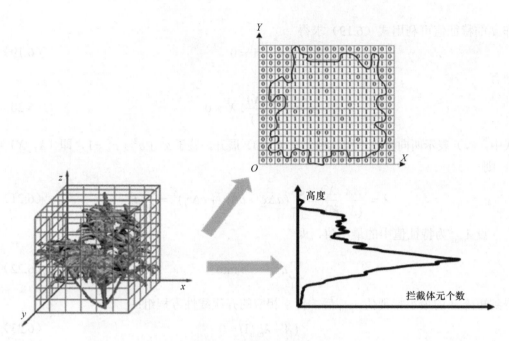

图 6.19   三维体元模型表达

$$\text{LAD}(h,\Delta H) = \frac{\cos(\theta)}{G(\theta)} \frac{1}{\Delta H} \sum_{k=m_h}^{m_h+\Delta H} \frac{n_I(k)}{n_I(k)+n_P(k)} \tag{6.25}$$

式中，ΔH 为水平层厚度；θ 为水平层厚度 ΔH 范围的所有入射激光束天顶角平均值；$n_I(k)$ 是第 k 层拦截激光的体元个数，即体素值为 1 的个数；$n_P(k)$ 是第 k 层被激光穿透的体元数，即体素值为 0 的个数；$n_I(k)/n_I(k)+n_P(k)$ 是激光与冠层的接触频率；$\cos(\theta)/G(\theta)$ 是叶倾角和激光束方向的校正因子；$G(\theta)$ 是在假定叶片的水平方位角分布均匀，单位叶面积在垂直于激光束方向平面上的平均投影，其计算公式可定义为

$$G(\theta) = \frac{1}{2\pi} \int_0^{2\pi} \int_0^{\pi/2} g(\theta_L) \left| \cos(\vec{n}_B, \vec{n}_L) \right| \mathrm{d}\theta_L \mathrm{d}\varphi_L = \int_0^{\pi/2} g(\theta_L) S(\theta, \theta_L) \mathrm{d}\theta_L \tag{6.26}$$

$$S(\theta, \theta_L) = \begin{cases} \cos\theta\cos\theta_L, & \theta \leqslant \dfrac{\pi}{2} - \theta_L \\ \cos\theta\cos\theta_L \left[1 + \dfrac{2(\tan x - x)}{\pi} \right], & \theta > \dfrac{\pi}{2} - \theta_L \end{cases} \tag{6.27}$$

式中，$x = \arccos(\cot\theta\cot\theta_L)$；$\vec{n}_B$、$\vec{n}_L$ 分别是激光束方向和叶表面法线的单位矢量，$\vec{n}_B = (\sin\theta\cos\varphi, \sin\theta\sin\varphi, \cos\theta)$，$\vec{n}_L = (\sin\theta_L\cos\varphi_L, \sin\theta_L\sin\varphi_L, \cos\theta_L)$。$\theta$ 是激光束入射天顶角，θ_L 是叶倾角，φ_L 是叶表面法线方位角，φ 是激光束方位角。激光束天顶角和叶倾角可从激光点云数据中获取。

为通过获取的叶倾角计算 $G(\theta)$，其公式可等价为

$$G(\theta) = \sum_{q=1}^{N_q} g(q) S(\theta, \theta_L(q)) \tag{6.28}$$

式中，q 为不同叶倾角的类别；N_q 为总的类别数，如果以 5° 为间距，N_q 为 18；$\theta_L(q)$ 为 q 类中间叶倾角值；$g(q)$ 为 q 类叶倾角的概率分布，是 q 类的叶面积与总的叶面积的比率。

1）叶倾角校正

叶倾角的校正 $\cos(\theta)/G(\theta)$ 意为叶倾角和激光光束方向的校正因子，可通过式（6.22）、式（6.23）来实现，一般考虑叶片的水平方位角为随机分布，叶倾角校正因子由叶片叶倾角和激光束天顶角决定。

叶倾角是叶片表面法线方向与天顶方向（垂直水平面指向天空）的夹角，对植被冠层入射辐射的截获量及对散射辐射的大小和走向起着决定性的作用（李云梅等，2003）。冠层内叶倾角的分布范围为 0°（水平叶）～90°（垂直叶）。喜直型冠层即叶子为垂直取向的叶倾角大多集中在 70°～90°，而喜平型冠层即叶子为水平取向的叶倾角大多集中在 0°～20°。以地基激光雷达高密度扫描模式获取的树木点云，其叶片点云是清晰可见的，如图 6.20 所示。为计算方便，可随机选择不同高度的多个叶片对每个叶片点云进行平面拟合，估计出平面的法线，法线方向与天顶方向的夹角即为叶倾角。然后对多个叶片的叶倾角进行数理统计，即可得到叶片的平均天顶角和叶倾角概率分布。

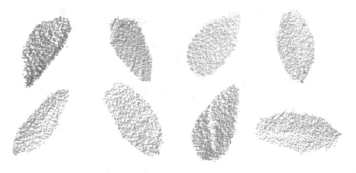

图 6.20　单叶片点云

激光束天顶角是入射光束与天顶方向的夹角，可通过激光直角坐标和极坐标转换获取（Abbas et al.，2013），(x,y,z) 为点的直角坐标，(r,α,β) 为点的极坐标，β 为仪器扫描方向与水平线的夹角，仰角为正，俯角为负，可换算成入射激光束天顶角 θ。

对于高大树木，利用激光雷达进行短距离扫描，其冠层叶片点云天顶角的跨度范围大，如果直接利用天顶角的平均值来计算校正因子，将产生较大误差，应按每个水平厚度层的平均天顶角计算校正因子。

$$\begin{cases} r = \sqrt{x^2 + y^2 + z^2} \\[2mm] \beta = \arctan\left(\dfrac{z}{\sqrt{x^2 + y^2}}\right) \\[2mm] \alpha = \arctan\left(\dfrac{x}{y}\right) \end{cases} \qquad (6.29)$$

2）接触频率计算

激光接触冠层的频率可以通过分别统计每个水平厚度层内，拦截激光的体元个数 $n_I(k)$ 和被激光穿透的体元个数 $n_P(k)$ 计算得到。由于冠层结构的不规则性，根据点云数据最大最小值范围来构建三维体元模型，必然存在冠层之外的无效体元。这些冠层之外的无效体元，不能视为是被激光光束穿透的体元，参与接触频率计算，因而确定冠层边界，剔除无效体元，是计算接触频率中的一个重要环节。点集 P 的凸包（convex hull）是指一个最小凸多边形，满足 P 中的点或者在多边形边上或者在其内部（汪嘉业等，2011）。本研究选用简单高效的二维凸包算法 Graham Scan 确定每个水平层的冠层外轮廓范围。当点集 P 内的点数大于等于 3 时，如图 6.21 所示，Graham 扫描凸包算法的过程如下（Graham，1972）。

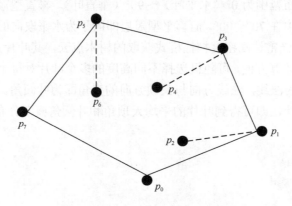

图 6.21　Graham Scan 算法示意图

（1）找出 Y 轴中坐标最小的点，如果存在多个点的 Y 坐标都为最小值，则选择 X 坐标最小的一点，作为基点，当作凸包顶点的起点 p_0。

（2）对剩下的其他点 p_i，按照其与基准点 p_0 构成的向量与 X 轴的夹角大小进行排序。

（3）以夹角按从小至大排序为例，从基准点开始，依次扫描排序后的点，如果这些点都在凸包多边形上，则每三个相继的点 p_{i-1}，p_i，p_{i+1} 应满足以下性质：p_{i+1} 在向量 $<p_{i-1}$，$p_i>$ 的左侧。如果不满足上述性质，则 p_i 点一定不是凸包上的顶点，应删除。

3）叶面积密度计算

冠层每个水平厚度层，经凸包算法确定边界范围后，可根据任意多边形面积计算公式（6.30）计算树冠在每个水平层的投影面积。

$$A = \frac{1}{2}\sum_{k=1}^{n}(x_k y_{k+1} - x_{k-1} y_k) \tag{6.30}$$

式中，n 是多边形顶点个数；x_k，y_k 分别是第 k 个顶点的坐标，顶点的计算顺序是沿初始顶点逆时针选择。

基于体元的冠层分析方法 VCP 计算得到的是每一厚度层投影面积内的叶面积密度，

要想得到整棵树或者整个区域的叶面积密度分布，每个水平厚度层的叶面积密度需要归一化到整棵树或者区域的投影面积内（朱振，2011）。假设单木或者区域树林的投影面积为 A，每一个水平厚度层内的植株的垂直投影面积为 A_i，那么整个植株或者区域范围的叶面积密度计算公式应由公式（6.30）变为如下公式：

$$\text{LAD}(h, \Delta H) = \frac{\cos(\theta)}{G(\theta)} \frac{1}{\Delta H} \sum_{k=m_h}^{m_h+\Delta H} \frac{n_I(k)}{n_I(k) + n_P(k)} \frac{A_i}{A} \qquad (6.31)$$

地基激光雷达系统发射的激光光束能够穿透冠层，可以做到对冠层的高密度充分采样，真实地呈现目标对象的三维结构，因此可以通过构建树木三维体元模型，计算激光束与冠层的接触频率、叶倾角校正因子及垂直投影面积比就可估算出树木的叶面积密度 LAD。

4）单木叶面积密度反演实例

为便于冠层内部结构的查看，以及结果的验证，首先以冠层较小，且内部枝干与叶片点云清晰的树冠为例，如图 6.22 所示，进行法线差分叶片点云提取并对结果进行分析。然后利用类似的方法对单棵玉兰树进行叶片点云提取，并进行叶面积密度反演。

图 6.22　简单树冠

点表面法线的估计，与支持这个点的邻域半径尺度内的点息息相关，较小的半径尺度易于捕获目标对象更多的细节信息，计算耗时少，但不易过小，当小于最小点的采样间距时，法线估计无意义；而较大的半径尺度易于捕获目标区域特征，但半径太大，易使目标表面失真，丢失细节信息，计算耗时多。DoN 法线差分算子需要两个半径尺度参数，一个大半径 r_l 和一个小半径 r_s。r_l 控制着 DoN 算子滤波器的带宽，r_s 对应的是从场景中分离出最小尺寸结构的上限，选择一个合理的大小半径尺度组合，让两个尺度优势互补，是准确提取叶片点云的一个重要前提。

分别设置小半径尺度 0.02 m、0.06 m、0.08 m、0.1 m 和大半径尺度 0.1 m、0.2 m 对数据进行法线差分处理，其结果图 6.23 所示。当大半径尺度为 0.1 m 时，得到的法线差分范数结果值主要集中在小于 0.3 的小值部分；而当大半径尺度为 0.2 m 时，结果值主要集中在大于 0.5 的大值部分。法线差分结果值较小表明，两个尺度下的目标对象表面结构差异小；结果值较大表明，两个尺度下的目标对象表面结构差异大。对于叶片，其朝向各异，不同邻域尺度内的结构差异较非叶片组织大，因而本节中选择 0.2 m 作为法线差分的大半径尺度。

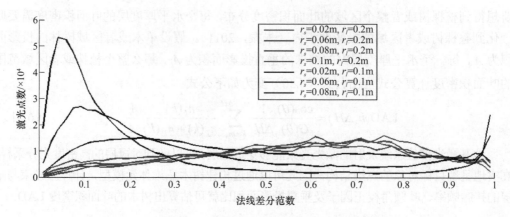

图 6.23　不同半径尺度组合的法线差分范数结果值分布曲线

由于叶片结构的差异，致使法线差分后，大部分叶片点云的结果值较非叶片点云的结果值高，但也有部分点云受邻域特征等其他因素的影响存在差分结果值偏高或者偏低，因此需要找到一个恰当的阈值让叶片与非叶片组织错分概率降到最低。选用一种自适应的阈值确定的方法 Otsu 算法，将点云数据的法线差分结果视为图像灰度值，迭代计算出恰当的分割阈值使得叶片点云（前景）和非叶片点云（背景）之间类间方差最大，错分概率最小。以小半径尺度 0.02 m、0.06 m、0.08 m、0.1 m 和大半径尺度 0.2 m，分别组合进行法线估计及 DoN 法线差分计算，根据 Otsu 算法对获取的法线差分范数结果值进行最佳阈值选择，其结果分别为 0.55、0.53、0.52、0.51，按阈值提取的叶片点云结果如图 6.24 所示。

图 6.24　不同半径尺度组合 DoN 算子提取叶片点云的结果图

(a)$\|\Delta\hat{n}(0.02\mathrm{m}, 0.2\mathrm{m})\| \geqslant 0.55$；(b)$\|\Delta\hat{n}(0.06\mathrm{m}, 0.2\mathrm{m})\| \geqslant 0.53$

(c)$\|\Delta\hat{n}(0.08\mathrm{m}, 0.2\mathrm{m})\| \geqslant 0.52$；(d)$\|\Delta\hat{n}(0.1\mathrm{m}, 0.2\mathrm{m})\| \geqslant 0.51$

图 6.24（a）显示以 0.02 m 作为法线差分的小半径尺度，0.55 为最佳阈值分离的点云中可以清晰地看到树干的存在，且树冠顶缺失；图 6.24（b）、（c）、（d）显示以 0.06 m、0.08 m、0.1 m 为小半径尺度在剔除树干方面明显优于图 6.24（a），且 0.08 m 和 0.1 m 的小尺度半径还利于树冠顶的保持。原始简单树冠点云数量为 511 388，图 6.24（a）、（b）、（c）、（d）的点云数量分别为 303 071、308 751、314 489、297 324；经与真实的叶片点云叠加分析，得到各图中叶片点云正确的百分比分别为 98.21%、99.70%、99.95%、99.54%，正确的叶片点云数占真实叶片点云数的百分比分别为 73.66%、76.18%、77.79%、73.24%。可见，以 0.08 m 为小半径尺度，0.2 m 为大半径尺度进行 DoN 差分提取叶片点云在保证质的精度，量的需求上较其他半径尺度组合好，能够满足一定程度的应用。

采用小尺度半径 0.1 m，大尺度半径 0.3 m，基于法线差分算子提取的叶片点云见图 6.25。

随机选择 60 个叶片点云，对每个叶片点云进行特征值法平面拟合，估计出平面的法线，法线方向与天顶方向的夹角即为叶倾角。叶倾角角度均分布在 [0°，90°]，将 [0°，90°] 以 10° 为间隔分为 9 个区间，统计各个区间的叶倾角角度概率，得到叶倾角分布概率见图 6.26。

图 6.25　单棵玉兰树叶片点云

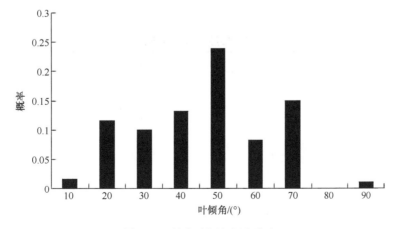

图 6.26　单木叶倾角概率分布

通过概率分布图 6.26 可看出该棵玉兰树叶倾角分布均匀,集中分布在 20°~70°的区间内, 平均叶倾角角度为 37.9°。

通过获取每个水平层拦截激光束的体元即体素值为 1 的体元位置,采用 Graham Scan 凸包算法获取单棵玉兰每个水平厚度层的冠层边界轮廓。图 6.27 是入射激光束在某一水平厚度层内被叶片拦截的情况,反映了该水平厚度层叶片的覆盖情况,黑色的小圆点代表拦截激光束的体元位置,大圆点是这些点集的凸包多边形顶点,即该水平厚度层冠层边界顶点。接触频率可定义为植被冠层内激光光束被叶片挡住的概率,即体元体素值为 1 的个数和冠层内总体素个数的比值。分别统计冠层内的体元体素值为 1 和为 0 的个数,即可获取接触频率。

利用每一水平厚度层的平均天顶角来表达该水平层,通过计算,得到的表 6.1 为不同水平厚度层的平均天顶角、接触频率和校正因子。

图 6.27 单木冠层边界轮廓示意图

表 6.1 接触频率和校正因子

	平均天顶角/ (°)	接触频率	校正因子
第 1 层	83.54	0.40	1.12
第 2 层	81.13	0.40	1.12
第 3 层	78.15	0.36	1.12
第 4 层	75.28	0.45	1.12
第 5 层	73.29	0.45	1.17
第 6 层	70.86	0.44	1.18
第 7 层	68.15	0.58	1.18
第 8 层	65.77	0.77	1.18
第 9 层	63.92	0.74	1.22

根据激光点云点与点之间的间距,以 0.05 m×0.05 m×0.05 m 为体元大小构建单棵玉兰树木冠层三维体元模型,并给体元赋予属性。以 0.5 m 为垂直间隔,将树冠层划分成 9 个不同的水平厚度层,利用凸包算法确定出每个水平厚度层的最外边界轮廓,从而确定出每个水平层的垂直投影面积,通过归一化处理得到每个水平层的垂直投影面积与整棵树的垂直投影总面积的比率分别为 0.64、0.86、0.91、0.87、0.82、0.63、0.35、0.19、0.08。利用 VCP 模型计算单棵玉兰树不同水平厚度层的叶面积密度,其垂直分布廓线如图 6.28 所示。

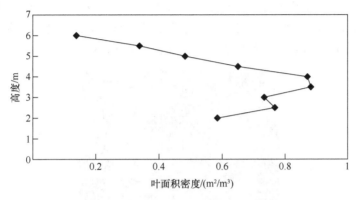

图 6.28　单木叶面积密度分布廓线图

将图 6.27 与图 6.28 结合起来可以看出,叶面积密度垂直分布与玉兰冠层叶片垂直分布趋势基本一致,每个水平层内枝叶越茂盛该层叶面积密度值 LAD 就越大。冠层中下部分随着高度的增加,叶面积密度增加,在 3.5 m 高度处,达到最大为 0.88 m²/m³;之后随着高度的增加,叶面积密度逐渐降低,冠层中下部每个水平厚度层的叶面积密度值明显比中上部的叶面积密度值大。

4. 玉兰林叶面积密度反演

基于体元的思想和接触频率理论方法,已广泛地运用于基于地基 LiDAR 数据的单木和区域林木叶面积密度反演,但目前利用 VCP 方法进行 LAD 反演主要集中于单木,对区域林木快速进行叶面积密度估算并验证有待进一步地发展与完善。以 8 m×12 m 样方内的多棵玉兰树为研究对象,在假设从多个位置获取的激光点云能够最大限度地减少阻塞效应且充分地表达整个林木冠层的基础上,进行玉兰林叶面积密度反演。

对于结构复杂的区域林地树木,利用点云分割算法 DoN 法线差分算子提取叶片点云时,难以把握尺度得到理想结果且计算量大。因此针对区域树林叶片点云的提取,考虑用其他的方法。从地基激光雷达系统获取的数据来分析,还有真彩色照片和激光回波点的反射强度这两个信息可以利用。由于激光回波强度大小,虽然在理论上与地物目标的反射率成正比关系,但是激光雷达系统记录的回波强度是没有经过校正的,会受大气衰减、激光入射角度、入射距离等多种因素的影响,很难真实地反映地物的反射率信息,激光回波强度的校正至今仍然比较困难(龚亮等,2011)。为了方便,考虑从彩色照片入手,尝试利用图像分类的方法提取区域树林叶片点云,然后通过构建三维体元模型,利用二维凸包算法,确定区域冠层边界轮廓,结合基于体元的冠层分析方法 VCP 实现玉兰林叶面积密度的反演。

真彩色照片是激光雷达系统内嵌的高分辨率数码相机通过自动旋转的反射镜拍摄的，仪器内置的数码相机的相机坐标系与激光扫描仪坐标系同轴，扫描完成后，能够实时地将彩色影像数据附着到对应的扫描点云上。因而扫描、拍照后的树木点云中的每个点不仅有三维坐标信息和强度信息，还具有 RGB 数字信息。可根据枝干、叶片不同的 RGB 颜色信息来提取对应的叶片点云。原始的真彩色照片，由于数码相机自动旋转，全视角进行拍摄，拍摄视角范围小，每张照片的大小为 17°×17°，能够反映区域树木冠层内部详细的信息，相片上叶片与枝干亮度值存在一定的差异，如图 6.29 所示。通过 Cyclone 软件输出真彩色照片，利用监督分类法通过选择训练样本，根据不同波段枝干与叶片的特征差异，对照片进行分类处理（王洪蜀，2015）。

图 6.29　扫描获取的某帧图像

　　监督分类（supervised），即用已知类别名的训练样本去识别其他未知类别像元的过程，被称为训练分类法，其主要优点是可以控制训练区的选择、自主确定分类类别。最大似然法分类法是监督分类中常用的典型算法之一，是根据训练样本的均值、方差以及协方差计算其余像元与样本的相似程度，从而确定像元的类别。利用 ENVI 软件，对图像进行增强处理后，利用 ROI（region of interest）工具选择枝干、叶片、空隙典型样本作为训练样本，利用最大似然监督分类法对图像进行分类，并对不同的类别标识为不同的颜色，在实际操作过程中，将叶片赋予绿色，枝干赋予红色，空隙赋予白色。图 6.30 的原始照片（a）1107、（b）1208、（c）1309 分类后的结果如图 6.31 的（a）、（b）、（c）。

(a)　　　　　　　　(b)　　　　　　　　(c)

图 6.30　原始图像
（a）1107；（b）1208；（c）1309

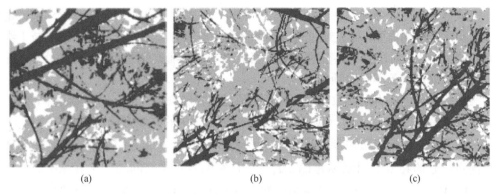

图 6.31　分类后的图像
(a) 1107；(b) 1208；(c) 1309

对比分类结果图与原始图像，可以看到，分类后的枝干、叶片的分布与分类前的分布总体上是一致的。为准确地描述分类结果，需对分类结果进行精度评价。图像分类精度评价是把分类结果图像与标准数据或地面实测值进行比较，以正确分类的百分比来确定分类的准确程度。目前，通常是建立混淆矩阵，或者称误差矩阵，来计算各种分类精度指标，如生产者精度、用户精度、Kappa 系数和总精度。

为客观地评价其分类精度，本研究通过目视解译在图像上面选取枝干、叶片、空隙真实感兴趣区，在 ENVI4.8 软件中选择地面真实感兴趣区与分类后的图像计算混淆矩阵。分别对图 6.31（a）、（b）、（c）分类后的结果进行评价的结果见表 6.2、表 6.3 和表 6.4。

表 6.2　图 6.31（a）最大似然分类精度评价表

	制图精度	漏分误差	用户精度	错分误差	总体精度
枝干	97.78%	2.22%	94.58%	5.42%	
叶片	96.64%	3.36%	93.48%	6.52%	95.27%
空隙	89.98%	10.02%	99.96%	0.04%	
Kappa 系数	0.9257				

表 6.3　图 6.31（b）最大似然分类精度评价表

	制图精度	漏分误差	用户精度	错分误差	总体精度
枝干	88.21%	11.79%	89.34%	10.66%	
叶片	91.65%	8.35%	96.53%	3.47%	92.37%
空隙	100%	0%	81.99%	18.01%	
Kappa 系数	0.8552				

表 6.4　图 6.31（c）最大似然分类精度评价表

	制图精度	漏分误差	用户精度	错分误差	总体精度
枝干	84.26%	15.74%	71.33%	28.67%	
叶片	93.91%	6.09%	96.56%	3.44%	93.67%
空隙	98.24%	1.76%	99.92%	0.08%	
Kappa 系数	0.8748				

从表 6.2～表 6.4 可以看出利用最大似然法对图 6.30（a）、（b）、（c）进行枝干、叶

片、空隙分类，图像分类总精度分别是 95.27%、92.37%、93.67%，精度总体来说是能够满足实际应用的需要，可见通过选择训练区利用监督分类法区分叶片组织与枝干组织是有效的。因此，对所有的高分辨率数码相机拍摄的二维照片进行监督分类处理，并将枝干和叶片分别赋予不同的颜色。

三维点云着色是将点云数据与影像数据通过坐标转换统一到一个坐标系下，使点云数据具有颜色值（R、G、B），其基础理论是摄影测量中的共线方程。如图 6.32 所示，S 表示摄影中心，在规定的物方空间坐标系 $O\text{-}XYZ$ 中其坐标值为 (X_S, Y_S, Z_S)，A 为任意一空间点，它的物方空间坐标为 (X_S, Y_S, Z_S)，空间点在像空间辅助坐标系中的坐标为 $(X_A - X_S, Y_A - Y_S, Z_A - Z_S)$，像点 a 为空间点 A 在相片上的构像点，a 点在像空间坐标系 $S\text{-}xyz$ 中的坐标为 $(x, y, -f)$，f 为焦距，在像空间辅助坐标系中的坐标为 (X, Y, Z)。由于 S、a、A 三点共线，因此，由相似三角形得

$$\frac{X}{X_A - X_S} = \frac{Y}{Y_A - Y_S} = \frac{Z}{Z_A - Z_S} = \frac{1}{\lambda} \tag{6.32}$$

转换为矩阵形式为

$$\begin{bmatrix} X_A - X_S \\ Y_A - Y_S \\ Z_A - Z_S \end{bmatrix} = \lambda \begin{bmatrix} X \\ Y \\ Z \end{bmatrix} \tag{6.33}$$

式中，λ 为比列系数，像点在像空间坐标系与像空间辅助坐标系的转换关系式为

$$\begin{bmatrix} x \\ y \\ -f \end{bmatrix} = \begin{bmatrix} a_1 & b_1 & c_1 \\ a_2 & b_2 & c_2 \\ a_3 & b_3 & c_3 \end{bmatrix} \begin{bmatrix} X \\ Y \\ Z \end{bmatrix} \tag{6.34}$$

联立以上两个式子可以解出共线方程得：

$$x = -f \frac{a_1(X_A - X_S) + b_1(Y_A - Y_S) + c_1(Z_A - Z_S)}{a_3(X_A - X_S) + b_3(Y_A - Y_S) + c_3(Z_A - Z_S)}$$
$$y = -f \frac{a_2(X_A - X_S) + b_2(Y_A - Y_S) + c_2(Z_A - Z_S)}{a_3(X_A - X_S) + b_3(Y_A - Y_S) + c_3(Z_A - Z_S)} \tag{6.35}$$

如果能求解共线方程的各个系数，a_1、a_2、a_3、b_1、b_2、b_3、c_1、c_2、c_3 即相片的外方位元素，就可以确定每个点云坐标所对应的图像坐标值，从而实现点云着色。对于 Leica ScanStation C10，其数码相机是内置的，且与激光扫描仪同轴，扫描系统可以获得每张照片拍摄瞬间的外方位元素，包括位置和姿态角度，为点云的着色提供了方便。

在保持分类后的图像大小和格式不变的情况下，将分类后的所有图像通过 Cyclone 软件重新导入测站图像信息中，并保证每幅分类图像与自己的外方位元素信息相对应，以便于图像与点云的位置匹配。利用 Cyclone 软件，根据外方位元素信息，可以计算出图像的像元所对应的点云数据，因而可以直接将图像每个像元对应的 RGB 颜色信息映射给对应的点云数据。本节区域林木点云着色后的效果图如图 6.33 所示，深色代表枝干、浅色代表叶片。根据点云颜色提取的叶片点云结果如图 6.34 所示，冠层内部某一小范围放大后的叶片点云图如图 6.35 所示。

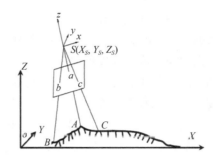

图 6.32　共线条件方程示意图

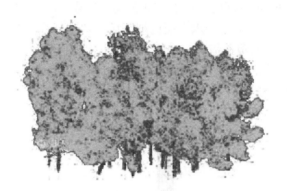

图 6.33　树林点云着色图

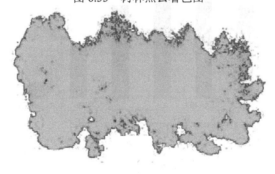

图 6.34　树林叶片点云

图 6.35　内部某小范围放大图

从提取的叶片点云图（图 6.35）可以看出基于图像分类的方法进行区域复杂树木叶

片与枝干的分离是可行的。但这种方法也存在一些问题：①小角度拍摄照片，照片数量多，对于单站全视角扫描状态，有 230 张照片，如果扫描测站数多，利用手工进行监督分类，工作量大；②虽然激光扫描仪可主动发射光源，不受光照条件的影响，但是数码相机在光线不好的情况下拍摄照片效果较差，加大了分类难度。

在区域冠层中不同高度处随机选择 200 个叶片点云，利用特征值法估计平面法线，计算叶倾角。估算的叶倾角角度均分布在 [0°，90°]，将 [0°，90°] 以 10° 为间隔分为 9 个区间，统计各个区间的角度概率，得到叶倾角角度概率分布图见图 6.36。

通过图 6.36 可看出该区域林木叶倾角在分布均匀，在给定的每个角度区间范围都有分布，集中分布在小于 60° 的区间内，在大于 70° 的角度上分布较少，平均叶倾角度为 35.5°。

图 6.37 是激光束入射在某一水平层内被区域多树木叶片拦截的情况，反映了该区域水平厚度层内树木叶片的覆盖情况，黑色的小圆点代表拦截激光束的体元位置，大圆点是这些点集的凸包多边形顶点，即该水平厚度层区域多树木冠层边界顶点。表 6.5 为计算得到的不同水平厚度层的平均天顶角、接触频率和校正因子。

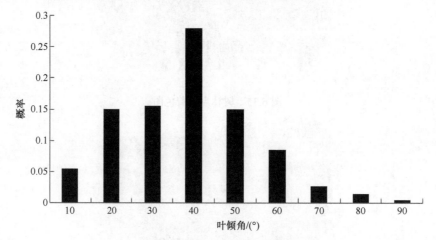

图 6.36　叶倾角概率分布图

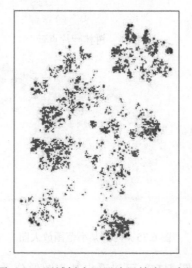

图 6.37　区域树木冠层边界轮廓示意图

表 6.5　接触频率和校正因子

	平均天顶角/(°)	接触频率	校正因子
第 1 层	88.34	0.13	0.99
第 2 层	80.11	0.12	0.99
第 3 层	78.79	0.25	0.99
第 4 层	75.97	0.36	1.00
第 5 层	71.63	0.39	1.05
第 6 层	68.70	0.42	1.05
第 7 层	65.03	0.47	1.05
第 8 层	63.16	0.52	1.11
第 9 层	60.62	0.48	1.11
第 10 层	59.24	0.32	1.11
第 11 层	59.39	0.15	1.11
第 12 层	59.99	0.14	1.11
第 13 层	58.30	0.10	1.11

根据激光点云点与点之间的间距，以 0.1m×0.1m×0.1m 为体元大小构建区域林木冠层三维体元模型，并给体元赋予属性。以 0.5 m 为垂直间隔，将树冠层划分成 13 个不同的水平厚度层，利用凸包算法确定出每个水平厚度层的最外边界轮廓，从而确定出每个水平层的垂直投影面积，通过归一化处理得到每个水平层的垂直投影面积与整棵树的垂直投影总面积的比率分别为 0.15、0.78、0.87、0.93、0.93、0.90、0.89、0.85、0.81、0.67、0.64、0.23、0.08。利用 VCP 模型反演的玉兰林不同水平厚度层的叶面积密度垂直分布廓线，如图 6.38 所示。

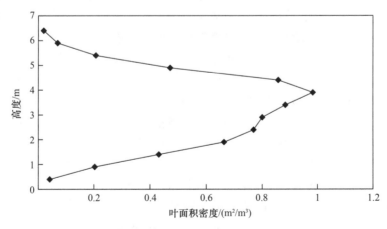

图 6.38　叶面积密度分布廓线图

从图 6.38 可以看出，叶面积密度廓线与区域树叶片垂直分布基本一致，每个水平层内枝叶越茂盛该层叶面积密度值 LAD 就越大。在冠层中下部分随着高度的增加，叶面积密度增加，在 4 m 高度处，达到最大为 1 m²/m³；之后随着高度的增加，叶面积密度逐渐降低。

6.2.2 植被生理结构参数垂直分布信息提取方法评价与不确定性分析

1. 单木叶面积密度反演结果误差分析

单木叶面积密度反演，是在假设点云数据能够充分代表整个冠层结构的基础上进行的。本节使用的单木冠层结构较为简单，冠层叶片不太密集，通过多个位置扫描可以近似地认为点云数据能够充分地表达整个冠层，不用考虑阻塞的影响，可认为假设是成立的。从目前的研究来看，单木实测的叶面积密度都是通过野外分层裁剪直接测量得到的，这种方法具有破坏性，对于校园内种植的绿化树种难以通过直接测量的方法获取不同水平厚度层上的叶面积密度真值。本节从体元大小、水平层厚度、叶倾角校正因子三个方面进行误差分析。

1）体元大小

在点云数据应用中，三维空间分辨率或者体元大小的影响与在光学遥感图像中二维空间分辨率或者像元大小的影响类似。例如，遥感图像中的面向对象的分类法和最大似然分类法，是两种不同的遥感图像分类方法，面向对象的分类法通常运用于高分辨率图像；而最大似然分类法主要适用于粗像素数据，如陆地卫星图像。体元的分辨率大小是获取植被结构信息和影响叶面积密度估算精度的关键参数。体元大小直接影响了提取的冠层结构信息的详细程度和基于体元冠层分析法中接触频率的计算精度。为了探索不同的体元大小对接触频率的影响，分别设置了 14 个体元大小，大小范围为 0.01～0.25 m，并计算了 9 个不同水平厚度层（高度间隔为 0.5 m）在不同体元大小下的接触频率。

图 6.39 以字母顺序按高度显示了不同体元大小下不同水平厚度层的接触频率变化情况。图 6.39（a）、（i）分别表示第一和最后一个水平高度层。从中可以看出两点：一是，随着体元大小的增加，接触频率总体上是增加的；二是，当接触频率增加到一个固定点时，随着体元大小的增加，接触频率保持不变。通过比较体元大小对接触频率的影响，可以发现体元大小的变化对单个水平厚度层的接触频率的估算影响很大。当体元大小较小时，可以更详细地表达冠层内部结构，拦截激光冠层部分，利用体元表达也更精确；但不可避免地，点云数据中的噪声点也参与了运算，导致计算的接触频率不合理。相反，当体元大小较大时，体元表达的冠层越概括，会明显高估接触频率，忽略了植被冠层中小的间隙。对于相同的水平层厚度，以不同的体元大小，估算的叶面积密度不同，累积叶面积指数如图 6.40 所示。从图 6.40 可以看到，随着体元大小的增加，根据各个水平厚度层的叶面积密度计算的累积叶面积指数不断增加，体元大小由 0.02 m 增加到 0.1 m 时，累积的叶面积指数由 0.84 m^2/m^2 持续增加到 4.36 m^2/m^2。因此，选择恰当的体元大小来表达冠层结构计算接触频率，对反演合理的叶面积密度十分重要。本节在体元大小的选择上以采样点间距为参考，计算了一系列叶面积密度值，由于缺乏实测叶面积密度数据，无法判断怎样的体元大小是合理的，通过实测数据来研究合理的体元大小是未来的一个研究方向。

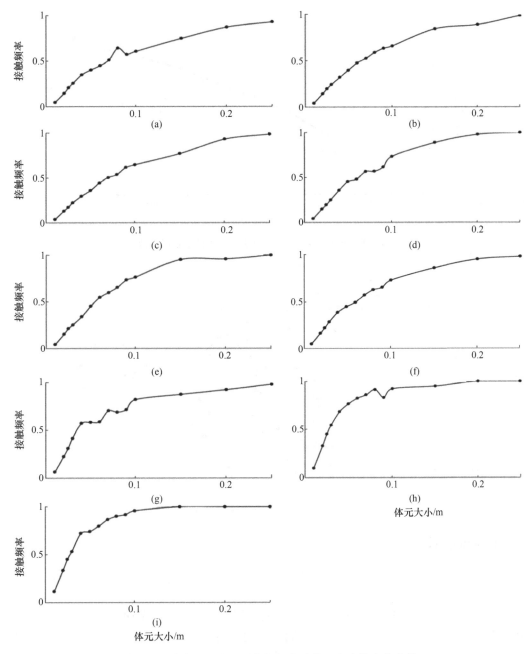

图 6.39　单木不同水平层接触频率随体元大小的变化曲线

2）水平层厚度

基于体元的冠层分析法是利用激光光束对冠层进行充分采样，计算接触频率后，反演叶面积密度的，因此每个水平层的厚度必须足够大，不能太小。但是厚度也不能太大，太大会导致天顶角的变化范围大，易引起估算误差。图 6.41 显示了体元大小一定时，以不同水平层厚度，计算的单木的叶面积密度分布廓线。总体上，可以看出，体元大小一定，厚度层越大，同一高度的叶面积密度值越小，累积的叶面积指数值也越来越小。如何根据体元大小，确定合理的水平厚度层是下一步的研究方向。

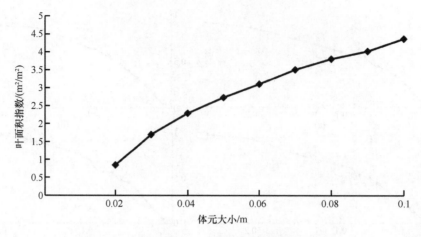

图 6.40　不同体元大小计算的单木累积叶面积指数

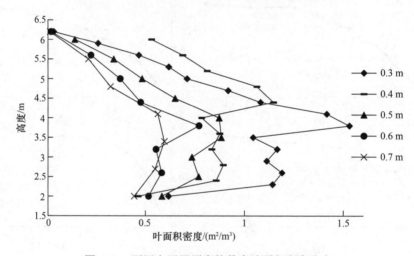

图 6.41　不同水平层厚度的单木叶面积密度分布

3）叶倾角校正因子

叶倾角校正因子可由激光束天顶角和叶倾角来计算，当天顶角为 57.5°时，叶倾角校正因子与叶倾角是相互独立的，约等于 1.1（Wilson，1963；Weiss et al.，2004）。而本节采用的三维激光扫描仪在获取激光点云数据时，激光束扫描方向不受控制，激光束天顶角并非 57.5°，如校正因子直接取 1.1，肯定会产生误差，因而根据高密度叶片点云数据估算的叶倾角值分别计算各个水平层的叶倾角校正因子，有利于降低这种误差。

2. 玉兰林叶面积密度反演结果验证与误差分析

叶面积密度验证方法有直接和间接两种方法。直接方法是通过分层采集叶片，然后测量每层叶片单面叶面积，但这种方法工作量大且具有破坏性。间接方法是利用叶面积指数仪器测量树林冠层的叶面积指数，然后与叶面积密度计算的叶面积指数总和进行对比，这种方法容易实现但无法反映叶面积密度每层的反演精度。

本节采用第二种方法进行玉兰林叶面积密度验证，即在扫描实验完成后利用

LAI-2200 冠层分析仪测量实验区域叶面积指数，多次平均结果为 3.16 m²/m²；区域叶面积指数为 3.20 m²/m²，比实测的叶面积指数值偏高 0.04 m²/m²。其主要原因是实测的叶面积指数是利用 LAI-2200 冠层分析仪通过若干同心环传感器接收冠层上方和下方的光辐射并计算其比例，来推算光线透过冠层时被削弱的程度，从而得出冠层空隙度并计算 LAI（梁顺林等，2013）。此计算结果是基于叶片在冠层内随机分布，而叶倾角呈球状随机分布的假设理论，然而现实世界中的冠层大多是非随机分布的，叶片在空间上的分布通常具有一定的聚集效应，偏离了计算理论中叶片在空间中随机分布的假设，从而导致叶面积指数间接实测值在很大程度上低估。而本研究采用较为先进的地面激光雷达作为实验仪器，通过从多角度对区域树木进行扫描，完整地呈现区域树木场景，通过分层处理，能够有效地降低叶片之间的重叠，使得估算的叶面积指数更加接近真实叶面积指数。但对于玉兰林来说，由于区域冠层内树木的相互遮挡，即使进行多个位置激光扫描，这种阻塞还是不能忽略的，是产生误差的一个重要原因。

图 6.42～图 6.44 显示，体元大小、水平层厚度对玉兰林叶面积密度反演的影响与单木是类似的。对于玉兰林来说，从多个位置获取的同一个水平层上的点云数据距测站点的距离跨度范围大，采样点与点的间距更加难以统一，增加了体元大小的确定难度。从图 6.42（a）～（m）可以看出当随着体元的增大，接触频率逐渐增加。在同一水平层厚度 0.5 m 的情况下，获得的不同体元大小的累积叶面积指数逐渐增加，如图 6.43 所示。当体元大小为 0.1 m 时，计算的累积叶面积指数为 3.20 m²/m²，与地面实测的叶面积指数比较接近，可以认为 0.1 m 的体元大小是较为合理的。以 0.1 m 为固定体元大小，以不同的水平层厚度将冠层划分，计算的玉兰林冠层叶面积密度分布廓线如图 6.44 所示，可以看出，随着水平层厚度的增加叶面积密度值总体上是降低的，尤其是在冠层中间层，变化幅度更加大。因此对于玉兰林叶面积密度的反演，合理体元大小和水平层厚度的选择也需要未来在有实测叶面积密度值的情况下进一步地研究。

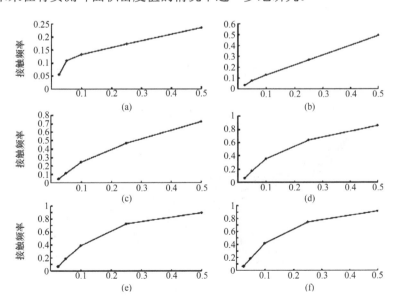

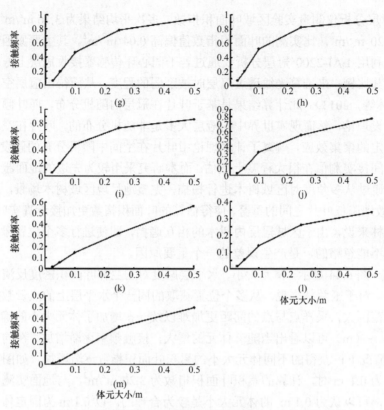

图 6.42　玉兰林不同水平层接触频率随体元大小的变化曲线

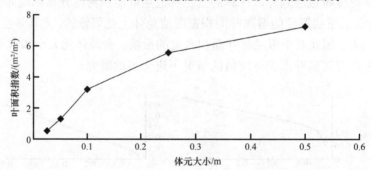

图 6.43　不同体元大小计算的玉兰林累积叶面积指数

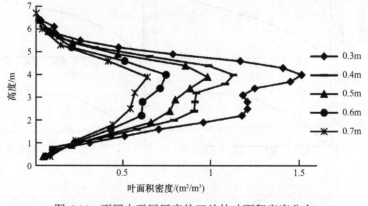

图 6.44　不同水平层厚度的玉兰林叶面积密度分布

6.3　植被生化组分参数垂直分布信息提取方法

6.3.1　多源遥感协同的植被生化组分垂直分布信息提取

1. 多波段激光雷达数据预处理

针对多波段激光雷达研究的实验样品主要来源于实验室样品。这些样品通过野外采集获得，包括法国梧桐、柿树叶、桑叶、杨树及松树等，这些样本都是较为常见的物种，因此具有一定的代表性。每次实验所采集的样本都要保证是新鲜获取的，在进行完实验室测量后，立刻保鲜化验获取生化参数。

2. 多波段激光雷达定标

多波段激光雷达，获得的物体反射信号是以电压的形式表现出来。在不同的距离，由于经物体反射的光进入镜筒的光量不同，因此反射后获得的电压强度也不同。白板的反射率可以认为是在波段范围内为 1，因此，利用白板在不同距离内对获得白板的反射率值，根据公式（6.36）进行定标。

$$\rho_{veg} = \frac{V_{veg}}{V_{ref}} \rho_{ref} \tag{6.36}$$

式中，ρ_{veg}、ρ_{ref} 分别为植被和白板的反射率；V_{veg}、V_{ref} 分别为植被和白板的回波强度。

保持多波段激光雷达位置不动，调整白板距波段激光雷达的位置，从 2～22m 之间，按照 0.5m 的间隔放置白板，每个距离测量 10 次。由图 6.45 可以看出，进入接收系统的信号强度随着距离增加首先增大，在达到峰值后，随着距离增加而变小。在 6～9m 处，光强最强，光学增益最高，电压值最大。而 780nm 处信号强度高于 670nm 信号强度，这是由于：①雪崩二级管（APD）模块光谱响应的不均匀，其在 800nm 附近的光谱响应较高；②超连续谱激光光源在红外波段的输出比在可见光波段强。

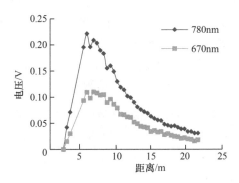

图 6.45　780nm 与 670nm 定标曲线

3. 多波段激光雷达实验

为验证仪器进行分层叶绿素反演的可行性，实验分为四部分进行：首先进行单个物体的激光雷达反射率测定，将得到的光谱曲线与光谱仪获得的光谱曲线进行对比，比较是否具有光谱特征；进行双层叶片的激光雷达反射率测定，将每层获得的反射率分别与叶绿素含量建模比对；扫面获得一整个植株的三维 NDVI，并将其与叶绿素含量建模；利用大光斑扫描一株植被，利用获得的多个反射波形反演叶绿素含量。

4. 多波段激光雷达信号分析

为验证多波段激光雷达的回波信号是否能够准确表达出不同地物的特性。在实验室内，开展多波段激光雷达回波信号的分析。首先利用杨树叶片对多波段激光雷达回波信号的稳定性进行确认。利用上述方法对单脉冲范围进行定标，求得杨树叶片在一个波形内的 NDVI 值，如图 6.46 所示。可以看出，在波形范围内，NDVI 的值基本上能保持一致，在 0.65 左右，这表明利用多波段激光雷达得到的反射值稳定性较高，可以用回波信号中高斯波形的最高值表示地物的反射率值。

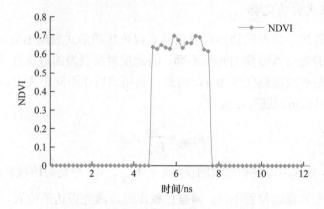

图 6.46　单脉冲内杨树叶片 NDVI 分布曲线

针对不同植被叶片，利用多波段激光雷达分别获取 670nm、780nm、550nm 的白板、黑卡纸、松树、杉树、杨树、凤尾竹、红叶石楠、人造植被的反射信号值，并基于白板求得反射率值。

由表 6.6 和图 6.47 可以看出，利用激光雷达的红波段、近红外波段以及其生成的植被指数 NDVI 能够很好地区别出黑卡纸、红叶石楠以及人造植被，这是由于黑卡纸在红波段与近红外波段反射率均较低，且 NDVI 约为 0；红叶石楠在红波段具有比普通绿色植被更高的反射；而人造植被在近红外波段 780nm 处的反射率低于植被在此波段的反射率。但松树、杉树 、杨树以及凤尾竹等绿色植被较难区分。

表 6.6　不同地物回波信号测量试验结果

物体	670nm 反射率	780nm 反射率	550nm 反射率	NDVI
黑卡纸	0.138 158	0.16 129	0.117 431	0.07 725
松树	0.049 875	0.389 426	0.118 043	0.772 933
杉树	0.068 257	0.324 953	0.102 141	0.652 823
杨树	0.056 743	0.381 879	0.238 532	0.741 265
凤尾竹	0.034 781	0.360 816	0.21 848	0.702 346
红叶石楠	0.128 289	0.492 304	0.161 992	0.586 559
人造植被	0.068 493	0.247 045	0.201 835	0.565 864

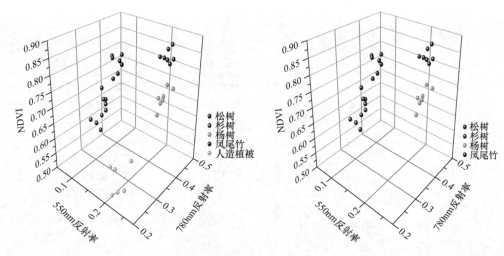

图 6.47　地物分类识别

选择绿色波段（550nm）、近红外波段（780nm）及 NDVI 作为指标区分松树、杉树、杨树以及凤尾竹，可以发现，在绿色波段，针叶（松树、杉树）的反射率小于杨树及凤尾竹的反射率，这样能够将树木中的针叶与阔叶进行区分。然后依据 NDVI 的值，区分松树与杉树，杨树与凤尾竹。

以上研究表明，多波段激光雷达的反射信号能够较为准确地表示出不同生理生化参数下植被的反射特征，因此可以利用多波段激光雷达进行植被的分层生化参数研究。

6.3.2　植被生化组分垂直分布的遥感反演机理及敏感性分析

1. 利用多波段激光雷达反演双层叶片叶绿素含量

由以上分析可知，多波段激光雷达能够将植被的生理生化参数信息通过回波信号表达出来。本节通过将两片叶片（桑叶）放在垂直方向不同位置上，如图 6.48 所示，利用多波段激光雷达获取回波信号，来验证在叶片尺度上多波段激光雷达反演叶绿素含量的可行性。

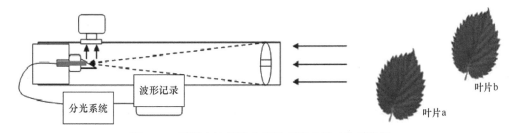

图 6.48　利用多波段激光雷达观测双层叶片示意图

为尽可能地精确反演叶绿素含量，本次实验使用了三十二波段激光雷达，得到 400～900nm 的反射率信息，观测时得到的回波波形如图 6.49 所示。

从回波波形可以看出，叶片 a（第一片叶子）与叶片 b（第二片叶子）均形成了回波波形，根据距离可以推算出两者的间隔。并且叶片 b 的回波信号值较叶片 a 低，这是由于照射到叶片 b 的能量较少，从而使得叶片 b 的回波信号较弱。当叶片 a 将叶片 b 完全遮挡时，得到的回波波形如图 6.50 所示。

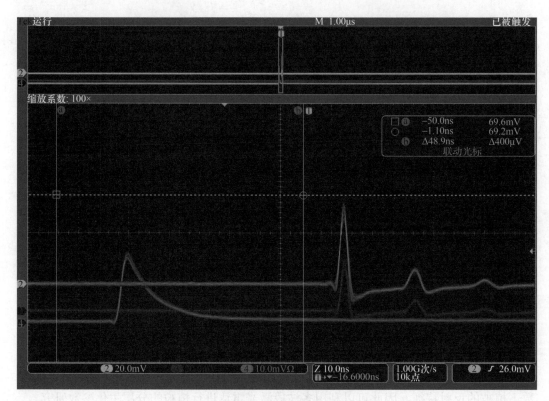

图 6.49　红波段及近红外波段回波波形

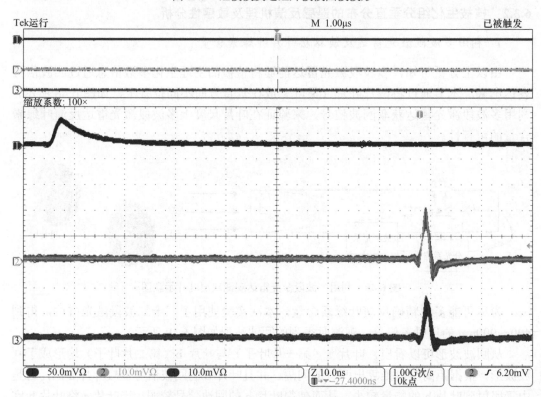

图 6.50　完全遮挡时候红波段及近红外波段回波波形

可以发现，利用多波段激光雷达进行垂直叶绿素含量反演，必须使发射信号的部分能量到达要观测地物的各层，只有这样才能够获得不同层次的回波波形，这一点同现在的单波段激光雷达相似。

叶片 a 与叶片 b 相对应的叶绿素含量经化验如表 6.7 所示。由于叶片 a 与叶片 b 采集于同一桑树，因此利用叶片 a 与叶片 b 反演叶绿素含量建模所得到的模型应该相近。

表 6.7　叶片 a 与叶片 b 叶绿素含量

编号	叶片 a 叶绿素含量/（mg/g）	叶片 b 叶绿素含量/（mg/g）
1	6.46	3.89
2	4.69	6.91
3	4.03	6.63
4	5.39	3.23
5	2.91	4.63
6	4.89	5.92
7	2.71	2.89
8	2.21	3.52
9	3.10	5.99
10	9.86	4.35
11	6.94	5.40
12	5.10	4.46
13	4.10	5.05
14	3.65	4.03
15	4.75	3.88
16	3.76	4.26
17	3.92	4.26
18	4.31	3.85

2. 基于叶片 a 的叶绿素反演模型

以植被指数为自变量，利用激光雷达回波反射特征，通过叶绿素含量与植被指数的经验回归关系估算叶绿素含量。本节选择了归一化差值植被指数（normalized difference vegetation index，NDVI）、优化的比值植被指数（modified simple ratio，MSR）、优化的叶绿素吸收率指数（modified chlorophyll absorption ratio index，MCARI），以及混合植被指数 TCARI/OSAVI 4 个植被指数（表 6.8），利用基于多波段激光雷达的植被指数进行叶绿素含量反演建模。Gamon 等（1992）指出在 670 nm 处，叶片的反射率会由于叶绿素的变化迅速饱和，即 670nm 处波段位置的反射率对高叶绿素含量的敏感性较差。另外，Gitelson 等（2001）指出，700nm、750nm 处的反射率与叶绿素之间存在这较高的相关关系，因而文章较多的选用了 750nm 和 700nm 附近的反射率，替代近红外波段的反射率。

表 6.8　反演使用的植被指数

植被指数	计算公式
NDVI[705，750][1]	$NDVI = (R_{750} - R_{705})/(R_{750} + R_{705})$
MSR[705，750]	$MSR = [(R_{750}/R_{705}) - 1]/\sqrt{(R_{750}/R_{705}) + 1}$
MCARI[705，750]	$MCARI = [(R_{750} - R_{705}) - 0.2(R_{750} - R_{550})](R_{750}/R_{705})$
$\dfrac{TCARI}{OSAVI}$[705，750]	$\dfrac{TCARI}{OSAVI} = \dfrac{3[(R_{750} - R_{705}) - 0.2(R_{750} - R_{550})(R_{750}/R_{705})]}{(1 + 0.16)(R_{750} - R_{705})/(R_{750} + R_{705} + 0.16)}$

注：① 表示 NDVI 是中心波长分别为 705 nm 和 750 nm 的两个波段的组合运算结果，余类推

得到的建模结果如图 6.51 所示。

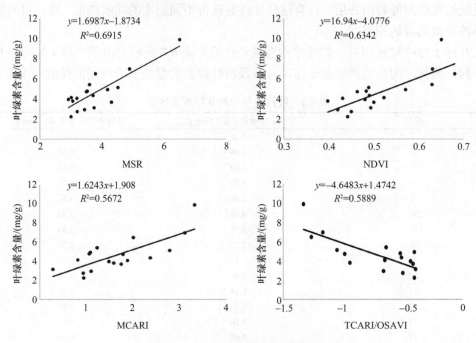

图 6.51　叶片 a 各指数与叶绿素含量的关系

由图 6.51 可以得到，对于前置的叶片 a，利用多波段激光雷达回波波谱得到的反射率同叶绿素含量之间有较好的相关关系，利用模型能够较准确的得到叶绿素含量，但是 NDVI 与 MSR 指数反演结果较 MCARI 与 TCARI/OSAVI 好。我们将叶绿素 b 得到的反射率值，分别代入以上模型中，求得的 R^2 如表 6.9 所示。

表 6.9　叶片 b 反射值与不同指数模型之间的关系

植被指数	R^2
NDVI[705，750]	0.7784
MSR[705，750]	0.8234
MCARI[705，750]	0.201
$\dfrac{\text{TCARI}}{\text{OSAVI}}$[705，750]	0.1762

3. 基于叶片 b 的叶绿素反演模型

与叶片 a 相同，以植被指数为自变量，利用激光雷达回波反射特征，通过叶绿素含量与植被指数的经验回归关系估算叶绿素含量。选取的植被指数与叶片 a 一致，结果如图 6.52 所示。

由图 6.52 可以得到，对于后置的叶片 b，利用多波段激光雷达回波波谱得到的反射率同叶绿素含量之间的关系也比较稳定，同样的 NDVI 与 MSR 指数反演结果较 MCARI 与 TCARI/OSAVI 好。我们将叶绿素 a 得到的反射率值，分别代入以上模型中，求得的 R^2 如表 6.10 所示。

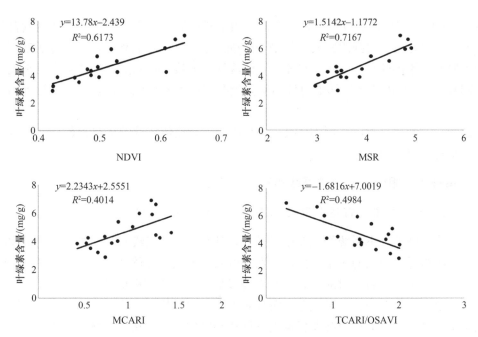

图 6.52   叶片 b 各指数与叶绿素含量的关系

表 6.10   叶片 b 反射值与不同指数模型之间的关系

植被指数	R^2
NDVI[705，750]	0.7423
MSR[705，750]	0.82197
MCARI[705，750]	0.314
$\dfrac{\text{TCARI}}{\text{OSAVI}}$[705，750]	0.226

通过叶片 a 与叶片 b 分别建模，我们能够得到以下结论。

（1）对于两层叶片来说，多波段激光雷达的回波信号受相互间影响较小；利用 NDVI 与 MSR 指数对叶片 a 和叶片 b 建模，最后结果误差较小也为这一点提供了有力的证明。

如图 6.53 所示，利用叶片 a 和叶片 b 共同反演叶绿素含量，能够提高反演精度。

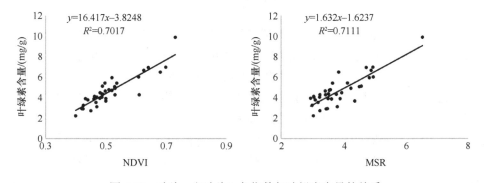

图 6.53   叶片 a 和叶片 b 各指数与叶绿素含量的关系

（2）NDVI 与 MSR 指数反演结果较 MCARI 与 TCARI/OSAVI 好，而且 MCARI 与

TCARI/OSAVI 前后差别较大。这一方面是由于我们测量是多波段激光雷达受到背景影响；另一方面是由于得到的回波信号是一个强度值，虽然我们利用白板进行了定标，但是由于照射到不同叶片的能量强度不同，这就导致了最后得到的结果并不完全是反射率值。NDVI 与 MSR 指数能够通过比值消除能量强度不同造成的影响，所以得到的结果好一些。

因此，在叶片层次，利用 NDVI 与 MSR 等具有比值特性的植被指数反演垂直叶绿素含量是行之有效的。

6.3.3　植被生化组分垂直分布提取的对比与验证

1. 利用多波段激光雷达获取植株三维立体植被指数分布

植被作为陆地生态系统的重要组成部分，具有明显的三维立体结构，利用多波段激光雷达对植被进行精细的三维扫描，得到植株的一个三维立体植被指数分布图，并将其与叶绿素三维精细分布图对应起来，可以为以后的精细研究提供技术支持。

由于仪器的自转平台还不完善，而且对于不同波段的转化比较繁琐，因此利用枯萎的法国梧桐叶、新鲜的柿树叶及新鲜的法国梧桐叶组成一棵树，如图 6.54 所示。

图 6.54　利用法国梧桐及柿树叶合成树

利用多波段激光雷达仪器对合成的树进行三维扫描。仪器与树的距离为 7m。每次将光斑移动 5cm，直至将整株树扫描完成。得到的植被的三维结构图如图 6.55 所示。

利用多波段激光雷达获取合成树的三维点云分布图，其每个点的光谱曲线均能获得。基于每个点的叶绿素光谱值，能够形成叶绿素含量的三维点云分布。由于激光雷达扫描时角度的变化较大，而且所采用的合成树因为树叶的变形，使三维点云图未能呈现树的形状。由于观测时间较长，而激光光源的能量值较高，长时间照射植被叶片，会使部分植被叶片烤焦变形。因此，仅仅对 20 片叶片进行叶绿素含量的实际测定用于结果的验证，其余的数据通过模型反演获得。由于所采用叶片与以上分析不同，为增加结果的准确性，通过测量相同物种叶片的植被指数与叶绿素含量进行建模，结果如图 6.56 所示。

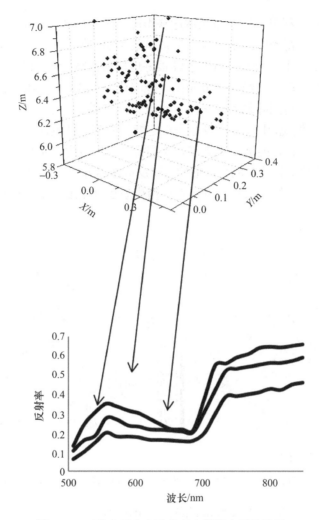

图 6.55　三维点云分布及其高光谱激光雷达波形

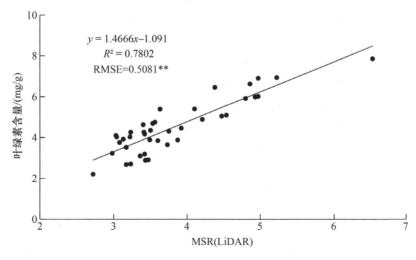

图 6.56　MSR 与合成树叶片叶绿素含量相关关系

根据以上分析，利用多波段激光雷达获得叶片植被指数 MSR，并将其与叶绿素含量进行相关性分析，得到叶绿素含量与植被指数 MSR 的回归模型，其结果决定系数 R^2 为 0.7802，RMSE 较小，为 0.5081。能够很好地反映植被指数 MSR 与叶绿素含量之间的关系。通过我们获取的三维点云分布图，能够获得 MSR 的三维点云分布图，利用回归模型，能够进一步得到叶绿素含量的三维点云分布图。

由图 6.57 可以发现，由于多波段激光雷达能量的聚集性及对于冠层具有一定的穿透性，因此对于单株植被，能够形成光谱，光谱指数，植被生理生化参数的三维点云分布图，这对于以后植被生长状况的精细研究，以及植被养分传输研究等具有重要意义。 我们将获取的 20 个叶片的叶绿素含量代入反演模型进行精度验证，可以得到，均方根误差 RMSE 为 0.5827。

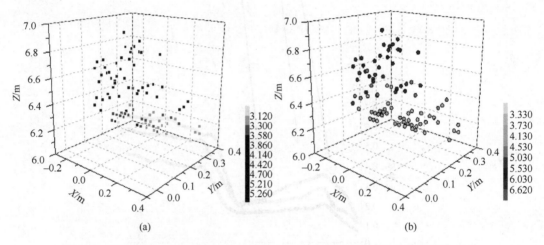

图 6.57　植被指数 MSR 三维点云分布图（a）和叶绿素含量三维点云分布图（b）

2. 利用多波段激光雷达获取植株垂直生化参数

由于多波段激光雷达自身的局限性，本节仅利用一个光斑照射植株，获取植株的垂直生化参数。对于较高植被（冠层大于 0.5m）而言，当利用多波段激光雷达进行照射时，其回波信号会包含垂直方向上的多层信息，这也就产生了多个峰值，而每个峰值的位置可以利用激光雷达的测距能力进行表达。

本节利用小杨树（冠层高 0.5m，LAI 小于 3）作为研究对象，对 10 棵小杨树进行垂直观测，小杨树的回波信号和反射光谱如图 6.58 和图 6.59 所示。可以发现，其双层回波光谱均具有植被叶绿素的吸收特征。 其双层回波信号的产生一方面是由于植被叶片分布影响，另一方面是由于激光雷达在距离方向上形成多个回波的分辨率为 0.2m，因此能形成两个峰值信号。

依据回波接收的时间确定观测的位置，如公式（6.37）所示。取样并到实验室进行化验，获得小杨树的垂直生化参数的分布。

$$S=ct/2 \tag{6.37}$$

式中，S 为观测位置距光源的距离；c 为光速；t 表示接收到回波峰值时的时间。

小杨树的分层叶绿素含量分布如表 6.11 所示。

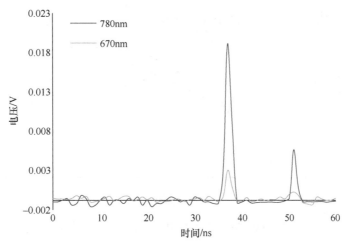

图 6.58 小杨树回波曲线

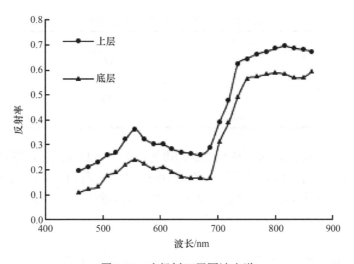

图 6.59 小杨树双层回波光谱

表 6.11 小杨树叶绿素含量垂直分布

编号	第一层叶绿素含量/（mg/g）	第二层叶绿素含量/（mg/g）
1	5.17	5.74
2	6.62	7.23
3	3.19	5.21
4	4.26	5.93
5	5.12	5.83
6	2.17	2.98
7	3.27	3.70
8	4.76	2.89
9	4.72	4.63
10	4.08	6.37

利用 MSR 植被指数进行叶绿素含量的反演，反演结果如图 6.60 所示。

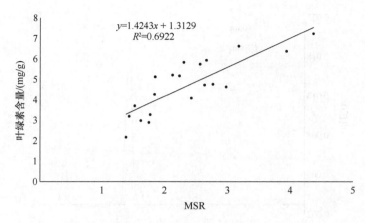

图 6.60　MRS 与小杨树叶绿素含量经验模型

利用上述反演的经验模型对两组验证数据进行验证，结果如表 6.12 所示。

表 6.12　基于经验模型的误差验证

编号	反演结果	化验结果	误差
1-第一层	4.19	4.56	8%
1-第二层	5.32	4.96	7%
2-第一层	5.26	5.53	5%
2-第二层	6.03	5.47	10%

由以上分析可以得到，利用多波段激光雷达，采用经验模型法，能够较准确对植株的垂直叶绿素含量进行反演，其反演误差在 10%以内。但利用多波段激光雷达反演，依赖于植株的 LAI 分布及植株的高度，这就在一个方面限制了多波段激光雷达反演垂直生化参数的。

6.4　面向植被参数垂直分布探测的多波段激光雷达装置研究

6.4.1　多波段激光雷达植被探测基础

由于氮素的"易运转"特性，缺氮时老叶中的氮素会向新叶中转移，植株下部叶片首先褪绿黄化，然后逐渐向上部叶片扩展。如果中下层的生长状态能够及早发现，无疑可以及早实施管理（赵春江等，2006），以避免大的损失。从大的尺度上看，生态系统构成通常比较复杂，其在垂直方向上通常由多种不同种类、不同高度的林、灌、草等植被构成，具有较强的垂直分层分布特征，其包括氮素在内的生化组分也相应地具有垂直分布的特征。探索这种氮素的垂直分布特性是对植被进行更精确的生态系统评价和营养管理的重要前提之一。

相比现在广泛应用的被动式光学传感器，多波段波形激光雷达属于主动遥感传感器，能主动发射多个波段的激光脉冲，并能记录发射波形以及不同时刻激光雷达回波波形，利用回波的相位和强度信息完成目标的探测。激光雷达是主动发光，因而可以减少环境特别是太阳的影响，可以同时获取目标的空间特征和物理特征（王建宇和洪光烈，

2006）。其中，利用激光回波波形相位信息的三维扫描技术已经非常成熟，国际上已经有大量应用的商业三维激光雷达设备，包括地基激光雷达和航空激光雷达（RIEGL 公司和 FARO 公司等公司产品）。目前，这些设备已经广泛应用于单木、森林群落的高度和生物量反演（庞勇等，2005）、垂直结构区分、生物量和碳平衡的研究，但是由于目前商用的激光雷达通常只使用单波段的红外脉冲光源，虽然可以输出探测目标激光点的回波强度信息，但是该回波信息受影响因素太多，且无法提取跟生化组分有相关关系的多波段反射率信息，自然也难以进行氮素等生化组分的反演。

针对上述现状，本章研究拟引入多波段波形激光雷达技术，充分利用其多波段、部分穿透、全波形回波记录的特性，针对单株植被开展垂直方向上的氮素含量的分层分布反演研究。激光雷达按照激光点的大小可以分为大光斑激光雷达和小光斑激光雷达，小光斑激光雷达的光斑尺寸小于植被冠幅，仅能对冠层的一部分进行感应，因此需要在水平方向上增加采样频率以弥补其在垂直方向上采样的不足，大光斑激光雷达系统一般指光斑直径在 8～70m，能连续记录激光回波波形的激光雷达系统，光斑范围内包括多种植被信息，是地面和植被共同作用的结果。小光斑雷达采样具有高空间分辨率和高频率的特点，能够记录高密度的采样点信息，从而可以详细测量地面和植被冠层表面，能够标识出单株树木的特征。然而，小光斑激光雷达也存在着覆盖范围有限、数据量大等局限。大光斑激光雷达的优点体现在获取树冠结构能力强，能够准确描述大面积森林冠层空间结构信息，记录光斑内随着时间变化的能量值，获取比小光斑激光雷达更多的关于树冠的信息，且理论上具有获取全球数据的能力。但是，大光斑激光雷达传感器在空间上采样不连续，无法达到无缝覆盖，在大比例尺应用上也存在着局限（马利群和李爱农，2011；何祺胜等，2009）。

LiDAR 通过发射激光脉冲来探测植被冠层，激光脉冲到达植被冠层上表面以后，受冠层中枝叶的遮挡，在立体空间发生散射。其中，一部分散射信号返回到传感器，剩余部分散射信号经过衰减消耗或者经过多次散射再次返回到传感器；激光脉冲未被枝叶遮挡的部分继续传输，到达植被冠层内部的枝叶或者地表，在立体空间继续发生散射，一部分散射信号返回到传感器，剩余部分散射信号经过衰减消耗或者经过多次散射再次返回到接收传感器，因此，接收传感器接收到的信号是激光脉冲与植被冠层相互作用的综合反映，通过记录完整的回波信号可实现对植被冠层结构的测量（Popescu et al.，2003；Andersen et al.，2005）；如果发射脉冲中包括多个波段，则该多波段激光雷达将获取一系列不同波段的完整回波信号，这些不同波段的组合可以在每个激光脚印点形成光谱探测能力，进而可以实现对植被生化组分的探测。

本章拟开展对于小光斑激光雷达样机研究，生成的数据产品为具有光谱信息的三维点云数据。本章首先基于辐射传输模型进行激光雷达回波建模，模拟激光雷达回波特征，分析激光雷的应用于植被氮素探测的潜力；其次，进行激光雷达样机的研制；最后探讨通过地面控制试验获取实测数据，进行氮素含量垂直方向分层分布的应用研究。

1. 激光雷达方程

激光雷达的工作原理类似于传统雷达（radio detection and ranging，RADAR）。传统雷达主要工作于无线电、微波等波段，而激光雷达主要工作于紫外、可见光、近红外、中红外波段。激光雷达波长非常短,因而相比传统雷达具有更高的精度和更高的分辨率。另一方面,激光系统易于受大气变化的影响。LiDAR 拓展了传统雷达的波长探测能力(Jelalian,1980)。

同样的,由于 LiDAR 激光也是属于电磁波,传统的 RADAR 方程同样适用于激光雷达。由于一般 RADAR 方程适用于简单散射体,并不能直接用于立体散射体,例如带有孔隙的植被冠层。本章首先分析平面间单散射体的激光雷达方程(Wagner et al.,2006,2004),然后推导出适用于复杂植被冠层的雷达方程。

1)简单散射体的 LiDAR 方程

如图 6.61 所示,简单散射体的雷达方程参数示意图,激光器向散射体发射一束窄脉冲,激光发散角为 Ω_T,激光器到目标的距离为 R_T,则激光照射区的面积 A_L 为

$$A_L = \frac{\pi R_T^2 \Omega_T^2}{4} \tag{6.38}$$

若激光器的发射功率为 P_T,则散射体上的功率密度 S_S 为

$$S_S = \frac{P_T}{A_L} = \frac{4P_T}{\pi R_T^2 \Omega_T^2} \tag{6.39}$$

公式(6.39)表明散射截面的功率密度与距离 RT 的二次方成反比。为了得到散射体拦截的总功率,将功率密度乘以散射体的有效接收面积 A_S。由于激光波长总是远小于散射体的尺寸(如叶片),散射截面可以简化成散射体的投影面积。散射体拦截的一部分能量被吸收,剩余的被再次散射向不同的方向,散射体反射率为 ρ,则散射体的散射功率 P_S 为

$$P_S = S_S \rho A_S = \frac{4P_T}{\pi R_T^2 \Omega_T^2} \rho A_S \tag{6.40}$$

假设激光散射角度为固定的立体角 Ω_s,如果该圆锥立体角与接收传感器的视场重合,则散射体返回到接收器的能量密度 S_R 是

$$S_R = \frac{P_s}{\Omega_s R_T^2} = \frac{4P_T}{\pi R_T^2 \Omega_T^2} \rho A_S \frac{1}{\Omega_s R_T^2} \tag{6.41}$$

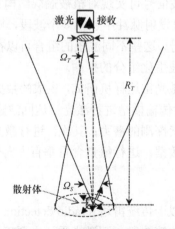

图 6.61　激光雷达探测示意图

若激光雷达的接收传感器的光学孔径为 D，则进入接收传感器的功率 P_R 是

$$P_R = S_R \frac{\pi D^2}{4} = \frac{4P_T}{\pi R_T^2 \Omega_T^2} \rho A_S \frac{1}{\Omega_s R_T^2} \frac{\pi D^2}{4} \qquad (6.42)$$

将所有目标参数合并成一个参数，即后向散射截面 σ，则方程形式变成：

$$P_R = \frac{P_T D^2}{4\pi R_T^4 \Omega_T^2} \sigma \qquad (6.43)$$

其中，后向散射截面 σ 为

$$\sigma = \frac{4\pi}{\Omega_s} \rho A_S \qquad (6.44)$$

后向散射截面表示了散射目标的一种特性，它依赖于散射物体的有效面积，反射率和散射的角度等因素。

激光脉冲的发射功率是随时间 t 变化的函数，通常称为发射波形 $P(t)$。

LiDAR 发射脉冲的能量强度随时间而变化，通过试验方法可以测定并表达，一般采用高斯函数来进行描述（Wagner et al.，2006）：

$$P_T(t) = \hat{A} e^{\frac{t^2}{2S_t^2}} \qquad (6.45)$$

式中，$\hat{A}$ 为强度振幅；S_t 为标准差。

同样地，接收功率也是随时间变化的函数，且依赖于散射体的特征。对于简单散射体，例如点散射体、非倾斜的平面散射体等，接收信号没有被展宽，是对发射信号延时的简单复制，延时时间 T_T 可以表示为

$$T_T = 2R_T / c \qquad (6.46)$$

式中，c 为光速；R_T 为激光雷达探测距离。

则接收功率为 $P_R(t)$：

$$P_R(t) = \frac{D^2}{4\pi R_T^4 \Omega_T^2} P_T(t - T_T)\sigma \qquad (6.47)$$

考虑到系统和大气对脉冲传输能量的衰减效应，系统衰减系数记为 μ_{SYS}，大气衰减系数记为 μ_{ATM}，则定标后的传感器接收功率方程为

$$P_R(t) = \frac{D^2}{4\pi R_T^4 \Omega_T^2} P_T(t - T_T)\sigma \mu_{SYS} \mu_{ATM} \qquad (6.48)$$

2）简单散射体的 LiDAR 方程

对于有复杂空间分布的散射体对立体散射体，如植被冠层、枝叶之间存在着空隙，沿着入射脉冲传输方向，激光脚印依次遇到不同的枝叶，回波信号是散射体在不同时间或者距离回波的叠合。为了分析立体散射体的散射特征，假设立体散射体由 n 层组成，每一层看作是简单散射体，每层的厚度为 R，每层的后向散射截面记为 $\sigma_i(R)$，每一层的平均距离为 R_i，则每层的反射波形在传感器端接收到的能量为

$$P_{R,i}(t) = \frac{D^2}{4\pi\Omega_T^2} \int_{R_i-\Delta R}^{R_i-\Delta R} P_T(t-T_T) \frac{1}{R_T^4} \sigma_i(R)\mathrm{d}R \qquad (6.49)$$

我们可以看出，回波波形是发射波形和不同散射截面的卷积。当 $R<<\mathrm{RT}$ 时，我们可以做如下的零次近似：

$$P_{R,i}(t) \approx \frac{D^2}{4\pi R_T^4 \Omega_T^2} \int_{R_i-\Delta R}^{R_i-\Delta R} P_T(t-T_T)\sigma_i(R)\mathrm{d}R = \frac{D^2}{4\pi R_T^4 \Omega_T^2} P_t(t) * \sigma_i'(t) \qquad (6.50)$$

式中，"$*$"表示卷积操作；$\sigma_i'(t) = \sigma_i(R)$。

如果沿着距离方向有 N 层这样的散射体，则传感器接收到的回波波形是这些散射体的叠加：

$$P_R(t) = \sum_{i=1}^{N} \frac{D^2}{4\pi R_i^4 \Omega_T^2} P_T(t) * \sigma_i'(t) \qquad (6.51)$$

2. 多波段激光雷达装置研究

如图 6.62 所示，研制的多波段激光雷达主要由扫描平台、超连续谱脉冲激光光源、固定于所述扫描平台的同轴发射接收系统、多通道全波形测量装置、全波形信号处理单元、控制中心等组成。其中，超连续谱光源发出的激光经过准直后变成一个汇聚的光束，该光束发散角小于 5mrad，该光束经过两次折射，进入望远镜轴线并发射出去。植被的散射光经过折射式望远镜进行收集，然后通过分光系统后形成独立的波段，每个独立波段通过探测器进行探测并记录，形成多个波段的波形。两轴转台带动光学部分进行扫描，可以生产出具有光谱信息的 3D 点云，每个测量点既包括距离信息，又包括两个或更多波段的光谱信息。

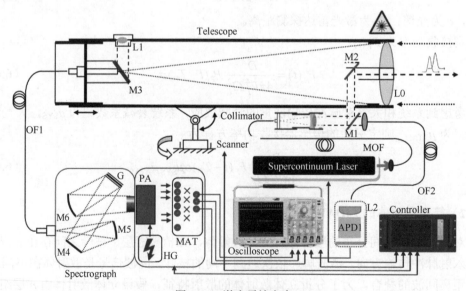

图 6.62　激光雷达方案

APDl：雪崩二极管；L0，L1，L2：消色差透镜；M1：45°微透反射镜；M2：反射镜；M3：漫反射镜；Spectrograph：摄谱仪；M4：反射镜；M5：准直镜；M6：会聚镜；G：光栅；PA：光电倍增管列阵；HG：灵敏度调节器；MAT：开关矩阵；Scanner：扫描转台；Oscilloscope：示波器；OF1，OF2：光纤；MOF：微结构光纤；Collimator：准直器；Controller：控制主机根据分光系统和探测器的不同，本节提出了两种激光雷达方案。第一种方案是利用滤光片实现分光，用雪崩二极管 APD 传感器为探测器，实现了两个波段的波形探测。第二种方案是利用光栅作为分光部件，以光电倍增管 PMT 线阵为探测器，实现 32 波段的波形探测。

1）激光光源

激光雷达属于主动遥感，这种探测方式不依赖于太阳光，而是通过探测器主动发出的激光脉冲跟被探测目标相互作用后的回波信号实现主动探测，激光雷达探测决定于所发出的激光的特性。激光器是激光雷达的核心器件。激光器种类很多，性能各异，激光器的选择往往要对各种因素加以综合考虑，其中包括：波长、大气传输特性、功率、信号形式、功率、平台的限制（体积、重量和功耗）、人眼安全等级、可靠性、成本和技术成熟程度等。由于多光谱激光雷达要实现多个波段的同时探测，这要求选择能同时发出多个波段的光源。虽然多个半导体或者固体激光器的组合可以产生多个波段（Gong et al.，2012），但是这种组合往往难以实现高重复频率的脉冲波形，各种不同激光经过复杂系统耦合在一起，总价高，稳定性可靠性也受到影响。另外一种能同时产生多波段的激光的光源为超连续谱激光光源。两者的简单比较如图 6.63 所示。

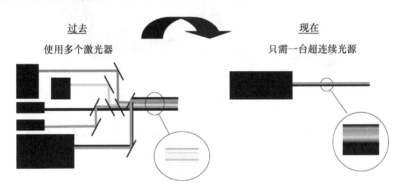

图 6.63　超连续谱光源与多激光器光源

随着微结构光纤（MOF）的发展，利用微结构光纤产生超连续谱的研究引起了人们极大的关注。微结构光纤又称为光子晶体光纤或多孔光纤，与传统光纤不同，微结构光纤的纤芯通常由石英构成，而包层中沿光纤轴向排列着一系列的空气孔。通过改变纤芯的大小及包层中空气孔的大小、排列及其形状，可以灵活地控制光纤的色散和非线性特性，因此具有高非线性系数和适当色散条件的微结构光纤已被认为是产生超连续谱的优良介质，用这种类型的光纤可以在整个可见光区甚至近红外区产生超连续光谱。超连续谱是指当一束窄带的入射光通过非线性介质时，由自相位调制、交叉相位调制、自激拉曼散射及四波混频等非线性效应与光纤群速度色散（GVD）的共同作用，使得出射光谱中产生许多新的频率成分，从而得到的输出光谱宽度远远大于入射光脉冲的谱宽，频谱范围从可见光一直连续扩展到紫外和红外区域，即谱宽为 400～2400nm。超连续谱光源主要应用于荧光成像、荧光寿命成像（FLIM）、全反射式荧光显微（TIRF）、单分子成像、宽频光谱学、光学断层扫描术（OCT）、流式细胞仪、激光雷达等领域。

超连续谱光源具有的优点为：

（1）带宽大，频谱范围从可见光扩展到紫外和红外区域；

（2）稳定性好，主要由泵浦光稳定性和光滤波器件特性共同决定；

（3）重复频率高，重频由泵浦光源决定，可以产生高速脉冲。

设计中选择的超连续谱光源为 NKT Compact，其主要特点为：

（1）重复频率 20～30 kHz，输出脉冲宽度 1～2ns；

（2）光谱范围 450～2400nm；

（3）总平均输出功率 100mW；

（4）平均功率稳定性 0.2dB；

（5）FC/PC 或准直器输出；

（6）USB 计算机接口。

本节所选择的 NKT Compact 超连续谱光源实物图如图 6.64 所示。

图 6.64　NKT Compact 激光光源

根据公式（6.52）和公式（6.53）对该光源的能量和功率进行了计算，以评估其光源的强度。

$$单脉冲能量=平均功率÷重复频率 \qquad （6.52）$$
$$峰值功率=单脉冲能量÷脉冲宽度 \qquad （6.53）$$

本节选择的 NKT Compact 总平均功率 100mW，重复频率约为 24kHz，脉冲宽度是 1～2ns，此处按 2ns 估算，单脉冲能量=100mW÷24kHz=4166nJ，峰值功率=4166nJ÷2ns=2083W。

需要注意的是，超连续谱光源所发出的脉冲的宽度随着波长的变化而变化，脉冲宽度随着波长的增加而变窄。

另外，各个波长的脉冲起始时间也是随着波长的变化而变化，随着波长从 459nm 变化到 800nm，所发出的脉冲的延迟时间约为 700ps。

该光源的脉宽及脉冲起始时间的非一致性对测量结果的影响值得进一步分析。结合上面脉冲宽度的影响，我们可知，从 450～800nm，随着波长的增加，脉冲宽度变窄，脉冲的起始时间提前。

2）光学系统

光学系统完成激光发射、激光回波接收、分光以及接收光的传输，主要由望远镜、瞄准系统、分光、光纤、运动平台等组成。我们设计了两套光学系统方案：方案一采用滤光片分光，以雪崩二极管 APD 模块为探测器，实现了 670nm 和 780nm 两个波段的回波探测；方案二采用光栅分光，以 32 元光电倍增管 PMT 阵列为探测器，具有 32 通道的回波探测能力。这两套光学系统采用相同的发射系统。光学系统的光学接收孔径越大，光学增益越高，探测能力越强，但是接收系统提高有用信号的同时，进入探测器的杂散光也会增加，因此，光学系统好要考虑对杂散光的抑制能力。另外，光学系统还应尽量满足结构简单、体积小、成本低的特点。光学系统的设计目标是：

（1）系统光学孔径 D=80mm；

（2）光学系统焦距 400mm；

（3）距离分辨率 15cm；

（4）发射接收同轴；

（5）波长范围 450～950nm；

（6）最佳探测距离 20m；

（7）激光发散角约等于 4mrad；

（8）探测角度约等于 4mrad。

其中，发射光学系统如图 6.65 所示。主要包括超连续谱激光光源、准直器、微透分束镜、反射镜和发射探测器等。

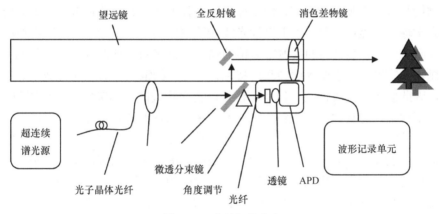

图 6.65　发射部分方案

其中，接收光学系统如图 6.66 所示。主要包括折射式望远镜、瞄准系统、探测光纤、分光系统和探测器。

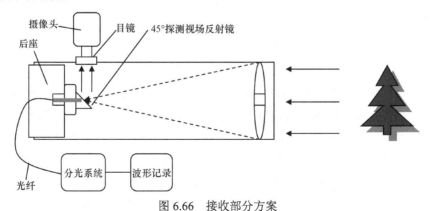

图 6.66　接收部分方案

A. 望远镜

相对应于传统的雷达，望远镜为激光雷达的天线，是激光信号搜集器件。由于光学系统不同，目前常用的激光雷达天线主要为折射望远镜（开普勒、伽利略）、反射望远镜（牛顿式、卡塞格林）、折反望远镜、多镜面望远镜等。

（1）折射望远镜，折射望远镜是光学望远镜的最早的形式，是一种使用透镜做物镜，利用屈光原理成像的望远镜。折射望远镜最初的设计是用于侦查和天文观测，但也用于如双筒望远镜、长焦距镜头等其他设备上。比较常用的折射望远镜的光学系统有两种形式：伽利略望远镜和开普勒望远镜，其优点是焦距长，成像比例尺大，成像比较鲜明、锐利；缺点是有色差（因为透镜对不同波长的色光有不同的折射率，光学上透镜无法将各种波长的色光都聚焦在同一点上的现象）。随着技术的发展，消色差的折射镜在1733年由英国的切斯特·穆尔·霍尔发明，其使用两片及以上玻璃（有不同色散度的冕牌玻璃和燧石玻璃）做物镜，降低了色差和球面像差。消色差透镜可以让两种及以上不同波长的光，都能聚焦在相同的焦平面上。

（2）反射望远镜，是使用曲面和平面面镜的组合来反射光线，并形成影像的光学望远镜。反射望远镜所用物镜为凹面镜，有球面和非球面之分；常见的反射式望远镜的光学系统为牛顿望远镜和卡塞格林望远镜。反射望远镜的性能主要取决于物镜。通常使用的球面物镜具有容易加工的特点，但是如果所设计的望远镜焦比比较小，则会出现比较严重的光学球面像差；此时，由于平行光线不能精确的聚焦于一点，所以物像将会变得模糊。因而大口径，强光力的反射望远镜的物镜通常采用非球面设计，最常见的非球面物镜是抛物面物镜。由于抛物面的几何特性，平行于物镜光轴的光线将被精确的汇聚在焦点上，因此能极大改善像质。但是即使是抛物面物镜的望远镜仍然会存在轴外像差。卡塞格林望远镜以抛物面镜作主镜，第二反射镜是双曲面镜，将光线反射回后方，并穿过主镜中心的洞孔，这种折叠光学的设计显著缩短了镜筒的长度。在小型的望远镜上，第二反射镜一般安置在光学的平面镜上。这是在前端用来封闭镜筒的光学玻璃，可以有效地消除使用支撑架所产生的衍射星芒现象。封闭的镜桶可以保持内部干净，同时也保护了主镜，但是会损失了一些集光能力。图6.67是卡塞格林望远镜的光路图。

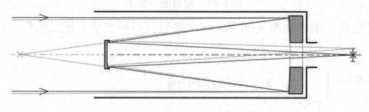

图6.67　卡塞格林望远镜光路图

（3）折反望远镜，折反光学系统指既有透镜也有反射面镜的系统。折射反射的光学系统常用在如望远镜和照相机所使用的质轻、长焦透镜。通常是利用特殊形状的透镜来修正反射镜的像差。反射望远镜镜系统的物镜虽然没有色差，但球面反射镜存在球面像差，而且焦距越长的球面反射镜对加工精度的要求越高。非球面的抛物面反射镜虽然在光轴中心不存在像差，但在光轴以外存在球差和彗差，并且加工难度大，成本较高。折反射望远镜就是针对反射式系统的这些缺点，而充分利用透镜折射系统的优点来改进。

目前常见的折反射望远镜类型有施密特式和马克苏托夫式两种。其中，施密特-卡塞格林望远镜是在1931年由德国人施密特发明的广视野望远镜。在镜筒最前端的光学元件是施密特修正板，这种板是经过研磨接近平行的非球面薄透镜，可以改正或消除由主镜造成的球面像差。施密特-卡塞格林式望远镜利用一块凸镜作副镜，在主镜焦点前将光线聚集，穿过主镜一个圆孔而聚焦在主镜之后。因为中间经过一次反射，所以镜筒长度得以大大缩短，通常焦比在 $f6.4\sim f10$，如图6.68所示。折反射望远镜的镜身短、焦距长、焦点在主镜后，视场亦相当平坦，镜前由矫正镜密封，因此不论使用还是保养都十分方便，成像质量高。施密特-卡塞格林式望远镜由于其独特的优点在激光雷达中广泛应用。但是相比折射望远镜，施密特-卡塞格林式望远镜成本要高很多。

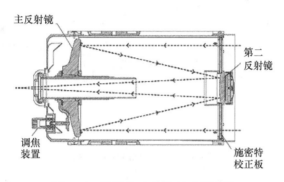

图6.68　施密特-卡塞格林式望远镜

　　本设计的最佳探测距离为20m，探测的角度为4～5mrad，基于成本考虑选择的望远镜系统为折射式望远镜系统。该设计中选择消色差透镜为物镜，该物镜焦距为400mm，直径为80mm，透镜的中心开孔20mm，作为同轴光路中的激光输出通道。焦点处通过光纤将目标探测光线引出。设计的光纤接口通过镜筒后盖可以进行微调，方便系统集成后的光路的精确调整。望远镜镜筒采用合金铝加工，并且进行阳极氧化发黑处理，镜筒上固定快接板，可以方便跟三脚架连接。加工完成的望远镜外形如图6.69所示。

图6.69　望远镜

B. 瞄准系统

激光雷达、点亮度记计、点分光辐射计及多数对瞄准目标进行光辐射测量的仪器，都需要有测量和瞄准同时进行的光路设计。目前普遍应用的技术方案是 Pritchard 系统，其可以做到 100%瞄准，并且在测量光路中保持目标光信号的光谱构成不变并消除偏振。其工作原理如图 6.70 所示，被测目标区域由物镜 1 成像在测量光阑 2 上，此光阑 2 包含一块反光板，在它上面有一个孔洞 3，穿过孔洞 3 的光入射到探测器 4 上，与此同时，照射到光阑 2 的其余部分的反射光经镜子 5 反射到仪器的目镜 6 上，因此被测目标及周围环境可同时看到。被测区域以一个黑斑的形式出现在周围环境的视野中。

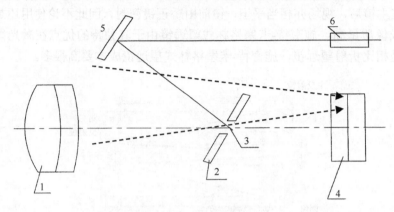

图 6.70　Pritchard 瞄准系统

　　本节中的瞄准系统采用 Pritchard 结构，光阑上固定 45°反射镜，该反射镜中心开孔 2mm，对应着 4～5mrad 的视场，该视场即为我们的目标所对应的视场。投射到反射镜开孔外的光线代表了目标视场周围的环境,该部分环境光经45°反射镜反射到瞄准目镜上，同时目标视场所对应的 2mm 开孔以一个黑点的形式叠加到环境视野的成像中。该黑点即当前激光雷达的精确的测量点，即测量目标是 100%瞄准的。

　　C. 激光发射通路

　　本节设计的激光器的发散角为 4～5mrad。为了实现该发散角，我们选择的激光光源的输出为自带准直输出的类型。

　　光纤准直器由尾纤与自聚焦透镜组精确定位而成。它可以将光纤内的传输光转变成准直光（平行光）。准直器输出的平行光投射到微透分束镜上，大部分的光反射到望远镜筒内的反射镜上，再次反射出去。还有一小部分光可以透过微透反射镜投射到发射探测器上，该探测器的输出用来触发一次测量。

　　D. 分光系统

　　分光系统是指将由不同波长的"复合光"分开为一系列"单一"波长的单色光的器件。理想的 100%的单色光是不可能达到的，实际上该光具有一定的宽度（有效带宽）。

　　同样地，在激光雷达中，实现多波段激光雷达波形探测的基础是能实现多个波段的分光。分光系统实现将望远镜接收到的复合光回波分解为多个波段，提供给相应的光电探测器实现多个波段同时探测。根据分光机理的不同，分光方式一般分为滤波式、干涉色散式、衍射式和傅里叶变换式四种类型（许洪和王向军，2007）。实际应用中，一般的光谱分光方法包括：采用色散棱镜的分光、采用衍射光栅的分光、采用声光可调谐滤光片的分光等（郑玉权和禹秉熙，2002；苏丽娟，2006），具体介绍如下。

A. 采用色散棱镜的分光技术

色散棱镜是利用不同波长的光在同一介质中折射率不同的原理实现分光的器件，常用的棱镜有 Cornu 棱镜和 Littrow 棱镜。典型应用方式为入射狭缝位于准直系统的前焦面上，入射光经准直系统准直后，经棱镜由成像系统将狭缝按波长成像在焦平面上探测器上。

B. 采用衍射光栅的分光技术

衍射光栅是光栅的一种。它通过有规律的结构，使入射光的振幅或相位（或者两者同时）受到周期性空间调制。衍射光栅在光学上的最重要应用是被用作分光器件，如被用于单色仪和光谱仪上。实际应用的衍射光栅通常是在表面上有沟槽或刻痕的平板。并且这样的光栅可以是透射光栅或反射光栅。衍射光栅的应用方法与色散棱镜是一样的。

C. 采用声光可调谐滤光片的分光技术

声光可调谐滤光片（AOTF）是一种新型色散元件，它利用声光衍射原理，由声光介质、换能器阵列和声终端三部分组成。当复合光以特定的角度入射到声光介质后，由于声光相互作用，满足动量匹配条件的入射光被超声波衍射成两束正交偏振单色光，分别位于零级光两侧。改变射频信号的频率，衍射光的波长也相应改变。连续快速的改变射频信号的频率就能实现在衍射光波长范围内快速的光谱扫描。

D. 采用传统滤光片的分光技术

传统的滤光片滤波方式是构造多光谱仪器的常用手段（许洪和王向军，2007）。滤光片主要分为颜色滤光片和干涉滤光片。干涉滤光片是利用干涉原理只使特定波段范围的光通过的光学薄膜，通常由多层薄膜构成。

从上面可以看出，各种分光系统均有其独特的特点。棱镜分光系统分光性能较低，已逐步被光栅分光系统所替代，但是其突出优势为光谱无叠级、结构简单，坚固。干涉色散系统具有突出的分辨率和光通量性能，但自由光谱范围很窄，结构和装调复杂。光栅分光系统具有宽的光谱测量范围和高的分辨率，与干涉系统相比结构简单，对装调要求较低，是综合性能较为突出的系统，也是应用最为广泛的系统。傅里叶变换分光系统虽然综合性能较高，但受现阶段干涉系统极限光程差和光程差变化间隔的约束，目前优势主要体现在红外波段（杨怀栋等，2009）。

本节采用了滤光片分光和光栅分光两种分光方式，分别实现了两个通道（方案一）和 32 通道（方案二）的光谱分光。

反射式平面光栅是刻有一系列等间距的平行刻线的反射镜，刻线间的间距 d 为光栅常数。平行光照射到平面光栅时，光栅的刻痕起到衍射的作用。衍射角的正弦与波长成正比，不同波长的光束的衍射偏转角度不同，但是各条划痕对同一波长的衍射光方向一致，将它们通过物镜汇聚在焦面上就可以形成单色像，这也是光栅色散的原理，如图 6.71所示。

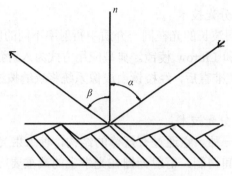

图 6.71　平面光栅色散原理

E. 光纤接收通路

光纤是光导纤维的缩写，是一根极细的玻璃纤维，其外层包一层透明的介质。通常微细的光纤封装在塑料护套中，使得它可以弯曲而不至于断裂，是利用光在纤维中的全反射原理而实现的光传导工具。如图 6.72 所示，其内部折射率大于包层折射率，光线在内部纤维中不断地形成全反射从而将光从一端传送到另一端（高雅允和高岳，1995）。设中间层玻璃纤维的折射率为 n_1，外部包层的介质折射率为 n_2，光纤的一端 A 处于折射率为 n_0 的介质中，一束光线入射到 A 端的入射角为 i，在界面上折射进入光学纤维内部，折射角为 i_1。这条折射光线再以入射角 $i_2 = \pi/2 - i_1$ 入射到光学纤维的内壁上，当入射角大于 $\arcsin(n_2/n_1)$ 时，此光线便在光纤内全反射。按折射定律可算出，光线在光纤的内壁刚好满足全反射条件时的入射角 i 为

$$i = i_c = \arcsin(\sqrt{n_1^2 - n_2^2} / n_0) \tag{6.54}$$

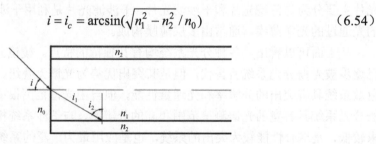

图 6.72　光纤全反射原理

在选择光纤时需要考虑的因素有：光纤的接口类型、光纤材料，以及光纤芯径。常见的光纤接口有很多种，如 FC、SC、ST 及 SMA 等。其中，SMA 接口为大功率接口，多用于医用光纤检测仪和科研仪器中，有良好的稳定性、耐久性，并且大多数光谱仪都采用这种接口。光纤材料对系统光能利用率有影响。石英材料的工作波段可以覆盖紫外、可见近红外光谱区间。由于本系统的设计光谱范围为 450～900nm，属于可见近红外波段，因此选择使用石英材料的光纤。

光纤的芯径大小和通光直径决定了系统入射光强度。

本节选择的光纤为定制光纤，方案一中的光纤是 1 分 2 光纤，接口为圆形，一端接望远镜接收激光回波，另外的两个接口分别连接雪崩二极管模块。方案二中的光纤是直通光纤，接口也为圆形，一端连接望远镜，另外一端接入分光光谱仪中。

方案一中，雪崩二极管 APD 模块为空间光接口模块，有效探测直径为 0.5mm，而光纤也是自由输出，并且光纤直径要远远大于 0.5mm，因此，我们进行了光线汇聚设计，

将光纤的输出通过汇聚透镜进行聚焦，聚焦后的光纤投射到 APD 的光敏面上，经过试验测试，经过汇聚后接收到的光线强度相比自由接口增加 4 倍以上。

F. 光路系统

整体的光路系统如图 6.73 所示。该系统为发射和接收同轴的系统，主要由望远镜、准直器、中心开孔的消色差物镜、二维角度微调装置、微透分束镜、发射探测传感器、位置可调镜筒后座、45°探测视场反射镜、可调瞄准目镜、摄像头、接收光纤、全反射镜等组成。超连续谱脉冲激光光源二维角度微调装置固定于镜筒前方，二维角度微调装置上安装有微透分束镜，通过二维角度微调装置上的两个调节旋钮可以调整微透分束镜的两个角度。微透分束镜的后方连接光纤接头，发射探测光纤一端插入该接头，另外一端连接到发射探测传感器的镜筒的光学接头中。发射探测传感器由发射探测镜筒、透镜、雪崩二级管组成，镜筒的前端为固定发射探测光纤的接头，接头后端为透镜，透镜焦点处安装雪崩二极管，雪崩二极管的输出端为电信号，该电信号输入示波器的触发接口，触发一个测量周期。同轴发射接收系统的前端安装中心开孔的消色差物镜。同轴发射接收系统的后端由位置可调镜筒后座、固定于后座上的二维角度微调装置、固定于二维角度微调装置前端的 45°探测视场反射镜、固定于镜筒上的可调瞄准目镜，可以观测到测量目标及其周围环境的影像。45°探测视场反射镜的中心开孔，开孔直径对应于观测的视场大小，特别地，对于本节采用 4mrad 的观测视场角。反射镜开孔的内侧为接收光纤接口。接收光纤一端固定于该光纤接口内，另外一端连接分光及回波探测传感器。其中，探测视场反射镜的开孔位于望远镜的焦点处。

3）光电探测器

在激光雷达系统中，由于需要精确测量激光脉冲的飞行时间，所以对光电检测传感器的响应时间有很高的要求；另外，由于传感器接收的是反射回来的信号，所以应该对微弱信号敏感。根据这两点要求，可供选择适合于激光雷达用的光电探测器主要有 PIN 光电二极管、硅雪崩二极管（SiAPD）、光电导型碲镉汞（HgCdTe）探测器和光伏型碲镉汞探测器。其中 PMT 尽管有高的增益和较低的噪声，但它体积大，抗外部强磁干扰差，动态响应范围较小并需要极高的偏置高压。

A. 雪崩二极管 APD 探测器

雪崩光电二极管是具有内部增益的光电二极管。在外加反向偏压较低时与普通光电二极管一样，当外加反向偏压达到一定值、使结区电场足够高时，光生载流子在漂移过结的过程中与束缚电子（价电子）发生碰撞电离，从而产生附加载流子。附加载流子进一步在高电场中获取能量，动能增加足以再次发生碰撞电离。雪崩击穿在电场作用下，载流子能量逐渐增大，不断与晶体原子相碰，使共价键中的电子激发形成自由电子-空穴对。新产生的载流子又通过碰撞产生自由电子-空穴对，这就是倍增效应。如此循环，致使载流子数雪崩式增加，使得输出光电流得到 M 倍增益。

雪崩光电二极管 APD 作为一种具有内部雪崩增益的光电二极管，与光电倍增管相比具有更高的量子效率。它与光敏电阻和普通光电二极管相比具有更高的内部增益，被广泛应用于光通信、脉冲激光测距等系统中。目前可使用的雪崩光电二极管，在 400～1100nm 波段内主要是硅雪崩光电二极管。

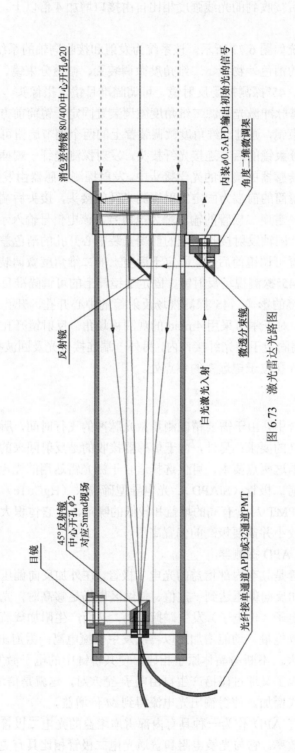

消色差物镜 80/400中心开孔φ20

内装φ0.5APD输出初始光的信号

角度二维微调架

微透分束镜

反射镜

白光激光入射

45°反射镜
中心开孔φ2
对应5mrad视场

目镜

光纤接单通道APD或32通道PMT

图 6.73　激光雷达光路图

雪崩光电探测器一般推荐用于高带宽或用内在增益克服前置放大器噪声的场合。选择 APD 所要遵循几点要求,根据这几点要求可以选择合适的 APD 光探测器(张光斌和林世鸣,2000)。

(1)确定需覆盖的波长范围和选择合适覆盖波长范围的 APD 探测器种类。

(2)确定可使用的最小探测器敏感面尺寸,有效光学元件可能比使用过大探测器便宜。

(3)确定所需的系统频带宽度,过分规定带宽会使系统的信噪比(S/N)变低。

(4)对 PIN 和 APD 探测器的光谱噪声和过剩噪声进行 S/N 计算,判断是否需要使用雪崩二极管光电探测器。

选择 APD 时所要考虑的关键参数之一是噪声性能。与其他探测器一样,雪崩二极管光电探测器将在两种噪声限制探测状态的之一种下工作。灵敏度受暗电流噪声或弱光下放大器器噪声的限制,同时也受较高功率下信号噪声的限制。在特定波长和带宽下,探测器可达到的信噪比 S/N 可以确定最佳探测器种类。

根据以上分析,本节选择了德国 MenloSystems 公司的 APD210 模块作为本激光雷达系统的探测器,如图 6.74 所示。该硅雪崩光电探测器十分敏感,速度足以探测纳秒级的脉冲激光。APD210 中的硅雪崩光电二极管在 400～1000nm 波长范围的暗光应用中具有出色的性能。该 APD 采用了温度补偿电路,将偏压调节在约 150VDC,使其工作在击穿电压附近,从而使 APD 在整个工作温度范围内保持高增益稳定性。该探测器集成了一个 40 dB 的增益放大器,经过交流耦合与输出 BNC 接口连接在一起。其输出信号与 50 欧姆的电阻匹配。该探测器的电路带宽为 1MHz～1GHz,具有一个用户可调的电位计,可以进行 100 阶的增益调节。APD210 带有 SM05 螺纹,探测器底部具有一个公制(M4)安装孔。其紧凑的外壳使其可以直接安装到一个现成的装置中。

其主要特点如下:

(1)最大入射能量 10mW;

(2)光谱范围 400～1000nm;

(3)探测器直径 0.5mm;

(4)频率范围 1～1600MHz;

(5)3dB 带宽 5～1000MHz;

(6)上升时间 0.5ns;

(7)最大增益 2.5×10^5V/W。

APD210

图 6.74　APD210 模块

该探测器的光谱响应范围为 400～1100nm，其峰值响应波段在 800nm 左右。

B. 光电倍增管 PMT 探测器

光电倍增管是将微弱光信号转换成电信号的由玻璃密封的真空电子器件，它能在低能级光度学和光谱学方面测量极微弱的光辐射功率。光电倍增建立在外光电效应、二次电子发射和电子光学理论基础上，结合了高增益、低噪声、高频率响应和大信号接收面积等特点，是一种具有极高灵敏度和超快时间响应的光敏电真空器件，可以工作在紫外、可见和近红外区的光谱区。光电倍增管广泛应用在光学测量仪和光谱分析仪中。

光电倍增管一般由光电阴极、电子光学输入系统、二次发射倍增系统和阳极等组成。光电阴极（photocathode）由光电发射材料制成，光照射阴极产生光电效应而激发电子，我们称为一次电子。产生的一次光电子被聚集到二次发射极（dynode）。由于从光电阴极到各个倍增极直到阳极上所加的电压是依次递增的，一次电子在电场的加速、聚焦、轰击第一个倍增极，就会产生更多的电子，我们称为二次电子。这样依次类推，经过更多的倍增极。最后，经倍增的光电子被阳极收集而输出光电流，并在负载上产生信号电压（江华和周媛媛，2009）。

相比其他类型的光电转换器件，光电倍增管有如下的性能特点。

（1）高增益，光电倍增管的增益很高，一般可以达到 $10^5 \sim 10^8$，而通常的雪崩二极管的增益只有几十到 100 左右。

（2）高灵敏度，光电倍增管有很高的灵敏度，可探测非常微弱的光信号，如可以探测 $10^{-18} \sim 10^{-17}$ 的单光子信号。

（3）超低噪声，光电倍增管在完全黑暗的环境下仍有微小的电流输出，这个微小的电流叫做阳极暗电流，探测器的噪声与阳极暗电流的平方根成正比。光电倍增管的阳极暗电流只有几个 nA，仅为一般硅光电二极管的 1%。

（4）大光敏面积，光电倍增管的光敏面积可以做得很大，通常直径从几毫米到 100mm 以上，适应于不同的应用场合。

（5）功能结构更加多样，随着科技发展，许多特种功能和特种结构的光电倍增管应运产生，如耐高温、耐高压、耐磁光电倍增管等。另外，光电倍增管的极结构也有很多变化。

C. 单光子计数器

光是由光子组成的光子流，光子是静止质量为零、有一定能量的粒子。与一定的频率 υ 相对应，一个光子的能量 E_p 可由式（6.55）决定：

$$E_p = h\nu = hc / \lambda \tag{6.55}$$

式中，$c=3 \times 10^8 \text{m/s}$，是真空中的光速；$h=6.6 \times 10^{-34} \text{J} \cdot \text{s}$，是普朗克常数。

单色光的光功率与光子流量 R（单位时间内通过某一截面的光子数目）的关系为

$$P = R \cdot E_P \tag{6.56}$$

所以，只要能测得光子的流量 R，就能得到光流强度。

单光子探测是一种极微弱光探测法，它所探测的光的光电流强度比光电检测器本身在室温下的热噪声水平（10W）还要低，用通常的直流检测方法不能把这种湮没在噪声中的信号提取出来。单光子计数方法利用弱光照射下光子探测器输出电信号自然离散的特点，采用脉冲甄别技术和数字计数技术把极其弱的信号识别并提取出来。这种技术和模拟检测技术相比有如下优势（张鹏飞和周金运，2003）：

（1）测量结果受光电探测器的漂移、系统增益变化及其他不稳定因素的影响较小；

（2）消除了探测器的大部分热噪声的影响，大大提高了测量结果的信噪比；

（3）有比较宽的线性动态区；

（4）可输出数字信号，适合与计算机接口连接进行数字信号处理。

可用来作为单光子计数的光电器件有许多种，如光电倍增管（PMT）、雪崩光电二极管（APD）、增强型光电极管（IPD）、微通道板（MCP）、微球板（MSP）和真空光电二极管（VAPD）等。

对于光电倍增管来说，当入射辐射光功率低于 $1.0 \times 10^{-12} \sim 1.0 \times 10^{-14}$ 时，光电倍增管的光电阴极上产生的光电流不再是连续的，这样，在光电倍增管的输出端就有离散的数字脉冲信号输出。当有一个光子信号打到光电阴极上，就会产生一定数量的光电子。这些光电子在电场的作用下，经过二次发射极倍增，在输出端就有相应的电脉冲输出。输出端电脉冲的数目与光子数成正比，对这些电脉冲进行计数也就能够相应地确定光子的数目。光电倍增管单光子探测器主要采用的是一种逐个记录单光电子产生的脉冲数目的探测技术。这种探测器主要由光电倍增管、制冷系统、宽带放大器、比较器、计数器组成。光电倍增管是整个系统的基础，单光子信号经过光电倍增管，把光子信号转换为电信号。在这过程中，要避免噪声把有用的信号湮没。光电倍增管性能的好坏直接决定了单光子探测器性能的好坏。单光子探测需要的光电倍增管要求增益高、暗电流小、噪声低、时间分辨率高、量子效率高、较小的上升和下降时间。PMT 具有高的增益（$10^4 \sim 10^7$）、大光敏面积、低噪声等效功率（NEP）等优点，但是它体积大、量子效率低下、反向偏压高、仅能够工作在紫外和可见光谱范围内，抗外部磁场能力较差。

对于雪崩二极管来说，当 APD 的工作电压趋近于雪崩电压时，M 将趋于无穷大。但实际上，当工作电压小于雪崩值时，M 到 1000 左右就会饱和，这样的倍增还不足以探测到单光子信号。在单光子探测中，APD 一般是工作在"盖革"模式下，在这种模式下，雪崩光电二极管两端的偏压大于雪崩电压。当有光子信号到达 APD 时，被 APD 吸收，并使 APD 迅速雪崩。为了能够对下一个光子信号产生响应，需要采取一定的抑制电路，使雪崩发生后迅速地被切断，并使 APD 恢复到接收光子的状态。通常采取的方式有：无源抑制和有源抑制（梁创等，2000）。目前应用的 APD 主要有三种，即 Si-APD、Ge-APD 和 InGaAs-APD，它们分别对应不同的频率。Si-APD 主要工作在 400～1100nm，Ge-APD 在 800～1550nm，InGaAs-APD 则在 900～1700nm。对于光谱响应重叠的部分，InGaAs-APD 具有更低的噪声和更高的频率响应特性。用 Si-APD 制作的单光子探测器已经逐渐成熟，国外一些半导体公司（如美国的 EG&G 公司）已经有产品在出售。APD 单光子计数具有量子效率高、功耗低、工作频谱范围大、体积小、工作电压较低等优点，但是同时也有增益低、噪声大，外围控制电路及热电制冷电路较复杂等缺点。以下以 PerKinelmer 公司的硅雪崩二极管单光子计数模块 SPCM-AQRH 为例说明单光子计数模块的基本特征，如图 6.75 所示。

图 6.75　雪崩二极管单光子计数模块

SPCM-AQRH 是一个探测波段范围为从 400～1060nm 的单光子计数模块，其探测范围和灵敏度均优于光电倍增管。SPCM-AQRH 使用一个直径 180μm 圆型光敏面的独特的硅雪崩光电二极管，650nm 处达到的最高光子探测效率超过 65%。雪崩光电二极管在热电制冷状态下工作并配有温度控制，保证环境温度变化时也能保持性能稳定。SPCM-AQRH-1X 模块计数率超过 2 千万个光子每秒（Mc/s）。每当监测到一个光子，通过 BNC 输出是 2.5 伏特 TTL 电平，信号负载 50 欧姆，脉宽 15ns。该模块输出信号为线性输出。

针对 PMT 和 APD 的缺点，研究者开发出一种真空雪崩光电二极管（VAPD）单光子探测器（宋登元和王小平，2000），它是由光阴极和一个具有大光敏面积的半导体硅 APD 组成。光阴极和 APD 之间保持高真空态，光子信号打到光阴极上产生光电子，这些光电子在高压电场的作用下加速，再打到 APD 上。对于硅 APD，这些光电子的能量约为硅带隙能量的 2000 倍，这样一个光电子就能产生大于 2000 对的电子空穴对。在 VAPD 中，Si-APD 的典型增益约为 500 倍，因而 VAPD 的增益可以达到 10^6 倍。VAPD 单光子探测器是一种 PMT 和 APD 结合的产物，具有许多 PMT 和 APD 所无法比拟的优点。其主要特点有噪声低、分辨率高、动态范围大、抗干扰能力强、探测光谱范围宽等。

D. 线阵式探测器

前面所述的单元探测器每次只能获取一个强度数值，而线阵式探测器配合分光系统则每次可获得一行像素的数据采集。线阵探测器和分光系统是多光谱系统的核心部件。本节中激光雷达系统方案二就是要实现多光谱的数据采集，因此需要使用线阵式探测器。

线阵电荷耦合器件 CCD 探测器中储存着电荷，而当光子照射到其光敏面时电荷就会被释放。在积分时间的最后，剩余的电荷就会传送到缓冲器中，然后这个信号被传送到 A/D 转换卡。CCD 探测器由于具有自然积分的特性，因此具有非常大的动态范围，它只受暗（热）电流和 A/D 转换卡数据处理速度的限制。CCD 的一个工作周期分为两个阶段（王忠立等，2003），光积分阶段和电荷转移阶段，有一些 CCD 具有集成的电子快门功能，因此可以达到 10us 的积分时间。线阵 CCD 像元数多（2048 个或 3648 个）、灵敏度高、响应速度快。但是其响应速度对于探测脉冲激光仍太慢。

硅雪崩光电二极管阵列是一种高速和高灵敏度光电二极管阵列，其内部增益机制能够获得高增益带宽积，适合激光雷达、激光成像等光照度极低但需要快速响应的检测。以 Pacific Silicon Sensor 公司的 16 元雪崩二极管 APD 阵列 AA16D-9 为例，如图 6.76 所示，说明 APD 阵列的特点：

（1）有效探测面积 1000μm×405μm；

（2）光谱范围 450~1050nm；

（3）光谱响应 60A/W；

（4）最大增益 100；

（5）上升时间 2ns。

图 6.76　雪崩二极管 APD 阵列

　　常规的光电倍增管由于探测面积较大，其相应时间也较长。日本滨淞公司的 H7260 系列 PMT 线阵传感器有 32 个通道，由于单个通道的探测面积较小，其典型上升时间可以到达 0.6ns。该传感器如图 6.77 所示，其主要特性如下：

（1）单个通道有效探测面积 0.8mm×7mm；

（2）光谱范围 300~920nm；

（3）光谱响应 78mA/W；

（4）最大增益 1 000 000；

（5）上升时间 0.6ns。

图 6.77　光电倍增管 PMT 阵列传感器

　　通过比较，PMT 阵列的上升时间为 0.6nm，相比来说相应速度最快。因此，我们方案二中，选择 PMT 阵列为光电转换器件，可以产生 32 通道的脉冲回波信号，当然，该系统也可以被称为 32 通道的激光光谱仪。

4）模数转换与波形记录

激光雷达要实现全波形记录，需要将接收传感器输出的信号进行实时模数转换并且以极高的时间分辨率实现实时波形记录。根据设计要求，本节中的高速数据采集系统需要具有 2G 以上的采样率。

高速数据采集系统广泛应用于军事、航天、航空、铁路、机械等诸多行业。区别于中速及低速数据采集系统，高速数据采集系统内部包含高速电路，电路系统 1/3 以上数字逻辑电路的时钟频率大于等于 50MHz。

如图 6.78 所示的专用的数据采集卡 ADQ412 可使用双通道，每个通道 12 位分辨率，2G 采用率；或者 4 通道，每个通道 12 位分辨率，1G 采样率。提供了 USB、cPCIe、PXIe 等总线供选择，提供 API 接口方便二次开发，支持 C、C++和 Matlab。

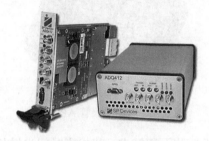

图 6.78　高速数据采集卡

另外一种实现高速数据采集的通用方案是使用具有存储功能的示波器来实现波形记录。论文研究中使用的为泰克公司 Tekrtonix 的混合信号示波器 MSO4104，如图 6.79 所示。该示波器具有 1G 带宽和 5G/s 的采样率，有 4 个模拟通道，每个通道的记录长度为 20M 点。示波器的 USB 接口可以将屏幕图、仪器设置和波形等传送到 U 盘中，数据有图像和电子表格两种方式。

图 6.79　MSO4104 示波器

5）扫描装置

为了系统工作可靠，采用了 FLIR 二维转台方案 PTU-D48E，设计的水平和垂直的角度步长为 0.026°，对应十米距离处的扫描位移约为 4～5mm。扫描系统与主控系统采用串口连接，遵循转台的通信协议。最终的扫描系统如图 6.80 所示。

图 6.80　二维扫描系统

6）多波段激光雷达样机

研制的激光雷达以超连续谱脉冲激光器为光源，以望远镜为信号收集单元，以高速光电转换器为传感器，具有同轴发送接收，全波形记录的特点。激光平均功率为 100mW，峰值功率为 20 000W，其探测的距离分辨率约为 15cm，探测的发散角为 4mrad，探测距离为 20m。根据分光方式不同，本节提出并试验了两种光电探测方案：其一是利用滤光片分光，配合两个分立的 APD 模块，实现两个波段的波形探测；其二是利用光栅分光，配合 PMT 阵列，实现 32 通道的波形探测。需要指出的是，在第二种方案中，限于高速模数转换（5GHz）能力，目前我们没有实现 32 通道的同时采集，只能根据研究需要对感兴趣的有限通道进行实时采集。本节详细介绍了光学系统、分光系统和信号处理系统，并对各部分器件的选型进行了详细介绍和分析。试验表明，测距精度已经满足对植被进行垂直分层探测的要求，所测量的叶片的 NDVI 跟传统被动式光谱仪测量结果趋势相同。该设备具备了生产具有光谱信息 3D 点云的能力。研制的多波段激光雷达样机如图 6.81所示。

图 6.81　激光雷达样机

3. 仪器试验

多波段激光雷达主要目的是生产具有光谱信息的 3D 点云，因此仪器试验主要围绕该目的展开，具体包括：激光雷的基于飞行时间的测距能力试验和基于多波段回波强度信息光谱信息获取能力试验。实验在中国科学院遥感与数字地球研究所测试实验室的光学暗室开展，试验中用到的反射板为蓝菲光学的 Spectralon 漫反射板。

1）光路及波形检测试验

光路装调试验如图 6.82 所示。

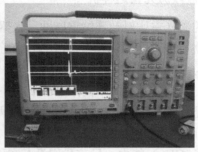

图 6.82　系统装调试验

将光源、望远镜、探测器、光纤等主要部件组装和调整，以检查相互连接关系的可靠性，以及是否会发生干涉。测试时，将激光器对准白板发射激光脉冲，望远镜瞄准目标，调整光学系统，接收光通过望远镜收集到光纤中，再传输到探测器雪崩二极管 APD 模块中，用示波器测量雪崩二极管 APD 传感器输出，检查光学系统和电学系统工作状态，如图 6.82 所示，右侧为激光雷达所探测到的白板的反射波形。

经过多次试验及修改，激光雷达系统的机械结构配合良好，光路及电路工作正常，运动部分没有干涉，仪器装调已经达到实际应用要求。激光雷达光路中瞄准装置对于光路的调整起到极大的便利，通过从瞄准目镜中观察目标位置，再配合二维微调装置，将发射光斑调整到探测焦点，该瞄准装置方便地实现不同探测距离的快速对焦调整。

2）测距实验

距离测量是激光雷达的重要技术指标之一，主要包括激光雷达的测距精度与距离分辨率，我们设计了两个测距试验。

测距试验一的目的是评价激光雷达测量距离的精度。测距精度的测量方法是，距离激光雷达 12m 处前后各放置一个反射板，两个反射板之间距离为 1m，每个反射板反射一半的光斑，这样激光回波为两个相邻的高斯波，测量两个高斯波峰的时间差可以计算两个反射板之间的距离。

测量步骤如下：

（1）前后放置两个反射板，相聚为 1m，左右位置相互交错，各反射大约一半的光斑，调整前面反射板的光斑照射面积，使得两个回波强度大致相等；

（2）启动激光雷达仪器，设置采样率为 5G/s，开始测量回波波形，并存储波形供后处理；

（3）测量并记录红外波段两个回波峰值之间的时间值；

（4）重复试验，进行十次测量；

（5）数据处理，计算两个反射板的距离值。

测距试验中的两个反射板布置如图 6.83（a）所示，试验中捕获的波形如图 6.83（b）所示。

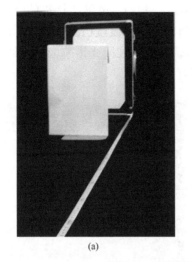 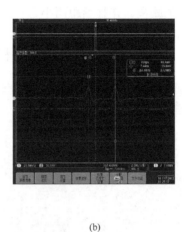

（a）　　　　　　　　　　　　　（b）

图 6.83　测距实验及波形捕获

分别通过比较两个高斯波峰值计算了时间差，并用时间飞行法计算出两个反射板的距离，最后跟标准距离比较计算出测距误差。激光雷达测量的平均距离为 1009.4mm，最大上偏差 25.3mm，最大下偏差 4.66mm，平均误差为 9.4mm，因此最大测距误差为 25.3mm。

测量距离与实际距离存在一定的偏差，分析其产生的可能原因主要包括以下几个方面。

（1）示波器的采样率为 5G/s，采样间隔为 0.2ns，因此测距的理论分辨率为 30mm。因此每次测量对应最大 60mm 的随机数字化误差。

（2）时间的计算是根据示波器存储波形的波峰时间差，波峰的选择是人工挑选，存在一定的误差。

（3）反射板 1m 间隔的测量采用直尺，间距测量可能存在误差。两个反射板的放置角度也可能不能完全垂直于光线方向，造成波形的微小变形。

670nm 和 780nm 波段的回波中都包括两个脉冲，分别代表着两个目标的反射，这种全波形的特性在植被的垂直探测中是最重要的一种特性。

采用同样的方法，当两个物体相距为 500mm 时的试验结果表明激光雷达测量的平均距离为 506.1mm，最大上偏差 15.7mm，最大下偏差 0.67mm，平均误差为 6.1mm，因此测距误差为 15.7mm。

测距试验二的目的是测量激光雷的对于相邻两个物体的距离分辨能力。试验方法为，保持一个反射板位置不动，调整另外一个反射板与该反射板的位置，当不能从回波波形中明显区分两个反射回波时的距离值被认为是最小的分辨距离。试验中，我们两个反射板之间的距离分别为 40cm、30cm、20cm 和 15cm。当两个反射板距离小于 15cm 以后，波形图中已经观察不到明显的双峰，如图 6.84（a）所示，位两个反射板间距为 10cm 的波形。但是，我们发现回波的宽度大于发射波形的宽度，如图 6.84（b）所示，两个波形的宽度分别为 1.8ns 和 1.3ns，波形被明显展宽，可以通过波形分解的方法来求解两个回波的波峰位置，进而对两个反射板的距离进行计算。

试验中，我们还发现，随着两个反射板距离变小，红外波段两个波峰间距相比红光波段的波峰间距逐渐变小，如图 6.85（a）所示，利用红外波段计算的距离要小于利用红光波段提取的距离。并且当距离小于一定值时，红外波段已经不能显示出明显的两个波峰，如图 6.85（b）所示。分析原因，我们认为红外波段光谱响应相比红光波段要强，信号幅值也大，当两个脉冲间距较小时，相互影响变大。

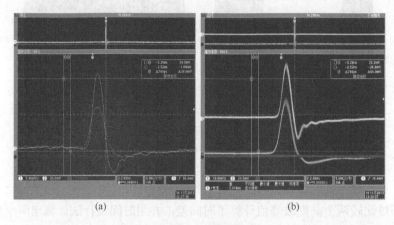

图 6.84　波形对比

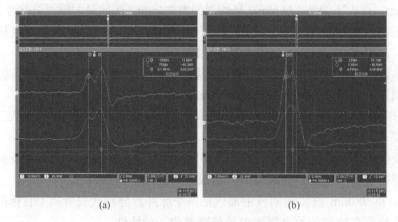

图 6.85　红光和红外波形对比

3）光谱试验

本光谱试验指构建植被指数对植被氮素含量进行探测。选择 670nm 和 780nm 两个波段，对叶片进行双波段光谱测试，待测试的叶片如图 6.86 所示，共选择 6 种叶片，根据叶片的绿度不同，依次编号为 1～6 号。

图 6.86　光谱试验的叶片

试验步骤如下：

（1）在距离激光雷达 10m 处放置白板，测量发射波形和白板的反射波形，作为参考波形；

（2）在白板处放置待测叶片，测量叶片的反射波形，并记录；

（3）依次测量 6 片不同绿度的叶片，记录发射波形和回波波形，每个叶片测量 10 次；

（4）根据步骤（1）中的参考波形，对 6 次叶片的回波进行归一化处理；

（5）计算每个叶片的反射率，并构建归一化植被指数 NDVI 值。

测试时反射板和测量叶片的布置如图 6.87 所示。

图 6.87　光谱试验布置

经计算，两个通道的信噪比在 26～48，效果较好。红外波段（780nm）的信噪比明显高于红光波段（670nm），分析主要原因为：

（1）APD 模块在 800nm 附近的光谱响应较高；

（2）光源在红外波段的输出较强；

（3）植被在红外波段的反射率较高。

计算不同叶片在 670nm 和 780nm 的反射率，具体计算时，以白板的测量值作为入射能量，通过各个叶片的测量值与该入射能量值相比，结算得出反射率值。根据反射率值再构建 NDVI 指数。

同时，在室外使用荷兰爱万提斯公司的光纤光谱仪（AVASpec-2048X64）测量了叶片的反射率光谱，如图 6.88 所示。测量时间为下午 2 点，天气晴朗，测量地点为中国科学院遥感与数字地球研究所楼前。

图 6.88　光谱仪测量叶片光谱

数据处理后计算 NDVI 值，与激光雷达计算的 NDVI 值进行对比，如图 6.89 所示。

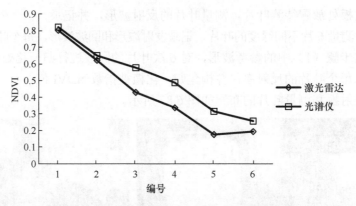

图 6.89　激光雷达与光谱仪测量叶片 NDVI 对比

上述的两个试验展示了能同时进行测距和光谱信息测量的激光雷达系统。测距精度已经满足对植被进行垂直分层探测的要求，所测量的叶片的 NDVI 跟传统被动式光谱仪测量结果趋势相同。该设备具备了生产具有光谱信息 3D 点云的能力。

6.4.2　多波段激光波形分解和辐射定标

1. 多波段激光雷达波形分解

由于利用多波段激光雷达获取的实验数据为离散的点，而激光雷达获得的反射波形服从高斯分布。因此其反射波形上峰值的点并不一定是真实的峰值点，本节利用高斯函数对反射波形进行拟合，得到较为准确的反射值。高斯拟合是使用高斯函数对数据点集进行函数逼近的拟合方法。高斯函数的表达式如式（6.57）所示：

$$G(x)=a\mathrm{e}^{-\frac{(x-b)^2}{c^2}} \tag{6.57}$$

式中，a、b 与 c 都为常数，且 $a>0$。

2. 多波段激光雷达定标

多波段激光雷达，获得的物体反射信号是以电压的形式表现出来。在不同的距离，由于经物体反射的光进入镜筒的光量不同，因此反射后获得的电压强度也不同。白板的反射率可以认为是在波段范围内为1，因此，利用白板在不同距离内对获得白板的反射率值，根据公式（6.58）进行定标。

$$\rho_{veg} = \frac{\upsilon_{veg}}{\upsilon_{ref}} \rho_{ref} \qquad (6.58)$$

保持多波段激光雷达位置不动，调整白板距波段激光雷达的位置，从 2~22m，按照 0.5m 的间隔放置白板，每个距离测量 10 次。由图 6.90 可以看出，进入接收系统的信号强度随着距离增加首先增大，在达到峰值后，随着距离增加而变小。在 6~9m 处，光强最强，光学增益最高，电压值最大。而 780nm 处信号强度高于 670nm 信号强度，这是由于：①雪崩二级管（APD）模块光谱响应的不均匀，其在 800nm 附近的光谱响应较高；②超连续谱激光光源在红外波段的输出比在可见光波段强。

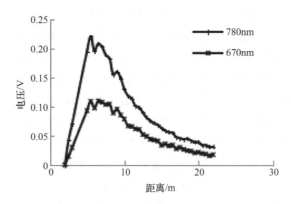

图 6.90　780nm 与 670nm 定标曲线

6.4.3　多波段雷达对植被理化参数垂直分布反演

与传统的被动光学遥感不同，激光雷达遥感器主动发射激光脉冲，当激光脉冲被目标物反射回到接收器时，它仍然是一个包含了许多反射信息的脉冲信号，是无穷多个分立的回波信号的集成，因此在理论上激光雷达可以通过不同距离处反射特征的变化探测植被立体特征的分布，目前激光雷达已经普遍应用于复杂森林地区植被结构参数的直接测量，已经表明了其相对于依赖太阳的被动遥感的优越性（马洪超，2011）。激光是单色光，波段足够窄，可以探测不同生化组分引起的精细的光谱变化，当我们把全波形激光雷达的激光变成多波段激光时，将同时获取不同波长的回波信号，获取的一系列的不同波长的回波信号包含了丰富的信息，波形和回波强度可分别用于结构信息和生化组分信息的提取，因此只要存在足够多的波段，我们可以得到不同高度目标的反射率，进而得到植被不同高度的生化组分含量。英国爱丁堡大学的遥感专家 Woodhouse 曾经撰文指出：激光雷达已经广泛应用与测量森林结构特征，如高度、密度、间隙率等，对于森林等复杂特征的森林测量来讲，下一个研究的重点就是多色激光雷达（color LiDAR）（dual-wavelength，multi-spectral 和 hyper-spectral LiDAR），可能利用其得到森林冠层的完整三维属性特征。

被动光学遥感的研究表明，植被探测时，遥感信号通常来自植被结构和冠层的生物化学属性信息两部分（Jacquemoud and Baret，1990；Kuusk，2003），反射信号通常是两种因素共同作用的结果，因此通过遥感方式进行探测一直受到关注。最近的研究表明，植被冠层参数例如光合有效辐射比 FPAR，光能利用率 LUE 等都存在着垂直分布的特征（Damm et al.，2010），这对于精确地估测植被冠层的 GPP 发挥重要影响。

相比于通过被动多光谱与激光雷达融合进行植被探测，多波段激光雷达结合了被动光学的多光谱观测能力及激光雷达的垂直探测能力。被动光学不具有探测冠层内部或者底部的能力，而多波段的激光雷达却具有这方面的能力，能够克服这方面的限制，因此利用多光谱激光雷达具有较大的优点，能够提供作物生理参数的三维信息，独特的信号垂直观测能力可以对上下层植被进行鉴别，识别冠层密度及间隙率（Morsdorf et al.，2009；Woodhouse et al.，2011）。

目前英国爱丁堡大学、芬兰大地测量研究所等都研制了各自的多波段激光雷达仪器，开展植被参数三维立体分布状况的研究。例如，Morsdorf 等（2009）曾经利用爱丁堡大学仪器开展了植被生理参数信息的垂直分布诊断，对利用生态过程模型模拟的不同年龄的树木进行了诊断，研究了不同树龄对植被 NDVI、PRI 剖面的影响。Hakala 等（2012）利用芬兰大地测量研究所仪器通过结合地形和光谱信息，光谱的垂直分布也可以用于目标的自动探测和分类研究（Kaasalainen et al.，2010；Puttonen et al.，2010；Suomalainen et al.，2011）。因为垂直几何和光谱信息可以通过一次观测同时获取，多波段的激光雷达可以延伸图像由平面二维光谱向三维扩展。Hakala 等（2012）在室内对砍伐的云松研究表明，利用不同的波段组合不仅可以对冠层枝、叶进行区分，利用其叶可以探测出冠层不同高度的叶片含水率、叶绿素等生化组分的差异。Gong 等（2012）利用设计的多波段主动激光雷达仪器研究表明其可以捕捉到精细的叶片生化组分浓度的变化。

基于多波段激光雷达回波，研究不同波段回波特征与植被理化参数的作用机理，研究利用多波段激光雷达回波的强度信息，实现在不同植被分布条件下理化参数提取，比较提取结果与多源数据协同的差异，进而优化植被理化参数垂直分布提取技术。对于高光谱激光雷达数据，利用生成的激光雷达信息进行直接的反演研究，如图 6.91 是基于高光谱激光雷达点云得到的植被指数垂直分布，进而获得叶绿素和胡萝卜素垂直分布曲线图（高帅等，2018）。

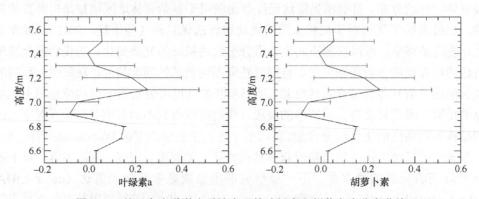

图 6.91　基于高光谱激光雷达点云的叶绿素和胡萝卜素分布曲线

6.5 小　结

生态系统等典型的复杂地表覆盖下植被生理生化参数具有立体分布的特征,表现在水平分布的不均一性,同时在垂直方向上的异质性。未来研究可利用辐射传输理论在"热点"方向建模,利用结构参数垂直变化来解释波形的变化,利用不同波段的激光反射信号的差异探测不同高度上的吸收特征,利用被动遥感信息控制参量反演的绝对精度,建立反演结构特征和生化特征垂直分布的机理模型。同时,探索主被动光学遥感的协同机制,研究多角度遥感、高光谱遥感多波段激光雷达遥感综合反演植被生理生化参量水平分布和垂直分布的可行性,发展植被辐射传输理论,为新一代遥感器研制提供理论和实验基础。

多波段激光雷达仪器可以更好地探测森林结构和光合作用直接相关的生理过程,因而可以推动推动陆地生命圈观测并能推动碳循环、土地利用土地覆盖及生物多样性等。综合植被生理结构参数垂直分布的研究进展,未来的研究趋势包括两个部分。一是结合多波段激光雷达模型模拟与分析。已有的研究表明,多波段激光雷达波形不仅可以得到树木高度信息,同时可以观测到 NDVI 等在植被冠层内的变化,而生化信息的探测需要模型模拟的支持。同时,受到仪器重量及体积的限制,现有的多波段激光雷达仪器还是局限于实验室的室内观测,而未来的仪器发展的目标还是定位于航空航天的平台,因此仪器的野外试验势在必行,通过对不同地物的试验来观测仪器的可行性。

综上所述,本书综合利用了光学遥感的方向、光谱和相位信息,融合多角度、高光谱和波形激光雷达等主被动光学遥感信息,研究了复杂地表覆盖下辐射传输过程和植被生理生化参数垂直分布信息定量反演机理,重点关注了波形信息内暗含的不同相位上的激光回波强度,探索了植被不同高度处激光雷达回波强度特征及不同观测角度的细分光谱特征对植被立体环境的响应情况,建立了主被动协同的植被辐射传输机制,为适用于遥感反演的地表立体参数化过程建立清晰的物理解释。相信本研究将有力地推动光学辐射传输理论在植被遥感中的应用,促进更多植被参数从二维化走向三维化的定量反演。

参 考 文 献

陈尔学. 1999. 合成孔径雷达森林生物量估测研究进展. 世界林业研究, 12(6): 18-23.

董明晓, 郑康平. 2004. 一种点云数据噪声点的随机滤波处理方法. 中国图象图形学报, 9(2): 245-248.

高帅, 牛铮, 孙刚, 覃驭楚, 李旺, 田海峰. 2018. 高光谱激光雷达提取植被生化组分垂直分布. 遥感学报, 22(5): 737-744.

高雅允, 高岳. 1995. 光电检测技术. 北京: 国防工业出版社.

龚亮, 张永生, 李正国, 包全福. 2011. 基于强度信息聚类的机载 LiDAR 点云道路提取. 测绘通报, (9): 15-17.

官云兰, 程效军, 施贵刚. 2008. 一种稳健的点云数据平面拟合方法. 同济大学学报, 36(7): 981-984.

郭志华, 彭少麟, 王伯荪. 2002. 利用 TM 数据提取粤西地区的森林生物量. 生态学报, 22(11):

1832-1839

何祺胜, 陈尔学, 曹春香, 刘清旺, 庞勇. 2009. 基于 LIDAR 数据的森林参数反演方法研究. 地球科学进展, 24(7): 748-755.

江华, 周媛媛. 2009. 光电倍增管的结构与性能研究. 舰船电子工程, 29(1): 193-196.

李旺, 牛铮, 高帅, 覃驭楚. 2013. 机载激光雷达数据分析与反演青海云杉林结构信息. 遥感学报, 17(6): 1612-1626.

李小文, 王锦地. 1995. 植被光学遥感模型与植被结构参数化. 北京: 科学出版社

李欣, 周佳玮, 刘正国, 胡震天. 2006. 三维激光扫描技术在船体外形测量中的试验性研究. 测绘地理信息, 31(6): 36-37.

李云梅, 王人潮, 王秀珍, 沈掌泉. 2003. 椭圆分布函数模拟水稻冠层叶倾角分布. 生物数学学报, 18(1): 105-108.

梁创, 廖静, 梁冰, 吴令安. 2000. 硅雪崩光电二极管单光子探测器. 光子学报, 29(12): 1142-1147.

梁顺林, 李小文, 王锦地. 2013. 定量遥感: 理念与算法. 北京: 科学出版社.

刘大伟, 孙国清, 庞勇, 蔡玉林. 2006. 利用 LANDSAT TM 数据对森林郁闭度进行遥感分级估测. 遥感信息, (1): 41-42.

刘峰, 杨志高, 龚健雅. 2012. 利用机载激光雷达的林木识别与参数反演. 中国农学通报, 28(1): 80-84.

刘红伟. 2011. 基于 TLiDAR 点云数据建立三维树木模型. 北京林业大学硕士学位论文.

刘清旺, 李增元, 陈尔学, 庞勇, 武红敢. 2008. 利用机载激光雷达数据提取单株木树高和树冠. 北京林业大学学报, 30(6): 83-89.

骆社周, 王成, 张贵宾, 习晓环, 李贵才. 2013. 机载激光雷达森林叶面积指数反演研究. 地球物理学报, 56(5): 1467-1475.

马洪超. 2011. 激光雷达测量技术在地学中的若干应用. 地球科学-中国地质大学学报, 36(2): 347-354.

马利群, 李爱农. 2011. 激光雷达在森林垂直结构参数估算中的应用. 世界林业研究, 24(1): 41-45.

庞勇, 李增元, 陈尔学, 孙国清. 2005. 激光雷达技术及其在林业上的应用. 林业科学, 41(3): 129-136.

庞勇, 赵峰, 李增元, 周淑芳, 邓广, 刘清旺, 陈尔学. 2008. 机载激光雷达平均树高提取研究. 遥感学报, 12(1): 152-158.

宋登元, 王小平. 2000. APD、PMT 及其混合型高灵敏度光电探测器. 半导体技术, 25(3): 5-8.

苏丽娟. 2006. 成像光谱仪分光技术研究. 中国科学院西安光学精密机械研究所硕士学位论文.

汤旭光, 刘殿伟, 王宗明, 贾明明, 董张玉, 刘婧怡, 徐文明. 2012. 森林地上生物量遥感估算研究进展. 生态学杂志, 31(5): 1311-1318.

汪嘉业, 王文平, 屠长河. 2011. 计算几何及应用. 北京: 科学出版社.

王洪蜀. 2015. 基于地基激光雷达数据的单木与阔叶林叶面积密度反演. 电子科技大学硕士学位论文.

王建宇, 洪光烈. 2006. 激光主动遥感技术及其应用. 激光与红外, 36(b09): 742-748.

王忠立, 刘佳音, 贾云得. 2003. 基于 CCD 与 CMOS 的图像传感技术. 光学技术, 29(3): 361-364.

许洪, 王向军. 2007. 多光谱、超光谱成像技术在军事上的应用. 红外与激光工程, 36(1): 13-17.

杨怀栋, 陈科新, 黄星月, 何庆声, 金国藩. 2009. 常规光谱仪器分光系统的比较. 光谱学与光谱分析, 29(6): 1707-1712

张光斌, 林世鸣. 2000. 激光雷达中雪崩光电二极管的智能应用. 光电子 · 激光, 11(5): 465-468.

张鹏飞, 周金运. 2003. 单光子探测器及其发展. 传感器世界, (10): 6-10.

赵春江, 黄文江, 王纪华, 刘良云, 宋晓宇, 马智宏, 李存军. 2006. 用多角度光谱信息反演冬小麦叶绿素含量垂直分布. 农业工程学报, 22(6): 104-109.

赵静, 李静, 柳钦火. 2013. 森林垂直结构参数遥感反演综述. 遥感学报, 17(4): 697-716.

郑玉权, 禹秉熙. 2002. 成像光谱仪分光技术概览. 遥感学报, 6(1): 75-80.

周梦维, 柳钦火, 刘强, 肖青. 2011. 机载激光雷达的作物叶面积指数定量反演. 农业工程学报, 27(4): 207-213.

朱振. 2011. 基于地面激光雷达系统获取单株树木 LAI 研究. 北京师范大学硕士学位论文.

Abbas M A, Setan H, Majid Z, Chong A K, Idris K M, Aspuri A, Malaysia. 2013. Calibration and Accuracy Assessment of Leica ScanStation C10 Terrestrial Laser Scanner. Proceeding of International Workshop on Geoinformation Advances: 33-47.

Aber J D, Martin M. 1999. leaf chemistry, 1992-1993(ACCP). http://daac.ornl.gov/cgi-bin/dsviewer. pl?ds_id=421. [1999-05-07]

Alexander D, Jan E, André E, Gioli B, Hamdi K, Hutjes R, Kosvancova M, Meroni M, Miglietta F, Moersch A, Moreno J, Schickling A, Sonnenschein R, Udelhoven T, Van derlinden S, Hostert P, Rascher U. 2010. Remote sensing of sun-induced fluorescence to improve modeling of diurnal courses of gross primary production (GPP). Global Change Biology, 16(1): 171-186.

Andersen H E, Mcgaughey R J, Reutebuch S E. 2005. Estimating forest canopy fuel parameters using LIDAR data. Remote Sensing of Environment, 94(4): 441-449.

Bo Z, Wei G, Shi S, Song S. 2011. A multi-wavelength canopy LiDAR for vegetation monitoring: System implementation and laboratory-based tests. Procedia Environmental Sciences, 10(1): 2775-2782.

Chandrasekhar S. 1950. On the Radiative Transfer. New York: Dover.

Chen J M, Pavlic G, Brown L, Cihlar J, Leblanc S G, White H P, Hall R J, Peddle D R, King D J, Trofymow J A, Swift E, Van der Sanden J, Pellikka P K E. 2002. Derivation and validation of Canada-wide coarse-resolution leaf area index maps using high-resolution satellite imagery and ground measurements. Remote Sensing of Environment, 80(1): 165-184.

Damm A, Elbers JA, Erler A, Gioli B, Hamdi K, Hutjes R, Kosvancova M, Meroni M, Miglietta F, Moersch A, Moreno J. 2010. Remote sensing of sun - induced fluorescence to improve modeling of diurnal courses of gross primary production (GPP). Global Change Biology, 16(1): 171-186.

Dawson T P, Curran P J, Plummer S E. 1998. LIBERTY—Modeling the effects of leaf biochemical concentration on reflectance spectra. Remote Sensing of Environment, 65(1): 50-60.

Derose T, Duchamp T, Mcdonald J, Stuetzle W. 1992. Surface reconstruction from unorganized points. Acm Siggraph Computer Graphics, 26(2): 71-78.

Gamon J A, Peñuelas J, Field C B. 1992. A narrow-waveband spectral index that tracks diurnal changes in photosynthetic efficiency. Remote Sensing of Environment, 41(1): 35-44.

Gerstl S A W, Sieber A J. 1990. Physics concepts of optical and radar reflectance signatures. A summary review. International Journal of Remote Sensing, 11(7): 1109-1117.

Gitelson A A, Merzlyak M N, Chivkunova O B. 2001. Optical properties and nondestructive estimation of anthocyanin content in plant leaves. Photochemistry & Photobiology, 74(1): 38-45.

Gong W, Song S L, Zhu B, Shi S, Li F, Cheng X W. 2012. Multi-wavelength canopy LiDAR for remote sensing of vegetation: Design and system performance. ISPRS Journal of Photogrammetry & Remote Sensing, 69(3): 1-9.

Govaerts Y M, Jacquemoud S, Verstraete M M, Ustin S L. 1996. Three-dimensional radiation transfer modeling in a dicotyledon leaf. Applied Optics, 35(33): 6585-6598.

Graham R L. 1972. An efficient algorith for determining the convex hull of a finite planar set. Information Processing Letters, 1(4): 132-133.

Hakala T, Suomalainen J, Kaasalainen S, Chen Y. 2012. Full waveform hyperspectral LiDAR for terrestrial laser scanning. Optics Express, 20(7): 7119-7127.

Henry D. 2011. The design of a space-borne multispectral canopy lidar to estimate global carbon stock and gross primary productivity. Proc Spie, 8176(4): 347-356.

Hese S, Lucht W, Schmullius C, Barnsley M, Dubayah R, Knorr D, Neumann K, Riedel T, Schrfter K. 2005. Global biomass mapping for an improved understanding of the CO_2 balance—the earth observation mission carbon-3D. Remote Sensing of Environment, 94(1): 94-104.

Hoppe H, Derose T, Duchamp T, Mcdonald J, Stuetzle W. 1992. Surface reconstruction from unorganized points. ACM: 71-78.

Hosoi F, Omasa K. 2006. Voxel-based 3-D modeling of individual trees for estimating leaf area density using high-resolution portable scanning Lidar. IEEE Transactions on Geoscience & Remote Sensing, 44(12): 3610-3618.

Hosoi F, Omasa K. 2007. Factors contributing to accuracy in the estimation of the woody canopy leaf area density profile using 3D portable lidar imaging. Journal of Experimental Botany, 58(12): 3463-3473.

Hosoi F, Omasa K. 2009. Estimating vertical plant area density profile and growth parameters of a wheat canopy at different growth stages using three-dimensional portable lidar imaging. Isprs Journal of Photogrammetry & Remote Sensing, 64(2): 151-158.

Ioannou Y, Taati B, Harrap R, Greenspan M. 2012. Difference of normals as a multi-scale operator in unorganized point clouds. In: Second International Conference on 3d Imaging, Modeling, Processing, Visualization & Transmission. IEEE: 501-508.

Jacquemoud S, Baret F. 1990. PROSPECT: A model of leaf optical properties spectra. Remote Sensing of Environment, 34(2): 75-91.

Jelalian A V. 1980. Laser radar systems. In: EASCON '80; Electronics and Aerospace Systems Conference: 546-554.

Jonckheere I. 2004. Review of methods for in situ leaf area index determination: Part I. Theories, sensors and hemispherical photography. Agricultural & Forest Meteorology, 121(1): 19-35.

Kaasalainen S, Suomalainen J, Hakala T, Chen Y, Räikkönen E, Puttonen E, Kaartinen H. 2010. Active hyperspectral LIDAR methods for object classification. Hyperspectral Image and Signal Processing: Evolution in Remote Sensing. IEEE: 1-4.

Knyazikhin Y, Marshak A. 1987. The Method of Discrete Ordinates for the Solution of the Transport Equation (the algebraic model, the rate of convergence). Russian: Valgus.

Kuusk A. 2003. Two-layer canopy reflectance model ACRM user guide.

Lefsky M A, Cohen W B, Harding D J, Parker G G, Acker S A, Gower S T. 2002. Lidar remote sensing of above-ground biomass in three biomes. Global Ecology & Biogeography, 11(5): 393-399.

Monsi M. 1953. Uber den Lichtfaktor in den Pflanzen-gesellschaften und seine Bedeutung fur die Stoffproduktion. Journal of Japanese Botany, 14(1): 22-52.

Morsdorf F. 2006. LIDAR remote sensing for estimation of biophysical vegetation parameters. 10.5167/uzh-3756.

Morsdorf F, Nichol C, Malthus T, Woodhouse I H. 2009. Assessing forest structural and physiological information content of multi-spectral LiDAR waveforms by radiative transfer modelling. Remote Sensing of Environment, 113(10): 2152-2163.

Næsset E, Gobakken T. 2008. Estimation of above-and below-ground biomass across regions of the boreal forest zone using airborne laser. Remote Sensing of Environment, 112(6): 3079-3090.

Nilson T, Kuusk A. 1985. Approximate analytic relationships for the reflectance of agricultural vegetation canopies. Soviet Journal of Remote Sensing, 4 (5): 814-826.

Popescu S C, Wynne R H, Nelson R F. 2003. Estimating plot-level tree heights with lidar: Local filtering with a canopy-height based variable window size. Computers & Electronics in Agriculture, 37(1): 71-95.

Puttonen E, Suomalainen J, Hakala T, Räikkönen E, Kaartinen H, Kaasalainen S, Litkey P. 2010. Tree species classification from fused active hyperspectral reflectance and LIDAR measurements. Forest Ecology & Management, 260(10): 1843-1852.

Richardson A J, Allen W A. 1968. Interaction of light with a plant canopy. Journal of the Optical Society of America, 58(8): 1023-1028.

Richter T, Fukshansky L. 1996. Optics of a bifacial leaf: 1. A novel combined procedure for deriving the optical parameters. Photochemistry & Photobiology, 63(4): 507-516.

Ross J. 1981. The radiation regime and architecture of plant stands. Tasks for Vegetation Sciences, 71(1): 344.

Rusu R B, Marton Z C, Blodow N, Dolha M, Beetz M. 2008. Towards 3D Point cloud based object maps for household environments. Robotics & Autonomous Systems, 56(11): 927-941.

Suits G H. 1971. The calculation of the directional reflectance of a vegetative canopy. Remote Sensing of Environment, 2(71): 117-125.

Sun G, Ranson K J. 2000. Modeling lidar returns from forest canopies. Geoscience & Remote Sensing IEEE Transactions on, 38(6): 2617-2626.

Suomalainen J, Hakala T, Kaartinen H, Räikkönen E, Kaasalainen S. 2011. Demonstration of a virtual active hyperspectral LiDAR in automated point cloud classification. ISPRS Journal of Photogrammetry & Remote Sensing, 66(5): 637-641.

Swatantran A, Dubayah R, Roberts D, Hofton M, Blair J B. 2011. Mapping biomass and stress in the Sierra Nevada using lidar and hyperspectral data fusion. Remote Sensing of Environment, 115(11): 2917-2930.

Thomas R Q, Hurtt G C, Dubayah R, Schilz M H. 2008. Using lidar data and a height-structured ecosystem model to estimate forest carbon stocks and fluxes over mountainous terrain. Canadian Journal of Remote Sensing, 34(2): 351-363.

Treuhaft R N, Asner G P, Law B E, Tuyl S V. 2002. Forest leaf area density profiles from the quantitative fusion of radar and hyperspectral data. Journal of Geophysical Research Atmospheres, 107(D21): ACL 7-1-ACL 7-13.

Verhoef W. 1984. Light scattering by leaf layers with application to canopy reflectance modeling: The SAIL model. Remote Sensing of Environment, 16(2): 125-141.

Wagner W, Ullrich A, Ducic V, Melzer T, Studnicka N. 2006. Gaussian decomposition and calibration of a novel small-footprint full-waveform digitising airborne laser scanner. ISPRS Journal of Photogrammetry & Remote Sensing, 60(2): 100-112.

Wagner W, Ullrich A, Melzer T, Briese C, Kraus K. 2004. From single-pulse to full-waveform airborne Laser Scanners. Potential and practical challenges: 201-206.

Watson D J. 1947. Comparative physiological studies on the growth of field crops: I. variation in net assimilation rate and leaf area between species and varieties, and within and between years. Annals of Botany, 11(41): 41-76.

Weiss M, Baret F, Smith G J, Jonckheere I, Coppin P. 2004. Review of methods for in situ leaf area index (LAI) determination: Part II. Estimation of LAI, errors and sampling. Agricultural & Forest Meteorology, 121(1): 37-53.

Wilson J. 1963. Estimation of foliage denseness and foliage angle by inclined point quadrats. Australian Journal of Botany, 11(1): 95-105.

Woodhouse I H, Nichol C J, Sinclair P, Jack J, Morsdorf F, Malthus T J, Patenaude G. 2011. A multispectral canopy LiDAR demonstrator project. IEEE Geoscience & Remote Sensing Letters, 8(5): 839-843.

Zheng G, Moskal L M. 2012. Computational-geometry-based retrieval of effective leaf area index using terrestrial laser scanning. IEEE Transactions on Geoscience & Remote Sensing, 50(10): 3958-3969.

Bontemps S, Defourny P, Potere D, Tsendbazar L, Durieux L, 2011. Mapping biomes and erecosystems-in-one go: a Novel using respectral data fusion. Remote Sensing of Environment, 115(2):597-526

Thomas O C, Delucia E, Stohl M Jr, 1998. Using lidar data and f-logistica-heat segment or same or exploiration of canopy speots and fluxes over meteontopic terms. Canadan Journal of Mor...

Tucker A, Liang C, Law Z, 2010. A new prospective for open Journal of Geophysical Sea, Journal of Geophysical Research Atmosphere, 117(D2)

Walser A, de-cropo F populaltion, 2006. Journal of Geophysical Research Atmosphere, 117(D2)

Water S J, Nol C, Tasks hata C, Copp E, 2001. Scattr of crackees for insen leaf area index assimiltions..................................

Water J, 2005. Reception of foliage densecre and foliage atiple by mampele plant specuses. Actation Journal of Botany,...

Wu H, Ramakrishner S J, 2007. Staticel of bata e Munauture Values in Temperance of Vegetation.........................

第7章 土壤-植被水热参数多模式遥感协同反演

本章内容着重介绍土壤水分、地表温度、地表冻融状态、植被含水量等土壤-植被水热参数的遥感协同反演理论与方法。土壤-植被水热参数是整个地球系统中重要的陆表参数，对区域及全球的水循环、能量平衡以及碳循环等有着重要的作用。在 973 计划项目的支持下，课题组立足国际前沿，着重对这些参数的反演方法进行了探讨，尤其如何利用热红外遥感与被动微波遥感协同反演地表温度、土壤水分与冻融状态监测重点进行算法研究。本章节内容安排如下：7.1 节首先介绍热红外与微波辐射协同反演机制；7.2 节介绍土壤-植被水热参数遥感反演模型和方法；7.3 节着重介绍热红外遥感与微波协同反演地表温度、土壤水分和地表冻融状态监测的方法；7.4 节为小结。

7.1 热红外与微波辐射协同反演机制

7.1.1 热红外与被动微波遥感协同反演地表温度的物理机制

地表温度是全球和区域气候变化，以及地表与大气水分和能量交换的重要指示因子，广泛应用于天气预报、林火监测、资源勘探、极端灾害监测、水资源利用和城市气候监测等方面。特别是自 21 世纪以来，利用卫星遥感获取高精度、高时空分辨率的"全天候"地表温度一直是定量遥感研究领域的重点内容之一。然而，仅仅依靠单源遥感获取地表温度信息已无法满足越来越高的研究和应用需求。为获得高精度和高时空分辨的"全天候"地表温度，需要通过热红外与被动微波遥感协同反演地表温度。而其中，两种遥感源信息的物理机制差异和空间尺度差异是其协同反演地表温度中的难点。本章为解决这一重难点科学问题提供了有效的解决方法和相关遥感模型。

1. 热红外遥感反演地表温度的基本原理

卫星对地观测时，假定地面目标在热红外谱区为朗伯体，热红外传感器获取的热辐射可用辐射传输方程描述（Ottlé and Stoll，1993）：

$$L_\lambda = \varepsilon_\lambda \tau_\lambda B(\lambda, T_s) + (1 - \varepsilon_\lambda)\tau_\lambda L_\lambda^\downarrow + L_\lambda^\uparrow \qquad (7.1)$$

式中，λ 为波长；L_λ 为星上辐亮度；ε_λ 为地表发射率；$B(\lambda, T_s)$ 为地表温度为 T_s 时地表黑体辐亮度；$L_\lambda^\downarrow$、$L_\lambda^\uparrow$ 分别为大气下行辐射与上行辐射；τ_λ 为传感器观测路径上的大气透过率。式（7.1）中除 T_s 外，其余参数均为波长的函数。对于特定的热红外通道，可用其光谱响应函数将各参数转化为通道积分值：

$$L_i = \varepsilon_i \tau_i B_i(T_s) + (1 - \varepsilon_i)\tau_i L_i^\downarrow + L_i^\uparrow \qquad (7.2)$$

式中，i 代表热红外遥感传感器的通道。

式（7.1）、式（7.2）表明，利用热红外遥感数据反演地表温度，前提在于对大气参数（大气上行辐射、下行辐射与大气透过率）和地表发射率确定。上述参数确定后，地表温度可根据 Planck 函数的反函数求解：

$$B_i(T_s) = \frac{L_i - (1-\varepsilon_i)\tau_i L_i^\downarrow - L_i^\uparrow}{\varepsilon_i \tau_i} \tag{7.3}$$

$$T_s = \frac{hc}{\lambda_i k \ln\left[2hc^2 / (B_i(T_s)\lambda_i^5) + 1 \right]} \tag{7.4}$$

式中，h 为 Planck 常量（6.626×10^{-34} J/s）；k 为玻尔兹曼常量（1.3806×10^{-23} J/K）；c 为光速（2.998×10^8 m/s）；λ_i 为热红外通道的有效波长。

近 30 余年来，学术界围绕如何从热红外遥感数据反演地表温度开展了大量的工作，并建立了一系列算法，如适用于两个相邻热红外通道（如 AVHRR 的第 4、第 5 通道和 MODIS 的第 31、第 32 通道）并用于 MODIS 地表温度产品 MOD11_L2/MYD11_L2 生成的普适性分裂窗算法为（Wan and Dozier，1996）

$$T_s = C + \left(A_1 + A_2 \frac{1-\overline{\varepsilon}}{\overline{\varepsilon}} + A_3 \frac{\Delta\varepsilon}{\overline{\varepsilon}^2} \right)\frac{T_{11}+T_{12}}{2} + \left(B_1 + B_2 \frac{1-\overline{\varepsilon}}{\overline{\varepsilon}} + B_3 \frac{\Delta\varepsilon}{\overline{\varepsilon}^2} \right)\frac{T_{11}-T_{12}}{2} \tag{7.5}$$

式中，A_i、B_i、C 均为系数（i=1、2、3）；T_{11}、T_{12} 分别为 11μm、12μm 通道的星上亮温；$\overline{\varepsilon}$、$\Delta\varepsilon$ 分别为上述两个通道的发射率平均值和差值。

总体而言，针对热红外遥感数据的地表温度反演算法主要集中在以下几个方面：第一，对大气参数的简化，往往将地面站点的常规观测资料（如气温、大气水汽含量、水汽压等）与大气参数挂钩，以此减少辐射传输方程的未知数个数；第二，通过相邻通道部分参数之间的关系，减少未知数个数；第三，通过数值方法实现辐射传输方程的求解。

在热红外遥感中，气溶胶的散射及分子的吸收两种效应是主要的；当能见度小于 5km 时，所获得的遥感数据无法使用；同时，大气中的水汽与气溶胶形成的云也是遥感中的严重障碍（张仁华，2009）。因此，热红外遥感无法实现全天候观测，这是其在实际应用中的最主要的局限性。目前，基于热红外遥感反演地表温度的方法研究已较为成熟，学术界的研究重点已逐渐转向了地表温度产品生成、反演结果验证、时空尺度转换等（Guillevic et al.，2012；Zhou et al.，2012；Li et al.，2013；Zhan et al.，2013）。

2. 被动微波遥感反演地表温度的基本原理

实际上，对于被动微波遥感而言，描述地表-大气-传感器过程的辐射传输方程与热红外谱区的辐射传输方程是非常相似的。对于低频通道（频率 v<117GHz），描述温度与辐亮度的 Planck 方程可根据 Rayleigh-Jeans 近似：

$$B_v(T) = 2kT / \lambda^2 \tag{7.6}$$

因此，可将辐射传输方程中的辐亮度均由式（7.7）替换，得到由温度表示的被动微波通道的辐射传输方程（Wang and Manning，2003）。

$$\begin{aligned}
T_{bp}(v) &= T_a(v)(1-\mathrm{e}^{-\Gamma(v)}) \\
&+ \mathrm{e}^{-\Gamma(v)}\left[\varepsilon_p(v)T_s + (1-\varepsilon_p(v))T_a(v)(1-\mathrm{e}^{-\Gamma(v)}) \right] \\
&+ (1-\varepsilon_p(v))T_{CB}\mathrm{e}^{-2\Gamma(v)}
\end{aligned} \tag{7.7}$$

式中，p 表示极化类型，如水平极化和垂直极化；T_{bp} 为被动微波传感器观测所得的亮温；T_a 为大气有效温度；$\Gamma(v)$ 为光学厚度，$e^{-\Gamma(v)}$ 为大气透过率，$1-e^{-\Gamma(v)}$ 为大气发射率；T_{CB} 为宇宙背景辐射亮温。

研究表明，T_{CB} 在 2.75K 左右，加之地表反射、大气透过率对其的衰减作用，故宇宙背景辐射对被动微波传感器观测信息的贡献可以忽略。此时，被动微波通道的辐射传输方程可表示为

$$T_{bp}(v) = T_a(v)(1-e^{-\Gamma(v)}) + e^{-\Gamma(v)}\left[\varepsilon_p(v)T_s + (1-\varepsilon_p(v))T_a(v)(1-e^{-\Gamma(v)})\right] \quad (7.8)$$

地表温度的解析式为

$$T_s = \frac{T_{bp}(v) - T_a(v)(1-e^{-\Gamma(v)}) - e^{-\Gamma(v)}(1-\varepsilon_p(v))T_a(v)(1-e^{-\Gamma(v)})}{e^{-\Gamma(v)}\varepsilon_p(v)} \quad (7.9)$$

式（7.8）和式（7.9）表明，从被动微波遥感数据反演地表温度与热红外遥感类似，也是一个病态反演问题。反演地表温度，前提在于确定大气透过率、大气有效温度（与大气上行辐射、下行辐射紧密联系）和地表发射率。对于低频通道如 AMSR-E 的 6.9GHz、10.7GHz，大气的影响基本可以忽略，故式（7.9）可简化为式（7.10）。随频率增加，大气影响增强，地表温度的反演中需考虑大气影响。

$$T_s = \frac{T_{bp}(v)}{\varepsilon_p(v)} \quad (7.10)$$

对被动微波遥感而言，主要的大气影响来源于大气成分（主要是氧气和大气水汽）、云与雨区中的水滴。一方面，在晴朗的天气条件下，频率低于 15GHz 的通道所受的大气影响很小，频率低于 10GHz 的通道所受的大气影响可忽略。另一方面，云与雨区中的水滴对被动微波遥感的影响则较大。

除大气影响外，从被动微波遥感反演地表温度的另外一个难点在于获得同一频率和同一极化通道的地表发射率。被动微波遥感通道的地表发射率受地表介电常数决定，受多种因素的综合影响，包括植被类型、植被含水量、土壤类型、土壤含水量、小尺度与大尺度的粗糙度、植被覆盖导致的体散射等（Ruston and Vonder Haar，2004）。被动微波遥感地表发射率的确定，本身是一项非常困难的工作。因此，目前针对被动微波遥感的地表温度反演模型绝大部分以经验和半经验模型为主（陈修治等，2010）。需要注意的是，由于被动微波遥感传感器在不同频率、不同极化通道观测获得的能量来源于一定深度，而这种深度往往具有很大的不确定性，这使得通过半经验/经验算法获得的被动微波遥感地表温度的物理意义是模糊不清的，甚至获得的温度是否为真正意义上的"地表温度"尚存在较大疑问。

3. 热红外与被动微波遥感地表温度的物理意义协同

1）热采样深度

对于被动微波遥感，有三种重要的"深度"，即热采样深度（thermal sampling depth，TSD）、皮肤深度（skin depth，SD）和穿透深度（penetration depth，PD）。其中，为被动微波遥感传感器提供绝大部分可观测的微波辐射信息的深度，被定义为热采样深度，

其大小一般是波长的数十倍；电磁波幅度衰减到 $1/e$ 的深度被定义为皮肤深度；电磁波强度或能量衰减到 $1/e$ 的深度被定义为穿透深度。较之于其他两种深度，对于热采样深度的研究相对成熟，理论更加深入。

Wilheit（1978）最先给出了热采样深度的概念：在一个可分层处理的辐射源介质中，热辐射来源的深度被定义为热采样深度。热采样深度 δ_T 的定义式由下式给出：

$$\delta_T = \frac{\sum x_i f_i}{\sum f_i} \tag{7.11}$$

式中，x_i 是第 i 层的介质厚度；f_i 是第 i 层介质的辐射加权函数。

若该介质是各向同性的，那么 δ_T 可以由下式给出：

$$\delta_T = \frac{\lambda}{4\pi \operatorname{Im}(n)} \tag{7.12}$$

式中，λ 为特定辐射电磁波的波长；n 为该介质的电磁波折射系数，它通常为一复数，其大小与介质的介电常数及磁导率有关。

Schmugge（1983）通过实验模拟得知，对于波长为 21cm 的电磁波，其热采样深度在重量水含量为 20%~30% 的土壤层中为 2~5cm。

实际上，介电常数以及磁导率等参数在实际中通常难以大量精确地获取，使得热采样深度的精确确定变得困难，从而使得关于热采样深度估算的物理模型研究从 20 世纪 80 年代开始停滞不前，鲜有进展。

Zhang 等（2012）利用铝板和土壤在被动微波辐射计视场中的亮温之间存在较大差异这一特性，在试验中逐步增大平铺在铝板上的土壤层厚度，直到观察到被动微波辐射计视场中铝板的辐射恰好被土壤层的辐射所覆盖为止，确定了一种针对土壤层的热采样深度估算的经验统计模型：

$$\delta_T = A \cdot sm^B \tag{7.13}$$

式中，sm 为土壤的体积含水量；A 和 B 为经验系数，该系数与土壤类型、土壤层的平均温度及观测的电磁波频率相关。试验验证结果表明，对于砂土和壤土土壤层，该模型得到的热采样深度的均方根误差分别为 2.19cm 和 3.37cm。

Zhou 等（2016）在假定被动微波在土壤层中的传播过程为理想的一次散射模式的基础上，通过仿真数据，研究热采样深度与土壤湿度和微波传感器噪声等效温差之间的关系，并发展了一种估算被动微波热采样深度的半经验模型：

$$\delta_T = (-0.153\ln(\Delta T) + 0.8474)(4.4816 f^{-1} sm^{-0.601}) - 0.021\ln(\Delta T) + 0.0612 \tag{7.14}$$

式中，ΔT 为微波传感器的噪声等效温差；f 为传感器观测频率。

2）基于热采样深度的被动微波有效温度向热红外地表温度的转换

A. 方法介绍

在总结前人研究成果的基础上，Zhou 等（2017）构建了融入被动微波热采样深度的，由被动微波有效温度向热红外有效温度转换的物理模型，其建模示意图如图 7.1 所示。该模型的核心主要有两个：被动微波辐射平衡方程和简化的一维土壤热传导方程。其中，被动微波辐射平衡方程用下式描述：

$$fE_{\mathrm{e}} = \int_0^{\delta_T} E(z)a(z)\mathrm{d}z \qquad (7.15)$$

式中，f 为衰减率，这里认为其为一常数；E_{e} 为土壤层的平均辐射通量，可以通过被动微波有效温度计算得到；$E(z)$ 是土壤层深度为 z 处的辐射通量；$a(z)$ 称为贡献率密度函数，表征在 z 深度处的辐射通量占土壤层出射到地表的总辐射通量的比例，可用一简单形式的减函数描述；热采样深度由 Zhang 等（2012）的模型得到。需要说明的是，有别于传统的辐射平衡方程，这里构建的被动微波辐射平衡方程的核心在于用微元的思想，将不同深度的介质层的辐射输出对传感器的贡献进行分割。简化的一维土壤热传导方程表达式为

$$T(z, t_{\mathrm{d}}) = T_{\mathrm{ave}} + A_0 \exp\left(-\frac{z}{D}\right)\sin\left(\omega_{\mathrm{d}}t_{\mathrm{d}} - \frac{z}{D} + \psi\right) \qquad (7.16)$$

式中，t_{d} 为一年当中的天次，$T(z, t_{\mathrm{d}})$ 是第 t_{d} 天时，土壤深度为 z 处的温度；T_{ave} 是土壤表层温度（对裸土区域即为地表温度）的年均温；A_0 是土壤表层温度的年振幅；D 是衰减深度；ω_{d} 是土壤温度年变化的角频率，在数值上等于 $2\pi/365$；ψ 是土壤温度年变化的初始相位，并认为是一常数。

通过以上理论，对于裸土地区，由被动微波有效温度转换而来的地表温度可以由式（7.17）得到：

$$T_{\mathrm{s}}(t_{\mathrm{d}}) = T(z_{\mathrm{RD}}, t_{\mathrm{d}}) - A_0 \sin(\omega_{\mathrm{d}}t_{\mathrm{d}} + \psi) - A_0 \exp\left(-\frac{z_{\mathrm{RD}}(t_{\mathrm{d}})}{D}\right)\sin\left(\omega_{\mathrm{d}}t_{\mathrm{d}} - \frac{z_{\mathrm{RD}}(t_{\mathrm{d}})}{D} + \psi\right) \qquad (7.17)$$

式中，z_{RD} 称为代表深度，可由式（7.15）、式（7.16）两式联立并结合积分中值定理求得。z_{RD} 是该模型中的重要中间参数，如图 7.1 所示，通过贡献函数及土壤热传导理论，它将微波有效温度这一含有介质深度信息的，物理意义模糊的温度与介质特定深度处的温度联结起来，因此是实现微波有效温度与热红外肤面温度物理意义统一的关键所在。

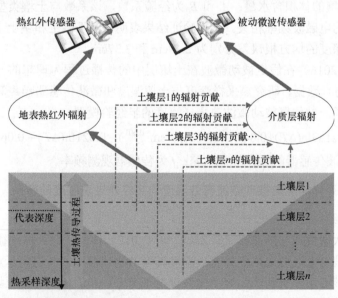

图 7.1　考虑热采样深度的微波有效温度向热红外地表温度转换模型原理示意图（Zhou et al.，2017）

B. 方法应用

将该方法应用于中国西北地区及非洲纳米比亚两个典型的裸土研究区，实现 AMSR-E 6.9GHz 通道的有效温度向 MODIS 地表温度的转换。与地面同步实测数据的验证结果表明：经该方法转换后的地表温度的精度可达到 2.0~3.5K。如图 7.2 所示，在非晴空条件下，受到云的影响，MODIS 无法提供完整地表温度信息，而经该方法转换后的 AMSR-E 地表温度几乎不存在系统偏差，能与 MODIS 地表温度产品保持良好的时空一致性，因而其能够作为可靠的数据补充。

如图 7.3 所示，AMSR-E 在全年能够提供比 MODIS 多 30%~50%的有效观测，从而进一步为被动微波与热红外遥感联合观测获取全天候的地表温度提供了强有力支持。

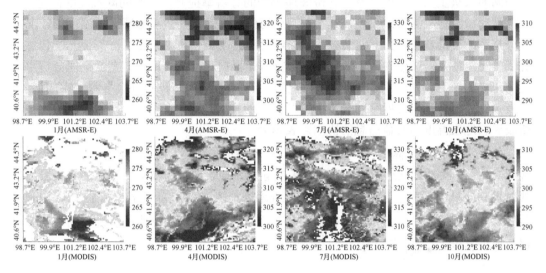

图 7.2 中国西北地区 2008 年 1 月、4 月、7 月、10 月每月第 15 天转换后的 AMSR-E 地表温度（空间分辨率 0.25°）与同步 MODIS 地表温度产品（空间分辨率 5.6km）对比

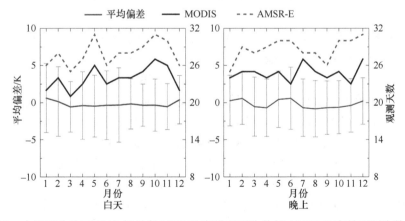

图 7.3 中国西北地区 2008 年月度 MODIS 有效观测次数与 AMSR-E 有效观测次数对比

综上所述，该方法着眼于热采样深度这一导致被动微波遥感地表温度物理意义模糊不清的根本原因，从微元分割热采样深度区间内介质的辐射通量对传感器的贡献角度出发，构建针对被动微波的辐射平衡方程，并结合垂直维度上的土壤热传导理论，将"具

有深度"的,意义不明确的被动微波有效温度定量转换成为具有明确深度的介质层温度上来,进而实现与热红外肤面温度在物理意义上的统一,实现了两者在机理上的协同。

7.1.2 热红外与被动微波遥感协同反演地表温度的空间尺度转换

除温度形成的机理存在差异之外,与热红外相比,目前被动微波遥感影像空间分辨率很低,仅适用于大陆与全球尺度研究,无法满足干旱监测、生态系统建模、气候变化分析等区域尺度上的实际需求,距离区域尺度的应用需求尚存在较大差距,更难以在空间尺度上满足与热红外遥感地表温度联合应用的要求。因此,热红外与被动微波遥感协同反演地表温度的研究中,需要将被动微波地表温度的空间尺度转换到与热红外遥感影像相同的量级上来。这就涉及被动微波遥感空间分辨率提升,即空间降尺度的问题。

被动微波地表温度降尺度,依赖于低空间分辨率的被动微波遥感地表温度和较高空间分辨率的辅助参数。其中辅助参数除热红外遥感观测信息外,还可有其他光学传感器提供的观测信息及衍生参数、地理信息数据等。根据尺度推演原理,在低空间分辨率尺度上建立的映射关系,可以推演至较高空间分辨率;同时,尺度推演会导致一定的误差。参考热红外遥感地表温度空间分辨率提升模型的相关理论,在空间分辨率提升中,被动微波遥感地表温度与其他信息的协同可表示为

$$T_{\text{sPW}} = g(\rho) = g(\rho_1, \rho_2, \rho_3, \cdots) = g(T_{\text{sTIR}}, \text{VI}, f_v, \varepsilon, \cdots) \tag{7.18}$$

式中,T_{sPW} 为被动微波遥感地表温度;函数 g 表示地表参数与被动微波遥感地表温度的映射机制;ρ_i 为地表参数,可能包含热红外遥感地表温度 T_{sTIR}、植被指数 VI、植被覆盖度 f_v、发射率 ε 等。获得函数 g 的显式或隐式表达后,空间分辨率提升后的被动微波遥感地表温度 $\hat{T}_{\text{sPW-high}}$ 表示为

$$\hat{T}_{\text{sPW-high}} = g(\rho_{\text{high}}) + \Delta \hat{T}_{\text{sPW-low}} \tag{7.19}$$

式中,ρ_{high} 为提升后空间分辨率尺度的地表参数集合;$\Delta \hat{T}_{\text{sPW-low}}$ 为原始空间分辨率尺度上的预报误差。

目前,学者们通常将被动微波地表温度的降尺度方法融入被动微波和热红外地表温度的空间尺度协同过程当中。Duan 等(2015)以归一化植被指数作为降尺度因子,根据归一化植被指数将中国大陆分为四类地表覆盖类型,对于每种地表覆盖类型建立低分辨率下归一化植被指数与 AMSR-2 地表温度之间的回归关系,并将该关系回代到高分辨率的归一化植被指数中,生成降尺度后的 AMSR-2 地表温度,与 MODIS 地表温度对比的结果表明,该方法的精度为 2~4 K;Shwetha 和 Nagesh Kumar(2016)则是通过神经网络方法,将微波极化差异指数,植被指数,经纬度等因子与地表温度在原始分辨率上建立的关系代入到目标空间分辨率上,得到降尺度后的 AMSR-E 地表温度,验证结果表明,该方法的精度为 1.8~4.3 K;Kou 等(2016)通过贝叶斯熵最大化的方法实现低分辨率 AMSR-E 的地表温度同高分辨率 MODIS 地表温度的融合,不过由该方法得到的高分辨率集成地表温度影像在异质性下垫面容易出现斑块效应;Parinussa 等(2016)利用 AMSR-2 的 37GHz 垂直极化通道亮温对 1km 的 MODIS 像元逐个归回的方法得到了降尺度后的 AMSR-2 地表温度,该方法思路简单,可操作性强,但是单通道降尺度结果的精度取决于归回的样本量以及该通道亮温与真实地表温度的吻合度,具有较大的不确定

性；Duan 等（2017）通过地表温度与海拔存在的线性关系，引入高分辨率高程数据，同时结合 AMSR-E 像元中有效 1km MODIS 像元所占的比例，生成融合了两种传感器地表温度信息的，全天候的 1km 地表温度，验证结果表明，该方法的精度在非裸土地区达到 2 K，在裸土地区约为 4 K。

与热红外遥感类似的，被动微波遥感地表温度空间降尺度研究提升面临着最优地表参数（集合）、回归窗口等确定的困难。同时，由于被动微波辐射可能来源于一定深度（与地表覆盖类型、土壤湿度等密切相关），其地表温度空间分辨率提升对于最优地表参数（集合）等存在特殊要求。如何能够从机理和本质上理解地表温度变化与空间尺度的关系，将是该领域未来发展的关键。

7.1.3 面向微波遥感土壤水分反演的热红外遥感机制

土壤和植被等地物的热红外遥感电磁波来自于仅几个微米厚的肤面，因此热红外遥感反演具有应用价值的土壤水分信息的机制是以时间过程肤面信息构成的热惯量作为信息转换桥梁。长期许多学者在热红外遥感中的实践表明，对于裸土，热惯量可以表达 50~80cm 深度的平均土壤水含量（Kahle，1977；Price，1985；Watson，1973；Xue and Cracknell，1995；Price，1977； Zhang，1992；Sun et al.，2000；Verhoef，2004；Doninck et al.，2011；Murray and Verhoef，2007）。Zhang（1980）在第十四届国际环境遥感会议上发表的论文中反演了约 60cm 土壤厚度的平均土壤水分含量。在此讨论面向微波遥感土壤水分反演的热红外遥感机制，有两个科学问题需要探讨：①微波遥感的像元空间尺度很大，在微波遥感像元中含有植被的概率比热红外遥像元更大，在裸土和植被混合的像元中反演土壤水分，植被的伪热惯量如何转换为裸土热惯量？微波遥感与热红外遥感具有同样需求。②微波遥感反演土壤水分具有一定的深度，而热惯量反演土壤水分也有一定深度，然而两者不匹配，如何获取土壤水分的垂直分布廓线而不是 50~80cm 深度的平均土壤水分含量？

1. 土壤热惯量和植被伪热惯量转换机制分析和转换模型的构建

1）土壤热惯量和植被伪热惯量的转换机制

运用像元排序对比（PCACA）算法（Zhang et al.，2005，2008；Su et al.，2011；Mi et al.，2015）进行混合像元温度分解，得到裸土表面温度和纯植被冠层表面温度，运用分层能量切割算法（Zhang et al.，2005，2008），分别获取土壤表面的 R_{NS}、LE_S、H_S、T_{S2} 和植被冠层表面的 R_{VN}、LE_V、H_V、T_{V1}、T_{V2}。裸露土壤绝对干点的简化热惯量 P_{SD} 表达式为

$$P_{SD} = \frac{\overline{R}_{NSD}(t_2 - t_1)}{\sqrt{t_2 - t_1}(T_{SD2} - T_{SD1})} = \frac{\overline{R}_{NSD}\sqrt{t_2 - t_1}}{T_{SD2} - T_{SD1}} \tag{7.20}$$

式中，P_{SD}、T_{SD1}、T_{SD2}、$\overline{R}_{NSD}$、t_1、t_2 分别为土壤绝对干点的简化热惯量、热驱动起始时间的土壤表面温度、热驱动截至时间的土壤表面温度、热驱动时间内的平均净辐射通量、热驱动起始时间、热驱动截至时间。注意，实际上 P_{SD} 就是土壤母质的热惯量。裸露土壤的绝对湿点的简化热惯量表达式为

$$P_{SW} = \frac{\bar{R}_{NSW}\sqrt{t_2 - t_1}}{T_{SW2} - T_{SW1}} \qquad (7.21)$$

式中，P_{SW}、T_{SW1}、T_{SW2}、$\bar{R}_{NSW}$、t_1、t_2 分别为土壤绝对湿点的简化热惯量、热驱动起始时间的土壤表面温度、热驱动截至时间的土壤表面温度、热驱动时间内的平均净辐射通量、热驱动起始时间、热驱动截至时间。

假设土壤干点与湿点具有相同土壤质地，并且 P_{SW} 就是土壤母质的热惯量加上土壤水分的热惯量。因此 $P_{SW}V_{SW} = P_{SD}V_{SD} + P_WV_W$，$V_{SW} = V_{SD} + V_W$，$V_{SW}$、$V_{SD}$ 和 V_W 分别为湿土体积、干土体积和水分体积。P_{SD} 就是土壤水分为凋萎系数时的热惯量，P_{SW} 就是土壤水分为田间持水量时的热惯量。两者的体积加权差值 P_W 就是包含在土壤层中水分的热惯量。

对于植被，将土壤的简化热惯量机理"强加"到植被冠层，有

$$P_{VD} = \frac{\bar{R}_{NVD}\sqrt{t_2 - t_1}}{T_{VD2} - T_{VD1}} \qquad (7.22)$$

式中，P_{VD}、T_{VD1}、T_{VD2}、$\bar{R}_{NVD}$、t_1、t_2 分别为完全覆盖植被绝对干点的伪热惯量、热驱动起始时间的植被表面温度、热驱动截至时间的植被表面温度、热驱动时间内的平均净辐射通量、热驱动起始时间、热驱动截至时间。

与土壤的情况类似，P_{VD} 就是植被下土壤水分为凋萎系数时的伪热惯量。完全覆盖植被的绝对湿点的伪表观热惯量表达式为

$$P_{VW} = \frac{\bar{R}_{NVW}\sqrt{t_2 - t_1}}{T_{VW2} - T_{VW1}} \qquad (7.23)$$

式中，P_{VW}、T_{VW1}、T_{VW2}、$\bar{R}_{NVW}$、t_1、t_2 分别为完全覆盖植被绝对湿点的伪热惯量、热驱动起始时间的土壤表面温度、热驱动截至时间的土壤表面温度、热驱动时间内的平均净辐射通量、热驱动起始时间、热驱动截至时间。

同样，P_{VW} 是植被下土壤水分为田间持水量时的土壤热惯量，也是干土热惯量加上土壤水分的热惯量。式（7.20）~式（7.23）需要的 T_{SD1}、T_{SW1}、T_{VD1}、T_{VW1} 将采用在日出前地表净辐射通量为零和接近零的时刻各种地物的表面温度近似相等的规律获取（水体除外）。

在此引入土壤和植被的归一化热惯量概念。对于裸露土壤，介于田间持水量与凋萎系数之间的具有不同土壤水分的热惯量为 P_S，与裸露土壤绝对干点热惯量 P_{SD} 及绝对湿点的热惯量 P_{SW} 作归一化处理，得到裸露土壤不同土壤水分归一化热惯量（normalized difference false thermal inertia，NDSTI），P_S'。

$$NDSTI = P_S' = \frac{P_S - P_{SD}}{P_{SW} - P_{SD}} \qquad (7.24)$$

在此值得指出，热驱动由土壤热通量 G 变为净辐射热通量 R_N，其表面温度的变化幅度相差一个线性转换函数。然而，在求归一化热惯量时，线性转换函数已经被分子与分母相约而抵消掉，因此对于计算归一化热惯量，不同热驱动的热惯量所得到的归一化热惯量是相等的。

同样，对于完全覆盖植被层，在具有不同土壤水分含量的伪热惯量 P_V，与完全覆盖植被层的绝对干点伪热惯量 P_{VD} 及绝对湿点的伪热惯量 P_{VW} 作归一化处理，得到完全覆盖植被下不同土壤水分的伪热惯量归一化热惯量 NDVFTI（normalized difference vegetation false thermal inertia）即 P_V'：

$$\text{NDVFTI} = P_V' = \frac{P_V - P_{VD}}{P_{VW} - P_{VD}} \tag{7.25}$$

运用 PCACA 原理，以实际土壤含水量减去它在凋萎系数的土壤含水量的差值与相同土壤质地的田间持水量减去凋萎系数的差值的比值为相对土壤湿度，也称土壤湿度。田间持水量时土壤湿度为 100%，凋萎系数时土壤湿度为 0%。

以相同的思路分析归一化热惯量与相对土壤湿度之间的关系。对于相同土壤质地，土壤水分含量达到田间持水量时，土壤将有最大热惯量；土壤水分含量达到凋萎系数时，土壤将有最小热惯量。将实际土壤热惯量减去它在凋萎系数时的最小热惯量的差值除以相同土壤质地的田间持水量时的最大热惯量减去在凋萎系数时的最小热惯量的差值为归一化热惯量。田间持水量时土壤归一化热惯量为 100%，凋萎系数时土壤归一化热惯量为 0%。

对于植被覆盖，同理可推，田间持水量时植被归一化伪热惯量为 100%，凋萎系数时植被归一化伪热惯量为 0%。根据上述分析得到如下重要关系式：

$$P_S' = \frac{P_S - P_{SD}}{P_{SW} - P_{SD}} = \frac{\omega_s - \omega_{sd}}{\omega_{sw} - \omega_{sd}} = P_V' = \frac{P_V - P_{VD}}{P_{VW} - P_{VD}} \tag{7.26}$$

式中，ω_{sw}、ω_{sd}、ω_s 分别表达田间持水量、凋萎系数和介于前两者之间的实际观测到的土壤水分含量。$\theta = \dfrac{\omega_s - \omega_{sd}}{\omega_{sw} - \omega_{sd}}$，$\theta$ 为土壤湿度（Zhang et al.，2016a）。

上述规律成立的前提是，每个像元中植被之间的土壤湿度和植被根系下的土壤湿度是相等的，即两者是共源的；由于假设每个像元的土壤质地相同，因此有其相同的土壤田间持水量和凋萎系数。在此前提下式（7.26）表达两条规律：①土壤归一化热惯量与植被伪归一化热惯量在表达土壤相对湿度是量值完全一样的。②在推求土壤归一化热惯量过程中，土壤归一化热惯量与热驱动无关。同理，推求植被归一化伪热惯量过程中，归一化伪热惯量也与热驱动无关。这两条规律将大大简化表达土壤湿度的热惯量计算。

在二层蒸散模型的梯形框架中（PCACA），绝对干线和绝对湿线是其中两个极值，干线与湿线之间的像元点存在不同的土壤水分等值线。在绝对干线上，不同植被覆盖率下面的土壤水分具有相同的并且等于凋萎系数的土壤水分含量；在绝对湿线上，不同植被覆盖率下面的土壤水分也具有相同的并且等于田间持水量的土壤水分含量。同理，在非极端值的不同土壤水分等值线上，不同植被覆盖率下面的土壤水分也具有相同的土壤水分含量。

在此严谨提出真伪热惯量转换的普适表达式，也就是对于某个像元而言，在植被下土壤水分与植被之间土壤的土壤水分并不一定相等的普适条件下，真伪归一化热惯量的转换表达式如下：

$$P_{Si} = \psi_i \frac{P_{Vi} - P_{VD}}{P_{VW} - P_{VD}}(P_{SW} - P_{SD}) + P_{SD}$$

$$\psi_i = \frac{(P_{Si} - P_{SD})}{(P_{SW} - P_{SD})} \frac{(P_{VW} - P_{VD})}{(P_{Vi} - P_{VD})} \qquad (7.27)$$

$$P_{Vi} = \psi_i^{-1} \frac{P_{Si} - P_{SD}}{P_{SW} - P_{SD}}(P_{VW} - P_{VD}) + P_{VD}$$

式中，ψ_i 为在梯形图中第 i 个像元的归一化土壤热惯量与植被的归一化伪热惯量之间的比值，也就是两者相对湿度的比值，也是真伪热惯量转换的核心参数。表达了植被下的土壤水分与植被之间土壤的土壤水分关系可以不一致的普适规律。在黑河流域的实践指出，植被下与裸土的土壤湿度不同源的场合占多数，ψ_i 大多数场合不等于 1（Zhang et al.，2016a）。

2）真伪热惯量的转换模型的实践应用

验证数据选择华北平原中部地区，2011 年第 99 天（4 月 1 日）、第 111 天（4 月 13 日）和第 124 天（4 月 26 日）作为数据源，其结果见图 7.4~图 7.6（张仁华，2016）。

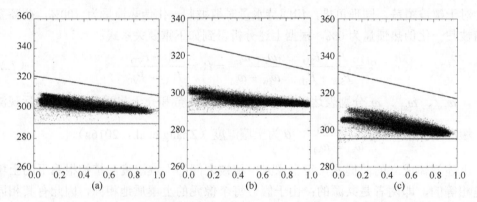

图 7.4 中国华北地区 2011 年第 99 天（a）、第 111 天（b）、第 124 天（c）三天相同幅场景的 MODIS 像元尺度地表温度（K，纵坐标）与植被覆盖率（%，横坐标）的散点图
每个图中上线为绝对干线，下线为绝对湿线

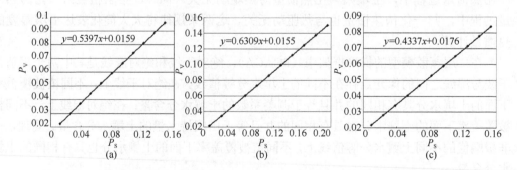

图 7.5 华北地区 2011 年第 99 天（a）、第 111 天（b）、第 124 天（c）三天全植被覆盖像元的伪热惯量 P_V 转换为裸土像元的真热惯量 P_S 的线性方程分别为 $P_V = 0.5397P_S + 0.0159$，$P_V = 0.6309P_S + 0.0155$，$P_V = 0.4337P_S + 0.0176$

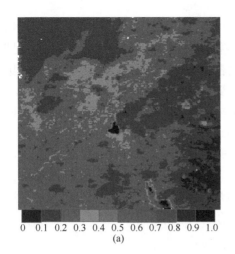 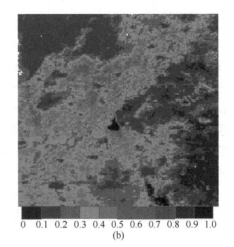

0 0.1 0.2 0.3 0.4 0.5 0.6 0.7 0.8 0.9 1.0
(a)

0 0.1 0.2 0.3 0.4 0.5 0.6 0.7 0.8 0.9 1.0
(b)

图 7.6　中国华北地区某天以真伪热惯量转换模型纠正前后土壤湿度反演值的对比
(a) 未纠正前的土壤湿度分布（%）；(b) 纠正后的土壤湿度分布（%）

3）结论

目前定量热红外遥感中，普遍存在以土壤热惯量（真热惯量）模型反演土壤与植被混合像元的土壤水分。从图 7.4~图 7.6 中可以看出表达相同土壤水分含量，植被伪热惯量和土壤真热惯量的比值为 0.43~0.63。由此可见，不经过真伪热惯量模型的转换，反演土壤水分的精度是不可接受的。这也表达了真伪热惯量转换模型的实际应用价值和前景。

2. 面向微波遥感穿透深度的土壤水分热红外遥感的机制和方法

1）基于差分热惯量获取土壤水分垂直廓线的机制

一种获取土壤水分垂直廓线方法思路是先通过热传导方程获取土壤温度廓线，然后转换为土壤热通量廓线（Verhoef，2004；Murray and Verhoef，2007）和土壤热惯量廓线。由于差分热传导方程求解中土壤体积热容量和导热率是未知数，需要实验和先验知识的支持。现在讨论的是跳过上述先反演土壤温度垂直廓线的步骤，直接根据差分热惯量获取土壤湿度廓线。

实验表明，从零土壤热通量到日最大土壤热通量值时的热惯量能够表达 50~80cm 的土壤水分信息，这土层的下边界涉及一个重要土壤深度的内涵，就是土壤温度日不变的深度（张仁华，2009）。它表达了在一天中下向土壤热通量就传输到这一深度为止。过此时刻，土壤热通量就改变方向而向上输送了。土壤热通量的来源当然是太阳辐射通量，从日出开始，随着土壤热通量的由小变大，土壤热通量输送到的深度由浅入深，每输送到一个深度，此深度的土壤温度变化开始转折，称其为土壤温度变化转折深度，转折深度是由浅变深，到土壤热通量最大时，此土壤温度变化转折深度就成为土壤温度日不变深度。

实验是科学创新的源泉，据此，我们制作了一个高为 0.85m、长宽均为 1m 的双层水平绝热的蒸渗仪。设计观测从土壤饱和状态开始。自 2015 年 9 月 11 日至 12 月期间，土壤水分从饱和状态逐渐变干，并且为了不受外来降水的影响，在雨天用不透水油布覆盖土面。从 2016 年 1 月 1 日至今保持自然降水状态，已经积累了近两年观测数据。2015 年 9 月 19 日的天气晴朗，根据这天上午升温阶段的实际土壤温度廓线数据：见图 7.7，从日出的 6：02 到 7：02，这段时间内在地表土壤热通量驱动下能够使表面温度升高的幅度，表达了这时的土壤温度变化转折深度到土壤表面这一层的热惯量。同理，从日出的 6：02 到 8：02，这段时间内在地表土壤热通量驱动下能够使表面温度升高的幅度，表达了这时的土壤温度变化转折深度到表面这一层的热惯量，其中包含了上一层的土壤热惯量。以此类推，从日出的 6：02 一直到最高地表温度出现的 12：02，这段时间内由地表土壤热通量驱动的地表温度升高的幅度，表达了这时从土壤温度日不变深度至表面这一层的热惯量，其中包括以上 n 层的热惯量。不言而喻，随着差分时段的逐渐变小，上述试验数据可以扩展到变小差分时段的 n 层。

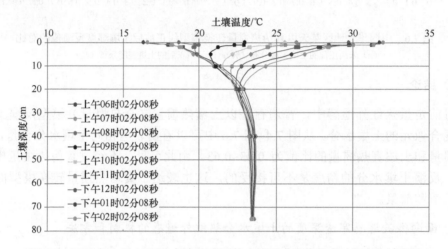

图 7.7　2015 年 9 月 19 日上午实际观测的土壤温度廓线的多时相变化过程图

根据上述热惯量以其表达的深度的论述，则有表达式：

$$P^{0\sim1} = \frac{[G_0^0(z) + G_0^1(z)]\sqrt{\Delta t^{0\sim1}}}{2(T_0^1 - T_0^0)}$$

$$P^{0\sim2} = \frac{[G_0^0(z) + G_0^2(z)]\sqrt{\Delta t^{0\sim2}}}{2(T_0^2 - T_0^0)}$$

$$P^{0\sim3} = \frac{[G_0^0(z) + G_0^3(z)]\sqrt{\Delta t^{0\sim3}}}{2(T_0^3 - T_0^0)}$$

$$P^{0\sim n} = \frac{[G_0^0(z) + G_0^n(z)]\sqrt{\Delta t^{0\sim n}}}{2(T_0^n - T_0^0)}, \quad n = 1,2,3,4,5,\cdots,n$$

(7.28)

式中的所有变量的上标表示时相，下标表示土壤层次。为了对应清楚，时相与层次的序号均以 n 表示。G_0^0、G_0^1、G_0^2、G_0^3、G_0^n 分别为地气能量交换界面的土壤表面各时相节点的土壤热通量；T_0^0、T_0^1、T_0^2、T_0^3、T_0^n 分别为地气能量交换界面的土壤表面各时相节点的地表温度；$\Delta t^{0\sim1}$、$\Delta t^{0\sim2}$、$\Delta t^{0\sim2}$、$\Delta t^{0\sim n}$ 分别为各时相节点时间的土壤热通量驱动时间；$P^{0\sim1}$、$P^{0\sim2}$、$P^{0\sim3}$、$P^{0\sim n}$ 分别为从土壤热通量为零逐渐变大的各个时相的热惯量，最后的 $P^{0\sim n}$ 就是土壤热通量最大值时的热惯量。土壤热通量最大值到达的土壤深度就是土壤温度日不变深度。

假设每层热惯量从时相 n 到 $n+1$ 时相保持不变，并每层的热惯量之和服从其体积加权。根据热惯量的体积加权原理，每层土壤热惯量如式（7.29），式中，$V_{0\sim 1}$、$V_{0\sim 2}$、$V_{0\sim 3}$、$V_{0\sim n}$ 分别为从零土壤热通量到最大值之间的各个时相所对应的土柱体积，也就是土壤表面到各时相的土壤温度转折深度之间的土柱体积，对应于热惯量 $P^{0\sim 1}$、$P^{0\sim 2}$、$P^{0\sim 3}$、$P^{0\sim n}$ 各时相。$V_{0\sim 1}$、$V_{1\sim 2}$、$V_{2\sim 3}$、$V_{(n-1)\sim n}$ 分别为第 1，2，3，$\cdots$，n 层土柱体积，也对应于第 1，2，3，$\cdots$，n 各层土壤的热惯量 $P_{0\sim 1}$、$P_{1\sim 2}$、$P_{2\sim 3}$、$P_{(n-1)\sim n}$。

$$P_{0\sim 1} = \frac{V_{0\sim 1}}{V_{0\sim 1}} P^{0\sim 1} = P^{0\sim 1}$$

$$P_{1\sim 2} = \frac{1}{V_{1\sim 2}} (V_{0\sim 2} P^{0\sim 2} - V_{0\sim 1} P^{0\sim 1})$$

$$P_{2\sim 3} = \frac{1}{V_{2\sim 3}} (V_{0\sim 3} P^{0\sim 3} - V_{0\sim 2} P^{0\sim 2})$$

$$P_{(n-1)\sim n} = \frac{1}{V_{(n-1)\sim n}} \left[V_{0\sim n} P^{0\sim n} - V_{0\sim(n-1)} P^{0\sim(n-1)} \right]$$

（7.29）

由于体积 V 等于受土壤热通量驱动的横截面积 S 乘以土柱厚度 Δz，$V = \Delta z \times S$，具体到 $(n-1)\sim n$ 这层，为 $V_{(n-1)\sim n} = \Delta z_{(n-1)\sim n} \times S$。因此，式（7.29）的横截面积 S 被抵消，转换为以下表达式：

$$P_{0\sim 1} = \frac{\Delta z_{0\sim 1}}{\Delta z_{0\sim 1}} P^{0\sim 1} = P^{0\sim 1}$$

$$P_{1\sim 2} = \frac{1}{\Delta z_{1\sim 2}} (\Delta z_{0\sim 2} P^{0\sim 2} - \Delta z_{0\sim 1} P^{0\sim 1})$$

$$P_{2\sim 3} = \frac{1}{\Delta z_{2\sim 3}} (\Delta z_{0\sim 3} P^{0\sim 3} - \Delta z_{0\sim 2} P^{0\sim 2})$$

$$P_{(n-1)\sim n} = \frac{1}{\Delta z_{(n-1)\sim n}} (\Delta z_{0\sim n} P^{0\sim n} - \Delta z_{0\sim(n-1)} p^{0\sim(n-1)})$$

（7.30）

式中，$\Delta z_{0\sim 1}$、$\Delta z_{0\sim 2}$、$\Delta z_{0\sim 3}$、$\Delta z_{0\sim n}$ 分别为从零土壤热通量到最大值之间的各个时刻相所对应的土壤表面到各时相土壤温度变化转折层之间的土壤厚度，对应于 $V_{0\sim 1}$、$V_{0\sim 2}$、$V_{0\sim 3}$、$V_{0\sim n}$；$\Delta z_{0\sim 1}$、$\Delta z_{1\sim 2}$、$\Delta z_{2\sim 3}$、$\Delta z_{(n-1)\sim n}$ 分别为第 1,2,3,$\cdots$,n 层土壤厚度。对应于第 1,2,3,$\cdots$,n 层土壤的体积分别为 $V_{0\sim 1}$、$V_{1\sim 2}$、$V_{2\sim 3}$、$V_{(n-1)\sim n}$。

根据热惯量的物理机制，每层热惯量的厚度正比于驱动时间和平均热驱动强度。因此可以建立实验关系，将式（7.30）中标注相互对应的时相和层次：

$$\Delta z_{0\sim n} = \zeta \sqrt{\Delta t^{0\sim n}} G_0^{0\sim n}$$
$$\Delta z_{(n-1)\sim n} = \zeta \sqrt{\Delta t^{(n-1)\sim n}} G_0^{(n-1)\sim n}$$

（7.31）

式中，ζ 是实验系数；$\sqrt{\Delta t^{0\sim n}}\,G_0^{0\sim n}$，$\sqrt{\Delta t^{(n-1)\sim n}}\,G_0^{(n-1)\sim n}$ 分别为对应于 $\Delta z_{0\sim n}$，$\Delta z_{(n-1)\sim n}$ 的热驱动时间和平均热驱动强度的乘积，其式（7.30）转换为如下：

$$P_{(n-1)\sim n} = \frac{(\sqrt{\Delta t^{0\sim n}}\,G_0^{0\sim n}\,P^{0\sim n} - \sqrt{\Delta t^{0\sim (n-1)}}\,G_0^{0\sim (n-1)}\,p^{0\sim (n-1)})}{\sqrt{\Delta t^{(n-1)\sim n}}\,G_0^{(n-1)\sim n}} \tag{7.32}$$

根据式（7.31）中的 $\Delta z_{0\sim n}$、$\sqrt{\Delta t^{0\sim n}}$ 和 $G_0^{0\sim n}$ 可以确定实验系数 ζ。$\Delta z_{0\sim n}$ 为土壤表面到土壤温度不变层的厚度，$\Delta t^{0\sim n}$ 为零土壤热通量到最大土壤热通量的驱动时间，$G_0^{0\sim n}$ 为零土壤热通量到最大土壤热通量的平均值。后三者均为试验可以得到的数据。因此，实验系数 ζ 可以确定。从而每层热惯量的厚度 $\Delta z_{(n-1)\sim n}$ 可以获取。在今后推广应用研究中，土壤温度日不变深度 $\Delta z_{0\sim n}$ 可根据研究区多年平均气温确定，长期土壤温度数据统计表明，土壤温度日不变深度与当地多年平均气温相当。

根据每层的热惯量 $P_{(n-1)\sim n}$ 和对于土层厚度 $\Delta z_{(n-1)\sim n}$，可以获取热惯量的垂直廓线。通过实验获取这种土壤的田间持水量 ω_{sw} 和凋萎系数 ω_{sd} 的热惯量值 P_{sw} 和 P_{sd}，就可以获得每层土壤水分的信息 $\omega(z) = \omega_{(n-1)\sim n}$，也就是获取了土壤水分含量的垂直分布（Zhang et al.，2016a）。

$$\omega(z) = \omega_{(n-1)\sim n} = \omega_{sd} + \left(\frac{P_{(n-1)\sim n} - P_{sd}}{P_{sw} - P_{sd}}\right)(\omega_{sw} - \omega_{sd}) \tag{7.33}$$

2）以差分热惯量获取土壤水分垂直廓线机制的检验

综上所述，获取土壤水分含量垂直分布的关键条件是首先获取土壤热惯量的垂直分布。检验方法的要点概述如下。

A. 各时相节点的地表土壤热通量

式（7.28）需要计算的土壤表面（地气能量交换的界面）的各时相节点的地表土壤热通量 G_0^0、G_0^1、G_0^2、G_0^3、G_0^n 是关键之一。在检验中需要的地表土壤热通量实际测量数据，目前的技术能力尚不能直接测量。有两种间接获取途径：一种是用稍深层的土壤热通量数据、以适当的模型和必要的参数向上推算；另一种是采用净辐射通量进行转换，本节采用后者。在气象界和遥感界的通用的近似的方法是土壤界面的净辐射通量乘以固定常数 0.3（张仁华，2009）。由于地表的湍流的随机性导致净辐射通量对显热通量、潜热通量和土壤热通量的分配比例的随机性，因此两者的转换固定等于常数将造成一定的误差。因此在稳定的天气可采用固定常数，在风速变化较大的不稳定天气，采用我们提出的净辐射通量与土壤热通量之间的经验公式进行转换。

$$G_0^n = \mathrm{Rn}^n \left[\frac{3\sqrt{(T_{0\max} - T_{a\min})}\ln(T_0^n - T_{a\min})}{\overline{\mathrm{Rn}}} + \frac{3\sqrt{(T_{0\max} - T_{a\min})}}{\overline{\mathrm{Rn}}} \right] \tag{7.34}$$

式中，G_0^n、Rn^n、$\overline{\mathrm{Rn}}$、T_0^n、$T_{0\max}$、$T_{a\min}$ 分别为土壤表面的下向热通量（地表土壤热通量）、土壤表面净辐射通量、上午升温阶段的平均净辐射通量、地表温度、地表温度最大值、空气温度最小值。

B. 各时相节点的地表温度

另外一个关键参数是地气能量交换界面的土壤表面各时相节点的地表温度 T_0^0、T_0^1、T_0^2、T_0^3、T_0^n。在地面以红外测温仪测量到的是土壤的辐射温度，要获取地表温度必须测量土壤表面的比辐射率以及下行大气辐射（或环境辐射），由式（7.35）确定：

$$T_0^n = \left[\frac{\sigma \left(T_{r0}^n \right)^4 - (1-\varepsilon) R_{\text{skay}}^{n\downarrow}}{\sigma \varepsilon} \right]^{\frac{1}{4}} \qquad (7.35)$$

式中，T_{r0}^n、ε、$R_{\text{skay}}^{n\downarrow}$ 分别为 T_0^n 对应时相的辐射温度、比辐射率和大气下行长波辐射。我们有自主研发的全自动便携式光谱比辐射率测定仪（国家发明专利），并采用了我们提出的新型四次测量法和增温补偿，可以自动、便携、快速、准确测量光谱土壤比辐射率。地物比辐射率也可运用我们提出的基于二氧化碳激光的光谱比辐射率测定方法（Zhang et al., 2016b）。

C. 每层差分热惯量的土壤层厚度

为了确定式（7.31）中的对应于于每层差分热惯量的土壤层厚度 $\Delta z_{(n-1)\sim n}$，其关键是确定实验系数 ζ。式（7.31）中的土壤表面到土壤温度不变层的厚度 $\Delta z_{0\sim n}$ 根据试验数据可以获取；$\sqrt{\Delta t^{0\sim n}}$ 可方便获取；$G_0^{0\sim n}$ 可以通过净辐射通量日最大值 $\text{Rn}_0^{0\sim n}$ 转换，由于 $G_0^{0\sim n}$ 的脉动，应该对式 ζ 进行实际验证和反馈修正，最终确定实验系数 ζ。本次的土壤厚度实验系数 $\zeta = 0.013\ 79$。

2015 年 9 月 19 日是试验开始的第 10 天，蒸渗仪的土壤表面的已经基本干化，土壤深层仍相当潮湿。土壤湿度随深度有明显变化。天气晴朗，可以获取较好的土壤热通量和土壤表面温度。试验数据是自动连续记录，记录数据最短的时段为半分钟平均值。为了配合今后多时相卫星遥感数据的频率，本次检验采用半小时一次频率的半分钟平均数据。表 7.1 为遥感模型反演值与土壤湿度仪实际测量值的对比。

表 7.1 遥感模型反演与实际测量的相对土壤湿度廓线的对比

土壤深度/cm	遥感反演相对土壤湿度/%	实际测量相对土壤湿度/%	反演值与实测值的差值/%
0.2	1.1	—	
1	28.2	44.1	−14.1
2	58.9	68.4	−9.5
5	76.3	76.0	0.3
10	79.5	88.2	8.7
20	80.1	82.7	2.6
40	82.3	92.3	10.0
75	95.7	95.2	0.5
平均	71.6	78.1	6.5

注：2015 年 9 月 19 日上午升温时段，晴天；由模型反演的每层厚度与土壤湿度仪器安装深度不一致，本表中反演的土壤深度是将模型反演的厚度进行线性内插，匹配仪器安装深度而得

3）结论和讨论

根据图 7.8 机制的分析及模型值与观测值的对比，可以总结如下几点。

（1）通过模型反演值与实际测量的相对土壤湿度廓线对比，两者的决定系数 R^2 为 0.82，平均差值为 6.5%。表明新提出的直接基于差分热惯量反演土壤湿度垂直廓线的机制是合理的，算法是可行的。为定量热红外遥感开辟了新的获取土壤湿度垂直廓线的思路。这思路有别我们前提出的从求解土壤热传导方程→获取土壤温度垂直分布→获取土壤热通量垂直分布→获取土壤热惯量垂直分布最终获取土壤湿度垂直分布的思路。

（2）差分时间越短，获取土壤湿度的土层厚度越薄。获取土壤表层土壤湿度的垂直廓线的空间分辨率越高。因此运用高时间分辨率的热红外数据有希望匹配穿透力较浅的微波波段。

（3）由于在土壤界面由净辐射通量推算的土壤热通量测量数据可能受到大气湍流的干扰，导致土壤界面的土壤热通量的随机波动，因而可能导致以时相两端的半分钟数据平均值（类似多时相卫星数据）以及时相两端的梯度值会缺乏时相代表性，从而影响土壤湿度反演精度。由此可见，凡是涉及地气相互作用中大气湍流方面的数据，遥感传感器不能直接测定，如空气温度和空气湿度（Zhang et al.，2015），而又非常重要。这是定量遥感中的极具挑战的科学问题，有待今后进一步的深入研究。

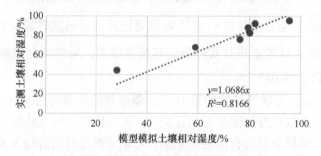

图 7.8　遥感模型模拟值与土壤湿度仪实际测量相关图

7.2　土壤-植被水热参数遥感反演模型和方法

7.2.1　微波遥感土壤水分反演

已有的研究表明，土壤水分空间分布主要受植被覆盖、地形、土壤类型和降雨等因素的影响（Entin et al.，2000）。除此之外，大气透过率对微波辐射也有一定的影响。地形与植被、大气等其他影响地表辐射传输过程的因素同样是地表参数遥感反演中的重要信息。本节针对大气、地形、植被、粗糙度和混合像元对微波辐射的传输，以及土壤水分反演的影响进行了探讨与分析，发展了相应的校正模型与土壤水分反演算法。

1. 微波遥感的大气影响与校正

大气对于被动微波尤其是针对微波高频波段或大气含水量较高的时候会影响波段的辐射，因此在微波遥感中需要进行大气影响判定与校正。当前大气影响的校正存在以下难点：大气探空数据难以大面积同步获取，给大范围地进行大气校准带来了困难；采用大气敏感的高频（同步）或多传感器获取的大气参数进行大气校正，从理论上来说可以实现对地表参数反演的大气校正，但由于多传感器观测时间的不一致及大气状况的反演误差，导致实际大气校正效果并不理想。本节针对上述难点，利用大气探空数据和毫米波传播模型等估算被动微波大气透过率，为被动微波大气校正提供输入数据，可直接进行被动微波亮温的大气影响计算（Qiu et al.，2016；Shi et al.，2017）。

1）陆表微波大气透过率估算和验证

针对微波理论的认识，我们知道大气对于被动微波并不是我们想象中的那么透明，尤其是针对微波高频波段或大气含水量较高的时候。那么我们在对星载被动微波辐射计进行大气校正时，首先需要知道大气中介质对被动微波各个频段的吸收、散射量。大气透过率表征了大气中电磁波的吸收和散射特性，是地表参数反演中大气校正的重要因素。大气透过率的准确描述有助于在使用遥感数据反演地表参数时，反演大气参数并量化大气贡献。

大气对于被动微波高频（> 10 GHz）信号的影响不可忽略（姚志刚和陈洪斌，2006）。在非降雨条件下，影响 AMSR-E 波段微波辐射的主要大气来源是氧气、水气和云中液态水含量（Pulliainen et al.，1993）。然而迄今为止，可用的光学大气产品尚未能够直接应用于微波频率下的大气透过率的估算。我们收集了中国的 119 个大气无线电探空站自 2011 年 1 月至 2014 年 7 月的大气探空数据，来估算 AMSR-E 波段的大气透过率。研究中首先利用 Salonen-Uppala 云检测算法（Qiu et al.，2016）判断大气中是否存在云，并依此计算云中液态水廓线。然后利用毫米波传播模型（MPM）（Liebe，1985）和米氏散射理论（Mie，1908）估算 AMSR-E 相关波段的大气透过率。最后，通过空间插值来获取中国的微波波段大气透过率。

A. 大气透过率估算算法

Salonen-Uppala 云检测模型

探空观测数据库通过运用 Salonen-Uppala 云检测模型（Qiu et al.，2016）计算云中液态水及冰水含量。该算法使用临界湿度函数来检测云。

$$Uc = 1 - \alpha\sigma(1-\sigma)[1+\beta(\sigma-0.5)] \tag{7.36}$$

式中，$\alpha = 1.0$；$\beta = \sqrt{3}$；σ 为所在大气层高度的大气压力和表面大气压力的比率。如果在大气扩线中某层测量的湿度高于计算的临界湿度值，则该层被假定为在云中。对大气中每个水平分层液态水含量（g/m^3）的估计则来自于该层的空气温度及其相对于云底的高度，根据如下方程：

$$w = \begin{cases} w_0(1+ct)(\dfrac{h_c}{h_r})p_w(t), & t \geqslant 0\,℃ \\[2mm] w_0 e^{ct}(\dfrac{h_c}{h_r})p_w(t), & t < 0\,℃ \end{cases} \tag{7.37}$$

式中，w 的单位为 g/m^3；w_0 为 0.17 g/m^3；c 为 0.04（$℃^{-1}$）；t 为温度（℃）；h_r 为 1500m；h_c 为云底高度（m）。

式（7.37）中的云中液态水所占比率 $p_\mathrm{w}(t)$ 由下面方程定义：

$$p_\mathrm{w}(t) = \begin{cases} 1, & 0\,℃ < t \\ 1 + \dfrac{t}{20}, & -20\,℃ < t \leqslant 0\,℃ \\ 0, & t \leqslant -20\,℃ \end{cases} \qquad (7.38)$$

B. 微波大气透过率验证

为了验证模拟微波大气透过率的可靠性，在中国北方的怀来（海拔 488.3 m，河北省境内），保定（海拔 24 m，河北省境内）和锡林浩特（海拔 991 m，内蒙古境内）进行了一系列的实验。怀来距离最近的无线电探空观测站-张家口（河北省海拔 726 m）约 89 km，保定距离最近的无线电探空观测站——北京（海拔 32m）约 147.3 km，锡林浩特的辐射计实验站同时也是无线电探空观测站。

利用车载式多频微波辐射计（TMMR）用于观察三个实验场地不同高度角的天空亮度温度（大气下行辐射），其观测频段为 10.65 GHz、18.7 GHz 和 36.5 GHz。实地实验的基本信息在表 7.2 中给出。我们利用与野外地基辐射计实验期间最优位置和时间的大气透过率估算出大气下行辐射，与实地观测到的大气下行辐射进行了比较。

表 7.2　野外实验信息

站名	高度角	日期（年/月/日）	TMMR 观测时间（UTC）	大气探空时间（UTC）
锡林浩特	37°	2011/07/22	10：23	11：15
保定	25°~80°（*）	2012/03/23	19：56~20：06	23：15
怀来	20°~80°（**）	2012/11/08	10：10~10：11	11：15
怀来	20°~80°（*）	2012/11/09	23：33~23：39	23：15
怀来	20°~80°（*）	2012/11/14	15：41~15：46	11：15
怀来	20°~80°（*）	2012/11/17	10：08~10：13	11：15
保定	30°~80°（*）	2013/01/19	17：19~17：21	23：15

注：*表示步长为 5°，**表示步长为 10°

C. 微波大气透过率气候学数据

通过上面的方法，2011 年 1 月至 2014 年 7 月，现有无线电探空测试站的每日两次 AMSR-E 频率的微波大气透过率已估计完成。经验贝叶斯克里金方法（EBKM）对估算的大气透过率在中国地理区域进行了插值。

我们发现估算的透过率显示出明显的区域差异。在冬季，透过率较高，且相对稳定（2011 年 1 月为 36.5 GHz，平均为 0.89±0.05 STD）在夏季透过率则较低，变化较大（2011 年 7 月为 36.5 GHz，平均为 0.70±0.08 STD）。透过率的最小值（平均为 0.83）出现在中国华南地区（33°N 以南，103°E 以东），这是由中国南方典型的低层潮湿大气所引起的，而中国华北地区（33°N 以北，103°E 以东）则表现出较高的大气透过率（从 0.87~0.92）。微波大气透过率的最大值为 0.97，发生在青藏高原地区，该区平均地面高度高达 4000m。大气干燥且稀薄。

图 7.9 显示了最接近实地试验地点的三个无线电探空观测站的透过率的时间变化。18.7 GHz 的大气透过率全年整体高于 36.5 GHz 的。冬季的透过率（12 月至翌年

3 月）呈现出稳定的特征，表明这些可以在很大程度上描述气候学特征的空间变化。冬季以外的透过率愈发不稳定且波动较大，这是由于潮湿的气候以及频繁的降雨，尤其是在夏季月份（6~8 月），这表明在此期间，需要大气特性的辅助信息，来对大气透过率进行正确的参数化。

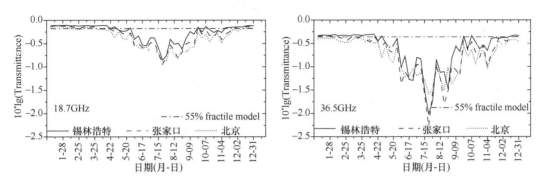

图 7.9　三个地基微波辐射计野外实验站的大气微波透过率时间序列分布和 55% fractile model（Pulliainen et al.，1993）中大气透过率值对比

在野外地基微波辐射计对空观测试验（表 7.2）中，每个高度角的测量由 5s 积分时间内的 3~5 次观测值组成，将这 3~5 次观测值进行平均作为每个角度得到的亮度温度的最终结果。无线电探空观测时间与地基微波辐射测量时间间隔最长的一对结果（表 7.2 最后一行），是在晴朗的天空条件下进行的，因此我们也假设该次实验可以被认为是可靠的。表 7.3 总结了模拟变化和观测大气下行辐射之间的相关系数，均方根误差（RMSE）和归一化均方根误差（NRMSE）。

表 7.3　野外实验观测的大气下行辐射和用大气透过率模拟的大气下行辐射的相关系数，RMSE 和 NRMSE

频率/GHz	相关系数	RMSE/K	NRMSE
10.65	0.97	0.6	7.72%
18.7	0.99	1.6	11.23%
36.5	0.98	9.5	24.05%

图 7.10 中，（a）~（c）为保定站验证结果，（d）~（f）为怀来和锡林浩特的验证结果，锡林浩特仅在 37°高度角下的验证结果在（d）~（f）用黑色圆圈内含十字表示。比较了保定、怀来和锡林浩特三个实地无线电探空测试站用大气透过率估算的和辐射计所测量的大气下行的亮度温度。在较宽的高度角范围内，用大气透过率模拟的与地基微波辐射计测量的下行辐射结果较为一致，特别是在 X 和 Ku 波段。一般来说，获得的误差度量随着频率的增加而增加，Ka 波段呈现出最大的误差。低高度角下的验证结果与靠近天底角的验证结果相比也存在较大的误差。本次研究没有云层的潜在异质性，这在比较结果中引入了不确定性。这些不确定性在逻辑上随着频率和偏离天底角的增加而增加，这是由于大气中不均匀性和大气较长的倾斜路径的影响。然而，尽管存在这种情况，但验证结果表明，对于较宽范围的测量倾角，大气透过率可以相对较好地估计（在 36.5 GHz 时最大 RMSE <10K）。这也是一个重

要的发现，使用所获得的透过率值作为气候参数化时，需要考虑倾斜观测路径上云层在空间和时间上的变化，如入射角为 55°的 AMSR-E 传感器。

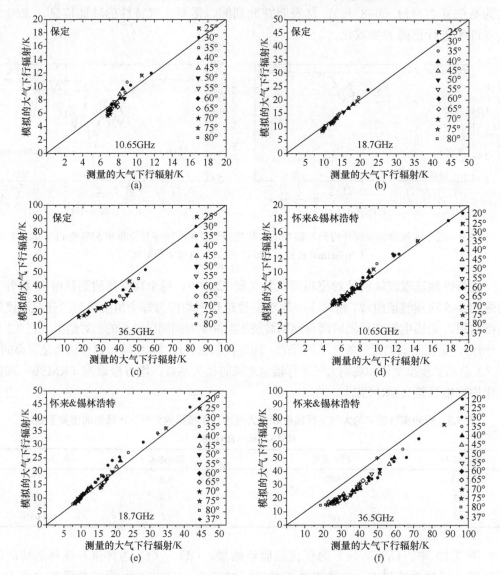

图 7.10 用大气透过率模拟的大气下行辐射和地基辐射计观测的大气下行辐射在 10.65 GHz、18.7 GHz 和 36.5 GHz 的对比验证结果

2. 微波遥感的地形影响与校正

山区的微波辐射特征与地表坡度的关系，以及微波辐射测量中辐射计的观测角对山区的地表土壤水分、土壤温度、植被参数的观测和反演有着重要作用。本小节针对地形影响对微波遥感的亮度温度及土壤水分反演进行了地形校正的研究。

1）亮度温度地形校正

山区地形效应的校正主要通过两种方式展开。一是针对山区观测亮度温度的辐射校正，通过建立山区亮度温度与平坦地表的亮度温度的关系式，直接去除地形效应对微波辐射测量的影响。分别模拟当土壤水分为 0.15 cm³/cm³，无植被覆盖时，土壤水分为地表温度在 283~303K 变化，平坦地表和山区地表的亮度温度，建立二者亮度温度的相关关系，如下所示：

$$T_{\text{BflatV}} = 1.01 T_{\text{BhillV}} + 0.218 \qquad (7.39)$$

$$T_{\text{BflatH}} = 0.925 T_{\text{BhillH}} + 0.197 \qquad (7.40)$$

式中，T_{Bflat} 表示平坦地表亮度温度，也是没有地形效应影响的平坦地表的真实亮度温度；T_{Bhill} 表示受地形效应影响的山区地形场景亮度温度。对于无植被覆盖的山区地形场景，已知地表的真实温度，可通过式（7.39）和式（7.40）分别校正地形对 V 极化和 H 极化亮度温度干扰。同理，根据植被光学厚度与亮度温度的近似线性关系，建立有草甸覆盖平坦地表和山区地表的亮度温度相关关系，土壤温度为 283K，土壤水分为 0.15 cm³/cm³，草甸的光学厚度随其物候期变化从 0.005~0.7，分别针对 V 极化和 H 极化亮度温度（亮温）的地形校正算法如下式所示：

$$T_{\text{BflatV}} = 0.98 T_{\text{BhillV}} + 6 \qquad (7.41)$$

$$T_{\text{BflatH}} = 1.59 T_{\text{BhillH}} - 160 \qquad (7.42)$$

第二种地形校正方法是针对山区地表参数反演，去除地形效应在反演结果中的影响。由于 SMOS 在监测土壤水分中的独特的优越性，因此 L 波段辐射测量在陆表的主要应用为土壤水分监测，但目前 SMOS 土壤水分产品中所采用的土壤水分反演算法，仅采用地形指数标识受地形效应对土壤反演的影响程度。在 SMOS 土壤反演算法中对地形的处理方法是采用地形指数标记极度粗糙地形山区。目前尚未发展包含地形效应的土壤水分反演算法。因此，本节模拟 SMOS 观测，研究地形对 L 波段土壤水分反演的影响，及其地形校正算法。

2）土壤水分反演地形校正

基于发展的 L 波段山区微波辐射传输方程，计算在地形效应影响下反演得到的土壤水分与模型输入的真实土壤水分之间的差异，定量化评估地形效应在土壤水分反演过程中的影响。为了考察不同地形场景（平坦地表，单山体，双山体，以及多山体地形场景）所表现的地形复杂度对土壤水分反演的影响，反演了在各种地形场景中土壤水分反演的结果。相对于平坦地表含有地形效应的地形场景（单山体、双山体，以及多山体地形场景）土壤水分反演误差计算由下式给出：

$$\text{SM}_{\text{error}} = \left| \frac{\text{SM}_{\text{relief}} - \text{SM}_{\text{flat}}}{\text{SM}_{\text{flat}}} \right| \times 100\% \qquad (7.43)$$

式中，SM_{flat} 表示平坦地表反演得到的土壤水分；$\text{SM}_{\text{relief}}$ 表示起伏地形场景反演得到的土壤水分。

由辐射计在 L 波段观测的亮度温度逐地形面元反演获取的山区土壤水分。采用最小二乘法迭代反演，每一个地形面元的亮温初始值为土壤温度为 283K，土壤水分为 0.15 cm³/cm³ 时模拟的平坦地表的亮度温度（T_{Bflat}），不断更新变化亮温模拟时输入的土壤水分值，直到土壤水分的输入值 T_{Bflat} 使得与该地形面元的辐射计观测值 T_{Bhill} 之间的亮温差小于等于 0.05K 时，停止迭代，并将此时更新输入模型的土壤水分作为最终反演结果，即求得地形面元在地形影响下辐射计观测的亮度温度所对应的土壤水分值，由于地形效应也作为测量时地表信息的贡献量被辐射计观测，因此由观测亮度温度反演的土壤水分也包含地形效应，与反映地表真实水分状况的平坦地表土壤水分有偏差，由式（7.44）反演得到每一个地形面元在地形影响下的最佳土壤水分，也就是在待进行地形校正的山区土壤水分。x 表示最小亮度温度差，n 代表反演迭代所需的总次数。

$$\min_{\vec{x}} \sum_{i=1}^{n}(T_{\text{Bflat}} - T_{\text{Bhill}})^2 \leqslant 0.05\text{K} \tag{7.44}$$

发展土壤水分反演地形校正算法之前，首先分析地形对土壤水分反演结果的影响。当土壤水分在平坦地表的初始值为 0.15 cm³/cm³，对于地表温度为 283 K 无植被覆盖地表，地形效应在不同地形场景（从平坦地表到单山体地表，双山体地形场景，再逐渐扩展为多山体山区地形场景）土壤水分的反演结果如图 7.11（a）~（d）所示。首先认为平坦地表的地形效应为 0，由单山体地形场景开始，土壤水分反演受地形影响产生偏差，该偏差的产生主要是由于地形阴影效应和观测几何效应所引起。对于双山体和多山体地形场景也同样存在这两种地形效应。所不同的是，双山体和多山体地形场景的亮度温度模拟中还计算了山体间的邻近效应。为了进一步说明地形效应导致的土壤水分反演偏差，在图 7.11 中显示了，在整个观测视场内不同地形场景的土壤水分反演的平均相对误差。

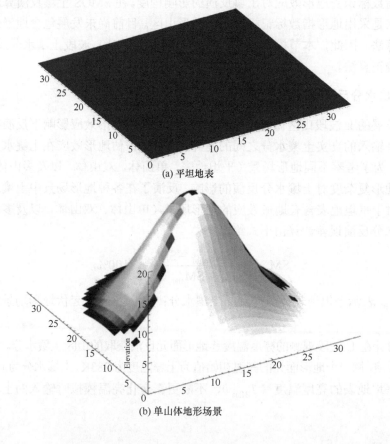

(a) 平坦地表

(b) 单山体地形场景

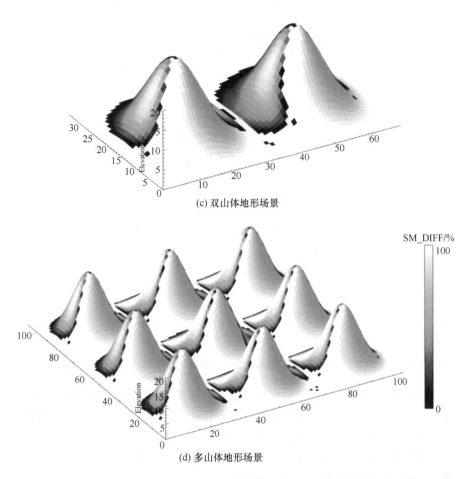

(c) 双山体地形场景

(d) 多山体地形场景

图 7.11　不同模拟地形场景在水平极化的土壤水分反演结果空间分布图

通过上述分析，地形效应直接干扰微波辐射计在山区的地表真实土壤水分获取。为了解决这一问题，本节发展了一个简单的地形校正算法，校正由 L 波段辐射测量反演的山区土壤水分中存在的地形效应。通过建立平坦地表土壤水分（模型输入初始土壤水分）与山区地表土壤水分反演值［式（7.45）］之间的相关关系，如图 7.12 所示，受地形影响，在 H 极化山区土壤水分低估了真实地表的土壤水分，但对于 V 极化除了在高土壤水分含量（>0.35 cm³/cm³）分布范围下土壤水分仍被低估，对于中低土壤含水量分布区间，真实地表土壤水分被高估了，拟合平坦地表土壤水分和山区土壤水分的相关关系，如式（7.45）和式（7.46），构建山区土壤水分反演地形校正算法。

$$SM_{flatH} = 2.37 \times (SM_{hillH})^{1.26} \tag{7.45}$$

$$SM_{flatV} = 1.93 \times (SM_{hillV})^{1.62} \tag{7.46}$$

山区土壤水分 SM_{hill} 也就是辐射计在山区观测所反演的土壤水分，SM_{flat} 表示平坦地表土壤水分也就是地形校正后山区地表真实水分含量，拟合后二者相关系数在两个极化均为 0.99。

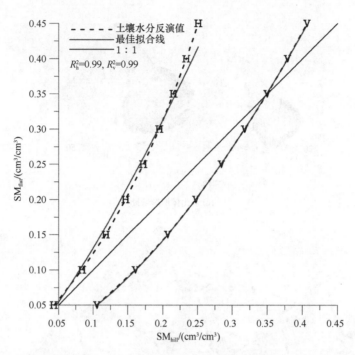

图 7.12　多山体模拟山区场景土壤水分反演结果与平坦地表参考土壤水分反演结果相关关系

通过研究，L 波段地表微波辐射受地形影响，多重地形效应在 H 极化正向增强作用，使得亮度温度被显著增强，而在 V 极化多重地形效应正负效应交错，亮度温度被相对削弱，即地形效应在 H 极化表现得更为显著，这一点在青藏高原亮温模拟研究及三维山区地形场景亮温模拟中都得到了证明。土壤水分的变化，相对于土壤温度、植被光学厚度与亮度温度之间简单的线性变化关系，是地表多个参数中变化最为复杂多变的参数，同时它也是 SMOS 观测中的主要监测对象，因此针对土壤水分反演发展了基于地形三维场景的地形校正算法，这为全球尺度土壤水分反演地形校正，进一步提高土壤水分反演精度提供了重要的可行途径。在山区，遥感观测信号总会受到地形的影响，产生辐射偏差，若将该偏差代入没有考虑地形的参数反演算法中，反演得到的地表参数也是带有地形偏差的。

3. 粗糙度和植被校正一体化的土壤水分反演

被动微波遥感在反演土壤水分的过程中地表粗糙度的大小将直接影响土壤的发射率，该结果不仅会引起观测亮温的增加，同时还会降低亮温对土壤水分的敏感性，因此在进行土壤水分反演的过程中必须要对地表粗糙度进行校正。已有研究表明，地表粗糙度对微波土壤水分反演的影响随着入射角和土壤水分的增加而增大。地表粗糙度通常用均方根高度和表面相关长度来表示，传统实地测量的方法费时费力，同时对地表具有破坏性并且难以获取大区域尺度上的数据。目前，利用卫星数据反演全球土壤水分时，在对地表粗糙度校正通常有两种方法：一是根据下垫面类型将地表粗糙度参数固定为常数（Lawrence et al.，2014；Wigneron et al.，2007；O'Neill et al.，2012）；另外一种直接忽略地表粗糙度的影响（De Jeu et al.，2003；Owe et al.，2001，2008）。这些假设难以满足实际的地表状况，尤其是在农田（受耕作和灌溉等影响）和沙漠区域（受到风的影响）会给土壤水分的反演带来较大的误差。

植被光学厚度（τ）是描述植被层对微波响应特性的关键参数，它随微波频率变化，与植被的含水量及植被生物量密切相关，并且随着植被的生长逐渐增大（Ulaby et al.，1981）。长时间序列的植被光学厚度产品不仅可以监测地上的生物碳量的变化（Liu et al.，2015）同时还可以对森林地区损失进行评估（Van Marle et al.，2015）。最新的研究结果显示 L 波段的能探测到更深的植被层，得到的植被光学厚度产品能更好地反映出植被的变化（Grant et al.，2016）。对于 SMOS 多角度数据，为了减少其他辅助数据的使用，本小节参考王舒（2016）的博士学位论文中的算法将植被（τ_{nad}）和粗糙地表（Hr）的影响看作一个整体（TR），提出 SRP 多角度算法（simply roughness parameter -multi-angle）同时迭代反演 TR 和土壤水分。

1）SRP 多角度土壤水分反演方法

由于 SMOS 卫星搭载的低频 L 波段微波辐射计能穿透中等植被覆盖区域（4~5kg/m^2）（Kerr et al.，2010），从而获得下垫面土壤的微波辐射信息。因此 L 波段成为现阶段获取地表土壤水分的主要手段。SMOS 采用 L-MEB 正向模型模拟多个角度观测亮温，使用迭代算法反演土壤水分。L-MEB 模型集合了多种模型，包括 Mironov 介电常数模型，Q/H 地表发射率模型，低矮植被 $\tau\text{-}\omega$ 模型及森林模型等。特别是在植被覆盖区域，L-MEB 模型利用 tt$_P$ 参数表示植被的极化特征及在不同入射角下对植被光学厚度的影响，而在裸土区域利用 Nr$_P$ 参数校正地表粗糙度在不同极化和观测角度下的影响。由于在 L 波段单次散射反射率 ω 的影响很小，所以此处假设 $\omega = 0$，另外，本节假设地表温度和植被温度（T_G 和 T_C）相等，并且等于地表有效温度 T。则观测到的亮温 TB$_P$ 可以表示为

$$\text{TB}_{(P,\theta)} = \left[1 - r'_{G(P,\theta)}\exp\left(-2\tau_{nad}\frac{\cos^2(\theta) + \text{tt}_P\sin^2(\theta)}{\cos(\theta)} - \text{Hr}\cos^{\text{Nr}_P}(\theta)\right)\right]T \quad (7.47)$$

通常利用 L-MEB 反演土壤水分时主要分为两种情况：2 参数反演法（2-P）和 3 参数反演方法（3-P）；其中 2-P 是指同时迭代反演土壤水分（sm）和 τ_{nad}，反演过程中假设 τ_{nad} 不受到极化方式和入射角的影响，即 tt$_V$ = tt$_H$ = 1。3-P 是指同时反演 sm，τ_{nad} 以 tt$_V$，反演 tt$_V$ 主要是为了校正植被垂直结构带来的影响，其中 tt$_H$ = 1（Miernecki et al.，2014；Wigneron et al.，2002）。根据以往的研究（Escorihuela et al.，2007；Miernecki et al.，2014；O'Neill et al.，2012；Wigneron et al.，2007），公式（7.47）中涉及参数的取值范围为：Hr={0；0.1；0.2；0.3；0.4；0.5；0.6；0.7；0.8；0.9；1.0}，Q={0；0.1}及（Nr$_H$，Nr$_V$）={（2，2）；（1，1）；（0，0）；（-1，-1）；（2，0）；（1，-1）}。其中 SMOS 官方土壤水分算法中设置 Nr$_H$=2, Nr$_V$=0。

当 Nr$_H$=Nr$_V$=-1，并且在植被各向同性时，即 tt$_H$ = tt$_V$ = 1，公式（7.47）则变为

$$\text{TB}_{(P,\theta)} = \left[1 - r'_{G(P,\theta)}\exp\left(-2\text{TR}/\cos(\theta)\right)\right]T \quad (7.48)$$
$$\text{TR} = \tau_{nad} + \text{Hr}/2$$

通过对上述参数的简化得到本节的 SRP 多角度算法，可以发现 TR 参数同时包含植被（τ_{nad}）和粗糙地表（Hr）的影响。与传统的 L-MEB 反演不同，SRP 多角度算法同

时反演 sm 和 TR，从而避免了利用其他辅助数据在地表粗糙度校正时带来的误差。

本节通过构建观测亮温和模拟亮温及待反演参数与其初始值之间的代价函数（cost function），利用最小二乘法求得代价函数的最小值，实现土壤水分及其他待反演参数的定量反演。其中代价函数表示为

$$CF = \frac{\sum \left(TB^o_{(\theta,P)} - TB^s_{(\theta,P)} \right)^2}{\sigma^2 TB} + \frac{\sum_i \left(\rho_i - \rho_i^{init} \right)}{\sigma_P^2} \tag{7.49}$$

式中，$TB^o_{(\theta,P)}$ 为观测亮温；$TB^s_{(\theta,P)}$ 为模拟亮温值；σTB 为模拟亮温的标准差；ρ_i 为待反演参数的值；ρ_i^{init} 为待反演参数的初始值；σ_P 为参数初值估计的标准差。其中 σ_P 越大，初始设定值对反演结果的约束性越小，其自由度越大。本节设置 sm 为 σ_P=0.8 m³/m³，τ_{nad} 为 σ_P=0.5（Cano et al.，2010；Wigneron et al.，2007），其中 TB 的标准差为 σ_{TB} = 2.5（Wigneron et al.，2007）。sm 和 τ_{nad} 的初始值分别为 0.2m³/m³ 和 0.2（Wigneron et al.，2011）。

2）实验数据验证

本节基于 SMOS L3 级升轨亮温数据对土壤水分反演展开研究。SMOS L3 级全球亮温数据包括 2.5°~65.5°入射角范围内的数据，其中入射角的间隔为 5°。根据上节模拟数据结果，本章选择 22.5°、32.5°、42.5°及 52.5°这 4 个入射角下的双极化亮温数据展开研究，时间范围为 2010 年 1 月~2013 年 12 月。在使用该数据之前，本节利用 L3 级 RFI_Prob 产品剔除受到 RFI 影响的数据（RFI_Prob＞30%）。

本节选择 11 个 SCAN 观测站点开展研究，从理论验证得出 SRP 多角度算法适用于 τ_{nad}≤1.0 下的情况，所以选择的 11 个站点的下垫面类型相对于一个 SMOS 像元尺度下均为低矮植被覆盖及低矮植被和森林的混合区域，其中 scan 2024、scan 2079、scan 2053 为低矮植被和森林混合区域站点，一个 SMOS 像元内森林覆盖比例分别为 31%、39%、43%。剩余 8 个站点均接近于纯像元，下垫面类型均为草地和农田区域。具体类型如表 7.4 所示。算法中使用到的地表温度、黏土数据及待验证的土壤水分实测数据均由 SCAN 观测网提供。土壤水分和地表温度使用 0~5cm 的实测数据。

表 7.4　11 个 SCAN 观测站点的基本信息

站点 ID	站点	FNO	FFO	FWO	其他	地表类型
scan 2001	RogersFarm	98	0	0	2	农田
scan 2002	Crescent Lake	81	12	4	3	草地
scan 2018	Torrington	100	0	0	0	草地
scan 2024	Goodwin Ck Pasture	65	31	2	1	草地+林地
scan 2030	Uapb Lonoke Farm	93	2	3	2	农田
scan 2053	Wtars	53	43	2	2	农田-松栎树
scan 2079	Mammoth Cave	50	39	0	1	草地+林地
scan 2092	Abrams	91	1	0	2	农田
scan 2160	Grouse Creek	100	0	0	0	草地
scan 2084	Uapb Marianna	95	4	0	1	农田
scan 2093	Phillipsbug	98	0	0	2	农田

注：FNO，低矮植被部分；FFO，森林部分；FWO，水域部分

其泰勒图如图 7.13 所示,各点到原点的距离表示该点的反演结果与对应实测结果的标准差;该点在图中方位角的余弦值表示该点与观测值的相关系数,也就是在蓝色弧度上对应的值;该点到参考点(observed)点的距离表示均方根误差。土壤水分反演过程中常用相关系数和均方根误差(这里用 ubRMSE 来表示)来衡量反演土壤水分的能力,为了更加直观地表现反演的结果,本节对原始的泰勒图做一些调整,用 ubRMSE 来代替原泰勒图中的标准差,即各点到原点的距离表示该点的反演结果与对应实测结果的无偏差均方根误差。其反演结果如图 7.14 所示。

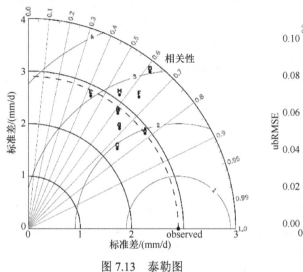

图 7.13　泰勒图

图 7.14　SRP 多角度反演 SCAN 站点的
土壤水分结果

本节比较了不同 Q 值(Q=0,0.1)下的反演结果,从图 7.14 中可以看出有 3 个站点的 ubRMSE 高于 0.06,这三个站点分别为 scan 2024、scan 2079 和 scan 2053,下垫面的类型均为低矮植被和森林混和区域,由于这些区域内森林的影响较大,导致精度有所降低。剩余 8 个低矮植被区域站点得到的 R 介于 0.5~0.9,ubRMSE 在 0.04~0.06,大多数的站点 ubRMSE 小于 0.05,另外,可以发现 Q=0.1 时的结果要略优于 Q=0 的结果。

4. 混合像元组分土壤水分反演

被动微波遥感观测数据的空间分辨率在几十千米尺度,因此,像元大多是非同质的混合像元。已有研究发现,土壤水分空间分布主要受到植被覆盖、地形、土壤类型和降雨等因素的影响(Entin et al., 2000)。其中,植被的重要性是不言而喻的。植被通过对降雨的截留、植被根系吸收后的蒸腾作用等方式影响了土壤和大气之间蒸散,同时也改变了表层水分的下渗过程。因此,在同一被动微波遥感像元内,裸土区域和植被覆盖区域土壤和大气之间的能量和水分的交换过程是有差异的,导致了同一像元内植被覆盖区和裸土区域的土壤水分即像元的组分土壤水分的差异。以往反演算法反演的土壤水分均是像元的平均值,并没有考虑像元内植被覆盖地表和裸露地表土壤水分的差异。究其原因,很重要的一点是传感器的配置无法提供多角度的观测数据。2009 年 SMOS 的成功发射为对地观测研究提供了 L 波段多角度的亮温观测数据,这为利用多角度观测数据反演像元组分土壤水分提供了可能。黑河流域生态水文过程综合遥感观测联合实验(heihe watershed allied telemetry experimental research，HiWATER）提供了机载 L 波段微波辐射计的多角度观测，并配有地表参数的测量，为组分土壤水分反演算法的发展和验证提供了数据。

1）研究区和数据

黑河是我国第二大内陆河，位于祁连山和河西走廊的中部，横跨青海省海北州、甘肃省张掖市、酒泉地区和嘉峪关市及内蒙古阿拉善盟。经纬度范围约在 37.7°~42.7°N，97.1°~102°E。流域干流全长约 821km，总流域面积 14.3 万 km^2（程国栋，2009）。总体呈现南高北低，西高东低的地势形态。HiWATER 实验以具有高寒与干旱区伴生的鲜明特征的黑河流域为实验区。该研究区选择的三个重点实验区包括上游寒区实验区、中游人工绿洲实验区和下游天然绿洲实验区（李新等，2012）。实验期间获取了一套多尺度的航空-卫星遥感和地面同步观测数据集。主要观测变量参数有水文与生态变量、驱动数据和参数（包括植被、土壤、地形、水文、空气动力等参数）。本节主要使用的数据是 L 波段机载微波辐射计数据和地面土壤参数的同步观测数据。

实验中的 L 波段机载微波辐射计是澳大利亚莫纳什大学（Monash University）和纽卡斯尔大学（Newcastle University）的双极化 L 波段微波辐射计（polarimetric L-band multibeam radiometer，PLMR）。PLMR 采用 L 波段，共有 6 个 beam 飞行行高约 3km，地面的空间分辨率为 1km 左右。每次飞行前都对辐射计进行定标。整个航空实验数据自 2012 年 6 月 30 日起至 8 月 2 日止，共 9 天。其中 7 月 26 日和 8 月 1 日为多角度观测数据，其余天的飞行只有 6 个 beam 观测角的数据。在 PLMR 飞行观测的同时，采用人工跑点的方式测量了地面参数。同时在地面设置了无线传感器网络，以固定的采样间隔采集地面参数。与 PLMR 飞行同步进行的地面参数测量数据集主要包括两套无线传感器网络 SoilNet 和 WaterNet 的数据和一套人工同步测量的数据，详细参考张涛（2014）。

2）像元组分土壤水分反演

若像元中植被覆盖度为 F_V，采用 L 波段两个角度（θ_1, θ_2）同时观测同一像元，则利用零阶模型描述植被覆盖地表的微波辐射亮温随角度变化的变量有植被覆盖度、植被发射率（衰减因子与观测角度有关）、土壤发射率。将植被覆盖地表和裸露地表的土壤分开考虑，其发射率分别为 E_H^{VS} 和 E_H^{bS}，植被覆盖地表的微波辐射亮温最终可表示为式（7.50），$TB_H(\theta_1)$ 和 $TB_H(\theta_2)$ 分别为 PLMR 在不同观测角度上的 H 极化的亮温。由于在 PLMR 观测过程中发现，V 极化亮温受电磁干扰较强而 H 极化则相对较小，因此这里仅使用了 H 极化亮温。对 L 波段的观测，单散射反照率 ω 可以设定为很小的值。考虑到研究区内大多是玉米地，这里取定值 0.05（Wigneron et al.，2007）。

$$
\begin{aligned}
TB_H(\theta_1) = {} & F_V(\theta_1) \cdot (1-\omega) \cdot (1-\exp(-\tau \cdot \sec\theta_1)) \cdot T_V \\
& + F_V(\theta_1) \cdot (1-\omega) \cdot (1-\exp(-\tau \cdot \sec\theta_1)) \cdot (1-E_H^{VS}(\theta_1)) \cdot \exp(-\tau \cdot \sec\theta_1) \cdot T_V \\
& + F_V(\theta_1) \cdot E_H^{VS}(\theta_1) \cdot (1-\exp(-\tau \cdot \sec\theta_1)) \cdot T_S + (1-F_V(\theta_1)) \cdot E_H^{bS}(\theta_1) \cdot T_S
\end{aligned}
$$
$$ \text{(7.50)} $$
$$
\begin{aligned}
TB_H(\theta_2) = {} & F_V(\theta_2) \cdot (1-\omega) \cdot (1-\exp(-\tau \cdot \sec\theta_2)) \cdot T_V \\
& + F_V(\theta_2) \cdot (1-\omega) \cdot (1-\exp(-\tau \cdot \sec\theta_2)) \cdot (1-E_H^{VS}(\theta_2)) \cdot \exp(-\tau \cdot \sec\theta_2) \cdot T_V \\
& + F_V(\theta_2) \cdot E_H^{VS}(\theta_2) \cdot (1-\exp(-\tau \cdot \sec\theta_2)) \cdot T_S + (1-F_V(\theta_2)) \cdot E_H^{bS}(\theta_2) \cdot T_S
\end{aligned}
$$

根据以往的研究，植被光学厚度 τ 与植被含水量 vwc 有线性关系：

$$\tau = b \cdot \text{vwc} \tag{7.51}$$

式中的 b 与植被类型和频率有关。根据实验区的植被状况，这里 b 取 0.12±0.03（Van and Wigneron，2004）。由于 L 波段的穿透性较强，能够观测到植被杆和茎的信息。式（7.52）描述了考虑植被木质结构的含水量与 NDVI 之间的关系（Crow et al.，2005）：

$$\text{vwc} = 1.9134 \cdot \text{NDVI}^2 - 0.3215 \cdot \text{NDVI} + \text{SF} \cdot \frac{\text{NDVI}_{\text{ref}} - 0.1}{1 - 0.1} \tag{7.52}$$

式中，SF 表示校正因子。对于农作物和草地，当天的 NDVI 可以认为是 NDVI$_{\text{ref}}$。文献（O'Neill et al.，2012）给出了针对 IGBP 分类体系下的不同地表类型，b 参数、单散射反照率和校正因子的经验数值。从不同观测角度观测同一像元，植被与土壤的覆盖比例是不同的，在某一观测角度下，植被的覆盖比例可以由式（7.53）计算（Baret et al.，1995）：

$$F_{\text{V}}(\theta) = 1 - \left(\frac{\text{VI}_{\text{max}}(\theta) - \text{VI}(\theta)}{\text{VI}_{\text{max}}(\theta) - \text{VI}_{\text{min}}(\theta)} \right)^P \tag{7.53}$$

式中，$\text{VI}_{\text{max}}(\theta)$ 和 $\text{VI}_{\text{min}}(\theta)$ 分别表示在植被全覆盖和无植被（裸土）情况下某一观测角度 θ 下的 NDVI 值。参数 P 是描述植被层中叶倾角分布的一个经验系数。对于同一地点来说，MODIS 在不同的过境时间的观测角度不同，因此可以利用 MODIS 不同时相的观测数据获得某一像元的多角度的观测数据。

假设植被覆盖比例在一定时间内变化不大，在计算 7.5°和 38.5°的植被覆盖比例时，对每个像元都选择时间最接近的数据使用。此外，我们认为同一天内植被覆盖比例不会发生太大变化，因此同时使用了 Terra 和 Aqua 的观测来减少数据的缺失。为了寻找不同观测角度下的土壤发射率之间的关系，我们利用 AIEM 模型建立了包含宽范围土壤参数的模拟数据库。模型输入的参数各参数如下：频率，L 波段（1.4GHz）；H 和 V 极化；观测角度 1°~60°，间隔 1°；土壤体积含水量 0.02~0.44cm^3/cm^3，间隔 0.02 cm^3/cm^3；土壤表面均方根高度 0.25~3cm，间隔 0.25cm；表面相关长度 2.5~3cm，间隔 2.5cm。总体来看，H 极化不同角度的土壤反射率之间的线性关系要好于 V 极化。两个观测角度的土壤发射率可以表示为如下的关系：

$$\begin{aligned} E_{\text{H}}^{\text{VS}}(\theta_1) &= A \cdot E_{\text{H}}^{\text{VS}}(\theta_2) + B \\ E_{\text{H}}^{\text{bS}}(\theta_1) &= A \cdot E_{\text{H}}^{\text{bS}}(\theta_2) + B \end{aligned} \tag{7.54}$$

对于本节使用的 7.5°和 38.5°的土壤发射率之间的关系，A=1.0504，B=-0.0995。这个关系是利用模拟数据库回归得到的，由于模拟数据库中包含了宽范围的土壤水分和土壤表面粗糙度参数，因此这个关系的适用性比较广泛。

为了确定光滑表面反射率，这里使用了比较简单的模型来校正粗糙度的影响（Wigneron et al.，2007）：

$$R_{\text{H}}^{\text{S}} = r_{\text{H}}^{\text{S}} \cdot \exp(-h \cdot \cos\theta) \tag{7.55}$$

式中，R_{H}^{S} 表示 H 极化有效反射率；r_{H}^{S} 表示光滑表面反射率，可以用菲涅尔公式来表示：

$$r_{\text{H}}^{\text{S}} = \left(\frac{\cos\theta - \sqrt{\varepsilon - \sin^2\theta}}{\cos\theta + \sqrt{\varepsilon - \sin^2\theta}} \right)^2 \tag{7.56}$$

利用公式（7.56）解算土壤的介电常数 ε，通过介电常数模型（Wang and Schmugge，1980）最终反演得到土壤水分。

根据土壤水分地面测量点的下垫面情况，将同一像元内所有的地面土壤水分测量数据（WaterNet，SoilNet 和人工采样数据）分为植被覆盖地表和裸露地表两类分别平均得到组分土壤水分的地面实测值。以 PLMR 38.5° 和 7.5° 入射角的 H 极化观测亮温为输入，按照上面描述的方法反演得到像元的组分土壤水分反演值。

图 7.15 显示了组分土壤水分的反演值与实测值的比较。总体来看，土壤水分的反演值与实测值吻合较好。裸露地表和植被覆盖地表土壤水分的 RMSE 分别为 0.054 cm^3/cm^3 和 0.059cm^3/cm^3。由于植被的存在一方面衰减了土壤辐射信号，另一方面自身辐射信号，这一定程度上降低了微波辐射对土壤水分的敏感性（Crow et al.，2005）。因此与裸土区域相比，植被的存在增加了土壤水分反演的难度，RMSE 也较裸土区稍大。

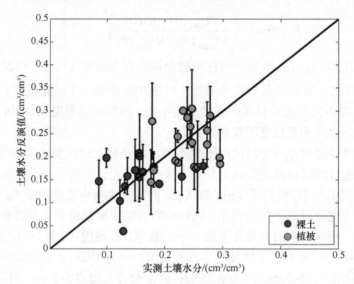

图 7.15　像元组分土壤水分反演结果验证

植被覆盖区的土壤水分比裸土区域更高。植被覆盖土壤的土壤水分变化范围在 0.15~0.31cm^3/cm^3，而裸土区的土壤水分则是 0.04~0.21 cm^3/cm^3。这是由于研究区位于干旱半干旱地区，对于这类地区，植被是影响土壤水分空间分布差异的一个非常重要的因素（Cantón et al.，2004）。此外，实验期间植被覆盖区域有地膜覆盖来保持水分，而裸土区域则任之自然蒸发，由此也导致了植被覆盖区土壤水分比裸土区更高。

组分土壤水分反演中可能的误差来源之一为飞行数据与地面采样数据时间并不完全同步。PLMR 观测样区可能只需要 1~3 h。WaterNet 和 SoilNet 自动采样的时间间隔为 10 分钟，因此在处理这两个数据时，将 PLMR 飞过验证区的时间内的数据平均，地面采集数据的时间与 PLMR 测量时间基本同步。然而对于人工地面同步观测数据而言，可能需要 3~5 h 才可以完成整个验证区的土壤参数测量。

7.2.2　微波遥感地表冻融反演

地表冻融状态的监测方法已经有很多，但各种方法都存在一定的不足之处。最初，学者们通过在北半球高纬度地区建立地面气象观测网络，监测多年冻土以及活动层的变化。这种方法虽然可以获取真实的地面数据，但是高寒地区网络布设困难，只能用稀疏的站点代表较大的区域，因此可靠性较低，除此之外，受到资金的限制，各站点的观测周期不一致，许多站点的监测周期很短就被停止了（Karl et al.，1996；Lanfear and Hirsch，1999）。相比而言，微波遥感具有不受云、雨、太阳照度影响的特点。土壤中的水分和冻土中的冰的介电特性差异巨大，这使得传感器接收到的地表微波辐射信号或者后向散射信号有较大的区别，微波遥感以其对土壤水分状态变化的高敏感性和全天候的观测能力已逐渐成为地表冻融状态监测的最有效手段。

目前，应用被动微波遥感进行地表冻融判别的方法已经有很多，如双指标算法、分类树算法、新的双指标算法、冻融判别式算法等。被动微波遥感产品的空间分辨率一般在 25km 左右，在如此大的范围内地表很难保持均一，在这种情况下利用被动微波遥感数据对地表冻融状态判识，当前很多算法中的阈值要针对研究区域来进行校正，而且阈值的选择对于最终判别结果的影响很大，与此同时建模过程中对真实地表的水平空间异质性考虑还不够全面。针对这些问题，我们基于寒区复杂地表微波辐射模型的模拟数据和实测数据构建了一个复杂地表状况下的综合数据库，并基于综合数据库对冻融判别式算法和新的双指标算法进行了改进。

1. 研究区和数据

本节以整个中国区域为研究区。选用由美国冰雪数据中心（National Snow and Ice Data Center，NSIDC）对 AMSR-E/Aqua L2A 亮温产品通过反距离加权法重采样得到 0.25°的网格产品（Knowles et al.，2006）。本节中主要用的是 2008 年和 2010 年两年的中国区域的 6 个波段的亮温。所用的全国气象地面站点数据即为"中国地面气候资料日值数据集（V3.0）"由国家气象信息中心提供。数据集包含了中国 800 多个基准、基本气象站。所用的全国森林生物量产品是 863 计划项目中研究课题的成果。该产品的空间分辨率是 1000m，时间是 2012 年。本节中主要参考森林生物量数据来确定森林蓄积量的取值范围。

本节中用来做地表冻融判识的卫星数据均搭载于 Aqua 卫星，其对应的过境时刻分别为 1：30am 和 1：30pm，这两个时间点分别与每日的最低气温和最高气温出现的时刻较为接近。由于缺少 5cm 深度处的土壤日最高温度和最低温度数据，本节选取分布在全国各个地区的 800 余个基准、基本气象地面观测站测量的 0cm 处的土壤日最高温度和最低温度作为验证数据。

2. 复杂地表状况下的综合数据库构建

针对高有机质含量土壤自身的物理特性，刘军（2014）在中国多个地区进行了采样测量并最终建立了适用于高有机质土壤的介电模型。考虑到在中国区域内，含有有机质的土壤分布广泛，因此我们将利用高有机质土壤介电模型替换掉寒区微波辐射模型中的 Dobson 模型，其他模型不做改动，以此改善对于有机质土壤情况下地表微波辐射的模拟。Zhao 等（2011）在建立冻融判别式算法过程时，利用寒区复杂地表微波辐射模型进行了随机模拟,模拟过程中由于缺乏全国森林蓄积量数据,因此将其设定为一个经验值 25m³/hm²。课题的研究成果全国森林生物量产品显示,中国区域内,森林的蓄积量不是单一值,在中国大部分地区,土壤中一般都含有一定量的有机质,其中东北地区和西南地区有机质含量尤其丰富。本节我们将依据中国区域生物量数据推导出森林蓄积量,同时考虑不同波段的穿透深度,最终给出有效的森林蓄积量的模拟范围。

我们采用应用最为广泛的线性模型:

$$B = a + b * V \tag{7.57}$$

模型中的参数与森林种类有关,对于不同树种,模型中的参数也不相同,具体统计如表 7.5 所示。依据森林生物量的取值范围,剔除异常值,最终确定的森林蓄积量的最大取值范围是 0~869.7m³/hm²,由于森林生物量的取值大部分在 0~150t/hm²,其对应的森林蓄积量的最大范围是 0~181.3 m³/hm²,以上计算出来的即为中国区域的蓄积量取值范围。

表 7.5 典型树种类型在线性模型中的参数统计

种类名称	a	b
落叶松	0.9671	5.7598
樟子松	1.0945	2.004
桉树	0.7893	6.9306
松柏和落叶混交林	0.8019	12.2799
檫树	0.6255	91.0013
热带森林	0.9505	8.5648
常绿阔叶林	1.0357	8.0591

我们利用 HUT 模型中的关于透过率计算的经验公式模拟了在 55°入射角下,不同频率下的透过率 L_{for} 随森林蓄积量的变化关系,得出不同频率下的森林蓄积量的临界值。对于中国森林区域而言,从理论上来说 6.9GHz 频段是有能力进行地表的探测的,而对于其他频率段,若进行冻融探测则需要一定的限制条件,对于 10.65GHz 频率段,森林蓄积量需要小于 300m³/hm²;对于 18.7GHz 频率段,森林蓄积量需要小于 150m³/hm²;对于 23.8GHz 频率段,森林蓄积量需要小于 120m³/hm²;对于 36.5GHz 频率段,森林蓄积量需要小于 88m³/hm²;对于 89GHz 频率段,森林蓄积量需要小于 58m³/hm²。一般来说,36.5GHz 频率段常用来反演地表温度,那么当森林蓄积量大于 88m³/hm² 时,此时反映的不是土壤温度,而是森林温度。在冻融判别式算法中,选用了 18.7GHz 频率段来计算准发射率,以此反映土壤的冻融情况。那么蓄积量的取值范围可以选定为 0~150m³/hm²。

我们所构建的复杂地表综合数据库中主要包括模拟数据和实测数据。模拟数据中一方面选择了有机质介电模型来考虑土壤中有机质对微波辐射的影响,另一方面扩充了森林蓄积量对微波辐射影响的模拟范围。实测数据包括卫星观测数据和地面观测数据。基于该综合数据库,我们对冻融判别式算法及新的双指标算法做出改进。

3. 冻融判别式算法的改进

冻融判别式算法中有两个主要的判别指标，其中 $TB_{36.5V}$ 用来指示地表温度的变化，而 $Qe_{18.7H/36.5V}$（18.7 H 极化与 36.5 V 极化下的亮温比）用来描述冻融过程中土壤发射率的变化。我们从复杂地表综合数据库中选取了 3 万条数据作为样本数据，每条数据包含三个元素：$Qe_{18.7H/36.5V}$（由计算获取）、$TB_{36.5V}$ 及冻融状态（0 代表冻结；1 代表融化）。然后通过 Fisher 判别法，借助 SPSS 软件建立判别函数，经过自校正，自交叉验证精度为 91.3%。最终所建立的判别式如下所示：

$$D_F = 1.69TB_{36.5V} + 70.435Qe_{18.7H} - 246.523 \tag{7.58}$$

$$D_T = 1.948TB_{36.5V} + 39.136Qe_{18.7H} - 283.797 \tag{7.59}$$

若 $D_F > D_T$，则代表冻结；若 $D_F < D_T$，则代表融化。

验证结果采用三个指标进行评价：冻结判对率 E_F，融化判对率 E_T，总的判对率 E3。计算公式如下：

$$E_F = \sum_{i=1}^{k} N_{FF} / \sum_{i=1}^{k}(N_{FF} + N_{FT}) \tag{7.60}$$

$$E_T = \sum_{i=1}^{k} N_{TT} / \sum_{i=1}^{k}(N_{TF} + N_{TT}) \tag{7.61}$$

$$E = \sum_{i=1}^{k}(N_{FF} + N_{TT}) / \sum_{i=1}^{k}(N_{FF} + N_{FT} + N_{TF} + N_{TT}) \tag{7.62}$$

式中，k 代表冻融监测总的站点数；N_{FF}、N_{TT}、N_{FT}、N_{TF} 分别代表每个站点上对冻结地表和融化地表做出正确判别的天数，以及对冻结地表和融化地表做出错误判别的天数，这时记 E 为 E3。

利用 2010 年全年的 AMSR-E 卫星观测数据（包括升轨和降轨，18GHz 的 H 极化通道和 36.5GHz 的 V 极化通道），分别采用原冻融判别式算法和改进后的冻融判别式算法对全国地区的地表冻融状态进行判识，最后利用 0cm 气象站点日最高温数据对升轨期的判识结果进行验证，利用 0cm 气象站点日最低温数据对降轨期的判别结果进行验证。升轨的提升幅度很小，这是因为原有的判识算法对于升轨的判识精度已经很高，总体判对率接近 94%。提升较多的主要出现在降轨，总体判识精度提升了将近 4 个百分点。针对此，对降轨期内冻融判别式算法改进前后的判识精度进行了对比。

图 7.16 分别展示了降轨期内算法改进前后站点年平均判识精度在空间上的分布情况，从整体来看，算法改进后的精度得到了提升，但也存在部分判识精度降低的区域。

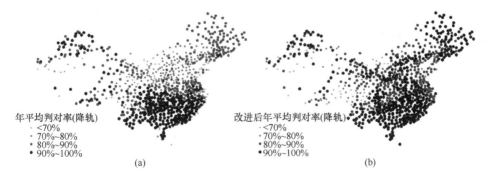

图 7.16 降轨期间内冻融判别式算法改进前后站点年平均判识精度分布图
(a) 改进前；(b) 改进后

从图 7.16 中来看，东北地区判对率提升明显，这部分区域有机质含量高、森林资源丰富，达到了我们最初的设想结果；但与之相悖的是，在青藏高原地区，有机质含量较高，但判识精度却略有降低，与此同时在华北地区，土壤中有机质含量较少，森林资源也很少，但判识精度却有所提升。究其原因主要在于以下两个方面：①土壤中有机质的增加，会使得土壤对于水分的吸附力增强，增加土壤中束缚水的含量，而束缚水与自由水相比，其介电常数要明显偏小，这就会造成相同含水量情况下，有机质土壤的介电常数要偏小。当土壤中水分冻结之后，由于土壤中有机质的存在，冻结之后的土壤中由于仍存在部分难以冻结的束缚水，导致有机质土壤在发生冻融变化期间介电常数变化要小于普通矿质土壤，有机质的存在降低了冻融土之间的介电差异。因此本节将刘军（2014）发展的有机质土壤介电模型替换掉原来的 Dobson 模型，虽然提高了其对有机质土壤介电特性的模拟精度，但却增加了冻融判别的难度。这也变相导致了在青藏高原（土壤中有机质含量相对较高）部分区域的判识精度下降，而在华北平原（土壤中有机质含量相对较低）部分地区的判识精度略有提升。②我们所利用的样本数据包含了卫星升轨数据、降轨数据、模型模拟数据等，本节对于算法的改进实际上是综合所有数据的一个总体改进结果，由于各种因素如升降轨差异、模型参考假设与真实地面情况差异、地表的强空间异质性等的影响，同一个算法很难在任何地点都同时达到精度最高。本节对于模型的模拟重点考虑的是使之更符合真实地表情况，同时对算法的提升重点考虑的是对复杂地表判识能力的综合提升。

4. 新的双指标算法的改进

新的双指标算法中也有两个主要的判别指标。其中沿用了旧的双指标算法中的一个指标即 36.5GHz 的 V 极化亮温 $TB_{36.5v}$，用来反映温度信息；另一个指标是 6.9GHz、10.7GHz、18.7 GHz、23.8GHz、36.5GHz 和 89.0GHz 下水平极化亮温的标准偏差 SDI，该指标可以反映土壤冻结后土壤水分减少的情况。

验证结果采用三个指标进行评价：每个站点的年平均判对率、所有站点每一天的平均判对率及所有站点的平均总体判对率。三个指标均可以通过公式（7.60）~公式（7.62）进行计算，当表示每个站点的年平均判对率时，k 等于 1；其中 N_{FF} 代表每个站点一年中对冻结地表做出正确判别的天数，N_{TT} 代表每个站点一年中对融化地表做出正确判别的天数，N_{FT} 代表每个站点一年中对冻结地表做出错误判别的天数，N_{TF} 代表每个站点一年中对融化地表做出错误判别的天数。这时记 E3 为 E1。当表示所有站点每一天的平均判对率时，k 等于 1；N_{FF} 代表当天对冻结地表做出正确判别的站点个数，N_{TT} 代表对融化地表做出正确判别的站点个数，N_{FT} 对冻结地表做出错误判别的站点个数，N_{TF} 代表对融化地表做出错误判别的站点个数。这里我们将 E 记为 E2。

我们首先对新的双指标算法在全国地区的适用性进行了分析，对升轨期（白天）和降轨期（晚上）得到的冻融判别结果，计算了每个站点的年平均判对率 E1，如图 7.17所示。从中可以看出，在全国范围内，无论是升轨期还是降轨期，在很多地区的判别精度都比较低。判别结果较高的地区大部分分布在我国长江流域以南，然而这些地区本身处于亚热带气候，地表的冻融变化较少，不足以具有代表性。相比而言，长江以北地区内地表的冻融状态变化要频繁得多，可是对于这些区域的判识结果显示，站点的判识精度大多在 80%以下，其中尤其在东北、青海等地区，判别精度还不到

70%。我们又分别基于升轨期（白天）和降轨期（晚上）得到的冻融判别结果，计算了所有站点每一天的平均判对率E2，无论是升轨期还是降轨期，E2的范围大体都在40%~100%变化；E2在夏季的值要明显高于冬季，这说明新双指标算法中的判别阈值存在较大偏差。

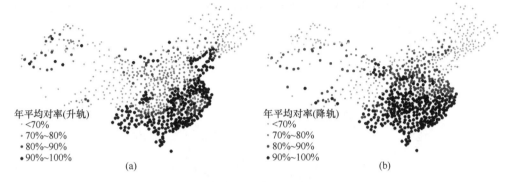

图 7.17　新的双指标算法站点年平均判识精度分布图
（a）升轨期；（b）降轨期

　　针对此，我们从复杂地表综合数据库中选取了3万条数据作为样本数据，每条数据包含三个元素：SDI（由计算获取）、$TB_{36.5V}$及冻融状态（0，代表冻结；1代表融化）。然后通过Fisher判别法，建立判别函数，经过自校正，精度为91%。最终所建立的判别式如下所示：

$$D_F = 1.040TB_{36.5V} + 0.923SDI - 131.10 \qquad (7.63)$$

$$D_T = 1.162TB_{36.5V} + 0.998SDI - 163.342 \qquad (7.64)$$

将上面两个式子相减，便可以得到冻融判别阈值D_{FT}，如下：

$$D_{FT} = -0.122TB_{36.5V} - 0.075SDI + 32.236 \qquad (7.65)$$

假如$D_{FT} > 0$，则代表冻结；反之，则代表融化。

　　图7.18展示了升轨期和降轨期内算法改进后的站点年平均判识精度分布图。从中可以看出，在全国地区范围内，大部分站点的年平均判对率都达到了80%以上，而这其中很大比例的点位甚至达到了90%以上。

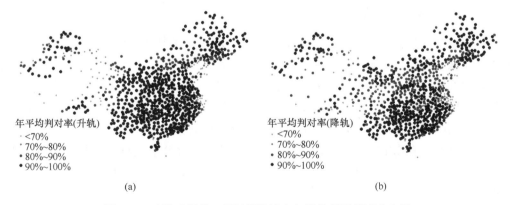

图 7.18　改进后新的双指标算法站点年平均判识精度分布图
（a）升轨期；（b）降轨期

我们分别对算法改进前后在升轨期和降轨期内的冻结判对率、融化判对率以及总体判对率进行了统计，各个判对率的计算公式同上。可以看出，通过对阈值的选择进行重新归类，无论在升轨期还是在降轨期，总的判对率得到了明显提升。其中在升轨期，总体判对率由原来的 78.6%提升到 91.1%；在降轨期，总体判对率由原来的 79.8%提升到 88.2%。图 7.19 展示了在升轨期内，算法改进前后各个站点年平均判对率（E1）的差值在空间上的分布情况。

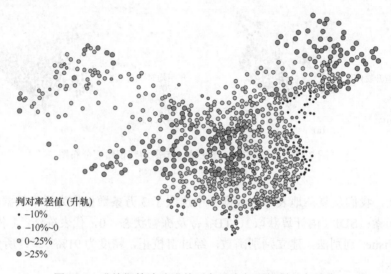

判对率差值 (升轨)
· −10%
· −10%~0
○ 0~25%
● >25%

图 7.19　升轨期算法改进前后各站点年平均判对率差值

　　可以看出，相比于原来的算法，总体判识精度在全国大部分地区都得到了提升。其中在东北地区提升明显，大部分提升了 25%以上，这可能主要源自于模拟数据中考虑了森林蓄积量对微波辐射特征的影响。需要说明的是，虽然从整个中国区域来讲判对率得到了提升，但是在某些局部地区改进之后算法的判对率反而下降了，如图 7.19 中所示，下降较为明显的地区集中在东部沿海区域。分析其原因可能在于沿海地区站点对应的微波像元大多为混合像元，混合像元中一部分为陆地，另一部分则为海水，由于水体对像元发射率影响严重，现有的算法中未考虑水体的影响，从而导致了误判。

7.2.3　植被含水量遥感反演

　　尽管植被水分含量的遥感监测算法在长期的发展过程中已得到不断的改进和完善，但仍存在很多问题。如基于光谱诊断技术的光学遥感反演算法基本都是建立在对单一植被类型的经验回归关系之上，所采用的各种光谱指数，会出现由植被类型切换所引起反演偏差，推广性较差；而以微波遥感技术为背景的植被水分反演算法，大都是土壤水分反演算法的附属产品，精度较差；鲜见直接剔除土壤背景信号，以植被水分反演为核心的算法；另外，植被光学厚度和植被水分之间的定量关系也有待深入挖掘和分析。基于此，我们分别针对光学和微波遥感的植被水分反演算法，提出了相应的改进方案，发展了精度较高的植被水分反演算法。

1. 光学遥感反演算法

植被水分指数有归一化型（NDWI）和比值型（SRWI）这两种计算形式，如公式（7.66）所示。两种植被水分指数与反射率的关系可表示为公式（7.67），是一系列过原点的直线（植被水分指数等值线）。

$$\text{NDWI} = \frac{R_{\text{NIR}} - R_{\text{SWIR}}}{R_{\text{NIR}} + R_{\text{SWIR}}}, \quad \text{SRWI} = \frac{R_{\text{NIR}}}{R_{\text{SWIR}}} \tag{7.66}$$

$$R_{\text{NIR}} = -\frac{\text{NDWI} + 1}{\text{NDWI} - 1} R_{\text{SWIR}} \tag{7.67}$$

基于模型模拟数据发现，植被水分等值线的交点不过原点。存在一条植被水分等值线与多条植被水分指数等值线相交，即一个植被水分值对应多个水分指数的情况，这样就很难建立植被水分指数与植被水分之间的一一对应关系。调节植被水分指数（Ceccato et al.，2002；Huete，1988；Dasgupta and Qu，2009）是通过将坐标原点向上平移 m 个单位、向右平移 n 个单位，使植被水分指数等值线尽量与植被水分等值线重合。调节植被水分指数计算方法见公式（7.68）。

$$\text{A-NDWI} = \frac{(R_{\text{NIR}} - m) - (R_{\text{SWIR}} - n)}{(R_{\text{NIR}} - m) + (R_{\text{SWIR}} - n)}, \quad \text{A-SRWI} = \frac{R_{\text{NIR}} - m}{R_{\text{SWIR}} - n} \tag{7.68}$$

为方便分析研究，公式（7.68）可以改写成公式（7.69）。

$$\text{A-NDWI} = \frac{R_{\text{NIR}} - R_{\text{SWIR}} + i}{R_{\text{NIR}} + R_{\text{SWIR}} + j}, \quad \text{A-SRWI} = \frac{R_{\text{NIR}} + i}{R_{\text{SWIR}} + j} \tag{7.69}$$

本节采用如下方法确定参数 i、j。在经验确定的参数 i、j 范围和步长内，基于每种 i、j 组合确定调节植被水分指数，构建植被水分指数与植被水分含量（如 VWC）之间的回归关系。以决定系数（coefficient of correlation，R^2）和均方根误差（root mean square error，RMSE）作为评价标准，选择拟合精度最高时所对应的 i、j 参数来确定调节植被水分指数形式。

华北平原（32°~40°N，112°~120°E）面积约为 $3.3 \times 10^5 \text{km}^2$。华北平原地表覆盖包括耕地、林地、人造地表等多种类型。对 2010 年 GlobeLand30 地表分类进行统计，其中耕地占 78.33%，人造地表占 15.68%，水体占 3.77%，林地、草地、湿地等其他地类共占 2.21%。华北平原地区主要农作物类型为冬小麦和夏玉米，还种植棉花、大豆等经济作物。其中，冬小麦一般在头年 10 月上旬播种，到第二年 2 月下旬至 3 月上旬开始返青，6 月中旬成熟。因此，在春、夏两季华北平原的主要植被覆盖为冬小麦（图 7.20），约占华北平原总面积的 30%。研究区如图 7.20 所示。

冬小麦的地面采样区（38.25°~38.75°N，115°~115.50°E）位于河北省保定市、石家庄市和衡水市之间，春、夏两季地面主要植被覆盖为冬小麦，同时有少量花生、粟、高粱等作物分布。在该采样范围内，我们选取了 16 个 500 m 的 MODIS 网格，并在每个网格中布设了 2~3 个采样点，共计设置了 33 个采样点，如图 7.20 所示。为了尽可能覆盖冬小麦的生育期，采样实验在 2016 年 3 月至 6 月开展，每次采样持续 7~10 天，获取了小麦返青期至成熟期 5 个不同生育节点、33 个采样点上，共计 165 条冬小麦 VWC 的实测数据。具体方法为，在每个采样点随机选取 2~3 个样方，每个样方面积为 $(0.6 \times 0.6) \text{m}^2$，

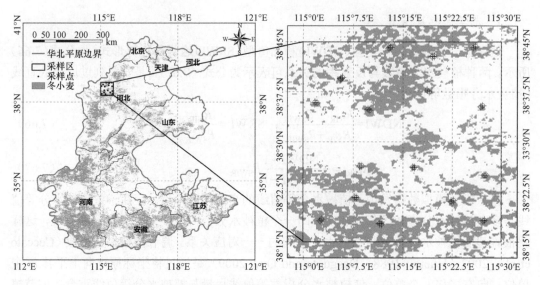

图 7.20　华北平原和实验样区及冬小麦含水量采样点位

采用收获烘干法得到每个样方上的冬小麦 VWC，并将统计平均后的值作为每个采样点上的实测冬小麦 VWC。图 7.21 显示了统计平均情况下，采样区内全部实测冬小麦 VWC 数据在五个采样时间上对应的生育期、均值及标准差。可以看出，随着冬小麦的生长，实测的 VWC 呈现先上升后下降的变化趋势，与冬小麦生育期含水量变化规律一致。实测数据中，70%用于构建拟合关系，30%用于验证。

　　基于 MODIS 和 Landsat-8 数据光谱反射率特点，本节使用 1240nm、1640nm、2130nm 三个水分吸收敏感波段，选择对水分不敏感的 860nm 波段反映农作物干物质信息，综合考虑归一化型和比值型植被水分指数这两种常见的植被水分指数计算类型，引入调节参数 i、j，并结合 2016 年华北平原冬小麦的实测含水量数据，分别建立植被水分指数 NDWI、A-NDWI、SRWI、A-SRWI 与冬小麦植被含水量 VWC 之间的线性回归关系。基于决定系数和均方根误差，比较各植被水分指数在华北平原地区的反演精度，确定最适合华北平原冬小麦含水量的反演模型。

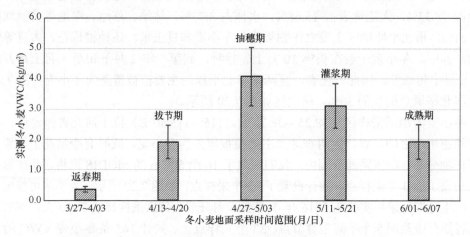

图 7.21　冬小麦地面采样时间范围及对应生育期、均值与标准差

基于 Landsat-8 地表反射率数据，构建 30m 尺度调节植被水分指数与冬小麦 VWC 之间的拟合关系。加入调节参数前后的拟合精度如表 7.6 所示。植被水分指数的下标表示所用短波红外波段反射率的波长，近红外波段反射率统一使用 860nm 处。加入调节参数后，整体拟合精度有较大的提升，R^2 均在 0.5 以上，RMSE 在 $1.0kg/m^2$ 左右。A-NDWI$_{1640}$ 与 VWC 的拟合精度略低，其余三个调节植被水分指数的精度相当。

表 7.6　30m 尺度调节植被水分指数与冬小麦含水量拟合关系

	R^2	RMSE	i	j	回归关系
NDWI$_{1640}$	0.22	1.27	0	0	VWC=3.759×NDWI$_{1640}$+1.357
A-NDWI$_{1640}$	0.50	1.02	−1	0.16	VWC=5.654×A-NDWI$_{1640}$+9.896
NDWI$_{2130}$	0.19	1.29	0	0	VWC=2.687×NDWI$_{2130}$+1.189
A-NDWI$_{2130}$	0.52	0.99	−1	0.16	VWC=5.47×A-NDWI$_{2130}$+9.787
SRWI$_{1640}$	0.22	1.27	0	0	VWC=1.171×SRWI$_{1640}$+0.2044
A-SRWI$_{1640}$	0.53	0.99	−0.65	1	VWC=27.41×A-SRWI$_{1640}$+10.11
SRWI$_{2130}$	0.19	1.29	0	0	VWC=0.5154×SRWI$_{2130}$+0.8379
A-SRWI$_{2130}$	0.53	0.99	−0.58	1	VWC=27.47×A-SRWI$_{2130}$+8.784

A-NDWI$_{2130}$ 与 VWC 的回归关系如图 7.22 所示。在整个生长季，A-NDWI$_{2130}$ 均不存在明显的高估或低估，在冬小麦生长初期（3 月 30 日），存在对 VWC 一定程度的高估现象。30m 尺度下冬小麦含水量反演模型如公式（7.70）所示，拟合的置信区间是 95%，回归平方和 S_R 是 75.39，残差平方和 S_e 是 68.55，样本数 n 是 72，F 检验的统计数 F=76.99>$F_{0.99}$（1,70），在显著性水平 0.01 下回归方程是显著的。

$$VWC = 5.47 \times A\text{-}NDWI_{2130} + 9.787 \tag{7.70}$$

式中，A-NDWI$_{2130}$ 由公式（7.69）所示，参数 i=−1，j=0.16。

使用验证数据验证公式（7.70），结果如图 7.22 所示。验证 R^2 达 0.56，RMSE 为 $0.98kg/m^2$。在冬小麦生长初期（3 月 30 日），存在对 VWC 的高估问题。

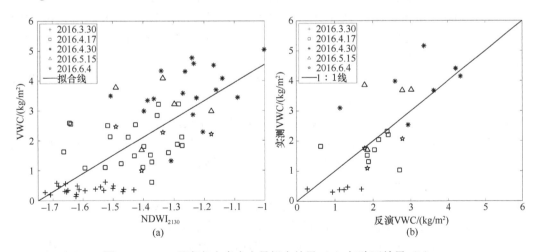

图 7.22　30m 尺度冬小麦含水量拟合结果（a）与验证结果（b）

基于 MODIS 地表反射率构建 1km 尺度调节植被水分指数与冬小麦 VWC 之间的拟合关系。与 30m 尺度的规律类似，加入调节参数前后拟合精度有较大的提升，R^2 达 0.51，

RMSE 降低至 0.95kg/m^2。A-NDWI$_{2130}$ 与 VWC 的拟合精度最高，本节选用 A-NDWI$_{2130}$ 与 VWC 的回归关系作为 1km 尺度冬小麦含水量反演模型，如公式（7.71）所示，拟合的置信区间是 95%，回归平方和 S_R 是 55.84，残差平方和 S_e 是 53.69，样本数 n 是 61，F 检验的统计数 $F=61.37>F_{0.99}(1,59)$，在显著性水平 0.01 下回归方程是显著的。

$$VWC = 5.185 \times \text{A-NDWI}_{2130} + 7.38 \qquad (7.71)$$

使用验证数据验证冬小麦植被含水量反演模型精度，结果如图 7.23 所示。冬小麦植被含水量验证精度 R^2 为 0.69，验证 RMSE 为 0.86kg/m^2，验证精度较高。

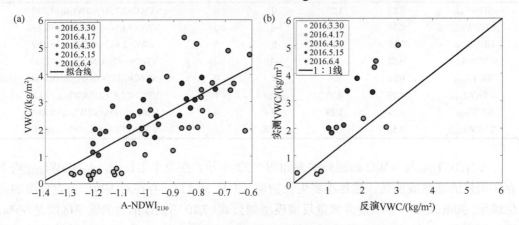

图 7.23　1km 尺度冬小麦含水量拟合结果（a）与验证结果（b）

以上结果显示，调节植被水分指数可一定程度上削弱土壤背景影响、提高植被水分的反演精度。将 1km 尺度上的回归模型应用到整个华北平原冬小麦覆盖像元，结果如图 7.24 所示。

同时，我们使用平均值法将 30m 尺度的冬小麦含水量反演结果重采样至 1km 分辨率，对比了不同尺度上的冬小麦含水量反演结果之间的差异。图 7.25 中，纵坐标表示 Landsat-8 30m 尺度重采样至 1km 尺度的 VWC 值，横坐标表示 MODIS 1km 尺度 VWC 反演结果。右下图是其余三幅图散点汇总的结果。两种尺度下 VWC 反演结果总体相关性为 0.76，散点在 1∶1 线两侧分布。其中，在 4 月 7 日两种尺度反演结果的相关性最高，达到 0.84，此时对应冬小麦拔节期。在 6 月 10 日两种尺度 VWC 的反演结果相关性最差，R 为 0.57，此时对应冬小麦成熟期，采样区部分地区冬小麦已经开始收获，冬小麦含水量日变化较大。而两种尺度的反演时间相差 3 天，从左下图中可以明显看出，1km 尺度反演的 VWC 明显高于 30m 尺度的，这种情况在其他两个日期表现不明显，这可能是造成 6 月 10 日反演结果相关性较差的一个原因。

植被绿度与植被含水量从不同侧面反映植被生长状况，可以使用 NDVI、EVI 等植被绿度指数间接验证本研究反演的植被含水量（赵晶晶等，2011；柴琳娜等，2015）。在华北平原农作物生育期内，使用 MOD13A2 与同一时间所反演的冬小麦含水量产品绘制散点图，分析二者之间的相关性。其中，NDVI、EVI 与 VWC 的散点图选取从 4 月 7 日到 5 月 25 日，根据 MOD13A2 的时间分辨率为 16 天的特点，共 4 组对应数据，结果如图 7.26 所示。冬小麦含水量与 NDVI、EVI 之间存在较好的正相关关系，相关系数均在 0.7 以上，本研究所发展的农作物含水量反演模型能够有效地反映水分含量变化。

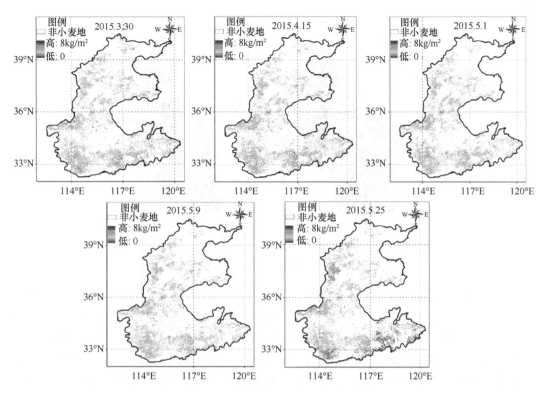

图 7.24　华北平原地区 1km 尺度冬小麦植被含水量反演结果（彩图附后）

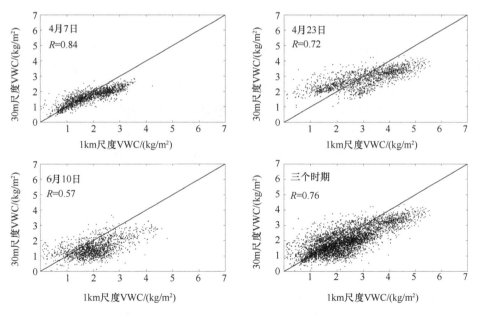

图 7.25　不同尺度冬小麦含水量反演结果比较

　　调节植被水分指数的实质是，通过对植被水分指数等值线所在平面坐标系的平移，使植被水分指数等值线与植被水分含量等值线重合，从而削弱土壤背景的影响，提高水分反演精度。它具有灵活性强的优点，可以通过调节参数 i 和 j 来提高指数对不同植被类型水分含量的敏感性。本节基于地面实测冬小麦含水量数据和 MODIS、OLI 反射率

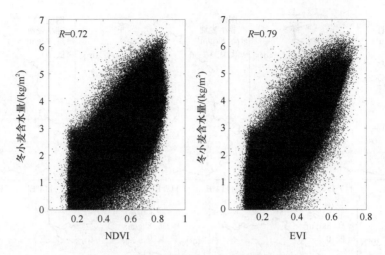

图 7.26　植被指数与冬小麦含水量散点图

数据，构建调节植被水分指数，较大幅度提高华北平原地区冬小麦水分含量反演精度。同时分析了光谱波长对农作物含水量反演精度的影响，随着光谱波长的增加，反演精度逐渐提高。反演冬小麦采样区（38.25°~38.75°N，115°~115.50°E）30m 尺度和 1km 尺度植被含水量，并比较不同尺度反演结果的空间相关性。30m 尺度和 1km 尺度均能很好的表现 VWC 的空间分异规律，且两者之间具有很好的相关性，相关系数达 0.76。可见，基于调节植被水分指数反演农作物含水量的方法在不同尺度具有较高的一致性。

2. 微波遥感反演算法

本节基于对成熟物理模型模拟数据的分析和物理公式的推导，针对玉米的植被三维结构特点及 L 波段（1.4GHz）被动微波亮温数据，发展了基于 L 波段双角度被动微波亮温数据和玉米 LAI 及其株高和株密度数据的玉米重量含水量反演算法，并利用 2012 年 HiWATER 实验期间获取的 PLMR 机载 L 波段多角度被动微波亮温数据和 GLASS LAI 数据以及玉米株高和株密度数据开展了对区域面积玉米重量含水量的反演。

采用零阶辐射传输模型来反演低矮植被光学厚度。零阶辐射传输模型是辐射传输方程的零阶解，并且没有考虑植被层内的一次及多次散射，因此该模型被广泛地应用于对低频微波辐射信号的描述。当不考虑植被覆盖度和大气影响的情况时，在某观测频率 f 和观测角度 θ 下，辐射计测量到的亮温 $TB_P(f,\theta)$ 可以表示为

$$TB_P(f,\theta) = \varepsilon_P^V(f,\theta) \cdot T_V + \varepsilon_P^V(f,\theta) \cdot L_P \cdot (1 - \varepsilon_P^V(f,\theta)) \cdot T_V \\ + \varepsilon_P^V(f,\theta) \cdot L_P \cdot T_S \qquad (7.72)$$

式（7.72）可以表示为土壤发射率的线性函数，即

$$TB_P(f,\theta) = [\varepsilon_P^V(f,\theta) \cdot (1 + L_P) \cdot T_V] + L_P \cdot (T_S - \varepsilon_P^V(f,\theta) \cdot T_V)] \cdot \varepsilon_P^V(f,\theta) \qquad (7.73)$$

在被动微波遥感观测尺度下，通常假设植被温度与地表温度近似相等，同时，认为观测到的植被层信号是许多不同大小、形状和朝向的植被散射体的综合，可以假设植被信号不依赖于极化，并且由于 L 波段波长较长，可近似认为 $\omega=0$。因此，式（7.73）可简化为

$$\mathrm{TB}_P(\theta) = [(1 - L^2(\theta)) \times T_\mathrm{e}] + [L^2(\theta) \times T_\mathrm{e}] \times \varepsilon_P^s(\theta) \qquad (7.74)$$

依据式（7.74），某一观测角度下辐射计观测到的亮温极化差为

$$\mathrm{TB}_V(\theta) - \mathrm{TB}_H(\theta) = L^2(\theta) \times T_\mathrm{e} \times \left(\varepsilon_V^s(\theta) - \varepsilon_H^s(\theta) \right) \qquad (7.75)$$

则在某一观测角度下，辐射计观测亮温的极化差异比值为

$$\frac{\mathrm{TB}_V(\theta_2) - \mathrm{TB}_H(\theta_2)}{\mathrm{TB}_V(\theta_1) - \mathrm{TB}_H(\theta_1)} = \frac{\mathrm{e}^{-2\tau/\cos\theta_2}}{\mathrm{e}^{-2\tau/\cos\theta_1}} \times \frac{\varepsilon_V^s(\theta_2) - \varepsilon_H^s(\theta_2)}{\varepsilon_V^s(\theta_1) - \varepsilon_H^s(\theta_1)} \qquad (7.76)$$

整理上式可得基于双角度微波辐射亮温数据的低矮植被光学厚度反演算法：

$$\tau = \frac{1}{2} \times \ln\left(\frac{\varepsilon_V^s(\theta_2) - \varepsilon_H^s(\theta_2)}{\varepsilon_V^s(\theta_1) - \varepsilon_H^s(\theta_1)} \times \frac{\mathrm{TB}_V(\theta_1) - \mathrm{TB}_H(\theta_1)}{\mathrm{TB}_V(\theta_2) - \mathrm{TB}_H(\theta_2)} \right) \times \frac{\cos\theta_1 \cdot \cos\theta_2}{\cos\theta_1 - \cos\theta_2} \qquad (7.77)$$

同时，基于模型模拟数据我们发现，L 波段不同观测角度的裸露土壤发射率极化差之间存在良好的线性关系［式（7.78）］，且角度相差越小（约 15°以内）不同观测角度的裸露土壤发射率极化差之间的相关性越好（图 7.27）。该线性关系不依赖于土壤水分和地表粗糙度，可以适用于宽范围的土壤状况。

$$\varepsilon_V^s(\theta_2) - \varepsilon_H^s(\theta_2) = p(\theta_1, \theta_2) \times [\varepsilon_V^s(\theta_1) - \varepsilon_H^s(\theta_1)] \qquad (7.78)$$

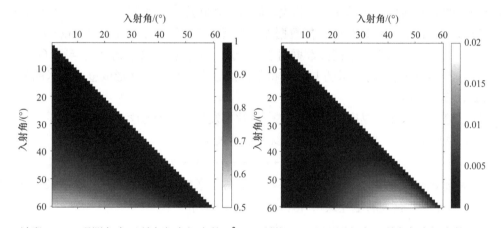

L 波段 1°~60°观测角度下所有角度组合的 R^2　　　L 波段 1°~60°观测角度下所有角度组合的 RMSE

图 7.27　L 波段裸露土壤发射率极化差在不同观测角度之间的决定系数（R^2）和均方根误差（RMSE）

通过整理式（7.77）和式（7.78）可得到基于 L 波段双角度微波辐射亮温数据的低矮植被光学厚度反演算法［式（7.79）］：

$$\tau = \frac{1}{2} \times \ln\left(p(\theta_1, \theta_2) \times \frac{\mathrm{TB}_V(\theta_1) - \mathrm{TB}_H(\theta_1)}{\mathrm{TB}_V(\theta_2) - \mathrm{TB}_H(\theta_2)} \right) \times \frac{\cos\theta_1 \cdot \cos\theta_2}{\cos\theta_1 - \cos\theta_2} \qquad (7.79)$$

为了研究玉米光学厚度与其重量含水量及 LAI 等三维结构参数之间的定量关系，针对玉米在不同生育期的植被三维结构特点，构建了包含不同水分含量和尺寸的玉米叶片和玉米秆的光学厚度模拟数据库。玉米叶片和玉米秆的相关参数动态变化范围（表 7.7）依据 2012 年 HiWATER 试验期间获取的玉米植株从出苗到腊熟的地面实测参数变化范围进行设置。

表 7.7　玉米散射体参数设置表

	散射体参数	单位	最小值	最大值	步长
玉米叶	单位面积密度（M_d）	m^{-2}	50	1250	150
	半径（r_d）	m	0.005	0.065	0.01
	厚度（h_d）	m	0.0001	0.0004	0.0001
	重量含水量（w_d）	%	60	90	5
玉米秆	单位面积密度（M_c）	m^{-2}	5	9	1
	半径（r_c）	m	0.01	0.025	0.005
	长度（h_c）	m	0.1	2	0.1
	重量含水量（w_c）	%	60	90	5

总数据量：$9 \times 7 \times 4 \times 5 \times 4 \times 20 \times 7 = 705600$

根据上述参数变化范围，首先基于 Mätzler 植被介电常数模型（Mätzler，1994）来模拟玉米叶片和玉米秆的介电常数，并分别利用广义瑞利近似（Karam and Fung，1983）和无限长圆柱近似（Karam and Fung，1988）的方法来获取随机均匀分布的介电圆片和垂直分布的介电圆柱的光学厚度。其次，依据玉米叶片的表面积和玉米秆的截面积分别构建玉米叶片和玉米秆的 LAI 模拟数据库。最后，依据等含水量组合法（$w_c = w_d$），将玉米叶片和玉米秆的光学厚度模拟数据组合在一起，并根据圆片散射体的半径（r_d）和圆柱散射体的半径（r_c）将玉米的 LAI 模拟数据组合在一起，最终形成整个玉米的光学厚度和 LAI 模拟数据。

通过分析玉米光学厚度 τ 与其 LAI 模拟数据发现，玉米光学厚度与其重量含水量 w（%）和 LAI 等三维结构参数之间存在以下定量关系：

$$\tau = (a \cdot LAI + c) \cdot w + b \cdot LAI + d \qquad (7.80)$$

式中，系数 $a = 0.1091$，$b = -0.027$，c 和 d 是与玉米植株高度 h_c（m）和玉米植株密度 M_c（单位：m^{-2}）有关的量 [式（7.81）和式（7.82）]。

$$c = (c_{11} \cdot h_c + c_{12}) \cdot M_c + c_2 \qquad (7.81)$$

$$d = (d_{11} \cdot h_c + d_{12}) \cdot M_c + d_2 \qquad (7.82)$$

式中，系数 $c_{11} = -0.0363$，$c_{12} = -0.0011$，$c_2 = -0.0406$，$d_{11} = 0.0737$，$d_{12} = -0.002$，$d_2 = 0.0178$。

为了验证算法，选取了位于黑河流域中游的张掖地区（100°9′0.31″~100°36′4.74″E，38°43′22.25″~39°9′19.11″N）作为验证区。2012 年黑河流域地表覆盖 30m 分辨率数据显示，研究区的土地利用类型主要为耕地和建筑用地，耕地的地表覆盖类型以玉米为主，另外还种有较少面积的春小麦和大麦。

基于 2012 年黑河流域地表覆盖 30m 分辨率数据，我们统计了研究区域内 1km 像元尺度的玉米覆盖度。为了尽可能减小地表覆盖的非均质性，提高玉米重量含水量的反演精度，仅筛选出了玉米覆盖度大于 60% 的像元并在这些像元上开展玉米重量含水量的反演工作。

采用的数据包括：HiWATER 试验中，被动微波机载 PLMR L 波段多角度微波辐射亮温数据、GLASS LAI 产品（Zhao et al.，2013），以及相应的地面配套实测数据，包括验证区域内布设的 15 个玉米采样点的实测重量含水量和株高数据，以及 LAINet 无线传感器观测网络所获取的地面实测玉米 LAI 数据（Qu et al.，2013）。LAINet 实测 LAI 数据主要为了进一步对比分析基于 GLASS LAI 数据的区域面积玉米重量含水量反演结果，评价算法的反演精度。最终的反演结果如图 7.28 所示。

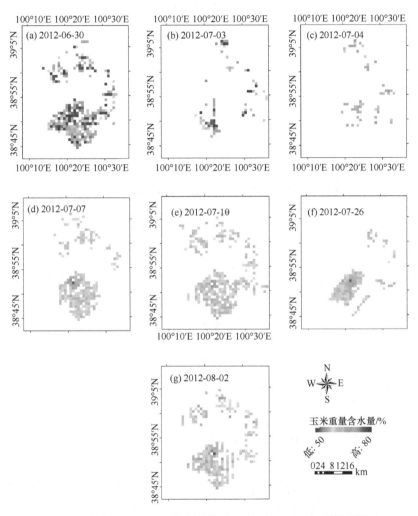

图 7.28　基于 GLASS LAI 数据反演的玉米重量含水量（彩图附后）

　　图 7.29（a）显示了基于 GLASS LAI 数据反演的玉米重量含水量与地面实测值之间的比较，均方根误差 RMSE=5.61 %，决定系数 R^2=0.306。而将 GLASS LAI 替换为 LAINet LAI 数据之后，均方根误差降低至 3.13%，R^2 提高至 0.7768，如图 7.29（b）所示。

　　验证结果表明，在地面验证区域内基于 GLASS LAI 数据和 PLMR 亮温数据反演的玉米重量含水量整体上低于地面采样点实测的玉米重量含水量，而基于 LAINet 观测数据和 PLMR 亮温数据反演的玉米重量含水量与地面采样点实测的玉米重量含水量吻合较好。导致以上两个验证结果出现较大差异的原因在于这两个玉米重量含水量反演过程使用了不同的 LAI 数据。我们对地面验证区域中相同像元的 GLASS LAI 数据和 LAINet 观测数据进行了对比分析，结果表明 GLASS LAI 数据整体上低于 LAINet 观测数据，如图 7.30（a）所示。

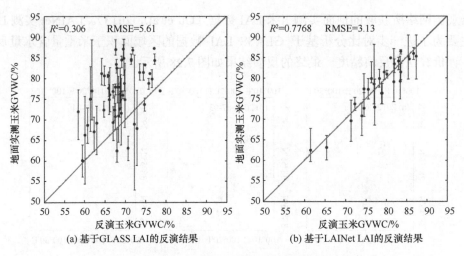

(a) 基于 GLASS LAI 的反演结果　　　　　　(b) 基于 LAINet LAI 的反演结果

图 7.29　玉米重量含水量反演值与地面实测值之间的比较

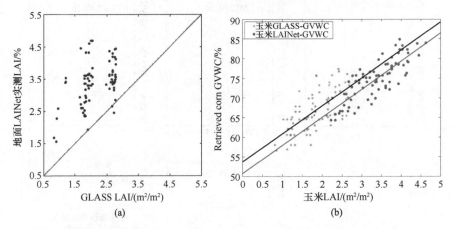

(a)　　　　　　　　　　　　　　(b)

图 7.30　(a) GLASS LAI 数据与 LAINet 观测数据之间的比较及
(b) 玉米 LAI 和反演的玉米重量含水量之间的关系

　　分析结果表明，在玉米植株生长过程中的某一时刻当玉米光学厚度、株高和株密度一定时，w 的计算结果与 LAI 呈正相关关系。从图 7.30（b）可以看出 GLASS LAI 和 LAINet 与反演的玉米重量含水量呈正相关关系，与其他研究结果一致（Zakharova et al.，2012；Baret et al，2013）。以上分析表明，GLASS LAI 数据偏低是导致地面验证区域内基于 GLASS LAI 的玉米重量含水量反演结果整体上低于基于 LAINet LAI 的玉米重量含水量反演结果的主要原因。

7.2.4　干旱胁迫下典型农作物荧光与 PRI 的提取与变化分析

　　在植被的遥感干旱监测方面，传统的方法主要包括基于反射率的植被指数法、微波遥感土壤水分反演法、土壤热惯量反演法、热红外遥感冠层温度探测法等。基于反射率植被指数的方法，虽然能够发现植被在叶片色素和植被冠层结构等方面的变化，但大部分具有明显的滞后性。微波遥感和土壤热惯量反演同样难以监测早期干旱胁迫。热红外遥感虽然能够探测因气孔导度降低导致的冠层温度变化，但同时也受到天气等因素的影响，在实际应用中难以排除。

相比于以上传统的遥感监测方法，日光诱导叶绿素荧光（SIF）和光化学植被指数（PRI）（Gamon et al.，1992）能够更加直接地反映植被的光合作用状态。植被叶片吸收的太阳辐射主要用于 3 种途径：光化学反应、热耗散和叶绿素荧光（Baker，2008；Porcar-Castell et al.，2014），三者此消彼长。植被遭受干旱胁迫后，其光化学反应效率将会发生变化，从而导致其他两种途径强度的变化。因此可以通过对叶绿素荧光的监测，达到对光化学反应监测的目的，从而实现对早期干旱胁迫的探测。此外，PRI 与叶黄素循环有关。植被叶片当接收到的能量过剩时，会启动热耗散机制对过剩能量进行耗散。而这种热耗散机制与叶黄素循环有关。此时，PRI 中 531nm 的反射率会有所降低（Gamon et al.，1992）。

冬小麦和玉米是国内的重要农作物，下面对利用 SIF 和 PRI 检测冬小麦和玉米干旱胁迫的研究结果。

1. 观测系统与研究区

1）植被荧光连续对比观测系统

考虑到目前已有观测系统无法实现多个目标的同时观测，以及只能精确地提取 O_2-A 吸收带的荧光，在目前已有连续观测系统的基础上对其进行改进，使其可以测量常用的植被指数和 O_2-A、O_2-B 吸收带内的 SIF，并且可以实现对多个地物的比对观测。系统中的光谱仪选用 Ocean Optics 公司 QE65pro 光谱仪，其光谱范围在 475.921~862.227nm 之间，光谱分辨率约为 0.9nm，光谱采样间隔约为 0.4nm。QE65pro 光谱仪灵敏程度高，且自带制冷系统，可将内部温度降低至环境温度的 40℃以下，从而大幅降低暗电流和暗噪声，最大信噪比可达 1000∶1。系统的控制程序实现了对光谱仪、MPM-2000 和电机的控制。

为了尽可能缩短优化积分时间所需的时间，本系统采用单步积分时间优化算法。由于光谱仪在一定的光强范围内的响应是线性变化的，因此优化后的积分时间（IT_{opt}）可以采用以下公式估算：

$$IT_{opt} = IT_{init} \times \frac{counts_{opt}}{counts_{init}} \tag{7.83}$$

式中，$counts_{opt}$ 为最优积分时间对应的光谱仪 counts 值，一般设置为饱和 counts 值的 80%~85%，在这个值之下，光谱仪信号响应的线性程度较高。IT_{init} 为初始积分时间，一般设置为光谱曲线最大值达到 opt 的 20%时对应的积分时间。$counts_{init}$ 为初始积分时间下光谱曲线的最大 counts 值。

2）研究区

实验区位于河北省保定市定兴县固城镇，且区内设有多个大小相同的小区，分别长 4 m、宽 2 m、周围有深 2 m 的水泥墙，防止小区间土壤水分交换。此外还配有活动式遮雨棚，可防止降水对土壤水分的影响。本实验分别在实验区内种植冬小麦和玉米，如图 7.31 所示。观测日期、观测时间、观测对象和土壤含水量如表 7.8 所示。4 月中旬进行冬小麦的观测实验，此时冬小麦正处于拔节期。8 月中旬进行玉米的观测实验，此时玉米处于授粉的前后。干旱胁迫实验区中冬小麦和玉米的生长比正常灌溉下的玉米略缓慢，覆盖较稀疏，高度较低。在冬小麦观测实验中，东侧正常灌溉，西侧暂不进行灌溉。在玉米观测实验中，西 2 区正常灌溉，西 4 区暂不进行灌溉。各实验小区灌溉日期和灌溉水量如表 7.9 所示。

(a) 冬小麦　　　　　　　　　　　　　　　(b) 玉米

图 7.31　冬小麦和玉米实验区

表 7.8　冬小麦和玉米观测时间

观测日期	植被类型	观测时间	土壤含水量
2016.04.14	冬小麦	09：00~18：00	东 1：23.7%，西 1：13.4%
2016.04.18	冬小麦	08：00~17：00	东 1：22.1%，西 1：20.5%
2016.08.16	玉米	08：00~17：30	西 2：17.2%，西 4：12.1%
2016.08.21	玉米	08：30~17：00	西 2：16.1%，西 4：16.8%

表 7.9　冬小麦和玉米灌溉时间

灌溉日期	植被类型	灌溉区域	灌溉水量/m³
2016.04.12	冬小麦	东侧	1.2
2016.04.16	冬小麦	西侧	1.2
2016.08.09	玉米	西 2 区	0.6
2016.08.18	玉米	西 4 区	0.6

2. 结果与分析

1）荧光量子产量日变化分析

图 7.32 为使用 PAM-2500 测量的冬小麦在干旱胁迫和正常灌溉下 $\Delta F/Fm'$ 的日变化情况。左侧测量日期为 4 月 14 日，此时水分控制区域处于干旱胁迫状态；右侧测量日期为 4 月 18 日，此时水分控制区域已完成复水。在图 7.32（a）中，干旱胁迫下的冬小麦的 $\Delta F/Fm'$ 明显高于正常灌溉的冬小麦，该结果与赵丽英（2005）关于冬小麦拔节期和灌浆期的干旱胁迫实验结果类似，说明一定程度下的干旱胁迫将提高 PSⅡ反应中心打开比例，从而提高光化学电子传递速率。根据赵丽英（2005）的实验结果，此时热耗散降低。冬小麦属于 C3 作物，干旱胁迫下这些提高的 PSⅡ量子产量可能主要来用于光呼吸和 Mehler 反应（Biehler and Fock，1996；许大全，2013；Flexas and Medrano，2002；Flexas et al.，2000；Huseynova et al.，2016；Zivcak et al.，2013），而实际用于光合作用的部分反而降低。当干旱胁迫的冬小麦复水后，其 $\Delta F/Fm'$ 明显降低，并且大小与正常

灌溉的冬小麦基本相同 [图 7.32（b）]，说明此时由光呼吸和 Mehler 反应导致的 $\Delta F/Fm'$ 减少。

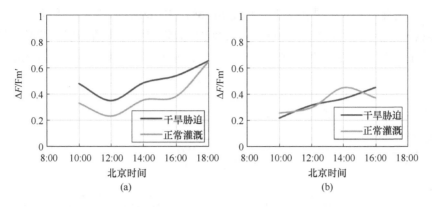

图 7.32　干旱胁迫和正常灌溉下冬小麦 $\Delta F/Fm'$ 日变化

图 7.33 为玉米在干旱胁迫和正常灌溉下 $\Delta F/Fm'$ 的日变化情况。图 7.33（a）数据测量日期为 8 月 16 日，此时水分控制区域处于干旱胁迫状态；图 7.33（b）数据测量日期为 8 月 21 日，此时水分控制区域已完成复水。在图 7.33（a）中，光照充足时干旱胁迫下的玉米的 $\Delta F/Fm'$ 明显低于正常灌溉的玉米，这是因为干旱胁迫下叶片气孔导度降低，导致 PSⅡ 打开比例减小，光合作用速率降低，热耗散增大（许大全，2013）。而当对干旱胁迫的玉米复水后，其 $\Delta F/Fm'$ 与正常灌溉的玉米基本相同。然而其中午的 $\Delta F/Fm'$ 略低于 8 月 16 日，并且日变化幅度也大于 8 月 16 日 [图 7.33（b）]，这可能与玉米授粉后逐渐成熟有关。玉米在完成授粉后，生长速率逐渐减缓。

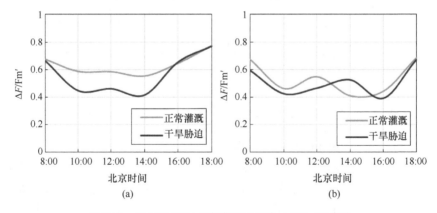

图 7.33　干旱胁迫和正常灌溉下玉米 $\Delta F/Fm'$ 日变化

2）冠层荧光日变化分析

冬小麦在 687nm 和 760nm 处的 $SIF/E_{500\sim700}$ 和 $E_{500\sim700}$ 的日变化如图 7.34 所示。干旱胁迫下的冬小麦的 $SIF687/E_{500\sim700}$ 始终大于正常灌溉的冬小麦，并且之间的差距从早上开始随时间逐渐增大。正常灌溉冬小麦的 $SIF687/E_{500\sim700}$ 在一天当中基本不变。干旱胁迫下的冬小麦复水后，$SIF687/E_{500\sim700}$ 基本始终与正常灌溉冬小麦相同。$SIF687/E_{500\sim700}$

与对应的 $\Delta F/Fm'$ 均为干旱胁迫大于正常灌溉，说明在此时的干旱胁迫下，叶绿素荧光和光化学反应都有所增大，可推断此时热耗散减小。SIF760/$E_{500\sim700}$ 在复水前后的变化并不明显。由此可见，干旱胁迫下冬小麦 SIF687/SIF760 有所增大。类似的情况在 Irada 等（Huseynova et al., 2016）、Zhang 等（2005）的研究中也有所体现。此外，以上变化规律导致干旱胁迫下冬小麦的 SIF687 大于 SIF760，而复水后冬小麦的 SIF687 小于 SIF760。

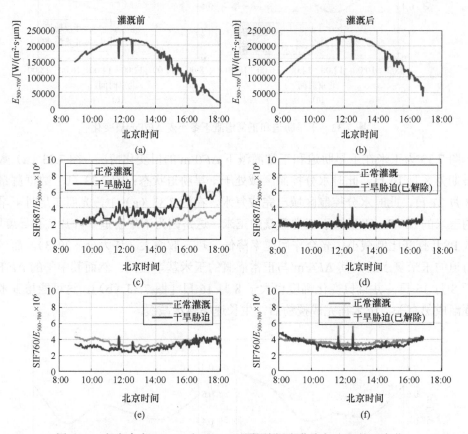

图 7.34　冬小麦在 687nm 和 760nm 处的叶绿素荧光与光照的日变化

玉米在 687nm 和 760nm 处的 SIF/$E_{500\sim700}$ 和 $E_{500\sim700}$ 的日变化如图 7.35 所示。干旱胁迫下玉米的 SIF687/$E_{500\sim700}$ 随光照的波动较大，尤其当中午有云出现时。然而正常灌溉玉米的 SIF687/$E_{500\sim700}$ 在一天当中变化较小［图 7.35（c）］，并且在光照充足时始终大于干旱胁迫下的玉米。干旱胁迫下的玉米复水后，SIF687/$E_{500\sim700}$ 恢复到与正常灌溉的基本相同，并且日变化量也比复水前大。这些变化规律与对应的 $\Delta F/Fm'$ 的变化规律基本相同，说明在此时的干旱胁迫下，叶绿素荧光和光化学反应都有所减小，而热耗散增大。SIF687/$E_{500\sim700}$ 日变化量比复水前大说明此时的玉米在中午受到了一定程度的胁迫，原因可能与玉米逐渐成熟有关。此外干旱胁迫的玉米在复水后，SIF687/$E_{500\sim700}$ 从中午开始逐渐超过正常灌溉下的玉米，这可能与正常灌溉下的玉米比干旱胁迫下的玉米更早授粉有关。

当光线充足时，干旱胁迫下的玉米的 SIF760/$E_{500\sim700}$ 明显低于正常灌溉的玉米，而

当空中出现云时，二者逐渐接近，如图 7.35（e）所示。复水后，此时全天无云，与
SIF687/$E_{500\sim700}$ 的日变化相似，SIF760/$E_{500\sim700}$ 在正常状态（复水后的区域）和干旱胁迫
状态（原本正常灌溉的区域）之间的差别从早上开始随时间逐渐增大，如图 7.35（f）
所示。玉米 SIF760/$E_{500\sim700}$ 的这种变化规律与 Rossini 等（2015）的研究结果类似。

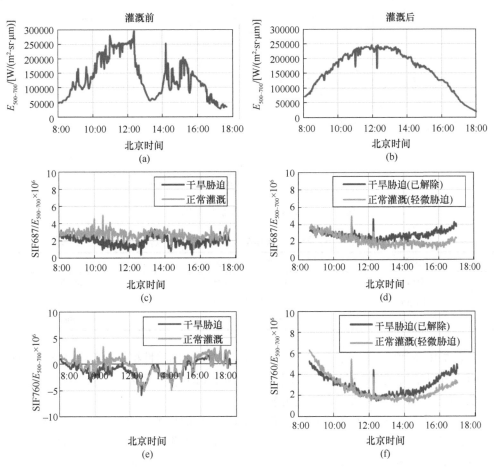

图 7.35　玉米在 687nm 和 760nm 处的叶绿素荧光与光照的日变化

3）PRI 变化特性分析

A. PRI 与其他植被指数对 LAI 的响应特性

由于在一天当中，光照方向的叶面积指数随太阳高度角的变化而变化，尤其是在土
壤未被植被完全覆盖的情况下，因此植被指数在一天当中也会不断地变化。图 7.36 为利
用 FluorMOD 模型模拟的 PRI 对不同 LAI 的响应曲线。从图 7.36 中可见，PRI 随 LAI
的变化而变化，并且具有明显的非线性特征。因此，单独使用 PRI 无法获取与植被叶黄
素循环有关的信息。为了排除因光照方向改变对 PRI 的影响，本研究利用其他植被指数
作为能够反映 LAI 变化的背景，与 PRI 构建散点图，分析当作物背景的植被指数不变时
PRI 的变化规律。选取作为背景的植被指数，既要不受叶黄素的影响，又能够反映 LAI、
土壤背景等因素的变化，并且对这些因素变化的响应规律应与 PRI 类似。综合考虑以上
条件，基于 FluorMOD 模型，分别对比了不同的植被指数与 PRI 在不同 LAI 下的线性拟

合情况。参与对比的植被指数包括归一化差值植被指数（NDVI），以及分别将 PRI 中与叶黄素吸收有关的 531nm 替换为附近与叶黄素吸收无关的 512nm 和 550nm 所构成的植被指数（称为 PRI$_{512\_570}$ 和 PRI$_{550\_570}$），如表 7.10 所示。

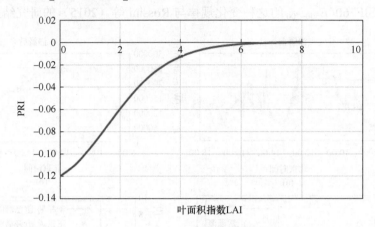

图 7.36　PRI 对不同叶面积指数的响应曲线

表 7.10　不同 LAI 下，不同植被指数与 PRI 的线性拟合函数和拟合度 R^2

植被指数	线性拟合函数	R^2
NDVI	$y = 5.4049x + 0.9377$	0.9134
PRI$_{512\_570}$	$y = 0.4029x + 0.2547$	0.8365
PRI$_{550\_570}$	$y = 1.1561x + 0.0835$	0.9969

从表 7.10 中可见，在不同 LAI 下，PRI$_{550\_570}$ 与 PRI 的线性拟合的程度最高，并且二者对 LAI 变化的响应幅度也最接近。因此，下面利用 PRI$_{550\_570}$ 作为二维散点图的横坐标。

B. 基于 PRI 的叶黄素循环变化分析

图 7.37 为冬小麦和玉米的 PRI 与 PRI$_{550\_570}$ 二维散点图。图 7.37（a）为东 1 区，进行正常灌溉；图 7.37（b）为西 1 区，进行水分控制灌溉；图 7.37（c）为西 4 区，进行水分控制灌溉；图 7.37（d）西 2 区，进行正常灌溉。其中相同 PRI$_{550\_570}$ 所对应的 PRI 之间的差异主要由叶黄素循环导致。散点构成直线的斜率与叶黄素含量的变化速率（相对于背景值 PRI$_{550\_570}$）有关。

在冬小麦的水分控制区域，浇水后相同 PRI$_{550\_570}$ 对应的原始 PRI 明显低于浇水前。此外，上午相同 PRI$_{550\_570}$ 对应的原始 PRI 都略低于下午。因此可以推测在干旱胁迫下以及每天的下午，由叶黄素循环导致的热耗散较低，这也前面根据 PS II 量子产量和 SIF 的变化得出的推论一致。在正常灌溉的区域，两天相同 PRI$_{550\_570}$ 对应的原始 PRI 的差远小于水分控制区域。纵坐标方向上 18 日的原始 PRI 略小于 14 日，说明 18 日与叶黄素循环有关的热耗散比 14 日大，该结果与 SIF 的减小相对应。

图 7.37（c）、（d）为玉米的原始 PRI 与 PRI$_{550\_570}$ 二维散点图。在玉米的水分控制区域，浇水前后相同 PRI$_{550\_570}$ 对应的原始 PRI 无明显变化，散点图中各半天数据构成直线的斜率也基本相同。说明此时的玉米在干旱胁迫下叶黄素循环速率基本不变。正常灌溉区域的玉米在授粉后，其上午的 PRI 低于下午，即上午的叶黄素循环速率比下午高。综合 PS II 量子产量和 SIF 的变化规律，推测可能存在其他热耗散途径。

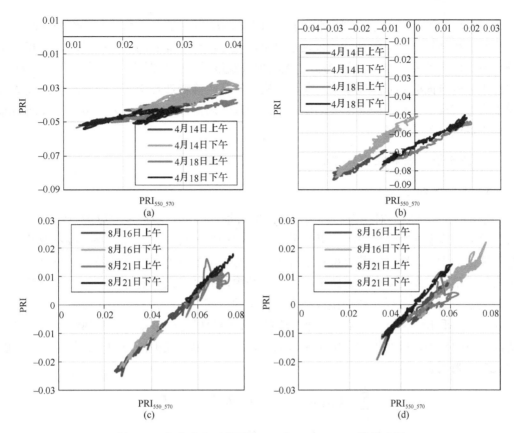

图 7.37　冬小麦和玉米原始 PRI 与 PRI_{550_570} 二维散点图

3. 结论

（1）在干旱胁迫下，冬小麦的荧光量子产量、SIF687/$E_{500\sim700}$ 和 SIF760/$E_{500\sim700}$ 都有不同程度的增大，并且 SIF687 的变化大于 SIF760。玉米在干旱胁迫下的荧光量子产量、SIF687/$E_{500\sim700}$ 和 SIF760/$E_{500\sim700}$ 都有不同程度的减小。

（2）灌溉后，对于叶面积指数不同的植被冠层，被光谱仪探测到的 SIF687 基本相同，这可能与太阳光合有效辐射和叶片激发的荧光被植被冠层最上面几层叶片吸收有关。此外，SIF760 会略有差别，这可能与荧光在远红光波段的吸收率较低有关。

（3）在原始 PRI 与 PRI_{550_570} 的二维散点图中，当 PRI_{550_570} 相同时，干旱胁迫下的冬小麦下午的 PRI 明显大于上午，并且在复水后 PRI 明显小于复水前。因此，下午的热耗散小于上午，并且在复水后热耗散明显增大。玉米的 PRI 在二维空间内的变化规律不明显，说明此时的玉米可能存在叶黄素循环以外的非光化学淬灭。

7.3　多模式协同地表土壤-植被水热参数反演模型和方法

7.3.1　地表温度多源遥感协同反演

从方法论的角度，面向地表温度与植被温度反演的光学、热红外与被动微波遥感协同机制主要包括物理机制协同、时空尺度协同两个方面。其中，物理机制协同依赖于热红外与被动微波辐射信息物理机制转换规律与模型,其目的在于获得与热红外遥感地表温度具有相同物理意义的被动微波遥感地表温度。时空尺度协同主要指借助光学和热红外遥感提供的地表、大气参数,为被动微波地表温度反演提供时空尺度匹配的输入参数。通过上述两方面的协同机制研究,本小节构建兼具明确物理意义与广泛普适性的被动微波地表温度反演方法,提高了被动微波遥感反演地表温度的精度,为土壤水分反演和冻融判识提供了数据支持。

1. 基于查找表和经验模型的地表温度协同反演

1)方法原理

Zhou 等(2015)对现有多种用于被动微波遥感数据反演地表温度的方法进行了分析与总结,认为地表温度与被动微波的亮温之间的经验统计关系并不是一成不变的,而是呈现出与大气、地表覆盖类型等多种因素紧密相关的时空动态变化特点。面向复杂地形与地表景观,在被动微波遥感地表温度反演中,引入了光学遥感提供的中分辨率地表覆盖类型数据,以此反映被动微波地表发射率的空间变异,并考虑地表覆盖类型(地表发射率)的季节变化,构建了一种基于查找表和经验模型的被动微波和热红外地表温度协同反演的模型,以此生成了中国全境的地表温度产品。模型的通用形式如下所示(以AMSR-E 为例):

$$
\begin{aligned}
T_s = A_0 + \sum_{i=1}^{6}(A_{iH}T_{biH} + A_{iV}T_{biV}) + B_1(T_{b36.5V} - T_{b18.7V}) \\
+ B_2(T_{b36.5V} - T_{b18.7V})^2 + C_1(T_{b36.5V} - T_{b23.8V}) \\
+ C_2(T_{b36.5V} - T_{b23.8V})^2
\end{aligned}
\tag{7.84}
$$

式中,T_s 为地表温度,H 和 V 分别代表水平和垂直两种极化方式;i 表示不同通道的序号(6.9 GHz、10.7 GHz、18.7 GHz、23.8 GHz、36.5 GHz 和 89.0 GHz);A_0、A_i($i=1$,2,$\cdots$,6)、B_1、B_2、C_1、C_2 为回归系数。

2)方法应用

将该方法应用于 2010 年的中国陆表区域,以具有较高精度的 MODIS 地表温度作为训练数据,按照不同地表覆盖类型,不同季节划分算法训练窗口,得到不同情况下的地表温度反演表达式,如表 7.11 所示。相应的实现流程如图 7.38 所示。

表 7.11　夏季部分不同地表覆盖类型下的地表温度反演表达式查找表

地表覆盖类型	回归公式
常绿阔叶林	$T_s=197.495-0.082T_{b10.7H}+0.433T_{b89.0H}$
落叶阔叶林	$T_s=-0.859+0.263T_{b6.9H}+0.211T_{b6.9V}-1.287T_{b18.7H}+1.413T_{b18.7V}+0.535T_{b23.8V}+0.087(T_{b36.5V}-T_{b23.8V})^2$
灌木丛	$T_s=-72.290-1.721T_{b18.7V}+3.047T_{b23.8V}$
草地	$T_s=46.165+0.889T_{b23.8V}$

与 MODIS 地表温度产品的比较结果表明,该方法在森林地区的精度约为 2.7 K,在裸土地区的精度约为 3.2 K,均高于 Holmes 等(2009)建立的仅仅通过 AMSR-E 36.5GHz单通道反演地表温度的经验算法。部分地面实测站点的地表温度验证结果如图 7.39 所示;

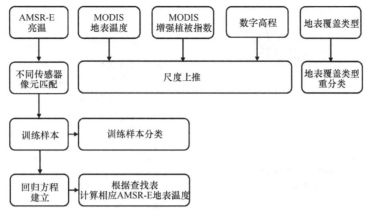

图 7.38　基于查找表和经验模型的地表温度协同反演流程

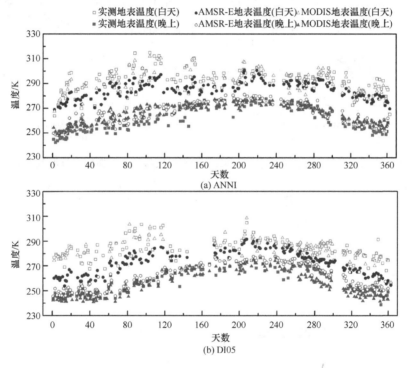

图 7.39　部分地面实测站点验证情况

同时，经该方法得到的地表温度亦与不同地表类型的地面实测站点的气温数据作了比较，如图 7.40 所示，除常绿阔叶林外，两者之间决定系数（R^2）均在 0.8 以上，具有良好的相关性，一定程度上表明了该方法对于地物类型的普适性。通过该方法生成的 2003 年每月第 15 天的全国陆地 AMSR-E 地表温度如图 7.41 所示。

2. 基于被动微波通道动态选择策略的地表温度协同反演

1）方法原理

研究表明大气上行辐射亮温与大气下行辐射亮温近似相等，在此前提下，将 7.1.1 中式（7.9）简化变形可得：

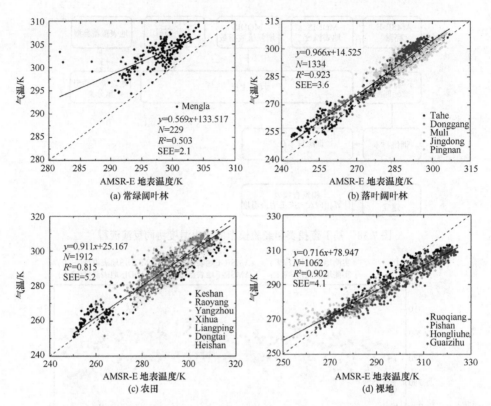

图 7.40　基于查找表和经验模型反演的 AMSR-E 地表温度与部分地面站点气温数据的比较散点图

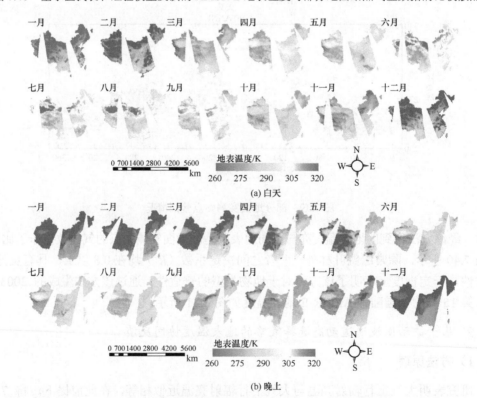

图 7.41　基于查找表与经验模型生成的 2003 年每月第 15 天全国陆表 AMSR-E 地表温度

$$T_s - T_{a\uparrow} = A_0 \cdot \frac{-T_H + \tau T_{a\uparrow} + T_{a\uparrow}}{\tau} + A_1 \cdot \frac{T_V - \tau T_{a\uparrow} - T_{a\uparrow}}{\tau} \qquad (7.85)$$

式中，$T_{a\uparrow}$ 表示大气上行辐射；T_H 和 T_V 分别表示被动微波水平极化通道和垂直极化通道的亮温；τ 表示大气透过率；A_0 和 A_1 为系数。

同时，相同频率的水平和垂直极化通道发射率之间存在显著的线性关系，即可以表示为如下形式：

$$\varepsilon_V = a \cdot \varepsilon_H + b \qquad (7.86)$$

此外，Roy（2014）研究表明，大气下行辐射亮温和大气透过率与大气水汽之间存在显著的线性关系：

$$\tau = m \cdot v + n \qquad (7.87)$$

$$T_{a\downarrow} = p \cdot v + q \qquad (7.88)$$

其中，a，b，m，n，p，q 均为回归系数，且均为经验常数。

将以上四式联立，以大气水汽含量和被动微波通道的亮温作为输入数据，并通过热红外地表温度作为训练数据，可拟合得到式（7.85）中的系数，进而可以反解求出地表温度。

2）方法应用

由于大气水汽含量具有高度的时空动态变化特征，故需要划分不同的时间窗口，在各窗口内对式（7.85）进行分段拟合，而不同长度的时间窗口会对拟合精度造成较大影响。因此以拟合过程中的中间决定系数（R^2）及标准偏差（SEE）作为拟合精度的评价标准，寻找综合精度最高的最优时间窗口划分；同时，充分利用被动微波数据的多通道特性，在每一个通道生成单通道地表温度的基础之上，结合贝叶斯理论，动态选择精度相对较高的单通道地表温度组合进行集成，保证最后得到的地表温度的精度指标具有最优性。将该方法应用于 AMSR-2 和 MODIS 数据，并采用再分析资料 MERRA 提供的大气水汽含量数据，进行地表温度协同反演。

利用该方法生成的 2013 年每月第 15 天白天的全国陆地 AMSR-2 地表温度如图 7.42 所示。与 MODIS 地表温度产品的对比表明（如图 7.43、图 7.44 所示）：对于白天，该方法在四个季节的精度为 3.1~4.2 K；对于晚上，该方法在四个季节的精度为 2.9~3.4 K。根据地面实测站点地表温度的验证结果表明，该方法的精度在白天约为 3.1~5.8 K，晚上约为 1.7~3.9 K。与"基于查找表和统计模型"的方法相同，该方法生成的地表温度仍然是受 AMSR-2 条带影响的，"有缝"的地表温度。

3. 全天候、时空准无缝的地表温度估算与产品生成

在实现被动微波地表温度与热红外地表温度的机理协同和空间尺度协同之后，在理论上可以集成二者所长，生成全天候，时空准无缝的高分辨率（与原始热红外分辨率同一量级）的地表温度。然而，传统的被动微波地表温度空间降尺度方法依赖于地表温度与地表温度与空间相关因子之间的经验/半经验关系，导致其普适性在面向大尺度复杂区域应用时受到限制。本节从地表温度时间成分解构的角度出发，对热红外与被动微波的地表温度进行集成：分别从热红外和被动微波遥感地表温度中提取构成地表温度的年内

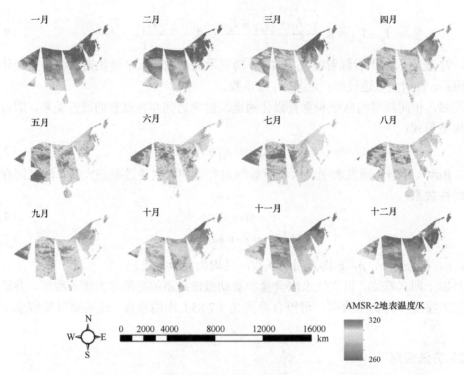

图 7.42　基于被动微波通道动态选择策略生成的 2013 年每月第 15 天白天的
全国陆地 AMSR-2 地表温度

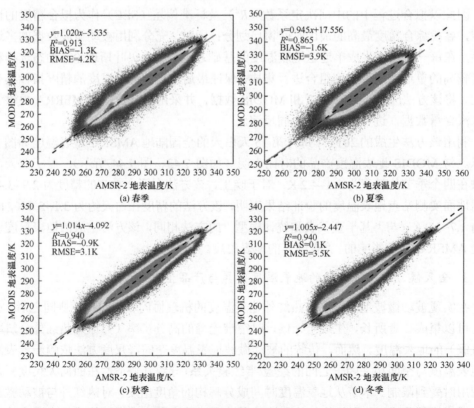

图 7.43　白天各季节基于辐射传输模型反演的地表温度与 MYD11B1 地表温度的散点图

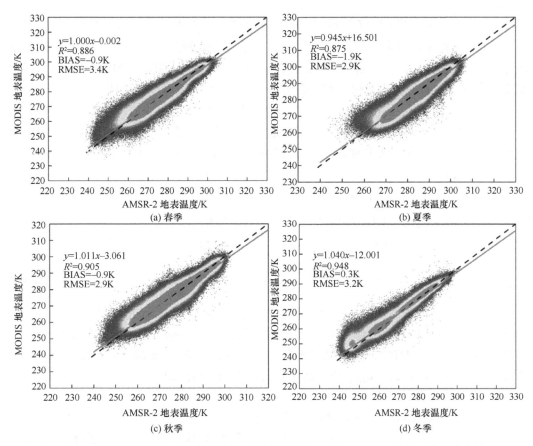

图 7.44 夜间各季节基于辐射传输模型反演的地表温度与 MODIS 地表温度的散点图

循环、日内循环和天气变化循环三个分量，利用地表温度的空间相关性对其进行有效组合，得到集成后的 1km 分辨率全天候地表温度。相比于传统方法，本方法本质上是一种物理方法，具有更好的普适性和可移植性，能够最大限度减弱集成地表温度图像的斑块效应，提升图像质量。

1）方法原理

在跨度为一年的时间尺度上，地表温度可分解为如下三个时间分量（Zhan et al., 2014）：年循环分量（annual temperature cycle，ATC），其反映了地表温度在一年中的整体变化趋势；日内循环分量（diurnal temperature cycle，DTC），其反映了地表温度在日内的变化情况；天气循环分量（weather temperature cycle，WTC），其反映了由于天气变化导致的地表温度的波动。其中，ATC 和 DTC 的反映了理想情况下（即无天气因素扰动）地表温度的稳态变化，故称二者的叠加为地表温度的稳态分量，相应地，WTC 称为非稳态分量。

通过以上分量描述地表温度可用下式表示：

$$T_s(t_d, t) = \underbrace{\underbrace{\overline{T_a}(t_d, \bar{t}) + \Delta T_a(t_d, \bar{t})}_{\text{ATC}} + \underbrace{\Delta T_d(t_d, t, \bar{t})}_{\text{DTC}}}_{\text{稳态分量}} + \underbrace{\Delta T_w(t_d, t)}_{\substack{\text{WTC} \\ \text{非稳态分量}}} \tag{7.89}$$

式中，T_s 表示地表温度，单位为 K；t 表示卫星在年内第 t_d 天的瞬时过境时刻，单位为 h；$\bar{t}$ 表示卫星年内平均过境时刻，单位为 h。$\overline{T_a}$ 表示地表温度的年均值，单位为 K；ΔT_a 表示地表温度的年内变化；ΔT_d 表示由于第 t_d 天的 DTC 导致的地表温度在卫星过境瞬时时刻和年平均过境时刻的差值；ΔT_w 表示 WTC 导致的地表温度变化值。

对于全天候的地表温度来说，其在"无天气因素干扰"下的理想状态—即稳态分量，可以直接通过热红外遥感数据获取。相应地，其非稳态分量需要通过被动微波遥感数据进行补充。因而，本方法主要分为稳态分量和非稳态分量的计算两大部分。

A. 稳态分量计算

稳态分量可进一步表示为

$$
\begin{aligned}
T_{\text{稳态}}(t_d,t) &= \overline{T_a}(t_d,\bar{t}) + \Delta T_a(t_d,\bar{t}) + \Delta T_d(t_d,t,\bar{t}) \\
&= \overline{T_a}(t_d,\bar{t}) + A_{\text{ATC}} \cos\left(\omega_{\text{ATC}} t_d + \varphi_{\text{ATC}}\right) \\
&\quad + 2 A_{\text{DTC}} \sin(\frac{\omega_{\text{DTC}}}{2}(t+\bar{t}) + \varphi_{\text{DTC}}) \sin(\frac{\omega_{\text{DTC}}}{2}(t-\bar{t}))
\end{aligned} \tag{7.90}
$$

式中，A_{ATC} 表示地表温度的年振幅，单位为 K；ω_{ATC} 是 ATC 的周期且在数值上等于 $2\pi/365$，单位为 rad/d；φ_{ATC} 是 ATC 初始相位，单位为 rad；A_{DTC} 表示地表温度的年振幅，单位为 K；ω_{DTC} 是 DTC 的周期且对于白天，在数值上等于 $2\pi/24$（对于夜间，ω_{DTC} 等于 $2\pi/60$），单位为 rad/d；φ_{DTC} 是 DTC 初始相位，单位为 rad。

B. 非稳态分量计算

（1）计算 1km 分辨率的被动微波地表温度。

对于某一低分辨率的被动微波像元 A，其包含 N 个 1km 分辨率的热红外子像元 B_1，B_2，…，B_N。对于其中第 i 个子像元 B_i，其地表温度与 A 处的被动微波多通道亮温的关系可表示为

$$
T_{si}(t_d,t) = a_i + \sum_p \sum_f b_{fpi} \cdot T_{bfp}(t_d,t) + c_i \text{LAI}(t_d) \tag{7.91}
$$

$$
f \in \{6\,\text{GHz},\ 10\,\text{GHz},\ 18\,\text{GHz},\ 36\,\text{GHz}\},\ p \in \{\text{H, V}\}
$$

式中，T_{si} 为 B_i 处的热红外地表温度，单位为 K；T_{bfp} 为 A 处的频率为 f，极化方式为 p 的被动微波亮温，单位为 K；H 和 V 分别代表水平极化和垂直极化方式；LAI 为叶面积指数；a、b、c 均为回归系数。

通过晴空下的数据训练可获得式（7.91）中的各个系数，并假设该系数适用于全天候的情况，因此将输入参数反代入上式可计算得到 B_i 处的被动微波地表温度 $T_{\text{MW}i}$：

$$
T_{\text{MW}i}(t_d,t) = a_i + \sum_p \sum_f b_{fpi} \cdot T_{bfp}(t_d,t) + c_i \text{LAI}(t_d) \tag{7.92}
$$

$$
f \in \{6\,\text{GHz},\ 10\,\text{GHz},\ 18\,\text{GHz},\ 36\,\text{GHz}\},\ p \in \{\text{H, V}\}
$$

（2）计算 1km 分辨率的 WTC。

由式（7.90）和式（7.92）可得初始的被动微波地表温度的非稳态分量 WTC：

$$
T_{\text{WTC-MW}}(t_d,t) = T_{\text{非稳态-MW}} = T_{\text{MW}}(t_d,t) - T_{\text{稳态}}(t_d,t) \tag{7.93}
$$

此处的非稳态分量并不能直接代入地表温度的集成环节参与计算，因式（7.87）中的输入参数仅包含热红外像元所在被动微波像元的信息，未能利用相邻像元的有效地表

温度信息，从而会产生一定的系统误差，仍会在图像局部产生斑块效应。在一定空间范围内，同种地物具有相似的 WTC。对某一包含 M^2 个 1km 分辨率热红外像元的窗口，假设其中心像元为 C，将与 C 属于同种地物类型且具有有效 WTC 值的像元称为 C 的参考像元。则利用参考的 WTC 可对 C 处的 1km 分辨率 WTC 进行进一步估算：

$$T_{\text{非稳态}}(t_{\text{d}},t)=T_{\text{WTC}}(t_{\text{d}},t)=\sum_{}^{S} T_{\text{WTC-MW}n}(t_{\text{d}},t)w_i \ (2 \leqslant S \leqslant M^2) \qquad (7.94)$$

式中，S 表示参考像元的个数，w_i 表示参考像元的 WTC 在中心像元 WTC 中的权重，该值可通过反距离加权方法平均得到。

得到稳态和非稳态分量后，即可根据式（7.92）得到 1km 空间分辨率的集成地表温度。

2）方法应用

将本方法应用于东北地区及其周边区域，对 MODIS 和 AMSR-E/AMSR-2 进行集成。相应的流程图如图 7.45 所示。

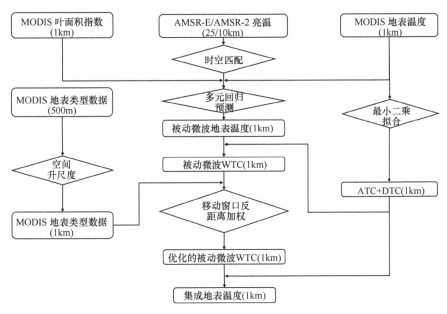

图 7.45　被动微波地表温度空间降尺度及其与热红外地表温度的集成流程图

以 2014 年 4 月 1 日白天为例，集成前 MODIS 1km 地表温度和集成后的地表温度如图 7.46 所示。可以看到，集成后的地表温度在时空尺度上与 MODIS 地表温度保持一致的同时，有效地补充了 MODIS 地表温度的缺失值，具有全天候特性。同时，集成图像的图像清晰度也与 MODIS 地表温度图像在晴空/非晴空、白天/夜间都有较好的一致性，说明了本方法具有良好的降尺度效果。

用东北地区两个实测站点（2005 年的长白山森林站、2004 年的通榆农田站）的地表温度数据和气温数据对集成后的地表温度进行验证。验证结果（图 7.47）表明，集成后地表温度具有 1.9~2.5 K 的精度。

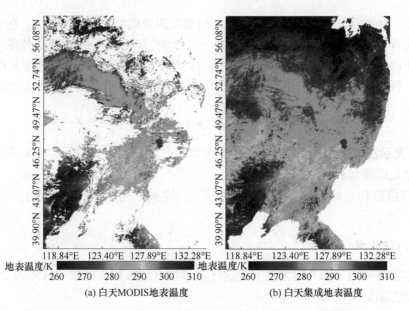

(a) 白天MODIS地表温度   (b) 白天集成地表温度

图 7.46　2014 年 4 月 1 日白天集成前后地表温度对比图（彩图附后）

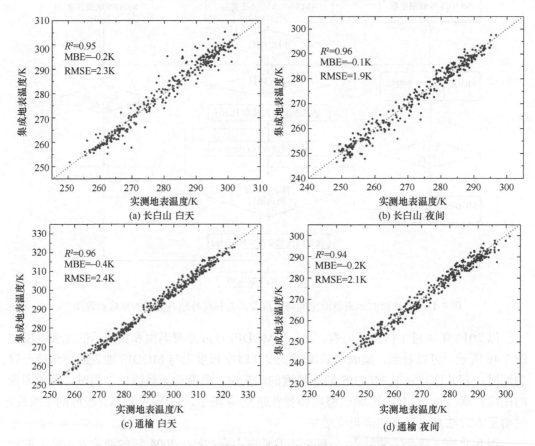

(a) 长白山 白天   (b) 长白山 夜间

(c) 通榆 白天   (d) 通榆 夜间

图 7.47　2014 年长白山站和通榆站的集成地表温度验证结果

　　相应站点的实测地表温度、集成地表温度、MODIS 地表温度，以及站点气温的年内时间序列对比如图 7.48 所示。结果表明，集成后的地表温度与 MODIS 地表温度及实测地表温度在晴空/非晴空、白天/夜间都具有高度的一致性。进一步说明了本方法生成的集成地表温度具有良好的全天候特性和普适性。

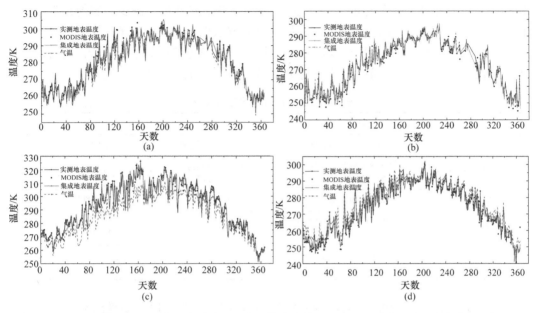

图 7.48　长白山站和通榆站实测地表温度（蓝色实线）、MODIS 地表温度（红色散点）、集成地表温度（橙色实线）及气温（绿色虚线）的年内时间序列变化图
（a）、（b）分别表示长白山站白天和夜间的情况；（c）、（d）分别表示通榆站白天和夜间的情况

7.3.2　微波与红外遥感协同降尺度土壤水分反演方法

随着遥感技术的发展，遥感数据反演土壤水分的相关研究和应用已经取得了一系列实质性的进展。不同遥感平台在监测土壤水分方面有各自的优势与不足。星载可见光、热红外遥感数据的空间分辨率可以达到千米级，但是数据的获取受限于天气条件。而微波可以穿透大气、云层，微波遥感能够全天时、全天候的对地观测，同时微波辐射和散射对土壤水分更为敏感。按照工作方式，微波遥感分为主动微波遥感和被动微波遥感。其中被动微波遥感具有较高的时间分辨率（1~3 天），但由于被动微波遥感器的空间分辨率低（25~50km），不能满足小尺度或者小区域范围对高分辨率土壤水分的需求。在实际应用中，地表蒸散发模型、陆面过程模型及水文模型等需要 10km 甚至更高分辨率的土壤水分作为驱动数据，所以有必要对被动微波反演的土壤水分产品进行降尺度，提高空间分辨率以满足更多应用需求。同时，对土壤水分产品进行降尺度能够更好地研究地面验证数据与遥感产品的匹配情况。土壤水分产品降尺度的相关研究已成为当前遥感领域的热点。

1. 降尺度方法

不同的土壤水分降尺度方法有各自的优点和适用范围。相对其他方法而言，多元统计回归的方法形式简单、普适性强，模型所需要的辅助数据易获取，在土壤水分降尺度的相关研究中应用最多。但是多元统计回归方法的理论基础薄弱，模型也在不同时间、空间的表现不一。以蒸散效率的物理模型为基础的降尺度方法总体精度较好，但是辅助数据较多，部分数据难以大范围获取，使得方法的推广上受限，并且在冬季等地表蒸散作用不明显的时期内，精度会降低，且需要根据每天的温度/植被指数构建的特征空间确定相关指数的计算，效率较低。当研究区内受云雨影响严重时，缺少足够的光学数据来构建特征空间，进而无法实现降尺度，权重分解方法也存在同一问题。权重分解只适用于和土壤水分线性相关的因子分解，而数据同化和插值方法计算过程复杂，适用性也较差，无法大范围推广。目前主要的土壤水分降尺度方法的比较见表7.12。

表 7.12　土壤水分降尺度方法比较

降尺度方法	辅助数据	优点	缺点
多元统计回归	高分辨率遥感数据	方法简单，适用性强	无物理背景
基于物理模型的方法	高分辨率遥感数据、气象数据、土壤质地信息	有物理模型基础为支撑，精度高	方法复杂，辅助数据多、难获取
权重分解	高分辨率遥感数据	计算简单	适用性较差
数据同化	高分辨率遥感数据、地面观测数据、水分相关参数	精度高	方法复杂，适用性有限
空间插值	高分辨率遥感数据或地面实测数据	精度低	方法复杂，无物理背景

光学遥感相对于微波遥感其空间分辨率高，但是数据获取容易受到天气状况的干扰，而且光学遥感数据获取的仅是地面表层的信息，借助地表对于辐射的光谱反射特征、地表的发射率进行土壤含水量的间接估算，很难反演得到高精度的土壤体积含水量。而微波遥感穿透能力强，不仅不受云雨影响，还能在一定程度上透过地表植被，获取地表以下深度5cm左右的信息，反演得到的土壤含水量更具应用价值。被动微波观测时间连续性强，时间分辨率高，AMSR-E/2、SMOS和FY-3都能够每天监测获取土壤含水量信息，而且相对于主动微波遥感，不容易受到植被和地表粗糙度的干扰。但是被动微波遥感的缺点是空间分辨率低难以满足研究应用的需求。在单纯通过遥感反演获取地表土壤水分上，被动微波遥感的潜力最大。

通过构建被动微波遥感产品与光学遥感数据的多元统计回归关系实现降尺度，应用条件广泛、方法简便，且在不同时期的均能有较为理想的结果，受蒸散等自然条件的影响较小。但该方法缺乏详尽的物理机理基础，属于经验方法。由于被动微波有一定的穿透深度，其卫星产品表示的是在一定穿透深度下的土壤的含水量，而光学数据则表示地表和植被表层的信息，二者穿透深度不同，使得构建被动微波遥感与光学数据的多元回归经验关系式时，往往决定系数较低，回归拟合模型对因变量的解释程度较低，尤其在植被覆盖较高的区域降尺度效果较差。本章主要介绍多元统计回归降尺度方法的背景原理、数据处理过程及基于多元统计回归的降尺度方法的发展。并针对该方法在高植被区存在的问题，根据微波极化差指数与植被信息的关系，提出改进后的降尺度关系式，即利用微波极化差指数与地表温度、植被指数进行统计回归，构建降尺度关系式，以提升多元统计回归降尺度方法在植被区的应用效果。

地表温度是地球物理、生物环境最主要的参数之一。对于裸露地表，它是指土壤表面温度；对植被完全覆盖的地表而言，可认为是植物冠层的表面温度。土壤和水在比热方面存在差异，在吸收相同能量的条件下，土壤的温度要高于水。相同太阳辐射条件下，当土壤含水量高时，对应的温度就低；反之，土壤含水量低时，对应的地表温度就更高。绿色植被由于叶绿素的存在，在可见光波段反射率低；叶片的细胞组织结构使近红外波段反射率高。在水分胁迫条件下，植被生长受到限制，绿色植被的反射率向相反方向变化，即可见光波段反射率增加，近红外波段反射率降低。因此，这两个波段的组合常用来表示植被的绿度，称为植被指数。归一化植被指数（NDVI）是最常用的植被指数之一。

2. 多元统计回归降尺度方法的改进

在植被覆盖区域，植被在减弱传感器中的土壤信息的同时，增加植被本身的信息。虽然被动微波对植被层具有一定的穿透性，能够获取植被下层的土壤水分信息，但是降尺度过程中用到的光学数据在植被覆盖区获取的信息来自植被层，更多的反映根系层土壤水分。由于二者的穿透深度不一，遥感数据反映的信息不同，这使得利用光学遥感数据对被动微波产品进行降尺度在高植被覆盖区的结果受到影响。

在微波波段，被动微波传感器接收到的亮温包括植被层与土壤表面的辐射以及各自的物理温度，可以表示为地表的有效温度与发射率的乘积。由于 V 极化和 H 极化的地表有效温度是相同的，通常会采用极化的比率来消除与亮温相关的温度，极化比也可以作为一个与地表介电常数相关的参量。微波极化差指数（MPDI）是常用的一个微波指数：

$$\text{MPDI} = \frac{T_{\text{BV}} - T_{\text{BH}}}{T_{\text{BV}} + T_{\text{BH}}} \tag{7.95}$$

式中，T_{BV}、T_{BH} 分别表示微波 V 极化与 H 极化的亮温。

微波在植被覆盖区域的辐射传输过程中，通常假设植被是在土壤表层的一个吸收和散射的平行介质。表示为

$$T_{bp}(\tau, \mu) = (1 - \omega)(1 - \text{e}^{-\tau/\mu})T_c + \varepsilon_p T_s \text{e}^{-\tau/\mu} \tag{7.96}$$

式中，$T_{bp}(\tau, \mu)$ 为植被层 θ 角度上的亮温，b 表示频率，p 表示极化方式，$\mu = \cos\theta$，τ 为光学厚度；ω 为单次散射反照率；T_c 为植被层的亮温；T_s 为土壤温度；ε_p 为反射率。

对于植被-土壤这一系统，发射是极化的。但由于植被对单个发射具有去极化作用，因此，微波极化差指数能够被用来描述植被的性质（毛克彪等，2007）。

将公式（7.96）代入公式（7.95）得到：

$$\text{MPDI}(\tau, \mu) = \frac{(\varepsilon_{\text{V}} T_{bs\text{V}} - \varepsilon_{\text{H}} T_{bs\text{H}})\text{e}^{-\tau/\mu}}{2(1 - \omega)(1 - \text{e}^{-\tau/\mu})T_c + (\varepsilon_{\text{V}} T_{bs\text{V}} + \varepsilon_{\text{H}} T_{bs\text{H}})\text{e}^{-\tau/\mu}} \tag{7.97}$$

当地表没有植被时，$\tau = 0$，对于裸土：

$$\text{MPDI}(0, \mu) = \frac{\varepsilon_{\text{V}} - \varepsilon_{\text{H}}}{\varepsilon_{\text{V}} + \varepsilon_{\text{H}}} \tag{7.98}$$

假定 $\varepsilon_s = \dfrac{\varepsilon_{\text{V}} + \varepsilon_{\text{H}}}{2}$、$T_c = T_s$ 得到植被覆盖的微波极化差指数和裸地微波极化指数的关系为

$$\text{MPDI}(\tau, \mu) \approx \text{MPDI}(0, \mu)\text{e}^{-\tau/\mu} \tag{7.99}$$

由公式（7.99）可知，MPDI 主要由 μ 和 τ 决定，光学厚度主要取决于植被含水量。

事实上，植被覆盖的微波指数和裸地的微波指数可能存在一个更复杂的关系。因为，在式（7.88）中，发射率是由介电常数决定，而介电常数主要是受水影响。植被的含水量在一定程度上有土壤水分决定的，而植被的光学厚度也主要受植被水影响。从某种程度上讲，微波极化差指数也能反映植被水分并间接地反映植被覆盖下的土壤水分含量（毛克彪等，2007）。

频率为 f 微波波段对应的微波极化差指数表示为 MPDI_f，随着微波波长的不同，MPDI_f 所表示的地表物理属性也不相同。在 6.9GHz，MPDI 所代表的是植被层的信息称作光学厚度，同时还含有下层土壤辐射的信息和土壤介电属性；在 37GHz 波段，MPDI 是一个植被层的函数，同样也是植被密度的一个指标。

由于 MPDI、NDVI 都可以用来计算植被含水量，两种指数之间也存在相关性。一般来说，MPDI 对植被覆盖区较低区域更为敏感，而 NDVI 则对中等植被覆盖区域更为敏感，两种指数的结合使用，能够提供互补的植被信息（Becker and Choudhury，1988）。与微波单通道亮温数据相比，微波极化差指数 MPDI 包含 V 极化和 H 极化的亮温信息，且该指数与土壤水分、NDVI 都存在关系。用 MPDI 取代亮温，建立改进后的多元统计回归关系式（周壮，2016）：

$$\mathrm{SM} = \sum_{i=0}^{i=2}\sum_{j=0}^{j=2}\sum_{k=0}^{k=2} a_{ijk}\mathrm{LST}^{(i)}\mathrm{NDVI}^{(j)}\mathrm{MPDI}^{(k)}$$

$$= a_{000} + a_{100}\cdot\mathrm{LST} + a_{010}\cdot\mathrm{NDVI} + a_{001}\cdot\mathrm{MPDI} + a_{200}\cdot\mathrm{LST}^2$$

$$+ a_{020}\cdot\mathrm{NDVI}^2 + a_{002}\cdot\mathrm{MPDI}^2 + a_{011}\cdot\mathrm{NDVI}\cdot\mathrm{MPDI} + a_{101}\cdot\mathrm{LST}\cdot\mathrm{MPDI}$$

$$+ a_{110}\cdot\mathrm{LST}\cdot\mathrm{NDVI} \tag{7.100}$$

对地表温度、NDVI 等光学数据进行空间聚合，重采样至被动微波对应的空间分辨率下。对聚合后的地表温度、NDVI 及被动微波产品的 MPDI 与土壤水分进行归一化处理，并按照公式（7.100）进行回归统计，确定回归关系式的参数 a_{ijk}。

将被动微波产品的 MPDI 重采样至光学遥感数据对应的空间分辨率下，对重采样后的 MPDI 与地表温度、NDVI 等光学数据产品进行归一化处理，并代入公式（7.100）。公式中的参数 a_{ijk} 已由上一步确定，即可直接通过公式（7.100）计算得到高空间分辨率的土壤水分。

3. 改进的多元统计回归降尺度方法验证

1）研究区和数据

A. 研究区

伊比利亚半岛（Iberian Peninsula）地处欧洲西南角，东部紧邻地中海，西靠大西洋，北临比斯开湾。伊比利亚半岛面积为 58.4 万 km^2，主要国家有西班牙、葡萄牙、安道尔等。整个半岛以高原和山地为主，西部和西南部地势较低。伊比利亚半岛跨越三种气候带，其中中部为温带大陆性气候，南部为地中海气候，冬季温湿，夏季干热。北部为温带海洋性气候，全年温和多雨。半岛区域的主要地表覆盖类型包括农田、草地、针叶林、阔叶林地等。该实验区内地势平坦（坡度低于 10°），海拔范围在 700~900m。观测网所在区域的属于大陆性地中海半干旱气候类型，年平均降水量约为 385mm，年平均气温为 12℃。主要的地表覆盖类型包括农田（78%）、夏季灌溉农田（5%）、葡萄园（3%）、以及斑块状分布的林地和牧场（13%）。其中农田作物生长周期为秋天播种、春天生长、初夏收割。

B. 使用数据

本节用到的地面站点数据来自萨拉曼卡大学布设的土壤水分观测网（REMEDHUS）。该土壤水分观测网位于杜罗河流域的中心地带，观测网络覆盖区域 1300km^2（41.1°~41.5°N；5.1°~5.7°W）。该网络共有土壤水分观测站 20 个，气象观测站 4 个。站点位置分布图见图 7.49。

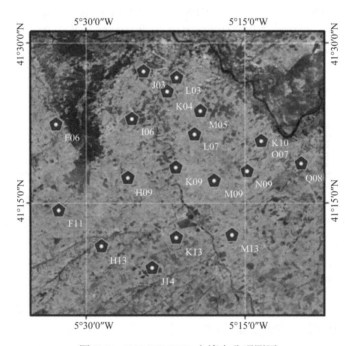

图 7.49 REMEDHUS 土壤水分观测网

该观测网数据已用于多项研究，包括 SMOS 产品验证、水平衡模型验证、多种遥感产品精度验证、土壤水分多尺度研究等（Acevo-Herrera et al.，2010；Sánchez et al.，2010；Ceballos et el.，2005；Wagner et al.，2008；Rodriguez-Alvarez et el.，2011）。目前该观测网络数据集已收录在国际水分观测网站中，并提供数据下载[①]。观测网络在 35km×35km 范围内进行密集观测，其中土壤水分测量仪器使用的是 Hydra probes，探头埋设深度为 0~5cm，测量间隔为 1 小时（Sánchez et el.，2012），站点信息见表 7.13。

Aqua 和 Terra 是地球观测系统（earth observing system，EOS）中两颗重要的卫星。其中 Terra 过境时间为地方时上午 10：30，Aqua 过境时间为地方时下午 1：30。两颗卫星上均载有中分辨率成像仪（MODIS），与其他卫星相比，MODIS 时间分辨率和光谱分辨率都较高。MODIS 有 36 个光谱波段，从 0.4~14.4μm 全光谱覆盖；并在原来数据的

---

① http://www.stevenswater.com/products/hydraprobe

表 7.13 REMEDHUS 各站点信息表

站点编号	站点名称	经度	纬度	海拔/m	地类
1	Carretoro	41.26611°N	5.37972°W	745	非灌溉农地
2	Casa Periles	41.39508°N	5.3201°W	750	非灌溉农地
3	El Coto	41.38251°N	5.42786°W	720	葡萄园
4	El Tomillar	41.35004°N	5.48891°W	755	葡萄园
5	Granja-g	41.3069°N	5.35925°W	720	葡萄园
6	La Cruz de Elias	41.28662°N	5.29868°W	795	非灌溉农地
7	Las Brozas	41.44765°N	5.35734°W	674	森林-牧场
8	Las Victorias	41.42529°N	5.37267°W	740	葡萄园
9	Llanos de la Boveda	41.35873°N	5.32977°W	790	非灌溉农地
10	Canizal	41.1972°N	5.35861°W	720	非灌溉农地
11	Concejo del Monte	41.30126°N	5.24569°W	765	非灌溉农地
12	La Atalaya	41.15011°N	5.39621°W	830	非灌溉农地
13	Las Arenas	41.37455°N	5.54714°W	745	葡萄园
14	Las Bodegas	41.18381°N	5.47572°W	892	森林-牧场
15	Las Eritas	41.20843°N	5.41224°W	831	非灌溉农地
16	Las Tres Rayas	41.27611°N	5.59056°W	870	葡萄园
17	Las Vacas	41.34778°N	5.22361°W	770	非灌溉农地
18	Zamarron	41.2404°N	5.54291°W	855	非灌溉农地

基础上处理生成多种多级别的数据。本次主要使用 MODIS 两种产品：第一种为 NDVI 数据 MOD13A2 产品，数据来源于 Terra 卫星；第二种为地表温度数据 MYD11A1 产品，数据来源于 Aqua 卫星。两种产品的空间分辨率均为 0.01°。

本节采用 AMSR-2 升轨和降轨土壤水分、6.9GHz 亮温数据作为对象开展降尺度方法研究。被动微波辐射计 AMSR-2 搭载于 GCOM-W1（global change observation mission for water-1）卫星上，于 2012 年 5 月 18 日发射，是 AMSR-E 辐射计的后继。AMSR-2 用来探测全球水分和能量循环，如降雨、海温、土壤水分、雪深等。天线扫描角度为 55°，包含 6.9 GHz、7.3 GHz、10.65 GHz、18.7 GHz、23.8 GHz、36.5 GHz、89.0 GHz，7 个频率 V 极化和 H 极化 14 个通道数据。AMSR-2 升轨过境时间为当地时 13：30，降轨过境时间为当地时 1:30。

2）验证结果

利用地面站点数据对不同周期（天、季、年）建立的回归关系式所得到的土壤水分降尺度结果进行验证对比，发现该研究区以全年有效数据建立统计回归关系式表现最佳。基于每天的数据进行回归时，存在由于回归数据量太少，而使得构建的多元回归关系不稳定或解释程度不高的问题。而以全年作为回归周期，不因光学数据的大量缺失而影响降尺度关系式的确定。以上述结果为基础，将研究区内 2013 年全年的有效数据进行多元回归关系式的构建，确定多元回归系数，然后将该关系式应用于 2013 年全年，得到每天的土壤水分降尺度结果。

基于 AMSR-2 L3 级的降尺度结果与地面站点数据进行验证，分析每个站点在 2013 年全年时间序列上的表现。各站点验证结果在相关系数和均方根误差（RMSE）两个方面的结果见图 7.50 和图 7.51。

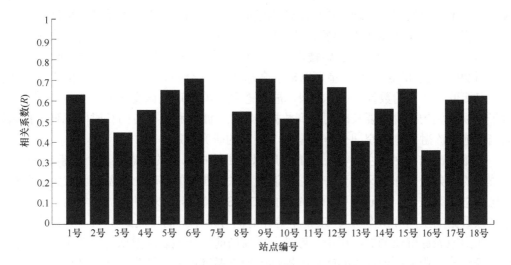

图 7.50　2013 年 AMSR-2 土壤水分降尺度产品对比各站点观测值-相关系数统计直方图

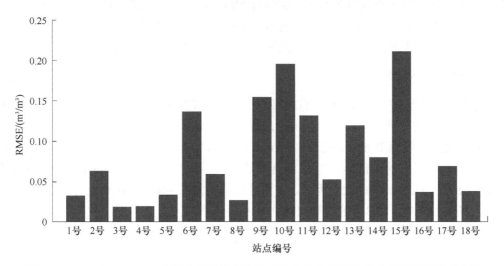

图 7.51　2013 年 AMSR-2 土壤水分降尺度产品对比各站点观测值-均方根误差统计直方图

统计结果显示，降尺度结果在 18 个站点的结果表现不一，相关系数（R）变化范围在 0.34~0.73；均方根误差（RMSE）变化范围在 0.02~0.21m³/m³。这表明采用的降尺度方法有一定的适用性和有效性，在多数站点下的验证结果满足精度要求。各站点中 6 号、9 号、10 号和 15 号站点对应的 RMSE 较高。分析原因在于 6 号站点、9 号站点和 15 号站点虽地处非灌溉农田，但是测量值较其他站点数据明显偏高（测量结果长期在 0.2m³/m³ 以上），也远高于 AMSR-2 卫星产品反演值，使得验证结果在 RMSE 上也偏高；10 号站点地理位置处于山谷底部，属于雨水集聚区域，地面实测值较高，相应的 RMSE 较高（周壮，2016）。

7.3.3 微波与红外遥感协同降尺度地表冻融判识方法

全球的永久冻土和季节冻土分布区域面积总和约 6.6km×107km，占地球陆表面积的 52.5%（Kim et al.，2011）。这些地区大多长年经历着冻结和融化交替过程。利用被动微波遥感技术可以实现对全球范围内地表冻融的日常大面积监测。但是被动微波传感器的分辨率很低，如 AMSR-E 传感器，其空间分辨率接近 25km，在如此大的范围内地表情况很难达到一致。主动微波遥感技术可以实现对地表冻融状态的高精度探测，于 2015 年 1 月 29 日发射的 SMAP 卫星可以提供全球 2~3km 分辨率的冻融产品，但由于雷达损坏，仅接近 3 个月的数据可用。地表冻融状态是影响全球气候变化的一个重要因素，而对于气候变化的研究需要长时间序列数据的积累，如何利用已有的长时间序列数据来提高当前地表冻融监测的空间分辨率是一个重要的研究课题。

土壤的冻结与融化主要与土壤的温度以及土壤中水分的状态这两个因素有关。而土壤中的水分是否冻结又主要与土壤的温度有关，准确的获取土壤温度就成为监测地表冻融状态的突破口。Aqua 卫星所搭载的 MODIS 传感器可以提供近 15 年的地表温度数据，该数据的空间分辨率从 1~5km 不等，时间分辨率最高可达到 1 天，如果将这些信息加入到地表冻融监测的应用中，势必会提高当前对于地表冻融状态的监测能力。但是由于受到云的影响，当前 MODIS 所提供的地表温度产品有缺失，除此之外 MODIS 温度与土壤温度之间可能也存在差别。如何对 MODIS 缺失数据进行填补？如何借助分辨率相对较高的温度信息来提高被动微波遥感对地表的冻融监测能力？针对这些问题，本节将结合被动微波遥感与热红外遥感提供的产品一一进行解答。

1. 研究区和数据

作为世界上海拔最高的高原，青藏高原的平均海拔在 4000m 以上，面积约为 2.5 km×106 km，被称为"世界第三极"（Qiu，2008）。这里独特的大气和水文变化过程对周围地区的气候和环境具有重要的影响（Wu et al.，2007；Yang et al.，2011）。我们的研究区位于青藏高原的中部地带—那曲县周边，31°~32°N，91.5°~92.5°E 之间，面积约为 100 km×100 km，如图 7.52 所示。该地区年降水量在 400~500mm 之间，受到南亚夏季季风气候的影响，约 3/4 的降雨出现在 6~9 月。研究区内 95%以上被草地覆盖，同时在研究区西部边缘分布着少量的水域，那曲县位于研究区的中心。

在青藏高原地区，地表的冻结与融化过程变化频繁，这对当地的土壤、水文及植被的生长都产生着深刻的影响。目前已经有很多学者（Jin et al.，2009；Li et al.，2012；Zhao et al.，2011）致力于通过遥感的手段来探测该地区每日的冻融状态。为了对这些方法进行有效的验证，中国科学院青藏高原研究所的秦军、杨坤等在青藏高原布设了一个多尺度的土壤水分/温度监测网络（soil moisture/temperature monitoring network，SMTMN），该网络包含 69 个观测站，每一个观测站可以提供每小时的土壤表层以下 0~5cm，10cm，20cm 和 40cm 四个深度处的土壤水分和温度数据（Qin et al.，2013；Yang et al.，2013）。本节土壤表层以下 0~5cm 深度处的土壤温度数据将用于冻融判别结果的验证，时间范围是 2010 年 9 月 28 日~2011 年 9 月 27 日。该地区共包含 30 个观测站，依次编号 1~30，同时研究区对应于 16 个 AMSR-E 像元网格，依次编号 Grid1，Grid2，…，Grid16，每一个 AMSR-E 像元网格内包含着若干个站点。

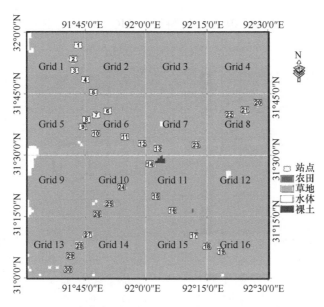

图 7.52　青藏高原那曲地区地表类型和站点分布情况

这里用的被动微波亮温数据即为 7.2.2 节中所介绍的 AMSR-E 亮温数据，包括 18.7GHz 的 H 极化亮温和 36.5GHz 的 V 极化亮温。所用的 AMSR-E 地表温度产品是查找表算法（temporal land cover-based look-up table，TL-LUT）反演得到的地表温度产品（Zhou et al.，2015）。MODIS 地表温度产品是搭载在 EOS AM 和 PM 平台上的 MODIS 探测仪的一个在轨产品。本节所用的是 V005 版本的 MODIS L3 级地表温度产品，包括 MYD11A1 和 MYD11B1，空间分辨率分别为 1km（实际约为 0.93km）和 5km（实际上约为 5.6km），投影格式为正弦投影，为了后续计算方便，在处理中，我们分别将数据的空间分辨率重采样到 0.01°和 0.05°，并将投影转换为等经纬度投影。降雨分析数据是"0.25°中国逐日网格降水量实时分析系统数据集"。该数据集来源于实时库提取的全国 2400 多个台站的逐日降水量（8：00~次日 8：00）。该数据集由中国气象局国家气象信息中心提供。地表分类数据是由 GlobeLand30（http://glc30.tianditu.com/index.html）经过分类重采样到 1km 分辨率。本节所用的高程数据为空间分辨率为 90m 的数字高程数据产品。投影方式为 UTM/ WGS84，数据时期是 2000 年。

2. 利用贝叶斯最大熵方法进行温度融合

在本节中，我们将利用贝叶斯最大熵方法（BME）对被动微波和热红外遥感所反演的地表温度进行融合，以期得到时空完整的高精度的地表温度产品，满足后续的地表冻融监测的需求。

图 7.53 分别展示了 2010 年 11 月 17 日 MODIS 地表温度，AMSR-E 地表温度及融合温度的空间分布图，以及温度与高程的大致对应关系。图 7.53（a）中的白色区域是 MODIS 数据缺失的地区。从图 7.53（a）、（b）、（c）三幅图对比来看，在 MODIS 温度完整的区域（特别是用红色方框圈起来的 6 个区域），融合温度保留了 MODIS 温度的细节特征；而在 MODIS 温度存在缺失的区域（特别是用黑色圆形框圈起来的区域），

融合温度所表现的特征是 AMSR-E 温度特征及 MODIS 温度空间趋势融合之后的综合效果。

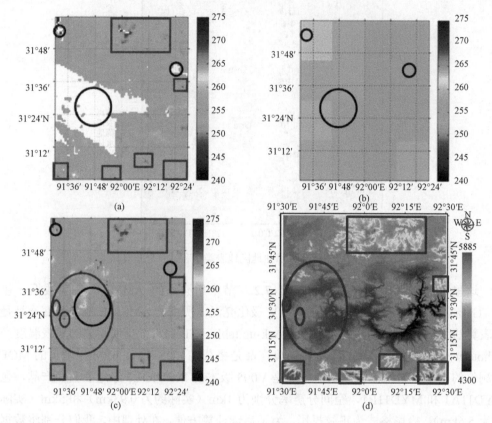

图 7.53　2010 年 11 月 17 日地表温度（单位：K）的空间分布及研究区高程图（彩图附后）
(a) MODIS 地表温度；(b) AMSR-E 地表温度；(c) 融合温度；(d) 高程图

除此之外，MODIS 温度和融合温度都表现出了与高程图类似的空间分布特征。高程图 7.53 中 6 个红色矩形方框所圈起来的区域的高程要比周围高很多，是山地的分布区域。一般来讲，温度会随着高程的增加而降低。从图 7.53（a）、（c）中相同红色方框圈起来的区域恰恰表现出了温度明显低于周围区域的特征。以上这几个区域 MODIS 温度基本都完整，不能完全体现融合温度的好坏。我们重新选择几处 MODIS 温度存在缺失的区域来对比该区域内融合温度是否与高程的分布存在相似之处。如图 7.53（c）、（d）中的红色椭圆形框所圈起来的区域，该区域内 MODIS 温度是缺失的，但是从两个小椭圆形框的对应的温度和高程对比显示，高程越高，温度越低；高程越低，温度则越高。以上的结果均表明，融合结果的空间分布是比较合理的。需要说明的是，融合温度的空间分布并不是与高程分布完全对应的，因为刮风，降雨等许多自然因素都会对温度造成较大影响，这些因素变化较迅速、频繁，在温度融合的研究中暂未考虑。

利用地面站点实测的 0~5cm 深度处的土壤温度数据与融合温度进行了对比，如图 7.54（a）所示，二者表现出了很好的相关性，相关系数 r 达到了 0.896，$R^2= 0.8033$，然而均方根误差却很大，达到了 11.2℃。这主要是由于融合温度代表的是地表 0cm 以上的温度，其与土壤温度不同。

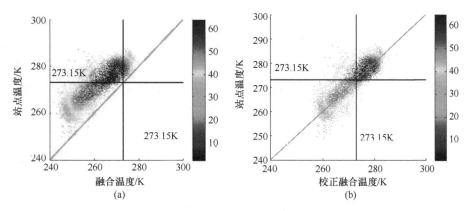

图 7.54 所有地面站点实测温度（0~5cm 深度土壤温度）与对应的融合温度对比
(a) 融合温度；(b) 校正后的融合温度

由于研究区内没有 0cm 的地表温度数据，为了解决该问题，我们建立了 0~5cm 深度处的地面站点温度与晴空条件下的 MODIS 温度之间的关系，该关系代表的是土壤表层温度与地表温度之间的联系，通过该关系将融合温度做一个转换再对其进行评价。二者之间的关系如下式所示（Kou et al.，2016）：

$$LST = 1.245T_{0~5cm} - 8.686 \tag{7.101}$$

将转换后的数据用于验证融合温度，验证结果如图 7.54（b）所示。经过校正之后，融合温度与站点转换温度吻合的很好，二者之间的相关系数为 0.917，R^2=0.84，对于 7 个时段所有数据的均方根误差为 3.51℃。

3. 亮温降尺度判识地表冻融状态

被动微波遥感提供的 36.5GHz 的 V 极化亮温可以反映地表的温度信息，同时当土壤发生冻结时，其介电常数会骤然降低，相应的发射率则骤然升高，通过不同波段的亮温比值可以得到准发射率信息，进而反映出土壤是否有冰晶。因此在利用被动微波遥感来判别地表的冻融状态时，若能够提升亮温的空间分辨率则可以提升冻融判识的空间分辨率。如何对当前的粗分辨率的亮温进行降尺度成为提升冻融判识分辨率的关键。

上一步中我们已经得到了时空完整的高分辨率的温度信息，该信息是对亮温进行降尺度的关键信息。本节以青藏高原那曲地区为研究区，该地区 95%以上均为草地覆盖，针对该地区的特征，在降尺度过程中我们有两个基本假设。

假设一：由于低空间分辨率的 0.25°的被动微波像元的物理温度代表的是该像元区域内物理温度的平均值。那么任一低分辨率像元（AMSR-E 像元大小 0.25°）内的物理温度 T_{grid} 等于其对应的所有 0.05°（0.01°）MODIS 小像元的物理温度 T_{ci} 的平均值，二者满足如下关系：

$$T_{grid} = \frac{\sum_{i=1}^{n} T_{ci}}{n} \tag{7.102}$$

式中，n 代表 0.25°空间分辨率的微波像元内所包含的 0.05°（0.01°）空间分辨率的 MODIS 像元的个数。根据物理温度、发射率及亮温三者之间的关系，大像元的亮温 TB_{grid} 满足：

$$TB_{grid} = e \times T_{grid} = e \times \frac{\sum_{i=1}^{n} T_{ci}}{n} \qquad (7.103)$$

假设二：同一个大像元（AMSR-E 像元大小 0.25°）内，如果地表覆盖类型基本一致，假定其对应的所有小像元（MODIS 像元大小 0.05°（0.01°））有相同的发射率 e。因此该大像元所对应的任一小像元的亮温 TB_i 也满足如下关系：

$$TB_i = e \times T_{ci} \qquad (7.104)$$

由上面公式（7.103）和公式（7.104）进行联立可以推出降尺度之后的小像元亮温 TB_i 的计算公式，如下：

$$TB_i = \frac{n \times TB_{grid} \times T_{ci}}{\sum_{i=1}^{n} T_{ci}} \qquad (7.105)$$

得到小像元的亮温，我们便可以在相对高的空间分辨率（0.05°）下来探测地表的冻融状态。判别算法我们选用 7.2.2 节中改进之后的冻融判别式算法。最后用 30 个地面站点的时间序列数据对判别结果进行验证，验证的精度同样用冻结判对率、融化判对率和总体判对率三个指标进行评价。

图 7.55 展示了 2010.9.28~2011.9.27 期间三个评价指标在各个站点所对应像元的总体概况。从中可以看出，大多数站点的冻结分类精度比较高，融化分类精度相对较低，而总体分类精度介于二者之间。我们对利用降尺度亮温进行冻融判别的分类精度进行了统计。冻结判对率为 98.4%，融化判对率为 59.8%，总体判对率为 78.9%。对于融土的误判直接拉低了总体的判对率，为了探究导致对融土判别错误的原因，我们将融化判对率小于60%的像元挑选了出来，包括站点 5，9，17，18，19，20，21，23，28，29 和 30。

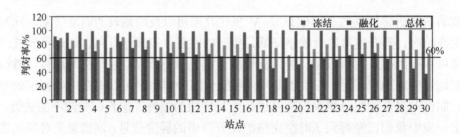

图 7.55　2010.9.28~2011.9.27 期间，利用降尺度亮温进行冻融判识得到的 30 个地面站点的冻结判对率、融化判对率和总体判对率

从图 7.56 可以看出，这些站点几乎都分布在山地的周围，受到了地形因素的影响。一方面，用于冻融判别的微波亮温在降尺度的过程中是与融合温度直接相关的，由于在山区高程差异如此巨大，随着高程的起伏温差变化也比较快，在利用 BME 方法进行融合的过程中如此大的变化趋势很难被捕捉到，因此在山地周围融合温度很可能受此影响并最终将引入的误差带入到后期的地表冻融判别过程中。另一方面，改进的冻融判别式算法在建立的过程中并没有考虑地形因素的影响，也会引入部分误差。综上两点最终导致了这些站点的判对率比较低。冻结判对率与融化判对率之间的差别很可能是由冻融判别式算法的尺度效应引起的，由于该算法是在 0.25°的空间分辨率下建立的，该算法在0.05°空间分辨率下的适用性还有待于进一步研究。

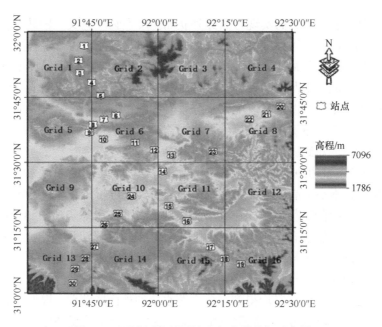

图 7.56　研究区内地面站点与高程叠加示意图

除了高程之外，降雨也是一个会影响最终判别结果的因素。我们利用"0.25°中国逐日网格降水量实时分析系统数据集"对研究区内的降雨情况进行了统计，如图 7.57 所示。

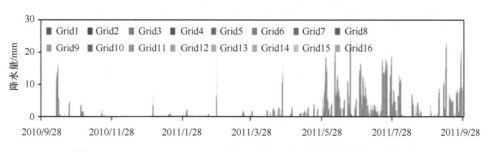

图 7.57　2010.9.28~2011.9.27 期间研究区各网格降水量时间变化图

我们将降水量大于 0mm 的数据全部剔除，最后仅剩余 256 天的数据用于地表冻融判别中，并用地面站点数据对其进行验证。剔除降雨影响之后，总体分类精度由原来的78.9%提升到 82.4%。但有一点需要注意的是，由于融土大多出现在夏季，剔除降雨影响之后，大部分被判别为融土的数据也被剔除掉了。考虑到微波对云雨有一定的穿透能力，同时又兼顾冻融土数据量的平衡，我们又重新做了另一个统计，即剔除降水量大于5mm 的数据然后对判别精度做出评价。总共有 322 天的数据参与了评价，此时总体的分类精度为80.5%，精度有所提升。

7.4　小　　结

本章首先介绍了热红外与微波辐射协同反演机制。分别根据热红外与被动微波遥感方式解读了地表温度反演的机理。我们基于热采样深度构建了被动微波有效温度向热红外地表温度的转换机制,进而实现与热红外肤面温度在物理意义上的统一,实现了两者在机理上的协同。由于热采样深度计算模型为经验统计模型,在一定程度上使得模型的普适性和精度受到一定的局限,如何能够从机理和本质上理解地表温度变化与空间尺度的关系,将是该领域未来发展的关键。在面向微波遥感土壤水分反演的热红外遥感机制中,我们构建了以差分热惯量获取土壤水分垂直廓线机制,检验结果表明新提出的直接基于差分热惯量反演土壤湿度垂直廓线的机制合理,算法可行。从而,开辟了新的获取土壤湿度垂直廓线的思路。

7.2 节介绍了土壤-植被水热参数反演模型和方法。大气和地形对微波遥感波段的探测有一定的影响,本小节前部分针对这两个因素对其进行了校正,进一步提高土壤水分反演精度提供了重要的可行途径。在反演土壤水分方面,考虑了植被和粗糙度的影响,把植被和粗糙地表的影响看作一个整体,利用 SRP 多角度算法反演出土壤水分,验证结果表明在低植被地区表现较好,但在森林地区,其算法的适用性有一定的局限性,有待改进。在针对混合像元组分时,将同一像元内所有的地面土壤水分测量数据分为植被覆盖地表和裸露地表两类分别平均得到组分土壤水分的地面实测值。根据像元组分反演算法得到像元的组分土壤水分。在冻融判别方面,我们基于寒区复杂地表微波辐射模型的模拟数据和实测数据构建了一个复杂地表状况下的综合数据库,并基于综合数据库对冻融判别式算法和新的双指标算法进行了改进。在植被含水量的反演中,我们分别利用光学遥感和微波遥感的方式基于构建的反演算法获得植被含水量。最后,我们基于高光谱分辨率遥感影像的植被冠层荧光提取方法,开展了动态分析,初步建立了基于日光诱导叶绿素荧光(SIF)的农作物水分胁迫早期遥感探测方法。为土壤-植被水热参数遥感反演模型和方法的研究提供了参考的价值。

7.3 节我们着重介绍热红外遥感与微波协同反演地表温度、土壤水分,陆表冻融状态监测,植被与地形三维结构参数协同反演的方法。将被动微波地表温度的有效反演与空间降尺度相结合,同时与热红外地表温度相联结,实现热红外遥感地表温度和微波遥感地表温度之间的协同转换方法。为以后建立更为高效的高空间分辨率的全天候、时空准无缝地表温度的集成方法,满足大区域乃至全球尺度的地表温度实际应用需求提供了支持。针对多元回归方法在高植被区存在的问题,根据微波极化差指数与植被信息的关系,提出改进后的土壤水分降尺度关系式,即利用微波极化差指数与地表温度、植被指数进行统计回归,构建土壤水分降尺度反演算法,获取高分辨率土壤水分数据,提升了多元统计回归降尺度方法在植被区的应用效果。但是多元统计回归方法的理论基础薄弱,模型也在不同时间、空间的表现不一,在以后的工作中还需要对降尺度方法进行深入探讨。为了满足后续地表冻融监测需求,我们利用了贝叶斯最大熵方法对被动微波和热红外遥感所反演的地表温度进行融合,得到时空完整的高精度的地表温度产品,结合亮温降尺度方法获取高空间分辨率的地表冻融状态信息。从物理意义、空间尺度、时间尺度等层次完善了热红外至被动微波多模式协同机制研究。

参 考 文 献

柴琳娜, 吴凤敏, 张立新, 施建成. 2015. 利用 AMSR-E 数据反演华北平原冬小麦单散射反照率. 遥感学报, 19(1): 153-171.

陈修治, 陈水森, 李丹, 等. 2010. 被动微波遥感反演地表温度研究进展. 地球科学进展, 25(8): 915-923.

程国栋. 2009. 黑河流域水·生态·经济系统综合管理研究. 北京: 科学出版社.

李国全, 代冯楠. 2016. 热红外与被动微波遥感协同反演地表温度研究进展. 地理科学研究, 5(2): 39-48.

李新, 刘绍民, 马明国, 等. 2012. 黑河流域生态-水文过程综合遥感观测联合试验总体设计. 地球科学进展, 27(5): 481-498.

刘军. 2014. 微波波段(0.5—40GHz)高有机质土壤介电常数研究. 北京: 北京师范大学博士学位论文.

毛克彪, 唐华俊, 周清波, 等. 2007. AMSR-E 微波极化指数与 MODIS 植被指数关系研究. 国土资源遥感, (01): 27-31.

王舒. 2016. 基于被动微波遥感的地表粗糙度及土壤水. 北京: 北京师范大学博士学位论文.

许大全. 2013. 光合作用学. 北京: 科学出版社.

姚志刚, 陈洪斌. 2006. 利用神经网络从 118.75GHz 附近通道亮温反演大气温度. 气象科学. 26(3): 252-259.

张仁华. 2009. 定量热红外遥感模型及地面实验基础. 北京: 科学出版社.

张仁华. 2016. 定量遥感若干关键科学问题研究. 北京: 高等教育出版社.

张涛. 2014. 被动微波遥感土壤水分反演算法和验证方法改进. 北京: 北京师范大学博士学位论文.

赵晶晶, 刘良云, 徐自为, 焦全军, 彭代亮, 胡勇, 刘绍民. 2011. 华北平原冬小麦总初级生产力的遥感监测. 农业工程学报, 27: 346-351.

赵丽英. 2005. 小麦对水分亏缺的阶段性反应及其机制研究. 陕西: 西北农林科技大学博士学位论文.

赵英时. 2003. 遥感应用分析原理与方法. 北京: 科学出版社.

周壮. 2016. 被动微波遥感土壤水分产品降尺度方法研究. 北京: 北京师范大学硕士学位论文.

Acevo-Herrera R, Aguasca A, Bosch-Lluis X, et al. 2010. Design and first results of an UAV-borne L-band radiometer for multiple monitoring purposes. Remote Sensing, 2(7): 1662-1679.

Baker N R. 2008. Chlorophyll fluorescence: a probe of photosynthesis in vivo. Annu Rev Plant Biol, 59(1): 89-113.

Baret F, Clevers J G P W, Steven M D. 1995. The robustness of canopy gap fraction estimates from red and near-infrared reflectances: A comparison of approaches. Remote Sensing of Environment, 54(2): 141-151.

Baret F, Weiss M, Lacaze R, et al. 2013. GEOV1: LAI and FAPAR essential climate variables and FCOVER global time series capitalizing over existing products. Part1: Principles of development and production. Remote Sensing of Environment, 137: 299-309.

Becker F, Choudhury B J. 1988. Realtive sensitivity of normalized difference vegetation index (NDVI) and desertification monitoring. Remote Sensing of Environment, 2(24): 297-311.

Biehler K, Fock H. 1996. Evidence for the contribution of the mehler-peroxidase reaction in dissipating excess electrons in drought-stressed wheat. Plant Physiology, 112(1): 265-272.

Bo Z, Peng M, Nie A H, et al. 2014. Land cover mapping using time series HJ-1/CCD data. Science China Earth Sciences, 57(8): 1790-1799.

Boutoleau-Bretonnière C. 2012. Spatial and temporal variability of biophysical variables in southwestern France from airborne l-band radiometry. Hydrology & Earth System Sciences, 16(6): 1725-1743.

Calatayud A, Roca D, Martínez P F. 2006. Spatial-temporal variations in rose leaves under water stress conditions studied by chlorophyll fluorescence imaging. Plant Physiology & Biochemistry, 44(10): 564-573.

Cano A, Saleh K, Wigneron J P, Antolín C, et al. 2010. The SMOS mediterranean ecosystem L-band characterisation experiment (MELBEX-I) over natural shrubs. Remote Sensing of Environment, 114: 844-853.

Cantón Y, Solé-Benet A, Domingo F. 2004. Temporal and spatial patterns of soil moisture in semiarid badlands of SE Spain. Journal of Hydrology, 285(1–4): 199-214.

Carlson T. 2007. An overview of the triangle method for estimating surface evapotranspiration and soil moisture from satellite imagery. Sensors, 7: 612-629.

Ceballos A, Scipal K, Wagner W, et al. 2005.Validation of ERS scatterometer-derived soil moisture data in the central part of the Duero Basin, Spain. Hydrological Processes, 19(8): 1549-1566.

Ceccato P, Gobron N, Flasse S, Pinty B, Tarantola S. 2002. Designing a spectral index to estimate vegetation water content from remote sensing data: Part 1: Theoretical approach. Remote Sensing of Environment, 82: 188-197.

Che T, Li X, Gao Y, Jeff W. 2013. HiWATER: Dataset of airborne microwave radiometers (L bands) mission in the middle reaches of the Heihe River Basin on Jun.30, Jul.3, Jul.4, Jul.7, Jul.10, Jul.26, Aug.1, and Aug.2, 2012. Heihe Plan Science Data Center: 299-309.

Crow W T, Chan S T K, Entekhabi D, et al. 2005. An observing system simulation experiment for hydros radiometer-only soil moisture products. IEEE Transactions on Geoscience and Remote Sensing, 43(6): 1289-1303.

Dasgupta S, Qu J J. 2009. Soil adjusted vegetation water content retrievals in grasslands. International Journal of Remote Sensing, 30: 1019-1043.

De Jeu R A M, Owe M. 2003. Further validation of a new methodology for surface moisture and vegetation optical depth retrieval. International Journal of Remote Sensing, 24: 4559-4578.

Doninck J, Van Peters J, De Baets B, et al. 2011. The potential of multitemporal aqua and terra MODIS apparent thermal inertia as a soil moisture indicator. International Journal of Applied Earth Observation & Geoinformation, 13(6): 934-941.

Duan S, Li Z. 2016. Spatial downscaling of MODIS land surface temperatures using geographically weighted regression: Case study in Northern China. IEEE Transactions on Geoscience and Remote Sensing, 54: 1-12.

Duan S, Li Z, Leng P. 2017. A framework for the retrieval of all-weather land surface temperature at a high spatial resolution from polar-orbiting thermal infrared and passive microwave data. Remote Sensing of Environment, 195: 107-117.

Duan S, Li Z, Leng P, Han X, Chen Y. 2015. Generation of an all-weather land surface temperature product from MODIS and AMSR-E data. International Conference on Intelligent Earth Observing and Applications. International Society for Optics and Photonics.

Entin J K, Robock A, Vinnikov K Y, et al. 2000. Temporal and spatial scales of observed soil moisture variations in the extratropics. Journal of Geophysical Research: Atmospheres, 105(D9): 11865-11877.

Escorihuela M J, Kerr Y H, De Rosnay P, Wigneron J P, Calvet J C, Lemaitre F. 2007. A simple model of the bare soil microwave emission at L-band. IEEE Transactions on Geoscience & Remote Sensing, 45: 1978-1987.

Flexas J, Briantais J M, Cerovic Z, et al. 2000. Steady-state and maximum chlorophyll fluorescence responses to water stress in grapevine leaves: A new remote sensing system. Remote Sensing of Environment, 73(3): 283-297.

Flexas J, Medrano H. 2002. Energy dissipation in C3 plants under drought. Functional Plant Biology, 29(29): 1209-1215.

Gamon J A, Penuelas J, Field C B. 1992. A narrow-waveband spectral index that tracks diurnal changes in photosynthetic efficiency. Remote Sensing of Environment, 41(1): 35-44.

Grant J P, Wigneron J P, Jeu R A M D, et al. 2016. Comparison of SMOS and AMSR-E vegetation optical depth to four MODIS-based vegetation indices. Remote Sensing of Environment, 172: 87-100.

Guillevic P, Privette J, Coudert B. 2012. Land surface temperature product validation using NOAA's surface climate observation networks-Scaling methodology for the Visible Infrared Imager Radiometer Suite (VIIRS). Remote Sensing of Environment, 124: 282-298.

Holmes T, De Jeu R, Owe M. 2009. Land surface temperature from Ka band (37 GHz) passive microwave observations. Journal of Geophysical Research, 114(D4).

Huete A. 1988. A soil-adjusted vegetation index (SAVI). Remote Sensing of Environment, 25(3): 295-309.

Huseynova I M, Rustamova S M, Suleymanov S Y, et al. 2016. Drought-induced changes in photosynthetic apparatus and antioxidant components of wheat (*Triticum durum* Desf.) varieties. Photosynth Res, 130(1-3): 215-223.

Jin R, Li X, Che T. 2009. A decision tree algorithm for surface soil freeze/thaw classification over China using SSM/I brightness temperature. Remote Sensing of Environment, 113(12): 2651-2660.

Kahle A B. 1977. A simple thermal model of the earth's surface for geologic mapping by remote sensing. Journal of Geophysical Research, 82: 1673-1679.

Karam M A, Fung A K. 1983. Scattering from randomly oriented circular discs with application to vegetation. Radio Science, 18(4): 557-565.

Karam M A, Fung A K.1988. Electromagnetic scattering from a layer of finite length, randomly oriented, dielectric, circular cylinders over a rough interface with application to vegetation. International Journal of Remote Sensing, 9(6): 1109-1134.

Karl T, Bretherton F, Easterling W, Miller C, Trenberth K. 1996. Long-term climate monitoring by the global climate observing system (GCOS). *In*: Long-Term Climate Monitoring by the Global Climate Observing System. Dordrecht: Springer Netherlands: 5-17.

Kerr Y H, Waldteufel P, Wigneron J P, et al. 2010. The SMOS mission: New Tool for monitoring key elements of the global water cycle. Proceedings of the IEEE, 98: 666-687.

Kim Y, Kimball J S, McDonald K C, Glassy J. 2011. Developing a global data record of daily landscape freeze/thaw status using satellite passive microwave remote sensing. IEEE Transactions on Geoscience and Remote Sensing, 49(3): 949-960.

Knowles K W, Savoie M H, Armstrong R L, Brodzik M J. 2006. AMSR-E/Aqua daily global quarter-degree gridded brightness temperatures, 2004 through 2010. Natl. Snow and Ice Data Cent., Boulder, Colo. http:// nsidc. org/data/nsidc-0302. html.

Kou X, Jiang L, Bo Y, Yan S, Chai L. 2016. Estimation of land surface temperature through blending MODIS and AMSR-E data with the bayesian maximum entropy method. Remote Sensing, 8(2), 105.

Lanfear K J, Hirsch R M. 1999. USGS study reveals a decline in long-record streamgages. Eos, Transactions American Geophysical Union, 80(50): 605-607.

Lawrence H, Wigneron J P, Richaume P, et al. 2014. Comparison between SMOS vegetation optical depth products and MODIS vegetation indices over crop zones of the USA. Remote Sensing of Environment, 140: 396-406.

Li X, Jin R, Pan X, et al. 2012. Changes in the near-surface soil freeze–thaw cycle on the Qinghai-Tibetan Plateau. International Journal of Applied Earth Observation and Geoinformation, 17: 33-42.

Li Z, Tang B, Wu H. 2013. Satellite-derived land surface temperature: Current status and perspectives. Remote Sensing of Environment, 131: 14-37.

Liebe H J. 1985. An updated model for millimeter wave propagation in moist air. Radio Science, 20(5): 1069-1089.

Liu Y Y, Dijk A I J M V, De Jeu R A M, et al. 2015. Recent reversal in loss of global terrestrial biomass. Nature Climate Change, 5: 470-474.

Martínez-Fernández J, Ceballos A. 2015. Mean soil moisture estimation using temporal stability analysis. Journal of Hydrology, 312(1-4): 28-38.

Mätzler C. 1994. Microwave (1—100 GHz) dielectric model of leaves. IEEE Transactions on Geoscience & Remote Sensing, 32(4): 947-949.

Mi S, Su H, Zhang R, et al. 2015. Using simplified thermal inertia to determine the theoretical dry line in feature space for evapotranspiration retrieval. Remote Sensing, 7(8): 10856-10877.

Mie G. 1908. Beiträge zur Optik trüber Medien, speziell kolloidaler Metallö sungen (Contributions to the optics of turbid media, particularly of colloidal metal solutions). Annalen der Physik, 26: 597-614.

Miernecki M, Wigneron J P, Lopez-Baeza E, et al. 2014. Comparison of SMOS and SMAP soil moisture retrieval approaches using tower-based radiometer data over a vineyard field. Remote Sensing of Environment, 154: 89-101.

Murray T, Verhoef A. 2007. Moving towards a more mechanistic approach in the determination of soil heat flux from remote measurements. I. A universal approach to calculate thermal inertia. Agricultural & Forest Meteorology,147: 80-87.

Norman J, Becker F. 1995. Terminology in thermal infrared remote sensing of natural surfaces. Remote Sensing Reviews, 12(3-4): 153-166.

O'Neill P, Chan S, Njoku E. 2012. Soil moisture active passive (SMAP) project algorithm theoretical basis document SMAP L2 and L3 radiometer soil moisture (passive) data products: L2_SM_P L3_SM_P. Jet Propulsion Laboratory California Institute of Technology.

Oechel W C, Hastings S J, Vourlrtis G, Jenkins M, Riechers G, Grulke N. 1993. Recent change of arctic tundra ecosystems from a net carbon dioxide sink to a source. Nature, 361(6412): 520-523.

Oechel W C, Vourlitis G L, Hastings S J, Zulueta R C, Hinzman L, Kane D. 2000. Acclimation of ecosystem co2 exchange in the alaskan arctic in response to decadal climate warming. Nature, 406(6799): 978-981.

Ottlé C, Stoll M. 1993. Effect of atmospheric absorption and surface emissivity on the determination of land surface temperature from infrared satellite data. International Journal of Remote Sensing, 14: 2025-2037.

Owe M, de Jeu R, Holmes T. 2008. Multisensor historical climatology of satellite-derived global land surface moisture. Journal of Geophysical Research: Earth Surface, 113: F01002

Owe M, De Jeu R, Walker J. 2001. A methodology for surface soil moisture and vegetation optical depth retrieval using the microwave polarization difference index. Geoscience & Remote Sensing IEEE Transactions on, 39(8): 1643-1654.

Panigada C, Rossini M, Meroni M, et al. 2014. Fluorescence, PRI and canopy temperature for water stress detection in cereal crops. International Journal of Applied Earth Observation and Geoinformation, 30(1): 167-178.

Parinussa R M, Venkat L, Fiona J, Ashish S. 2016. Comparing and combining remotely sensed land surface temperature products for improved hydrological applications. Remote Sensing, 8 (2): 162.

Porcar-Castell A, Tyystjarvi E, Atherton J, et al. 2014. Linking chlorophyll a fluorescence to photosynthesis for remote sensing applications: mechanisms and challenges. Journal of Experimental Botany,65(15): 4065-4095.

Price J C. 1977. Thermal inertia mapping: A new view of the earth. Journal of Geophysical Research, 82(18): 2582-2590.

Price J C. 1985. On the analysis of thermal infrared imagery: The limited utility of apparent thermal inertia. Remote Sensing of Environment, 18: 59-73.

Pulliainen J, Karna J P, Hallikainen M. 1993. Development of geophysical retrieval algorithms for the MIMR. IEEE Transactions on Geoscience and Remote Sensing, 31(1): 268-277.

Qiu J. 2008. China: The third pole. Nature News, 454(7203): 393-396.

Qin J, Yang K, Lu N, Chen Y, Zhao L, Han M. 2013. Spatial upscaling of in-situ soil moisture measurements based on MODIS-derived apparent thermal inertia. Remote Sensing of Environment, 138: 1-9.

Qiu Y, Shi L, Shi J, Zhao S. 2016. Atmospheric influences analysis in passive microwave sensing. Spectroscopy and Spectral Analysis, 36(2): 310-315.

Qu Y, Zhu Y, Han W. 2013. HiWATER: Dataset of LAINet observations in the middle reaches of the Heihe River Basin. Heihe Plan Science Data Center.

Qu Y, Wang J, Dong J, Jiang F. 2012. Design and experiment of crop structural parameters automatic measurement system. Nongye Gongcheng Xuebao/transactions of the Chinese Society of Agricultural Engineering, 28(2): 160-165.

Rodriguez-Alvarez N, Camps A, Vall-Llossera M, et al. 2011. Land geophysical parameters retrieval using the interference pattern GNSS-R technique. IEEE Transactions on Geoscience and Remote Sensing, 49(1): 71-84.

Rosenkranz P W. 1988. Interference coefficients for overlapping oxygen lines in air. J. Quant. Spectrose. Radiant. Transfer., 39: 287-297.

Rossini M, Panigada C, Cilia C, et al. 2015. Discriminating irrigated and rainfed maize with diurnal fluorescence and canopy temperature airborne maps. ISPRS International Journal of Geo-Information, 4(2): 626-646.

Roy A. 2014. Modélisation de l'émission micro-onde hivernale en forêt boréale canadienne. Ph.D. thesis Université de Sherbrooke.

Ruston B, Vonder Haar T. 2004. Characterization of summertime microwave emissivities from the Special Sensor Microwave Imager over the conterminous United States. Journal of Geophysical Research, 109(D19): 175-176.

Sahoo S, Bosch-Lluis X, Reising S C, et al. 2015. Retrieval of slant water vapor path and slant liquid water from microwave radiometer measurements during the DYNAMO experiment. IEEE Journal of Selected Topics in Applied Earth Observations and Remote Sensing, 8(9): 4315-4324.

Sánchez N, Martínez-Fernández J, Calera A, et al. 2010. Combining remote sensing and in situ soil moisture data for the application and validation of a distributed water balance model (HIDROMORE). Agricultural Water Management, 98(1): 69-78.

Sánchez N, Martinez-Fernandez J, Scaini A, et al. 2012. Validation of the SMOS L2 soil moisture data in the REMEDHUS Network (Spain). IEEE Transactions on Geoscience and Remote Sensing, 50(5): 1602-1611

Schmugge T. 1983. Remote sensing of soil moisture: Recent advances. IEEE transactions on Geoscience and Remote Sensing, 21: 336-344.

Schreiber U. 2004. Pulse-Amplitude-Modulation (PAM) Fluorometry and Saturation Pulse Method: An Overview. Dordrecht: Springer Netherlands.

Shi J, Jackson T, Tao J, Du J, Bindlish R, Lu L, et al. 2008. Microwave vegetation indices for short vegetation covers from satellite passive microwave sensor AMSR-E. Remote Sensing of Environment, 112(12): 4285-4300.

Shi L, Qiu Y, Shi J, et al. 2017. Estimation of microwave atmospheric transmittance over China. IEEE Geoscience and Remote Sensing Letters, 14(12): 2210-2214.

Shwetha H, Nagesh Kumar D. 2016. Prediction of high spatio-temporal resolution land surface temperature under cloudy conditions using microwave vegetation index and ANN. ISPRS Journal of Photogrammetry and Remote Sensing, 117: 40-55.

Su H B, Tian J, Chen S H, Zhang R H, Rong Y, Yang Y M, Tang X Z, Garcia J. 2011. A new algorithm to automatically determine the boundary of the scatter plot in the triangle method for evapotranspiration retrieval. Geoscience and Remote Sensing Symposium, 196 (45): 2817-2820.

Sun X M, Zhu Z L, Tang X Z, Su H B, Zhang R H. 2000. A new measuring technique of soil thermal inertia. Science China Series, 43: 62-69.

Ulaby F T, Moore R K, Fung A K. 1981. Microwave remote sensing: Active and passive. volume 1-microwave remote sensing fundamentals and radiometry. Massachusetts.

Van d G A A, Wigneron J P. 2004. The b-factor as a function of frequency and canopy type at h-polarization. IEEE Transactions on Geoscience and Remote Sensing, 42(4): 786-794.

Van Marle M J E, Van d W, G R, De Jeu R A M, Liu Y Y. 2015. Annual South American forest loss estimates based on passive microwave remote sensing (1990–2010). Biogeosciences Discussions, 12: 11499-11535.

Verhoef A. 2004. Remote estimation of thermal inertia and soil heat flux for bare soil. Agricultural & Forest Meteorology, 123 (3) : 221-236.

Verstraeten W W, Veroustraete C J, Vandersande C J, Grootaers I, Feyen J. 2006. Soil moisture retrieval using thermal inertia, determined with visible and thermal spaceborne data, validated for European forest. Remote Sensing of Environment, 101: 299-314.

Wagner W, Pathe C, Doubkova M, et al. 2008. Temporal stability of soil moisture and radar backscatter observed by the advanced synthetic aperture radar (ASAR). Sensors, 2(8): 1174-1197.

Wan Z, Dozier J. 1996. A generalized split-window algorithm for retrieving land-surface temperature from space. IEEE Transactions on Geoscience and Remote Sensing, 34(4): 892-905.

Wang J R, Manning W. 2003. Near concurrent MIR, SSM/T-2, and SSM/I observations over snow-covered surfaces. Remote Sensing of Environment, 84: 457-470.

Wang J R, Schmugge T J. 1980. An empirical model for the complex dielectric permittivity of soils as a function of water content. IEEE Transactions on Geoscience and Remote Sensing, GE-18(4): 288-295.

Wang W, Huang Y, Xu F, Ma C, Wang J. 2013. HiWATER: Dataset of biomass observed in the middle reaches of the Heihe River Basin. Heihe Plan Science Data Center.

Watson K. 1973. Periodic heating of a layer over a semi- infinite solid. Journal of Geophysical Research, 78: 5904-5910.

Wigneron J P, Chanzy A, Calvet J C, Olioso A, Kerr Y. 2002. Modeling approaches to assimilating L band passive microwave observations over land surfaces. Journal of Geophysical Research Atmospheres, 107: ACL 11-11–ACL 11-14.

Wigneron J P, Chanzy A, Kerr Y H, et al. 2011. Evaluating an improved parameterization of the soil emission in L-MEB. IEEE Transactions on Geoscience and Remote Sensing, 49: 1177-1189.

Wigneron J P, Kerr Y, Waldteufel P, et al. 2007. L-band Microwave Emission of the Biosphere (L-MEB) Model: Description and calibration against experimental data sets over crop fields. Remote Sensing of Environment, 107(4): 639-655.

Wilheit T. 1978. Radiative transfer in a plane stratified dielectric. IEEE Transactions on Geoscience Electronics, 16: 138-143.

Wu G, Liu Y, Zhang Q, Duan A, Wang T, Wan R, et al. 2007. The influence of mechanical and thermal forcing by the Tibetan Plateau on Asian climate. Journal of Hydrometeorology, 8(4): 770-789.

Xue Y, Cracknell A P. 1995. Advanced thermal inertia modeling. International Journal of Remote Sensing, 16 (3) : 431-446.

Yang K, Guo X, He J, Qin J, Koike, T. 2011. On the climatology and trend of the atmospheric heat source over the Tibetan Plateau: An experiments-supported revisit. Journal of Climate, 24(5): 1525-1541.

Yang K, Qin J, Zhao L, Chen Y, Tang W, Han M, et al. 2013. A multiscale soil moisture and freeze-thaw monitoring network on the third pole. Bulletin of the American Meteorologial Society: 94(12): 1907-1916.

Yang Y M, Su H B, Zhang R H, Tian J, Li L. 2015. An enhanced two-source evapotranspiration model for land (ETEML) Algorithm and evaluation. Remote Sensing of Environment, 168: 54-65.

Zakharova E, Calvet J C, Lafont S, et al. 2012. Spatial and temporal variability of biophysical variables in southwestern France from airborne L-band radiometry. Hydrology and Earth System Sciences, 16(6): 1725-1743.

Zhan W, Chen Y, Zhou J. 2013. Disaggregation of remotely sensed land surface temperature: Literature survey, taxonomy, issues, and caveats. Remote Sensing of Environment, 131: 119-139.

Zhan W, Zhou J, Ju W, Li M, Sandholt I, Voogt, Yu, C. 2014. Remotely sensed soil temperatures beneath snow-free skin-surface using thermal observations from tandem polar-orbiting satellites: An analytical three-time-scale model. Remote Sensing of Environment, 143: 1-14.

Zhang R H. 1980. Investigation of remote sensing of soil moisture. Proceedings of the Fourteenth International Symposium on Remote sensing of Environment V.I: 121-133.

Zhang R H. 1992. A remote sensing thermal inertia model for soil moisture and its application. Chinese Science Bulletin, 37 (4): 306.

Zhang R H, Rong Y, Tian J, Su H B, Li Z L, Liu S H. 2015. A remote sensing method for estimating surface air temperature and surface vapor pressure on a regional scale. Remote Sens, 7: 6005-6025.

Zhang R H, Su H B, Tian J, Mi S J, Li Z Li. 2016b. Non-contact measurement of the spectral emissivity through active/passive synergy of CO_2 laser at 10.6 _m and 102F FTIR (Fourier transform infrared) spectrometer. Sensors, 16: 970-984.

Zhang, R H, Sun X M, Wang W M, Xu J P, Zhu Z L, Tian J. 2005. An operational two-layer remote sensing model to estimate surface flux in regional scale: Physical background. Science in China, 48 (S1): 225-244.

Zhang R H, Tian J, Mi S J, Su H B, He H L, Li Z L, Liu K. 2016a. The effect of vegetation on the remotely sensed soil thermal inertia and a two-source normalized soil thermal inertia model for vegetated surfaces. IEEE Journal of Selected Topics in Applied Earth Observations and Remote Sensing, 9(4): 1725-1735.

Zhang R H, Tian J, Su H B, Sun X M, Chen S H, Xia J. 2008. Two improvements of an operational two-layer model for terrestrial surface heat flux retrieval. Sensors, 8: 6165-6187.

Zhang T, Zhang L, Zhao S, Jiang L, Chai L. 2012. A statistic model developed to estimate the penetration depth using passive microwave remote sensing. 2012IEEE International Geoscience and Remote Sensing Symposium (IGARSS). Institute of Electrical and Electronics Engineers: 666-669.

Zhang Y, Zhao C, Liu L, et al. 2005. Chlorophyll fluorescence detected passively by difference reflectance spectra of wheat (Triticum aestivum L.) leaf. Journal of Integrative Plant Biology, 47(10): 1228-1235.

Zhao T, Zhang L, Jiang L, et al. 2011. A new soil freeze/thaw discriminant algorithm using AMSR-E passive microwave imagery. Hydrological Processes, 25(11): 1704-1716.

Zhao X, Liang S, Liu S, Yuan W, et al. 2013. The global land surface satellite (glass) remote sensing data processing system and products. Remote Sensing, 5(5): 2436-2450.

Zhou F, Song X, Lei P, Li Z. 2016. An effective emission depth model for passive microwave remote sensing. IEEE Journal of Selected Topics in Applied Earth Observation and Remote Sensing. 9: 1752-1760.

Zhou J, Dai F, Zhang X, Zhao S, Li M. 2015. Developing a temporally land cover-based look-up table (TL-LUT) method for estimating land surface temperature based on AMSR-E data over the Chinese landmass. International Journal of Applied Earth Observation and Geoinformation, 34: 35-50.

Zhou J, Li J, Zhang T. 2012. Intercomparison of methods for estimating land surface temperature from a Landsat-5 TM image in an arid region with low water vapour in the atmosphere. International Journal of Remote Sensing, 33(8): 2582-2602.

Zhou J, Zhang X, Zhan W, Göttsche F, Liu S, Olesen F, Hu W, Dai F. 2017. A thermal sampling depth correction method for land surface temperature estimation from satellite passive microwave observation over barren land. IEEE Transactions on Geoscience and Remote Sensing, 55(8): 1-14.

Zivcak M, Brestic M, Balatova Z, et al. 2013. Photosynthetic electron transport and specific photoprotective responses in wheat leaves under drought stress. Photosynth Res, 117(1-3): 529-546.

第8章 区域森林生物量动态信息多模式遥感协同提取

本章重点介绍了复杂地表遥感综合实验（8.1节）、森林生态过程综合模拟方法（8.2节）及时间序列主被动遥感数据的森林地上生物量信息动态分析与建模（8.3节）。森林地上生物量及其动态变化受森林自身生长、演替及气候变化、自然、人为干扰等影响；对应地，森林地上生物量动态可分为连续（或逐步）的及不连续（或干扰）的变化。准确估测森林 AGB 及其动态变化是揭示森林生态过程机制的前提，是全球碳循环及气候变化研究的基础和核心内容。

本章利用模型-模型、模型-数据融合的思路将遥感动态信息引入到森林生态机理过程，生成时空连续一致的森林地上生物量产品，从而实现遥感信息的动态特征建模与时间维扩展，提高森林地上生物量动态连续监测精度。

8.1 森林生物量动态监测遥感综合实验

8.1.1 甘肃黑河流域综合遥感实验区概况

黑河位于我国西北地区，是西北地区的第二大内陆河，发源地为祁连山北麓中段。黑河流域地貌丰富，地形复杂多变，从南到北依次为黑河上游祁连山，中游河西走廊和下游阿拉善高原。上游位于青藏高原北部的祁连山地，该地是黑河流域的发源地和产流区（Tian et al.，2014）。祁连山地区的地理坐标范围为 97°20′~101°11′E，37°44′~39°42′N，全区总面积 10400 km²，具体位置如图 8.1 所示。

黑河上游祁连山地区属于温带大陆性气候，受青藏高原气候影响，冬季寒冷干旱，降水较少，全年内降水基本发生在夏季，多年平均气温为 3.1~3.6℃，多年平均降水量为350~495mm（潘小多，2012）。祁连山地区自东向西经度每变化 1 度降水就减少 67mm（陈隆亨和曲耀光，1992），自 1987 年以来，祁连山西部地区经历了气候由暖干向暖湿的转化，而东部地区由于受西部大气环流影响较小且冰雪覆盖较西部地区少，气候仍比较干燥（施雅风，2003）。

祁连山地区海拔范围 1500~6000m，主要植被类型为森林、灌木和高寒草甸，森林主要由青海云杉（*Picea crassifolia*）组成，极少数区域混杂着祁连圆柏（*Sabina prze-walskii*），森林主要分布在海拔 2500~3300m 的阴坡。近年来，由于对森林资源的过度开发，大量放牧，导致了流域生态环境日趋恶化，草原和森林逐渐萎缩（郭云等，2015）。图 8.1 所示为黑河上游位置及分类图，分类图是在参考黑河植被类型图（Ran et al.，2012）及 Landsat-7 TM 影像的基础上利用分类规则集算法得到的，并经过 2014 年森林样地数据的验证，森林非森林分类精度达 98%（闫敏等，2016a，b）。

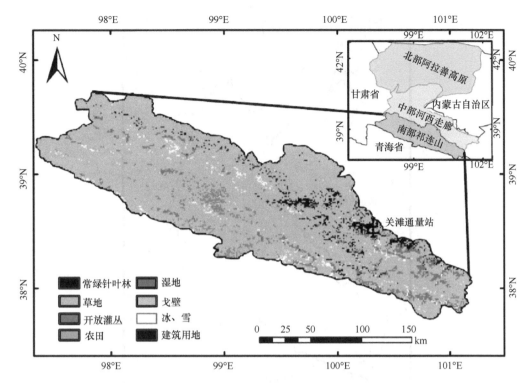

图 8.1　甘肃黑河流域上游祁连山森林保护区位置及土地覆盖类型

8.1.2　内蒙古大兴安岭综合实验区概况

内蒙古大兴安岭综合实验区大部分属于根河市辖区。如图 8.2 所示，根河市是内蒙古自治区最北部的旗市之一。根河市地处呼伦贝尔市东北部，大兴安岭北段西坡，它东以鄂伦春自治旗为邻，西与额尔古纳市接壤，南连牙克石市，北接黑龙江省漠河县、塔河县。全市总面积约 2 万 km²，平均海拔在 1000m 以上。自然地理特点是高纬度、高寒冷地区，覆盖范围为 120°12~122°55′E，50°20′~52°30′N。

根河市气候属寒温带湿润型森林气候，并具有大陆季风性气候的某些特征，特点是寒冷湿润，冬长夏短，春秋相连，雨季为每年 7~8 月。无霜期平均为 90 天，气温日较差大，平均气温–5.3℃，极端最低气温–55℃，年较差 47.4℃，日较差 20℃，结冻期 210天以上，境内遍布永冻层，个别地段 30cm 以下即为永冻层。

森林资源是根河市的主体资源，森林覆盖率 75%，居内蒙古自治区之首，属典型的国有林区。植被分为森林植被和草原植被，并以森林植被为主。主要树种为兴安落叶松、白桦、樟子松，其次为杨、柳等。

大兴安岭山地构成了本市地貌的总体。纵观全市总体地形地貌，东北高、西南低。全市海拔多在 700~1300m，最高峰奥科里堆山位于激流河东侧阿龙山境内，海拔 1530m，也是大兴安岭北部最高峰。其次较高山峰有位于西北部与额尔古纳市交界处的阿拉齐山，海拔 1421m；位于东南部的平顶山，海拔 1451m。该市境内海拔 1000m 以上的山峰有 700 余座，其特点是山脉绵缓，山顶平坦，各山顶之间高差不大，似在同一水平线上。

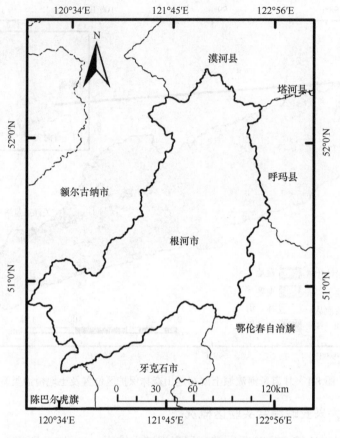

图 8.2　根河研究区示意图

从该市总体地形地势看，具有古老的准平地面与浑圆形山体的特征。一般比较平缓，河网发育，河谷开阔，坡度 15°以内的缓坡在 80%以上，相对高差在 100～300m，地势起伏相对较缓。实验区内的主要树种，人工林包括：兴安落叶松、小叶杨、毛白杨、樟子松、云杉，占林区 10%；种植密度 3300 株/hm²。天然林包括 2 优势树种——兴安落叶松、白桦；其他为樟子松、柳树、山杨。植株密度和树龄有关，天然林初始和人工林接近，到了中龄时减少到 1000 株/hm²。

白桦（*Betula platyphylla* Suk），桦木科（Betulaceae），桦木属（Betula L.），为阳性树种，常在干扰后形成的迹地上天然更新成林，是落叶松林、红松林云冷杉林的伴生树种。耐-50℃的极端低温，对霜冻、日灼等的抗性也很强。花期 4～5 月，果期 8～9 月，8月中旬开始落叶。白桦适应的生态幅度较宽，适应性较广，生长快，结实量大。早期生长迅速，寿命比较短，一般生长高峰在 15～30 年，一般寿命在 100～120 年，它的最大高度和寿命低于兴安落叶松。兴安落叶松（*Larix gmelinii*），松科（Pinaceae），落叶松属（*Larix*），大兴安岭森林建群种，也是内蒙古及东北地区重要的更新和造林树种。兴安落叶松寿命长，生长快，抗逆性强，能适应各种不同的土壤；耐寒，喜光，耐-50℃极端低温，花期 5～6 月，球果 9～10 月成熟。

8.1.3 航空机载遥感数据获取

1. 机载航空摄影

中国林科院资信所租用内蒙古大兴安岭林业管理局根河航空护林站的机场、大庆通用航空有限公司的运-5飞机和铁道第三勘察设计院集团有限公司的LiDAR和CCD遥感设备开展航空实验工作。中国林科院资信所作为实施组织单位，负责该实验的总体协调、航线设计工作，并负责与飞行同步的地面校验场调查工作；内蒙古大兴安岭林业管理局根河航空护林站提供航务保障，大庆通用航空有限公司负责飞行，铁道第三勘察设计院集团有限公司和中国林科院资信所合作进行遥感设备操作和数据预处理工作。

航空实验时间2012年8月16日~2012年9月25日，采用机载LiDAR系统获取航空遥感数据，采用差分GPS和全站仪对地面控制点和检查点进行定位观测，并同步开展了林区地面样地的调查工作。按照任务的不同，划分了三种类型的测区：第一测区为农林交错区，覆盖了典型农地、草地、林地等多种地类特征；第二测区为生态定位站，覆盖了典型生态功能林地；第三测区为GLAS带重叠区，覆盖了GLAS南北向条带和部分一类样地东西向采样带。

航空实验飞行工作需要按照一定的工作流程开展，提前一日向飞行空域主管部门报当日的飞行计划，飞行计划当日根据天气等起飞条件决定是否向飞行空域主管部门申请起飞，或者取消当日飞行计划。若符合起飞条件，得到批准起飞之后飞往测区开始观测，并进行地面同步观测；当符合返航条件时，结束观测返回机场。

本次航空实验飞行工作共完成了15个架次的飞行，总飞行机时为69小时。航空实验的主要影响因素是天气条件，测区完全晴朗无云/少云的天气很少，低空云量增加很快，不稳定的空中气流变化大，对飞机和航空测量仪器的工作状态影响很大。

航空实验飞行机载LiDAR系统采用了GPS记录位置信息，需布设地面控制点，采用GPS进行同步观测，以便于对GPS数据进行差分处理，提高航空测量数据的定位精度。另外，还需要布设航空检校场的检查点，采用差分GPS和全站仪定位观测。本次航空实验共布设了7个地面控制点。航空检校场共布设了314个检查点，其中有9个平面控制点和305个高程控制点。

机载LiDAR系统获取的数据包括激光点云数据、激光波形数据、CCD影像数据、航线姿态数据等，此次航测获取激光点云数据覆盖（图8.3和图8.4），全部测区共获得了153条航带数据，覆盖范围为360 km²，文件大小共78.9G数据量。

2. 无人机航摄

在传统的野外森林调查工作中，考虑到野外作业效率和林下通视条件欠佳的情况，样地内每木位置的获取代价较大，通常仅记录单木的树种、胸径、高度和冠幅等参数，而样地数据与星载数据的匹配主要依赖卫星定位系统确定的样地中心（或四至）位置。由于森林冠层的遮挡效应，林下卫星定位信号较差，非差分定位精度较低，严重制约着地面调查数据与星载数据精确匹配，为反演算法的发展带来较大不确定性。

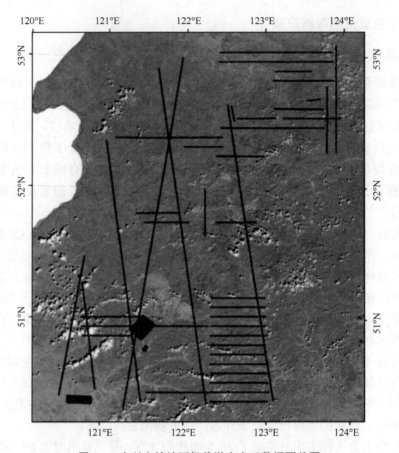

图 8.3 大兴安岭地区机载激光点云数据覆盖图

近几年无人机平台飞速发展，为利用无人机航片进行野外森林调查提供了便利。利用航摄获取的正射影像，可直接与星载遥感影像进行匹配，从而克服定位误差带来的不确定性。在 973 计划项目支持下，历时两年完成了"无人机森林调查系统"的硬件构建和测试飞行工作。2015 年 8 月在内蒙古大兴安岭林区共获取了 28 个架次的无人机航空摄影测量数据，总覆盖面积为 47.7km^2。图 8.5（a）展示了 28 个架次的无人机航测样区的相对位置关系；图 8.5（b）展示了利用无人机航测样区得到的正射影像图；图 8.5（c）展示了利用无人机航测提取的森林高度三维视图。从图 8.5（c）可形象直观地看出，无人机航射立体观测数据能较好地刻画森林的空间结构。

2016 年 8 月开展了以航摄数据为基础的野外森林调查工作。利用 2015 年 8 月无人机航拍得到的正射影像进行野外调查点的选择，并以正射影像为底图，以卫星定位系统作为辅助，通过对无人机正射影像的现场快速解译（如枯立木、倒木、树种和单木相对大小等），使得地面单木测量直接与无人机影像上的单木对应，以此实现对单木位置的定位。图 8.6 展示了其中的一个案例。图 8.6（a）为编号为 p8 的样区的正射影像；图 8.6（b）展示了在 p8-W2 样地单木现场解译的效果，现场对每株单木进行快速解译和编号，并将单木编号落在影像上。完成外业测量后即可利用 ArcGIS 软件进行数字化入库工作，图 8.6（c）展示了 ArcGIS 数字化后的位置图，图 8.6（d）展示了对应的属性表。

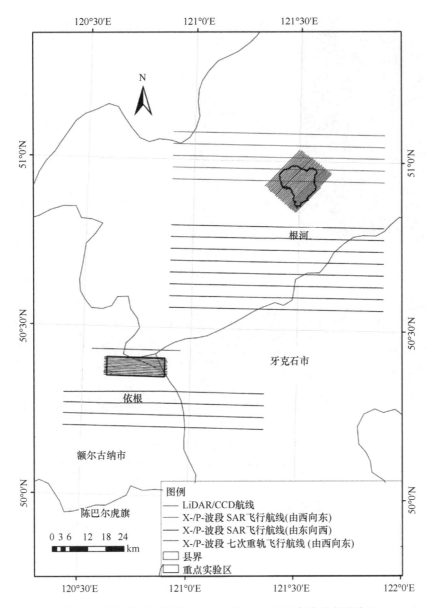

图 8.4　根河实验区机载 LiDAR 与 SAR 飞行实验重点覆盖区

这种野外调查方式做了到遥感影像所见与地面实测所见的完全匹配，大大降低了位置匹配，记录不全，漏测/重测等产生的野外实测误差。

8.1.4　地面观测数据获取

1. 甘肃黑河流域祁连山森林保护区

黑河综合遥感联合试验（watershed allied telemetry experimental research，WATER）是由中国科学院西部行动计划（二期）项目"黑河流域遥感-地面观测同步试验与综合模拟平台建设"与国家重点基础研究发展计划（973）项目"陆表生态环境要素主被动遥感协同反演理论与方法"共同设计并组织实施。该试验以寒冷干旱的黑河流域为试验

图 8.5　无人机航摄数据获取与处理结果

（a）无人机航摄样区分布相对位置关系；（b）利用无人机航摄数据得到的正射影像；
（c）利用无人机航摄数据得到的森林高度三维视图

区（图 8.7），利用航空航天遥感、地面遥感、水文气象观测、通量观测、生态监测等，在流域尺度上实施以水循环及与之密切联系的生态过程为主要研究对象的航空、卫星遥感与地面同步观测试验。

1）林分结构参数样地调查

本节搜集了于 2007~2008 年在祁连山森林保护区开展的森林样地调查数据（共 179个样地）。森林样地调查主要通过在研究区内设置超级、样地、固定和临时 4 种样地，调查内容包括样地号，海拔，样地大小，经纬度，郁闭度，树种，胸径、树高、枝下高及冠幅等。

A. 超级样地

以关滩森林通量站为样地中心点，设置了一个超级样地。样地为 100m×100m 的正方形，其方位角大概是 122°。在此样地范围内，均匀划分了大小为 25m×25m 的 16 个子样地。

B. 样带样地

以超级样地中心子样地为起点（编号为 1 的样地的中心点与超级样地的中心点重合），沿北偏东 115°方位布设一个长为 1km 的样带。在样带上每隔 30m 布设一个 20m×20m样地，共布设了 20 个样地，每个样地中心间的距离为 50m。

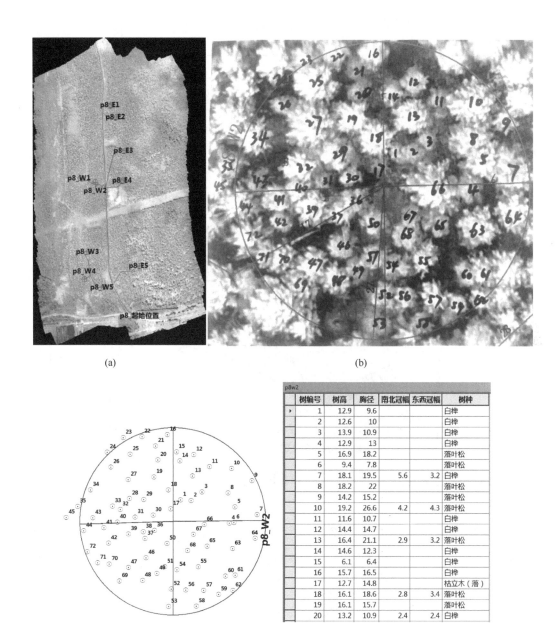

图 8.6　利用无人机正射影像进行野外森林调查的结果展示

（a）无人机正射影像；（b）现场快速解译结果；（c）ARCGIS 入库的单木位置；（d）入库的单木结构参数

C. 固定样地

搜集了 2007 年 7~8 月祁连山排露沟流域和大野口流域的 16 块森林固定样地（25m×25m）的调查数据。

D. 临时样地

由于上面三种样地的空间分布相对集中，代表性较差，所以在其他区域布设了临时样地（20m×20m 方形及直径为 10~28m 不等的圆形样地）。

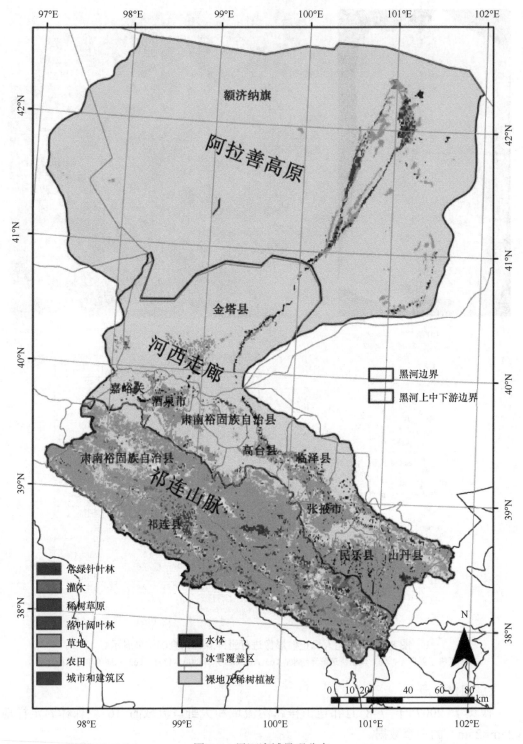

图 8.7 黑河流域景观分布

　　由于上述 4 种样地在一定尺度上的空间网格里（如 30m 分辨率）存在相互毗邻，为避免空间自相关性，从 179 块样地调查数据中选择了 159 块样地（代表不同的青海云杉生境梯度），为区域森林地上生物量反演提供训练与检验样本。

2）森林生产力样地调查

2014 年 5 月 3 日至 17 日共进行了祁连山森林保护区 22 个样地的森林调查数据，样地大小为 20 m×20 m，样地空间分布如图 8.8 所示。

图 8.8　黑河上游祁连山地区森林生产力样地空间分布图

研究区样地内胸径大于 5cm 的树木以每木检尺的方式进行胸径、树高的测量，用于建立模型估算样地生物量。另外，样地内按照 6 个径级（5~10cm，10~15cm，15~20cm，20~25cm，25~30cm，30cm~），每个径级选取三株标准样木钻取树芯，在标准木胸径处（1.3 m）沿 180°水平方向分别钻取树芯，以保证树芯的质量。

3）通量观测

祁连山关滩森林通量观测站位于黑河上游，站点位置为 100°15'0.8″E/38°32'1.3″N，站点海拔 2835m。通量站下垫面为青海云杉林，地面覆盖厚度约 10cm 的苔藓，植被生长状况较好。该站点近 18 年（1994~2011 年）平均气温 1.62℃，平均年降水量 374.1mm，该站建于 2008 年黑河综合遥感联合试验（WATER）期间（Li et al.，2009，2011b）。自动气象观测因子有：大气风湿梯度观测（2m 和 10m）、气压、雨雪量计、雪深、光合作用有效辐射（PAR）、两层辐射四分量（CM3 and CG3，Kipp and Zonen，USA，1.68m 和 19.75m）、树干液流、地表温度和相对湿度（HMP45C，Vaisala，Finland）、多层土壤温度（5cm、10cm、20cm、40cm、80cm 和 120cm）、土壤水分（5cm、10cm、20cm、40cm、80cm 和 120cm）、土壤热通量（HFP01，Campbell，USA，5cm 和 15cm）（李新等，2008，2012）。

通量观测系统由三维超声风速表（CSAT3，Campbell，USA）、CO_2 和水汽分析仪（Li7500，Li-cor，USA）等组成，观测因子有水平风速、垂直风速、超声温度、CO_2 浓度、水汽浓度、气压及超声信号异常标志。仪器架高 20.02m，数据采样频率为 10Hz/s。

2. 大兴安岭实验区

在内蒙古大兴安岭的根河森林保护区（覆盖生态定位站），开展面向复杂地形的遥感信息动态分析与建模试验。设置激光雷达（LiDAR）样地，获取星-机-地观测数据，建立模拟森林三维场景用于复杂地表（地形、林分结构、尺度效应）影响的研究；在典型坡向坡度设置多个样地，获取时间序列的植被相关观测参数，面向遥感尺度转换方法，地形效应纠正方法，时间序列遥感反演算法，森林结构的垂直分布反演，植被参数多模式协同反演，进行动态变化模拟检验。

具体目标如下。

（1）地基 LiDAR 数据和基础测量数据获取，联合建立森林三维场景，模拟极化 SAR、激光雷达和多角度光学遥感数据。

（2）在典型坡向坡度设置多个样地获取植被参数真值，进行遥感反演算法和尺度转换方法检验，分析地形对参数反演的影响。

（3）获取样地时间序列冠层结构参数、能量平衡参数、大气参量等，用于反演算法检验。

（4）获取样地 LAI 及树高、冠幅、胸径等结构参数，建立及验证森林结构的垂直分布反演算法。

（5）发展地面测量植被结构参数的新方法，检验地面测量的尺度效应。

（6）在典型坡向坡度设置多个样地，获取林地冠层叶面积指数，并配合 LAINet 站点测量，获取时间序列的 TRAC 数据，作为 LAINet 的验证数据。利用 TRAC 和 LAI2000 两种仪器，获取样地时间序列冠层叶面积指数，用于 LAINet 测量结果验证数据，以及作为遥感反演结果的验证数据。

（7）本实验以配合 2012 年 8 月份开展的机载 LiDAR 飞行及 2013 年开展的机载 SAR 飞行为出发点，主要以森林样地、单木结构参数、森林干扰及森林生产力为调查对象，从而基于此次遥感综合实验获取的星-机-地数据进行分析，发展复杂地形对森林主动遥感散射影响的校正方法，研究森林垂直结构信息的主动遥感反演模型和方法、多模式遥感协同反演模型和方法，发展基于多模式遥感协同的森林地上生物量动态变化信息时空协同分析方法与动态模拟模型。

1）林分结构参数样地调查

该调查是从地基 LiDAR 观测、复杂地表植被结构参数观测、单木结构参数观测和样地树轮数据调查 4 个方面进行多尺度森林植被参数地面观测。多尺度森林植被地面观测，目前设计了 2 种样地：一种是以地基 LiDAR 观测为主的样地（简称 L 系列样地）；另一种是复杂地形植被参数观测样地（简称 A 系列样地）。

L 系列样地主要进行单木观测、森林垂直结构观测和样地树轮观测，目的是进行精细化的植被测量，为验证各种算法、模型获取真实值或输入参数。A 系列样地设置目标是进行复杂坡面上 LAI、FPAR、FVC 等植被参数的测量，专门针对复杂地形条件下获取参数真实值，进而用于建立和检验各种算法、模型。

两类样地具体位置见图 8.9。

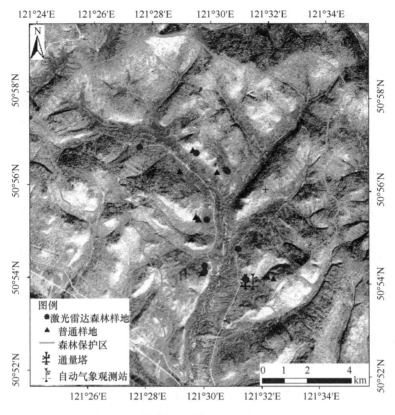

图 8.9　根河森林保护区实验样地布设图

调查的参数有样地叶面积指数、反照率、单株结构和光谱参数、样地植被覆盖度、多光谱冠层成像仪测量参数、样地结构参数、植被结构参数。

2）森林生产力样地调查

2013 年和 2016 年的调查分别选择根河实验区和大兴安岭森林生态系统作为研究对象，采用样地实测、树木年轮分析方法估测样地 NPP 的变化情况。

2013 年 8 月 10~19 日，在根河生态保护区 L 系列、A 系列样地，对落叶松、白桦、松桦混交林等森林类型进行调查；2016 年 8 月 1~31 日，重点针对大兴安岭林区火灾发生区域，选择有代表性的样地，对落叶松、樟子松、次生白桦等典型森林样地开展调查。以样地每木检尺为基础，选出 5~10cm、10~15cm、15~20cm、20~25cm、25~30cm 五个径阶，每径阶选 3 株样木，在每株样木胸高位置，沿东西、南北两个方向钻取树芯，登记其长度、照片编号，并用塑料管密封，在塑料管外侧用油性笔记录其编号后，再进行保存。

室内样品处理分析采用的仪器有 LINTAB6 及 Windro 树木年轮分析仪。对树芯样品进行打磨后，在树木年轮分析仪上读取其年轮宽度，并利用 TSAP-Win 分析软件分析每一年轮间早材过渡到晚材的变化情况，得到逐年胸径增量值，利用样地调查胸径值，可计算逐年胸径值，借助生长方程可计算得到逐年森林生物量，由此计算生物量增量，通过碳含量因子，得到逐年森林 NPP。

A. 树木年轮选取标准

（1）样木生长的土壤、水分供给等自然条件未曾发生过急剧的突变，即环境应相对稳定；样木应是未受到干扰的健康的林木；尽量选取林分均匀的区域。

（2）树轮位置应在测量胸径的地方，太低受土壤影响较大，且容易得到有心腐的树轮；太高则难以反映林木个体的净生长；树芯取样前，先准备好树芯盛放的塑料管，并做好编号，并用油性笔在塑料管外侧记录其编号。在每一样地先确定其树种类型，若样地内有多种树种，则要分树种、分径阶选取样木。在每一径阶内选取样木三株，其胸径大小尽可能相近；树芯编号采用"样地类型-径阶号-样木号-树芯样品号"记录，如A01-01-01-1，表示A01号样地的第一径阶（5~9.9cm）的第一株样木的第一个树芯样品；确定好样木后，沿东西、南北两个相互垂直方向进行水平钻取树芯，注意保留树皮部分。在取树芯时，注意生长锥平稳，以防树芯样品脱落；取出的树芯先拍照，再测其长度，连同照片编号一并登记在数据调查表中。同时对样木的胸径、树高、冠幅、第一活枝下高等进行调查、记录。

B. 样品数据记录

取出的树芯先拍照，再测其长度，连同照片编号一并登记在数据调查表中；同时对样木的胸径、树高、冠幅、第一活枝下高等进行调查、记录。

3）通量观测

由于在大兴安岭地区缺乏时间序列通量观测数据，本节选取我国东北林区长白山森林通量观测站数据作为替代，用以开展森林生态系统碳同化试验。

长白山森林通量观测站位于吉林省延边朝鲜族自治州安图县二道白河镇。该站位于长白山自然保护区内，地理坐标 42°24′9″N，128°05′45″E，海拔 738m，该站代表了中国典型的温带针阔混交林生态类型。长白山森林通量观测站属于温带大陆性气候，受季风气候影响，具有显著的中纬度山地气候特征，春季干旱多风，夏季炎热多雨，冬季干燥寒冷，年平均气温 3.6℃，年平均降水量 713mm，主要集中在 6~8 月，全年日照时数为 2271~2503 h，无霜期 109~141 天。

长白山森林通量塔下垫面植被类型为阔叶红松林，主要树种有红松（*Pinus koraiensis*）、紫椴（*Tilia amurensis*）、蒙古栎（*Quercus mongolica* Fisch. ex Ledeb）、水曲柳（*Fraxinus mandshurica*）等。观测塔共安装了 7 层常规气象系统、开路式涡度相关通量观测系统［CSAT3 超声风速仪（Campbell,USA）和 Li7500 CO_2/H_2O（Li-cor,USA）红外气体分析仪］、7 层 CO_2 廓线系统。

8.1.5　综合实验数据处理

1. 航空机载数据及其产品

1）依根农林交错区机载遥感数据处理

2012 年机载遥感实验中的农牧交错测区设计航线 12 条，飞行方向为东西向，实际飞行了 24 条，航带覆盖范围之和为 235.6km²，测区覆盖范围为 126.1km²，测区东西向长度为 20.2km，南北向长度为 7.2km，航带分布见图 8.10。

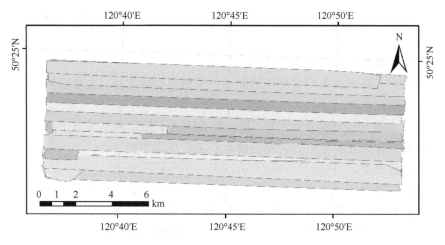

图 8.10　点云数据覆盖范围分布图

A. 点云数据分块

综合考虑农林交错测区激光点云数据量和计算机处理能力，这里按照 1km×1km 尺寸对激光点云数据进行分块，将 23 条航带数据划分为 148 块，块与块之间的激光点云数据不重叠。

B. 点云数据分类

（1）类别定义。

农林交错测区定义了 13 类，参见表 8.1。

表 8.1　点云数据类别定义

编码	类名	说明
1	Default	未分类点
2	Ground	地面点，局部最小值点
3	Low vegetation	低矮植被，0.2~2m
4	Medium vegetation	中层植被，2~6m
5	High vegetation	高层植被，>6m
6	Building	建筑物，包括房屋、高压线塔、桥梁等人工地物
7	Low point	地面之下点，明显低于地面的点
8	Model keypoints	地面点中的关键点
9	Near ground	近地面点，0~0.2m
10	Sparse	稀疏植被点
11	Steep	陡坡、悬崖、陡沟上的点
12	Noise	明显噪声点
13	Overlap	航带重叠区内的点

（2）航带重叠区点分类。

农林交错测区航带之间的重叠区点精度一般低于航带中心区点，将航带重叠区点分出来，可以提高地面点的分类精度。

航带重叠区点分类一般分为两步。第一步是匹配航带号，根据 GPS 时间，将激光点中航带编号与 POS 数据中航带编号进行匹配；第二步是根据激光点云数据和 POS 数据识别航带重叠区点。

（3）噪声点分类。

农牧交错测区噪声点为明显高于地面或低于地面的异常点，去除噪声点可以提高地面点的分类精度。

去除噪声点的方式一般分为三种。第一种去除高于指定高度或低于指定高度的噪声点，第二种是去除孤立的噪声点，第三种是手工去除噪声点。

（4）地面点分类。

农林交错区地面点一般为局部最小值点，采用 Ground 算法可以提取地面点，基本思路选择的最低点建立最初的模型，最初模型的大多数三角形都低于地面，有一些三角形的顶点与地面接触。通过迭代方法添加一些新点到模型中，每个新添加的点使得模型更接近于地面。

由地面点中可以提取用于构建提取地表模型的关键点（模型关键点），基本思路是在指定尺寸的规则区域内搜索初始点，区域内的最低点和最高点被分为关键点，使用这些点创建初始 TIN 模型。每次迭代过程都搜索远低于或远高于当前模型的点，如果找到这些点，最远点就被添加到模型中。

（5）植被点分类。

农牧交错区植被点定义为高于地面 0.2m 的植被点，需要手工去除人工建筑物。

C. 生成 DEM

由农牧交错测的模型关键点内插生成 DEM，采用 TIN 内插算法，像元分辨率为 0.5m。测区 DEM 最小值为 598.32 m，最大值为 879.26 m，平均值为 658.21m，测区 DEM 灰度渲染见图 8.11。

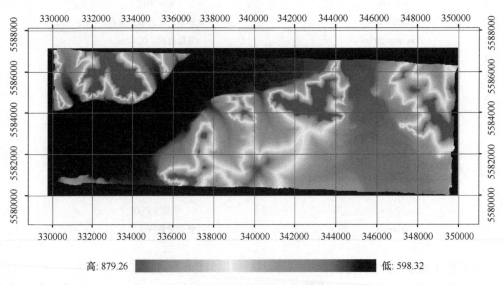

高: 879.26　　　　　　　　　　　　　　　　低: 598.32

图 8.11　DEM 灰度渲染图

D. 生成 DSM

由农牧交错测区的地面点、近地面点、植被点内插生成 DSM，采用 TIN 内插算法，像元分辨率为 0.5 m。测区 DSM 最小值为 598.36 m，最大值为 887.66 m，平均值为 660.27 m，测区 DSM 灰度渲染见图 8.12。

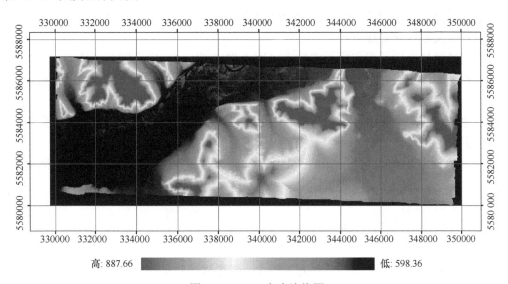

图 8.12　DSM 灰度渲染图

E. 生成 CHM

由农牧交错区的 DSM 和 DEM 相差得到 CHM，像元分辨率为 0.5 m。测区 CHM 最小值为 0 m，最大值为 27.53 m，平均值为 2.54 m，测区 CHM 灰度渲染见图 8.13。

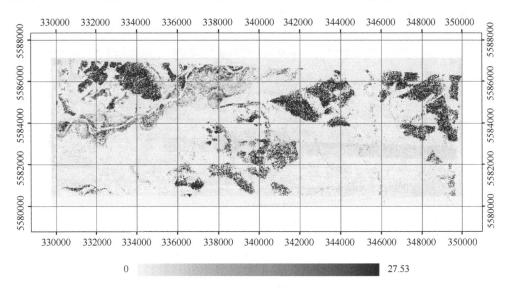

图 8.13　CHM 灰度渲染图

F. CCD 影像正射

农牧交错测区同步获取了 CCD 影像数据，影像尺寸为 7212×5408，焦距 59.7370；像主点 X_0=−0.1362，Y_0=0.0600。

（1）定义相机参数。

相机参数包括影像尺寸、像主点位置、透镜畸变参数等。

（2）计算影像外方位元素。

根据影像文件对应的 GPS 时间列表和 POS 数据，计算影像的外方位元素。

（3）定义影像同名连接点。

通过影像外方位元素和模型关键点（用于生成 DEM）定义同名连接点。根据同名连接点列表优化相机外方位元素偏移量（相机参数中 Heading，Roll，Pitch），可以降低连接点的距离误差。

当连接点的距离误差较小时，根据同名连接点列表优化相机内方位元素（像主点位置、焦距、透镜畸变参数）。

反复优化相机外方位元素和相机内方位元素，直至连接点的距离误差稳定不变为止。

（4）正射处理。

直接对原始影像进行正射处理。

（5）影像拼接。

由于不同航带影像之间的色彩差异较大，影像拼接时按照以下方法进行处理，首先将每条航带的影像拼接在一起，拼接时选择一幅色彩较好的影像作为基准，采用直方图匹配算法进行色彩调整；然后将每日的航带拼接在一起，采用直方图匹配算法进行色彩调整；最后将所有的航带拼接在一起。

农牧交错测区正射影像见图 8.14，像元分辨率为 0.5m。

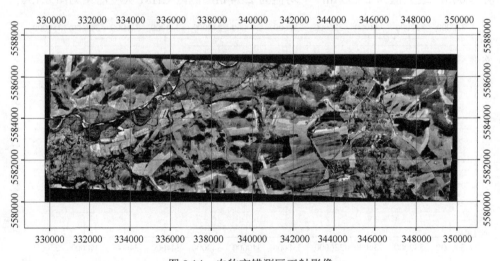

图 8.14　农牧交错测区正射影像

2）根河森林保护区机载遥感数据处理

2012 年机载遥感实验中的根河森林保护区实际飞行了 32 条，航带覆盖范围之和为 309.12km²，测区覆盖范围为 230km²，航带分布见图 8.15。

A. 点云数据分块

按照依根农林交错区点云分块方法，将 32 条航带数据划分为 272 块，块与块之间的激光点云数据不重叠。

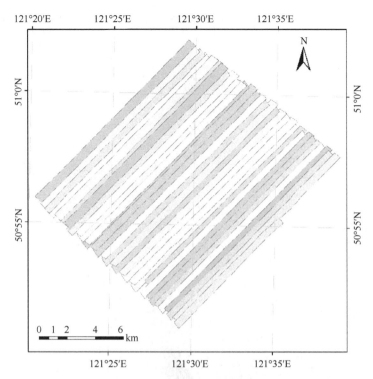

图 8.15　点云数据覆盖范围分布图

B. 点云数据分类

根河森林保护区点云类别（航带重叠区点、噪声点、地面点和建筑物点）和点云分类和上述依根交错区方法相同。

C. 生成 DEM

由根河森林保护区的地面点采用 TIN 内插算法生成 DEM，像元分辨率为 0.5m。测区 DEM 最小值为 745.56 m，最大值为 1166.78 m，平均值为 909.92m，测区 DEM 渲染见图 8.16。

D. 生成 DSM

由根河森林保护区的地面点、未分类点采用邻近插值法，采用 TIN 内插算法生成 DSM，像元分辨率为 0.5m。测区 DSM 最小值为 745.64 m，最大值为 1182.55 m，平均值为 916.13 m，测区 DSM 渲染见图 8.17。

E. 生成 CHM

由根河森林保护区的 DSM 和 DEM 作差得到 CHM，像元分辨率为 0.5m。测区 CHM 最小值为 0 m，最大值为 39.46 m，平均值为 3.14 m，测区 CHM 渲染见图 8.18。

F. CCD 影像正射

根河森林保护区同步获取了 1280 张 CCD 影像数据，影像尺寸为 7212×5408，焦距 59.7370；像主点 X_0=−0.1362，Y_0=0.0600。CCD 影像数据的正射处理、镶嵌方法与上述农牧交错测区方法相同。该区正射影像见图 8.19，像元分辨率为 0.5m。'

2. 无人机数据及其产品

如前所述，2015 年 8 月共获取 28 个样区的无人机航空摄影测量数据，总覆盖面积

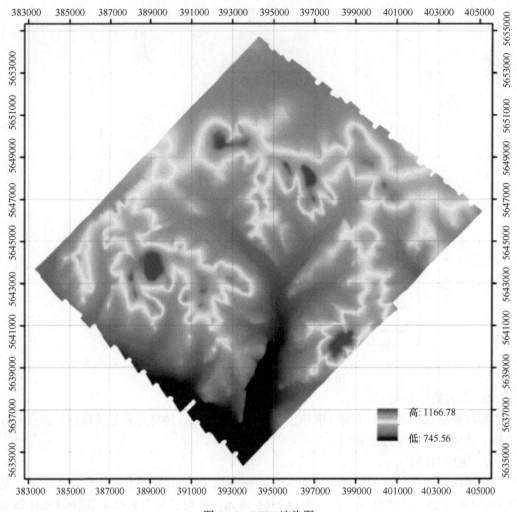

图 8.16　DEM 渲染图

为 47.7km^2。相对飞行高度为 300m，对应地面图像分辨率为 8.6cm。采用的航向重叠度为 90%，旁向重叠度为 60%，满足航空立体摄影测量数据处理的要求。

每个样区的数据获取情况如表 8.2 所示。每个样区的标准数据处理产品包括正射影像，DSM 和密集匹配点云数据。

3. 地面调查数据处理结果

1）甘肃黑河流域上游祁连山森林保护区

A. 林分结构参数调查数据

根据王金叶等（1998）建立的青海云杉各组织生物量方程（表 8.3），结合森林样地调查数据（胸径，树高等），计算了各样地（159 块）的地上生物量。

B. 样地森林生产力计算

野外获取树芯后用卷尺测量其长度后保存在密封管中，带回实验室进行风干处理并于干燥处放置几周。年轮宽度采用 Lintab 年轮分析仪器测量获得，测量精度达到

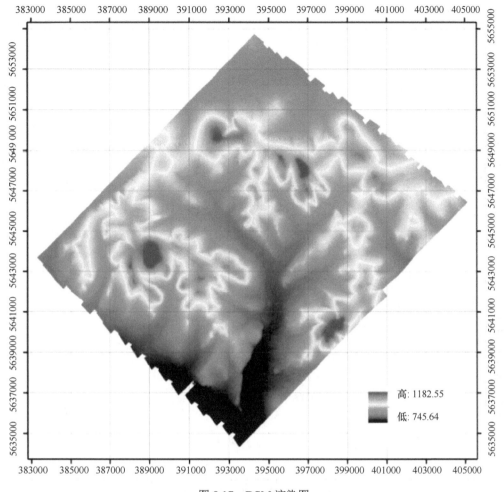

图 8.17　DSM 渲染图

0.001mm。利用 COFECHA 算法进行手动交叉定年，用以甄别系统定年错误和测量误差，最终得到每株标准木逐年胸径值。

　　研究中利用样地调查的每木检尺胸径、树高数据，拟合得出根河森林保护区和祁连山地区主要树种胸径和树高的最佳函数关系，分别为：兴安落叶松，$H=1.931\,D^{0.697}$；白桦，$H=2.585\,D^{0.598}$；青海云杉，$H=0.89\,D^{0.85}$（H 为树高，D 为胸径）。由此计得到每株标准木逐年树高，如图 8.20 所示。

　　根据青海云杉林样地逐年生物量计算 2000~2012 年生物量增量，由王金叶等（1998）计算得到的各森林类型生物量与各组织含碳量的比值的平均值（青海云杉为 0.5243），作为生物量增量与净初级生产力的转换因子，由此得到各样地的森林净初级生产力。

　　C. 气象数据处理

　　获取了关滩和长白山森林通量观测站的气象数据以及通量数据，站点观测的主要气象要素包括日平均空气温度（T_{day}）、日平均湿度（RH）、逐日降水量（P_{recp}）及光合有效辐射（PAR）等。由于模型输入数据需要，将原始大气观测项目逐小时的数据处理计算得到逐日最高温（T_{max}）、最低温（T_{min}）、降水量、光合有效辐射等。

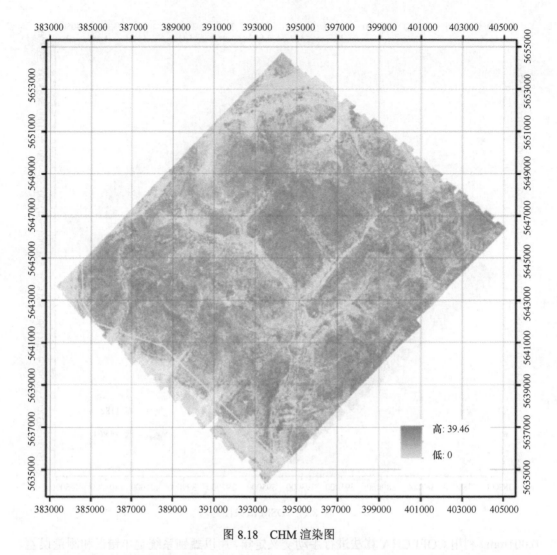

图 8.18　CHM 渲染图

驱动模型所需要的其他参数，如饱和水气压差（vapor pressure deficit，VPD）、下行短波辐射（shortwave download radiation，Srad）、日照时数（Daylen），由山地气候模型（MTCLIM 4.3）计算得来（Bristow and Campbell，1984；Running et al.，1987；Glassy and Running，1994）。该模型利用站点逐日最高温、最低温、降水数据，借助 DEM、坡度、坡向及站点纬度信息等，即可获得该站点及其他站点的 VPD、Srad 和 Daylen 参数。

D. 通量数据处理

涡动通量观测数据在正式使用前都应当进行严格的数据预处理以保证质量，由于雨、雪等环境因子的干扰，仪器瞬间断电等原因，导致通量观测获取的数据存在大量的野点，这些野点对方差、协方差值会产生影响。因此，需要借助标准的通量值，按照一定的规则进行野点剔除。另外，野外观测过程中涡动相关观测系统在安装时无法与地面严格垂直，且在长期观测过程中容易产生偏移，所以要对涡动观测数据进行坐标转换。坐标转换是根据一定时间段内风速分量的均值，将超声仪坐标系统旋转到大地坐标系统上，满足涡动相关观测的假设。由于关滩通量观测站采用开路涡动相关系统进行观测，观测时会存在高频和低频信息损失的现象，所以要对原始数据进行频率响应订正。

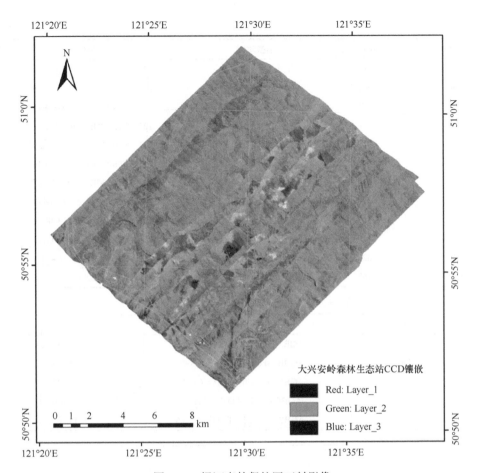

图 8.19 根河森林保护区正射影像

表 8.2 航空立体摄影测量数据获取情况

样区编号	获取航片数	拍摄时间	拍摄位置
P1	468	8 月 19 日 10: 32	121°27'20.19"E，50°56'55.14"N
P2	404	8 月 19 日 11: 21	121°29'16.44"E，50°56'27.18"N
P3	391	8 月 19 日 12: 30	121°29'53.97"E，50°56'06.36"N
P4	475	8 月 19 日 12: 56	121°30'13.93"E，50°55'18.92"N
P5	388	8 月 19 日 14: 07	121°30'11.94"E，50°54'09.03"N
P6	516	8 月 19 日 14: 58	121°31'10.69"E，50°53'56.13"N
P6b	282	8 月 19 日 16: 32	121°38'06.06"E，50°51'10.17"N
P7	351	8 月 18 日 12: 38	121°28'44.74"E，50°44'15.06"N
P8	403	8 月 18 日 13: 04	121°44'21.96"E，50°41'43.91"N
P10	350	8 月 18 日 14: 50	121°51'02.01"E，50°42'55.15"N
P11	396	8 月 18 日 15: 32	121°53'43.42"E，50°43'15.59"N
P12	361	8 月 18 日 16: 13	121°57'17.47"E，50°43'23.66"N
P13	377	8 月 18 日 17: 02	121°58'59.18"E，50°43'27.21"N
P14	480	8 月 20 日 10: 20	121°31'34.31"E，50°34'15.89"N
P15	565	8 月 20 日 12: 21	121°39'02.26"E，50°30'29.30"N
P16	373	8 月 21 日 17: 17	121°50'44.29"E，50°30'03.83"N

样区编号	获取航片数	拍摄时间	拍摄位置
P16N	443	8月21日18：44	121°46'29.72"E，50°30'26.10"N
P16S	308	8月21日18：43	121°46'29.72"E，50°30'26.10"N
P17	458	8月21日11：39	121°27'19.48"E，50°31'14.73"N
P18	374	8月21日14：00	121°28'55.82"E，50°30'19.71"N
P19	312	8月21日15：15	121°38'00.57"E，50°29'19.29"N
P20	440	8月20日17：15	121°41'06.17"E，50°25'39.44"N
P22	314	8月22日11：32	121°44'19.31"E，50°20'26.51"N
P23	324	8月22日12：27	121°46'04.06"E，50°17'39.30"N
P24	342	8月22日13：22	121°46'39.62"E，50°13'38.00"N
P25	119	8月22日16：39	121°46'29.98"E，50°11'11.19"N
P28	323	8月22日17：05	121°26'44.51"E，49°56'46.44"N
P29	163	8月22日18：08	121°24'00.97"E，49°53'52.56"N

表 8.3　青海云杉各组分生物量的生长方程

组分	回归方程	相关系数
树干（S）	AGBS= 0.0478（D2H）0.8665	0.9887
树枝（B）	AGBB= 0.0061（D2H）0.8905	0.9568
树叶（L）	AGBL= 0.2650（D2H）0.4701	0.8622
果（F）	AGBF= 0.342（D2H）0.5779	0.9340
树根（R）	AGBR= 0.3756（D2H）0.2725	0.9707

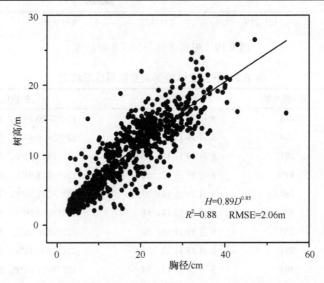

图 8.20　祁连山森林保护区森林生产力样地胸径与树高拟合关系

　　根据涡动观测获取的碳通量数据，可直接得到 NEE，并从 NEE 中分离计算得到 GPP 和生态系统呼吸量（ecosystem repiration，ER），研究中认为植被在夜间没有光照的情况下不进行光合作用，夜间的 NEE 即为生态系统呼吸，呼吸强度通常与温度之间存在指数函数的关系（Gilmanov et al.，2007；Lasslop et al.，2010），本节采用 Vant's Hoff 呼吸方程拟合 NEE 与温度：

$$\text{NEE}_{\text{night}} = R_{\text{ref},10} \times Q_{10}^{(T-10)/10} \tag{8.1}$$

式中，$R_{\text{ref},10}$ 是温度为 10℃时的呼吸速率；Q_{10} 是呼吸随温度的变化速率；T 为关滩森林站实测的 10cm 的土壤温度。在假定白天温度对生态系统呼吸的响应与夜晚相同的条件下，可根据公式（8.1）推算白天生态系统的呼吸量，进而将 NEE 与 ER 求和计算得到生态系统 GPP（Desai et al., 2008；闫敏等，2016b）。

2）内蒙古根河森林保护区

A. 林分结构参数调查数据

基于野外调查每木胸径和树高，采用陈传国和朱俊风（1989）所编的东北主要林木生物量手册中的公式计算出样地的森林地上生物量。

$$W = a \times \text{dbh}^b \tag{8.2}$$

式中，W 为地上部分生物量，单位为千克（kg）；dbh 为实测胸径；a、b 为系数（表 8.4）。

表 8.4　样地调查主要树种一元生长方程

树种	a	b
白桦	0.1905	2.2430
兴安落叶松	0.0277	2.7930
山杨	0.5053	1.9610

B. 样地森林生产力计算

2013 年和 2016 年综合遥感实验分别获取了根河市 10 个和 13 个样地的树轮数据，利用 WinDENDRO 年轮分析仪测量年轮宽度，参考骨架图（图 8.21），即生成的年轮宽度曲线进行交叉定年以检查测量错误。同一样地或同一地区树种样本的宽度曲线通常呈现相似的特征，若某一宽度序列曲线与其他曲线差异较大，则可能存在测量或定年错误，采用 COFECHA 算法进行甄别。最终得到每标准木逐年胸径值，借助不同树种的生长方程得到单株生物量，基于各径级株数密度，推算到样地尺度生物量，并计算得到逐年生物量增量，根据不同树种含碳率（兴安落叶松：42.14%；白桦：42.01%）用于验证模型模拟结果。

研究中利用样地调查的每木检尺胸径、树高数据，拟合得出根河市主要树种胸径和树高的最佳函数关系，分别为：兴安落叶松，$H=2.325\,D^{0.648}$；白桦，$H=2.618\,D^{0.621}$（H 为树高，D 为胸径）。由此计得到每株标准木逐年树高，如图 8.22 所示。

3）吉林长白山森林生态站

研究中获取了长白山森林通量观测站的气象数据及通量数据，观测塔共安装了 7 层常规气象系统、开路式涡度相关通量观测系统［CSAT3 超声风速仪（Campbell,USA）和 Li7500 CO_2/H_2O（Li-cor,USA）红外气体分析仪］、7 层 CO2 廓线系统。观测从 2002 年开始，数据采样频率为 10Hz，通量平均时间为 30 分钟。站点观测的主要气象要素包括日平均空气温度（T_{day}）、日平均湿度（RH）、逐日降水量（P_{recp}）及光合有效辐射（PAR）等。直接观测的通量参数为 NEE，通过呼吸方程得到夜间温度与 NEE 的关系，进而推算白天 NEE，计算 GPP。

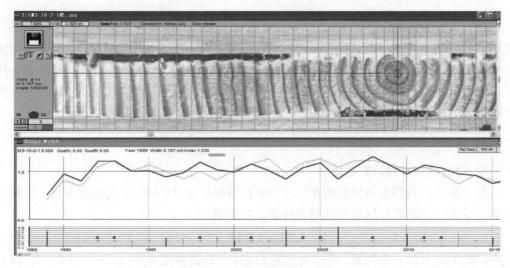

图 8.21　年轮分析及骨架图

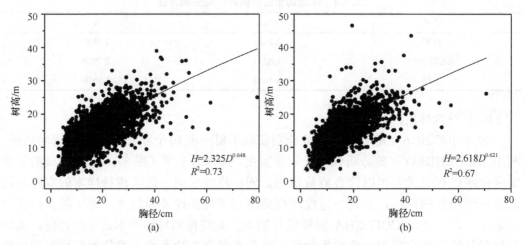

图 8.22　根河森林保护区生产力样地落叶松（a）和白桦（b）胸径与树高的拟合关系

8.2　森林生态过程综合模拟方法

目前已经发展了一系列生态模型，从 20 世纪 70 年代出现的统计模型也称为气候相关模型，代表性模型有 Miami 模型和 Chikugo 模型等；20 世纪 90 年代诞生至今广泛应用的生理生态过程模型，代表模型有 Biome-BGC，SWAT，SiB2，AVIM，BIOME-1、2、3、4，CENTURY、CARAIB，以及 TEM 等；基于光能利用率的遥感模型 C-FIX、MODIS MOD17 GPP 模型等。这些模型各有自身长短之处，如遥感模型可利用时间序列遥感信息进行空间连续的植被生长模拟，但其严重依赖于遥感数据质量（斑点噪声、天气情况等）等。而生理生态过程模型建立在目前我们所获悉的植被生长机理基础上，能在高时间分辨率尺度上对绝大部分的植被生长过程进行模拟；但由于机理过程较为复杂，模型参数化方案繁琐，某些参数无法实测等原因，在区域应用方面存在着较大的不确定性。

8.2.1　生态遥感经验模型

MODIS GPP/NPP（MOD17A2）是由 MOD_17 模型估算得到的全球范围内 1km 尺度的 8 天 GPP 和逐年 NPP 产品（Running et al.，2000），该模型为典型的光能利用率模型，借助气象数据、遥感获得的 fPAR 产品，估算植被 GPP，减去维持性呼吸和生长呼吸，即得到逐年 NPP。目前 MODIS GPP/NPP 已得到广泛的应用，且在北美和欧洲的多个通量站点进行了验证。针对中国通量站点的验证也有相关学者展开，但经研究发现 MODIS GPP 产品在多个通量站点都存在估算不准确的现象，主要表现为 GPP 的整体低估。

本节利用关滩和长白山森林通量观测站获取的涡动通量数据验证了原始 MODIS GPP 产品，针对原始模型估算的产品存在的低估现象，依次进行了三个相关实验，以分析模型参数和输入数据对估算结果的影响。

1. MODIS MOD_17 模型

MOD_17 为典型的光能利用率模型，借助气象数据、辐射数据、光能利用率参数（ε）和 fPAR 产品定量描述辐射能量转换为 GPP 的量，具体计算方法如下：

$$GPP = \varepsilon * APAR \tag{8.3}$$

式中，ε 为光能利用率，其值随植被类型的变化而变化（Prince and Goward，1995；Turner et al.，2003）；APAR 为吸收的光合有效辐射，为光合有效辐射 PAR 与光合有效辐射吸收比例 fPAR 的乘积计算得来。

光能利用率参数因特定植被类型而异，且受气候变化影响，模型中 ε 的具体计算公式如下：

$$\varepsilon = \varepsilon_{max} * f(T_{min}) * f(VPD) \tag{8.4}$$

式中，ε_{max} 为最大光能利用率，由模型查找表提供；$f(T_{min})$ 和 $f(VPD)$ 分别为 T_{min} 和 VPD 的函数，表达式如公式（8.5）和公式（8.6）所示：

$$f(T_{min}) = \begin{cases} 0, & T_{min} < T_{min_{min}} \\ \dfrac{T_{min} - T_{min_{min}}}{T_{min_{max}} - T_{min_{min}}}, & T_{min_{min}} < T_{min} < T_{min_{max}} \\ 1, & T_{min} > T_{min_{max}} \end{cases} \tag{8.5}$$

$$f(VPD) = \begin{cases} 0, & VPD > VPD_{max} \\ \dfrac{VPD_{max} - VPD}{VPD_{max} - VPD_{min}}, & VPD_{min} < VPD < VPD_{max} \\ 1, & VPD < VPD_{min} \end{cases} \tag{8.6}$$

其中，$T_{min_{max}}$、$T_{min_{min}}$、VPD_{max}、VPD_{min} 是与植被类型有关的参数，可以从查找表中获得相应的值。原始 MODIS GPP（MOD17A2）产品中用到的植被类型图为 MOD12Q1 中的第二层，根据马里兰大学分类标准输出的全球植被类型图，空间分辨率为 1km。

2. MOD_17 模型站点实验

1) 站点试验设计

针对原始 MODIS GPP 产品中存在的偏差，本节设计了三个试验分析 MOD_17 模型中输入数据和模型参数对模型模拟结果影响的大小。试验一（GPP_MOD1），利用关滩和长白山森林通量观测得到的气象数据代替模型默认气象数据（T_{min}、VPD 和 PAR），其他输入数据和参数（fPAR、ε_{max}、$T_{min\,max}$、$T_{min\,min}$、VPD_{max}、VPD_{min}）采用模型默认值。试验二（GPP_MOD2），利用各站点获得的生长季 GPP 与 APAR 相除得到 ε_{max}，与站点气象观测数据，和其他默认参数估算 GPP。试验三（GPP_MOD3），针对 MODIS fPAR 产品中可能存在的异常现象，会对 GPP 的估算产生影响，因此，试验三采用 GLASS fPAR 产品及站点气象观测数据和重新标定的最大光能利用率参数，重新计算 8 天 GPP。

图 8.23（a）、（b）分别描述了关滩和长白山森林通量观测站原始 MODIS 与 GLASS fPAR 产品的季节变化情况，由图中可以看出 GLASS fPAR 产品生长季比 MODIS fPAR 的值偏高，对于 MODIS fPAR 产品的一些突变点，前者表现更加平滑。

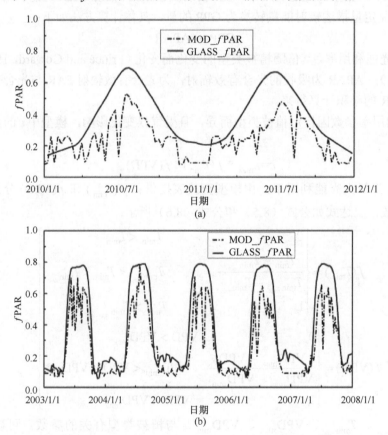

图 8.23　关滩森林通量观测站［(a) 2010~2011 年］与长白山森林通量观测站［(b) 2003~2007 年］
MODIS 与 GLASS fPAR 产品对比图

2) MOD_17 模型站点模拟结果分析

MOD_17 模型估算的原始 GPP 产品（GPP_Default）与通量数据相比季节变化较为

一致，但原始存在低估现象，以冬季和夏季较为明显。验证结果用多元线性回归系数 R^2，均方根误差（RMSE）及相对误差（RE）表示［如图 8.24 和图 8.25 所示，关滩站：$R^2 = 0.47$，RMSE $= 20.27$ gC/（m^2·8d）；长白山站：$R^2 = 0.65$，RMSE $= 26.510$ gC/（m^2·8d）］。

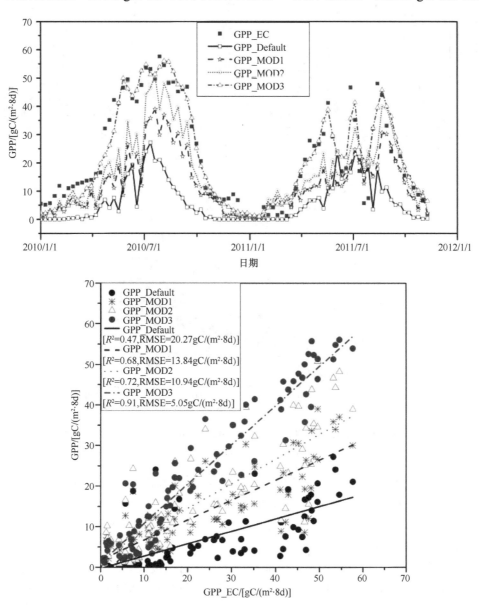

图 8.24　关滩森林通量观测站 2010~2011 年 MODIS GPP 原始产品、改进后各试验结果与涡动通量观测数据对比图

试验一，将站点观测的气象数据代替 DAO 的粗分辨率气象数据，关滩和长白山森林通量观测站模型估算结果较原始产品均有较大提高，以生长季的提高最为明显（图 8.24 和图 8.25），冬季也有所提高，这两个季节植被的生长容易受温度和饱和水汽压差的胁迫，分别阻碍其光合速率和导致气孔导度的关闭，因此，站点观测的气象条件能较好地反映该森林通量观测站点森林植被的生长状况，有利于其进行光合作用。其中也可得出，利用关

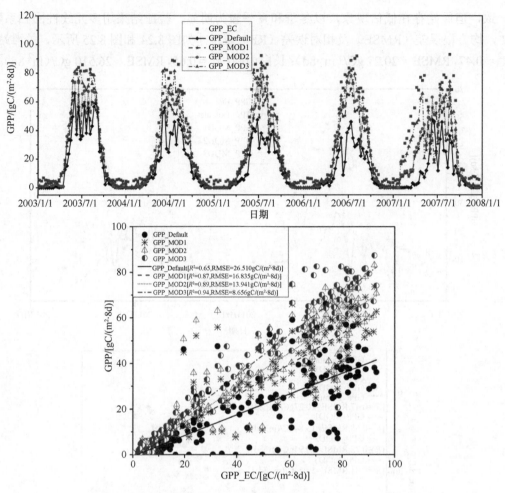

图 8.25　长白山森林通量观测站 2010~2011 年 MODIS GPP 原始产品、改进后各试验结果与
涡动通量观测数据对比图

滩和长白山站气象观测数据优化的模型模拟结果 R^2 分别由 0.47 和 0.65 提高至 0.68 和 0.87，均方根误差分别由 20.27gC/（$m^2 \cdot 8d$）和 26.510gC/（$m^2 \cdot 8d$）降至 13.84gC/（$m^2 \cdot 8d$）和 16.835 gC/（$m^2 \cdot 8d$），相对误差分别由 84.3%和 67.4%降至 58.8%和 56.2%，由此证明气象数据对 MOD_17 模型估算结果的影响较大。

考虑到以往研究中提出的最大光能利用率参数对植被 GPP 估算的影响（Zhang et al.，2008；Wang et al.，2013），分别利用关滩和长白山森林通量观测站生长高峰期的 GPP 与 APAR 的比值优化 $\varepsilon_{\max}$，重新计算后关滩和长白山森林通量站 $\varepsilon_{\max}$ 的值分别为 1.13 gC/MJ APAR 和 1.658 gC/MJ APAR，与查找表中 $\varepsilon_{\max}$ 的值相比有所提高。在试验二中，重新标定的 $\varepsilon_{\max}$ 使得优化的 MOD_17 模型模拟的 GPP 结果更为准确，关滩和长白山森林通量观测站 R^2 分别提高至 0.72 和 0.89，均方根误差降至 10.94 gC/（$m^2 \cdot 8d$）和 13.941 gC/（$m^2 \cdot 8d$），相对误差降至 54.4%和 42.8%。

试验三中采用优化的 GLASS f PAR 产品替代原始模型中的 MODIS f PAR 产品，由产品对比图（图 8.23）可看出，GLASS f PAR 产品的季节变化更平滑，减少了噪声和突变，对 GPP 的估算更有利。GPP_MOD3 实验中，两个站点 GPP 模拟结果都有所改进，以非生长季的改进最为明显。关滩站 GPP 的提高与长白山站相比更为明显，与 GPP_MOD2 相比，R^2 提高至 0.91，均方根误差降至 5.05 gC/（m²·8d），相对误差降至 47.4%；长白山站 R^2 提高至 0.94，均方根误差降至 8.656 gC/（m²·8d），相对误差降至 32.5%。

针对关滩和长白山森林通量观测站的三个模拟实验，结果表明：①MODIS GPP 原始产品在本节所选两个森林站点均存在明显的偏差，这主要与模型算法本身和模型输入数据及参数有关，但通过通量观测数据的验证得知，关滩和长白山森林通量站的原始MODIS GPP 产品的季节变化情况与通量观测数据基本一致。因此，可排除算法本身的问题，偏差主要与模型输入数据以及模型参数有关。②在关滩站，气象数据对 GPP 模拟结果影响最大，西北寒旱地区，容易受温度和水分胁迫，而祁连山地区为天然林，土壤水分的供应主要来自降水和高山冰雪融水，如遇气候条件干旱情况，土壤水分供应不足，会对森林 GPP 的值产生明显影响。其次，ε_{max} 对 GPP 模拟结果影响也较大，经校正后显著提高了夏季 GPP 的模拟结果，改善了模拟 GPP 与通量观测 GPP 的相关性。另外，fPAR 对关滩森林站 GPP 的也有影响，常绿针叶林 fPAR 的季节变化应较为平缓，而非 MODIS fPAR产品表现出的较多波动。③长白山森林通量站原始 MODIS GPP 产品与通量观测 GPP 一致性较好，R^2 达到 0.65，但生长季也存在明显的低估现象，最大光能利用率参数对 GPP的模拟影响最大，利用重新标定后的 ε_{max} 计算得到的 GPP 结果与通量观测结果较为一致。

GPP_MOD3 试验得到的 GPP 年总量与 GPP_EC 值最为接近，相关性最高，因此，后续采用 GPP_MOD3 的试验方法估算研究区多个森林站点的 GPP，用于 Biome-BGC模型的校正。

3. 优化的 MOD_17 模型估算区域 GPP

1）黑河上游祁连山 GPP 估算

利用祁连山地区 WRF 大气驱动数据集，重新标定的最大光能利用率参数（青海云杉林），以及区域 GLASS fPAR 产品，基于优化的 MOD_17 模型（试验三，GPP_MOD3）重新估算了黑河上游祁连山地区 2010 年和 2011 年的 GPP 产品，如图 8.26 所示；用于选取有代表性的森林样地，进行生态过程模型 Biome-BGC 的参数校正。经统计计

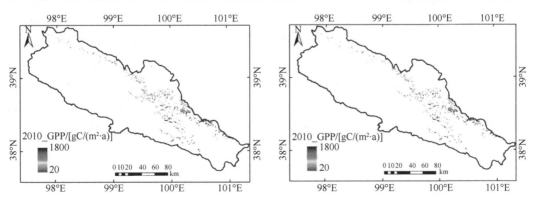

图 8.26 黑河上游祁连山地区 2010 年和 2011 年 GPP 空间分布图（彩图附后）

算，祁连山地区重新估算后的 2010 年和 2011 年 GPP 最大值分别为 1764.4 gC/（m²·a）、1701.6 gC/（m²·a），而 MODIS GPP 原始产品 2010 年和 2011 年最大值分别为 798.3 gC/（m²·a）、754.9 gC/（m²·a），表明 MODIS GPP 产品在黑河上游流域整体存在低估现象。

2）大兴安岭地区 GPP 估算

大兴安岭地区的主要森林类型为寒温带落叶针叶林、落叶阔叶林、混交林，因无法通过实测站点计算 ε_{max}，收集文献中纬度与大兴安岭地区寒温带植被一致的站点，主要森林类型 ε_{max} 的值及出处见表 8.5。

表 8.5　不同森林类型最大光能利用率取值

森林类型	纬度	ε 最大值	参考文献
常绿针叶林	52.20°N	1.75	Kergoat et al.，2008
落叶针叶林	—	1.38	—
落叶阔叶林	53.7°N	1.29	Kergoat et al.，2008
针阔混交林	51.3°N	0.928	Kergoat et al.，2008

利用优化的 MOD_17 模型重新估算了大兴安岭地区森林 GPP，如图 8.27 所示。2003~2007 年原始 MOD_17 模型模拟 GPP 的最大值分别为 1153.6 gC/（m²·a）、1248.4 gC/（m²·a）、1215.5 gC/（m²·a）、1203.2 gC/（m²·a）、1108.7 gC/（m²·a）；优化后的模型模拟 GPP 的最大值分别为 1718.9 gC/（m²·a）、1872.6 gC/（m²·a）、1823.3 gC/（m²·a）、1813.8 gC/（m²·a）、1663.1 gC/（m²·a）。从大兴安岭地区 GPP 整体分布来看，北部高于南部，且分布图中有明显的 GPP 低密度区，分别为 2003 年大兴安岭东北部富拉罕火灾和 2006 年东部松岭砍都河 798 高地火灾的火烧迹地，但过火区分别在 2004 年和 2007 年即得到了改善。

8.2.2　生态机理过程模型

Biome-BGC 是基于植被生长机理的生态过程模型，用以模拟生态系统碳、氮和水的状态及通量。模型中包含的主要生理生态过程包括光合作用、蒸散发、呼吸作用（自养呼吸和异样呼吸）、分解作用以及光合产物的分配等。模型首先基于输入的气象数据使模型达到平衡状态，即模型初始状态，其次根据输入数据及参数进行正常模拟。Biome-BGC 目前版本为 4.2，由 FOREST-BGC 模型发展而来。

鉴于 Biome-BGC 是非线性复杂的模型，参数众多，已有许多研究针对如何进行参数优化和校正，以适用于特定研究区碳通量的估算。主要方法有模拟退火法，即按照一定规则使得代价函数最小来识别最优参数集；另外也有相关研究利用通量观测数据以及样地调查数据等，逐一校正模型参数。这些方法的校正中并未从全局的角度充分考虑模型参数对模拟结果的影响，以及参数的空间异质性。本章利用模型-模型耦合的方式校正 Biome-BGC 生理生态参数，选取空间上有代表性的样地点，拟合基于遥感的光能利用率模型和生态过程模型模拟结果，拟合效果最好的情况下，即可得到最佳的生理生态参数。

但该校正方法涉及生理生态参数较多，逐一校正耗时较大，且参数间并非相互独立，因此，本节在介绍 Biome-BGC 模型原理及其输入数据和参数的基础上，首先针对 Biome-BGC 模型的生理生态参数利用扩展的傅里叶幅度分析法（EFAST）进行了全局性

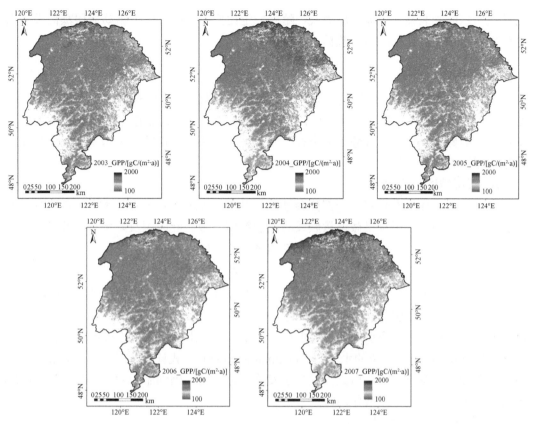

图 8.27　大兴安岭地区 2003~2007 年 GPP 空间分布图（彩图附后）

的敏感性分析，得出对模型模拟结果敏感的关键参数，在此基础上校正敏感参数，节省了参数校正的时间，同时提供了对于参数复杂的生态过程模型的校正方法。

1. Biome-BGC 模型

Biome-BGC 模型在运行过程中是一维的、仅在独立的网格中运行，与周围其他网格无相互关系。Biome-BGC 通过 Farquhar 光合酶促反应机理模型（Farquhar et al.，1980）计算植被冠层每天的 GPP，该模型采用的是二叶结构，区分了不同光照条件下（阳面和阴面）的光合作用速率。模型在模拟光合作用的过程中，将基于自定义的比叶面积（specific leaf area，SLA）把叶片碳含量转换为等量的叶面积，SLA 表示叶片厚度，单位为 m^2/kgC。Biome-BGC 继续将叶片碳含量和叶面积分成阳叶和阴叶，在此基础上进行光合作用、蒸腾作用、呼吸作用等过程，二叶模型比简单的大叶模型描述更为准确。模型中包含的生物物理过程包括辐射收支、水分循环和碳、氮循环。

1）辐射收支

模型一旦按照定义好的物候条件开始运行，即开始辐射能量的分配，入射的太阳短波辐射来自模型的气象资料文件。冠层吸收的辐射能量多少取决于阳叶和阴叶的叶面积，因此，叶子碳库和与之对应的阳叶和阴叶的比叶面积决定了总的叶面积以及阳叶和阴叶的辐射比例。入射的短波辐射，首先转换为光合有效辐射（PAR，400~700nm），然后按照比尔的光衰减定律被冠层吸收，随后一定比例的辐射可作为驱动冠层蒸散发、光合作用和土壤蒸散作用的输入数据。

2）水循环过程

Biome-BGC 模型中水分经降水/降雪过程进入生态系统，储存在冠层、土壤以及雪堆中，由蒸散、蒸发、径流与渗流离开生态系统。模型中每天储存在冠层的截留水分重新归零，即假设当日冠层水分如果未经蒸发离开生态系统，便落入土壤中成为土壤水。模型中假设无降雪截留。

A. 冠层截留与蒸发

降水进入森林生态系统中一部分会被冠层截留，这部分水分经由蒸发离开生态系统或者落入土壤中。冠层每日截留量假设与冠层截留系数、叶面积及降水量呈线性关系：

$$W_{\text{int}} = \begin{cases} k \times P \times \text{LA}, & P > W_{\text{int}} \\ P & , P < W_{\text{int}} \end{cases} \tag{8.7}$$

式中，k 是冠层截留系数，表示每天每单位面积截留的降水量占总降水量的比例；P 为每天的降水量；W_{int} 为冠层截留量。公式（8.7）表示降水量大于截留量时，冠层截留为降水的函数，并有部分降水落入土壤中成为土壤水；降水量小于冠层截留时，表示降水都被冠层截留。被冠层截留的水分，经 Penman-Monteith 公式计算蒸发速率。Biome-BGC 模型中假设蒸散发仅发生在白天，且当蒸发作用进行时，因细胞间隙的 VPD 及叶片边界层导度过低而不进行蒸散作用。

B. 土壤水势与含水量

土壤中含水量与进入和离开土壤的水分平衡有关，以当日累积的土壤水分计算次日的体积含水量。土壤含水量会对气孔导度产生影响，土壤水势能（ψ）的计算公式如下：

$$\psi = \psi_{\text{sat}} \times \left(\frac{\theta}{\theta_{\text{sat}}} \right)^b \tag{8.8}$$

式中，ψ_{sat} 是饱和土壤水势能；θ 为体积含水量；θ_{sat} 为饱和体积含水量；b 为经验值，这几个参数均由输入的土壤质地数据计算而来，即土壤砂土、黏土和粉土的百分比含量。

土壤田间含水量为土壤饱和含水量减去重力水的水分含量，模型中定义为当土壤水势能为–0.015 MPa 时的含水量。土壤饱和含水量和田间含水量均由土壤深度和土壤质地参数计算得来。

C. 气孔导度与蒸散

气孔是植被蒸散发的门口，气孔导度受辐射、温度、饱和水汽压差及土壤水势的影响，Biome-BGC 模型中计算各个因子对气孔导度的影响，0 表示气孔关闭，1 表示气孔打开。气孔导度受辐射的影响大小表示为

$$I_{\text{PPFD}} = \frac{\text{PPFD}}{\text{PPFD}_{50} + \text{PPFD}} \tag{8.9}$$

式中，PPFD_{50} 为 I_{PPFD} 等于 0.5 时的 PPFD，模型中为常数 [75umol/（m²·s）]，阳叶和阴叶的 PPFD 不同，因此需分别计算辐射对阳叶和阴叶气孔导度的影响。

温度低于冰点温度时，植被体内水分凝固而影响气孔导度，模型中定义夜晚均温低于–8℃时，气孔导度为0，即气孔完全关闭；夜晚均温大于0℃时，气孔导度为1，即气孔完全打开。土壤水势能与饱和水汽压差对气孔导度的影响，主要取决于使得气孔缩小时的叶片水势能（ψ_i）和饱和水汽压差（VPD_i）、使得气孔完全关闭时的叶片水势能（ψ_f）和饱和水汽压差（VPD_f）。

3）碳、氮循环

大气中的CO_2经植被光合作用进入生态系统，后经呼吸作用释放到大气中，剩余的碳分配到植被各组织、凋落物物与土壤各个碳库中。氮主要来源于大气沉降和生物固氮，生态系统中的氮储存在有机质中，也会以无机氮的状态储存在土壤中。

A. 光合作用

Biome-BGC 采用二叶模型进行光合作用，即计算阳叶和阴叶的冠层光合作用，同化CO_2的速率（A）取两个潜在同化速率的最小值，分别取决于羧化酶（Rubisco）的同化速率 [A_V，μmol/（m²·s）] 和电子再生能力的同化速率 [A_J，μmol/（m²·s）]，即

$$A = \min(A_V, A_J) - R_d \tag{8.10}$$

R_d 是除去光合呼吸外的CO_2同化速率发的，A_V 和 A_J 计算如下：

$$A_V = V_{c\max} \frac{C_i - \tau}{C_i + K_C \left(1 + O_2 / K_0\right)} \tag{8.11}$$

$$A_J = J \frac{C_i - \tau}{4.5C_i + 10.5 \times \tau^*} \tag{8.12}$$

式中，$V_{c\max}$ 表示最大羧化速率；C_i 为植被细胞CO_2的浓度；τ 为CO_2补偿点；K_C（Pa）和 K_0（Pa）分别表示 Rubisco 的活性及其进行羧化与氧化反应时的动力系数；O_2（Pa）为细胞间隙中氧气的分压；J 为电子潜在再生速率。

B. 呼吸作用

植被的呼吸包括自养和异养呼吸，自养呼吸又包含生长呼吸（growth respiration，GR）和维持性呼吸（maintain respiration，MR）。模型中假定生长呼吸为所有新的组织生长量的固定比例（30%），维持性呼吸的计算采用呼吸速率经验公式，即温度为 20℃时，每天维持性呼吸消耗量（MR_{20}）是该组分含氮量的 0.218 倍。而实际的呼吸除考虑温度的变化，可计算为

$$GR = GR_{20} \times Q_{10}^{(T-20)/10} \tag{8.13}$$

式中，Q_{10} 为温度每变化 10℃，呼吸速率的变化率，模型中将此值假设为 2；T 根据计算各组织器官的不同而不同，计算茎的 MR 时，T 表示每日均温；计算粗根和细根的MR 时，T 表示土壤温度。

C. 分解过程

Biome-BGC 模型中有多个储存枯落物的碳库和氮库，粗木质残体是植被粗根和枝干枯死后最主要的存储库，随着时间变化，枯落物逐渐被分解，分解的速率依赖于水分和温度状况。木质枯落物库、叶子和粗根根据碳在易分解质、纤维素、木质素中的含量

（生理生态参数文件中由用户定义）被分成特殊的枯落物的存储库，这些枯落物库最终进入到土壤库中。土壤有机质库中的分解作用受温度和土壤水分的限制，由于土壤有机质库的分解作用和氮主要由微生物固定，其逐渐转换为连续的慢速分解的库，分解成 CO_2 再回到大气中。

D. 碳、氮分配过程

光合作用所固定的碳，除去维持性呼吸与生长呼吸消耗的部分，剩余部分根据根、茎、叶等不同组分的含碳量进行分配。Biome-BGC 模型中预留出固定比例的（用户定义）碳用于下一年的生长和固定比例（30%）的生长性呼吸（Waring and Running, 2007），在生态系统维持过程中所有的分配比例都假定为固定值。土壤中的氮能够满足分解过程和生长过程时，氮能够被完全分配，若土壤中氮含量不满足需求，则根据分解与生长的需求比例分配，植被分配与生长所需的氮若无法满足需求，则会通过植被减少光合作用产生的碳来达到碳氮的平衡。

2. Biome-BGC 模型输入数据及参数

模型运行所需文件主要分为三类：①初始化文件，包括站点的经纬度、海拔、坡度、坡向等位置信息及土壤质地组成、土壤有效深度和输入、输出文件的设定等；②气象数据文件；③生理生态参数，包括 44 个生理生态参数。

1）初始化文件

初始化文件包括研究区的基本信息，输入输出文件的设定等，关滩和长白山森林站参数见表 8.6。纬度参数用来判断研究区的基本位置（北半球或者南半球），海拔信息用来计算大气压力，土壤深度是指植被根部在土壤中所能达到的深度，计算土壤中植被可利用的水分和土壤中的碳、氮储量。土壤参数主要包含砂土、黏土和粉土的百分比，主要用于计算土壤的蓄水能力。

表 8.6 Biome-BGC 模型最优生理生态参数

生理生态参数	单位	青海云杉	阔叶红松	
			红松林	阔叶林
木本/非木本植被	标识	1	1	1
常绿/落叶	标识	1	1	0
C_3/C_4	标识	1	1	1
模型物候/用户定义	标识	1	1	0
开始时间	天	0	0	100
结束时间	天	0	0	300
生长转移时间占生长季比例	%	0.3	—	0.2
落叶时间占生长季比例	%	0.3	0.3	0.2
年内叶片和粗根转化比例	年	0.24	0.2	1.0
活立木转化比例	年	0.81	0.8	0.7
整株死亡率	年	0.005	0.005	0.005
火灾死亡率	年	0.0055	0.009	0.01
新的粗根碳与叶子碳之比	比例	1.4	1.21	1.05

生理生态参数	单位	青海云杉	阔叶红松	
			红松林	阔叶林
新的干部碳与叶子碳之比	比例	2.42	2.2	2.2
新的活立木碳与总的木本植被碳之比	比例	0.41	0.56	0.1
新的细根碳与干部碳之比	比例	0.4	0.29	0.23
当前生长比例	%	0.91	0.65	0.55
叶片碳氮比	kgC/kgN	32	30	36.8
叶片凋落物碳氮比	kgC/kgN	33	32.6	49
粗根碳氮比	kgC/kgN	90	68	42
活立木碳氮比	kgC/kgN	50	50	48
死亡树木碳氮比	kgC/kgN	729	730	443
叶片凋落物中易分解物质比例	—	0.321	0.398	0.338
叶片凋落物中纤维素比例	—	0.446	0.405	0.425
叶片凋落物中木质素比例	—	0.233	0.197	0.237
粗根易分解物质比例	—	0.312	0.308	0.311
粗根纤维素比例	—	0.459	0.452	0.489
粗根木质素比例	—	0.229	0.24	0.2
死亡木中纤维素比例	—	0.71	0.72	0.77
死亡木中木质素比例	—	0.29	0.28	0.23
冠层截留系数	1/（LAI·d）	0.041	0.044	0.0362
冠层消光系数	—	0.54	0.5	0.44
所有面叶面积与投影叶面积之比	—	2.6	2.4	2.0
比叶面积	m²/kgC	12.6	20	33.5
阴叶比叶面积与阳叶比叶面积之比	—	2.0	2.0	2.0
Rubisco 中叶片氮含量	—	0.08	0.031	0.021
最大气孔导度	m/s	0.0022	0.0026	0.0033
表皮导度	m/s	0.000022	0.000026	0.000033
边界层导度	m/s	0.00001	0.00001	0.00001
气孔开始减小时叶片水势	MPa	−0.52	−0.5	−0.6
气孔停止减小时叶片水势	MPa	−0.81	−0.9	−2.3
气孔开始减小时饱和水汽压差	Pa	600	800	930
气孔停止减小时饱和水汽压差	Pa	3900	4100	4100

反照率是入射的短波辐射被地表物体反射的比例，反映了进入生态系统的辐射的比例。大气中的氮，经过重力沉降和截留沉降进入生态系统当中，在自然生态系统中，氮沉降量为 1~12 kg/（hm²·a）（Boring et al.，1988）。生物固氮指生物将大气中的氮气转化为植被可吸收利用的氨和铵根的过程，分为共生固氮（symbiotic fixation）和非共生固氮（nonsymbiotic fixation）。

Biome-BGC 模型模拟生态系统中碳、氮的储量以及通量变化情况，模拟结束时的状态取决于开始时的状态，模型提供了自动初始化的过程，即 Spin-up 阶段。Spin-up 通过对起始状态的碳、氮假定为极小的值，根据植被生理生态特征及气象数据进行长期模拟，其目的是达到生态系统的稳定状态（Thornton and Rosenblom，2005），定义为土壤碳储量连续两年的差值小于 0.5 g/m^2（Pietsch et al.，2005）。Spin-up 的过程是为了积累生态系统中植被和土壤的碳储量，直到稳定状态，通常需反复模拟上百甚至数千年。Spin-up 达到的稳定的初始化状态是综合了气候、植被和土壤的生理生态过程，生态系统在不受外界干扰的情况下，会逐步达到这个状态。而该状态的碳、氮储存量，即为模型模拟的起始值。

2）气象数据

Biome-BGC 模型运行所需要的气象数据包括逐日最高温、最低温、日均温、降水、饱和水气压差、短波辐射和日照时数。其中，温度影响生态系统的生理生态过程以及物理反应速率，如光合作用、维持性呼吸与蒸腾作用等。模型中利用日最高温、最低温和平均温来计算白天均温、夜晚均温和土壤温度，土壤温度以前十天和当天的日均温经过 1~11 的加权后的平均数计算而来。降水用来计算植被截留量以及进入土壤的水量、土壤水势，后者影响气孔导度大小。饱和水气压差随温度发生变动，当饱和水气压差较大时，空气中容纳的水蒸气则较多，有利于植被蒸腾作用。但过大时，则表示空气干燥，植被为避免水分流失过多则会缩小气孔，进而影响植被的光合作用能力。短波辐射与碳、水循环关系密切，是驱动模型物质流动的能量。有些生理过程（光合作用及蒸散发）只发生在白天，所以 Biome-BGC 模型中需输入日照时数来计算。

3）生理生态参数

模型中包含 44 个生理生态参数，每一种植被类型（模型中包含常绿针叶林、常绿阔叶林、落叶阔叶林、落叶针叶林、灌木、C$_3$ 和 C$_4$ 草地）都有特定的参数，这些参数可分为以下六个类别（White et al.，2000）：更新与死亡，分配参数，碳氮比，易分解质、纤维素、木质素的比例，叶片与冠层形态参数，传导速率。

3．参数敏感性分析

采用全局敏感性分析方法——扩展的傅里叶幅度分析法，进行关滩和长白山森林通量观测站参数敏感性分析。EFAST 结合了 FAST 方法（Cukier et al.，1973）计算高效和 Sobol 方法（Sobol，1993）可计算总体敏感度的优点。鉴于 Biome-BGC 模型的复杂性和参数间的相互作用关系密切，各生理生态参数对模型输出结果的影响主要通过一次敏感度和总敏感度来表示。一次敏感度主要反映当某一参数值固定为"真值"的情况下，能够在多大程度上减小模型输出结果的方差。总敏感度是指参数一次敏感度以及该参数与其他参数之间相互作用敏感度的和，总敏感度适用于全局的、定量的、模型独立的敏感性分析。

1）EFAST 方法

EFAST 为基于方差的全局敏感性分析方法，通过估算每个输入数据（X_i）对输出结果 Y 的方差的贡献率得到敏感度，$Y=f(X)=f(X_1, X_2, \cdots, X_n)$，$X_i$ 表示各个输入参数，都有各自的取值范围以表示其不确定性。模型输出结果的总的方差可表达为

$$V_Y = \sum_i V_i + \sum_i \sum_{j>i} V_{ij} + \sum_i \sum_{j>i} \sum_{k>j} V_{ijk} + \cdots + V_{1,2,\cdots,n} \qquad (8.14)$$

式中，$V_i = V(E(Y/X_i = x_i^*))$，$V_{ij} = V(E(Y/X_i = x_i^*, X_j = x_j^*)) - V_i - V_j$，其他方差计算方法可依次类推。$E(Y/X_i = x_i^*)$ 表示 X_i 在取固定值 x_i 时，Y 的期望值。参数的一次敏感度指数 $S_i = V_i/V$，取值范围介于 0~1，敏感性指数定量化了参数 X_i 对结果的影响。参数的二阶敏感度及更高阶的敏感度可表示为 $S_{ij} = V_{ij}/V_Y$，$S_{ijk} = V_{ijk}/V_Y$，总敏感度指数 S_{Ti} 为该参数的一次敏感度及改参数与其他参数的相互作用敏感度的总和，$S_{Ti} = S_i + S_{ij} + S_{ijk} + S_{ijk \cdots m}$（Saltelli et al.，2000；Saltelli，2002）。

研究中借助敏感性及不确定性分析软件 SimLab2.2 实现 Biome-BGC 模型的敏感性分析，该软件算法考虑了输入数据的不确定性对模型输出结果的影响，通过蒙特卡罗（Monte Carlo，MC）或者其他统计方法分析得出输入数据的不确定性空间分布情况，并利用上述分析的结果决定模型预测的不确定性和不确定性结果如何分配至各个输入因子（Saltelli and Chan，2000）。敏感性分析的过程包括 5 个步骤：输入数据范围和分布情况的选择；根据输入数据分布情况生成样本；估算每个样本对应的模拟估计值；不确定性和敏感性分析。

2）森林通量站点敏感性分析

本节针对关滩和长白山森林通量观测站特定的森林类型——常绿针叶和阔叶红松林分别进行了敏感性分析，并参考相关文献得到了不同森林类型各个参数的概率密度分布情况，由于 Biome-BGC 模型中并没有针对混交林的参数描述，因此，根据阔叶红松林中针叶林和阔叶林的百分比进行加权平均，作为长白山森林通量站阔叶红松林的生理生态参数，见表 8.6。首先选出需要进行敏感性分析的参数：①Biome-BGC 模型中部分生理生态参数是标记参数，用于表明植被的类型和特征，此类参数不需要标定。②依据常规理论可以推断的参数值，如对于落叶类的植被，年内叶子和粗根的转化比例为 1.0，意味着整个叶子和粗根的碳库每年都会更新；而对于所有木本植被，根据 White 等（2000）的调查结果，活木质植被的转化率全部设置为 0.7，同时整株植被死亡率设置为 0.005。活立木的碳与氮之比由于数据获取有限，因此，根据文献信息，其与粗根碳氮比极为相近，设置活立木碳氮比（C：N_{lw}）等于粗根碳氮比（C：N_{fr}）。阔叶落叶类型的阳叶与阴叶叶面积之比设置为 2.0。③固定组合比例的参数，易分解物质、纤维素和木质素的含量控制着分解速率，且三者百分比之和为 100%。因此，根据纤维素和木质素在各个组织中的百分比计算易分解物质的百分比，如叶片易分解物质百分比：$L_{lab} = 100\% - L_{cel} - L_{lig}$，粗根易分解物质百分比：$FR_{lab} = 100\% - FR_{cel} - FR_{lig}$，死亡的木本中纤维素百分比：$DW_{cel} = 100\% - DW_{lig}$。由于植被气孔并不能达到完全关闭的状态，所以表皮导度无法通过野外测量实现，因此采用 Kōrner（1995）提出的 1/100 的最大气孔导度作为表皮导度的值。

最终选出 26 个关键参数参与敏感性分析，根据输入数据的概率密度分布生成样本，在此基础上运行 Biome-BGC 模型，计算得到关滩和长白山森林站 13 年（2000~2012 年）的 GPP 的值，并统计 GPP 的年平均值，输入到 SimLab2.2 中进行敏感性分析。将敏感度分为三个等级：敏感度指数小于 0.1 为低敏感度，介于 0.1 与 0.2 之间为中敏感度，大于 0.2 为高敏感度。

关滩森林通量站青海云杉的年均 GPP 受 FLNR 和 FRC：LC 影响最为明显，这两个参数都通过一次敏感度和相互作用敏感度影响年均 GPP。Gmax 的一次敏感度和总敏感度都较高，在干旱少雨的祁连山地区，Gmax 和 Gbl 等导度参数是使得植被更适应于干旱季节生长的关键调节参数，并直接影响水汽的交换（Chiesi et al.，2007）。另外，FRC：LC、C：N_{leaf} 和 C：N_{fr} 都通过一次敏感度和相互作用敏感度影响年均 GPP，SC：LC 的一次敏感度对年均 GPP 影响较小，主要通过相互作用敏感度作用于年均 GPP。另外，对于寒冷且干旱的地区，饱和水汽压差控制着植被气孔的张开与关闭，通过一次敏感度和相互作用敏感度对植被生长产生影响。

长白山森林通量站阔叶红松林的总敏感度整体高于一次敏感度，且一次敏感度指数普遍低于 0.1，表明年均 GPP 主要受参数间的相互作用影响。FLNR、SLA、Gmax、W_{int} 和 FRC：LC 为高敏感度参数，FLNR 与其他参数间的相互作用敏感度对年均 GPP 影响最大，敏感度为 0.45，FLNR 直接影响植被固定大气中 CO_2 的第一步——羧化作用，在 Biome-BGC 模型中，羧化速率为状态参量，由于本身具有较高的空间异质性而难以获取（Houborg et al.，2012），由此也解释了 FLNR 对年均 GPP 的影响较大。SLA 对年均 GPP 的敏感度较 FLNR 次之，但敏感度仍然较高，为 0.35。LAI 对冠层生理生态的各方面影响都较为明显，在 Biome-BGC 模型中 LAI 由 SLA 与叶片碳含量的乘积计算得来，SLA 对植被光合作用过程有间接的影响。Gmax 对年均 GPP 的影响也较大，敏感度为 0.34。气孔为植被进行气体交换的门户，气孔导度的大小直接影响气体交换的速率，最大气孔导度为环境条件不受限制时的传导速率，对于植被受水分胁迫和碳的同化过程十分重要（White et al.，2000）。W_{int} 表示冠层截留的降水量，控制着降水渗透到土壤中的数量，模型中假定冠层水分全部用于蒸发，因此，冠层水分也直接影响着植被蒸腾作用。FRC：LC 对年均 GPP 的影响也较高，敏感度为 0.25。

8.2.3 生态遥感与过程机理模型耦合

生态遥感模型（如 MOD_17 模型）均属于光能利用效率模型，即参数模型，其根本是建立在对经验假设认知的基础上，属于全遥感化，不能描述真实的植被生理生态生长过程；而生态过程模型（Biome-BGC）则建立在植被生长机理基础上，能够在站点上精确的模拟森林植被的生长过程，但输入参数难以率定，区域应用存在较大不确定性。因此如何针对二者模型进行优势互补，降低由于模型、数据不确定性带来的区域森林生产力估测成为关键技术问题。

1）模型-模型耦合

针对不同森林类型，研究基于森林样地调查数据、森林生态台站观测网络数据及以遥感反演的高可信森林植被生理生态参数（如 GLASS LAI、fPAR 等）优化生态遥感模型（MODIS MOD_17 模型）。针对生态过程模型（Biome-BGC），首先采用全局敏感性分析方法（如 EFAST 方法）对模型敏感参数进行分析，探讨参数不确定性对大兴安岭地区碳通量估算的影响。选取具有不同生态梯度特征的森林样地作为训练样本，开展模型-模型融合研究，即利用已验证可靠的 MODIS MOD_17 模拟的总初级生产力（GPP）

结果针对生态过程模型（Biome-BGC）敏感参数在区域上进行率定，使过程模型驱动参数更具有全局代表性。最后，利用融合模型进行长时间序列的精细时空尺度的森林生产力（GPP，NPP 等）模拟。

2）模型参数优化

经 EFAST 方法敏感性分析后，得到 Biome-BGC 模型的敏感参数（敏感度大于 0.1），针对特定研究区和特定植被类型的研究需对敏感性参数进行校正。针对青海云杉林选取了 30 个森林样本点，进行 2010~2011 年 GPP 的模拟（样本个数为：23 层×2 年×30 个=1380 个），针对阔叶红松林选取了 10 个森林样本点，进行了 2003~2007 年的模拟（样本个数为：23 层×5 年×10 个=1150 个）。利用优化的 MOD_17 模型输出的森林样本点生长季的 GPP 拟合 Biome-BGC 模型对应生长季输出的 8 天 GPP 结果，拟合过程中不断调整敏感参数，当两者拟合结果达到稳定时，即可得到模型最佳参数，参数在优化过程中按照敏感性分析中生成的样本进行取值，最终得到两个森林通量站特定森林类型的最优参数组合，其他敏感度较低的参数采用模型默认值。针对针叶和阔叶混交的情况，分别对针叶红松林和阔叶林进行参数优化，并各自计算时间序列 GPP 的值，最终结果采用二者所占百分比的加权和。

图 8.28（a）所示为关滩森林通量观测站 Biome-BGC 模型生理生态参数最佳时，优化的 MOD_17 模型与校正的 Biome-BGC 模型输出的生长季 GPP 结果拟合图，该站点拟合样本点为 1380 个，拟合效果较好，R^2=0.80，RMSE=14.38 gC/（m²·8d）。图 8.28（b）所示分别为长白山森林通量观测站 Biome-BGC 模型生理生态参数最佳时，优化的 MOD_17 模型与 Biome-BGC 模型输出的生长季 GPP 结果拟合图，由图中可以看出，该站点校正后的 Biome-BGC 模型模拟 GPP 与优化的 MOD_17 模拟 GPP 一致性较好，R^2=0.84，RMSE=10.185 gC/（m²·8d）。

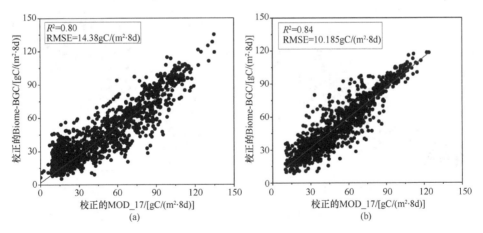

图 8.28　关滩（a）和长白山（b）森林通量观测站优化的 MOD_17 与校正的 Biome-BGC 模型模拟的 8 天 GPP 结果对比图

3）校正后 Biome-BGC 模型模拟结果分析

A. 关滩森林通量观测站

Biome-BGC 模型生理生态参数经校正后，改进了 GPP 的季节变化情况，与涡动通量站观测数据季节变化趋势更为一致。图 8.29 和 8.30 所示为关滩森林站 2010~2011 年模型默认参数及校正参数分别模拟的 GPP 季节变化情况及其与涡动通量数据的对比，由 GPP 曲线图可以看出默认参数模拟的 GPP 的值整体均低于涡动通量观测值 [R^2=0.67，RMSE=5.82 gC/(m^2·d)]，且由于关滩森林站地处寒旱地区，夏季的模拟效果较差，出现持续的低谷期。Biome-BGC 模型中气孔导度为气体进出植被的门口，是植被光合作用和蒸腾作用相互协调的衔接参数，可调节干旱条件下植被的生长使其更适应干旱的环境。与气孔导度相关的参数（边界层导度、饱和水汽压差等）经调整后，模型在夏季的模拟趋于正常，同时，其他敏感参数的调整也明显改善了默认参数情况下 GPP 整体低估的现象 [R^2=0.79，RMSE=1.15 gC/(m^2·d)]。图 8.29 中 GPP_EC 表示涡动通量观测数据，GPP_Default 表示模型默认参数模拟的 GPP 结果，GPP_Calibrated 表示模型参数校正后模拟的 GPP 结果。

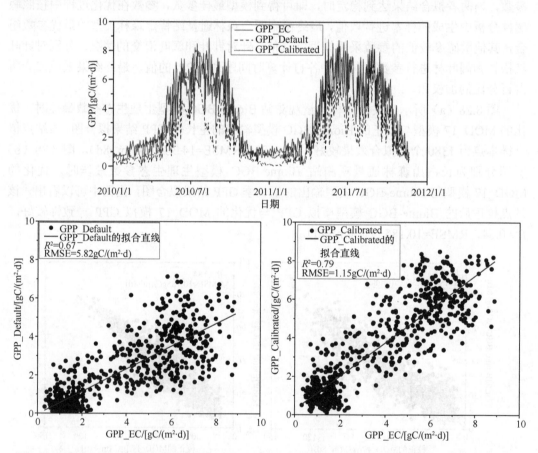

图 8.29　关滩森林通量观测站校正的 Biome-BGC 模型模拟 GPP 结果及其与涡动通量数据的对比图

Biome-BGC 模型默认参数情况下模拟的 NEE 与涡动通量观测直接获取的 NEE 相比，整体偏低，尤其以夏季和冬季的低估最为明显 [R^2=0.47，RMSE=5.30 gC/(m^2·d)]。校正模型模拟 NEE 与默认参数下模拟的结果相比有所提高 [R^2=0.69，RMSE=1.09 gC/(m^2·d)]。但冬季的低估仍较明显，另外，涡动通量观测直接获取的青海云杉冬季碳交换量在冬季基本为正值，表明冬季关滩森林站点存在微弱的碳吸收，森林生态系统的呼吸作用小于光合作用，而模型模拟的冬季碳交换量较低，也表明模拟的生态系统呼吸量偏高。图 8.30 中，NEE_EC 表示涡动通量观测的 NEE；NEE_Default 表示模型默认参数模拟的 NEE 结果；NEE_Calibrated，则是模型参数校正后模拟的 NEE 结果。

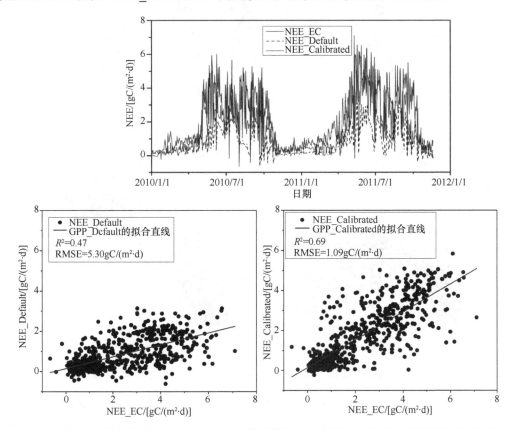

图 8.30 关滩森林通量站校正的 Biome-BGC 模型模拟 NEE 结果及其与涡动通量数据的对比图

B. 长白山森林通量站

图 8.31 所示在长白山森林通量站，模型默认参数模拟结果与涡动通量站观测结果相比，存在明显的偏差 [R^2=0.72，RMSE=2.419 gC/（$m^2 \cdot d$）]，以冬季和夏季的低估最为明显。研究时间段（2003~2007 年）的夏季几乎都存在异常点，GPP 曲线突然下降到很低的水平，但并未持续很长时间，而实际的涡动通量观测数据并未有此现象。因此，有必要对模型进行校正。结合前文所述长白山森林通量站针叶林和阔叶林各自的敏感参数，分别进行了参数校正。校正后的结果改善了 GPP 夏季异常的情况，主要归因于 FLNR 及气孔导度等参数的调整，同时 GPP 整体有了明显改善，季节变化情况与涡动通量数据更为一致 [R^2=0.87，RMSE=1.583 gC/（$m^2 \cdot d$）]，但在 2005、2006 和 2007 等年份的生长季前期 GPP 出现陡增，使得模拟结果偏高，有待于进一步优化。

默认参数情况下模拟的 NEE 与涡动通量数据相比（图 8.32），模拟结果整体偏低 [R^2=0.27，RMSE=5.459 gC/（$m^2 \cdot d$）]，散点图较为离散，且冬季基本为负值，表明默认参数下模拟的阔叶红松林在冬季基本都为碳释放，呼吸作用大于光合作用。但通过涡动通量数据可知，阔叶红松林在冬季存在正值，即受红松的影响，在冬季有微弱的光合作

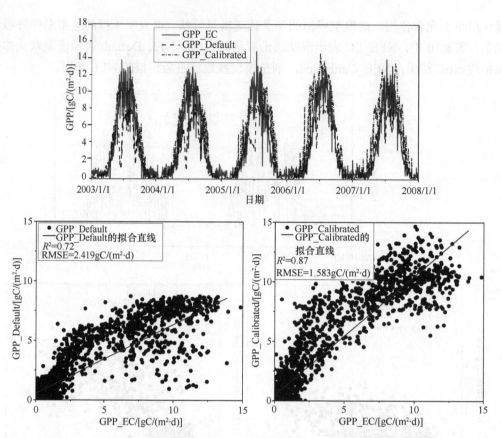

图 8.31　长白山森林通量站校正的 Biome-BGC 模型模拟 GPP 结果及其与涡动通量数据的对比图

用。校正后的 Biome-BGC 模型模拟的 NEE 整体有了提高 [R^2=0.62，RMSE=3.339 gC/($m^2 \cdot d$)]，以生长季和冬季的提高最为明显，改善了生长季的某些时间段急剧下降的情况。

8.2.4　森林碳同化系统构建

目前国内外研究中出现了整合模型模拟和观测的趋势，增强模拟和观测能力的同时，显著减少并准确估算生态系统要素各分量估计的不确定性。模型与观测数据的融合可概括为两种：利用连续观测数据进行模型参数化，以及数据同化技术。数据同化技术是一种集成多源空间数据的新思路，旨在把各种时空观测的数据通过数据同化的方法融合到模型中，充分考虑模型本身误差以及观测误差，改善模型的模拟结果。完整的陆地生态系统碳数据同化系统主要包括四个部分：观测数据集、过程驱动模型和驱动过程模型的输入参量、数据同化算法。

本节在对 Biome-BGC 模型参数校正的基础上，将时间序列 GLASS LAI 数据利用集合卡尔曼滤波算法，同化到 Biome-BGC 模型中，分析数据同化对模型模拟结果的影响。

1. 集合卡尔曼滤波

数据同化的目的为整合观测手段和模型模拟的优势，获得与观测数据最为一致的模型模拟量。在顺序数据同化中，由前一时刻得到的状态变量信息以及方差分布将传递到

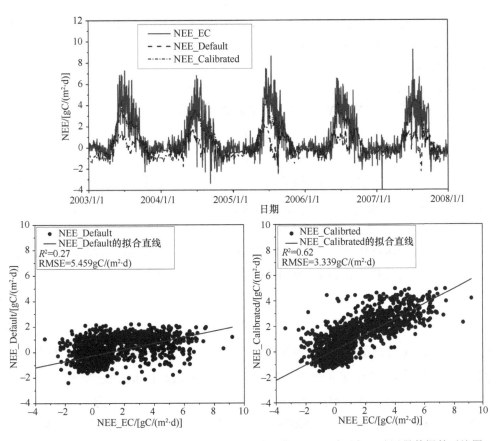

图 8.32　长白山森林通量站校正的 Biome-BGC 模型模拟 NEE 结果与涡动通量数据的对比图

后续的模型模拟中，当有新的观测数据输入时，模型的模拟值会被重新分析，并根据预测值和观测值的协方差进行加权，得到最优估计值，同化的过程中考虑模型本身和观测带来的误差。顺序同化方法仅着眼于求解单个时刻的最优估计值，在给出该时刻最优估计值的同时也提供了分析误差的分布情况（Mo et al.，2008）。

1）集合卡尔曼滤波算法原理

EnKF 根据蒙特卡罗方法的短期集合预报方式估计预报误差协方差（Evensen，2003），其主要思路是：先根据背景场和观测值的特征误差分布对背景场和观测值产生一系列扰动，并通过扰动生成模型预报的状态变量集合（ensemble），每个时刻状态变量集合的均值作为该时刻状态变量的最优估计值（Evensen，2003；Han and Li，2008），每个集合通过过程驱动模型前向积分，以预测下一时刻的状态变量集合。在没有观测值的情况下，利用模型进行模拟，即通过初始值驱动模型后，利用前一时刻的状态变量预测下一时刻的状态变量；在有观测值的情况下，利用观测数据对每个时刻集合分别进行更新，所有集合的均值表示状态量的最优估计，估计值的方差基于集合计算。通过卡尔曼滤波进行分析，同时考虑模型预报误差和观测数据误差，利用卡尔曼增益（Kalman gain）对模拟结果进行更新，最终利用同化后的状态变量预测下一时刻的状态变量。

EnKF 算法中假设有 N 个集合，在 t_0 时刻对每个集合进行初始化，可通过对状态变量直接加入噪声的方式得到状态变量集合，见公式（8-15）。分析更新 t 时刻的状态变量，并预测 $t+1$ 时刻的状态变量，主要包含预测和更新两大部分、五个步骤，算法中假设噪声为白色噪声，符合高斯分布。

A. 集合初始化

首先定义集合窗口大小 N，初始时刻状态变量 x 的计算如下：

$$x_{t_0,i} = \bar{x}_{t_0,i} + p_i \tag{8.15}$$

$$p_i \sim N(0, \sigma) \tag{8.16}$$

式中，$x_{t_0,i}$ 为变量 i 在 t_0 时刻的初始值，$\bar{x}_{t_0,i}$ 为初始时刻背景场中的期望值，p_i 为噪声，$N(0,\sigma)$ 表示噪声符合均值为 0，方差为 σ 的高斯分布。

B. 状态预测

将 $t-1$ 时刻的所有集合代入模型中，模型经前向积分，得到所有状态变量在 t 时刻的预测值，本节的模拟器即为 Biome-BGC 模型，预测公式如下：

$$x_{i,t}^f = F_t x_{i,t-1}^a + B_t u_i \tag{8.17}$$

$$u_i \sim N(0, \sigma) \tag{8.18}$$

式中，$x_{i,t-1}^a$ 为 $t-1$ 时刻第 i 个状态参量集合的分析值，上标 a 表示为分析后的值；$x_{i,t}^f$ 为 t 时刻的状态参量预测值，表示由上一时刻的值预测而来，上标 f 表示预测得来的值；F_t 为状态转移矩阵，表示该时刻的值如何从上一时刻推测而来，一般为非线性模型，在本节中为 Biome-BGC 模型；B_t 为控制矩阵，控制 u_i 如何作用于模型的当前状态，u_i 为模型误差，服从均值为 0，方差为 σ 的高斯分布。

卡尔曼滤波算法中用协方差矩阵表示噪声的不确定性，并考虑到误差噪声在各个时刻的传播（Moradkhani et al.，2004），结合协方差矩阵的特性，即可得到模型预测过程中的协方差矩阵：

$$P_t^f = F_t P_{t-1}^a F_t^T + Q_t \tag{8.19}$$

式中，P_t^f 为 t 时刻噪声的协方差矩阵，Q_t 为与噪声协方差。

C. 卡尔曼增益

模型运行过程中 t 时刻有观测值输入时：

$$Z_t = H_t x_{i,t}^f + v_t \tag{8.20}$$

式中，Z_t 为 t 时刻观测数据，H_t 为观测矩阵，本节设置为单位矩阵，EnKF 中允许输入多种观测方式，卡尔曼滤波器多源数据融合的功能即体现在观测矩阵中，v_t 为观测误差。

$$K_t = P_t^f H_t^T (H P_t^f H_t^T + R_t)^{-1} \tag{8.21}$$

$$P_t^f = E\left[(x_{i,t}^f - \bar{x}_t^f)(x_{i,t}^f - \bar{x}_t^f)^T \right] = \frac{1}{N-1} \sum_{i=1}^N (x_{i,t}^f - \bar{x}_t^f)(x_{i,t}^f - \bar{x}_t^f)^T \tag{8.22}$$

$$H_t P_t^f H_t^T = \frac{1}{N-1} \sum_{i=1}^N [H_t(x_{i,t}^f) - H_t(\bar{x}_t^f)][H_t(x_{i,t}^f) - H_t(\bar{x}_t^f)]^T \tag{8.23}$$

式中，K_t 为 t 时刻的卡尔曼系数，即卡尔曼增益，R_t 为观测数据 Z_t 的方差。

D. 状态分析及更新

计算得到卡尔曼增益后，即可更新 t 时刻的预测值及协方差：

$$x_{i,t}^a = x_{i,t}^f + K_t(Z_t - H_t x_{i,t}^f) \tag{8.24}$$

$$P_t^a = (1 - K_t H_t)P_t^f \tag{8.25}$$

式中，$x_{i,t}$ 为 t 时刻更新后变量 i 的值，卡尔曼增益 K_t 的作用为权衡预测值和观测值，并进行 $x_{i,t}$ 维度的转换。

E. 重复步骤 B，C 和 D

模型运行过程中，步骤 B~D 为不断迭代运行的过程，EnKF 能够从状态集合中获取统计信息，因此该种同化算法适用于线性和非线性的模型，具体流程如图 8.33 所示。

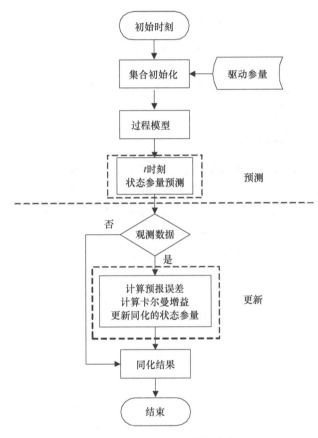

图 8.33　集合卡尔曼滤波算法流程图

2. 遥感数据产品与 Biome-BGC 模型同化

1）LAI 同化原理

叶面积指数是陆地生态系统重要的结构参数，用以反映植被冠层结构变化、生长状况等，与植被光合作用、蒸腾作用等关系紧密。LAI 作为 Biome-BGC 模型的中间状态参量，关联着过程模型的光合作用、呼吸作用、蒸腾作用、物质分配等过程，同时 Biome-BGC 模型可模拟不同植被类型 LAI 每天的时间变化动态。

Biome-BGC 模型中，LAI 由叶片碳含量（C_{leaf}, kgC/m^2）与比叶面积（SLA, m^2/kgC）的乘积计算得到：

$$LAI = C_{leaf} \times SLA \qquad (8.26)$$

当日叶片碳含量为前一日叶片碳含量与当日叶片碳含量的变化量求和计算得到：

$$C_{leaf \cdot t} = C_{leaf \cdot t-1} \times \Delta C_{leaf \cdot t} \qquad (8.27)$$

$\Delta C_{leaf \cdot t}$ 为当日叶片碳含量的变化情况，反映了 Biome-BGC 模型模拟的生态过程中物质转移过程，包含光合作用产生的有机物在叶组织的分配、叶片的呼吸消耗量，叶片的死亡、凋落及叶组织碳向其他组织的转移等。

因此，Biome-BGC 模型输出的当日 LAI 为经前一日 LAI 计算得到，计算函数即为 Biome-BGC 模型。

$$LAI_t = Biome\text{-}BGC（LAI_{t-1}） \qquad (8.28)$$

模型运行过程中，若 t 时刻有 LAI 输入，则输入的 LAI 通过公式（8.28）转化为对应时刻的叶片碳含量，通过模型模拟的 t 时刻叶片碳含量的变化量，即得到下一时刻叶片碳含量，并转换为 LAI 输出。同化参量与输出参量为同一个参数，因此观测算子为 1，观测矩阵为 1×1 的单位矩阵。

2）模型与遥感数据误差分析

EnKF 算法是对观测数据和模型模拟数据进行线性加权，权重大小由观测误差和模型误差来确定。若观测误差小，同化结果会偏向观测值；若模型误差较小，同化结果偏向模拟值。准确描述观测误差与模型误差对于 EnKF 算法来说十分重要，直接影响最终的同化结果。

本节所用 GLASS LAI 产品为 Xiao 等（2014）利用 MODIS LAI 和 CYCLOPE LAI 数据集，基于广义神经网络算法（general regression neural networks，GRNNs）重新估算得到，并且经过全球范围内 177 个站点（不同的植被类型）的验证，验证结果表明 GLASS LAI 与实测 LAI 一致性较好。通过文献中获取的 LAI 实测数据及寒区旱区科学数据中心下载得到的黑河流域实测 LAI 分析了 GLASS LAI 产品的误差分布情况，不同植被类型的观测 LAI 认为是 LAI 的真实值，如图 8.34 所示，GLASS LAI 的误差分布集中在[–0.008，0.12]区间内，方差大小为 0.032。模型模拟误差经模型模拟值与观测值对比得到，由于观测数据有限，仅仅利用黑河流域的观测数据和模型模拟结果得到模型误差分布图，如图 8.34 所示，模型本身误差分布集中在[–1.5,2]区间内，方差大小为 0.616。

模型模拟时间分辨为每天，遥感观测数据时间分辨率为 8 天，因此，设置同化周期为 8 天。集合数目也是 EnKF 算法中十分重要的参数，较多的集合会提高同化的精度，但也会加大计算计算量，需合理选择集合数目，通过不断模拟试验及分析前人研究结论，集合数目设置为 100。

3. 关滩森林通量站同化结果分析

关滩森林通量站同化时间为 2010~2011 年，同时获取了该时间段内 8 天的 GLASS

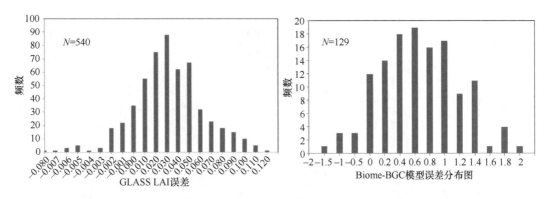

图 8.34　GLASS LAI 数据和 Biome-BGC 模型误差分布图

LAI 产品，空间分辨率为 1km。由图 8.35 所示，整体来看，同化前模型模拟 LAI 与 GLASS LAI 相比，生长季和非生长季的模拟均偏低，LAI 达到高值的时间较晚，且持续时间短。同化后模型输出的 LAI 整体上改善了生长季和非生长季的季节变化情况，除了生长季呈现出的较短时间的波动，其他时间段内模拟结果与 GLASS LAI 一致性较好。

　　LAI 与植被光合作用、呼吸作用等过程有着直接的关系，遥感观测 LAI 同化到 Biome-BGC 模型中改善了模型输出 LAI 精度的同时，也改善了生产力的模拟精度。同化后的模型模拟的 GPP 与同化前相比有所提高，同化后 GPP 的季节变化更平滑，起到了滤波的作用，与涡动通量观测 GPP 相关系数 R^2 由同化前的 0.79 提高至 0.84，RMSE 由 1.15 gC/（m^2·d）降至 1.009 gC/（m^2·d），精度提高较为明显（见图 8.36）。

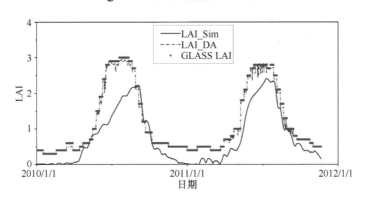

图 8.35　GLASS LAI 与同化前后 Biome-BGC 模型模拟 LAI 对比图

　　将时间序列 GLASS LAI 同化到校正后的模型后，NEE 的模拟结果也有了明显提高，相关系数 R^2 由 0.69 提高至 0.74，RMSE 由 1.087 gC/（m^2·d）提高至 0.997 gC/（m^2·d）（图 8.37），尤其以冬季的提高最为明显，更能体现出青海云杉林冬季碳吸收的功能，且同化后模拟的 NEE 较同化前模拟结果波动性较小。

　　4. 长白山森林通量站同化结果分析

　　长白山森林通量站同化时间为 2003~2007 年，观测数据为 8 天 GLASS LAI 产品，空间分辨率为 1km，集合个数为 100 个，同化窗口为 8 天，同化后得到与观测数据更为一致的 LAI 及碳通量产品。从图 8.38 中可以看出，同化前模型模拟 LAI 非生长季的值

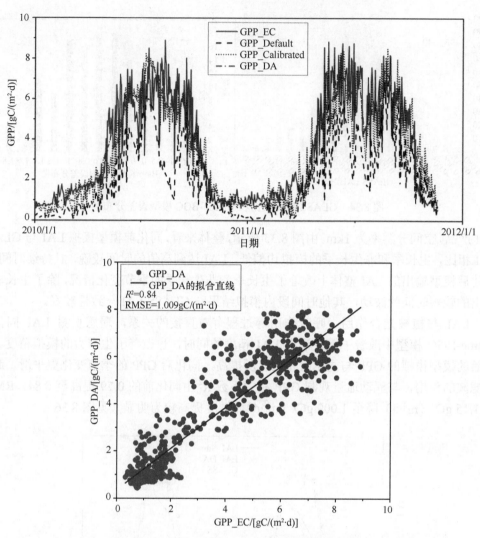

图 8.36　关滩森林通量站 Biome-BGC 模型默认参数、校正后和同化后模拟 GPP 结果对比图，
以及同化结果与涡动通量观测拟合图

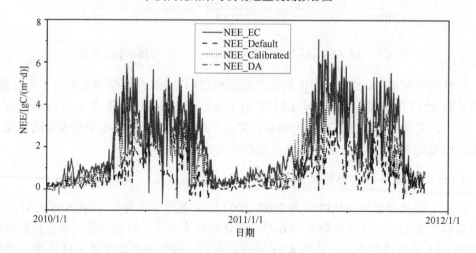

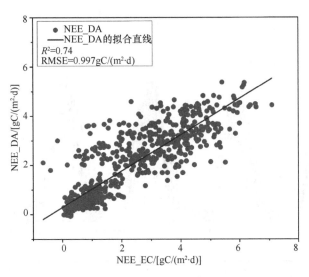

图 8.37　关滩森林通量站 Biome-BGC 模型默认参数、校正后和同化后模拟 NEE 结果对比图，以及同化结果与涡动通量观测拟合图

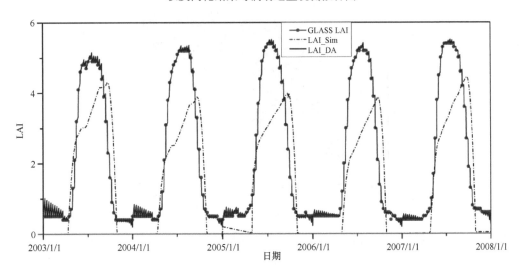

图 8.38　GLASS LAI 与同化前后 Biome-BGC 模型模拟 LAI 对比图

基本都为 0，对于常绿针叶林来说，冬季叶片并非完全凋落；在植被开始生长阶段，同化前模型模拟 LAI 先快速上升，后趋于平缓直到年内最大值，可以看出，模型模拟 LAI 年内最大值出现时间较晚。由于 GLASS LAI 产品本身误差较小，将其同化到 Biome-BGC 模型后，模型模拟的时间序列 LAI 虽然存在锯齿，且冬季模拟结果有明显的跳跃现象，但其他季节的模拟结果与 GLASS LAI 相比一致性较好。

如图 8.39 所示，同化后的 GPP 与通量观测 GPP 更为一致，改善了校正后模型在生长季前期 GPP 增长过快的情况，整体季节变化情况较为平滑，与涡动通量观测 GPP 相关系数 R^2 由同化前的 0.79 提高至 0.92，RMSE 由 1.583 gC/(m²·d)降至 1.261 gC/(m²·d)，精度提高较为明显。

将时间序列 GLASS LAI 同化到 Biome-BGC 模型中，NEE 的模拟结果也有了改善（图 8.40），NEE 的值比同化前有所升高，相关系数 R^2 提高至 0.67，RMSE 降至

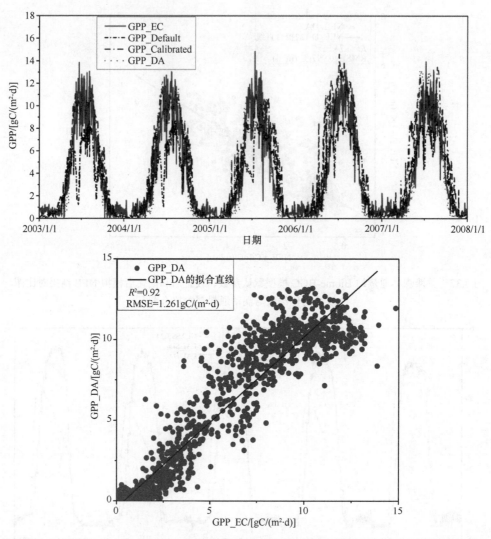

图 8.39 长白山森林通量站 Biome-BGC 模型默认参数、校正后和同化后模拟 GPP 结果对比图，以及同化结果与涡动通量观测拟合图

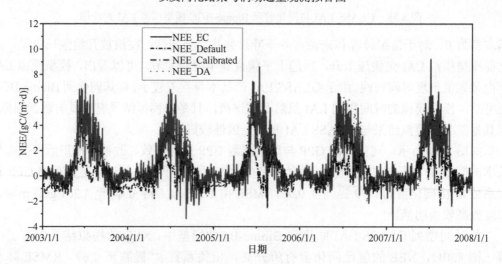

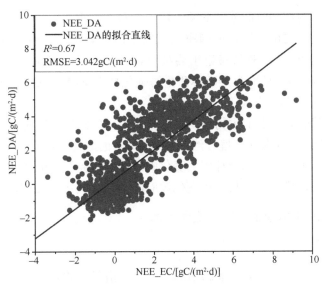

图 8.40　长白山森林通量站 Biome-BGC 模型默认参数、校正后和同化后模拟 NEE 结果对比图，以及同化结果与涡动通量观测拟合图

3.042 gC/（m²·d）。同化后模型模拟 NEE 与同化前相比，改进较小，主要体现在生长季。涡动通量直接观测得到的 NEE 受外界风速、风向等影响浮动较大，模型模拟 NEE 与观测数据相比较为稳定。

8.3　时间序列主被动遥感数据的森林地上生物量信息动态分析与建模

　　森林地上生物量动态可分为连续（或逐步）的及不连续（或干扰）的变化（Wulder et al.，2007）。前者是由于森林植被自然生长，如发育过程生长及自疏过程，其中森林自疏是由于森林生态系统的结构与功能受到来自系统内部和外部的调节与控制（Franklin et al.，1987）；后者是由于遭受自然（冰雪灾害、火灾、虫害等）、人为（植树造林、砍伐作业等）的干扰造成。二者及其与外界之间相互作用过程复杂。因此，要获取精准的时空协同的森林地上生物量及其动态信息较为困难。

　　目前监测森林地上生物量及其动态变化的方法可概括为，观测法及模型模拟法。近 30 年来的研究在精细尺度观测、模型模拟方面进步显著。在观测方面：国家级森林资源清查数据积累丰富，全球各区域的碳通量观测塔组网；在模型模拟方面：经验、半经验模型与机理模型相互补充。上述方法各有优势，但任何单一方法，都无法充分解释森林地上生物量及其动态时空格局形成的生理生态机制、森林生态系统碳循环调控机理和人为因素的驱动机制，以及生理生态过程对气候变化的响应和适应机制。

　　根据《国家中长期科学和技术发展规划纲要（2006—2020 年）》相关主题思想，我国政府明确提出发展地球综合观测技术，要"开发生态和环境监测与预警技术，大幅度提高改善环境质量的科技支撑能力"，要"重点研究开发大尺度环境变化准确监测技术"。因此，发展生态环境遥感监测技术，从局地到大尺度监测，从定点到空间连续监测，从依赖特定卫星重复周期到时间连续监测是国家的重大需求。

习近平总书记在 2016 年强调国家生态安全问题时指出，要实施森林质量精准提升工程。为贯彻落实习近平总书记重要指示，国家林业局印发了《全国森林经营规划（2016—2050 年）》。精准提升森林质量需强化技术支撑，包括森林经营全过程的精细化、差异化管理、监测技术。

因此，提高精准森林地上生物量动态监测能力，分析其动态时空格局形成机制，是我国保护生态环境、履行国际环境公约的战略需求，也是我国林业行业的发展规划要求。相关成果还可进一步推动全球森林碳汇变化的连续动态监测和分析预警，将为我国制定应对气候变化中长期战略、参与气候变化政府间谈判提供决策支撑信息。

8.3.1 区域大尺度森林地上生物量定量反演

1. 机器学习方法

森林地上生物量（AGB）的遥感估测和反演是指基于数学方法，借助于遥感、计算机技术或数学/物理模型，结合少量的样地或森林地面调查数据，建立森林生物量和遥感影像之间的数学或物理机理模型（张志等，2011）。基于遥感的森林 AGB 估测，最常用的方法是利用遥感数据结合森林资源调查数据进行统计回归（国庆喜和张锋，2003；郭志华等，2002；徐婷等，2015；Dube and Mutanga，2015；Marshall and Thenkabail，2015；Kronseder et al.，2012），但该方法以大数定律为理论基础，只有当样本数目"足够多"时，样本的规律才能被统计出来。而在实际应用中，森林资源调查数据往往难以获取，在样本有限的情况下模型会发生"过学习"现象（Foody et al.，2001）。为了解决传统统计回归方法的不足，非参数化机器学习方法被引入到森林 AGB 估算当中，如 k 最近邻法（k-nearest neighbor，k-NN）、随机森林（randomn forest，RF）、支持向量机（support vector machine，SVM）、人工神经网络（artificial neural network，ANN）等。

在众多机器学习方法中，森林参数遥感估测应用较为广泛的是 k-NN 法，该方法灵活、透明、泛化能力强，既不依赖于特定的函数分布（Franco-Lopez et al.，2001），也无需样本测量值与遥感影像特征间的先验知识，不仅可以用于若干森林参数的估计，还能融合各种空间数据到因变量估测当中，同时维持参数之间的自然依赖结构和参数之间的一致性，尤其是在样本数量较少的情况下易于估算缺失值（Crookston and Finley，2008）。得益于 k-NN 法所拥有的众多良好性质，使得该方法在森林参数遥感估测领域广为应用。Wilson 等（2012）基于中等分辨率（250m）MODIS 数据，结合森林样地数据和 k-NN 法，完成了美国中东部区域的森林树种多样性制图。在国内，陈尔学等（2008）基于 Landsat-5 TM 数据，以森林资源清查固定样地数据为参考，开展了 k-NN 森林蓄积量估测方法研究；Guo 等（2014）以祁连山黑河流域上游区域为研究区，基于 Landsat-5 TM 数据，对比了 k-NN 法和 SVM 方法应用于森林 AGB 估测的效果，结果表明，对遥感影像进行 SCS+C 地形校正的前提下，两种方法估测精度相接近。戚玉娇和李凤日（2015）以森林资源清查数据为参考，结合 Landsat-5 TM 数据和 k-NN 法，估算了黑龙江大兴安岭地区的森林地上碳储量。Tian（2015）基于机载激光雷达数据，SPOT 5 和 ALOS PALSAR 等不同数据源，分别采用多元逐步回归方法和 k-NN 方法对森林 AGB 进行估测，结果表明 k-NN 法估测结果优于多元线性逐步回归，k-NN 法不但可有效的估测森林 AGB，也可尝试用来估测其他的森林参数。

在森林参数估测方法不断发展的同时，相对于传统的利用光谱信息、植被指数、穗帽变换等特征因子，一些新的遥感变量，如地形因子（高程、坡度、坡向等）、纹理（方差、相关性、二阶矩、相异性、熵、均一性等）等也逐渐被应用于森林 AGB 估测当中。

2. 最优特征自动选择

综合利用多源遥感数据及其派生特征因子，在一定程度上提高了森林参数（如森林 AGB、蓄积量等）的定量估测精度，但基于多源遥感数据及派生的遥感特征因子通常伴随有数据维度高的特点，进而产生信息冗余和维度灾难，使分析和处理变得复杂。因此，解决如何从海量的遥感特征组合中高效选取优化的特征进行建模成为森林参数估测的首要问题，即特征选择问题。特征选择是指，从一组特征数为 m 的样本空间中，通过一定方法剔除冗余或不相关特征，并选取数量为 n（$m \geq n$）的一组特征，挑选后的特征使得模型最优。特征选择在模式识别、数据挖掘领域扮演着及其重要的角色。一方面，在样本有限的情况下，用大量特征选择来设计分类器或建立学习机会消耗大量的计算资源以及时间成本；另一方面，特征和分类器之间通常并非简单的线性关系，当特征超过一定数量，由于信息冗余、数据维度高和特征间复杂的相互关系，会降低分类器性能或预测精度。因此，进行正确高效的特征选择成为中亟须解决的问题，尤其是在森林 AGB 遥感估测这一研究领域，特征选择优化建模研究较少。

Tian 等（2014）基于多源数据，根据随机森林方法得到的特征优化森林 AGB 的 k-NN 估测模型，从而有效减小了计算、分析复杂度，提升了森林 AGB 估测精度。但是，通过 RF 算法进行特征选择，得到是并非真正意义上的最优特征组合，仅是该算法对特征进行重要性度量（Strobl et al.，2007）的结果。并且，随机森林算法在训练数据集（train set）抽取和节点候选特征集分割都具有一定的随机性（Breiman，2001），由此，也在一定程度上增加了随机森林算法特征选择结果的不稳定性。在 k-NN 基础上，Li 等（2011）提出了随机 k 最近邻法（random k-nearest neighbor，RKNN），即在 RF 第一节点上，基于 Bootstrap（Efron and Tibshirani，1986）抽取的样本，利用 k-NN 法进行一系列建模，优化，直到分类结果最佳。结果表明，RKNN 大幅提高了基因识别效率，在一定程度上解决了"小样本&高维度信息"问题。但 RKNN 方法只应用于基因的定性分类识别，用于森林参数定量估测的相关研究未见报道。

针对如何从高维度遥感特征数据产生的海量特征组合中高效选取相关特征进行森林 AGB 优化建模，本节提出快速迭代特征选择的 k 最近邻法（k-nearest neighbor with fast iterative features selection，KNN-FIFS），以大兴安岭根河森林保护区为研究区，结合多源遥感数据及其派生遥感特征因子进行森林 AGB 定量估测研究。

本节在我国东北大兴安岭典型林区——内蒙古根河森林保护区开展的星—机—地（Landsat-8 OLI/ASTER GDEM-机载 PolSAR HV 极化后项散射强度数据-森林资源调查）综合实验的基础上，建立基于高维度遥感数据的森林 AGB 特征优选建模方法。根据优化算法，以小班数据得到的森林类型分布图为森林/非森林参考底图，结合多源遥感数据，包括星载光 Landsat-8 OLI、ASTER GDEM v2 及机载 P 波段合成孔径雷达 HV 极化数据，首先进行森林 AGB 相关遥感特征因子（纹理、植被指数、K-T 变换因子、地形特征等）的提取。随后基于高维遥感特征因子和前向特征搜索方法，提出快速迭代特征选择的 k-NN（KNN-FIFS）森林参数估测方法，以期达到优化构建非参数化的 k-NN 学习机的目的。

1）特征选择

特征选择是当机器学习及模式识别研究领域一重要的热点问题，作为一种极其重要的数据预处理方法，在机器学习及模式识别领域发挥着重要的作用。设样本中特征数为 n，则共计产生 $\sum_{n=1}^{m} C_m^n$，即 $2^n - 1$ 种不同的特征组合（其中 C_m^n 为从 m 个特征中取出 n 个不同的特征进行组合）。在实际应用中，由于所采取的模型计算复杂度、时间成本等，往往难以遍历所有 $2^n - 1$ 种可能的特征组合（以本节所用 67 个特征为例，将产生超过 10^{18} 种不同的特征组合）。而且随着特征数每增加一个，都会带来特征组合数目的指数级急速增加，显然，遍历的方法是难以真正实现的。因此我们需要采取一定的方法进行特征选择。特征选择是指，从一组数量为 m 的特征中去除冗余或不相关特征，并选取数量为 n（$n \leqslant m$）的一组最优特征。按照评价准则进行划分，当前特征选择方法主要包括三类，即正向/反向搜索、封装模型特征选择和过滤特征选择。

正向/反向搜索（forward/backward search）。正向搜索的基本思想是，初始化一个最优特征子集，利用交叉验证的方法，依此选取一个与当前最优子集组合后最优的特征加入，并不断重复该过程，直到新加入任何的特征都不能提高模型的分类/回归精度，此时得到特征子集即可认为是该模型的最优特征。反向搜索与正向搜索思路类似，其过程与正向搜索相反，即初始利用所有特征进行模型精度评价，根据交叉验证结果，依次剔除某个"无效"特征，至模型精度不再提升则停止剔除变量的过程。利用这种正向/反向搜索方法，通常情况下可以找到模型的局部最优的特征子集，但其结果并不一定是全局最优解；但此方法计算复杂度小，特征选择效率高，尤其是在特征维度较高时也可应用此方法进行特征筛选。

k-NN 法灵活性强，不依赖于特定的函数分布（Franco-Lopez et al.，2001），用于森林参数定量估测时，既可以融合各种空间数据到因变量的估测过程中，又能有效估算缺失值（Crookston and Finley，2008；Troyanskaya et al.，2001），但当特征维数较高时会产生海量的特征组合进而产生维度灾难，从而降低了模型的预测效率和精度。为此，结合正向搜索的特征选择算法，本节提出 KNN-FIFS 方法用于森林 AGB 估测，其基本原理如下（见图 8.41，设样地数为 N，特征数为 m）。

（1）由样地数据和遥感特征提取训练数据 $F = \{f_1, f_2, ..., f_m\}$，其中 $f_j = [x_{j1}, x_{j2}, ..., x_{jn}]^{\mathrm{T}}$（$1 \leqslant j \leqslant m$），$x_{ji}$ 为第 i 个样地对应第 j 个特征所在像元的值。

（2）初始化最优特征子集 F_s 为空，即 F_s=null；初始化最优模型均方根误差（RMSE）RMSE_0 为一理论上极大值用于对比迭代过程中得到的 RMSE，本节设置 RMSE_0=255 t/hm^2。

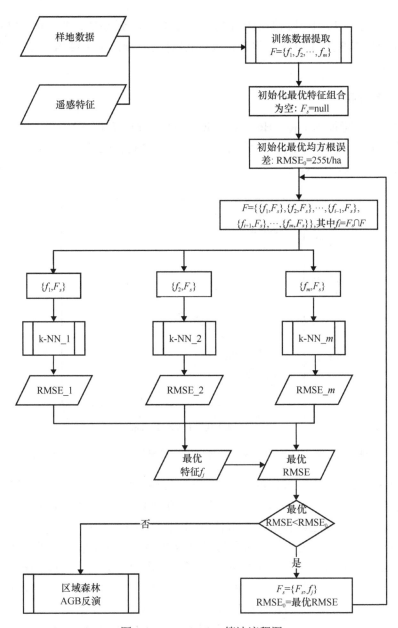

图 8.41　KNN-FIFS 算法流程图

（3）基于 k-NN 法，依次利用特征 $\{f_1, F_s\}, \{f_2, F_s\}, \cdots, \{f_{i-1}, F_s\}, \{f_{i+1}, F_s\}, \cdots, \{f_m, F_s\}$（其中 $f_i = F_s \bigcap F$）建立森林 AGB 估测模型，则共得到 $m-s$（s 为最优特征子集的特征个数）个 k-NN 估测模型及每个模型对应的 RMSE。RMSE 采用留一法交叉验证计算得到，即每次从 N 个样地中不重复地抽取一个样地 i，利用剩余的 $N-1$ 个样地采用 k-NN 法估测样地 i 的森林 AGB 值 $\hat{y}_i$，重复该过程共 N 次。设样地 i 的森林 AGB 值为 y_i，N 次共得到 N 对（$\hat{y}_i, y_i$），则 RMSE 计算公式为

$$\text{RMSE} = \sqrt{\frac{1}{n}\sum_{i=1}^{N}(y_i - \hat{y}_i)^2} \tag{8.29}$$

（4）选取步骤（3）中得到的最优 RMSE，即 RMSE 最小值，若最优 RMSE< RMSE_0 则将最优 RMSE 值赋给 RMSE_0；将最优 RMSE 对应的特征子集赋给 F_s 并返回步骤（3），反之迭代结束。

2）结果与分析

当 k 值为 3，特征为 P_{HV}、H6、S7、S6、Cr1、Cr5、D1、EVI（中间 6 个为纹理信息）时研究区森林 AGB 估测结果最优（R^2=0.77，RMSE=22.74 t/hm^2），最优估测精度留一验证散点图 8.42 所示。

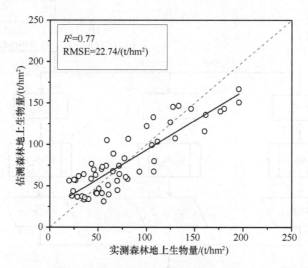

图 8.42　基于 KNN-FIFS 的森林地上生物量估测留一交叉验证结果

Landsat-8 OLI 传感器在波段的设置及对植被的敏感性上比之前的 TM 等传感器有较大提升（徐涵秋和唐菲，2013），但是光学遥感仍难以穿透森林冠层获得其垂直结构信息，而微波遥感可以穿透森林冠层与森林 AGB 主体——枝和树干发生作用。Ranson 和 Sun（1994）研究认为 P 波段交叉极化数据是森林 AGB 制图最佳波段，特别是在森林 AGB 水平较高时，P 波段 HV 极化数据也可用于生物量的提取；同时，森林作为一种复杂的生态系统，对于相似的森林 AGB 结构而言，不同的土地类型、地理条件、森林类型会有不同的反射率，即"同物异谱"；对于不同的森林 AGB 结构而言，相似的土地类型、地理条件、森林类型也会有相同的反射率，即"异物同谱"。较光谱特征，纹理可以更好地表征遥感影像的空间信息，在一定程度上抑制"同物异谱、异物同谱"现象的发生（Lee and Philpot，1991；Foody et al.，2001）；而植被指数能够定量光谱信息。以上因素可以在一定程度上解释为什么是利用"P_{HV}+纹理+EVI"的特征组合研究区森林 AGB 估测结果最优。

另外，关于 KNN-FIFS 方法两个重要的特性需要在此说明。

（1）设特征数为 m，则共计产生可能的特征组合数为 $\sum_{n=1}^{m} C_m^n$（其中 C_m^n 为从 m 个特征中取出 n 个不同的特征进行组合）。而 KNN-FIFS 通过其迭代机制仅由至多 $\sum_{n=1}^{m} \sum_{i=1}^{n}$ 次特征组合即可完成特征选择。如图 8.43 所示，随特征数的增加特征组合数几何式急速增加，KNN-FIFS 方法仍可以小数量级的特征组合次数完成特征寻优，从而极大的提升特征选择效率。

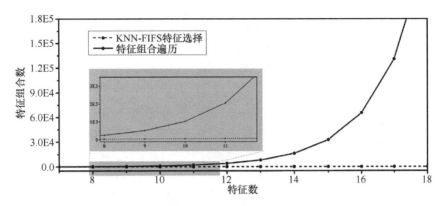

图 8.43　KNN-FIFS 方法特征选择与特征组合遍历对比

（2）Breiman（1996）研究指出留一法交叉验证是最好的无偏估计方法，其产生的泛化误差估计结果相对真值较小。KNN-FIFS 通过留一法交叉验证，实验过程中不存在分配训练样本和检验样本带来的随机误差，并且每次验证过程中皆有 $n-1$ 样本用于模型训练，使得训练样本最接近原始样本分布，由此得到的估测结果更为可信，同时也使得整个过程是可重复性的，进而保证了 KNN-FIFS 特征选择结果的稳定性。

基于 KNN-FIFS 方法，当 k 值为 3，特征为 P_{HV}、H6、S7、S6、Cr1、Cr5、D1、EVI 时研究区森林 AGB 估测结果最优（R^2=0.77，RMSE=22.74 t/hm^2），并基于此进行研究区森林 AGB 反演，得到研究区森林 AGB 等级分布图（图 8.44）。由区域反演结果统计分析得到，研究区森林 AGB 总量为 8.76×10^5 t，均值为 87.07 t/hm^2，森林 AGB 高值主要分布在北部兴安落叶松原始林区，这也与实地调查情况相吻合。

8.3.2　森林地上生物量干扰强度监测

森林干扰作为一种普遍现象，难以避免，是森林生态系统研究的基本内容。其主要指遭受自然（冰雪灾害、火灾、虫害等）、人为（植树造林、砍伐等）作用明显改变了森林及其内部环境。森林干扰不仅短期影响森林的冠层结构和生态功能，且通过改变土壤理化性质、养分含量及林下植被等间接影响森林生态系统演替的各个水平。森林火灾作为一种最为常见的森林干扰形式，具备干扰易突发，时间短，不可控，易蔓延，破坏力强大，处置救助困难，恢复缓慢等特点，被评价为森林四大自然灾害（火灾、病害、虫害、鼠害）之首。森林火灾一方面在短时间内放出大量的热，改变了森林生态系统中碳的存在形式，使原本的有机碳转换成二氧化碳、一氧化碳、甲烷等气体排放到大气中；另一方面，烧毁树木枝干、叶片，森林地上生物量严重受损，降低了森林的固碳能力，且在短时间内难以恢复。轻度火灾增加林分尺度的林龄多样性，物种丰富度，丰富森林更新内容，加快森林演替速度。严重的森林火灾烧毁林木、破坏野生动植物资源、引起空气污染，间接造成水土流失、森林病虫害、土壤板结，威胁人民生命财产安全。

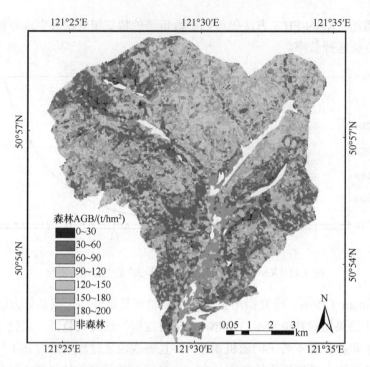

图 8.44　研究区森林地上生物量等级分布图

森林火灾的发生及火烧迹地的恢复控制碳在陆地生物圈的停留时间以及大气与生物圈的净碳通量。全球气候变暖与森林火灾干扰存在因果循环的关联。准确估测森林地上生物量及其动态变化需考虑森林火灾干扰,同时对森林地上生物量的研究能及时反映森林火灾干扰强度,获取森林火灾的干扰强度及灾后的生长状态来理解大气碳预算是必要的。

　　估算火灾燃烧森林地上生物量的方法主要有以下两种:①Seiler 等提出林火排放估算模型。$M=ABE$ [A 为火灾发生面积(hm^2);B 为森林可燃物载量(t/hm^2);E 为燃烧效率],获取以上三参数可以较好地统计出火灾燃烧的森林地上生物量。伴随遥感数据空间、时间、光谱分辨率不断提高,处理技术不断完善,在遥感影像准确获取过火面积较为容易。森林可燃物载量和燃烧效率的获取相对复杂。②Kaufman 等(1996)提出的火辐射能量(fire radiative energy,FRE)估测方法,根据火灾发生时的亮温,基于物理原理计算得到。研究发现 FRE 具有时空幂律函数特征,森林燃烧的地上生物量与 FRP 存在相关性,估算森林燃烧的地上生物量需考虑火灾持续的时间及 FRE。以上为目前针对森林火灾干扰损失地上生物量估算的主要方法,此外还存在样地调查、模型反演、模拟仿真等常规的森林地上生物量计算方法。

　　根河市林下环境复杂且温度较低,枯枝落叶腐蚀较慢,可燃物积累较为丰富,因此遭遇春季放火清地,干旱、大风等不利天气,很容易发展为森林火灾。本节对根河市 2003~2016 年森林火灾燃烧的地上生物量进行估计分析。

　　为准确得到 2003~2015 年根河市的过火区燃烧的生物量,将所有过火区依据过火面积分为金河重点过火区和小过火区两部分研究。过火区损失森林生物量的统计基础为

2003 年年底森林地上生物量底图，其结合国家林业局调查数据和 Landsat TM 联合反演得到。2002 年森林地上生物量利用 LAI 与 AGB 的统计关系获取。其他年份 AGB，运用 NPP 获取森林地上生物量的增量从而得到每年、每月的 AGB 分布图。技术流程如图 8.45 所示。2003~2016 年根河市火灾区共计 38 个，2003 年 5 月发生在金河的火灾对森林的破坏最为严重，作为重点过火区，过火面积约 1085.97km²，其他为小过火区另行统计如表 8.7。

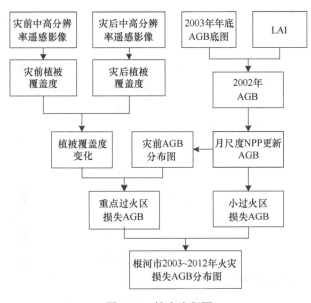

图 8.45　技术流程图

表 8.7　根河市火灾信息

火灾年份	火灾月份	过火面积/km²
2003	5	1301.19（金河过火面积 1085.97）
2004	5	0.62
2006	5	13.65
2008	5	16.10
2009	5	0.95
2010	5	30.91
2010	6	38.94
2012	5	11.20
2016	5	9.78

1. 火灾前森林地上生物量反演

基于 2003 年火灾后的森林地上生物量底图，以及 2001~2015 年间每月的 NPP 产品。求算 2002 年森林地上生物量，首先以植被生长季叶面积指数与 AGB 建立回归关系（图 8.47）。在金河镇周边未过火地区随机选取 70 个点（图 8.46），LAI 与 AGB 建立如图 8.47 生物量反演模型，可以得到 2002 年的生物量分布状况。而后用月尺度 NPP 按照系数为 0.45 转换到 AGB 增量，计算到金河过火月份前（5 月）。

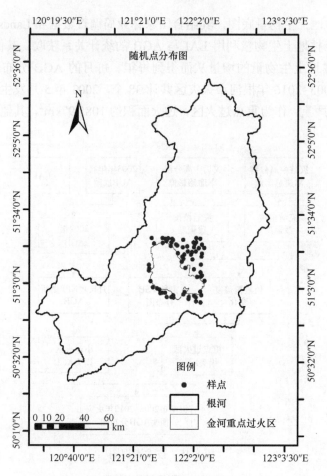

图 8.46　非过火区随机点分布

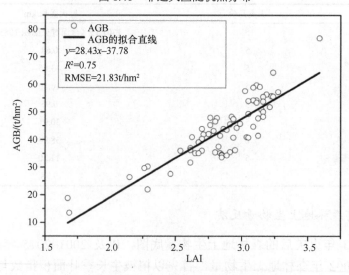

图 8.47　未过火区叶面积指数与生物量间的关系

2. 金河重点过火区烧毁森林地上生物量计算

对于单场大面积火灾，单纯使用统计模型误差较大，本节根据 Seiler 和 Crutzen

（1980）提出的林火排放估算模型。在该模型中，过火面积基于高分辨率遥感影像目视解译获取，森林可燃物载量在本课题前期工作中已经得到，燃烧强度作为一个重要的指标，并没有相应严格的衡量标准。本节使用火灾前后的植被覆盖度变化（VFC，30m）作为燃烧强度，处理流程如图 8.48 所示。

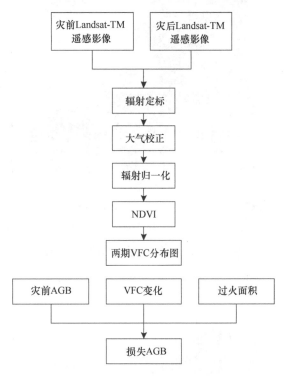

图 8.48　重点过火区烧毁森林地上生物量估测技术流程

　　如图 8.49 所示为火灾发生前后过火区 VFC 的变化情况，火灾发生后过火区 VFC 明显下降，其周围未过火区域的 VFC 也存在轻微影响。图 8.49 表明，在过火区 VFC 主要为负向变化，即植被覆盖明显降低。在金河镇的过火起点，其负向变化最为严重。图 8.50 为火灾前后 AGB 对比图，火灾过后 AGB 低值分布区域增多，AGB 的最高值为 109.87t/hm^2 及其他较高值主要存在于过火区的边缘地区，为轻度林冠过火，由此说明轻度森林火灾可以清理林下环境、促进幼树更新、加快森林演替、利于林分生长。金河镇作为起火点处，其生物量烧毁最为严重。图 8.50 可知，2003 年金河火灾 AGB 损失最大为 64.73t/hm^2，出现在火灾起点附近。最终统计结果表明金河重点过火损失的 AGB 为 261.99 万 t。

　　3. 其他过火区烧毁森林地上生物量计算

　　其他小过火区面积相对较小，在空间分辨率 1000m 的遥感产品仅占几个像元。其燃烧生物量计算由月尺度 NPP 更新生物量底图计算得到。计算出 2003~2015 年（共计 36 个过火区）森林地上生物量。

　　根河市 2003~2015 年所有过火区的统计结果，如表 8.8 所示，其火灾造成的森林地上生物量损失及分布图，如图 8.51 所示。

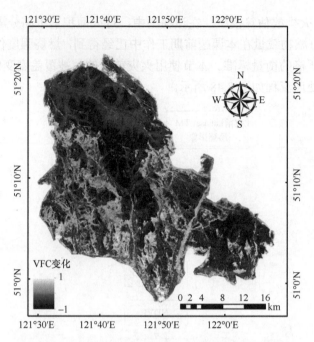

图 8.49 重点过火区火灾前后植被覆盖度变化图

图 8.50 重点过火区火灾前后森林地上生物量变化图

8.3.3 林分枯损建模

1. 样地林分枯损建模

林木的枯损率通常根据林木大小、活力状况、树种、林分密度、树种组成、立地质量和生长空间而不同。林木枯损是个自然过程,在森林生态系统演替中发挥着重要作用。

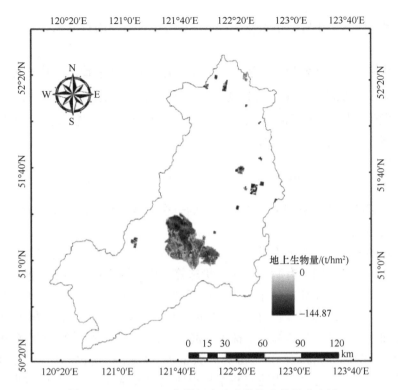

图 8.51　2003~2015 年根河市火灾燃烧生物量分布图

表 8.8　根河市火灾烧毁森林地上生物量

火灾年份	2003	2004	2006	2008	2009	2010	2012
森林地上生物量/（t/hm²）	2623428.35	166.84	1224.38	2070.59	307.42	8711.92	2802.54

导致林木枯损的原因很多，其本身又具有极大的随机性，因此，准确估算林木枯损量的难度大，在这方面的研究也较少，且通常情况下，研究范围仅在样地层次上，将林木枯损率模型分为林分、径阶和单木 3 个层次。这样的林分枯损估测成本高，且更新速度慢，难以满足人们对区域枯损率变化及生物枯损量的分布情况的把握，难以实施更为高效的林业生产和管理措施。本节将林分枯损率模型分为样地尺度和区域尺度两个层次，即使用传统的林分枯损率建模方法，又提供了一种利用多源遥感数据对区域林分枯损量建模的方法，在此基础下，为全面预估森林各林分类型枯损生物量及其对森林 AGB 的影响。

综合林分枯损率模型的估测方法，迄今为止，国内外估测林木死亡率的主要技术方法如下：神经网络法估算枯损量，概率密度函数估计枯损量，线性回归或非线性回归分析。在国内外大多数研究者都是用 Logistic 模型来拟合林木的枯损率模型并取得相对较好的模拟精度和适应性。Logistic 回归模型形式的优点在于：函数值在 0~1 之间，使枯损概率预估值的范围有所限制；选择适当的变量就可以描述大多数自然发生的枯损类型；非线性估计技术可有效地估计该函数的参数。故本节采用 Logistic 回归建立样地尺度层次中各林分类型的枯损模型。模型形式如下：

$$P_i = \frac{e^{a_0 + a_1 x_2 + a_2 x_2 + \cdots + a_n x_n}}{1 + e^{a_0 + a_1 x_2 + a_2 x_2 + \cdots + a_n x_n}} \tag{8.30}$$

式中，P_i 为第 i 株树 5 年后的枯损概率，$x_1, x_2, \cdots, x_n$ 为选择的自变量，$a_0, a_1, a_2, \cdots, a_n$ 为待定参数。

因变量为包含 0—枯死和 1—存活的二值变量。从模型来看，函数 P_i 对 x 在 $P_i=0$ 或 $P_i=1$ 的附近的变化反映不敏感，且非线性的程度较高，因此在上述方程的基础上。求出林木枯损不发生的概率，然后得到林木枯损发生概率与不发生概率之比，并取对数，得到函数在 0 或 1 附近时的变化幅度较大：

$$\ln\left(\frac{P_i}{1-P_i}\right) = a_0 + a_1 x_1 + a_2 x_2 + \cdots + a_n x_n \tag{8.31}$$

这种转换后的形式使模型成为不受约束的一个线性函数，这种形式称为 "logit" 形式，或对数发生比。

样地测定的林分因子主要有林分平均年龄、林分平均直径、林分平均高、海拔、坡度、林分密度等。样木因子有胸径、成活状态等。从各林分复位样地数据中，整理出每一林分在多次复测期间枯死的林木株树和成活的林木株树，并分别计算每一林分内单株林木的 5a 直径生长量。林分内直径大于该单株木的其他林木断面积之和（BAL）、林分的每公顷断面积（BA），及其每一单株木的胸径（DBH）、胸径的平方值（DBH²）和胸径的倒数值（1/DBH）。将这些因子分林分类型建立数据库，并统计各林分林木存活状态的数量及年平均枯死速率，为建立林木枯损率模型做准备。把各林分数据库随机分为两部分：一部分为数据总量的 75%，用作建模；另一部分为数据总量的 25%，用于检验模型。

在模型自变量的选择上，除了通常用来代表林木大小的林木胸径外，很多专家研究发现在枯损率模型中引入 1/DBH 和 DBH² 等林木大小变量能增加模型的预测精度，因此本节也在了林分枯损率模型中引入 1/DBH 和 DBH² 这两个变量；在描述林木之间竞争状况使，本节采用林分内直径大于该单株木的其他林木断面积之和（BAL）、林分断面积（BA）来共同描述林木之间竞争状况；用 DBH²/BA 来描述林分密度对不同大小林木枯损率的影响。

将树木大小、竞争因子和林分密度等因子对林木枯损的影响联合到一起，得到如下方程：

$$P(m,5) = 1/(1 + e^{-(a_1 \mathrm{DBH} + a_2/\mathrm{DBH} + a_3 \mathrm{DBH}^2 + a_4 \mathrm{BAL} + a_5 \mathrm{BA} + a_6 \mathrm{DBH}^2/\mathrm{BA})}) \tag{8.32}$$

式中，$P(m,5)$ 是 5 年末林分林木枯损比率。

在式（8.32）的基础上，求出林木枯损不发生的概率，然后得到林木枯损发生概率与不发生概率之比：

$$P_m/(1-P_m) = e^{a_1 \mathrm{DBH} + a_2/\mathrm{DBH} + a_3 \mathrm{DBH}^2 + a_4 \mathrm{BAL} + a_5 \mathrm{BA} + a_6 \mathrm{DBH}^2/\mathrm{BA}} \tag{8.33}$$

然后对方程（8.33）取自然对数转换得到一个线性函数：

$$\ln(P_m/(1-P_m)) = a_1 \mathrm{DBH} + a_2/\mathrm{DBH} + a_3 \mathrm{DBH}^2 + a_4 \mathrm{BAL} + a_5 \mathrm{BA} + a_6 \mathrm{DBH}^2/\mathrm{BA} \tag{8.34}$$

公式（8.34）将 Logistic 函数作了自然对数转换。参数估计采用最大似然估计法，使用 SAS 软件对参数进行估计。

2. 区域林分枯损

本节以根河市林区为研究区域，采用协同克里金插值方法，不仅考虑单一的林木枯损概率，还将样地调查数据中的林龄、郁闭度等数据纳入到插值方法计算当中，实现对研究区域内多年森林资源调查样地点的林木枯损率进行空间插值分析，估计研究区域内无调查样地区的森林枯损概率。

协同克里金插值法弥补了常用插值方法的不足，把推算区域化变量的最佳估计值方法从单一属性发展到两个或两个以上的协同区域化属性。协同克里金估计值的表达式如下：

$$Z_0 = \sum_{i=1}^{n} \alpha_i x_i + \sum_{i=1}^{m} \beta_i y_i \tag{8.35}$$

式中，Z_0 为随机变量在位置 0 处的估计值；$x_1, \cdots, x_n$ 为初始变量的 n 各样本数据；$y_1, \cdots, y_m$ 为二级变量的 m 个样本数据；$\alpha_1, \cdots, \alpha_n$ 及 $\beta_1, \cdots, \beta_m$ 为需要确定的协同克里金加权系数。

协同克里金插值的权值是通过样本协方差求得的，它取决于变量的空间结构，通过变异函数表征。在结构分析的基础上，解协同克里金方程组求取变异函数。

大兴安岭林区样地调查点分布，如图 8.52 所示。

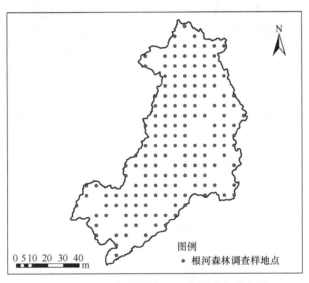

图 8.52　根河市森林资源调查样地点分布图

森林资源调查中统计的枯损生物量包含森林自然枯损和森林干扰（如人工砍伐、森林火灾等）。本节仅研究森林由于自稀疏作用导致的自然枯损，因此需要将森林干扰的影像尽量排除。调查发现，研究区在调查期间发生多次火灾，是研究区最主要的干扰类型，其中，以 2003 年的金河大火最为严重。为了研究的准确性，本节对森林调查数据做一定的预处理，将发生森林火灾的样地点去除，然后再做进一步的计算、处理。

本节通过多期的经过预处理的森林资源调查数据，分别为 2003 年、2008 年和 2013 年的调查数据，计算其枯损率，枯损率计算公式如下：

$$K_M = \frac{M_{AGB}}{\text{Total}_{AGB}} \tag{8.36}$$

式中，K_M 是指两期调查间隔时期的样地枯损概率；M_{AGB} 代表两期调查间隔时期的样地枯损地上生物量；Total_{AGB} 为两期两期调查中的最新一期地上生物量。

由式（8.36）计算的到 2003~2008 年、2009~2013 年 5 年的样地的林木枯损率，作为空间插值的输入数据。应用 ArcGIS 软件，采用协同克里金插值方法，引入样地数据的林龄数据和郁闭度数据作为影响因子，协同林木枯损率数据，对 2003~2008 年和 2009~2013 年的样地枯损率进行空间插值，得到根河市区域森林枯损率分布。得到的插值结果如图 8.53、图 8.54 所示。

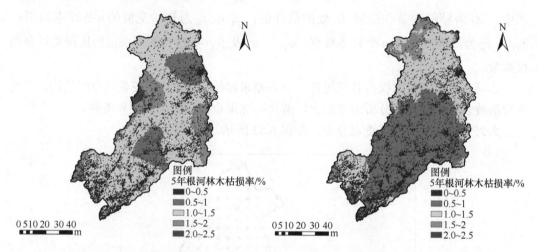

图 8.53　根河市 2003~2008 年 5 年林木　　　图 8.54　根河市 2009~2013 年 5 年林木
　　　　 枯损率分布图　　　　　　　　　　　　　　　　 枯损率分布图

通过协同空间插值法，得到了 2003~2012 年根河市由于森林自稀疏作用造成的林木枯损的林木枯损概率。每年的森林枯损率为 5 年枯损率的平均值。值得强调的是，森林过火区并不是在每一年的开始就发生了火灾，而是在一年中的某个月份发生了火灾（大多发生在 5~6 月），那就需要对过火区做进一步的讨论。

一年当中，火灾发生前为自然枯损；火灾发生后，森林枯损主要是受火灾对森林的巨大影响而导致的死亡。这就需要准确的根河市过火区面积，以及火灾的发生时间。根河市 2003~2012 年过火区分布如图 8.55 所示。

基于每年发生的火灾时间和过火区面积及其分布，将过火区的枯损发生概率按比例缩减，得到的值为森林自稀疏作用造成森林枯损概率。

$$\text{AGB}_M = \text{AGB} \times \bar{K}_M \tag{8.37}$$

式中，AGB_M 为根河市枯损地上生物量两期调查间隔时期的样地枯损概率；AGB 代表根河市 2003 年基底地上生物量；$\bar{K}_M$ 为去除火灾干扰的每年森林枯损概率。本节使用的 2003 年基底地上生物量是基于 Landsat TM 等多源数据，采用 KNN-FIFS 方法估测的森林地上生物量。

通过式（8.37）计算得到 2003~2012 年每年的森林自然枯损枯损生物量（图 8.56）。

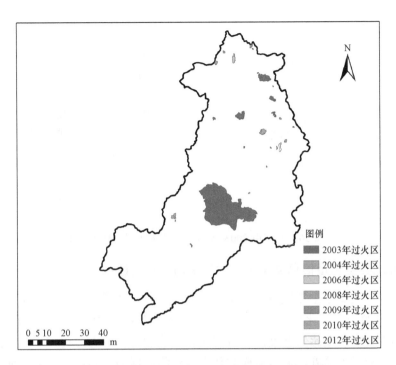

图 8.55　根河市 2003~2012 年各年过火区分布图

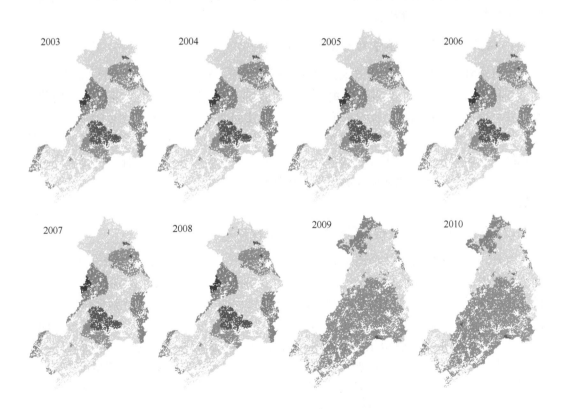

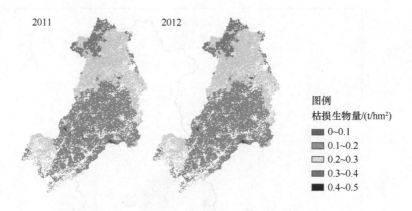

2011   2012

图例
枯损生物量/(t/hm²)
■ 0~0.1
■ 0.1~0.2
□ 0.2~0.3
■ 0.3~0.4
■ 0.4~0.5

图 8.56　根河市 2003~2012 年每年枯损生物量分布图

8.3.4　森林地上生物量信息动态信息时空协同分析与建模

以往研究，或基于多期区域森林结构信息遥感反演或样地推算，或对人为、自然干扰进行森林资源动态变化监测。本节将森林生态过程模型引入森林植被的动态反演信息，充分集成多模式遥感信息动态分析与现有成熟的森林生态过程模型，将各种时空尺度的观测数据有效融合在一起，从而实现多源观测数据的协同反演，实现时空连续的森林地上生物量动态变化信息建模，实现遥感信息的动态特征建模与时间维扩展，提高森林地上生物量连续监测精度。

1. 区域森林地上生物量动态信息建模

针对森林地上生物量多模式遥感动态分析及建模，选取具有复杂代表性（复杂地形、复杂森林类型、复杂森林结构等）的甘肃黑河流域上游祁连山森林保护区，以及内蒙古大兴安岭根河市为研究区，在已获取的遥感综合实验数据集以及补充调查的基础上，从解决"大尺度遥感建模"这个基础性、共性科学问题入手，先分别解决基于多模式遥感特征级、决策级融合、模型-模型融合、模型-数据融合等关键技术，解决"时空协同"问题，最后结合森林干扰遥感监测信息、林分枯损率模型，达到"森林地上生物量动态信息建模"目的。

1）森林地上生物量多模式遥感时空协同建模框架

首先，基于多模式主被动遥感数据（如星载光学、SAR 及机载 LiDAR 等）、森林资源清查数据，进行区域森林 AGB 协同反演模型构建，生成区域森林 AGB 本底。利用多模式遥感进行森林动态变化特征监测，实现针对事件的干扰区域的干扰强度信息的精准监测；利用前述生态遥感模型（MODIS MOD_17 模型）与生态过程模型（Biome-BGC）耦合技术、观测数据与模拟生态参量（LAI，LST，冻融状态等）同化技术研究，解决区域上森林生态过程模拟的难点问题（时空尺度、病态模拟等）；将基于模型-模型耦合、模型-数据融合模拟的森林净初级生产力（NPP），结合生产力地上/地下分配比、林分枯损率以及含碳比，将逐年 NPP 转换为林分地上生物量年净增长量；在 1km 像元尺度上，充分考虑针对事件的森林干扰强度信息，结合主动被多模式遥感反演的基准年森林地上生物量与逐年森林地上生物量净增长量，实现区域森林地上生物量动态信息时空协同建模；最后利用蒙特卡罗方法对森林地上生物量动态产品不确定性进行定量评价（图 8.57）。

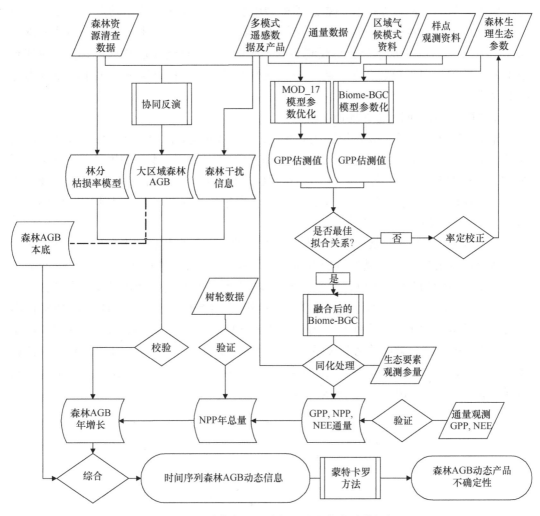

图 8.57　区域森林地上生物量动态信息建模框架

2）大尺度森林地上生物量动态变化"时空协同"建模

针对大尺度时间序列森林地上生物量动态建模存在着两大难点：第一即"大尺度"，第二为"时空协同"。即在"大尺度"上，难以开展同时满足时间与空间"协同"的模拟：一方面是模型的尺度扩展（时间、空间尺度）问题；另一方面是难以获取到满足"大尺度""时空协同"的驱动数据，如满足于长时间序列的大区域连续覆盖的遥感数据及其相应时空尺度的地面观测数据（如用于森林地上生物量估测模型训练的森林样地调查数据）。

本节在 973 计划项目组前期和该项目执行期设置的遥感综合实验区，采用空间连续的遥感动态特征分析结合时间连续的森林生态系统过程模型，进行时空协同的森林地上生物量动态信息分析及建模，可从森林生态机理上解释森林生态系统内部之间及其与外界之间的相互作用关系。一方面，多模式遥感信息动态特征分析为获取森林地上生物量空间连续变化信息提供支撑。基于多模式遥感"立体"观测的森林结构信息动态特征（如干扰、自然枯损引起的森林结构信息变化）支撑森林生态过程空间动态特征分析。另一方面，在森林生态过程模型中引入多模式遥感信息动态特征参量，为获取森林地上生物量时间连续变化信息提供支撑。通过同化技术等，将多模式遥感产品（LAI、LST、冻融状态等）与观测数据（通量数据、样地树芯数据、森林资源清查数据）与过程模型有效融合在一起，降低模型不确定性，提高森林地上生物量动态连续监测精度。

A. 甘肃黑河流域上游祁连山实验区

如 8.1.1 节所介绍，祁连山保护区地形复杂，森林景观破碎，在区域全覆盖尺度上难以使用主动遥感手段（如 SAR）进行森林地上生物量估测。本节利用星载光学遥感影像，Landsat TM-5 影像，采用 8.3.1 中所述的最优特征自动选择及 k-NN 优化方案，进行区域的森林地上生物量反演，并以遥感数据获取年作为基准年，进行该地区 2000~2012年的森林地上生物量信息动态建模。

首先对 TM 影像进行波段运算，生成诸如纹理、植被指数、缨帽变换因子等，再加上由 ASTER GEDM V2 产品生成的地形因子（海拔、坡度、坡向等）等共计 88 个光谱特征。基于 k-NN 最优估测模型构建方案（包括最优特征自动选择以及模型参数优化），选出了 7 个最优因子，分别是缨帽变换因子的湿度、绿度、亮度，ASTER GDEM 的高程及 TM 第 4 波段的二阶矩纹理，第 5 波段的均值纹理及红外指数（IRI）；k-NN 的结构参数为：$k = 5$，光谱函数为马氏距离，信息提取窗口为 5×5。利用 159 个该地区的森林样地调查数据计算的森林地上生物量结果，采用留一法进行交叉验证，k-NN 的估测精度为 $R^2 = 0.70$，RMSE=24.52 t/hm^2（图 8.58）。

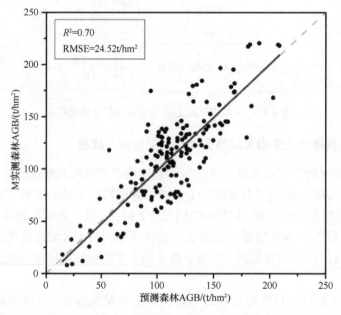

图 8.58　优化 k-NN 模型估测祁连山保护区森林地上生物量验证结果

利用该模型及优化方案进行祁连山保护区全区域的森林地上生物量反演，为保持与耦合模型（MODIS MOD_17 及 Biome-BGC 模型）模拟的时序森林净初级生产力（NPP）估测结果空间分辨率一致，将该结果升尺度到 1km，如图 8.59 所示。

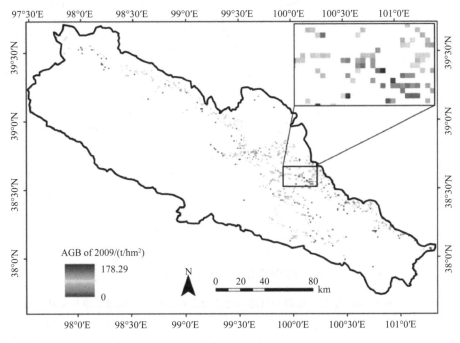

图 8.59　祁连山保护区森林地上生物量升尺度（1km）结果

根据上述时序模拟的森林 NPP，结合文献查询获得的该地区青海云杉地上/地下生物量比（各占总量的 93.95% 与 6.05%）、含碳比及林分平均枯损率（3%）（仲全玺和尹承陇，2008），首先将 NPP 转换为地上 NPP 部分（ANPP），再结合青海云杉的年凋落物占总年生长量比例（39 %，Wang et al.，2000）及青海云杉生物量含碳比（52.43%）（Wang et al.，2000），将 ANPP 转换为年地上生物量增长量（AAGB，无干扰状态下）。值得一提的是，祁连山森林保护区具有极其重要的水源涵生态功能，所受人为（砍伐、植树造林等）、自然干扰（火灾、雪灾等）较少，在此节中仅以林分平均枯损率计算年地上生物量增长量的损失。

如图 8.60 所示的升尺度到 1km 的 2009 年的区域森林地上生物量作为基准，逐像元结合逐年（以 2009 年为基准年）的森林地上生物量增量，以及枯损率进行运算，生成了如表 8.9 所示的 2000~2012 年间祁连山森林保护区逐年森林地上生物量。

不难看出，2009 年的森林 NPP 最低，2003 年的最高；并且 2009 年的森林地上生物量增长量为负值，这是因为当年的森林净吸收碳量很少，不足以补偿由于林分枯损、枯枝落叶凋落物等引起的地上生物量减少部分。

B. 内蒙古大兴安岭根河实验区

利用 EnKF 算法，将 GLASS LAI 及土壤参量产品同化到校正的 Biome-BGC 模型中，显著改善模拟精度的同时，获取了区域尺度森林地上净初级生产力，结合优势树种的含碳率（落叶松：42.14%，白桦：42.01%），将地上 NPP 转化为森林地上生物量增量，利用生

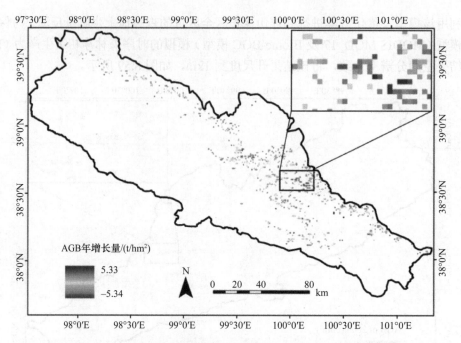

图 8.60 祁连山保护区森林地上生物量年增长量（2009 年）

表 8.9 2000~2012 年祁连山保护区森林生产力及森林地上生物量年增量及其总量

年份	森林碳通量/ [gC/（m²·a）]		森林地上生物量/（10³ t/a）	
	NPP	ANPP	增长量	总量
2000	208.63	196.01	82.94	6433.75
2001	266.69	250.56	156.55	6590.31
2002	290.48	272.82	183.04	6773.35
2003	298.47	280.41	188.02	6961.37
2004	260.73	244.96	132.91	7094.28
2005	258.22	242.60	125.64	7219.92
2006	179.72	168.85	18.97	7238.89
2007	230.96	216.99	85.57	7324.46
2008	208.23	195.63	53.21	7377.66
2009	138.97	130.56	−39.17	7338.49
2010	176.39	165.72	18.99	7357.48
2011	190.84	179.30	38.01	7395.49
2012	244.45	229.66	109.55	7505.04

物量本底数据及逐年枯损量，充分考虑火灾对生物量的影响，计算得到甘肃黑河上游祁连山地区和根河市逐年的森林地上生物量，如图 8.61 所示为根河市逐年森林地上生物量。

为分析根河市森林地上生物量逐年变化情况，统计得到了 2003~2015 年地上生物量的区域空间平均值，由表 8.10 可以看出，森林 AGB 的均值在 13 年间呈现明显的上升趋势。

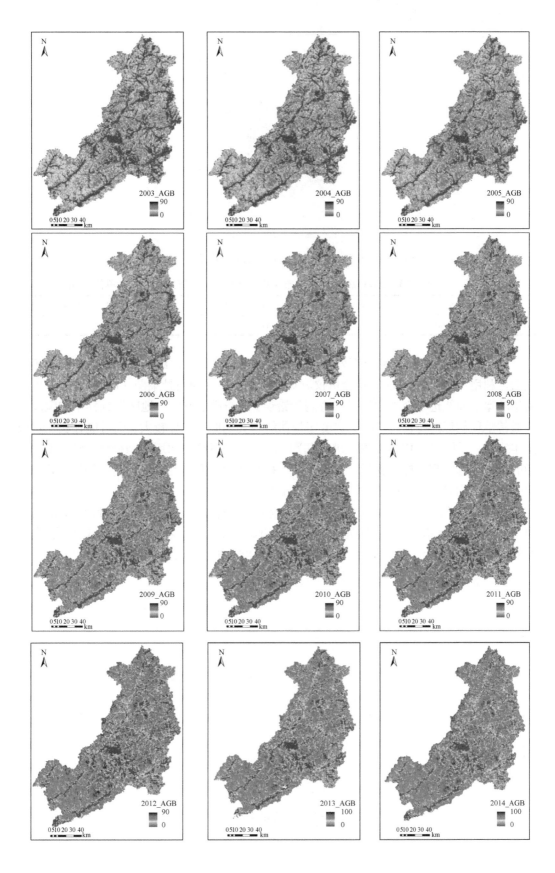

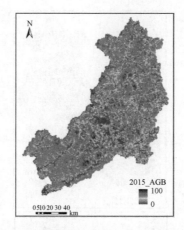

图 8.61　2003~2015 年根河市森林地上生物量（彩图附后）

表 8.10　2003~2015 年根河市平均森林地上生物量统计　　（单位：t/hm²）

年份	2003	2004	2005	2006	2007	2008	2009	2010	2011	2012	2013	2014	2015
AGB	27.57	29.80	32.00	34.44	36.89	39.34	41.80	44.47	46.90	49.44	52.01	53.78	55.69

2013 年及 2016 年根河市野外样地调查获取的树轮数据，经风干、打磨、扫描等处理后，利用 WinDENDRO 年轮分析仪测量年轮宽度，并利用骨架图（图 8.62），即生成的年轮宽度曲线进行交叉定年以检查测量错误。同一样地或同一地区树种样本的宽度曲线通常呈现相似的特征，若某一宽度序列曲线与其他曲线差异较大，则可能存在测量或定年错误，采用 COFECHA 算法进行甄别。最终得到每标准木逐年胸径值，借助不同树种的生长方程得到单株生物量，基于各径级株数密度，推算到样地尺度生物量，并计算得到逐年生物量增量，用于验证模型模拟结果。

如图 8.63 所示，与实测森林生物量增量相比，模拟的森林生物量增量偏高，取值范围为 0.0019~9.428 t/hm²，树轮数据获取的样地逐年生物量增量的取值范围为 0.00079~8.824 t/hm²，两者拟合效果较好，R^2=0.84，RMSE=1.096 t/hm²。

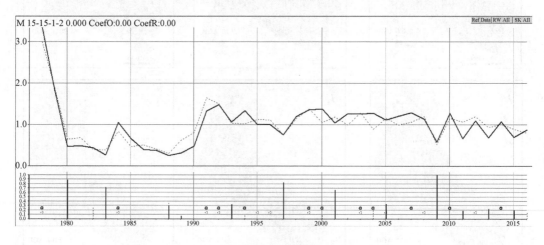

图 8.62　树轮骨架图

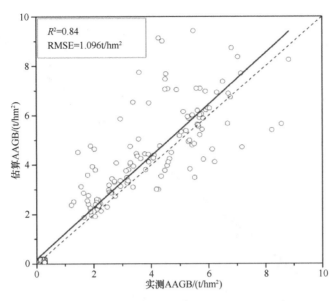

图 8.63　根河市基于树轮数据验证模拟的逐年 AGB

3）基于机载激光雷达和 PALSAR 数据的区域森林生物量制图

目前区域森林生物量制图多是基于样点数据（较高分辨率 30m）直接推向区域（较粗分辨率 500m~1km），中间并无其他数据衔接。本节利用机载小脚印激光雷达数据作为衔接，进行大兴安岭地区的森林生物量制图研究。

以根河生态站核心区 2012 年地面调查数据作为基准，与同期的机载激光雷达数据建立关系，得到 30m 空间分辨率下的森林生物量估算模型，模型训练及验证的结果如图 8.64 所示。

将估算模型运用到整个生态核心区，得到如图 8.65 所示的森林生物量图。

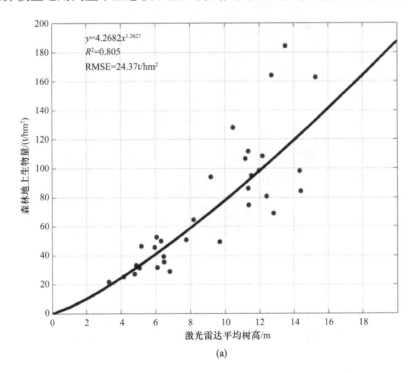

(a)

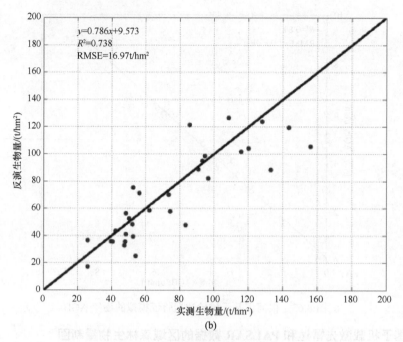

图 8.64 模型训练及验证的结果

图 8.65 森林生物量图

　　将基于 LiDAR CHM 生产的 30m 森林生物量重采样至 500m 后，随机选取 350 个像元作为训练样本，150 个像元作为验证样本，利用支持向量回归机的方法建立与 2010

年 PALSAR Mosaic 数据（HH、HV、HV/HH ratio）的关系。如图 8.66 所示，（a）为模型建模结果，R^2 为 0.76，RMSE 为 10.1t/hm^2；（b）为模型验证结果，R^2 为 0.75，RMSE 为 9.8t/hm^2。生物量平均值为 50.1t/hm^2，因此相对精度在 80.4%，并且没有出现信号饱和。

将该模型应用到整个大兴安岭及周边地区（45°~55°N，115°~130°E），结合 JAXA PALSAR 森林/非森林数据得到如图 8.67 所示的森林生物量图。

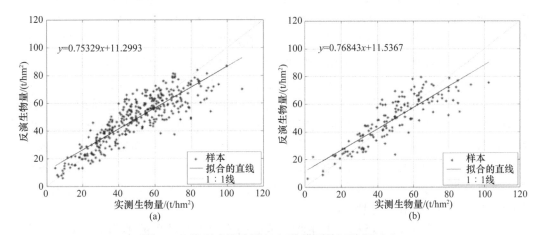

图 8.66　模型建模结果（a）的模型验证结果（b）

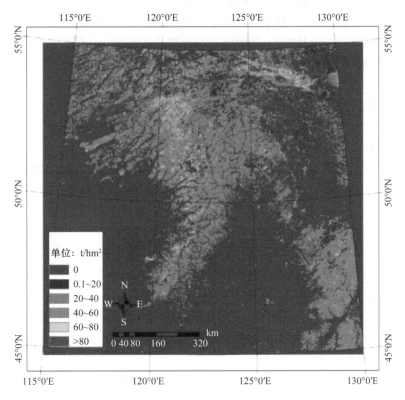

图 8.67　东北地区森林地上生物量图

4）不确定性分析

尽管本节提出的建模方法能够在既定时空协同的尺度上解决大区域森林地上生物量动态信息建模难点问题，但其涉及多源数据、多种模型及产品，致使这种模拟过程复杂，且相互影响：各模型如森林地上生物量遥感估测模型（自动寻优 k-NN）、MODIS MOD_17 模型、Biome-BGC 模型误差等，及多源数据如遥感数据产品误差（LAI/fPAR 等）、观测数据误差（升尺度 WRF 气象因子）等，将误差传递到时空协同建模模拟过程中。因此，我们除了对模型及数据的输入、输出进行严格的质量控制外，还需对整个过程进行不确定性进行定量评价，以期对最终建模结果的不确定性进行全过程跟踪分析。

如前所述，森林地上生物量动态变化决定于众多因素，主要有森林自身发育生长及发育生长过程中由于竞争生长造成的自稀疏过程，自然、人为干扰因素等。本节所提出的时空协同建模方法主要存在以下几个误差源：①森林地上生物量模型基准结果误差；②NPP 模拟结果误差；③NPP 转换到年地上生物量增长量误差；④森林干扰强度监测误差（针对干扰事件造成的森林地上生物量损失监测误差）。其中①的误差应包括森林地上生物量生长方程（如青海云杉生物量方程）建模误差，但由于实际中难以针对各树种的生物量方程进行验证，在此我们予以忽略。另外，③中的误差主要是各森林类型的地上/地下生物量分配比，枯损率等。

前期大多数研究进行森林地上生物量或碳密度等估测结果的不确定性分析时均基于区域大尺度而言（Monni et al.，2007；Gonzalez et al.，2010，2014）。本节则在上述区域建模结果的像元尺度上（1km 分辨率），利用蒙特卡罗方法进行逐年的森林地上生物量结果的不确定性进行定量评价，并指出各误差源及其贡献，以期改善模型模拟过程。蒙特卡罗方法为政府间气候变化专门委员会（IPCC）（IPCC，2006）所推荐的适用于森林碳储量估测不确定性分析的方法（Monni et al.，2007；Gonzalez et al.，2010，2014）。该方法是经典的用于计算误差传递以及定量评价影响因子的方法（Smith and Heath，2001），其仅基于简单假设而无需复杂算法即可实现对于复杂模型的不确定性分析（Smith and Heath，2001；Li et al.，2012）。

针对多重模型评价，蒙特卡罗方法采用随机数或伪随机数针对模型输入参数的分布函数进行抽样。通常，其包括以下四个主要步骤：①创建参数模型；②定义模型输入参数及其分布函数；③生成输入参数样本并评价基于输入样本的模型输出结果；④基于直方图、置信区间等进行结果分析。

本节以甘肃黑河流域上游祁连山森林保护区森林地上生物量时空协同建模结果为例，利用蒙特卡罗方法针对该地区 2000~2012 年逐年建模结果在像元尺度上（1km 分辨率）进行不确定性定量分析。

如前所述，此地区我们不考虑人为及自然干扰，因此逐年地上生物量结果可表达为

$$B_{\text{year}(N)} = B_{\text{year}(N-1)} + Bi_{\text{year}(N)} - (B_{\text{year}(N-1)} + Bi_{\text{year}(N)}) \times f_{\text{m}} = (B_{\text{year}(N-1)} + Bi_{\text{year}(N)}) \times (1 - f_{\text{m}})$$

（8.38）

式中，$B_{\text{year}(N)}$ 是 N 年待估测森林地上生物量；$B_{\text{year}(N-1)}$ 为 $N-1$ 年森林地上生物量；$Bi_{\text{year}(N)}$ 为 N 年森林地上生物量年增量；f_{m} 为枯损率。

因此，森林地上生物量动态建模的不确定性可表达为

$$B'_{\text{year}(N)} = \left(B_{\text{year}(N-1)} + X_{B_{\text{year}(N-1)}} \text{SE}_{B_{\text{year}(N-1)}}\right) + \left(Bi_{\text{year}(N)} + X_{Bi_{\text{year}(N)}} \text{SE}_{Bi_{\text{year}(N)}}\right) \times \left[1 - \left(f_{\text{m}} + X_{f_{\text{m}}} \text{SE}_{f_{\text{m}}}\right)\right]$$

$$(8.39)$$

X 为服从平均值为 1，标准偏差为 1 的随机数（因变量不同而不同）；SE 为变量标准误。

由于 $Bi_{\text{year}(N)}$ 为 N 年模拟的 NPP 转换的森林地上生物量增量，式（8.39）可表示为

$$B'_{\text{year}(N)} = \left(B_{\text{year}(N-1)} + X_{B_{\text{year}(N-1)}} \times \text{SE}_{B_{\text{year}(N-1)}}\right) + \left[\left(\text{NPP}_{\text{year}(N)} \times f_{\text{ANPP}} + X_{\text{ANPP}(N)} \times \text{SE}_{\text{ANPP}(N)}\right)\right.$$
$$\left. \times \left(f_{\text{c}} + X_{f_{\text{c}}} \times SE_{f_{\text{c}}}\right)\right] \times \left[\left(1 - \left(f_{\text{m}} + X_{f_{\text{m}}} \text{SE}_{f_{\text{m}}}\right)\right)\right]$$

$$(8.40)$$

式中，f_{ANPP} 为 NPP 到 ANPP 的转换比例；f_{c} 为生物量含碳比（%）。

本节对 $B'_{\text{year}(N)}$ 进行 10000 次模拟运算，$\text{SE}_{B_{\text{year}(N-1)}}$ 为 $N-1$ 年的标准误（除基准年的标准误外（SE_{2009}），该基准年标准误由反演的地上生物量基准图验证结果计算而来）；$\text{SE}_{\text{ANPP}(N)}$ 为 N 年里经过综合模拟得到的 NPP 转换为 ANPP 与实测树心计算得到的数据（作为验证）之间的标准误；最后，设置生物量含碳比标准误 $\text{SE}_{f_{\text{c}}}$，枯损率标准误 $\text{SE}_{f_{\text{m}}}$ 均为 5%。

95%置信区间（CI）等于：

$$\text{CI}^{95} = \frac{c^{97.5} - c^{2.5}}{2}$$

$$(8.41)$$

式中，$c^{97.5}$ 与 $c^{2.5}$ 分别为 $B'_{\text{year}(N)}$ 10000 次模拟的第 97.5 分位数与第 2.5 分位数。
N 年森林地上生物量动态信息的不确定性（U_N）即为

$$U_N = \frac{\text{CI}^{95}}{\overline{B}'_N}$$

$$(8.42)$$

式中，$\overline{B}'_N$ 为 $B'_{\text{year}(N)}$ 模拟 10000 次的平均值。

根据式（8.42）计算得到，甘肃黑河流域上游祁连山保护区在 2000~2012 年间逐年的森林地上生物量动态信息产品不确定性，如表 8.11 所示。

表 8.11　2000~2012 年的森林地上生物量动态信息产品不确定性

年份	森林地上生物量/（10^3 t/a）		不确定性/%
	总量	95% CI	
2000	6433.75	1802.09	28.01
2001	6590.31	1853.20	28.12
2002	6773.35	1905.34	28.13
2003	6961.37	1936.65	27.82
2004	7094.28	1972.21	27.80
2005	7219.92	1969.59	27.28
2006	7238.89	1997.93	27.60
2007	7324.46	2010.56	27.45

年份	森林地上生物量/（10^3 t/a）		不确定性/%
	总量	95% CI	
2008	7377.66	1782.44	24.16
2009	7338.49	—	—
2010	7357.48	1673.83	22.75
2011	7395.49	1879.19	25.41
2012	7505.04	1891.27	25.20

总体而言，自基准年起，逐年的建模结果的不确定逐渐增加，增幅较小。这是因为相对森林地上生物量基准图误差而言，逐年的增长量相对较少；即 2009 年的森林地上生物量基准图的误差对各年结果的不确定性贡献最大（变异系数为 17.99%，标准误为 20.15t/hm^2，平均值为 112.02t/hm^2）。相对前期研究（以区域平均生物量/碳密度、森林面积等计算）而言，我们采用的基于像元尺度上计算的不确定性偏高，但若以平均生物量/碳密度计算方法，以总体相对平均误（1.16%）取代上述标准误（20.15t/hm^2），逐年建模结果的不确定性则大幅度降低，从而也从侧面指出了本节使用的这种分析方法更适合针对精细时空协同建模结果的不确定性定量评价。

2. 区域森林地上生物量动态变化时空格局

线性回归模型的斜率表示植被在某一时期的变化趋势，采用一元线性回归统计模型对森林生物量时间序列进行拟合：

$$y = a + bx + \varepsilon \tag{8.43}$$

式中，y 表示植被的因变量；x 为表示时间的自变量；斜率 b 为线性回归方程对植被变化的量化指标；a 和 ε 分别表示线性回归方程的截距和误差。利用最小绝对偏差法（least absolute deviation，LAD）确定回归模型的相关参数，最小一乘法计算回归模型参数的标准为观测值与拟合值的绝对偏差值之和最小，如下所示：

$$\Delta = \min\left(\sum_{i=1}^{n} |y_i - \overline{y}_i|\right) \tag{8.44}$$

式中，y_i 为观测值；$\overline{y}_i$ 为模型拟合值；i 为观测值个数；n 为观测值总数。

LAD 法在拟合过程中能将异常值对模型参数的影响最小化，对于数据离散程度较大或者误差分布不对称的情况，LAD 法的回归效果较好。

森林 AGB 与气候变化紧密相关，各气候因子对生物量的影响较为复杂，利用区域气象数据，分析主要气候因子与森林 AGB 的关系，揭示了森林 AGB 的主要气候驱动因素，反映了 AGB 对气候变化的响应。

为研究森林 AGB 对单一气候因子的响应作用，采用基于像元的空间分析法进行森林 AGB 与温度、降水、下行短波辐射和饱和水汽压差的偏相关分析，偏相关系数计算公式如下：

$$R_{12\,34} = \frac{R_{12\,3} - R_{14\,3} R_{24\,3}}{\sqrt{(1 - R_{14\,3}^2)(1 - R_{24\,3}^2)}} \tag{8.45}$$

式中，R_{1234} 为固定 3、4 变量情况下，1 和 2 两个变量的偏相关系数；$R_{123} =$
$\dfrac{R_{12} - R_{13}R_{23}}{\sqrt{(1-R_{13}^2)(1-R_{23}^2)}}$，$R_{143}$ 和 R_{243} 的计算与 R_{123} 的计算相同，R_{12}，R_{13}，R_{23} 为 1、2 变
量，1、3 变量，2、3 变量之间的简单线性相关系数。偏相关系数与简单相关系数相比，
反映的是在排除其他变量影响的情况下两变量间的关系。

1）甘肃黑河流域上游祁连山实验区

A. 森林 NPP 时空变化趋势

图 8.68（a）所示为祁连山地区 2000~2012 年 NPP 的年均值，整个研究区 NPP 年均
值介于 119.18 gC/（m²·a）和 899.84 gC/（m²·a）之间，且呈现出较明显的空间差异，东
南部森林 NPP 高于西北部，Lu 等（2009）也得到了相似的趋势，指出祁连山地区 NPP
的分布表现为明显的经度地带特征，NPP 的值自东向西逐渐减小，这主要跟祁连山区独
特的地形条件、气候条件等有关。为分析森林 NPP 变化趋势的空间异质性，图 8.68（b）
表示了祁连山地区 NPP 的空间趋势图，2000~2012 年间，98%的森林区域 NPP 表现为下
降趋势，其中 44.5%的森林区域 NPP 表现为明显下降（p-value<0.05），只有极少数的像
元（2%）表现为增长趋势。

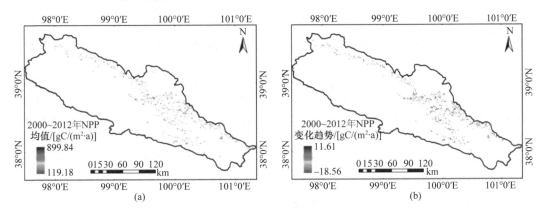

图 8.68　祁连山地区 2000~2012 年 NPP 年均值空间分布图和变化趋势（彩图附后）

B. 森林 NPP 对气候变化的响应

本节分析了 2000~2012 年间祁连山森林地区主要气候因子（年平均温度、年降水、
年平均下行短波辐射和年平均饱和水汽压差）的变化趋势。由图 8.69 可以得出，2000~
2012 年间森林区域的温度、降水、下行短波辐射和饱和水汽压差表现出明显的空间异质
性。温度整体表现为升高的趋势，降低的区域主要集中在西北部的高山地区，仅占祁连
山地区森林区域的 6.5%，升高的趋势分布在大部分森林区域。祁连山森林区域降水整
体表现出减少的趋势，整个区域降水量无明显增加趋势。下行短波辐射的减少发生在大
部分祁连山地区，超过了 90%的森林区域。饱和水汽压差的变化趋势以增大为主，少数
区域表现为减小，仅占森林区域的 5.1%。结合 Lu 等（2009）分析的 1987~2002 年祁连
山地区气候变化情况，得出该地区森林区域气候变化状况趋于暖干化。

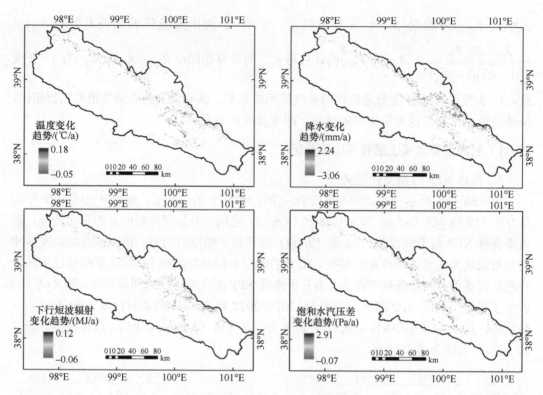

图 8.69　祁连山地区 2000~2012 年温度、降水、下行短波辐射和饱和水汽压差变化趋势（彩图附后）

图 8.70 所示为祁连山地区 2000~2012 年森林 NPP 与对应的森林区域的年均温度、年总降水、年均下行短波辐射和年均饱和水汽压差的偏相关性分析结果，由此可知，祁连山西北部地区森林 NPP 与温度呈负相关，东南部地区森林 NPP 与温度呈正相关，显著影响区域（p-value<0.05）占森林区域的 5.6%，东南部温度的变化趋势以升高为主，而 NPP 呈下降趋势，表明温度的升高一定程度上抑制了植被的生长。祁连山地区 NPP 与降水为正相关的区域占整个森林区域的 57.3%，显著影响区域为 6.3%，其余区域表现为负相关，表明 2000~2012 年间降水的下降对 NPP 的下降造成了一定影响。下行短波辐射对 NPP 的影响部分区域呈现出正相关，约占森林区域的 59.2%，显著影响区域占 10.1%，表明 2000~2012 年间森林 NPP 的下降受到了下行短波辐射的影响。饱和水汽压差与森林 NPP 大部分区域呈负相关，偏相关系数主要集中在 –0.5~0，由于直接影响植被气孔的闭合，饱和水汽压差的增大能促进植被气孔的张开，有利于植被吸收水分进行光合作用，但增大到一定阈值时也会对森林的生长产生抑制作用。

2）内蒙古大兴安岭根河实验区

A. 森林 AGB 变化趋势

根河市森林 AGB 整体呈上升趋势，除金河镇过火区外，空间分布较为均匀；时间序列上森林 AGB 大部分区域呈现显著增长，极少部分区域有较小小的减小趋势（图 8.71）。

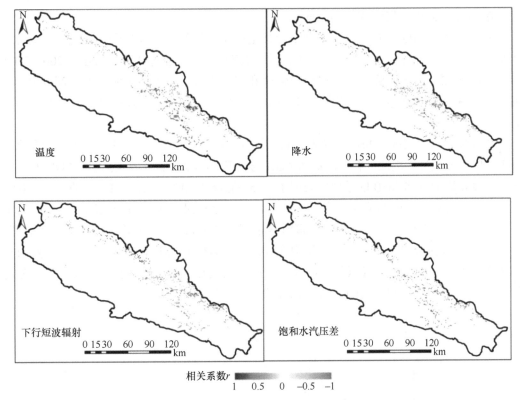

图 8.70 2000~2012 年祁连山地区 NPP 与气候因子偏相关性分析结果图（彩图附后）

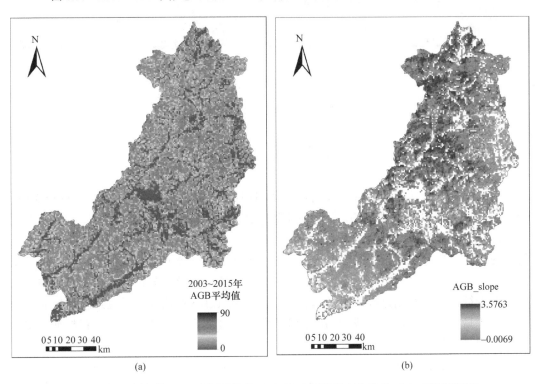

(a)　　　　　　　　　　　　　　　(b)

图 8.71 根河市森林 AGB 空间平均值（a）及时间序列变化趋势（b）（彩图附后）

B. 森林 AGB 对气候变化的响应

本节分析了 2003~2015 年间根河市森林地区主要气候因子（年平均温度、年降水、年平均下行短波辐射和年平均饱和水汽压差）的变化趋势。经统计分析得出，2003~2015 年间森林区域的温度、降水、下行短波辐射和饱和水汽压差表现出明显的空间异质性。温度、降水和辐射整体呈增长趋势，根河市南部饱和水汽压差呈减小趋势，北部为增大趋势。

图 8.72 所示为 2003~2015 年森林 AGB 与各气象因子（温度、降水、辐射和饱和水汽压差）的偏相关性。由此可看出，森林 AGB 与温度 80%以上的区域呈正相关图 8.72（a），表明温度是影响森林 AGB 的重要气候因子；55%的森林区域与降水呈正相关图 8.72（b），根河市北部森林 AGB 与降水呈负相关，根河市降水充足，未能成为限制森林生长的主要因子；50%的森林区域与下行短波辐射呈正相关图 8.72（c），主要集中在根河市北部，南部主要呈微弱负相关，相关系数集中在–0.5~0；饱和水汽压差与森林 AGB 主要为负相关图 8.72（d），饱和水汽压差的增大能促进植被气孔的张开，有利于植被吸收水分进行光合作用，但增大到一定阈值时对森林的生长产生抑制作用。

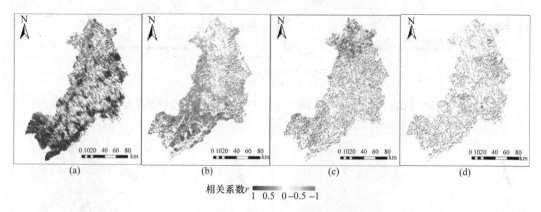

图 8.72　森林 AGB 与各气象因子的偏相关性

8.4　小　　结

目前国际上公认的两种具有较高森林 AGB 反演潜力的遥感手段为 SAR 和 LiDAR，但由于数据可获取性、反演模型复杂性及我国林区复杂地形的影响，使得二者难以在区域上应用。而光学遥感反演普遍存在反演精度低、易出现信号饱和、模型对复杂森林结构适应性差、单一模式传感器难以提供足够信息等问题。本章基于主、被动"立体"观测遥感协同反演林分水平与垂直结构信息，分析遥感信号及其分量或其特征对森林结构参数的表征，通过数据挖掘，以及结合高精度机载 LiDAR 数据，通过尺度衔接完成地面样地测量到区域覆盖的星载 SAR 观测手段的尺度变换，提高了大尺度森林地上生物量基准图反演精度。

针对自然灾害干扰、自然恢复以及人工植树造林、砍伐等造成的动态变化，本章则基于时间序列星载多光谱数据（MODIS、Landsat TM 系列及国产高分卫星）进行森林干扰监测，获取森林干扰强度专题信息，精准揭示了大尺度森林结构参数时空变化特征。

针对森林生产力模拟，生态遥感模型（MODIS MOD_17 GPP）均属于光能利用效率模型，即参数模型，其根本是建立在对经验假设认知的基础上，属于全遥感化，不能描述真实的植被生理生态生长过程；而生态过程模型（Biome-BGC）则建立在植被生长机理基础上，能够在站点上精确的模拟森林植被的生长过程，但输入参数难以率定，区域应用存在较大不确定性。本章通过模型-模型融合、模型-数据融合等手段，发展了描述森林生态过程时空动态变化的机理模型，将各种时空尺度的观测数据有效融合在一起，抑制了耦合模型的不确定性，解决了森林地上生物量信息的遥感动态分析与建模存在的模型和方法难题；集成了多模式遥感的动态变化特征与森林生态动态变化机理过程，探明了大尺度森林地上生物量动态变化驱动机制；可为我国森林科学经营规划、森林质量精准提升、生态建设等提供支撑。

参 考 文 献

陈传国, 朱俊凤. 1989. 东北主要林木生物量手册. 北京: 中国林业出版社.

陈尔学, 李增元, 武红敢, 等. 2008. 基于 k-NN 和 Landsat 数据的小面积统计单元森林蓄积估测方法. 林业科学研究, 21(6): 745-750.

陈隆亨, 曲耀光. 1992. 河西地区水土资源及其开发利用. 北京: 科学出版社.

郭云, 李增元, 陈尔学, 田昕, 凌飞龙. 2015. 甘肃黑河流域上游森林地上生物量的多光谱遥感估测. 林业科学, 5(1): 140-149.

郭志华, 彭少麟, 王伯荪. 2002. 利用 TM 数据提取粤西地区的森林生物量. 生态学报, 22(11): 1832-1839.

国庆喜, 张锋. 2003. 基于遥感信息估测森林的生物量. 东北林业大学学报, 31(2): 13-16.

李新, 李小文, 李增元, 等. 2012. 黑河综合遥感联合试验研究进展: 概述. 遥感技术与应用, 27(5): 637-649.

李新, 马明国, 王建, 等. 2008. 黑河流域遥感-地面观测同步试验: 科学目标与实验方案. 地球科学进展, 23(9): 897-914.

潘小多. 2012. 黑河流域高分辨率大气驱动数据的制备: 模拟与数据同化. 中国科学院大学博士学位论文.

戚玉娇, 李凤日. 2015. 基于 KNN 方法的大兴安岭地区森林地上碳储量遥感估算. 林业科学, 51(5): 46-55.

施雅风. 2003. 中国西北气候由暖干向暖湿转型问题评估. 北京: 气象出版社.

王金叶, 车克钧, 傅辉恩. 1998. 祁连山水源涵养林生物量的研究. 福建林学院学报, 18(4): 319-323.

徐涵秋, 唐菲. 2013. 新一代 Landsat 系列卫星: Landsat 8 遥感影像新增特征及其生态环境意义. 生态学报, 33(11): 3249-3257.

徐婷, 曹林, 申鑫, 等. 2015. 基于机载激光雷达与 Landsat 8 OLI 数据的亚热带森林生物量估算. 植物生态学报, 39(4): 309-321.

闫敏, 李增元, 陈尔学, 等. 2016a. 内蒙古大兴安岭根河森林保护区植被覆盖度变化. 生态学杂志, 35(2): 508-515.

闫敏, 李增元, 田昕, 等. 2016b. 黑河上游植被总初级生产力遥感估算及其对气候变化的响应. 植物生态学报, 40(1): 1-12.

张志, 田昕, 陈尔学, 等. 2011. 森林地上生物量估测方法研究综述. 北京林业大学学报, 33(5): 144-150.

仲全玺, 尹承陇. 2008. 祁连山水源涵养林的主要自然灾害及其预防. 农业科技与信息, (2): 21-22.

Boring L R, Swank W T, Waide J B, et al. 1988. Sources, fates, and impacts of nitrogen inputs to terrestrial ecosystems: review and synthesis. Biogeochemistry, 6: 119-159.

Breiman L. 1996. Heuristics of instability and stabilization in model selection. The Annals of Statistics, 24(6):

2350-2383.

Breiman L. 2001. Random forests. Machine Learning, 45(1): 5-32.

Bristow K L, Campbell G S. 1984.On the relationship between incoming solar radiation and daily maximum and minimum temperature. Agricultural and Forest Meteorology, 31: 159-166.

Chiesi M, Maselli F, Moriondo M, et al. 2007. Application of Biome-BGC to simulate Mediterranean forest processes. Ecological Modeling, 206(1): 179-190.

Crookston N L, Finley A O. 2008. yaimpute: An r package for knn imputation. Journal of Statistical Software, 23(10): 1-16.

Cukier R I, Fortuin C M, Shuler K E, et al.1973. Study of the sensitivity of coupled reaction systems to uncertainties in rate coefficients. I: Theory. Journal of Chemical Physics, 59(8): 3873-3879.

Desai A R, Richardson A D, Moffat A M, et al. 2008.Cross-site evaluation of eddy covariance GPP and RE decompositioin techniques. Agricultural and Forest Meteorology,148: 821-838.

Dube T, Mutanga O. 2015. Investigating the robustness of the new Landsat-8 Operational Land Imager derived texture metrics in estimating plantation forest aboveground biomass in resource constrained areas. ISPRS Journal of Photogrammetry and Remote Sensing, 108: 12-32.

Efron B, Tibshirani R. 1986. Bootstrap methods for standard errors, confidence intervals, and other measures of statistical accuracy. Statistical Science, 1(1): 54-75.

Evensen G. 2003. The ensemble kalman filter: Theoretical formulation and practical implementation. Ocean Dynamics, 53: 343-367.

Farquhar G D, Von C S, Berry J A. 1980. A biochemical model of photosynthetic CO_2 assimilation in leaves of C3 species. Planta, 149(1): 78-90.

Foody G M, Cutler M E, Mcmorrow J, et al. 2001. Mapping the biomass of Bornean tropical rain forest from remotely sensed data. Global Ecology and Biogeography, 10(4): 379-387.

Franco-Lopez H, Ek A R, Bauer M E. 2001. Estimation and mapping of forest stand density, volume, and cover type using the k-nearest neighbors method. Remote Sensing of Environment, 77(3): 251-274.

Franklin J F, Shugart H H, Harmon M E. 1987. Tree death as an ecological process. Bioscience, 37(8): 550-556.

Gilmanov T G, Soussana J F, Aires L, et al. 2007. Partitioning European grassland net ecosystem CO_2 exchange into gross primary productivity and ecosystem respiration using light response function analysis. Agriculture Ecosystems and Environment, 121: 93-120.

Glassy J M, Running S W. 1994.Validating diurnal climatology of the MT-CLIM model across a climatic gradient in Oregon. Ecological Applications, 4(2): 248-257.

Gonzalez P, Asner G P, Battles J J, et al. 2010. Forest carbon densities and uncertainties from Lidar, QuickBird, and field measurements in California. Remote Sensing of Environment, 114(7): 1561-1575.

Gonzalez P, Kroll B, Vargas C R. 2014. Tropical rainforest biodiversity and aboveground carbon changes and uncertainties in the Selva Central, Peru. Forest Ecology and Management,312(312): 78-91.

Guo Y, Tian X, Li Z, et al. 2014.Comparison of estimating forest above-ground biomass over montane area by two non-parametric methods. IEEE Geoscience and Remote Sensing Symposium: 741-744.

Han X J, Li X. 2008. Review of the nonlinear filter in the land data assimilation. Advances in Earth Science, 23(8): 813-820.

Houborg R, Cescatti A, Migliavacca M. 2012. Constraining model simulations of GPP using satellite retrieved leaf chlorophyll. IEEE International Symposium on Geoscience and Remote Sensing IGARSS: 6455-6458.

Kaufman Y J, Remer L, Ottmar R, et al. 1996. Relationship between remotely sensed fire intensity and rate of emission of smoke: SCAR-C experiment. Global Biomass Burning: 685-696.

Kōrner C. 1995. Leaf Diffusive Conductances in the Major Vegetation Types of the Globe. Ecophysiology of Photosynthesis. New York: Springer Berlin Heidelberg: 463-490.

Kronseder K, Ballhorn U, Böhm V, et al. 2012. Above ground biomass estimation across forest types at different degradation levels in Central Kalimantan using LiDAR data. International Journal of Applied Earth Observation and Geoinformation,18: 37-48.

Lasslop G, Reichstein M, Papale D, et al. 2010.Separation of net ecosystem exchange into assimilation and respiration using a light reponse curve approach: critical issues and global evaluation. Global Change Biology, 16: 187-208.

Lee J H, Philpot W D. 1991. Spectral texture pattern matching: A classifier for digital imagery. IEEE Transactions on Geoscience and Remote Sensing, 29(4): 545-554.

Li S, Harner E J, Adjeroh D A. 2011. Random KNN feature selection—a fast and stable alternative to Random Forests. BMC bioinformatics, 12(1): 450.

Li S H, Xiao J T, Xu W B, et al. 2012. Modelling gross primary production in the Heihe river basin and uncertainty analysis. Int. J. International Journal of Remote Sensing, 33(3): 836-847.

Li X, Li X W, Li Z Y, et al. 2009.Watershed allied telemetry experimental research. Journal of Geophysical Research, 114(19): 2191-2196.

Li X, Li X W, Roth K, et al. 2011. Preface observing and modeling the catchment scale water cycle. Hydrology and Earth System Sciences, 15(2): 597-601.

Lu L, Li X, Veroustraete F, et al. 2009. Analysing the forcing mechanisms for net primary productivity changes in the Heihe River Basin, north‐west China, International Journal of Remote Sensing, 30(3): 793-816.

Marshall M, Thenkabail P. 2015. Advantage of hyperspectral EO-1 Hyperion over multispectral IKONOS, GeoEye-1, WorldView-2, Landsat ETM+, and MODIS vegetation indices in crop biomass estimation. ISPRS Journal of Photogrammetry and Remote Sensing, 108: 205-218.

Mo X G, Chen J M, Ju W M, et al. 2008. Optimization of ecosystem model parameters through assimilating eddy covariance flux data with an ensemble Kalman filter. Ecological Modelling, 217: 157-173.

Monni S, Peltoniemi M, Palosuo T, et al. 2007.Uncertainty of forest carbon stock changes—implications to the total uncertainty of GHG inventory of Finland. Climatic Change, 81(3-4): 391-413.

Moradkhani H, Sorooshian S, Gupta H V, et al. 2004. Dual state-parameter estimation of hydrological models using ensemble Kalman filter. Advances in Water Resources,28(2): 135-147.

Pietsch S A, Hasenaure H, Thornton P E. 2005. BGC-model parameters for tree species growing in central European forests. Forest Ecology and Management, 211(3): 264-295.

Prince S D, Goward S N. 1995.Global primary production: A remote sensing approach. Journal of Biogeography, 22: 815-835.

Ran Y H, Li X, Lu L, et al. 2012. Large-scale land cover mapping with the integration of multi-source information based on the Dempster-Shafer theory. International Journal of Geographical Information Science, 26(1): 169-191.

Ranson K J, Sun G. 1994. Mapping biomass of a northern forest using multifrequency SAR data. IEEE Transactions on Geoscience and Remote Sensing, 32(2): 388-396.

Running S W, Nemani R R, Hungerford R D. 1987. Extrapolation of synoptic meteorological data in mountainous terrain and its use for simulating forest evaporation and photosynthesis. Canadian Journal of Forest Research, 17: 472-483.

Running S W, Thornton P E, Nemani R, et al. 2000.Global terrestrial gross and net primary productivity from the earth observation system. Methods in Ecosystem Science. 44-57.

Saltelli A. 2002. Sensitivity analysis for importance assessment. Risk Analysis, 22(3): 580-590.

Saltelli A, Chan M S. 2000. Sensitivity Analysis. New York: Wiley.

Saltelli A, Tarantola S, Campolongo F. 2000. Sensitivity analysis as an ingredient of modeling. Statistical Science, 15(4): 377-396.

Seiler W, Crutzen P J. 1980. Estimates of gross and net fluxes of carbon between the biosphere and the atmosphere from biomass burning. Climatic Change, 2(3): 207-247.

Smith J E, Heath L S. 2001. Identifying influences on model uncertainty: An application using a forest carbon budget model. Environ. Manage, 27: 253-267.

Sobol I M. 1993. Sensitivity analysis for non-linear mathematical models. Mathematical Modeling and Computational Experiment, 1: 407-414.

Strobl C, Boulesteix A L, Zeileis A, et al. 2007. Bias in random forest variable importance measures: Illustrations, sources and a solution. BMC bioinformatics, 8(1): 25.

Thornton P E, Rosenblom N A. 2005. Ecosystem model spin-up: Estimating steady state conditions in a coupled terrestrial carbon and nitrogen cycle model. Ecological Modelling, 189: 25-48.

Tian X. 2015.Modelling of Forest Above-ground Biomass and Evapotranspiration Dynamics. University of Twete's Faculty of Geo-Information Science and Earth Observation.

Tian X, Li Z Y, Su Z B, et al. 2014. Estimating montane forest above-ground biomass in the upper reaches of the Heihe River Basin using Landsat-TM data. International Journal of Remote Sensing, 35(21): 7339-7362.

Troyanskaya O, Cantor M, Sherlock G, et al. 2001. Missing value estimation methods for DNA microarrays. Bioinformatics, 17(6): 520-525.

Turner W, Spector S, Gardiner N. 2003. Remote sensing for biodiversity science and conservation. Trends in Ecology and Evolution, 18(6): 306-314.

Wang J Y, Che K J, Jiang Z R. 2000. A study on carbon balance of Picea crassifolia in Qilian Mountains. Journal of Northwest Forestry University, 15: 9-14.

Wang X F, Ma M G, Zhao J M, et al. 2013. Validation of MODIS GPP product at 10 flux sites in northern China. International Journal of Remote Sensing, 34(2): 587-599.

Waring R H, Running S W. 2007. Forest Ecosystem: Analysis at Multiple Scales. San Francisco, CA: Elsevier Academic Press.

White M A, Thornton P E, Running S W, et al. 2000. Parameterization and sensitivity analysis of the BIOME-BGC terrestrial ecosystem model: Net primary production controls. Earth interactions, 4(3): 1-85.

Wilson B T, Lister A J, Riemann R I. 2012. A nearest-neighbor imputation approach to mapping tree species over large areas using forest inventory plots and moderate resolution raster data. Forest Ecology and Management, 271: 182-198.

Wulder M A, Han T, White J C, et al. 2007. Integrating profiling LIDAR with Landsat data for regional boreal forest canopy attribute estimation and change characterization. Remote Sensing of Environment, 110: 123-137.

Xiao Z Q, Liang S L, Wang J D, Chen P, et al. 2014. Use of general regression neural networks for generating the GLASS leaf area index product from time series MODIS surface reflectance. IEEE Transactions on Geoscience and Remote Sensing, 52(1): 209-223.

Zhang Y Q, Yu Q, Jiang J, et al. 2008. Calibration of Terra/MODIS gross primary production over an irrigated cropland on the North China Plain and an alpine meadow on the Tibetan Plateau.Global Change Biology, 14(4): 757-767.

彩　图

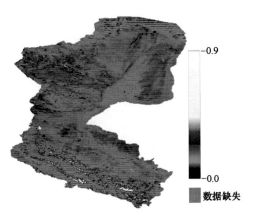

图 2.29　黑河流域 TAB 反照率产品

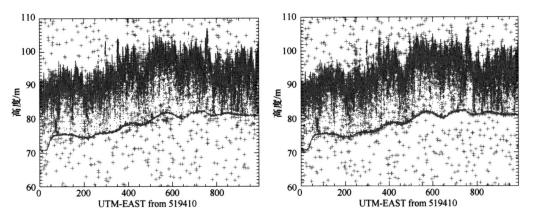

图 2.55　GLiHT（蓝色点）和 MABEL（红色+）　图 2.57　点云模拟的单光子激光雷达点云（红色+）
　　　　　点云数据　　　　　　　　　　　　　　　　　覆盖在 GLiHT 点云（蓝色点）上

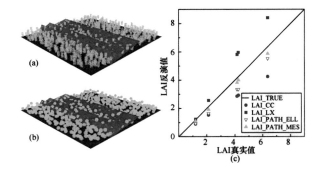

图 3.44　离散冠层模拟场景（Hu et al.，2014）
（a）圆柱状树冠场景；（b）球状树冠场景；（c）离散冠层模拟场景验证结果
LAI_TRUE. 真实叶面积指数，LAI_CC. 间隙大小分布法，LAI_LX. 有限长度平均法，
LAI_PATH_ELL. 基于椭圆假设的路径长度算法，LAI_PATH_MES. 基于实测数据的路径长度算法

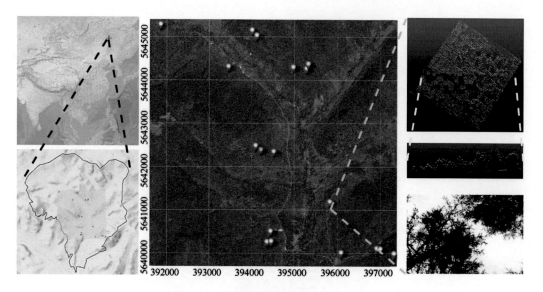

图 3.45　根河激光雷达数据区域概况

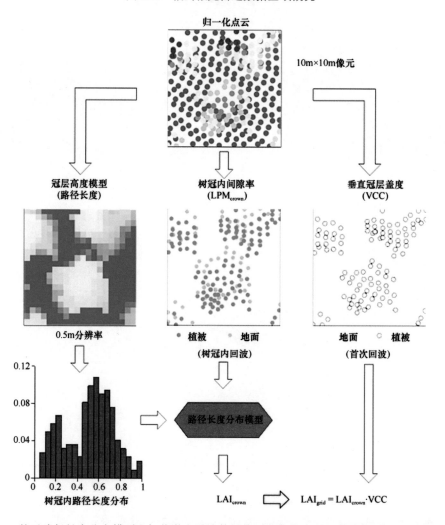

图 3.46　基于路径长度分布模型和机载激光雷达数据修正聚集效应并计算真实叶面积指数流程图

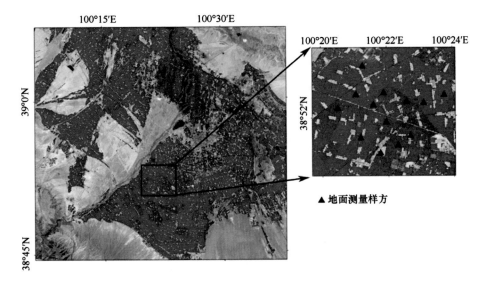

图 3.51　黑河研究区

显示的是 ASTER 图像；黑色三角表示观测样方

▲ 地面测量样方

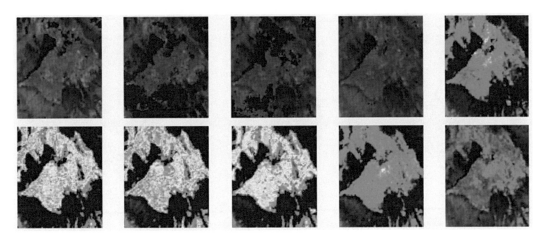

图 3.52　黑河研究区 FVC 年变化图

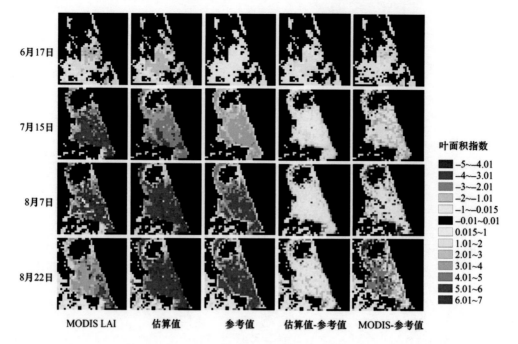

图 4.5　区域尺度 LAI 估算结果与 MODIS 产品、地面测量值之间的比较图

四行分别是 2014 年 6 月 17 日、7 月 15 日、8 月 7 日和 8 月 22 日的结果；第一列是 MODIS LAI 产品，第二列是该方法计算的结果，第三列是基于地面测量数据得到的参考值，第四列和第五列分别是估算结果与 MODIS 产品与参考值之间的距离分布图

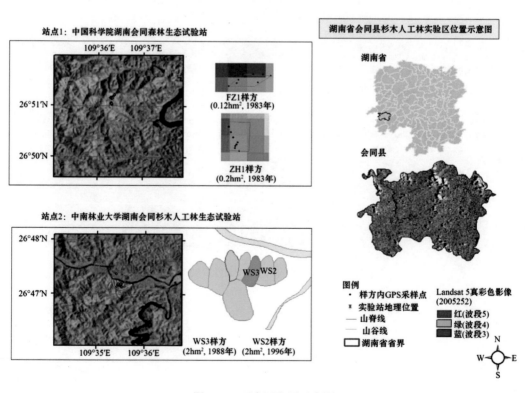

图 4.10　研究区位置示意图

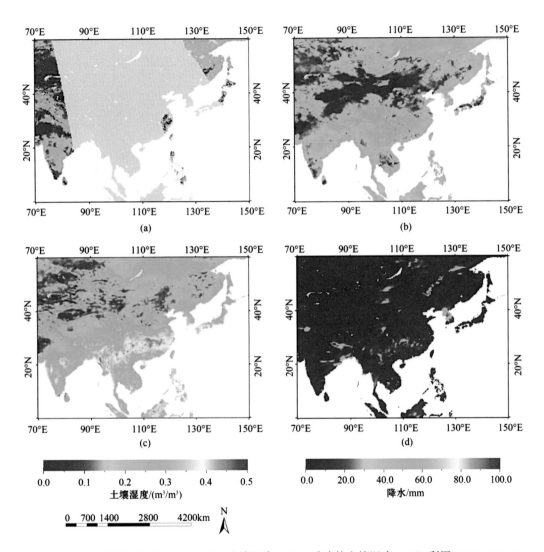

图 4.32 2012 年第 200 天（a）TCRM 土壤湿度、（b）重建的土壤湿度、（c）利用 GLDAS Noah
模型模拟的土壤湿度及（d）降水

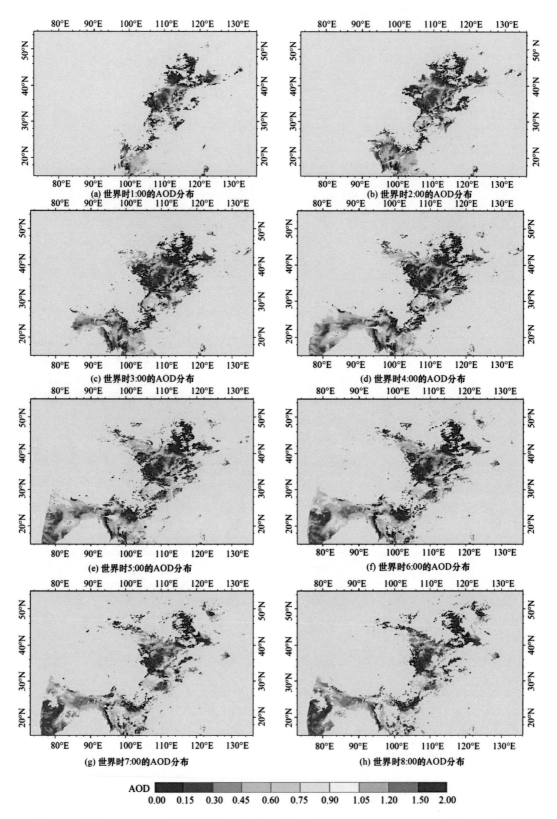

图 4.39   基于 Himawari-8 数据反演的 2016 年 3 月 18 日中国及周边地区的每小时的 AOD 结果

（a）～（h）分别是从世界时 1：00~8：00 的 AOD 分布

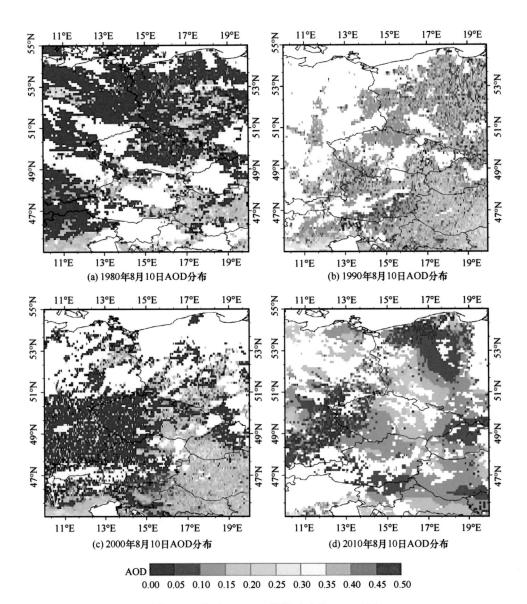

(a) 1980年8月10日AOD分布

(b) 1990年8月10日AOD分布

(c) 2000年8月10日AOD分布

(d) 2010年8月10日AOD分布

AOD
0.00 0.05 0.10 0.15 0.20 0.25 0.30 0.35 0.40 0.45 0.50

图 4.41 基于 AVHRR 数据反演的 AOD 结果

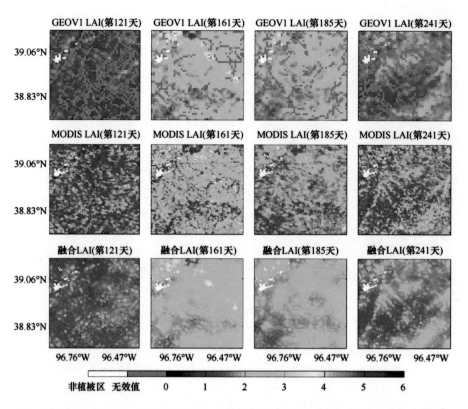

图 4.48　2001 年 Konz 站点 GEOV1 LAI 数据、MODIS LAI 数据和融合的 LAI 数据

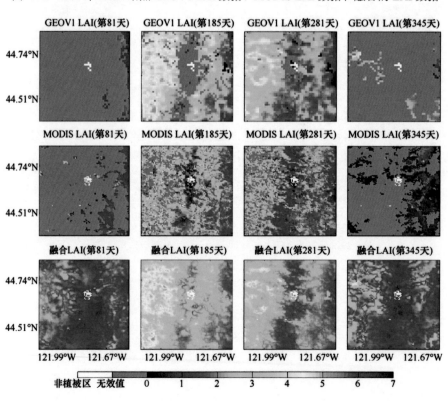

图 4.49　2002 年 Metl 站点 GEOV1 LAI、MODIS LAI 和融合的 LAI 数据

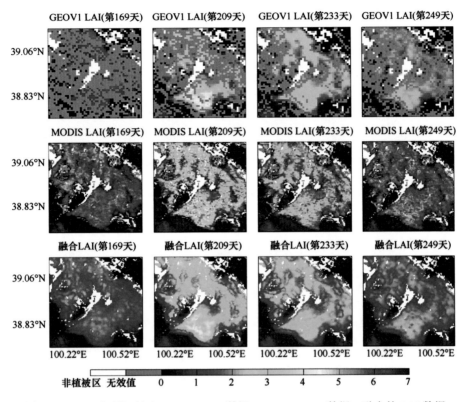

非植被区　无效值　0　1　2　3　4　5　6　7

图 4.50　2012 年黑河站点 GEOV1 LAI 数据、MODIS LAI 数据、融合的 LAI 数据

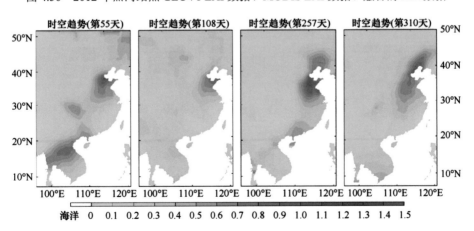

海洋　0　0.1　0.2　0.3　0.4　0.5　0.6　0.7　0.8　0.9　1.0　1.1　1.2　1.3　1.4　1.5

图 4.51　2007 年第 55 天、第 108 天、第 257 天、第 310 天的时空趋势

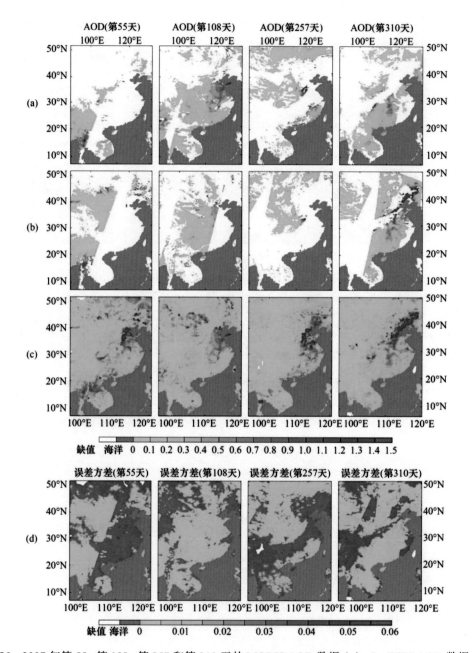

图 4.56　2007 年第 55、第 108、第 257 和第 310 天的 MODIS AOD 数据（a）、SeaWiFS AOD 数据（b）、融合的 AOD 数据（c）及融合数据的后验方差（d）

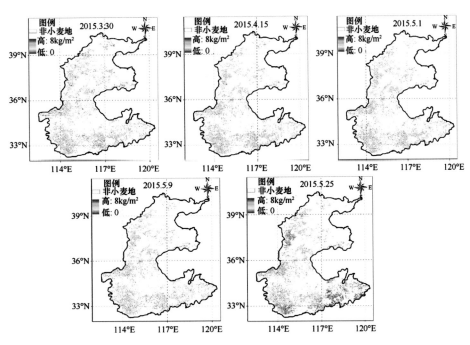

图 7.24　华北平原地区 1km 尺度冬小麦植被含水量反演结果

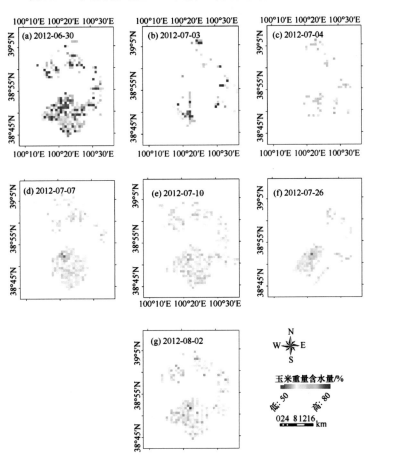

图 7.28　基于 GLASS LAI 数据反演的玉米重量含水量

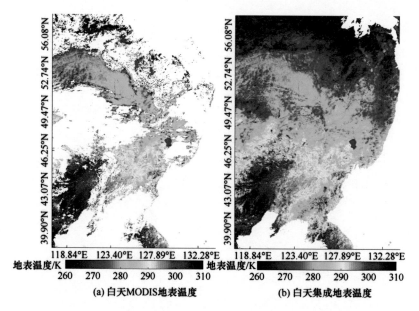

(a) 白天MODIS地表温度   (b) 白天集成地表温度

图 7.46   2014 年 4 月 1 日白天集成前后地表温度对比图

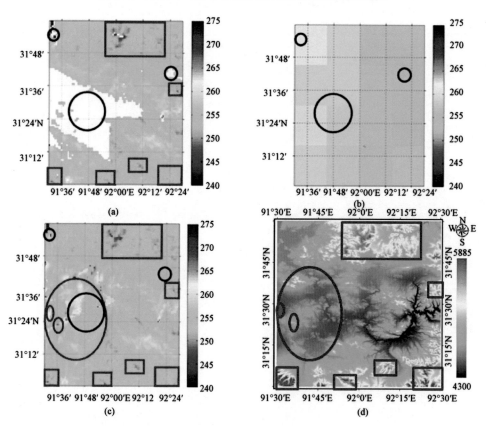

图 7.53   2010 年 11 月 17 日地表温度（单位：K）的空间分布及研究区高程图

（a）MODIS 地表温度；（b）AMSR-E 地表温度；（c）融合温度；（d）高程图

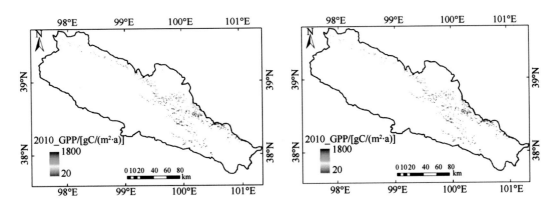

图 8.26 黑河上游祁连山地区 2010 年和 2011 年 GPP 空间分布图

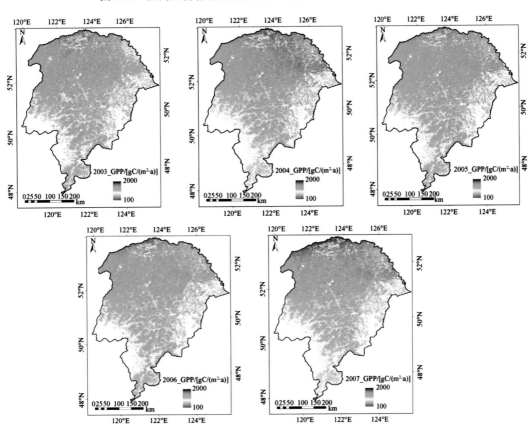

图 8.27 大兴安岭地区 2003~2007 年 GPP 空间分布图

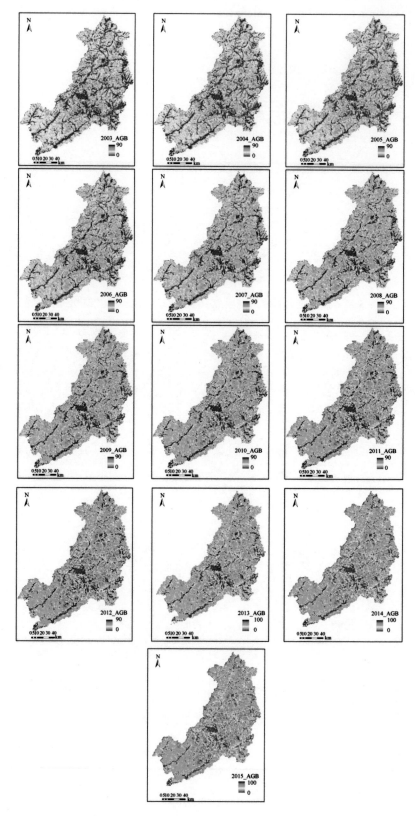

图 8.61   2003~2015 年根河市森林地上生物量

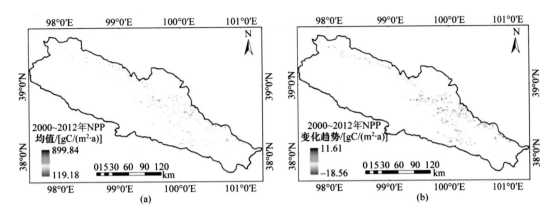

图 8.68 祁连山地区 2000~2012 年 NPP 年均值空间分布图和变化趋势

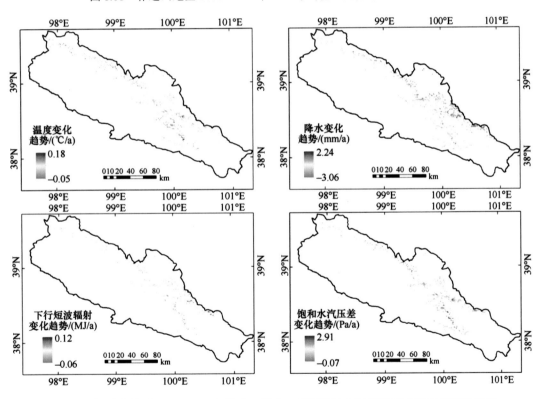

图 8.69 祁连山地区 2000~2012 年温度、降水、下行短波辐射和饱和水汽压差变化趋势

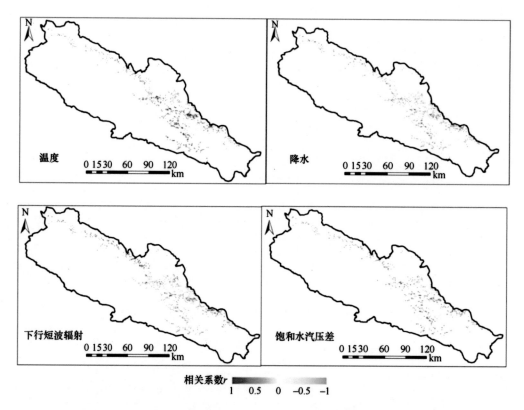

图 8.70 2000~2012 年祁连山地区 NPP 与气候因子偏相关性分析结果图

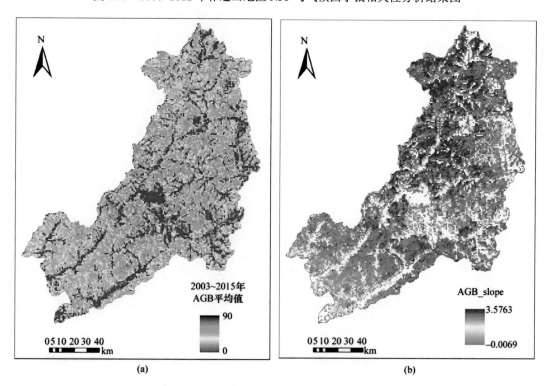

图 8.71 根河市森林 AGB 空间平均值（a）及时间序列变化趋势（b）